신소재 열역학

THERMODYNAMICS OF MATERIALS
SCIENCE AND ENGINEERING

신소재 열역학

김선효

THERMODYNAMICS OF MATERIALS SCIENCE AND ENGINEERING

도서출판 홍릉

신소재열역학

인 쇄 : 2020년 3월 13일
발 행 : 2020년 3월 16일

지은이 : 김선효
발행인 : 송준
발행처 : 도서출판 홍릉

주 소 : 서울시 강북구 인수봉로 50길 10
전 화 : 02-999-2274~5 **팩스** : 02-905-6729
e-mail : hongpub@hongpub.co.kr
홈페이지 : www.hongpub.co.kr

ISBN : 979-11-5600-744-9 (93550)
정 가 : 35,000원

서문

기능성 및 구조용 재료의 제조 및 공정을 다루는 재료과학, 공학자가 필수적으로 접하는 학문으로서 열역학의 중요성이 인지되고 있다. 열역학법칙의 기본 개념 이해 및 재료공학으로의 응용을 재료전공자가 수월하게 행할 수 있도록 하고자 오랜 세월의 강의 경험을 토대로 교재를 집필하게 되었다.

열역학 법칙은 계 상태 변화에 따른 경로함수로서 계/주변 간 이동에너지인 열과 일 출입에 의한 계의 에너지 수지 균형과 엔트로피 변화량을 원론적으로 나타낸다. 이들 법칙이 재료공학 전반에 어떻게 활용되며, 재료공학 필수과목으로 열역학을 이수하는 이유에 대한 학문적 배경을 재료공학도가 잘 이해할 수 있도록 교재내용을 구성하였다.

본 교재에서는 재료공학에서 다루는 다양한 상태변화 공정(상전이, 화학반응, 전기화학반응) 계의 평형상태, 그리고 재료 물질내 다양한 종류의 결합과 물질의 물리, 화학적 물성간 상호 연관성에 대한 평형론적 해석을 열역학 2법칙에 근거한 계 평형원칙으로부터 일관되게 기술하고 있다. 또한 열역학 2법칙으로부터 물질계의 비가역성 상태변화와 평형상태에 대한 원론적 개념을 도출하고 이를 일관성 있게 다양한 재료공정 계에 적용해 이에 상응되는 평형조건 유도과정을 기술하고 있다. 더불어 이들이 재료공정 효율증대 및 물성에 미치는 영향 및 적용 사례를 도입하여 열역학에 대한 학문적 친밀감을 유발하고자는 취지로 내용을 전개하였다.

재료공학에 입문하는 학부생 및 재료공정 산업분야에 종사하는 엔지니어와 더불어 대학원과정 연구생에게도 적합한 열역학 교재로서 활용 가능토록 재료 전반에 걸친 열역학 관련 내용을 폭넓게, 체계적으로 전개함으로써 열역학이 난해한 학문이란 선입견을 불식시키고 친근감을 갖고 실용적 측면으로 쉽게 이해하고 이를 응용할 수 있도록 집필된 특징을 지닌 교재임을 재차 강조하며 널리 이용될 수 있기를 바란다.

교재 집필시 교정에 많은 시간을 아끼지 않은 저자 연구실 대학원생 여러분에게 지면으로나마 고마운 마음을 전하며, 출판하는데 도움을 준 '도서출판 홍릉'에게도 심심한 감사를 드린다.

본 교재의 논리 전개에 근간이 되는 다수의 그림들은 David Ragone 저서 Thermodynamics of materials와 Robert DeHoff 저서 Thermodynamics in Materials Science로부터 발췌하여 사용하고 있음을 밝혀둔다.

차례

Chapter 01 열역학 1법칙

Chapter 02 열역학 2법칙

Chapter 03 성질 사이 관계

Chapter 04 평형

Chapter 05 화학반응 평형

Chapter 06 용액

Chapter 07 상태도

Chapter 08 결정 결함

Chapter 09 표면 열역학

Chapter 10 전기화학

열역학 체계도

Thermo

Dynamics

(Temp)·(Entropy)

Heat

Works

Energy

$$dS_{irr} = \frac{\delta Q_r}{T} - \frac{\delta Q}{T} = \frac{\delta (lw)}{T} \geq 0$$

열역학 2법칙

$$dS_{계} = \frac{\delta Q_r}{T} = \frac{\delta Q}{T} + dS_{irr}$$

$dS_{irr} \geq 0$: 계 상태변화 비가역성, 평형

$dS_{계} > 0$ 또는 < 0

$dS_{universe} = dS_{sys} + dS_{surr} = dS_{irr} \geq 0$

$dS_{고립계} \geq 0$: 고립계 비가역성, 평형

열역학 1법칙

Energy balance of a materials system

$dU_{계} = \delta Q - \delta W = \delta Q_r - \delta W_r = \delta Q - (PdV - \delta W^*)$

$\delta |W_r - W| = \delta$ | lost work | $= \delta\, lw > 0$: 비가역성 척도

$= \delta\, lw = 0$: 평형(가역성)

Energy conservation of universe

$dU_{universe} = dU_{sys} + dU_{surr} = 0$

1,2법칙 결합

Conceptual understanding of system equilibrium

평형원칙 : $(dS_{계})_{고립화} = 0$

비가역성 : $(dS_{계})_{고립화} > 0$

$dU = TdS - \delta W_r$

$= TdS - PdV + \delta W_r^*$

$$dS = \frac{1}{T}(dU + PdV - \delta W_r^*)$$

일정 온도

자유에너지(A)

$d(U - TS)_T = (dA)_T = -\delta W_r$

$d(U - TS)_{T,V} = (dF)_{T,V} = \delta W_r^*$

$d(H - TS)_{T,P} = (dG)_{T,P} = \delta W_r^*$

고립화$(dU = 0, dV = 0, dN = 0)$

$(dS_{계})_{고립화} = -\delta W_r^* \geq 0$

자발적상태변화 : $\delta W_r^* < 0$ 또는 $W_r^* < 0$

계 평형원칙 : $\delta W_r^* = 0$ 또는 $W_r^* = 0$

Gibbs 평형원칙

- $(dF)_{T,V} = 0$ 또는 $(\Delta F)_{T,V} = 0$
- $(dG)_{T,P} = 0$ 또는 $(\Delta G)_{T,P} = 0$

자발적 상태변화(비가역성)

$(dG)_{T,P} < 0$ 또는 $(\Delta G)_{T,P} < 0$

계 평형조건

열적, 역학적, 화학적 평형조건

(반응평형, 상태도, 결합, 계면특성, 전지반응)

Chapter 01

열역학 1법칙

소재열역학은 재료계 상태 변화에 따른 계 주변간 열과 일 에너지 교환에 의한 계 에너지 수지 균형을 다루는 열역학 1법칙과 계 상태 변환의 비가역성과 평형원칙의 근간이 되는 엔트로피를 다루는 열역학 2법칙에 기초하여, 제반 재료 성질 및 공정 현상을 평형론적으로 해석하고 이해하는 학문이다. 열역학 1법칙 및 2법칙에 관한 논리적 이론 전개를 통해 재료성질 간 상관 관계를 규명할 수 있으며, 재료공정 중 물질이 겪게 되는 다양한 화학적, 물리적 상태변화 이력에 대한 평형론적 해석과 재료공정 운용 적정화를 기할 수 있는 통찰력을 얻을 수 있다.

열역학 1법칙은 "우주(계+주변) 내 총 에너지는 보존된다"는 단순한 원칙이다. 즉 **"우주 내의 전체 에너지는 생겨나지도 소멸하지도 않는다."** 계의 에너지 수지(收支) 균형식으로서의 열역학 1법칙은 재료계 상태가 지니는 다양한 형태의 에너지(내부에너지, 포텐셜에너지, 운동에너지)뿐만 아니라 계/주변 간을 드나드는 이동에너지인 열, 일도 함께 고려하여 기술되야 한다. 이러한 계 에너지 수지 균형식을 제반 재료공학 관련 공정의 에너지 효율 극대화를 위해 활용할 수 있기 위해서는 일련의 열역학 용어에 대한 정의를 이해할 필요가 있다.

아울러 계 에너지 수지균형식(열역학 1법칙)은 2장에서 소개되는 등온, 재료(물질)계 엔트로피변화, dS를 에너지화 대체하는 $d(TS)$와 내부에너지변화 dU를 결합한 새로운 자유에너지 개념($dF = -\delta W_r$, $dG = \delta W_r^*$)을 도입하므로서, 계의 자발적 상태변화(비가역성)와 평형상태(가역성)가 만족해야 하는 열역학 기준요건(criteria)을 표현하는 식으로 활용되므로 재료열역학에서 학문적으로 중요하게 다루어진다.

1.1 계와 주변

열역학에서 사용되는 계(system)는 열역학 고찰을 위해 별도로 지정한 장치공간 또는 물질의 임의 부분을 지칭하며, 주변(surroundings)과 경계지우며 물질 또는 에너지(열, 일)를 이들과 상호 교환하게 된다. 계의 종류에는 일반적으로 열린계(open system)와 닫힌계(closed system)가 있을 수 있다. 열린계는 계의 안과 밖으로 물질 이동이 가능하지만 닫힌계는 물질이 계 내로 들어오거나 나갈 수 없다. 반면 계/주변 간에 전달되는 이동에너지인 열과 일은 열린, 닫힌계 모두에서 계 내로 출입할 수 있다.

계가 열려 있느냐 닫혀 있느냐 하는 것은 고찰 대상 장치계의 물리적 형태에 의해 결정되는 것이 아니라, 연구 대상 계를 어떻게 보고 정의하느냐에 의해서 결정된다. 예를 들어 관 내를 통과하는 유체를 계로 설정해 보자. 관의 임의 특정 부분을 계로 선정할 경우 이 계는 열린계로 정의할 수 있다. 그러나 관속을 통과하여 흐르는 유체의 임의 특정 부분을 계로 선택할 경우에 이 계는 닫힌계로 정의된다. 이는 계(유체의 특정 부분)가 관 내에서 지속적으로 움직이고 있지만, 계 내부로의 물질 출입이 없기 때문에 닫힌계가 된다. 만약 유체가 기체처럼 밀도가 일정하지 않은 압축성 유체(compressible fluid)인 경우에는 관 내 공간을 통과하는 유체의 이동현상에 부가해서 계(유체 일부분)의 경계가 팽창하거나 수축할 수 있다. 그러나 이 경우에도 계 경계를 통하여 물질 출입이 없다면 여전히 이 계도 닫힌계가 된다. 이와 같이 '계'가 정의됨으로써 계를 제외한 여타 주위 모든 공간 영역이 주변으로 정의된다. 즉, 계를 제외한 우주(universe) 공간영역을 주변으로 정의할 수 있다. 우주 = 계 + 주변.

한편 주변과 단절된 고립계를 고려할 수도 있다. 고립계는 물질, 열, 일 모두가 계 내로 출입할 수 없는 계를 의미한다. 따라서 고립계는 광의적으로 우주와 동일한 개념을 지닌 계로 볼 수 있다(소우주). 재료열역학에서 고립계의 중요성은 4장에서 다루어지는 열역학 2법칙에 의거한 평형원칙 적용으로부터 다양한 재료공정 계 평형조건 유도과정과 통계열역학에서 다루는 계 앙상블(거대 고립계) 접근방법에 의한 역학적 성질(P, V, U)의 정량화 및 계 평형상태의 미시적 거동 해석 과정을 살펴보면 잘 이해해 볼 수 있다.

1.2 열과 일(이동에너지)

열역학에서 계와 주변 사이에 교환되는 에너지는 경로함수인 열과 일(Q, W) 두 종류의 이동에너지(transferred, dynamic energy)로 구분할 수 있으며 이들에 의해 상태함수인 계 에너지(static energy, E)가 결정된다.

열(heat)은 온도 차이로 인해 발생하여 계와 주변 간에 전달되는 이동에너지이다. 예로서 고온로 내부에 차가운 철 조각을 넣을 경우 차가운 철쪽으로 향하는 에너지 흐름으로 인해 철의 온도는 상승한다. 철 조각을 계로 정의할 경우 주변으로부터 계 내부로 유입되는 이동에너지가 바로 열이다. 열에 대한 대수적 부호는 주변으로부터 계 내부로 열이 유입될 경우는 양으로, 반대의 경우에는 음의 부호로서 정의한다. 계의 온도 상승은 계 내 열에너지 증가에 기인한다. 열역학 정의에 의하면 계는 열을 소유할 수 없다. 계는 이동에너지량인 열을 지닐 수 있는 것이 아니라, 이에 걸맞은 임의의 '온도'를 나타낼 뿐이다. 즉, "열은 계와 주변간 에너지 전달 매체로서 이동에너지에 해당한다." 이처럼 열에너지와 온도는 상호간 불가분의 관계를 지니며 이들 사이를 관계 지우는 열역학 함수는 2장에서 다루는 엔트로피 함수가 된다(열역학 2법칙).

일(works)은 계와 주변 사이에서 전달되는 열 이외 다른 모든 형태의 이동에너지로서 정의된다. 일에는 역학적, 화학적, 전기적, 자기적, 표면 일등 관심 계에 따라서 매우 다양한 형태가 있을 수 있다.

역학적 일의 한 예로써 자동차 엔진의 실린더 내에서 압축되는 기체를 고려해 보자(그림 1.1). 기체를 계로 고려할 경우(닫힌계) 피스톤 면에 의해 계에 일이 가해지게 된다. 가해진 일의 양은 인가 힘 F에 피스톤이 움직인 거리 Δl을 곱한 값이 된다. 따라서 피스톤의 단면적을 A라 하면 가해진 일은 다음과 같이 표현된다.

$$W = F\Delta l = \left(\frac{F}{A}\right)A\,\Delta l = P_{ex}(\Delta V) \tag{1.1}$$

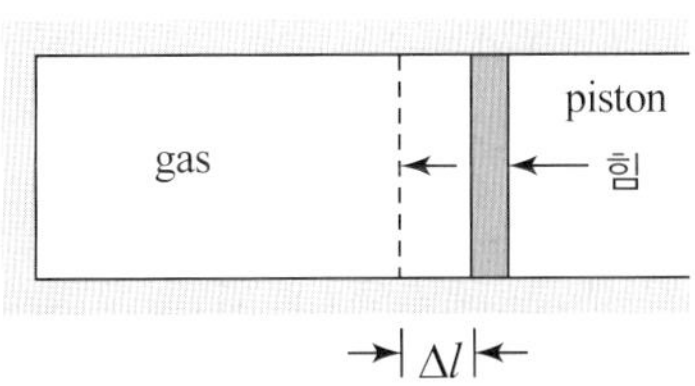

그림 1.1 역학적 일

계에 가해진 역학적 일은 계 상태변화에 대응하는 외부로부터의 저항 압력(외부 압력), P_{ex}에 계 부피 변화량, ΔV를 곱한 값이 된다. 일은 주울(J), 압력은 제곱미터당 뉴턴(N/m^2) 또는 파스칼(Pa) 단위로 각각 표현한다. 힘과 이동 방향이 역학적 일의 대수적 부호를 결정한다.

그림 1.1과 식(1.1)에서 살펴보듯이 일의 대수적 크기는 주변에 의해 계 내로 일이 행하여진 경우 음의 값으로 정의한다. 반대로 계가 주변에 대해 일을 행한 경우 일의 크기는 양이 된다.[1] 이는 역학적 일에 의거한 보편적 사고에 따른 대수적 부호에 근거해 정한 것이다. 이는 압력 감소로 물질 팽창시 행한 일을 양의 수치로, 압력 증대로 인해 수축시 받는 일을 음의 수치로 일반적으로 인식하고 있기 때문이다.

$$W = P_{ex}\Delta V - W^*$$

따라서 역학적 일($P_{ex}\Delta V$)과 유용한 일(useful works, W^*) 간의 대수적 부호가 서로 반대임에 유의하라. 유용한 일은 역학적 일을 제외한 기타 모든 일을 총칭해 일컫는 용어이다. 주요 유용한 일(W^*)의 종류 및 정량화에 대한 설명은 1.5절에서 자세히 다루어진다. 관례적으로 열의 경우에는 주변으로부터 계 내부로 에너지가 유입될 때를 양의 값으로, 반대로 일은 계 내부로부터 주변으로 에너지가 유출될 때를 양의 값으로 정의한다(그림 1.2). 역학적 일과는 달리 유용한 일(W^*)의 부호체계는 열에너지와 동일함에 유의바란다.

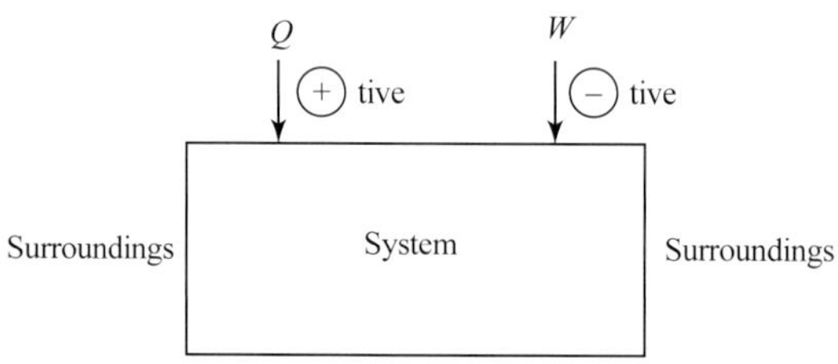

그림 1.2 열과 일에 대한 유동에너지 부호 체계

1) 일부 열역학 교재에는 이와 반대의 역학적 일에너지 부호 체계를 채택함으로써 계에 의해 주변에 일이 가해진 경우를 음의 부호로 계 내로 행하여진 일을 양의 수치로 정의하기도 한다.

가역, 비가역 과정

열역학에서는 계의 상태변화 과정을 가역과정(reversible)과 비가역과정(irreversible)으로 구분하여 다루고 있다. 가역적 및 비가역적 상태변화 과정의 차이점에 대한 구체적 설명을 위해 그림 1.3에 도시된 피스톤 움직임에 의한 실린더 내 기체 팽창 과정을 예로 들어 보자.

과정 I의 경우 그림 1.3(b)처럼 접시 및 무수히 많은 금속입자를 일시에 피스톤으로부터 제거하면 기체는 매우 빠르게 팽창하여 궁극적으로 주변과 평형을 이루는 새로운 상태를 유지하게 된다. 이 경우 팽창시 피스톤은 최종 평형 위치를 수차례에 걸쳐 넘나드는 요동 과정을 거친 후 최종 위치에 안착된다. 접시와 내용물을 원래 위치대로 피스톤 위에 되돌려 놓으면 기체가 수축되어 계는 원래 상태로 원상 복귀하게 된다. 그러나 팽창시 계가 겪은 상태변화 과정을 그대로 역순으로 되풀이하는 기체의 수축 과정이 진행될 수가 없다. 따라서 과정 I의 기체팽창은 우주 내 영구적 변화(즉, 계내 없어진 일에 의한 엔트로피 증가)를 초래하는 "비가역적" 과정이 된다. 계 상태변화 과정의 비가역성에 대해선 "없어진 일"을 다루는 2.1절에서 자세히 언급된다.

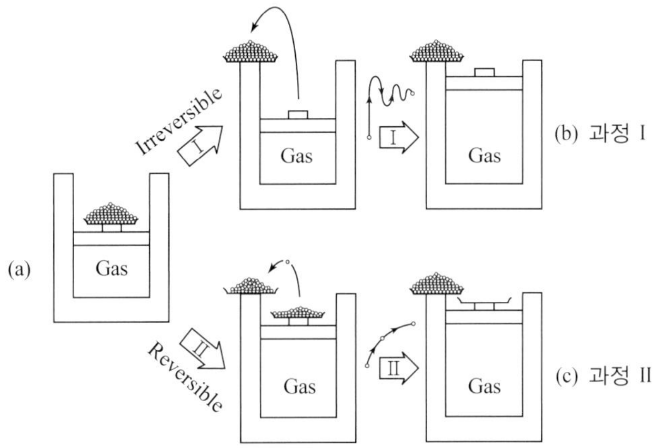

그림 1.3 (a) 피스톤 내 기체의 압력은 접시와 내용물 무게에 의해 결정된다.
(b) 접시가 내용물과 함께 제거되면 급작스럽게 비가역적으로 팽창하여 최종 평형상태에 안착된다(이를 역순으로 상태변화시(압축시)는 팽창시 과정을 동일하게 따를 수 없다). – 과정 I
(c) 무수히 많은 금속입자 하나씩을 매번 평형 유지를 하며 접시로부터 제거하는 방법으로서 기체를 매우 천천히 팽창시키면 가역적 팽창과정이 진행된다(이를 역순으로 상태변화시(압축시)는 팽창시 과정을 동일하게 따를 수 있다). – 과정 II

한편 과정 II의 경우 그림 1.3(c)처럼 한 개의 금속 입자를 제거한 후 그 다음 입자 제거 전에 계가 평형에 도달되도록 충분히 방치한 후 다음 금속 입자를 제거하는 연속적 방법을 통해 실린더 내 기체가 팽창하는 과정을 고려해 보자. 팽창시 매 입자 제거단계 과정마다 기체 내부 압력은 외부압력(주변에 의해서 계에 가해지는 압력)과 무한소량만큼의 차이를 나타낸다. 입자 제거시 야기되는 이러한 주변과 계 내부간 압력 구배는 무시할 정도의 크기이다. 이 경우 외부 인가 압력의 변화를 팽창과정의 역순으로해서 계를 압축시키면, 팽창시 계의 상태변화 과정을 그대로 역순으로 따라서 기체의 수축과정이 일어날 수 있다. 따라서 과정 II의 기체팽창은 우주의 영구적 변화(엔트로피 증가)를 초래치 않는 "**가역적**" 과정이 된다.

일반적으로 계의 초기 상태가 임의 상태변화 과정을 겪은 후, 계 또는 주변에서 관찰될 수 있는 어떠한 변화도 초래하지 않은 채 원래의 초기 상태로 회복될 수 있는 상태변화 과정을 가역적이라고 한다. 가역적 과정의 예로는 반응 또는 상태변화 계의 평형시와 물질의 탄성 변형 과정을 들 수 있다.

비가역적인 일에 대한 예로서 매우 유연한 풍선 내에 갇혀 있는 기체가 진공조 내부로 팽창하는 자유팽창 경우를 고려해 보자. 기체 자유팽창시 기체에 가해지는 외부로부터의 저항압력(외부압력)은 0이다.–즉, 자유팽창시 계가 주변에 행한 일은 0이 된다. 한편 계와 주변을 각기 팽창 전인 원래의 초기 상태로 회복시키기 위해서는 **지속적으로** 힘을 인가시켜 기체를 연속적으로 압축해야 한다. 이 경우엔 일이 계로 가해져야만 하며 이로 인해 계의 에너지는 증가한다. 따라서 이러한 기체 자유팽창 경우에는 계와 주변에서 명백하게 관측될 수 있는 어떤 변화가 초래된다(비가역성에 의한 우주(계+주변)의 엔트로피 증가–영구적 변화 초래). 그러므로 이 과정은 비가역적이 된다.

계 경계에서의 외부 저항압력이 계 내부의 압력에 비해 무한소량 차이, dP 만큼 있도록 유지하며(즉, 계/주변 경계에서 힘의 균형($P_{in} = P_{ex} \pm dP \approx P_{ex}$)을 유지시키면서) 계가 팽창(또는 수축)하는 경우, 팽창시 계가 주변에 가하는 일(또는 수축시 계에 가해진 일)은 가역적 일이 된다. 즉, 계가 가역적으로 팽창하기 위해서는 팽창속도가 무한히 늦은 속도로 진행되어야만 한다. 이 경우에는 순간적인 계 경계의 이동이 무한소량만큼의 힘 변화로 인해서 가역적 과정으로 나타내 질 수가 있다.

$P-V$ 일(역학적 일)의 경우 기체 팽창에 저항하는 외부 압력(P_{ex})이 지속적으로 계 내의 압력과 오로지 무한소량만큼 차이(dP)를 유지하며 팽창한다면 계에 의해 행해진 일은 가역적 일로 간주된다. 이와는 대조적으로 계와 주변 간의 압력 차가 임의의 유한값(ΔP)

을 나타내는 경우에는 계/주변 경계 이동시 계에 가해지거나 계에 의해 행해진 일은 비가역적 일이 된다.

가역과정 및 비가역과정의 예를 역학적 일에 관해 언급했지만 이러한 비가역성 관련 일에 대한 원칙은 다른 형태의 일에도 그대로 적용된다. 비가역성에 대한 다른 종류 일의 예로 전기적 일을 고려해 보자.

열린 회로(open circuit) 전위(평형포텐셜)가 1.5 V인 배터리(전지계)를 2 V(인가전압 > 1.5V)의 외부 전기에너지 원(source)으로부터 충전하는 과정은 비가역적이라고 할 수 있다. 충전 배터리가 역으로 충전되지 않은 원래 상태로 되돌아가고자 할 경우(방전과정) 배터리는 평형전압 1.5 V의 전기에너지를 지속적으로 방전하게 되기 때문에 배터리 충전과정은 비가역적 과정이 된다. 이로 인해 배터리 충전시 계 및 주변에 어떤 영구적 변화가 초래된다(충전시 외부로부터 지속적으로 인가된 일은 2V이나 방전시는 1.5V 일을 행하므로 인해). 한편 이와는 달리 배터리 방전과정(전지반응)은 양극/음극 반응 속도가 공히 동일한 가역적 반응이 된다(10장).

2장에서 다시 언급되겠지만 충전 과정 동안 외부로부터 가해진 전기적 일 중 일부는 비가역성 관련 없어진 일(lost work)로 작용하며, 이는 궁극적으로 퇴화열로 변환되어 배터리계 내에서 소진(消盡)되져야만 한다. 이렇게 비가역성으로 인해 계 내에서 없어진 일에 의해 소진된 퇴화 열에너지는 계 내 비가역성 엔트로피를 창출한다(즉 우주의 영구적 변화 초래). 계 내에서 소진된 이러한 퇴화 열에너지의 양이 바로 상태 변화의 비가역성 정도($dS_{irr} = T\delta$(lost work))를 나타내는 정량적 척도가 된다(2장 참조).

1.3 계 에너지

계의 에너지는 이동에너지 열, 일과는 달리 개념적으로 정적인(static) 에너지로서 다음 세 가지 에너지로 구분할 수 있다: 내부에너지(internal energy), 포텐셜에너지(potential energy), 운동에너지(kinetic energy). 이들 계 에너지는 주변과의 에너지 교환 매체인 동적인(dynamic or active) 에너지, 열과 일에 의해 종속적(passive)으로 결정된다.

계의 내부 에너지는 상태규정 **외부적 변수**(온도, 압력, 전기장, 자기장 등)뿐만 아니라 계를 구성하는 물질의 조성 및 물리적 형태(고, 액, 기상) 등 **물질 고유의 성질**에도 의존한다. 내부에너지는 열 에너지와 역학적, 화학적, 전기적, 자기적, 표면, 유동일 에너지 등 여러

가지 일 에너지 형태로 생성되어 계 내에 존재하는 에너지이다.[2)]
일례로, 압축 스프링은 압축되지 않은 스프링에 비해 해당 역학적 에너지만큼 더 많은 내부에너지를 지니게 된다. 이는 압축된 스프링은 압축되지 않은 상태로 변화하면서(팽창되면서) 어느 정도 양의 일을 행할 수 있기 때문이다. 다음으로 화학적 에너지의 예로서 수소와 산소가 함께 담겨 있는 두 개의 동일한 용기를 고려하자. 첫 번째 용기에는 순수 수소와 산소의 원자비가 2:1인 혼합기체상이 들어있고, 두 번째 용기에는 첫 번째와 동일한 수의 원자가 들어 있지만 그 물리적 형태가 혼합기체상이 아닌 액상 물로서 존재한다고 하자. 이러한 경우 첫 번째 용기와 두 번째 용기의 내부에너지가 서로 다름을 짐작할 수 있다. 두 번째 용기와 달리 첫 번째 용기에 전기적 스파크가 가해지면 급격히 내부에너지(화학에너지)를 방출하는 화학반응이 일어나 수소와 산소는 물로 변화하게 된다. 이로부터 두 계의 화학적 에너지가 명백히 다름을 쉽게 이해할 수 있다.
계 온도 증가에 따라 계의 내부에너지가 증가하는 현상은 열에너지를 살펴보면 직관적으로 이해할 수 있다. 물질 온도와 관계되는 물질의 내부에너지 형태를 열이라 하지 않고 열에너지라 일컫는다. 엄밀한 의미에서 열에너지는 열과는 다른 특성을 지니고 있다. 열은 경로함수의 속성을 지닌 계와 주변 사이에서 전달되는 동적인 이동 에너지를 의미하는 반면, 열에너지(엄밀하게 내부에너지의 일부)는 계가 지니고 있는 정적인 에너지를 의미하며 계의 온도와 관계된다.
무수한 원자 또는 분자로 구성된 물질의 내부 에너지는 절대량이 분명히 존재하나 이를 절대수치로 정량화하는 것은 불가능하여 범용적 기준상태에 대한 상대적 에너지로서 정량화하게 된다(1.10절 참조).

운동에너지는 병진(translational)이나 회전(rotational) 운동처럼 계(물질)의 **전체적인**(overall) 움직임으로 인해서 계가 지니게 되는 에너지를 뜻한다. 여기서 '전체적'이란 말을 강조체로 표현한 이유는 위에 언급된 운동에너지가 계 내에 존재하는 분자들의 개별적 운동에너지가 아니라 전체 계의 운동에너지임을 강조하기 위한 것이다. 기체로 이루어진 계의 운동에너지는 거시적인 기체 유동(흐름)에 기인한 에너지이지 개별적인 분자(입자)운동에 기인한 에너지(양자에너지 : quantum energy)가 아니다. 친숙한 운동에너지의 한 형태로써 속도 v로 움직이는 질량 m인 물체(계)가 나타내는 병진 운동에너지($\frac{1}{2}mv^2$)를 들 수 있다.

2) 이미 언급한 내부에너지 형태에 부가해서, 아인슈타인 관계식, $E=mc^2$ (c=빛의 속도)에 따라 계 자체 질량도 에너지 형태로 간주될 수 있다. 핵반응로 연료처럼 계의 질량이 변하는 상태변화 경우엔 이러한 질량 관련 에너지도 내부에너지로 고려되져야 한다.

계의 포텐셜 에너지는 중력(gravitational), 원심력(centrifugal), 전기력(electrical), 자기력(magnetic) 포텐셜 에너지의 총합이다. 중력 포텐셜(위치) 에너지를 예로 들면, 지표면으로부터 위로 10 m 지점에 위치한 질량 1 kg인 물체의 위치에너지가 지면에 놓여 있는 1 kg인 물체의 위치에너지보다 큰 것은 명백한 사실이다. 계의 위치에너지는 기준면(zero level) 선택 방법에 따라 달라질 수 있다. 예로서 지표면을 기준면으로 정할 경우 지표로부터 10 m 위에 위치한 1 kg인 물체의 위치에너지는 물체 질량에 중력가속도($g = 9.807\ \mathrm{m/s^2}$)와 지표로부터 높이를 곱한 값이 된다. 따라서 물체의 위치에너지는 $98.07\ \mathrm{kg \cdot m^2/s^2}$ [98.07 N · m 또는 98.07 J]이 된다. 위치에너지에 대한 기준면은 임의적으로 정하여 사용할 수 있다. 지표로부터 10 m 지점을 기준면으로 정할 경우 물체의 위치에너지는 0이 된다. 물론 10 m 높이에서의 물체와 지표면상의 물체간 위치에너지 차이는 기준면을 어떻게 정하느냐에는 무관하며 항상 동일한 값을 나타낸다. 즉, 물체의 위치에너지는 기준면에 따라 달라지지만 두 물체간의 상대적 위치에너지 차이는 기준면을 어떻게 선택하여 정하느냐에 상관없이 항상 일정하다. 위치에너지는 물체의 자유 낙하에 의해 운동에너지와 같은 다른 형태의 에너지로 전환될 수 있다. 이로부터 운동에너지와 위치에너지는 계의 주변 환경에 크게 의존함을 알 수 있다.

1.4 세기 및 크기 성질

계의 열역학 성질은 그 성질이 계의 질량(크기)에 의존하느냐 의존하지 않느냐에 따라서 크기 성질(extensive property)과 세기 성질(intensive property)로 구분할 수 있다. 크기 성질은 계의 크기(extent)나 질량(mass)에 관련되는 성질인 반면, 세기 성질은 계의 크기나 질량과는 무관한 성질을 의미한다. 따라서 압력과 온도는 세기 성질임에 반해 부피나 에너지는 크기 성질이다. 그러나 고유 부피는 밀도와 마찬가지로 세기 성질이다.

크기 성질과 세기 성질을 구분하는 간단한 방법을 소개한다. 원래 계 옆에 동일한 다른 계가 생겨났다고 가정한 다음 원래 계 성질이나 양이 새로 생겨난 계로 인해 두 배가 되면 그 성질은 크기 성질이며, 그렇지 않으면 세기 성질이다. 계가 두 배로 늘었다 하여 온도나 압력은 두 배로 증가되지 않는다. 이러한 간단한 구분 방법에 의해서 온도나 압력은 세기 성질이 됨을 쉽게 이해할 수 있다. 반면에 계가 두 배로 커짐에 따라 부피나 에너지는 두 배로 증가되므로 이들은 크기 성질이다.

1.5 상태 및 경로함수

열역학의 논리 전개 구조는 "평형상태의 개념"과 "상태함수 성질 변화는 상태변화시 계가 취할 수 있는 열역학적 경로와는 무관하다"라는 두 가지 기본원리에 기초하여 이루어진다. 열역학 상태함수의 변화량은 오로지 계의 초기 및 최종 평형상태에 의해서만 결정된다.

이는 상태함수인 내부에너지 변화는 오로지 계의 초기 및 최종 상태를 특징적으로 규정짓는 상태변수들로부터 결정된다는 것을 의미한다. 이러한 상태규정 변수로는 압력, 온도, 자기장, 표면적, 질량 등 외부적 변수 및 물질 고유성질(고유물성)을 고려할 수 있다. 계가 상태 1로부터 2로 변화할 경우, 계의 내부에너지 변화(ΔU)는 최종 상태의 내부에너지로부터 초기 상태의 내부에너지를 뺀 값, $(U_2 - U_1)$이 된다. 내부에너지 차이는 계가 상태 1로부터 2로 어떠한 경로를 거쳐서 변화하였는가 와는 무관한 값이다. 이는 내부에너지가 오로지 계의 상태에만 의존하며 상태의 변화과정 경로와는 무관한 상태함수(state function)에 속하기 때문이다. 무한소 상태변화 과정시 상태함수인 내부에너지의 변화는 dU 로 표기한다. 상태함수 유한 변화 ΔU 는,

$$\Delta U = U_2 - U_1 \tag{1.2}$$

계 에너지와는 대조적으로, 상태 1로부터 상태 2로 계가 변화할 때 계에 의해 행해지거나 가해진 일 또는 열은 경로함수(path function)가 된다. 무한소 변화과정에 대한 일 또는 열은 경로함수이므로 $\delta W, \delta Q$ 로 표기한다. 유한 상태변화시의 일은 W (열은 Q)로 표시한다. 상태 변화에 따른 계의 에너지 변화 ΔE 와 계/주변간 이동에너지인 Q, W를 상호 관계지우는 "계 에너지 수지 균형식"을 "열역학 1법칙"이라 일컫는다(1.7절).
재료계에서 접할 수 있는 경로함수인 주요한 일 에너지 종류 몇가지 형태를 소개해보자.

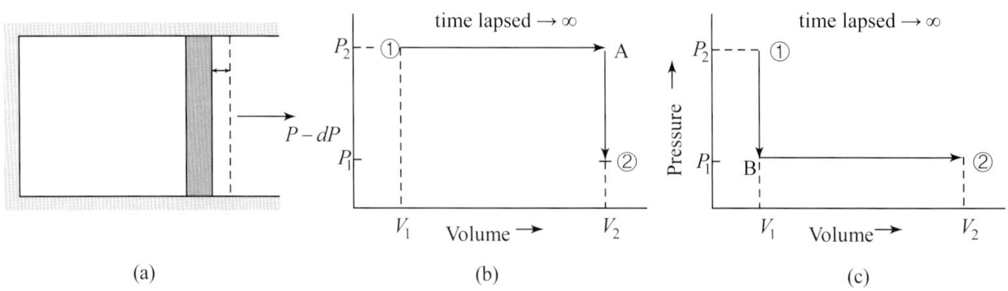

그림 1.4 압력변화에 의해 기체계가 팽창과정시 행한 일은 경로함수이다. 동일한 상태변화 (①→②)에 대해 가역적 경로 (b)를 따르는 경우가 가역적 경로 (c)보다 더 많은 일이 행해진다.

역학적 일

그림 1.4(a)처럼 기체로 이루어진 계를 압력 변화에 의해 상태 1로부터 상태 2로 팽창시킨다고 가정하자. 계에 의해 행하여진 역학적 일은 외부 인가압력 P_{ex} 에다 계의 부피변화를 곱한 수치이며, 팽창시 계가 주변에 대하여 일을 행하므로 양의 부호를 나타낸다.

$$\delta W = P_{ex} dV$$

여기서 압력 P는 세기 성질이며 부피 V는 크기 성질인 열역학 변수로 이들의 곱으로 역학적 일이 표현된다.

압력-부피 변화과정이 가역적으로 진행된다고 할 경우, 계 내부 기체압력(P_{in})은 항상 외부의 저항압력과 같다고 간주할 수 있다(즉, 계의 내부압력은 항상 외부의 저항압력과 오직 무한소량 만큼만 차이가 있다 : $P_{ex} \approx P_{in} \pm dP$). 계가 지점 1로부터 2로 팽창하는 과정은 여러가지 다양한 경로로서 진행될 수 있다.

경로 (b)의 경우 지점 1로부터 중간지점 A까지는 등압팽창(isobatic expansion)을 하고, 이어서 A에서 지점 2까지는 등부피(isochoric) 압력감소가 일어난다. 이런 가역적 상태변화 과정 경로 중 두 번째 과정에서는 계의 부피 변화가 없으므로 계에 의해 행하여진 일이 없게 된다. 따라서 경로 (b)에 대해 계에 의해 행하여진 가역적 일은,

$$W_{(b)} = P_2 \left(V_2 - V_1 \right) \tag{1.3}$$

다른 경로 중 하나로 그림 1.4(c) 경로를 들 수 있다. 지점 1에서 B까지 계는 등부피 압력감소를 거치게 되며(일= 0), 이어서 지점 B로부터 2까지는 등압 팽창과정을 거친다. 따라서 가역적 팽창과정 경로 1→B→2 진행시 행하여진 가역적일은,

$$W_{(c)} = P_1 \left(V_2 - V_1 \right) \tag{1.4}$$

식(1.3)과 (1.4)를 비교해 보면 동일한 상태변화 과정에 대해 서로 다른 두 경로에 의해서 행하여진 일이 실제로 다른 값이 됨을 알 수 있다. 압력 P_2가 P_1보다 크므로 경로 1→A→2를 따라 행하여진 일이 경로 1→B→2를 따라서 행하여진 일보다 더 크다.

계 내 기체의 압력-부피 변화에 대한 등압 팽창 또는 수축은 기체의 온도를 변화시킴으로서도 [즉, 열을 계에 가하거나(팽창시) 감함(수축시)으로써] 행해질 수 있다.

계가 순환경로 공정을 거치는 경우, 즉 지점 1에서 A를 거쳐 2지점으로 변화하고 이어서 B를 거쳐 다시 원래 상태인 지점 1로 되돌아오는 상태변화 과정(즉, 1→A→2→B→1)시 계에 행하여진 전체 일은 순환경로에 대한 PdV 적분값이 된다(그림 1.5).

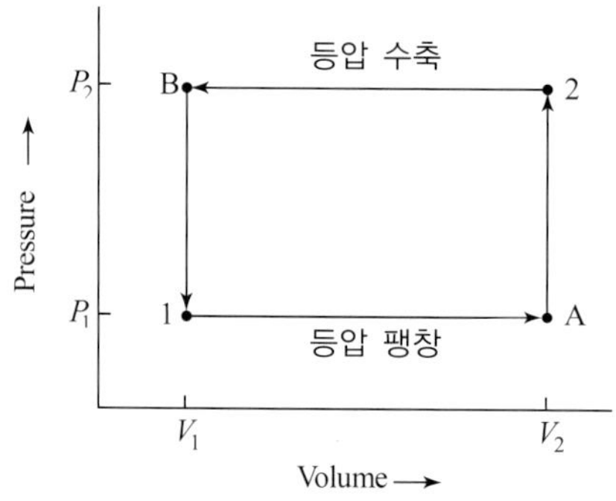

그림 1.5 순환경로상의 역학적 일

$$W = \int PdV = \{P_1(V_2 - V_1)\} - \{P_2(V_2 - V_1)\} = (P_1 - P_2)(V_2 - V_1) \tag{1.5}$$

이 경우 행하여진 일은 음의 값이다. 즉, 주변이 계에 대하여 일을 한 경우이다. 순환경로 방향이 반대가 되면 (즉, 1→B→2→A→1), 일은 양의 부호를 나타내므로 계가 주변에 대하여 일을 행한 경우가 된다.

$$W = \int PdV = \{P_2(V_2 - V_1)\} - \{P_1(V_2 - V_1)\} = (P_2 - P_1)(V_2 - V_1)$$

계 상태변화가 이러한 순환과정을 거치면 순환방향에 따라 일은 계로부터 감해지기도 하고 계에 가해지기도 한다. 이러한 일의 차이점은 계에 가해지거나(등압팽창시) 계로부터 제거되는(등압수축시) 전체열에 의해서 설명되어진다. 이와 같이 열을 일로 반대로 일을 열로 전환시키는 장치계를 열기관이라 한다. 이러한 열기관에 대한 고찰은 2장에서 보다 상세하게 다루어진다.

표면일

그림 1.6처럼 표면장력(γL) 보다 무한소 양만큼 큰 외부힘 F를 표면에 인가하여 표면적을 증대시키는 가역적 과정에 의해 계에 행해지는 표면일, δW은(9장 참조),

$$\delta W = Fdx = (-\gamma L)dx = -\gamma dA \tag{1.6}$$

여기서 γ는 표면장력이며 외부 힘은 표면장력에 대응하는 인가 힘이다. 본 교재에선 δW는 관례적으로 계에 의해서 일이 행해지는 경우를 양의 부호로 간주한다. 따라서 식 (1.6) 우변 표면일은 계에 가해진 일이므로 음의 부호를 지닌다.

표면일은 광의로 해석해 보면 압력과 연관된 역학적 일에 해당된다($Fdx = (F/A)(Adx) = P_{ex}dV$).

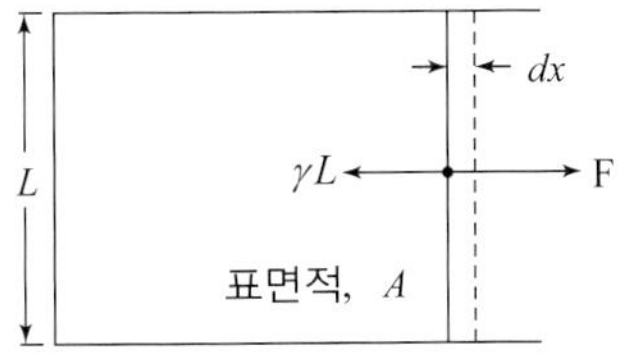

그림 1.6 표면일 : $\delta W = -\gamma(Ldx)$, 표면장력 $\gamma = F / L$

전기적 일

전기적 일은 계의 전기포텐셜(E)과 전하량(Q)의 곱으로 다음처럼 표현된다(10장 참조).

$$\delta W = -EdQ = -Ed(nF) = -EFdn \tag{1.7}$$

여기서 Q는 전하량, n는 전자의 몰 수, F는 패러데이 상수이다. 식(1.6) 표면일 경우와 동일하게 전기적 일도 음의 부호를 지닌다.

전기적 일과 다음에 소개되는 자기적 일은 전자이동 연관 일로서 광의로 해석해보면 구성성분 이동과 관련된 화학적 일에 해당된다.

자기적 일

자성체의 자화변화에 의한 자기적 일에 대한 표현식 유도를 위해 원주 길이 L, 일정한 단면적 A인 고리 형태의 등방성 자성체 주위에 나선형으로 N번 감긴 도선을 통해 전류 i가 흐르는 경우를 고려해 보자(그림 1.7).

$$i = F\,dn/dt$$

여기서 n은 도선에 흐르는 전자의 몰수이고 F는 패러데이 상수이다. 이 경우 전류는 유도자장 B를 야기시킨다. 경과시간 dt에 걸친 전류변화로 야기되는 유도자장 변화 dB에 의한 기전력 E는,

$$E = NA\frac{dB}{dt}$$

시간 dt 동안 계에 의해 행해진 자기적 일은 식(1.7)로부터 다음처럼 표현된다.

$$\delta W = -E(Fdn) = -NAF\left(\frac{dn}{dt}\right)dB = -NAidB \tag{1.8}$$

한편 나선형 도선에 흐르는 전류에 기인한 자장세기 **H**는,

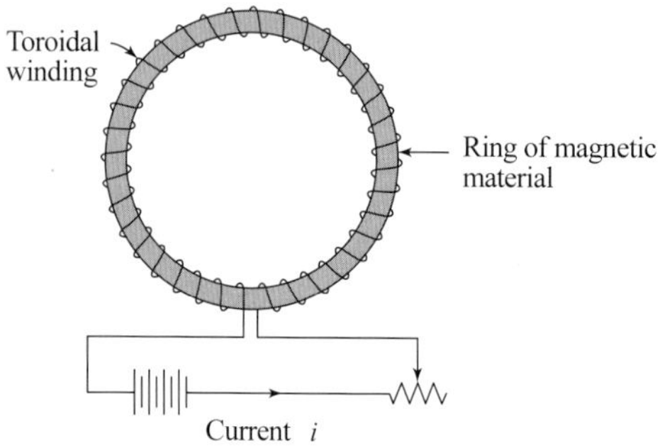

그림 1.7 자성체의 자화변화

$$\mathbf{H} = \frac{4\pi NAi}{V}$$

따라서 위 식을 식(1.8)에 치환하면,

$$\delta W = -\frac{V}{4\pi}\mathbf{H}dB \tag{1.8a}$$

나선형 도선으로 감긴 고리형태 자성체의 유도자장은(CGS 단위),

$$B = \mathbf{H} + \frac{4\pi M}{V}$$

위 관계식을 자기적 일 표현식(1.8a)에 대입하면,

$$\delta W = -\frac{V}{4\pi}\mathbf{H}d\mathbf{H} - \mathbf{H}dM \tag{1.9}$$

상자성체(paramagnetic 또는 diamagnetic)의 자화 M은 $\mathbf{H}$와 다음처럼 비례 관계가 있다.

$$M = \chi\mathbf{H} \tag{1.8c}$$

여기서 χ는 자화율(magnetic susceptibility)이며 $\mathbf{H}$의 단위는 Oersteds(dyne/pole), M은 pole·cm이다.

나선형으로 감긴 도선 내부 공간에 자성체가 없는 경우 χ는 0이므로 M은 0이 된다($B = H$). 이 경우 δW는 식(1.9)의 우변 첫 항으로 표현된다(자성체 물질 부피에 해당하는 공간에 의한 자기적 일). 결과적으로 물질(자성체)의 자화 증대로인해 행해지는 자기적 일은 식(1.9)의 두 번째 항으로서 다음처럼 주어진다.

$$\delta W = -\mathbf{H}dM \tag{1.10}$$

1.6 고유 크기 성질

열역학 크기성질을 다루는 경우 전체 계의 성질로부터 단위 질량(또는 몰)당 성질인 고유성질(specific property)을 구별짓기 위한 표기법이 필요하다. 본 교재에서는 다음처럼 아래밑줄 _ 표기법을 크기 열역학 함수의 고유성질 표현으로 채택하고 있다.

$$\underline{U} \equiv \frac{U}{m} \tag{1.11}$$

계의 내부에너지를 질량으로 나눈 값을 고유 내부에너지라 한다. 내부에너지의 단위가 J이고 질량의 단위가 kg이므로 고유 내부에너지의 단위는 J/kg이다. 질량 m의 단위로 g이나 mole을 사용하기도 한다.

부피의 경우에도 동일한 표기법을 적용할 수 있다.

$$\underline{V} \equiv \frac{V}{m}$$

$\underline{V}$ 는 계의 고유부피로써 m^3/kg 단위를 가진다. 물질의 밀도는 물질 고유부피의 역수이며 SI 단위로서 kg/m^3 의 단위를 나타낸다.

예로서 온도 298 K에서 밀도가 1 g/cm^3인 물의 고유부피를 계산해 보자. 고유부피는 밀도 ρ의 역수이므로 단위를 적절히 변화시켜 다음처럼 물의 고유부피를 구할 수 있다.

$$\underline{V} = \frac{1}{\rho} = \frac{1}{1.0(\text{g/cm}^3)} \times 1000\left(\frac{\text{g}}{\text{kg}}\right) \times 10^{-6}\left(\frac{\text{m}^3}{\text{cm}^3}\right) = 10^{-3}\left(\frac{\text{m}^3}{\text{kg}}\right)$$

물질의 단위 몰당 고유부피를 몰부피라고 부른다.

구리 (분자량 = 63.54 g/cm^3, 밀도 = 8.96 g/cm^3)의 몰부피는,

$$\underline{V} = 63.54\left(\frac{\text{g}}{\text{mol}}\right) \times \frac{1}{8.96(\text{g/cm}^3)} \times 10^{-6}\left(\frac{\text{m}^3}{\text{cm}^3}\right)$$

$$\underline{V} = 7.09 \times 10^{-6}\,\frac{\text{m}^3}{\text{mol}} \quad \text{또는} \quad 7.09\,\frac{\text{cm}^3}{\text{mol}}$$

고유부피(m^3/kg)와 몰부피(m^3/mol)를 나타내는데 열역학 교재에선 공히 동일한 기호 $\underline{V}$ 가 쓰임에 유념하라. 기호의 의미는 통상적으로 그 기호가 사용되는 주변 문맥에 의해서만 명확해질 수 있다. 그러나 화학반응이나 용액의 성질을 다루는 경우에 $\underline{V}$ 는 몰부피를 의미하는 것이 관례이다.

1.7 열역학 1법칙

닫힌계에서는 어떠한 물질도 계로 유입되거나 계로부터 방출될 수 없다. 계의 경계는 일이 계에 의해 행해지거나 가해질 경우, 그리고 열에너지가 계에 유입되거나 방출될 경우에 각각 팽창 또는 수축할 수 있다. 계의 내부에너지 변화는 바로 이러한 계-주변간 일과 열 형태의 에너지 이동에 의해서 야기된다.

포텐셜에너지와 운동에너지의 변화가 없는 **닫힌 재료계**에 대한 열역학 1법칙은 미분형태로 다음처럼 계의 에너지 수치 균형식으로 나타낼 수 있다.

$$dU = \delta Q - \delta W : \text{닫힌계} \tag{1.12}$$

여기서 상태함수인 내부에너지(U)의 미분형태가 dU로 표시됨에 유의하라. Q와 W 앞에 사용된 δ 미분표기는 Q와 W가 상태함수가 아니라 경로함수임을 의미한다. 또한 $\delta W = PdV - \delta W^*$ 이다. 참고로 일의 부호 약속을 본교재에서 채택한 부호체계(1.2절)와는 반대로 정하면 $\delta W = PdV + \delta W^*$ 이 되고 이 경우 열역학 1법칙 표현식(1.12)는 $dU = \delta Q + \delta W$ 로 표기된다. 여기서 δW^*는 역학적 일(pdV)을 제외한 기타 모든 일(화학적, 표면, 전기적, 자기적 일 등)을 총칭하는 **유용한 일**이다.

열린계에서는 계의 경계를 통해 물질이 자유롭게 출입할 수 있다. 이러한 열린계에 열역학 1법칙인 에너지 수지 균형식을 적용할 경우에 당연히 계 내로 유입되거나 방출되는 물질의 내부에너지가 포텐셜에너지 및 운동에너지와 더불어서 고려되어야 한다(식1.16). 물질이 계 내로 유입되는 경우엔 유입물질에 의해 계에 가해지는 일이, 그리고 계로부터 물질이 밀려 방출되는 경우엔 방출물질에 의해 계가 행하는 일이 부가적으로 함께 고려되어야 한다. 열린계에서 이러한 유동물질 자체에 의한 일을 유동일(flow work)이라 칭한다(그림 1.8).

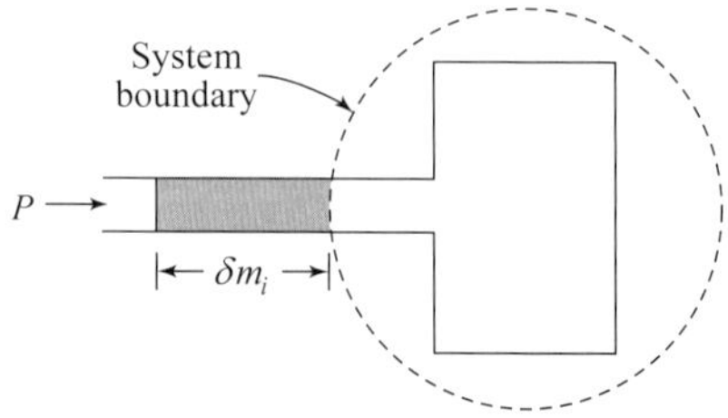

그림 1.8 열린계 내 유동일.

유입물질("i"로 표시)이 계 내로 밀려 들어올 경우 가해지는 유동일은,

$$(\text{유동일})_i = \int_0^{V_i} P_i dV_i$$

$V_i = \underline{V}_i m_i$ 이므로 $dV_i = \underline{V}_i dm_i$. V_i는 단위물질당 부피이다.

$$(\text{유동일})_i = \int_0^{m_i} P_i \underline{V}_i dm_i = P_i \underline{V}_i m_i$$

미분 형태로 다시 쓰면,

$$\delta(\text{유동일})_i = P_i \underline{V}_i \delta m_i \tag{1.13a}$$

계 내에 존재하는 물질을 계로부터 밖으로 밀어낼 경우("o"로 표시) 필요한 일도 유사한 식으로 나타낼 수 있다.

$$\delta(\text{유동일})_o = P_o \underline{V}_o \delta m_o \tag{1.13b}$$

단순화를 위하여 운동에너지와 포텐셜에너지 항을 생략하고 **열린 재료계**에 대한 열역학 1법칙식을 정리하면,

$$dU = \{(\underline{U}_i \delta m_i - \underline{U}_o \delta m_o) + \delta(\text{유동일})\} + \delta Q - \delta W$$

여기서 $\delta(\text{유동일}) = \{\delta(\text{유동일})_i - \delta(\text{유동일})_o\} = (P_i \underline{V}_i \delta m_i - P_o \underline{V}_o \delta m_o)$

$$dU = \{(\underline{U}_i + P_i \underline{V}_i)\delta m_i - (\underline{U}_o + P_o \underline{V}_o)\delta m_o\} + \delta Q - \delta W \tag{1.14}$$

여기서 $\underline{U}_i \delta m_i$와 $\underline{U}_o \delta m_o$는 계로 유입 혹은 방출되는 물질 자체로 인하여 유입되거나 방출되는 내부에너지이며, $P_i \underline{V}_i \delta m_i$와 $P_o \underline{V}_o \delta m_o$는 물질의 유입과 방출로 인해 생기는 유동일이다(역학적 일, PdV와 다른 형태의 일임에 유의하라). 윗 식에서 유동일에 해당하는 항을 에너지 수지 균형식의 일에 대한 항 δW에 포함시킬수도 있으나 유동일은 항상 계로의 물질 유입 또는 방출과 연관되므로 물질 성질 항에 관련시켜 표현하는 것이 보편적이다. 즉, 열린계에서 δW는 유동일을 제외한 모든 일을 나타낸다.

포텐셜에너지와 운동에너지 변화가 없는 다양한 물질로 구성된 **열린계**에 대한 에너지 균형식(열역학 1법칙)은 다음처럼 쓸 수 있다.

$$dU = \{\sum_{m_i}(\underline{U}_i + P_i \underline{V}_i)\delta m_i - \sum_{m_o}(\underline{U}_o + P_o \underline{V}_o)\delta m_o\} + \delta Q - \delta W \tag{1.15}$$

여기서 유동물질의 성질 항 앞의 합기호 Σ는 계로 유입(혹은 방출)되는 모든 물질성분에

대한 성질의 합을 의미한다. 방출 물질($\sum_{m_o} \delta m_o$)은 미반응 유입물 및 유입물간 반응 생성물로 이루어진다. $(\underline{U}_i + P_i \underline{V}_i)$ 는 유동일과 관련된 물질 엔탈피로서 다음 절에서 다루어진다.

식(1.15)의 우변 처음 두 항은 열린계로 유입, 방출되는 유동물질과 관련된 에너지항이므로, 닫힌계에 대한 열역학 1법칙은 주변과 물질교환 이동이 없으므로 다음처럼 쓸 수 있다.

$$dU_{system} = \delta Q - \delta W$$

열역학 1법칙은 "우주의 에너지 보존법칙"임과 동시에 "계의 에너지 수지 균형 관계식"을 나타낸다. 계로 들어온 이동에너지와 빠져나간 이동에너지간 차이만큼의 에너지가 계의 내부에너지 변화량을 표시한다.

$$dU_{universe} = dU_{system} + dU_{surroundings} = 0$$

베르누이 정리

열역학 1법칙 활용 예로 계 에너지로서 내부에너지와 더불어 포텐셜 및 운동에너지를 함께 고려하는 열린계에 대해 에너지 수지 균형 관계식을 적용하여 다음 유도과정을 거쳐 "베르누이(Bernoulli) 정리"를 얻어 낼 수 있다.

$$\begin{aligned} d(U + PE + KE) = &\{(\underline{U}_i + P_i \underline{V}_i) + \underline{KE}_i + \underline{PE}_i\}\delta m_i - \\ &\{(\underline{U}_o + P_o \underline{V}_o) + \underline{KE}_o + \underline{PE}_o\}\delta m_o + \delta Q - \delta W \end{aligned} \tag{1.16}$$

유체계 내로 유입 및 방출되는 유체의 양이 동일하며($\delta m_i = \delta m_o$) 정상상태[$d(U + PE + KE) = 0$]인 열린계(관 내 유체의 특정 일부분)에 식 (1.16)을 적용하여 유체 단위질량당 에너지 수지식으로 표현하면 다음처럼 쓸 수 있다[식(1.16)의 δm 을 단위질량(1g 또는 1mole)의 유한 변화량으로 간주하면].

$$Q - W = (\underline{U}_o + P_o \underline{V}_o + \underline{KE}_o + \underline{PE}_o) - (\underline{U}_i + P_i \underline{V}_i + \underline{KE}_i + \underline{PE}_i)$$

방출, 유입되는 유체를 동일 물질로 고려하면, $\underline{U}_o = \underline{U}_i$

$$\begin{aligned} -Q + W &= (P_i \underline{V}_i - P_o \underline{V}_o) + (\underline{KE}_i - \underline{KE}_o) + (\underline{PE}_i - \underline{PE}_o) \\ &= \left(\frac{P_i}{\rho_i} - \frac{P_o}{\rho_o}\right) + \Delta(\underline{KE}) + \Delta(\underline{PE}) \end{aligned}$$

여기서 Q, W는 단위질량(1g 또는 1mole)의 유체에 가해지는 열과 일을 각각 나타내고 아래 밑줄은 단위질량당 성질을 의미한다.

$$-Q+W=\left(\frac{P_i}{\rho_i}-\frac{P_o}{\rho_o}\right)+\frac{1}{2}(v_i^2-v_o^2)+g(z_i-z_o) \tag{1.17}$$

여기서 v_i, v_o는 계 내로 유입 및 방출되는 유체의 유속이며, z_i, z_o는 유입 및 방출 위치의 기하학적(수직방향) 높이를 나타낸다. 수직방향에 대해 θ만큼 경사진 유체계에 대한 셋째항의 일반적 표현은 $g\sin\theta(z_i-z_o)$ 이다. 식(1.17)을 베르누이 정리식이라 일컫는다. Q, W가 각기 0인 등온하 유동일 외에 다른 일이 없는 정상상태 유체계에 식(1.17)을 적용하면,

$$P_i+\frac{1}{2}\rho_i v_i^2+\rho_i g z_i=P_o+\frac{1}{2}\rho_o v_o^2+\rho_o g z_o$$

추가로 비압축성 유체를 고려하면 $\rho_i=\rho_o=\rho$ 이므로,

$$P_i+\frac{1}{2}\rho v_i^2+\rho g z_i=P_o+\frac{1}{2}\rho v_o^2+\rho g z_o \tag{1.18}$$

따라서 열린계 에너지 수지 균형식인 열역학 1법칙으로부터 Q, W가 0이고 정상상태인 비압축성 유체 흐름 열린계에 대한 Bernoulli 식(1.18)을 유도할 수 있다.

1.8 엔탈피

$U+PV$를 엔탈피(enthalpy)라 정의하며 일반적으로 영문 대문자 H로 표시한다.

$$H=U+PV \tag{1.19}$$

고유 엔탈피는 단위질량 또는 몰당 엔탈피이다.

$$\underline{H}=\underline{U}+P\underline{V}$$

운동에너지와 포텐셜에너지를 고려한 열린계에 대한 열역학 1법칙 식(1.16)을 엔탈피 정의를 이용해 다시 쓰면,

$$\begin{aligned} d(U+PE+KE)=&\sum_{m_i}(\underline{H}_i+\underline{KE}_i+\underline{PE}_i)\delta m_i-\sum_{m_o}(\underline{H}_o+\underline{KE}_o+\underline{PE}_o)\delta m_o \\ &+\delta Q-\delta W \end{aligned} \tag{1.20}$$

여기서 $\underline{H}_i$ 및 $\underline{H}_o$ 는 열린계에서 유동일 $P_i\underline{V}_i$ 및 $P_o\underline{V}_o$ 와 연관된 물질의 엔탈피, $U + PV$임을 유의하기 바란다. 식(1.20)은 열역학 1법칙에 대한 일반적 "계 에너지 수지 균형식"이다.

식(1.20)의 우변 합기호 두 항은 열린계로 유입, 방출되는 물질 관련 에너지항이다. 따라서 닫힌계에 대해 식(1.20)을 적용하면 유입 및 방출되는 물질의 질량 δm_i 및 δm_o 가 0이므로 우변 처음 두 항을 제거하고 다음처럼 쓸 수 있다. 재료공정계에선 식 (1.20) 좌변의 PE 및 KE 변화가 무시할 정도라서 0이라고 가정할 수 있다. 재료공정계로서 주로 다루어지는 닫힌계에 대한 재료열역학 1법칙 표현은 다음식으로 쓸 수 있다.

$$dU = \delta Q - \delta W \tag{1.12}$$

열역학 1법칙의 재료공정계 적용 예로서 정상상태 열린계를 고려해 볼 수도 있다. 정상상태란 계의 양이나 성질이 시간에 따라 모두 변화하지 않는 상태를 의미한다. 즉, 물질이 계 내로 유입 혹은 방출될 수는 있지만 계 자체는 시간에 따라 변화하지 않고 일정한 상태를 유지한다. 정상상태를 이용한 공정해석은 펌프, 터빈, 화학반응용기, 용해로, 고로 등의 장치가 이용되는 다양한 재료공정에서 매우 유용하게 사용된다. 이런 장치 내에서는 공정작업이 일단 정상상태에 도달하게 되면 물질의 유입과 방출에도 불구하고 계 자체는 시간에 따라 변화하지 않는 일정한 상태를 유지하게 된다.

정상상태 열린계에 대한 열역학 1법칙 식은, $d(U + PE + KE) = 0$ 이므로

$$\sum_{m_i}(\underline{H}_i + \underline{KE}_i + \underline{PE}_i)\delta m_i - \sum_{m_o}(\underline{H}_o + \underline{KE}_o + \underline{PE}_o)\delta m_o + \delta Q - \delta W = 0 \tag{1.21}$$

여기서 엔탈피는 유입, 방출물질 내부에너지 및 유동일과 관련된 것으로 $\underline{H}_i = \underline{U}_i + P_i\underline{V}_i$, $\underline{H}_o = \underline{U}_o + P_o\underline{V}_o$ 이다.

유한 변화 과정을 겪는 정상상태 열린계에 대한 열역학 1법칙 식으로 써보면,

$$Q - W = \sum_{m_o}(\underline{H}_o + \underline{KE}_o + \underline{PE}_o)m_o - \sum_{m_i}(\underline{H}_i + \underline{KE}_i + \underline{PE}_i)m_i$$

물질 출입에 따라 운동에너지와 포텐셜에너지의 변화가 없는 정상상태 열린계 경우에는,

$$Q - W = \sum_{m_o}\underline{H}_o m_o - \sum_{m_i}\underline{H}_i m_i \tag{1.22}$$

이러한 정상상태 열린계에선 물질 수지 균형 $\sum_i m_i = \sum_o m_o$ 관계가 또한 성립된다. 여기

서 i와 o는 계에 유입, 방출되는 모든 물질들을 각각 총칭한다. 계 내에서 유입물질 간 화학반응에 의해 생성된 물질이 미반응 유입물질과 함께 방출될 경우 반응열(발열, 흡열)에 의해 Q에 영향을 미치게 된다. 이 경우 계가 단열상태라면 방출물질(미반응 유입물 및 반응 생성물) 온도가 모두 증가(감소)되어 계로부터 배출되게 된다(1.12절)

한편 운동에너지 및 포텐셜에너지의 변화가 없는 열린계에 대한 재료열역학 1법칙 표현은,

$$dU = (\sum_{m_i} \underline{H}_i \delta m_i - \sum_{m_o} \underline{H}_o \delta m_o) + \delta Q - \delta W \tag{1.15a}$$

$$\Delta U = (\sum_{m_i} \underline{H}_i m_i - \sum_{m_o} \underline{H}_o m_o) + Q - W$$

유동일이 없는 닫힌계에 대해 일정한 압력에서 역학적 일[$PdV = d(PV)$]과 내부에너지(dU) 변화를 함께 계 에너지로 고려하여 엔탈피 정의 식(1.19)를 사용하여 표현할 수 있다.

$$dU = \delta Q - \delta W = \delta Q - (PdV - \delta W^*)$$

일정 압력하 닫힌계에 대해 열역학 1법칙을 재정렬해 보면,

$$d(U + PV)_P = \delta Q + \delta W^* \Rightarrow \quad dH_P = \delta Q + \delta W^*$$

$$\delta W^* = 0 \text{ 이라면, } dH_P = \delta Q$$

여기서 $U + PV$는 일정 압력하 계의 역학적 일과 연관된 **엔탈피**이다. 식(1.21)에 포함된 엔탈피와 정의는 같으나 표현이 다름에 유의하라. 일정 압력하 닫힌계에선 유동일이 없으므로 엔탈피, $H = U + PV$는 오로지 역학적 일과 관련이 있게 된다.

1.9 열용량

물질의 온도를 변화시키기 위해 필요한 **열에너지** 양을 재료의 "열용량(heat capacity)"이라 한다.

$$C = \frac{\delta Q}{dT} \tag{1.23}$$

여기서 C는 열용량이다. 열은 계/주변 간 이동에너지이므로 용어 사용측면에서 열에너지와는 개념적으로 동일하지 않는다. 따라서 계 내 물질의 온도를 변화시키기 위해 필요한 에너지 척도에 대한 용어로서는 열용량보다는 오히려 에너지용량(energy capacity)이

더 타당한 용어라 할 수 있다. 그러나 관례적으로 이를 열용량이라 지칭하므로 본 교재에서도 그대로 사용하기로 한다. 열용량에 대한 표기법에는 일반적인 열역학 용어 표기법과 일치하지 않는 예외성이 더 있다. 통상적으로 단위질량당 계의 열역학 성질을 나타내는 고유 성질은 기호 밑에 밑줄을 그어 사용함에 반해, 열용량은 용어 자체가 J/kg·T, J/mol·T, cal/g·°C처럼 단위질량(또는 몰)당의 성질임에도 불구하고 열용량 기호 밑에 밑줄을 긋지 않고 사용한다. 엄밀한 의미에서 단위 질량(몰)당 열용량을 고유(specific) 열용량이라 하지만, 통상적으로 "고유"를 생략하고 사용하고 있다. 열용량 자료는 일정한 부피 또는 압력하 물질의 내부 에너지 또는 엔탈피를 온도 함수로서 정량화하는데 사용된다(에너지 용량 C에 대한 용어 타당성). 이에 따라서 물질의 에너지 정량화는 포괄적 기준상태와 함께 열용량의 온도의존성 자료를 이용해 상대적 에너지 수치로서 결정될 수 있다(1.10절).

정적 열용량

물질 고유 열용량 정량화에 필요한 에너지 결정을 위한 계의 일은 역학적 일 외의 유용한 일은 고려하지 않는다. 유용한 일, $\delta W^* = 0$ 이므로 열역학 1법칙을 다음처럼 쓸 수 있다.

$$dU = \delta Q - PdV + \delta W^*$$

일정한 부피의 닫힌계에서는($dV = 0$) 역학적 일이 행해지지 않는다.

$$dU|_V = \delta Q = mC_V dT$$

$$\frac{(dU)_V}{m} = (d\underline{U})_V = C_V dT$$

여기서 m은 물질량으로서 g, kg, mol 단위를 지닌다.
일정한 부피에서의 정적 열용량, C_V 는 다음과 같이 정의된다.

$$C_V \equiv \left(\frac{\partial \underline{U}}{\partial T}\right)_V \tag{1.24}$$

일정한 부피에서 질량 m인 물질의 온도에 따른 내부에너지 변화는 아래와 같다.

$$dU = mC_V dT \quad \text{또는} \quad d\underline{U} = C_V dT$$

정적 열용량 C_V 는 온도와 물질 고유부피에 대한 함수가 된다. 반면에 이상기체의 정적 열용량은 고유부피와는 무관한 성질이 된다(1.16절).

정압 열용량

일정한 압력에서 물질에 열을 가하면 일반적으로 물질은 부피팽창을 수반한다.[3] 물질에 가해진 열에너지는 물질의 내부에너지를 증가시키고 외부 압력에 대항하여 물질을 팽창시킴으로써 계로 하여금 일을 행하게 한다.

닫힌계에 대해 역학적 일만을 고려하면($\delta W^* = 0$ 이라면) 열역학 1법칙 표현식은,

$$dU = \delta Q - \delta W = \delta Q - PdV$$
$$dU + PdV = \delta Q$$

일정한 압력하에서는 $PdV = d(PV)$ 이므로 내부에너지 대신 엔탈피 H로서 표현하면, 이는 열 변화량과 동일해진다.

$$d(U + PV)_P = \delta Q|_P = dH$$

열용량 정의 식(1.23)으로부터 $\delta Q = mCdT$

따라서 $dH = mC_P dT$ 또는 $d\underline{H} = C_P dT$

여기서 C_P는 정압 열용량으로 다음처럼 정의된다.

$$C_P \equiv \left(\frac{\partial H}{\partial T}\right)_P \tag{1.25}$$

통상적으로 일정한 압력 분위기 하에서 재료의 가열 또는 냉각 공정이 진행되므로 결정질 재료의 열용량은 주로 정압 열용량으로써 표시한다. 주요 재료들에 대한 정압 열용량을 표 1.1에 나타내었다. 정압 열용량 C_P는 온도와 압력의 함수임에 유념해야 한다. 표 1.1에 나타낸 수치는 대기압(1기압)하에서의 정압 열용량이다. 이상기체의 열용량은 압력의 함수가 아니다[식(1.33)참조]. 고체나 액체와 같은 응축상 물질의 열용량도 실질적으론 압력에 무관한 값으로 가정한다. 이는 작은 압력 변화에 따라 응축상의 열용량은 실제로 미약하나마 영향을 받으나 이는 무시할 정도의 매우 미미한 영향도이기 때문이다.

열용량 자료를 이용한 정상상태 열린계에 대한 에너지 수지 균형식 적용 예로서 1톤의 알루미늄 판재 온도를 300 K로부터 800 K로 가열하는데 필요한 에너지와 이에 소요되는

3) 온도 증가에 따라 자화(magnetization) 변화가 일어남으로써 미약하나마 열팽창을 나타내는 일부 금속 재료(예로 Invar)가 있다. 반면에 철, 니켈, 크롬, 타이타늄으로 이루어진 몇 가지 재료들은 특정 온도 범위에서 열수축 현상을 나타내기도 한다.

표 1.1 주요 물질에 대한 C_P[$C_P = a + bT + cT^{-2}$(J/mol·K)] 자료

물질	a	$b \times 10^{-3}$	$c \times 10^5$	온도 범위 (K)
Ag (s)	21.30	8.54	1.51	298–1234
Ag (l)	30.5			1234–1600
Ag_2O	41.92	100.12	[$-55.6 \times 10^{-6}T^2$]	298–500
Al (s)	20.67	12.38		298–932
Al (l)	29.3			932–1273
Al_2O_3	114.8	12.80	35.4	298–1700
Au (s)	23.68	5.19		298–1336
Au (l)	29.3			2336–1600
Ba (α)	–473.2	1587.0	128.2	298–648
Ba (β)	0.67	–975.7	–710.0	648–1003
BaO	50.29	7.20	–4.60	298–2286(T_m)
$BaTiO_3$	121.46	8.54	–19.16	298–1800
C (graphite)	17.15	4.27	–8.79	298–2300
C (diamond)	9.12	13.22	–6.19	298–1200
$CaTiO_3$	127.49	5.69	–27.99	298–1530
CO	28.41	4.10	–0.46	298–2500
CO_2	44.14	9.04	–8.54	298–2500
CH_4	23.64	47.86	–1.92	298–1500
Ca (α)	22.22	13.93		273–713
Ca (β)	6.28	32.38	10.46	713–1123
Ca (l)	31.0			1123–1220
CaO	49.62	4.52	–6.95	298–1177
$CaCO_3$ (α, β)	104.52	21.92	–25.94	298–1200
Cr (s)	24.43	9.87	–3.68	298–2176
Cr (l)	39.3			2167–3000
Cr_2O_3	119.37	9.20	–15.65	350–1800
Cu (s)	22.64	6.28		298–1356
Cu (l)	31.4			1356–1600
Cu_2O	62.34	23.85		298–1200
CuO	38.79	20.08		298–1250
Fe (α)	17.49	24.77		273–1033
Fe (β)	37.7			1033–1181
Fe (γ)	7.70	19.50		1181–1674
Fe (δ)	43.93			1674–1812
Fe (l)	41.8			1812–1873
$F_{0.95}O$ (s)	48.79	8.37	–2.80	298–m.p.*
Fe_2O_3 (α)	98.18	77.82	–14.85	298–950
Fe_3O_4 (α)	91.55	201.67		298–950
H_2	27.28	3.26	0.50	298–3000
H_2O (l)	75.44			273–373
H_2O (g)	30.0	10.71	0.33	298–2500
Li (s)	12.76	35.98		273–454
Li (l)	29.3			500–1000

표 1.1 계속

물질	a	$b\times10^{-3}$	$c\times10^{5}$	온도 범위 (K)
LiCl	46	14.2		298–m.p.
Mg (s)	22.30	10.25	–0.43	293–923
Mg (l)	33.9			923–1130
MgO	42.59	7.28	–6.19	298–2100
$MgCl_2$ (s)	79.08	5.86	–8.62	298–m.p.
$MgCO_3$	77.91	57.78	–17.41	298–750
Ni (s) (α)	22.52	–10.42	[$+10.44\times10^{-6}T^2$]	300–615
Ni (l)	38.49			1728–1900
NiO ($NiO_{1.005}$)	54.02			523–1100
N_2	28.69	3.78	–0.50	298–2973
O_2	29.82	4.20	–1.68	298–2973
$2MgO\cdot2Al_2O_3\cdot5SiO_2$	626.34	91.21	–200.83	298–1738(T_m)
Pb (s)	23.56	9.75		298–601
Pb (l)	32.43	–3.10		601–1200
PbO (red)	44.53	16.74		298–900
Si (s)	23.22	3.68	–3.81	298–1200
Si (l)	31.0			1683–1900
SiO_2 (α) (quartz)	46.94	34.31	–11.30	298–848
Si_3N_4	76.36	109.04	–6.53	298–900
Ti	24.94	6.57	–1.63	298–1155
TiO_2 (rutile)	73.35	3.05	–17.03	298–1800
Zr (α)	22.84	8.95	–0.67	298–1136
Zr (β)	21.51	6.57	36.69	1136–2128
ZrO_2 (α)	69.62	7.53	–14.06	298–1478
ZrO_2 (β)	74.48	–	–	1478–2950(T_m)

O.Kubaschewski and E. Evans, *Metallurgical Thermochemistry*, Wiley, NewYork, 1961.

경비를 계산해 보자. 800 K 온도는 압연을 통해 알루미늄 판의 두께를 줄이는데 일반적으로 사용되는 열간 압연 온도이다. 알루미늄은 에너지원으로 전기에너지를 이용하는 전기로를 통과하면서 가열된다. 전기에너지는 1 kW·hour당 5센트의 비용이 든다고 가정한다. 문제의 간결성을 위하여 전기로에서 외부로의 열손실은 없다고 가정한다. 즉, 노(爐)에 유입되는 모든 전기에너지는 알루미늄을 가열하는데만 사용된다.

먼저 전기로를 계로 고려하면 이 계는 열린계가 된다. 계가 정상상태에 놓여있다고 가정하고 전기로를 통과하는 알루미늄 1톤에 대해 소요되는 에너지 비용을 계산해보자.
정상상태 열린계에 대한 열역학 1법칙식은,

$$(\sum_i \underline{H}_i m_i - \sum_o \underline{H}_o m_o) + Q - W = \Delta U = 0 \tag{1.22}$$

계/주변 간 온도 차이로 인한 열에너지가 계로부터 방출되지 않는다(단열 로)고 가정하므로 열 출입량 Q는 0이 된다. 따라서 계 내로 유입되는 에너지는 외부인가 전기적 포텐셜(전위) 차이에 의한 전기적 일의 형태로써 계(전기로) 내에 유입된다. $m_i = m_o = m_{Al}$ 이므로,

$$\text{전기적 일} = W = -m_{Al}(\underline{H}_o - \underline{H}_i)$$

알루미늄의 열용량을 이용하여 에너지 수지 균형 식(1.22a)의 우변 엔탈피를 구하면,

$$\underline{H}_o - \underline{H}_i = \int_{300}^{800} C_p dT = \int_{300}^{800} (20.67 + 12.38 \times 10^{-3} T) dT$$

$$\underline{H}_o - \underline{H}_i = 20.67(800 - 300) + \frac{12.38 \times 10^{-3}}{2}(800^2 - 300^2) = 13,730 \text{ J / mol}$$

$$\underline{H}_o - \underline{H}_i = 13,730 \text{ J / mol} = 13,730 \times \frac{1,000}{27} = 508,560 \text{ J / kg}$$

$$W = -508,560(\text{J / kg}) \times 10^3 (\text{kg}) = -5.086 \times 10^8 \text{ J} = -141.4 \text{ kW} \cdot \text{h}$$

다음으로는 전기로 대신 알루미늄 판재를 계로 고려하는 닫힌계 경우를 고려해 볼 수 있다. Al 판재(계) 상태 1은 300 K, 상태 2는 800 K를 의미한다.

닫힌계에 대한 열역학 1법칙은,

$$U_2 - U_1 = Q - W$$
$$Q = (U_2 - U_1) + W$$

알루미늄 판재는 상태1로부터 2로 가열되면서 팽창하므로 일항은 0이 아니다. 일은 외부 저항압력(대기압)에 부피 변화, $(V_2 - V_1)$ 을 곱한 값으로써 계가 주변에 대해 일을 행한 경우가 되므로 양수이다.

$$Q = (U_2 - U_1) + P(V_2 - V_1) = (U_2 + PV_2) - (U_1 + PV_1) = H_2 - H_1$$
$$= (\underline{H}_2 - \underline{H}_1)m = 13,730(\text{J/ mole}) \times \left(\frac{1,000}{27}\text{moles}\right) = 508,560 \times 10^3 \text{J} = 141.4 \text{kW} \cdot \text{h}$$

위 해는 앞서 열린계를 고려한 경우와 동일한 결과를 나타낸다.

열린계에서는 판재에 가해진 에너지를 계로 유입되는 열로 취급하고 있다. 전기로로부터 외부로의 열손실이 없다고 가정하므로 판재로 이동된 열에너지는 노에 가해진 전기에너

지와 같게 된다. 따라서 동일한 공정에 대해 각기 다른 두 가지 계(열린계 및 닫힌계) 설정 해법을 통해서 같은 해가 얻어짐을 알 수 있다.

1.10 에너지 정량화(포괄적 기준상태)

내부에너지가 상태함수임을 앞서 언급하였다. 엔탈피는 상태함수 변수(U, P, V)로서 이루어져 있기 때문에 엔탈피도 역시 상태함수이다. 따라서 상태 1과 2 사이에서 물질의 엔탈피 변화는 다음처럼 표현된다.

$$\Delta H = H_2 - H_1$$

내부에너지와 마찬가지로 엔탈피도 절대적인 수치로써 정량화될 수 없다. 물질의 내부에너지 정량화는 인간능력 한계를 벗어난 이룰 수 없는 사안이다. 아보가드로 차수의 입자들로 구성된 물질 내 이들 상호간 결합 에너지 거동에 대한 해석과 정량화는 이룰 수 없는 불가능한 사안이다. 내부에너지 또는 이와 연관되는 에너지 함수(엔탈피, 자유에너지)는 물질 자체가 지니고 있는 그 절대량이 분명히 존재하나 이를 정량화 하는 것은 불가능하다. 그러나 다행히도 열역학에선 물질의 에너지는 그 자체의 절대량에 관심사가 있는 것이 아니고, 물질 상태 변화로 야기되는 에너지 변화량에 주 관심사를 두게 된다. 즉 E_1, E_2 절대값에 관심이 있는 것이 아니라 $\Delta E_{1\to 2} = E_2 - E_1$ 에 관심을 갖는다. 모든 물질의 상태에 공통적으로 적용할 수 있는 포괄적(universal)인 에너지 기준상태를 설정할 수만 있다면, 이를 기준으로 임의 물질상태의 상대적 에너지를 실험적 측정 방법을 통해 정량화할 수 있다. 물질 상태 변화로 수반되는 에너지 변화(ΔE) 정량화시 임의 상태의 절대에너지(실제론 정량화 불가능)를 바탕으로 구한 변화량 ΔE 수치는 포괄적 기준상태에 대한 상대적 에너지로부터 구한 변화량 수치와 동일한 값이 된다. 따라서 모든 물질에 대해 포괄적인 기준상태(에너지를 0으로 설정)를 정해 임의 물질상태의 에너지를 상대적으로 정량화하는 방법은 열역학적으로 중요한 의미를 지닐 수 있다. 절대치 0인 물질의 에너지란 있을 수 없다. 절대온도 0 K에서도 정의하기에 따라 물질은 그에 상응하는 양적 수치의 에너지를 지닌다. 질량 그 자체도 에너지의 한 형태로써 간주할 수 있는 것이다.

상태함수인 에너지 함수에 대한 열역학 고찰시는 서로 다른 상태간 물질의 에너지 차이(ΔE)가 주 관심사이기 때문에 ΔE 정량화를 위해서 편의상 물질에너지의 포괄적 기준상태를 정의하고, 이 기준상태에 놓여 있는 물질의 에너지를 0으로 기준하여 사용한다.

통상적으로 이러한 포괄적 기준상태는 1기압, 온도 298 K에서 안정한(평형) 상태하에 있는 단위 원소 형태의 물질을 의미한다. 예를 들어 1기압, 298 K에서 2원자 산소(O_2)의 엔탈피는 0이 된다. 그러나 단원자 산소(O)는 1기압, 298 K에서 평형상태로 존재할 수 없으므로 단원자 산소의 엔탈피는 0이 될 수 없다. 다른 예로 1기압, 298 K에서 다이아몬드가 아닌 그라파이트 형태로써 안정하게 존재하는 탄소의 엔탈피를 0으로 간주한다. 따라서 1기압, 298 K에서 다이아몬드의 엔탈피는 0이 아니라 그에 걸맞은 상대적 표준엔탈피(ΔH^o_{298}) 수치를 나타낸다.

포괄적 기준상태인 1기압, 298 K에서 단위 원소 형태 물질의 엔탈피를 0으로 간주하므로 이들 단위 원소들로 구성된 화합물은 기준상태와 동일한 온도, 압력하에 놓여 있다고 하더라도 0이 아닌 생성 엔탈피 값을 지녀야 한다. 예로 그림 1.9에 나타낸 것과 같이 그라파이트 형태의 탄소와 산소가 1기압, 298 K 온도에서 계 내로 유입되어 반응하여 298 K, 1기압의 이산화탄소를 배출하는 정상상태의 열린계를 고려해 보자. 정상상태($\Delta U = 0$) 열린계에 대한 열역학 1법칙은 다음처럼 표현할 수 있다. m은 몰 수이다.

$$\left(\sum_{m_i} \underline{H}_i m_i - \sum_{m_o} \underline{H}_o m_o\right) + Q - W = 0$$

$$Q - W = \sum_{m_o} \underline{H}_o m_o - \sum_{m_i} \underline{H}_i m_i \tag{1.22}$$

일정한 압력하 계에선 역학적 일은 없으므로 $W = 0$.

$$Q = \sum_{m_o} \underline{H}_o m_o - \sum_{m_i} \underline{H}_i m_i$$

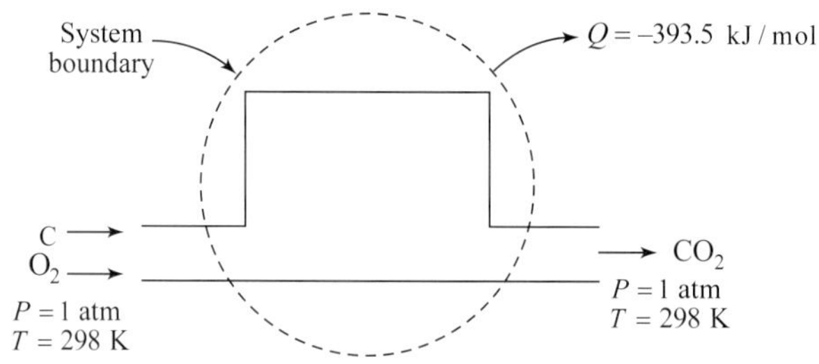

그림 1.9 산소에 의한 탄소 연소

표 1.2 주요 단위 원소 및 화합물에 대한 표준 생성 엔탈피 및 엔트로피(298K, 1atm)

물질	ΔH^o_{298} (kJ/mol)	S^o_{298} [J/(mol · K]
Ag	0	42.68
Ag_2O	–30.5	121.8
Al	0	28.33
Al_2O_3	–1,674	51.0
Au	0	47.4
C (graphite)	0	5.694
C (diamond)	+1.900	2.439
CO	–110.5	197.9
CO_2	–393.5	213.8
CH_4	–62.3	186.2
Ca	0	41.6
CaO	–635.6	39.8
$CaCO_3$	–1,207	88.7
Cr	0	23.8
Cr_2O_3	–1,130	81.2
Cu	0	33.35
Cu_2O	–167.4	93.9
CuO	–155.2	42.7
Fe	0	27.2
$Fe_{0.95}O$	–265.7	59.4
Fe_2O_3	–824.3	90.0
Fe_3O_4	–1,121.3	146.4
H_2	0	130.6
H_2O (l)	–285.9	70.1
H	+218.0	114.6
Li	0	28.0
LiCl	–405	58.1
Mg	0	32.5
MgO	–601.2	27.4
$MgCl_2$	–641.8	89.5
$MgCO_3$	–1,096.2	65.7
Ni	0	29.8
NiO ($NiO_{1.005}$)	–240.6	38.5
Pb	0	64.9
PbO	–219.2	67.8
Si	0	18.83
SiO_2 (quartz)	–879.5	41.8

ΔH^o_{298} 는 포괄적 기준상태에 대한 상대적 에너지 수치로부터 결정되는 Δ 수치이다. 반면 S^o_{298} 는 자체가 절대수치이다(열역학 3법칙 $S^o_{0K}=0$). 따라서 ΔH^o_{298} 와는 달리 S^o_{298} 에선 Δ 가 사용되지 않는 점에 유의하라. O.Kubaschewski and E. Evans, *Metallurgical Thermochemistry*, Wiley, NewYork, 1961.

일정온도, 압력하 계 내에서의 화학반응($C + O_2 = CO_2$)을 고려하면,

$$Q = \underline{H}_{CO_2} n_{CO_2} - (\underline{H}_C n_C + \underline{H}_{O_2} n_{O_2}) = \Delta H_P$$

실제로 열량계를 통한 실험적 측정에 의하면 1기압 298 K에서 반응계로 유입되는 1몰의 탄소당 393.5 kJ 열량이 계로부터 방출되어진다.

$$Q = \underline{H}_{CO_2} - (\underline{H}_C + \underline{H}_{O_2}) = -393.5 \text{ kJ}$$

그러나 단위 원소 형태 물질 C 및 O_2는 포괄적 기준상태하에 있으므로 $\underline{H}_C = 0$, $\underline{H}_{O_2} = 0$ 이다. 따라서 $\underline{H}_{CO_2} = -393.5$ kJ 이 성립된다. 포괄적 기준상태에 대한 상대적 에너지 수치로 결정된 $\underline{H}_{CO_2}$ 는 엄밀히는 생성열 ΔH^o_{298} (CO_2) 로 써야된다.
이러한 이산화탄소의 고유 엔탈피 $\underline{H}_{CO_2}$ 를 생성열(ΔH_f)이라 한다. 이산화탄소의 생성열은 1기압, 298 K에서 –393.5 kJ/mol이 된다. 온도 298 K, 1기압하에서의 여러가지 주요 단위 원소 및 화합물에 대한 생성열이 표 1.2에 나타나 있다. 생성열은 온도에 따라 변화됨에 유의하라(물질 C_P 온도의존성). 한편 표 1.2에 나타난 S^o_{298} 은 298 K에서 물질 표준 엔트로피의 절대 수치로서 2장에서 자세히 다루어진다. 열역학 3법칙, $S^o_{0K} = 0$ 을 기준으로 한 S^o_{298} 는 자체가 절대수치를 나타내므로 Δ 가 사용되지 않는다.

일정 압력하 계 상태변화 과정에 따른 엔탈피 변화가 음수이면(상태변화 과정에 의해 열이 방출되면) 이러한 과정을 발열(exothermic) 공정이라 하고, 반대로 상태변화 과정에 열이 가해지게 되면(양수의 엔탈피 변화이면) 이를 흡열(endothermic) 공정이라고 한다. 이는 이동에너지 열이 계 내로 흡수되면 양의 수치가 됨을 상기해 보면 쉽게 이해할 수 있다.

1.11 반응 엔탈피

일정 압력하 화학반응에 따른 수반 엔탈피 변화는 반응참여 원소 또는 화합물의 생성 엔탈피 자료로부터 결정될 수 있다. 예로 298 K에서 메탄(CH_4)의 산화(연소)반응에 대한 엔탈피 변화를 계산해 보자.

$$CH_4 + 2O_2 \rightarrow CO_2 + 2H_2O(g)$$

기호 g 는 기체상태를 의미한다.

위의 반응은 아래 세 종류 요소 반응의 가감식(I+II–III)으로 표현할 수 있다.

$$\begin{aligned} &\text{I}.\ C + O_2 \rightarrow CO_2 && \Delta H_I = \Delta \underline{H}_{f(CO_2)} \\ &\text{II}.\ 2H_2 + O_2 \rightarrow 2H_2O(g) && \Delta H_{II} = 2\Delta \underline{H}_{f(H_2O(g))} \\ &\text{III}.\ C + 2H_2 \rightarrow CH_4 && \Delta H_{III} = \Delta \underline{H}_{f(CH_4)} \end{aligned}$$

298 K에서 일어나는 CH_4 산화반응의 ΔH 는 아래와 같이 표현할 수 있다.

$$\begin{aligned} \Delta H_{(r\times n)} &= \{\Delta \underline{H}_{f(CO_2)} + 2\Delta \underline{H}_{f(H_2O(g))}\} - \{\Delta \underline{H}_{f(CH_4)} + 2\Delta H_{f(O_2)}\} \\ &= \{-393.5 + 2(-241.8)\} - \{(-74.8) + 2(0)\} = -802.3 \text{ kJ} \end{aligned}$$

온도 T 에서 화학반응에 대한 엔탈피 변화는 해당 반응온도에서 화학량론적 계수를 고려한 생성물의 생성 엔탈피 합으로부터 반응물의 생성 엔탈피 합을 뺀 식으로 표현한다.

$$\Delta H_T = \sum_{products} n_p \Delta \underline{H}_{f,T} - \sum_{reactants} n_r \Delta \underline{H}_{f,T} \tag{1.26}$$

여기서 n 은 반응물 및 생성물의 화학량론적 반응 계수이다.

산소와 반응하는 탄화수소 화합물(예로 CH_4)의 연소 반응 엔탈피 변화를 연소 엔탈피 또는 연소열이라 한다. 위 반응처럼 생성물 물이 기체상태인 경우 연소열을 "낮은 연소열"이라 한다. 반면에 액체상태로 물이 생성될 경우에는 반응 중에 더 많은 열(기체상태의 물이 액화될 때 방출하는 잠열만큼)이 방출되므로 연소열이 더 커지게 된다. 따라서 이 경우에 대한 연소열을 "높은 연소열"이라 한다.

298 K 이외 온도에서 일어나는 화학반응에 대한 엔탈피 변화 계산을 위해서는 반응 참여 물질 엔탈피의 온도의존성(정압 열용량)에 대한 열역학 자료가 추가로 필요하다.[4]

$$\begin{aligned} &\left(\frac{\partial H}{\partial T}\right) = C_P \ \Rightarrow \ d\underline{H} = C_P dT \\ &\int_{298}^{T} d\underline{H} = \int_{298}^{T} C_P dT \\ &\underline{H}_T - \underline{H}_{298} = \int_{298}^{T} C_P dT \end{aligned} \tag{1.27}$$

4) JANAF 자료집(참고문헌 1)에 수록된 열역학 자료표에는 화합물 생성반응에 대한 $\Delta \underline{H}_f^o$ 값이 298 K 온도뿐만 아니라 0 K부터 100 K 간격으로 여러 온도 구간에 대해 표시되어 있다. 표준생성 엔탈피, $\Delta \underline{H}_f^o$ 는 298 K 온도에서 1기압(STP)하에 놓여있는 평형상태 단위형태 원소들의 생성열(엔탈피)을 0으로 포괄적 기준하여 구한 상대적 화합물 생성 반응 엔탈피이다.

특정 온도 구간에 걸쳐서 물질의 열용량이 온도에 무관하다고 가정하면 온도 T에서 물질 생성 엔탈피 $\Delta \underline{H}_{f,T}$는 다음처럼 구해진다.

$$\Delta \underline{H}_{f,T} = \underline{H}_T - \underline{H}_{298} = C_P(T - 298)$$

열용량 C_P는 온도에 따라 변하며(표 1.1 참조), 온도에 대한 다항식 함수로 다음처럼 표현된다. 열용량 측정 오차를 고려해 보면 통상적으로 온도의존 다항식 중 세 번째 항까지만 취하여도 정확도 및 신뢰성 측면으로 무리가 없다. 경우에 따라선 C_P를 네째 항까지의 온도함수로 표현하기도 한다.

$$C_P = A + BT + CT^{-2} + DT^2$$

이를 식(1.27)에 대입하여 온도 T에서 물질생성 엔탈피 $\Delta \underline{H}_{f,T}$를 구하면,

$$\begin{aligned}\Delta \underline{H}_{f,T} &= \underline{H}_T - \underline{H}_{298} = \int_{298}^{T} (A + BT + CT^{-2} + DT^2)dT \\ &= A(T - 298) + \frac{B}{2}(T^{-2} - 298^2) - C\left(\frac{1}{T} - \frac{1}{298}\right) + \frac{D}{3}(T^3 - 298^3)\end{aligned}$$

한편 온도구간(298 K → T) 사이에 용융같은 물질 상태변화(T_t)가 있으면 상전이 엔탈피 ($\Delta \underline{H}_t$)를 고려해 $\Delta \underline{H}_{f,T}$를 다음처럼 단계적으로 정해야 한다(그림 2.9 참조).

$$\Delta \underline{H}_{f,T} = \int_{298}^{T_t} C_{P,\alpha} dT + \Delta \underline{H}_{t,T_t} + \int_{T_t}^{T} C_{P,\beta} dT \quad (1.27a)$$

엔탈피는 상태함수이므로 온도 T에서의 반응 엔탈피 변화($\Delta H_{rxn,T}$ 또는 ΔH_T)는 다음 관계로부터 결정할 수 있다(그림 1.10),

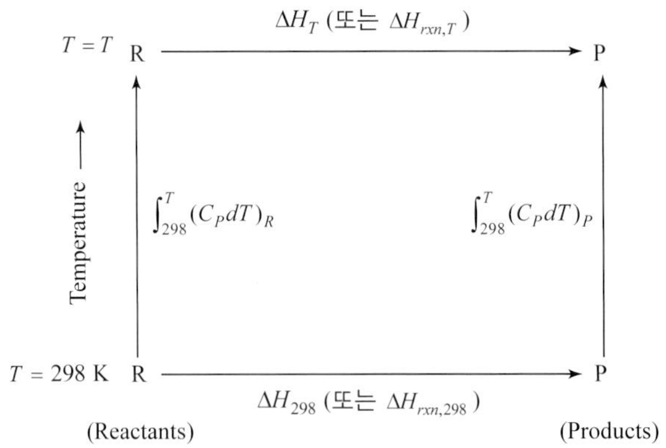

그림 1.10 온도에 따른 반응 엔탈피 변화(R, P : 반응물, 생성물)

$$\int_{298}^{T}\Sigma(nC_P dT)_{reactants} + \Delta H_{rxn,T} = \Delta H_{rxn,298} + \int_{298}^{T}\Sigma(nC_P dT)_{products} \quad (1.28)$$

$$\Delta H_{rxn,T} = \Delta H_{rxn,298} + \int_{298}^{T}\left[\Sigma(nC_P)_{products} - \Sigma(nC_P)_{reactants}\right]dT$$

식 (1.28)은 온도구간(298 K → T)에 걸쳐 반응물, 생성물 모두 상전이가 없는 경우에 대한 반응열 $\Delta\underline{H}_T$ 표현식이다. 상전이 온도가 온도구간에 포함되면 식 (1.27a)에 따라 온도 T에서 물질생성 엔탈피 $\Delta\underline{H}_{f,T}$를 먼저 구한 후 식 (1.26)을 사용해 반응열을 정해야 한다.

평형온도(T_m, T_t)에서 용융, 상전이 같은 물질의 상태변화는 가역적 상태변화 과정이 된다. 일정 압력하 이런 가역적 상태변화에 따른 엔탈피를 잠열(latent heat)이라 일컫는다. 2.6절에서 다루어지는 비가역적 상전이 엔트로피 결정 방법을 나타내는 그림 (2.10)과 마찬가지 방법에 의해서, 동일한 초기(α) 및 최종(β) 물질 상태간 변화 과정에 대해 순차적인 가역적 상태변화($T \xrightarrow{\alpha} T_{t(\alpha\to\beta)} \xrightarrow{\beta} T$) 과정에 따라 계산된 ΔH로부터, 관심온도 T에서의 비가역적 상태변화에 대한 엔탈피 변화 ΔH를 우회적으로 정할 수 있다.

예로서 온도 $T(T < T_t)$에서 과냉 액상 응고(비가역적 상태변화) 반응 엔탈피 변화를 구해보자. 이를 위해 먼저 가역적 경로를 따라 T에서 T_t까지 승온에 따른 액상 엔탈피 변화를 계산하고 이어서 용융온도 T_t에서 가역적(평형) 응고시 엔탈피(잠열)를 계산하고 끝으로 T_t에서 T까지 가역적 냉각 과정에 따른 고상 엔탈피 변화를 순차적으로 정한 후 이들을 합하면, $T < T_t$에서 과냉 액상 응고에 따른 비가역적 응고 상전이 엔탈피 변화량을 결정할 수 있다.

1.12 단열 반응

단열 조건하에서 일어나는 연소반응의 결과로 나타나는 반응물 및 생성물의 온도 변화는 앞서 언급한 반응엔탈피 계산방법과 도표화된 열역학 자료를 이용해 정량화될 수 있다. 단열 연소반응에서 얻을 수 있는 최대 온도(단열 불꽃온도) 계산뿐만 아니라 냉각공정이 배제된 고분자 중합반응에서 도달할 수 있는 최대 온도를 구하는데도 유용하게 이 방법을 이용할 수 있다.

단열불꽃온도(adiabatic flame temperature : AFT) 계산에 대한 예로서 298 K 온도에서 버너에 담긴 연료가스가 화학량론적 양만큼의 건조한 공기(21% 산소, 79% 질소)와 연소를 일으키는 반응을 고려하자. 여기서 “화학량론적 양(stoichiometric amount)”이란 완전 연소를 위해 충분한 산소가 공급된다는 것을 의미한다. 대부분의 버너가 연료가스를 완전 연소하기 위해서는 일반적으로 화학량론적 요구량보다 10~20% 정도의 잉여 공기량이 필요하다.

연소 반응은 1기압하에서 일어나며 연료가스의 조성은 부피 퍼센트로 다음과 같다.

$$20\%\ \mathrm{CO},\ 30\%\ \mathrm{CO_2},\ 50\%\ \mathrm{N_2}$$

질소와 이산화탄소는 서로 반응하지 않으며 연소반응은 일산화탄소에 의해 일어난다.

$$\mathrm{CO}+\frac{1}{2}\mathrm{O_2}\rightarrow \mathrm{CO_2}$$

버너에서 유출되는 기체 조성은 버너에 유입 또는 버너로부터 유출되는 기체의 양을 결정하면 이로부터 구할 수 있다. 질소는 연료가스 및 연소반응을 위해 필요한 공기로부터 각각 유입된다는 점에 유의하라. 버너로 유입되는 1몰의 연료가스를 연소반응의 기준으로 정할 경우 필요한 산소의 화학량론적 양은 연료가스 CO 1몰당 0.5몰이다. 따라서 필요한 산소량은 0.5 × 0.2 = 0.1몰이 된다. 이 때 산소와 더불어 공급되는 질소의 양은 (79/21) × 0.1 = 0.38몰이며 연료가스로부터 유입되는 질소의 양은 0.5몰이다.

버너를 열린계로 고려해 보자. 정상상태 열린계에 대한 열역학 1법칙은,

$$Q-W=\sum H_o n_o-\sum H_i n_i \tag{1.22}$$

버너에 의해 행해지거나 가해진 일은 없다($W=0$). 연소 반응열에 의해 도달될 수 있는 배출가스 최대 온도를 구하는 것이 목적이므로 버너가 주변에 전혀 열을 빼앗기지 않는다고 가정한다. 즉, 단열 연소 반응으로 가정한다($Q=0$). 따라서,

$$\sum \underline{H}_i n_i=\sum \underline{H}_o n_o \tag{1.29}$$

온도 T로 버너(계)를 떠나는 생성물의 엔탈피 합은 298 K로 유입되는 반응물의 엔탈피 합과 같다.

$$\sum_o \underline{H}_o n_o=0.5\underline{H}_{\mathrm{CO_2},T}+0.88\underline{H}_{\mathrm{N_2},T}$$
$$\sum_i \underline{H}_i n_i=0.2\underline{H}_{\mathrm{CO},298}+0.3\underline{H}_{\mathrm{CO_2},298}+0.1\underline{H}_{\mathrm{O_2},298}+0.88\underline{H}_{\mathrm{N_2},298}$$

각각의 엔탈피 항에 대한 정량화 표현은,

$$\underline{H}_{O_2,298} = 0 \text{ 그리고 } \underline{H}_{N_2,298} = 0 \quad \text{(포괄적 기준상태)}$$
$$\underline{H}_{CO,298} \equiv \Delta\underline{H}_{f,CO,298}, \quad \underline{H}_{CO_2,298} \equiv \Delta\underline{H}_{f,CO_2,298}$$

여기서 $\Delta\underline{H}_{f,CO}$, $\Delta\underline{H}_{f,CO_2}$ 는 포괄적 기준상태에 대한 상대적 에너지이다.

$$\underline{H}_{N_2,T} = \underline{H}_{N_2,298} + \int_{298}^{T} C_{P,N_2} dT = \int_{298}^{T} C_{P,N_2} dT$$
$$\underline{H}_{CO_2,T} = \Delta\underline{H}_{f,CO_2,298} + \int_{298}^{T} C_{P,CO_2} dT$$

이들 엔탈피 표현식을 $\sum \underline{H}_o n_o$ 및 $\sum \underline{H}_i n_i$ 에 대입하면,

$$\sum \underline{H}_o n_o = 0.5\Delta\underline{H}_{f,CO_2,298} + 0.5\int_{298}^{T} C_{P,CO_2} dT + 0.88\int_{298}^{T} C_{P,N_2} dT$$
$$\sum \underline{H}_i n_i = 0.2\Delta\underline{H}_{f,CO,298} + 0.3\Delta\underline{H}_{f,CO_2,298}$$

식(1.29)로부터,

$$0.5\int_{298}^{T} C_{P,CO_2} dT + 0.88\int_{298}^{T} C_{P,N_2} dT = 0.2(\Delta\underline{H}_{f,CO,298} - \Delta\underline{H}_{f,CO_2,298})$$
$$0.5\int_{298}^{T} C_{P,CO_2} dT + 0.88\int_{298}^{T} C_{P,N_2} dT = 0.2(-110,500 + 393,500) = 56,600(\text{J})$$

질소와 이산화탄소의 열용량이 각각 34.3 J/(mol·K) 와 57.3 J/(mol·K) 로서 주어진 온도구간에 걸쳐 일정하다고 하면,

$$[0.5(57.3) + 0.88(34.3)](T - 298) = 56,600(\text{J})$$
$$T = 1260 \text{ K}$$

따라서 단열불꽃온도(AFT), 즉 버너를 떠나는 배출 가스의 최대 온도는 1260 K이다 (298 K에서 연료 연소 반응열에 의해 고온의 배출가스 승온이 이루어진다). AFT 온도는 버너로 유입되는 물질의 온도와 연소 기체의 조성 등 여러가지 변수의 함수가 된다. 예제에선 연소를 위한 공기가 전혀 수분을 함유하고 있지 않은 것으로 가정하였는데, 공기 내 수분 함유까지 고려한다면 공기중의 수증기가 최종 불꽃온도에 의해 가열되므로 결과적으로 AFT는 보다 낮아지게 된다. 또한 연소 공기가 298 K이상으로 예열되어 있다면 반응물의 엔탈피는 보다 큰 값을 지니게 되므로 AFT 수치는 보다 높아질 것이다.

여기서 주의할 점은 위 계산이 연소반응물들의 완전 연소를 내재적으로 가정하고 있다는 것이다. 위에 계산된 연소온도보다 높은 온도에서조차도 반응물질의 완전한 연소반응이란 일어날 수가 없다. 예를 들어 순수 산소와 연소반응을 일으키는 메탄(CH_4) 1몰의 AFT 값

은 반응이 완전연소를 일으켜 이산화탄소와 수증기로 전부 변화함을 묵시적으로 가정하였을 때 약 5000 K가 넘는 AFT로 계산된다. 그러나 화학반응 평형에 대한 열역학(평형상수)을 바탕으로 살펴볼 때 이 온도에서 완전한 연소반응이 진행되지는 않게 된다. 왜냐하면 임의 온도에서 연소반응은 반응평형치 이상으로 진행될 수가 없으며 반응평형에 해당되는 반응물질의 평형농도만큼은 연소하지 않고 반응물질로 그대로 남아있게 되기 때문이다. 즉, 주어진 반응물질이 완전하게 다 연소되지는 않는다. 따라서 메탄의 AFT 값은 이보다 더 낮아져야만 한다. 통상적으로 연료의 연소반응을 다루는 공학자는 연료로부터 얻을 수 있는 최대 불꽃온도를 달성하고자 하며 또한 AFT를 최대화하는 연소공정 조건을 찾고자 한다(문제 1.5, 1.7-9).

몇가지 고분자 중합반응에서처럼 위험할 정도로 온도가 매우 높아지는 반응을 다룰 경우도 있는데, 이에 대한 예로서 메틸 메타크리레이트(methyl methacrylate)의 중합반응에 의해 달성될 수 있는 AFT를 계산해 보자. 반응은 다음처럼 표현할 수 있다.

$$M(l) = \frac{1}{n} P_n$$

여기서 $M(l)$은 액상 단일분할체(monomer)를 의미하고 P_n는 비정질 형태로서 평균 중합도(degree of polymerization) n을 가진 중합체를 뜻한다.
중합반응의 표준엔탈피 $\Delta \underline{H}_P^o$는 중합체와 이를 이루는 단일분할체간의 엔탈피 차이다.

$$\Delta \underline{H}_P^o = \frac{1}{n} \Delta \underline{H}_f^o(P_n) - \Delta \underline{H}_f^o(M)$$

메틸메타크리레이트 중합반응의 경우 $\Delta \underline{H}_P^o$는 –56.1 kJ/mol이다.
계산 편의상 1몰의 단일분할체(모노머)가 단열 조건하에서 298 K온도에서 시작해 완전히 중합반응을 일으킨다고 가정하자. Q 및 W가 각기 0인 정상상태 열린계에 대해(식 1.29),

$$\sum \underline{H}_i n_i = \sum \underline{H}_o n_o$$
$$\Delta \underline{H}_f^o(M) = \frac{1}{n} \Delta \underline{H}_f^o(P_n) + C_P(T - 298)$$

모노머 열용량은 근사적으로 2 J/g·K(200 J/mol·K) 이다(단일분할체 몰질량= 100g/mol 이라면).

$$C_p(T - 298) = \Delta \underline{H}_f^o(M) - \frac{1}{n} \Delta \underline{H}_f^o(P_n) = -\Delta \underline{H}_P^o$$

$$T = \frac{56,100}{200} + 298 = 578\ \text{K}\ (305\ °\text{C})$$

메타메틸크리레이트 중합체의 최대 도달 온도는 578K이다(298K에서 단일 분할체 중합 반응 열에 의해 고온의 중합체 생성 온도가 결정된다).

중합체를 이 온도까지 승온 유지하는 것은 대단히 위험하다. 따라서 실제적으로 중합반응에서는 냉각 공정이 필수적으로 수반되어야 한다. 또한 이 경우에도 앞서 언급한 바와 동일하게 완전 연소에 대한 반응평형 한계성이 내재적으로 적용되어야만 한다. 이로부터 305°C 온도에서의 메타메틸크리레이트 중합 반응은 일어나지 않게 된다. 따라서 실질적인 중합체 최대 도달 온도(AFT)를 구하기 위해서는 중합반응의 화학적 평형(평형상수)을 반드시 고려하여야만 한다. 반응평형 열역학은 5장에서 다루어진다.

1.13 단열(등엔탈피) 기체 팽창 : 주울-톰슨 팽창

단열공정은 계로 열 유입이나 방출이 일어나지 않는 공정이다. 단열 유체 이동 공정 예로 자주 언급되는 장치계로써 밸브를 통한 단열유동을 들 수가 있다. 가스 봄베로부터 제어 밸브를 통해 압축 기체가 유출될 시 밸브를 통한 유체의 흐름 속도가 너무 빨라서 주변으로의 열 전달이 무시될 수 있으므로(즉, 밸브계로의 열 출입이 없게 된다는 합리적 가정을 하면) 밸브계를 단열체로 간주할 수 있다. 그림 1.11에서 밸브를 계로 채택하고 이 열린계가 정상상태에 놓여 있다고 하면 열역학 1법칙은 다음과 같다. 밸브 계 내 운동에너지와 포텐셜에너지 변화는 무시한다.

$$dU = (\underline{H}_i \delta m_i - \underline{H}_o \delta m_o) + \delta Q - \delta W = 0$$

밸브계의 경계는 움직이지 않으므로 부피 변화가 없어 역학적 일은 0이 된다. 유동일 $(P_i \underline{V}_i \delta m_i)$은 H_i 및 H_o 표현식 $\{(\underline{U}_o + P_o \underline{V}_o)\delta m_o\}$ 항 속에 포함되어 있다. 또한 밸브가 단열상태이므로 $\delta Q = 0$ 이다. 정상상태에서는 열린계로 들어오는 유체의 질량과 떠나는 유체의 질량이 서로 같다.

$$\delta W = 0\ ;\ \delta Q = 0$$

정상상태이므로, $\delta m_i = \delta m_o$ 그리고 $dU = 0$

따라서, $\underline{H}_i = \underline{H}_o$

이와 같이 등엔탈피 팽창(isenthalpic expansion)을 하는 특별한 유체 흐름계의 현상을 주울-톰슨 팽창이라고 하며, 일정한 엔탈피하에서 압력에 따른 온도의 변화를 뜻하는 주울-톰슨 계수, η_{JT} 는 다음 식으로 정의된다.

$$\eta_{JT} \equiv \left(\frac{\partial T}{\partial P}\right)_{\underline{H}} \tag{1.30}$$

이상기체에 대한 주울-톰슨 계수가 0이 됨은 다음절에서 설명하기로 한다[식(1.34)].

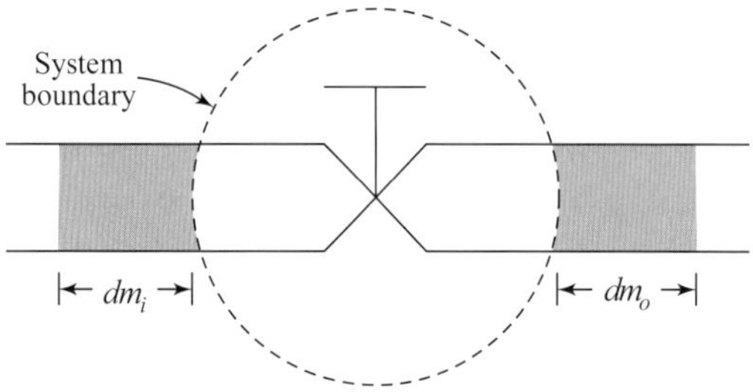

그림 1.11 밸브를 통한 유체 이송 장치계 : 단열 정상상태($dm_i = dm_o$) 열린계

1.14 이상기체

내부에너지, 엔탈피, 열용량과 같은 열역학 인자는 온도와 압력의 함수이다. 예를 들어 온도에 따른 엔탈피의 변화는 앞서 설명하였듯이 정압 열용량, C_P 로서 나타낸다. 압력에 따른 엔탈피(또는 내부에너지) 변화를 결정하기 위해서는 물질의 상태를 기술하는 여러가지 물리적 변수 간의 상호관계, 즉 물질의 상태방정식을 알아야만 한다.

기체의 경우 상태방정식은 압력(P), 부피(V), 온도(T), 몰 수(n)를 상호 관련짓는 식이다. 간단한 형태의 기체 상태방정식은 이상기체 상태방정식이다. 이상기체는 구성 분자의 부피가 0이고 분자간 상호작용이 없는 가상적인 기체이다. 수기압 이하의 실제기체는 모두 이상기체에 근접한 분자 거동을 나타내므로 이상기체 법칙을 따른다고 할 수 있다.

$$PV = nRT \quad \text{또는} \quad P\underline{V} = RT \tag{1.31}$$

정의에 의하면 **이상기체는 액체나 고체로 응축되지 않는다.** 일정한 온도에서 이상기체는 모든 압력에 걸쳐 이들 압력에 대응하는 고유부피를 나타낸다. 따라서 $P-V-T$ 관계 도해시 어떠한 불연속점도 나타나지 않으며, 이들 변수간 관계를 3차원 공간의 상태도로서 나타낼 경우 그림 1.12에서처럼 매끄러운 곡면으로써 나타나게 된다. 식(1.31)에서 압력의 단위는 파스칼(N/m^2) 부피는 m^{3}이며 n 은 몰 수를 의미한다: 1몰 기체는 6.022×10^{23} 개의 분자를 내포한다. R은 기체상수 [8.314 J/(mol·K)]이고 T는 절대온도(K)이다. 이상기체 상태방정식을 이용하여 0°C(273 K), 1기압(1.013×10^5 N/m^2)에서 기체 1몰의 부피를 구하여 보자.

$$(1.013 \times 10^5)(\underline{V}) = 1(8.314)(273.15)$$
$$\underline{V} = 0.0224 \text{ m}^3/\text{mol} = 22.4 \text{ l/mol}$$

이상기체의 또 다른 특성은 일정한 온도에서 내부에너지가 부피에 따라 변화하지 않는다는 점이다.

$$\left(\frac{\partial U}{\partial V}\right)_T = 0 \tag{1.32}$$

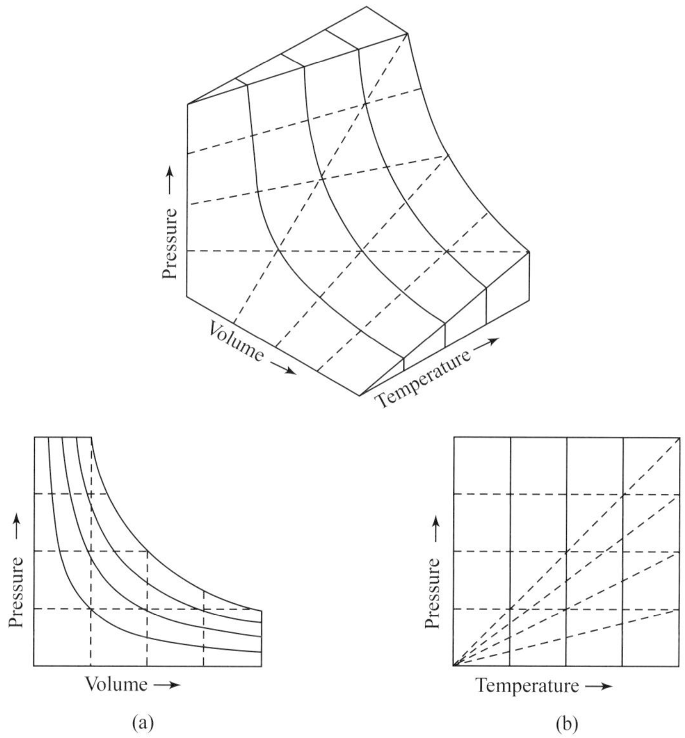

그림 1.12 이상기체의 3차원적 $P-V-T$ 거동을 표시하는 곡면에 대한
(a) $P-V$ 면상으로의 투영도, (b) $P-T$ 면상으로의 투영도

이 장에서는 식(1.32)를 유도과정 없이 바로 이상기체에 대한 정의로써 취급하여 사용한다. 3장에서 언급되는 열역학 성질 관계식을 이용해 식(1.31)로부터 식(1.32)를 유도할 수 있는데 이에 대해서는 3장에서 구체적으로 다루어진다.

일정한 온도에서 내부에너지가 부피에 따라 변화하지 않는 경우(즉, 이상기체), 엔탈피는 일정한 온도에서 압력에 따라 변화하지 않게 된다는 점을 다음 유도 전개 과정으로부터 이해해 볼 수 있다. 이에 대해선 3.6절에서 구체적으로 다시 다루어진다.

$$\underline{H} = \underline{U} + P\underline{V}$$
$$\left(\frac{\partial \underline{H}}{\partial P}\right)_T = \left(\frac{\partial \underline{U}}{\partial P}\right)_T + P\left(\frac{\partial \underline{V}}{\partial P}\right)_T + \underline{V}$$

편미분과 이상기체 상태방정식을 이용하면,

$$\left(\frac{\partial \underline{H}}{\partial P}\right)_T = \left(\frac{\partial \underline{U}}{\partial \underline{V}}\right)_T \left(\frac{\partial \underline{V}}{\partial P}\right)_T + P\left(-\frac{RT}{P^2}\right) + \underline{V}$$

이상기체의 경우 $\left(\frac{\partial \underline{U}}{\partial \underline{V}}\right)_T = 0$ 이므로,

$$\left(\frac{\partial \underline{H}}{\partial P}\right)_T = 0 - \underline{V} + \underline{V} = 0$$
$$\left(\frac{\partial \underline{H}}{\partial P}\right)_T = 0 \tag{1.33}$$

일정한 온도에서 이상기체의 엔탈피는 압력에 따라 변하지 않는다.

식(1.33)으로부터 이상기체의 주울-톰슨 계수(즉, 기체가 정상상태의 단열 밸브를 통과하여 흐를 때 압력에 따른 온도 변화)가 0이 됨을 아래 유도과정을 통해 설명할 수 있다. 미분치 연쇄법칙을 이용하면,

$$\left(\frac{\partial \underline{H}}{\partial T}\right)_P \left(\frac{\partial T}{\partial P}\right)_{\underline{H}} \left(\frac{\partial P}{\partial \underline{H}}\right)_T = -1$$

$$\eta_{JT} = \left(\frac{\partial T}{\partial P}\right)_{\underline{H}} = -\frac{\left(\frac{\partial \underline{H}}{\partial P}\right)_T}{\left(\frac{\partial \underline{H}}{\partial T}\right)_P} \tag{1.34}$$

이상기체에 대해 식(1.33)이 성립하므로

$$\eta_{JT} = 0$$

이상기체의 열용량 차이 $(C_P - C_V)$ 가 기체상수 R이 됨을 증명할 수도 있다.

열용량 정의로부터, $$C_P - C_V = \left(\frac{\partial \underline{H}}{\partial T}\right)_P - \left(\frac{\partial \underline{U}}{\partial T}\right)_V$$

엔탈피 정의로부터, $$\underline{H} = \underline{U} + P\underline{V}$$

$$\left(\frac{\partial \underline{H}}{\partial T}\right)_p = \left(\frac{\partial \underline{U}}{\partial T}\right)_P + P\left(\frac{\partial \underline{V}}{\partial T}\right)_P$$

따라서,

$$C_P - C_V = \left(\frac{\partial \underline{U}}{\partial T}\right)_P + P\left(\frac{\partial \underline{V}}{\partial T}\right)_P - \left(\frac{\partial \underline{U}}{\partial T}\right)_V \tag{1.35}$$

다음으로 편미분 $(\partial \underline{U} / \partial T)_P$ 와 $(\partial \underline{U} / \partial T)_V$ 간의 관계를 어떻게 구하는가에 대해 살펴보도록 한다. 기체의 고유 내부에너지($\underline{U}$)는 온도와 고유 부피의 함수임을 상기해 보면,

$$\begin{aligned} &\underline{U} = \underline{U}(T, \underline{V}) \\ &d\underline{U} = \left(\frac{\partial \underline{U}}{\partial T}\right)_{\underline{V}} dT + \left(\frac{\partial \underline{U}}{\partial \underline{V}}\right)_T d\underline{V} \end{aligned} \tag{1.36}$$

기체의 고유 부피는 온도와 압력의 함수이므로[식(1.31) 참조],

$$\begin{aligned} &\underline{V} = \underline{V}(T, P) \\ &d\underline{V} = \left(\frac{\partial \underline{V}}{\partial T}\right)_P dT + \left(\frac{\partial \underline{V}}{\partial P}\right)_T dP \end{aligned} \tag{1.37}$$

식(1.37)을 식(1.36)에 대입하면,

$$d\underline{U} = \left(\frac{\partial \underline{U}}{\partial T}\right)_{\underline{V}} dT + \left(\frac{\partial \underline{U}}{\partial \underline{V}}\right)_T \left[\left(\frac{\partial \underline{V}}{\partial T}\right)_P dT + \left(\frac{\partial \underline{V}}{\partial P}\right)_T dP\right]$$

일정한 압력 조건하에서는,

$$(d\underline{U})_P = \left(\frac{\partial \underline{U}}{\partial T}\right)_{\underline{V}} (dT)_P + \left(\frac{\partial \underline{U}}{\partial \underline{V}}\right)_T \left[\left(\frac{\partial \underline{V}}{\partial T}\right)_P (dT)_P\right]$$

윗 식을 편미분 형태로 다시 정리하면,

$$\left(\frac{\partial \underline{U}}{\partial T}\right)_P = \left(\frac{\partial \underline{U}}{\partial T}\right)_V + \left(\frac{\partial \underline{U}}{\partial \underline{V}}\right)_T \left(\frac{\partial \underline{V}}{\partial T}\right)_P \tag{1.38}$$

식(1.38)을 식(1.35)와 조합하면,

$$C_P - C_V = \left(\frac{\partial \underline{U}}{\partial T}\right)_V + \left(\frac{\partial \underline{U}}{\partial \underline{V}}\right)_T \left(\frac{\partial \underline{V}}{\partial T}\right)_P + P\left(\frac{\partial \underline{V}}{\partial T}\right)_P - \left(\frac{\partial \underline{U}}{\partial T}\right)_V$$

$$C_P - C_V = \left[P + \left(\frac{\partial \underline{U}}{\partial \underline{V}}\right)_T\right]\left(\frac{\partial \underline{V}}{\partial T}\right)_P \tag{1.39}$$

식 (1.39)는 모든 물질에 대해 적용되는 열용량 간 차이에 대한 일반적 표현식이다. 이상기체의 경우 고유 내부에너지($\underline{U}$)는 일정한 온도하에서 부피에 따라 변화하지 않는다[식(1.32)]. 즉, $\left(\frac{\partial \underline{U}}{\partial \underline{V}}\right)_T = 0$.

$$C_P - C_V = P\left(\frac{\partial \underline{V}}{\partial T}\right)_P$$

이상기체 상태방정식을 적용해 보면 즉, $\left(\frac{\partial \underline{V}}{\partial T}\right)_P = \frac{R}{P}$.

따라서 이상기체의 경우,

$$C_P - C_V = R \tag{1.40}$$

주요 기체에 대해 온도함수로서의 정압 열용량 표현식이 표 1.1에 나타나 있다. 낮은 압력영역(10기압 이하에서 단원자 형태의 간단한 기체는 일반적으로 이상기체로 간주 할 수 있다)에서는 기체의 열용량 근사치를 다음처럼 유용하게 나타낼 수 있다.

헬륨과 같은 단원자 이상기체 : $C_V = \frac{3}{2}R$, $C_P = \frac{5}{2}R$

산소와 같은 2원자 이상기체 : $C_V = \frac{5}{2}R$, $C_P = \frac{7}{2}R$

기체 열용량 근사치의 타당성 확인을 위해서 298 K에서 질소(N_2)의 열용량을 표 1.1의 자료로부터 구해보자.

$$\begin{aligned} C_P(N_2) &= 28.69 + 3.78\times10^{-3}T - 0.50\times10^5 T^{-2} \ \ \mathrm{J/(mol\cdot K)} \\ &= 28.69 + 3.78\times10^{-3}(298) - 0.50\times10^5(298)^{-2} = 29.25 \ \mathrm{J/(mol\cdot K)} \end{aligned}$$

한편 2원자 이상기체 열용량 근사치, $C_P = \frac{7}{2}R$ 을 이용해 구한 값은 29.10 J/(mol · K)이다. 참고로 표 1.1로부터 구한 298 K에서 산소(O_2)의 열용량은 29.32 J/(mol · K)이다.

이상기체의 성질은 식(1.31-34)와 식(1.40) 관계로서 다양하게 나타낼 수 있다.

1.15 비이상기체

앞 절에서 고찰한 바와 같이 이상기체에 대한 $P–V–T$ 관계 도해는 불연속성 없이 연속적이며 $P–V–T$ 거동을 표시하는 3차원 상태도상의 표면은 매끄러운 곡면을 나타낸다(그림 1.12). 식(1.31) 거동을 따르는 이상적 기체는 액체나 고체상태로 변화될 수 없다. 반면 비이상적 거동을 보이는 실제기체는 그렇지가 않다.

실제기체는 어떤 압력 – 온도 구간에서는 액체 또는 고체상으로 응축될 수가 있다. 예를 들어 수증기는 온도 298 K에서 등온적으로 압축되면 약 3,170 Pa 압력에서 액상의 물로 응축된다.

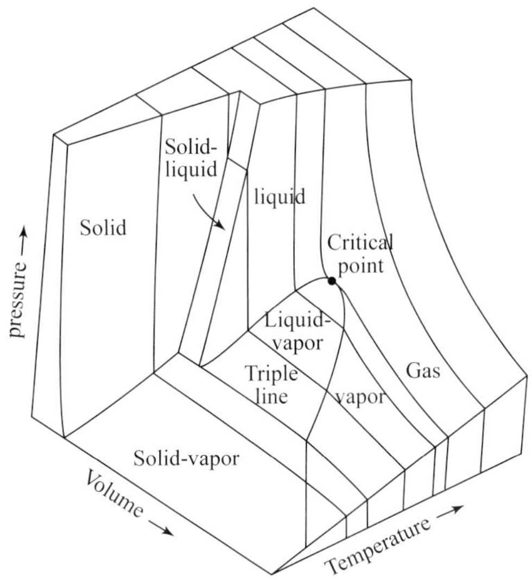

그림 1.13 응고시 수축하는 물체에 대한 $P-V-T$ 공간 상경계 도해

이러한 기상 및 응축상 영역을 그림 1.13처럼 3차원 공간상 도표로서 표시할 수 있다. 물질의 3차원적 $P–V–T$ 거동에 대한 2차원적 투영도가 그림 1.14에 $P–T$ 및 $P–V$ 면상으로 각기 투영되어 나타나 있다. 임계온도 이하에서는 기체가 등온수축에 의해 액체로 응축될 수 있다. 임계온도 이상의 고온에서는 그림 1.14(a)와 같이 기체와 액체 상을 서로 구분할 수 없게 된다. 이 경우 기체는 아무리 압축되어도 액체로 변화되는 불연속점을 통과하지 않게 된다. 기체의 온도 – 압력 영역이 임계 온도 및 압력(임계점)보다 더 커질수록 $P–V–T$ 관계는 점차로 이상기체적 거동을 보이게 된다. 그러나 실제기체의 상태방정식은 이

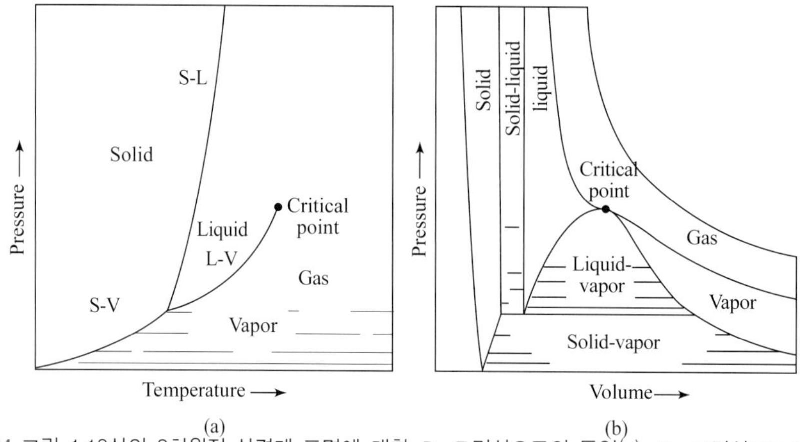

그림 1.14 그림 1.13상의 3차원적 상경계 표면에 대한 $P-T$ 면상으로의 투영(a), $P-V$ 면상으로의 투영(b).

상기체보다 훨씬 복잡하며 다양한 형태로 표현된다(참고문헌 2, 3)[5)]

기체의 성질을 정확하게 알아내려면 다수의 변수를 포함한 상태방정식 형태가 이용되야 한다(참고문헌 3). 대부분의 경우 실제기체를 이상기체로 볼 수 있는지 아닌지를 살펴보고, 이상기체가 아니라면 이상기체 상태방정식을 적용하기 위해선 어떠한 보정인자를 이에 추가로 고려해야 하는지를 정할 필요가 있다. 이를 위해서 압축인자(compressibility factor)라 불리는 보정인자 Z를 도입하여 이상기체 상태방정식($P\underline{V} = RT$) 틀을 그대로 유지하면서 실제기체에 대한 $P-V-T$ 거동을 표현할 수 있도록 보완하여 다음처럼 사용할 수 있다.

$$P\underline{V} = ZRT \tag{1.41}$$

Z(비이상적 거동의 정도를 나타내는 압축인자) 값은 "대응상태"법을 이용하여 추정할 수 있다. 이 방법은 대응상태 기체는 모두 유사한 비이상적 거동을 나타낸다는 가정에 바탕을 두고 있다. 즉, 여러가지 기체가 이들 고유의 임계 온도와 압력에 대해서 각각 대응상태(corresponding state)에 있을 경우 이들 기체는 모두 동일한 Z 값을 지닌다는 가정이다. 여기서 대응상태란 각각의 기체 상태가 동일한 축소온도(reduced temperature) 및 축소압력(reduced pressure)을 나타냄을 뜻한다. 대응상태에 놓인 이들 기체는 모두 동일한 Z 값을 가진다. 축소압력과 축소온도는 기체의 압력과 온도를 이들 기체의 고유한 임계

5) 이상기체 상태방정식에 비해 다소 복잡한 형태로서 알려진 실제기체 상태방정식으로 반 데르 발스(Van der Waals) 식이 있다 : $(P+a/\underline{V}^2)(\underline{V}-b)=RT$. 여기서 b는 실제 기체에 대한 원자나 분자의 부피를 보정하는 인자이고, a는 분자들 사이의 상호작용에 대한 보정인자이다.

압력(P_c)과 임계온도(T_c)로 각각 나누어준 값을 의미한다.

$$P_r = \frac{P}{P_c} \quad \text{그리고} \quad T_r = \frac{T}{T_c} \tag{1.42}$$

식(1.41)의 Z 항은 기체의 축소압력(P_r)과 축소온도(T_r)를 알면 정량적으로 결정할 수 있다. 그림 1.15는 여러 축소온도 조건에서 축소압력에 따른 Z 값의 변화를 나타내고 있다. 대표적 주요 기체에 대한 P_c 및 T_c 자료값이 표 1.3에 나타나 있다.

표 1.3 주요 기체에 대한 임계 온도 및 압력

기체	P_c (MPa)	T_c (K)
He	0.229	5.25
N_2	3.40	126
H_2	1.30	33.2
O_2	5.10	154
CO_2	7.40	304
SO_2	7.80	430
H_2O	22.1	647

예로 1기압, 298 K에서 질소의 Z 값을 추정하기 위해 그림 1.15의 도표를 이용해 보자. 표 1.3으로부터 질소의 임계압력은 3.40×10^6 Pa 이고 임계온도는 126 K이다. 따라서 1기압(1.013×10^5 Pa) 및 298 K에 대한 축소압력과 축소온도는 각각 $1.013 \times 10^5 / 3.40 \times 10^6 = 2.97 \times 10^{-2}$ 과 $298/126 = 2.37$ 이 된다. 그림 1.15로부터 이에 대한 질소의 Z 값이 1에 가까운 값임을 알 수 있다. 이는 1기압, 298 K에서 질소 기체의 거동이 이상기체에 가까운 거동을 보인다는 것을 의미한다. 그러나 이에 반해 이산화탄소 기체의 경우 임계온도는 상온에 가까운 304 K이며, 임계압력(7.4×10^6 Pa) 은 실험실에서 흔히 사용하는 압력 가스 용기로부터 얻을 수 있는 압력과 비슷한 수치이다. 이산화탄소의 이러한 임계 온도 및 압력 수치는 온도, 압력 조건에 따라 이상적 거동으로부터 벗어난 기체 거동을 보일 수 있음을 시사한다. 예로서 0°C (273 K), 650 psi (4.48×10^6 Pa) 의 압력 용기 내에 들어있는 이산화탄소 기체 거동의 비이상 정도를 예측하기 위해 압축인자 Z를 구해 보자.

$$T_r = \frac{273}{304} = 0.90, \quad P_r = \frac{4.48 \times 10^6}{7.4 \times 10^6} = 0.61$$

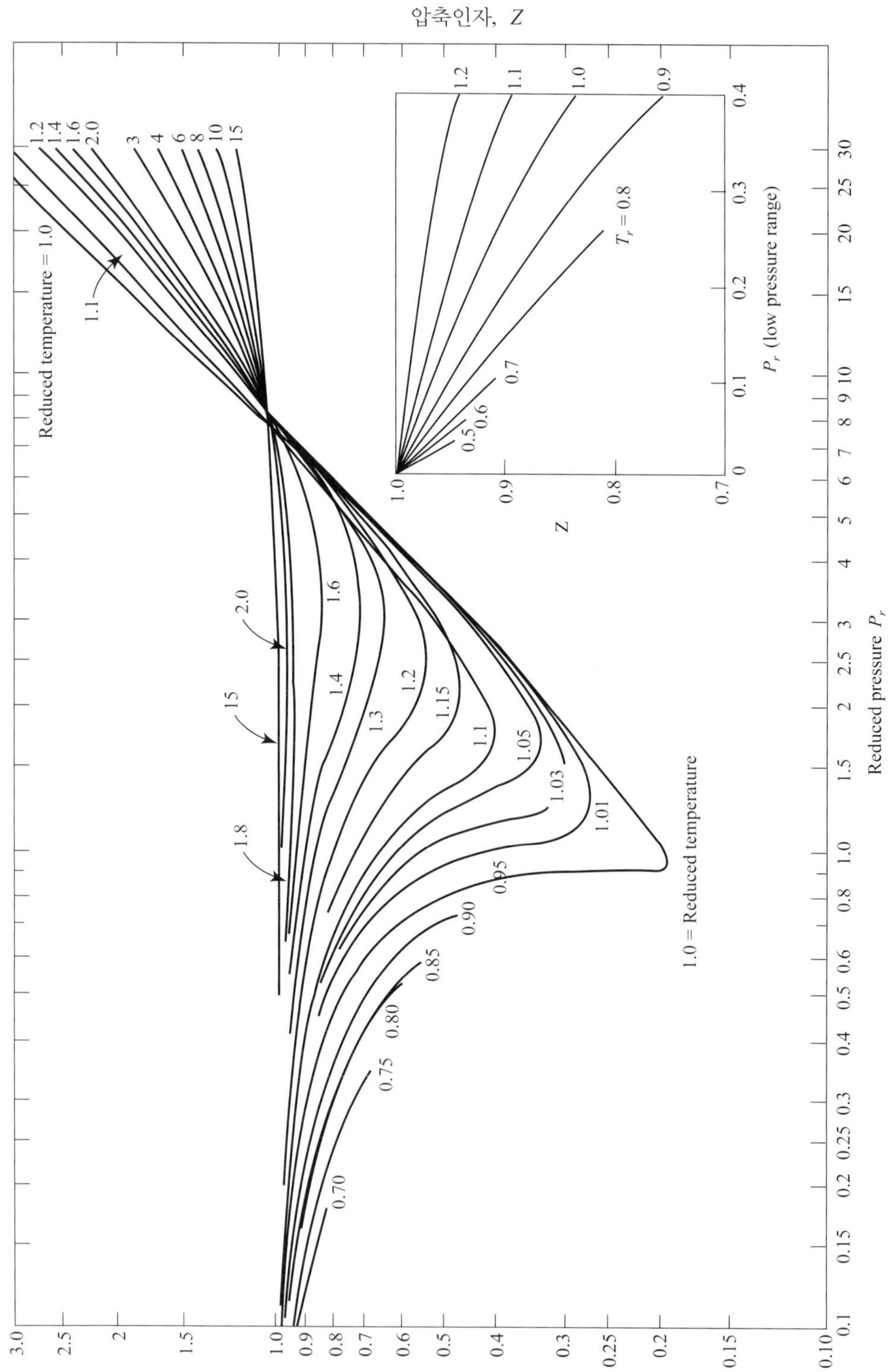

그림 1.15 압축인자(Z)와 축소압력(P_r) 및 온도(T_r)간의 관계를 나타내는 실험자료

이러한 온도, 압력 조건에서 압축인자 Z는 약 0.70을 나타낸다. 따라서 온도 273 K, 650 psi 압력하 이산화탄소 기체가 들어있는 압력 용기의 부피를 안다면 아래 비이상 기체 상태방정식을 이용하여 용기 내 이산화탄소 기체의 무게를 계산할 수 있다.

$$PV = 0.70nRT$$

1.16 단열압축 및 팽창

단열상태에서 기체의 압력이 감소 혹은 증가되면 기체온도는 이에 대응해서 변화한다. 이러한 기체의 거동은 산비탈을 따라서 공기가 급격하게 빠른 속도로(즉, 단열적으로) 상승하는 경우에 대한 자연 기후 현상으로부터 쉽게 관찰해 볼 수 있다. 고도가 높아질수록 공기압력은 낮아지며 온도 또한 낮아지게 된다.

여름철 종종 한반도 동해안의 다습한 대기(동풍)가 가파른 산맥 산비탈을 빠른 속도로 상승시 고도에 따른 단열적 온도 강하[식(1.43) 참조]로 인해 대기 중 습기가 단열적으로 응결하여 집중적인 호우가 내림으로써 동해안 연안(영동) 지역의 강수량을 증대시킨다. 이런 결과로 산맥 반대편(영서) 지역은 건조한 대기가 형성된다. 단열적 압력변화 과정을 거치는 이상기체의 압력과 온도간의 정량적 관계를 유도해 보자.

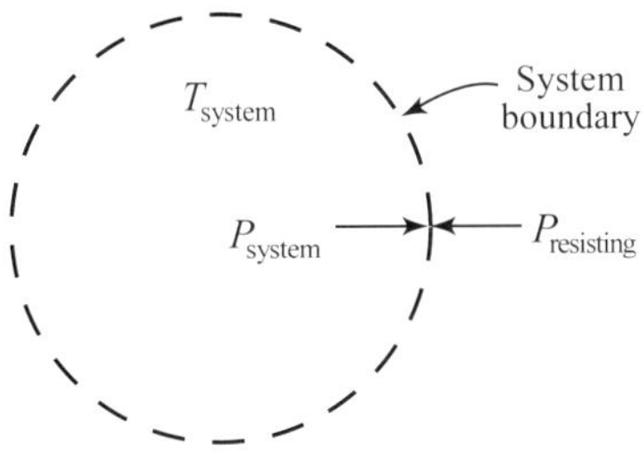

그림 1.16 기체상 내 특정 부피 공간인 닫힌계의 경계($P_{외부} = P_{계}$ 인 경우)

임의 온도 및 압력하에 놓인 기체 공간내의 특정 부피를 고려하자. 기체상의 특정 일부분을 그림 1.16에서처럼 닫힌계로서 설정하고, 이 계가 단열적 상태 변화 과정을 겪는다면 δQ 는 0이 된다. 또한 계와 주변 사이의 경계는 기체 내부를 임의적으로 일부분만 가르는 것이므로 계와 주변 사이의 압력 차는 없게 된다. 계의 압력과 외부 저항 압력이 같으므로 따라서 계/주변 간 행하여진 역학적 일은 가역적 일이 된다.

열역학 1법칙 식(1.12)와 C_V 정의 식(1.24)로부터,

$$dU = \delta Q - \delta W$$
$$\delta W_r = -PdV,\ dU = nC_V dT,\ \delta Q = 0$$
$$-PdV = nC_V dT$$

이상기체이므로, $PV = nRT$

따라서, $PdV + VdP = nRdT$

$$-PdV = -nRdT + VdP = nC_V dT$$
$$VdP = n(C_V + R)dT$$
$$nRT\frac{dP}{P} = n(C_V + R)dT$$
$$\frac{dP}{P} = \left(\frac{C_V + R}{R}\right)\frac{dT}{T}$$

$C_P - C_V = R$ 으로부터[식 (1.40)],

$$\frac{dP}{P} = \left(\frac{C_P}{R}\right)\frac{dT}{T}$$

상태 변화 과정 중의 온도 구간에 걸쳐 C_P 가 온도에 따라 일정하게 유지된다고 하면,

$$\int_{P_1}^{P_2}\frac{dP}{P} = \frac{C_P}{R}\int_{T_1}^{T_2}\frac{dT}{T}$$

$$\frac{P_2}{P_1} = \left(\frac{T_2}{T_1}\right)^{C_V/R} \quad 또는 \quad \frac{T_2}{T_1} = \left(\frac{P_2}{P_1}\right)^{R/C_P} \tag{1.43}$$

이런 온도와 압력간 관계식(이상기체의 단열가역적 상태변화)에 대한 변형된 동일 표현식은,

$$TP^{-R/C_P} = TP^{(1-\gamma)/\gamma} = PV^{\gamma} = 상수 \tag{1.44}$$

여기서 $\gamma = C_P / C_V$

열역학적 해석 전개 과정을 통해 유도된 위 관계식은 1.13절에서 언급한 등엔탈피 팽창(주울-톰슨 팽창) 현상과 실험실에서 흔히 경험하는 단열적 기체 압축, 팽창 현상에 대한 다음 사례를 살펴보면 쉽게 이해할 수 있다.

헬륨기체는 종종 고온 시료의 급랭을 위해 사용된다. 헬륨이 25°C 온도에서 50 l 의 압력용기 내에 저장되어 있으며 용기의 초기 압력은 20기압이라고 하자. 압력 용기의 밸브

가 열리고 헬륨이 급랭용기 내로 유입될 때 시료와 부딪히는 첫 번째 헬륨기체의 온도는 얼마나 될까? 문제풀이시 단원자 기체인 헬륨은 20기압 정도에서 이상기체 거동을 한다고 가정한다.

문제를 풀기 위해 우선 압력용기의 밸브를 **열린계**로 설정해 보자. 밸브계의 열역학 성질들은 실험 중 변화하지 않으며(시간에 따라 일정하게 유지되는 정상상태) 또한 기체의 포텐셜 및 운동에너지 변화를 무시할 수 있다고 가정하자. 따라서 정상상태 열린계에 대한 열역학 1법칙인 에너지 수지 균형식은 다음처럼 쓸 수 있다[식(1.15)].

$$(H_i \delta m_i - H_o \delta m_o) + \delta Q - \delta W = 0$$

그림 1.11에서처럼 계에 의해 행해진 일(역학적 일)은 없다. 또한 밸브계 내 기체의 흐름이 너무 빨라서 감지할 만큼의 열유동은 계/주변 간에 없게 된다. 즉, 밸브계가 단열되어 있다고 가정할 수 있다. 정상상태 열린계(밸브)에 대해선 $\delta m_i = \delta m_o$ 이다.

따라서 $$\underline{H}_i = \underline{H}_o$$

이상기체의 엔탈피는 압력의 함수가 아니라 온도에만 의존하는 함수이다[식(1.33)].

이상기체 경우: $$\left(\frac{\partial H}{\partial P}\right)_T = 0 \;\Rightarrow\; H(T,P) = H(T)$$

따라서 압력 용기 밸브를 떠나서 처음으로 시편에 부딪치는 헬륨기체의 온도(T_i)는 용기 안의 기체온도($T_o = 25°C$)와 같음을 윗 식($\underline{H}_i = \underline{H}_o$)으로부터 알 수 있다.

그러므로 $$T_i = T_o$$

헬륨이 유출됨에 따라 압력용기 내의 압력은 점차적으로 줄어든다. 압력용기 내 압력이 줄어들어 약 10기압 정도가 되었을 때 급랭용기 내로 유입되는(시료에 부딪히는) 헬륨기체의 온도 T_i 는 얼마나 될까?

문제풀이를 위해서는 우선 압력용기 내 압력이 감소함에 따라 용기 내 온도 T_o 가 어떻게 변화될지를 결정하여야 한다. 문제풀이를 위해서 압력용기 내 압력이 10기압으로 줄어들었을 때 용기에 남은 기체의 일부를 계로써 정의한다(그림 1.16). 따라서 계는 **닫힌계**가 되며, 물질의 유입이나 유출 없이 압력 감소에 따라 단지 팽창하게 된다. 계와 주변 사이의 경계는 기체상 내에 임의적으로 그어진 경계이므로 기체는 가역적 팽창을 하게 된다: 즉, 계와 주변 사이에는 압력 차이가 없게 된다. 더욱이 용기 자체는 단열되어 있기 때문에 팽창은 단열적으로 일어난다. 따라서 단열, 가역적 팽창 기체계의 압력－온도 변화 양상은 식(1.43)으로써 표현할 수 있다. 일정한 압력 조건에서 헬륨을 단원자 이상기체로 간주하면, 헬륨의 열용량은 $\frac{5}{2}R$ 이므로 압력용기에 남은 10기압 기체의 온도는 다음처럼 구할 수 있다.

$$\frac{T_2}{T_1} = \left(\frac{P_2}{P_1}\right)^{R/C_P} = \left(\frac{10}{20}\right)^{R/(5/2)R} = (0.5)^{0.40}$$

$$T_2 = T_1(0.758) = 298(0.758) = 226\ K$$

이미 첫 번째 해에서 언급한 바와 같이 밸브를 통해 이상기체가 매우 빠른 속도로(즉, 단열적으로) 유출되므로 기체의 온도는 변화하지 않는다. 즉, 열유동이 없게 된다. 따라서 압력용기 내 압력이 10기압으로 떨어졌을 때 시료에 부딪히는 헬륨 기체의 온도는 226 K, 즉 −47 °C가 된다.

참고 문헌

1. Stull, D. R., and Prophet, H., *JANAF Thermodynamical Table*, 2nd ed., National Standards Research Data Service-National Bureau of Standards, Washington, DC, 1971

2. Lewis, G. N., and Randall, M., *Thermodynamics*, 2nd rev. ed., K. S. Pitzer and L. Brewer, McGraw-Hill, New York, 1961.

3. Balzhiser, R. E., Samuels, Michael R., and Eliassen, J. D., *Chemical Engineering Thermodynamics*, Prentice-Hall, Englewood Cliffs, NJ, 1972.

문제

1.1 납으로 만들어진 총알을 단단한 물체 표면을 향해 매우 빠른 속도로 쏘았다. 총알의 초기온도가 25°C이고 단단한 표면의 가열 정도를 무시할 경우, 물체에 충돌시 납 총알이 녹기 위해서는 총알의 속도(v)가 얼마가 되어야 하는가? 납의 녹는점은 327°C이다. 납의 몰 융해열은 4.8 kJ/mol이다. 납의 열용량 C_P 는 29.3 J/(mol·K)로 간주하라. Pb 몰질량은 207.2 g/mole이다.

총알을 닫힌계로 설정하고 다음 열역학 1법칙 관계식을 이용해 답하라.

$$\Delta U + \Delta(KE) = Q - W = Q - P\Delta V$$

계 초기상태(25°C, $v_1 = 0$), 최종상태(T_m, $v_2 = ?$)

1.2 부피 1 dm^3 물이 20°C에서 직경 1 μm의 작은 물방울들로 분해되어 놓여있다.

(a) 물방울들이 나타내는 전체 표면적은 얼마인가?

(b) 물방울을 만드는데 필요한 최소한의 일을 계산하라. 이 경우 물방울은 움직이지 않는다(정지상태에 있다)고 가정하라(즉, 속도 = 0). 물의 표면장력은 20°C에서 72.75 dynes/cm이다.

물(액상)의 표면에너지(erg/cm^2)는 또한 표면장력(dynes/cm)으로도 사용될 수 있다.

1.3 고온인 금속 시편을 급냉하기 위하여 헬륨기체를 흔히 사용한다. 헬륨은 25°C온도에서 50 L 부피의 단열 탱크 안에 20기압의 압력으로 저장되어 있다. 헬륨은 이상기체 거동을 따른다고 가정하라.

(a) 밸브가 열리고 기체가 급랭용기(압력이 1기압) 내부로 유입될 경우 용기 내 시료에 부딪히는 첫 번째 헬륨기체의 온도는 얼마가 되는가?

(b) 헬륨이 유출됨에 따라 탱크 내의 압력은 감소한다. 탱크 내의 압력이 10기압으로 감소된 시점에서 급랭용기 내로 유입되는 헬륨의 온도는 얼마인가?

1.4 진공상태($P = 0$)인 단열탱크가 온도 T_o 를 유지하는 무한히 큰 부피의 이상기체로 둘러싸여 있다. 탱크의 밸브가 열리고 주위의 이상기체가 탱크 내로 매우 빠른 속도로 유입되어 탱크 내부의 압력이 주변의 압력과 같아졌다. 이 경우 기체 유입 과

정에서 주변과의 열교환은 일어나지 않는다고 가정하라(단열적 기체 유입). 탱크 안 기체의 최종 온도는 얼마가 되겠는가?

기체의 열용량 C_P 와 C_V 는 기체가 놓이게 되는 온도 구간에 걸쳐서 일정한 값을 각각 유지한다고 가정한다. C_P 와 C_V 항을 포함하여 답하라. 탱크 또는 유입기체를 계로 설정하고 열역학 1법칙식을 이용해 답하라.

문제 풀이 수월성을 위해 탱크 내부로 흘러 들어가는(gas flowing into tank) 기체를 계로써 고려하라.

1.5 1600 K 온도에서 용해로 작업을 하는 유리공장으로 온도 298 K인 메탄이 연료로써 공급된다.

(a) 298 K에서 화학량론적(이론적) 요구 산소량에 의한 CH_4 완전연소시 몰당 연소열(반응엔탈피)을 계산하라.

연료는 완전 연소를 위해 필요한 화학양론적 산소량보다 10% 초과된 산소함유 공기량과 298 K 온도에서 혼합된다(공기는 21% 산소와 79% 질소로 구성)는 가정하에 다음 물음에 답하라.

(b) 완전연소를 가정하여 배기가스(연소 후의 기체)의 조성을 계산하라.

(c) 열손실이 없다고 가정할 경우 배기가스의 온도는 얼마인가?

(d) 정상상태로 운용되는 용해로는 시간당 2,000 kg의 유리를 생산하며 외부로의 열손실은 평균 400,000 kJ/h정도 된다. 유리의 경우 $\Delta H^o_{1600} - \Delta H^o_{298} = 1200$ kJ/kg이라 가정하고 연료소모량(m^3/h의 단위)을 표준상태(STP: T = 298 K, P = 1.0 atm)로서 계산하라.

(e) 배기가스의 열 중 어느 정도 일부를 연소공기의 예열로 전환시키기 위해 열교환기 설비가 장치되어 있다. 이를 이용하여 연소공기를 800 K로 가열시켰을 경우 질문 (d) 조업시 소요되는 연료의 소모량은 어느 정도나 감소되는가?

기체	C_P [cal/mol·°C]	ΔH^o_{298} [kcal/(g·mol)]
CH_4	16	−17.89
CO_2	13.7	−94.05
H_2O	11.9	−57.80
N_2	8.2	
O_2	8.2	

㈜ 질문 (a), (b), (c)는 CH_4 완전 연소 반응에만 국한된 문제이다(Al 용해 공정과는 무관). 반면, 질문 (d), (e)는 연료 CH_4 완전 연소 반응에 의한 용해로 공정을 통한 Al 용해 과정을 다루는 문제임을 상기해서 해를 구하라.

1.6 α −망간의 엔탈피 실험적 측정 자료가 다음처럼 두 온도 구간에 대해 보고되었다.

$$\Delta\underline{H}^o_{700} - \Delta\underline{H}^o_{298} = 12{,}113 \text{ J} / (\text{g} \cdot \text{atom})$$
$$\Delta\underline{H}^o_{1000} - \Delta\underline{H}^o_{298} = 22{,}803 \text{ J} / (\text{g} \cdot \text{atom})$$

C_p 의 온도 의존성을 $(a + bT)$ 형태로 정하고 이를 이용해 $\Delta H^o_T - \Delta H^o_{298}$ 에 대한 온도함수를 결정하라. 관심 온도 범위 영역에서 구조적(결정학적) 상전이는 일어나지 않는다고 가정하라.

1.7 40% CO와 10% CO_2, 나머지 N_2(부피 퍼센트)로 구성된 연료가스가 연소로 내부에서 공기에 의해 완전 연소한다. 노 내에서 연료 가스의 유입온도와 연소 진행온도는 각각 500°C(773 K)와 977°C(1250 K)이다.

(a) 최고 불꽃온도(AFT)는 얼마인가?

(b) 소모되는 연료가스 입방피트(feet)당 노 내로 공급되는 열의 양을 계산하라.

$$\Delta\underline{H}^o_f(\text{CO}:298) = -110{,}458 \text{ J/mol}, \quad \Delta\underline{H}^o_f(\text{CO}_2:298) = -393{,}296 \text{ J/mol}$$
$$C_P(\text{CO}) = 28.45 + 3.97\times10^{-3}T - 0.42\times10^5 T^{-2} (\text{J/mol}\cdot\text{K})$$
$$C_P(\text{CO}_2) = 44.35 + 9.20\times10^{-3}T - 8.37\times10^5 T^{-2} (\text{J/mol}\cdot\text{K})$$
$$C_P(\text{O}_2) = 29.92 + 4.10\times10^{-3}T - 1.67\times10^5 T^{-2} (\text{J/mol}\cdot\text{K})$$
$$C_P(\text{N}_2) = 29.03 + 4.184\times10^{-3}T (\text{J/mol}\cdot\text{K})$$

1.8 (a) 298 K 온도에서 다음 반응의 표준 엔탈피변화(ΔH^o)는 얼마인가?

$$\text{CO} + \frac{1}{2}\text{O}_2 \rightarrow \text{CO}_2$$

(b) 50% CO와 50% N_2로 구성된 연료가스가 화학량론적 양만큼의 산소요구량에 해당하는 공기와 연소반응을 일으킨다. 연소 후 배기가스의 조성은?

(c) 298 K 온도에서 연료가스와 공기가 버너로 유입될 때, 도달되는 최고 불꽃온도

(단열불꽃온도 : AFT)는?

자료 : 298 K에서 표준 생성열 $\Delta \underline{H}_f^o$: CO = –110,000 (J/mol),

CO_2 = –393,000 (J/mol).

열용량 C_P [J/(mol·K)] : N_2 = 33, O_2 = 33, CO = 34, CO_2 = 57

1.9 철광석 환원로인 고로(용광로) 내의 기체가 아래 조성비(부피비)로 구성되어 있다.

12%CO, 24%CO_2, 4%H_2, 60%N_2

(a) 온도 298 K에서 이 기체가 화학량론적 양만큼에 해당하는 건조한 공기와 함께 연소할 때 연소 후 배기가스의 조성은? 그리고 단열 불꽃온도는 얼마인가?

(b) 298 K에서 화학량론적 산소 양에 비해 이를 30% 초과하여 공기로서 공급한다고 할 경우 질문 (a)의 계산을 다시하라.

(c) 고로로 유입되는 가스가 700 K로 예열될 경우 단열 불꽃온도는 얼마인가(건조한 공기는 298 K를 나타낸다)?

(d) 연소 공기가 건조하지 않고 수분을 함유하고 있다고 가정하자. 즉, 760 mmHg의 전체 공기 압력 중 수증기 분압은 15 mmHg이다. 이러한 조건이 불꽃온도에 어떠한 영향을 미치는가?

기체	$\Delta \underline{H}_f^o$ (kJ/mol)	C_P (J/mol·K)
CO	–110.523	33
CO_2	–393.505	57
$H_2O(g)$	241.835	50
N_2, O_2		34

1.10 1기압에서 용융 구리가 담겨있는 용기가 구리의 융점온도보다 5°C 낮은 온도로 과냉각되어 있다. 단열 조건하에서 고체상 구리의 핵생성, 응고가 진행된다. 용기 내의 응고 분율(x)은 얼마인가?

구리의 융점 1083°C에서 구리의 융해열은 3,100 cal/mol이다.

C_P (액상 구리) = 7.5 cal/mol·°C

C_P (고상 구리) = 5.41 + (1.5 × 10^{-3} T) cal/mol·°C

힌트 : 단열조건하 과냉 액상 구리 응고 과정에 열역학 1법칙을 적용하면,

$$\Delta \underline{H}_{Cu,l,1351\mathrm{K}}(1) = \Delta \underline{H}_{Cu,s,1356\mathrm{K}}(x) + \Delta \underline{H}_{Cu,l,1356\mathrm{K}}(1-x)$$

괄호속 1은 1몰, x는 x몰을 나타낸다.

1.11 이산화구리(Cu_2O)가 온도 1000 K인 노 내에서 수소에 의해 환원된다. 이산화구리의 수소 환원반응시 이산화구리 1몰당 어느정도 열이 발열 또는 흡열되는가? 발열반응인지 흡열반응인지를 먼저 정하고 반응 엔탈피를 구하라.
1000 K에서 생성열(cal/mol) : Cu_2O = –41,900, H_2O = –59,210

1.12 (a) 1000 K에서 순수한 액상 알루미늄의 엔탈피는 얼마인가(기준상태로 298 K인 순수 고상 알루미늄을 이용하라)?

(b) 100 kg/h 생산속도로 순수한 알루미늄을 용해시키기 위해 전기저항로를 이용한다. 알루미늄은 298 K에서 노 내로 유입되고 용융 알루미늄은 1000 K로 노를 빠져나온다. 전기 저항 용해로 내로부터 주변으로의 열손실은 없다고 가정하고 노의 최소 전기일률(kW)을 계산하라.

알루미늄 : 원자량 = 27 g/mol, 융점 = 932 K, 융해열($\Delta \underline{H}_m$) = 10,700 J/mol
고상 열용량(C_P) = 26 J/(mol·K), 액상 열용량(C_P) = 29 J/(mol·K)

1.13 알루미늄 용해 후 나오는 찌꺼기(dross)에는 1 wt%의 금속 알루미늄이 함유되어 있는 것으로 밝혀졌다. 나머지는 산화알루미늄(Al_2O_3)으로 간주할 수 있다. 알루미늄은 미세한 크기로 산화알루미늄 사이에 분산되어 존재한다 : 즉, 두 물질은 열적으로 상호 연결되어 있다. 이 찌꺼기 물질을 온도 298 K에서 보관할 때 모든 미세 금속 알루미늄이 공기에 의해 완전히 산화되면, 도달되는 찌꺼기 물질의 최고 온도는 얼마인가(단열 찌꺼기 : 계)
열적으로 연결된 두 물질의 전체 질량은 동일한 온도로 상승된다고 가정하라.
원자량 : Al = 27 g/mol, O = 16 g/mol
열용량 : 고상 알루미늄 = 26 J/(mol·K), 고상 Al_2O_3 = 104 J/(mol·K)
Al_2O_3 생성열($\Delta \underline{H}_{f,298}$) = –1,676,000 J/mol

1.14 100°C, 1기압에서 물의 증발열은 2,261 J/g이다.

(a) 증발열 중 증기에 의해 행해진 역학적 일로써 사용되는 에너지의 분율은 얼마인가?

(b) 물 증발시 내부에너지 변화(J/g)는 얼마인가?

100°C, 1기압에서 수증기의 밀도는 0.597 kg/m^{3}이다.

힌트 : 물 증발 공정(액상→기상) 계에 열역학 1법칙[$\Delta U = Q - (P\Delta V)$] 을 적용하라.

1.15 0°C, 1 kg 얼음을 녹이기 위해 필요한 수증기(100°C, 1기압)의 최소량[열손실이 없다고(단열적 융해 공정계) 가정시]은 얼마인가?

물은 밀도가 일정한 비압축수로 가정하라. 문제 1.16에 주어진 자료를 이용하라.

힌트 : 100°C 수증기의 열에너지 전량이 0°C 얼음 1kg을 0°C 물로 변환시키는데 사용된 후 수증기는 0°C 물이 된다.

1.16 지구상 어떤 지역에서는 지표 밑으로부터 올라오는 압축수(pressurized water)가 열에너지 원으로 사용되기도 한다(지열발전 원리). 스팀을 만들기 위해 180°C 지열의 압축수를 1기압에서 작동되는 '급속 증발기(flash evaporator)'에 통과시킨다. 이 때 증발기로부터는 두 가지 유체가 나오는데, 하나는 액상물이고 다른 하나는 수증기이다. 1 kg의 지열적 압축물로부터 얼마만큼의 수증기가 생성되겠는가?

이 공정은 가역적인가? 물은 압축할 수 없는(incompressible) 유체로 가정하라(즉, 밀도가 일정하다 : 역학적 일 = 0). 180°C에서 물의 증기압은 1.0021 MPa(약 10 기압)이다. 급속 증발기를 정상상태의 단열 열린계로 간주하라.

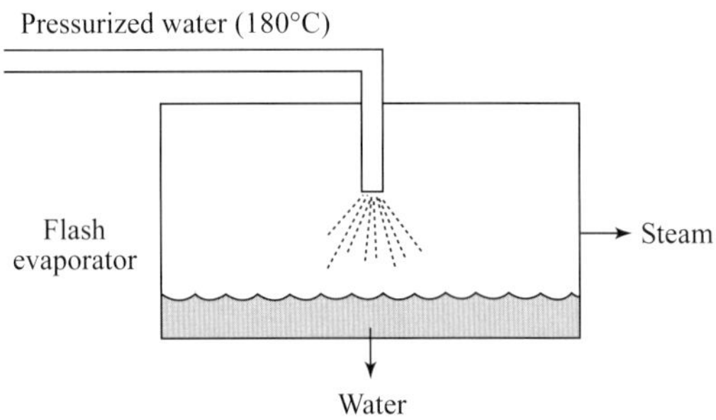

자료 : 문제 1.15, 1.16 공통

C_P (물, 액상) = 4.185 J/(g·K), C_P (수증기) = 1.92 J/(g·K)

100°C에서 $\Delta \underline{H}_{vap}$ = 2,675 J/g, 0°C에서 $\Delta \underline{H}_m$ = 335 J/g

1.17 금속재료는 액상으로부터 급냉 응고시 흥미로운 성질을 나타낸다. 구리의 수냉 급속 응고 공정시 융점(1357 K)에서 액상구리는 수냉 냉각판 상으로 분사되어 400 K온도로 급냉된다. 액상구리는 분당 1 kg의 속도로 냉각판상에 공급된다(정상상태 열린계). 냉각수 온도는 20°C이며 구리 급속 응고시 80°C이상으로 승온되지 않도록 제한하고자 한다. 이를 위해 수냉 냉각판 상으로 공급되는 최소 냉각수량(m^3/min)은 얼마인가?

물 : $C_P = 4.184$ J/g·K, 밀도 = 1 g/cm^3

구리 : 몰 질량 = 63.549 g/mol, C_P (고상) = 7 cal/mol·K

융해(fusion)열 = 3120 cal/mol

힌트 : 계를 먼저 명확하게 설정한 후 풀이 계산을 행하라.

Chapter 02

열역학 2법칙

임의 주변 상황에 놓인 계는 평형 도달시까지 자발적인(비가역적) 상태변화 과정을 겪게 된다. 이러한 자발적 계 상태변화 과정은 항상 가역적 일(계/주변 간 교환되는 최대일) 중 일부가 주변과 교환되지 않고 계 내에서 '없어진 일'로서 퇴화(degradation)되어 열로의 변환을 초래한다. 계 내에서 없어진 일에 의한 퇴화열의 정량적 척도가 바로 계 내에서 창출되는 비가역성 관련 엔트로피(dS_{irr})이다. 엔트로피는 열을 온도로 나눈 값으로 정의된다. 계 상태변화에 의해 주변과 교환되는(즉, 주변에 행하거나 주변으로부터 받을 수 있는) 최대일은 가역적 상태변화시에만 나타나고, 계/주변 간 비가역적 상태변화시는 비가역성 정도에 따른 없어진 일($|W_r - W| =$ lost work : 양수) 만큼 가역적(최대) 일(W_r)의 절대치로부터 빼준 일의 양(W)이 계 ↔ 주변 간에 교환된다. 즉 비가역적 계/주변 간 교환 일(±tive) ± 계내 상태변화 비가역성 연관 없어진 일(+tive) = 가역적 상태변화시 계/주변 간 교환 일(±tive).

계와 주변 간 상태변화시 지속적으로 항상 평형으로부터 무한소 정도만 이탈되도록 무한히 느린 속도로 진행되는 미소 상태변화 과정은 없어진 일 발생이 무한소로 매우 적어, 계 내에 비가역성 관련 엔트로피가 거의 생성되지 않는다고 가정할 수 있으며 이를 실제적인 "가역적" 과정이라고 한다(엄밀한 의미에서 가역적 과정은 계 상태변화의 평형시에만 나타날 수 있다). 이에 반해 유한 크기의 주변 상태 인자(P, V, T, n_i 등) 변화로 인해 유한한 속도로 진행되는 실질적인 모든 상태변화 과정은 "비가역적" 과정이 된다. 비가역적 상태변화 과정은 계 내에서 없어진 일이 생겨 열로 퇴화되어 비가역성 관련 엔트로피 창출을 야기한다. 비가역적 과정으로 인한 손실(없어진) 일은 주변과 교환되지 않고 계 내에 남아 엔트로피 창출에 기여하는 열로서 퇴화 소진된다. 이에 따라 자발적 상태변화에 의한 우주(계+주변) 내 엔트로피 증가(dS_{irr})와 더불어 영구적 변화가 초래된다. 다음절에서 다루는 열역학 2법칙에서 자세히 언급되듯이 계 내 엔트로피 변화는 주변과 교환되는 열(양 또는 음수)과 계 상태변화의 비가역성 정도로 인해 계 내에 생긴 없어진 일에 의한 퇴화열(항상 양수)의 합을 온도로 나눈 값으로 정해진다 : $dS = (\delta Q / T) + (\delta lw / T)$. 반면 주변의 엔트로피는 계와 교환되는 열(양 또는 음수)에 의해서만 정해진다. 따라서 비가역적(자발적) 상태변화 과정으로 인해 우주의 엔트로피 증가가 항상 초래된다. 한편 가역적 과정에서는 없어진 일에 의한 계 내 엔트로피 창출이 없으므로 이로 인한 우주내 엔트로피 증가와 영구적 변화가 초래되지 않는다.

열역학 1법칙(우주의 에너지 보존법칙 또는 열과 일 형태로서의 계 ↔ 주변 간 이동에너지 교환에 의한 계 에너지 수지 균형식)에서 다루어진 계 에너지는 상태함수 성질을 지닌다. 다시 말하면 계의 에너지 변화는 초기상태와 말기상태에만 의존할 뿐, 두 상태 간에 이르는 과정 경로와는 무관하다는 것이다. 이 장에서는 상태함수의 성질을 지니는 다른 열역학적 성질인 엔트로피를 소개하고 이를 재료공정 비가역성 및 평형 측면에서 다루고자 한다.

엔트로피 함수의 도입 기원은 일찍이 열에너지를 역학적 일에너지로 전환시키는 열기관에 대한 고찰 연구에서 찾아볼 수 있다. 열기관은 고온과 저온 열저장소 사이에서 운용작동되는 기관이다. 열역학 1법칙은 이러한 에너지 전환시 관여하는 이동에너지(열, 일) 및 이들의 양적 변화만을 설명해 줄 뿐, 이들 간 전환 에너지량에 대한 한계치를 정해 주지는 못한다. 반면 열역학 2법칙은 가역적 또는 비가역적 열기관 과정에 의해서 "열"이 "일"로 전환될 때 나타나는 이들 에너지간 전환의 한계성을 열저장소 온도로써 잘 설명해 준다. 열기관의 원리는 프랑스 공학자 Sadi Carnot에 의해 1824년에 확립되었다. 그는 두 열 저장소(heat reservoir) 사이에서 작동하는 이상적(가역적) 열기관에 대한 연구를 통해, 고온의 열 저장소로부터 나오는 열이 전부 다 일로 전환되는 것은 현실적으로 불가능하다(저온 열저장소 온도의 0 K 유지는 현실적 실현 불가능)는 사실을 주장하였다. 2.5절에서 자세히 논의되듯이, 실제로 가역적 열기관에서 일로 전환될 수 있는 열에너지량은 열원과 열배출 저장소(heat source and sink) 온도에 의해서 정해진다. 이러한 열기관의 에너지 전환 한계능(효율성)에 대해선 엔트로피 함수의 정의를 활용하여 열역학 2법칙에 의해 설명되어질 수 있다(2.4절).

따라서 엔트로피를 다루는 열역학 2법칙에 의해서 계 상태 변화의 비가역성과 한계능(평형)에 대한 정량적 접근이 가능해질 수 있음을 유추할 수 있다(4장).

2.1 엔트로피

닫힌계에 대한 가역적 상태변화시 열 이동량을 절대온도로 나눈 인자는 다음처럼 열역학성질로써 나타낼 수 있다.

$$dS = \frac{Q_r}{T} \tag{2.1}$$

여기서 dS 는 계의 엔트로피 변화량(dS_{system})으로 크기 성질의 상태함수이다. 식 (2.1)은 가역적 상태 변화 계의 엔트로피 변화에 대한 표현식으로 **열역학 2법칙**이라 정의한다. 엔트로피는 열에너지와 불가분의 관계인 온도를 양적으로 상호 관계짓는 열역학 성질로서 상태 함수의 특성을 지닌다.

이러한 열역학 성질 S가 실제로 상태함수인가에 대한 증명은 이 교재의 내용범위를 벗어나며, 이에 대한 증명은 수리물리학을 다루는 고전적 저서에 Caratheodory 이론으로 설명되어 있다(참고문헌1). 엔트로피 S는 열역학을 다루는 학문분야에서 널리 유용하게 쓰이는 의미깊은 상태함수이다. 엔트로피 단위는 열 에너지 단위를 온도로 나눈 것이며 SI 단위는 J/K이다.

이 장에서는 거시적인 열역학 관점으로서 엔트로피 개념을 계/주변 간 열이동 및 상태변화의 비가역성과 관계를 짓고 있다. 이러한 거시적 열역학 성질 엔트로피는 벌크 재료계의 열용량 측정 자료에 의해 정량화 될 수 있다. 거시적인 계의 열역학 성질은 원자나 분자의 구조적인 속성 또는 이들 입자의 운동거동을 전혀 고려하지 않은 채 고전열역학 교재에서 다루어진다. 한편 미시적인 관점으로는 통계 열역학에 기초하여 원자나 분자의 구조 및 입자 운동거동 측면에서 계의 무질서도에 대한 척도(통계열역학적 확률 Ω)로서 엔트로피함수를 개념적으로 정의하고 있다(볼쯔만 식 : 2.7절). 이러한 미시적 열역학 성질 엔트로피는 볼쯔만 가설식에 의해 정량화될 수 있다.

없어진 일(비가역성)

엔트로피 함수에 대한 열역학적 특성을 살펴보기 위하여 닫힌계의 내부에너지 변화를 고려해 보자(열역학 1법칙).

$$dU = \delta Q - \delta W$$

계의 내부에너지 변화는 상태변화 과정 경로에 무관하기 때문에 동일한 초기 상태(U)와 최종 상태($U + dU$) 사이에 가능한 여러 경로 중 한 가지로서 가역적 경로를 택하여 내부에너지 변화를 결정할 수가 있다. Q와 W는 계와 주변간에 교환되는 이동에너지 열과 일을 각기 나타낸다.
가역적 상태변화 과정 경로에 대한 내부에너지 변화는,

$$dU = \delta Q_r - \delta W_r$$

U는 경로에 무관한 상태함수이므로 가역적 경로와 실제 비가역적 상태변화 경로에 대한 dU 는 서로 같게 된다.

$$dU = \delta Q_r - \delta W_r = \delta Q - \delta W$$

$$\delta Q_r = \delta Q + (|\delta W_r - \delta W|) = \delta Q + \delta lw$$

일 항의 조합($\delta W_r - \delta W$)은 계 내에서 없어진 일(lost work)로 불리며 양수 값을 지니며 δlw 로 표시된다. 이 일은 상태변화 과정이 가역적 경로를 따라 행해질 수 있는 일 [$\delta W_r = \delta W_{\max}$: 최대일(양수 또는 음수)]과 실제적으로 비가역적인 경로로서 행해진 일간의 차이에 해당하는 에너지이다. 즉, $W_r = W \pm lw$. 따라서 계 내에서 없어진 일, δlw 은 상태변화 계가 주변과 교환하지 않고 계 내에서 없어진 일로서 이러한 일은 계 내에서 열로 퇴화되어 무질서도를 증대(엔트로피를 창출)시킨다. '없어진 일'은 더 이상 일에너지가 아니고 주변과 교환되지 않은 열에너지로서 역할을 하게 된다. 즉, 엔트로피를 정의하는 열역학 2법칙의 열에너지는 계/주변 간 교환열과 없어진 일의 퇴화열로서 이루어진다. 따라서 없어진 일은 상태변화시 계와 주변간 이동에너지 전달 과정에 대한 비가역성 정도의 척도가 된다.
계 상태변화 과정 시 계/주변간에 교환될 수 있는 일에는 항상 잠재적 최대치 $W_{\max}$ (또는 W_r)가 존재하기 마련이며, 이 최대일은 오로지 가역적 상태변화 과정시에만 도달되어 얻어질 수 있다. 비가역적 상태 변화를 겪는 계에 의해 주변에 행하거나 받게 되는 일은 최대일보다 절대치로 작은 양이지만 이 경우에도 최대일은 그내로 상태변화 계 내에 잠재적으로 남아 존재하게 된다.

한편, 엔트로피는 상태함수이므로 열역학 2법칙 식(2.1)에 의해 동일한 상태변화에 대한 가역적 및 비가역적 과정에 따른 엔트로피 변화는 동일한 값이 된다. 따라서 식(2.2)의 좌변인 계/주변 간 가역적 엔트로피 변화 $\frac{\delta Q_r}{T}$ 는 비가역적 과정시 계/주변 간 엔트로피 변화 $\frac{\delta Q}{T}$ 에다 비가역성 엔트로피 dS_{irr} 항을 추가로 고려해야 동일해진다.

$$\delta Q_r = \delta Q + \delta lw$$

$$\frac{\delta Q_r}{T} = \frac{\delta Q}{T} + \frac{\delta(lw)}{T} = \frac{\delta Q}{T} + dS_{irr} \tag{2.2}$$

dS_{irr} 의 정량화는 바로 없어진 일 δlw 로부터의 퇴화열에 의해 정해짐을 식(2.2)로부터 이해할 수 있다. Q_r, Q 는 계와 주변 간에 실질적으로 교환되는 열로서 양수 또는 음수를 나타내나 dS_{irr} 은 항상 양의 수치이다.

없어진(퇴화) 일에 대한 도식적 설명이 그림 2.1에 나타나 있다. 그림 2.1은 기체계 팽창이 (a) 거의 무한 시간에 걸쳐(가역적으로) (b) 유한 시간대에 걸쳐(비가역적으로) (c) 순간적 시간에 걸쳐(비가역적 자유팽창으로), 동일한 초기상태 (P_1, V_1)로부터 최종상태 (P_2, V_2)로의 팽창과정을 도해로서 나타내고 있다. 임의 닫힌계가 초기 압력과 부피가 각각 P_1과 V_1인 기체를 포함하고 있다고 하자. 기체가 가역적으로 팽창한다면 – 즉, 내부의 기체압력과 항상 균형을 이루는 외부 압력에 대항하면서($P_{in} \approx P_{ext} = P_{in} + dP$) 기체가 팽창한다면 – 계에 의해서 행해진 일은 계의 가역적 상태변화를 나타내는 $P - V$ 곡선 아래 부분에 대한 적분($W_r = -\int_{V_1}^{V_2} P_{ext} dV$) 값이 된다(그림 2.1a). 이 때 행한 가역적 일은 계가 행할 수 있는 최대의 역학적 일에 해당한다. 계가 주변에 대해 일을 하는 경우이므로 이 경우 가역적 일은 양의 값이 된다.

그러나 기체가 팽창하는 동안 주변으로부터의 저항압력(P_{ext})이 P_2로 일정하며, 또한 이 저항압력 P_2가 팽창 후 계 내부의 최종 압력과 동일하다면, 이를 자유팽창(그림 2.1c)이라 하며 이 경우 팽창은 비가역적이 된다. 이런 비가역적 팽창시 계에 행해진 일은

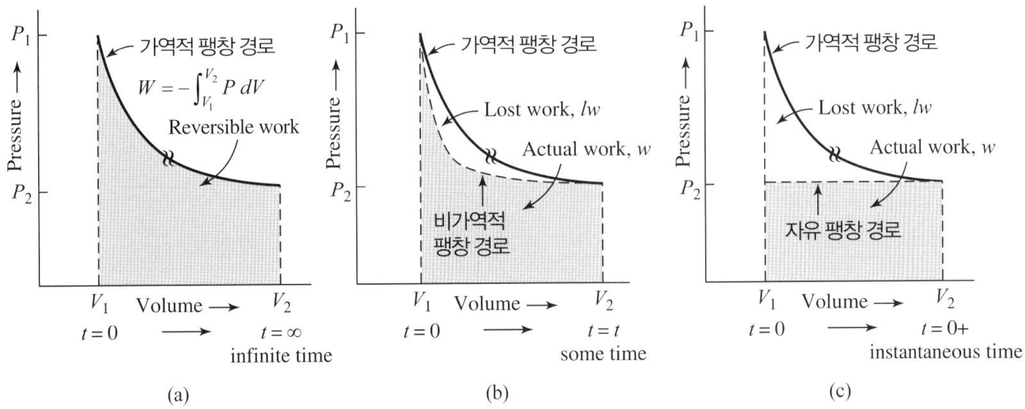

그림 2.1 압력–부피 일 : (a)가역적 팽창, (b), (c)비가역적 팽창
가역적 팽창 경로 실선상 ≈ 표식은 무한대 시간 경과를 나타내고 있다.

$P_2(V_2 - V_1)$ 이다. 가역적 팽창시 행한 최대일과 실제 팽창과정인 비가역적 경로를 통한 팽창시 행해진 일과의 차이가 바로 없어진 일에 해당된다[그림 2.1(b, c)]. 이러한 없어진 일의 양이 바로 계 내 기체 팽창과정의 비가역성 정도를 나타내는 척도가 되는 것이다. 즉 자발적(비가역적 또는 자연적) 계 상태변화시 없어진 일이 클수록 비가역성이 보다 더 심해진다. 이 경우 없어 진 일은 계 내에서 열로 변환되어, 즉 해당 일이 주변과 교환되지 않고 계 내에서 열로 퇴화되어 계 상태 변화과정의 비가역성 척도를 정량화하는 엔트로피 dS_{irr}를 창출하게 된다.

'없어진 일'에 대한 가시적 이해를 돕기 위한 예시로 결정질 탄소강을 고온 안정상 γ 영역으로부터 상온으로 냉각하는 상전이 공정을 고려해보자. 냉각공정은 냉각속도에 따라 물급냉(water quenching), 기름급냉(oil quenching), 대기냉각(air cooling), 노내냉각(furnace cooling) 방법을 들 수 있다. 고온상 γ는 냉각속도에 따라 급냉 → 완냉 → 서냉 순서로 냉각 후 마르텐사이트 → 베이나이트 → 퍼라이트 → 페라이트 상으로 탄소강 조직 구조가 변한다. 이들 상온 구조상을 원래 γ상 안정 고온 영역으로 승온 후 장시간 유지하므로서 서냉 → 완냉 → 급냉 순서로 이들이 γ상으로 되돌아가려는 경향성이 증대된다. 이로부터 급냉 → 완냉 → 서냉 순으로 탄소강 냉각공정 과정의 비가역성(없어진 일)이 증대됨을 이해할 수 있다. 즉, 냉각공정 중 없어진 일에 의한 탄소강 내부 구조 조직의 무질서도(엔트로피 : dS_{irr})가 서냉시보다 급냉시에 더 증대하게 된다.

"없어진 일"에 대한 개념은 다음 예를 통해서 쉽게 이해할 수 있다. 이상기체 1몰이 부피 V로부터 $2V$로 등온 팽창하는 경우를 고려해 보자. 이러한 팽창은 두 가지 방법으로 행해질 수 있다. 첫째 팽창방법은 가역적으로 등온 팽창이 일어나는 경우이다[즉, 외부의 저항압력이 기체계 내부압력과 항상 무한소 차이로 균형을 이루며 장시간에 걸친 팽창]. 두 번째 팽창방법은 단열 조건(계와 주변간 열유동이 없는)하에서 외부 저항압력이 0기압인 주변으로 기체가 저항없이 자유롭게(단시간내 급격하게) 팽창하는 경우이다. 이를 단열적 "자유팽창(free expansion)"이라 한다. 이러한 자유팽창은 부피 $2V$인 원통 중간 지점에 삼투막을 설치하고, 초기에 이를 경계로 한 쪽 부피에만 기체를 채운 후, 삼투막에 구멍을 뚫어 기체를 자유롭게 팽창시켜 전체 부피 $2V$를 채우도록 하여 진행시킬 수 있다. 이 경우 삼투막의 다른쪽은 팽창 전 초기에 진공상태로 유지된다. 이 경우에 저항하는 외부압력은 0기압(진공)이기 때문에 기체에 의해서 행해진 일은 0이 된다.

첫 번째로 가역적 등온 팽창 기체 계에 열역학 1법칙을 적용해 보자.

$$\Delta U = Q - W$$

이상기체의 내부에너지 변화 ΔU는 팽창이 등온적으로 일어나기 때문에 0이 된다. 이상기체의 내부에너지는 오로지 온도만의 함수이다[식(1.32)].
한편 기체 팽창에 의한 가역적 일은 다음처럼 계산할 수 있다.

$$W_r = \int_V^{2V} P_{ext} dV \approx \int_V^{2V} P_{in} dV = \int_V^{2V} P dV = \int_V^{2V} \left(\frac{RT}{V}\right) dV \text{ : 이상기체 가역적 팽창}$$

$$W_r = RT \ln\left(\frac{2V}{V}\right) = RT \ln 2$$

열역학 1법칙($Q - W = 0$)을 고려하면 계에 가해진 열의 양은 $RT \ln 2$가 되고, 이 열은 가역적 팽창에 의한 Q_r에 해당된다. 따라서 가역적 팽창시 기체의 엔트로피 변화는,

$$\Delta \underline{S} = \frac{Q_r}{T} = \frac{RT \ln 2}{T} = R \ln 2 \tag{2.3}$$

두 번째 팽창 경우로서 단열 조건하에서 진공중으로의 이상기체 자유팽창을 고려해 보자. 자유팽창은 급격하게(단열적으로) 일어나기 때문에 주변과 교환되는 열의 양은 0이 된다. 외부 저항압력이 없기 때문에 역학적 일도 0이 된다. 따라서 내부에너지 변화(ΔU)가 0이 된다. 이상기체의 내부에너지는 오직 온도만의 함수이기 때문에, 팽창 전 초기온도와 팽창 후 최종온도는 같아지게 된다. 이로부터 자유팽창시 기체의 최종상태는 가역적 등온 팽창시의 최종상태와 동일하다. 따라서 이상기체 자유팽창시 계의 엔트로피 변화는 식(2.3)과 동일해진다(상태함수이므로). 단열적 자유팽창시 주변으로부터 전달되는 열(Q_{actual})은 0이 되므로 계의 엔트로피 변화량은 오직 상태변화의 비가역성으로 인한 lw의 퇴화열에 의해서만 생성된다.
진공중으로의 이상기체 자유팽창(등온팽창)에 의해 행한 역학적 일이 없으므로($W = 0$) lw는 가역팽창시 최대일 W_r과 동일해진다.

$$W_r = W + lw = O + lw = lw$$

식(2.2)로부터 $$\Delta \underline{S} = \frac{lw}{T} = R \ln 2$$

그러나 이 없어진 일은 기체 팽창과정이 가역적인 경로를 따라서 행해질 경우에는 계에 의해 주변에 행해지는 일의 양이 된다. 일반적으로 $W_r = W_{irr} \pm lw$ 또는 $|W_r| = |W_{irr}| + lw$이다. 이는 $W_r = W_{\max}$이고 $lw =$ 양수이기 때문이다. 한편 앞서 언급했듯이 $Q_r = Q_{irr} + lw$.

이상기체 (단열) 자유팽창시 없어진 일에 의한 계 내부 퇴화열($RT\ln 2$)은 계 내 엔트로피 창출에만 사용된다.

예로서 살펴본 두 가지 다른 경로 팽창시 이상기체의 엔트로피 변화는 서로 동일한 값이 된다. 두 경우 기체 계의 초기상태와 최종상태는 모두 동일하다. 이 예로부터 엔트로피는 상태함수가 됨을 확인할 수 있다.

열역학1, 2법칙과 없어진 일

$$\text{열역학 1법칙} : dU = \delta Q - \delta W$$

Q 및 W는 상태 1과 2간 변화시 계와 주변 사이에 교환되는 열 및 일로서 이동에너지의 특성을 지닌다. U는 상태함수이므로 계의 에너지 수지균형식은 다음처럼 등식관계로 표현된다.

$$dU = \delta Q_r - \delta W_r = \delta Q_{irr} - \delta W_{irr}$$

여기서

$$\left|\delta W_r - \delta W_{irr}\right| = \delta(\text{lost work}) = \delta lw \ : \text{양의 수치}$$

$$\delta W_r = \delta W_{\max} \ (\text{“절대 수치로 최대치”}) \text{ 이므로}$$

$$\delta W_{irr} = \delta W_r \pm \delta lw$$

δW가 양수의 계/주변간 교환 일이면, $\delta W_{irr} = \delta W_r - \delta lw$ 이고, δW가 음수의 교환 일이면, $\delta W_{irr} = \ \delta W_r + \delta lw$ 가 성립한다.

따라서 계의 상태변화시 초래되는 일은 다음 2가지 요소로 이루어짐을 알 수 있다.

(1) 계와 주변간 상호작용으로 인해 교환되는 일 : δW_r (가역적 변화) 또는 δW_{irr} (비가역적 변화) – 절대치로 $\left|\delta W_r\right| > \left|\delta W_{irr}\right|$.

(2) 주변과 교환되지 않고 계 상태변화의 비가역성으로 인해 계 내부에 남아 무질서도 창출(비가역성 정도 만큼)을 위해 열로 퇴화 없어진 일 : $\delta\, lw$ (양의 수치이며 비가역성 정도가 커짐에 따라 증대)

계가 주변에 일을 하는 비가역적 상태변화 과정에 대해 없어진 일로서 열역학 1법칙을 표현해 보면,

$$dU = \delta Q_{irr} - \delta W_{irr} = \delta Q_{irr} - [\delta W_r \pm \delta(lw)]$$

위 표현식은 제한적 조건 하에서 성립하는 dU 표현이지(일이 경로함수임을 나타내는 $\delta W_r = \delta W_{irr} \pm lw = \delta W_{\max}$ 대수적 표현을 위해서), 엄밀히 열역학 1법칙 dU 표현 수학

적 등식은 될 수가 없다. 따라서 이로부터 쓸 수 있는 $dU=[\delta Q_{irr}\mp\delta(lw)]-\delta W_r$ 관계는 열역학 1법칙에 위배되는 표현식으로는 그릇된 표현이 된다.

열역학 1법칙인 에너지 수지 균형식에 lw가 포함된 대수적 등식관계 표현은 엄밀히 사용할 수가 없다. 왜냐하면 lw은 계 내부 무질서도 창출을 위해 사용된 열로 퇴화되어 없어진 일로 더 이상 일에너지로서 역할을 할 수 없기 때문이다(lw은 퇴화열로서 오로지 엔트로피 생성에만 기여한다). 이로 인해 lw는 에너지 수지 균형식에는 포함될 수 없는 일 에너지이나 열역학 2법칙 정의식에는 포함될 수 있는 퇴화열 에너지가 된다.

따라서 lw이 포함된 dU 표현식은 엄밀히 열역학적으로 성립될 수 없는 수학적 등식 관계이다.

$dU=\delta Q_{irr}-[\delta W_r\pm\delta(lw)]$: W_r 은 $W_{\max}$ 의미를 지니기 때문에 등식 관계 성립

$dU\neq[\delta Q_{irr}\mp\delta(lw)]-\delta W_r$: Q_r 은 $Q_{\max}$ 의미를 지닐 수 없기 때문에 등식 불성립

그러나 이어서 언급하는 열역학 2법칙을 나타내는 엔트로피/열에너지 간 대수적 등식관계 표현에는 lw를 포함해 열역학적 등식 관계($\delta Q_r=\delta Q+\delta lw$)로 사용할 수 있다는 점을 유의바란다.

열역학 2법칙 : $dS=\dfrac{\delta Q_r}{T}$

Q는 경로함수이므로 $\delta Q_r\neq\delta Q_{irr}$ 이다.

그러므로 $$\frac{\delta Q_r}{T}\neq\frac{\delta Q_{irr}}{T}\left(=\frac{\delta Q}{T}\right)$$

그러나 S가 상태함수이므로 동일한 상태변화에 대한 가역 및 비가역 과정에 수반되는 엔트로피 변화, dS 는 동일하게 된다(참고문헌 1). 따라서 열역학 2법칙 표현은 계 내부 없어진 일에 의해 창출된 엔트로피 증가량, $dS_{irr}(=\delta(lw)/T)$ 을 고려해서,

$$dS_{system}=\frac{\delta Q_r}{T}$$

$$dS_{system}=\frac{\delta Q_{irr}}{T}+\frac{\delta(lw)}{T}=\frac{\delta Q_{irr}}{T}+dS_{irr} \tag{2.1}$$

$dS_{irr}=\dfrac{\delta(lw)}{T}$: 비가역성의 척도

앞서 다룬 계의 에너지 수지균형식과는 달리 lw을 포함한 위 계 엔트로피 변화 관계식은 올바른 열역학 2법칙 표현 등식이 된다. lw은 열로 퇴화되어 계 내 엔트로피 증가(dS_{irr})에 사용되는 없어진 일이므로 더 이상 일에너지가 아니라 퇴화 열로서 엔트로피 생성 인자가 되기 때문이다.

여기서 dS_{irr}는 항상 양의 수치이며 이는 비가역적 상태변화로 인해 계 내에서 주변과 교환되지 않고 계 내에 남아있는 없어진 일(lw)이 계 내에서 열로 퇴화해 엔트로피 창출에 소진된(degradation) 비가역성 관련 계 내부 엔트로피 증가량이다.

$$dS_{계} = \frac{\delta Q_{irr}}{T} + dS_{irr} \quad \text{또는} \quad dS_{계} = \frac{\delta Q_{actual}}{T} + dS_{irr}$$

첫째항 δQ_{irr} 는 계 ↔ 주변간 교환된 열에너지로 계 상태변화 특성에 따라 양수나 음수가 될 수 있다. 그러나 둘째항 δS_{irr} 은 항상 양의 값을 나타냄에 유의하라. 따라서 이들 간 수치 차이로 나타나는 dS_{system} 은 계 상황에 따라 양 또는 음수를 나타낼 수 있다.

이론적으로 $dS_{irr} > 0$ 이면 자발적(비가역적) 상태변화가 일어나며 $dS_{irr} = 0$ 이면 평형상태가 유지된다. 경로함수 lw에 의한 dS_{irr} 은 체계화된 정량화가 불가함으로 실질적으로 이를 계 상태변화에 대한 비가역성과 평형에 대한 이론적 원칙으로는 활용할 수 없게 된다. 또한 dS_{irr} 을 포함하는 $dS_{계}$ 는 체계적 정량화가 가능하나 일관된 비가역성, 평형에 대한 원칙으로 활용하기에는 적합치 않다. (왜냐하면 $dS_{계} > 0$ 또는 $dS_{계} < 0$). 이를 해결하기 위해 고립화 계에 대한 열역학 2법칙 $dS_{고립계} \geq 0$ 개념을 도입해 일관된 계 상태변화의 비가역성($dS_{고립계} > 0$)과 평형($dS_{고립계} = 0$)에 대한 이론적 원칙을 정립할 필요가 있다(4.1절).

$dS_{고립계}$ 정의

"우주의 엔트로피는 항상 증가하거나 일정하다"라는 열역학 2법칙 정의를 다음처럼 재료 공정계에 유용하게 활용할 수 있다.

$$dS_{universe} = dS_{system} + dS_{surroundings}$$

$$dS_{syst} = \frac{\delta Q_{actual}}{T} + dS_{irr} \quad \text{그리고} \quad dS_{surr} = -\frac{\delta Q_{actual}}{T}$$

따라서, $$dS_{univ} = dS_{irr} \geq 0$$

우주의 엔트로피는 우주내 비가역적 상태변화에 따라 오로지 항상 증가하며, 엔트로피가 일정하면($dS_{univ} = 0$) 우주는 평형상태에 도달하게 된다.
한편 고립계를 "소우주"로 간주해 볼 수 있으므로 $dS_{isolated} \equiv dS_{univ}$.

$$dS_{isolated} \geq 0$$

고립계의 엔트로피는 오로지 증가하거나 0이 된다는 열역학 2법칙 관계식은 4장에서 언급되는 "계 평형원칙"의 이론적 근간이 되는 개념을 내포하고 있다. 즉, 고립계의 엔트로피는 비가역적 상태변화 진행시 $dS_{isolated} > 0$ 이고 평형시 최대치를 나타내며 $dS_{isolated} = 0$ 이 성립된다.
이러한 $dS_{고립계}$ 정의는 다양한 재료 공성계의 상태변화 진행 가능성(비가역성) 및 이들 상태의 평형론적 해석에 근간이 되는 개념으로서 재료열역학 정체성(다른 이, 공계 열역학 학문과의 차별성)을 설명하는 논리의 바탕이 된다. 재료공학 정체성 측면으로 $dS_{고립계}$ 활용 및 중요성을 다루는 내용은 4장에서 자세히 다루어진다.

2.2 고립계 엔트로피

엔트로피 함수의 특성 중 하나는 에너지함수(U)와는 대조적으로 자발적 자연현상(상태) 변화 과정에서 **"우주의 엔트로피가 보존되지 않는다"**는 점이다. 이를 예시해 보기위해 그림 2.2에 나타난 장치계 상황을 고려해 보자. 열저장소 I과 II는 서로 다른 온도 T_I 과 T_{II} 에 놓여 있고, 열전도체인 구리봉(棒)을 통해 연결되어 있다. 계는 **정상상태**에 놓여 있고 가역적 일은 없다고 가정한다. 1차원적 열전달에 의한 구리봉 내 온도는 시간에 따라 변화하지 않는다. 온도 T_I 이 T_{II} 보다 높으면, 열은 I에서 II로 흐르게 된다. 아울러 그림 2.2의 전체계를 외부로의 열 손실이 없는 단열계로 가정한다. 따라서 I로부터 나온 열은 모두 궁극적으로 II로 흘러들어가게 된다 ; 즉, $Q_I = -Q_{II}$ 이다. 주변과 물질, 열, 일 교환이 없는 전체 장치계(물체 I, 물체 II, 연결 구리봉)를 고립된 정상상태 계로 고려하므로, 내부에너지 변화($\Delta U_{I+II+구리봉}$)는 0이 된다(열역학 1법칙 : 고립계 내 에너지 보존의 법칙).

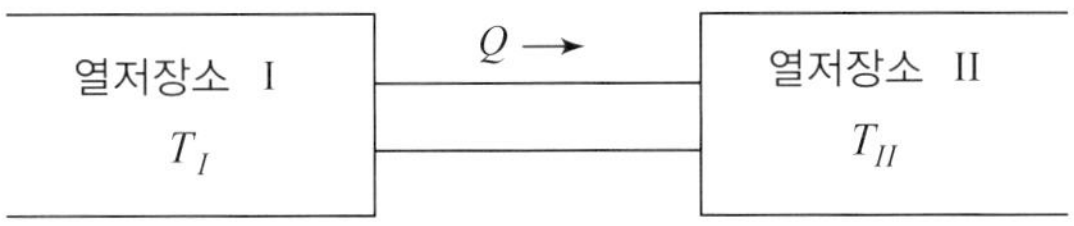

그림 2.2 T_I 에서 T_{II} 로의 열전도

$$(\Delta U_{I+II+\text{구리봉}})_{\text{고립계}} = \Delta U_I + \Delta U_{\text{구리봉}} + \Delta U_{II} = Q_I + \Delta U_{\text{구리봉}} + Q_{II}$$
$$= Q_I + \Delta U_{\text{구리봉}} - Q_I = 0$$

따라서 구리봉내 $\Delta U_{\text{구리봉}}$ 는 0이 되므로 정상상태를 유지한다.

다음으로 그림 2.2에 표시된 정상상태 고립계 (I+구리봉+II)의 엔트로피 변화를 고려해 보자. 정상상태 고립계는 궁극적으로 오랜시간 경과 후 평형상태에 이르러 열적 평형이 유지된다($T_I = T_{II} =$ 구리봉$= T^*$). 그러나 여기선 정상상태를 유지하고 있는 고립계의 상황을 설정하여 계의 엔트로피 변화를 다루고 있다.

전체계(여기선 정상상태 고립계) 구성요소인 열저장소 I 및 II와 연결 구리봉간 경계에서의 열전달을 가역적인 과정으로 가정해보자. 엔트로피는 상태함수이므로 실제로 계의 비가역적 과정시 수반되는 엔트로피 변화는 동일계의 가역적 과정시와 동일하다. 즉,

$$\Delta S_{syst}^{irr(1\to2)} = \Delta S_{syst}^{rev(1\to2)}$$

여기서 $\Delta S_{syst}^{irr(1\to2)} = \dfrac{Q_{irr}}{T} + \Delta S_{irr(1\to2)}$, $\quad \Delta S_{syst}^{rev(1\to2)} = \dfrac{Q_{rev}}{T}$ 이다.

가역적 열전달 과정(주변으로의 열손실 없이 준 무한대(semi-infinite) 시간대 동안의 상태변화 과정)을 고려하면 열저장소에 바로 이웃해 인접한 연결 구리봉 부분의 온도는 본질적으로 열저장소의 온도와 동일하다.

$$\Delta S_{I+II+\text{구리봉}} = \Delta S_I + \Delta S_{II} + \Delta S_{\text{구리봉}}$$
$$\Delta S_I = \frac{Q_I}{T_I} \quad \text{그리고} \quad \Delta S_{II} = \frac{Q_{II}}{T_{II}}$$

여기서 ΔS_I, ΔS_{II} 는 각각 물체 I 및 II 경계에서 가역적 열전달 과정을 가정한 엔트로피 변화이다(즉, Q_I, Q_{II} 는 가역적 열이다).

정상상태이므로 구리봉 내 $\Delta S_{\text{구리봉}}$ 는 0이 된다.

$$(\Delta S_{I+II+\text{구리봉}})_{\text{고립계}} = \Delta S_I + \Delta S_{\text{구리봉}} + \Delta S_{II} = \frac{Q_I}{T_I} + \frac{Q_{II}}{T_{II}}$$

$Q_{II} = -Q_I$ 이므로

$$(\Delta S_{I+II+\text{구리봉}})_{\text{고립계}} = -\frac{Q_{II}}{T_I} + \frac{Q_{II}}{T_{II}}$$

$$(\Delta S_{I+II+\text{구리봉}})_{\text{고립계}} = Q_{II}\left[\frac{T_I - T_{II}}{T_I T_{II}}\right]$$

위 식은 정상상태 고립계의 가역적 열전달 과정을 고려한 엔트로피 변화량을 나타낸다. 그러나 이는 실제 정상상태 고립계의 비가역적 열전달 과정시 계의 엔트로피 변화량과 동일한 값이 된다. 우주의 엔트로피 변화는,

$$\Delta S_{univ} = \Delta S_{iso} + \Delta S_{surr} = Q_{II}\left[\frac{T_I - T_{II}}{T_I T_{II}}\right] + 0 \geq 0$$

$$\Delta S_{iso} = Q_{II}\left[\frac{T_I - T_{II}}{T_I T_{II}}\right] \geq 0$$

따라서 위 고찰 예로부터 **"고립계의 엔트로피는 보존되지 않는다"**는 결론을 얻을 수 있다. 계 내 두 온도 T_I 과 T_{II} 의 차이는 무한소량보다는 크기 때문에 그림 2.2에 예시된 열전달 과정은 비가역적이 된다. 이러한 비가역성은 고립계 내 엔트로피 증가를 초래한다. 열은 고온으로부터 저온영역으로 "자발적(비가역적)으로" 이동하기 때문에 이 고립계 내의 엔트로피가 결코 감소할 수 없다는 사실이 명백해 진다. 위 식으로부터 $T_I = T_{II} = T^*$ 이면 $\Delta S_{고립계} = 0$ 이 되어 고립계는 평형상태(열적평형: 열역학 0법칙)에 놓이게 된다.

고립계 내 엔트로피는 오로지 증가하거나(비가역적 상태 변화) 일정하게 유지될(평형시 즉, 가역적 상태변화) 수 있을 뿐이다. 비가역적 상태변화 과정, 즉 자발적 과정은 고립계의 엔트로피를 새로이 창출하게 된다. 비가역적(자발적, 자연적) 계 상태변화 과정은 우주의 엔트로피를 증가시키며, 가역적 변화 과정시(평형시)는 우주의 엔트로피 변화를 초래하지 않는다($\Delta S_{universe} \geq 0$).

2.3 열린계 엔트로피

열역학 2법칙을 열린계에 적용하면 계로 들어오거나 떠나는 물질에 관련된 엔트로피 기여항이 식(2.2)에 추가로 고려된다.

$$\begin{aligned} dS &= \left(\sum_{m_i} \underline{S}_i \delta m_i - \sum_{m_o} \underline{S}_o \delta m_o\right) + \frac{\delta Q_r}{T} \\ &= \left(\sum_{m_i} \underline{S}_i \delta m_i - \sum_{m_o} \underline{S}_o \delta m_o\right) + \frac{\delta Q}{T} + \frac{\delta lw}{T} \end{aligned} \quad (2.4)$$

여기서 $\sum_{m_i} \underline{S}_i \delta m_i$ 는 계로 들어오는 모든 물질의 엔트로피 합을 나타내며, 각 물질의 고유 엔트로피에 질량을 곱한 합이다. 유사하게 $\sum_{m_o} \underline{S}_o \delta m_o$는 계를 떠나는 모든 물질의 엔트

로피 합을 나타낸다.

열린계 엔트로피 균형식(2.4)의 적용 및 활용 예시로 **단열, 정상상태**인 장치기계를 통한 유체 물질의 **가역적**인 유동을 고려함으로써 **등엔트로피** 과정을 나타낼 수 있다(단열, 가역적, 정상상태 열린계).

(i) 단열과정 : $\delta Q = 0$

(ii) 가역적과정 : $\delta lw = 0$

(iii) 기계의 성질과 상태가 시간에 따라 변하지 않는 정상상태 : $dS = 0$

(iii)의 설명은 엔트로피가 상태함수라는 사실을 상기해 보면 이해가 쉬워진다. 장치기계(계) 각 부분의 엔트로피는 각 부분내 물질의 고유 엔트로피에 물질 질량을 곱한 값이 된다. 정상상태에서는 계를 기술하는 모든 상태변수(온도, 압력 등)가 시간에 따라 변화하지 않으므로 물질 고유 엔트로피는 시간에 따라서 변하지 않게 된다. 그리고 계의 각 부분의 질량도 정상상태에서 시간에 따라 변화하지 않는다. 따라서 열린계 전체 엔트로피 또한 변화하지 않게 된다. $dS = 0$ 이다.

유체의 가역적 흐름을 다루는 단열($lw = 0, \delta Q = 0$), 정상상태 열린계에 대한 열역학 2법칙 식(2.4)는,

$$\sum_{m_i} \underline{S}_i \delta m_i = \sum_{m_o} \underline{S}_o \delta m_o$$

$$\delta m_i = \delta m_o \text{ 이므로 } \quad \underline{S}_i = \underline{S}_o \tag{2.5}$$

따라서 **단열, 가역적인 정상상태 열린계**를 통과하는 유체의 엔트로피는 일정하게 유지된다. 이러한 상태변화 과정을 **등엔트로피(isentropic) 과정**이라 한다. 3.8절에서는 실제 접하게 되는 이러한 등엔트로피 과정을 거치는 유체계의 압력–온도간 관계를 다루고 있다.

2.4 열기관

고온 T_I 과 저온 T_{II} 상태인 열저장체가 서로 열적 연결이 되어 고온으로부터 열이 비가역적으로 흐를 경우, 우주의 엔트로피 변화는 양수가 됨을 2.2절에서 이미 언급하였다. 이에 대한 설명을 위해 두 열저장체와 연결부로 이루어지는 계가 주변으로부터 고립되어 있다고 가정하였다. 이 고립계는 비가역적 열전달로 엔트로피 증가를 보이나, 주변의 엔

트로피는 변화가 없다. 따라서 비가역적 과정에 의해서 고립계와 주변을 포함하는 우주의 엔트로피는 증가하게 된다.

두 열저장체 사이에 비가역적인 열적 전달을 나타내는 연결부가 제거되고 가역적 열전달을 가능케 하는 열기관으로 연결된다고 가정하면 어느 정도 최대 일이 열기관에 의해 행해질 수 있는지를 열역학 2법칙으로부터 계산해 볼 수 있다.

열기관은 고온(T_H)과 저온(T_L)인 열저장체 사이에 위치하며, 고온으로부터 열을 가역적으로 흡수하고 저온으로 열을 가역적으로 방출한다고 가정하자. 이런 과정 중 열기관은 어느 정도의 일(최대일)을 행하게 된다. 그림 2.3에 이러한 열기관 계가 개략적으로 나타나 있다. 열기관 자체가 겪는 변화에 관심이 있는 것이 아니고 열기관에 의해 행해질 수 있는 일의 최대량을 정하고자 하므로, 열기관을 정상상태의 장치로($\Delta U = 0$, $\Delta S = 0$), 아울러 열기관 자체를 가역적 기계($lw = 0$)로 가정한다. 열기관이 어느 정도의 비가역적 과정을 겪게 되면 이에 따라 lw이 발생하므로 그만큼 최대일로부터 기계의 일 출력은 감소하게 된다. 이 열기관을 계로 간주하면 계는 닫힌계($\delta m_i = \delta m_o = 0$)가 된다. 가역적 과정($\delta lw = 0$)을 겪는 정상상태($dU = 0$, $dS = 0$) 열기관이므로 열역학 1법칙은 다음과 같이 쓸 수 있다.

$$\sum \delta Q_r - \delta W_r = 0$$

$$(\delta Q_H + \delta Q_L)_r - \delta W_r = 0 \tag{2.6}$$

한편 정상상태 닫힌계의 가역적 과정에 대한 열역학 2법칙은,

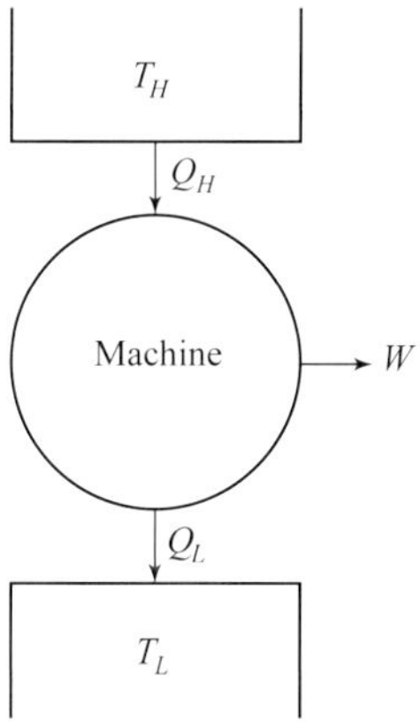

그림 2.3 온도 T_H와 T_L 사이에서 작동하는 열기관(장치 기계)

$$dS = \sum \frac{\delta Q_r}{T} = 0$$

$$\frac{\delta Q_H}{T_H} + \frac{\delta Q_L}{T_L} = 0$$

$$\delta Q_L = -\frac{T_L}{T_H}\delta Q_H \tag{2.7}$$

식(2.6)과 식(2.7)을 결합하면,

$$\delta W_r = \frac{\delta Q_H}{T_H}[T_H - T_L] \tag{2.8}$$

열기관(HE) 내에서 열이 일로 전환되는 최대 열효율(η_{HE})은 열기관에 의해 행해진 가역적 일(δW_r)을 고온 열저장체로부터 빠져나온 열에너지량(δQ_H)으로 나눈 값으로써 정의된다.[1)]

$$\eta_{HE} = \frac{\delta W_r}{\delta Q_H} = \frac{T_H - T_L}{T_H} \tag{2.9}$$

따라서 열기관의 최대 열효율은 열기관으로부터 열이 흘러 들어가는 저온 열저장체의 온도(T_L)에 크게 의존함을 알 수 있다. 절대온도 0도인 저온 열저장체(열싱크)를 유지하는 것은 현실적으로 불가능하다. 따라서 열기관에서는 고온 열저장체로부터 빠져나온 열량 중 어느 정도의 열이 항상 저온 열저장체로 흘러 들어간다고 볼 수 있다. 이 사실은 결과적으로 "열을 이에 상응하는 동일한 양의 일로 전환시키는 공정(열기관)을 운용하는 것은 현실적으로 불가능하다."라는 열역학 2법칙에 대한 Kelvin경의 학설을 잘 증명하고 있다. 열역학 2법칙은 식(2.8)로부터 열기관(정상상태)에 의해 열이 일로 전환되는 최대 열효율은 현실적으로 100%에 도달할 수 없음을 시사해 준다. 이를 에너지 전환(열→일) 효율에 대한 "**열역학 2법칙에 의해 부과되는 제한성**(thermodynamic 2nd law tax : 2법칙 세)"이라고 언급한다. 더욱이 실질적으로 열기관은 식(2.9)에 의한 최대 효율값을 달성할 수가 없다. 이는 실질적 열기관의 비가역성 에너지 전환과정으로 인한 lw 발생으로 ($\delta W_r - \delta lw$)만큼 출력 일을 행하기 때문이다. 따라서 실질적 열기관의 열효율 η'_{HE} 표현은,

---

1) 식(2.6)에서 (2.9)까지는 고온인 열원으로부터 나오는 열이 무한소량인 경우에 대해서 유도한 식들이다. 열원(heat source) 및 열싱크(heat sink)가 각각 무한대 크기(seimi-infinite)를 지니고 있다고 가정할 경우에는 열원으로부터 열이 제거되거나 또는 열싱크로 흡수됨으로 인해서 이들의 온도는 변하지 않는다고 할 수 있다. 따라서 열원으로부터 나오는 유한치(finite quantities) 열에 대해서도 식(2.6)-(2.9)을 동일하게 적용할 수 있다.

$$\eta'_{HE} = \frac{\delta W}{\delta Q_H} = \frac{\delta W_r - \delta lw}{\delta Q_H} < \eta_{\max} = \eta_{HE}$$

예로서 물의 비등점 100°C와 상온 20°C 사이에서 작동하는 가역적 열기관이 나타내는 최대 열전환 효율을 계산해 보자.

$$\eta_{\max} = \frac{T_H - T_L}{T_H} = 1 - \frac{T_L}{T_H} = 1 - \frac{293.15}{373.15} = \frac{80}{373.15} = 0.214 \ \ : \ \eta_{\max} = 21.4\%$$

열이 일로 전환되는 효율 η는 기계의 일 출력을 열 입력으로 나눈 값이다. 열싱크 온도 T_L이 0 K가 될 수 없기 때문에 열효율은 결코 100%가 될 수 없다. 또한 열이 일로 바뀌는 최대 에너지 전환 효율은 열을 공급하는 열저장체(열원) 온도 T_H에도 의존한다. 식 (2.9)에 의하면 열원 온도가 높아질수록 열전환 효율이 높아진다. 이러한 열전환 효율 관계는 고온 재료로 이루어진 터빈 장치 연구분야에서 행해지고 있는 고온용 소재 개발에 대한 잠재적 구동력으로 작용되고 있다. 연료와 산화조건을 잘 선택함으로써 매우 높은 기체온도를 얻을 수 있다. 높은 온도의 기체 에너지(열)가 일로(예로, 전기에너지 형태) 전환되기 위해서는 고온 기체가 반드시 터빈과 같은 열기관 장치를 통과해야만 한다. 이 때 고온의 기체는 터빈 날개에 대항해서 팽창해야만 하므로, 이로 인해 터빈 날개는 응력을 받게 된다. 따라서 열기관에서 허용 가능한 기체의 최대 온도는 이런 고온 분위기 중에서 회전하는 터빈 날개 재료의 기계적 성능(고온 응력 성질)에 따라서 결정될 수 있다. 식 (2.9)에서 보듯이 터빈 작동 온도가 높다는 것은 그만큼 높은 열효율이 얻어짐을 의미한다. 가능한 높은 열전환 효율에 대한 지속적인 관심으로 인해서 고온하에서 우수한 기계적 성질을 유지할 수 있는 터빈 날개 소재로서 고합금 금속재료나 표면코팅에 대한 연구와 개발이 꾸준히 활성화되어 오고 있다. 열기관 효율 향상을 위한 엔진 재료로서 무기재료를 이용하고자 하는 연구개발에도 현재 많은 관심이 집중되고 있다.

열역학 2법칙에 의해 부과되는 에너지 전환의 제한성은 열에너지를 이와 상응하는 동일한 양의 일로 전환하는 경우(열기관)에만 오로지 국한해서 적용될 수 있으며, 이와는 다른 에너지 전환 과정시는 이러한 제한성이 적용되지 않는다는 점에 유의바란다. 예를 들어 위치(포텐셜)에너지를 일에너지로 전환시에는 전환 효율에 아무런 제한이 없게 된다. 높이 z_2에서 z_1으로 낮아진 물질의 위치에너지 변화[$mg(z_2 - z_1)$]는 가역적 과정을 통해 전부 일로 전환될 수 있다. 계(전동기)에 가해진 전기적 일(시간 t 동안 전압 V에 의해 흐르는 전류 i가 행하는 일: Vit)은 100% 효율의 가역적 전동기에 의해 Vit에 해당하는 양의 기계적 일로 전부 전환될 수 있다. 또한 열로 전환될 수 있는 일의 양에도 아무런 제한이 없게 된다. 앞서 언급한 전기적 일은 전류를 저항체(발열체) 내에 가역적으로 흐르게 함으로써 모두 열로 전환시킬 수 있다(전기저항 발열체를 이용한 전기로 작동원리). 에너지 전환 효율에 대해서 열역학 2법칙에 의해 부과되는 현실적 제한성(2법칙 세)은 단지 열을 일로 전환시키는 경우(열기관)에만 국한된다.

2.5 에너지 변환 장치

에너지 변환 과정은 세기 변수를 수직축으로, 이에 켤레로 상응하는 크기 변수를 수평축으로 하는 도표상으로 유용하게 표현할 수 있다. 예로 위치에너지의 경우 중력가속도를 곱한 높이(gz)는 세기 변수(수직축)이고, 질량 m 은 크기 변수(수평축)이다.

유체의 팽창이나 수축 과정에서는 압력이 세기 변수이고, 부피가 크기 변수가 된다 : (압력) × (부피) = 역학적 일. 그림 2.4로부터 점 1에서 2까지 이동함으로써 얻을 수 있는 일은 $P_1(V_2 - V_1)$ 이다. 점 2－3경로에서는 부피 변화가 없으므로 일이 행해지지 않는다. 점 3으로부터 4까지 계가 이동함으로써 얻어지는 일은 $P_3(V_4 - V_3)$ 이다. 역시 점 4로부터 1까지의 경로 과정에서도 행해지는 일은 없게 된다. 계가 점 1에서 2, 3, 4를 거쳐서 다시 1로 돌아오는 순환 상태 변환과정을 거침으로 야기되는 유체에 의해 행해진 전체 일은 $(P_1 - P_2)(V_2 - V_1)$ 이다. 즉, PdV 의 순환 적분인 $\oint PdV$ 에 해당한다.

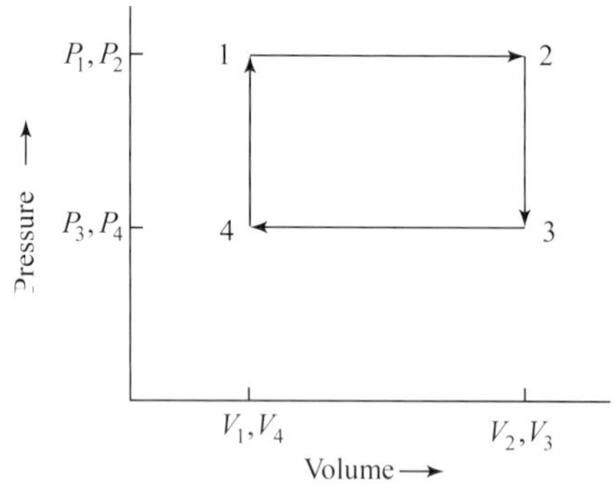

그림 2.4 압력–부피 도표상에서 순환과정에 대한 일

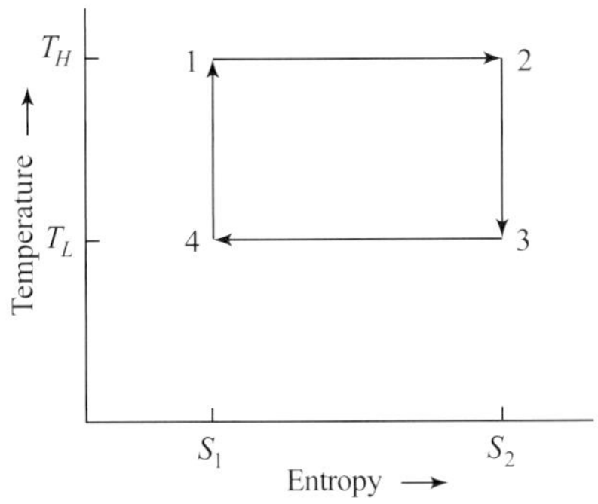

그림 2.5 온도-엔트로피(T–S) 도표상에서 순환과정에 대한 일

열기관

열에너지 경우에도 위와 동일한 접근방법을 적용할 수 있다. T는 열에너지의 세기 변수이고 S는 크기 변수이다 : (온도) × (엔트로피) = 열에너지. 그림 2.5는 정상상태 열기관 내에서 열에너지에 의해 "일을 행하는" 유체에 대한 온도-엔트로피 도표를 나타낸다. 유체는 가역적으로 고온의 열저장체로부터 열을 흡수하고, 이 열에너지의 일부를 일로 전환시켜 주는 열기관 장치를 통과하여, 저온의 열저장체로 열을 방출하면서 열기관 내부에서 순환된다. 열기관은 그림 2.6처럼 단순화된 Rankine 순환장치로 묘사될 수 있다. 그림 2.5의 경로 1→2는 그림 2.6에 나타내어지듯이 고온(T_H)에서 물이 끓게 되는 과정이다. 기상인 수증기의 엔트로피는 액상 물의 엔트로피보다 높다. 수증기는 이어서 터빈과 같은 단열, 가역적 팽창기를 통과하게 되며, 터빈을 지나쳐 갈 동안에는 엔트로피 변화가 0이다[식 (2.5) 참조]. 따라서 경로 2→3은 등(等)엔트로피 과정이 된다. 점 3부터 4까지의 경로는 저온의 수증기가 액상 물로 응축되는 냉각기(condenser) 내의 열방출을 나타낸다. 액상

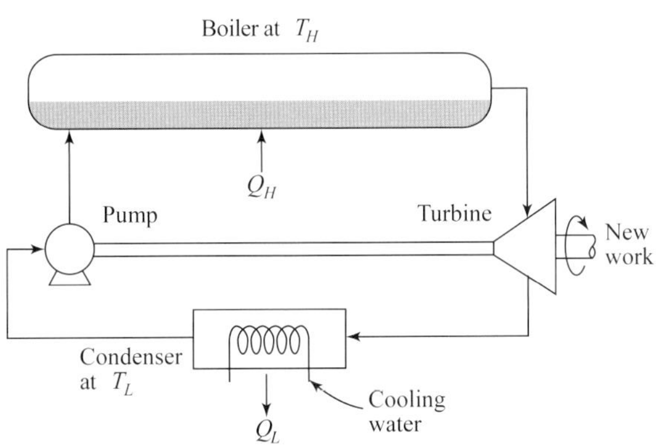

그림 2.6 Rankine 순환 장치의 개략적 도해

물은 다시 등엔트로피 과정을 통해 점 4로부터 1까지 펌프로 끌어올려져 보일러로 되돌아가게 된다. 펌프는 터빈 일 출력의 일부를 소모하며 작동하게 된다. 따라서 그림 2.5의 TdS의 순환적분량이 바로 열기관에 의해 행해진 일이 된다.

그림 2.7에서 고온의 열원으로부터 없어진(제거된) 열은 $Q_H = T_H(S_2 - S_1)$ 이며, 저온의 열저장체로 흘러들어간 열은 $Q_L = T_L(S_1 - S_2)$ 이다. 열기관에 의해 행해진 가역적 일은 온도-엔트로피 도표상 경로 1-2-3-4-1로 둘러싸여진 부분의 면적이다 : 즉, $(T_H - T_L) \times (S_2 - S_1)$ 이다. 또한 $(S_2 - S_1)$ 는 Q_H / T_H 와 같게 된다(가역적 경로 1-2에 대한 열역학 2법칙). 따라서 열기관에 의해 행해진 가역적 일(최대일)은 식(2.8)에서처럼 $Q_H(T_H - T_L)/T_H$ 이 된다. 열기관 최대효율은 식(2.9)로 나타내진다.

냉장고

냉장고(또는 에어컨디셔너)는 어느 정도의 전기적 일을 가해 작동되는 펌프에 의해 저온영역으로부터 열을 빼앗아 고온영역으로 열을 내보내도록 고안된 기계장치이다. 가정용 냉장고의 내부온도는 대기중 외부온도보다 낮다. 열은 냉장고의 벽, 차단 개스킷, 문틈 등을 통하여 외부로부터 냉장고 내로 새어 들어오게 된다. 냉장고의 내부를 원하는 저온으로 지속적으로 유지하기 위해서는 이렇게 새어 들어온 열에너지를 다시 "펌핑하여" 고온 영역으로 되돌려 보내 대기중으로 방출해야만 한다. 이러한 일을 하는 기계장치는 그림 2.7에 설명된 열기관 장치(1-2-3-4)와 유사하지만, 반대방향(4-3-2-1)으로 작동하게 된다.

냉장고의 성능계수(performance coefficient)는 저온(T_L)의 열저장체로부터 제거되는 열(그림 2.8 면적 Q_L)을 필요한 일[그림 2.8 TdS 의 순환적 분량인 사각형(4-3-2-1) 면적 W_r]로 나눈 값(Q_L / W_r)이다. 엔진 내의 유체가 열기관 경우와는 방향이 반대인

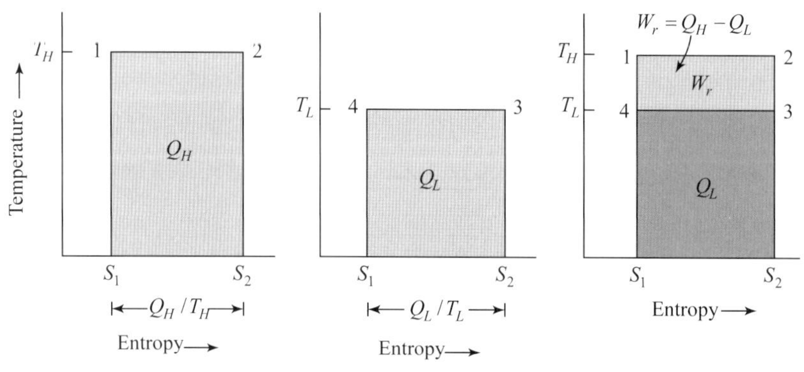

그림 2.7 열기관에 대한 온도-엔트로피($T-S$) 도해

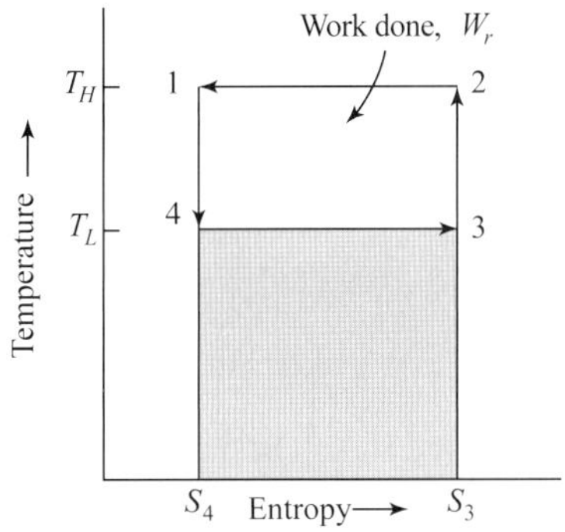

그림 2.8 냉장고 또는 열 펌프에 대한 온도–엔트로피($T-S$) 도해

4 – 3 – 2 – 1로 유동하므로 이를 나타내는 그림 2.8의 온도, 엔트로피 도해 고찰을 통하여 다음처럼 최대 성능계수를 유도할 수 있다.

$$W_r = (T_H - T_L)(S_3 - S_4)$$

가역적 경로 $4 \rightarrow 3$에 대한 열역학 2법칙: $(S_3 - S_4) = Q_L / T_L$

$$\eta_{refrig} = \frac{Q_L}{W_r} = \frac{T_L}{T_H - T_L} \tag{2.10}$$

여기서 Q_L 은 가역적 열을 의미한다. 실제 작동 냉장고 성능계수는 비가역성으로 인해 식 (2.10)보다는 작게 된다($Q_{actual} < Q_L$).
냉장고 성능계수는 효율이 아님으로 수치가 1보다 큰 값을 나타낼 수 있다. 예를 들어, 냉장고의 내부가 $-20°C$로 유지되고 외부 상온이 $30°C$인 경우, 냉장고 최대 성능계수는,

$$\eta_{refrig} = \frac{253.15}{303.15 - 253.15} = \frac{253.15}{50} = 5.06$$

$$5.06 = \frac{Q_L}{W_r}$$

$$5.06 W_r = Q_L$$

따라서 냉장고가 최대 효율로써(즉, 가역적으로) 작동한다면, 냉장고에 의해 행해진 일 1J 마다 냉장고 내부로부터 5.06 J에 해당하는 열이 제거된다. 따라서 대기중으로 방출되는 열에너지는 이 둘의 합인 6.06 J이 된다. 6.06 J의 열을 대기중으로 방출하기 위해선 1J의 전기적 일이 열 펌프를 통해 냉장고에 가해져야 된다(이상적인 최대 효율 조건하). 이를 토대로 하여 다음은 열펌프 기관에 대한 고찰을 행하고자 한다.

열펌프

냉장고(또는 에어컨디셔너)는 외부로부터 새어 들어오는 열을 제거함으로써 특정 낮은 온도로 저온 냉장실이 유지되도록 고안된 기계장치이다. 이를 위해 냉장고는 펌프 작동에 의해 저온영역으로부터 고온영역으로 열에너지를 이동시킨다. 실내 온도를 실외 온도보다 높은 온도로 유지하고자 방에 열을 공급하기 위한 용도로서 동일한 종류의 기계장치를 사용할 수 있다. 그림 2.8로부터 온도 T_H인 방에 공급되는 열은 기계에 의해 행해진 일(즉, 기계를 작동시키는 모터에 공급된 전기에너지)보다 더 크다는 점에 유념하라. 이러한 사실은 열펌프 장치가 방을 난방하기 위해서 오로지 전기저항체 발열에 의한 가열만을 사용하는 단순한 전기 난방장치보다 더 큰 에너지 "효율적"인 난방 기구가 될 수 있음을 의미한다. 이는 열펌프가 고온의 열싱크로 열을 이동시키는 능력인 성능 계수가 탁월하기 때문이다. 열펌프의 성능계수 η_{HP}는,
그림 2.7로부터 $W_r = (T_H - T_L)(S_2 - S_1)$ 이고 $(S_2 - S_1) = Q_H / T_H$ 이므로

$$\eta_{HP} = \frac{Q_H}{W_r} = \frac{T_H}{T_H - T_L} \tag{2.11}$$

열펌프(HP)의 성능계수는 냉장고와는 달리 Q_L 이 아닌 Q_H에 의해 정해진다. 열기관의 성능계수 η_{HE} [식(2.9)]는 η_{HP}의 분모, 분자가 바뀐 형태임에 유의하라.
따라서 앞서 언급한 에어컨디셔너(냉장고)가 열 펌프로서 작용할 경우 최대효율은,

$$\eta_{HP} = \frac{303.15}{303.15 - 253.15} = \frac{303.15}{50} = 6.06$$

최대(이상적) 열효율 조건하에서 두 온도 사이에 작동하는 열펌프는 기계장치에 의해 행해지는 매 1 J의 전기적인 일에 대해서 6.06 J의 열을 고온 영역으로 운반할 수 있다.

2.6 엔트로피 변화

일정한 압력 조건에서 T_1과 T_2 온도 사이에서 물질의 상변화가 없는 경우 이들 온도 구간에서 가열되는 물질의 엔트로피 변화는,

$$d\underline{S} = \frac{\delta Q_r}{T} = \frac{C_p dT}{T}$$

$$\int_{S_1}^{S_2} d\underline{S} = \underline{S_2} - \underline{S_1} = \int_{T_1}^{T_2} \frac{C_P dT}{T} \tag{2.12}$$

한편 온도($T_1 \rightarrow T_2$) 구간 사이에서 고체 용융과 같은 물질 상변화가 있는 경우에는 상전이와 관련지어서 엔트로피 변화를 다음처럼 단계적으로 결정해야만 한다. 먼저 T_1 온도로부터 용융점 온도 T_m 까지 고상의 엔트로피 변화[식(2.12)]를 계산하고, 이어서 용융점에서 용융시 야기되는 엔트로피 변화[식(2.13)]를 이에 더한 다음, 마지막으로 용융점으로부터 T_2 온도까지 액상의 엔트로피 변화[식(2.12)]를 더해 주어야 된다(그림 2.9). 일정 압력하 융점에서 금속 용융시 엔트로피 변화는 열역학 2법칙으로부터 다음처럼 구해진다. 융점에선 액상과 고상이 평형상태로 공존하므로 이들간 가역적 용융 상태변화 과정이 일어난다.

$$\Delta\underline{S}_{melting} = \frac{Q_P}{T_{melting}} = \frac{\Delta\underline{H}_{melting}}{T_{melting}} \quad : \text{가역적 상태변화 과정(융점)} \tag{2.13}$$

엔트로피 변화 식(2.12-13)은 가역적 과정에 대해 계산되었음에 유의하라. 고체로부터 액체로의 상변화는 오직 융점 온도에서만 가역적이기 때문에 용융시 엔트로피 변화는 식(2.13)에 의해 용융열을 융점 온도로 나눈 값이 된다. 융점 온도가 아닌 다른 온도에서의 용융시 위와 같은 엔트로피 계산은 무의미한 값을 나타낸다. 왜냐하면 융점 이외 온도에서의 용융 과정은 비가역적이 되기 때문이다.

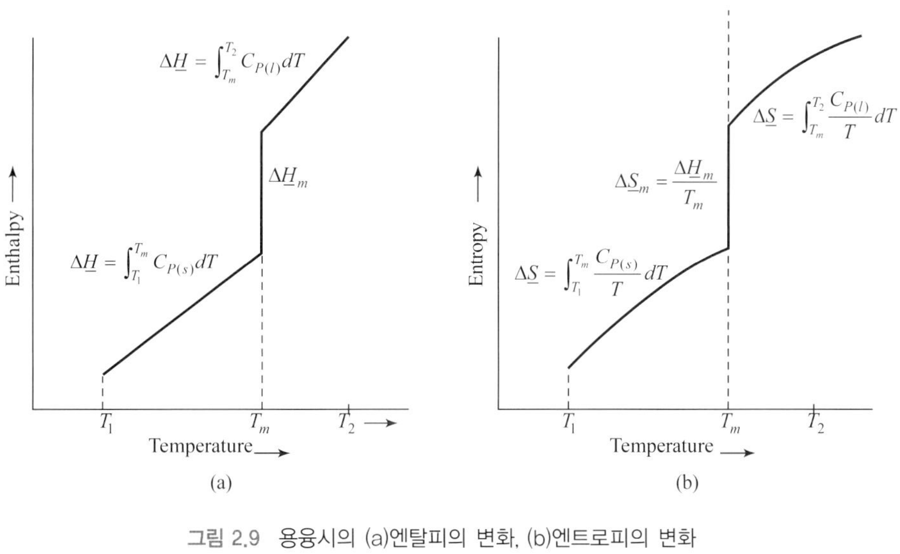

그림 2.9 용융시의 (a)엔탈피의 변화, (b)엔트로피의 변화

상변태 공정 연구에선 비가역적 상전이에 대한 엔트로피 변화를 계산해야 할 필요성이 종종 있다. 엔트로피가 상태함수이므로 계의 초기상태와 최종상태간의 가역적인 경로를 가상적으로 정하여 이 경로에 따른 엔트로피 변화를 식(2.14)처럼 계산하여 구한 값으로 비가역적인 경로에 대한 상전이 ΔS 계산을 행할 수 있다(그림 2.10).

$$\Delta S_{T_1(l \to s)} = \int_{T_1}^{T_m} \frac{C_P(l)}{T} dT + \frac{\Delta \underline{H}_m}{T_m} + \int_{T_m}^{T_1} \frac{C_P(s)}{T} dT \tag{2.14}$$

예로서 1300 K에서 과냉 액상 구리 응고시(비가역적 상태변화) 엔트로피 변화를 계산해 보자. 구리의 융점은 1356 K이다. 이러한 구리 용해과정 경로가 그림 2.10에 나타나 있다. 가역적 과정 경로를 따라서 1300 K에서 1356 K까지 승온과정에 따른 액상 구리의 엔트로피 변화를 먼저 계산한 후, 이어서 용융온도인 1356 K에서 응고시(가역적 응고 상전이) 엔트로피 변화($\Delta \underline{H}_m / T_m$)를 계산하고, 끝으로 1356 K에서 1300 K까지 가역적 경로에 의한 냉각과정에 따른 고상 구리의 엔트로피 변화를 단계적으로 계산해야 한다.
엔트로피는 경로와는 무관한 상태함수이므로 그림 2.10으로부터 비가역적 상태변화인 점선 화살표 경로에 대한 과냉 액상 구리 응고시 $\Delta \underline{S}_{1300\,\mathrm{K}}$ 를 다음처럼 구할 수 있다.

$$\Delta \underline{S}_{1300\,\mathrm{K}} = \int_{1300}^{1356} \frac{C_P(l)}{T} dT + \frac{\Delta \underline{H}_m}{1356} + \int_{1356}^{1300} \frac{C_P(s)}{T} dT$$

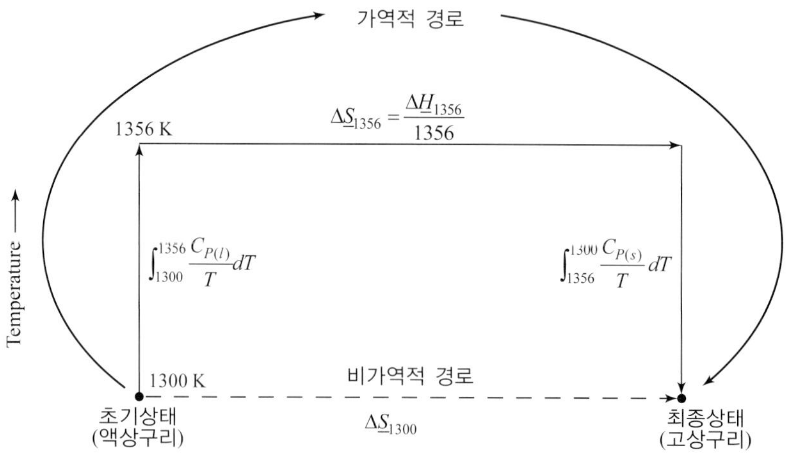

그림 2.10 동일한 초기 및 최종상태를 나타내는 가역적 상태변화 경로에 대한 ΔS 계산으로부터 결정된 비가역적 상전이 경로에 대한 ΔS : 과냉 액상구리 응고

단순한 계산을 위해 액체 및 고체의 열용량이 해당온도 구간에 걸쳐서 일정하며 서로 동일하다($C_{P(l)} = C_{P(s)}$)고 가정하면, 1356 K와 1300 K 온도에서의 응고시 엔트로피 변화는 서로 동일한 값이 된다. 1300 K에서 응고시의 엔트로피 변화 $\Delta \underline{S}_{1300\,K}$ 는 식(2.14)에 의해 구해지는 것이지, 1300 K에서 전달되는 열($\Delta \underline{H}_{1300K}$)을 온도 1300 K로 나눈 값이 아니라는 점에 반드시 주의해야 한다($\Delta \underline{S}_{1300} \neq \Delta \underline{H}_{1300}/1300$). 일정 압력하 1300 K에서의 구리응고는 비가역적 과정으로 진행되기 때문이다(가역적 상태변화 과정 : $dS = \dfrac{\delta Q_r}{T}$, 비가역적 상태변화 과정 : $dS = \dfrac{\delta Q}{T} + dS_{irr}$).

2.7 볼쯔만 가설

계 무질서도의 정량적 척도인 엔트로피 S와 계 거시상태에 해당하는 미시상태수 Ω 간의 상관 관계를 통계 열역학[2)]에 근거해 예측해 볼 수 있다. 계의 거시상태와 미시상태의 차이를 구체적으로 예시하기 위해 다음 예를 고려해 보자.

첫 번째 예로 두 개의 주사위를 던지는 경우를 살펴보자. 거시상태는 두 주사위 면 상 숫자의 합이 된다. 임의의 미시상태는 이런 거시상태에 도달할 수 있는 특정 한가지 방법으로 고려해 볼 수 있다. 예로서 두 개의 주사위를 던져서 숫자의 합이 7이 되는 방법은 여섯 가지(1 – 6, 2 – 5, 3 – 4, 4 – 3, 5 – 2, 6 – 1) 경우가 있을 수 있다. 이 경우 거시상태는 "7"이다. 이 거시상태에는 여섯 가지의 미시상태가 존재한다. 숫자의 합이 "12"가 되는 거시상태는 단 한가지의 미시상태 (6 – 6)만이 존재한다.

두 번째 예로서 A,B,C,D로 구별되는 네 개의 공으로 이루어진 계를 고려하자. 이 네 개의 공은 각각 두 상자 Ⅰ,Ⅱ에 들어가 자리 잡을 수 있다(이 경우 상자 내 들어가는 공의 수에 제한을 두지 않는다. 즉, 무작위적 배열). 거시적 상태는 두 상자 각각에 들어있는 공의 수로서 정의된다. 하나의 미시상태는 임의의 거시상태에 이를 수 있는 특정한 한가지 방법이다. 예로서 상자 Ⅰ에 세 개의 공이 들어있고 상자 Ⅱ에 하나의 공이 들어가 있는 한 거시상태를 고려할 경우 이 거시상태를 얻기 위해서는 네 가지의 다른 방법이 있을 수 있다. 상자 Ⅱ에 들어갈 수 있는 공은 A,B,C,D 네 개 중 어느 하나가 될 수 있기 때

2) 양자역학적으로 얻어지는 미시적(microscopic) 성질을 통계적으로 처리하여 고전열역학의 거시적(macroscopic) 성질에 대한 미시적 해석을 가능케 하는 학문이 통계열역학(열역학 학문에 양자역학과 통계학을 접목)의 기본 개념이다.

문이다. 이 때 각각의 경우 남은 세 개의 공들은 상자 Ⅰ에 들어가게 된다. 상자 Ⅰ,Ⅱ 안에 네 개의 공이 분배 될 수 있는 배치 방법을 표 2.1에 도표화 하였다. Ω 로 표현된 양은 임의의 거시적 분배(거시상태)를 형성할 수 있는 미시적 배치 방법(미시상태)의 수로서 **열역학적 확률**이라 불린다.

특정 거시상태에 대한 미시상태 경우의 수, Ω 를 수식으로 일반화하여 표현하면,

$$\Omega = \frac{N!}{N_I!N_{II}!}$$

N_I = 상자 Ⅰ안에 들어있는 공의 수, N_{II} = 상자 Ⅱ안에 들어있는 공의 수

$$N = N_I + N_{II}$$

일반적으로 i 개의 상자를 고려할 경우 Ω 의 표현식은,

$$\Omega = \frac{N!}{\Pi_i N_i!} : \text{무작위 배치 방법} \tag{2.16}$$

여기서 $\Pi_i N_i!$는 모든 $N_i!$항의 곱이다.

표 2.1 두 상자 I,II 내로의 4개구(A,B,C,D) 배치 방법: 거시상태 당 가능한 미시상태의 수

⟶ 거시상태(macrostates)

			$\left[\frac{CD}{AB}\right]$		
			$\left[\frac{BD}{AC}\right]$		
		$\left[\frac{BCD}{A}\right]$	$\left[\frac{BC}{AD}\right]$	$\left[\frac{A}{BCD}\right]$	
		$\left[\frac{ACD}{B}\right]$	$\left[\frac{AD}{BC}\right]$	$\left[\frac{B}{ACD}\right]$	
		$\left[\frac{ABD}{C}\right]$	$\left[\frac{AC}{BD}\right]$	$\left[\frac{C}{ABD}\right]$	
	$\left[\frac{ABCD}{0}\right]$	$\left[\frac{ABC}{D}\right]$	$\left[\frac{AB}{CD}\right]$	$\left[\frac{D}{ABC}\right]$	$\left[\frac{0}{ABCD}\right]$
Box I	4	3	2	1	0
Box II	0	1	2	3	4
Ω	1	4	6	4	1

요약하면, 전체 입자를 각각의 상자 안에 임의로 배치 할 경우 각 상자 내의 입자 총수를 언급함으로써 임의의 "거시 상태"를 규정할 수 있다. 주어진 한 가지 거시적 분배(거시상태)를 형체화시킬 수 있는 각각의 분배 방법을 미시상태라 부른다. 따라서 임의의 거시상태는 이에 상응하는 미시상태의 수로서 형체화 될 수 있다.

세 번째 예로, 세 개의 입자로 구성된 계를 고려해 보자. 각 입자는 세가지 에너지 중 한 값을 나타낸다고 하자: 0, 0.1, 0.2 eV의 에너지 상태(준위)에 해당하는 Ⅰ,Ⅱ,Ⅲ. 표 2.2에 계가 지닐 수 있는 가능한 배열 조합을 나열하였다. Ω는 임의의 특정 배열 조합을 구성할 수 있는 모든 경우의 수를 나타낸다. 예로서 두 개의 입자가 에너지 준위 Ⅲ에 위치하고, 나머지 한 입자가 에너지 준위 II에 위치하는 배열 상태 B는 각기 다른 세 가지 방법으로써 구성될 수 있다. 즉, 세 입자 중 임의의 한 입자가 무작위적으로(randomly) Ⅱ에너지 준위에 위치하면 이에 따라 나머지 두 입자가 에너지 준위 Ⅲ에 위치하게 된다. 각 배열 조합에 대하여 열역학적 확률 Ω의 값이 표 2.2에 나타나 있다.

세 가지 에너지 준위 상에 무작위적 입자 배열을 하는 경우 Ω에 대한 표현은,

$$\Omega = \frac{N!}{N_I!N_{II}!N_{III}!}$$

여기서 N_I = 에너지 준위 i 상의 입자수, $N = \sum_i N_i$.

표 2.2 3개 입자를 3개의 서로 다른 에너지 준위상에 무작위적으로 배열시키는 방법

Energy Level	Configurations A	B	C	D	E	F	G	H	I	J
III at 0.2 eV	3	2	2	1	1	0	1	0	0	0
II at 0.1 eV	0	1	0	2	1	3	0	2	1	0
I at 0 eV	0	0	1	0	1	0	2	1	2	3
Total energy of configuration, eV	0.6	0.5	0.4	0.4	0.3	0.3	0.2	0.2	0.1	0
Ω(sum = 27)	1	3	3	3	6	1	3	3	3	1
			6		7		6			
$[p(E_i)]$ at 1000 K (sum = 1.00)	3×10^{-4}	0.003	0.021		0.077		0.209		0.334	0.356

아보가드로 차수의 입자를 무한히 많은 양자 에너지상태(I, II, III, ⋯, ∞)에 무작위적으로 배열시키는 경우를 고려해 보자. 이 경우에 대해 표 2.2처럼 나타내어 거시상태(A, B, i, ⋯)를 x축으로 미시상태수($\Omega_A, \Omega_B \cdots \Omega_i, \cdots$) 함수를 y축으로 플롯하면 통계학적으로 최대치 Peak 함수 도해(delta function)가 나타나게 된다. 이로부터 특정 거시 상태 i가 최대치 Peak에 해당되는 미시상태수 Ω_i 를 보이므로서 모든 가능한 거시상태에 대한 대표성을 통계확률적으로 지닐 수 있게 된다. 이러한 수학적 통계처리 이론을 바탕으로 해서 물질계의 고전적 열역학성질(에너지, 엔트로피, 열용량 등)에 대한 정량화가 통계열역학 접근 방법에 의해 가능해 질 수 있게 된다. 이런 논리에 근거해 이어서 소개되는 통계열역학적 엔트로피 표현인 볼쯔만 가설식의 Ω 정량화가 통계확률적으로 대표성을 지니는 열역학적 확률 Ω_i 에 의해 이루어질 수가 있다.

대표성을 지닐 수 있는 거시상태에 가능한 미시상태의 수는 계 내 입자들에 가능한 모든 양자에너지 상태에 대한 입자 점유 배치 방법의 수인 열역학적 확률 Ω 와 동일하다. 계 무질서도를 나타내는 엔트로피와 열역학적 확률 사이 관계는 이들 두 함수가 함께 증가하든지 또는 감소하는 비례관계 경향을 보이며, 열역학적 확률은 계의 엔트로피가 나타낼 수 있는 수치보다 양적으로 차수가 훨씬 큰 값을 지닌다. 이에 근거해서 볼쯔만 가설(Boltzmann hypothesis)로 알려진 이들간 수학적 비례관계 등식이 제안되었다. 볼쯔만 가설은 계 엔트로피의 통계열역학적 표현으로 엔트로피가 열역학적 확률 Ω 의 로그값에 선형적으로 비례함을 의미한다.

$$S = k \ln \Omega \quad : \text{볼쯔만 식} \tag{2.15}$$

여기서 Ω 는 앞서 언급된 통계확률적 대표성을 지닌 Ω_i 와 동일한 표현이다. 비례상수 k는 볼쯔만 상수(R / N_A)가 됨이 이 절 끝부분에서 설명되고 있다.

볼쯔만 가설식의 제안 유도과정은 독립적인 두 계의 엔트로피(S)를 두 계에 대한 확률함수(Ω)와 비교함으로써 이론적으로 설명될 수 있다. 엔트로피는 거시적 의미에서 크기성질이므로 두 계에 대한 총 엔트로피 S는 각 계의 엔트로피 합, $(S_1 + S_2)$ 로 표현된다. 그러나 총 열역학적 확률 Ω 에 대한 표현은 이와는 다르다. 첫 번째 계 내 가능한 각각의 미시상태에 대해서 두 번째 계의 모든 미시상태가 모두 독립적으로 고려되어야만 한다. 그러므로 두 계로부터 함께 취할 수 있는 총 미시상태의 수는 각 계 내 가능한 미시상태 수의 곱이 된다: $\Omega = \Omega_1 \times \Omega_2$. 통계열역학에서 계의 미시상태란 계 구성 입자들에 가능한 모든 양자에너지 상태 점유 분포 각각을 일컫는다. 앞서 언급하였듯이 볼쯔만은 엔트로피가 열역학적 확률에 비례한다고 전제하였다. 엔트로피는 크기성질이므로 합의 법칙이 적용되나 열역학적 확률에는 곱의 법칙이 적용되므로 이들 엔트로피와 열역학적 확률간의 상관 비례관계는 로그함수로 밖에 연결될 수가 없다. 이러한 수학적 논리 관련성이 볼쯔만 가설식의 유도과정 배경에 대한 설명이다. 그러나 이러한 가설에 근거해 유도되었음에도 불구하고 볼쯔만 가설은 그 동안 무수히 많은 실험적 검증을 통해서 합리적인 이론으로 정립되어 고체 결정상 구성 입자들의 양자역학 에너지상태 점유에 대한 통계확률적 분포를 통한 계 엔트로피 정량화에 사용되고 있다.

볼쯔만 가설의 열역학적 타당성 증명을 위해서 특징적으로 1과 2로 구별되는 두 원자로 구성된 2원계 이상(ideal) 고용체의 혼합 엔트로피를 고려하자. 이상 고용체에서는 격자상에 원자가 무작위적으로 위치한다. 이로 인해 이상용액의 혼합 엔탈피는 0이 된다(6.4절 참조). 이에 따라서 이상고용체 내 가능한 모든 원자배치 상태는 모두 동일한 에너지 준위에 놓이므로 확률상 모든 배열의 존재 확률도 같게 된다.

1몰의 이원계 이상고용체(원자 간 상호 무작위적 결합) 내 원자(N_1과 N_2의 합이 아보가드로수 N_A)의 격자상 무작위적 배열을 고려할 경우 확률함수 Ω는 다음처럼 에너지 상태 점유 입자수에 제한을 두지 않는 맥스웰-볼쯔만 분포(8.13절)를 적용할 수 있다.

$$\Omega = \frac{N_A!}{N_1!N_2!} \quad : \text{무작위적 배치 방법 수} \tag{2.16}$$

N_A개의 원자를 격자상에 배치시키는 방법을 고려해 보자. N_A개 원자 가운데 첫 번째 원자를 선택할 수 있는 방법은 N_A가지이다. 두 번째 원자는(N_A-1)가지 방법으로 선택될 수 있다. 세 번째 원자는 (N_A-2)가지 방법으로 선택된다. 이렇게 해서 N_A개 원자 전부를 격자상에 각각 위치시키는 총 방법의 수는 순열처리로서,

$$N_A(N_A-1)(N_A-2)\ldots(3)(2)(1) = N_A!$$

그러나 이 모든 배치방법들이 각각 독립적으로 구별될 수 있는 것은 아니다. "1" 원자들을 이들 격자상에 고정시키고, 단지 "2" 원자들만이 자리를 바꿈으로써 나타나는 원자 배치 방법들은 서로 구별되어 지지 않는다. 반대의 경우도 마찬가지이다. 따라서 이에 대한 보정을 위해 N_1 및 N_2개 동일한 원자가 이들의 격자자리상에서 단지 자리만 서로 바뀌는 원자배치 방법의 수로 위 총 방법의 수를 나누어 줘야 한다. "1"로 표식된 원자(N_1)를 이들 격자자리상에서 재배열할 수 있는 방법은 $N_1!$가 된다. 마찬가지로 N_2의 경우도 이들 격자자리상에서 재배열되는 방법은 $N_2!$이다. 따라서 배치방법 보정을 위해서는 $N_A!$를

$(N_1!N_2!)$로 나누어 줘야 한다. 식(2.15)에 의해 N_1과 N_2 원자들간의 이상고용체 혼합 엔트로피 ΔS_M(혼합 후 S_M-혼합 전 S_o)은

$$\Delta \underline{S}_M = S_M - S_o = k \ln \Omega - k \ln 1 = k \ln \Omega = k \ln \frac{N_A!}{N_1!N_2!}$$

$$\Delta \underline{S}_M = k\left[\ln N_A! - \ln N_1! - \ln N_2!\right]$$

Stirling 근사치($\ln x! = x\ln x - x$, 여기서 x = 큰 수)를 적용하면,

$$\Delta \underline{S}_M = k\left[N_A \ln N_A - N_A - N_1 \ln N_1 + N_1 - N_2 \ln N_2 + N_2\right]$$

$N_1 + N_2 = N_A$ 이므로,

$$\Delta \underline{S}_M = k\left[(N_1 + N_2)\ln N_A - N_1 \ln N_1 - N_2 \ln N_2\right]$$

$$\Delta \underline{S}_M = -k\left[N_1 \ln\left(\frac{N_1}{N_A}\right) + N_2 \ln\left(\frac{N_2}{N_A}\right)\right]$$

$$\Delta \underline{S}_M = -kN_A\left[\frac{N_1}{N_A} \ln\left(\frac{N_1}{N_A}\right) + \frac{N_2}{N_A} \ln\left(\frac{N_2}{N_A}\right)\right] \quad \text{: 통계열역학} \qquad (2.17)$$

$$\Delta \underline{S}_M = -R\left[x_1 \ln x_1 + x_2 \ln x_2\right] \quad \text{: 고전열역학} \qquad (6.20)$$

여기서 x_i는 성분 i의 몰분율이고, R은 기체상수이다. 통계열역학적 유도과정으로 얻은 식(2.17)과 고전열역학적 표현식(6.20)을 상호 비교함으로서 $R = kN_A$가 성립하므로 볼쯔만 식(8.6)의 비례상수 k는 볼쯔만 상수(R/N_A)가 됨을 알 수 있다.

위와 같이 통계열역학(미시적 열역학)의 볼쯔만 가설로부터 유도한 이상용액 혼합엔트로피 표현식은 6.4절에서 다루는 고전 열역학(거시적 열역학) 원리로부터 유도된 식과 동일함을 알 수 있다. 이런 유도과정 예로부터 통계열역학 접근방법에 의한 재료물질계 엔트로피의 정량적 표현인 볼쯔만 가설의 타당성을 증명해 볼 수 있다.

2.8 열역학 3법칙

반응 진행에 따른 엔트로피 변화 계산법은 기준상태 설정 차이점을 제외하고는 엔탈피 변화 계산시 사용한 방법과 유사하다. 이 차이점은 물질 엔트로피의 절대치 정량화를 가능케하는 열역학 3법칙이라고 불리는 절대온도 0 K와 물질 엔트로피간 관계로써 설명된다. 1906년 Nernst에 의해 주창된 열역학 3법칙은 "**오로지 순수한 무결함인 결정구조를 지닌**

물질만으로 이루어진 반응에 대한 엔트로피 변화는 절대온도 0 K에서 0이다($\Delta S_{0K} = 0$)"라고 설명하고 있다. 여기서 '순수한'이라는 용어는 완전한 결정질(무결함)의 순수한 원소와 화학량론적 결합 화합물을 의미한다. 한편 Planck는 열역학 3법칙에 대한 구체적 언급으로 "절대온도 0 K에서 순수하고 완전한 결정질인 물질(pure and perfectly crystalline substances)의 엔트로피는 0이다($S_{0K} = 0$)"를 제시했다. 열역학 3법칙에 대한 상기 두 가지 언급은 서로 동일한 내용이다. 이런 언급을 근간으로 해서 화학반응에 따른 엔트로피변화 및 물질 엔트로피 절대치 계산을 할 수 있으며, 아울러 결정재료가 0 K 이상에서는 온도에 상응하는 고유의 결함(고유성 결함 :8장) 농도를 반드시 내포하게 된다는 점도 이해할 수 있다.

1장에서 다룬 물질 상태 에너지(내부에너지, 엔탈피)는 절대수치가 아니고 포괄적 기준상태에 대한 상대적 에너지임을 상기하길 바란다(즉, 포괄적 기준상태에 대한 상대적 물질에너지 E_1, E_2 수치는 그 자체가 절대치로 의미있는 값이 아니지만, 이들간 차이 $\Delta E = E_2 - E_1$ 수치는 절대량의 의미를 지닌다). 이에 반해 엔트로피는 열역학 3법칙에 근거해서 절대값으로 정량화된 수치이므로 물질자체 상태가 지니는 엔트로피량은 그 자체로서 의미있는 절대 수치가 될 수 있다. 열역학 함수 중 절대 수치를 지니는 함수와 인자로는 오로지 엔트로피와 절대온도만을 들 수가 있다. 엔트로피 외 다른 상태함수인 열역학 성질(예로 내부에너지, 엔탈피, 자유에너지)의 정량화는 절대수치가 아닌 포괄적 기준상태에 대한 상대적 수치로 정해짐을 상기하기 바란다. 이들 함수의 상태변화로 나타나는 열역학 함수의 변화량[Δ(상태함수)]은, 물질 열역학 함수의 절대량(엔트로피외에는 정량화 불가능)이든 상대량(포괄적 기준상태에 대한 정량화)이든 상관없이 이들의 상태간 차이로부터 각기 동일한 변화량 수치를 얻을 수 있다. 다시 말해 포괄적 기준상태에 의해 정량화된 물질의 에너지 자체는 상대적 수치이지만, 상태 변화에 따른 이들간 상대적 에너지의 차이는 물질상태 에너지 절대량(정량화 불가능)간 차이와 동일한 수치가 된다.

열역학 3법칙은 수식으로 간단히,

$$S_0^o = 0$$
$$\Delta S_0^o = 0 \tag{2.18}$$

열역학 성질을 나타내는 용어의 윗첨자 o는 표준상태에 놓여 있는 물질의 열역학 성질을 의미한다. S^o 는 표준압력(1기압)하에서 순수하고 안정한 평형상태의 결정질(표준상태)인 물질의 엔트로피를 뜻한다. 식(2.18)에서 아래첨자 0은 절대온도 0 K를 나타낸다. 따라서 ΔS_0^o 는 절대온도 0 K에서 모든 화학종이 "표준상태"로서 참여하는 반응에 대한 엔트로피 변화량이다.

한편 표준상태 적용의 다른 예인 ΔH^o_{298} 은 절대온도 298 K에서 모든 화학종이 "표준 상태"로서 참여하는 반응에 대한 엔탈피 변화량을 나타낸다. 화학반응에 대한 엔탈피 계산의 경우는 기준온도인 298 K에서 각 화합물의 생성 엔탈피의 도표화된 자료를 이용한다. 기준온도인 298 K에서 안정한(평형상태) 단위 원소 형태 물질의 엔탈피는 0이다라는 **포괄적인 엔탈피 기준상태**에 대한 상대적인 값으로서 순수한 물질 및 화합물의 엔탈피(화합물 : 생성 엔탈피) ΔH^o_{298} 가 정해진다.

반면에 298 K에서 순수한 물질 및 화합물의 엔트로피는 절대 기준치($S^o_0 = 0$)에 대한 절대수치이므로 $\underline{S}^o_{298}$ 로 표시한다. 따라서 임의 온도에서 물질 및 화합물의 엔트로피는 열역학 3법칙에 의해 절대수치로서 정해진다. 온도 T에서의 화학반응에 대한 엔트로피 변화는 0 K이상 온도에서 반응 참여 모든 물질의 절대 엔트로피 ($\underline{S}^o_T - \underline{S}^o_0$)를 알면 계산할 수 있다.

($\underline{S}^o_T - \underline{S}^o_0$) 정량화는 반응 참여 물질의 열용량 자료로부터 다음처럼 계산할 수 있다.[3)]

$$\underline{S}^o_{298} = \int_0^{298} \frac{C_P}{T} dT \qquad (2.19)$$

온도함수로서 표준상태 물질 엔트로피 S^o_T 계산시에 상온에서의 물질 표준 엔트로피 $\underline{S}^o_{298}$ 를 편의상 사용하므로 일반적으로 식(2.19) 적분으로 구한 $\underline{S}^o_{298}$ 자료를 도표화하여 열역학 교재에 수록하고 있다.

적분시에는 온도에 따른 물질의 상변화를 반드시 고려해야만 한다. 식(2.19)는 순수 구리 경우처럼 0 K와 298 K 온도 사이에서 물질 상변화가 없음을 가정한 것이다. 그러나 산소처럼 0 K근처에서는 고체이나 298 K에서는 기체인 경우는 식(2.19)를 적분할 때 융점 (54.36 K)에서 고체 산소의 용융과 비등점 (90.19 K)에서 액상 산소의 기화 현상을 추가로 고려해야만 한다. 이러한 경우 표준 엔트로피 적분은 다음처럼 행해진다.

$$\underline{S}^o_{298} = \int_0^{T_m} \frac{C_P}{T} dT + \frac{\Delta \underline{H}_m}{T_m} + \int_{T_m}^{T_b} \frac{C_P}{T} dT + \frac{\Delta \underline{H}_b}{T_b} + \int_{T_b}^{298} \frac{C_P}{T} dT \qquad (2.20)$$

여기서 $\Delta \underline{H}_m$ 과 $\Delta \underline{H}_b$ 는 몰당 용융 및 기화 엔탈피이며, T_m 과 T_b 는 용융점과 비등점을 각각 나타낸다.

---

3) 임의의 온도에서 모든 물질의 엔트로피는 온도에 대한 열용량 함수 적분으로부터 계산될 수 있다.매우 낮은 온도에서 물질의 열용량은 온도함수로서 급격히 감소하기 때문에, 식(2.16)의 적분은 의미있는 계산이 된다. 온도가 절대온도 0K에 가까워짐에 따라 고체의 열용량은 대략적으로 절대온도의 3제곱에 비례하게 된다.

절대온도 0 K에서 순수하고 완전한(무결함) 결정질인 물질간 반응에 대한 엔트로피변화는 0이기 때문에($\Delta S_0^o = 0$), 298 K에서의 화학반응에 대한 표준 엔트로피변화는 간단히 생성물의 표준 엔트로피 합으로부터 반응물의 표준 엔트로피 합을 뺀 값으로 표현할 수 있다.

$$\Delta S_{298}^o = \sum_{products} n_p \underline{S}_{298,p}^o - \sum_{reactants} n_r \underline{S}_{298,r}^o \tag{2.21}$$

여기서 아랫첨자 p 와 r 은 각각 반응 참여 생성물과 반응물을 나타낸다.
예를 들어 염화은(AgCl) 생성 표준 엔트로피변화는 298 K에서 각각 단위원소 물질인 은과 염소기체간의 반응으로부터 다음처럼 얻어지게 된다.

$$\mathrm{Ag} + \frac{1}{2}\mathrm{Cl_2} = \mathrm{AgCl}$$

$$\Delta S_{298}^o = \underline{S}_{298,\mathrm{AgCl}}^o - \left(\underline{S}_{298,\mathrm{Ag}}^o + \frac{1}{2}\underline{S}_{298,\mathrm{Cl_2}}^o\right)$$

$$\Delta S_{298}^o = 96.53 - 42.73 - \frac{1}{2}(223.0) = -57.7\ \mathrm{J/(mol \cdot K)}$$

298 K 온도가 아닌 다른 온도에서의 화합물 생성 표준 엔트로피변화를 계산하기 위해서는 식(1.28)의 엔탈피변화 계산시와 동일한 방법을 이용할 수 있다.

$$\Delta S_T^o = \Delta S_{298}^o + \int_{298}^{T} \frac{\sum n_p C_{P,p} - \sum n_r C_{P,r}}{T} dT \tag{2.22}$$

용융이나 비등과 같은 상태 변화가 포함된 온도구간에 걸쳐서 식(2.22) 적분 계산시에는 각별한 주의를 기울여야만 한다. 이러한 경우 엔트로피변화는 식(2.20)을 이용해 반응온도 T에서 모든 반응 참여 물질에 대한 개별적 엔트로피 S_T^o를 먼저 구한 후 식(2.21)처럼 계산해야만 한다.

$$\Delta S_T^o = \sum_{products} n_p \underline{S}_{T,p}^o - \sum_{reactants} n_r \underline{S}_{T,r}^o$$

참고 문헌

1. Margenau, Henry, and Murphy. George Moseley, *The Mathematics of Physics and Chemistry*, Van Nostrand, New York 1956, p 26.

문제

2.1 40°C 물 12kg과 −10°C 얼음 12kg 간의 엔트로피 차이 ΔS 를 계산하라.
(자료) $C_{P,\text{water}} = 4.184\,\text{J/g}\cdot\text{K}$, $C_{P,\text{ice}} = 2.1\,\text{J/g}\cdot\text{K}$
얼음 용융잠열$(\Delta H^{o}_{fusion}) = 336\,\text{kJ/kg(at 0°C)}$

2.2 0.25 hP 모터에 의해 냉장고가 작동된다. 이로부터 실외 최고 허용 온도 35°C에 대응하여 냉장고 내부공간은 −20°C로 유지될 수 있다. 모터가 연속적으로 운용된다면 내부공간으로 최대 허용 열유입량(watts)은 얼마인가? 냉장고의 성능계수는 가역적 기관 성능계수의 75%로 가정하라.

2.3 현대적 석탄 화력 발전소는 540°C 보일러로부터 나오는 수증기가 30°C 온도에서 응축되는 설비(응축기)로서 운용되고 있다.
(a) 보일러 공급 열 J 당 발전소로부터 생산될 수 있는 최대 전기적 일은 얼마인가?
(b) 발전소 전기 생산출력 500MW(megawatts)를 위해 필요한 석탄의 양은 시간당 몇 톤이 소모되는가? 발전소는 최대 효율로 운용된다고 가정하라. 석탄 연소열은 29.0 MJ/kg이다.

2.4 100MW 전력 생산량을 지닌 발전소가 300°C의 보일러와 40°C의 응축기 설비를 갖추고 운용되고 있다.
(a) 보일러로 공급되는 시간당 열(J/hr)의 양은?
(b) 응축기는 10°C 이상의 온도 상승이 허용되지 않는 냉각수로서 작동된다. 원활한 발전설비 가동을 위해 시간당 공급되는 냉각수의 부피는?
(c) 응축기 작동 온도와 전력 생산량은 동일하게 유지하고 단지 보일러 온도만을 540°C로 승온 유지할 경우, 필요한 냉각수량에는 어떠한 변화(증, 감, 동일)가 초래되는가? 답의 근거를 간략히 기술하라.
(자료) 물 : 열용량 4.184 J/(g·K), 밀도 $1\,\text{g/cm}^3$

2.5 Carnot 냉장고를 작동시키기 위해 전기모터로 전기적 일을 공급한다. 냉장고의 내부온도는 0°C이다. 액상의 물이 0°C인 냉장고 내로 들어가서 얼음으로 바뀐다. 액

상 물 1 g으로부터 얼음 1 g을 얻기 위해서는 ΔH_{fus} = 334 J/g의 융해열이 필요하다. 냉장고 외부의 온도가 20°C이고 0.25마력(1HP = 0.7457 kW)의 모터를 지속적으로 작동시킬 경우, 1분 당 만들어질 수 있는 얼음의 양은 얼마인가? 냉장고는 완전히 단열되어 있으며 최대 가능 효율(without mechanical loss)로서 작동한다고 가정하라.

(자료) $C_{P,\text{water}} = 4.184\,\text{J/g}\cdot\text{K}$ $\quad C_{P,\text{ice}} = 2.1\,\text{J/g}\cdot\text{K}$

얼음 융해열 $\Delta \underline{H}^o_{fusion} = 336\,\text{J/g(at 0°C)}$

2.6 온도 273 K인 액상 물 0.5 mol과 373 K인 액상 물 0.5 mol을 혼합한 경우에 나타나는 ΔU 와 ΔS 를 계산하라. 계는 단열 용기 내에서 평형상태에 도달한다고 가정하라. 또한 273 K에서 373 K까지 온도 범위에 걸쳐 물의 열용량(C_P)은 77 J/mol·K로서 일정하다고 가정하라.

2.7 1기압, 100 K 온도에서 물질 A는 상 α 로부터 β 로의 평형 상전이가 일어난다. 100 K(가역적 상전이) 및 0 K(비가역적 상전이)에서 상전이 엔탈피를 각각 계산하라. 주어진 온도 구간에 걸쳐 물질 A의 상 α, β 열용량은 각각 다음처럼 주어진다.

$$C_{P(\alpha)} = 2.1\times10^{-5}T^3,\ C_{P(\beta)} = 5.7\times10^{-5}T^3\ \text{(in cal/mol K)}$$

풀이시 추가 자료 필요시는 이를 기호로서 답에 포함하라.

2.8 고상 및 액상 구리의 몰당 열용량 자료는 각각 다음과 같다.

$$C_{P,Cu(s)} = 22.6 + 6.3\times10^{-3}T^3\ \text{J/K}\cdot\text{mol},\quad C_{P,Cu(l)} = 31.4\ \text{J/K}\cdot\text{mol}$$

용융온도 1356 K에서 구리의 표준 용융엔탈피 변화 $\Delta \underline{H}^o_m = 12{,}970\ \text{J/K}\cdot\text{mol}$.

(a) 1223 K 온도에서 과냉각 구리의 응고시 엔트로피 변화를 계산하라. 과냉각 액상 구리의 열용량은 정상적 액상 구리의 열용량과 동일하다고 가정하라.

(b) 질문 (a)응고과정시 주변의 엔트로피 변화를 계산하라.

(c) 과냉각 응고시 우주의 엔트로피 변화를 구하고 그 수치가 나타내는 물리적 의미에 대해서 설명하라.

2.9 (a) 열기관은 서로 다른 온도에 의해 얻어질 수 있는 열을 일로 바꾸는 기계장치이다. 바다 속 서로 다른 깊이에서 나타나는 수온 차이에 의해 작동하는 열기관을 이용하여 전기를 발생시키고자 하는 새로운 에너지 생산공정 방안이 검토되고 있다. 표면 물의 온도는 20°C, 심해 물의 온도는 4°C로, 그리고 표면과 심해의 물은 둘 다 무한한 크기를 지닌 저장소(reservoir)로 가정하라. 표면의 물로부터 흡수되는 에너지 1 J 당 몇 J의 전기에너지가 생성되겠는가?

(b) 수력 발전은 에너지원으로 물의 낙하 높이 차이를 이용하여 전기를 만든다. 강물이 해발 100 m에서 70 m로 떨어지는 지역이 있다. 두 지점간의 위치에너지 변화의 어느 정도 분율이 발전기를 통해 전기에너지로 바뀌어지겠는가? 해발 100 m로부터 70 m로 낙하되는 물 $1 m^3$ 당 어느 정도의 전기에너지(kWh)가 발전기로부터 생성되겠는가?

2.10 스케이트장과 수영장을 함께 갖추고 있는 복합기능 실내 체육관을 고려하자. 여름에 얼음을 냉동상태로 유지하기 위해서는 매 시간당 10^5 kJ의 열에너지를 스케이트장으로부터 제거해 주어야만 한다. 이를 위해서 수영장을 고온의 열저장소(열싱크)로 이용하는 열역학적 기계장치(냉장고 또는 열펌프)를 설치 운용하는 방안이 제안되고 있다. 스케이트장의 얼음은 −15°C, 수영장 물은 20°C로 온도가 유지되어야 한다.

(a) 기계를 작동시키기 위해서 필요한 이론적인 최소 전기파워(kW)는 얼마인가?

(b) 이 기계장치에 의해 수영장으로 어느 정도의 열(J/hr)이 공급되는가?

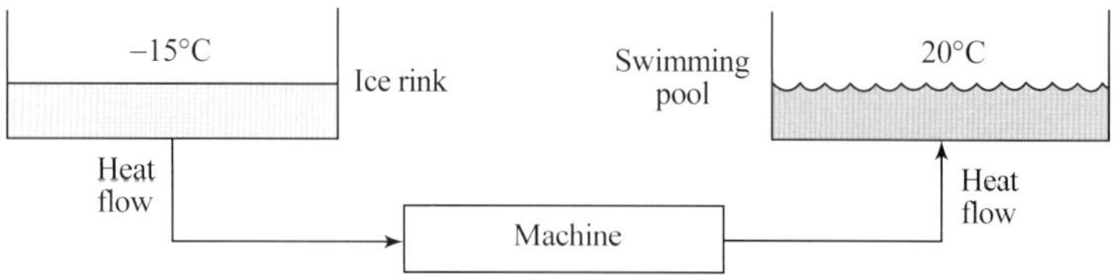

2.11 "chip carriers"로 자주 사용되는 AlN은 금속 Al을 기체상태의 순수 N_2와 반응시켜 만들어진다.

$$Al + \frac{1}{2}N_2 = AlN$$

(자료) AlN 생성 엔탈피: $\Delta \underline{H}^o_{f,298} = -76,470$ cal/mol

298 K에서 표준 엔트로피 S^o (cal/mol·K)

Al	6.77	N_2	45.77	AlN	4.82

(a) 반응물과 생성물이 모두 1기압, 298 K 온도하에 놓여 있다면 AlN 1몰 생성 반응에 대한 엔탈피 변화(ΔH)는 얼마인가?

(b) 반응물과 생성물이 모두 1기압, 298 K 온도하에 놓여 있다면 위 반응에 대한 엔트로피 변화 (ΔS)는 얼마인가?

(c) 온도 298 K, 10기압하에 놓여 있는 반응물과 생성물에 대하여 질문 (a), (b)에 대한 계산을 반복 시행하라. 풀이시 3장에서 언급되는 이상기체 성질사이 관계를 이용하라.

2.12 1몰의 단원자 이상기체가 순차적으로 다음 상태변화 과정을 경험한다.

(a) 온도 300 K, 10기압의 기체가 진공중으로 자유팽창하여 부피가 세 배로 증가한다.

(b) 일정한 부피 조건하에 400 K 온도까지 가역적으로 가열된다.

(c) 등온(400 K) 조건하에서 부피가 다시 세 배로 증가할 때까지 가역적으로 팽창한다.

(d) 마지막으로 등압 조건하에서 300 K 온도까지 가역적으로 냉각된다.

상기 상태변화 과정을 순차적으로 거친 후 이상기체 계의 Q와 W 그리고 U, H, S의 변화량을 각각 계산하라.

2.13 (a) 단원자 이상기체 1몰이 등압 조건하에서 가역적 팽창한다. 팽창과정중 기체의 엔트로피는 14.41 J/K만큼 증가하고, 기체는 6236 J의 열을 흡수한다. 기체의 초기 및 최종 상태의 온도를 계산하라.

(b) 단원자 이상기체 1몰이 등온팽창하는 경우를 고려하자. 팽창과정중 기체 부피는 두 배로 증가하며 1729 J의 일을 행하고 기체 엔트로피는 5.763 J/K 만큼 증가하였다. 등온팽창이 진행되는 온도를 계산하라.

2.14 0°C의 일정한 온도를 유지하는 1몰의 구리가 초기온도 100°C인 구리 1몰과 열적 접촉을 하고 있다. 이러한 2몰의 구리 계가 단열 용기 내에서 열적인 평형을 이룬다고 할 경우, 이 계가 나타내는 최종온도를 계산하라. 평형온도가 정확히 50°C가

되지 않는 이유는 무엇인가? 얼마나 많은 열이 전달되는가? 그리고 이러한 열전달 과정에 의해 생성되는 엔트로피는 얼마인가? 고체 구리의 정압 열용량을 온도함수로 나타내면 다음과 같다.

$$C_P = 22.64 + 6.28 \times 10^{-3}\,T\ (\mathrm{J/mol \cdot K})$$

2.15 (a) He의 끓는점은 4.2K이다. 이 온도에서 He 기화 엔탈피는 83.3 J/mol이다. 기상 He 1몰을 온도 4.2K에서 액상화하는데 필요한 최소일(min. work)은 얼마인가? 분위기(ambient)온도는 300K로 가정하라.

(b) 1기압에서(일정 압력조건) 기상 He 1몰을 온도 300K로부터 4.2K로 냉각시키는데 필요한 최소일은 얼마인가? 분위기 온도는 300K이며 열용량은 3R/2 J/(mol·K)로 간주하라.

힌트 : 질문 (a), (b) 풀이시 냉장고 원리로 작동하는 기계를 계로서 설정하라.

질문 (b)는 He 냉각에 따라 낮은 온도 T_L이 300K로부터 4.2K로 연속적으로 변하기 때문에 질문 (a)보다 더 복잡한 풀이과정이 요구된다.

2.16 이상기체 1몰이 25℃에서 부피가 10배 증가하는 가역적 등온 팽창을 일으킨다.

(a) 팽창중 흡수 또는 방출되는 총열의 양을 구하라.

(b) 기체의 엔트로피 변화는?

(c) 기체 팽창이 계에 의해 행해지는 일이 없도록 하는 극단적인 비가역적 양상으로 일어난다고 해보자(이 경우 팽창은 등온적으로 유지된다). 팽창중 흡수 또는 방출되는 열의 양을 구하라.

(d) 열적 측면으로 고립(단열)된 용기내 물이 일정 압력하에서 균일하게 교반되고 있다고 하자. 이 경우 물의 엔탈피 변화는?

2.17 500mW 전력 생산이 가능한 원자력 발전소 보일러의 고온열 흡수는 360°C에서 진행되며 응축 현상은 25°C 냉각수를 이용한 응축기에 의해서 행해진다고 한다. 환경안정 규제안에 의하면 냉각수 온도 증가는 2°C 이상 허용을 금지하고 있다. 이를 만족하기 위한 냉각수의 최소 유량은 초당 얼마인가? 원자력 발전소는 최대 효율(즉 역학적 일손실이 없는)로 가동된다고 가정하라.

자료 : 물의 $C_P = 4.184\ \mathrm{J/g \cdot K}$

2.18 500W 전기모터로 구동되는 냉장고가 22°C로 일정하게 유지되는 실내에서 사용되고 있다. 냉장고 내부온도는 0°C로 유지된다고 한다. 이 냉장고는 0°C 물로부터 분당 어느 정도 얼음을 만들어낼 수 있는가? 냉장고는 최대 효율(즉 역학적 일손실이 없는)로 가동된다고 가정하라.

자료 : $C_{P(물)} = 4.184\ \mathrm{J/g \cdot K}$, $C_{P(얼음)} = 2.1\ \mathrm{kJ/kg \cdot K}$, 얼음 융해열 $= 335\ \mathrm{J/g}$

2.19 메탄올(CH_3OH)을 연료로 작동되는 내연기관이 20%의 열효율을 나타낸다고 하자.

(a) 1몰의 메탄올이 엔진 내부에서 연소되면 얼마나 많은 일이 얻어지는가?

(b) 25°C에서 순수한 산소와 메탄올을 반응시켜 얻을 수 있는 최대의 일은 얼마인가?

(c) 산화제로 공기를 사용한다면 질문 (b)의 답이 달라지겠는가? 그렇다면 어느 정도 차이가 발생할 것인가?

$$\mathrm{CH_3OH} + \frac{3}{2}\mathrm{O_2} \rightarrow \mathrm{CO_2} + 2\mathrm{H_2O}: \quad \Delta G^o(298\ \mathrm{K}) = -702.36\ \mathrm{kJ}$$
$$\Delta H^o(298\ \mathrm{K}) = -726.51\ \mathrm{kJ}$$

Chapter 03

성질 사이 관계

열역학 1법칙과 2법칙에 대한 이론 및 개념을 앞장에서 살펴 보았으며, 에너지 및 엔트로피 함수의 유용한 적용사례에 대해서도 알아보았다. 이 장에서는 에너지 및 엔트로피 함수가 물리적 상태변수[1]에 따라서 어떻게 영향을 받는지에 대해 우선 알아보고, 다음으로 상전이 및 화학반응 계의 열역학 평형 고찰시 사용되는 새로운 에너지 함수인 자유에너지를 정의하고, 이들 열역학 성질 사이 관계 함수가 나타내는 열역학적 중요성에 대해서 에너지 함수 미분 표현식으로부터 얻어지는 맥스웰 관계를 이용해 논하기로 한다. 계의 열역학 평형은 열적, 물리적, 화학적 평형이 함께 이루어진 계의 상태를 뜻한다(4장).

온도와 압력에 따른 에너지함수(U와 H)의 변화는 이미 이상기체에 대해 1장에서 일부 다룬 바 있다. 열용량 C_V와 C_P는 각각 일정한 부피 및 압력하에서 온도에 따른 $\underline{U}$와 $\underline{H}$의 변화를 나타낸다. 또한 일정 온도하에서 부피 변화에 따른 이상기체의 내부에너지 변화는 0이 된다는 내용도 다루었다: $(\partial \underline{U} / \partial \underline{V})_T = 0$.

열역학 성질 사이 관계와 이들 활용 예로 이상기체의 고유 내부에너지를 온도와 고유부피 함수로서 정의하고 이로부터 내부에너지를 구하는 방법을 도식적으로 설명하기 위해 온도(T), 고유 부피($\underline{V}$), 고유 내부에너지($\underline{U}$)를 각기 축으로 하는 3차원 공간 그래프를 고려해 보자. 이러한 3차원 그래프에 대한 T와 $\underline{V}$를 축으로 하는 2차원 평면상으로의 투영도가 그림 3.1(a)에 나타나 있다. 여기서 $\underline{U}$ 축은 지면에 수직한 방향이다.
좌표상 모든 점에서 두 가지 편미분 $(\partial \underline{U} / \partial T)_V$, $(\partial \underline{U} / \partial V)_T$ 자료 정보를 알면, 점 B에서의 고유 내부에너지를 점 A에 대한 상대적인 값으로 나타낼 수 있다. 점 A에 해당하는

1) 열역학 1법칙의 열, 일 에너지에 영향을 미치는 상태변수는 화학적, 전기적 일에 관여되는 화학적 상태변수(성분 조성)와 기타 제반 일 및 열에 관여되는 물리적 상태변수(온도, 압력, 부피, 표면적 등)로 나눌 수 있다.

고유 부피에서의 정적 열용량 $\left[(\partial \underline{U} / \partial T)_V = C_V\right]$ 이 정해지면, 중간지점 1에서 고유 내부에너지는 정적 열용량을 온도 T_{A} 에서 T_{B} 까지 적분하여 결정할 수 있다. 더욱이 이상기체의 경우 점 1에서 B까지의 고유 내부에너지 변화는 온도가 일정하므로 0이 된다. 그러므로 정적 열용량의 온도의존 함수관계를 알면, $T-\underline{V}$ 그래프상 임의 상태점에서 이상기체의 고유 내부에너지를 구할 수 있다. 이상기체의 내부에너지는 부피에 대한 의존도가 없으므로 정적 열용량은 오로지 온도만의 함수가 됨을 알 수 있다[즉 $(\partial C_V / \partial \underline{V})_T = 0$: 이상기체]. 따라서 경로 A → 2 및 1 → B에 따른 고유 내부에너지 변화는 0이 된다. 이상기체의 고유 내부에너지 변화를 부피와는 상관없이 온도만의 함수로서 결정할 수 있다. 이상기체에 대해 성립되는 $(\partial C_V / \partial \underline{V})_T = 0$ 성질 관계식 유도 전개과정은 이 장의 뒷부분에서 자세히 다루어진다.

유사한 논리로 온도함수로서 정압 열용량 $[(\partial \underline{H} / \partial T)_P = C_P]$ 정보를 알면, 이상기체에 대한 고유 엔탈피 변화를 온도와 압력에 대한 성질 사이 관계 함수로서 결정할 수 있다 [그림 3.1(b)] – 3.6절 참조. 그러나 모든 물질이 이상기체 성질을 지니고 있는 것은 아니다. 따라서 이 장에서는 물질의 내부에너지, 엔탈피, 엔트로피 및 기타 열역학함수의 온도, 압력, 고유부피 같은 세기변수에 대한 의존성을 일반적으로 설명하고 이들의 중요성을 활용측면에서 검토하고자 한다.

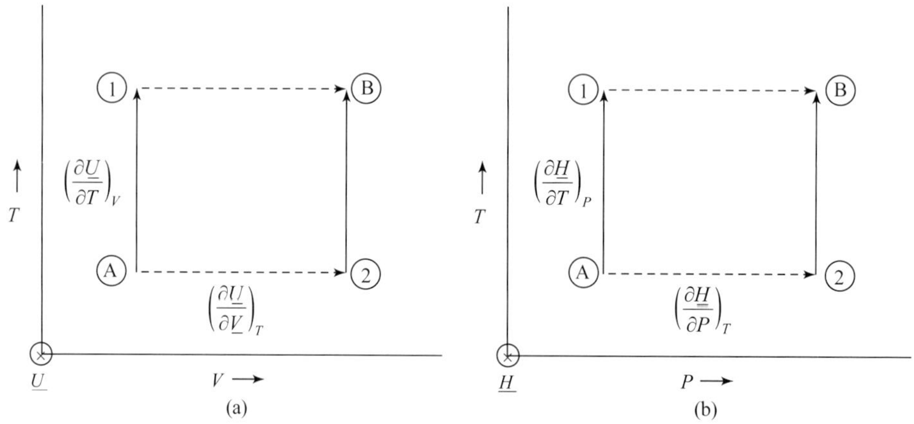

그림 3.1 온도와 고유부피($\underline{V}$) 함수로서의 내부에너지 변화(a), 온도와 압력함수로서의 엔탈피 변화(b) 2차원 평면상 투영도. (a) (b) 도해 점선부분은 이상기체의 경우 지면 수직축 함수(고유 내부에너지, 엔탈피) 변화가 0인 상태변화 과정을 의미한다.

3.1 성질 사이 관계

계의 포텐셜에너지와 운동에너지 변화가 없고 전체적으로 동일한 성질을 나타내는 균일 물질로 이루어진 닫힌계에 열역학 1, 2법칙을 적용해 보면,

$$dU = \delta Q - \delta W = \delta Q_r - \delta W_r$$
$$dS = \frac{\delta Q}{T} + \frac{\delta lw}{T} = \frac{\delta Q_r}{T}$$

열역학 2법칙식 양변에 T 를 곱하면,

$$TdS = \delta Q + \delta lw \quad 또는 \quad TdS = \delta Q_r \tag{3.1}$$

이를 열역학 1법칙식에 대입하여 1, 2법칙 결합 관계식을 표현하면,

$$dU = TdS - (\delta W \pm \delta lw)$$

$\delta W \pm \delta lw = \delta W_r$ 이므로(W 가 양의 일이면 $\delta W + \delta lw = \delta W_r$, 음의 일이면 $\delta W - \delta lw = \delta W_r$),

$$dU = TdS - \delta W_r \tag{3.2}$$

식(3.2)는 닫힌계에서의 가역적 상태변화 공정에 대한 열역학 1, 2법칙 결합 형태의 관계식이다. 여기서 가역적 일 δW_r은 역학적, 표면, 전기적, 자기적 및 응력 효과 등 계의 가능한 모든 종류의 일을 포함한다.

$$\delta W_r = PdV - \gamma dA - Edq - \mu_o V \mathbf{H} dM - V\sigma d\varepsilon - \cdots = PdV - \delta W_r^* \tag{3.3}$$

여기서는 편의상 가역적 과정시 $P-V$ 관계를 고려하는 역학적 일만을 닫힌계의 일 항으로서 고려하기로 한다. δW_r^* 는 "유용한" 일이다.

$$dU = TdS - PdV \tag{3.4}$$
$$(dU = TdS - PdV + \delta W_r^*)$$

식(3.4)는 동일한 성질의 균일물질 계 내부에너지 변화를 엔트로피 및 부피 변화와 관련짓는 기본적인 열역학 성질 사이 관계식이다. 식(3.4)는 가역적 과정에 대하여 유도된 식임에 유의하기 바란다($\delta Q_r = TdS$). 참고로 식(3.4) 괄호속 표현은 모든 일이 포함된 일반적 표현식이다. 내부에너지는 상태함수이므로 계 상태변화가 가역적이거나 비가역적으로 진행되는지와는 상관없이 동일한 초기, 최종 상태에 따른 계 내부에너지 변화는 동일

하다. 1.8절에서 다룬 엔탈피 정의($H = U + PV$)로부터 $dH = dU + PdV + VdP$ 이므로 이를 식(3.4)에 대입하면, 다음 성질 사이 관계식을 유도할 수 있다.

$$dH = TdS + VdP \tag{3.5}$$
$$(dH = TdS + VdP + \delta W_r^*)$$

3.2 자유에너지

열역학 1법칙에서 다룬 내부에너지, 엔탈피 이외에 열역학 2법칙에서 다루는 엔트로피와 연관된 열에너지(TdS)를 일정온도 조건에서 내부에너지와 결합하므로서 새로운 에너지 상태 함수인 자유에너지를 정의해 볼 수 있다.[2)]
열역학 1,2법칙 결합 식(3.2)를 재정렬하면,

$$-\delta W_r = dU - TdS \tag{3.6}$$

일정한 온도에서 계 상태변화에 의한 미소 가역적 일은 자유에너지 변화에 해당된다.

$$-\delta W_r = d(U - TS) = dF$$

위 식을 유한 적분하면,

$$-W_r = \Delta(U - TS) = \Delta F \tag{3.7}$$

등온 조건하에서 가역과정을 통해 닫힌계의 상태가 특정 한 상태로부터 다른 상태로(상태 1로부터 상태 2) 변화하는데 필요한 가역적 일(최대일)로써 자유에너지 변화를 정의한다($-W_r|_T = \Delta F$).
자유에너지는 등온계의 열역학적 평형을 다루는 4장에서 유용하게 활용된다.
에너지 단위를 지니는 함수 $U - TS$ 를 자유에너지 F로 정의한다. 자유에너지는 식(3.7)에 의해 일함수(work function)라고 불리워지기도 한다.

$$F = U - TS \tag{3.8}$$

식(3.6)의 일 항을 역학적 일과 "유용한 일" W_r^* 로서 써보면,

2) 헬름홀쯔 자유에너지 F와 깁스 자유에너지 G에 대한 표기법은 열역학을 다루는 관련 서적마다 서로 다르다. 오래된 고전 서적(참고문헌 1–4)에서는 헬름홀쯔 자유에너지를 A로 나타내고 깁스 자유에너지를 F로 표기하고 있다.

$$-W_r = -(P\Delta V - W_r^*) = \Delta U - T\Delta S$$
$$W_r^* = \Delta U + P\Delta V - T\Delta S$$

W_r 은 계가 일을 한 경우 양수인 반면 W_r^* 는 계에 일이 가해진 경우에 양수로 정의된다. 일정 온도, 부피 조건하 계의 상태변화시 필요한 가역적 일은,

$$W_r^*\Big|_{T,V} = \Delta(U - TS) = \Delta F \quad (3.9)$$
$$F = U - TS$$

위 식은 결과적으로 자유에너지 정의 식(3.7)과 동일한 식으로 헬름홀쯔 자유에너지 F로 정의한다. 일정 온도, 부피하 닫힌계의 상태변화로 인한 가역적(최대) 유용한 일로 헬름홀쯔 자유에너지 변화를 정의할 수 있다.

$$W_r^*\,|_{T,V} = \Delta F$$

한편 일정한 온도, 압력에서의 재료공정계 상태변화에 따른 가역적 유용한 일 W_r^* 을 계의 자유에너지 변화로 간주하며 이를 통해 재료공정 반응에 대한 열역학 해석을 편리하게 행할 수 있다. 이후 4,5장에서 자세히 언급되듯이 상태1로부터 상태2로의 등온계 상태변화 야기를 위해 필요한 가역적 일(자유에너지 변화)로서 이들 두 상태간 비가역성 및 열역학적 평형 요건이 정의될 수 있다.
일정한 온도, 압력하 닫힌계의 상태변화에 의해 행해진 가역적 일은,

$$\delta W_r^* = dU - TdS + PdV$$
$$\delta W_r^* = d(U + PV - TS) = d(H - TS) = dG$$

위 식을 유한 적분하면,

$$W_r^*\Big|_{T,P} = \Delta(U + PV - TS) = \Delta(H - TS) = \Delta G \quad (3.10)$$
$$G = H - TS \quad (3.11)$$

새로운 에너지함수 ($H - TS$)를 깁스 자유에너지 G로 정의한다. 등온 및 등압 조건하에서 닫힌계의 가역적 상태변화시 필요한 최대 "유용한 일"로서 깁스 자유에너지변화가 정의된다.

$$W_r^*\Big|_{T,P} = \Delta G$$

열역학 1,2법칙 결합으로 도입된 새로운 에너지 함수 F와 G는 상태함수만의 관계로

정의되므로 이들 역시 상태함수이다. 열팽창계수(α)와 등온압축률(β)이 의미를 지니는 금속재료(자유전자 농도가 몰당 10^{22}차수)에서는 G와 F가 서로 독자적 열역학 성질인 자유에너지로서 이들을 혼용해 사용할 수 없다. 일반적으로 결정질 재료에선 깁스 자유에너지가 상대적으로 보다 널리 사용된다. 이와는 달리 전자농도가 몰당 10^{10} 차수인 반도체 재료 경우는 G와 F는 개별적 에너지로서의 차별화가 무의미하므로 일반적으로 혼용해 동일한 열역학 성질로 사용된다.

자유에너지 F와 G 함수 식(3.8)과 식(3.11)을 미분하고 이에 dU, dH를 식(3.4)와 (3.5)로서 대체하면 다음 성질 사이 관계식을 얻을 수 있다.

$$dF = -SdT - PdV \tag{3.12}$$
$$(dF = -SdT - PdV + \delta W_r^*)$$
$$dG = -SdT + VdP \tag{3.13}$$
$$(dG = -SdT + VdP + \delta W_r^*)$$

식(3.4), (3.5), (3.12), (3.13)은 일 항으로 역학적 일만을 고려한 동일한 성질의 균일 물질로 구성된 닫힌계의 가역적 상태변화 과정에 대해서 유도된 식임에 유의하라. 반면 괄호 속 표현식은 모든 일을 포함한 일반적 에너지 변화 표현식이다. 예로서 다성분 벌크 물질계 상태 변화에서는 화학적 일($\mu_i dn_i$)이 야기되므로 유용한 일 δW_r^*은 $\sum_i \mu_i dn_i$를 포함하게 된다. 이후 본 교재에서 다루는 계는 특별한 언급이 없으면 닫힌계를 의미함을 상기하기 바란다.

3.3 화학포텐셜

앞선 절에서 유도한 식(3.4), (3.5), (3.12), (3.13)은 전체적으로 동일한 성질을 지닌 균일 물질로 구성된 닫힌계(즉, $dN = 0$)의 에너지 관련 열역학 함수($U, H,\ F, G$)에 대한 성질 사이 관계식을 나타낸다. 예를 들어 식(3.4)는 닫힌계의 엔트로피와 부피 변화에 따른 내부에너지(U) 변화를 나타낸다. 이러한 내부에너지 함수 관계를 다음처럼 수학적 미분식으로 취급할 수도 있다.

$$U = U(S, V)$$
$$dU = \left(\frac{\partial U}{\partial S}\right)_V dS + \left(\frac{\partial U}{\partial V}\right)_S dV \tag{3.14}$$

식(3.14)를 식(3.4)와 비교해 보면 다음처럼 성질 사이 관계식을 유도할 수 있다.

$$\left(\frac{\partial U}{\partial S}\right)_V = T \quad \text{그리고} \quad \left(\frac{\partial U}{\partial V}\right)_S = -P \tag{3.15}$$

보다 유용한 에너지 관련 열역학 성질 사이 관계 표현을 위해서는 δW_r^* 일 항에 물질계 구성 성분의 조성 변화에 의한 화학적 일을 포함해서 식(3.4), (3.5), (3.12), (3.13)을 전개하여야 한다. 이러한 확장 열역학 관계식은 계 내 성분 조성 변화가 중요시 되는 용액이나 화학반응 계의 열역학 평형을 다룰 때 주로 사용되며 성분 물질의 양은 몰(n)로서 나타낸다.

다성분계 물질의 내부에너지를 엔트로피(S), 부피(V),성분 몰수(n_i)의 함수로 나타내면,

$$U = U(S, V, n_i)$$

$$dU = \left(\frac{\partial U}{\partial S}\right)_{V,n_i} dS + \left(\frac{\partial U}{\partial V}\right)_{S,n_i} dV + \sum_i \left(\frac{\partial U}{\partial n_i}\right)_{S,V,n_j \neq n_i} dn_i$$

$$dU = TdS - PdV + \sum_i \left(\frac{\partial U}{\partial n_i}\right)_{S,V,n_j \neq n_i} dn_i \tag{3.16}$$

여기서 아래첨자 $n_j \neq n_i$ 는 n_i를 제외한 모든 다른 성분 몰농도는 i성분 몰 첨가량에 관계없이 일정하게 유지됨을 나타낸다.

유사하게 엔탈피를 S, P, n_i 함수로 나타내면 $H = H(S, P, n_i)$ 이므로,

$$dH = \left(\frac{\partial H}{\partial S}\right)_{P,n_i} dS + \left(\frac{\partial H}{\partial P}\right)_{S,n_i} dP + \sum_i \left(\frac{\partial H}{\partial n_i}\right)_{S,P,n_j \neq n_i} dn_i$$

$$dH = TdS - VdP + \sum_i \left(\frac{\partial H}{\partial n_i}\right)_{S,P,n_j \neq n_i} dn_i \tag{3.17}$$

헬름홀쯔 자유에너지를 T, V, n_i 함수로 나타내면 $F = F(T, V, n_i)$ 이므로,

$$dF = \left(\frac{\partial F}{\partial T}\right)_{V,n_i} dT + \left(\frac{\partial F}{\partial V}\right)_{T,n_i} dV + \sum_i \left(\frac{\partial F}{\partial n_i}\right)_{T,V,n_j \neq n_i} dn_i$$

$$dF = -SdT - PdV + \sum_i \left(\frac{\partial F}{\partial n_i}\right)_{T,V,n_j \neq n_i} dn_i \tag{3.18}$$

마찬가지로 $G = G(T, P, n_i)$ 로부터,

$$dG = \left(\frac{\partial G}{\partial T}\right)_{P,n_i} dT + \left(\frac{\partial G}{\partial P}\right)_{T,n_i} dP + \sum_i \left(\frac{\partial G}{\partial n_i}\right)_{T,P,n_j \neq n_i} dn_i$$

$$dG = -SdT + VdP + \sum_i \left(\frac{\partial G}{\partial n_i}\right)_{T,P,n_j \neq n_i} dn_i \tag{3.19}$$

식(3.16)~(3.19)로부터 다음 열역학 성질 사이 관련식이 얻어진다.

$$T = \left(\frac{\partial U}{\partial S}\right)_{V,n_i} = \left(\frac{\partial H}{\partial S}\right)_{P,n_i}$$

$$P = -\left(\frac{\partial U}{\partial V}\right)_{S,n_i} = -\left(\frac{\partial \boldsymbol{F}}{\partial \boldsymbol{V}}\right)_{\boldsymbol{T},\boldsymbol{n_i}}$$

$$V = \left(\frac{\partial H}{\partial P}\right)_{S,n_i} = \left(\frac{\partial \boldsymbol{G}}{\partial \boldsymbol{P}}\right)_{\boldsymbol{T},\boldsymbol{n_i}}$$

$$S = -\left(\frac{\partial \boldsymbol{F}}{\partial \boldsymbol{T}}\right)_{\boldsymbol{V},\boldsymbol{n_i}} = -\left(\frac{\partial \boldsymbol{G}}{\partial \boldsymbol{T}}\right)_{\boldsymbol{P},\boldsymbol{n_i}}$$

강조체 에너지 편미분 항은 이들의 구속조건과 미분이 실험(현실)적 제어가 가능한 편미분임을 나타낸다.

식(1.19), (3.8)로부터 $G = F + PV$ 이므로 이에 대한 미분식을 다음처럼 쓸 수 있다.

$$dG = dF + PdV + VdP$$

위 식에 식(3.18)을 대입해 dF를 치환하면,

$$dG = -SdT + VdP + \sum_i \left(\frac{\partial F}{\partial n_i}\right)_{T,V,n_j \neq n_i} dn_i$$

이를 식(3.19)와 비교하면,

$$\sum_i \left(\frac{\partial G}{\partial n_i}\right)_{T,P,n_j \neq n_i} dn_i = \sum_i \left(\frac{\partial F}{\partial n_i}\right)_{T,V,n_j \neq n_i} dn_i$$

따라서 조성에 대한 에너지 편미분 등식 관계를 다음처럼 쓸 수 있다.

$$\left(\frac{\partial G}{\partial n_i}\right)_{T,P,n_j \neq n_i} = \left(\frac{\partial F}{\partial n_i}\right)_{T,V,n_j \neq n_i}$$

또한 $G = H - TS$이므로,

$$dG = dH - TdS - SdT$$

식(3.17)을 대입해 dH를 치환하면,

$$dG = VdP - SdT + \sum \left(\frac{\partial H}{\partial n_i}\right)_{S,P,n_j \neq n_i} dn_i$$

위의 관계식을 식(3.19)와 비교하면,

$$\left(\frac{\partial H}{\partial n_i}\right)_{S,P,n_j \neq n_i} = \left(\frac{\partial G}{\partial n_i}\right)_{T,P,n_j \neq n_i}$$

나머지 에너지 함수($H = U + PV$, $F = U - TS$)에 대해서도 위와 유사한 전개 과정을 되풀이하면 다음 등식 관계를 얻을 수 있다.

$$\left(\frac{\partial G}{\partial n_i}\right)_{T,P,n_j \neq n_i} = \left(\frac{\partial F}{\partial n_i}\right)_{T,V,n_j \neq n_i} = \left(\frac{\partial H}{\partial n_i}\right)_{P,S,n_j \neq n_i} = \left(\frac{\partial U}{\partial n_i}\right)_{V,S,n_j \neq n_i} = \mu_i \qquad (3.20)$$

여기서 μ_i 를 성분 i의 화학포텐셜이라고 한다. 특정 구속조건(에너지 종류에 따라 다른 편미분 구속조건 : 아래 첨자로 표기)하에서 임의 성분 조성을 지닌 물질계 크기가 엄청나게 커서(reservoir) i 성분 1몰 첨가로 인한 다른 성분들의 조성 변화가 무시될 수 있을 경우, i 성분 몰 수에 대한 에너지 함수의 편미분으로 μ_i 를 정의한다. μ_i 는 물질계(예로 액상 또는 고상 용액) 구성성분 농도의 함수가 되므로 용액 조성에 따라 변한다. 화학포텐셜 개념은 용액과 화학반응계에 대한 열역학 평형을 다루는 경우 유용하게 사용된다.

다성분으로 구성된 닫힌계(예로 용액, 화학반응, 전지 계)의 에너지 관련 열역학함수에 대한 성질 사이 관계식(3.16~3.19)를 화학포텐셜 기호로서 다시 써보면,

$$dU = TdS - PdV + \sum_i \mu_i dn_i$$

$$dH = TdS + VdP + \sum_i \mu_i dn_i$$

$$\mathbf{dF = -SdT - PdV + \sum_i \mu_i dn_i}$$

$$\mathbf{dG = -SdT - VdP + \sum_i \mu_i dn_i}$$

여기서 $\mu_i dn_i$ 를 화학적 일이라 일컫는다. 위 관계식을 단일 성분의 열린계에 적용하면 $\sum \mu_i dn_i$ 대신 μdN을 사용하면 된다. 이 경우 화학포텐셜 μ 는 몰에너지와 동일하다. 한편 상태변화에 의한 내부에너지 및 엔탈피 변화식은 현실적으로 제어 가능치 않은 변수인 엔트로피 미분항 dS와 μ_i 구속조건으로 엔트로피를 포함하므로 실질적으로 사용되

지 않는다. 따라서 재료공정계 상태변화시 제어 가능한 공정변수 인자 T, P, V, n_i 함수로 표현되는 자유에너지 변화(dF, dG) 식만이 계 열역학 평형론적 고찰(계 상태변화 비가역성과 평형 한계성에 대한 정량적 해석 : 예로 $\Delta G|_{T,P} \le 0$)시 유용하게 사용될 수 있다(4장 참조).

3.4 분몰량

분몰량은 일정한 온도 및 압력하에서 물질계 내 특정 한 성분을 제외한 다른 모든 성분의 조성은 일정하게 유지된다(모든 다른 성분 질량이 일정한)는 가정하에서, 크기 열역학 성질의 물질량(몰 수)에 대한 편미분으로 주어진다. 다르게 표현하면 일정한 온도, 압력하에서 물질계의 크기가 엄청나게 커서(reservoir) 특정 성분 첨가에 의해 다른 모든 성분들은 양적으로 조성의 변화가 거의 없게 되는 경우 특정 한 성분 1몰 첨가로 야기되는 크기 열역학함수의 양적 변화율이 바로 해당 성분의 열역학성질 분몰량이다.

분몰량 개념은 일정 온도, 압력 조건에서 다루어지는 용액계에 대한 열역학 평형 고찰시 주로 사용된다. 쉽게 측정할 수 있는 분몰량에 대한 예로서 용액 구성 성분 a가 지니는 분몰부피 $\overline{V}_a$를 고려해 보자.

$$\overline{V}_a = \left(\frac{\partial V}{\partial n_a}\right)_{T,P,n_b,n_c\cdots} \tag{3.21}$$

분몰부피는 일정한 온도, 압력하에서 성분 물질 a 몰 수에 대한 전체 부피(V) 변화를 나타내는 V 대 n_a 그래프 상의 기울기 값에 해당한다[그림 3.2(a)]. 분몰부피는 성분 a의 단위 몰 질량 첨가에 따른 특정 조성 용액 부피의 변화율이므로, 해당 용액 내에서 성분 a 1몰이 나타내는 부피로서 고려할 수 있다. 따라서 분몰량은 용액 조성에 따라 변한다. 한편 순수한 성분 물질 a(단일성분계) 내에 추가로 a를 1몰 첨가할 경우, 분몰량은 몰부피와 같게 되며($\overline{V}_a = \underline{V}_a$) 물질량 크기 n_a 와는 무관하게 일정한 값이 된다. 이 경우 n_a에 따른 전체 부피(V)의 변화 경향은 원점을 통과하는 일정 기울기의 직선으로써 나타난다[그림 3.2(b)].

3.3절에서 소개된 열역학함수 G 에 대한 화학포텐셜은 일정한 온도, 압력하에서 특정 성분의 질량 변화에 따른 용액의 깁스 자유에너지 변화를 나타내기 때문에, 화학포텐셜은 분몰 깁스 자유에너지와 동일해진다($\mu_a = \overline{G}_a$). 용액 내 첨가 성분 a의 몰 수 n_a에 따른

용액의 깁스 자유에너지 변화를 측정하여 작성한 $G-n_a$ 그래프상 특정 조성점에서의 기울기가 바로 일정한 $T,P,n_b,n_c,\cdots$ 조건하에서 용액 중 성분 a의 분몰 깁스 자유에너지 $\bar{G}_a$에 해당한다[그림 3.2(a)]. μ_a(또는 $\bar{G}_a$)는 용액 중 성분 a 농도의 함수로서 조성에 따라 변한다.

분몰 깁스 자유에너지와 화학포텐셜 간의 등식 관계는 다른 에너지함수(U,H,F)에 대한 화학포텐셜과 분몰 에너지간 관계에는 적용될 수가 없다. 오로지 깁스 자유에너지만이 분몰량과 화학포텐셜이 동일한 개념이 된다.
예를 들어 성분 물질 a의 분몰엔탈피는,

$$\overline{H}_a=\left(\frac{\partial H}{\partial n_a}\right)_{T,P,n_b,n_c\cdots} \tag{3.22}$$

엔탈피로서 표현한 화학포텐셜은,

$$\mu_A=\left(\frac{\partial H}{\partial n_a}\right)_{S,P,n_b,n_c\cdots} \tag{3.23}$$

성분 a에 대한 엔탈피 편미분의 구속 제한 조건이 서로 다르므로, 식(3.22)와 (3.23)은 같지 않게 된다. 실제로 이 둘 사이의 등식 관계는 다음처럼 주어진다.

$$\overline{H}_i=\mu_i-T\left(\frac{\partial \mu_i}{\partial T}\right)_{P,n_j\neq n_i} \tag{3.24}$$

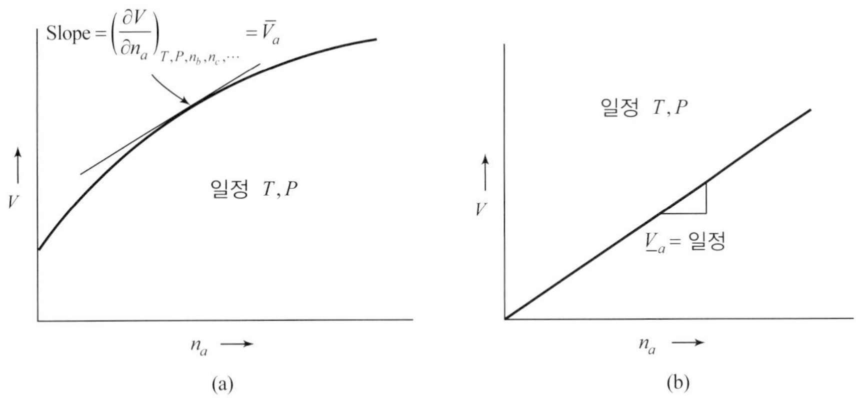

그림 3.2 (a) 다성분 용액계에 성분 a 첨가 몰 수(n_a)에 따른 용액($a+b+c+\cdots$)의 부피 변화.
(b) 순수한 물질 a(단일성분 계) 내에 n_a 첨가에 따른 물질의 부피 변화(기울기 $V/n_a=\underline{V}_a$).

유사하게 분몰 내부에너지 및 분몰 헬름홀쯔 자유에너지도 역시 이들의 화학포텐셜과 동일하지 않게 된다.

3.5 맥스웰 관계

에너지함수 U, H, F, G 의 완전미분식[식(3.4), (3.5), (3.12), (3.13)]에 대한 수학적 관계 특성으로부터 에너지 함수 이외의 다른 열역학 성질과 변량간을 상호 관련짓는 유용한 성질 사이 관계식을 얻을 수 있다.

$$z = z(x, y)$$

여기서 x, y 는 독립적 변수이고 z 는 이에 따른 종속적 변수이다.
dz 가 다음처럼 완전미분 형태라면,

$$dz = Mdx + Ndy$$

이로부터 다음 수학적 미분관계식이 성립한다.

$$\left(\frac{\partial M}{\partial y}\right)_x = \left(\frac{\partial N}{\partial x}\right)_y$$

이를 에너지함수의 완전미분(dU, dH, dF, dG)식에 그대로 적용하여 맥스웰 관계로 불리는 일련의 열역학 성질 사이 관계식을 얻을 수 있다.

$$dU = TdS - PdV$$

$$dH = TdS + VdP$$

$$dF = -SdT - PdV$$

$$dG = -SdT + VdP$$

먼저 dG 에 대한 완전미분식에 수학적 미분관계를 적용해 보면, 등온 조건에서 압력에 따른 엔트로피 변화에 대한 다음 맥스웰 관계식을 얻을 수 있다.

$$-\left(\frac{\partial \boldsymbol{S}}{\partial \boldsymbol{P}}\right)_{\boldsymbol{T}} = \left(\frac{\partial \boldsymbol{V}}{\partial \boldsymbol{T}}\right)_{\boldsymbol{P}}$$

마찬가지로 dU, dH, dF 표현으로부터 얻어지는 맥스웰 관계식은,

$$-\left(\frac{\partial T}{\partial V}\right)_S = \left(\frac{\partial P}{\partial S}\right)_V$$

$$\left(\frac{\partial T}{\partial P}\right)_S = \left(\frac{\partial V}{\partial S}\right)_P$$

$$\left(\frac{\partial \boldsymbol{S}}{\partial \boldsymbol{V}}\right)_{\boldsymbol{T}} = \left(\frac{\partial \boldsymbol{P}}{\partial \boldsymbol{T}}\right)_{\boldsymbol{V}} \tag{3.25}$$

위에 언급한 맥스웰 관계식의 중요성은 이들 성질 사이 관계 중 일부가 실험적으로 측정 가능한 열역학 성질 변량 미분을 포함하고 있다는 점에서 찾아 볼 수 있다[식(3.25) 첫째 및 마지막 관계식 우변: $(\partial \boldsymbol{V}/\partial \boldsymbol{T})_{\boldsymbol{P}}$, $(\partial \boldsymbol{P}/\partial \boldsymbol{T})_{\boldsymbol{V}}$]. 이로부터 실험적 측정 불기한 좌변항인 등온조건하 계 엔트로피의 P 또는 V의 의존도를 우회적 방법으로 측정 가능한 우변항을 통해 정량화 측정을 할 수 있게 된다.

dG 에 대한 완전 미분식 양변을 계 내 전체 몰 수로 나눠 주면 몰량에 대한 열역학함수 관계식을 얻을 수도 있다.

$$-\left(\frac{\partial \underline{S}}{\partial P}\right)_T = \left(\frac{\partial \underline{V}}{\partial T}\right)_P \tag{3.26}$$

열역학 성질 사이 관계인 맥스웰 관계 식(3.25)의 유용성에 대한 예로 압력에 따른 기체 및 고체의 엔트로피 변화를 맥스웰 관계식을 이용해 실험적으로 측정해 정량화할 수 있음을 살펴보자.

$P, \underline{V}, T$ 사이의 관계를 나타내는 물질 상태방정식으로부터 일정한 압력하에서 T 에 대한 $\underline{V}$ 편미분을 구할 수 있으므로, 식(3.26)에 대한 적분을 다음처럼 표현할 수 있다.

$$\underline{S}_2 - \underline{S}_1 = \int_1^2 d\underline{S} = -\int_{P_1}^{P_2} \left(\frac{\partial \underline{V}}{\partial T}\right) dP \tag{3.27}$$

먼저 식(3.27)을 이용하여 기체의 몰엔트로피 변화를 구하기 위해 $P-V-T$ 상태방정식을 적용해 보자. 이상기체의 경우는 $\left(\frac{\partial \underline{V}}{\partial T}\right)_P = \frac{R}{P}$ 이므로 식(3.25)로부터,

$$\left(\frac{\partial \underline{S}}{\partial P}\right)_T = -\frac{R}{P} \quad \Rightarrow \quad d\underline{S} = -\frac{R}{P} dP$$

일정 온도하에서 이상기체 압력을 1기압으로부터 10기압으로 변화시킴에 따른 기체의 몰엔트로피 변화는,

$$\Delta \underline{S} = \underline{S}_2 - \underline{S}_1 = -\int_{P_1}^{P_2} R \frac{dP}{P} = -R \ln P \Big|_1^{10} = -R \ln 10 = -19.14 \text{ J/(mol} \cdot \text{K)}$$

다음으로 응축상인 고체의 압력에 따른 엔트로피 변화 계산을 위해서는 일정한 압력하에서 고체 부피의 온도의존성$(\partial \underline{V} / \partial T)_P$을 알 필요가 있다. 부피 열팽창계수 α_V 는 다음처럼 정의되며 실험적으로 측정할 수 있는 물성치이다.

$$\alpha_V \equiv \frac{1}{\underline{V}} \left(\frac{\partial \underline{V}}{\partial T} \right)_P \tag{3.28}$$

$$\left(\frac{\partial \underline{V}}{\partial T} \right)_P = \underline{V} \alpha_V$$

응축상의 경우에는 적은 압력 범위에 걸쳐서 통상적으로 $\underline{V}$ 와 α_V 가 압력 변화와는 무관하게 일정하다고 가정할 수 있으므로 식(3.27)을 이용하여,

$$\Delta \underline{S} = \underline{S}_2 - \underline{S}_1 = -\int_1^{10} \underline{V} \alpha_V \, dP = -\underline{V} \alpha_V (10 - 1) = -9 \underline{V} \alpha_V$$

압력에 따른 응축상의 몰 엔트로피 변화를 구하기 위해서는 실험적 측정치 $\underline{V}$ 와 α_V 값을 알아야만 한다. 몰 부피 $\underline{V}$ 는 물질의 분자량을 단순히 밀도로 나눈 값이 된다.
구리를 예로들어 1기압에서 10기압으로 압력변화시 구리의 몰 엔트로피 변화를 계산해보자. 구리의 몰 부피는,

$$\underline{V} = \frac{mol(wt)}{density} = \frac{63.55 \text{ g/mol}}{8.96 \text{ g/cm}^3} = 7.09 \text{ cm}^3 / \text{mol} = 7.09 \times 10^{-6} \text{ m}^3 / \text{mol}$$

고체의 부피 열팽창계수에 대한 자료는 일반적으로 선형 열팽창계수로써 주어진다.

$$\alpha_l \equiv \frac{1}{l} \left(\frac{\partial l}{\partial T} \right)_\sigma$$

등방성 물질(즉, 방향에 따라 성질이 변하지 않는 물질)의 경우, 부피 열팽창계수와 선형 열팽창계수는 다음처럼 관계지어 진다.[3)]

$$V = l^3$$

$$\ln V = 3 \ln l$$

3) 압력은 균일한 3축(3차원적) 응력이다. 따라서 일정한 압력에 대한 선형적(1차원적) 상사(相似 : undimensional analogy) 값은 일정한 응력이 된다.

$$\frac{dV}{V} = 3\frac{dl}{l} \quad \text{또는} \quad \frac{1}{V}\left(\frac{dV}{dT}\right)_P = \frac{3}{l}\left(\frac{\partial l}{\partial T}\right)_\sigma \tag{3.29}$$

$$\alpha_V = 3\alpha_l$$

구리의 α_l 은 $16.7 \times 10^{-6}\ \mathrm{K}^{-1}$ 이다.

$$\Delta \underline{S} = -3\alpha_l \underline{V}\Delta P = -3(16.7\times10^{-6}\ \mathrm{K}^{-1})(7.09\times10^{-6}\ \mathrm{m}^3/\mathrm{mol})(9\ \mathrm{atm})$$
$$\times(1.013\times10^5\ \mathrm{N\cdot m^{-2}atm^{-1}}) = -3.24\times10^{-4}\ \mathrm{J/(mol\cdot K)}$$

압력이 1기압에서 10기압으로 변할 때, 이상기체의 고유(몰당) 엔트로피는 −19.14 J/(mol·K) 만큼 변한다. 이는 구리와 같은 금속의 고유 엔트로피 변화인 -3.24×10^{-4} J/(mol·K) 에 비해서 매우 큰 값이다. 고체의 고유 부피 및 열팽창계수는 기체에 비해 훨씬 작기 때문에, 고체나 액체와 같은 응축상의 고유 엔트로피는 기체에 비해서 상대적으로 압력에 무관하다고 간주할 수 있다(위 계산 예에서 볼 수 있듯이 실제로 매우 미미한 압력 의존성을 보인다). 이러한 사실로부터 1기압이 아닌 다른 압력에서의 고체 엔트로피를 대략적 수치로 간단하게 예측해 볼 수 있다. 예를 들어 298 K에서 구리의 표준 엔트로피는 33.14±0.21 J/(mol·K) 이다. 동일 온도에서 압력이 10기압으로 상승함으로 인해 야기되는 엔트로피 변화량은 -3.24×10^{-4} J/(mol·K) 로서 이 정도 엔트로피 변화량은 298 K에서 구리의 표준 엔트로피(즉, $C_P(T,P)$) 측정시 수반되는 실험적 측정오차 범위보다도 오히려 작은 수치에 속한다. 물론 이보다 훨씬 더 큰 압력 변화에 대해서는 압력에 따른 응축상 물질의 엔트로피 변화량을 어느 정도 고려해 주어야 하나, 이처럼 상당한 크기의 압력 변화 상황은 통상적으로 다루어지는 실제 응축상 재료 공정계에서는 거의 접할 기회가 없다. 그러나 폭발물 폭발처럼 상당히 큰 급격한 압력 변화가 가해지는 응축상의 엔트로피(무질서도) 변화는 양적으로 고려되야 할 만큼 크게 나타나게 된다.

3.6 이상기체 성질

1.16절에서 유도과정없이 소개한 "이상기체의 엔탈피는 일정 온도하에서 압력에 의존하지 않는다"에 대한 증명은 맥스웰 관계식을 이용하여 다음처럼 전개해 볼 수 있다.

$$d\underline{H} = Td\underline{S} + \underline{V}dP$$
$$\left(\frac{\partial \underline{H}}{\partial P}\right)_T = T\left(\frac{\partial \underline{S}}{\partial P}\right)_T + \underline{V}$$

맥스웰 관계 식(3.25)로부터, $\left(\frac{\partial \underline{S}}{\partial P}\right)_T = -\left(\frac{\partial \underline{V}}{\partial T}\right)_P$

$$\left(\frac{\partial \underline{H}}{\partial P}\right)_T = \underline{V} - T\left(\frac{\partial \underline{V}}{\partial T}\right)_P \tag{3.30}$$

이상기체 ($P\underline{V} = RT$)이므로, $\left(\frac{\partial \underline{H}}{\partial P}\right)_T = \underline{V} - T\frac{R}{P} = \underline{V} - \underline{V} = 0$

$$\left(\frac{\partial \underline{H}}{\partial P}\right)_T = 0 \tag{3.30a}$$

유사한 유도방법에 따라 맥스웰 관계를 이용해 "일정한 온도 조건에서 이상기체의 내부에너지는 부피에 의존하지 않는다"는 사실도 증명할 수 있다.

$$d\underline{U} = Td\underline{S} - \underline{P}dV$$

$$\left(\frac{\partial \underline{U}}{\partial \underline{V}}\right)_T = T\left(\frac{\partial \underline{S}}{\partial \underline{V}}\right)_T - P$$

맥스웰 관계식으로부터, $\left(\frac{\partial \underline{S}}{\partial \underline{V}}\right)_T = \left(\frac{\partial P}{\partial T}\right)_V$

$$\left(\frac{\partial \underline{U}}{\partial \underline{V}}\right)_T = T\left(\frac{\partial P}{\partial T}\right)_V - P \tag{3.31}$$

이상기체이므로, $\left(\frac{\partial \underline{U}}{\partial \underline{V}}\right)_T = T\left(\frac{R}{V}\right) - P = P - P = 0$

$$\left(\frac{\partial \underline{U}}{\partial \underline{V}}\right)_T = 0 \tag{3.31b}$$

맥스웰 관계식을 통해 두가지 이상기체의 혼합 엔트로피($\Delta \underline{S}_m^{ideal}$)를 결정할 수도 있다. 우선 그림 3.3(a)에 나타낸 개략적 장치 내 임의 기체 a가 등온적으로 부피 V_a로부터 V_T로 팽창할 경우 기체 a가 겪게 되는 엔트로피 변화를 계산해 보자.
헬름홀쯔 자유에너지 변화 dF 표현식으로부터 맥스웰 관계를 얻고 이에 이상기체 상태방정식을 적용하면,

$$dF = -SdT - PdV$$

$$\left(\frac{\partial S}{\partial V}\right)_T = \left(\frac{\partial P}{\partial T}\right)_V = \frac{nR}{V}$$

$$\int_{S_1}^{S_2} dS = \int_{V_a}^{V_T} \frac{nR}{V}dV = n\int_{V_a}^{V_T} Rd\ln V$$

$$S_2 - S_1 = nR\ln\frac{V_T}{V_a} \tag{3.32}$$

이번에는 동일한 온도, 압력하에 분리막에 의해 나누어진 왼편 및 오른편 격실 내에 각각 놓여 있는 기체 a 및 b를 고려해 보자[그림 3.3(b)]. 분리막을 없애면 두 기체는 등온적으로 즉시 혼합된다. 이상기체는 분자간에 서로 상호작용이 없기 때문에 혼합 전과 후 사이의 전체 엔트로피 변화는 두 종류 기체가 각각 나타내는 엔트로피 변화를 단순히 대수적으로 합한 값이 된다. 그림 3.3(a)에 나타난 이상기체 a 팽창시 엔트로피 변화처럼 동일하게 기체 b 팽창도 그림 3.3(a)처럼 고려해 볼 수 있다. 이들 각각 엔트로피 변화를 합하면 그림 3.3(b)의 두 이상기체 혼합시 엔트로피 변화와 동일해진다.

$$S_2 - S_1 = n_a(\underline{S}_2 - \underline{S}_1)_a + n_b(\underline{S}_2 - \underline{S}_1)_b$$

$$\Delta S_m = S_2 - S_1 = n_a R\ln\left(\frac{V_a + V_b}{V_a}\right) + n_b R\ln\left(\frac{V_a + V_b}{V_b}\right)$$

혼합 기체의 몰당 엔트로피 변화량은,

$$\frac{S_2 - S_1}{n_a + n_b} = \frac{n_a}{n_a + n_b}R\ln\left(\frac{V_a + V_b}{V_a}\right) + \frac{n_b}{n_a + n_b}R\ln\left(\frac{V_a + V_b}{V_b}\right)$$

$n_a/(n_a + n_b) = x_a$ 는 성분 a의 몰분율이고, $(S_2 - S_1)/(n_a + n_b)$ 는 혼합체 몰당 혼합 엔트로피 변화 $\Delta\underline{S}_m$ 이므로,

$$\Delta\underline{S}_m = x_a R\ln\left(\frac{V_a + V_b}{V_a}\right) + x_b R\ln\left(\frac{V_a + V_b}{V_b}\right)$$

일정한 온도 및 압력하에서 이상기체의 부피 V_a 와 V_b 는 각각 기체 몰 수 n_a 와 n_b 에 비례한다($PV = nRT$).

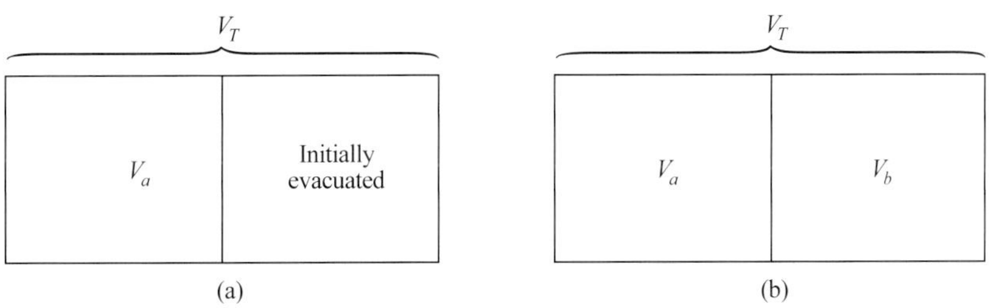

그림 3.3 엔트로피 변화: (a) 한 가지 기체 팽창시 (b) 두 가지 기체의 혼합시

$$\frac{V_a+V_b}{V_a}=\frac{n_a+n_b}{n_a}=\frac{1}{x_a},\quad \frac{V_a+V_b}{V_b}=\frac{1}{x_b}$$

$$\Delta \underline{S}_m=-R[x_a\ln x_a+x_b\ln x_b] \tag{3.33}$$

일반적으로 n 종류의 이상기체에 대한 혼합 엔트로피변화는,

$$\Delta \underline{S}_m=-R\sum_{i=1}^{n}x_i\ln x_i$$

3.7 열용량

1.9절에서 정압 열용량을 다음처럼 정의하였다.

$$C_P\equiv\left(\frac{\partial H}{\partial T}\right)_P$$

일반적으로 열용량은 엔트로피함수를 이용하여 달리 정의할 수 있다. $dS=\delta Q_r/T$ 이고, δQ는 열용량과 온도변화의 곱이므로($\delta Q=CdT$), 열용량에 대한 일반적 표현은 dS로서 다음처럼 나타낼 수 있다.

$$d\underline{S}_I=C_I\frac{dT}{T}$$

$$C_I\equiv T\left(\frac{\partial \underline{S}}{\partial T}\right)_I \tag{3.34}$$

여기서 C_I은 I 조건하에서의 열용량을 나타낸다. 예로 C_P는 일정한 압력하에서의 열용량을 의미한다.

엔탈피 변화식을 이용하여 식(3.34)의 C_I를 표현하면,

$$d\underline{H}=Td\underline{S}+\underline{V}dP$$

$$\left(\frac{\partial \underline{H}}{\partial T}\right)_P=T\left(\frac{\partial \underline{S}}{\partial T}\right)_P=C_P$$

일반적인 열용량 정의[식(3.34)]는 일정한 자기장 및 압력과 같은 특정 제한조건하에서 물질의 열용량을 구하고자 할 경우 유용하게 이용된다. 이러한 열용량에 대한 예로,

$$C_{\mathbf{H},P} = T\left(\frac{\partial S}{\partial T}\right)_{\mathbf{H},P}$$

여기서 **H**는 자기장의 세기이다. 자성체 재료의 열용량 $C_{\mathbf{H}}$ 의 온도함수 표현식이 3.11절 마지막 부분에 기술되어 있다.

일정한 온도하에서 압력에 따른 열용량 C_P의 변화는 다음처럼 유도할 수 있다.
고유 엔탈피는 온도와 압력의 함수이다.

$$\underline{H} = \underline{H}(T, P)$$

$$d\underline{H} = \left(\frac{\partial \underline{H}}{\partial T}\right)_P dT + \left(\frac{\partial \underline{H}}{\partial P}\right)_T dP$$

열용량 정의와 식(3.30)을 위 식에 대입하면,

$$\begin{aligned} d\underline{H} &= C_P dT + \left[\underline{V} - T\left(\frac{\partial \underline{V}}{\partial T}\right)_P\right]dP \\ d\underline{H} &= C_P dT + \underline{V}(1 - T\alpha)dP \end{aligned} \tag{3.35}$$

위 식에 맥스웰 관계를 적용하면,

$$\left(\frac{\partial C_P}{\partial P}\right)_T = \left\{\frac{\partial\left[\underline{V} - T\left(\frac{\partial \underline{V}}{\partial T}\right)_P\right]}{\partial T}\right\}_P$$

$$\left(\frac{\partial C_P}{\partial P}\right)_T = \left(\frac{\partial \underline{V}}{\partial T}\right)_P - \left(\frac{\partial \underline{V}}{\partial T}\right)_P - T\left(\frac{\partial^2 \underline{V}}{\partial T^2}\right)_P = -T\left(\frac{\partial^2 \underline{V}}{\partial T^2}\right)_P \tag{3.35a}$$

이상기체의 경우: $P\underline{V} = RT$ 관계를 식(3.35a)에 적용하면,

$$\left(\frac{\partial C_P}{\partial P}\right)_T = -T\frac{\partial}{\partial T}\left(\frac{R}{P}\right)_P = 0$$

따라서 이상기체의 열용량 C_P 는 압력에는 무관하다.
비이상적 기체의 경우: 열용량의 압력 의존성은 비이상 기체 상태방정식인 $P-V-T$ 관계를 이용해 식(3.35a)로부터 유도될 수 있다.

응축상(고체 및 액체)의 경우 : 일정 압력하에서는 부피와 온도간의 상관관계는 다음처럼 열팽창계수 α_V 의 정의로부터 얻어질 수 있다.

$$\alpha_V \equiv \frac{1}{\underline{V}}\left(\frac{\partial \underline{V}}{\partial T}\right)_P \quad \text{또는} \quad \alpha_V \underline{V} = \left(\frac{\partial \underline{V}}{\partial T}\right)_P \tag{3.28}$$

일정 온도에서 압력에 따른 응축상 열용량의 변화는 $d\underline{H}$ 에 대한 표현식(3.35)에 맥스웰 관계식을 적용함으로써 얻을 수 있다.

$$\left(\frac{\partial C_P}{\partial P}\right)_T = \left(\frac{\partial[\underline{V}(1-T\alpha_V)]}{\partial T}\right)_P = \left(\frac{\partial \underline{V}}{\partial T}\right)_P - \underline{V}\alpha_V - T\left[\frac{\partial}{\partial T}(\alpha_V \underline{V})\right]_P = -T\left[\frac{\partial}{\partial T}(\alpha_V \underline{V})\right]_P$$

따라서 일정한 온도하에서 압력에 따른 응축상 열용량의 변화는

$$\left(\frac{\partial C_P}{\partial P}\right)_T = -T\left[\frac{\partial}{\partial T}(\alpha_V \underline{V})\right]_P = -T\alpha_V\left(\frac{\partial \underline{V}}{\partial T}\right)_P - T\underline{V}\left(\frac{\partial \alpha_V}{\partial T}\right)_P$$

$$\left(\frac{\partial C_P}{\partial P}\right)_T = -T\underline{V}\alpha_V^2 - T\underline{V}\left(\frac{\partial \alpha_V}{\partial T}\right)_P \tag{3.36}$$

일정한 온도하에서 압력에 따른 고체나 액체의 열용량 변화는 열팽창계수의 제곱과 온도에 대한 열팽창계수 미분치에 의해 결정된다. α_V의 온도 의존도를 알면 응축상 C_P의 압력에 대한 의존성을 식(3.36)으로부터 구할 수 있다. α_V가 작은 수치이고 온도에 무관하다면 응축상의 C_P는 압력에 따라서 변화하지 않게 된다.

3.8 등엔트로피 P-T 관계

닫힌계의 단열, 가역적 상태 변화에 대한 압력과 온도간의 상관관계는 이미 1.16절에서 언급한 바 있다. 열역학 성질 관계식을 이용하여 1.16절에서와 동일한 관계식을 유도할 수 있다. 닫힌계 내 단열, 가역적 과정은 등엔트로피(즉, 물질의 엔트로피가 변하지 않는) 과정으로 규정지을 수 있다. 일정한 S 조건하에서 P에 따른 T의 변화는 수학적 편미분 $(\partial T/\partial P)_S$ 로서 Chain rule에 의해 다음처럼 변형 표현할 수 있다[식(A.14) 참조].

$$\left(\frac{\partial T}{\partial P}\right)_S \left(\frac{\partial P}{\partial S}\right)_T \left(\frac{\partial S}{\partial T}\right)_P = -1$$

$$\left(\frac{\partial T}{\partial P}\right)_S = -\frac{\left(\frac{\partial \underline{S}}{\partial P}\right)_T}{\left(\frac{\partial \underline{S}}{\partial T}\right)_P} = -\frac{T\left(\frac{\partial \underline{S}}{\partial P}\right)_T}{T\left(\frac{\partial \underline{S}}{\partial T}\right)_P} = -\frac{T}{C_P}\left(\frac{\partial \underline{S}}{\partial P}\right)_T \tag{3.37}$$

식(3.37)은 모든 물질(기체, 액체, 고체)에 대해 공히 적용되는 일반적 관계식이다.

맥스웰 관계 식(3.25), $-(\partial \underline{S}/\partial P)_T = (\partial \underline{V}/\partial T)_P$ 을 이용해 식(3.37) 우변의 측정 불가한 $\left(\frac{\partial S}{\partial P}\right)_T$ 를 실험적 측정 가능한 미분치로 대체할 수 있다.

$$\left(\frac{\partial T}{\partial P}\right)_S = \frac{T}{C_P}\left(\frac{\partial \underline{V}}{\partial T}\right)_P \tag{3.38}$$

식(3.38)의 우변은 모두 실험적으로 측정 가능한 인자들이다.

등엔트로피적 기체압축

단열, 가역적(등엔트로피) 기체 압축시 온도 변화에 대해 식(3.38)을 이용해 살펴보자.

이상기체의 경우 $P\underline{V} = RT$ 이므로, $(\partial \underline{V}/\partial T)_P = R/P$.

$$\left(\frac{\partial T}{\partial P}\right)_S = \frac{T}{C_P}\frac{R}{P}$$

$$\frac{dT}{T} = \frac{R}{C_P}\frac{dP}{P}$$

C_P를 상수로 가정하고, 상태 $1(P_1,T_1)$ 과 $2(P_2,T_2)$ 사이에 대해 위 식을 적분하면,

$$\int_{T_1}^{T_2}\frac{dT}{T} = \frac{R}{C_P}\int_{P_1}^{P_2}\frac{dP}{P} \quad \Rightarrow \quad \ln\left(\frac{T_2}{T_1}\right) = \ln\left(\frac{P_2}{P_1}\right)^{R/C_P}$$

$$\frac{T_2}{T_1} = \left(\frac{P_2}{P_1}\right)^{R/C_P} \tag{3.39}$$

이 결과는 1.16절에서 이미 유도한 식(1.43)과 동일한 이상기체 등엔트로피적 압축시 온도와 압력간의 관계식이다. 이로부터 일정한 엔트로피하(단열, 가역적) 기체의 상태변화시 적당한 압력 범주 내에 속하는 압력의 변화에 따른 온도 변화는 상당히 큰 값이 됨을 알 수 있다. 예를 들어 1기압으로부터 10기압으로 압축되는 2원자 기체$\left(C_P = 7/2R\right)$의 온도 변화는,

$$\left(\frac{T_2}{T_1}\right) = \left(\frac{10}{1}\right)^{R/(7/2R)} = 10^{2/7} = 1.93$$

초기에 273K, 1기압 상태인 기체가 단열가역적 과정을 거쳐 10기압에 도달하면 527K의 온도를 나타낸다. 이러한 기체의 온도 변화 정도는 이어서 다루어지는 등엔트로피적 압력 변화 과정에 따른 고체의 온도 변화량과 비교해 보면 상당히 큰 수치임을 알 수 있다.

등엔트로피적 고체압축

단열 가역적 압력(또는 3축응력) 변화가 고체의 온도에 미치는 영향을 알아보기 위해 식 (3.38)을 이용해 보자. 참고로 가역적 압력 변화 과정으로부터 최대의 역학적 일이 얻어짐을 상기바란다(즉, 가역적 압축시 최대 역학적 일이 계에 가해진다).

$$\left(\frac{\partial T}{\partial P}\right)_S = \frac{T}{C_P}\left(\frac{\partial \underline{V}}{\partial T}\right)_P \tag{3.38}$$

고체의 경우 $(\partial \underline{V} / \partial T)_P$ 항은 등압하 부피 열팽창계수, α_V 로서 나타낼 수 있다. 등방성 고체의 α_V 는 선형 열팽창계수 α_l 의 세배에 해당한다.

$$\left(\frac{\partial T}{\partial P}\right)_{\underline{S}} = \frac{T}{C_P}\frac{\underline{V}}{\underline{V}}\left(\frac{\partial \underline{V}}{\partial T}\right)_P = \frac{T\underline{V}\alpha_V}{C_P} = \frac{3T\underline{V}\alpha_l}{C_P} \tag{3.40}$$

일정한 엔트로피 조건하에서,

$$\frac{dT}{T} = \frac{3\underline{V}\alpha_l}{C_P}dP$$

고체에서는 $\alpha_l, \underline{V}, C_P$ 가 모두 압력 P 에 무관하다는 가정하에 위 식을 적분하면,

$$\ln\frac{T_2}{T_1} = \frac{3\underline{V}\alpha_l}{C_P}(P_2 - P_1)$$

예로서, 1기압으로부터 10기압까지 등엔트로피적 압력 변화를 겪는[단열조건하 고체재료의 탄성영역 내(즉, 가역적) 압력 인가시] 구리에 대해 위 적분식을 적용하면,

$$\ln\frac{T_2}{T_1} = \frac{3(7.09\times10^{-6})(16.7\times10^{-6})}{30}\times9\times(1.013\times10^5)$$

$$\ln\frac{T_2}{T_1} = 10.76\times10^{-6} = \ln\left[\frac{T_1 + (T_2 - T_1)}{T_1}\right] = \ln\left[1 + \frac{\Delta T}{T_1}\right]$$

x 가 작을 경우 stirling 근사치 $\ln(1+x) = x$ 가 성립하므로,

$$\frac{\Delta T}{T_1} = 10.76\times10^{-6}$$

300 K에서 단열, 가역적으로 압력을 1기압에서 10기압으로 증가시킴으로써(가역적 압축시 압력 변화에 따른 최대일이 가해진다) 야기되는 고체 구리의 **최대 온도 변화** ΔT 는 3.23×10^{-3} K이다. 기체와는 달리 **탄성 범위 내 단열, 가역적** 고체 압축시 적당한 인가 압력 변화에 따라서 고체의 온도는 비교적 거의 변화하지 않음을 알 수 있다. 이러한 사실로부

터 일반적으로 적당한 압력 범주에 속하는 통상적 압력 변화가 응축상 재료에 가해질 경우 초래되는 물질 온도 변화는 무시할 정도로 미미하다고 말할 수 있다. 그러나 적당한 압력 변화 범주에 속하지 않는 폭발과 같이 매우 큰 압력 변화가 응축상 물체에 가해질 경우에는 고체도 큰 온도 변화를 초래할 수 있다. 폭발물 속에 상당한 수의 작은 크기 못 또는 금속 조각을 넣으면 폭발시 이들은 큰 온도상승을 겪게 된다(또한 3.5절 끝단락에서 언급되었듯이 폭발 압력에 의해 응축상의 무질서도(비산 정도) 역시 크게 증가된다).

3.9 열탄성 효과

단열 조건하에서 탄성적(가역적) 변형에 의해 생기는 고체의 온도 변화를 열탄성 효과(thermoelastic effect)라고 한다. 이 현상은 압력이 1기압에서 10기압으로 단열, 가역적(등엔트로피)으로 변함으로써 초래되는 금속의 온도 변화 계산을 다룬 3.8절에서 이미 언급한 바 있다. 수직한 세 방향으로 모두 동일한 응력이 작용되는 균일한 3축 응력(triaxial stress)으로 압력을 고려할 수 있다.

열탄성 효과는 단열, 탄성적인 1축 응력으로, 즉 응력이 한쪽 방향으로 고체에 가해질 경우에도 관찰된다. 1축 응력하에 놓인 고체 내 열탄성 효과로 나타나는 온도 변화의 방향(음 또는 양)은 모든 종류의 고체에 대해서 동일하지는 않다. 예를 들어 연신된 탄성체 고무(elastomer)의 온도 변화 방향은 금속 내 온도 변화 현상과는 전혀 다른 양상을 보인다.

열탄성 효과를 나타내는 재료계에 적용할 수 있는 열역학 관계식은 다음처럼 식(3.4)에다 1축 인가 응력으로 인한 길이 변화에 대한 응력일 항을 유용한 일로 추가 고려해야 한다.

$$dU = TdS - (PdV - fdl) = TdS - PdV + fdl : \text{가역적 과정} \tag{3.41}$$

여기서 f는 고체에 가해진 1축 응력이고,[4] dl은 1차원적 선형 길이 변화를 나타낸다. 압력은 압축일 경우를 양으로, 이에 반해 고체에 가해진 1축 응력은 인장력일 경우를 양으로 정하기 때문에 PdV 와 fdl 항은 서로 반대 부호를 나타낸다.

한편 열역학 함수 G 정의식($G = U + PV - TS$)과 식(3.41)을 이용하여 dG를 표현하면,

$$dG = -SdT + VdP + fdl \tag{3.42}$$

4) 헬름홀쯔 자유에너지인 F와의 혼동을 피하기 위해 힘에 대한 부호로서 소문자 f를 사용한다.

$$fdl = \left(\frac{f}{A}\frac{dl}{l}\right)(Al) = V\sigma d\varepsilon$$

길이 l과 단면적 A를 지닌(일정 V) 원주형 고체에 1축 방향 힘 f가 등엔트로피적(단열, 가역적)으로 탄성범위에 걸쳐 가해질 때 고체 온도 변화는 $(\partial T/\partial f)_{S,V}$ 로써 표현된다. 일정한 부피 조건하에서 변형이 일어나면, $P-V$ 일 항은 무시될 수 있고 온도 변화는 간단히 $(\partial T/\partial f)_S$ 로써 표현된다. 이 표현식은 다음처럼 Chain rule을 적용해 확장 전개할 수 있다.

$$\left(\frac{\partial T}{\partial f}\right)_S\left(\frac{\partial f}{\partial S}\right)_T\left(\frac{\partial S}{\partial T}\right)_f=-1$$

$$\left(\frac{\partial T}{\partial f}\right)_S=-\frac{\left(\frac{\partial S}{\partial f}\right)_T}{\left(\frac{\partial S}{\partial T}\right)_f}=-\frac{T\left(\frac{\partial S}{\partial f}\right)_T}{T\left(\frac{\partial S}{\partial T}\right)_f}$$

$$\left(\frac{\partial T}{\partial f}\right)_S=-\frac{T\left(\frac{\partial S}{\partial f}\right)_T}{nC_f} \tag{3.43}$$

여기서 n은 인장 시료의 몰 수이고, C_f는 1축 방향의 일정한 힘이 가해질 경우 물질의 열용량을 나타낸다.

식(3.43) 분자항 $\left(\frac{\partial S}{\partial f}\right)_T$ 를 실험적 측정 가능 인자로 변환코자 일정 부피 조건하에서 식(3.42) 횡미분에 의한 맥스웰 관계를 적용하면,

$$dG=-SdT+fdl$$

$$\left(\frac{\partial S}{\partial l}\right)_T=-\left(\frac{\partial f}{\partial T}\right)_l \tag{3.44}$$

식(3.44)우변에 chain rule을 적용하여 확장 전개해 보면,

$$\left(\frac{\partial f}{\partial T}\right)_l\left(\frac{\partial T}{\partial l}\right)_f\left(\frac{\partial l}{\partial f}\right)_T=-1$$

$$\left(\frac{\partial S}{\partial l}\right)_T=-\left[-\frac{\left(\frac{\partial l}{\partial T}\right)_f}{\left(\frac{\partial l}{\partial f}\right)_T}\right]_T=\left(\frac{\partial l}{\partial T}\right)_f\left(\frac{\partial f}{\partial l}\right)_T$$

$$\left(\frac{\partial S}{\partial l}\right)_T\left(\frac{\partial l}{\partial f}\right)_T=\left(\frac{\partial l}{\partial T}\right)_f\left(\frac{\partial f}{\partial l}\right)_T\left(\frac{\partial l}{\partial f}\right)_T=\left(\frac{\partial l}{\partial T}\right)_f$$

$$\left(\frac{\partial S}{\partial f}\right)_T=\left(\frac{\partial l}{\partial T}\right)_f$$

위 성질사이 관계식(우측항은 실험적 측정가능 인자)을 식(3.43)에 대입하면,

$$\left(\frac{\partial T}{\partial f}\right)_S = -\frac{T\left(\frac{\partial l}{\partial T}\right)_f}{nC_f} = -\frac{T\frac{l}{l}\left(\frac{\partial l}{\partial T}\right)_f}{nC_f} = -\frac{Tl\alpha_l}{nC_f} \tag{3.45}$$

식(3.45)는 우변이 모두 실험적 측정 가능 인자이므로 단열 가역적 변형에 의한 고체의 열탄성 효과를 정량화하는 식이 된다.

고체 변형을 위해 1축 방향으로 가해지는 힘에 대해서 단위면적당 힘인 응력 σ를 사용하면 편리하다.

$$\sigma = \frac{f}{A}, \quad f = \sigma A$$

$$\left(\frac{\partial f}{\partial \sigma}\right)_S = A \tag{3.46}$$

여기서 아래 첨자 S는 단열, 가역(탄성)적 변형을 의미한다.

식(3.45) 양변에 식(3.46)의 양변을 각각 항끼리 서로 곱하면,

$$\left(\frac{\partial T}{\partial f}\right)_S \left(\frac{\partial f}{\partial \sigma}\right)_S = -\frac{TlA\alpha_l}{nC_f} = -\frac{TV\alpha_l}{nC_f}$$

여기서 A와 l의 곱은 부피 V이고, V/n은 몰 부피 $\underline{V}$이다. 열용량 C_f는 C_σ로 대체되고, 고체의 C_σ는 본질적으로 정압 열용량 C_P에 해당한다. 따라서 C_f는 정압 열용량 C_P와 같게 된다.

$$\left(\frac{\partial T}{\partial \sigma}\right)_S = -\frac{T\underline{V}\alpha_l}{C_P} \tag{3.47}$$

온도변화(ΔT) 범위가 작아 C_P가 일정하다면, 식(3.47)은 다음처럼 쓸 수 있다.

$$\Delta T = -\left(\frac{T\underline{V}\alpha}{C_P}\right)\Delta\sigma \tag{3.48}$$

예로서 10,000 psi (6.9×10^7 N/m^2)의 단열, 탄성적 응력이 가해진 초기온도 300 K인 철의 온도 변화량을 식(3.48)로부터 계산해 보자.

철 : 분자량 = 55.85 g/mol, 밀도 = 7.87 g/cm^3, $C_\sigma = C_P = 25.1\ \text{J}/(\text{mol}\cdot\text{K})$

$\underline{V} = 7.10\ \text{cm}^3/\text{mol} = 7.10\times10^{-6}\ \text{m}^3/\text{mol}$, $\alpha_l = 11.8\times10^{-6}\ \text{K}^{-1}$

$$\Delta T = -\frac{(300)(7.1\times10^{-6})(11.8\times10^{-6})(6.9\times10^{7})}{25.1} = -0.07\ \text{K}$$

위 계산 예로부터 다음 두 가지 결론을 내릴 수 있다. 첫째로, 철과 같은 금속이 단열, 탄성적(즉, 가역적)으로 인장응력을 받을 경우 생기는 온도 변화는 음의 값이 된다. 둘째로, 금속의 경우 단열, 가역적으로 응력이 가해지므로 야기되는 온도 변화는 통상적으로 무시할 정도로 매우 작은 값이 된다. 따라서 일반적으로 통상적 인가 인장응력 범주하에 놓인 금속재료의 온도 변화는 무시할 정도로 매우 작은 음의 값으로 간주할 수 있다.

반면에 인장응력이 가해진 탄성체 고무(elastomer)가 나타내는 온도 변화는 금속재료와는 상당히 다르다. 고무의 경우 연신에 따른 온도 변화는 금속과 마찬가지로 초기에는 감소하나, 곧이어 상당한 증가 경향을 보인다. 이 현상은 식(3.48)로부터 얻어지는 결론에 위배되지는 않는다. 이는 고무의 열팽창계수가 연신 조건하에서는 음의 값을 나타내는 사실로써 설명될 수 있다. 금속의 가역적 연신(즉, 탄성범위)은 1%정도 이내로 매우 작다. 이와는 대조적으로 고무는 수백%까지 가역적으로 연신될 수 있다. 초기 20~30%정도까지 연신될 시는 금속 경우처럼 열팽창계수 α는 양수로 작용하여 온도가 감소하는 현상이 연신 초기에 나타난다. 그러나 20~30% 이상 연신된 상태하에 놓여 있는 고무는 가열시에 수축한다(즉, 음수의 열팽창계수를 보인다). 따라서 음수의 열팽창계수를 식(3.48)에 대입하면, 지속적으로 응력이 20~30% 정도 연신보다 더 증가함에 따라 온도 변화가 양의 값이 됨을 알 수 있다. 단열, 가역적으로 상당히 연신된(>100%) 탄성 중합체 내에 야기되는 온도 변화는 2~3도 정도의 증가 수치를 나타낸다.

3.10 등온압축률

열역학 계산시 요구되는 고체물성 중 하나로 등온압축률(isothermal compressibility) β_T 를 고려할 수 있다. 등온압축률은 일정한 온도에서 압력 변화에 따른 물질 부피 변화를 나타내며 다음처럼 정의된다.[5)]

$$\beta_T \equiv -\frac{1}{V}\left(\frac{\partial \underline{V}}{\partial P}\right)_T \tag{3.49}$$

5) 일정 엔트로피 조건하에서 압축률을 정의할 수도 있다. $\beta_S = -1/\underline{V}(\partial \underline{V}/\partial P)_S$. 급격히 빠른 속도로(단열적) 탄성적 변형이 일어날 경우, 즉 변형과정 중 온도가 균일하게 유지되도록 열전달이 일어날 만큼의 충분한 시간적 여유가 없는 경우에 등엔트로피 압축이 적용될 수 있다. 예로 탄성 계수의 음향(acoustic) 측정 과정 동안은 등엔트로피 압축이 적용될 수 있다.

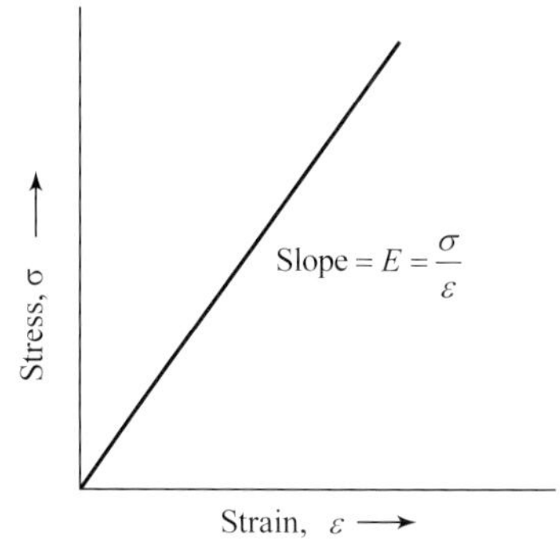

그림 3.4 완전 탄성체의 응력(σ)대 연신(ε) 도해

금속이나 세라믹과 같은 고체에 탄성적으로 응력을 가할 때, 고체는 그림 3.4처럼 선형적으로 인장되거나 수축된다. 연신율 ε 과 응력 σ를 관계짓는 비례상수는 탄성 모듈러스 E 로서 '영스 모듈러스'라 부르기도 한다.

$$E = \frac{\sigma}{\varepsilon} \tag{3.50}$$

고체는 가해진 응력 방향으로의 치수 크기 변화뿐만 아니라 응력에 수직한 방향으로도 치수 크기 변화를 일으킨다. 예를 들어 x 방향의 인장응력을 받는 고체는 x 방향으로 늘어나면서 동시에 y 및 z 방향으로는 수축된다. 이러한 치수 크기 변화에 대한 비를 '프와송 비(Poisson ratio)' v 라 한다. x 방향으로 응력 σ_x 가 가해질 때, x 방향으로의 연신은 $\varepsilon_x = \sigma_x / E$ 이고, y 방향의 치수 크기 변화는 $\varepsilon_y = -v\sigma_x / E$ 로서 주어진다.
등방성 고체를 고려하면,

$$\begin{aligned}
\varepsilon_x &= \frac{\sigma_x}{E} - \frac{v\sigma_y}{E} - \frac{v\sigma_z}{E} \\
\varepsilon_y &= -\frac{v\sigma_x}{E} + \frac{\sigma_y}{E} - \frac{v\sigma_z}{E} \\
\varepsilon_z &= -\frac{v\sigma_x}{E} - \frac{v\sigma_y}{E} + \frac{\sigma_z}{E}
\end{aligned} \tag{3.51}$$

$$\varepsilon_x + \varepsilon_y + \varepsilon_z = \frac{\sigma_x + \sigma_y + \sigma_z}{E} - \frac{2v}{E}(\sigma_x + \sigma_y + \sigma_z) = \frac{1-2v}{E}(\sigma_x + \sigma_y + \sigma_z)$$

$\sigma_x = \sigma_y = \sigma_z$ 인 등방성 응력을 **압력**이라고 부른다. 압력과 응력에 대한 부호 약속은 서로 다르다. 압력은 압축력일 때를 양으로, 반대로 응력은 인장 경우를 양으로 정한다.

$$\Delta P = -\sigma_x$$

또한, $$\varepsilon_x + \varepsilon_y + \varepsilon_z = 3\frac{\Delta l}{l} = \frac{\Delta \underline{V}}{\underline{V}} \quad \text{그리고} \quad \sigma_x + \sigma_y + \sigma_z = 3\sigma_x$$

$$\frac{\Delta \underline{V}}{\underline{V}} = \frac{3(1-2\nu)}{E}\sigma_x \quad \Rightarrow \quad \Delta \underline{V} = \frac{3\underline{V}(1-2\nu)}{E}\sigma_x$$

그러므로, $$\beta_T = -\frac{1}{\underline{V}}\left(\frac{\Delta \underline{V}}{\Delta P}\right)_T = \frac{3(1-2\nu)}{E} \tag{3.52}$$

따라서 식(3.49)로 정의된 고체 등온압축률은 실험적으로 측정할 수 있는 등방성 고체 재료 물성치 E 및 ν로 대체 표현한 식(3.52)로부터 쉽게 정량화될 수 있다.
예를 들어 상온에서 철의 등온 압축률은,

$$\beta_T = \frac{3(1-2[0.3])}{196\times 10^9} = 6.1\times 10^{-12}\left(\frac{1}{\text{N/m}^2}\right) = 6.2\times 10^{-7}\ \text{atm}^{-1}$$

3.11 자기장 효과

역학적 일(PdV 또는 fdl) 이외의 기타 일이 행해지는 재료 상태변화 과정의 예로 자기장 내에 놓인 자성체 물질을 고려해 볼 수 있다. 물질 내의 자속(magnetic flux)을 변화시키기 위해 필요한 일은 다음과 같다(문헌 1).

$$-\delta W = \int_0^V \vec{\mathbf{H}} d\vec{B}\, dV \tag{3.53}$$

여기서 $\vec{B}$ = 자기유도, $\vec{\mathbf{H}}$= 자기장의 세기(자속), V = 부피
자기장 내에 놓인 **등방성 자성체**를 고려하면 자기적 일 계산시 벡터 및 벡터적 표현을 피할 수 있다. 식(3.53) 적분에 의해,

$$-\delta W = \mathbf{H} V dB \tag{3.54}$$

주변과의 열 흐름이 없다고 가정하면 ($\delta Q = 0$),

$$dU = -\delta W = \mathbf{H} V dB \tag{3.55}$$

자기유도 B 정의에 의해,

$$B \equiv \mu_0 \left(\mathbf{H} + M\right) \tag{3.56}$$

여기서 μ_0 = 자유공간(free space)의 투자율(permeability, $4\pi \times 10^{-7}$ V · sec / A · m),
M = 자화(magnetization) 즉 단위 부피당 자기모멘트(magnetic moment/unit volume).
식(3.56)을 (3.55)에 대입하면,

$$dU = \mu_0 V \mathbf{H} d\mathbf{H} + \mu_0 V \mathbf{H} dM \tag{3.57}$$

몰당 열역학 성질로서 다시 쓰면,

$$d\underline{U} = \mu_0 \underline{V} \mathbf{H} d\mathbf{H} + \mu_0 \underline{V} \mathbf{H} dM$$

식(3.57)의 첫째 항은 물질 부피만큼에 해당하는 진공부피 내 자기장 세기를 바꾸는데 필요한 일에너지이다(즉 부피공간 내 물질이 없는 경우). 두 번째 항은 물질 내 자화, M을 바꾸는데 필요한 에너지를 나타낸다. 우리가 관심을 갖는 것은 물질 자체에 대한 열역학 성질이므로 단열 조건하 $d\underline{U}$를 식(3.57)의 두 번째 항만으로 다음처럼 $d\underline{U}'$로 정의할 수 있다.

$$d\underline{U}' = \mu_0 \underline{V} \mathbf{H} dM \tag{3.58}$$

열에너지와 탄성 일에너지를 함께 고려하면 다음처럼 등방성 물질의 $d\underline{U}'$ 관계식을 얻을 수 있다[부피 변화는 무시($PdV = 0$)].

$$d\underline{U}' = Td\underline{S} + \mu_0 \underline{V} \mathbf{H} dM + \underline{V} \sigma d\varepsilon \tag{3.59}$$

위 식의 셋째 항은 탄성 일에너지로서 다음처럼 달리 표현할 수 있다.

$$fdl = \left(\frac{f}{A}\frac{dl}{l}\right)V = V\sigma d\varepsilon$$

자기적 및 탄성 일 효과를 고려한 등방성 물질의 엔탈피 정의는 다음처럼 수정하여 쓸 수 있다.

$$\underline{H}' = \underline{U}' - \mu_0 \underline{V} \mathbf{H} M - \underline{V} \sigma \varepsilon \tag{3.60}$$

위 식은 온도, 압력, 부피 이외의 재료 상태 변량을 활용한 맥스웰 관계 유도를 위한 변형 엔탈피 표현임에 유의하라(일반적으로 엔탈피 정의는 $H = U + PV$).
식(3.60)을 미분식으로 쓰면

$$d\underline{H}' = d\underline{U}' - \mu_0 \underline{V} \mathbf{H} dM - \mu_0 \underline{V} M d\mathbf{H} - \underline{V} \sigma d\varepsilon - \underline{V} \varepsilon d\sigma \tag{3.61}$$

식(3.59)를 식(3.61)에 대입해 보면,

$$d\underline{H}' = Td\underline{S} - \mu_0 \underline{V} M d\mathbf{H} - \underline{V}\varepsilon d\sigma \quad : \text{일정 압력하 상태 변화} \tag{3.62}$$

식(3.62)를 이용하여 온도, 압력, 부피 이외의 다른 상태 변수($\mathbf{H}, \sigma$)에 대해서 맥스웰 관계를 적용해 볼 수 있다.

자기변형(magnetostriction)은 자기장의 변화가 탄성적 변형 영역 내 물질 크기 치수에 미치는 영향을 뜻한다. 여기선 등방성 물질을 가정하고 있음을 상기바란다. 이 표현을 위해 등엔트로피 조건하에 식(3.62)의 마지막 두 항에 맥스웰 관계를 적용해 자기변형을 나타낼 수 있다.

$$\left(\frac{\partial(\underline{V}\varepsilon)}{\partial \mathbf{H}}\right)_{\underline{S},\sigma} = \left(\frac{\partial(\mu_0 \underline{V} M)}{\partial \sigma}\right)_{\underline{S},\mathbf{H}}$$

상태변화 과정 중 $\underline{V}$ 가 변하지 않는다면,

$$\left(\frac{\partial \varepsilon}{\partial \mathbf{H}}\right)_{\underline{S},\sigma} = \mu_0 \left(\frac{\partial M}{\partial \sigma}\right)_{\underline{S},\mathbf{H}} \tag{3.63}$$

위 식으로부터 자기변형 연신율 ε 는 다음과 같다.

$$d\varepsilon = \mu_0 \left(\frac{\partial M}{\partial \sigma}\right)_{\underline{S},\mathbf{H}} d\mathbf{H}$$

$$\varepsilon = \int_0^{\varepsilon} d\varepsilon = \mu_0 \int_0^{\mathbf{H}} \left(\frac{\partial M}{\partial \sigma}\right)_{\underline{S},\mathbf{H}} d\mathbf{H} \tag{3.63a}$$

자화율 χ 는 자화 M을 자속 $\mathbf{H}$ 로 나눈 값으로 정의한다.

$$\chi = \frac{M}{\mathbf{H}} \tag{3.64}$$

이를 식(3.63a)에 대입하면,

$$\left(\frac{\partial \varepsilon}{\partial \mathbf{H}}\right)_{\underline{S},\sigma} = \mu_0 \left(\frac{\partial(\chi \mathbf{H})}{\partial \sigma}\right)_{\underline{S},\mathbf{H}} = \mu_0 \mathbf{H} \left(\frac{\partial \chi}{\partial \sigma}\right)_{\underline{S},\mathbf{H}}$$

$$d\varepsilon = \mu_0 \left(\frac{\partial \chi}{\partial \sigma}\right)_{\mathbf{H},\underline{S}} \mathbf{H}\, d\mathbf{H}$$

$$\varepsilon = \int_0^{\varepsilon} d\varepsilon = \mu_0 \int_{\mathbf{H}=0}^{\mathbf{H}} \left(\frac{\partial \chi}{\partial \sigma}\right)_{\mathbf{H},\underline{S}} \mathbf{H}\, d\mathbf{H}$$

$\partial\chi / \partial\sigma$ 를 상수로 가정하면,

$$\varepsilon = \mu_0 \left(\frac{\partial \chi}{\partial \sigma}\right)_{\mathbf{H},\underline{S}} \frac{\mathbf{H}^2}{2} \tag{3.65}$$

여기서 등엔트로피는 단열, 가역적(탄성적) 상태변화 과정을 나타낸다.

이러한 자기변형 효과는 자성체 물질의 자기 및 탄성적 성질이 결합되어 나타난다. 특히, 이 효과는 자기장($\mathbf{H}$) 변화에 따른 탄성적 영역 내 자성체 물질의 길이 변화로 나타난다. 식(3.65)의 관계는 포화자화(saturation magnetization) 이하의 적은 자기장 영역에서 강자성체(ferromagnetic) 물질에 대해 적용될 수 있는 관계식이다. 물질이 포화자화되면 자기 도메인(domain)들이 모두 한 방향으로 정렬하게 되므로, 포화자화 이상의 자기장이 걸릴 경우 자기 변형의 효과는 이보다 훨씬 줄어들게 된다.

자기장 변화에 따른 또 다른 효과로 자성체 물질의 온도 변화를 들 수 있다. 이러한 현상은 절대온도 0도에 가까운 저온 영역에서 특히 잘 관찰된다. 단열 탈자(adiabatic demagnetization)로 불리는 이 현상은 실제로 상자성염(paramagnetic salt)을 이용하여 절대온도 0도에 가까운 극저온을 얻는 데 이용된다. 단열 탈자 현상을 이용하기 위해서는 먼저 시료를 액체 헬륨에 넣어 매우 낮은 온도(액체 헬륨 온도)로 냉각시킨다. 이어서 액체 헬륨 내 시료에 높은 자기장을 가하면 시료 내에서 발생되는 열에너지가 시료 온도를 일정하게 유지하기 위해 열로서 방출된다. 이어서 단열 조건하에 자기장을 제거하면, 시료의 온도가 액체 헬륨 온도보다 더 낮은 온도로 떨어지게 된다. 이 현상을 열역학적으로 설명하기 위해 시료의 엔트로피를 온도 및 자기장 변량 함수로서 고려해 보자(엔트로피와 온도의 곱은 열에너지).

$$\underline{S} = \underline{S}(T, \mathbf{H})$$

$$d\underline{S} = \left(\frac{\partial \underline{S}}{\partial T}\right)_{\mathbf{H}} dT + \left(\frac{\partial \underline{S}}{\partial \mathbf{H}}\right)_{T} d\mathbf{H} \tag{3.66}$$

식(3.66)의 첫째 항은 일정한 자기장 내에서의 열용량과 관계되는 항이다.

$$\left(\frac{\partial \underline{S}}{\partial T}\right)_{\mathbf{H}} = \frac{C_{\mathbf{H}}}{T} \tag{A}$$

다음으로 식(3.66)의 두 번째 항을 실험적 측정 가능 열역학함수로 표현하기 위해, 부피 또는 탄성적 효과가 없는 조건(즉 일정 σ, P)에서 자기장하에 놓여 있는 자성체 물질에 대한 dG 표현식을 고려해 보자. 자기적 일만을 고려한 깁스 자유에너지 표현은 다음처럼 쓸 수 있다.

$$\underline{G} = \underline{H} - T\underline{S} = \left(\underline{U} - \mu_0 \underline{V} \mathbf{H} M\right) - T\underline{S}$$
$$d\underline{G} = d\underline{U} - \mu_0 \underline{V} M d\mathbf{H} - \mu_0 \underline{V} \mathbf{H} dM - Td\underline{S} - \underline{S}dT \tag{3.67}$$

열역학 1,2법칙 결합식으로부터 dU 는 다음과 같다.

$$d\underline{U} = \delta Q - \delta W = Td\underline{S} - (-\mu_0 \underline{V} \mathbf{H} dM) \tag{3.61}$$

식(3.61)을 식(3.67)에 대입하면,

$$d\underline{G} = -\underline{S}dT - \mu_0 \underline{V} M d\mathbf{H} \tag{3.68}$$

위 깁스 자유에너지 미분식에 맥스웰 관계를 적용하면,

$$\left(\frac{\partial \underline{S}}{\partial \mathbf{H}}\right)_T = \mu_0 \underline{V} \left(\frac{\partial M}{\partial T}\right)_{\mathbf{H}} \tag{B}$$

식(3.66)은 실험적으로 측정 가능한 인자 (A), (B)로서 다음처럼 대체 표현할 수 있다.

$$d\underline{S} = \frac{C_{\mathbf{H}}}{T} dT + \mu_0 \underline{V} \left(\frac{\partial M}{\partial T}\right)_{\mathbf{H}} d\mathbf{H} \tag{3.69}$$

큐리 법칙(Curie's law) $\chi = \kappa T$ (κ 는 상수)를 따르는 상자성염의 경우$\left(\text{여기서 } \chi = \dfrac{M}{\mathbf{H}}\right)$,

$$M = \frac{\kappa \mathbf{H}}{T}$$
$$\left(\frac{\partial M}{\partial T}\right)_{\mathbf{H}} = -\frac{\kappa \mathbf{H}}{T^2} \tag{3.70}$$

따라서 식(3.69)를 다음처럼 쓸 수 있다.

$$d\underline{S} = \frac{C_{\mathbf{H}}}{T} dT - \frac{\mu_0 \underline{V} \kappa}{T^2} \mathbf{H}\, d\mathbf{H} \tag{3.71}$$

시료에 가해진 열 혹은 시료로부터 방출되는 열, δQ 는 가역과정일 경우 TdS 와 같으므로(열역학 2법칙), 식(3.71)을 다음처럼 표현할 수 있다.

$$\delta Q_r = Td\underline{S} = C_{\mathbf{H}} dT - \mu_0 \underline{V} \frac{\kappa}{T} \mathbf{H}\, d\mathbf{H} \tag{3.72}$$

단열 탈자과정의 첫 단계에서는 일정한 온도 T_1 분위기(예로, 액체 헬륨 온도)하에서 자기장을 0으로부터 $\mathbf{H}_1$ 까지 증가시키게 된다. 이 때 열로서 제거되는 열에너지는 온도에다 엔트로피 변화를 곱한 값이 된다.

$$\delta Q_r = Td\underline{S} = -\mu_0 \underline{V} \frac{\kappa}{T} \mathbf{H}\, d\mathbf{H}$$

$$Q_r = T_1 \int_{S_1}^{S_2} dS = -\mu_0 \underline{V} \frac{\kappa}{T} \int_0^{\mathbf{H}_1} \mathbf{H}\, d\mathbf{H}$$

$$Q_r = T_1(\underline{S}_1 - \underline{S}_2) = -\mu_0 \underline{V} \frac{\kappa}{T} \frac{\mathbf{H}_1^2}{2}$$

단열 탈자과정의 두 번째 단계에서는 시료를 열적으로 단열시키고 자기장을 **H**에서 0으로 감소시키는 과정이다. 가역적 변화이며 열이 전달되지 않으므로(즉, 단열, 가역적 과정 : 등엔트로피) 시료 내 엔트로피 변화는 0이 된다($dS = 0$).

식(3.72)로부터 $\delta Q_r = TdS = 0$ 이므로,

$$C_{\mathbf{H}}\, dT = \mu_0 \underline{V} \frac{\kappa}{T} \mathbf{H}\, d\mathbf{H}$$
$$C_{\mathbf{H}} T\, dT = \mu_0 \underline{V} \kappa \mathbf{H}\, d\mathbf{H} \tag{3.73}$$

자기장 **H**로부터 0으로($T_1 > T_2$) 적분하면,

$$\int_{T_1}^{T_2} C_{\mathbf{H}} T\, dT = \mu_0 \underline{V} \kappa \int_{\mathbf{H}_1}^{0} \mathbf{H}\, d\mathbf{H}$$

$$\int_{T_1}^{T_2} C_{\mathbf{H}} T\, dT = -\mu_0 \underline{V} \kappa \frac{\mathbf{H}_1^2}{2}$$

이 식의 좌변은 열용량 $C_{\mathbf{H}}$가 양수이며 온도에 상당한 의존성을 나타내므로 정확하게 적분할 수는 없다. 그럼에도 불구하고 이 식은 탈자 후의 온도 T_2가 탈자 전의 온도 T_1보다 훨씬 낮아짐을 분명하게 시사하고 있다.

따라서 이러한 두 가지 단계를 연속적으로 거치는 냉각 방법을 이용하면 10^{-5} K 이하의 극히 낮은 온도까지 도달될 수 있음을 이해할 수 있다.

참고 문헌

1. Lewis, G. N., and Randall, M., *Thermodynamics*, 2nd rev. ed., K. S. Pitzer and L. Brewer, McGraw-Hill, New York, 1961.
2. Darken, L. S., and Gurry, R. W., *Physical Chemistry of Metals*, McGraw-Hill, New York, 1953.
3. Stull D. R., and Prophet, H., JANAF *thermochemical Tables*, 2nd ed., National Standards Research Data Service-National Bureau of Standards, Washington, DC, 1971.
4. Hultgren, R., Orr, R. L., Anderson, P. D., and Kelley K. K., *Selected Values of Thermodynamic Properties of Metal and Alloys*, wiley, New York, 1963.

문제

3.1 (a) 다음 관계식이 성립함을 증명하라. $C_P - C_V = \alpha^2 \underline{V} T / \beta$

(b) 500 K 온도에서 고체 구리에 대한 $\gamma = C_P / C_V$ 를 구하라.

고체 구리 : $C_P = 25.771(\text{mol} \cdot \text{K})$, $\underline{V} = 7.115\ \text{cm}^3 / \text{mol}$

$\alpha = 5.42 \times 10^{-5}\ \text{K}^{-1}$, $\beta = 8.37 \times 10^{-12}\ \text{m}^2 / \text{N}$

3.2 (a) 불변강(invar)처럼 팽창계수가 0에 가까운 매우 작은 합금의 정압 열용량 (C_P)과 정적 열용량 (C_V)의 상대적 수치 크기에 대해 비교, 언급하라.

(b) 열용량의 차이 ($C_P - C_V$)가 음의 값이 될 수 있는가?

3.3 수은이 채워진 0°C로 밀폐된 단단한(변형 안되는) 모세관을 10°C로 가열하므로서 결과적으로 나타나는 압력 변화를 계산하라. 가열중 모세관의 부피는 일정하다고 가정하라. 상온 근방 온도 영역에서 수은의 부피 팽창계수 $\alpha_V = 18 \times 10^{-5} / \text{K}$, 압축률 $\beta = 3.7 \times 10^{-6} / \text{atm}$ 로 온도에 무관하다고 가정한다.

3.4 온도 –5°C에서 얼음의 증기압은 3.012 mmHg이고, 과냉된 액상 물의 증기압은 3.163 mmHg이다. –5°C에서 과냉 얼음의 비가역적 용융 잠열은 5.85 kJ/mol이다. –5°C에서 1 몰의 물이 얼음으로 변하는 반응에 대한 몰당 $\Delta \underline{G}$ 와 $\Delta \underline{S}$ 를 구하라.

3.5 액상 납을 담은 용기는 두 금속 A와 B의 혼합열을 측정하는 열량계(calorimeter)로 사용될 수 있다. 액상 납탕조(열량계)의 열용량은 300°C에서 실험적으로 측정된 100 cal/°C로 알려지고 있다. 초기 온도가 300°C인 액상 납탕조를 이용하여 다음과 같은 두 종류 실험을 행하였다.

(1) 1g A와 1g B간의 기계적 혼합물을 열량계 내로 떨어뜨렸다. A와 B는 초기에 25°C였다. 두 물질이 용해(dissolved)되었을 때, 납탕조의 온도가 0.2°C 상승한 것으로 측정되었다.

(2) 25°C에서 2g의 50:50(wt%) A–B 합금을 (1)과 동일한 방법으로 열량계에 첨가하고 납탕조의 온도 측정을 한 결과 0.4°C 감소하였다.

(a) 50:50 A–B 합금 g당 혼합열은 얼마인가?

(b) 이 혼합열은 어느 정도 온도까지 적용될 수 있는가?

3.6 물의 평형 어는점은 0°C이다. 이 온도에서 얼음의 용융잠열은 6,030 J/mol이다.

(a) 0°C에서 얼음의 용융 엔트로피는 얼마인가?

(b) 0°C에서 얼음→물 상전이 반응에 대한 깁스 자유에너지변화(J/mol)를 구하라.

(c) –5°C에서 얼음의 용융열은 얼마인가?

(d) –5°C온도에서 질문 (a)와 (b)에 대한 답을 구하라.

$C_{P(ice)} = 0.5\ \text{cal/g}\cdot°\text{C}$, $C_{P(water)} = 1.0\ \text{cal/g}\cdot°\text{C}$

3.7 (a) 298 K에서 철의 고유 부피 $\underline{V}$ (cm^3/mol)는 얼마인가?

(b) 일정 온도하에서 압력에 따른 고상 재료의 엔트로피 변화 표현식을 유도하라. 실험적으로 측정해 결정할 수 있는 물리적 변량 인자로서 식을 나타내라.

(c) 온도 298 K, 100기압하에서 철의 고유 엔트로피(엔트로피/mol)자료가 열역학 계산시 필요하다. 철의 "표준(298 K, 1기압) 엔트로피" 자료는 다음과 같다.

$$S^o_{298} = 27.78\ \text{J}/\text{K}\cdot\text{mol}$$

298 K, 100기압하에서의 고유 엔트로피가 위에 주어진 표준 엔트로피 S^o_{298} 자료 수치와 같다고하면, 100기압에서의 실제 고유 엔트로피는 이에 비해 몇 % 정도의 오차를 지니게 되는가? 아래 Fe 물성 자료가 문제 풀이시 반드시 모두 필요하지는 않을 수도 있다.

Fe : $C_P = 24\ \text{J K}^{-1}\ \text{mol}^{-1}$, 압축률 $= 6\times10^{-7}\ \text{atm}^{-1}$, 밀도 $= 7.87\ \text{g/cm}^3$,

분자량 $= 55.85$ g/mol, 선형 열팽창계수 $= 15\times10^{-6}\ \text{K}^{-1}$

3.8 고체의 등엔트로피 압축률(β_S)에 대한 표현식을 등온 압축률(β_T)과 실험적으로 결정될 수 있는 변량 인자로서 나타내라.

$$\beta_S = -\frac{1}{V}\left(\frac{\partial V}{\partial P}\right)_S,\quad \beta_T = -\frac{1}{V}\left(\frac{\partial V}{\partial P}\right)_T$$

3.9 (a) 단열, 가역적으로 압축되는 고상 물질의 온도 변화에 대한 표현식을 실험적으로 결정 가능한 변수를 이용하여 유도하라.

(b) 철 블록(block)에 압력을 가해 단열, 가역적으로 1,000기압까지 올렸다. 철 블록의 온도 변화는 얼마인가? 철의 초기온도는 298 K이다.

풀이시 이용되는 철에 대한 물성 자료는 문제 3.7에 언급되어 있다.

3.10 100 g의 고무 블록을 1기압으로부터 1,001기압까지 가압(1,000기압)시키려 한다.

(a) 298 K에서 고무 블록의 부피는 얼마인가?

(b) 고무 블록을 298 K에서 등온적으로 압축(1,000기압의 압력변화)시켰다. 엔트로피 변화는 얼마인가?

(c) 고무를 298 K 온도로 일정하게 유지하기 위해서 고무에 가해야 되는(또는 고무로부터 제거되어야) 열은 얼마인가?

열이 가해지는지 혹은 제거되는지에 대해 자세히 언급하라.

고무 : 부피 열팽창계수 $= 100 \times 10^{-6}\ \text{K}^{-1}$, 밀도 $= 1.0\ \text{g/cm}^3$

문제풀이 편의상 압축 공정 동안 고무의 부피는 그다지 변하지 않는다고 가정하라.

3.11 열역학 1법칙은 에너지는 보존되는 양(conserved quantity)이라고 밝히고 있다. 깁스 자유에너지 또한 보존되는 양인가?

3.12 298 K 등온 조건하에서 철 막대에 걸리는 인장 응력이 0으로부터 $10^8\ \text{N/m}^2$ (15,000 psi)까지 증가된다. 철은 탄성적(즉, 가역적)으로 인장된다고 가정하라.

(a) 철의 몰당 엔트로피 변화($\Delta \underline{S}$)를 구하라(J/mol·K).

(b) 철 1몰당 행해진 일을 계산하라(J).

(c) 인장시 몰당 내부에너지의 변화($\Delta \underline{U}$)를 계산하라(J).

Fe : 탄성 모듈러스 $= 200\ \text{GN/m}^2 = 200 \times 10^9\ \text{N/m}^2$, 분자량 $= 55.85$ g/mol

선형 열팽창계수 $= 11.76 \times 10^{-6}\,°\text{C}^{-1}$, 밀도 $= 7.87\ \text{g/cm}^3$

3.13 식(3.71)로부터 상자성염을 이용한 단열 탈자 현상에 의해 극저온 온도까지 시료를 냉동 유지하는 방법에 대해서 구체적으로 답하라.

Chapter 04

평형

계 평형은 열역학 학문의 가장 기본적인 개념으로, 재료공정 연구시 공정진행 가능성 여부 및 진행 정도를 예측하고자 할 경우 중요하게 다루어진다. 임의 계가 평형상태에 놓여 있다는 것은 그 계가 안정하며 – 즉, 시간에 따라 변하지 않으며[1] – 계의 성질이 전체적으로 균일하다는 의미를 내포하고 있다. 직관적으로 평형시 계의 온도는 전체적으로 균일하게 유지된다고 말할 수 있다(열역학 0법칙). 그러나 이는 평형시 재료계가 균일한 형상을 지녀야 한다는 의미는 아니다. 일반적 경험으로 0°C, 1기압 하에서 순수한 얼음은 물과 평형을 이루며 공존한다는 사실을 익히 알고 있다.

두 가지 또는 그 이상의 상이 평형상태로 함께 공존할 경우, 이들 상간 상태 변화를 일으키는 구동력은 사라지고 상들은 상호 안정하게 공존한다. **상은 화학조성뿐만 아니라 물리적 상태[액상, 고상(구조), 기상]가 전체적으로 균일한 물질의 영역을 의미한다.**

공학적으로 유용한 금속, 세라믹, 반도체, 고분자 재료계의 물리, 화학, 전기, 기계적 특성은 이들 계의 평형상태에서 존재하는 여러 다른 상들에 의해서 결정되므로, 계 평형원칙에 대한 열역학 지식은 재료공학 연구자가 반드시 이해할 필요성이 있다.

"고립계(우주) 엔트로피는 항상 증가하며(비가역성) 평형 도달시에 일정해진다"는 열역학 2법칙에 근거해 유도되는 "평형원칙"으로부터 다양한 상태 변화를 겪는 재료계의 평형에 대해 상응하는 열적, 역학적, 화학적 "평형조건"을 규정할 수 있다. 아울러 계의 자

1) 거시적인 의미에서 재료계 안정도, 즉 평형은 계 내의 모든 개별적 입자나 분자들이 정지상태에 있다는 것을 의미하지 않는다. 평형상태 계 내 개별적 입자가 움직이는 경로를 추적할 수만 있다면 실제로 이들이 대단히 빠른 속도로 평형계 내에서 운동하고 있음을 알 수 있다[미시적 열역학(통계열역학) 관점의 평형상태: dynamic equlibrium]. 그러나 평형상태 계를 고전적(거시적) 열역학 관점으로 살펴보면 거시적인 상태 계의 변화가 없게 된다.

발적(비가역적) 상태 변화를 위한 열역학적 구동력에 대한 계 상태조건도 열역학 2법칙으로부터 평형원칙과 함께 유도될 수 있음을 이 장에서 자세히 다루고 있다.

4.1 평형원칙

열역학적 계의 평형상태는 정상상태 및 균형상태를 모두 만족하는 상태이다. 정상상태의 계는 이를 고립시켜서(isolated) 더 이상 상태변화가 없을 경우에만 평형계가 된다. 평형상태와 정상상태는 둘 다 시간에 따른 불변성질을 지니는 공통점이 있으나 이들 중 정상상태는 계의 균형과는 관련이 없는 상태이다.

정상상태의 간단한 예시가 그림 4.1에 나타나 있다. 구리봉은 양 끝단을 제외한 전체가 단열되어 있으며 한쪽 끝단의 온도 T_2 로부터 구리봉 내부를 통해 반대쪽 저온부 T_1 으로 1차원적 열 이동 현상이 진행된다고 가정하자. 봉 내부의 온도분포는 시간에 따라 변하다가 궁극적으로는 시간에 따라 변하지 않는 온도분포가 얻어지게 된다. 이 상태는 시간에

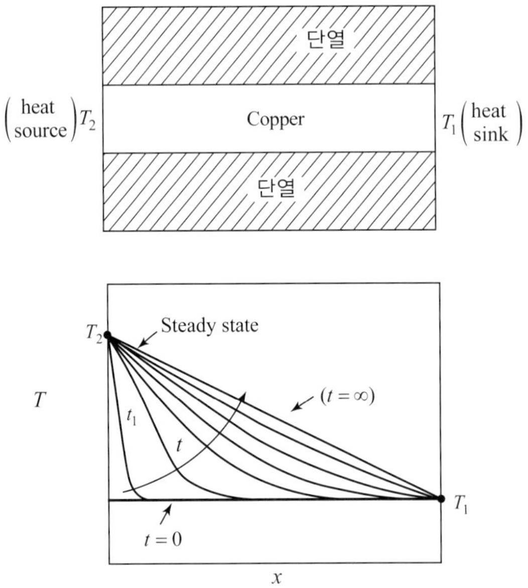

단열 구리봉을 계로 간주하고 임의시간 대에 계를 고립화한 후 장시간 걸쳐 평형도달시

계 고립화	평형도달시
$t = 0$	$T_{eq} = T_1$
$t = t_1$	$T_{eq} = T_2$
$t = \infty$ (정상 상태)	$T_{eq} = T_3$

동일한 평형조건 : 균일온도분포(T_{eq})

고립된 구리봉 평형도달시 상이 온도는

$T_3 > T_2 > T_1$

그림 4.1 열적으로 단열된 구리봉 양쪽 끝단 온도가 T_1, T_2 로 일정하게 유지된 경우 궁극적으로 구리봉의 정상상태(시간 불변 상태) 온도분포가 도달된다(좌측도해).

따라 불변하는 상태이지만 평형상태는 아니다. 즉, 정상상태이다. 이어서 언급되겠지만, 그림 4.1에 나타난 임의 시간대 계(여기선 구리봉)의 평형도달시 요구되는 평형조건은 봉 내부의 균일한 온도 유지이다(열적 평형 : 열역학 0법칙). 이 조건은 동일계를 임의 시간대에 고립시키므로 궁극적으로 도달케 되는 고립계 평형상태가 만족해야 하는 평형조건과 동일함을 알 수 있다.

계의 평형상태와 정상상태를 구분하는 간단한 방법으로 계를 주변과 단절된 고립계[(즉, 계와 주변 사이에 물질 및 에너지(열, 일) 교환이 이루어 질 수 없는 계)]로 설정하는 방법을 들 수 있다. 시간에 따라 변하지 않는 계가 주변으로부터 고립된 상태하에 놓일시 계 내에 어떤 변화가 일어나면, 고립 전 상태의 계는 정상상태의 계에 해당한다. 열역학 2법칙에 의거한 평형원칙에 따르면 임의 계가 내부적으로 주변과 평형을 유지할 시는 주변으로부터 계를 고립화시킴으로써 계의 내부상태에 어떠한 비가역적 변화도 초래되지 않게 된다$\left(dS_{irr}=0\right)$.

2장에서 언급했듯이 임의 계에 대해 "없어진 일"과 연관된 $dS_{irr}=0$ 이 성립되면 가역적 상태 변화가 일어나므로 계의 평형상태가 도달된다. **계 평형상태에 대해 성립되는 평형원칙 $dS_{irr}=0$ 을 만족시키는 평형조건은, 동일계를 임의 시간대 상태에서 고립화시킨 계(고립계) 평형 도달시 성립되는 평형원칙 $dS_{isolated}=0$ 로부터 얻어지는 평형조건과 동일한 조건이 된다.** 즉, 이들 두 계(임의 관심계 및 동일계 자발적 상태변화 과정 중 임의 시간대에서 고립화된 고립계)의 평형시 도달되는 평형상태는 정량적으로는 상태가 상이하지만 이들 평형계가 만족하는 상태변수들 간의 평형조건은 서로 동일하다.

열역학 2법칙(평형원칙)

$$dS_{univ}=dS_{syst}+dS_{surr}=\left(\frac{\delta Q_{actual}}{T}+dS_{irr}\right)_{syst}+\left(-\frac{\delta Q_{actual}}{T}\right)_{surr}=(dS_{irr})_{syst}\geq 0,$$

$dS_{univ}\geq 0$ 따라서 $dS_{isolated}=dS_{irr}\geq 0$

계 평형시 : $(dS_{irr})_{syst}=0$
우주 평형시 : $(dS)_{univ}=0$
고립계 평형시 : $(dS)_{isolated}=0$
— **평형원칙**

비가역적(자발적) 계 상태변화 원칙 : $(dS_{irr})_{syst}>0$

고립계 비가역적(자발적) 상태변화 원칙 : $(dS)_{isolated}=(dS_{irr})_{isolated}>0$

계가 임의 시간대에 주변과 고립화된 후 비가역적으로 최종 도달되는 고립계 평형상태에 대한 평형조건은, 그 계가 주변으로부터 고립되지 않은 채 비가역적 상태변화 과정을 거쳐 궁극적으로(장시간에 걸쳐) 이르게 되는 평형상태의 평형조건과 동일하다. 즉, "평형원칙에 따르면 임의 상태변화를 겪는 계를 고립화시킨 고립계의 최종 평형상태에 대한 평형조건"은 고립전 동일계가 실제 비가역적 상태변화 과정을 거쳐 도달되는 최종 평형상태가 만족하는 평형조건과 동일하다. 간단한 예시가 그림 4.1 우측 도해에도 언급되어 있다.

고립계는 주변과 일, 열, 물질 교환이 이루어지지 않기 때문에 고립계 내에서 진행되는 어떠한 자발적(비가역적) 상태변화 과정시에도 주변과의 경계를 통한 엔트로피(열) 이동은 없게 된다. 따라서 고립계가 겪게되는 엔트로피 변화는 오로지 고립계 내에서 비가역성 상태(열)변화 과정으로 인해 창출되는 "없어진 일" 연관 엔트로피 dS_{irr} 에 국한되므로 항상 양수 값을 나타낸다. 즉 $dS_{isolated} = dS_{irr} \geq 0$.
이에 근거해서 다음처럼 평형원칙을 언급할 수 있다.

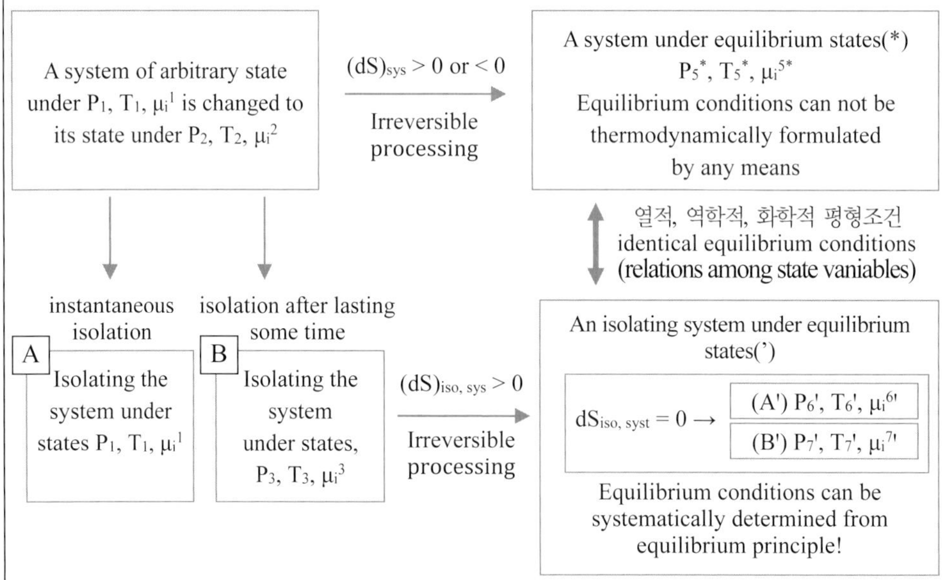

- P_2, T_2, μ_i^2상태하에 놓인 계가 상태변화에 의해 궁극적으로 도달하는 평형상태(*)는 평형상태(*) 도달전 동일계를 임의 시간대에서 고립화시킨 계 (A,B)에 평형원칙을 적용해 얻어지는 고립계 평형상태(')와는 정량적으로 동일할 수가 없다.
- 그러나 이들 평형상태(*), (')가 만족하는 상태 변수들간 관계식인 평형조건은 모두 동일한 조건이 된다.

"고립계 (U, V, N 일정) 내에 자발적 상태변화 과정으로 인해서 계의 엔트로피는 오직 증가하기만 한다:$[(dS)_{U,V,N} \geq 0]$. 따라서 고립계의 평형상태는 그 계가 나타낼 수 있는 최대 엔트로피를 지니는 상태가 된다 :$(dS)_{sys,isolated} = (dS)^{sys}_{U,V,N} = 0$". 이러한 "평형원칙"을 따르는 계 평형상태가 만족하는 열역학 성질관계를 "평형조건"이라 한다.
고립계에 대한 평형원칙을 임의 상태 변화를 겪는 실질적 관심계에 적용하여 이들 계 평형 도달시 만족되는 평형조건을 도출해 낼 수 있다. 평형원칙인 $(dS)_{sys,isolated} = 0$ 의 미분 지배 방정식의 해가 계 평형조건이 된다. 이에 대한 논리적 배경 설명은 앞쪽 하단에 도표화로서 나타나 있다.
임의 상태하에 놓은 관심계를 고립화하여 궁극적으로 도달되는 최종 계 평형상태는 고립전 동일계가 비가역적인 실제 상태변화에 따라 궁극적으로 이르게 되는 최종 평형상태와는 그 상태 자체가 정량적으로는 서로 상이하나 두 경우(임의계와 고립화된 동일계) 모두 최종 평형상태가 만족해야 하는 평형조건은 동일하게 된다.

Gibbs 평형원칙

앞서 언급한 열역학 2법칙에 근거한 평형원칙으로부터 다음처럼 Gibbs 평형원칙을 유도할 수 있다.
가역적 상태변화 공정에 대한 열역학 1법칙 관계식으로부터,

$$\delta Q_r = dU + \delta W_r = dU + [(PdV)_r - \delta W_r^*]$$

이를 고려한 열역학 2법칙으로부터,

$$dS = \frac{\delta Q_r}{T} = \frac{dU + (PdV)_r - \delta W_r^*}{T}$$

고립계에 대해선, $$(dS)_{U,V,N} = \frac{-\delta W_r^*}{T}$$

앞서 언급했듯이 임의 상태로 주어진 계의 평형상태 도달시 만족되는 평형조건은 동일계를 고립화시켜 궁극적으로 얻어지는 고립계 평형상태에 대한 평형조건과 동일하다. 고립계의 평형은 $\boldsymbol{(dS)_{U,V,N} = 0}$ (평형원칙)을 만족한다.
열역학 2법칙에 의거 고립계 평형시 만족하는 평형원칙($dS_{isolated} = 0$)을 실질적인 관심계에 적용하여 계 고립화 결과로 얻어지게 되는 평형요건 관계식인 $\boldsymbol{\delta W_r^* = 0}$ 을 달리 Gibbs 평형원칙이라 일컫는다.

$(dS)_{isolated}=0$: 평형원칙 $(\delta W_r^*)_{system}=0$: Gibbs 평형원칙

깁스 평형원칙($\delta W_r^*=0$) 은 재료열역학 2법칙인 "평형원칙($dS_{U,V,N}=0$)을 재료(공정)계에 적용해 결과로서 얻어지는 평형요건에 해당하므로 엄밀히 평형원칙과 동일한 의미의 용어이다. 자유에너지(3장)에서 다루어졌듯이 $(dG)_{T,P}=\delta W_r^*$, $(dF)_{T,V}=\delta W_r^*$ 관계가 성립된다. 따라서 제한적으로 일정온도 및 압력하 상태변화 재료계 평형을 다루는 경우에는 깁스 자유에너지 변화(dG)로서 δW_r^*를 나타낼 수 있기 때문에 평형원칙 $\delta W_r^*=0$을 깁스 평형원칙이라 언급하며 $(dG)_{T,P}=0$로서 대체 표현해 사용한다. 따라서 일정온도, 압력하의 다양한 재료공정계에 대한 평형 열역학을 다루는 이후 교재 내용에서는 $(\delta W_r^*)_{system}=0$ 관계식을 "깁스 평형원칙"이라 언급하기로 한다. 재료공정계에서는 일정한 온도, 압력 조건하에서 상태 변화가 진행되므로 이들(평형원칙, 깁스평형원칙)은 동일한 의미를 지닌 혼용해 사용할 수 있는 평형 관련 열역학 용어이다.

$$\text{계 평형원칙 : } \delta W_r^*=0 \ \text{ 또는 } (dG)_{T,P}=0$$

한편 자발적인 상태변화가 비가역적으로 진행되는 고립계의 엔트로피 변화는,

$$(dS)_{iso}=(dS)_{U,V,N}>0 \tag{4.1}$$

$$-\delta W_r^*>0\text{, 즉 } \delta W_r^*<0 \tag{4.2}$$

따라서 임의 계의 자발적(비가역적)인 상태 변화시 계에 의해 가역적 일 δW_r^* (역학적 일을 제외한 유용한 일)이 행해짐을 알 수 있다(**$\delta W_r^*<0$: 자발적 상태 변화 필수요건**).

계 평형시에는 $\delta W_r^*=0$ 즉, "계가 두 상태 사이에서 변하게 될 시 어떠한 가역적 일도 행해질 수 없는 경우 이 두 상태는 서로 평형을 이루게 된다."

$$\delta W_{r,1\to2}^*=(dG)_{T,P}=0 \ : \text{Gibbs 평형원칙} \tag{4.3}$$

압력에 따른 부피변화가 거의 미미한 응축상 재료계에서는 $\delta W_r^*\approx\delta W_r$이 성립하므로 응축상 계평형시 $\delta W_r=0$으로 Gibbs 평형원칙을 언급할 수도 있다.

$$\delta W_{r,1\to2}=0 \ : \text{Gibbs 평형원칙(응축상 재료계)} \tag{4.3a}$$

평형원칙 식(4.3)을 다음 4가지 각기 다른 상태 변수 구속 조건하 닫힌계에 적용하여 해당 에너지 함수로 평형원칙을 달리 언급할 수 있다.

(1) 깁스자유에너지 $G = H - TS$

$$dG = dH - TdS - SdT = dU + PdV + VdP - TdS - SdT$$

일정한 온도, 압력하 닫힌계에 적용하면,

$$\begin{aligned}(dG)_{T,P} &= dU + PdV - TdS = (\delta Q_r - \delta W_r) + PdV - TdS \\ &= [TdS - (PdV - \delta W_r^*)] + PdV - TdS = \delta W_r^*\end{aligned}$$

평형원칙 식(4.3)에 근거해 일정 온도, 압력하 닫힌계 평형시,

$$(dG)_{T,P} = 0 : \text{깁스 평형원칙}$$

따라서 자발적인 계의 상태 변화시에는 일이 행하여지므로($\delta W_r^* < 0$), 일정 온도 및 압력하 계의 자발적 상태 변화시는 $(dG)_{T,P} < 0$, 그리고 평형시는 $(dG)_{T,P} = 0$ 의 관계가 성립한다. 즉, "일정한 온도 및 압력하 모든 자발적 상태변화 과정시에는 계의 깁스 자유에너지($G_{T,P}$)가 감소하며, 평형시에 $G_{T,P}$ 는 계가 지닐 수 있는 최소 깁스 자유에너지를 나타낸다".

$$(dG)_{T,P} \le 0 \quad \text{또는} \quad (\Delta G)_{T,P} \le 0 \tag{4.4}$$

(2) 헬름홀쯔 자유에너지, $F = U - TS$

$$\begin{aligned}dF &= dU - TdS - SdT = [\delta Q_r - (PdV - \delta W_r^*)] - TdS - SdT \\ dF &= -PdV - SdT + \delta W_r^*\end{aligned}$$

일정한 온도, 부피하 닫힌계에 적용하면,

$$(dF)_{T,V} = \delta W_r^*$$

평형원칙 식(4.3)에 근거해 일정 온도, 부피하 계 평형시,

$$(dF)_{T,V} = 0$$

이로부터 "일정한 온도 및 부피하에 놓여있는 계의 모든 자발적 상태변화시에는 일이 행하여지므로($\delta W_r^* < 0$, 달리 표현해서 $\delta W_r > 0$: $\delta W_r = PdV - \delta W_r^*$), 계의 헬름홀쯔 자유에너지 함수($F_{T,V}$)가 감소한다. 따라서 일정한 온도 및 부피하 계의 평형시 $F_{T,V}$ 는 계가 지닐 수 있는 최소값이 된다."

$$(dF)_{T,V} \le 0 \quad \text{또는} \quad (\Delta F)_{T,V} \le 0 \tag{4.5}$$

(3) 엔탈피, $H = U + PV$

$$dH = dU + PdV + VdP = (\delta Q_r - \delta W_r) + PdV + VdP$$
$$dH = [TdS - (PdV - \delta W_r^*)] + PdV + VdP = TdS + VdP + \delta W_r^*$$

일정 압력, 엔트로피하에 놓인 닫힌계에 적용하면,

$$(dH)_{S,P} = \delta W^*$$

평형원칙 식(4.3)에 근거해 일정압력, 엔트로피하 계 평형시,

$$(dH)_{S,P} = 0$$

"일정한 엔트로피 및 압력하 계의 자발적 상태변화 과정의 방향은 계의 엔탈피 함수 $(H_{S,P})$ 가 감소하는 방향이 된다. 따라서 일정 엔트로피 및 압력하 계의 평형시에 $H_{S,P}$ 는 계가 지닐 수 있는 최소값이 된다."

$$(dH)_{S,P} \le 0 \quad \text{또는} \quad (\Delta H)_{S,P} \le 0 \tag{4.6}$$

(4) 내부에너지, $dU = \delta Q_r - \delta W_r = TdS - (PdV - \delta W_r^*)$
일정 부피, 엔트로피하에 놓인 닫힌계에 적용하면,

$$(dU)_{S,V} = \delta W_r^*$$

평형원칙 식(4.3)에 근거해 일정 부피, 엔트로피하 계 평형시,

$$(dU)_{S,V} = 0$$

"일정한 엔트로피 및 부피를 유지하는 계의 자발적 상태변화 과정시 일이 행하여지므로 $(\delta W_r^* < 0)$, $(dU)_{S,V} < 0$ 관계가 성립되어 내부에너지$(U_{S,V})$ 가 감소하는 방향으로 상태변화가 진행된다. 따라서 일정 부피, 엔트로피하 계의 평형시$(\delta W_r^* = 0)$ 계의 내부에너지는 최소값을 나타낸다."

$$(dU)_{S,V} \le 0 \quad \text{또는} \quad (\Delta U)_{S,V} \le 0 \tag{4.7}$$

재료공정계의 자발적 상태변화 및 평형 요건을 규정하는 식(4.4)~(4.7) 가운데 실험적 제어 가능한 계 상태 변수 구속조건을 지닌 자유에너지 관련 표현 식(4.4) 및 (4.5)만이 실질적으로 사용될 수 있는 Gibbs 평형원칙이 된다. 일정 엔트로피 구속조건을 포함한 엔탈피, 내부에너지 관련 평형원칙은 현실적으로 계 평형상태 규정을 위해 사용될 수가 없다.

평형조건 도출

열역학 2법칙에 의거한 고립계 평형원칙을 통한 다양한 관심 재료공정계 평형조건 도출은 평형원칙 적용을 다음처럼 3단계의 순차적 과정을 거쳐 행함으로서 얻어질 수 있다.

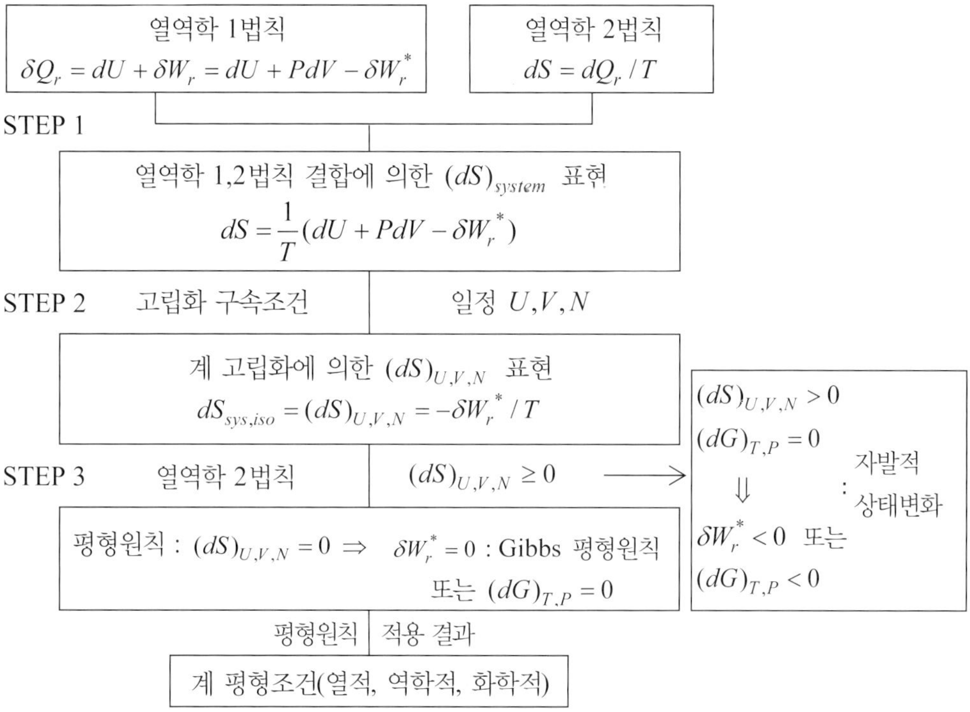

Step I : Write a differential dS_{system}, from combined formula of 1st and 2nd laws containing all appropriate work-terms(state variables) available for a materials system: $dS = (dU + PdV - dW_r^*) / T$

Step II : Apply the isolating constraints(U, V, N = constants: $dU = 0, dV = 0, dN = 0$) to eliminate dependent variables in the expression of dS_{system} for representing $dS_{isolating\ system}$ with all independent variables

Step III : Apply equilibrium principle(2nd law) to derive equilibrium conditions corresponding to the materials system by setting the coefficients of each of the differentials in $dS_{isolating\ system} = 0$ to be zero

Equilibrium conditions : relations among the specified state-variables relevant to heat and available works, satisfied by a system under equilibrium

열역학 2법칙에 근거한 평형원칙 $(dS)_{sys,\ iso}=0$ 와 깁스 평형원칙 $dW_r^*=0$ 으로부터 동일한 평형조건을 각기 얻을 수 있다. 예시로서 물리적 상태변화(상전이) 및 화학반응 계에 대해서 다음 유도 과정을 통해 이를 구체적으로 설명해 보자.

상전이계 평형

평형원칙, "$(dS)_{sys,\ iso}=0$" **적용**으로부터 C 성분으로 구성된 2가지 상 α, β 로 이루어진 벌크재료 상전이(물리적 상태변화) 계의 평형조건을 유도해 보자.

STEP I

상전이 계에 가능한 일로서 역학적 일과 화학적 일을 고려하여 dS 를 표현하면,

$$dU=\delta Q_r-\delta W_r=TdS-(PdV-\sum_{i=1}^{C}\mu_i dn_i)_r$$

$$dS=\frac{dU}{T}+\frac{P}{T}dV-\frac{1}{T}\sum_{i=1}^{C}\mu_i dn_i \tag{4.8}$$

여기서 $\mu_i=\left(\frac{\partial U}{\partial n_i}\right)_{S,V,n_j'}=\overline{U}_i$

따라서 계의 엔트로피 변화는 다음처럼 쓸 수 있다.

$$dS_{sys}=dS^\alpha+dS^\beta=\left(\frac{1}{T^\alpha}dU^\alpha+\frac{P^\alpha}{T^\alpha}dV^\alpha-\frac{1}{T^\alpha}\sum_{i=1}^{C}\mu_i^\alpha dn_i^\alpha\right)+\left(\frac{1}{T^\beta}dU^\beta+\frac{P^\beta}{T^\beta}dV^\beta-\frac{1}{T^\beta}\sum_{i=1}^{C}\mu_i^\beta dn_i^\beta\right) \tag{4.9}$$

STEP II

계가 주변으로부터 고립화되면 식(4.9)에 포함된 상태변수 2(2+C)개는 모두가 독립적인 변수가 아니라, 이 중 일부는 "고립화 구속조건"에 의해 관계지워지는 종속변수가 된다.

계의 고립화 구속조건:

$$dU_{sys}=0=dU^\alpha+dU^\beta:\ dU^\beta=-dU^\alpha \tag{4.10}$$

$$dV_{sys}=0=dV^\alpha+dV^\beta\ :\ dV^\beta=-dV^\alpha \tag{4.11}$$

$$dn_{i,sys}=0=dn_i^\alpha+dn_i^\beta\ :\ dn_i^\beta=-dn_i^\alpha\,(i=1,2,\ldots,C) \tag{4.12}$$

고립계에 대한 구속조건 관계식(4.10~12)를 식(4.9)에 적용하여 다시 써보면,

$$dS_{sys,iso} = \left(\frac{1}{T^\alpha} - \frac{1}{T^\beta}\right) dU^\alpha + \left(\frac{P^\alpha}{T^\alpha} - \frac{P^\beta}{T^\beta}\right) dV^\alpha - \sum_{i=1}^{C} \left(\frac{\mu_i^\alpha}{T^\alpha} - \frac{\mu_i^\beta}{T^\beta}\right) dn_i^\alpha \tag{4.13}$$

식(4.13) 괄호항 $(C+2)$개는 고립계 내에서 독립적으로 변할 수 있는 변수이다.

STEP Ⅲ

평형원칙 적용 해로부터 계 평형시 만족되는 평형조건이 얻어진다.

$$dS_{sys,iso} = 0$$

독립적 변수 $dU^\alpha, dV^\alpha, dn_i^\beta$ 가 모두 0이 될 수는 없다. 따라서 다음 해가 얻어진다.

$$\begin{aligned}
&\frac{1}{T^\alpha} - \frac{1}{T^\beta} = 0 \;\Rightarrow\; T^\alpha = T^\beta \\
&\frac{P^\alpha}{T^\alpha} - \frac{P^\beta}{T^\beta} = 0 \;\Rightarrow\; P^\alpha = P^\beta \\
&\frac{\mu_i^\alpha}{T^\alpha} - \frac{\mu_i^\beta}{T^\beta} = 0 \;\Rightarrow\; \mu_i^\alpha = \mu_i^\beta (i = 1, 2, \cdots, C)
\end{aligned} \tag{4.14}$$

여기서 $\mu_i = \left(\frac{\partial U}{\partial n_i}\right)_{S,V,n_j'}$

식(4.14)의 3가지 열적, 역학적, 화학적 평형조건은 다음처럼 깁스 자유에너지 화학포텐셜로써 단일화된 평형조건으로 쓸 수도 있다[식(3.20) 참조].

$$\mu_i^\alpha = \mu_i^\beta \;:\; \mu_i = \left(\frac{\partial G}{\partial n_i}\right)_{T,P,n_j'}$$

위 평형조건은 C 성분으로 이루어진 2상 재료계에 대해 유도된 것이며 이를 일반적으로 C 성분, P상으로 구성된 벌크 재료계 상전이에 대한 평형조건으로 확장해 표현하면,

$$T^I = T^{II} = \cdots = T^\alpha = \cdots = T^p \quad : \text{열적 평형조건(열역학 0법칙)}$$

$$P^I = P^{II} = \cdots = P^\alpha = \cdots = P^p \quad : \text{역학적 평형조건}$$

$$\left.\begin{aligned}
&\mu_1^I = \mu_1^{II} = \cdots = \mu_1^\alpha = \cdots = \mu_1^p \\
&\mu_2^I = \mu_2^{II} = \cdots = \mu_2^\alpha = \cdots = \mu_2^p \\
&\vdots \\
&\mu_C^I = \mu_C^{II} = \cdots = \mu_C^\alpha = \cdots = \mu_C^p
\end{aligned}\right\} : \text{화학적 평형조건}$$

$$\text{여기서}\ \ \mu_i = \left(\frac{\partial U}{\partial n_i}\right)_{S,V,n'_j}$$

한편 화학포텐셜 μ_i를 $\mu_i = \overline{G}_i = \left(\frac{\partial G}{\partial n_i}\right)_{P,T,n_j'}$ 로써 표현하면, 위 평형조건은 다음처럼 화학적 평형조건만으로서 함축적으로 쓸 수 있다.

$$\mu_i^I = \mu_i^{II} = \cdots = \mu_i^\alpha = \cdots = \mu_i^p \quad (\text{여기서}\ \ i = 1,2,3,\cdots,C)$$

벌크재료 상전이 계 평형조건인 식(4.14)는 **깁스 평형원칙** $\delta W_r^* = 0$ **적용**으로부터도 직접 유도될 수 있다. 화학적 일로 δW_r^*를 써보면,

$$\delta W_r^* = \sum_i \mu_i dn_i \ \text{이므로,}$$
$$\delta W_r^* = \sum_i \mu_i dn_i = \sum_i (\mu_i^\alpha dn_i^\alpha + \mu_i^\beta dn_i^\beta) = 0$$

$\alpha \rightarrow \beta$ 상태변화를 일으키는 닫힌계를 고려하면 $dn_i^\alpha = -dn_i^\beta$ 이므로,

$$\mu_i^\alpha = \mu_i^\beta : \text{평형조건}$$

깁스 평형원칙에 의해 일정온도, 압력하에서 C성분($i = 1,2,\cdots C$)으로 구성된 다수의 상 $(\alpha,\beta,\gamma,\cdots = p)$ 을 고려한 물리적 상태변화(상전이) 계에 대한 평형조건을 도출해보면,

$$(dG)_{T,P} = \sum_i^p \mu_i dn_i = \sum_i (\mu_i^\alpha dn_i^\alpha + \mu_i^\beta dn_i^\beta + \mu_i^\gamma dn_i^\gamma + \cdots)$$
$$dn_i^\alpha + dn_i^\beta + dn_i^\gamma + \cdots = 0 \ \Rightarrow \ dn_i^\alpha = -(dn_i^\beta + dn_i^\gamma + \cdots)$$
$$(dG)_{T,P} = \sum_i \{-\mu_i^\alpha (dn_i^\beta + dn_i^\gamma + \cdots) + \mu_i^\beta dn_i^\beta + \mu_i^\gamma dn_i^\gamma + \cdots\}$$
$$= \sum_i \{(\mu_i^\beta - \mu_i^\alpha) dn_i^\beta + (\mu_i^\gamma - \mu_i^\alpha) dn_i^\gamma + \cdots\}$$

깁스 평형원칙 $(dG)_{T,P} = 0$ 의 해가 바로 상전이 재료 공정계 평형시 평형조건이다.

$$\mu_i^\beta - \mu_i^\alpha = 0,\ \ \mu_i^\gamma - \mu_i^\alpha = 0,\ \ \cdots,\ \ \mu_i^p - \mu_i^\alpha = 0$$
$$\mu_i^\alpha = \mu_i^\beta = \mu_i^\gamma = \cdots\cdots = \mu_i^p : \text{평형조건}$$

화학반응계 평형

열역학 2법칙에 의거해 계 고립화를 통한 평형원칙($dS_{sys,\ iso} = 0$)을 적용하여 순차적 3단계 과정을 거쳐 얻어지는 화학반응(화학적 상태 변화)계 평형조건은 5.2절에서 자세히

언급된다. 여기선 Gibbs 평형원칙($\delta W_r^* = 0$)을 적용하여 일정한 온도, 압력에서 화학반응(화학적 상태변화) 계의 평형조건을 직접 유도해 보자. 반응에 따른 화학적 일은,

$$W_r^* = \sum_k \mu_k n_k = \sum_i^p \mu_i n_i - \sum_j^r \mu_j n_j$$

여기서 i 는 생성물질($i = 1, 2, \cdots p$), j 는 반응물질($j = 1, 2, \cdots r$), n_i 는 생성물의 화학량론적 반응계수(+ 부호), n_j 는 반응물의 화학량론적 반응계수(– 부호)를 나타낸다.

$$\mu = \left(\frac{\partial G}{\partial n_k}\right)_{T,P,n_k'}$$

$$\mu_k = \mu_k^o + RT \ln a_k \quad : \text{식 (5.8) 참조}$$

$$W_r^* = \sum_k \mu_k n_k = \left(\sum_i^p \mu_i^o - \sum_i^r \mu_j^o\right) + RT \ln \frac{\prod_p a_i^{n_i}}{\prod_r a_j^{n_j}} = \Delta G^o + RT \ln Q$$

일정 온도, 압력하에서의 화학반응계에 Gibbs 평형원칙($W_r^* = \Delta G\,|_{P,T} = 0$)을 적용하면,

$$W_r^* = \Delta G|_{P,T} = \sum_k \mu_k n_k = 0$$

화학반응계 평형시 평형원칙을 만족시키는 평형조건은,

$$\Delta G|_{P,T} = \Delta G^o + RT \ln Q = 0$$

$$\Delta G^o\Big|_{P,T} = -RT \ln K \quad : \text{화학반응 평형조건} \tag{4.16}$$

여기서 K 는 화학반응 평형상수로서, $\left(\frac{\prod_p a_i^{n_i}}{\prod_r a_j^{n_j}}\right)_{eq}$ 이다.

일정 온도, 압력하 화학반응계 평형상태 예시로 다음 반응을 고려하자.

$$A + 2B = 3C$$

반응물질 A, 1몰에 대한 화학반응계의 가역적 일은,

$$W_r^* = (\Delta G)_{T,P} = \sum_k \mu_k n_k = 3\mu_C - (\mu_A + 2\mu_B)$$

$$\Delta G|_{P,T} = [3\mu_C^o - (\mu_A^o + 2\mu_B^o)] + RT \ln \frac{a_C^3}{a_A a_B^2} = \Delta G^o + RT \ln Q$$

깁스 평형원칙 적용으로부터 구한 화학반응계에 대한 평형조건은,

$$\Delta G|_{P,T} = 0$$

$$\Delta G^{o}|_{P,T} = -RT\ln\left(\frac{a_C^3}{a_A a_B^2}\right)_{eq} = -RT\ln K$$

4.2 깁스 평형원칙

앞절에서 언급한 깁스 평형원칙에 의하면 계가 두 상태 사이에서 변하게 됨으로써 어떠한 가역적 일도 행해질 수 없는 경우 두 상태는 평형을 이루고 있다고 한다. 계 상태변화시 식(4.3)이 성립하면 상태 1과 상태 2는 평형을 이루게 된다.

$$\delta W_{r.1\to 2} = 0 : \text{깁스 평형원칙} \tag{4.3}$$

그림 4.2의 개략도에서 기계장치 MA는 물질을 상태 1로부터 상태 2로 전환시키는 역할을 하는 정상상태의 계이다. 물질은 상태 1로서 장치 속으로 들어가 상태 2로서 장치를 빠져나온다. 상태 1과 2간 평형조건은 상태 1과 2간의 물질 또는 에너지 교환에 따라 장치 MA가 어떠한 가역적인 일도 행할 수 없어야 한다는 "**깁스 평형원칙**" 식(4.3)을 만족해야 한다.

재료(물질)계의 평형상태는 열적(계 내 온도 분포), 화학적(계 내 구성 성분 원소 분포), 역학적(계 내 압력 분포) 평형상태가 모두 이루어진 상태를 일컫는다. 이러한 평형상태는 반드시 깁스 평형원칙을 따라야만 한다.

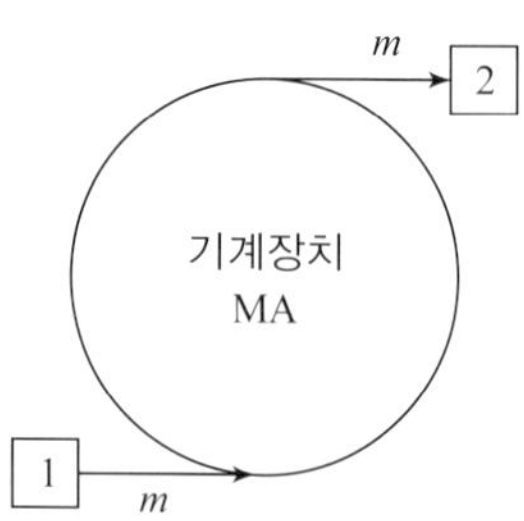

그림 4.2 질량 m 인 물질을 상태 1에서 2로 변환시키기 위한 정상상태 기계장치(MA)

열적평형

그림 4.2 기계장치계에 평형원칙[식(4.3)] 적용으로부터 얻어지는 계 평형조건 중 하나는 "두 상태의 온도가 서로 동일해야 한다($T_1 = T_2$)."는 열적 평형조건(열역학 0법칙)이다. 물질 상태 1,2간 온도가 서로 다르면, 고온의 물질로부터 열에너지를 흡수하고, 저온의 물질 쪽으로 열을 방출시키는, 즉 상이한 온도의 물질상태 사이에서 작동되는 열기관으로서 장치계를 고안해 볼 수 있다. 이러한 열기관은 가역적 일 δW_r 을 생산할 수 있으므로(2.4절), 두 상태는 평형을 이루지 못한다. 따라서 **"평형을 이루고 있는 두 상태는 반드시 동일한 온도를 유지해야만 한다".**

화학적 평형

압력과 온도 변수 이외의 다른 상태규정 변수인 계구성 성분조성에 의한 평형조건을 살펴보기 위해, 무한소량의 i 물질 dn_i 만큼이 정상상태의 기계장치 계(MA)를 통과하는 사례(그림 4.2)에 대해서 열역학 1법칙과 2법칙을 기술해 보자.

물질 i 는 상태 1과 2인 계 내 여러 구성 성분 중 하나이므로, 분몰 엔탈피($\overline{H}_i$)와 분몰 엔트로피($\overline{S}_i$)를 열역학 법칙 표현시 사용해야 한다. 분몰 열역학 함수는 일정한 온도 및 압력하에서 정의되는 함수임에 유의하라(3.4절). $\underline{PE}_i$ 와 $\underline{KE}_i$ 는 1몰 i 의 포텐셜과 운동에너지를 각각 나타낸다.

기계장치 계에 대한 열역학 1법칙 표현[식(1.20)]은,

$$\left\{\sum_i(\overline{H}_i + \underline{PE}_i + \underline{KE}_i)_{i,1}dn_{i,1} - \sum_i(\overline{H}_i + \underline{PE}_i + \underline{KE}_i)_{i,2}dn_{i,2}\right\} + \delta Q - \delta W = d(U + PE + KE) \quad (1.12)$$

식(2.4)로부터 계에 대한 열역학 2법칙 표현은,

$$\sum_i(\overline{S}_{i,1}dn_{i,1} - \overline{S}_{i,2}dn_{i,2}) + \frac{\delta Q}{T} + \frac{\delta lw}{T} = dS$$

이를 다시 정리하면,

$$\sum_i(-T\overline{S}_{i,1}dn_{i,1} + T\overline{S}_{i,2}dn_{i,2}) - \delta Q - \delta lw = -TdS \quad (4.17)$$

δQ 항을 소거하기 위해서 식(1.12)와 (4.17)을 더한다. 그리고 정상상태에서는 기계장치(계)의 성질이 변하지 않는다는 사실에 유의하라. $d(U + PE + KE) = 0$, $dS = 0$,

$dn_{i,1} = dn_{i,2} = dn_i$. 여기에 $\delta W + \delta lw = \delta W_r$, $\overline{H}_i - T\overline{S}_i = \overline{G}_i$ 관계를 추가로 대입해 보자.

$$-\delta W_r = \sum_i (\overline{G}_i + \underline{PE} + \underline{KE})_{i,2} dn_{i,2} - \sum_i (\overline{G}_i + \underline{PE} + \underline{KE})_{i,1} dn_{i,1} \tag{4.18}$$

여기서 $\overline{G}_i$ 는 일정온도, 압력하 분몰 깁스 자유에너지이며 깁스 화학포텐셜을 의미한다. 그리고 $\delta W_r = [(PdV)_r - \delta W_r^*]$ 이므로 일정한 압력하 계에선 $\delta W_r = -\delta W_r^*$ 이다.

$$\delta W^*{}_r = \sum_i (\overline{G} + \underline{PE} + \underline{KE})_{i,2} dn_i - \sum_i (\overline{G} + \underline{PE} + \underline{KE})_{i,1} dn_i \tag{4.19}$$

계가 평형상태에 놓이기 위한 상태 1과 2 사이의 화학적 평형조건은 깁스 평형원칙 적용에 의해 다음처럼 유도된다.

$$\delta W_r^* = 0 : \text{깁스 평형원칙}$$

$$\sum_i (\overline{G} + \underline{PE} + \underline{KE})_{i,2} dn_i - \sum_i (\overline{G} + \underline{PE} + \underline{KE})_{i,1} dn_i = 0 \tag{4.20}$$

일반적으로 재료열역학에서 다루는 계의 상태 1과 2는 동일한 포텐셜에너지 및 운동에너지 상태에 있다고 볼 수 있으므로 평형조건 식(4.20)을 다음처럼 쓸 수 있다.

$$\delta W^*{}_r = \sum_i (\overline{G}_{i,2} - \overline{G}_{i,1}) dn_i = \sum_i \Delta\overline{G}_i \cdot dn_i = 0$$

$$\Delta\overline{G}_i = 0 \quad \text{즉,} \ \overline{G}_{i,1} = \overline{G}_{i,2}$$

성분 i 의 깁스 화학포텐셜로써 나타내면,

$$\mu_{i,1} = \mu_{i,2} \ : \text{화학적 평형} \tag{4.21}$$

$$\text{여기서} \ \mu_i = \left(\frac{\partial G}{\partial n_i}\right)_{T,P,n_j} \ \text{이고,} \ i = 1,2,3,\cdots C \ \text{이다.}$$

즉, 성분 i 의 분몰 깁스 자유에너지(화학포텐셜)가 두 상태 내에서 서로 동일한 값을 나타내면, 물질 상태 1과 2는 성분 i 에 대해 화학적 평형을 이루게 된다.

단일 성분계에서는 물질의 분몰 깁스 자유에너지 $\overline{G}_i$ 가 몰 깁스 자유에너지 $\underline{G}$ 와 같게 된다. 따라서 일정한 온도 및 압력 조건하에서 단일성분 벌크재료 계의 상태 1과 2가 평형을 이루며 공존하기 위한 평형조건은 다음과 같다.

$$\delta W^*{}_r = (\underline{G}_2 - \underline{G}_1) dn = \Delta\underline{G}\, dn = 0, \quad \Delta\underline{G} = 0$$

상태 1과 2간의 깁스 자유에너지 차이 $\Delta G = G_2 - G_1$ 가 음수이면 가역적 일(일정온도, 압력하 계의 일 : $\delta W_r^*\big|_{T,P} = dG$)이 음의 값이 된다($W_r^* < 0$). 이는 물질이 상태변화를 일으키기 위해 일이 계로 전혀 행해질 필요가 없기 때문에(즉, 상태변화로 인해 계가 일을 행하므로), 단일 성분 물질이 자발적으로 상태 1에서 2로 변화할 수 있음을 의미한다.

$$\delta W_r^* = \Delta \underline{G}\, dn < 0$$
$$\Delta \underline{G} < 0 \;\; : \text{자발적 계 상태변화 조건(구동력)}$$

실제로는 자발적인(비가역적) 상태변화 과정에 의해서도 가역적(최대) 일은 그 절대량이 삼재적으로 그대로 보존된다($\delta W_r^* = \delta W^* \pm \delta lw$). 여기서, δW^* 은 비가역적 상태변화로 주변과 교환되는 계의 일이다. 자발적인 상태변화를 일으키는 구동력인 없어진 일은 주변과 교환되지 않고 계 내에서 비가역적 엔트로피를 창출하여(소진 열로) 없어지게될 뿐이므로, 가역적 일에 해당되는 잠재적 일의 양은 그대로 비가역적 상태변화시에도 계에 존재하게 된다. 한편 일정한 온도, 압력하 계가 상태 1로부터 2로 변화될 경우 깁스 자유에너지 변화가 양수라면 가역적 일은 양수가 된다. 이 경우 상태 1에서 2로 변화되기 위해서는 계로 일이 행해져야만 된다. 따라서 이런 상태변화는 자발적으로 일어나지 않는다.

역학적 평형

"상태 1과 2는 평형시에 동일한 압력하에 놓여 있어야 한다"는 역학적 평형조건을 통념적으로 고려해 볼 수도 있다. 이는 벌크 재료계 상태 변화시에 성립되는 역학적 평형조건이다. 그러나 "**계 내 동일한 압력 조건은 계의 평형조건으로서 반드시 모든 평형계에 대해 항상 성립되는 포괄적 조건은 아니다**". 예로 일정한 온도하 계 내 두 상태 1과 2가 서로 다른 높이 위치에 놓인다면(4.2절) 또는 상간 계면이 곡률을 지닌다면(9.2절), 이들은 서로 다른 압력하에서도 상호 역학적 평형을 이루며 공존할 수가 있기 때문이다. 이에 대한 구체적 사례로서 동일 물질이 서로 다른 고도 z_1 과 z_2 상에 위치하며 평형을 이루는 경우를 살펴보자. 등온하에서 수직형 관을 채우고 있는 분자량 M 인 이상기체를 계로 고려해 보자(그림 4.3).

등온 정상상태 계 내 위치 상태 1과 2가 서로 다른 높이에 위치하면서 평형상태를 이루고 있다면, 깁스 평형원칙에 대한 표현식(4.20)을 동일물질 1몰($dn_i = 1$ 몰)에 대해 다음처럼 화학적 일과 포텐셜 에너지 차이로서 쓸 수 있다.

$$\underline{G}_2 - \underline{G}_1 + Mg(z_2 - z_1) = 0 \tag{4.27}$$

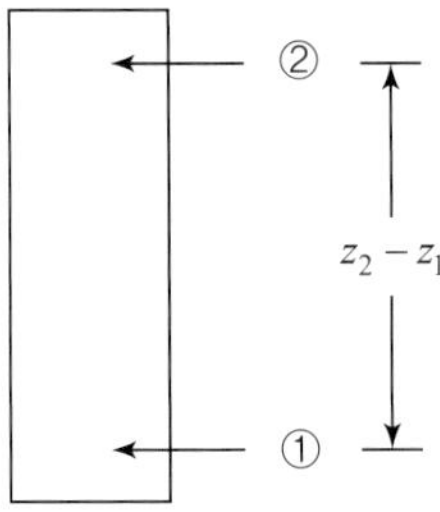

그림 4.3 일정한 온도하 수직형 관내 기체의 천정과 바닥 영역간의 평형

여기서 M은 분자량, $\underline{G}_1$과 $\underline{G}_2$는 기체의 몰당 깁스 자유에너지, g는 중력가속도이다. 한편 일정한 온도($dT = 0$)에서 이상기체계에 대한 $d\underline{G}$ [식(3.13)] 표현식은,

$$d\underline{G} = \underline{V}dP = \frac{RT}{P}dP = RTd(\ln P)$$

상태 1과 2를 적분 한계로 취하여 적분하면,

$$\underline{G}_2 - \underline{G}_1 = RT\ln\frac{P_2}{P_1}$$

식(4.22)를 이용하여 이상기체계 평형시 위치가 다른 기체상태간 압력 관계를 구하면,

$$RT\ln\frac{P_2}{P_1} + Mg(z_2 - z_1) = 0$$

$$\ln\frac{P_2}{P_1} = -\frac{Mg}{RT}(z_2 - z_1)$$

$$P_2 = P_1\exp\left[-\frac{Mg}{RT}(z_2 - z_1)\right] \tag{4.23}$$

기체계에 대한 역학적 평형조건 식(4.23)을 **등온조건하 기압관계식**이라고 부르며, 이는 고도(높이)에 따른 이상기체(또는 대기)의 압력 변화를 나타낸다. P_2와 P_1의 비(P_2/P_1)가 상태변수인 기체의 분자량 M, 중력가속도 및 높이의 함수임에 유의하라. 이로부터 **이상기체 상태1과 상태2가 서로 다른 압력을 유지하면서 역학적 평형을 이루며 공존할** 수 있음을 이해할 수 있다.

역학적 평형조건 식(4.23)으로부터 등온하 용기 내에 분자량이 서로 다른 두 종류 기체(M_1, M_2)가 들어 있는 경우, 용기 천정 영역의 기체 조성(밀도)은 바닥 조성과 다름을 예측할 수 있다.

$$P_2 = P_1 \exp[-\frac{g}{RT}(M_2 z_2 - M_1 z_1)] \qquad (4.23a)$$

원심분리기를 사용하여 인위적으로 용기내 기체의 중력포텐셜을 보다 크게 조장하면, 용기내 바닥과 천정 영역간의 이러한 압력 차이를 더 크게 만들 수 있다. 이는 원심분리기에 의한 물질분리의 원리를 설명한다. 실제로 이 방법을 이용하면 동일 원소의 여러 동소체(isotopes)로 구성된 기체 또는 액상 혼합체 물질내 질량이 다른 원소를 쉽게 분리해낼 수 있다.

4.3 상 평형(단일성분계)

동일한 포텐셜 및 운동 에너지 상태하에 놓인 계 내의 두 상이 물리적 평형[2)]을 이룬다면, 두 상 내 각 성분의 분몰 깁스 자유에너지 즉 화학포텐셜(μ_i)은 같아야 된다. 물질계가 한 성분으로만 이루어지면(단일 성분계), 분몰 깁스 자유에너지와 몰당 자유에너지는 동일해진다. 따라서 단일성분 물질이 서로 다른 물리적 상태(상)로 존재하면, 몰당 깁스 자유에너지가 같은 두 상태는 평형을 이루며 공존한다. 이후 "**4장에서 전개되는 물질계 평형은 모두 단일 성분계에 대해 언급되고 있음을 상기하기 바란다(1차 상전이, 2차 상전이).**" 다성분 물질계 평형은 용액을 다루는 6장에서 구체적으로 언급된다.

탄소 결정체의 구조가 다른 상인 다이아몬드와 흑연간 평형을 고려해 보자. 상온, 상압하에서는 다이아몬드의 깁스 자유에너지가 흑연의 깁스 자유에너지보다 크므로, 흑연이 평형상태로서 존재하는 안정상이 된다. 그러나 일정한 온도하에서 압력이 증가함에 따라서 두 상 사이의 깁스 자유에너지 차이가 변하게 된다. 그림 4.4의 두 ($\underline{G}-P$)곡선이 교차하는 점에서 다이아몬드와 흑연은 평형을 이루며 공존하고, 평형압력 이상의 영역에서는 다이아몬드가 안정한 평형상태로 존재한다. 그림 4.4는 단일성분 물질의 등온상태도를 나타낸다. 상태도내 각 상에 대한 $G-P$ 곡선의 모양은 아래 유도되는 함수식에 의해 표현된다.

---

2) 물리적 평형(물리적 상태 변화계 : 예로 상전이)과 대비되는 용어로 화학반응 평형(화학반응계)을 들 수 있다. 물질계 구성 성분 간의 반응이 일어나 이들간 평형이 도달한 경우 화학반응 평형 상태에 놓여 있다고 한다.

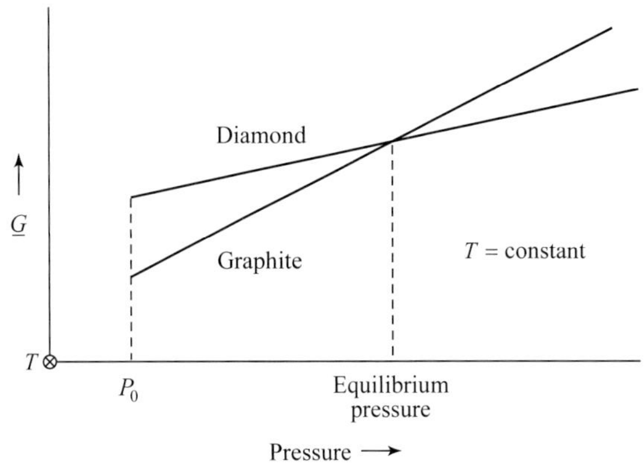

그림 4.4 일정한 온도에서 흑연과 다이아몬드의 압력 변화에 따른 고유 깁스 자유에너지 변화 (단일 성분 물질의 등온 상태도)

일정한 온도하에서 압력 변화에 따른 "단일성분 물질"의 $\underline{G}$ 변화는 식(3.13)으로부터,

$$d\underline{G} = \underline{V}dP \tag{3.13}$$

$\underline{G}$ 와 P 사이의 관계는 여러 물질의 각기 다른 $P-V-T$ 거동에 따라서 다음처럼 다양한 함수형태로써 표현된다.

(1) 이상기체 : $d\underline{G} = \frac{RT}{P}dP = RTd(\ln P)$

$$\Delta\underline{G} = \underline{G}(P_2) - \underline{G}(P_1) = RT\ln\frac{P_2}{P_1} \tag{4.26}$$

(2) 고유부피($\underline{V}_o$)가 압력에 따라 거의 변하지 않는 비압축성(밀도가 일정한) 고체 :

$$d\underline{G} = \underline{V}_o dP \tag{4.27}$$

$$\Delta\underline{G} = \underline{V}_o(P_2 - P_1)$$

(3) 압축성 고체 : $\underline{V}$ 를 압력함수로 표현하기 위해 식(3.49)를 이용해 보면,

$$\beta_T = -\frac{1}{\underline{V}}\left(\frac{\partial\underline{V}}{\partial P}\right)_T$$

등온 압축률 β_T 가 압력에 무관한 일정 상수라면(적은 압력 범주에 걸쳐 압력에 따라 그다지 변하지 않으면),

$$\int_{V_o}^{V}\frac{d\underline{V}}{\underline{V}}=-\beta_T\int_{P_o}^{P}dP$$

$$\ln\frac{\underline{V}}{\underline{V}_o}=-\beta_T(P-P_o)\quad\Rightarrow\quad \underline{V}=\underline{V}_o\exp[-\beta_T(P-P_o)]$$

$d\underline{G}=\underline{V}dP$ 이므로,

$$\underline{G}_{(P)}-\underline{G}_{(P_o)}=\Delta\underline{G}=\int_{P_o}^{P}\underline{V}_o\exp[-\beta_T(P-P_o)]\,dP \tag{4.28}$$

$P_o=0$ 이면, $\qquad \underline{G}_{(P)}=\dfrac{\underline{V}_o}{\beta_T}[1-\exp(-\beta_T P)]$

4.4 등부피 재료 평형

재료 연구 특히 전자 재료를 다루는 고체 물리학에서는 결정재료 상태간 운동에너지와 포텐셜에너지 차이가 무시할 정도이며 일정 부피인 닫힌계에 대한 열역학이 다루어진다. 이러한 결정계에 대한 평형조건은 4.1절에서 다룬 방법에 따라서 유도할 수 있다. 즉, 무한소량의 물질 i가 상태 1로부터 2로 변화할 경우 깁스 평형원칙에 근거해 두 상태간의 가역적 일이 0이 되는 평형조건을 찾기 위해 열역학 2법칙을 적용해 보자. 우선적으로 평형시 두 상태의 온도는 서로 같아야 한다[$T_1=T_2=T$: 열적 평형(열역학 0법칙)].

아래 식들에서 크기 열역학 성질에 사용되는 물결 기호(~)는 일정한 온도 및 부피 조건하에 물질 성분 i 1몰 첨가시 i 이외의 다른 성분들의 질량은 일정할 경우, 성분 i 1몰에 대한 열역학 성질 편미분인 분몰량을 나타낸다. 이러한 표기 방식은 일정한 온도, 압력하에서 크기 열역학 함수의 성분 i 몰에 대한 동일한 편미분을 나타내는 분몰량 기호(¯)와의 혼동을 피하기 위해서 채택되었다.

일정한 온도 및 부피하의 닫힌계 재료 상태변화에 대해,

$$\text{열역학 1법칙 : }\ \delta Q-\delta W=\sum_i(\tilde{U}_2-\tilde{U}_1)_i\,dn_i=dU|_{T,V}$$

$$\text{열역학 2법칙 : }\ \frac{\delta Q}{T}+\frac{\delta lw}{T}=\sum_i(\tilde{S}_2-\tilde{S}_1)_i\,dn_i=dS|_{T,V}$$

여기서 $\tilde{U}_i = \left(\frac{\partial U}{\partial n_i}\right)_{T,V,n_j \neq n_i}$, $\tilde{S} = \left(\frac{\partial S}{\partial n_i}\right)_{T,V,n_j \neq n_i}$

δQ 항을 제거하기 위해 두 식들을 결합하고 $\delta W_r = \delta W + \delta lw$ 관계를 적용하면,

$$\begin{aligned} -\delta W_r &= \sum_i (\tilde{U}_{i,2} - \tilde{U}_{i,1})\, dn_i - T \sum_i (\tilde{S}_{i,2} - \tilde{S}_{i,1})\, dn_i = dU|_{T,V} - T\, dS|_{T,V} \\ &= d(U - TS)_{T,V} \end{aligned} \tag{4.24}$$

한편, 일정부피계 상태변화의 경우 $-\delta W_r|_V = -(PdV - \delta W_r^*)_V = \delta W_r^*$ 이므로,

$$\delta W_r^* = d(U - TS)\big|_{T,V} = dF\big|_{T,V}$$

여기서 $U - TS$ 는 헬름홀쯔 자유에너지 F를 의미한다.
평형원칙으로부터 계 평형시에 $\delta W_r = 0$ 또는 $\delta W_r^* = 0$ (일정부피 계).

$$\begin{aligned} &\delta W_r^* = \sum_i \{(\tilde{U}_{i,1} - T\tilde{S}_{i,1}) - (\tilde{U}_{i,2} - T\tilde{S}_{i,2})\} dn_i = 0 \\ &\tilde{F}_{i,1} = \tilde{F}_{i,2} \text{ 또는 } \mu_{i,1} = \mu_{i,2} \text{ : 일정부피계 화학적 평형조건} \end{aligned} \tag{4.25}$$

여기서 $\tilde{F}_i$ 는 성분 i 분몰 헬름홀쯔 에너지로서 화학포텐셜을 나타낸다.

$$\tilde{F}_i = \left(\frac{\partial F}{\partial n_i}\right)_{T,V,n_j = n_i} = \mu_i$$

일정한 부피의 등온 닫힌계에 대해서도 결국 물리적 상태변화 계의 평형조건 표현인 $\mu_{i,1} = \mu_{i,2}$ 관계가 동일하게 얻어질 수 있다. 그러나 일정 부피 상황을 고려하는 등온 재료계에서는 화학포텐셜 개념으로서 헬름홀쯔 자유에너지가 깁스 자유에너지 대신 사용된다. 통계열역학에서는 헬름홀쯔 자유에너지가 깁스 자유에너지에 비해 용이하게 계산되어질 수 있기 때문에 보다 유용하게 채택되 사용된다. 고체 재료의 경우 열팽창계수 및 등온압축률이 어느 정도 의미를 지니는 금속 재료는 깁스 자유에너지를, 반면에 이들 성질의 의미가 거의 없는 반도체 재료는 헬름홀쯔 자유에너지를 용이한 열역학 이론 전개를 위해 채택해 사용한다. 그러나 일반적으로 고상 재료에서는 압력에 따른 부피변화가 거의 없어 두 종류 자유에너지가 별로 큰 차이를 보이지 않기 때문에 이들은 혼용해 사용될 수 있다.

4.5 1차 상전이(클라페이론 식)

2성분계 물질이 일정 온도 및 압력하에서 서로 다른 두 가지 물리적 상태인 상 A와 B로서 평형을 이루며 공존할 경우, 각 상 내 성분 물질의 몰당 깁스 자유에너지는 서로 동일해야 하는 상평형 조건을 4.1절에서 이미 설명하였다($\overline{G}_i^A = \overline{G}_i^B$). 따라서 온도 및 압력 변화에도 불구하고 이에 따라 두 상태가 여전히 평형을 유지하며 공존하려면, 온도 및 압력에 따른 각 상 내 성분의 몰당 깁스 자유에너지 변화 또한 동일하게 유지되어야만 한다.

$$d\underline{G}^A = d\underline{G}^B \text{ : 단일성분계,} \qquad d\overline{G}_i^A = d\overline{G}_i^B \text{ : 나성분계}$$

단일성분 재료계 상 A와 B에 대한 $\underline{G}(T, P)$ 도해가 서로 만나는 온도-압력 경계선상에서 세기변수 T, P에 대한 $\underline{G}$의 1차 미분이 각기 불연속적($\underline{S}_A \neq \underline{S}_B$, $\underline{V}_A \neq \underline{V}_B$)일 경우, 두 상 간의 전이를 1차 상전이라고 정의한다. 용융과 비등은 1차 상전이에 해당하는 전형적인 예이다.

세기함수 T와 P에 대한 $\underline{G}$의 1차 미분은,

$$\left(\frac{\partial \underline{G}}{\partial T}\right)_P = -\underline{S}, \qquad \left(\frac{\partial \underline{G}}{\partial P}\right)_T = \underline{V}$$

한편 온도-압력 경계선에서 세기변수 T, P에 대한 $\underline{G}$의 1차 미분은 연속적이나 ($\underline{S}^A = \underline{S}^B$, $\underline{V}^A = \underline{V}^B$), 이들에 대한 2차 미분이 불연속적일 때 상태 A와 B 사이의 전이를 2차 상전이라고 한다. 규칙-불규칙 상전이에 속하는 자성전이(magnetic transition) 및 고분자 재료의 유리전이(glass transition)는 2차 상전이에 대한 대표적 예에 해당한다. 2차 상전이에 대한 열역학은 4.9절에서 자세히 다루기로 한다.

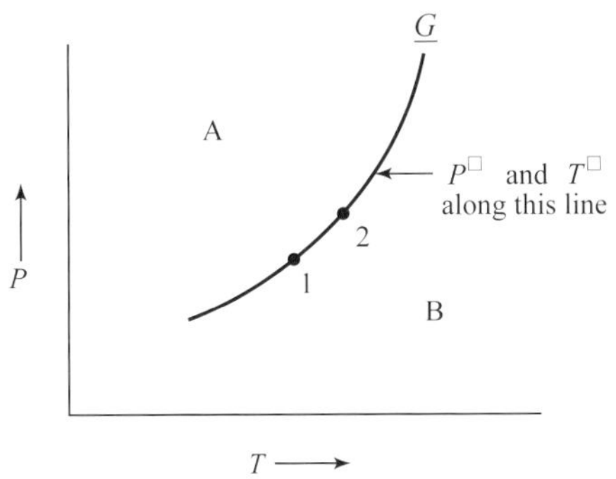

그림 4.5 상 A와 B 사이의 평형에 미치는 압력-온도 영향 관계 : 단일 성분계 상태도
실선 곡선은 상 A, B에 대한 $\underline{G}(P,T)$ 곡면이 서로 교차되는 궤적을 나타낸다.

이 절에선 단일성분 계 1차 상전이에 대한 평형 열역학을 살펴보기로 하자. 그림 4.5는 조성 변화가 없는 단일성분 물질에 대한 상태도를 나타내며 A영역에서는 상 A, 오른쪽 B 영역에서는 상 B가 안정한 평형상이다. 이 두 영역의 경계선상 궤적을 따라서 상 A와 B는 평형상태로 공존할 수 있다. 실선 경계선은 상 A의 $\underline{G}^A(T, P)$곡면과 상 B의 $\underline{G}^B(T, P)$곡면이 만나 교차하는 궤적을 나타낸다. 지면 수직축(z축)은 $\underline{G}$ 를 나타낸다.

단일성분계의 2상 평형 공존 예를 물/증기 상태도에서 찾아볼 수 있다. 물을 상 A, 증기를 상 B라 하자. 두 상 안정영역 사이에 그어진 2상 공존 $(P-T)$ 곡선을 증기압 곡선이라고 부른다. 이 곡선상의 점들은 동일한 분위기 압력하(전체 압력)[3] 특정온도에서 순수한 물과 평형을 이루는 수증기 압력의 궤적을 나타낸다. 두 상이 고체와 액체라면 $(P-T)$ 상태도상의 곡선은 압력함수로서의 융점 변화를 나타낸다.

2상 공존 평형온도/압력 곡선을 열역학 함수식으로 나타내기 위해 그림 4.5의 상평형 곡선상에 점 1과 2를 설정해 보자. 두 점 사이에서 온도와 압력은 서로 무한소량만큼 차이를 각각 나타낸다고 가정하자. 윗첨자 □는 온도–압력 경계선상의 평형을 나타내기 위해 사용한다.

$$d\underline{G}^A = -\underline{S}^A dT^{\square} + \underline{V}^A dP^{\square}$$
$$d\underline{G}^B = -\underline{S}^B dT^{\square} + \underline{V}^B dP^{\square}$$

곡선상에서 상 A와 B는 평형을 이루므로, 곡선상 온도, 압력에서는 두 상의 몰당 깁스 자유에너지가 동일하다. 즉 $\underline{G}^A$ 와 $\underline{G}^B$ 변화가 동일하게 된다.

$$d\underline{G}^A = d\underline{G}^B$$
$$-\underline{S}^A dT^{\square} + \underline{V}^A dP^{\square} = -\underline{S}^B dT^{\square} + \underline{V}^B dP^{\square}$$
$$(\underline{S}^B - \underline{S}^A) dT^{\square} = (\underline{V}^B - \underline{V}^A) dP^{\square}$$
$$\Delta \underline{S} dT^{\square} = \Delta \underline{V} dP^{\square} \tag{4.29}$$

상 A와 B는 곡선상의 평형온도 $T^{\square}$ 에서 공존하므로 $\Delta\underline{G}(A \to B) = 0$.

$$\Delta\underline{G}(T^{\square}) = \Delta\underline{H} - T^{\square}\Delta\underline{S} = 0$$

3) 증기와 액체가 둘 다 같은 분위기 압력하에 놓여 있다는 점에 주의하라. 예를 들어 298 K에서 2.339×10^3 Pa의 수증기는 액상 물과 동일 압력하에서 평형을 이룬다. 계의 분위기 전체 압력이 증가하면(불활성 가스를 첨가함으로써), 물의 증기압도 이에 따라서 변한다(4.7절에서 논의).

$$\Delta \underline{S} = \frac{\Delta \underline{H}}{T^{\square}} \tag{4.30}$$

식(4.29)와 (4.30)을 결합하면,

$$\begin{aligned} \Delta \underline{H} \frac{dT^{\square}}{T^{\square}} &= \Delta \underline{V} dP^{\square} \\ \frac{dP^{\square}}{dT^{\square}} &= \frac{1}{\Delta \underline{V}} \frac{\Delta \underline{H}}{T^{\square}} \end{aligned} \tag{4.31}$$

식(4.31)은 단일성분 물질의 상전이 온도에 따른 평형압력 변화를 나타내는 클라페이론(Clapeyron)식이라고 한다. 그림 4.5의 실선 곡선은 식(3.1)을 만족시키는 $(T^{\square}, P^{\square})$ 궤적을 나타낸다.

단일성분 물질의 상전이가 고상에서 액상으로 진행된다면, $\Delta \underline{H}$ 는 고유 용융 엔탈피변화($\Delta \underline{H}_{fus}$)이고, $\Delta \underline{V}$ 는 액상의 고유 부피에서 고상의 고유 부피를 뺀 값이 된다. 예로서 500기압($500 \times 1.013 \times 10^5$ Pa)의 압력변화에 따른 주석(Sn)의 융점변화를 계산해 보자.

주석 : 융점 = 505 K(1기압하), 용융 잠열 = 7,196 J/mol, 분자량 = 118.7 g/mol
고상 주석의 밀도 = 7.30 g/cm^3, 용융시 주석의 부피 변화 = 2.7%

먼저 $\Delta \underline{V}$ 를 계산해 보면,

$$\underline{V} = \frac{mol(wt)}{density} = \frac{118.7}{7.3} = 16.26 \frac{\text{cm}^3}{\text{mol}} = 16.26 \times 10^{-6} \frac{\text{m}^3}{\text{mol}}$$

$$\Delta \underline{V} = (0.027)(16.26 \times 10^{-6}) = 4.39 \times 10^{-7} \frac{\text{m}^3}{\text{mol}}$$

$\Delta \underline{V}$ 와 $\Delta \underline{H}$ 가 온도에 따라 변하지 않는다고 가정하고, $\Delta T^{\square} << T^{\square}$ 라 하면,

$$\frac{\Delta P^{\square}}{\Delta T^{\square}} = \frac{1}{4.39 \times 10^{-7}} \frac{7{,}196}{505} = 3.25 \times 10^{-7} \left(\frac{\text{N}}{\text{m}^2} \cdot \frac{1}{\text{K}} \right)$$

$\Delta P^{\square} = (500)(1.013 \times 10^5)$ Pa 이므로,

$$\Delta T^{\square} = \frac{(500)(1.013 \times 10^5)}{3.25 \times 10^7} = 1.58\,\text{K}$$

금속 재료의 경우 식(4.31)의 우변 항이 용융시 모두 양의 수치를 나타내므로 압력이 증가하면 융점은 높아진다. 그러나 물의 경우는 고유 부피가 용융시 감소하므로 압력 증가에 따라 융점은 반대로 낮아진다.

4.6 클라페이론식(평형증기압)

단일성분의 응축상(액상, 고상) A가 증기상 B와 평형을 이루고 있다고 하자. 일반적으로 증기의 고유 부피가 응축상의 고유 부피보다는 훨씬 더 크므로($\Delta\underline{V} \approx \underline{V}_{(vapor)}$), 식(4.31)을 다음처럼 근사치화해 쓸 수 있다.

$$\frac{dP^{\square}}{dT^{\square}} = \frac{1}{\underline{V}_{(vapor)}} \frac{\Delta\underline{H}_{vap}}{T^{\square}} \tag{4.32}$$

여기서 $\Delta\underline{H}_{vap}$ 는 기화 잠열이다. 증기를 이상기체로 볼 수 있으므로,

$$\frac{dP^{\square}}{dT^{\square}} = \frac{P^{\square}}{RT^{\square}} \frac{\Delta\underline{H}_{vap}}{T^{\square}}$$

$$\frac{dP^{\square}}{P^{\square}} = \frac{\Delta\underline{H}_{vap}}{R} \frac{dT^{\square}}{(T^{\square})^2} = -\frac{\Delta\underline{H}_{vap}}{R} d\left(\frac{1}{T^{\square}}\right)$$

$$d(\ln P^{\square}) = -\frac{\Delta\underline{H}_{vap}}{R} d\left(\frac{1}{T^{\square}}\right) \tag{4.33}$$

식(4.33)에선 $\Delta\underline{H}_{vap}$ 를 평형온도 $T^{\square}$ 근방의 적은 온도변화 범위 내에서는 일정한 값으로 가정[즉, 온도에 따른 $(\Delta C_P)_{vap} = 0$]할 수 있으나, 실제로 $\Delta\underline{H}_{vap}$ 는 다음처럼 온도 의존성을 나타낸다.

$$\Delta\underline{H}_{vap} = \Delta\underline{H}_{vap}(T_0) + \int_{T_0}^{T} (\Delta C_P)_{vap}\, dT$$

여기서 $(\Delta C_P)_{vap} = C_p^l(\text{또는 } C_p^s) - C_p^v$ 이다.

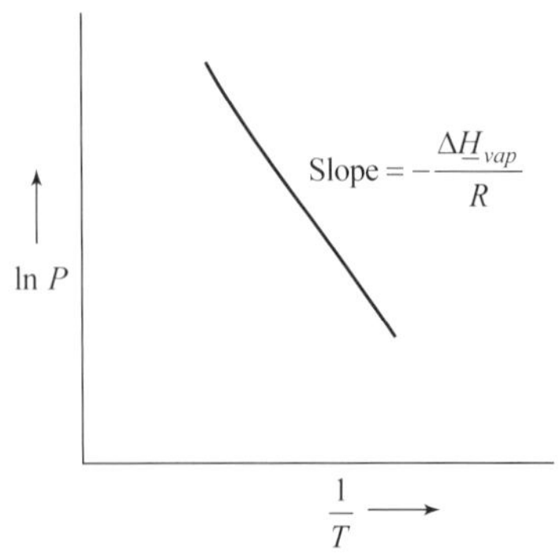

그림 4.6 절대온도 역수 함수로서 나타낸 평형 증기압력의 자연대수

식(4.33)으로부터 증기압의 자연대수를 절대온도의 역수 $1/T$ 에 대한 함수로서 그래프로 나타내면, 직선의 기울기는 기화 엔탈피를 기체상수로 나눈 수치의 음수에 해당함을 알 수 있다(그림 4.6). 따라서 식(4.33) 관계로부터 응축상의 기화 엔탈피를 결정할 수 있다.

예로서 작은 온도구간인 293와 298 K 사이에서의 증기압 자료로부터 물에 대한 기화 엔탈피를 결정해 보자.

T(K)	**P(bars) [1bar=10⁵Pa]**
293	0.02339
298	0.03169

5 K 정도의 작은 온도 변화 범위에 걸쳐서는 $\Delta \underline{H}_{vap}$ 가 일정하다고 가정할 수 있으므로, 표에 나타난 압력 및 온도 범위에 걸쳐서 식(4.33)을 다음처럼 간단히 적분할 수 있다.

$$\int_{P_1}^{P_2} d(\ln P^{\square}) = -\frac{\Delta \underline{H}_{vap}}{R} \int_{T_1}^{T_2} d\left(\frac{1}{T^{\square}}\right)$$

$$\ln \frac{P_2^{\square}}{P_1^{\square}} = -\frac{\Delta \underline{H}_{vap}}{R}\left[\frac{1}{T_2^{\square}} - \frac{1}{T_1^{\square}}\right] = \frac{\Delta \underline{H}_{vap}}{R}\left[\frac{T_2^{\square} - T_1^{\square}}{T_1^{\square} T_2^{\square}}\right]$$

$$\ln\left(\frac{3,169}{2,339}\right) = \frac{5}{(293)(298)} \frac{\Delta \underline{H}_{vap}}{8.314}$$

$$\Delta \underline{H}_{vap} = 44,092 \text{ J/mol} = 2,450 \text{ J/g}$$

응축상 물질 증기압의 온도함수를 대수적 관계 수식으로 표현할 수 있으면, 이를 이용하여 식(4.33)으로부터 기화 엔탈피(고상 물질 : 승화 엔탈피)를 직접 계산할 수도 있다. 액상 Ga의 증기압은 다음처럼 대수적 온도함수식으로 표현할 수 있다(참고문헌 1).

$$\ln P(\text{atm}) = 8.346 - \frac{31,848}{T} + 0.7579 \ln T - 0.7234 \times 10^{-3} T$$

이를 미분 형태식으로 재정리하면,

$$d(\ln P) = \frac{31,848 dT}{T^2} + \frac{0.7579 dT}{T} - 0.7234 \times 10^{-3} dT$$

$$d(\ln P) = (31,848 + 0.7579T - 0.7234 \times 10^{-3} T^2)\frac{dT}{T^2}$$

$$d(\ln P) = -(31,848 + 0.7579T - 0.7234 \times 10^{-3} T^2) d\left(\frac{1}{T}\right)$$

미분 형태식을 클라페이론 식(4.33)과 비교하면,

$$\Delta \underline{H}_{vap} = R(31{,}848 + 0.7579T - 0.7234 \times 10^{-3} T^2)$$

Ga 증기압 표현식에 의하면 기화 엔탈피는 온도의 함수가 된다. 한편 증기압을 $\ln P = A/T + B$ 처럼 간단한 대수적 온도함수 형태식으로 표현하면, 기화 엔탈피는 온도의 함수가 되지 않는다(즉, $\Delta \underline{H}_{vap}$ 표현식 우변의 온도항이 없어지므로 $\Delta \underline{H}_{vap}(T) \approx \Delta \underline{H}_{vap}(T_0)$). 그러나 이처럼 간단한 대수적 형태 표현식보다 더 복잡한 온도함수식으로 $\Delta \underline{H}_{vap}(T)$ 를 나타낼 수 있을 만큼 증기압을 온도함수로 정밀하게 실험적으로 측정(또는 ΔC_p 의 온도의존 함수에 대한 실험적 정밀 측정)한다는 것은 매우 어려운 일이다.

그림 4.7은 여러 금속 원소에 대한 증기압의 온도 의존도를 나타낸다. 1기압 이하의 증기압 영역에서는 $\ln P = A/T + B$ 의 관계가 비교적 잘 만족되고 있음을 보여준다. 그림에서 흑점은 3중점(융점)을 나타내며 각 증기압 곡선이 상단온도 가로축인 1기압과 교차하는 점은 금속 원소의 끓는점을 나타낸다. 흑점에서는 직선의 기울기가 다소 변화하는데 이는 기화(액체→증기)곡선으로부터 승화(고체→증기)곡선으로의 전이현상 때문이다. 3중점은 승화, 기화 곡선과 용융이 함께 교차하는 3상($\alpha + L + G$)이 평형을 이루는 점이다.

고체/증기간 평형에 대한 승화 압력곡선은 식(4.33)으로부터 다음처럼 쓸 수 있다.

$$P^s = A^s \exp[-\Delta \underline{H}^s / RT]$$

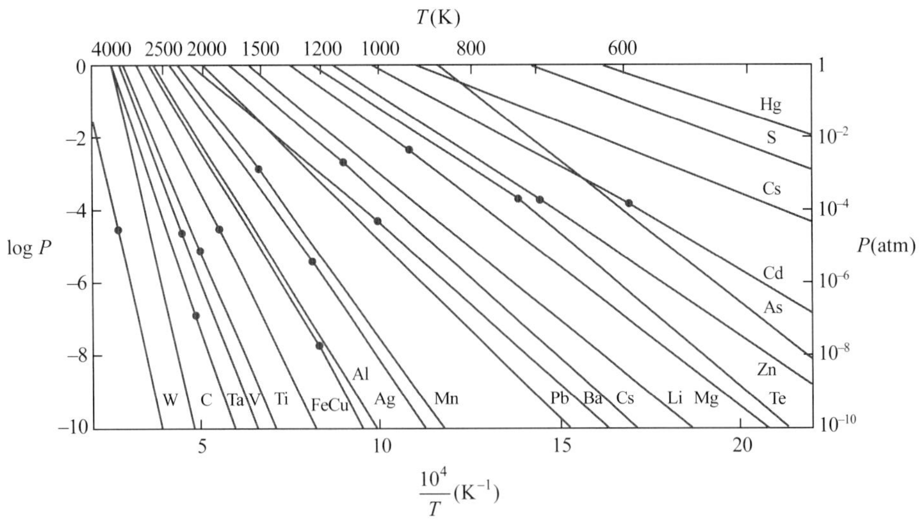

그림 4.7 온도함수로 나타난 여러 원소의 증기압 곡선. 기울기 변화점(흑점)은 융점에 해당하고 상단 온도 축상(P=1atm)과 실선곡선의 교차점은 끓는점 온도이다.

액체/기체간 평형에 대한 기화 압력곡선은,

$$P^v = A^v \exp[-\Delta\underline{H}^v / RT]$$

융점인 3중점 (P_t, T_t)은 위 두 압력곡선 상에 공통적으로 위치하므로,

$$P_t = A^s \exp[-\Delta\underline{H}^s / RT_t]$$
$$P_t = A^v \exp[-\Delta\underline{H}^v / RT_t]$$

두 식으로부터 3중점 해를 다음처럼 구할 수 있다.

$$T_t = \frac{\Delta\underline{H}^s - \Delta\underline{H}^v}{R\ln(A^s - A^v)}$$

$$P_t = A^v(A^s - A^v)\exp[\Delta H^v /(\Delta H^v - \Delta H^s)]$$

4.7 인가 압력에 따른 증기압

그림 4.8은 증기와 액상이 평형을 이루는 단일성분계에 대한 상태도를 나타낸다. 지금까지는 물질의 평형증기압을 논할 때, 계 내의 분위기 전체압력을 증기압과 동일하다고 가정하였다. 즉, 임의 온도에서 초기 진공 분위기하에 놓인 물질이 평형 도달시 나타내는 압력은 바로 증기 자체에 의해 형성된 압력이 된다. 예를 들어 물의 경우 100°C에서 분위기 전체압력은 비등점 수증기압인 1기압이 되며, 100°C보다 낮은 온도에서 계의 압력은 이보다 낮아진다.

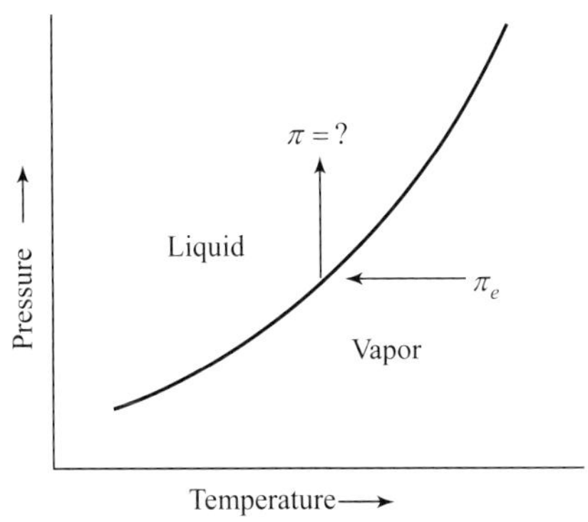

그림 4.8 온도에 따른 액상의 평형증기압과 증기압에 미치는 전체압력(P_T)의 효과

이제부터는 계의 분위기 전체압력이 증기압보다 큰 경우에 벌크 응축상의 평형증기압이 어떻게 바뀌는지에 대해서 알아보도록 한다. 계의 전체압력은 아르곤과 같은 불활성 기체를 계 내로 넣어줌으로써 임의대로 조절할 수 있다. 이러한 계 내 증기압력을 분압이라고 부른다. 전체압력은 이상기체 법칙에 따라 계 내 모든 분압의 합이 된다. 이 경우 전체압력은 Dalton 법칙에 의해 증기와 아르곤 분압의 합이 된다. 식(3.13) ($d\underline{G} = -\underline{S}dT + \underline{V}dP$)에 의하면, 일정 온도에서 액상에 가해진 압력이 커질수록 액상의 고유 깁스 자유에너지는 증가한다. 액상의 깁스 자유에너지가 증가하면 평형이 유지되기 위해서 동일 물질의 증기상 깁스 자유에너지도 함께 증가되어야만 한다. 이는 액상에 가해진 압력이 증가하면 그 증기압도 함께 증가함을 의미한다.

이러한 관계를 살펴보기 위해 π_e는 액상 자체 평형증기압, π는 전체압력 P_T 하에서의 액상 평형증기압을 나타낸다고 하자. 여기서 π_e는 액상 곡률 반경이 ∞(즉 벌크 형태 액상)인 경우의 자체 평형증기압을 뜻한다. 일정한 온도에서 액상의 분위기 압력이 π_e로부터 P_T로 증가하면, 액상의 고유 깁스 자유에너지는 다음처럼 변하게 된다. 계산 편의상 액상을 비압축성 물질(즉, $\underline{V}_l$은 압력의 함수가 아님)이라고 가정한다[식(4.27)].

$$\begin{aligned} d\underline{G}_l &= \underline{V}_l dP \\ \Delta\underline{G}_l &= \underline{V}_l(P_T - \pi_e) \end{aligned} \tag{4.34}$$

증기상의 깁스 자유에너지도 압력 증가에 따라서 변해야 한다. 증기를 이상기체로 가정할 수 있으므로,

$$\begin{aligned} d\underline{G}_v &= V_v dP = RT\frac{dP}{P} \\ \Delta\underline{G}_v &= RT\ln\frac{\pi}{\pi_e} \end{aligned} \tag{4.35}$$

액상의 분위기 압력 변화에 따라 지속적으로 두 상이 평형을 유지하며 공존하기 위해서는 식(4.34)와 (4.35)에 나타난 각 상의 깁스 자유에너지 변화가 서로 같아야 하므로,

$$\underline{V}_l(P_T - \pi_e) = RT\ln\frac{\pi}{\pi_e} \tag{4.36}$$

$P_T >> \pi_e$ 이라면,

$$\underline{V}_l P_T = RT\ln\frac{\pi}{\pi_e} \tag{4.37}$$

그러나 계의 전체압력 증가에 의한 평형증기압 변화는 응축상의 경우에서 일반적으로 미미한 변화를 나타낸다. 이는 식(4.37)에 특정값을 대입해 보면 쉽게 알 수 있다.
이를 위해 전체압력이 10기압으로 높아질 때 298 K에서 물의 증기압 변화율을 계산해 보도록 하자. 298 K에서 물의 평형증기압 π_e 는 3.169 Pa(0.0313기압)이다.

$$\underline{V} = \frac{mol.\,wt.}{density} = \frac{18}{1} = 18\frac{\text{cm}^3}{\text{mol}} = 18\times10^{-6}\ \frac{\text{m}^3}{\text{mol}}$$

$$\underline{V}_l P_T = RT\ln\frac{\pi}{\pi_e}$$

$$(18\times10^{-6})(10\times1.013\times10^5) = 8.314(298)\ln\frac{\pi}{\pi_e}$$

$$\ln\frac{\pi}{\pi_e} = 0.0074 = \ln\left(\frac{\pi_e+\Delta\pi}{\pi_e}\right) = \ln\left(1+\frac{\Delta\pi}{\pi_e}\right)$$

x 가 작을 경우 $\ln(1+x) = x$ 로 근사할 수 있으므로,

$$\frac{\Delta\pi}{\pi_e} = 0.0074$$

따라서 298 K 액상/증기 계의 전체압력이 0.0313기압으로부터 10기압으로 높아짐으로써 물의 평형증기압은 오로지 0.74% 정도 만큼 증가된다.

4.8 입자 평형 증기압

입자 크기에 따른 응축상 물질의 증기압 변화를 다루는 경우, 4.7절에서 고찰한 외부 인가 압력 영향효과는 중요하게 고려되어 진다. 작은 액적 형태의 응축상이 받는 전체압력(P_T)은 인가 압력(4.7절에서 다룬 벌크 응축상 평형 증기압)과 표면장력에 의해 형성된 물질의 내부 잉여 압력(ΔP)의 합이 된다.

구형 입자 물질의 표면장력을 γ 반지름을 r이라 하면, 그림 4.9로부터 역학적 힘 균형식에 의해 표면장력에 상응하는 내부 잉여압력 ΔP 를 다음처럼 표현할 수 있다(역학적 평형).

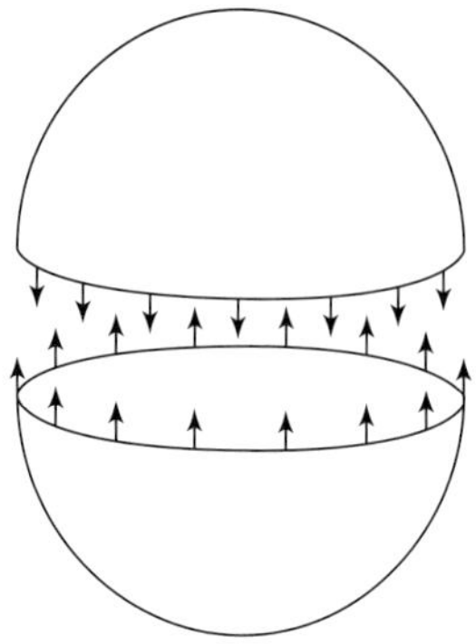

그림 4.9 두 개의 반구를 묶어놓은 힘은 $2\pi r\gamma$ 이고, 서로 밀어내는 힘은 $\pi r^2\Delta P$ 이다. 역학적 힘 균형식 ($2\pi r\gamma = \pi r^2\Delta P$)에 의해 $\Delta P = 2\gamma / r$ 이다.

$$\begin{aligned} 2\pi r\gamma &= \pi r^2 \Delta P \\ \Delta P &= \frac{2\gamma}{r} \end{aligned} \tag{4.38}$$

일반적 표현으로는 $\Delta P = \kappa\,\gamma$

여기서 곡면 곡률 $\kappa = \dfrac{dA}{dV} = \dfrac{1}{r_1} + \dfrac{1}{r_2}$ 이며, r_1, r_2 는 곡면의 주곡률 반경이다(9.2절). 따라서 구 형태의 경우 $\kappa = \dfrac{2}{r}$ 이 된다. 응축상 입자 내부의 전체압력 P_T 는 벌크상 평형증기압과 표면장력에 의해 부과된 잉여압력을 합한 압력이다.

$$P_T = \pi_e + \Delta P = \pi_e + \frac{2\gamma}{r} \tag{4.39}$$

여기서 P_T 는 4.7절의 분위기 전체 압력과는 의미가 다른 압력 기호이다.

다음으로 표면장력에 의한 입자 내부 잉여압력 ΔP 와 단일성분 응축상 입자 증기압 π 간 **화학적 평형** 관계식을 유도해보자.

$$d\underline{G}_l \,(\text{식}4.34) = d\underline{G}_v \,(\text{식}4.35)$$

위 관계식을 적분하면, $\displaystyle\int_{\pi_e}^{P_T} \underline{V}_l \, dP = RT\int_{\pi_e}^{\pi} d(\ln P)$

$$\underline{V}_l (P_T - \pi_e) = RT \ln\frac{\pi}{\pi_e} \tag{4.36}$$

여기서 π 는 반경 r인 액적 액상(또는 고상)의 증기압을 나타낸다.

반지름이 r인 액적의 증기압 π 는 식(4.36)에 식(4.39)를 대입하여 다음처럼 구해질 수 있다.

반지름이 r인 액적의 응축상 증기압 π는 식(4.36)에 식(4.39)를 대입하여 다음처럼 구해질 수 있다.

$$\underline{V}_l\left(\frac{2\gamma}{r}\right) = RT\ln\frac{\pi}{\pi_e}$$

$$\ln\frac{\pi}{\pi_e} = \frac{2\underline{V}_l\gamma}{RT}\frac{1}{r} \quad \text{또는} \quad \ln\frac{P_r}{P_\infty} = \frac{2\underline{V}\gamma}{RT}\frac{1}{r} \tag{4.40}$$

따라서 물질 입자의 증기압 π 는 입자 크기의 함수가 된다. 일정한 온도에서의 응축상 입자 크기가 작을수록 평형증기압 π 는 커진다.

이러한 사실로부터 다양한 크기의 입자들로 구성된 물질계에서는 작은 입자들은 수축되고 큰 입자들은 성장하게 됨을 이해할 수 있다. 이는 작은 입자들 주변의 증기압이 큰 입자들 주변의 증기압에 비해서 더 크기 때문에 일어나는 현상이다. 결국, 이러한 증기압 차이로 인해 기상을 통한 물질 확산 이동이 작은 입자로부터 큰 입자쪽으로 진행된다. 이렇게 큰 입자 주변으로 이동된 증기로 인해 큰 입자 주변의 압력은 본래 입자 평형증기압보다 커지므로, 큰 입자상에 고착되어 입자를 조대화 시킨다. 반면 작은 입자 주변 압력은 확산으로 인해 본래 입자 평형증기압보다 작아져 입자로부터의 기화 구동력이 야기되므로 입자 크기는 더 작아지게 된다.

이러한 다양한 크기를 지닌 입자간 증기압 차이에 의한 지속적인 물질 이동 과정을 입자 조대화(coarsening) 현상이라고 한다. 이 절에서는 "역학적 힘 균형"(역학적 평형)과 화학적 평형조건에 의거해 식(4.40)을 유도하고 있으나, 9.4절에서는 식(4.40)을 평형론적 열역학 고찰(평형원칙 : $dS_{sys,iso} = 0$)에 의거해 체계적으로 유도하며 이 식의 재료공정 활용 예와 함께 9.4절에서 자세하게 다루고 있다.

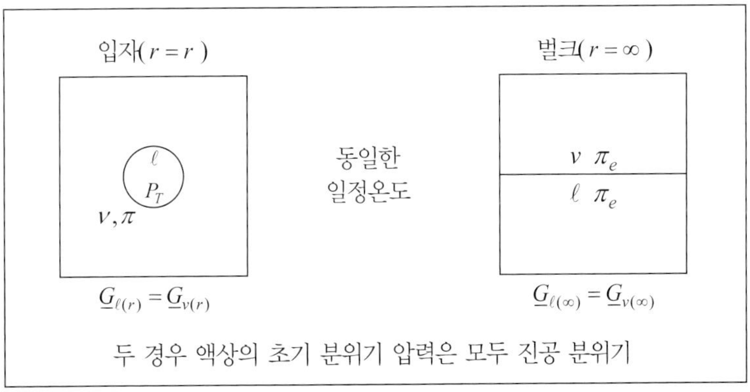

4.9 2차 상전이(규칙-불규칙)

4.6절에서 이미 언급한 바처럼, 단일성분 재료계 두 상태(A와 B) 간의 2차 상전이는 세기 변수 T와 P에 대한 $\underline{G}$ 의 1차 미분($\underline{S}$ 와 $\underline{V}$)은 2상간 경계에서 연속적이나, 이들에 대한 $\underline{G}$ 의 2차 미분이 불연속적인 상전이로 정의된다. 이러한 2차 상전이에 해당하는 규칙-불규칙 상전이 예로, 고용체 내 규칙-불규칙 상전이(원자 배열 규칙성), 강자성(ferromagnetic)-상자성(paramagnetic) 전이(자기모멘트 배열 규칙성), 초전도-비초전도성 상태간 전이(전자스핀 배열 규칙성) 현상 등을 들 수 있다(참고문헌 2).

2차 상전이에 관련되는 열역학 평형 관계식을 유도해 보자. T, P에 대한 $\underline{G}$ 의 1차 미분이 연속적이면 두 상간 경계에서,

$$\underline{S}_A = \underline{S}_B$$

고유 엔트로피는 T와 P의 함수이므로,

$$\underline{S} = \underline{S}(T, P)$$

전미분을 취하면,

$$d\underline{S} = \left(\frac{\partial \underline{S}}{\partial T}\right)_P dT + \left(\frac{\partial \underline{S}}{\partial P}\right)_T dP$$

3.4절에서 다룬 열역학 성질 사이 관계를 적용하고 상 A와 B가 모두 응축상이라 하면,

$$\begin{aligned} d\underline{S} &= \frac{C_P}{T} dT - \left(\frac{\partial \underline{V}}{\partial T}\right)_P dP \\ d\underline{S} &= \frac{C_P}{T} dT - \underline{V}\alpha_V dP \end{aligned} \tag{4.41}$$

2차 상전이 평형시는 $\underline{S}_A = \underline{S}_B$ 이므로 $d\underline{S}_A = d\underline{S}_B$.

$$d\underline{S}_B - d\underline{S}_A = \frac{C_{P,B} - C_{P,A}}{T^{o}} dT^{\square} - \left(\underline{V}_B \alpha_B - \underline{V}_A \alpha_A\right) dP^{\square} = 0$$

또한 2차 상전이시는 $\underline{V}_B = \underline{V}_A = \underline{V}$ 이므로,

$$\frac{dP^{\square}}{dT^{\square}} = \frac{\Delta C_P}{\underline{V} T^{\square} \Delta\alpha} \tag{4.42}$$

식(4.42)는 단일성분 응축상 물질의 2차 상전이 평형시 만족되는 평형 온도-압력 간 열

역학 관계를 나타낸다. 위 식 적분시 고유부피 $\underline{V}$ 가 평형 상전이 온도 및 압력 변화에 따라 일정한 경우, 온도함수로서의 고유부피 곡선의 기울기$(\partial \underline{V} / \partial T)_P$, 즉 열팽창계수 α도 변하지 않는다($\underline{V}$ 및 $\Delta\alpha$ 일정).

유사한 접근방법으로 2차 상전이에 대한 평형 온도-압력간 관계를 다음처럼 고유부피의 T, P 함수식을 이용하여 또다른 평형 관계식을 다음처럼 유도할 수가 있다. T, P에 대한 $\underline{G}$ 의 1차 미분이 연속적이면 상간 경계에서 $\underline{V}_A = \underline{V}_B$ 이다.
고유부피는 T,P 함수로서 나타낼 수 있으므로,

$$\underline{V} = \underline{V}(T,P)$$

$$d\underline{V} = \left(\frac{\partial \underline{V}}{\partial T}\right)_P dT + \left(\frac{\partial \underline{V}}{\partial P}\right)_T dP$$

$$d\underline{V} = \underline{V}\alpha_V dT - \underline{V}\beta_T dP$$

2차 상전이 평형시는 A와 B간 상경계에서 $\underline{V}_A = \underline{V}_B$ 이므로 $d\underline{V}_A = d\underline{V}_B$,

$$(\alpha_B - \alpha_A)dT^{\square} = (\beta_B - \beta_A)dP^{\square}$$

$$\frac{dP^{\square}}{dT^{\square}} = \frac{\Delta\alpha}{\Delta\beta} \tag{4.43}$$

따라서 2차 상전이 평형온도/압력 관계는 식(4.42) 또는 식(4.43)으로 나타낼 수 있다.

4.10 초전도성 전이 : 예시

4.10절에서 언급한 2차 상전이 예로 초전도체의 초전도성 전이를 고찰해 보자. 초전도성 현상은 Onnes가 수은에 대한 임계 초전도 온도인 4.2 K 이하 온도에서 수은의 전기적 비저항이 완전히 없어짐을 관찰한 1911년에 처음 발견되었다. 그 이후 많은 원소와 화합물이 초전도성 전이 현상을 일으킨다는 것이 밝혀져 왔다. 자기모멘트를 지니는 원자로 구성된 순수성분 또는 적어도 한 성분이 자기모멘트를 지니는 합금의 경우, 초전도성은 스핀배열의 규칙성을 나타내는 반면 비초전도성은 비규칙성을 보인다.

특정 물질에 대한 임계 초전도 온도 T_c 가 자장의 함수임은 실험적으로 잘 보고되어 있다. 이는 4.5절에서 다룬 액상-기상간 상전이 온도가 압력 함수인 점과 유사한 관계이다. I형 초전도체에 대해서 초전도성과 비초전도성(정상적 전도성) 상태의 안정 영역을 그림

4.10에서처럼, 자장 ($\mathbf{H}$)과 온도 (T)를 축으로 하는 도표상에 나타낼 수 있다. 자장이 없는 조건($\mathbf{H}=0$)에서 상전이 온도인 임계 전이온도(T_c^*)보다 낮은 온도 영역에서는 초전도성 전이를 일으키기 위해선 임계자장[$\mathbf{H}_c(T)$]이 요구된다[큐리(임계) 전이온도, T_c^* 이상의 온도에서는 자장의 크기에 관계없이 초전도성 전이가 일어나지 않는다]. 자장의 함수인 임계온도는 $\mathbf{H}=0$ 일 때 최대값이 된다. 여러가지 초전도체를 이용한 실험 연구자료로부터, 임계자장의 온도의존성은 대략적으로 다음 표현식으로 보고되고 있다. 스핀배열 규칙성 정도는 온도감소에 따라 증대한다.

$$\mathbf{H}_c = \mathbf{H}_0\left[1-\left(\frac{T}{T_c^*}\right)^2\right] \tag{4.44}$$

단일성분 물질 초전도성과 비초전도성(정상적 전도성) 상태 사이의 평형곡선은 상평형에 대한 $T-P$ 관계를 다루는 경우와 유사한 방법(4.5 및 4.9절)으로 설명해 볼 수 있다. 이 경우 고려되는 세기 변수는 T와 $\mathbf{H}$이다. 일정 압력하에서 T와 $\mathbf{H}$에 따른 깁스 자유에너지 변화를 나타내는 열역학 관계는 식(3.68)로부터,

$$d\underline{G} = -\underline{S}dT - \mu_0\underline{V}Md\mathbf{H}$$

이상적 초전도체(I형)에서는 물질이 초전도 상태에 있을 경우 자기유도 B는 0이 된다(Meissner 효과). $\mathrm{B}=\mu_0(\mathbf{H}+\mathrm{M})$ 이므로 초전도 상태에서는 $M_c=-\mathbf{H}$가 성립된다. 정상(비초전도성) 상태에서의 자화 M_n은 매우 낮아서 무시할 수 있다고 가정한다.
그림 4.10의 초전도성 상전이 평형 곡선상에선 $d\underline{G}_s = d\underline{G}_n$ 이 성립하므로,

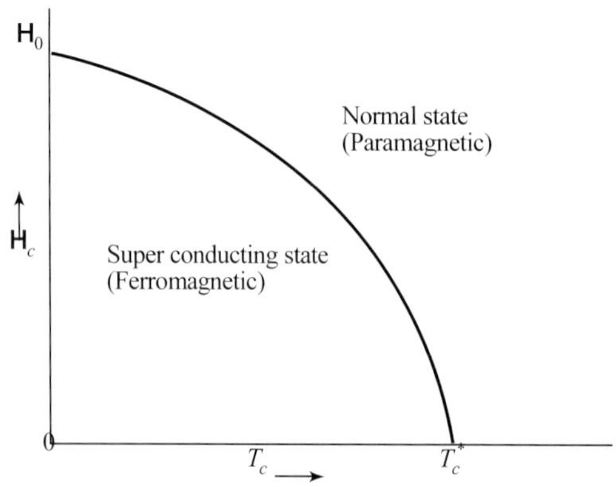

그림 4.10 초전도성 물질에 대한 자장에 따른 전이 임계온도의 변화. T_c^*는 큐리(Curie)온도이다.

$$-\underline{S}_s dT + \mu_0 \underline{V} \mathbf{H}_c dH_c = -\underline{S}_n dT$$
$$(\underline{S}_n - \underline{S}_s) dT = -\mu_0 \underline{V} \mathbf{H}_c d\mathbf{H}_c \tag{4.45}$$

여기서 $\mathbf{H}_c$ 는 온도의 함수[식(4.44)]이며, 아랫첨자 s 는 초전도성, n 은 정상 전도성 상태를 각각 나타낸다.

전이 잠열 L 은 식(2.13)으로부터,

$$L = T(\underline{S}_n - \underline{S}_s) \tag{4.46}$$

여기서 T 는 전이온도 T_c 이다. 따라서 위 식을 식(4.45)에 대입하면,

$$L = -\mu_0 T_c \underline{V} \mathbf{H}_c \frac{d\mathbf{H}_c}{dT} \tag{4.47}$$

그림 4.10의 2상 상전이 경계선은 식(4.47)을 만족시키는 2상 공존 평형($T_c, \mathbf{H}_c$) 궤적을 나타낸다.

$T=0$ 또는 $\mathbf{H}_c = 0$ 에서 전이 잠열은 0이 됨에 유의하라. 자장이 없을 경우 $L=0$ 이 되므로 $\underline{S}_n = \underline{S}_s$ 으로서 초전도성 상전이시 엔트로피는 연속적이 된다. 따라서 자기장이 없는 경우 초전도 상전이는 1차 전이가 아님을 쉽게 알 수 있다.

자장이 없는 경우 초전도 및 비초전도 상 Al의 온도에 따른 자유에너지 변화가 그림 4.11에 예로서 나타나 있다. 그림 4.11에 나타나듯이 $T = T_c$ 에서의 초전도 및 비초전도상의 T에 대한 G의 1차 미분값이 서로 같게 된다[식(3.68)에서 $\mathbf{H} = 0$ 으로 일정하므로

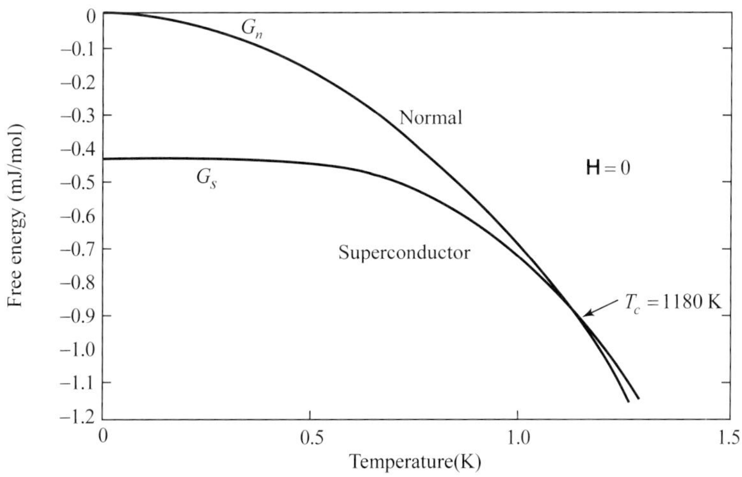

그림 4.11 자기장이 없는 경우 초전도 및 비초전도성 Al에 대한 온도함수로서의 자유에너지 실험측정치 C.Kittel, *Introduction to Solid State Physics*, 4th ed., Wiley, New York, 1971.

$dG = -SdT$, 따라서 $T = T_c$ 에서 $S_n = S_c$]. 이러한 상전이는 온도에 대한 깁스 자유에너지의 2차 미분, 즉 열용량이 불연속성을 나타내는 2차 전이가 됨을 알 수 있다.

여러 자장에 대해 구한 초전도, 비초전도상에 대한 일련의 온도함수로서의 $G-T$ 도해 자료(그림 4.11)로부터 그림 4.10의 상태도를 얻을 수 있다. T에 대한 G의 2차 미분은 열용량과 관련되며, 열용량은 엔트로피(규칙성 배열인자의 함수)의 온도 미분값으로 결정된다. 따라서 열용량으로 표현되는 2차 미분은 불연속 특성을 나타낸다. 즉, 2차 전이에 해당한다.

열용량 정의에 의하면[식(3.34)],

$$C_n = T\left(\frac{\partial S}{\partial T}\right)_n \tag{3.34}$$

$$C_n - C_s = T\left(\frac{d\underline{S}_n}{dT} - \frac{d\underline{S}_s}{dT}\right)$$

식(4.45)를 $\underline{V}$ 는 온도함수가 아니라고 가정하고 T 에 대해 미분하여 위 식에 대입하면,

$$T\frac{d(\underline{S}_n - \underline{S}_s)}{dT} = -T\mu_0 \frac{d\left[\underline{V}\mathbf{H}_c\left(\frac{d\mathbf{H}_c}{dT}\right)\right]}{dT}$$

$$C_n - C_s = -\underline{V}T\mu_0\left[\mathbf{H}_c\frac{\partial^2\mathbf{H}_c}{\partial T^2} + \left(\frac{d\mathbf{H}_c}{dT}\right)^2\right]$$

$\mathbf{H}_c = 0$ 인 $T = T_c^*$ 에서는,

$$C_n - C_s = -\underline{V}T_c^*\mu_0\left(\frac{\partial\mathbf{H}_c}{\partial T}\right)^2_{T=T_c^*}$$

이로부터 초전도성 상과 비초전도성(정상적) 상 간의 열용량은 서로 다르게 됨을 알 수 있다. 따라서 그림 4.10에 나타난 초전도/비초전도 상전이는 2차 전이에 속함을 알 수 있다.

참고 문헌

1. Alcock, C. B., Itkin, V. P., and Horrigan, M. K., Can. Metall. Q.23 (3), 309-314, 1984.

2. Swalin, R. A., *Thermodynamics of solids*, 2nd ed., John Wiley & Sons, 1972.

문제

4.1 (a) 298 K에서 아래 반응의 표준 깁스 자유에너지 변화(ΔG^o) 는 얼마인가?

$$C_{graphite} = C_{diamond}$$

(b) 298 K에서 다이아몬드가 흑연에 비해서 열역학적으로 안정한가?

(c) 다이아몬드가 1기압으로부터 1000기압까지 등온적으로 압축되면, 다이아몬드의 표준 깁스 자유에너지 변화는 얼마인가? 동일한 등온적 압력변화에 따른 흑연의 표준깁스 자유에너지 변화는 얼마인가?

(d) 다이아몬드와 흑연을 비압축성($\beta = 0$) 고체라 가정하고, 298 K에서 두 상이 서로 평형을 이루게 되는 압력을 계산하라.

(e) 900 K에서 흑연에 대한 다이아몬드의 상대적 깁스 자유에너지는 얼마인가? 문제 질문 계산 단순화를 위해 두 물질의 열용량(C_P)은 동일하다고 가정하라.

(f) 고온, 고압 조건하에서 흑연으로부터 다이아몬드를 합성할 수 있다. 질문(c), (d) 계산을 통해 다이아몬드 합성을 위해 고압조건이 필요한 것을 이해할 수 있다. 그렇다면 다이아몬드 합성을 위해 고온조건은 왜 필요한가?

	$\Delta H^o_{f(298)}$(kJ/mol)	S^o_{298}($J \cdot K^{-1} mol^{-1}$)	밀도(g/cm^3)
Diamond	1.897	2.38	3.51
Graphite	0	5.74	2.25

질문 (a), (b), (e)는 1기압에서의 상전이를 고려한다.

4.2 대기 1기압하에서 순수 얼음은 273.15 K에서 녹는다. $\Delta \underline{H}_{fusion} = 6.009$ kJ/mol, 얼음의 밀도는 0.92 g/cm^3, 물의 밀도는 1.00 g/cm^3 이다.

(a) 50기압 압력하에서 얼음의 융점은 얼마인가?

(b) 빙상 스케이트 날은 스케이트 양면 날 모서리(knife edge)로써 얼음 바닥과 접촉을 한다. 날 모서리 폭이 0.001인치, 얼음과 접촉하는 스케이트 길이가 3인치일 경우, 체중 150 lb인 사람에 의해서 얼음에 가해지는 압력(기압)을 계산하라. 스케이팅하는 사람이 한쪽 날 모서리만을 사용한다고 가정하라.

(c) 이 압력하에서 얼음의 융점은 얼마인가?

4.3 온도 400°C에서 액상 Zn은 10^{-4} 기압의 증기압을 나타낸다. Zn의 기화열은 28 kcal/mol이다. Zn의 비등점을 추정하라.

4.4 트루튼 법칙(Trouton's rule)은 다음처럼 표현된다. 기화열 $\Delta \underline{H}_{vap} = 90\ T_b$ (J/mol)이고, T_b는 비등점(K)이다. 수은의 비등점은 630 K이다. 298 K에서 액상 Hg의 평형 분압을 계산하라. 트루튼 법칙을 이용하여 Hg의 기화열을 구하라.
힌트 : 풀이시 클라페이론식을 이용하라.

4.5 25°C, 1기압의 대기 분위기하에서 액상 물은 고유(자체) 증기압보다 더 큰 증기압을 나타낸다. 물에 가해진 대기압 영향에 의한 고유 증기압의 증가분을 계산하라. 즉, 1기압하 물의 증기압을 구하라. 물의 밀도는 1 g/cm^3 이다. 물의 고유증기압(대기압 분위기 부재시)은 3,167.2Pa이다.

4.6 Zn을 증류법(진공로 내 증발시킨 후 응축 : Distillation)에 의해 정제하려고 한다.
(a) 600°C에서 Zn을 증류하는데 필요한 진공도(압력)는 어느 정도인가?
(b) Zn 1몰을 증류하는데 필요한 열에너지는 몇 J인가? Zn는 증발 후 별도의 분리된 응축기에 의해 응축되므로 응축열은 회수 사용될 수 없다고 가정한다.

액상 Zn 증기압 : $\ln P(\text{atm}) = -15{,}250 / T + 1.255 \ln T - 21.79$

4.7 은의 비등점($P = 1$ 기압)은 2450 K이다. 비등점에서 액상 은의 기화 엔탈피는 255,000 J/mol이다. 은의 증기압(기압) 표현식($\ln P$)을 온도함수(T)로서 나타내라. 문제 풀이 편의상 액상과 증기상의 열용량은 동일하다고 가정한다.

4.8 Zn는 고체, 액체, 증기상으로 존재할 수 있다. 고상과 증기상 Zn 사이의 평형압력-온도 관계가 고상 Zn 증기압의 온도함수 표현식으로 나타낼 수 있다. 또한 액상과 증기상 Zn간 평형압력-온도 관계도 액상 Zn 증기압의 온도함수 표현식으로 나타낼 수 있다. 삼중점 온도에서 세 가지 상(고체, 액체, 증기)은 모두 평형을 이루며 공존한다. 이는 액상과 고상 Zn의 증기압이 삼중점에서 동일함을 의미한다.
아래 증기압 자료를 이용해 다음 물음에 답하라.

고상 Zn 증기압 온도 함수 : $\ln P(\text{atm}) = \dfrac{-15{,}755}{T} - 0.755 \ln(T) + 19.25$

액상 Zn 증기압 온도 함수 : $\ln P(\text{atm}) = \dfrac{-15,246}{T} - 1.255\ln(T) + 21.79$

(a) 1기압하에서 Zn의 비등점

(b) 삼중점 온도

(c) 정상 비등점(1atm)에서 Zn의 기화열

(d) 삼중점 온도에서 Zn의 용융열

(e) 고상과 액상 Zn 열용량간의 차이

4.9 금의 융점은 1336 K이고, 액상 금의 증기압은 온도(K) 함수로서 다음과 같다.

$$\ln P(\text{atm}) = 23.716 - \frac{43,522}{T} - 1.222\ln T$$

(a) 융점에서 액상 금의 기화열을 계산하라.

다음 (b), (c), (d) 질문에서는 주어진 자료가 계산에 충분할 경우에만 대수적으로 답하라. 자료가 충분히 주어지지 않을 경우는 풀이를 위해 필요한 자료가 무엇인지를 언급하며 답하라.

(b) 융점에서 고상 금의 증기압은 얼마인가?

(c) 1200 K에서 고상 금의 증기압은 얼마인가?

(d) 고상 금의 용융열은 얼마인가?

4.10 특정 재료가 5000 J/mol의 기화 잠열을 지니고 있으며 이 기화열은 온도 또는 압력에 따라 변하지 않는다고 한다. 1몰의 재료가 300 K, 1기압하의 부피 $V = 1\ell$ 인 용기내에 2상(액상 – 기상) 평형을 이루며 담겨 있다. 일정 부피의 용기는 압력이 2기압에 이를때까지 가열된다(여기서 기압 차이는 절대로 작은 ΔP 수치가 아니다). 증기상은 단원자 이상기체로서 고려하라. 액상의 몰부피는 기체의 몰부피에 비해 무시될 수 있다(즉 용기 부피를 기체의 부피로 간주).

초기(1기압, 300K) 및 최종(2기압, 300K) 상태에서 증기상 내 재료의 분율(1몰 재료 중 기화 몰수)을 구하라.

4.11 온도 25°C에서 물과 수증기가 공존하며 평형을 이루는 경우 물의 (자체) 증기압은 3,167.2 Pa이며, 밀도는 1 g/cm^3 이다.

(a) 물이 압력 10기압하에 놓일 경우 증기압은 얼마인가?

(b) 10기압, 25°C에서 물의 열역학적 활동도는 얼마인가? 표준상태로 3,167.2 Pa 압력하의 순수한 물을 고려하라.

4.12 일정한 압력에서 상변태가 일어날 수 있는 온도 구간에 걸쳐 동일 물질의 상 1과 2에 대한 몰당 깁스 자유에너지는 다음처럼 주어진다.

$$G_1 = RT_0[10 - 2(T/T_0) - 5(T/T_0)^2],\ G_2 = RT_0[16 + (T/T_0) - 8(T/T_0)^2]$$

여기서 T_0 는 임의의 고정 온도이다. 필요시 답에 T_0 를 포함하라.

(a) 평형 상변태 온도(T^*)를 결정하라.

(b) 온도 T^* 이하에서는 어느 상이 안정한가? 이유와 함께 답하라.

(c) 온도 T^*에서 가역적(평형)상변태에 의한 엔탈피변화 $\Delta \underline{H}$ 를 구하라(깁스-헬름홀쯔 식 이용).

(d) $T < T^*$ 인 온도구간에서 준안정상으로부터 안정상으로의 비가역적(자발적) 상변태에 의한 엔탈피변화를 구하라.

4.13 삼중점은 세 가지 상(예를 들어 얼음, 물, 수증기)이 평형을 이루는 온도 및 압력을 나타낸다. 물의 삼중점 온도는 273.16 K, 삼중점 압력은 0.006기압이다. 얼음의 용융점은 273.15 K로서 이는 삼중점 온도에 비해 0.01 K 만큼 낮은 온도이다. 얼음의 용융점은 1기압하의 공기 중에서 물과 얼음이 평형을 이루는 온도이다. 삼중점과 용융점 간의 차이를 융점에 미치는 압력 및 용질농도의 영향으로써 정량적인 설명을 하여라.

온도 273.16 K에서 액상 물의 밀도 = 1.000 g/cm^3, 얼음의 밀도 = 0.917 g/cm^3

얼음의 용융 엔탈피 = 6,010 J/mol

물에 대한 기체(공기) 용해도 자료:

산소: 273.16 K, 1기압 산소압력하에서 3.59×10^{-5} 몰분율

질소: 273.16 K, 1기압 질소압력하에서 1.91×10^{-5} 몰분율

기체는 모두 분자 형태로써 용해된다고 가정하라.

Chapter 05

화학반응 평형

4장에서는 열역학 2법칙에 의거한 계 평형원칙에 대해 알아보았다. 이를 토대로 다양한 단일성분계 재료의 물리적 상태변화(상전이)에 대한 열역학 평형과 계 평형조건을 다루었다. 아울러 다성분계에 대한 상전이 평형도 단일성분계와 같은 맥락으로써 다루어 모든 구성 성분에 대해 개별적인 평형조건을 정했다. 4장에선 물리적 상태변화 계 평형이 다루어졌으므로 이 장에서는 여러 다른 화학종들 간 화학반응(화학적) 상태변화 계 평형에 대해서 알아 보고자 한다.

5.1 퓨가시티(활동도)

다성분계의 물리적, 화학적 상태변화 평형을 다루는 경우에는 서로 다른 물질 상태하에 놓여있는 동일 성분에 대한 분몰 깁스 자유에너지를 계산할 필요가 있으며, 이는 열역학적 활동도 개념을 활용하여 행해진다. 임의 성분의 활동도는 그 성분 물질의 물리적 형태(고, 액, 기상)나 농도에 따라서 변한다. 성분의 열역학적 활동도는 그 성분이 다루어지는 온도와 동일 온도에서 성분 표준상태(standard state)에 대한 임의 상태의 상대적 비로서 정의된다. 표준상태하에 놓여있는 성분의 활동도를 1로서 정의한다.

활동도는 퓨가시티(fugacity)라고 불리는 인자로서 정의된다. 활동도는 특정 온도에서 표준상태인 물질(성분)의 퓨가시티에 대한 임의 상태하 물질(성분)의 퓨가시티 비로서 주어진다. 기체의 성질로서 살펴보면 퓨가시티 개념을 쉽게 이해할 수 있다. 퓨가시티는 입자간 모든 상호작용을 고려한 기체계의 입자거동에 대한 정량적 수치로 압력과 동일한 단위를 지닌다. 압력은 기상 내 입자의 거동을 압력 게이지(gauge)를 통해 충돌입자 모멘텀으로 정량화된 측정치이다. 0기압에 근접한 낮은 압력 영역에선 입자 간 상호작용이 약해 이들이 거의 무시될 정도이므로(이상기체 거동) 측정 압력치는 퓨가시티와 거의 동일하게 된다. 그러나 압력이 커져 입자간 상호작용이 활성화되면 이들 작용으로 인해 게이지를 통한 측정 압력은 퓨가시티보다 큰 값으로 정량화 된다. 압력이 커질수록 입자들 사이의 상호작용은 더욱 광범위하게 활성화되므로 실측 압력과 퓨가시티의 차이는 더 커지게 된다(그림 5.2). 이들 차이에 대해선 이 절의 끝부분에서 자세히 설명된다.

일정한 온도에서 단일성분 기체의 압력에 따른 몰당 깁스 자유에너지 변화로써 퓨가시티 개념을 설명해 보자.

$$d\underline{G} = -\underline{S}dT + \underline{V}dP$$

$$d\underline{G} = \underline{V}dP$$

단일성분 기체를 이상기체로 고려하면 상태방정식 $\underline{V} = RT/P$ 이 성립되므로,

$$d\underline{G} = RT\frac{dP}{P} = RTd\ln P \tag{5.1}$$

이상기체 혼합체 내 성분 기체 i 에 대해 분몰 자유에너지를 사용하여 식(5.1)을 표현하면,

$$d\overline{G}_i = RTd\ln P_i \tag{5.2}$$

성분기체 표준상태와 임의상태 사이에서 식(5.2)를 적분하면,

$$\overline{G}_i - G_i^o = RT\ln\frac{P_i}{P_i^o}$$

여기서 P_i 는 혼합기체 내 성분기체 i 의 분압이다. 이상기체 혼합체 내 성분기체의 분압은 혼합기체의 전체압력과 성분기체 몰분율(x_i)의 곱이 되며, 이를 달튼(Dalton)의 분압법칙[식(5.3)]이라 한다. C성분의 이상기체로 이루어진 일정한 부피의 계에 대해,

$$P = \sum_i^C P_i = \sum_i^C \frac{n_i RT}{V} = \frac{RT}{V}\sum_i^C n_i$$

$$\frac{P_i}{P} = n_i \Big/ \sum_i^C n_i = x_i \ : \ P_i = x_i P \tag{5.3}$$

실제기체인 비이상기체 입자거동에 대해서는 식(5.1)의 압력 대신에 압력과 상사(相似)

한 개념으로서 퓨가시티(f)라는 함수를 정의해 쓸 수 있다. 압력 단위를 지닌 퓨가시티 개념을 도입함으로부터 이상기체에 대한 식(5.1)을 압력 대신 퓨가시티로 대체하여 실제 기체에 대해 적용할 수 있는 식으로 그대로 사용할 수 있다.

$$d\underline{G} = RTd\ln f \tag{5.4}$$

압력이 0에 가까워질수록 실제기체는 이상기체 거동에 근접하게 되므로, 낮은 압력하에서 기체의 퓨가시티는 압력과 거의 동일한 값을 나타내게 된다. 그림 5.2로부터 $P \to 0$ 에 근접함에 따라 $\lim(f/P) = 1$. 식(5.4)는 단일성분 기체계에 대한 표현식이며, 혼합기체계에 대해서도 역시 식(5.2)에 분압 대신 성분기체 퓨가시티로 대체해 동일하게 사용할 수 있다. 따라서 혼합기체 내 성분 i 에 대해,

$$d\overline{G}_i = RTd\ln f_i \tag{5.5}$$

"응축상(고상, 액상) 용액 내 성분 i의 퓨가시티는 응축상과 평형을 이루는 주변 기상 내 동일 성분의 증기상 퓨가시티와 같다." 이는 일정한 온도, 압력하에 평형을 이루고 있는 두 상(응축상과 증기상) 내 동일 성분의 분몰 깁스 자유에너지가 서로 같기 때문이다 [깁스 평형원칙에 따른 평형조건: $\overline{G}_i$ (증기상) = $\overline{G}_i$ (응축상)].

일정한 온도에서 식(5.5)를 적분하면 두 상[(1)과 (2)] 사이의 분몰 깁스 자유에너지 차이를 퓨가시티로써 표현할 수 있다.

$$\Delta\overline{G}_i = \overline{G}_i^{(2)} - \overline{G}_i^{(1)} = RT\int_{(1)}^{(2)} d\ln f_i = RT\ln\frac{f_i^{(2)}}{f_i^{(1)}} \tag{5.6}$$

화학포텐셜로서 다음처럼 표현할 수도 있다.

$$\mu_i^{(2)} - \mu_i^{(1)} = RT\ln\frac{f_i^{(2)}}{f_i^{(1)}}$$

동일한 온도에서 임의 상태하에 놓인 물질과 표준상태 물질간의 고유 깁스 자유에너지 차이는 다음처럼 표현할 수 있다.

$$\overline{G}_i - G_i^o = RT\ln\frac{f_i}{f_i^o} \tag{5.7}$$

여기서 G_i^o 는 표준상태(순수) 성분 i 의 몰당 깁스 자유에너지이고, $\overline{G}_i$ 는 임의 상태 물질(용액 또는 혼합체) 내 성분 i 의 분몰 자유에너지를 나타낸다. 일정 온도에서 물질 내 성

분 i 의 열역학적 활동도 a_i 표현을 다음처럼 쓸 수 있다.

$$\overline{G}_i = G_i^o + RT\ln a_i \quad \text{또는} \quad \mu_i = \mu_i^o + RT\ln a_i \tag{5.8}$$

a_i는 특정 온도에서 표준상태 물질의 퓨가시티(f_i^o)에 대한 임의 상태 물질의 퓨가시티(f_i) 비이며, 일종의 무차원 변수(dimensionless number)에 해당된다: $0 < a_i \le 1$.

$$a_i \equiv \frac{f_i}{f_i^o} \tag{5.9}$$

물질의 표준상태(o)는 임의대로 정의할 수가 있지만 일반적으로 보편적 약속에 준하여 정해진다. "**기체 성분 물질의 표준상태는 임의 관심 온도에서 1기압의 순수한 기체**"로 정의된다. 한편 "**응축상 성분 물질의 표준상태는 임의 압력(통상적으로 응축상은 1기압) 및 관심 온도에서 액상 또는 특정 결정구조 고상(FCC, BCC 등)의 순수 성분 물질**"로 정의된다. 그밖에 특별한 경우에(예를 들어 희석용액) 적용되는 의사(擬似) 표준상태를 고려할 수도 있는데, 이에 대해서는 용액 열역학을 다루는 6장에서 자세히 언급하기로 한다.

열역학에서는 표준상태와 기준상태(reference state)를 구별하여 사용하는 것이 중요하다. "**기준상태는 온도, 압력, 그리고 물리적 형태(즉, 기상, 액상, 고상의 경우에는 결정구조)로서 완전하게 규정된 물질의 상태**"를 일컫는다. 기준상태에 대해서는 1장(1.18절)에서 화합물 형성 엔탈피를 다룰 때 이미 언급한 바 있다. 이 경우 엔탈피값에 대한 상대적인 기준상태로서 1기압, 298 K 하에서 평형상태로 안정하게 존재하는 순수한 단위원소 형태 물질을 정의하였으며, 이러한 포괄적(universal) 기준상태에 놓인 순수한 단위원소 물질의 엔탈피를 0으로 규정하였다. 따라서 298 K 이외의 온도에서 단위원소 물질의 엔탈피는 0이 아니며, 이는 물질 열용량의 온도 의존성으로부터 계산되어 진다. 아울러, 단위원소 형태 물질들로 부터 합성되는 화합물의 형성 엔탈피도 이러한 포괄적 기준상태에 대한 상대적인 수치로써 정해진다. 열역학에서 임의 상태하의 안정한 물질의 에너지(내부에너지, 엔탈피)는 모두 절대수치가 아니라, 포괄적 기준상태에 대해 상대적인 수치로서 정해진 에너지를 의미한다.

물질의 "**표준상태는 단지 압력과 물리적 형태만으로서 규정된 물질의 상태로 정의된다(기준상태와는 달리 온도가 고정되지 않음에 유의하라)**". 표준상태는 온도를 상태구속 제한 변수로 고려하지 않으므로 표준상태의 물질 퓨가시티(f_i^o)에 대한 임의 상태의 물질 퓨가시티(f_i)로서 정의되는 열역학적 활동도는 등온적 개념을 지닌다. 따라서 동일 온도가 아닌 서로 다른 온도에서 각기 정의된 활동도 간의 상대적인 정량화 직접 비교는 아무런 의미가 없게 된다.

이상기체에선 퓨가시티와 압력을 동일시 여길 수 있다. 물질의 증기상 압력은 매우 낮아 이상기체 거동을 나타내므로, 임의 상태(용액 또는 혼합체 중 성분 i)와 표준상태하 성분물질(순수 성분 i) 간의 깁스 자유에너지 차이는 각기 다른 이들 상태 물질의 증기압 비로서 다음처럼 관계지울 수 있다.

$$\overline{G}_i - G_i^o = RT \ln a_i = RT \ln \frac{P_i}{P_i^o} \tag{5.8}$$

이상기체의 경우 표준상태의 퓨가시티가 1기압이기 때문에, 예를 들어 2기압의 압력을 나타내는 이상기체의 활동도는 2가 된다. 열역학적 활동도는 단위가 같은 두 상태량 사이의 비이므로 단위가 없게 된다. 순수한 기체에 가해진 압력이 1기압보다 작을 경우, 표준상태로 1기압을 정하므로 기체의 활동도는 1보다 작다. 특정 온도에서 1기압의 순수한 질소를 표준상태로 정한다면, 0.1기압의 순수한 질소는 0.1의 활동도를 나타낸다.
액상이나 고상과 같은 응축상 내 특정 성분의 퓨가시티는 응축상과 평형을 이루는 주변 증기상내 해당성분의 퓨가시티와 동일한 값이 된다. 응축상 성분의 증기압은 1기압보다 훨씬 낮으므로 증기는 이상기체 거동을 나타낸다. 예로 특정 온도에서 액상의 평형 증기압이 0.01기압이면, 이처럼 낮은 압력하에서는 증기가 이상기체 거동을 보인다고 할 수 있으므로 액상 성분의 퓨가시티는 0.01기압이 된다. 따라서 응축상 구성 성분 i 의 활동도 a_i 는

$$a_i = \frac{P_i}{P_i^o} \tag{5.9}$$

열역학적 활동도는 압력뿐만 아니라 조성에 따라서도 변한다. 6장에서 다루는 용액에 대한 성질을 미리 살펴보면, 이상용액 내 성분 물질의 퓨가시티는 전 조성 범위에 걸쳐서 그 물질의 몰분율에 따라 직선적으로 비례한다(그림 5.1). 이상용액 내 성분 물질 B의 퓨가시티는 B의 몰분율에 순수한 B의 퓨가시티를 곱한 값이다. 임의 온도하 순수 물질 B를 표준상태로 정하면, 이상용액 내 성분 B의 활동도는 B의 몰분율과 같은 값이 된다. 예를 들어 80몰% B를 함유하는 A–B 액상 이상용액 중 B의 활동도는 0.8이 된다. 또한 순수 A를 표준상태로 하는 이상용액 내 A의 활동도는 0.2가 된다.

$$f_B = x_B f_B^P \quad : \text{이상용액}$$

여기서 f_B^P 는 순수 B의 퓨가시티로 f_B^o 와 동일표현이다. 따라서 이상용액에선,

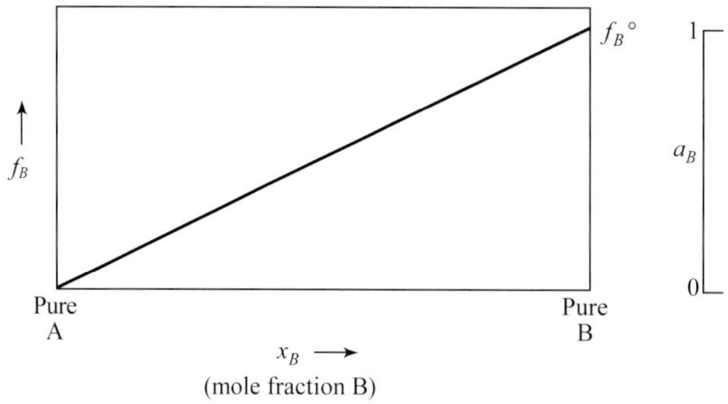

그림 5.1 이상용액 내 몰분율 x 함수로서의 퓨가시티

$$a_B = \frac{f_B}{f_B^o} = \frac{x_B f_B^P}{f_B^o} = x_B$$

실제기체의 퓨가시티와 압력간 상호 관계를 결정하기 위해 기체가 다음 형태의 상태방정식에 따라 거동한다고 간주하자.

$$\underline{V}_{real} = \frac{RT}{P} - \alpha \qquad (5.10)$$

여기서 $\underline{V}_{real}$ 는 실제기체의 부피이고, $\alpha = \underline{V}_{ideal} - \underline{V}_{real}$ 로서 온도 및 압력의 함수이며 이상기체 성질로부터 실제기체의 이탈경향 정도에 대한 정량적 척도를 나타낸다.
일정한 온도 조건하에서 단일성분 기체의 퓨가시티를 압력함수로서 구해 보자.

$$dG = \underline{V}dP = \left(\frac{RT}{P} - \alpha\right)dP$$

식(5.4)를 이용하면,

$$RTd\ln f = \left(\frac{RT}{P} - \alpha\right)dP = RTd\ln P - \alpha dP$$

$$RTd\ln\left(\frac{f}{P}\right) = -\alpha dP$$

상태 $P = 0$ 와 $P = P$ 기압 사이에 대해 위 식을 적분하면,

$$RT\ln\left(\frac{f}{P}\right)_{P=P} - RT\ln\left(\frac{f}{P}\right)_{P=0} = -\int_{P=0}^{P=P} \alpha dP$$

$$RT\ln\left(\frac{f}{P}\right)_{P=P} = -\int_{P=0}^{P=P} \alpha(P)dP \qquad (5.11)$$

실제기체에 대한 $P-V$ 관계[즉, 기체 상태방정식(5.10) 내 α 의 압력함수]를 알면, 식(5.11)로부터 일정한 온도에서 임의 기체압력, P 하에 놓여 있는 실제기체의 퓨가시티를 결정할 수 있다.

실험적으로 결정되는 압축인자 Z 로써 함수 α 를 표현하면(1.16절),

$$Z = \frac{PV}{RT}$$

여기서 P 는 실제기체 또는 이상기체의 압력이며, Z 는 온도 및 압력(또는 부피)의 함수이다(이상기체 : $Z=1$). 식(5.10)으로부터,

$$\alpha = \underline{V}_{ideal} - \underline{V}_{real} = \frac{RT}{P} - \frac{ZRT}{P}$$

$$\alpha = \left(\frac{1-Z}{P}\right)RT$$

이를 식(5.11)에 대입하면,

$$\ln\left(\frac{f}{P}\right)_{P=P} = \int_{P=0}^{P=P} \frac{Z-1}{P}dP \tag{5.12}$$

식(5.12)의 우변값은 $\dfrac{Z-1}{P}$ 대 P 플롯으로부터 그래픽 적분에 의해서 구하거나, 압력 함수로 표현된 Z 함수식(즉, 기체 상태방정식)으로부터 적분계산에 의해 직접 구할 수 있다. 이들 플롯 또는 함수식은 일정한 온도에서 기체 압력에 따른 부피변화(즉 Z)에 대한 실험적 측정 자료로부터 얻어질 수 있다.

$$\frac{PV}{RT} = Z = 1 + BP + CP^2 + DP^3 + \cdots$$

또는

$$Z = 1 + \frac{B'}{V} + \frac{C'}{V^2} + \frac{D'}{V^3} + \cdots$$

여기서 $B, C, D, \cdots$ 는 온도만의 함수이다. 압력함수로의 Z 표현식으로부터 식(5.12)에 의해 구한 0°C에서 N_2 기체의 압력에 따른 퓨가시티 변화가 그림 5.2에 나타나 있다.

이상기체의 경우 $\alpha=0$, 즉 $Z=1$ 이므로 퓨가시티와 압력은 동일한 의미를 나타낸다($f=P$). 그림 5.2에 나타나듯이 일반적으로 10기압 정도 압력까지의 단원자 기체(N_2, O_2 등) 입자 거동은 합리적으로 이상기체 거동을 따른다고 여길 수 있으므로, 이런 압력 범주 내 단원자 기체의 퓨가시티는 통상적으로 압력과 동일시 여겨진다. 일반적으로 수기압 정도 압력까지 대부분 기체는 이상기체 거동을 따른다고 합리적으로 가정할 수 있다.

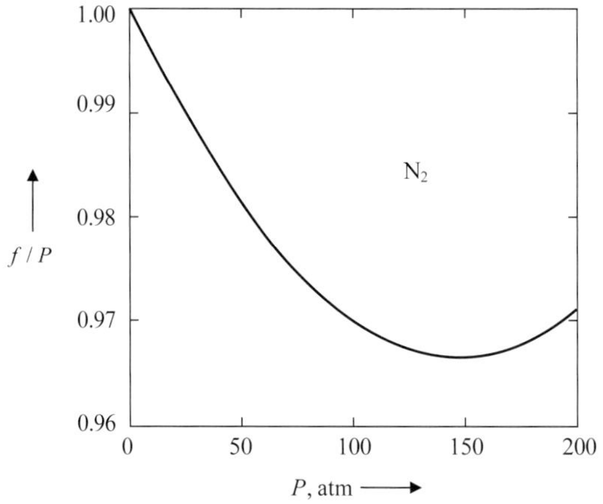

그림 5.2 0°C 질소 기체의 경우 압력에 따른 f/P의 변화

5.2 화학반응평형 : 평형원칙

일정한 온도 및 압력하에서 단위원소 M, X 로 이루어진 3성분(M_aX_b, X_2, M_rX_s) 간의 화학반응 계에 대한 화학적 평형조건은 4.1절에서 다룬 평형원칙($dS_{sys,iso}=0$)에 근거해서 다음처럼 유도될 수 있다. 참고로 4.1절에선 깁스평형원칙 $\delta W_r^*=0$ 에 의거한 $dG\,|_{T,P}=0$ 에 따라 화학반응계 평형을 고찰하였다.

STEP Ⅰ

먼저 열역학 1,2법칙 결합 표현식으로부터 반응계 dS 를 써보면,

$$dU = TdS - PdV + \sum_{i=1}^{C} \mu_i dn_i$$

$$dS = \frac{1}{T}dU + \frac{P}{T}dV - \frac{1}{T}\sum \mu_i dn_i \tag{3.13}$$

여기서, $\mu_i = \left(\dfrac{\partial U}{\partial n_i}\right)_{V,S,n_i'}$

STEP Ⅱ

다음으로 물질간 화학반응계를 주변으로부터 고립시킨 계의 엔트로피 변화를 구해 보자.

계 고립화 구속조건: $dU=0$, $dV=0$, $dm_i=0$ (여기선 성분원소 $i=M, X$)

$dU=0$, $dV=0$ 이므로,

$$dS_{sys,\,iso}=-\frac{1}{T}[\mu_{M_aX_b}dn_{M_aX_b}+\mu_{X_2}dn_{X_2}+\mu_{M_rX_s}dn_{M_rX_s}] \tag{5.12}$$

고립 반응계에서는 계와 주변간 경계를 통해 물질교환이 이루어질 수 없지만($dN=0$) 각 성분물질의 몰 수(n_i)는 화학반응 진행으로 인해 변화된다($dn_i \neq 0$). 이 경우 성분의 몰 수(n_i)는 증감하지만 성분구성 원소(m_i)의 양은 변화되지 않는다. 따라서 화학반응이 일어나는 고립계에선 성분원소 양적변화에 대해 다음 고립화 구속조건이 성립된다.

$$dm_i=0 \quad (i=1,2,3,\cdots,C) \tag{5.13}$$

화학반응 진행중 임의 경과시간대에서 3성분 물질에 대한 구성원소(M, X)의 양을 각 성분물질의 몰 수로써 표현하면,

$$m_M=an_{M_aX_b}+(0)n_{X_2}+rn_{M_rX_s}$$
$$m_X=bn_{M_aX_b}+2n_{X_2}+sn_{M_rX_s}$$

화학반응계에 대한 고립화 구속조건 식(5.13)을 각 구성원소에 대해 적용하면,

$$dm_M=adn_{M_aX_b}+rdn_{M_rX_s}=0$$

따라서,

$$dn_{M_aX_b}=-\frac{r}{a}dn_{M_rX_s} \tag{5.14}$$

$$dm_X=bdn_{M_aX_b}+2dn_{X_2}+sdn_{M_rX_s}=0$$

따라서,

$$dn_{X_2}=-\frac{1}{2}(bdn_{M_aX_b}+sdn_{M_rX_s})$$

식(5.14)를 위 관계식에 대입하면,

$$dn_{X_2}=-\frac{1}{2}\left(-\frac{br}{a}dn_{M_rX_s}+sdn_{M_rX_s}\right)=-\frac{(as-br)}{2a}dn_{M_rX_s} \tag{5.15}$$

식(5.14), (5.15)를 이용해 식(5.12) 미분변수를 $dn_{M_rX_s}$ 로서 통일해 $dS_{sys,\,iso}$ 를 써보면,

$$dS_{sys,\,iso}=-\frac{1}{T}\left[\mu_{M_aX_b}\left(-\frac{r}{a}dn_{M_rX_s}\right)+\mu_{X_2}\left(-\frac{as-br}{2a}dn_{M_rX_s}\right)+\mu_{M_rX_s}dn_{M_rX_s}\right]$$
$$dS_{sys,\,iso}=-\frac{1}{T}\left[\mu_{M_rX_s}-\left(\frac{r}{a}\mu_{M_aX_b}+\frac{as-br}{2a}\mu_{X_2}\right)\right]dn_{M_rX_s} \tag{5.16}$$

식(5.16) 우변 네모괄호 항은 일정한 온도, 압력하 성분물질간 화학반응에 대한 깁스 자

유에너지 변화, ΔG(생성물 $M_r X_S$ 1몰 형성반응)에 해당한다.

식 (3.17)로부터, $\mu_i = \left(\frac{\partial U}{\partial n_i}\right)_{V,S,n_i'} = \left(\frac{\partial G}{\partial n_i}\right)_{T,P,n_i'}$

$$\Delta G_{rxn} = \mu_{M_a X_b} - \left(\frac{r}{a}\mu_{M_a X_b} + \frac{as-br}{2a}\mu_{X_2}\right) \quad (5.17)$$

식(5.17)의 우변 첫째항은 생성물의 깁스 자유에너지, 둘째 괄호항은 반응물의 깁스 자유에너지 합을 각각 나타낸다. 이를 토대로 생성물 1몰 형성에 대해 3성분 물질간 화학반응식을 써보면,

$$\left(\frac{r}{a}\right) M_a X_b + \left(\frac{as-br}{2a}\right) X_2 = M_r X_s \quad (5.18)$$

식(5.17)를 대입해 식(5.16)을 써보면,

$$dS_{sys,\ iso} = -\frac{1}{T}\Delta G_{rxn} \cdot dn_{M_r X_s} \quad (5.16a)$$

STEP III

마지막 단계로 열역학 2법칙에 근거한 계 평형원칙($dS_{sys,\ iso} = 0$)을 적용하면,

$$\Delta G_{rxn} = \mu_{M_r X_s} - \left(\frac{r}{a}\mu_{M_a X_b} + \frac{as-br}{2a}\mu_{X_2}\right) = 0 \quad (5.19)$$

식(5.19)는 화학반응계에 평형원칙 적용으로부터 결과적으로 얻어지는 일정온도 및 압력하 반응계에 대한 평형요건으로 "**깁스 평형원칙**"이라 불리운다(4.2절).

일정온도, 압력하 반응계 평형시 만족되는 깁스 평형원칙을 일반적 형태로 표현해보자.

$$\Delta G_{rxn} = \sum_{products,i} \mu_i n_i - \sum_{reactants,j} \mu_j n_j = 0 \quad (5.20)$$

여기서 n_j, n_i 는 반응 및 생성물질의 화학량론적 변화를 각기 나타낸다.
미소 반응량으로 깁스 자유에너지 변화를 표현하면,

$$dG_{rxn} = \sum_i \mu_i dn_i - \sum_j \mu_j dn_j$$

식(5.8)로부터 $\mu_i = \mu_i^o + RT\ln a_i$ 이므로,

$$\Delta G_{rxn} = \left(\sum_p \mu_i^o n_i - \sum_r \mu_j^o n_j\right) + RT\ln\left(\frac{\prod_i a_i^{n_i}}{\prod_j a_j^{n_j}}\right)$$

$$\Delta G_{rxn} = \Delta G_{rxn}^o + RT\ln Q \tag{5.21}$$

Q는 반응물 및 생성물 활동도에 각각 반응참여 물질의 적절한 화학량론적 계수(생성물은 양수, 반응물은 음수)를 지수 차수로서 곱한 형태(activity quotient)이다.

$$Q = \left(\prod_i a_i^{n_i} \Big/ \prod_j a_j^{n_j}\right) \tag{5.22}$$

주어진 반응계에 대해 $\Delta G_{rxn} > 0$ 이면(반응계에 화학적 일이 가해지면 : W_r^* 양수), 식(5.18a)로부터 $dn_{M_rX_s}$는 음수가 되므로 생성물 M_rX_s는 분해반응을 일으킨다. 즉, 식(5.18)의 화학반응은 역반응이 진행된다. 역으로 $\Delta G_{rxn} < 0$ 이면(반응계가 화학적 일을 행하면 : W_r^* 음수) $dn_{M_rX_s}$는 양수가 되므로 M_rX_s은 자발적으로 생성된다. 자발적(비가역적) 상태변화시는 식(5.16a)의 $dS_{iso} > 0$ 임을 상기 바란다. 자발적 상태변화시는 계에 의해 일이 행해진다 : 음수 W_r^* (4.2절).
두 상태(반응물 및 생성물) 간 가역적 일이 행해질 수 없을 때($-W_r = 0$), 즉 일정 압력, 온도하에서 화학반응계의 ΔG가 0일 때($-W_r = W_r^* = \Delta G|_{T,P}$ 이므로), 반응물/생성물 간 화학적 평형이 이루어진다. 깁스 평형원칙으로부터 일정 온도, 압력하 화학반응계에 대한 다음 화학적 평형조건 관계식이 얻어진다.

$$\Delta G^o = -RT\ln(Q\ )_{eq} = -RT\ln K \tag{5.23}$$

$$K = \left(\prod_i a_i^{n_i} \Big/ \prod_j a_j^{n_j}\right)_{eq}$$

여기서 K는 화학반응계가 화학적 평형상태에 도달한 경우의 Q이며, 평형상수로 불린다.

화학반응평형 예시로서 일정온도, 압력하에서 물질 B와 C가 반응하여 D와 E를 생성하는 다음 반응식을 고려하자.

$$bB + cC = dD + eE$$

여기서 b, c, d, e는 반응참여 물질의 화학량론적 몰 수를 각기 나타낸다. 깁스 평형원칙 식(5.20)으로부터 화학반응에 대한 깁스 자유에너지변화 ΔG는 다음처럼 쓸 수 있으며 이는 화학적 일 W_r^*과 같게 된다.

$$W_r^* = \Delta G\big|_{T,P} = (d\overline{G}_D + e\overline{G}_E) - (b\overline{G}_B + c\overline{G}_C)$$

$$\Delta G = \left\{ d\left(\underline{G}_D^o + RT\ln a_D \right) + e\left(\underline{G}_E^o + RT\ln a_E \right) \right\} - \left\{ b\left(\underline{G}_B^o + RT\ln a_B \right) + c\left(\underline{G}_C^o + RT\ln a_C \right) \right\}$$

$$\Delta G = \left\{ (d\underline{G}_D^o + e\underline{G}_E^o) - (b\underline{G}_B^o + c\underline{G}_C^o) \right\} + RT\ln\left(\frac{a_D^d a_E^e}{a_B^b a_C^c} \right) = \Delta G^o + RT\ln Q$$

여기서 $\Delta G^o = (d\underline{G}_D^o + e\underline{G}_E^o) - (b\underline{G}_B^o + c\underline{G}_C^o)$

깁스 평형원칙에 따라 일정온도, 압력에서 반응 평형시 $\Delta G = 0$ 이 성립하므로,

$$\Delta G^o = -RT\ln\left(\frac{a_D^d a_E^e}{a_B^b a_C^c} \right)_{eq} = -RT\ln Q_{eq} = -RT\ln K$$

한편 전기화학 반응의 일환인 전지반응처럼 반응물/생성물간 반응평형 도달시 ΔG 가 0이 되지 않는 화학반응계를 다루는 경우도 있다(10장). 전지반응은 전기화학반응 평형시 가역적 일 nFE를 행함으로서(즉 $\Delta G < 0$ 또는 W_r^* 음수) 평형 전기포텐셜 E_r 를 생산한다. 또한 10장에선 반응물에 전기적 외부포텐셜 $E(E > E_r)$를 가함으로써 전기적 일 nFE가 반응물에 가해져(즉 $\Delta G > 0$ 또는 W_r^* 양수) 반응물의 상태가 바뀌는 전기화학반응(전지반응의 역반응)도 다루고 있다(전기에너지의 화학에너지로의 변환 과정: 전해전지반응, 배터리 충전반응, 전해정련반응). 이러한 점이 바로 전기화학 관련 재료공정 분야에서 공업적으로 다루어지는 주된 주제이다. 이 장에서는 $\Delta G = 0$ 을 만족시키는 일반 화학반응계의 화학적 평형에 대한 경우만을 다루게 된다.

5.3 기상 간 반응

열역학 2법칙에 의한 평형원칙 적용 결과로부터 얻어진 화학반응 평형조건 식(5.23)에 대한 응용 예로서 다음 두 가지 반응 사례를 살펴보자.

첫째로 전체 압력이 1기압인 순수한 산소를 담고 있는 용기를 고려해 보자. 정상적 조건하에서 산소는 주로 2원자 형태인 O_2 로 존재한다. 그러나 단원자 산소 상태로도 어느 정도는 존재할 수 있다. 이를 위해 1000 K에서 O_2 용기 내 단원자 산소의 평형농도를 계산해 보자. 1000 K에서 1몰의 단원자 산소를 O_2 로부터 생성하는데 필요한 표준 깁스 자유에너지변화는 187,800 J 이다.

$$\frac{1}{2}O_2 \rightarrow O$$

위 반응식에 대한 표준 깁스 자유에너지 변화는,

$$\Delta G^o = \Delta G^o_{f,O} - \frac{1}{2}\Delta G^o_{f,O_2} = 187,800\ \text{J}$$

식(5.23)으로부터,

$$\Delta G^o = -RT\ln\frac{a_O}{a_{O_2}^{1/2}} = -RT\ln\frac{P_O}{P_{O_2}^{1/2}}$$

단원자 및 2원자 산소를 모두 이상기체로서 간주하여[1] 이를 풀면,

$$\ln\frac{P_O}{P_{O_2}^{1/2}} = -\frac{\Delta G^o}{RT} = -\frac{187,800}{(8.314)(1000)} = -22.58$$

$$\frac{P_O}{P_{O_2}^{1/2}} = 1.5\times10^{-10}$$

$P_O + P_{O_2} = 1\ \text{atm}$ 이므로, $P_{O_2} = 1 - P_O$

$$P_O = (1.5\times10^{-10})(1-P_O)^{1/2}$$

$$P_O = 1.5\times10^{-10}\ \text{atm}$$

따라서 1000 K에서 용기 내 2원자 산소의 활동도는 거의 1에 가깝고, 단원자 산소의 활동도는 대략 1.5×10^{-10} 정도로 무시할 수 있는 분압을 보인다. 위의 계산 결과로부터 1000 K 온도에서 주로 존재하는 산소 기체상은 O_2 임을 이해할 수 있다.

두 번째 사례로서, 물-수소-산소간 반응 평형을 고려해 보자. 2000 K에서 이들간 반응 평형에 의해 계 내 산소분압을 1×10^{-10} 기압으로 유지하고자 한다. 이러한 산소분압을 유지하기 위해서는 수소와 수증기간 분압비를 얼마로 유지해야 하는가에 대한 해를 구해 보자. H_2O 1몰 형성에 대한 표준 깁스 자유에너지변화는 다음처럼 주어진다.

$$H_2 + \frac{1}{2}O_2 \rightarrow H_2O\ :\ \Delta G^o = -246,000 + 54.84T\ (\text{J})$$

2000 K에서 평형상수 식(5.23)을 적용하면,

1) 기체 활동도는 표준상태인 기체압력, 1기압에 대한 그 기체가 나타내는 압력 비로서 주어진다. 따라서 기체의 활동도는 기압단위 압력 P 수치와 동일하나 단위는 없다. 활동도 자체는 압력비에 대한 값으로서 무차원 변수이다.

$$\ln K = -\frac{\Delta G^o}{RT} = 8.20$$

$$K = 3{,}641 = \frac{a_{H_2O}}{a_{H_2} a_{O_2}^{1/2}} = \frac{P_{H_2O}}{P_{H_2} P_{O_2}^{1/2}}$$

기체(수소, 산소, 수증기)가 이상기체 거동을 보이고 이들 기체 활동도 표준상태는 모두 각기 1기압의 압력이므로, 혼합 기체상 내 성분기체의 활동도는 단순히 기체의 분압과 대수적으로 같게 된다. 따라서 10^{-10} 기압의 산소분압을 얻기 위해서는,

$$\frac{P_{H_2O}}{P_{H_2}} = 3{,}641 \cdot P_{O_2}^{1/2} = 3{,}641 \times 10^{-5}$$

계의 전체압력이 1기압이므로, $P_{H_2O} + P_{H_2} + P_{O_2} = 1$ 기압. 전체압력에 비해 산소분압은 무시할 정도로 작기 때문에 근사적으로 $P_{H_2O} = x$, $P_{H_2} = 1 - x$ 로 놓을 수 있다.

$$\frac{x}{1-x} = 3.65 \times 10^{-2} \quad \Rightarrow \quad x = 0.0352$$

1기압하에서 수증기의 함량이 3.52%인 수소–수증기 혼합 기체상은 2000 K 온도에서 10^{-10} 기압의 평형 산소분압을 나타낸다. 이 예시 결과로부터 화학적 방법에 의해서 계 내 산소분압을 매우 낮은 상태로 분위기 유지를 할 수 있음을 알 수 있다. 고온 분위기에서는 특히 기체간 반응이 매우 빠른 속도로 진행되므로 단시간에 기상간 평형상태가 이루어진다. 적절한 기체 혼합비(H_2O/H_2 또는 CO_2/CO)로서 매우 낮은 산소분압을 유지하는 화학적 방법은 진공 장비를 사용하여 동일한 수치의 산소활동도(즉, 산소분압 또는 진공도)를 유지하는 방법보다 훨씬 더 경제적이므로 공업적으로 널리 이용되고 있다.

5.4 응축상/기상 반응

화학반응 평형조건 식(5.23)은 응축상과 기체상 간의 반응 평형상수를 계산하는데 사용될 수 있다. 예로서 Cu_2O(cuprous oxide), Cu, O_2 간 반응 평형을 고려해 보자.

$$4\text{Cu}(s) + \text{O}_2(g) \rightarrow 2\text{Cu}_2\text{O}(s)$$

여기서 (s)는 고상, (g)는 기체상을 나타낸다.
화학반응에 대한 ΔG^o 값을 알면, 순수 Cu 및 구리 산화물과 평형을 이루는 산소압력을

계산할 수 있다. 산소압력이 이러한 평형압력을 초과할 경우, 반응은 오른쪽으로 진행된다(Cu_2O가 생성). 반면에 산소압력이 평형압력보다 작을 때는 반응이 왼쪽으로 진행된다(Cu_2O가 Cu 및 O_2로 분해) : 르샤들리에 법칙. 이는 특정온도에서 일정한 반응 평형상수를 고려해 보면 쉽게 이해할 수 있다.

예로서 1000 K에서 Cu_2O가 단위원소 Cu로 분해되는 산소압력을 계산해 보자. 이는 실질적 재료공정 활용측면으로 1000 K에서 어느 정도로 압력을 낮춤으로써 Cu_2O가 Cu로 환원될 수 있는지를 알아보고자 하는 것이다(금속환원 제련). 역으로 산소 분위기하에서 1000 K로 가열할 때 순수 Cu의 산화 방지를 위해서는 어느 정도의 진공도가 필요한지를 알아볼 수도 있다(고온 산화 부식). 식(5.23)으로부터,

$$\Delta G^o = -RT\ln K = -RT\ln\frac{a_{Cu_2O}^2}{a_{Cu}^4 P_{O_2}}$$

위 반응의 표준 깁스 자유에너지 (2몰 Cu_2O형성 깁스 자유에너지)는,

$$\Delta G^o = -339,000 - 14.24\,T\ln T + 247\,T\ (\mathrm{J})$$

반응 중 물질 Cu_2O는 순수한 고상으로 존재하며, 표준상태가 순수 고상 Cu_2O이므로 Cu_2O의 활동도는 1이다. 순수 Cu가 Cu_2O와 공존하는 다시 말해 Cu 활동도가 1이 되는 평형 산소압력을 계산해 보자. 기체의 표준상태는 1기압의 순수한 기체이므로, 산소의 활동도는 기압 단위의 압력과 동일한 값이 된다. 평형압력($P_{O_2}^{(eq)}$)보다 큰 산소압력(P_{O_2})영역에서 구리 산화반응의 ΔG 는 음수가 되므로 순수 Cu는 산화물로 변화된다.

$$\Delta G = \Delta G^o + RT\ln Q = -RT\ln K + RT\ln Q \tag{5.21}$$

$$\Delta G = -RT\ln\frac{a_{Cu_2O}^2}{a_{Cu}^4 P_{O_2}^{(eq)}} + RT\ln\frac{a_{Cu_2O}^2}{a_{Cu}^4 P_{O_2}}$$

따라서, $P_{O_2} > P_{O_2}^{(eq)}$ 이면 $\Delta G < 0$

1000 K에서 평형 산소압력 $P_{O_2}^{(eq)}$ 을 계산하면,

$$\Delta G^o = -RT\ln K = -190,360 = 8.314\times 1,000\ln P_{O_2}^{(eq)}$$

$$\ln P_{O_2}^{(eq)} = 22.90 \Rightarrow P_{O_2}^{(eq)} = 1.14\times 10^{-10}\ \mathrm{atm}$$

1000 K에서 Cu_2O/Cu 간 반응 평형 산소압력 계산치는 1.14×10^{-10}기압이다. 이 압력하에서 순수 Cu /Cu_2O는 평형을 이루며 공존한다. 이보다 더 높은 산소압력에서는 Cu_2O가

평형상태로 존재하나, 낮은 산소압력하에서는 금속 Cu가 평형상태로 존재한다.[2)]

여러 온도에서 일련의 순수 금속/금속산화물 간 반응의 평형 산소압력 계산을 통해 그림 5.3처럼 $\Delta G^o = RT\ln P_{O_2}$ 를 세로축, 절대온도를 가로축으로 하는 엘링감도표(Ellingham diagram)를 얻을 수 있다. 엘링감도표는 일종의 상태도이며 곡선상의 점들은 해당 온도에 대응해서 정해진 산소 분위기하에서 순수 금속 및 금속산화물 상이 서로 평형을 이루며 공존하는 상태를 나타낸다. 이 곡선의 위쪽 산소압력 영역에서는 Cu_2O, 아래쪽 산소압력 영역에서는 Cu가 안정한 평형상으로 존재한다. 다른 Cu 산화물인 CuO(cupric oxide)가 존재할 수도 있다는 점을 고려하면 보다 더 완전한 상태도를 작성할 수 있다. Cu_2O와 O_2로부터 CuO가 형성되는 반응은 다음처럼 쓸 수 있다.

$$2Cu_2O + O_2 \rightarrow 4CuO$$

이 반응에 대한 표준 깁스 자유에너지 변화(ΔG^o)의 온도함수 관계로부터 두 종류의 순수 구리 산화물(Cu_2O, CuO)이 평형을 유지하며 공존하는데 필요한 산소압력을 계산할 수 있다. 그림 5.3과 동일한 축상에 두 종류 구리 산화물 간 평형 산소압력을 추가로 표시한 곡선이 그림 5.4에 점선으로 나타나 있다. 온도와 산소압력에 따라 두 가지 구리산화물과 금속 구리가 각각 안정한 영역을 그림 5.4처럼 표시할 수 있다.

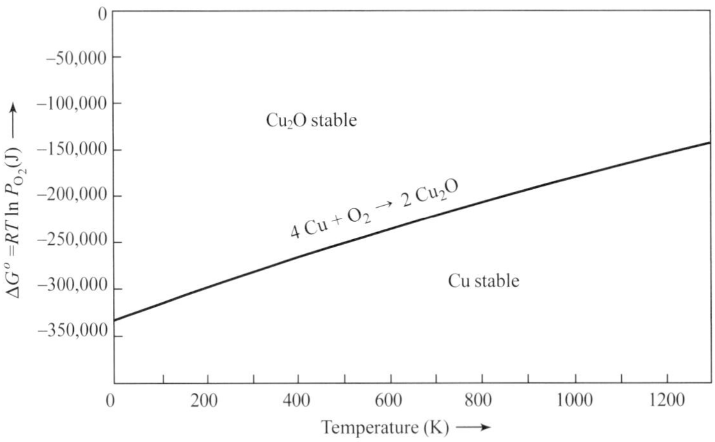

그림 5.3 온도에 따른 구리 산화반응에 대한 ΔG^o 변화(Cu_2O와 Cu 상 안정 영역)

2) 금속이 산화물로 변하는 반응은 불활성 기체 내 잔존하는 불순물 산소를 제거하는 기체 정제 방법으로 이용될 수 있다(연습문제 5.4). 예를 들어 불순물로서 산소를 포함한 아르곤이 1000 K에서 Cu와 평형을 이루게 된다면, 이 때 아르곤 기체 내의 산소 압력은 1.14×10^{-10} 기압으로 줄어들게 된다. 전체 압력을 1기압이라 하면, 기체는 단지 1.14×10^{-8}% 의 산소만을 함유하게 된다. 이러한 낮은 산소압력 유지 방법에 이용되는 금속을 "getter"라고 부른다. 마그네슘 또는 타이타늄은 불활성 기체내 산소 불순물 제거에 구리보다 더 효율적인 getter로 작용한다.

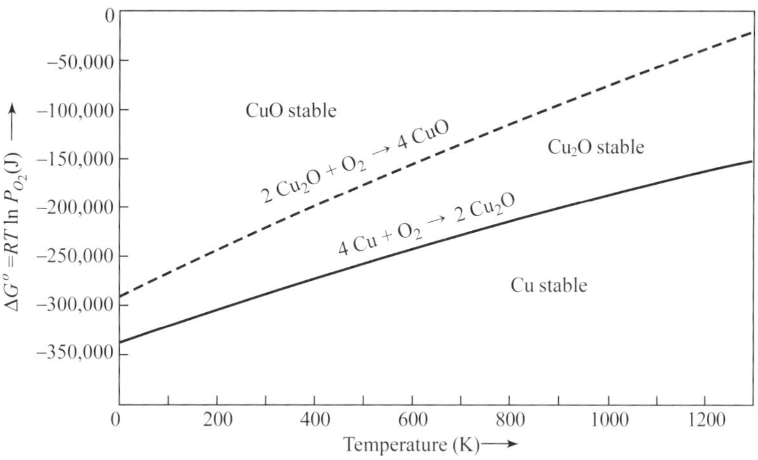

그림 5.4 구리산화물 생성반응에 대한 ΔG^o 대 T 도해(Cu, Cu_2O, CuO 상 안정 영역)

5.5 엘링감도표

온도 T에서 화학반응에 대한 표준 깁스 자유에너지변화 ΔG_T^o는 생성물 형성 표준 깁스 자유에너지변화 합으로부터 반응물 형성 표준 깁스 자유에너지변화 합을 빼준 값에 해당한다.

$$\Delta G_T^o = \sum_{products} n_p \Delta \underline{G}_{f,T}^o - \sum_{reactants} n_r \Delta \underline{G}_{f,T}^o \tag{5.24}$$

여기서 n은 반응에 참여하는 화학종의 화학량론적 몰 수를 나타내며, n_p, n_r은 각각 생성물 및 반응물의 몰 수이다. $\Delta \underline{G}_f^o$는 반응참여 물질 생성 표준 깁스 자유에너지변화로서 식(5.21)의 μ_i^o와 동일한 의미를 지닌다.

반응 참여 화학종 열용량의 온도함수 정보자료에 의해 결정되는 ΔH_T^o와 ΔS_T^o 값으로부터도 ΔG_T^o 값이 계산될 수 있다. 298 K와 온도 T 사이에서 반응에 참여하는 모든 순수 화학종이 상전이를 일으키지 않는다고 하면,

$$\Delta G_T^o = \Delta H_T^o - T\Delta S_T^o \tag{5.25}$$

$$\Delta H_T^o = \Delta H_{298}^o + \int_{298}^{T} \Delta C_p^o dT \tag{5.26}$$

$$\Delta S_T^o = \Delta S_{298}^o + \int_{298}^{T} \left(\frac{\Delta C_p^o}{T} \right) dT \tag{5.27}$$

여기서 ΔC_P는 생성물과 반응물 간의 열용량 차이를 나타낸다. 실제로 대다수 화합물 형성에 대한 표준 깁스 자유에너지(ΔG_f^o) 정보는 문헌에 잘 보고되어 있다. 화합물에 대한 ΔG_f^o 값을 298 K를 비롯하여 100 K 간격으로 0 K부터 최대 가능 온도 영역까지 도표로서 나타낸 문헌도 있다(참고문헌 1). 또한 이러한 자료를 정리하여 수식으로 나타내 수록한 문헌도 있다(참고문헌 2). 이들 수식에 대한 주요 화합물 형성반응 예가 표 5.1에 나타나 있다. ΔG_f^o 의 온도함수 관계식의 일반적인 형태는 다음과 같다.

$$\Delta G_{f,T}^o = A + BT + CT\ln T \tag{5.28}$$

표 5.1 화합물 형성 표준 깁스 자유에너지 변화(J)

	A	B	C	Range(°K)
$2Al(s) + \frac{3}{2}O_2(g) = Al_2O_3(s)$	− 1.676,990	− 7.23	+366.7	298 − 923
$2Al(l) + \frac{3}{2}O_2(g) = Al_2O_3(s)$	− 1,697,700	− 15.69	+385.9	923 − 1800
$C(s) + 2H_2(g) = CH_4(g)$	− 69,120	+22.26	− 65.35	298 − 1200
$C(s) + \frac{1}{2}O_2(g) = CO(g)$	− 111,710		− 87.65	298 − 2500
$C(s) + O_2(g) = CO_2(g)$	− 394,130		− 0.84	298 − 2000
$2CaO(s) + SiO_2(s) = Ca_2SiO_4(s)$	− 120,360		− 5.02	298 − 1700
$2Co(s) + O_2(g) = 2CoO(s)$	− 476,560		+155.23	298 − 1300
$2Cr(s) + \frac{3}{2}O_2(g) = Cr_2O_3(s)$	− 1,120,270		+259.83	298 − 2100
$4Cu(s) + O_2(g) = 2Cu_2O(s)$	− 339,000	− 14.24	+247.0	298 − 1356
$2Cu_2O(g) + \frac{1}{2}O_2(g) = 2CuO(s)$	− 146,230	− 11.08	+185.35	298 − 1300
$H_2(g) + \frac{1}{2}O_2(g) = H_2O(g)$	− 246,740		+54.81	298 − 2500
$Mg(s) + \frac{1}{2}O_2(g) = MgO(s)$	− 603,960	− 5.36	+142.05	298 − 923
$Mg(l) + \frac{1}{2}O_2(g) = MgO(s)$	− 608,140	− 0.44	+112.76	923 − 1380
$Mn(s) + \frac{1}{2}O_2(g) = MnO(s)$	− 384,720		+72.80	298 − 1500
$Ni(s) + \frac{1}{2}O_2(g) = NiO(s)$	− 244,560		+98.53	298 − 1725
$Pb(s) + \frac{1}{2}O_2 = PbO(s)$	− 221,120	− 6.27	+141.6	298 − 600
$S_2 + 2O_2 = 2SO_2$	− 724,840		+144.85	298 − 2000
$Si(s) + 2Cl_2 = SiCl_4(g)$	− 616,300	− 6.61	+178.24	298 − 600
$Si(s) + SiO_2(s) = 2SiO_2(g)$	+666,930	25.07	− 508.6	298 − 1700
$Si(s) + O_2(g) = SiO_2(s)$	− 881,150	− 5.45	+218.49	298 − 1700
$Zr(s) + O_2(g) = ZrO_2(s)$	− 1,087,800	− 18.44	+322.17	298 − 2000

Source : Values from O. Kubaschewski and E. L. L Evans(참고문헌 2)

식(5.26 ~ 5.27)에 포함된 ΔC_p^o 는 어느 정도 적은 온도 범위 구간에 걸쳐서는 통상적으로 온도에 무관하다고 가정할 수 있으므로, 식(5.25 ~ 5.27)로부터 $\Delta G_{f,T}^o$ 의 온도의존 함수관계를 식(5.28)처럼 간단한 형태식으로 표현할 수 있다.[3]

ΔC_P^o 가 온도에 무관하다면,

$$\Delta H_T^o = \Delta H_{298}^o + \Delta C_P^o (T - 298)$$

$$\Delta S_T^o = \Delta S_{298}^o + \Delta C_P^o \ln\left(\frac{T}{298}\right)$$

$$\Delta G_T^o = \Delta H_{298}^o + \Delta C_P^o (T - 298) - T\left[\Delta S_{298}^o + T\Delta C_P^o \ln\left(\frac{T}{298}\right)\right]$$

$$\Delta G_T^o = \Delta H_{298}^o - 298\Delta C_P^o - T\left[\Delta S_{298}^o - \Delta C_P^o (1 + \ln 298)\right] - \Delta C_P^o T \ln T$$

$$\Delta G_T^o = A + BT + CT\ln T$$

여기서 $A = [\Delta H_{298}^o - 298\Delta C_P^o]$, $B = -[\Delta S_{298}^o - \Delta C_P^o(1 + \ln 298)]$, $C = -\Delta C_P^o$.

반응물과 생성물 간의 열용량 차이인 ΔC_P^o 의 값이 무시할 정도로 작거나, 또는 표준 깁스 자유에너지변화가 이들간 열용량 차이를 고려해야 할 만큼의 측정 정확도를 지닐 필요가 없다면, $\Delta C_P^o = 0$ 이라 가정할 수 있으므로, ΔG_T^o 표현식을 단순히 $A + BT$형태로 간략화해서 쓸 수 있다. 여기서 A는 반응의 표준 엔탈피변화 ΔH^o, B는 표준 엔트로피변화 ΔS^o 에 해당한다.

$$\Delta G_T^o = \Delta H_T^o - T\Delta S_T^o \tag{5.25}$$

ΔG_T^o 의 온도함수 자료를 식(5.25) 형태로서 그래프로 나타낼 경우, 결과적으로 그림 5.5처럼 온도에 따른 ΔG_T^o 의 변화는 직선 관계를 나타내며, 0 K 수직축과 직선의 교점인 절편은 ΔH^o, 기울기는 $-\Delta S^o$ 에 각각 해당한다. 여러가지 주요 반응에 대한 표준 깁스 자유에너지변화에 대한 자료가 부록 B에 도표화로서 나타나 있다.

금속 산화반응에 대한 표준 깁스 자유에너지변화의 온도함수는 $\Delta G^o = RT\ln P_{O_2}$ 를 세로축, 절대온도 T를 가로축으로 하는 그래프상에 엘링감도표로서 나타내진다. 산화물의 ΔG_f^o 값을 엘링감도표로 나타내면 온도에 따른 금속 산화반응의 평형 산소압력(포텐셜)을 간단하게 예측할 수 있다.[4] 이러한 그래프 작성을 위해 그림 5.3의 양축을 그대로 사용하

3) ΔG^o 계산시 이용되는 실험측정 자료인 ΔC_p^o 의 온도의존성은 식(5.28)보다 더 복잡한 온도의존 함수로 표현되는 식을 얻을 수도 있지만, 이를 정당화할 만큼 충분한 정확도(작은 측정인차)로서 실험적 측정을 일반적으로 할 수 없다.

4) 염화물, 불화물 및 다른 화합물의 경우에도 마찬가지로 산화물 엘링감도표와 유사한 도표를 플롯할 수 있다(참고문헌 3).

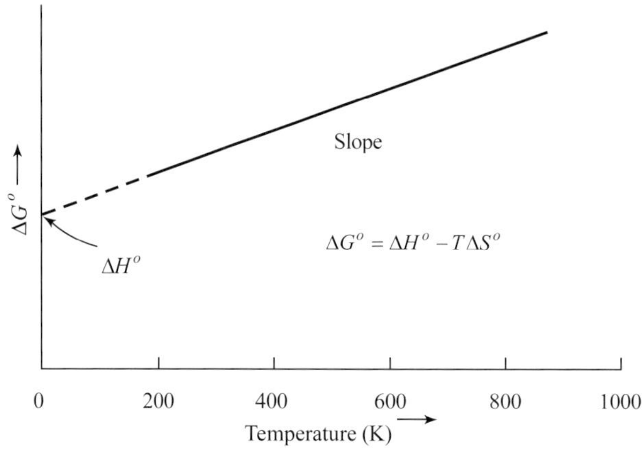

그림 5.5 온도 T 에 대한 $\Delta G^o = \Delta H^o - T\Delta S^o$ 의 변화. $\Delta C_P^o = 0$ 이라면 0 K에서의 세로축 절편은 ΔH^o 이고, 직선 기울기가 $-\Delta S^o$ 에 해당한다.

고, 온도 변화에 따른 일정한 산소압력을 나타내는 직선을 별도로 동일한 그래프상에 작도해 보도록 하자. 이를 위해 필요한 관계식은,

$$\Delta \underline{G}^o = RT \ln P_{O_2}$$

여기서 $\Delta \underline{G}^o$ 는 화학량론적으로 산소기체 1몰이 참여하는 산화반응에 대한 표준 깁스 자유에너지변화를 나타낸다. 따라서 일정한 임의 산소압력에 대한 $\Delta G^o - T$ 도해는 기울기가 $R \ln P_{O_2}$ 인 단순한 직선관계를 나타낸다. 그림 5.6에서처럼 직선과 ΔG^o 축과의 교점의

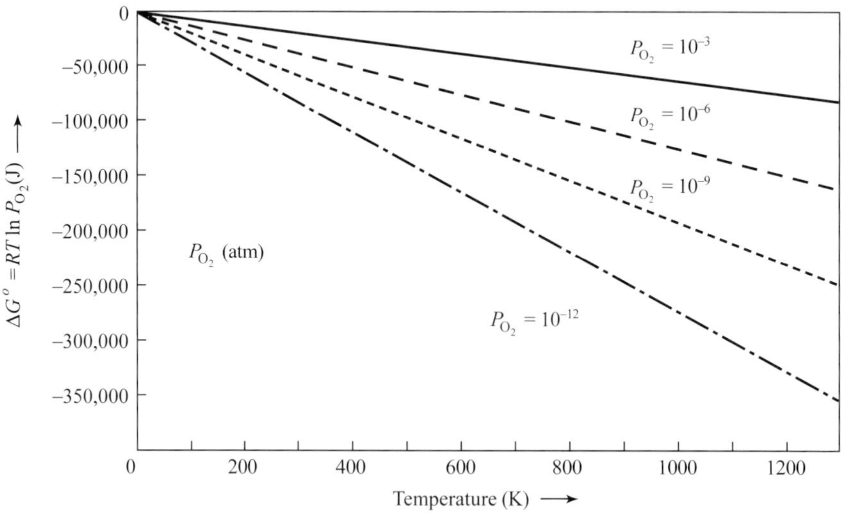

그림 5.6 금속 산화반응에 대한 ΔG^o 의 온도에 따른 변화: $\Delta G^o = RT \ln P_{O_2}$.

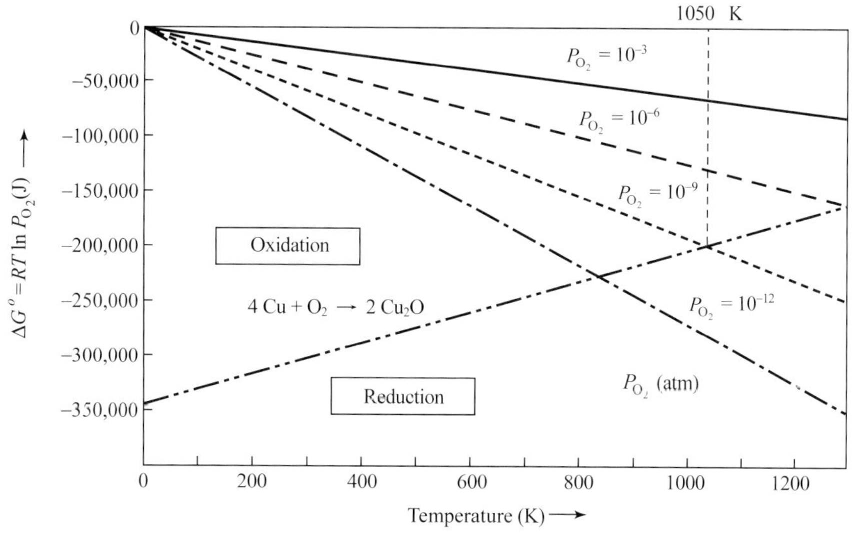

그림 5.7 그림 5.3과 5.6을 중첩한 도해. 1050 K에서 $4Cu + O_2 \rightarrow 2Cu_2O$ 반응에 대한 평형 산소압력은 10^{-9} 기압이다. P_{O_2}(atm).

의 좌표는 ($T = 0$ K, $\Delta G^o = 0$) 이고, 직선의 기울기는 ($R \ln P_{O_2}$) 을 나타낸다. 그림 5.7은 그림 5.3과 5.6을 중첩해 놓은 도해로서, 여러 온도에서 일정 산소압력 직선과 $Cu - Cu_2O$ 평형곡선의 교차점은 그 점에 해당하는 온도에서의 Cu 산화반응에 대한 평형 산소압력을 나타낸다. 예를 들어 1050 K에서 Cu_2O 및 Cu와 평형을 이루는 산소압력은 10^{-9} 기압이다.

그림 5.8은 주요한 산화물에 대한 $\Delta G_f^{\,o}$ 값을 온도함수로 나타내는 엘링감도표이다(참고문헌 4). 일련의 수치 눈금이 도표 외곽 상, 하단 및 우측을 따라서 별도 표시되어 있다. 도표 외곽 바깥쪽 첫 번째 수치 눈금은 산소압력과 연관된 것으로, 일련의 일정 산소압력 직선들이 수치눈금축과 교차하는 점 궤적을 표기하며 해당 직선의 산소압력을 나타낸다. 이러한 산소압력 직선들의 반대편 끝은 반드시 도표 외곽 왼쪽 위 모서리점 0을 통과한다. 즉, 도표 외곽 우측 및 하단 수치 눈금상의 P_{O_2}를 나타내는 눈금과 점 0을 연결하는 직선들은 그림 5.6에 나타난 일정 산소압력 직선들과 동일한 직선이 된다.

그림 5.8에서 외곽 상, 하단 및 우측에 나타낸 다른 두 개의 수치 눈금은 산소압력을 유지하는 다른 화학적 방법과 관계된다. 5.3절에서 살펴보았듯이 임의 온도에서 계 내의 평형 산소압력을 H_2 와 수증기(H_2O) 의 혼합비를 적절하게 조절함으로써도 원하는 대로 유지할 수 있다.

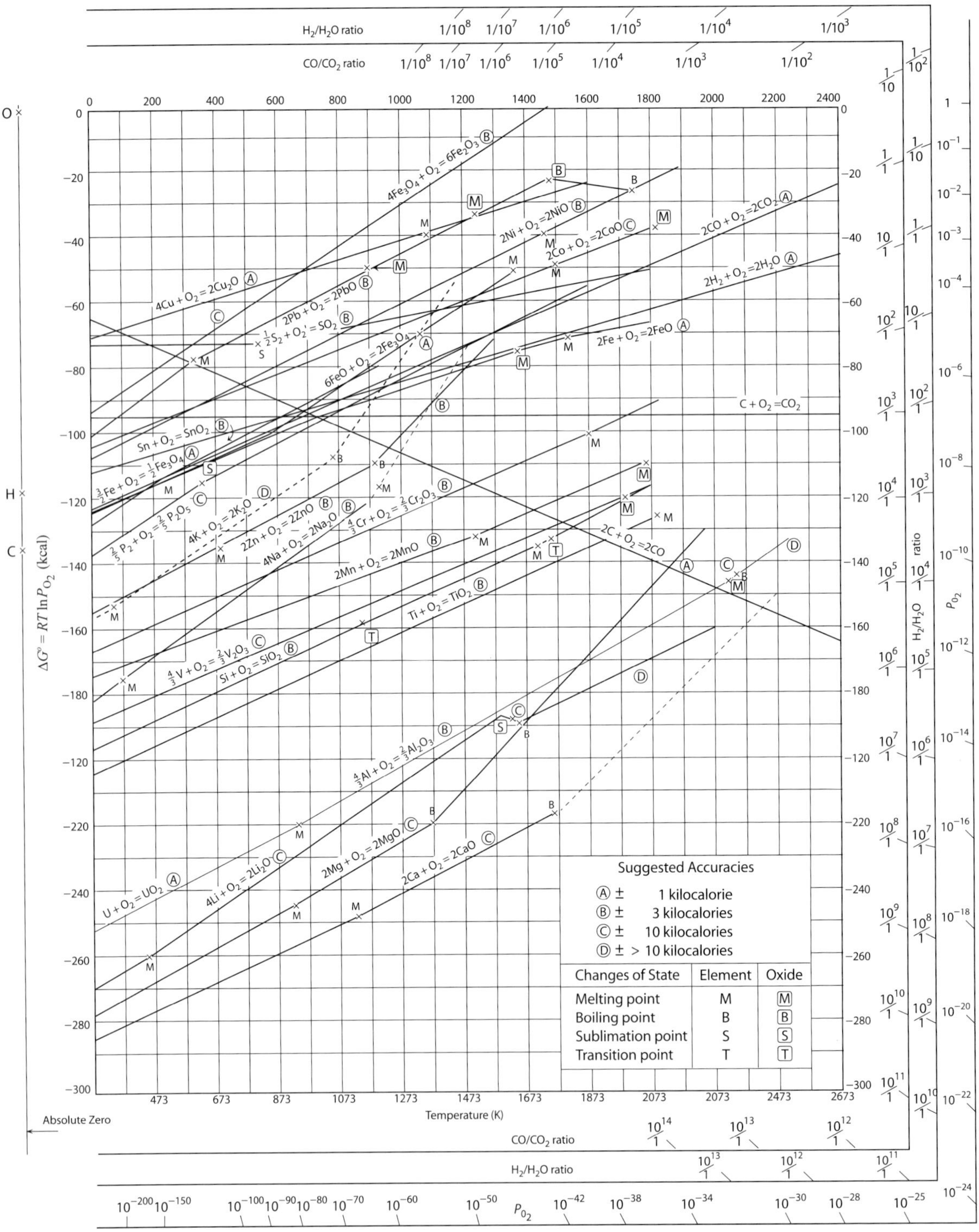

그림 5.8 주요한 금속 산화반응에 대한 엘링감도표

$$2H_2 + O_2 \rightarrow 2H_2O$$

$$K = \frac{P_{H_2O}^2}{P_{H_2}^2 P_{O_2}} \quad \Rightarrow \quad P_{O_2} = \frac{1}{K}\left(\frac{P_{H_2O}}{P_{H_2}}\right)^2$$

이러한 관계식을 엘링감도표상에 나타내면, 여러 온도에서 순수한 금속/금속산화물과 평형을 이루는 산소포텐셜 및 P_{H_2}/P_{H_2O} 비(도표상에선 단순히 H_2/H_2O 비로 표시)를 바로 읽을 수 있는 장점이 있다. 따라서 이 도표는 일종의 압력 계산 도표(nomograph)로서 이용된다. 여러가지 금속 산화반응에 대한 $\Delta G^o - T$ 직선상의 임의 온도에 해당하는 점과 ΔG^o 축(0 K 세로축)상 "H" 표식점을 연결하는 직선이 도표 외곽 상, 하단 및 우측 가장자리에 위치한 H_2/H_2O 비 눈금축과 만나는 점 수치가 바로 해당 온도에서 금속 및 금속산화물이 평형을 이루게 되는 산소포텐셜 유지를 위한 P_{H_2}/P_{H_2O} 비를 나타낸다(그림 5.8). 표식점 "H" 의 위치는 식(5.23)을 이용하여 다음 유도과정을 거쳐 결정할 수 있다.

$$K = \exp\left[-\frac{2\Delta G_{f,H_2O}^o}{RT}\right] = \frac{P_{H_2O}^2}{P_{H_2}^2 P_{O_2}}$$

$$RT\ln P_{O_2} + 2RT\ln\frac{P_{H_2}}{P_{H_2O}} = 2\Delta H_{f,H_2O}^o - 2T\Delta S_{f,H_2O}^o = 2\Delta G_{f,H_2O}^o$$

$$\Delta G^o = RT\ln P_{O_2} = -\left(2R\ln\frac{P_{H_2}}{P_{H_2O}} + 2\Delta S_{f,H_2O}^o\right)T + 2\Delta H_{f,H_2O}^o \tag{5.29}$$

따라서 ΔG^o 축상 표식점 "H"는 $T = 0\,\text{K}$ 에서 금속 산화반응의 ΔG^o 값에 해당하므로 표식점 H 는 $2\Delta H_{f,H_2O}^o = 492.9\,\text{kJ}$ 수치를 나타낸다.

계 내의 산소압력을 $CO - CO_2$ 간 화학반응 평형을 활용하여 제어할 수도 있다.

$$2CO + O_2 \rightarrow 2CO_2$$

반응 평형상수는, $K = \dfrac{P_{CO_2}^2}{P_{CO}^2 P_{O_2}}$

산소압력에 대해 정리하면, $P_{O_2} = \dfrac{1}{K}\left(\dfrac{P_{CO_2}}{P_{CO}}\right)^2$

임의 온도에서 금속 및 금속산화물 반응계와 평형을 이루는 산소포텐셜을 위한 CO/ CO_2 분압비를, 세로축인 0 K 축상 "C" 표식점을 이용하여 H_2/HO_2 경우와 동일한 방법으로 엘링감도표로부터 직접 읽을 수 있다. 표식점 "C" 에 대한 위치도 표식점 "H" 의 경우와 동일한 방법에 의해서 다음처럼 결정할 수 있다.

$$K = \exp\left[-\frac{(2\Delta G^o_{f,\mathrm{CO_2}} - 2\Delta G^o_{f,\mathrm{CO}})}{RT}\right] = \frac{P^2_{\mathrm{CO_2}}}{P^2_{\mathrm{CO}} P_{\mathrm{O_2}}}$$

$$\begin{aligned} \Delta G^o &= RT \ln P_{\mathrm{O_2}} \\ &= \left\{-2R\ln\left(\frac{P_{\mathrm{CO}}}{P_{\mathrm{CO_2}}}\right) + 2(\Delta S^o_{f,\mathrm{CO_2}} + \Delta S^o_{f,\mathrm{CO}})\right\}T + 2(\Delta H^o_{f,\mathrm{CO_2}} + \Delta H^o_{f,\mathrm{CO}}) \end{aligned} \tag{5.30}$$

따라서 ΔG^o 축상($T = 0\mathrm{K}$)의 표식점 "C" 는 $2(\Delta H^o_{f,\mathrm{CO_2}} + \Delta H^o_{f,\mathrm{CO}}) = 564.3\ \mathrm{kJ}$ 수치에 해당하는 점이 된다.

반응물과 생성물 사이의 열용량 차이(ΔC^o_P) 가 0인 경우 $\Delta G^o - T$ 평형곡선은 엘링감도표상에서 직선으로 나타난다[식(5.25)]. 일반적으로 ΔG^o 의 온도 의존도 함수식, $\Delta G^o_T = A + BT + CT\ln T$ 에 대한 타당성을 뒷받침할 만큼 열용량 자료의 실험적 측정은 정확도 및 신뢰성 측면에서 완전치 못하므로, 통상적으로 $\Delta G^o - T$ 평형곡선은 엘림감도표상에 직선형태 ($A + BT$)로써 나타낸다. 실제로 $A + BT$ 형태보다 더 복잡한 형태의 $\Delta G^o(T)$ 표현식을 이용하더라도 엘링감도표상의 곡선은 직선 형태에서 그다지 크게 벗어나지는 않게 된다.

엘링감도표상 직선들은 중간에 불연속적인 기울기를 보이는 분기점을 내포하고 있다. 이러한 분기점은 산화반응에 참여하는 순수 물질의 상전이로 인해 나타난다. 예로서 Cu, O_2, Cu_2O간 반응을 고려해 보자. 이들간 반응의 평형을 표시하는 직선을 그림 5.9에 별도로 나타내었다. 영역 I의 직선은 산소와 고상 Cu 및 Cu_2O간 반응의 평형을 나타낸다.

- 반응 A: $4\mathrm{Cu}(s) + \mathrm{O_2} \rightarrow 2\mathrm{Cu_2O}(s)$: 영역 I

$$\Delta G^o_A = \Delta H^o_A - T\Delta S^o_A$$
$$\Delta S^o_A = -129.2\ \mathrm{J/(mol \cdot K)}$$: 직선 기울기의 음수

- 반응 B: $\mathrm{Cu}(s) \rightarrow \mathrm{Cu}(l)$: Cu 융점(T_m)

$$\Delta G^o_B(T_m) = \Delta H^o_B - T_{m(\mathrm{Cu})}\Delta S^o_B = 0$$

ΔH^o_B 는 융점에서 Cu의 잠열을 의미한다.

$$\Delta S^o_B = \frac{\Delta H^o_B}{T_{m(\mathrm{Cu})}} = \frac{13{,}153.2\,(\mathrm{J/mol})}{1356\,(\mathrm{K})} = 9.7\ \mathrm{J/mol \cdot K}$$

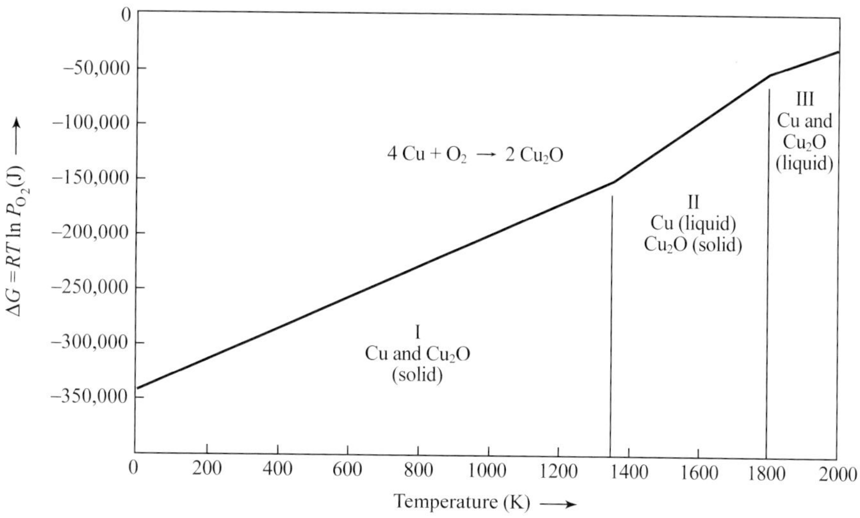

그림 5.9 $4Cu + O_2 \rightarrow 2Cu_2O$반응에 대한 $\Delta G^o = RT\ln P_{O_2}$ 대 T도해. 고상(Cu 또는 Cu_2O)의 용융점에서 직선의 기울기가 변화되고 있다.

Cu 융점은 1356 K이다. 융점에서 구리의 용융 엔트로피는 9.7 J / mol·K 이다.
한편, Cu 융점 이상의 온도($T > T_m$)에서 반응 B에 대한 표준 깁스 자유에너지변화는(온도에 따른 $\Delta C_P^{Cu}(s \rightarrow l) = 0$ 이라 가정 : 용융 잠열과 엔트로피는 온도에 무관하게 일정),

$$\Delta G_B^o = \Delta H_B^o - T\Delta S_B^o = \Delta H_B^o - T\left(\frac{\Delta H_B^o}{T_{m(\text{Cu})}}\right)$$

- 반응 C: $4\text{Cu}(l) + \text{O}_2 \rightarrow 2\text{Cu}_2\text{O}(s)$: 영역 II

  반응 A로부터 반응 B를 빼줌으로써 반응 C를 얻을 수 있다.

$$\Delta G_C^o = \Delta H_C^o - T\Delta S_C^o = (\Delta H_A^o - \Delta H_B^o) - T\left(\Delta S_A^o - \frac{-\Delta H_B^o}{T_{m(\text{Cu})}}\right)$$

$$\Delta S_C^o = (\Delta S_A^o - \Delta S_B^o) = -129.2 - 9.7 = -138.9 \text{ J/(mol}\cdot\text{K)}$$

따라서 영역 Ⅱ(반응 C)와 Ⅰ(반응 A)의 직선은 서로 다른 기울기를 나타낸다. 영역 Ⅱ와 Ⅲ사이의 경계에서 나타나는 또 다른 기울기 차이에 대한 분기점은 Cu_2O 용융에 기인한다. 아울러 영역 Ⅱ 직선의 ΔG^o 축상 교점($\Delta H_A^o - \Delta H_B^o$)수치와 영역 I 직선의 ΔG^o 축 교점 수치(ΔH_A^o)간 차이가 바로 Cu 용융잠열(ΔH_B^o)이 된다. 이로부터 엘링감도표에 의해 순수 금속(또는 금속 산화물)에 대한 용융(또는 승화) 잠열과 엔트로피 자료정보를 얻을 수 있음을 알 수 있다.

엘링감도표 내에서 아래에 위치한 순수 금속(또는 C)에 의해 위에 있는 순수 금속산화물을 환원시킬 수 있다. 고온에서 석탄(C)에 의한 금속 산화물 함유 광석 건식환원을 위해 필요한 적정온도 및 환원분위기에 대한 정보를 엘링감도표로부터 얻을 수 있다. 예로 탄소에 의한 금속 산화물 환원반응에 의해 금속을 제련할 수 있는 하한 온도를 정할 수 있다.

Ca, Al, Si, Mn은 용융 금속내 산소를 정련 제거할 수 있는 우수한 탈산능을 지닌 금속원소들이다. 따라서 제강온도 1600°C에서는 Al 또는 Si 탈산 용강 중 용존성분 Al 또는 Si에 의해 슬래그 중 Fe_xO가 환원되어 2차 정련 조업 중 용강 내 Al_2O_3 또는 SiO_2 개재물이 생성되어 후공정인 연속 주조시 노즐 막힘 현상, 슬래브 및 냉연 판재 표면 결함 등을 유발할 가능성이 있음을 엘링감도표로부터 알 수 있다.

MgO 함유 광석(Dolomite)은 고온에서 C에 의해 건식 환원제련이 가능한 온도가 극도로 높은 온도제약으로 인해 공업적으로 이루기 어려운 환원 공정임을 이해해 볼 수 있다. 이런 온도제약 극복을 위해 극도로 낮은 환원분위기(낮은 산소압력의 진공 분위기)를 적절한 고온에서 유지하는 Mg 제련 공법이 널리 이용되고 있다.

엘링감 도표상에 사용된 금속원소는 순수금속이므로 합금 중 동일 금속원소의 산화반응 가능성 여부 고찰을 위해 엘링감 도표 정보(온도, 산소압력)를 직접적으로 활용하는데는 한계성이 있다는 점에 유의바란다.

5.6 평형상수의 온도의존성

일정한 압력하에서 반응 평형상수의 온도 의존도는 반응에 대한 깁스 자유에너지변화의 온도함수를 알면 결정할 수 있다. 식(3.25)로부터,

$$d(\Delta G^o) = -\Delta S^o dT \tag{5.31}$$

식(5.25)로부터, $$\Delta S^o = \frac{\Delta H^o - \Delta G^o}{T}$$

위 ΔS^o 표현식을 식(5.31)에 대입하면,

$$d(\Delta G^o) = \frac{\Delta G^o}{T}dT - \frac{\Delta H^o}{T}dT$$

$$d(\Delta G^o) - \frac{\Delta G^o}{T} dT = -\frac{\Delta H^o}{T} dT \tag{5.32}$$

식(5.32) 양변에 $1/T$를 곱하면,

$$\frac{d(\Delta G^o)}{T} - \frac{\Delta G^o}{T^2} dT = -\frac{\Delta H^o}{T^2} dT$$

위 식을 재정렬하면,

$$d\left(\frac{\Delta G^o}{T}\right) = \Delta H^o d\left(\frac{1}{T}\right)$$

$$\left.\frac{\partial(\Delta G^o / T)}{\partial(1/T)}\right|_P = \Delta H^o \tag{5.33}$$

식(5.33)을 깁스－헬름홀쯔 식이라고 한다.

$\Delta G^o = -RT \ln K$ 이므로,

$$d(-R \ln K) = \Delta H^o d\left(\frac{1}{T}\right)$$

$$d(\ln K) = -\frac{\Delta H^o}{R} d\left(\frac{1}{T}\right) \tag{5.34}$$

식(5.34)로부터 K의 자연대수를 세로축, $1/T$를 가로축으로 하는 그래프상(그림 5.10)에 나타나는 직선의 기울기는 $-\Delta H^o / R$ 에 해당한다. 식(5.34)를 반－호프(Van't Hoff) 식이라고 부른다. 반－호프식은 평형상수의 온도의존성을 반응열로 관계지어 설명하고 있다. 반응열이 양수일 경우(흡열반응), 반응온도 증가에 따라 평형상수가 커짐을 식(5.34)로부터 알 수 있다. 이는 평형상수에 포함된 생성물질의 활동도는 커지며 상대적으로 반응물질의 활동도는 작아짐을 의미한다. 따라서 반응온도가 증가하면 흡열반응에서는 반응이 정반응 쪽으로 진행하려는 구동력이 더욱 증대된다. 반면, 반응열이 음수(발열반응)인 경우에는 반응온도 증가에 따라 반응이 역반응 쪽으로 진행하려는 구동력이 증대된다.

반－호프식으로부터 반응온도 T_1, T_2 에서의 평형상수 K_1, K_2 자료가 주어지면, 이 온도구간 범위에서 엔탈피 변화가 일정한 상수라는 가정하에 반응열 ΔH^o 를 구할 수 있다.

$$\int_{K_1}^{K_2} d(\ln K) = -\frac{\Delta H^o}{R} \int_{T_1}^{T_2} d\left(\frac{1}{T}\right)$$

$$\ln \frac{K_2}{K_1} = -\frac{\Delta H^o}{R} \left[\frac{1}{T_2} - \frac{1}{T_1}\right] \tag{5.35}$$

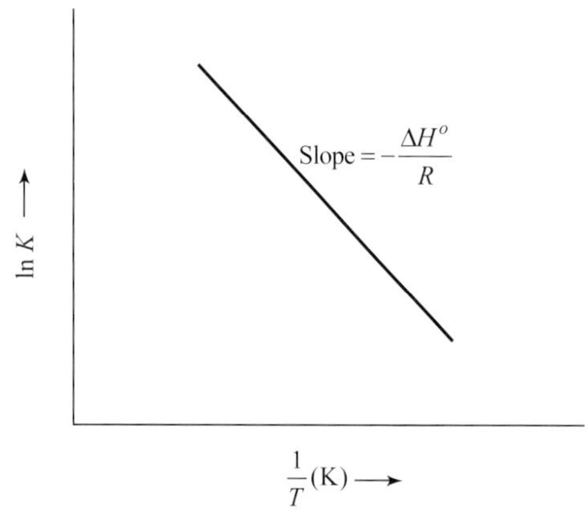

그림 5.10 $1/T$ 함수로서의 평형상수, K의 변화. 직선의 기울기는 $-\Delta H^o / R$에 해당된다.

또한 특정 한 온도에서의 반응에 대한 평형상수 및 ΔH^o를 알면, 다른 온도에서의 평형상수를 식(5.35)관계로부터 결정할 수 있다. 이 경우에도 역시 ΔH^o가 해당 온도구간 범위에 걸쳐서 일정하다는 가정이 내재되 있다. 이는 두 온도구간 폭이 충분히 작으면 모든 반응 참여 물질 열용량의 온도에 따른 변화 ΔC_P를 0으로 가정할 수 있기 때문이다.

예로 $CaCO_3$(석회석)가 CaO 및 CO_2로 분해되는 반응을 고려해 보자.

$$CaCO_3 \rightarrow CaO + CO_2$$

$$K = \frac{a_{CaO} P_{CO_2}}{a_{CaCO_3}}$$

CaO 및 $CaCO_3$와 평형을 이루는 CO_2 압력에 대한 자료는 다음과 같다.

온도(K)	압력(atm)
1030	0.10
921	0.01

위의 자료를 이용해서 반응열(엔탈피 변화)을 우선 계산하고, 이를 이용해 CO_2의 평형 분압이 1기압이 되는 온도를 추정해 보자. CaO 및 $CaCO_3$가 순수한 화합물로서 반응에 참여하므로 이들의 활동도는 1이다. 반응열 ΔH^o가 해당 온도구간 범위에 걸쳐 일정하다고 가정하면, 식(5.35)로부터 다음 계산을 행할 수 있다.

$$\ln\frac{K_2}{K_1} = -\frac{\Delta H^o}{R}\left[\frac{1}{T_2} - \frac{1}{T_1}\right] = \frac{\Delta H^o}{R}\left[\frac{T_2 - T_1}{T_2 T_1}\right]$$

$$\ln\left(\frac{0.10}{0.01}\right) = \ln(10) = \frac{\Delta H^o(109)}{(8.314)(921)(1030)}$$

$$\Delta H^o = 166,000 \text{ J}$$

따라서 석회석 분해반응은 흡열반응으로 1몰의 $CaCO_3$가 분해되는데에는 166,600 J/mol의 에너지가 필요하다.

위 예에서 다룬 두 온도 사이의 자료를 주어진 온도 범위를 벗어난 온도 영역으로 외삽하는 방법이 다소 무리가 따를 수 있다는 점에 유의하면서, 생성기체 CO_2의 압력이 1기압이 되는 반응 온도를 추정해 보자. 온도 T_3 에서 CO_2 압력이 1기압이 된다(즉 $K_3 = 1$)고 하면, $T_2 = 1,030$ K 에서는 $K_2 = 0.1$ 이므로 다음처럼 풀이를 전개할 수 있다.

$$\ln\frac{K_3}{K_2} = \ln 10 = -\frac{166,000}{R}\left[\frac{1}{T_3} - \frac{1}{1030}\right]$$

$$T_3 = 1168 \text{ K}$$

임의 반응에 대한 ΔG^o 를 온도 함수로서 수식적으로 나타낼 수만 있다면, 반응에 대한 ΔS^o 는 식(5.31)을 이용하여 구할 수 있다. 또한 ΔH^o 는 식(5.33)으로부터 얻을 수 있다. 예를 들어 Cu가 Cu_2O로 산화되는 $4Cu(s)$ + $O_2(g) \rightarrow Cu_2O(s)$ 반응의 ΔG^o 에 대한 온도 함수는 J 단위로써 다음처럼 보고되어 있다.

$$\Delta G^o = -339,000 - 14.24T\ln T + 247T \text{ (J)}$$

반응의 표준 엔트로피 변화(ΔS^o)는 식(5.31)로부터,

$$-\Delta S^o = \frac{d(\Delta G^o)}{dT} = -14.24\ln T - 14.24 + 247$$

$$\Delta S^o = -232.76 + 14.24\ln T \text{ (J/K)}$$

반응의 표준 엔탈피 변화(ΔH^o)는 깁스-헬름홀쯔 식(5.33)으로부터,

$$\Delta H^o d\left(\frac{1}{T}\right) = d\left(\frac{\Delta G^o}{T}\right) = d\left(-\frac{339,000}{T} - 14.24\ln T + 247\right)$$

$$\Delta H^o d\left(\frac{1}{T}\right) = \frac{339,000}{T^2}dT - 14.24\frac{dT}{T} = 339,000\frac{dT}{T^2} - 14.24T\frac{dT}{T^2}$$

$$\Delta H^o d\left(\frac{1}{T}\right) = -(339,000 + 14.24T)\, d\left(\frac{1}{T}\right)$$

$$\Delta H^o = -339,000 + 14.24T \text{ (J)}$$

5.7 평형상수의 압력의존성

반응 평형상수 K는 표준 반응 깁스 자유에너지변화 ΔG_r^o에 대해 다음처럼 온도 의존성을 나타낸다.

$$K = \exp\left[-\frac{\Delta G_r^o}{RT}\right]$$

기상의 반응물과 생성물이 전체 압력 1기압하에서 각각 순수한 표준상태로서 참여하는 반응에 대한 표준 깁스 자유에너지변화 ΔG_r^o은 반응압력에 무관한 값이다. 따라서 위 식으로부터 평형상수 K가 압력에 대한 의존성이 없음을 알 수 있다. 그러나 이는 반응참여 기체 성분들의 평형조성(분압)도 반응압력에 무관하다는 것을 의미하는 것은 아님에 주의하기 바란다.

이에 대한 예로서 일정한 온도에서의 다음 기체반응을 다루어 보자.

$$Cl_2(g) = 2Cl(g)$$
$$K = \frac{P_{Cl}^2}{P_{Cl_2}}$$

여기서 K는 반응압력에는 무관하며 오로지 온도만의 의존함수이다.
혼합 이상기체 내 성분 기체의 분압(P_i)은 달튼 분압법칙에 의해 표현된다.

$$P_i = x_i P$$

여기서 x_i는 i 성분 기체의 몰분율이며 P는 전체 압력을 뜻한다. 이 관계식을 K에 대한 표현식에 적용하면,

$$K = \left(\frac{x_{Cl}^2}{x_{Cl_2}}\right)P$$

일정한 온도하에서 기체 반응에 대한 전체압력 P를 증가시킬 때 압력 변화에 따라 K는 항상 일정한 값을 나타내므로 기체 조성비(x_{Cl}^2 / x_{Cl_2})가 감소하여야만 한다. 이는 반응이 역반응(Cl_2 형성 방향) 쪽으로 진행하게 됨을 의미한다. 반대로 P를 감소시키면 반응은 정방향 쪽(P_{Cl_2} 감소)으로 진행하려는 경향을 보이게 된다.

기상의 물질을 포함하는 화학반응계 평형상수에 미치는 인가 전체압력 영향도를 일반적으로 표현하면,

$$aA + bB = cC + dD$$

$$K = \frac{p_C^c p_D^d}{p_A^a p_B^b} = \left(\frac{x_C^c x_D^d}{x_A^a x_B^b}\right) P^{(c+d)-(a+b)} = K_x P^{(c+d)-(a+b)} \quad (5.36)$$

$(c+d)-(a+b)=0$ 일 경우에는 K_x가 반응계 전체압력 P 변화에 영향을 받지 않게 된다. 그러나 일반적으로 기상간 또는 기상을 포함한 반응을 고려하는 계에선, K_x는 전체압력 변화에 의해 영향을 받는다. $(c+d)-(a+b)>0$ 이면 P 증가에 따라 K_x는 감소하므로 역반응(계 내 기체의 몰 수 감소 방향)이 진행된다.

반면에 반응 참여 물질들이 모두 응축상인 경우, $K = \left(\frac{a_C^c a_D^d}{a_A^a a_B^b}\right) = K_x \left(\frac{\gamma_C^c \gamma_D^d}{\gamma_A^a \gamma_B^b}\right)$ 로 쓸 수 있다. 그러나 응축상의 활동도계수는 일정한 온도에서 압력 변화에 따라 거의 변하지 않으므로 응축상간 반응계에선 K_x는 압력 변화에 따라 영향을 받지 않는다고 할 수 있다.

5.8 용해 기체(시버트 법칙)

수소, 질소, 산소 같은 2원자(diatomic) 기체는 액상 및 고상의 금속 내로 쉽게 용해된다. 이들은 기체 상태에서는 2원자 형태인 H_2, N_2, O_2로 존재하나, 금속 내로 용해된 경우에는 단원자 상태인 H, N, O로 존재한다. 화학반응 표현시 용액(고상 또는 액상) 중 용존 기체성분은 화학기호 하단에 밑줄로 표기하고 괄호 내에 용매 성분(용액)을 표시한다.

구리 용액내로의 수소 용해반응:

$$H_2(g) = 2\underline{H} \text{ (구리 용액)}$$

반응의 평형상수는,

$$K = \frac{a_H^2}{a_{H_2(g)}} = \frac{\gamma_H^2 x_H^2}{P_{H_2}} \quad (5.37)$$

통상적인 낮은 압력 범위에 걸쳐서 2원자 기체인 수소는 이상기체로 거동한다. 따라서 기체 활동도 정의에 따라 1기압의 수소 기체를 표준상태로 정하기 때문에 수소의 활동도는 수소압력(기압) 수치와 같아진다.

용액 내 희석농도 용질(금속 내 용존 기체 성분)의 활동도는 기체 경우와는 다른 방법으로 표준상태를 정의한다. 그림 5.11에 나타나듯이, 금속 내 용존 수소는 희석농도 범주에 속하므로 수소 활동도는 헨리의 법칙에 따라 농도에 직선적으로 비례한다고 가정할 수

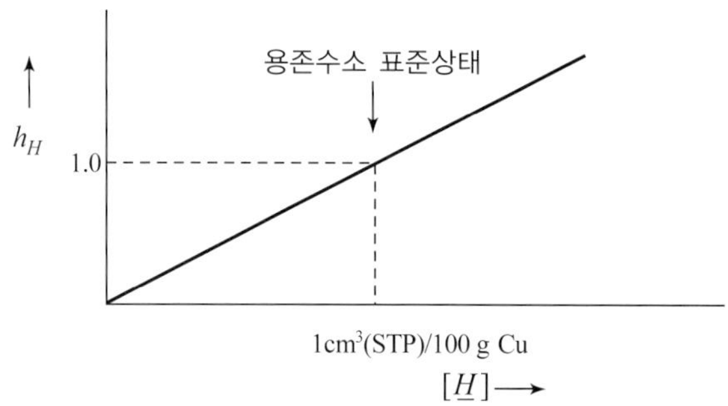

그림 5.11 금속내 용해된 수소 활동도 대 농도 사이 관계 그래프(h_H : 헨리안 활동도)

있다. 이는 6장에서 논의되는 용액 내 희석농도 용질 성분 활동도와 농도간의 관계를 나타내는 헨리의 법칙에 근거한 설명이다.

금속 내 용존 수소농도의 단위는 Cu 질량 내 용해된 기상 수소(H_2)의 부피로 나타낼 수 있다. 예로서 Cu 100g당 용해기체의 입방센티미터(STP : 298 K, 1기압)로서 용액중 용존 기체성분 농도를 표현할 수 있다. 이밖에 용액중 희석 용존 성분원소를 wt% 또는 ppm (10^{-4} wt%) 단위로 표현하는 경우도 흔히 접할 수 있다.

편의상 Cu 100g당 1cm³(STP) H_2에 해당하는 용해 수소의 농도를 용존 수소 활동도 표준상태로 정해보자: 즉, 이 용존 농도에서 용해 수소의 활동도는 1이 된다. 2원계 희석용액의 경우 이런 의사(擬似) 표준상태에 대한 용질 활동도 h_H 와 희석용질 농도 간의 직선적 비례 관계(헨리법칙)를 고려하면,

$$h_H = [\underline{H}]$$

여기서 $[\underline{H}]$ 는 Cu 100g당 H_2 입방센티미터(STP) 농도의 단위를 갖는다. 이와는 달리 희석용액 중 용존 수소 활동도에 대한 표준상태로서 1wt% H 농도 또는 Cu 1g당 10^{-4} wt% (ppm)에 해당하는 용존 수소농도 1ppm을 정할 수도 있다. 이 경우 $[\underline{H}]$ 는 w/o 또는 ppm 단위가 된다.

2원계 희석용액(예로 Cu－H 또는 Fe－H용액)에 대한 식(5.37)의 관계는 따라서 다음처럼 표현된다.

$$H^2 \rightarrow 2\underline{H} \text{ (ppm in Cu or Fe)}$$

$$K' = \frac{[\underline{H}]^2}{P_{H_2}}$$

여기서 K' 은 Cu내 1ppm 용존수소 표준상태에 대한 수소 용해 반응의 평형상수이며, $[\underline{H}]$ 는 ppm 농도를 나타낸다.

$$[\underline{H}]^2 = K' P_{\mathrm{H}_2}$$
$$[\underline{H}] = (K')^{1/2} P_{\mathrm{H}_2}^{1/2} \quad (5.38)$$

따라서 임의 온도에서 Cu 중 용존 포화 수소량은 수소 기체 압력의 제곱근($\sqrt{\ }$)에 비례한다. 이 관계식은 금속 내 용존 2원자 기체(H_2, O_2, N_2 등)에 대해서 모두 동일하게 적용할 수 있으며, 이를 시버트 법칙(Sievert's law)이라고 부른다.
다원계 희석용액중으로의 용존수소 정량화시는 활동도를 나타내는 식(5.38) 좌변을 $f_H[\underline{H}]$로 대체해 쓸 수 있다. f_H 는 용액 중 희석용질 H의 헨리안 활동도계수로서 제3의 용질성분과 용질 H 간의 상호작용 조계수에 의해 나타낼 수 있으며 이는 6.7절에서 자세히 다루어진다.

참고 문헌

1. Stull, D. R., and Prophet, H., *JANAF Thermochemical Tables*, 2nd ed., National Standards Research Data Service-National Bureau of Standards, Washington, DC, 1971.
2. Kubaschewski, O., and Evans, E. L. L., *Metallurgical Thermochemistry*, Wiley, New York, 1956.
3. Glassner, A., *The Thermochemical Properties of the Oxides, Flurides, and Chlorides to 2500 K*, ANL-5750, U. S. Government Printing Office, Washington, DC, 1957.
4. Ellingham, H. J. T., Reducibility of Oxides and Sulfides in Metallurgical Processes, *J. Soc. Chem. Ind.*, 63, 125.

문제

5.1 온도 2000 K, 1기압하에서 다음 반응으로부터 수소 기체내 포함된 단원자 수소의 평형압력(분압)을 계산하라.

$$\tfrac{1}{2}H_2(g) \rightarrow H(g)$$

298 K에서 위 반응에 대한 표준 엔탈피 및 엔트로피 변화는 각기 ΔH^o_{298} = 217,990 J, $\Delta S^o_{298} = 49.35$ J/K 이다. 단원자 이상기체인 $H(g)$ 의 열용량은 $3R/2$ 이고, H_2(g) 의 열용량은 31 J / (mol·K) 이다.

5.2 $Co(s)+\frac{1}{2}O_2(g)=CoO(s)$: $\Delta G^o = -59,850+19.6T$(cal)

(a) 1000℃에서 Co 및 CoO와 평형을 이루는 산소압력을 계산하라.

(b) ΔH^o 항(여기서 –59,850cal) 계산시 오차 한계를 ±500 cal 라 하면 문제 (a)의 평형 산소압력 계산시 생길 수 있는 오차 한계는 어느 정도인가?

5.3 다음 분위기 조건하에서 은산화물(Ag_2O)이 가열될 경우 Ag와 산소로 분해되기 시작하는 온도는 얼마인가? 온도에 따른 분해반응에 대한 ΔC_P (반응물/생성물간 C_P차이)는 0이라고 가정하라.

(a) 1기압의 순수한 산소 분위기중에서

(b) 1기압인 공기중에서

자료 : 298 K에서 Ag_2O 에 대한 $\Delta H_f = -7,300$ cal/mol

표준 엔트로피 ΔS^o_{298}[cal / (mol·K)] : Ag_2O [29.1], O_2 [49.0], Ag [10.2]

5.4 질소를 고순도로 정제하기 위해 500°C Turning로 내에 채워진 순수 구리망 뭉치(getter)를 통과토록 질소 기체를 흘려줌으로써 기체중 미량의 잔류 산소를 제거하고자 한다.

$$2Cu(s)+\tfrac{1}{2}O_2(g)=Cu_2O(s) \ : \ \Delta G^o(\text{cal}) = -39,850+15.06T$$

(a) 위 반응이 500°C에서 평형에 도달한다고 할 경우 정제된 질소 기체내에 남아 있는 산소의 압력을 계산하라.

(b) 구리망 뭉치의 온도를 800°C로 올릴 때의 탈산 정제 효과는 어떠한가? 300°C

로 낮추면 어떠한가? 특별히 500°C를 특정해서 사용하는 이유는 무엇 때문인가?

(c) 질소 기체의 압력을 올리면 질문 (a)의 잔류산소 제거에 어떤 효과가 생기는가?

5.5 온도 1200°C에서 액상 구리 중 1기압 수소의 용해도는 구리 100 g당 7.34cm^3 (STP)이다. 액상 구리 중 용존수소는 단원자 형태로 존재한다.

(a) H_2가 액상 구리 중에 용해되는 반응식을 써라.

(b) 1200°C에서 구리 용탕중의 수소 함량을 0.1cm^3(STP)/100g 정도까지 낮추는데 필요한 진공도(산소압력)는 얼마인가?

(c) 온도 1200°C에서 구리 용탕 100g은 0.5cm^3(STP)의 H_2를 함유한다. 구리 용탕 100g중으로 아르곤 기체를 천천히 버블링(bubbling) 함으로써 아르곤 버블과 용탕간 수소반응이 평형을 이루도록 하였다(즉, 버블/용탕 계면에서의 $\underline{H} \rightarrow \frac{1}{2}H_2$ 반응 속도가 매우 빠르게 일어나 평형상태를 유지하므로 용탕중 $\underline{H}$ 제거 반응속도는 주입 Ar 버블유량에 의해 율속된다). Ar 버블링에 의해 구리 용탕중 H_2함량을 0.1cm^3 (STP)/100g으로 줄이려면 얼마나 많은 유량의 아르곤을 구리 용탕중으로 버블링(주입)하여야 하는가? STP는 표준온도 및 압력(298 K, 1기압)을 의미한다.

풀이시 용탕 100g을 기준(basis)으로 정하라.

5.6 아래 환원 반응에 대한 평형상수 자료가 온도에 따라 다음처럼 주어진다.

$$NiO(s) + CO(g) \rightarrow Ni(s) + CO_2(g)$$

T(°C)	$K(\times 10^{-3})$
663	4.553
716	3.323
754	2.554
793	2.037
852	1.577

(a) 적절한 좌표축을 사용해 주어진 자료를 플롯하고, 이로부터 온도 1000 K에서 환원 반응에 대한 ΔH^o, ΔG^o, 평형상수 K를 각각 구하라.

(b) 온도 1000 K에서 15% CO_2, 5% CO, 80% N_2 혼합 기체 분위기 중에서 니켈

(Ni)이 산화될 수 있는 가능성 여부에 대해 언급하라.

5.7 1750°C에서 1기압, N_2(또는 H_2) 분위기 하에 100g의 용철중으로 35cm³(STP)의 질소(또는 35cm³ 수소)가 용해된다. 아르곤은 철 용탕중에 용해되지 않는다. 온도 1750°C 및 압력 760 mmHg에서 아래 혼합 기체 분위기 하에서 100g의 용철 중으로 얼마나 많은 기체가 용해될 수 있는가?

(a) 50% 질소와 50% 수소

(b) 50% 아르곤과 50% 수소

(c) 33% 질소, 33% 수소, 34% 아르곤

5.8 고상 SiO_2와 접촉하고 있는 고상 Si을 진공로 내에서 1100 K 온도로 가열하고자 한다. 이들 두 순수 고상은 상호간에 고용도가 없으나, Si와 SiO_2는 서로 반응하여 다음처럼 기상의 SiO를 형성한다고 알려져 있다.

$$\mathrm{Si}(s)+\mathrm{SiO_2}(s)\rightarrow 2\mathrm{SiO}(g)\ :\ \Delta G^o = 667{,}000+25.0T\ \ \ln T-510T(\mathrm{J})$$

(a) 1100 K에서 SiO 기체의 평형 압력을 계산하라.

(b) 1100 K에서 위 반응에 대한 ΔH^o, ΔS^o를 계산하라.

(c) 엘링감도표(그림 5.8)를 이용하여 진공로 내의 물질들과 평형을 이루는 산소(O_2)압력을 추정하라.

5.9 2263 K에서 순수 UC_2(uranium dicarbide) 및 순수 C와 평형을 이루는 고상 U의 증기압은 얼마인가?
2263 K에서 UC_2의 ΔG_f^o 는 −82,000 cal/mol 이고, 순수한 고상 U의 증기압(기압) 자료는 다음과 같다.

$$\ln\ P_U^o(\mathrm{atm}) = 25.33-\frac{100{,}000}{T}$$

5.10 철 산화물의 수소에 의한 직접환원은 다음 반응식으로 나타낼 수 있다.

$$\mathrm{Fe_2O_3}+3\mathrm{H_2}\rightarrow 2\mathrm{Fe}+3\mathrm{H_2O}$$

위 반응에 대한 엔탈피 변화는 몇 줄(J) 인가? 발열반응인가, 흡열반응인가?

$$2Fe + \frac{3}{2}O_2 \rightarrow Fe_2O_3 \quad : \Delta G^o = -810,250 + 254.0T(J)$$

$$H_2 + \frac{1}{2}O_2 \rightarrow H_2O \quad : \Delta G^o = -246,000 + 54.8T(J)$$

5.11 $CaCO_3$(calcium carbonate)는 다음 반응에 의해 CaO와 CO_2로 분해한다.

$$CaCO_3 \rightarrow CaO + CO_2$$

(a) 1몰의 $CaCO_3$가 분해될 때의 열효과(ΔH^o)는 얼마인가? 이 반응은 흡열반응인가, 발열반응인가?

(b) CO_2의 평형압력이 0.5기압과 같아지는 온도는 얼마인가? 이 경우 $CaCO_3$분해반응에 대한 표준 깁스 자유에너지변화 ΔG^o 는 얼마인가?

자료 : CaO 및 $CaCO_3$와 평형을 이루는 CO_2압력은 다음과 같다.

Temperature (K)	P_{CO_2} (atm)
1030	0.10
921	0.01

풀이시 $CaCO_3$ 분해반응 엔탈피변화는 온도에 무관하다고 가정하라.

5.12 괴상(briquette) MgO와 C가 진공로 내에서 함께 고온으로 가열되면, MgO의 열탄소(carbothermic) 환원 반응에 의해 Mg 및 CO 기체가 발생한다.

(a) 위 공정에 대한 반응식을 써라.

(b) Mg 압력과 CO 압력 사이의 상관 관계는 어떠한가?

(c) Mg 압력과 CO 압력의 합이 1기압이 되는 반응온도를 계산하라.

(d) 진공로의 압력을 증가(Ar기체를 흘려 진공도 감소)시킴에 따라 MgO 열탄소 환원 반응은 열역학적으로 어떤 영향을 받게 되는가?

$$MgO : \Delta G_f^o = -174,000 + 48.7T(cal)$$

$$CO : \Delta G_f^o = -28,000 - 20.2T(cal)$$

5.13 금속 Si을 1000°C로 가열할 때 SiO_2 산화막 형성을 억제하기 위해 일반적으로 수소 분위기가 사용된다. 이 경우 분위기 수소 기체중에 불순물로 포함된 미량의 수증기는 Si을 산화시킬 수 있다.

(a) 수증기에 의해 Si이 SiO_2 로 산화되는 반응을 써라.

(b) 1000°C에서의 위 산화반응의 평형상수와 평형산소 분압을 계산하라.

(c) 1000°C에서 Si 산화가 일어나지 않으려면 분위기 기체인 수소내 최대 허용 수증기의 양(ppm)은 얼마인가?

(d) 엘링감도표(그림 5.8)를 이용하여 질문 (c)에 대한 답을 검토하라.

$$H_2(g)+\tfrac{1}{2}O_2(g)\rightarrow H_2O \quad : \ \Delta G^o=-246,000+54.8T(\mathrm{J})$$

$$Si+O_2=SiO_2(s) \quad : \ \Delta G^o=-902,000+174T(\mathrm{J})$$

5.14 엘링감도표 정보에 의하면 Mg은 매우 안정한 산화물 상태를 나타낸다. 따라서 금속 Mg은 2 단계 공정을 거쳐야만 산화물로부터 환원 제련될 수 있다. 이에 대한 첫 단계로 산화물을 염화물로 전환시키고, 두 번째 단계로 1200°C 온도에서 액상 $MgCl_2$ 위로 H_2 기체를 흘려줌으로써 액상 염화물을 Mg(*g*) 증기로 환원시킨 후 이를 응축화(condensation)시켜 순수 금속 Mg을 얻어낸다. 두 번째 단계에 대한 정련 반응은 다음과 같다.

$$MgCl_2(l)+H_2(g)\rightarrow Mg(g)+2HCl(g)$$

(a) 전체 압력을 1기압으로 일정하게 유지하였을 때 $H_2(g)$, $Mg(g)$, $HCl(g)$의 평형압력(분압)은 각각 얼마가 되는가?

(b) 두 번째 단계 공정 중 생성 증기 Mg의 산화를 방지하려면 환원기체 수소내 H_2O의 최대 허용 압력은 얼마인가?

	1200°C에서 ΔG^o (J)
$Mg(g)+Cl_2(g)=MgCl_2(l)$	−425,484
$H_2(g)+Cl_2(g)=2HCl(g)$	−207,856
$Mg(g)+\tfrac{1}{2}O_2(g)=MgO(g)$	−437,185
$H_2(g)+\tfrac{1}{2}O_2(g)=H_2O(g)$	−165,280

5.15 1800 K 온도에서 실리카(SiO_2)를 임의 모재상에 증착하는 공정이 제안되었다. 이 공정에서는 미세한 실리콘(Si) 및 실리카(SiO_2) 분말의 혼합체(둘 다 초기온도가 298 K)를 유체 공기(초기온도 298 K)를 통해 모재에 분무시킨다. 실리콘은 공기 중 산소와 반응하여 실리카를 형성한다. Si을 SiO_2로 변환시키는 데 필요한 산소량

을 정확하게 공급할 수 있도록 공기량이 조절되며, 공정진행중 열손실은 전혀 없다고 가정하라(즉, 단열과정).

(a) 1800 K 온도에 도달하려면 분말 혼합체 내 Si/SiO_2 몰비를 얼마로 유지해야 하는가?

(b) 생산직 엔지니어가 사용하기 쉽도록 질문 (a)의 답을 혼합물 내 Si의 중량 백분율로 환산하라.

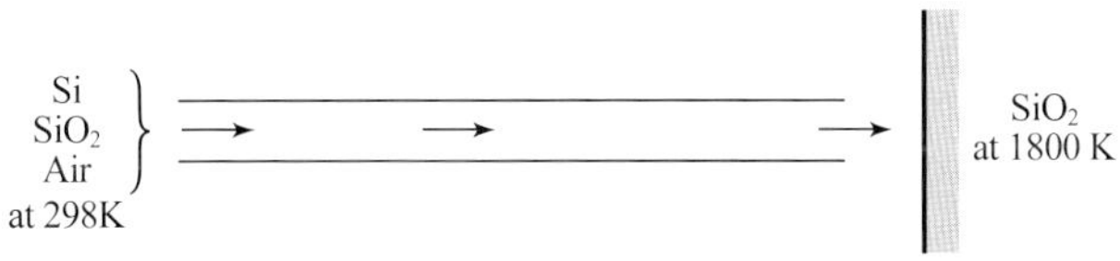

Element	Enthalpy (cal/mol)	
	$\Delta\underline{H}_{f,298}$	$\underline{H}_{1800} - \underline{H}_{298}$
SiO_2	−216,417	23,637
N_2	0	11,707

5.16 고상 BaO는 대기중(P = 1atm)에 노출된 노 내에서 $BaCO_3$(witherite)를 분해함으로써 얻어질 수 있다.

(a) 분해 반응식을 써라($BaCO_3$와 BaO는 상호간에 용해도가 없다 : immiscible).

(b) 다음 자료를 이용하여 $BaCO_3$의 분해 반응시 열효과 ΔH^o (J/mol)가 얼마인지 계산하라. 흡열반응인지, 발열반응인지를 명시하라.

(c) $BaCO_3$상부의 생성기체 CO_2 압력을 1기압으로 증가시키려면 어느 정도 고온으로 반응 온도를 올려야 하는가?

Element	Thermodynamic properties [kcal/(g·mol)]	
	$\Delta G^o_{f(298)}$	$\Delta H^o_{f(298)}$
CO_2	–94	–94
BaO	–126	–133
$BaCO_3$	–272	–291

풀이시 $C_{P,CO_2} + C_{P,BaO} = C_{P,BaCO_3}$ 로 가정하라.

5.17 석탄의 기화반응은 일반적으로 다음처럼 쓸 수 있다.

$$C(s) + H_2O(g) \rightarrow H_2(g) + CO(g)$$

(a) 반응 평형상수를 기술하고 1100 K에서의 평형상수를 계산하라.

(b) 전체 기체압력이 10기압으로 유지된다면 석탄기화를 위해서 반응하는(소모되는) H_2O의 분율을 계산하라.

(c) 반응온도가 높아지면 반응하는 H_2O의 분율은 증가할 것인가, 감소할 것인가? 이에 대한 근거를 언급하라.

표 5.1의 자유에너지 자료 정보를 이용하여 답하라.

5.18 (a) 온도 298 K에서 순수한 수소가 습기가 없는 산소와 연소반응을 일으킨다. 연소시 200%의 잉여산소가 사용된다면(화학량론적 요구 산소량의 3배에 해당), 단열 불꽃온도 (*AFT* : adiabatic flame temperature)는 얼마인가?

(b) 질문 (a)에서 구한 단열 불꽃온도에서 수소가 수증기로 바뀌는 반응의 정도는 얼마나 되는가? 즉, 반응하지 않고 남게 되는 수소의 분율이 얼마인가?

(c) 질문 (a)와 달리 298 K 온도인 수소가 화학량론적으로 필요한 양만큼의 산소와 298 K에서 연소반응을 일으킨다고 하자. 모든 수소가 연소반응에 참여한다 가정하면 단열 불꽃온도는 얼마인가?

(d) 질문 (c)에서 계산된 온도에서 연소 반응 평형상수를 고려해보면 반응하지 않고 남게 되는 수소의 분율은 얼마인가?

(e) 반응정도(반응평형)를 고려하여, 298 K 온도인 수소가 화학량론적 양만큼의 298 K 산소와 반응할 경우 얻어지는 단열 불꽃온도는 얼마인가? 즉, 질문 (d)에 따라 연소반응이 일어날 경우 단열 불꽃온도는 얼마인가? 이를 질문 (c)의 결과와 비교해 검토하라.

$$H_2 + \tfrac{1}{2}O_2 = H_2O \;:\; \Delta G^o = -246{,}000 + 54.8T\,(\text{J})$$

기체	열용량[J/(mol·K)]
N_2	35
O_2	35
H_2O	45
H_2	28

주: 풀이시 위 기체들 열용량은 온도에 무관한 일정한 상수로 가정하라.

5.19 우라늄 – 탄소 2원계에는 두 종류의 화합물 UC, UC_2만이 존재하며, 이들은 화학량론적 화합물을 이룬다고 가정하라. 또한 이들 화합물은 아래 질문에 주어진 온도조건에서 모두 평형상태도 상에서 존재한다고 가정하라.

(a) 온도 2263 K에서 UC_2 및 C와 평형을 이루는 우라늄의 활동도는 얼마인가? 순수 고상 탄소와 기상 우라늄($P = 1$기압)을 표준상태로서 정하라.

(b) 순수 액상 우라늄을 표준상태로 할 경우에 대해 질문 (a)의 답을 하라.

(c) 온도 2263 K에서 탄소와 액상 우라늄(액상 U : not pure)으로부터 UC_2의 형성에 따른 깁스 자유에너지 변화는 얼마인가?

(d) 온도 2263 K에서 순수 액상 우라늄의 기화열은 얼마인가?

(e) 아래 자료를 이용하여 2263 K 온도에서 UC의 형성 깁스 자유에너지변화의 상한과 하한값은 얼마인지 계산하라. UC 생성 반응인 $UC^2 + U \rightarrow 2UC$ 및 $UC^2 \rightarrow 2UC + C$를 둘 다 고려해 답하라. 순수한 액상 우라늄과 고체 탄소를 표준상태로 정하라.

순수 액상 우라늄의 증기압: $\log P_U^o(\text{atm}) = 6.027 - \dfrac{24,040}{T}$

UC_2 및 C 혼합 성형체와 평형을 이루는 우라늄(순수 U 아님)의 평형압력

T(K)	P(atm)
2063	3.8×10^{-10}
2263	1.07×10^{-8}

우라늄의 융점은 1405 K이다

5.20 일산화탄소(CO)가 50%의 초과 잉여 공기를 사용하는 버너 속에서 건조한 공기와 반응한다.

(a) CO가 모두 반응하여 CO_2를 생성할 경우 단열 불꽃온도(*AFT*)를 계산하라.

(b) 질문 (a)에서 계산된 *AFT* 온도에서 연소반응이 평형에 도달할 때 평형상수를 고려해서 반응하지 않고 남게 되는 CO의 양은 얼마인가?

(c) 연소 공기가 1298 K 온도로 예열되어 공급될 경우 모든 CO가 반응한다고 가정할 때 *AFT*는 얼마인가?

(d) 질문 (c)에서 계산된 *AFT* 온도에서, 연소반응이 평형에 도달할 때 평형상수를 고려해서 반응하지 않고 남게 되는 CO의 양은 얼마인가?

(e) 연소 공기가 1298 K로 예열 후, 공급되어 화학반응 평형에 도달할 경우 얻어질 수 있는 *AFT*를 추정하라. 이를 질문 (c)의 결과와 비교 검토하라.

$$CO + \frac{1}{2}O \rightarrow CO_2 \ : \ \Delta G_T^o(\text{joules}) = -282{,}300 + 86.81\,T(\text{K})$$

문제 풀이 편의상 기체의 열용량은 온도에 무관하며 다음 표에 나타난 상수값으로 각각 일정하다고 가정한다.

기체	열용량[J/(mol·K)]
CO	37
O_2	37
CO_2	60
N_2	37

Chapter 06

용액

5장에서 다룬 화학반응계 평형에서는 순수한 성분과 화합물 간의 화학적 상태 변화에 따른 이들 간 상대적 안정성을 다루었다. 그러나 물질에 대한 주요 성질이나 유용한 화학반응은 순수한 원소나 화합물 사이에서 나타나는 것이 아니라, 여러 성분 원소 또는 화합물이 용해된 용액이나 이들 사이 반응으로부터 주로 나타나게 된다. 이 장에서는 이런 용액계에 대한 열역학 성질을 중점적으로 다루고자 한다.

6.1 활동도

퓨가시티 개념은 이미 5장에서 소개되었으며 혼합기체 구성성분 i의 퓨가시티가 식 (5.5)에 의해 다음처럼 정의되었다.

$$d\overline{G}_i = RTd(\ln f_i)$$

성분 i 의 열역학적 활동도는 다음과 같이 정의된다.

$$a_i = \frac{f_i}{f_i^o} \equiv \frac{P_i}{P_i^o} \tag{5.9}$$

여기서 f_i^o 는 표준상태에서 성분 i의 퓨가시티를 나타낸다. 응축상 내 성분 i의 퓨가시티 f_i 는 응축상과 평형을 이루는 증기상 내 동일성분의 퓨가시티와 같다. 응축상과 평형을 이루는 증기는 이상기체라 볼 수 있으므로, 응축상 내 성분 i의 퓨가시티는 증기상 내 동일성분의 압력과 같아진다. 성분 활동도는 물질계로부터 성분이 이탈하려는 경향(반응성)

의 정도를 정량적으로 나타내는 척도라 할 수 있다. 응축상 물질계 구성성분의 활동도는 응축상과 접하는 증기상 내 해당 성분의 증기압에 의해 식(5.9)로서 표현될 수 있다.

표준상태의 선택은 임의적이긴 하나, 통상적으로 액상 용액에선 1기압하의 순수물질을, 고상용액에서는 1기압하 특정 결정구조의 순수물질을 표준상태로 정한다. 예를 들어 아세톤과 물 간 액상 용액에 대해 성분 물의 표준상태는 1기압하 순수 물, 아세톤은 1기압하 순수 아세톤으로 정한다. 철과 니켈 간 고용체에 대해서 철 성분은 1기압하 특정 결정구조(BCC 또는 FCC : 동소체 경우)의 순수철을, 니켈은 순수니켈을 활동도 표준상태로 각기 정한다. 표준상태가 정해지면 이를 이용해서 다음처럼 응축상(액상 및 고상) 용액 중 성분의 열역학적 거동을 활동도로 표현할 수 있다.

$$\overline{G}_i - \underline{G}_i^o = RT\ln a_i = RT\ln(f_i / f_i^o)$$

이상용액 구성성분 i의 퓨가시티는 몰분율(x_i)과 순수 i의 퓨가시티 f_i^o의 곱하기로 정의된다.[1)]

$$f_i = x_i f_i^o$$

순수한 상태를 표준상태로 정하면 이상용액 중 성분 i의 활동도는,

$$a_i = \frac{x_i f_i^o}{f_i^o} = x_i \tag{6.1}$$

이 관계를 그래프로 나타내면 그림 6.1과 같다. 이상용액에 대한 활동도와 농도간의 관계

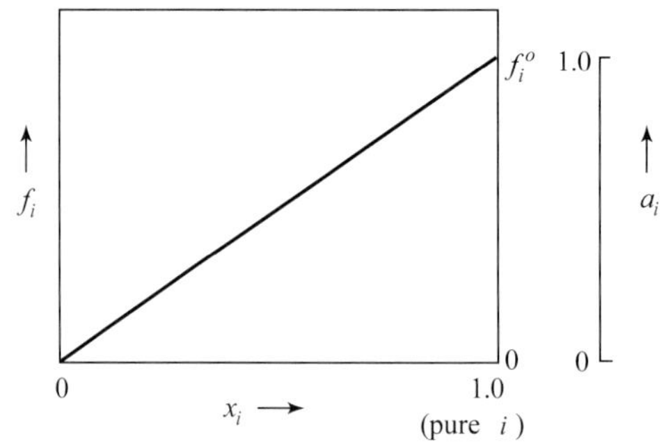

그림 6.1 이상용액에서 몰분율(x_i) 함수로서의 성분 i의 퓨가시티(f_i) 및 활동도(a_i)

---

1) 이상용액은 혼합 엔탈피 및 엔트로피로서도 또한 정의될 수 있다. 이상용액의 혼합 엔탈피는 0이고, 혼합 엔트로피는 $-R\sum_i x_i \ln x_i$ 이다.

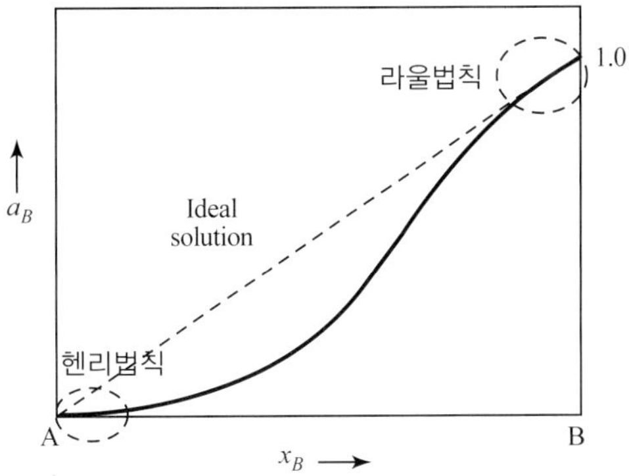

그림 6.2 비이상용액에서 조성에 따른 활동도 변화

식(6.1)을 라울의 법칙(Rault's law)이라고 부른다. 이상용액 성분 i의 활동도는 전 농도구간에 걸쳐 라울의 법칙에 따르지만, 일반 용액의 경우는 성분 i의 몰농도가 $x_i \rightarrow 1$에 근접한 농도 구간에서만 오로지 활동도 a_i가 성분 i 몰농도와 동일해진다고 할 수 있다(그림 6.2 참조). 5.1절과 이 절에서 다루는 퓨가시티 표현 기호 f_i가 6.8절에서는 희석용액 헨리안 활동도 계수로서 혼용되 사용되고 있음에 유의바란다.

이상용액 중 성분 i 혼합시 몰당 깁스 자유에너지 변화는,

$$\overline{G}_i - \underline{G}_i^{\,o} = RT \ln a_i = RT \ln x_i \tag{6.2}$$

임의 온도에서 성분물질 A와 B가 전 조성 범위에 걸쳐서 비이상용액(실제 용액)을 형성하면, 물질 B의 활동도는 농도함수로서 다음과 같이 표현된다.

$$a_B = \gamma_B x_B \tag{6.3}$$

$$\overline{G}_B - G_B^o = RT \ln a_B = RT \ln(\gamma_B x_B) \tag{6.4}$$

여기서 γ_B는 A－B 용액 내 성분 B의 활동도계수라고 부른다. G_B^o는 $\underline{G}_B^o$와 동일한 표현으로서 이후 G_i^o를 순수 물질 i의 몰당 열역학 성질 표기로 쓰기로 정한다. 조성 변화에 따른 성분 B의 활동도 변화는 그림 6.2와 같은 형태를 보인다. 이 용액의 거동은 이상용액 거동으로부터 부(negative)한 이탈 경향을 보인다. 즉, $\gamma_B < 1$이다. 그림 6.2에 점선으로 나타난 직선은 이상용액의 경우에 해당되는 것으로 $\gamma = 1$이다. 경우에 따라서 비이상용액의 활동도 변화가 점선 직선보다 위쪽 영역에서 그림 6.2의 실선에 대칭적인 형태로서 나타나는 비이상용액도 있다. 이러한 용액의 거동은 이상용액 거동으로부터 정(positive)한 이탈 경향을 보인다고 일컫는다. 즉, $\gamma > 1$이다. 이에 대한 용액 거동의 원자론적 해석은 6.11절에서 자세히 다루어진다.

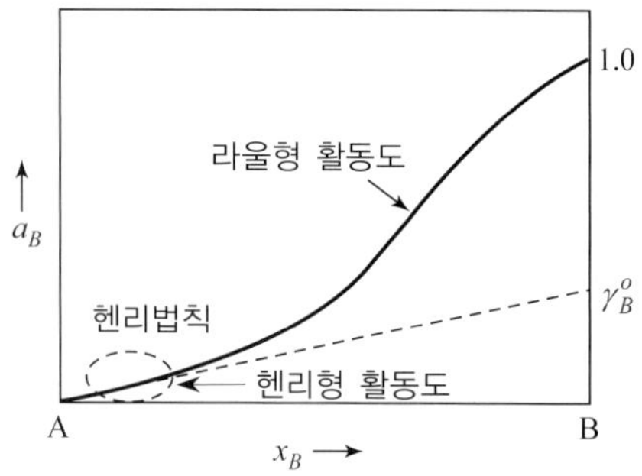

그림 6.3 비이상용액의 활동도 대 조성 그래프. 이원계 용액 중 용질 성분에 대한 희석농도 조성 영역에서의 헨리안 활동도-조성 관계(직선적)를 전 조성 영역으로 외삽한 직선이 점선으로 함께 나타나 있다.

이원계 희석용액의 경우 희석농도 영역내 용질 B의 활동도계수 γ_B는 통상적으로 농도에 무관한 일정한 상수로 간주되며, γ_B^o (또는 γ_B^∞)로 표시한다(희석 용질의 헨리안 활동도 거동 : 헨리의 법칙). 이에 대한 설명이 그림 6.3에 나타나 있으며 용질의 활동도계수에 대한 구체적인 설명은 6.8절에서 언급된다.

6.2 분몰량

용액 내 성분물질의 크기 열역학적 성질은 분몰량으로 나타낸다(3.4절). 성분 A와 B로 구성된 이원계 용액의 부피를 크기성질의 예로 고려해 보자. 일정한 온도와 압력하에서 용액의 부피는 물질 A 몰량(n_A) 및 B 몰량(n_B)의 함수이다. 여기서 n은 몰 수를 나타낸다.

$$V_M = V(n_A, n_B)_{T,P}$$

부피는 상태함수이므로 일정한 T와 P 조건하에서 전미분 dV는 다음처럼 쓸 수 있다.

$$dV_M = \left(\frac{\partial V_M}{\partial n_A}\right)_{T,P,n_B} dn_A + \left(\frac{\partial V_M}{\partial n_B}\right)_{T,P,n_A} dn_B \tag{6.5}$$

$(\partial V_M / \partial n_A)_{T,P,n_B}$ 를 A의 분몰 부피 $\overline{V}_M$ 로 정의한다.

$$\overline{V}_A = \left(\frac{\partial V_M}{\partial n_A}\right)_{T,P,n_B} \tag{6.6}$$

따라서,

$$dV_M = \overline{V}_A dn_A + \overline{V}_B dn_B \tag{6.7}$$

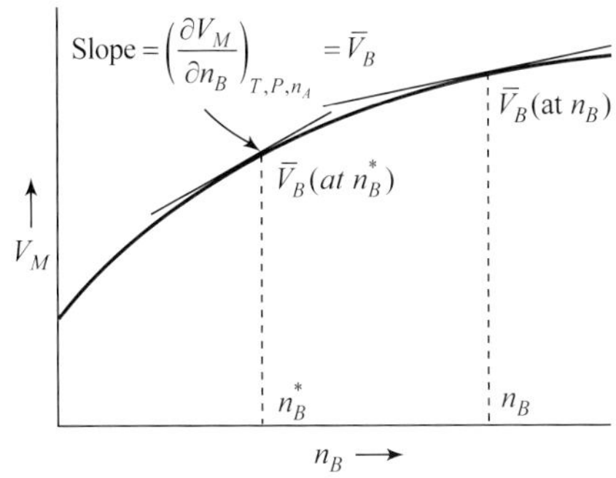

그림 6.4 일정 온도, 압력하 이원계 용액에 첨가된 B몰 농도의 함수로서 A–B 용액 부피 V_M 변화와 조성에 따른 분몰 부피 $\overline{V}_B$ 변화

식(6.6)이 지니는 의미의 중요성은 그림 6.4로부터 이해할 수 있다. B의 분몰 부피는 용액 중에 첨가된 성분 B 몰 수에 대한 용액의 부피 변화율이다.[2] 용액 내 특정 성분의 분몰 크기 열역학적 성질은 일정한 온도 및 압력하에서 특정 성분 1몰이 엄청나게 많은 양(1몰 첨가로 인해 다른 성분들의 조성이 거의 변하지 않는다고 할 만큼 양적으로 큰, 사실상 무한 크기의 양 : reservior)의 용액 중에 첨가되면서, 용액이 겪게되는 크기 열역학 성질 변화를 나타낸다. 예를 들어 일정 온도, 압력하 1몰의 물(18 cm^3 부피를 지닌 18 g)이 양적으로 매우 큰 에탄올–물(70 mol% / 30 mol%) 용액 중에 첨가되면 용액의 부피는 대략 16 cm^3 정도 변한다고 한다. 따라서 이 경우 순수한 물의 **몰 부피**($\underline{V}_i^o$)는 18 cm^3/mol 이고 용액 중 물의 **분몰 부피**($\overline{V}_i$) 는 16 cm^3/mol이 된다. 용액 중 분몰 부피는 용액 조성에 따라 변하는 양이다. 물질 부피에 대해 살펴본 분몰량 개념은 내부에너지, 엔탈피, 엔트로피, 자유에너지 등과 같은 크기 열역학 성질 함수에도 동일하게 적용된다.

일정 온도, 압력하에서 식(6.7)은 특정 경로를 따라서 적분할 수 있다. n_A 몰 A와 n_B 몰 B로 이루어진 용액의 경우, n_A / n_B 비(조성)가 일정하게 유지되는 경로를 따라서 식(6.7)을 적분할 수 있다. 조성(n_A / n_B 비)이 일정하다면 식(6.6)으로부터 $\overline{V}_A$ 와 $\overline{V}_B$ 는 상수이다. 따라서 이런 경로를 따라 식(6.7)을 적분하면,

$$V_M = \overline{V}_A \ n_A + \overline{V}_B \ n_B \tag{6.8}$$

이원계 용액 부피를 성분 몰 농도 함수로 도해한 예시가 그림 6.4에 나타나 있다. $\overline{V}_B$ 는 용액 중 성분 B 몰 농도에 따라 변하는 분몰부피이다.

2) 순수한 B의 분몰 부피($\overline{V}_B$)는 단순히 B의 몰 부피($\underline{V}_B$)가 된다. 엄청나게 큰 덩어리(벌크) 순수 물질 B에 소량의 물질 B를 첨가할 경우, 큰 덩어리 물질의 부피 변화는 단순히 B 첨가 몰수에 몰 부피를 곱한 값이 된다.

식(6.8)을 전체 몰 수 $(n_A + n_B)$로 나누면,

$$\frac{V_M}{n_A + n_B} = \overline{V}_A \frac{n_A}{n_A + n_B} + \overline{V}_B \frac{n_B}{n_A + n_B}$$

$$\underline{V}_M = \overline{V}_A x_A + \overline{V}_B x_B \tag{6.9}$$

여기서 x_A와 x_B는 용액 중 A와 B의 몰분율이고, $\underline{V}_M$ 는 몰 부피이다. 식(6.9)의 미분 형태는 식(6.7)을 전체 몰 수 n 으로 나누면 얻을 수 있다.

$$d\underline{V}_M = \overline{V}_A dx_A + \overline{V}_B dx_B \tag{6.10}$$

6.3 상대적 분몰량

성분 A와 B를 혼합하여 용액을 형성할 경우 부피 변화는 다음과 같다.

$$\Delta V_M = V_{final} - V_{initial}$$

여기서 V_{final} 은 용액의 부피, $V_{initial}$ 은 혼합 전 각 순수 성분들의 부피 합이다. ΔV_M (또는 V_M)은 혼합에 따른 부피변화를 나타내며 다음과 같이 표현된다.

$$\Delta V_M = (n_A \overline{V}_A + n_B \overline{V}_B) - (n_A V_A^o + n_B V_B^o) \tag{6.11}$$

$$\Delta V_M = n_A(\overline{V}_A - V_A^o) + n_B(\overline{V}_B - V_B^o)$$

$\overline{V}_A - V_A^o$ 항을 A의 상대적 분몰 부피라 부르며, 일반적으로 $\overline{V}_A^{rel}$ (또는 $\Delta\overline{V}_A$)로서 표시한다. 이는 순수 A가 용액 중에 1몰 용해됨으로써 야기되는 순수한 A의 부피 변화로서, 용액 중 A의 분몰 부피($\overline{V}_A$)의 순수 A 몰 부피(V_A^o)에 대한 상대적 차이로서 표현된다.

$$\Delta V_M = n_A \overline{V}_A^{rel} + n_B \overline{V}_B^{rel} = n_A \Delta\overline{V}_A + n_B \Delta\overline{V}_B \tag{6.12}$$

양변을 $(n_A + n_B)$로 나누어 1몰 용액에 대해서 식(6.12)를 써보면,

$$\Delta\underline{V}_M = x_A \overline{V}_A^{rel} + x_B \overline{V}_B^{rel} = x_A \Delta\overline{V}_A + x_B \Delta\overline{V}_B \tag{6.13}$$

열역학 교재에서는 $\underline{V}$, $\overline{V}_A^{rel}$, V_m을 각각 $\underline{V}_M$, $\Delta\overline{V}_A$, ΔV_M 으로서 대체해 언급하기도 한다. $\underline{V}_M$ ($\underline{V}$)은 혼합체 몰당 부피, ΔV_M (V_m)은 혼합 부피 변화, $\Delta\underline{V}_M$ ($\underline{V}_m$)은 몰당 혼합 부피 변화, 그리고 $\Delta\overline{V}_A(\overline{V}_A^{rel})$는 상대적 분몰량으로 용액 중 A의 분몰 부피의 순수 A

몰 부피에 대한 상대적 차이를 각각 뜻한다. 본 교재에선 후자의 용어($\underline{V}_M$, $\Delta\overline{V}_A$, ΔV_M)를 용액의 크기 성질 표현으로 주로 사용하며 경우에 따라 상대적 분몰량 $\overline{V}_i^{rel}$ 와 $\Delta\overline{V}_i$는 혼용해 언급한다.

식(6.12)와 (6.13)은 부피에 대한 표현식이며, 이는 자유에너지, 엔트로피, 엔탈피, 그리고 이들과 유사한 크기 열역학 성질에 대해서도 역시 동일하게 적용할 수 있다.

$$\overline{G}_i^{rel}(=\Delta\overline{G}_i)=\overline{G}_i-G_i^o=RT\ln a_i \tag{6.14}$$

재료계의 상태 규정인자인 온도, 압력, 성분조성 등에 따른 열역학 성질의 변화를 표현하는 식들(예로 $dG=-SdT+VdP+\mu dn$)은 순수한 성분에 대해서 뿐만 아니라, 용액 중 성분에 대해서도 역시 동일하게 적용된다. 따라서 이들 용액 중 성분의 열역학 성질 관계식은 상대적 분몰량에도 그대로 적용될 수 있다.

$$dG_i^o=-S_i^o dT+V_i^o dP+\mu_i^o dn_i$$

$$d\overline{G}_i=-\overline{S}_i dT+\overline{V}_i dP+\sum_i \mu_i dn_i$$

$$d\overline{G}_i^{rel}=-\overline{S}_i^{rel}dT+\overline{V}_i^{rel}dP+\sum_i\left(\overline{G}_i^{rel}\right)dn_i \tag{6.15}$$

일정한 압력 및 조성에서,

$$d\overline{G}_i^{rel}=-\overline{S}_i^{rel}dT$$

따라서

$$\overline{S}_i^{rel}=-\left(\frac{\partial\overline{G}_i^{rel}}{\partial T}\right)_{P,n} \tag{6.16}$$

식(6.16)은 용액 혼합 엔트로피 변화를 실험적 측정가능한 열역학 변수로서 간접적으로 정량화 결정할 수 있게 하는 열역학 성질 관계식이다.

6.4 이상용액

이상용액에서는 $a_i=x_i$ 이므로 식(6.14)로부터,

$$\overline{G}_i^{rel}=RT\ln x_i \quad \text{또는} \quad \Delta\overline{G}_i=RT\ln x_i \tag{6.17}$$

이원계 이상용액의 $\Delta \underline{G}_M$ 은,

$$\Delta \underline{G}_M = x_A \overline{G}_A^{rel} + x_B \overline{G}_B^{rel} = RT(x_A \ln x_A + x_B \ln x_B) \quad (6.18)$$

다성분계 이상용액의 $\Delta \underline{G}_M$ 은,

$$\Delta \underline{G}_M = RT \sum_i x_i \ln x_i = \sum x_i \overline{G}_i^{rel} \quad \text{또는} \quad \Delta \underline{G}_M = \sum x_i \Delta \overline{G}_i$$

이상용액 중 성분 A의 상대적 분몰 엔트로피는 식(6.16)으로부터,

$$\overline{S}_i^{rel} = -\left(\frac{\partial \overline{G}_i^{rel}}{\partial T}\right)_{P,n} = -\frac{\partial}{\partial T}\left(RT \ln x_i\right)_{P,n}$$

$$\overline{S}_i^{rel} = -R \ln x_i \quad \text{또는} \quad \Delta \overline{S}_i = -R \ln x_i \quad (6.19)$$

이원계 이상용액의 몰당 혼합 엔트로피 변화 $\Delta \underline{S}_M$ 은,

$$\Delta \underline{S}_M = x_A \overline{S}_A^{rel} + x_B \overline{S}_B^{rel}$$

$$\Delta \underline{S}_M = -R[x_A \ln x_A + x_B \ln x_B] \quad (6.20)$$

다성분계 이상용액의 몰당 혼합 엔트로피 변화 $\Delta \underline{S}_M$ 은,

$$\Delta \underline{S}_M = -R \sum_i x_i \ln x_i \quad (6.21)$$

식(6.21)은 이상기체 혼합체에 대한 혼합 엔트로피 변화 식(3.32)와 동일하다.

용액의 혼합 엔탈피는 깁스 – 헬름홀쯔 식(5.33)을 이용하여 다음처럼 결정할 수 있다.

$$d\left(\frac{\Delta G}{T}\right)_P = \Delta H \ d\left(\frac{1}{T}\right)_P$$

이를 상대적 분몰량으로 나타내면,

$$\frac{d\left(\frac{\overline{G}_i^{rel}}{T}\right)_P}{d\left(\frac{1}{T}\right)_P} = \overline{H}_i^{rel} \quad \text{또는} \quad \frac{d\left(\frac{\Delta \overline{G}_i}{T}\right)_P}{d\left(\frac{1}{T}\right)_P} = \Delta \overline{H}_i \quad (6.22)$$

이상용액 중 성분에 대한 상대적 깁스 자유에너지 표현은,

$$\overline{G}_i^{rel} = RT \ln a_i = RT \ln x_i$$

이상용액의 경우 $\overline{G}_i^{rel}/T$ 가 온도와 무관한 함수가 되므로,

$$\frac{d(R\ln x_i)}{dT} = \overline{H}_i^{rel} = (\overline{H}_i - H_i^o) = 0 \quad \text{또는} \quad \Delta\overline{H}_i = 0 \tag{6.23}$$

따라서 이상용액의 혼합 엔탈피 변화는 0이 됨을 알 수 있다.

$$\Delta\underline{H}_M = \sum_i x_i \Delta\overline{H}_i = 0$$

$$\Delta\underline{H}_M = x_A\overline{H}_A^{rel} + x_B\overline{H}_B^{rel} = 0 \ : \text{이원계 이상용액} \tag{6.23a}$$

용액의 혼합 부피 변화는 식(3.13)으로부터,

$$\left(\frac{\partial G}{\partial P}\right)_T = V \quad \text{따라서} \quad \left(\frac{\partial \overline{G}_i^{rel}}{\partial P}\right)_T = \overline{V}_i^{rel}$$

이상 용액의 혼합 부피 변화를 구하면,

$$\left.\frac{d(RT\ln x_i)}{dP}\right|_T = \overline{V}_i^{rel} = 0 \quad \text{또는} \quad \Delta\overline{V}_i = 0 \tag{6.24}$$

$$\Delta\underline{V}_M = \sum x_i \Delta\overline{V}_i = 0$$

$$\Delta\underline{V}_M = x_A\Delta\overline{V}_A + x_B\Delta\overline{V}_B = 0 \ : \text{이원계 이상용액} \tag{6.24a}$$

$RT\ln x_A$ 가 압력과 무관하므로 이상용액의 혼합 부피변화 $\Delta\underline{V}_M$ 도 역시 0이 된다.

이상용액에 대한 열역학적 성질을 몰당 혼합 열역학함수로서 요약하면,

$$\Delta\underline{G}_M = RT\sum_i x_i \ln x_i$$

$$\Delta\underline{S}_M = -R\sum_i x_i \ln x_i$$

$$\Delta\underline{H}_M = 0$$

$$\Delta\underline{V}_M = 0$$

이원계 이상용액의 이러한 혼합거동 양상이 그림 6.5에 도해적으로 설명되어 있다.

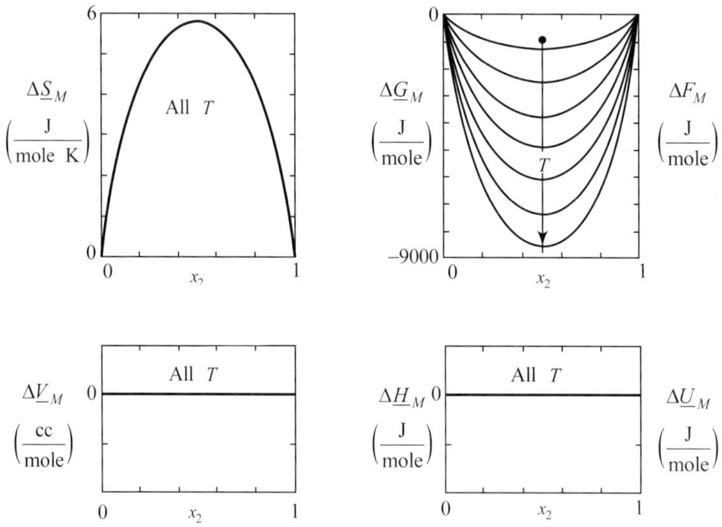

그림 6.5 이원계 이상용액 열역학 성질 ΔS_M, ΔG_M, ΔV_M, ΔH_M 의 조성함수 도해
응축상재료 : $\Delta U \equiv \Delta H$, $\Delta G \equiv \Delta F$

6.5 $\underline{G}_M(x)$ 도해와 용액 성질

임의 온도 및 압력하 2성분계 용액의 몰당 크기 열역학 성질($\underline{B}$)에 대한 조성함수 표현 식(6.10)으로부터 크기 열역학 성질의 분몰량($\overline{B}_k$)을 결정할 수 있음을 이 절에서 도해적으로 설명하고자 한다.

예로서 2원계 용액의 혼합부피 성질을 고려해 보자. A, B 조성 변화에 따른 (A+B) 용액의 분몰 부피는 용액의 고유부피($\underline{V}_M$)를 조성의 함수로 측정한 실험자료로부터 결정할 수 있다. 용액의 고유부피는 용액 부피(V_M)를 전체 몰 수로 나눈 값이다. 이처럼 측정된 결과는 그림 6.6의 실선과 같은 형태로 나타내질 수 있다. 용액의 고유부피 변화를 조성 변화와 관계짓는 식은,

$$d\underline{V}_M = \overline{V}_A dx_A + \overline{V}_B dx_B \tag{6.10}$$

여기서 $\overline{V}_i$ 는 용액 조성의 함수임에 유의하라. $x_A + x_B = 1$ 이기 때문에 $dx_A + dx_B = 0$, 즉 $dx_A / dx_B = -1$ 이므로 식(6.10)은 다음처럼 조성에 대한 미분식으로 쓸 수 있다.

$$\left(\frac{\partial \underline{V}_M}{\partial x_B}\right)_{T,P} = \overline{V}_B - \overline{V}_A \quad \text{또는} \quad \left(\frac{\partial \underline{V}_M}{\partial x_A}\right)_{T,P} = \overline{V}_A - \overline{V}_B \tag{6.25}$$

식(6.25)로부터 다음 관계 식 I, II를 얻을 수 있다.

$$\text{I}: \ x_A\left(\frac{\partial \underline{V}_M}{\partial x_B}\right)_{T,P} = x_A\overline{V}_B - x_A\overline{V}_A \tag{6.26}$$

$$\text{II}: \ x_B\left(\frac{\partial \underline{V}_M}{\partial x_B}\right)_{T,P} = x_B\overline{V}_B - x_B\overline{V}_A \tag{6.27}$$

$$\text{III}: \ \underline{V}_M = \overline{V}_A x_A + \overline{V}_B x_B \tag{6.9}$$

위 세 식은 다음처럼 재정렬될 수 있다.

$$\text{III} - \text{II}: \ \overline{V}_A = \underline{V}_M - x_B\left(\frac{\partial \underline{V}_M}{\partial x_B}\right)_{T,P} \tag{6.28}$$

또는, $\left(\frac{\partial \underline{V}_M}{\partial x_B}\right)_{T,P} = \left[\left(\frac{\partial \underline{V}_M}{\partial x_A}\right)\left(\frac{\partial x_A}{\partial x_B}\right)\right]_{T,P} = -\left(\frac{\partial \underline{V}_M}{\partial x_A}\right)_{T,P}$ 이므로,

$$\overline{V}_A = \underline{V}_M + x_B\left(\frac{\partial \underline{V}_M}{\partial x_A}\right)_{T,P}$$

성분 B에 대해서도 유사한 관계식을 쓸 수 있다.

$$\text{I} + \text{III}: \ \overline{V}_B = \underline{V}_M + x_A\left(\frac{\partial \underline{V}_M}{\partial x_B}\right)_{T,P} \quad \text{또는} \quad \overline{V}_B = \underline{V}_M - x_A\left(\frac{\partial \underline{V}_M}{\partial x_A}\right)_{T,P} \tag{6.28}$$

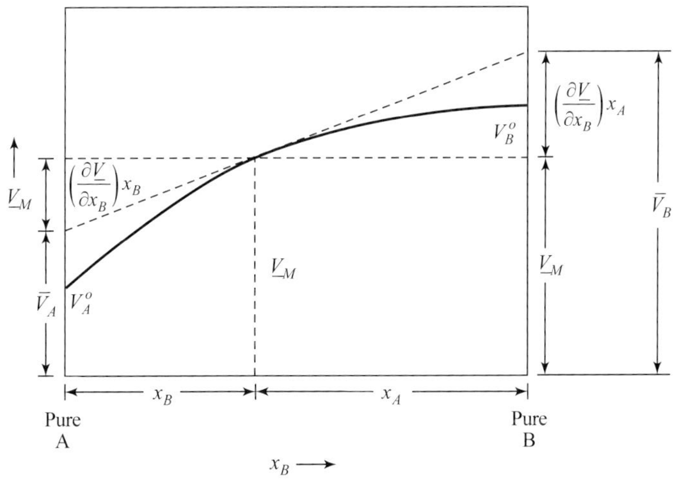

그림 6.6 조성에 따른 A–B 용액 크기 성질 변화에 대한 기하학적 관계를 나타내기 위한 $\underline{V}_M$ 대 x_B 도해 점선 직선은 조성 x_B 에서 $\underline{V}_M$ 곡선상 접선을 나타낸다.

그림 6.6에 나타난 바와 같이 식(6.28)은 중요한 의미를 내포하고 있다. 조성 x_B 에서 용액 몰당 혼합 부피($\underline{V}_M$) 곡선상에서 그은 접선이 순수 성분 A축과 만나는 교점이 $\overline{V}_A$, 순수 성분 B축과 만나는 점이 $\overline{V}_B$ 값에 각각 해당한다. 따라서 식(6.28)의 관계식은 그림 6.6에 나타난 $\overline{V}_i$ 와 $\underline{V}_M$ 간에 성립되는 기하학적 관계 작도로부터 쉽게 얻을 수 있다. 동일한 방법으로 용액의 혼합 깁스 자유에너지에 대해서 성립되는 기하학적 관계 도해가 그림 6.8에 나타나 있다.

이상용액

조성함수로서 이상용액의 몰당(고유) 혼합 부피($\underline{V}_M$), 혼합 엔탈피($\underline{H}_M$), 혼합 엔트로피($\underline{S}_M$), 혼합 깁스 자유에너지($\underline{G}_M$)에 대한 그래프가 그림 6.7에 개략적으로 나타나 있다. 고유(몰당) 엔트로피 – 조성 곡선의 기울기는 순수 B($x_B = 1$)와 순수 A($x_A = 1$) 위치에서 무한대 값을 보이고 있다.
이상용액은 식(6.1)로 정의된다. 그림 6.7(d)로부터 물질 A와 B는 이들간에 용액을 형성함으로써 깁스 자유에너지를 최소화시킬 수 있음을 알 수 있다. 순수 A와 순수 B간 용액을 형성하지 않은 기계적 혼합물 상태에 대한 조성함수로서의 깁스 자유에너지는 A 및 B 축상의 두 점 G_A^o 와 G_B^o 를 잇는 점선으로 표시할 수 있다[그림 6.7(d), 6.8]. 한편, 물질 A와 B로부터 형성되는 이상용액에 대한 조성함수로서의 깁스 자유에너지(6.4절 참조)는 아래로 볼록한 포물선으로 나타낼 수 있다. 임의 조성 x_B 에서 순수한 두 물질은 용액 형성을 통해 깁스 자유에너지를 낮출 수 있기 때문에(용액 형성시 깁스 자유에너지 변화가 음수: $\Delta\underline{G}_M < 0$) 이들 두 순수한 물질은 자발적으로 용액을 형성한다. 그림 6.7(d)는 임의 온도에서 이상용액 구성성분 A 및 B의 기준상태가 용액과 동일한 상 형태인 경우의 $\underline{G}_M$(또는 $\Delta\underline{G}_M$) 대 x_B 도해이며 $x_B = 0.5$ 에서 최소치 $\underline{G}_M$ 을 보이는 대칭형 포물선을 나타낸다.

그림 6.8은 그림 6.7(d)와 유사한 형태의 그래프로서, 임의 온도에서 이상용액 구성성분 A 및 B의 기준상태가 용액상과 각기 다른 경우를 고려하여 그림 6.7(d)를 재구성한 것이다. 여기서 $\underline{G}_A^o$ 와 $\underline{G}_B^o$ 수치는 편의상 임의로 정한 기준상태의 자유에너지 값임에 유의하라. 상태도를 다루는 7장에서 이들의 정량적 수치에 대해 자세히 언급된다. 그림 6.8은 순수성분 A 및 B에 대해 정한 이들의 기준상태의 상 형태가 주어진 온도에서 용액상(여기선 α) 보다 모두 안정한 이상용액에 대한 $\underline{G}_M$ 대 x_B 도해이다. 이 경우 $x_B = 0.5$ 에서 최소치 $\underline{G}_M$ 을 보이나 비대칭형 포물선을 나타낸다. 용액 조성 x'_B 에서 그

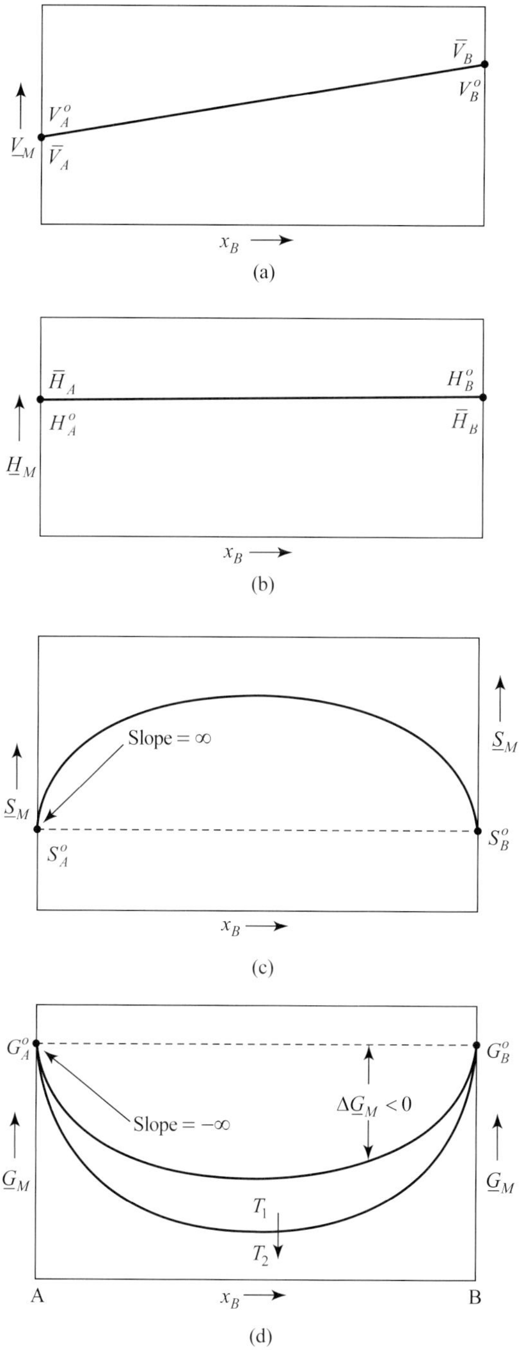

$$\underline{V}_M = x_A\bar{V}_A + x_B\bar{V}_B$$

$$(\bar{V}_A = \underline{V}_A^o,\ \bar{V}_B = \underline{V}_B^o)$$

$$\underline{V}_M = x_A V_A^o + x_B V_B^o$$

$$\Delta\underline{V}_M = 0$$

$$\underline{H}_M = x_A\bar{H}_A + x_B\bar{H}_B$$

$$(\bar{H}_A = \underline{H}_A^o,\ \bar{H}_B = \underline{H}_B^o)$$

$$\underline{H}_M = x_A H_A^o + x_B H_B^o$$

$$\Delta\underline{H}_M = \underline{H}_M - \sum x_i H_i^o = 0$$

$$\Delta\underline{S}_M = \underline{S}_M - \sum x_i S_i^o$$
$$= -R\sum x_i \ln x_i$$

$$\underline{G}_M = x_A\bar{G}_A + x_B\bar{G}_B$$

$$(\bar{G}_i = G_i^o + RT\ln x_i)$$

$$\underline{G}_M = \sum x_i G_i^o + RT\sum x_i \ln x_i$$

$$\Delta\underline{G}_M = \underline{G}_M - \sum x_i G_i^o$$
$$= RT\sum x_i \ln x_i$$

그림 6.7 A–B 이상용액의 몰당 크기 열역학 성질 : (a) 혼합 부피, (b) 혼합 엔탈피, (c) 혼합 엔트로피, (d) 혼합 깁스 자유에너지. 여기서 $H_A^o = H_B^o$, $G_A^o = G_B^o$ 관계는 그림 설명 편의상 임의로 순수 A, B의 기준상태를 이상용액상과 동일한 상으로 정한 것임에 유의하라.

은 접선이 양쪽 순수 A, B 축상과 만나는 교점은 용액 조성(x'_B) 내 성분 A, B의 분몰 자유에너지($\overline{G}_A$, $\overline{G}_B$: 성분 A, B 기준상태 결정에 따라 변하는 수치임에 유의)를 나타낸다. $\overline{G}_A^{rel}$ ($\Delta\overline{G}_A$)과 $\overline{G}_B^{rel}$ ($\Delta\overline{G}_B$) 수치는 G_M 축 상에서 성분 A, B 기준상태 상형태에 따라 변하게 되는 ($\underline{G}_A^o$) 및 ($\underline{G}_B^o$) 설정 위치와는 무관하게 동일 수치를 나타낸다($\underline{G}_M$ 도 함께 변하게 되므로).

다시말해 그림 6.7(d)와 6.8이 동일온도에서 동일 용액상에 대해 도해한 $\underline{G}_M$($\Delta\underline{G}_M$) vs x_B 그래프이면 조성 x'_B 에서의 접선이 양면 $\underline{G}_M$ 축과 만나는 점에서 $\overline{G}_B^{rel}$ ($\Delta\overline{G}_A - G_A^o$), $\overline{G}_B^{rel}$ ($\Delta\overline{G}_B - G_B^o$)은 두 그래프 모두에서 동일한 값을 나타낸다.

비이상용액

비이상용액에 대한 혼합 깁스 자유에너지를 조성함수로 그린 곡선은 다양한 형태를 나타낼 수 있다. 그림 6.9는 그중의 한 형태인 규칙용액에 대한 도해를 보여준다. x_{B1}과 x_{B2} 사이의 조성 영역에서, 실선으로 표시된 단일 용액상 α 는 각각 조성이 x_{B1}과 x_{B2} 인 동일상의 용액 α_1, α_2 로 분해되어 이들 용액이 함께 공존함으로써 용액계의 자유에너지를 최소화시킬 수 있다. 이 두 조성 사이 영역에서 구조가 동일하나 조성이 상이한 상인 두 용액(조성 x_{B1}과 x_{B2})의 혼합물이 지니는 깁스 자유에너지는 점선상의 점으로 나타나 있

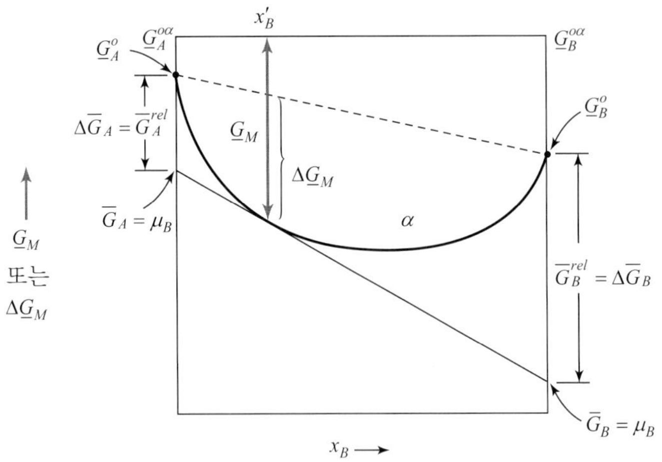

그림 6.8 일정온도에서 조성 x_B 함수로 나타낸 이상용액 $\underline{G}_M$의 도해곡선. B의 몰분율과 몰당 혼합 깁스 자유에너지 간의 기하학적 관계를 도해적으로 보여준다. 여기선 $\underline{G}_A^o$ 와 $\underline{G}_B^o$ 가 임의로 정해진 값임에 유의하라: 성분 A, B 각각에 대해 정한 기준상태의 상 형태가 주어진 온도에서 혼합용액상보다 모두 안정한 경우 $\underline{G}_M$(또는 $\Delta\underline{G}_M$) vs x_B 도해곡선. 이 경우 용액상(α) 형태의 순수 A, B는 주어진 온도에서 이들의 기준상태 상형태보다 불안정한 상이다.

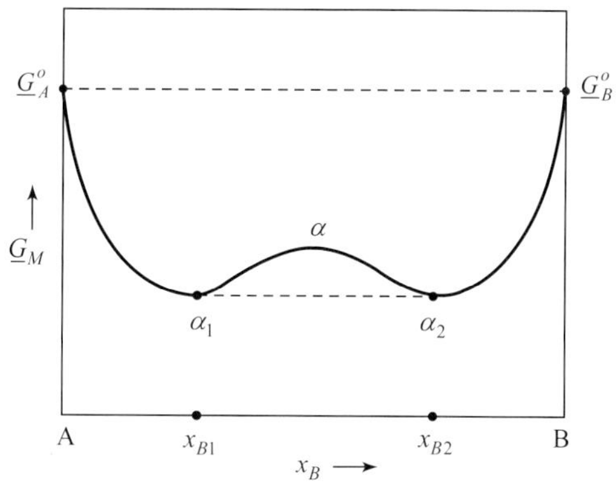

그림 6.9 라울의 법칙으로부터 정(+)한 이탈 경향을 크게 보이는 비이상용액(여기선 큰 양수 $\underline{H}_M$ 의 규칙 용액)에 대한 $\underline{G}_M$ 대 x_B 관계 도해곡선. 순수 A 및 B의 기준상태 상 형태가 용액상 형태(α)와 동일함을 가정한다. x_{B1} 과 x_{B2} 사이 조성 영역에 속하는 조성의 규칙용액은 각각 조성이 x_{B1} 과 x_{B2} 인 두 용액상(α_1, α_2 : 구조는 동일하나 조성이 상이)으로 존재하게 됨으로써 $\underline{G}_M$ 을 최소화할 수 있다.

다. 이 조성 영역에서는 단일 조성 용액(실선: 상 α)의 혼합자유에너지는 각각 조성이 x_{B1} 과 x_{B2} 인 두 용액의 혼합물(점선조성: $\alpha_1 + \alpha_2$) 자유에너지 보다 큰 수치를 나타내므로 단일용액(α)은 혼합물($\alpha_1 + \alpha_2$)에 비해서 불안정하다. 따라서 조성이 $x_{B1} - x_{B2}$ 사이인 용액이 평형에 도달하면, 단일 조성 용액은 자발적으로 구조가 동일한 두 조성의 용액상으로 분해된다. 이러한 용액분해로 야기되는 α_1 과 α_2 혼합 용액계의 깁스 자유에너지는 용액 α에 비해 보다 더 음수값이 된다; 즉, 계의 깁스 자유에너지가 낮아진다[스피노달 분해]. 이에 대해선 7.6절에서 자세히 다루어진다.

비이상용액의 $\underline{G}_M$ vs x_B 도해 그래프도 그림 6.8과 유사한 비대칭 포물선 형태를 나타낼 수 있으나, 비이상용액의 $\Delta\underline{G}_M$ 포물선은 $x_B \neq 0.5$ 에서 최소치를 나타낸다. 반면, 이상용액의 $\Delta\underline{G}_M$ 포물선은 이들의 순수 구성 성분 A, B의 기준상태가 용액상과 동일하거나 다르게 정한 경우 모두 그림 6.7(d)와 6.8처럼 $x_B = 0.5$ 에서 최소값이 된다(7.4~5절). 비이상용액에 대한 극단적 예로서 물질 A와 B가 용액을 전혀 형성하지 않는 비혼합성(immiscible) 물질계 경우를 들 수 있다.[3] 이 경우 조성 변화에 따른 혼합체의 몰 깁스

3) 원소들간에 완전한 비혼합성은 실제로 불가능하다. 이는 $\Delta\underline{G}_M$ 대 x_B 곡선의 기울기가 순수한 물질에 해당하는 축($x_B \to 0$)에서 무한대가 되기 때문이다. 따라서 여기서의 비혼합성(immiscibility)은 용해도가 너무 낮아서 계산이나 도식적인 표현시에 용해도를 무시할 수 있다는 것을 의미한다. 용질 용해도가 완전히 없는 순수성분은 열역학적으로 0K이상 온도에선 존재할 수 없다(열역학 3법칙).

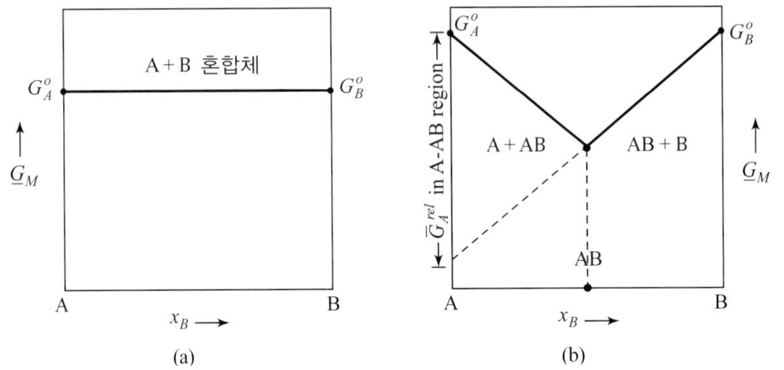

그림 6.10 주어진 온도에서 순수 A, B 각각의 안정한 상을 기준상태로 정한 $\underline{G}_M$ 대 x_B 그래프 (a) 성분 A와 B 간 상호 용해도가 없는 순수 A–B 간 기계적 혼합물 (b) 성분 A, B 간에 상호 용해도가 없으며 AB 화합물을 형성하는 A–B 이원계

자유에너지 변화는 단순히 A와 B 축상의 순수 성분에 대한 깁스 자유에너지 값인 G_A^o, G_B^o의 두 점을 잇는 직선에 불과하다[그림 6.10(a)]. 또 다른 극단적인 비혼합성 물질계의 예로서 성분물질 A, B가 서로 상호 간 용해되지는 않으나 이들간 화합물 AB를 형성하는 경우를 고려해 보자. 조성 함수로 나타낸 성분 A, B 혼합체에 대한 깁스 자유에너지 도해는 그림 6.10(b)에 나타낸 바와 같다(7.8절 참조). 그림 6.10(a), (b)는 주어진 온도에서 이원계 성분인 순수 A, B 각각의 안정한 상을 기준상태로 정한 경우 $\underline{G}_M$ vs x_B 도해이다.

6.6 깁스-듀헴식

이원계 용액의 몰 깁스 자유에너지는 식(6.9)와 유사하게 다음처럼 쓸 수 있다.

$$\underline{G} = x_A\bar{G}_A + x_B\bar{G}_B$$

미분하면,

$$d\underline{G} = \bar{G}_A dx_A + \bar{G}_B dx_B + x_A d\bar{G}_A + x_B d\bar{G}_B \tag{6.29}$$

일정한 온도, 압력하 용액계에 대해,

$$G = G(n_A, n_B)_{T,P} = \bar{G}_A n_A + \bar{G}_B n_B \tag{6.8}$$

일정한 n_A/n_B 성분비 조건하에 위 관계식을 미분하면,

$$dG = \bar{G}_A dn_A + \bar{G}_B dn_B$$

용액 몰당 기준으로 쓰면, $$d\underline{G} = \bar{G}_A dx_A + \bar{G}_B dx_B \quad (6.30)$$

식(6.29)에서 식(6.30)을 빼면,

$$x_A d\bar{G}_A + x_B d\bar{G}_B = 0 \quad (6.31)$$

식(6.31)을 깁스 – 듀헴(Gibbs – Duhem) 식이라고 부르며, 이는 식(6.4)를 이용하여 다음처럼 활동도 관련식으로 고쳐 쓸 수 있다.

$$x_A d(RT\ln a_A) + x_B d(RT\ln a_B) = 0 \quad (6.32)$$

$$d(\ln a_A) = -\frac{x_B}{x_A} d(\ln a_B) \quad (6.33)$$

깁스 – 듀헴식을 이용하면 이원계 용액 중 한 성분에 대한 활동도를 조성의 함수로서 알 경우, 다른 성분의 활동도를 조성의 함수로서 결정할 수 있으므로(6.9절) 이 관계식은 중요한 의미를 지니게 된다. 그림 6.11은 Fe-Cu 이원계 용액계 성분 Cu의 활동도를 1500℃ 온도에서 실험적으로 측정한 결과와 함께, 이 자료로부터 성분 Fe의 활동도를 깁스 – 듀헴식(6.34)을 이용해 계산한 결과를 나타내고 있다.

깁스 – 듀헴식 활용에 의한 용액중 다른 성분 활동도 계산 사례를 더 소개하면 다음과 같다. 용질 B가 헨리안(Henrian) 거동을 보이는 A–B 용액계를 설정해 보자. 희석농도 용질 B의 활동도는 순수 B를 표준상태로 정할 경우 B의 몰분율에 비례 관계를 보인다(헨리안 활동도).

$$a_B = k_B x_B$$

여기서 k_B 는 헨리안 활동도계수이고 이원계 용액에서는 상수이다.

$$\ln a_B = \ln k_B + \ln x_B$$

미분형태로 쓰면, $$d\ln a_B = d\ln x_B$$

순수 A ($x_B = 0$)와 임의 조성 x_B 를 적분 한계로 정하여 식(6.33)을 적분하면:

$$\int_0^{\ln a_A} d(\ln a_A) = -\int_{-\infty}^{\ln a_B} \frac{x_B}{x_A} d(\ln a_B) = -\int_{-\infty}^{\ln x_B} \frac{x_B}{x_A} d(\ln x_B) \quad (6.34)$$

$$\ln a_A = -\int_{-\infty}^{x_B} \frac{x_B}{x_A}\frac{dx_B}{x_B} = -\int_{-\infty}^{x_B} \frac{dx_B}{x_A}$$

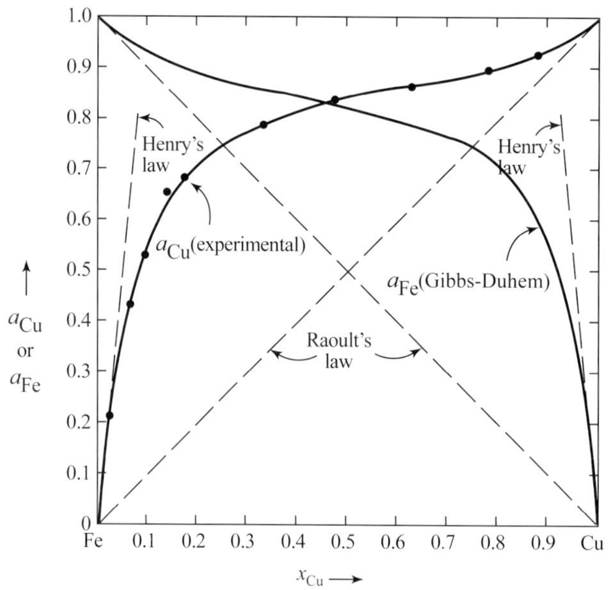

그림 6.11 1500℃의 Fe–Cu 2원계에서의 활동도(J.P. Morris and G.R. Zellars, *Vapor Pressure of Liquid Copper and Activities in Liquid Fe–Cu Alloys*, Trans. AIME, 206: 1086,1956.)

$dx_A = -dx_B$ 이므로,

$$\ln a_A = \int_1^{x_A} \frac{dx_A}{x_A} = \ln x_A$$

$$a_A = x_A$$

따라서 이원계(A–B) 용액중 용질 B가 헨리안 거동을 하면(즉, 헨리의 법칙을 따르면), 용질 B 조성범위에 대응되는 용매 A의 농도 영역에서 용매 A는 라울시안(Raoultian) 거동을 보인다(즉, 라울의 법칙)는 결론을 깁스-듀헴식으로부터 얻을 수 있다(그림 6.11). 이러한 결론은 식(6.33)에서 A와 B의 활동도 표현 대신 활동도계수를 이용함으로서도 동일하게 얻을 수 있다.

$$x_A d[\ln(\gamma_A x_A)] + x_B d[\ln(\gamma_B x_B)] = 0$$
$$x_A d\ln(\gamma_A) + x_B d\ln(\gamma_B) + x_A d\ln(x_A) + x_B d\ln(x_B) = 0$$

$x_A d\ln(x_A) = dx_A$, $x_B d\ln(x_B) = dx_B$, $dx_A + dx_B = 0$ 이므로,

$$x_A d\ln(\gamma_A) + x_B d\ln(\gamma_B) = 0 \tag{6.35}$$

$$d\ln(\gamma_A) = -\frac{x_B}{x_A} d\ln(\gamma_B) \tag{6.36}$$

식(6.36)은 활동도계수로 나타낸 깁스–듀헴식이다.
이 식을 이용해서도 이원계 용액중 용질 B가 헨리안 거동을 따를 때 조성 B에 대응되는 성분 A 농도영역 내에서 용매 A는 라울시안(이상적) 거동을 보임을 또한 증명할 수 있다.
이원계 용액에서 용질 B가 헨리안 거동을 보일 경우 : $\gamma_B = \gamma_B^o =$ 일정. 따라서 $d\ln(\gamma_B^o) = 0$ 이다. 식(6.36)으로부터,

$$d\ln(\gamma_A) = 0 \quad \text{즉} \quad \gamma_A = \text{상수}$$

$x_A = 1$ 에서 $a_A = 1$ 이므로 식(6.37)의 상수 γ_A는 1이 된다. 즉, $\gamma_A = 1$. 따라서 이원계 희석용액 중 용매 성분 A는 라울의 법칙을 따르며 이상적 라울시안 거동을 나타낸다.

6.7 깁스-듀헴식 적분

전 조성 범위에 걸쳐서 A–B 용액 내 성분 B의 활동도 측정치를 알면, 깁스–듀헴식(6.33)으로부터 A의 활동도를 전 조성 범위에 걸쳐서 계산, 결정할 수 있다.

$$\int_0^{\ln a_A} d(\ln a_A) = -\int_{\log a_B \ at\ x_A=1}^{\log a_B \ at\ x_A=x_A} \frac{x_B}{x_A} d(\ln a_B) = -\int_{-\infty}^{\ln a_B} \frac{x_B}{x_A} d(\ln a_B)$$

$$\ln a_A\big|_{x_A} = -\int_{-\infty}^{\ln a_B} \frac{x_B}{x_A} d(\ln a_B) \tag{6.37}$$

위 식에서 보는 바와 같이 성분 B 활동도(a_B)의 x_B 함수에 대한 대수적 표현을 알면 적분으로부터 a_A 를 구할 수 있다. 예를 들어 $Cu-Zn$ 합금(Cu 함량(60~70%)이 Zn(30~40%) 보다 높은 황동)의 경우를 고려해 보자. Zn은 휘발성 재료이기 때문에 Zn 함유 액상 또는 고상합금과 평형을 이루는 Zn 증기압 측정이 가능하므로 Zn 활동도를 쉽게 측정할 수 있다. 특정 온도에서 순수 Zn의 증기압에 대한 합금 중 Zn의 증기압 비가 바로 Zn 활동도에 해당한다. 1000–1500 K 온도 범위에 걸쳐서 행한 증기압 측정 실험으로부터 구한 Zn 활동도계수의 농도함수 표현식은 다음처럼 보고되고 있다.

$$RT\ln\gamma_{Zn} = -38,300x_{Cu}^2 \text{ (joules)}$$

위 관계식을 깁스–듀헴식(6.36)에 적용하여 γ_{Cu} 의 농도함수 표현식을 구하면,

$$d(\ln\gamma_{Cu}) = -\frac{x_{Zn}}{x_{Cu}} d\left(-\frac{38,300x_{Cu}^2}{RT}\right)$$

$$d(\ln\gamma_{Cu}) = x_{Zn}\frac{2(38,300)}{RT}dx_{Cu}$$

$dx_{Cu} = -dx_{Zn}$ 이므로,

$$\int_0^{\ln\gamma_{Cu}} d(\ln\gamma_{Cu}) = -\int_0^{\ln\gamma_{Zn}} \frac{2(38,300)}{RT}x_{Zn}\, dx_{Zn}$$

$$\ln\gamma_{Cu} = -\frac{38,300}{RT}x_{Zn}^2$$

2원계 용액 중 한 성분 활동도(혹은 활동도계수)의 농도 의존도에 대한 대수적 표현식으로부터 다른 성분 활동도가 깁스-듀헴식에 의해 구해질 수 있음을 위 예시가 잘 보여 주고 있다. 한편 a_B 를 x_B 함수로서의 대수적 표현식이 아닌 실험적으로 측정한 자료(x_B vs a_B)로 알고 있으면 이에 대한 수치적(numerically), 즉 그래프적(graphically)인 적분을 행하여 식(6.37)로부터 성분 A의 활동도를 구할 수 있다(그림 6.12). 식(6.37)의 우변 적분값은 x_B/x_A(세로축) 대 $-\ln a_B$(가로축) 곡선 아랫부분 면적에 -1을 곱한 값(음수)에 해당한다. 이러한 적분은 $a_B = 0$ 에서 음의 무한대($-\infty$)로 발산하는 $\ln a_B$ 가 적분 한계치에 포함되므로, $x_A = 1$ 근접 농도인 용액에 대한 성분 A 활동도 계산을 위한 적분시 부정확성(inaccruracy)이 내재된다.

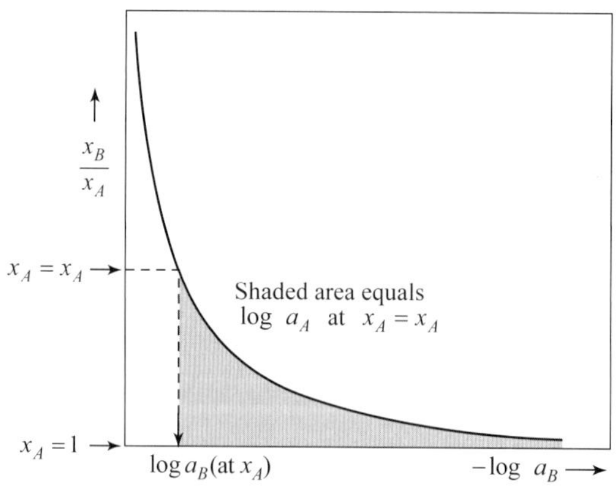

그림 6.12 이성분계 용액에서 x_B/x_A 에 따라 $\log a_B$ 가 변하는 추이를 나타낸 개략적 도해. 성분 A의 활동도 그래픽 적분 계산을 위한 깁스-듀헴식 적용 방법이 설명되어 있다.

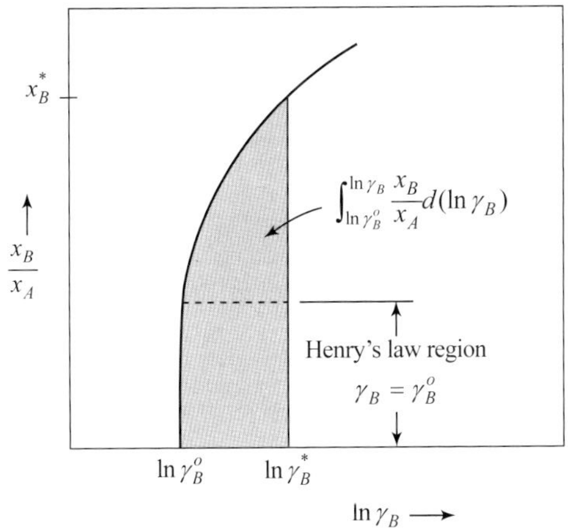

그림 6.13 활동도계수로 나타낸 깁스–듀헴식의 그래픽 적분

이러한 적분 부정확성을 피하기 위해서 변형된 형태의 깁스-듀헴식(6.36)을 사용하여 그래프적으로 적분을 행할 수 있다. 활동도계수를 고려한 식(6.36)을 이용하면 그래프적으로 깁스-듀헴식 적분시 하한 적분한계로서 $-\infty$(가로축상) 발산치로부터 적분하는 부정확성을 피할 수 있다.

$$d(\ln\gamma_A) = -\frac{x_B}{x_A}d(\ln\gamma_B) \tag{6.36}$$

$$\int_{\ln\gamma_A\ at\ x_A=1}^{\ln\gamma_A\ at\ x_A=x_A} d(\ln\gamma_A) = \int_0^{\ln\gamma_A} d(\ln\gamma_A) = \ln\gamma_A\big|_{x_A} = -\int_{\ln\gamma_B^o}^{\ln\gamma_B}\frac{x_B}{x_A}d(\ln\gamma_B)$$

그림 6.13은 $\ln\gamma_B$ 대 x_B/x_A 변화 추이에 대한 전형적인 곡선 모양새를 예시로 보여주고 있다. 곡선상 $\ln\gamma_B^o$ 에서의 접선인 수직선 해당 조성은 용액 중 용질 B의 활동도계수가 상수 γ_B^o 인 희석 용질 조성 영역을 나타낸다. 즉, 헨리의 법칙이 만족되는 조성 B 농도 영역에 해당한다. 그림 6.13으로 부터 조성 x_B^* 에서의 $\ln\gamma_A^*$ 는 $x_B=x_B^*$ 에서의 $\ln\gamma_B^*$ 와 $x_B=0$ 에서의 $\ln\gamma_B^o$ 간의 적분 한계치 사이에 있는 곡선 아랫부분(검은 영역)의 면적과 같다.

6.8 희석 용액 열역학

희석용질 활동도

그림 6.2와 같은 용액거동을 나타내는 이원계 비이상용액의 활동도 – 조성간 변화 양상을 고려해 보자. 이러한 용액은 순수 A 근처 조성영역(B 희석농도 영역)에서 용질 B의 활동도가 조성 x_B 에 직선적으로 비례하는 양상을 나타낸다. 즉, 2원계 용액 중 희석 용질 B의 활동도계수(γ_B^o)는 상수이다. 이러한 희석용질 조성영역에서는 성분 B에 대해 헨리의 법칙이 만족된다($a_B = k_B x_B$: 이원계 희석용액에서는 k_B 가 상수이나 다원계 희석용액에서는 일반적으로 용질조성(상호작용 조계수)의 함수이다).

$$k_B = \gamma_B^o (\text{상수}), \quad d(\ln \gamma_B^o) = 0$$

한편 이원계 용액에서 용질 B가 헨리의 법칙($a_B = k_B x_B$)에 따르는 용질농도 영역에 대응되는 용매 성분 A 농도 영역 내에서 A는 라울의 법칙($a_A = x_A$)을 따른다: 즉, A의 활동도는 단순히 A의 몰분율과 같다(그림 6.14). 대부분의 2원계 희석 용액계에서 용질의 활동도는 수 몰(x)% 조성 범위까지는 헨리의 법칙을 따르며, 이 용질 조성범위(0부터 x 몰%)에 상응되는 용매 조성영역[(100– x)몰% 부터 100%]에서 용매의 활동도는 라울의 법칙을 따른다.

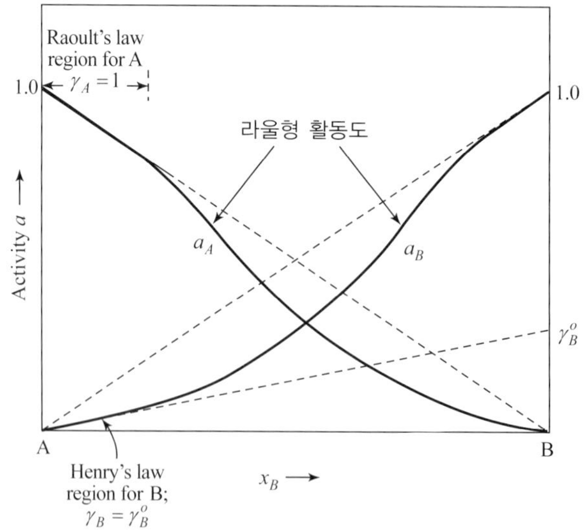

그림 6.14 비이상용액에서 헨리의 법칙과 라울의 법칙이 만족되는 조성 영역

온도 T 에서 안정한 순수 물질의 상태를 **라울형 표준상태**($a_i = 1$)라고 칭하며 이를 기준으로 용액 중 성분 i의 활동도를 나타내면 $a_i = \gamma_i x_i$ 로 표현할 수 있다. 이러한 활동도를 **라울형 활동도**라고 부른다. 라울형 표준상태는 용액 구성 성분의 활동도 표현시 일반적으로 사용되는 표준상태이다. 그러나 이로부터 파생된 헨리형 표준상태는 사용 편의상의 목적을 지닌 가상적 표준상태가 된다. 헨리형 표준상태는 라울형 표준상태와 마찬가지로 임의 온도 T 에서 안정한 순수 물질상태를 나타내는 것은 동일하나 이 상태에서 지니게 되는 실제 활동도 크기는 서로 다르게 주어진다. 라울형 표준상태에서 순수 물질 i의 활동도는 실질적 활동도인 1이 되나, 헨리형 표준상태에 대해서는 슈수 물질 i의 활동도가 라울형 활동도 스케일로는 γ_i^o 를 나타낸다. 이는 이원계 용액 중 희석농도 범주에 속하는 용질 성분 i가 나타내는 활동도 계수가 된다. 성분 i는 희석농도 범위에 걸쳐 헨리의 법칙을 따르므로 이 농도 범위 내에서는 활동도계수가 농도에 무관한 일정한 상수값 γ_i^o 을 보인다. γ_i^o 는 1 또는 1보다 크거나 작은 수치가 된다. 그러나 이런 헨리형 표준상태에서 순수 물질 i의 헨리형 활동도 값은 활동도 스케일상으로는 1이 된다. 따라서 헨리형 표준상태를 기준으로 응축상 용액 중 성분 i의 활동도를 몰분율로서 나타내면,

$$h_i = f_i x_i$$

여기서 h_i는 헨리형 활동도이고, f_i는 헨리형 활동도계수로서 온도와 농도에 의존성을 나타낸다(2원계 희석용액에선 몰분율로서 용질 성분의 헨리형 활동도계수는 농도에 무관하며 1이다: $\lim_{x_i \to 0} f_i = 1$). 헨리형 활동도는 헨리의 법칙이 만족되는 희석 농도 범주에 속하는 용질 성분의 활동도를 표현하는데만 제한적으로 의미를 지니며 사용될 수 있으며, 이 경우 라울형 활동도($r_i\ x_i$)보다 사용상의 편리한 이점을 지니고 있다.

이원계 희석용액의 경우 $x_i = 1$ (순수 i)일 때 $h_i = 1$ (라울형 활동도 스케일로는 γ_i^o)이므로 직선의 기울기 f_i는 1이 된다. 이로부터 헨리형 표준상태로서 이원계 희석용액 중 용질 성분의 활동도를 나타내는 경우, 용질의 농도가 0에 근접할 시 헨리형 활동도는 성분 몰분율과 동일하게 된다($x_i \to 0$, $f_i = 1$). 그러나 이원계 용액일지라도 용질농도가 0에 근접한 농도가 아니라 이로부터 어느 정도 벗어난 희석농도 범위에 속하면 용질의 헨리형 활동도 계수 f_i 는 용질성분 농도에 의존성(자기 상호작용조계수 ε_i^i)을 나타내어 1이 아닌 값을 보인다. 헨리형 활동도는 상호작용조계수($\varepsilon_i^i, \varepsilon_i^j$)에 의해 정해지는 헨리형 활동도계수에다 몰분율을 곱한 값이 된다. 이에 대해서는 후에 상호작용조계수 설명시 자세히 언급하기로 한다.

라울형이나 헨리형 활동도처럼 몰분율 농도로서 순수한 물질을 표준상태로 간주하는 것이 아니라, 용액 중 용질 성분의 농도가 1 wt% 농도인 상태를 표준상태로 정하고 이에 대한 용질성분의 활동도를 나타내는 가상적(hypothetical) 활동도 표현으로서 wt% 활동도를 들 수 있다. 이 경우에는 몰분율 농도로서 활동도를 표현하는 경우보다 활동도 수치가 몇자리 차수 정도 커지므로 용액 중 희석농도 용질성분의 활동도 표현시 수치 사용상 편리한 이점을 나타낸다.

$$h_{i(\mathrm{wt\%})} = f_{i(\mathrm{wt\%})}(\mathrm{wt\%}i)$$

이원계 희석용액($\mathrm{wt\%} \to 0$)에서는 용질 i 농도가 $1\ \mathrm{wt\%}$ (가상적 표준상태)이면, $h_{i(\mathrm{wt\%})} = 1$ 이 되어야 하므로 직선의 기울기 $f_{i(\mathrm{wt\%})}$ 는 1이 된다. 그러나 희석농도의 용질이라도 wt% 농도가 직선경향으로부터 어느 정도 벗어난 농도범주에 속하면 상호작용조계수 (e_i^i, e_i^j)를 고려해 f_i 를 정해야 한다($f_i \neq 1$). 일반적으로 2원계 용액 중 용질 i의 농도 1 wt%정도까지는 활동도 h_i 가 용질농도에 직선적 의존성을 나타난다.
이로부터 헨리의 법칙이 적용되는 농도 범위에 속하는 이원계 용액 중 용질 성분 i의 wt% 활동도는 성분 i의 무게 퍼센트와 동일해짐을 알 수 있다. 1 wt% 활동도는 용질의 희석 농도 범위에서만 사용 가능한 용질의 활동도 표현이며, 농도를 무게 퍼센트로 나타내므로 몰분율 사용시보다 수치측면에서 사용상 편리한 이점을 지니고 있다. 용액 중 희석 용질의 1 wt% 활동도는 용질 농도 증가에 따라 1 보다 큰 값을 지닐 수 있음에 유의하라.

헨리형 및 1 wt% 활동도가 희석농도인 용질 성분 몰분율(x_i) 및 wt%와 각각 동일한 수치가 되는 경우는(즉, $f_i = 1$), 오로지 2성분계 용액 중 용질농도가 0에 근접한 조성 범위에 속하는 경우로 한정된다. 2성분계 용질농도가 0에 근접한 경우가 아닌(즉, 헨리의 법칙 적용 조성 범위를 벗어난) 용액 또는 3성분 이상인 다성분 응축상 용액 내 희석 용질 성분의 헨리형 및 1 wt% 활동도는 더 이상 이들 성분 몰분율 및 wt%와 동일한 값이 되지 않는다. 즉, $f_i \neq 1$. 이런 경우 2성분계에서는 자체 상호작용조계수(ε_i^i, e_i^i)를, 다성분계에서는 자체 및 제 3용질 원소의 상호작용조계수(ε_i^j, e_i^j)를 함께 고려해야 되므로 f_i 가 용질 성분 농도에 의존성을 나타낸다.

상호작용조계수

다성분계 용액 중 희석 용질 성분 i 의 활동도계수는 자체성분 i 및 다른 용질 성분 농도에 의해서 크게 영향을 받게 된다. 특정 성분 i 및 제 3의 용질 성분들이 성분 i 활동도에 미치는 영향도에 대한 정량적 표현으로서 상호작용조계수를 정의하여 사용한다.
용질 B의 헨리형 활동도계수(f_B)의 자체 성분 B 및 제 3의 용질 성분(C, D, …) 농도에 대한 의존성은 테일러 전개식을 이용하여 다음처럼 표현할 수 있다.
2성분계 용액에 대해,

$$\ln f_B = \ln f_B^o + \left.\frac{\partial \ln f_B}{\partial x_B}\right|_{x_B=0} x_B + \frac{1}{2!}\left.\frac{\partial^2 \ln f_B}{\partial x_B^2}\right|_{x_B=0} x_B^2 + \frac{1}{3!}\left.\frac{\partial^3 \ln f_B}{\partial x_B^3}\right|_{x_B=0} x_B^3 + \cdots$$

다성분계 용액에 대해,

$$\begin{aligned}\ln f_B = \ln f_B^o &+ \left[\left.\frac{\partial \ln f_B}{\partial x_B}\right|_{x_B=0} x_B + \left.\frac{\partial \ln f_B}{\partial x_C}\right|_{x_C=0} x_C + \left.\frac{\partial \ln f_B}{\partial x_D}\right|_{x_D=0} x_D + \cdots\right] \\ &+ \frac{1}{2!}\left[\left.\frac{\partial^2 \ln f_B}{\partial x_B^2}\right|_{x_B=0} x_B^2 + \left.\frac{\partial^2 \ln f_B}{\partial x_B x_C}\right|_{x_B=x_C=0} x_B x_C + \cdots\right] \\ &+ \frac{1}{3!}\left[\left.\frac{\partial^3 \ln f_B}{\partial x_B^3}\right|_{x_B=0} x_B^3 + \left.\frac{\partial^3 \ln f_B}{\partial x_B x_C x_D}\right|_{x_B=x_C=x_D=0} x_B x_C x_D + \cdots\right] + \cdots\end{aligned}$$

여기서 $x_B = 0$ 은 x_B 가 $x_B = x_C = 0$ 은 x_B, x_C 모두가 0에 매우 근접한 농도임을 뜻한다. 희석농도 범위 내 용질 성분간 몰분율 농도곱은 농도 자체 수치에 비해서 상대적으로 매우 작아지므로, 테일러 전개 급수항 내 이들 농도간 곱의 항은 일반적으로 $\ln f_B$ 정량화 표현시 무시될 수 있다. 그리고 이원계 용액 내 용질 농도 x_B 가 0에 거의 근접하면 B의 헨리형 활동도계수 f_B 는 1이 된다(즉, $x_B \cong 0$, $f_B \Rightarrow f_B^o = 1$). 즉, $\ln f_B^o = 0$. 따라서 다성분계 용액 중 용질농도 $x_B, x_C, x_D \cdots$ 가 공히 모두 0에 근접한 희석농도인 경우에도 역시 $\ln f_B^o = 0$.

$$\begin{aligned}\ln f_B &= \left.\frac{\partial \ln f_B}{\partial x_B}\right|_{x_B=0} x_B + \left.\frac{\partial \ln f_B}{\partial x_C}\right|_{x_C=0} x_C + \left.\frac{\partial \ln f_B}{\partial x_D}\right|_{x_D=0} x_D + \cdots \\ &= \varepsilon_B^B x_B + \varepsilon_B^C x_C + \varepsilon_B^D x_D + \cdots\end{aligned}$$

$$\ln f_j = \sum_{i=1}^{k} \varepsilon_j^i x_i \tag{6.38}$$

여기서, $\varepsilon_j^i = \left.\dfrac{\partial \ln f_j}{\partial x_i}\right|_{x_i=0}$ 이며 성분 j 에 대한 i의 상호작용조계수라고 한다.

일정 온도, 압력하 다성분 용액계에 아래 분몰량 정의를 적용하여 ε_j^i 와 ε_i^j 사이 관계를 다음처럼 유도할 수 있다.

$$\left.\frac{\partial^2 G}{\partial n_i \partial n_j}\right|_{T,P} = \frac{\partial \overline{G}_i}{\partial n_j} = \frac{\partial \overline{G}_j}{\partial n_i} \quad \text{또는} \quad \frac{\partial \overline{G}_i}{\partial x_j} = \frac{\partial \overline{G}_j}{\partial x_i}$$

$d\overline{G}_i = RT\ d\ln h_i = RT\ d\ln(f_i x_i) = RT\ d\ln f_i$ 이므로,

$$\frac{\partial \ln f_i}{\partial x_j} = \frac{\partial \ln f_j}{\partial x_i}$$

따라서,

$$\varepsilon_j^i = \varepsilon_i^j \tag{6.38a}$$

1 wt% 활동도계수의 용질 B 자신 및 제 3 용질 성분 농도에 대한 의존성을 마찬가지로 테일러 전개식에 의해 표현하면(헨리형 몰분율 활동도 상호계수와의 구별을 위해 활동도계수가 자연대수가 아닌 상용대수로서 표현되는 점에 유의하라),

$$\begin{aligned}\log f_B &= \left.\frac{\partial \log f_B}{\partial \text{wt}\%B}\right|_{wt\%B=0} (\text{wt}\%B) + \left.\frac{\partial \log f_B}{\partial \text{wt}\%C}\right|_{\text{wt}\%C=0} (\text{wt}\%C) \\ &\quad + \left.\frac{\partial \log f_B}{\partial \text{wt}\%D}\right|_{\text{wt}\%D=0} (\text{wt}\%D) + \cdots \\ \log f_B &= e_B^B(\text{wt}\%B) + e_B^C(\text{wt}\%C) + e_B^D(\text{wt}\%D) + \cdots \\ \log f_j &= \sum_{i=1}^{k} e_j^i(\text{wt}\%i) \end{aligned} \tag{6.39}$$

여기서, $e_j^i = \left.\dfrac{\partial \log f_j}{\partial \text{wt}\%i}\right|_{\text{wt}\%i=0}$ 이다.

ε_j^i 와 e_j^i 그리고 e_j^i 와 e_i^j 사이 관계는 다음처럼 유도된다.
식(6.38)에 2.303을 곱하고 이를 식(6.39)와 좌, 우변 항끼리 서로 비교하면 다음 관계를 얻는다.

$$\varepsilon_j^i x_i = 2.303\, e_j^i\ (\text{wt}\%i)$$

용질 i 와 j 의 농도가 낮은 경우 농도변환 식[6.39(d)]로부터,

$$x_i = \frac{(\text{wt}\%i)M_A}{100 M_i}$$

따라서
$$e_j^i = \frac{M_A}{230.3M_i}\varepsilon_j^i \tag{6.39a}$$

여기서, M_A 는 용매 A의 분자량이다.
마찬가지로해서,

$$e_i^j = \frac{M_A}{230.3M_j}\varepsilon_i^j$$

앞서 언급했듯이 $\varepsilon_j^i = \varepsilon_i^j$ 이므로, e_j^i 와 e_i^j 간 관계는 다음처럼 쓸 수 있다.

$$\frac{230.3M_i}{M_A}e_j^i = \frac{230.3M_j}{M_A}e_i^j$$

$$e_j^i = \frac{M_j}{M_i}e_i^j \tag{6.39b}$$

철, 구리, 알루미늄 액상 용액 내 다양한 용질간 상호작용조계수 e_j^i 자료가 표 6.1~ 6.3에 나타나 있다. 이 자료는 다양한 액상(용융) 금속 정련 공정 반응을 다루는 경우에 유용하게 사용된다.

예로서 일정 온도에서 제 3의 희석 용질이 액상 철 중 용존 질소의 활동도에 미치는 영향도를 고찰해 보자. 상호작용조계수, e_N^i 는 용융금속을 일정한 P_{N_2} 분위기와 평형을 이루게 하므로서 반응 평형상수에 의해 용철 중 질소의 활동도를 일정하게 유지하고, 제 3 용질농도 변화에 따른 용융금속 내 질소 용해도를 측정하여 결정될 수 있다. 이원계 용액에선 희석농도인 용질에 대해 헨리의 법칙이 적용되므로 $f_N = 1$ 이다(즉, 자기 상호작용조계수 $e_N^N = 0$ 이 된다).
액상 Fe – N_2 반응계에 대한 질소 용해 반응과 평형상수는 다음과 같이 쓸 수 있다.

$$\frac{1}{2}N_2(g) = [N]_{\text{wt\% in Fe}} \ : \ K = \frac{h_N}{P_{N_2}^{1/2}}$$

등온 및 일정한 P_{N_2} 분위기하 Fe – N 2원계 희석용액에 제 3의 용질원소 X가 첨가됨으로써 질소의 용해도가 $[\text{wt\% N}]_{\text{Fe-N}}$에서 $[\text{wt\% N}]_{\text{Fe-N-X}}$로 변한다면,

$$K = \frac{[\text{wt\%}N]_{\text{in Fe-N}}}{P_{N_2}{}^{1/2}} = \frac{f_N^X[\text{wt\%}N]_{\text{in Fe-N-X}}}{P_{N_2}{}^{1/2}}$$

따라서 Fe – N – X 용융합금 내 질소의 활동도계수 f_N^X 는 실험적으로 다음처럼 얻어진다.

표 6.1 1600℃ 용철(용매) 내 용질원소간 상호작용조계수 e_j^i

j^{i}	Al	B	C	Ca	Co	Cr	Cu	H	Mn	Mo	N	Nb	Ni
Al	0.045		0.091	−0.047				0.24			−0.058		
B		0.04	0.22					0.49			0.074		
C	0.043	0.24	0.124	−0.097	0.008	−0.024	0.016	0.67	−0.012	−0.008	0.09	−0.06	0.012
Ca	−0.072		−0.34	−0.002									−0.044
Co			0.021		0.0022	−0.022		−0.14					
Cr			−0.12		−0.02		0.02	−0.33		−0.002	−0.18		0.0002
Cu			0.066			0.018	0.023	−0.24			0.026		
H	0.013	0.05	0.06		0.002	−0.002		0.1	−0.0014			−0.0023	
Mn			−0.07					−0.31			−0.15		
Mo			−0.10			−0.0003		−0.20			−0.10		
N	−0.03	0.094	0.103		0.011	−0.046	0.009		−0.04	−0.011		−0.07	0.0063
Nb			−0.49					−0.61			−0.47		
Ni			0.042	−0.067		−0.0003		−0.25			0.013		0.0009
O	−3.9	−2.6	−0.45		0.008	−0.04	−0.013	−3.1	−0.021	0.0035	0.057	−0.14	0.006
P			0.13			−0.03	0.024	0.21			0.094		0.0002
Pb	0.021		0.066			0.02	−0.028		0.023				−0.019
S	0.035	0.13	0.11		0.0026	−0.011	−0.008	0.12	−0.026	0.003	0.01		
Sb											0.045		
Si	0.058	0.02	0.18	−0.067		−0.0003	0.014	0.64			0.09		0.005
Sn			0.37			0.015		0.12			0.27		
Ta								−4.4			−0.492		
Ti						0.055		−1.1			−1.8		
V			−0.34					−0.59			−0.35		
W			−0.15					0.088			−0.07		
Zr											−4.10		

표 6.1 (계속)

j^{i}	O	P	Pb	S	Sb	Si	Sn	Ta	Ti	V	W	Zr
Al	−6.6		0.0065	0.03		0.0056						
B	−1.8			0.048		0.078						
C	−0.34	0.051	0.008	0.046		0.08	0.041			−0.077	−0.0056	
Ca						−0.1						
Co	0.018		0.003	0.0011								
Cr	−0.14	−0.053	0.0083	−0.02		−0.0043	0.009		0.059			
Cu	−0.065	0.044	−0.0056	−0.021		0.027						
H	−0.19	0.011		0.008	0.0088	0.027	0.0053	−0.02	−0.019	−0.0074	0.0048	
Mn	−0.083	−0.0035	−0.0029	−0.048								
Mo			0.0023	−0.0005								
N	0.05	0.045		0.007		0.047	0.007	0.034	−0.53	−0.093	−0.0015	−0.63
Nb	−0.83			−0.047								
Ni	0.0	−0.0035	−0.0023	−0.0037		0.0057						
O	−0.2	0.07		−0.133	−0.012	−0.131	−0.0111		−0.6	−0.3	0.0085	−3.0
P	0.13	0.062	0.011	0.028		0.12	0.013					
Pb		0.048		−0.32		0.048	0.057					
Sb	−0.94											
S	−0.27	0.29	−0.05	−0.028		0.063	−0.0044		−0.072	−0.016	0.01	−0.052
Si	−0.23	0.11	0.01	0.056		0.11	0.017			0.025		
Sn	−0.11	0.036	0.035	−0.028		0.057	0.0016					
Ta												
Ti	−1.80			−0.11					0.013			
V	−0.97			−0.028		0.42				0.015		
W	−0.052		0.0005	0.035								
Zr				−0.16								

표 6.2 액상 Al 내 용질원소간 상호작용조계수 e_j^i

Element, i	e_i^i	T (K)	Element, i	e_H^i	T (K)	e_i^j	T (K)
Cd	–0.0019	1373	Ce	(–0.08)	800	$e_{Zn}^{Si}=0.0094$	963–1053
Cu	0.0066	1373	Cu	0.030	700–800	$e_{Si}^{Zn}=0.0065$	
Ga	0.0022	1023	Cr	(0)	800–900	$e_{Li}^{Sn}=-0.012$	949
Ge	0.0076	1200	Fe	(0)	800–900	$e_{Sn}^{Li}=-0.28$	
In	–0.0013	1173	Mg	(–0.01)	700–800	$e_{Na}^{Si}=(-0.05)$	973
Mg	0.014	1073	Mn	(0.06)	800	$e_{Si}^{Na}=(-0.062)$	
Si	0.067	1100	Ni	(0.04)	700–800	$e_{Mg}^{Si}=(-0.037)$	973–1073
Sn	0.0093	1000	Si	0.03	700–800	$e_{Si}^{Mg}=(-0.044)$	
Zn	0.0009	1000	Sn	0.004	800–900	$e_{Sn}^{Pb}=(0.003)$	973–1073
			Th	–0.006	800–900	$e_{Pb}^{Sn}=(0.0019)$	
			Ti	(–0.1)	800–900		

표 6.3 액상 Cu 내 용질원소간 상호작용계수 e_j^i

Element, i	e_i^i	Element, i	e_H^i	e_O^i	e_S^i
Ag	–0.005	Ag	0.0006	0	
Al	0.14	Al	0.0058		
Au	0.008	Au	0.0003	0.015	0.012
Bi	$-9/T+0.0052$	Co	0.015	–0.32	–0.023
Ca	(0.14)	Cr	0.0092		
Fe	–0.029	Fe	–0.015	$-20{,}000/T+10.8$	$-125/T+0.042$
Ga	0.028	Mn	–0.006		
Ge	0.0051	Ni	–0.026	$-169/T+0.079$	$-159/T+0.069$
H	(0)	P	0.088	$6230/T+3.43$	
Mg	(0.1)	Pb	0.031	–0.007	
Mn	0.03	Pt	–0.0084	0.057	0.019
O	$-414/T+0.122$	S	0.0073	–0.164	
Pb	–0.0006	Sb	0.031		
S	$-179/T-0.004$	Si	0.042	(–62)	0.062
Sb	(0.04)	Sn	0.016	–0.009	
Sn	0.025	Ti	–0.012		
Ti	–0.008	Zn	0.029		
Zn	0.0017				

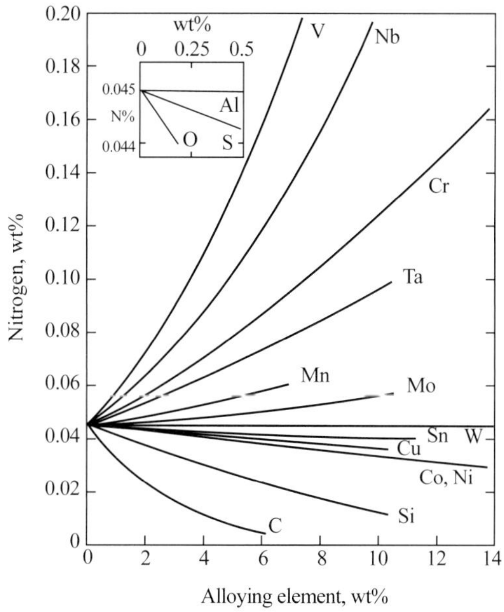

그림 6.15(a) 1600°C 이성분계 액상 철합금 내에 질소(1기압하)의 용해도에 미치는 합금 원소의 영향. (R.G. Ward, *Physical Chemistry of Iron and Steelmaking*, London, 1962)

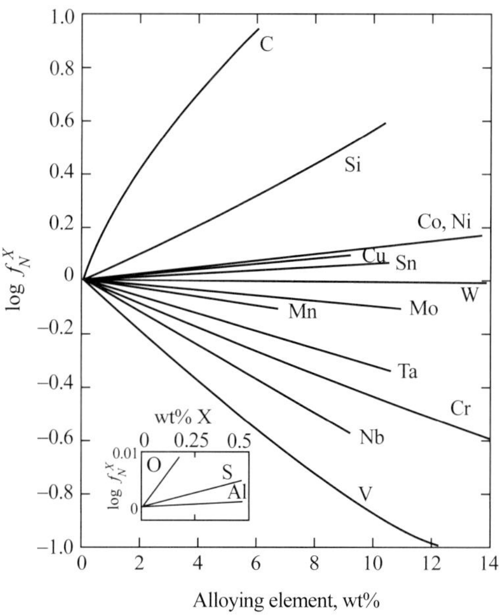

그림 6.15(b) 1600℃ 이성분계 액상 철 합금 내에서의 질소의 활동도계수(R.G. Ward, *Physical Chemistry of Iron and Steelmaking*, London, 1962)

$$f_N^X = \left\{ \frac{[\mathrm{wt}\% N]_{\text{in Fe-N}}}{[\mathrm{wt}\% N]_{\text{in Fe-N-X}}} \right\}_{T,P,P_{N_2}} \tag{6.39c}$$

1600°C 액상 Fe 중 [wt% X] 함량에 따른 [wt% N]의 용해도 변화가 그림 6.15(a)에 여러가지 제 3의 용질 X에 대하여 나타나 있으며, 이를 토대로 식(6.39c)에 의한 wt% X에 따른 $\log f_N^X$ 의 변화가 그림 6.15(b)에 나타나 있다.

질소와 함께 여러 종류의 다른 용질로 구성된 다성분 액상 합금계에서, 특정 제 3용질이 f_N 에 미치는 영향이 기타 다른 제 3의 용질 존재와는 무관하다고 가정하면(희석 농도 용질 함유 용액계), f_N 에 미치는 용질들의 전체 영향도는 개별적 용질 하나하나가 미치는 영향도의 합과 같게 된다. 또한 $\log f_N^X$ 가 wt% X의 선형함수라면 f_N 는 식(6.39)로부터 직접 계산될 수 있다. 그러나 성분 X의 농도가 증가하여 선형 ($\log f_N^X$ − wt% X) 함수 관계가 성립되는 용질 농도한계를 넘어서면 관심 wt% X에 대한 $\log f_N^X$ 의 값은 그림 6.15(b)로부터 직접 읽어야 되며 이 경우 $\log f_N$ 은 이들 합으로서 다음처럼 구해진다.

$$\log f_N = \sum_X \log f_N^X$$

그림 6.15(b)에 의하면 일반적으로 합금원소 X가 철보다 더 안정한 질화물을 형성할 때 (N과의 친화력이 더 큰 경우) e_N^X 는 음수이고, 절대 크기 $|e_N^X|$ 는 X의 질화물 생성 자유에너지 크기가 증가하는 순서에 따라 증가함을 알 수 있다. 마찬가지로 철에 대한 X의 친화력이 X의 N에 대한 친화력이나 철의 질소에 대한 친화력보다 상대적으로 더 클 때 e_N^X 는 양의 값을 지닌다.

용매가 철인 다성분계 액상 용액 중 용질 상호간에 대한 상호작용조계수 e_j^i 자료는 표 6.1에 그리고 액상 알루미늄 및 구리 용액 중 용질 상호작용조계수에 대해서는 표 6.2, 6.3에 각각 도표화되어 나타나 있다.

활동도 변환

이원계($i-j$) 용액 내 용질 j 가 희석농도로 존재할 경우, 용질 j 의 몰분율 x_j 와 wt%j 간의 상관 관계는 다음 농도 변환식으로 표현할 수 있다.

$$x_j = \frac{n_j}{n_i + n_j} = \frac{\dfrac{\mathrm{wt}\% j}{M_j}}{\dfrac{(100 - \mathrm{wt}\% j)}{M_i} + \dfrac{\mathrm{wt}\% j}{M_j}}$$

희석용액 중 wt% j 는 0에 가까운 값이므로 100에 비해 상대적으로 무시할 수 있어 위 식은 근사치로 다음처럼 단순화하여 표현할 수 있다. M_i 는 용매 성분 i의 분자량이다.

$$x_j \approx \frac{(\text{wt}\% j) \cdot M_i}{100 M_j} \tag{6.39d}$$

2성분계 희석용액 중 용질의 농도 몰분율과 wt% 간 농도변환식에 의해 희석용질 j 의 헨리형과 1 wt% 활동도 간 수치(스케일) 차이를 보정하면,

$$\frac{h_j}{h_{j(\text{wt}\%)}} = \frac{x_j}{\text{wt}\% j} = \frac{M_i}{100 M_j}$$

따라서,

$$h_{j(\text{wt}\%)} = \left(\frac{100 M_j}{M_i}\right) h_j \tag{6.39e}$$

마찬가지로 2원계 용액 중 희석용질 j 의 라울형 활동도와 헨리형 활동도 간 수치 보정 전환 관계식은 다음처럼 얻을 수 있다. $a_j = \gamma_j^o x_j$ 이고 $h_j = x_j$ 이므로,

$$a_j = \gamma_j^o h_j \tag{6.39f}$$

활동도 전환관계 식(6.39e) 및 (6.39f)로부터 1 wt% 활동도와 라울형 활동도 간 수치 보정 전환식을 다음처럼 구할 수 있다.

$$a_j = \left(\frac{\gamma_j^o M_i}{100 M_j}\right) h_{j(\text{wt}\%)} \tag{6.39g}$$

희석 용액이 적어도 1 wt% 용질농도까지 헨리의 법칙이 만족되면 1 wt% 표준상태는 용질의 활동도 표현시 $h_j = \text{wt}\% j$ 로서 활용 가치를 지닐 수 있으나, 그렇지 못한 경우 즉 헨리법칙으로부터 벗어나는 농도 영역의 희석용질 활동도는 상호작용 조계수를 고려해서 활동도 h_j 가 정해져야 된다.

표준상태 변환

화학반응의 평형상수는 반응 참여 성분(예로 용액중 용질성분)에 대한 활동도 표준상태를 어떻게 정의 하느냐에 따라 값이 달라지고, 이에 따라 동일한 반응에 대한 ΔG^o 의 수치도 달라지게 된다. 따라서 반응 참여 성분에 대한 임의 표준상태를 다른 표준상태로 바꾸어 사용하려면, 이들 표준상태간 전환에 따른 자유에너지 차이를 반드시 알아야만 한다.

용액 중 용질성분, $\underline{B}$ 의 활동도 표준상태 변환에 수반되는 표준 깁스 자유에너지 변화를 살펴보도록 하자.

$\underline{B}$ (라울형 표준상태) $\rightarrow$ $\underline{B}$ (헨리형 표준상태)

$\bar{G}_B = G_B^o + RT\ln a_B$ 이므로,

$\bar{G}_B = G_{B(H)}^o + RT\ln h_B = G_{B(R)}^o + RT\ln a_B$

$G_{B(H)}^o - G_{B(R)}^o = RT\ln\left(\frac{a_B}{h_B}\right)$

$$\Delta G_{B(R\to H)}^o = RT\ln\left(\frac{a_B}{h_B}\right) = RT\ln\gamma_B^o \quad (6.40a)$$

$\underline{B}$ (헨리형 표준상태) $\rightarrow$ $\underline{B}$ (1 wt% 표준상태)

$\bar{G}_B = G_{B(H)}^o + RT\ln h_B = G_{B(1\text{wt}\%)}^o + RT\ln h_{B(\text{wt}\%)}$ 이므로,

$\Delta G_{B(H\to 1\text{wt}\%)}^o = G_{B(1\text{wt}\%)}^o - G_{B(H)}^o = RT\ln\left(\frac{h_B}{h_{B(\text{wt}\%)}}\right)$

$$\Delta G_{B(H\to 1\text{wt}\%)}^o = RT\ln\left(\frac{M_A}{100M_B}\right) \quad (6.40b)$$

$\underline{B}$ (라울형 표준상태) $\rightarrow$ $\underline{B}$ (1 wt% 표준상태)

$\bar{G}_B = G_{B(1\text{wt}\%)}^o + RT\ln h_{B(\text{wt}\%)} = G_{B(R)}^o + RT\ln a_B$ 이므로,

$\Delta G_{B(R\to 1\text{wt}\%)}^o = G_{B(1\text{wt}\%)}^o - G_{B(R)}^o = RT\ln\left(\frac{a_B}{h_{B(\text{wt}\%)}}\right)$

$$\Delta G_{B(R\to 1\text{wt}\%)}^o = RT\ln\left(\frac{\gamma_B^o M_A}{100M_B}\right) \quad (6.40c)$$

따라서 용매 M내로 1몰 용질 B의 용액화 반응[$B\rightarrow\underline{B}$ (in M)] 표준 깁스 자유에너지 변화 ΔG_B^o 는 용질 B 활동도의 표준상태 선택 기준에 따라 다른 값으로서 나타내어짐을 알 수 있다. 용융 금속(용매) 내로 1 wt% 표준상태를 기준한 희석용질 성분의 용액화 반응에 대한 표준 깁스 자유에너지 변화가 여러가지 액상 용매 금속(철, 알루미늄, 구리)에 대해서 표 6.4~6.6에 나타나 있다.

B (pure) $\rightarrow$ $\underline{B}(R)$: $\Delta G_{rxn}^o = \Delta H_{rxn}^o - T\Delta S_{rxn}^o$: 용액화 반응

$\underline{B}(R)$ $\rightarrow$ $\underline{B}$ (1 wt%) : $\Delta G_{B(R\to 1\text{wt}\%)}^o =$ 식(6.40c)

B (pure) $\rightarrow$ $\underline{B}$ (1 wt%) : $\Delta G_i^o = \Delta G_{rxn}^o + \Delta G_{B(R\to 1\text{wt}\%)}^o$: 용액화 반응

여기서 ΔG_i^o (또는 ΔG_B^o)는 액상 용매 금속 중으로 순수물질 i (또는 B`) 희석 농도 용액화 (1wt% 표준상태) 반응에 따른 표준 깁스자유에너지 변화이다.

표 6.4 1 wt% 표준상태를 기준한 용철 내로의 용질성분 i 용액화 반응 표준 깁스자유에너지

$\Delta G_i^o : B \rightarrow \underline{B}(1\ \text{wt\% in liquid Fe})$ $T_m(\text{Fe}) = 1812\,\text{K}$

Element, i		ΔG_i^o (joule/mole)
Ag	(l)	$82{,}430 - 43.76\,T$
Al	(l)	$-63{,}180 - 27.91\,T$
B	(s)	$-65{,}270 - 21.55\,T$
C	(graphite)	$22{,}590 - 42.26\,T$
Ca	(g)	$-39{,}460 + 49.37\,T$
Co	(l)	$1{,}000 - 38.74\,T$
Cr	(l)	$-37.70\,T$
Cr	(s)	$19{,}250 - 46.86\,T$
Cu	(l)	$33{,}470 - 39.37\,T$
$\frac{1}{2}H_2$	(g)	$36{,}480 + 30.46\,T$
Mn	(l)	$4{,}080 - 38.16\,T$
Mo	(l)	$-42.80\,T$
Mo	(s)	$27{,}610 - 52.38\,T$
$\frac{1}{2}N_2$	(g)	$3{,}600 - 23.89\,T$
Nb	(l)	$-42.68\,T$
Nb	(s)	$23{,}010 - 52.30\,T$
Ni	(l)	$-20{,}920 - 31.05\,T$
$\frac{1}{2}O_2$	(g)	$-117{,}150 - 2.89\,T$
$\frac{1}{2}P_2$	(g)	$-122{,}170 - 19.25\,T$
Pb	(l)	$212{,}550 - 106.27\,T$
$\frac{1}{2}S_2$	(g)	$-135{,}060 + 23.43\,T$
Si	(l)	$-131{,}500 - 17.24\,T$
Sn	(l)	$15{,}980 - 44.43\,T$
Ti	(l)	$-46{,}020 - 37.03\,T$
Ti	(s)	$-31{,}130 - 44.98\,T$
U	(l)	$-56{,}070 - 50.21\,T$
V	(l)	$-42{,}260 - 35.98\,T$
V	(s)	$-20{,}710 - 45.61\,T$
W	(l)	$-48.12\,T$
W	(s)	$31{,}380 - 63.60\,T$
Zr	(l)	$-51{,}050 - 42.38\,T$
Zr	(s)	$-34{,}730 - 50.0\,T$

표 6.5 1 wt% 표준상태를 기준한 액상 Cu 내로의 용질성분 i 용액화 반응 표준 깁스자유에너지

$\Delta G_i^o : B \rightarrow \underline{B}(1 \text{ wt\% in liquid Cu})$ $T_m(\text{Cu}) = 1356\,\text{K}$

Element, i		ΔG_i^o (joule/mole)
Ag	(l)	$16,320 - 44.02\,T$
Al	(l)	$-36,110 - 57.91\,T$
As	(g)	$-93,510 - 39.50\,T$
Au	(l)	$-19,370 - 50.58\,T$
Bi	(l)	$24,940 - 63.18\,T$
C	(graphite)	$35,770 - 50.21\,T$
Ca	(l)	$-92,890 - 34.31\,T$
Cd	(g)	$-107,530 - 53.14\,T$
Cd	(l)	$-7,780 - 42.68\,T$
Co	(s)	$34,470 - 37.66\,T$
Cr	(s)	$46,020 - 36.48\,T$
Fe	(s)	$54,270 - 47.45\,T$
Fe	(l)	$38,910 - 38.79\,T$
Ga	(l)	$-45,190 - 36.32\,T$
Ge	(l)	$-66,940 - 32.89\,T$
$\frac{1}{2}H_2$	(g)	$43,510 + 31.38\,T$
In	(l)	$-39,960 - 23.35\,T$
Mg	(g)	$-168,200 + 63.18\,T$
Mg	(l)	$-36,280 - 31.51\,T$
Mn	(l)	$(-8,160 - 36.94\,T)$
Mn	(s)	$(6,490 - 46.61\,T)$
Ni	(l)	$9,790 - 37.66\,T$
Ni	(s)	$27,410 - 48.12\,T$
$\frac{1}{2}O_2$	(g)	$-85,350 - 18.54\,T$
Pb	(l)	$36,070 - 58.62\,T$
Pd	(s)	$3,350 - 42.26\,T$
Pt	(s)	$(-42,680 - 43.81\,T)$
$\frac{1}{2}S_2$	(g)	$-119,660 + 25.23\,T$
Sb	(l)	$-52,300 - 43.51\,T$
Se	(g)	$-76,150 - 40.08\,T$
Si	(l)	$-62,760 - 31.38\,T$
Si	(s)	$-12,130 - 61.42\,T$
Sn	(l)	$-37,240 - 43.52\,T$
Te	(g)	$-41,840 - 44.06\,T$
Tl	(l)	$28,160 - 49.12\,T$
V	(s)	$117,570 - 75.73\,T$
Zn	(l)	$-23,600 - 38.37\,T$

표 6.6 1 wt% 표준상태를 기준한 액상 Al 내로의 용질성분 i 용액화 반응 표준 깁스자유에너지

$\Delta G_i^o : B \rightarrow \underline{B}(1 \text{ wt\% in liquid Al})$ $T_m(\text{Al}) = 923\text{K}$

Element, i		ΔG_i^o (joule/mole)
Be	(s)	$39{,}360 - 40.17\ T$
Bi	(l)	$22{,}210 - 48.90\ T$
Ca	(l)	$(-43{,}510 - 41.55\ T)$
Cd	(l)	$29{,}710 - 52.29\ T$
Cu	(s)	$-4{,}750 - 68.555\ T$
Fe	(s)	$-112{,}970 - 14.272\ T$
Ga	(l)	$3{,}480 - 48.33\ T$
Ge	(l)	$-11{,}550 - 51.413\ T$
$\frac{1}{2}H_2$	(g)	$48{,}800 - 27.29\ T$
In	(l)	$28{,}450 - 55.32\ T$
Li	(l)	$-24{,}270 - 12.61\ T$
Mg	(l)	$-14{,}550 - 38.66\ T$
Na	(l)	$34{,}430 - 21.05\ T$
Ni	(s)	$-118{,}320 - 54.95\ T$
Pb	(l)	$41{,}710 - 53.69\ T$
Sb	(l)	$54{,}810 - 90.33\ T$
Si	(s)	$40{,}160 - 85.84\ T$
Sn	(l)	$24{,}460 - 59.97\ T$
Zn	(l)	$10{,}620 - 49.84\ T$

활동도 표준상태 전환에 대한 예로서 온도 T에서 금속합금(alloy) 용액 중 희석농도 용질 성분 $\underline{\text{M}}$ 이 산소에 의해 MO_2 로 산화되는 반응에 대한 평형반응을 고려해 보자.

$$\underline{\text{M}}_{(R)} + \text{O}_2(g) = \text{MO}_{2(R)}(\text{pure}) \qquad \text{(I)}$$

여기서 반응참여 물질에 표시한 아랫첨자 괄호는 표준상태를 나타내고, 아래밑줄 $\underline{\text{M}}$ 은 용질원소 M을 나타낸다.

한편 반응(I)은 아래 두 반응 차이로부터 얻어질 수 있다.

$$\text{반응 A}: \ M(\text{pure}) + \text{O}_2(g) = \text{MO}_2(\text{pure}) \quad : \ \Delta G_A^o$$
$$\text{반응 B}: \ M(\text{pure}) = \underline{\text{M}}_{(R)}(\text{in alloy}) \quad : \ \Delta G_B^o$$

따라서 $\Delta G_I^o = \Delta G_A^o - \Delta G_B^o$

여기서 ΔG^o 는 표준상태로 참여하는 물질들간 반응에 대한 표준 깁스 자유에너지 변화이다.

반응(I) 평형시에, $$\Delta G_I^o = -RT\ln\frac{a_{MO_2}}{a_{\underline{M}}P_{O_2}}$$

용질 금속 M의 표준상태를 달리하여서 반응 I을 다음처럼 쓸 수도 있다.

$$\underline{\mathrm{M}}_{(H)} + \mathrm{O}_2(g) = \mathrm{MO}_{2(R)} \qquad \text{(II)}$$

반응(II) 평형에 대한 표현은 식(6.40a)를 이용해서

$$\begin{aligned}\Delta G_{II}^o &= -RT\ln\frac{a_{MO_2}}{h_{\underline{M}}P_{O_2}}\\ &= -RT\ln\frac{a_{MO_2}}{a_{\underline{M}}P_{O_2}} - RT\ln\gamma_M^o = \Delta G_I^o - RT\ln\gamma_M^o\end{aligned}$$

따라서 동일한 화학반응에 대해 반응참여 성분의 표준상태를 달리 정의해 봄으로써 동일한 반응에 대한 표준 깁스 자유에너지 표현이 달라짐을 쉽게 이해할 수 있다. 금속 M이 용액 내 희석농도 용질성분이라면 산화반응으로서 반응 (I) 보다는 반응 (II) 형태를 채택하는 것이 사용상 편리한 이점이 있다.

마찬가지로 사용 편리상 용액 중 용질 M에 대해 1 wt% 표준상태를 적용하여 반응 (I)을 다음처럼 달리 쓰고 식(6.40c)를 적용해 보면,

$$\underline{\mathrm{M}}_{(1\mathrm{wt\%})} + \mathrm{O}_{2(g)} = \mathrm{MO}_{2(R)} \qquad \text{(III)}$$

$$\Delta G_{III}^o = -RT\ln\frac{a_{MO_2}}{h_{\underline{M}(1\mathrm{wt\%})}P_{O_2}} = -RT\ln\frac{a_{MO_2}}{a_{\underline{M}}P_{O_2}} - RT\ln\frac{\gamma_M^o M_{solvent}}{100M_M}$$

$$\Delta G_{III}^o = \Delta G_I^o - RT\ln\frac{\gamma_M^o M_{solvent}}{100M_M}$$

또한 반응 (III)의 표준 깁스 자유에너지 표현은 아래 두 반응의 차($\Delta G_I^o - \Delta G_{R\to\mathrm{wt\%}}^o$)에 의해서도 동일하게 얻어질 수 있다.

$$\underline{\mathrm{M}}_{(R)} + \mathrm{O}_2(g) = \mathrm{MO}_{2(R)} : \Delta G_I^o$$

$$\underline{\mathrm{M}}_{(R)} = \underline{\mathrm{M}}_{(1\mathrm{wt\%})} \qquad : \Delta G_{R\to\mathrm{wt\%}}^o = RT\ln\frac{\gamma_M^o M_{solvent}}{100M_M}$$

상호작용조계수 활용 적용예로서 온도 1600°C, 산소포텐셜 $P_{O_2} = 5\times10^{-12}$ 기압하 용철 중 $\underline{Si}/\underline{O}$ 간 반응 평형시에 얻어지는 wt% $\underline{Si}$과 wt% $\underline{O}$ 평형농도를 구해 보자.

(1) $\underline{Si}_{(1\text{ wt\% in Fe})} + O_2 = SiO_2(s)$: $\Delta G_1^o = -199,200 + 54.79T$ (cal)

반응 (1)은 아래 두 반응 차이로부터 얻어진다.

$$\underline{Si}(\text{pure}) + O_2(g) = SiO_2(\text{pure}) \quad : \Delta G_{r\times n}^o \text{ (부록 B)}$$
$$\underline{Si}(\text{pure}) = \underline{Si}(1\text{wt\%}) \quad : \Delta G_{Si}^o \text{ (표 6.4)}$$

$$\Delta G_{(1)}^o = \Delta G_{(Si)}^o - \Delta G_{(rxn)}^o$$

(2) $\frac{1}{2}O_{2(g)} = \underline{O}_{(1\text{ wt\% in Fe})}$: $\Delta G_2^o = -28,000 - 0.69T$ (cal)

반응(1) – 2×반응(2) 로부터,

(3) $\underline{Si}_{(1\text{ wt\% in Fe})} + 2\underline{O}_{(1\text{ wt\% in Fe})} = SiO_2(s)$: $\Delta G_3^o = -143,200 + 56.17T$ (cal)

1600°C 반응(2) 평형상수로부터,

$$K_2 = \frac{h_{O(1\text{ wt\%})}}{P_{O_2}^{\ 1/2}} = 2.62\times10^3$$

$$P_{O_2} = 5\times10^{-12} \text{ atm 이므로, } h_{O(1\text{ wt\%})} = 6.07\times10^{-3} \qquad (4)$$

1600°C 반응(3) 평형상수로부터,

$$K_3 = \frac{a_{SiO_2}}{h_{Si(1\text{ wt\%})}h_{O(1\text{ wt\%})}^2} = 2.716\times10^4$$

순수 SiO_2 이므로 $a_{SiO_2} = 1$. $h_{O(1\text{ wt\%})}^2 h_{Si(1\text{ wt\%})} = 3.68\times10^{-5}$.
위 관계식에 식(4)를 대입하면,

$$h_{Si(1\text{wt\%})} = 1 \qquad (5)$$

표 6.1로부터

$$e_O^{Si} = -0.16 \qquad e_O^O = 0 \qquad e_{Si}^O = -0.262 \qquad e_{Si}^{Si} = 0.32$$

식(4)로부터, $\log f_O + \log[\text{wt\% O}] = \log\left[6.07\times10^{-3}\right]$

여기서 $\log f_{\rm O} = \sum_i e_{\rm O}^i [\text{wt \% i}] = \{0 \times [\text{wt\% O}] - 0.16 \times [\text{wt\%}\ Si]\} + \log[\text{wt\% O}]$

$$= -2.217 - 0.16[\text{wt\%}\ Si] + \log[\text{wt\% O}] = -1.259 \qquad \text{(4a)}$$

식(5)로부터 : $\log f_{Si} + \log[\text{wt\% Si}] = \log[1]$

$$\{0.32[\text{wt\% Si}] - 0.262[\text{wt\% O}]\} + \log[\text{wt\% Si}] = 0 \qquad \text{(5a)}$$

식(4a)와 (5a)의 연립방정식 해를 구하면,

$$[\text{wt\% Si}] = 0.631\,, \quad [\text{wt\% O}] = 0.0077$$

다른 예시로서 1600°C에서 용철 중 $\underline{C} = 1$ wt% 이며, 1기압의 CO 압력하에 놓인 Fe − $\underline{C}$ − $\underline{O}$ 용강 중 평형 산소농도를 구해 보자.

$$\mathrm{C}(gr) + \frac{1}{2}\mathrm{O}_2(g) = \mathrm{CO}(g) \ : \ \Delta G^o = -26,700 - 20.95T \ \text{(cal)}$$

$$\mathrm{C}(gr) = \underline{\mathrm{C}}_{(1\text{wt\% in Fe})} \ : \ \Delta G^o = 5,400 - 10.1T \ \text{(cal)}$$

$$\frac{1}{2}\mathrm{O}_2(g) = \underline{\mathrm{O}}_{(1\text{wt\% in Fe})} \ : \ \Delta G^o = -28,000 - 0.69T \ \text{(cal)}$$

이들 반응으로부터,

$$\underline{\mathrm{C}}_{(1\text{wt\%})} + \underline{\mathrm{O}}_{(1\text{wt\%})} = \mathrm{CO(g)} : \ \Delta G^o = -4,100 - 10.16T \ \text{(cal)}$$

1600°C에서 위 반응에 대한 평형상수를 구해보면,

$$\frac{P_{\rm CO}}{h_{\rm C} h_{\rm O}} = 5 \times 10^2$$

$$h_{\rm C} h_{\rm O} = \{f_C[\text{wt\% C}]\}\{f_O[\text{wt\% O}]\} = 2 \times 10^{-3} P_{\rm CO} = 2 \times 10^{-3}$$

1600°C에서, $e_{\rm C}^{\rm C} = 0.23 \quad e_{\rm O}^{\rm O} = 0 \quad e_{\rm C}^{\rm O} = -0.24 \quad e_{\rm O}^{\rm C} = -0.32$.

식(4a), (5a)와 같은 방법은 f_c, f_o 를 구하고 $[\text{wt\% C}] = 1$ 및 $P_{\rm CO} = 1$ 기압을 대입하면,

$$\log[\text{wt\% O}] - 0.24[\text{wt\% O}] = -2.61$$

위 식의 해를 구하면 $[\text{wt\% O}] = 0.00245$ 또는 24.5 ppm $\underline{\rm O}$.

참고로 상호작용조계수를 무시하고 해를 구하면 $\log[\text{wt\% O}] = -2.93$ ($[\text{wt\% O}] = 0.00118$ 또는 11.8 ppm $\underline{\rm O}$)이다. 이로부터 다성분계 희석 용액 중 용질간 상호작용조계수의 의미와 이들 활용의 중요성을 잘 이해할 수 있다.

6.9 활동도 측정

용액의 열역학 성질을 정량화하여 알기 위해서는 구성 성분의 활동도 관련 자료 정보가 필요하다. 이 절에서는 고상 또는 액상의 금속합금 재료 구성성분에 대한 대표적인 활동도 측정방법 몇가지에 대해 기술한다.

증기압 측정

용액 중 성분 i의 활동도는 $a_i = P_i / P_i^o$ 로 정의되므로, 증기압 측정은 직접적인 활동도 측정방법이라 할 수 있다. 합금 내 비교적 증기압이 높은 금속(Hg, Cd, Zn 등) 성분의 활동도 측정시에 이용된다. 예로 순수한 Zn의 측정 증기압은 다음처럼 표시된다.

$$\log P_{Zn}(\text{Pa}) = -6{,}183 / T + 10.24 \ : \ T = 692.5(T_m) \sim 1{,}180 \text{ K}(T_b)$$

평형 분배비 측정

상호간 용해도를 나타내지 않는 순수 원소 A 및 B 내로 각각 제 3의 성분(즉 용질) i가 평형농도로 용해된 경우에 한쪽 상(A) 중 성분 i의 헨리안 활동도를 알면(원소 A 중 성분 i의 최대용해 한도가 희석농도에 속하는 경우) 평형 분배비 측정방법에 의해 다른 상(B) 중 성분 i의 활동도를 구할 수 있다. 이 경우 상 A와 B의 용매 물질간(원소 A/B간)에는 서로 용해도가 없다고 가정할 수 있어야 한다.

상 A 중 성분 i의 화학포텐셜: $\bar{G}_i^A = G_i^{oA} + RT \ln a_i^A$
상 B 중 성분 i의 화학포텐셜: $\bar{G}_i^B = G_i^{oB} + RT \ln a_i^B$

여기서 G_i^{oA} 와 G_i^{oB} 는 표준상태로서 각기 상 A및 B 형태인 순수 성분 i 몰당 표준 깁스 자유에너지이다. 윗첨자 A, B는 A 및 B 상 형태를 나타낸다. 일정 온도, 압력하에서 상 A와 B가 평형을 이루며 공존하면 이들 상내 성분 i에 대해 화학적 평형조건 $\bar{G}_i^A = \bar{G}_i^B$ 관계가 성립한다. 따라서,

$$G_i^{oB} - G_i^{oA} = RT \ln(a_i^A / a_i^B) \equiv RT \ln L_i$$

여기서 L_i 는 주어진 온도에서 상 A, B간 성분 i의 평형 분배비로서 일정한 값을 나타낸다. 위 관계식으로부터 L_i 및 한쪽 상 중 성분 i의 활동도 측정 자료로부터 다른 상 중 성분 i의 활동도를 결정할 수 있다.

예로서 상호간에 서로 용해되지 않는 금속성분 Fe 및 Ag 중에 P가 각기 용해된 두 액

상 용액 간 P 평형반응을 고려하자.

$$\underline{P}\,(\text{액상 } Fe) = \underline{P}\,(\text{액상 } Ag)$$

$L_P = a_P^{Ag} / a_P^{Fe}$ 또는 실험적 측정치로서 이를 달리 쓰면 $L'_P = x_P^{Ag} / x_P^{Fe}$. 여기서 L'_P 은 활동도계수항이 포함된 L_P 보정 인자이므로 온도와 조성농도의 함수이다. 반면 L_P 는 온도만의 함수이다. 실험적 평형분배비 측정치 $\log L'_P$ 을 x_P^{Fe} 함수로서 나타내면 그림 6.16과 같다. 여기서 $x_P^{Fe} \rightarrow 0$ 으로 거의 접근한 2원계 무한 희석용액 계에서는 $x_P^{Ag} / x_P^{Fe} \rightarrow a_P^{Ag} / a_P^{Fe}$ 이 성립되므로, 그림 6.16상의 함수곡선이 y축과 만나는 절편값은 각 온도에서의 $\log L_P$ 에 해당한다(그림 6.16). 즉, $x_P^{Fe} \rightarrow 0$ 에서 구한 L_P 는 임의 x_P^{Fe} 농도에서 L_P 와 동일한 수치이다. L_P 는 온도에만 의존도를 나타내며 조성농도와는 무관한 인자임을 상기바란다. 실험 측정 자료로부터 $\log L_P$ 의 온도의존 관계식을 구하면 다음처럼 표현할 수 있다.

$$\log L_P = \log(a_P^{Ag} / a_P^{Fe}) = -7{,}180 / T + 0.54$$

여기서 액상 Ag 중 P의 최대 용해도는 0.01 wt% 정도이므로 $a_P^{Ag} \approx x_P^{Ag}$ 로 고려해 볼 수 있다. 이는 2원계(Ag-P) 용액 내 용질 P가 헨리의 법칙이 성립되는 희석농도 영역에 속하기 때문이다.

$$\log L_P = \log(x_P^{Ag} / a_P^{Fe}) = -7{,}180 / T + 0.54$$

따라서 용철 중 용존 P의 활동도는 $a_P^{Fe} = x_P^{Ag} / L_P$ 로 정해질 수 있다. 이 관계식을 이용한 여러 P 농도에 걸친 실험 측정치 x_P^{Ag} 및 x_P^{Fe} 와 L_p 로부터 계산된 a_P^{Fe} 측정 결과가 온도별로 그림 6.17에 나타나 있다.

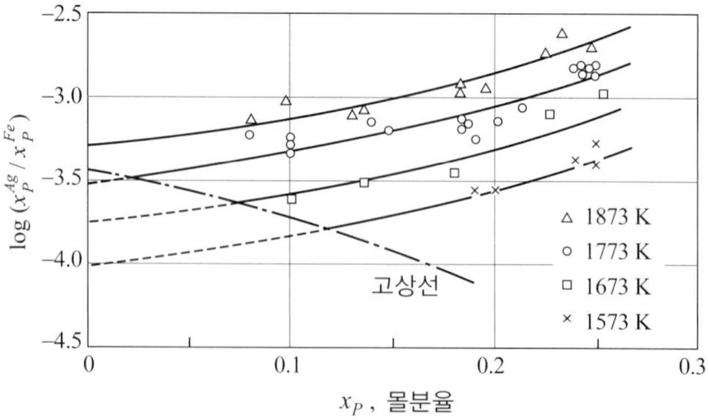

그림 6.16 용융 Fe 및 Ag 상 중으로의 P 평형 분배비, L'_P 대 x_P 도해.
각 온도별로 $x_P = 0$ 인 y 축상 교점 L'_P 은 해당 온도에서의 L_P 값에 해당한다.

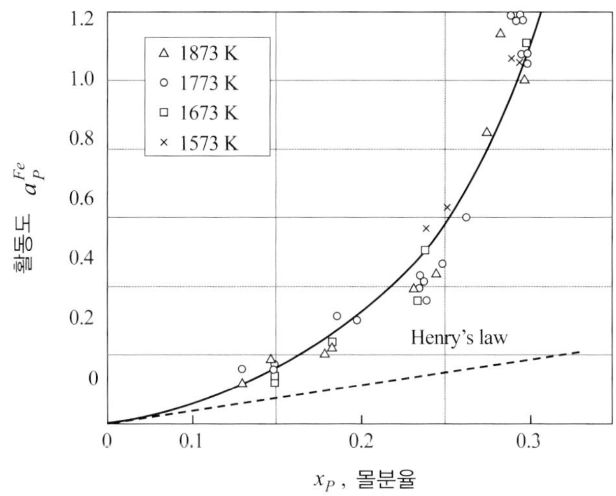

그림 6.17 용철 중 P의 활동도(그림 6.16 실험 측정치 자료로부터 결정)

마찬가지 방법으로 *Fe – Si*, *Fe – Al*계 액상합금 중 용질 *Si*, *Al*의 활동도도 역시 *Fe*/*Ag* 2상 간 *Si*, *Al* 평형 분배비 실험적 측정 자료로부터 각각 구할 수 있다. 이는 *Ag* 중으로의 *Si*, *Al*의 용해한도가 각기 헨리의 법칙을 따르는 희석 농도 범주내에 속하기 때문에 가능하다. 이 활동도 측정 방법은 액상 금속 중 용해 용질 성분의 활동도 결정에 이용되며 이 자료는 금속제련, 정련, 공정반응 연구에서 다양한 목적을 위해 활용되고 있다.

화학반응 평형

화학반응 평형상수 측정으로부터 용융 금속 중 용질 활동도를 구하는 방법은 가장 널리 이용되는 방법 중 하나이다. 예로 용철 중 용해 유황과 H_2 / H_2S 혼합기체간 화학반응 평형실험에 의한 평형상수 측정 정보로부터 용강내 유황의 활동도를 결정하는 방법을 살펴보자.

$$\underline{S}(\text{in Fe}) + H_{2(g)} = H_2S_{(g)} \tag{1}$$

$$\text{반응 평형상수 : } K_S = P_{H_2S} / P_{H_2} h_S \tag{1a}$$

여기서 $h_S = f_S[\%S]$ 이며, $f_S = f_S^S \cdot f_S^H$ 이나 이원계 용철 중 용해 수소량은 극히 적은 양이므로 f_S^H 를 1로 간주 할 수 있다.

$$\text{겉보기 평형상수 : } K'_S = K_S \cdot f_S = P_{H_2S} / (P_{H_2}[\%S]) \tag{1b}$$

$$\log K'_S = \log K_S + \log f_S^S \tag{2}$$

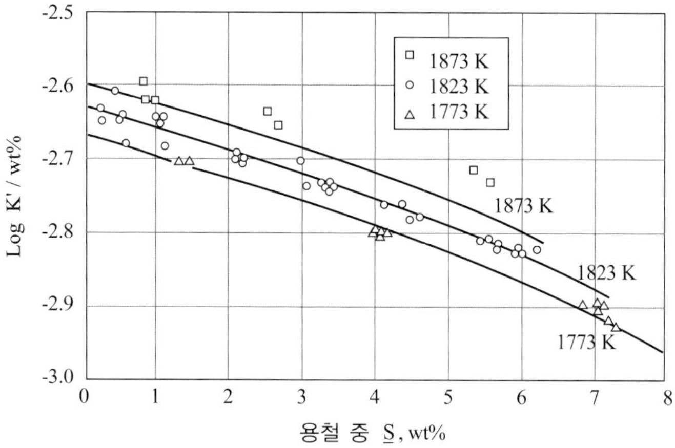

그림 6.18 겉보기 평형상수 $\log K'$ 과 용철 중 용존 유황농도 간의 관계

$\log K_S'$ 은 $[\%S]$ 평형농도에 따른 반응(1) 평형실험 결과로부터 식(1b)를 통해 구할 수 있는 측정치로서, 그림 6.18에 여러 온도에 대해 측정실험 결과치가 나타나 있다. $[\%S] \to 0$ 에 근접하면 $\log f_S^S \to 0$ 이 되므로 식(2)로부터, 그림상의 함수곡선이 y축과 만나는 절편값은 각 해당 온도에서 반응(1)의 평형상수 K_S 를 나타낸다. 여러 온도에 걸쳐 측정된 반응(1)의 평형상수를 온도함수로 나타내면,

$$\log K_S = -2{,}350/T - 1.340 \qquad \text{(2a)}$$

임의 온도에서 용철 중 유황의 활동도계수 f_S 는 식(2)에 의해 $[\%S]$ 농도 ($[\%S] < 7.0$) 함수로서 측정된 실측치 $\log K_S'$ [식(1b)]와 측정치 K_S [식(2a)] 자료로부터 구할 수 있다. 1773 K 온도에서 f_S 의 조성함수 관계식은 그림(6.18)로부터 다음처럼 표현된다.

$$\log f_S^S = -2.82 \times 10^{-2}[\%S] - 9.36 \times 10^{-4}[\%S]^2 - 2.72 \times 10^{-5}[\%S]^3 \ : \ [\%S] < 7.0$$

이 결과식으로부터 상호작용계수 e_S^S 를 다음처럼 구할 수 있다.

$$e_S^S = \lim_{[\%S] \to 0} \frac{\partial \log f_S^S}{\partial [\%S]} = -0.0282$$

위에 언급한 활동도 측정 방법을 Fe–S–Si 3원계에 대해 확장 적용해 e_S^{Si} 를 구해보자. 이 경우 겉보기 평형상수를 $K_S'' = P_{H_2S}/P_{H_2}[\%S]$ 로 놓으면, $h_S = f_S[\%S]$ 이고, $f_S = f_S^S \cdot f_S^{Si} \cdot f_S^H$ 이므로 다음 관계식이 성립한다. 용철 중 용존 수소량은 극히 적은 양으로 $f_S^H \approx 1$ 로 가정한다.

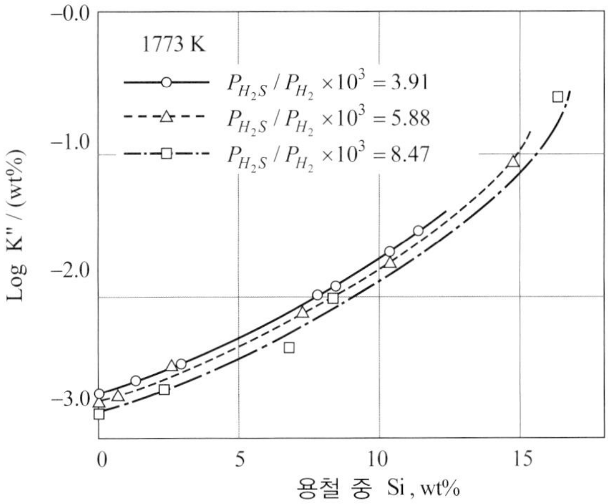

그림 6.19 Fe-S-Si 용융 합금계의 겉보기 평형상수 log K" ($= P_{H_2S}/P_{H_2}[\%S]$)와 Si농도(질량%)간 관계 도해

$$\log K_S'' = \log K_S + \log f_S^S + \log f_S^{Si} \tag{3}$$

여기서 $\log K_S$ 와 $\log f_S^S$ 는 Fe-S 2원계로부터 이미 앞서 측정된 값이다. 1773 K 온도에서 3원계에 대해 [%Si] 농도([%Si] < 15) 함수로서 실측치 $\log K_S''$ [그림 6.19]와, 앞서 다룬 Fe-S 2원계 측정치 $\log K_S$ 및 $\log f_S^S$ 실험 측정자료로부터 식(3)을 이용하여 f_S^{Si} 를 결정할 수 있다. 1773 K 온도에서 그림 6.19의 3가지 P_{H_2S}/P_{H_2} 경우에 대한 평균치 f_S^{Si} 의 [%Si] 농도함수 관계식을 다음처럼 얻을 수 있다.

$$\log f_S^{Si} = 6.3\times10^{-2}[\%Si] + 1.8\times10^{-3}[\%Si]^2 + 5.5\times10^{-5}[\%Si]^3 \ : \ [\%Si] < 15$$

이 결과로부터, $e_S^{Si} = \lim_{[\%Si]\to 0} \dfrac{\partial \log f_S^{Si}}{\partial [\%Si]} = 0.063$

동일한 활동도 측정 방법에 의해 용철 중 S 활동도계수에 미치는 여러가지 합금원소, i 의 영향도, $\log f_S^i$ 를 결정할 수 있다. 그림 6.20은 1873 K 용철에서 여러 제3용질 원소에 대한 $\log f_S^i$ 를 [wt%i] 함수로서 도해하고 있으며 이들 곡선의 [wt%i] = 0 에서의 접선 기울기로부터 상호작용 조계수 e_S^i 를 결정할 수 있다.

기전력 측정

순수 금속(A)과 동일한 금속원소의 2원계 합금(A in B)이 양쪽 전극인 농도전지를 형성함으로써, 전지 기전력 측정방법을 통해 고상 또는 액상 합금 중 금속원소의 활동도를 결정할 수 있다(10.5절 참조).

도선으로 연결된 순수금속 A 및 $\underline{A}$–B 2원계 합금을 A^{n+}이온 함유 전해질 내에 각기 침적시켜 다음처럼 갈바닉 농도전지를 형성할 수 있다.

A(순수금속) | AX(용융염) | $\underline{A}$–B(합금)

$\underline{A}$–B합금 중의 원소 B는 A에 비해서 전기화학적으로 안정한(noble) 금속이므로 A가 전해질 중으로 용해된다. 따라서 농도전지 양쪽 전극에 대한 반쪽반응을 써보면,

산화반응(양극) : A(순수금속) = $A^{z+} + ze$

환원반응(음극) : $A^{n+} + ze$ = $\underline{A}$ (in $\underline{A}$–B합금)

총괄전지반응 : A (순수금속) = $\underline{A}$ (in $\underline{A}$–B합금)

금속원소 A 활동도 표준상태로서 순수 금속 A를 정하면 전지반응에 대한 깁스 자유에너지 변화($\Delta G_{cell} = \Delta \bar{G}_A$)는 다음과 같이 쓸 수 있다.

$$\Delta \bar{G}_A = \bar{G}_A - G_A^o = RT \ln a_A = \Delta G_{cell}$$

전지반응 평형조건인 네른스트(Nernst) 식(10.20)으로부터,

$$\Delta G_{cell} = -zFE_{cell} \qquad (10.25)$$

$$E = -\frac{RT}{zF} \ln a_A$$

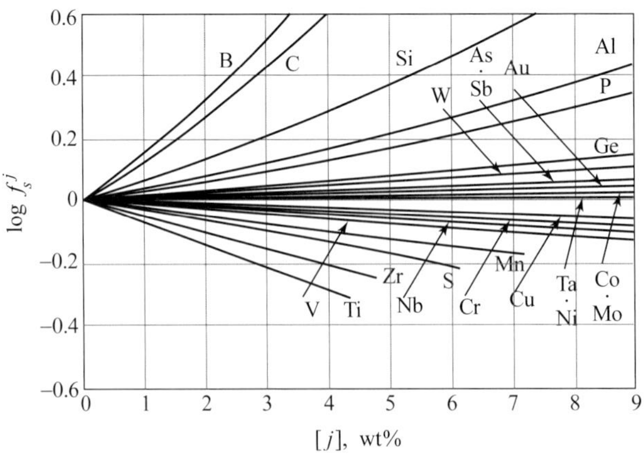

그림 6.20 1873K에서 Fe–S–j 합금계 내 유황의 활동도계수에 미치는 제 3용질원소 j의 영향도 ($[\%j] \to 0$ 에서의 접선기울기 = 상호작용계수 e_s^j)

따라서 전기화학적 방법에 의한 갈바닉 농도전지 기전력 E 측정으로부터 고상합금 중 성분 A의 활동도, a_A를 결정할 수 있다.

온도 773K 용융 $Cd-Pb$ 합금 중 Cd 활동도를 결정하기 위해 $(KCl+LiCl)$ 공정조성의 혼합 용융염 중에 6 wt% $CdCl_2$를 첨가한 전해질을 이용하여 다음처럼 농도전지를 형성하고, 전지 기전력을 측정하여 식(4)로부터 구한 Cd 활동도(a_{Cd}) 결과가 [$\underline{Cd}$] 몰농도 함수로서 표 6.7 및 그림 6.21에 나타나 있다.

$$\text{Cd (순수 액상)} \,|\, \text{CdCl}_2 \text{ (in KCl+LiCl)} \,|\, \underline{\text{Cd}} \text{ (in Cd} - \text{Pb 합금)}$$

아울러 a_{Cd}의 Cd 몰농도 함수 자료로부터 깁스-뉴헴식을 이용하면 그림 6.21처럼 a_{Pb}를 결정할 수 있다.

또한 표 6.7에 표시된 기전력의 온도함수 미분치 $(\partial E/\partial T)_{P,z}$를 측정하면 용액 중으로 성분 A 혼합시 엔트로피 변화 $\Delta\overline{S}_A = zF(\partial E/\partial T)$ 및 엔탈피 변화 $\Delta\overline{H}_A = -zF\{E - T(\partial E/\partial T)\}$를 각기 구할 수 있으며 이들 자료로부터 열역학성질 $\Delta\overline{G}_A$ 수치도 결정할 수 있다. 이에 대한 자세한 내용은 10.6절에서 다루어진다(표 10.2).

농도전지 기전력 측정에 의한 고상 또는 액상 합금재료 내 구성성분 활동도 결정 방법은 결정 또는 용융금속 재료의 열역학 성질 및 거동을 해석하는데 널리 일반화되어 사용되고 있다.

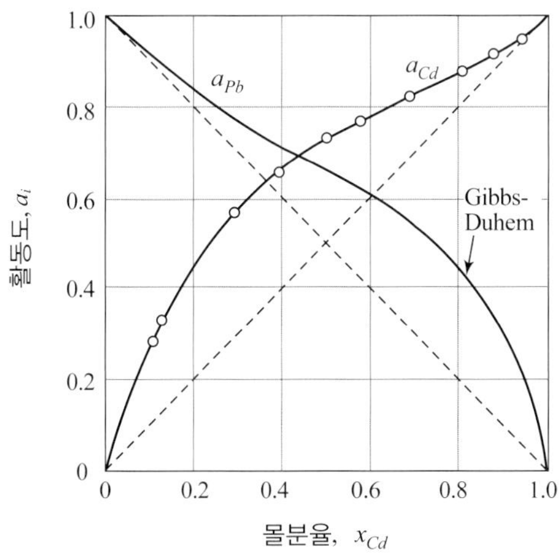

그림 6.21 용융 Cd–Pb 합금의 성분 활동도 (773K)

표 6.7 Cd-Pb 계 합금의 농도전지 기전력 측정치와 열역학 성질함수 측정계산(773K)

실 측 치			계 산 치			
x_{Cd}	$E/10^{-3}$ V	$(\partial E/\partial T)/$ 10^{-6} V·K^{-1}	a_{Cd}	$\Delta \bar{G}_{Cd}$/J	$\Delta \bar{H}_{Cd}$/J	$\Delta \bar{S}_{Cd}$/J·K^{-1}
0.947	1.57	2.35	0.944	− 303	47.4	0.454
0.881	3.28	6.36	0.906	− 633	316	1.23
0.809	4.62	11.0	0.871	− 891	742	2.11
0.691	6.84	19.7	0.814	−1320	1620	3.80
0.581	9.02	28.6	0.763	−1740	2530	5.52
0.504	10.8	35.5	0.724	−2080	3220	6.85
0.396	14.1	47.9	0.654	−2730	4420	9.24
0.294	18.9	61.9	0.566	−3650	5580	12.0
0.127	37.1	99.1	0.328	−7170	7620	19.1
0.104	42.2	110	0.281	−8150	8270	21.3

6.10 규칙용액

이상용액(라울시안 용액)에서는 전 조성영역에 걸쳐 $a_i = x_i$, $\bar{H}_i^{rel}(\Delta\bar{H}_i) = 0$, $\bar{V}_i^{rel}(\Delta\bar{V}_i) = 0$, $\bar{S}_i^{rel}(\Delta\bar{S}_i) = -R\ln x_i$ 가 성립된다. 반면 비이상용액 계에서는 $a_i \neq x_i$, $\bar{H}_i^{rel} \neq 0$ 이다. 비이상 용액 중 성분 활동도계수의 농도 의존성을 멱급수 형태 대수식으로 나타내는 간단한 용액모델로서 규칙용액을 들 수 있다. 규칙용액은 이상용액 거동에 어느정도 근접한(즉, 용액 구성원소 간 무작위적 혼합 : random mixing) 성분 활동도 거동을 보이는 용액을 의미한다.

용액의 혼합 깁스 자유에너지 변화는 일반적으로 식(6.12)로부터 다음처럼 쓸 수 있다.

$$\Delta \underline{G}_M = x_A\overline{G}_A^{rel} + x_B\overline{G}_B^{rel} \quad (= x_A\Delta\overline{G}_A + x_B\Delta\overline{G}_B)$$
$$\Delta \underline{G}_M = x_A RT\ln(\gamma_A x_A) + x_B RT\ln(\gamma_B x_B)$$
$$\Delta \underline{G}_M = RT(x_A\ln x_A + x_B\ln x_B) + RT(x_A\ln\gamma_A + x_B\ln\gamma_B) \tag{6.41}$$

본 교재에서 $\bar{G}_i^{rel}$ 은 $\Delta\bar{G}_i$ 와 동일한 표현으로 성분 i 혼합 자유에너지 변화를 의미한다. 식(6.41) 우변의 첫째 항은 이상용액의 혼합 깁스 자유에너지 변화이고, 활동도계수를 포함한 둘째 항은 잉여(exess) 혼합 깁스 자유에너지를 뜻한다. 잉여 혼합 깁스 자유에너지는 용액이 이상적 혼합 거동으로부터 벗어난 정도를 나타내는 정량적 표현에 해당한다. 이로부터 용액 모델은 용액 성분 활동도계수의 농도 및 온도 의존함수 표현임을 이해할 수 있다.

$$\Delta \underline{G}_M = \Delta \underline{G}_M^{ideal} + \underline{G}_M^{xs} \quad (6.42)$$

$$\Delta \underline{G}_M^{ideal} = RT(x_A \ln x_A + x_B \ln x_B), \quad \boldsymbol{\underline{G}_M^{xs} = RT(x_A \ln \gamma_A + x_B \ln \gamma_B)}.$$

임의 온도에서 2성분계 용액의 활동도계수는 농도함수로서 일반적으로 다음 형태의 멱급수로 표현할 수 있다.

$$\begin{aligned} \ln \gamma_A &= \alpha_1 x_B + \frac{1}{2}\alpha_2 {x_B}^2 + \frac{1}{3}\alpha_3 {x_B}^3 + \ldots \\ \ln \gamma_B &= \beta_1 x_A + \frac{1}{2}\beta_2 {x_A}^2 + \frac{1}{3}\beta_3 {x_A}^3 + \ldots \end{aligned} \quad (6.43)$$

여기서 $\alpha_{i,}$ β_i 는 온도의존 관련 계수이다.
위 식을 x_B 에 대해 미분하고 양변에 x_A 또는 x_B 를 곱하면,

$$\begin{aligned} x_A d\ln \gamma_A &= x_A \alpha_1 + \alpha_2 x_A x_B dx_B + \alpha_3 x_A x_B^2 dx_B + \ldots \\ x_B d\ln \gamma_B &= -x_B \beta_1 - \beta_2 x_A x_B dx_B - \beta_3 x_B x_A^2 dx_B + \ldots \end{aligned}$$

위 두 식에 $(x_A = 1, x_B = 0)$ 및 $(x_B = 1, x_A = 0)$ 조성을 각각 대입해 보면 $\alpha_1 = 0$ 및 $\beta_1 = 0$ 을 얻을 수 있다.
아울러 활동도계수의 간단한 농도 멱급수 표현을 위해 농도에 대한 2차 지수항 이상을 무시하고 이에 깁스-듀헴식을 적용해 보면,

$$\begin{aligned} & x_A d\ln \gamma_A + x_B d\ln \gamma_B = (\alpha_2 - \beta_2) x_A x_B dx_B = 0 \\ & \alpha_2 = \beta_2 \end{aligned} \quad (6.44)$$

따라서

$$\begin{aligned} \ln \gamma_A &= \left(\frac{1}{2}\alpha_2\right) {x_B}^2 = \alpha {x_B}^2 \\ \ln \gamma_B &= \left(\frac{1}{2}\beta_2\right) {x_A}^2 = \left(\frac{1}{2}\alpha_2\right) {x_A}^2 = \alpha {x_A}^2 \end{aligned} \quad (6.45)$$

여기서 α 는 온도의존성을 나타내는 계수이다.

농도의존성으로 2차 지수항 이상을 무시한 2원계 단순 규칙용액은 성분 A 활동도계수의 농도 및 온도의존 함수관계가 다음 식(6.46)으로 표현되는 용액으로써 정의된다. 식(6.46)에 대한 타당성 유도 증명은 이 절 및 6.11절 후반부에서 자세히 기술된다. 여기선 식(6.46)을 단순 규칙용액 정의로서 그대로 이해하길 바란다.

$$\ln \gamma_A = \frac{\omega}{RT} x_B^2 = \frac{\omega}{RT}(1 - x_A)^2, \quad \ln \gamma_B = \frac{\omega}{RT} x_A^2$$

$$\boldsymbol{RT\ \ln\gamma_A = \omega x_B^2,\ \ RT\ \ln\gamma_B = \omega x_A^2} \tag{6.46}$$

식(6.46)을 희석용액 중 희박농도의 용질 B 활동도계수 표현에 적용해 보면,

$$RT\ln\gamma_B^o = \omega(1)^2 = \omega \ \Rightarrow \ \gamma_B^o = \exp(\omega / RT) \tag{6.46a}$$

단순 규칙용액의 ω / RT 는 식(6.45)의 온도의존 계수 α 에 해당하며 규칙 용액모델에선 ω 는 온도에 무관한 값이다(즉, α 는 T 에 반비례한다 $\alpha \propto 1/T$). 따라서 "**규칙용액에선** $RT\ln\gamma_i$ **가 온도에 무관한 함수**"임을 알 수 있다(식6.49 참조).
아울러 "**규칙용액의 혼합 엔트로피는 이상용액 혼합 엔트로피와 같다**"고 가정한다($\Delta\underline{S}_M = \Delta\underline{S}_M^{ideal}$). 그러나 $\underline{H}_i^{rel} \neq 0$ (또는 $\Delta\underline{H}_M \neq 0$). 규칙용액의 잉여 혼합 엔트로피는 0이다 ($\underline{S}_M^{xs} = 0$). 즉, 규칙용액은 구성원소 입자들이 무작위적 혼합(random mixing)거동을 나타낸다. 규칙용액은 일종의 랜덤용액 부류에 속한다고 할 수 있다.

용액의 깁스 자유에너지 변화의 일반적 표현은,

$$\Delta\underline{G}_M = \Delta\underline{G}_M^{ideal} + \underline{G}_M^{xs}$$

이상용액의 혼합 엔탈피가 0이므로($\Delta\underline{H}_M^{ideal} = 0$), $\Delta\underline{G}_M = \Delta\underline{H}_M - T\Delta\underline{S}_M$ 관계로부터,

$$\Delta\underline{G}_M^{ideal} = -T\Delta\underline{S}_M^{ideal}$$

따라서 일반 용액에 대한 $\underline{G}_M^{xs}$ 의 표현은,

$$\underline{G}_M^{xs} = \Delta\underline{G}_M - \Delta\underline{G}_M^{ideal} = (\Delta\underline{H}_M - T\Delta\underline{S}_M) - (-T\Delta\underline{S}_M^{ideal}) = \Delta\underline{H}_M - T(\Delta\underline{S}_M - \Delta\underline{S}_M^{ideal})$$
$$\underline{G}_M^{xs} = \Delta\underline{H}_M - T\underline{S}_M^{xs}$$

또한 $\underline{G}_M^{xs} = \underline{H}_M^{xs} - T\underline{S}_M^{xs}$ 이므로 실질용액에 대해 $\Delta\underline{H}_M = \underline{H}_M^{xs}$ 관계는 항상 성립한다.
즉 잉여 혼합 엔탈피는 혼합 엔탈피변화($\Delta\underline{H}_M$)에 해당한다.

한편 규칙용액 모델에선 $\underline{S}_M^{xs} = 0$ 을 가정하므로(즉 $\underline{G}_M^{xs} = \underline{H}_M^{xs}$), $\underline{G}_M^{xs} = \underline{H}_M^{xs} = \Delta\underline{H}_M$ 관계가 성립한다.
규칙용액의 정의는 $\boldsymbol{\underline{S}_M^{xs} = 0}$ 이며, 이를 달리 다음 관계식처럼 표현할 수도 있다.

$$\boldsymbol{\Delta\underline{S}_M = \Delta\underline{S}_M^{ideal}}$$

$$\boldsymbol{\underline{G}_M^{xs} = \underline{H}_M^{xs} = \Delta\underline{H}_M}$$

간단한 규칙용액의 잉여 혼합 엔탈피 $\underline{H}_M^{xs}$ 는 식(6.42)와 (6.45)를 이용해서 결정할 수 있

다. 따라서 $\underline{H}_M^{xs} = \underline{G}_M^{xs}$ 인 단순 규칙용액의 혼합 깁스에너지 변화는,

$$\Delta\underline{G}_M = RT(x_A \ln x_A + x_B \ln x_B) + RT\{x_A(\alpha x_B^2) + x_B(\alpha x_A^2)\}$$

여기서 $RT\alpha = \omega$ 이며 α 는 온도의존성 계수(단순규칙용액 : $\alpha \propto 1/T$)이다.

$$\Delta\underline{G}_M = RT(x_A \ln x_A + x_B \ln x_B) + \underbrace{\underbrace{x_A\omega x_B^2 + x_B\omega x_A^2}_{(x_A+x_B)(\omega x_A x_B)}}_{\omega x_A x_B} \tag{6.47}$$

$$\Delta\underline{G}_M = RT(x_A \ln x_A + x_B \ln x_B) + \omega x_A x_B$$

$$\underline{G}_M^{xs} = \omega x_A x_B \text{ :2원계 규칙용액 모델} \tag{6.47}$$

단순 규칙용액에서 ω ($\omega = \alpha RT$, $\alpha \propto 1/T$)는 온도에 무관한 함수이므로 식(6.47)의 첫 항은 $-T\Delta\underline{S}_M$ ($\Delta\underline{S}_M = \Delta\underline{S}_M^{ideal} + \underline{S}_M^{xs}$ 이고 $\Delta\underline{S}_M^{ideal} = -R\sum_i x_i \ln x_i$), 둘째 항은 $\underline{G}_M^{xs}$ 로서 $\Delta\underline{H}_M$ 에 각각 해당한다.

$$(\underline{G}_M^{xs} =)\boldsymbol{\Delta\underline{H}_M = x_A\omega x_B^2 + x_B\omega x_A^2 = \omega x_A x_B} \text{ : 단순 규칙용액} \tag{6.48}$$

단순 규칙용액의 성분 i분몰 엔탈피 변화는 식(6.48)로부터 다음처럼 구할 수 있다.

$$\Delta\overline{H}_A(=\overline{H}_A^{xs}) = \omega x_B^2, \quad \Delta\overline{H}_B(=\overline{H}_B^{xs}) = \omega x_A^2 \tag{6.48a}$$

식(6.48)로부터 "단순 규칙용액의 $\underline{H}_M^{xs}$ 또는 $\Delta\underline{H}_M$ 은 온도에 무관함"을 알 수 있다.

$$\underline{G}_M^{xs} = x_A\overline{G}_A^{xs} + x_B\overline{G}_B^{xs} = RT(x_A \ln\gamma_A + x_B\gamma_B)$$

한편 규칙용액에선 $\underline{G}_M^{xs} = \underline{H}_M^{xs}$ 관계가 성립하므로, 이를 윗 식에 대입하고 식(6.48)과 비교해보면 다음처럼 단순 규칙용액 정의 식(6.46)을 유도할 수 있다.

$$RT\ln\gamma_A = \omega x_B^2, \quad RT\ln\gamma_B = \omega x_A^2 \text{ : 단순 규칙용액} \tag{6.46}$$

앞서 언급했듯이 규칙용액 모델에선, $\overline{G}_A^{xs} = \overline{H}_A^{xs} = \Delta\overline{H}_A$, $\overline{G}_B^{xs} = \overline{H}_B^{xs} = \Delta\overline{H}_B$ 이 성립한다. 이로부터 규칙용액에선 식(6.48)의 ω 는 온도에 무관한 값이므로 $\underline{G}_M^{xs}$ (즉 $\Delta\underline{H}_M$) 또한 온도에 무관한 함수가 됨을 알 수 있다.

단순규칙용액 내 임의 조성 x_B 에서 활동도계수의 온도의존성이 식(6.46)으로부터 다음 관계로 표현될 수 있다. 식(6.46)의 우변은 온도에 무관하므로 좌변항 역시 온도에 무관한 값이 된다.

$$RT_1 \ln \gamma_A(T_1) = RT_2 \ln \gamma_A(T_2)$$

$$\frac{\ln \gamma_A(T_2)}{\ln \gamma_A(T_1)} = \frac{T_1}{T_2} \tag{6.49}$$

식(6.49)는 임의 온도에서 단순 규칙용액 내 특정 조성의 성분 A 활동도 자료로부터 다른 온도에서의 동일 조성 규칙용액 중 성분 A 활동도에 대한 추정치를 구하는데 사용된다.

규칙용액은 $\Delta \underline{S}_M = \Delta \underline{S}_M^{ideal}$ ($\underline{S}_M^{xs}$: random mixing)이 성립하기 때문에 이상용액에 매우 근접한 용액으로 볼 수 있다. 규칙용액이 이상용액과 유일하게 다른 차이점은 용액형성시 엔탈피 변화(ΔH_M)가 규칙용액에선 0이 아니며 조성함수를 나타내며 온도에는 무관하다는 점이다.

혼합 엔탈피에 대한 표현 식(6.48)에 다음처럼 추가적인 농도관련 인자를 확장해 포함시킴으로써 규칙용액 모델 범용성을 폭넓게 적용 가능케 하는 확장 규칙용액 모델을 고려해 볼 수 있다.

$$\underline{G}_M^{xs} = \boldsymbol{\Delta \underline{H}_M = x_A x_B \left(\omega_0 + \omega_1 x_B + \omega_2 x_B^2\right.} + \cdots \left.\right) \text{ : 확장 규칙용액 모델} \tag{6.50}$$

추가적 농도관련 ω 인자항의 수를 늘려가면서 용액 혼합 엔탈피에 대한 실험 측정자료치를 어느 정도까지는 식(6.50) 형태로 타당하게 표현해 볼 수 있다. 이러한 범용적 확장 규칙용액 모델로부터 분몰 엔탈피는 식(6.28)을 이용해 다음처럼 나타낸다.

$$\Delta \bar{H}_A = x_B^2 (a_0 + a_1 x_B + a_2 x_B^2 + \ldots)$$
$$\Delta \bar{H}_B = x_A^2 (b_0 + b_1 x_B + b_2 x_B^2 + \ldots)$$

여기서 상수 a_i 및 b_i는 상수 ω_i 로부터 계산되는 값이다. 확장 규칙용액 모델에 대한 혼합 엔탈피 표현식 내 포함된 계수(ω_i, a_i, b_i)는 모두 온도와는 무관한 값임을 다시 한번 상기해 둘 필요가 있다. 규칙용액 모델에선 전제조건으로 $\Delta \underline{S}_M = \Delta \underline{S}_M^{ideal}$ $(\underline{S}_M^{xs} = 0)$ 와 함께 $\Delta \underline{H}_M (\underline{H}_M^{xs})$ 은 온도와는 무관하고 오로지 조성에만 의존한다는 점이 고려된다.

규칙용액 모델로부터 벗어나 더 진전된 용액 모델로서 비규칙용액 모델을 들 수 있다. 비규칙 용액 모델은 규칙용액에 대한 혼합 엔탈피 변화(즉, 과잉 혼합 엔탈피) 표현에 농도의존과 함께 온도의존 인자를 추가적으로 고려한 용액 모델을 나타낸다.

규칙용액에선 $\underline{H}_M^{xs} = \underline{G}_M^{xs}$ (규칙용액 : $\underline{S}_M^{xs} = 0$)이지만 비규칙용액에선 $\underline{S}_M^{xs} \neq 0$ 이므로 $\underline{H}_M^{xs} \neq \underline{G}_M^{xs}$ 이 된다. 간단한 비규칙용액 모델 표현식은,

$$\underline{G}_M^{xs} = \omega_0 x_A x_B \left(1 + \frac{b}{T}\right) \ : \text{단순 비규칙용액 모델} \tag{6.51}$$

따라서 단순 비규칙용액 형성시 $\Delta \underline{G}_M$ 은,

$$\Delta \underline{G}_M = \Delta \underline{G}_M^{ideal} + \underline{G}_M^{xs} = RT(x_A \ln x_A + x_B \ln x_B) + \omega_0 x_A x_B \left(1 + \frac{b}{T}\right)$$

단순 비규칙용액의 혼합 잉여 엔트로피는 다음처럼 주어진다.

$$\underline{S}_M^{xs} = -\left(\frac{\partial \underline{G}_M^{xs}}{\partial T}\right)_{P,n_i} = \frac{\omega_0 b}{T^2} x_A x_B$$

$$\Delta \underline{S}_M = \Delta \underline{S}_M^{ideal} + \underline{S}_M^{xs} = -R(x_A \ln x_A + x_B \ln x_B) + \frac{\omega_0 b}{T^2} x_A x_B$$

혼합열($\Delta \underline{H}_M = \underline{H}_M^{xs}$: $\Delta \underline{H}_M^{ideal} = 0$ 이므로)은 다음처럼 계산된다.

$$\underline{H}_M^{xs} = \underline{G}_M^{xs} + T\underline{S}_M^{xs}$$

$$\underline{H}_M^{xs} = \Delta \underline{H}_M = \omega_o x_A x_B \left(1 + \frac{2b}{T}\right)$$

일반적으로 비규칙용액 모델은 다음처럼 확장 비규칙 용액 모델식을 고려해 표현할 수 있다.

$$\underline{G}_M^{xs} = x_A x_B(\omega_0 + \omega_1 x_B + \cdots)\left(1 + \frac{b}{T} + \cdots\right) : \text{확장 비규칙용액 모델} \tag{6.52}$$

앞서 언급한 규칙용액에서와 동일한 접근 방법을 통해 식(6.52)로부터 일정 온도, 압력하 비규칙용액의 $\Delta \underline{G}_M$, $\Delta \underline{S}_M$, $\Delta \underline{H}_M$ 을 결정할 수 있다. 식(6.52)는 모든 용액 모델링에 적용되는 일반적 용액모델의 대수적 표현식이 된다. 용액은 크게 이상용액과 비이상용액으로 구분되며, 비이상용액은 규칙용액(랜덤 혼합거동)과 비규칙용액 모델에 의해 용액 구성 성분에 대한 열역학적 혼합 거동을 해석할 수 있다.

6.11 규칙용액 : 원자론적 해석

앞 절에서 다루어진 거시적(고전적)인 열역학 접근 방법론에 의한 규칙용액 해석 대신에, 이 절에서는 용액 구성성분 A와 B 입자 사이 상호작용 에너지 측면으로, 규칙용액에

대한 대수적(거시적) 형태 표현[식(6.46)과 (6.48)]에 대한 원자론적 결합 배열(미시적) 형태를 살펴보고자 한다. 성분 A와 B는 금속 용액의 경우에는 원자, 고분자(중합체) 용액의 경우는 분자를 대표한다.

A와 B간 혼합물이 고용체를 형성하여 A, B 각 원자가 결정 격자자리에 위치해 분포되어 있다고 가정해 보자. 원자론적 거동 해석 모델 전개시 내재되는 기본적인 가정은 "각 원자(A와 B)가 격자자리상에 무작위적(random mixing)으로 분포"된다는 것이다. 이로부터 A–B 고용체의 혼합 엔트로피가 이상용액의 혼합 엔트로피와 동일해짐을 알 수 있다(규칙용액 전제 가정). 이 모델에서는 또한 각 원자가 오로지 최인접 원자, 즉 Z개의 배위수 원자와만 상호 에너지 작용을 일으킨다고 가정한다. 이런 두 가지 가정하에서 결정의 결합에너지는 원자 간 결합에너지(예로, E_{AA}, E_{BB}, E_{AB})의 합으로써 표현할 수 있다.

A 원자 N_A와 B 원자 N_B개를 혼합하는 경우를 고려해 보자. 혼합 전 순수 A내 A 원자 간의 결합수 N_{AA}는 $N_A Z/2$이다. 먼저 각 A원자의 배위수(Z)에다 원자의 개수(N_A)를 곱한 후, 동일한 A–A 결합을 두 번 셈한 경우가 되므로 이를 다시 2로 나누어야 한다. 혼합 후 A–A결합의 수는 $N_A^2 Z/2N_T$가 되며, 여기서 $N_T = (N_A + N_B)$이다. A–A결합수는 다음 두가지 인자를 N_A와 곱함으로써 얻어진다: 배위수 Z 및 최인접 원자가 A일 확률, N_A/N_T(원자 A와 B가 무작위적 분포를 할 경우). (A–A결합수) = $N_A \times Z \times N_A/N_T$ $= N_A^2 Z/N_T$ 도 역시 동일한 A–A 결합을 두 번 셈한 형태가 되므로 이를 다시 2로 나누어야 한다. 마찬가지 방법으로해서 B–B결합수와 A–B 결합수도 계산할 수 있다. 이러한 계산 방법으로부터 얻어지는 혼합 후의 결합에너지를 요약하면 표 6.8과 같다.

혼합 에너지, ΔE_M은 최종(혼합 후) 에너지에서 초기(혼합 전) 에너지를 뺀 값이다.

$$\Delta E_M = Z\left[\left(\frac{N_A^2}{2N_T}E_{AA} + \frac{N_B^2}{2N_T}E_{BB} + \frac{N_A N_B}{N_T}E_{AB}\right) - \left(\frac{N_A}{2}E_{AA} + \frac{N_B}{2}E_{BB}\right)\right] \quad (6.53)$$

A의 몰분율 x_A는 N_A/N_T이므로 식(6.53)은 다음과 같이 정리된다.

$$\Delta E_M = ZN_T\left\{\frac{[x_A^2 - x_A]E_{AA} + [x_B^2 - x_B]E_{BB}}{2} + x_A x_B E_{AB}\right\}$$

$$\Delta E_M = ZN_T\left\{\frac{-x_A(1-x_A)E_{AA} - x_B(1-x_B)E_{BB}}{2} + x_A x_B E_{AB}\right\}$$

$$\Delta E_M = ZN_T x_A x_B\left[E_{AB} - \frac{1}{2}(E_{AA} + E_{BB})\right]$$

$$\Delta E_M = \omega x_A x_B \quad (6.54)$$

표 6.8 원자 A와 B가 무작위적 혼합된 고용체 내 최인접 원자간 결합에너지

	Number of bonds	Energy per bond	Energy
N_{AB}	$N_A \frac{N_B}{N_T} Z$	E_{AB}	$\frac{N_A N_B}{N_T} Z\, E_{AB}$
N_{AA}	$\frac{1}{2}\frac{N_A^2}{N_T} Z$	E_{AA}	$\frac{1}{2}\frac{N_A^2}{N_T} Z\, E_{AA}$
N_{BB}	$\frac{1}{2}\frac{N_B^2}{N_T} Z$	E_{BB}	$\frac{1}{2}\frac{N_B^2}{N_T} Z\, E_{BB}$

여기서 $$\omega = ZN_T\left[E_{AB} - \frac{1}{2}(E_{AA} + E_{BB})\right] \tag{6.55}$$

고상 용액 형성시 혼합 에너지 변화에 대한 식(6.54)는 규칙용액의 혼합 엔탈피 $\Delta \underline{H}_M$ 표현식(6.48)과 동일하게 취급해 다룰 수 있다. 엔탈피의 정의($H = E + PV$)에 포함되어 있는 PV 항에 영향을 주는 부피변화가 고상재료의 경우 혼합시 매우 적으므로, 혼합 엔탈피 $\Delta \underline{H}$ 와 에너지(ΔE)는 근본적으로 동일한 개념으로 혼용해 사용될 수 있다. 최인접 원자 간 결합만을 고려하고 무작위적 원자 혼합을 가정할 경우 용액 원자거동 모델 식(6.54)은 규칙용액 모델 식(6.48)과 근사치로 일치함을 알 수 있다.

식(6.54)로부터 A–B 결합에너지가 A–A와 B–B 결합에너지의 산술 평균값과 같을 경우, 용액은 이상적 거동($\Delta H_M = 0$)을 나타냄을 알 수 있다.

그러나 A–B결합에너지의 절대값이 A–A, B–B 결합에너지 간 산술 평균치의 절대값보다 클 경우에는 용액 형성시 혼합 엔탈피 변화는 음의 값을 갖는다(결합에너지 E_{AA}, E_{BB} , E_{AB} 는 모두 음의 값임을 상기하라). 따라서 ω 는 음수이므로 식(6.44)로부터 $\gamma < 1$ 이 된다. 이 경우는 이상용액 거동으로부터 부(negative)한 이탈 경향을 보이게 된다. 따라서 이 용액은 무작위한 A, B 원자 간 원자결합 배열 양상을 나타내는 이상용액과는 달리, A–B 결합수가 A–A 및 B–B 결합보다 확률적으로 더 많은 원자 간 결합 배열 양상을 나타내는 용액이 된다(ordering 효과). 용액 중 이런 ordering경향은 이상거동으로부터 부(–)한 이탈정도($\gamma < 1$)가 커질수록 더욱 더 심화된다.

이와는 반대로 A–B 결합에너지 절대값이 $\frac{1}{2}(E_{AA} + E_{BB})$ 의 절대값보다 작을 경우 용액은 양수의 혼합 엔탈피를 지니며 이상용액 거동으로부터 정(positive)한 이탈 경향을 보인다. ω 는 양수이므로 식(6.44)로부터 $\gamma > 1$ 이 된다. 이 경우에는 이상용액에 비해 용액 중 A–A 및 B–B 결합수가 A–B 결합수보다 확률적으로 더 많아지는 결합 배열 양상을

나타내는 용액이 된다(clustering 효과). 용액이 이상거동으로부터 정(+)한 이탈정도 ($\gamma > 1$)가 커질수록 clustering 경향은 더욱 더 심화된다.

용액에 대한 열역학 혼합성질을 크기 열역학성질 잉여량(excess quantities, xs)으로서 나타낼 수 있다. 잉여량은 혼합성질이 이상적 혼합 거동으로부터 벗어난 경향의 정도를 나타내는 정량적 척도이다[식(6.43)]. 용액은 $\underline{G}_M^{xs}$ 에 대한 성분 조성농도와 온도 함수 의 존성에 따라 다양한 용액모델로서 나타낼 수 있다.

일반적으로 용액계에서,

$$\Delta \underline{G}_M = \Delta \underline{G}_M^{ideal} + \underline{G}_M^{xs}$$
$$\Delta \underline{H}_M = \Delta \underline{H}_M^{ideal} + \underline{H}_M^{xs} = \underline{H}_M^{xs}$$
$$\underline{G}_M^{xs} = \underline{H}_M^{xs} - T\underline{S}_M^{xs}$$

규칙용액의 경우는 $\underline{S}_M^{xs} = 0$ (즉, $\Delta \underline{S}_M = \Delta \underline{S}_M^{ideal}$)이고 $\underline{G}_M^{xs} = \underline{H}_M^{xs} = \Delta \underline{H}_M$.

그림 6.22로부터 도해적으로 규칙용액에 대한 $\bar{H}_B^{xs}$ (또는 $\Delta \underline{H}_B$)를 다음처럼 표현할 수 있다.

$$\overline{H}_B^{xs} = \underline{H}_M^{xs} + x_A \left(\frac{\partial \underline{H}_M^{xs}}{\partial x_B} \right)_T \tag{6.56}$$

단순규칙용액에 대해선 $\Delta \underline{H}_M = \underline{H}_M^{xs} = \omega x_A x_B$ 이므로,

$$\overline{H}_B^{xs} = \omega x_A x_B + x_A \left(\frac{\partial (\omega x_A x_B)}{\partial x_B} \right)_T$$
$$\overline{H}_B^{xs} = \omega x_A x_B + x_A \omega (x_A - x_B) = \omega x_A^2 \tag{6.48a}$$

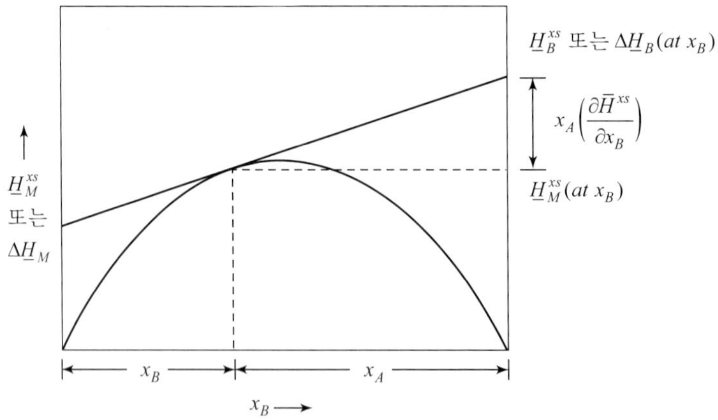

그림 6.22 비이상용액(규칙용액)에 대한 조성 대 혼합 과잉 엔탈피($\underline{H}_M^{xs}$ 또는 $\Delta \underline{H}_M$) 도해

규칙용액에서는 $\overline{S}_B^{xs} = 0$ 이므로 $\overline{G}_B^{xs} = \overline{H}_B^{xs} - T\overline{S}_B^{xs}$ 관계로부터,

$$\overline{G}_B^{xs} = \overline{H}_B^{xs} \tag{6.56a}$$

한편 일반적으로 용액의 $\overline{G}_B^{xs}$ 표현은,

$$\overline{G}_B^{xs} = \overline{G}_B - \overline{G}_B^{ideal} = (G_B^o + RT\ln\gamma_B x_B) - (G_B^o + RT\ln x_B) = RT\ln\gamma_B \tag{6.57}$$

$\underline{G}_M^{xs} = x_A\overline{G}_A^{xs} + x_B\overline{G}_B^{xs}$ 이므로,

$$\underline{G}_M^{xs} = RT(x_A\ln\gamma_A + x_B\ln\gamma_B) \tag{6.57a}$$

용액계 $\overline{G}_B^{xs}$ 의 일반적 표현 식(6.57)과 규칙용액 $\overline{G}_B^{xs}$ 표현 식(6.56a), 그리고 단순규칙용액 관련 식(6.48a)로 부터, 6.10절에서 유도 증명 도입없이 정의되어 사용한 단순 규칙용액의 활동도계수 표현 식(6.46)을 얻을 수 있다.

$$\overline{G}_B^{xs} = RT\ln\gamma_B = \omega x_A^2 = \underline{H}_B^{xs}$$

$$\ln\gamma_B = \frac{\omega}{RT}x_A^2 = \alpha x_A^2 \ \text{: 단순 규칙 용액} \tag{6.46}$$

ω 는 온도에 무관한 상수이며 α 는 온도 역수에 비례하는 상수이다. 상기 유도 과정으로부터 6.10절에서 언급한 규칙용액 내 성분 활동도계수의 조성의존성에 대한 대수적 형태 표현 식(6.46)의 타당성을 증명할 수가 있다.

γ 값은 ω 수치에 좌우되며 ω 는 결합에너지 E_{AA}, E_{BB}, E_{AB} 간의 상대적인 값에 의해 좌우된다. 앞서 원자론적 결합형태 양상에 의한 용액 거동에서 언급되었듯이 ω 가 음의 값(음수 $\Delta\underline{H}_M$: ordering 우세 효과)이면 $\gamma_B < 1$ 이고, ω 가 양의 값(양수 $\Delta\underline{H}_M$: clustering 우세 효과)이면 $\gamma_B > 1$ 이다.

6.12 중합체 용액

이 절에서는 용질이 중합체이고 용매는 이보다 낮은 분자량을 지닌 물질로 이루어진 중합체 용액계에 대한 열역학을 다루기로 한다. 이러한 용액은 용매, 용질 성분의 분자량과 몰 부피가 서로 매우 다르기 때문에 지금까지 다루어 왔던 용액과는 열역학 성질이 매우 다르다. 중합체 용질과 용매의 몰 부피가 단지 2배 내지 3배 정도 차이가 날 경우는

앞 절에서 유도한 일반적 용액 관련 열역학 성질 관계식들을 적용하는 것이 어느 정도 가능하다. 그러나 실제 중합체의 몰 부피는 용매의 몰 부피에 비해 2~3배 정도 차이보다 훨씬 크기 때문에, 이러한 중합체 용액에 대한 열역학 성질 해석 접근방법은 기존 용액의 경우와는 차별화해 달리 다루어져야만 한다.

중합체와 용매간의 몰 부피 차이가 어느정도 큰가를 알아보기 위한 예로서 선형 중합체(linear polymer)에 대한 몰 부피를 계산해 보자. 중합체는 다수의 반복적인 분할체(segments)로써 구성되어 있다. 중합체 사슬 구조 내 분할체의 수를 n 이라 하고, 각 분할체의 단위부피는 용매의 분자 부피와 같다고 가정하자. 이 때 중합체의 몰 부피는 용매 몰 부피의 n배가 된다. 용질인 중합체를 아랫첨자 2, 용매를 아랫첨자 1로 각각 표시하면,

$$\underline{V}_2 = n\,\underline{V}_1$$

용매와 중합체 용질로 구성된 2원계 용액의 경우, 용매의 부피분율(Φ_1)과 중합체의 부피분율(Φ_2)은,

$$\Phi_1 = \frac{x_1\underline{V}_1}{x_1\underline{V}_1 + x_2\underline{V}_2} = \frac{x_1}{x_1 + nx_2} \tag{6.58a}$$

$$\Phi_2 = \frac{x_2\underline{V}_2}{x_1\underline{V}_1 + x_2\underline{V}_2} = \frac{nx_2}{x_1 + nx_2} \tag{6.58b}$$

여기서 x_1, x_2 는 용매와 중합체 용질의 몰분율이고, n 은 중합체 내 분할체의 수이다. 100개의 분할체로 구성된 중합체를 예로 들어보자. 90몰% 용매($x_1 = 0.90$)를 지닌 용액에서 용매의 부피분율은,

$$\Phi_1 = \frac{x_1}{x_1 + nx_2} = \frac{0.90}{0.90 + 100(0.10)} = \frac{0.90}{10.9} = 0.083$$

그러므로 중합체가 차지하는 부피분율은 0.917(즉, 1−0.083)로서, 몰분율 0.1에 비해 매우 큰 값을 보인다. 이러한 사실로부터 몰분율로서 언급되는 이상용액에 대한 라울의 법칙은 용매와 용질의 부피분율 차이가 큰 중합체 용액의 경우에는 유용하게 적용될 수 없음을 알 수 있다. 이 경우 라울의 법칙은 몰분율 x_i 대신 부피분율 Φ_i 로서 언급되어야만 한다.

$$a_i = \Phi_i \tag{6.59}$$

중합체 용액의 이상성질(ideality)을 식(6.59)로 정의할 경우, 이상 중합체 용액의 혼합

엔트로피에 대한 관계식이 플로리 - 허긴스 격자 모델(Flory - Huggins lattice model 유도과정: 참고문헌 1, 2)을 근간으로 해서 다음처럼 유도될 수 있다.

$$\Delta \underline{S}_M = -R\left[x_1 \ln \Phi_1 + x_2 \ln \Phi_2\right] \text{ : 이상 중합체 용액} \tag{6.60}$$

부피분율이 몰분율과 같지 않기 때문에 이상 중합체 용액의 혼합 엔트로피에 대한 위 표현식은 일반 이상용액처럼 $x = 0.5$ 를 기준으로 대칭적이 될 수 없다. 두 성분의 몰 부피가 같다면 위 표현식은 대칭적인 이상용액의 혼합 엔트로피 표현 식(6.20)과 같아진다. 이상적 중합체 용액에서 혼합 엔탈피는 0이 되며, 따라서 몰당 깁스 자유에너지는 다음과 같다.

$$\Delta \underline{G}_M^{ideal} = RT\left[x_1 \ln \Phi_1 + x_2 \ln \Phi_2\right] \text{ : 이상 중합체 용액} \tag{6.61}$$

비이상성(nonideality)을 다루기 위해 이미 앞서 언급한 규칙용액(6.10, 6.11절)과 유사한 모델을 중합체 용액에 적용해 사용해 보자. 따라서 이 모델에서 중합체 용액의 혼합 엔트로피는 이상용액의 혼합 엔트로피와 같다고 가정한다(랜덤 혼합 용액). 식(6.54)와 유사하게 중합체 분할체와 용매 분자의 합이 $N(N = N_1 + nN_2)$ 인 용액에 대한 혼합 엔탈피는,

$$\Delta H_M = \frac{1}{2} ZN\Phi_1\Phi_2\Delta\omega \tag{6.62}$$

여기서 $\Delta\omega$ 는 규칙용액에서의 상호작용에너지 항$\left[E_{AB} - \frac{1}{2}(E_{AA} + E_{BB})\right]$인 [식(6.55)]와 유사한 상호작용 인자이다. 항 $\frac{1}{2}Z\Delta\omega$ 는 χRT 와 같게 놓을 수 있다. 여기서 χ 는 상수이다. 그러므로 혼합 엔탈피 ΔH_M 은 다음처럼 표현된다.

$$\Delta H_M = \chi RTN\Phi_1\Phi_2 \tag{6.63}$$

식(6.58)로부터 $N\Phi_1 = N_1$ 이므로, $\Delta H_M = \chi RTN_1\Phi_2$ 가 된다. 따라서 몰당 혼합 엔탈피 $\Delta \underline{H}_M$ 은 $\Delta H_M / (N_1 + nN_2)$ 이 된다. $x_1 = N_1 / (N_1 + nN_2)$ 이므로,

$$\Delta \underline{H}_M = \chi RTx_1\Phi_2 \tag{6.64}$$

중합체 규칙용액($\Delta \underline{H}_M = \underline{G}_M^{xs}$) 몰당 혼합 깁스 자유에너지는 식(6.61)과 (6.64)로부터,

$$\Delta \underline{G}_M = \Delta \underline{G}_M^{ideal} + \underline{G}_M^{xs} = RT[(x_1 \ln \Phi_1 + x_2 \ln \Phi_2) + \chi x_1\Phi_2] \text{ : 중합체 규칙용액} \tag{6.65}$$

용매의 분몰 깁스 자유에너지(화학포텐셜)는,

$$\mu_1 - \mu_1^o = RT\left[\ln\Phi_1 + \left(1-\frac{1}{n}\right)\Phi_2 + \chi\Phi_2^2\right] \tag{6.66}$$

중합체 용질에 대한 화학포텐셜은,

$$\mu_2 - \mu_2^o = RT[\ln\Phi_2 + (1-n)\,\Phi_1 + \chi\,\Phi_1^2] \tag{6.67}$$

중합체 규칙용액 용질, 용매 성분의 화학포텐셜에 대한 식(6.66)과 (6.67)은 식(6.65)를 사용해 식(6.28)로 부터 그림 6.8과 유사한 도해 작도법에 의해 얻어질 수 있다.

식(6.28)로부터 $\mu_2 - \mu_1$은,

$$\begin{aligned}\overline{G}_2(=\mu_2) &= \Delta\underline{G}_M + x_1\left(\frac{\Delta\underline{G}_M}{\partial x_2}\right)_{T,P}\\ \overline{G}_1(=\mu_1) &= \Delta\underline{G}_M + x_2\left(\frac{\Delta\underline{G}_M}{\partial x_1}\right)_{T,P}\end{aligned} \tag{6.28}$$

그림 6.8과 유사한 도해로부터 $\mu_2^o - \mu_1^o$ 은,

$$\begin{aligned}G_2^o(=\mu_2^o) &= \Delta\underline{G}_M\,(at\ \ x_2 = 1)\\ G_1^o(=\mu_1^o) &= \Delta\underline{G}_M\,(at\ \ x_1 = 1)\end{aligned}$$

6.13 삼투압

이제까지 6장에서 주되게 다룬 용액 열역학은 희석용액 중 용질 성분의 활동도 거동에 대한 고찰이다. 이절에선 희석용액 중 용매 성분의 이상적 거동으로부터 얻을 수 있는 흥미로운 용액 성질 중 하나인 삼투압과 관련된 열역학을 다루고자 한다. 농도가 다른 두 액체를 반투막으로 막아 놓을 때 용질의 농도가 낮은 쪽에서 농도가 높은 쪽으로 용매가 옮겨가는 현상에 의해 높은 용질 함유 용액내에 나타나는 압력을 삼투압이라 한다. 달리 말해, 삼투압은 용액 중 용매의 화학포텐셜을 순수한 상태의 용매가 지니는 화학포텐셜까지 증가시키기 위해서 필요한 여분의 압력(extra pressure)을 말한다. 반투과성(물(용매)은 자유스럽게 통과시키지만 다른 물질의 통과는 엄격히 제한)의 유연한 얇은 삼투막(membrane)에 의해 순수한 물과 분리되어 있는 수용액(용질 B 함유 물)을 고려해 보자. 얇은 반투과성 멤브레인은 물(수용액 용매)을 통과시킬 수는 있으나 용질을 통과시키지는 못한다. 반투막의 재료로는 아세테이트 섬유소(cellulose acetate) 및 기타 중합체 물질(원

형질막)이 사용된다. 이와 같은 계에서는 막을 사이에 두고 양쪽에 압력차가 발생하며, 막 안쪽(수용액)의 압력이 순수한 물(막의 바깥쪽)의 압력보다 더 큰 값을 보인다. 이들 두 물질 사이의 압력차는 그림 6.23과 같이 삼투압 π (osmotic pressure)로 나타낸다.

희석 수용액

A에 B가 희석 용해된 용액에 대해 삼투압을 계산해 보자. 이 경우 용질 B의 활동도는 헨리의 법칙을 따른다. 수용액 중 물(용매, x_A)의 활동도를 용질농도(x_B) 함수로 표현하면 라울의 법칙에 따라 다음처럼 주어진다.

$$\mu_A - \mu_A^o = RT\ln a_A = RT\ln x_A : \text{라울의 법칙}$$

$$\mu_A - \mu_A^o = RT\ln(1-x_B) = -RTx_B \tag{6.68}$$

x_B 가 작을 때 $\ln(1-x_B) = -x_B$ 로 스터링 근사치화 할 수 있다.

주어진 외부 압력(P)과 온도에서 순수한 물과 희석 수용액이 평형을 이루며 공존하기 위한 조건을 찾기 위해, 일정 온도 하에서 수용액중 용매, 물(A)에 대해 압력에 따른 화학포텐셜(몰 깁스 자유에너지) 변화를 계산해 보자.

$$d\underline{G}_A = \underline{V}_A dP$$

$$\mu_A - \mu_A^o = \int_{P+\pi}^{P} \underline{V}_A dP = -\underline{V}_A \pi \tag{6.69}$$

위의 관계식은 그림 6.24에 설명되어 있다. 삼투압 π 는 식 6.68~69로부터,

$$\pi = RT\frac{x_B}{\underline{V}_A} \tag{6.70}$$

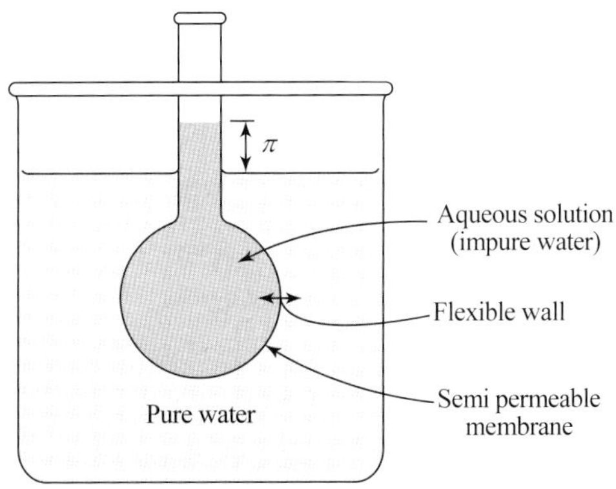

그림 6.23 삼투압

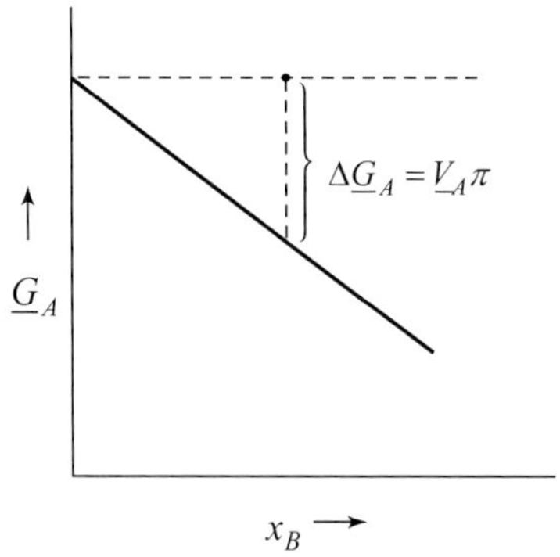

그림 6.24 삼투압 계산을 위한 $\underline{G}_A$ 대 x_B 그래프

예로서 바닷물의 삼투압을 계산해 보자. 바닷물 1리터에는 대략 35 g 의 NaCl, 즉 0.6 mol/L의 NaCl이 함유되어 있다. 따라서 바닷물 중 NaCl의 몰분율은,

$$x_B = \frac{0.6}{(965/18)+0.6} = 0.011 \tag{6.71}$$

수용액 중 NaCl은 완전히 이온화되므로(Na^+ 와 Cl^- 로), 이온의 개수(양이온과 음이온의 합)는 NaCl 몰분율의 두 배가 된다. 따라서 삼투압은,

$$\pi = \frac{2(0.011)(8.314\ \mathrm{N\cdot m/mol\cdot K})(298\ \mathrm{K})}{18\times10^{-6}\ \mathrm{m^3/mol}} = 30.28\times10^5\ \mathrm{N/m^2}$$

$$\pi = 30.28\ \mathrm{atm}$$

삼투압은 삼투막에 의해 분리된 1기압하의 순수한 물과 평형을 이루는 수용액이 지니는 잉여인가 압력임에 유의하라. 삼투압보다[($\pi + P_{H_2O}$)기압] 큰 압력을 수용액에 가할 경우, 식(6.23)으로부터 바닷물(수용액) 쪽에서 순수한 물 쪽으로 물이 반투막을 통해 이동하는 구동력이 주어진다. 이것을 역삼투(reverse osmosis) 과정이라고 부르며, 이는 바닷물로부터 정제된 순수 물을 얻는 담수화 공정에 채택되어 사용된다. 위 예로부터 바닷물을 역삼투하기 위해 필요한 압력은 매우 높아야 한다. 소금(불순물) 농도가 낮은 반염수(brackish water)의 경우는 바닷물보다 낮은 압력하에서 역삼투가 이루어진다.

유기물/중합체 희석 용액

지금까지는 물을 용매로 고려했으나, 또한 용매로서 다른 액체도 작용할 수 있으므로 유기물을 용매로 고려해 볼 수 있다. 유기 중합체(organic polymer) 용액에서는 용매로서 벤젠(benzene, C_6H_6)이 종종 사용된다. 이 경우 삼투압 측정을 이용하여 조성이 알려진 유기 중합체 용액 내 중합체의 평균 분자량(수평균)을 구할 수 있다.

중합체 용액의 경우 용매의 화학포텐셜은 식(6.66)에 의해 주어진다. 희석 중합체용액에 대한 용매 화학포텐셜 표현은 다음처럼 간결한 형태로 쓸 수 있다(참고문헌 3).

$$\mu_1 - \mu_1^o = -RT\frac{\phi_2}{n} + RT\left(\chi - \frac{1}{2}\right)\phi_2 \tag{6.72}$$

여기서 우변 첫 번째 항은 이상 중합체 용액 경우에 대한 화학포텐셜이고, 두 번째 항은 용액의 비이상성 경향 정도를 나타내는 항이다.
삼투압이 다음처럼 표시되는 이상 중합체 용액의 경우를 고려해 보자[식(6.69) 참조].

$$-\pi\bar{V}_1 = \mu_1 - \mu_1^o = -RT\frac{\phi_2}{n} \tag{6.73}$$

희석용액 경우 $\bar{V}_1 = \underline{V}_1$ 과 $\phi_2 = nx_2/(x_1 + nx_2) = nx_2/x_1$ 이 성립한다고 가정할 수 있다. x_1, x_2 는 유기물 용매, 용질(중합체)의 몰분율을 나타낸다. 더욱이 $\underline{V}$ 는 $x_1\underline{V}_1$ 으로 표시될 수 있다. 따라서 식(6.70)처럼 삼투압 표현을 쓸 수 있다.

$$\pi = RT\frac{x_2}{\underline{V}} \tag{6.73a}$$

예로 298 K에서 벤젠에 1 wt%의 중합체가 녹아 있는 희석 이상 중합체 용액을 고려해 보자. 삼투압이 50 mmHg(6,660 Pa)로 주어질 경우 중합체의 평균 분자량을 계산해 보자. 벤젠의 밀도는 $0.88\,g/cm^3$, 분자량은 $78\,g/mol$ 이므로, 고유부피는 $88.6 \times 10^{-6}\,m^3/mol$ 이 된다. 1 wt%의 유기중합체 용액 100 g은 1 g의 중합체와 99 g 벤젠을 포함한다. 중합체의 평균 분자량을 MW로 표시하면 100 g 용액 중 중합체의 몰 수는 1/MW가 된다. 100 g 용액 중 벤젠의 몰 수는 99/78이다. 그러므로 중합체의 몰분율 계산을 행하면,

$$x_B = \frac{1/MW}{1/MW + 99/78}$$

그러나, $\frac{1}{MW} << \frac{99}{78}$ 이므로 $x_B = \frac{78}{99MW}$

식(6.70)으로부터,

$$6{,}600 = \frac{RT}{\underline{V}} x_B = \frac{(8.314)(298)}{(88.6\times10^{-6})}\left[\frac{1}{MW}\right]\left[\frac{78}{99}\right]$$

$$MW = 3.3\times10^{3}\ \text{g/mol} \qquad (\text{수평균 중합체 분자량})$$

따라서 삼투압 측정으로 중합체의 수평균 분자량을 측정할 수 있다.

앞의 예에서는 중합체 수평균 분자량 측정을 위해서 유기물/중합체 용액이 이상적 거동을 한다고 가정하였다: 즉, 식(6.72)에서 $RT\left(\chi-\frac{1}{2}\right)\Phi_2$ 항을 무시하였다. 그러나 일반적으로 유기중합체 용액의 비이상성을 고려한다면, 용액중 중합체 농도를 점진적으로 감소시키면서 일련의 삼투압 측정실험을 행하여 한다. 이로부터 유기용매 농도에 대한 삼투압의 비를 중합체 농도가 0(즉, 유기용매 농도가 1.0)인 영역(용액 이상성에 대한 가정이 정당화되는 영역)으로 외삽하여 삼투압을 구한 후[식(6.73a)], 앞선 예처럼 수평균 중합체 분자량을 계산할 수 있다.

6.14 용액 융점강하(액상선)

순수물질(A)에 용질(B) 첨가에 따른 용액물질의 융점 온도(상태도 상 액상선 온도) 강하 현상에 대한 **용액화 열역학**을 다루고자 한다.

그림 6.25는 응축상인 순수 A에 대한 상태도상 상전이 직선을 나타내고 있다. 융점온도 T_m 에서 고체와 액체는 평형을 이룬다. $T < T_m$ 영역에 속하는 임의 온도 T_1 에서 순수 고체 A를 표준상태로 정하고 고상 A로부터 액상 A로의 상전이 반응을 고려해보자.

$$A_s = A_l$$

$$\Delta\underline{G} = \underline{G}_l - \underline{G}_s = RT\ln\frac{f_l}{f_s} = RT\ln\left(\frac{a_{l,pure}}{a_{s,pure}}\right) \tag{6.74}$$

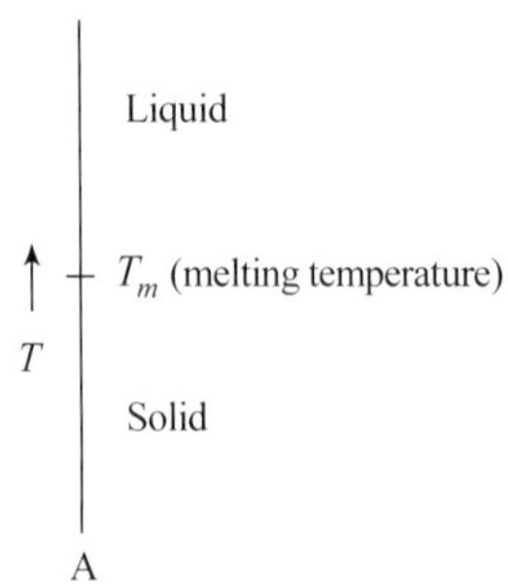

그림 6.25 일정 압력하 단일(순수) 성분계 상태도($P = 1$ atm)

$a_{s,pure} = 1$ 이라면, $\Delta \underline{G} = RT \ln a_{l,pure}$

융점 T_m 에서 두 상은 평형을 이루므로 이들 고체/액체상간 반응에 대한 깁스 자유에너지 변화는 0이 된다. 그러므로 순수 A 액상의 활동도는 고상과 동일하게 1이 된다. $T < T_m$ 온도에서 순수 A 융해 반응에 대한 깁스자유에너지 변화는,

$$\Delta \underline{G}_{melting} = \Delta \underline{H}_{melting} - T\Delta \underline{S}_{melting} = L - T\Delta \underline{S}_{melting} \tag{6.75}$$

혼합엔탈피($\Delta \underline{H}_m$)와의 혼동을 피하기 위해서 융해잠열 L이 융해 엔탈피를 나타내기 위해 도입된다. 문제 단순화를 위해 관심 온도 범위영역에서 액체와 고체간 열용량의 차이가 없다($\Delta C_p = 0$)고 가정하자. 이경우 융해 엔탈피 및 엔트로피 변화는 온도에 무관하게 된다. 융점 온도에서 $\Delta G_{melting} = 0$ 이므로,

$$L = T_m \Delta \underline{S}_{melting} \quad \text{또는} \quad \Delta \underline{S}_{melting} = \frac{L}{T_m}$$

$T < T_m$ 온도에서 순수 A 융해 반응에 대한 깁스자유에너지 변화는 식(6.75)에 따라 다음처럼 다시 쓸 수 있다.

$$A_s = A_l$$

$$\Delta \underline{G}_{melting}(T) = \Delta \underline{H}_{melting}\left(1 - \frac{T}{T_m}\right) = \frac{L(T_m - T)}{T_m}$$

위 식을 식(6.74)와 함께 고려해보면

$$\Delta \underline{G}_{melting}(T) = RT \ln \frac{a_{l,pure}}{a_{s,pure}} = \frac{L(T_m - T)}{T_m} \tag{6.76}$$

식(6.76)에 근거해보면 T_m 보다 낮은 온도에서 표준상태로 고체를 정한 경우 순수 액체 A의 활동도는 1보다 크게 된다(그림 6.26). 일반적으로 응축상의 표준상태는 관심온도에서 안정한 순수성분 상형태로 정한다.

지금부터 물질 A에 용질 B를 첨가하는 용액화 반응을 다루어보자. T_m(A) 보다 낮은 임의 온도 T_1 에서 A-B 이상용액 내 A의 활동도를 조성 함수로 표현한 결과가 그림 6.26에 나타나 있다. 성분 A와 B는 고체 상태에서 상호간 용해도가 없으나 액체 상태에선 이상용액을 형성한다고 고려하자. 조성 $x_{A,l}$ (활동도 $a_{A,l} = 1$ 해당 조성)인 액상용액은 온도 T_1 에서 순수 고체 A와 평형을 이룬다.

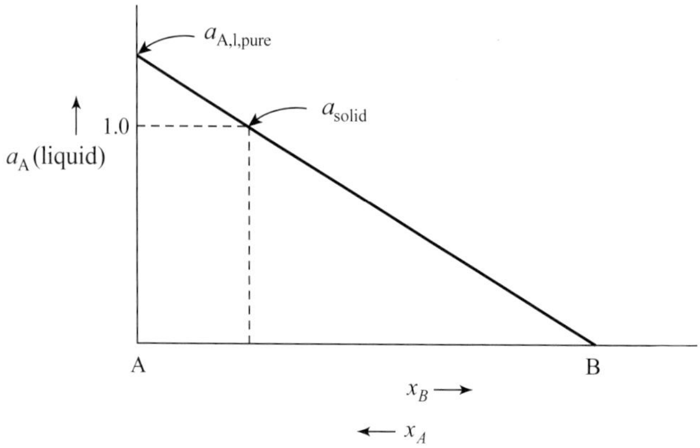

그림 6.26 $T < T_{m,A}$ 온도에서 액상용액 중 A_{liquid} 활동도(순수고상 A 표준상태 기준)의 조성 함수 도해

한편 순수 액체 A의 액상 용액으로의 용해(용액화) 반응을 고려하면,

$$A_{l,pure} = A_{l,solution}$$

$$\Delta \underline{G} = \Delta \underline{G}^\circ + RT \ln \frac{a_{l,solution}}{a_{l,pure}} = RT \ln \frac{a_{l,solution}}{a_{l,pure}} \tag{6.77}$$

순수 고체 A의 액상 용액으로의 용액화 반응은 순수 A 용융 반응(식(6.76))과 액상 A의 용액화 반응(식(6.77))의 합으로 다음처럼 나타낼 수 있다.

$$A_{s,pure} = A_{l,solution}$$

따라서 위 용액화 반응의 깁스자유에너지 변화는 식(6.76)과 (6.77)의 합이 된다. 더욱이 $T < T_m$ 인 임의온도(예로 T_1)에서 액상용액이 순수 고체 A와 공존하며 평형을 이루고 있으면, $\Delta \underline{G}(T) = 0$ (그림 6.26)

$$\Delta \underline{G} = \frac{L(T_m - T)}{T_m} + RT \ln \frac{a_{l,solution}}{a_{l,pure}} = 0 \tag{6.78}$$

$$\frac{L(T_m - T)}{T_m} = -RT \ln a_{A,solution}$$

이상용액을 고려하면, $$\frac{L(T_m - T)}{T_m} = -RT \ln x_{A,solution}$$

T가 T_m 에 근접한 온도라면, 위 식 우변 T를 T_m 으로 근사치 가정하여 다음처럼 쓸 수 있다. 반면에 좌변온도 T는 구하고자 하는 순수성분 A의 용액화 융점강하 온도이므로 그대로 T로 놔둔다.

$$\ln x_{A,l,solution} = -\frac{L(T_m - T)}{R(T_m)^2}$$

$x_A = 1 - x_B$ 이므로(x_A, x_B 는 액상 용액 내 A, B 몰분율)

$$\ln(1 - x_B) = -\frac{L(T_m - T)}{R(T_m)^2}$$

x_B 는 희석 농도의 작은 수치이므로, 스터링 근사치 : $\ln(1 - x_B) = -x_B$

따라서 x_B 희석농도 범주에 걸쳐서 액상용액 조성 x_B 와 순수성분 A 융점온도 강하 사이 관계는,

$$x_B = \frac{L\Delta T}{R(T_m)^2} \tag{6.79}$$

여기서 $\Delta T = T_m - T$: 순수성분 용액화 융점온도 강하

식(6.79)는 그림(6.27)에 표시된 순수성분 A 인접 조성영역 근방에 대한 상태도 상 액상선의 궤적 좌표($x_{B,1}, T_1$)정보를 제공하고 있다.

이러한 용액화에 따른 순수고체 A의 융점강하 현상을 나타내는 상태도가 그림 6.27에 나타나 있다. 액상(L)은 A-B 액상용액을 의미한다. "L+S"(액상 + 고상)은 순수고체 A와 액상용액 공존 영역을 나타낸다. 온도 T_1 에서 순수고체 A는 조성 $x_{B,1}$ 액상용액과 평형을

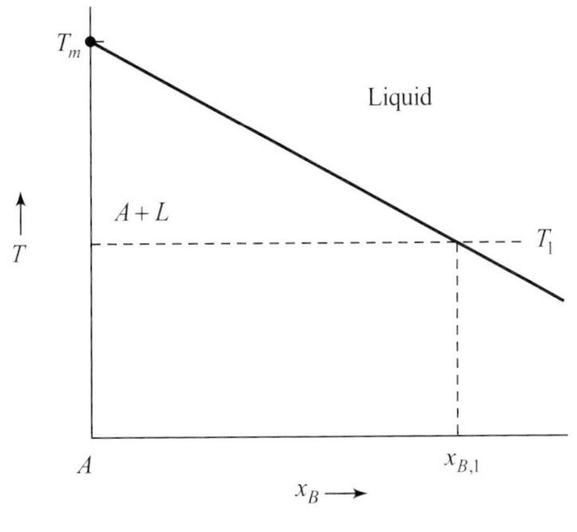

그림 6.27 이원계 A–B 상태도의 순수 성분 A 인접 조성 근방 영역 부분 도해

이룬다.

예로서 고체 Ag에 몰분율로 $x_{Pb}=0.01$ (Pb 1mole percent) 첨가로 인해 야기되는 Ag 융점 강하온도는 얼마나 낮아지는지를 계산해보자.

$$\text{Ag}: T_m = 1234\,\text{K}\ ,\ L = 11{,}300\ \text{J/mole}$$

$$\Delta T = \frac{R(T_m)^2 x_B}{L} = \frac{(8.314)(1234)^2(0.01)}{11{,}300}$$

$$\Delta T = 11.2\ \text{K}$$

실제로 실험적 측정결과에 의하면 1몰 퍼센트 납을 은에 첨가함으로서 은의 융점온도 강하는 10K 정도로 알려져 있다. Ag 중 작은량의 Pb 용해도를 고려해보면 융점강하 계산치와 실험측정치는 어느정도 오차범위 내에서 잘 일치한다고 할 수 있다.

참고 문헌

1. Flory, P. J., *Principles of Polymer Chemistry*, Cornell University Press, Ithaca, NY, 1953.
2. Hiemenz, P. C., *Polymer Chemistry*, Dekker, New York, 1984.
3. Young, R. J., and Lovell, P. A., *Introduction to Polymer*, 2nd ed., Chapman & Hall, London, 1991.

문제

6.1 (a) 액상의 황동 내 Zn의 활동도계수는 1000 – 1500 K 온도 범위에서 다음처럼 조성함수로 주어진다. x_{Cu} 는 Cu의 몰분율이다.

$$RT \ln \gamma_{Zn} = -38,300 x_{Cu}^2 \text{ (in joules)}$$

1200 K에서 60 몰% Cu와 40 몰% Zn로 이루어진 황동 용액과 평형을 이루는 Zn의 분압, P_{Zn} 을 계산하라. 1200 K에서 순수 Zn의 증기압은 1.17기압이다.

(b) 액상 황동 중 Zn의 활동도계수 자료로부터 깁스 – 듀헴식을 이용하여 Cu의 활동도계수의 농도의존도에 대한 식을 유도하라.

6.2 7.7절에 주어진 Fe – C 이원계 상태도를 이용해 답하라.

(a) 900 K에서 Fe_3C는 순수 Fe나 흑연에 비해 상대적으로 안정한 화합물인가?

(b) 900 K에서 Fe 및 Fe_3C와 평형을 이루는 탄소 C의 활동도는 얼마인가? C의 활동도 표준상태로 흑연을 정하라.

(c) 상태도상 900 K에서 Fe_3C와 평형을 이루는 고용체 α–철의 탄소 C함량은 0.0113 wt%이다. 900 K에서 α–철 중 흑연(graphite)의 용해도는 얼마인가?

$$3\text{Fe} + \text{C}_{(graphite)} = \text{Fe}_3\text{C} \ : \ \Delta G^o = 3,463 \text{ J (900 K)}$$

6.3 증기압 측정을 통해서 593K의 Hg(merary) – Bi(bismuth) 액상 합금 내 Hg 활동도에 대한 실험 자료가 다음처럼 얻어졌다. 동일 온도에서 40 atom% Bi 합금용액 중 Bi 활동도를 계산하라.

x_{Hg}	0.949	0.893	0.851	0.753	0.653	0.537	0.437	0.330	0.207	0.063
a_{Hg}	0.961	0.929	0.908	0.840	0.765	0.650	0.542	0.432	0.278	0.092

6.4 일정한 온도와 압력하에 놓인 2원계 용액의 액상 몰부피(cm^3/mol)가 다음처럼 주어진다.

$$\underline{V} = 100x_A + 80x_B + 2.5x_Ax_B$$

(a) A와 B의 분몰 부피를 계산하고, 이들 분몰 부피를 용액의 몰 부피와 함께 용액 조성에 대한 함수로서 그래프로 나타내라.

(b) 조성의 함수로서 혼합 부피 변화, $\Delta \underline{V}_m$ 를 계산하라.

6.5 A와 B원자로 이루어진 2원계 이상용액에 대해 용액 조성의 함수로서 성분 A, B의 화학포텐셜을 개략적으로 도해하라. 도시된 그래프 상에 순수 A 및 B의 몰 깁스 자유에너지를 각각 표시하라.

6.6 온도 473°C에서 Pb－Sn 이원계는 규칙용액 거동을 보이며 Pb의 활동도계수는 다음처럼 주어진다.

$$\log(\gamma_{Pb}) = -0.32(1 - x_{Pb})^2$$

동일 온도에서 조성에 따른 γ_{Sn} 변화에 대한 표현식을 써라.

6.7 화합물 $MgCl_2$와 MgF_2는 상호간 용액을 형성할 수 있는 염(salts)이다. 두 화합물의 융해(fusion) 깁스 자유에너지 변화(J/mol)는 각각 다음과 같다.

	ΔG_{fusion}	융점(melting temp)
$MgCl_2$:	$\Delta G = 43{,}905 - 43.644T$	987 K
MgF_2:	$\Delta G = 58{,}702 - 38.217T$	1536 K

$MgCl_2$와 MgF_2간의 액상 용액계에 대한 혼합 자유에너지(J/mol)는 다음과 같다.

$$\begin{aligned}\Delta G_M &= 2RT(x_{MgCl_2} \ln x_{MgCl_2} + x_{MgF_2} \ln x_{MgF_2}) \\ &\quad + x_{MgCl_2} x_{MgF_2}\left\{-2{,}556 + 25(x_{MgF_2} - x_{MgCl_2})\right\}\end{aligned}$$

900°C 온도에서 액상 $MgCl_2$ 중 MgF_2의 최대 용해도를 구하라. $MgCl_2$는 고상 MgF_2 중에는 용해되지 않는다.

6.8 1000 K에서 Al－Mg 용액의 열역학 성질은 다음 표로 주어진다.

액상 합금에 대한 혼합 열역학 성질의 양 (1000 K)

x_{Mg}	ΔG_M (cal/mol)	ΔH_M (cal/mol)	ΔS_M [cal/(mol·K)]	C_P [cal/(mol·K)]
0.1	−800	−300	0.5	7.1
0.2	−1,250	−600	0.65	7.18
0.3	−1,550	−750	0.8	7.26
0.4	−1,700	−850	0.85	7.34
0.5	−1,800	−900	0.9	7.42
0.6	−1,700	−850	0.85	7.5
0.7	−1,550	−750	0.8	7.58
0.8	−1,250	−600	0.65	7.66
0.9	−800	−300	0.5	7.74

(a) 1000 K에서 1몰의 순수 액상 Al과 1몰의 순수 액상 Mg이 단열적으로 혼합되어 생성되는 용액의 최종온도는 얼마인가?

(b) 혼합 공정시 엔트로피의 전체 변화는 얼마인가?

6.9 물질 A의 용융반응을 다음처럼 표현할 수 있다.

$$A_{(s)} = A_{(l)}$$

다음 기호를 이용하여 아래 물음에 답하라.

T_m : 융점온도, ΔH_m, $\Delta H_m(T)$: T_m 및 T에서 용융 엔탈피
$C_{P,l}$: 액상 A의 열용량(상수로 가정), $C_{P,s}$: 고상 A의 열용량(상수로 가정)

(a) 온도함수로서 용융 엔탈피[$\Delta \underline{H}_m(T)$] 표현식을 유도하라.

(b) 온도함수로서 용융 엔트로피[$\Delta \underline{S}_m(T)$]표현식을 유도하라.

(c) 온도함수로서 용융 깁스 자유에너지[$\Delta \underline{G}_m(T)$] 표현식을 유도하라.

(d) 순수 고상을 표준상태로 정하여, 순수 액상 A의 열역학적 활동도를 온도함수로서 표현하라.

6.10 물질 A와 B는 고상 및 액상에서 이상용액을 형성한다. (A − B) 2원계의 상태도를 이용해 900 K 온도에서 액상선과 고상선의 조성(B의 몰분율)을 계산하라.

성분	융점(K)	융해열, $\Delta \underline{H}_m$ (J/mol)
A	1000	8,314
B	800	6,651

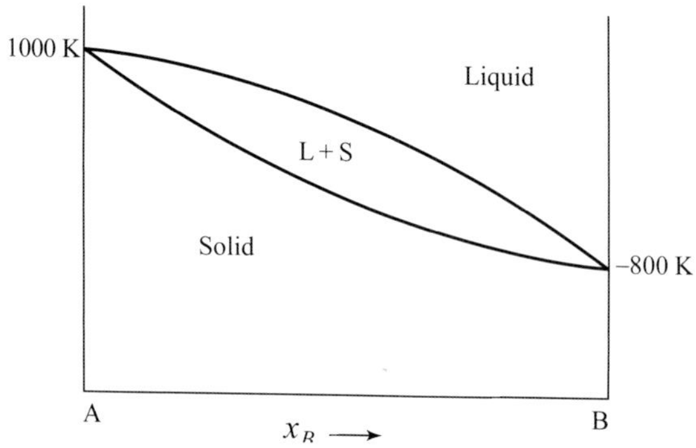

6.11 Pn(Pandemonium) – Cn(Condominium) 2원계 내 Pn에 대한 분몰 혼합 엔탈피는 다음처럼 주어진다.

$$\Delta \bar{H}_{Pn} = 12,500 x_{Pn}^2 x_{Cn} \text{ J/mole}$$

조성함수로서 2원계에 대한 혼합 엔탈피, $\Delta \underline{H}_M$ 표현식을 유도하고 이를 도해하라.

6.12 A – B 2원계는 규칙용액을 형성하며 조성의 함수로서 혼합 엔탈피, $\Delta \underline{H}_M$가 다음처럼 주어진다.

$$\Delta \underline{H}_M = -13,500 x_A x_B \text{ J/mole}$$

(a) 성분 B 중 용질원소로서 A의 헨리안 활동도계수 및 성분 A 중 용질로서 B의 헨리안 활동도계수 표현식을 각각 유도하라.

(b) 헨리의 법칙을 따르는 농도구간에 걸쳐 구한 질문 (a)의 두 가지 경우에 대한 활동도계수를 온도함수로서 도해하라.

6.13 2원계 (A – B) 액상용액은 다음 관계식이 성립되는 규칙용액이다.

$$\Delta \underline{H}_M = 1,000 x_A x_B \text{ (cal/mole)}$$

고상용액 (A – B)도 규칙용액의 성질을 나타낸다고 가정한다. 1150°C에서 $x_A = 0.5$ 인 고상용액 α내 A의 활동도를 구하라. 순수 A를 표준상태로 기준하라.

용융 엔탈피(잠열): $\Delta H_{m(A)} = 3{,}500$ cal/mole, $\Delta H_{m(B)} = 4{,}500$ cal/mole.

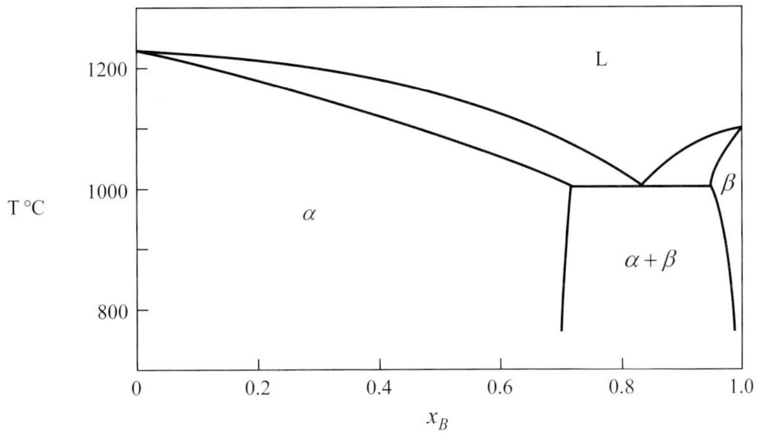

힌트 : 2상 공존영역 ($L+\alpha$)내 A의 활동도를 고려하라.

6.14 (A – B) 2원계는 다음과 같이 혼합열을 나타내는 규칙용액을 형성한다.

$$\Delta \underline{H}_M = 13{,}500 x_A x_B \ \text{(J/mole)}$$

물질 B내 용질 A의 헨리안 활동도계수 [헨리의 법칙을 따르는 용질($x_A \to 0$)의 활동도계수 γ_A^o]에 대한 표현식을 유도하라. 1000 K 온도에서 A의 헨리안 활동도계수를 구하라.

6.15 소량의 금(Au)을 함유한 게르마늄(Ge)으로 이루어진 전자재료의 재활용 사업에 관심을 갖고 이에 대한 사업성 사전검토를 위해서는 Ge – Au 2원계 상태도 및 아래 주어진 열역학 자료와 더불어 다음과 같은 추가적인 열역학 자료가 요구된다고 한다.

(a) 800°C에서 Ge 포화 액상용액 내 Ge 라울형 활동도계수, γ_{Ge}를 순수고상 Ge을 표준상태로 기준하여 구하라.

(b) 질문 (a)와 동일한 액상용액 내 Ge의 활동도를 순수 액상 Ge을 표준상태로 기준하여 구하라.

(c) $x_{Au} = 0.4$ 에 대한 액상선 온도를 구하라.

융점 : Ge = 938.3°C, Au = 1064.4°C

용융엔탈피 : $\Delta \underline{H}_{Ge} = 33{,}890$ J/mole, $\Delta \underline{H}_{Au} = 12{,}760$ J/mole

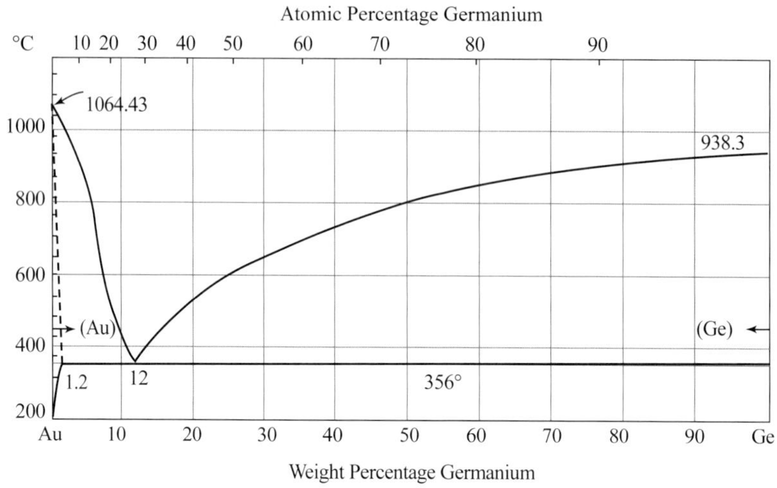

6.16 1600°C에서 1몰의 고체 크롬이 양적으로 매우 큰 Fe－Cr 액상용액$\left(x_{Fe}=0.8\right)$중에 첨가된다. Fe와 Cr은 라울형 용액을 형성한다고 가정할 때 Cr 첨가에 따른 엔탈피 및 엔트로피 변화를 계산하라. 고상 및 액상 Cr간의 열용량 차이는 무시할 정도라고 가정하라. Cr의 용융엔탈피는 융점인 1900°C에서 21,000 J/mol이다.

6.17 1200 K에서 순수한 액상 Pb 및 PbO와 공히 평형을 이루는 산소분압은 3.83×10^{-9} 기압이다. 순수 액상 Pb와 액상 PbO－SiO_2 액상 용액 간의 평형 산소분압 P_{O_2} 가 9.58×10^{-10} 기압으로 감소되도록 SiO_2를 액상 PbO에 첨가한 경우, PbO－SiO_2 액상 용액 중 PbO의 활동도를 계산하라.

6.18 배추(또는 야채)를 소금물에 담그면 결과적으로 나타나는 소금물/배추 간의 물 이동 현상(배추절임)에 대해 설명하라.

Chapter 07

상태도

원소, 화합물, 용액 간의 열역학적 상호 안정성 우위 비교는 재료를 다루는 수요자, 공급자 모두에게 중요한 공통적 관심사이다. 상태도란 개별적인 상과 이들 상 간 공존 안정영역을 계 상태 규정 함수(P,T,X_i)로서 나타내는 공간도이다. 상태도 공간상의 특정 영역 내 좌표점은[1] 평형 도달시 재료계의 상태(열적, 역학적, 화학적 평형상태)를 나타내며 이로부터 평형상 및 그 형태와 더불어 공존하는 상간의 상대적 양적비와 같은 유용한 열역학 정보를 얻을 수 있다.

상태도는 재료 상태변화시 수반되는 재료내부 구조변화를 예측하고 해석하는데 필요한 지식과 정보를 제공하기 때문에 재료공정 운용 및 개발에 주요한 사고 수단으로써 활용된다. 공정(상태변화)에 따라 재료의 성질이 어떤 변화 거동을 보이는가를 이해하기 위해서 우선적으로 재료공학자가 살펴보아야 하는 것이 바로 상태도이다. 상태도상 임의 온도와 조성영역에서 초기에 평형을 이루고 있는 재료계는 단순한 온도변화에 의해서 일련의 미세구조 변화과정을 겪음으로써 새로운 평형상태에 이르게 된다. 경우에 따라선 이러한 상변태과정을 중단시키고 담금질함으로써 최적의 성질을 지니는 재료의 미세구조 상태를 얻을 수 있다.

많은 유용한 재료들은 이들 구조가 상태도상에 나타나는 안정한 평형상태에 이르는 속도가 극도로 늦어 이에 도달이 어려워짐으로써 준안정 구조상 재료의 물리, 화학적 안정도를 유지할 수 있으나(예로 다이아몬드, 마르텐사이트, 베이나이트) 이는 열역학적으로는 이론상 불안정한 구조를 나타낸다. 그러나 이러한 준안정 재료들 조차도 열역학적 평형구조가 달성되면 과연 어떠한 구조가 얻어질 것인가에 대한 이해를 재료공학 엔지니어가

1) 물질을 고온영역으로부터 완(서)냉에 의해 저온의 관심온도로 냉각하거나 고온영역으로부터 관심온도로 급냉후 장시간 유지하여 얻게되는 물질의 평형시 나타나는 상(들)에 대한 좌표를 의미한다.

해 볼 필요성은 있다. 아울러 이미 파괴되었거나 기능이 떨어진 재료에 대해 그 재료가 사용중 겪었을 상태변화 과정을 상태도를 바탕으로 예측하고, 이를 토대로 재료의 파괴와 기능저하를 야기한 원인을 규명할 수 있다.

최근에 급진적 전산 모델 계산능 향상의 도움으로 상태도 작성을 위한 새로운 접근방법에 대한 진전이 이어져 왔다. 2원계 금속 및 세라믹 상태도에 대해선 상당히 많은 실험적 연구가 행해져 작성, 편찬되어 왔지만 이들 상태도는 경우에 따라선 완전하게 작성되있지 않거나 상호간 일관되지 않는 측면이 있어 왔다. 이러한 실험적 측정 자료에 기반을 둔 상태도 연구 결과를 열역학 상태도 모델 계산과 함께 연계시킴으로써, 실험 측정을 기반으로 작성된 상태도로부터 실험적 측정이 어렵거나 불가능한 상태도 영역으로의 외삽 계산 방법에 의한 안정상 예측이 가능해질 수 있다.

3원계 상태도는 2원계보다 상들 간 조합 가능한 경우의 수가 훨씬 많기 때문에 일부 제한된 3원계 상태도만이 알려지고 있다. 따라서 3원계 및 그 이상의 다원계 상태도를 예측하기 위해, 검증된 2원계 상태도 열역학 자료로부터 외삽 계산 방법에 의한 다원계 상태도 작성 전략은 매우 유용하게 활용될 수 있다. 또한 상태도 열역학은 재료 미세구조 변화 과정의 일환인 핵생성 및 성장 같은 상전이 속도에 영향을 미치는 주요 공정인자를 정하는데 요구되는 제반 지식 및 정보를 제공한다. 이들 상태도 관련 재료열역학 이론 고찰이 이 장에서 자세하게 다루어진다.

상태도와 재료열역학 사이 연관성을 가시적으로 이해하기 위해 유용하게 쓰이는 개념이 자유에너지 - 조성 (G - X) 도표이다. 임의 구조를 지닌 상들에 대한 혼합자유에너지 - 조성 도해와 이를 바탕으로 한 상들간의 경쟁적 상호 안정성 우위 해석에 의해서, 상태도 내에서 단상 및 2상 또는 3상 공존영역이 어떻게 생성되는지를 가시적으로 설명할 수 있다. 상태도 형태에 지대한 영향을 미치는 인자로서 중간상에 의한 역할도 이 장에서 고찰된다. 아울러 상태도 내에 공용간극의 형성을 야기하는 특별한 형태의 (G - X) 도해와 응용 사례도 다루어진다.

이 장에서 다루어지는 간단한 용액모델에 근거한 상태도 작성 접근방법 소개로부터 열역학 자료 데이터베이스와 복잡한 용액모델을 접목한 컴퓨터 전산 프로그램에 의해 다양한 상태도 작성을 가능케 하는 상용 소프트웨어를 이해하는 능력과 지식을 얻을 수 있다. 이와 같이 재료열역학 성질과 상태도 간의 상호 관련성 이론을 정립함으로써 실험적으로 검증된 상태도로부터 관심 재료에 대한 열역학성질 예측 및 해석이 가능해질 수 있다.

끝으로 3원계 상태도 작성을 위한 열역학 이론 고찰과 상태도 활용예가 이 장의 후반부에서 자세히 다루어진다.

7.1 상률

특정한 물리적 구속제한 조건하에서 재료계의 평형이 이루어질 경우 얼마나 많은 상이 존재할 것인가를 알 필요가 있으며 이에 대한 답을 상률이 바로 제시해 줄 수 있다.

상(phase)은 화학적 조성뿐만 아니라 물리적 상태가 전체적으로 균일한 물질 내의 일부 영역을 의미한다. 순수한 물과 얼음 간의 혼합물을 고려해 보자. 평형을 이루며 이 두 가지 상이 존재할 수 있다는 점은 일상 경험을 통해 익히 알고 있으며, 이러한 현상을 고체와 액체상 간 2상 혼합물이라고 묘사한다. 또한 소금/물 용액처럼 불순물이 섞인 물과 얼음 간에도 평형이 이루어질 수 있으며, 이 경우 얼음과 소금물을 각각 개별적 상으로서 간주한다. 얼음/소금물의 혼합물이 수증기를 포함하는 대기와 평형을 유지하고 있다면, 이 계는 세 가지 상－즉, 얼음, 소금물, 그리고 수증기 및 공기(산소, 질소, 소량의 기타 기체)를 포함하는 기체상－으로 이루어져 있다고 말한다.

평형시 존재하는 상의 개수를 결정하는 주요인자 중 하나로서 계 내 존재하는 성분수를 들 수 있다. 성분의 수 C는 화학종의 갯수 N으로부터 이들 사이의 독립적인 관계의 수 R을 빼줌으로써 정해진다.

$$C = N - R \tag{7.1}$$

2원계 용액은 식(7.1)에 의하면 두 가지 성분 A, B로 이루어짐을 의미한다. 두 개의 화학종 A, B를 가지므로 $N = 2$이며, 이 둘 사이에 특정한 독립적 관계 성립이 없기 때문에 $R = 0$이 되고, 따라서 $C = 2$가 된다. 이번에는 A, B와 이들 간의 화합물 AB를 화학종으로 지니는 계를 고려해 보자. 이 경우 화학종의 개수는 A, B, AB의 세 개이다. 그러나 반응 A + B = AB에 대한 평형상수가 존재하므로 이로 인해 임의 온도에서 이들 세 화학종 간의 활동도(성분농도)는 상호 연관성을 나타낸다. 이들 화학종의 열역학적 활동도 중에서 임의의 두 개를 알면 이로부터 나머지 화학종의 활동도는 이들간 반응 평형상수로부터 종속적으로 결정될 수 있다. 독립적 관계식으로서 세 화학종 간에 평형상수 관계가 존재하므로 $R = 1$이 된다. 따라서 식(7.1)에 의해 계의 성분수는 2가 된다. 이 결과로부터 A–B 이원계 내에 이들간 화합물이 한 가지가 아닌 여러가지 화합물이 존재하더라도 동일하게 성분수는 2가 됨을 쉽게 이해 할 수 있다. 이는 추가 화합물에 의해 N이 증가함과 동시에 화합물 형성반응에 따른 평형상수의 부가적 고려로 R이 함께 증가하기 때문이다.

상률로써 계를 완전하게 기술하기 위해서는 상의 고유부피 또는 계를 구성하는 성분들의 화학포텐셜 μ_i 등과 같은 세기 성질에 대한 충분한 정보가 필요하다. 상률을 논할시에는 각 상이 나타내는 양이나 표면적 또는 이와 관련된 표면에너지 등 크기 성질은 전혀 고려되지 않는다.

"물질계의 평형상태를 기술하는 한 방법으로 온도, 압력, 각 상의 조성을 상태 규정 변수로서 명시하는 방법을 들 수 있다". 계가 C개의 성분을 갖는다고 가정해 보자. 이 계 내 임의 상의 조성을 결정하기 위해서는 그 상과 관련된 $(C-1)$개의 조성 변수 정보를 알아야만 한다. 예를 들어 3성분 계에서의 임의 상 I내 성분 1과 2의 몰분율을 알면 상 I의 조성을 완전하게 결정할 수 있다. 상 I내 각 성분의 몰분율의 합은 1이므로 성분 3의 몰분율은 이에 따라 종속적으로 결정된다. 그러므로 열역학적으로 P개의 상을 지닌 계 상태를 기술하기 위해서 결정해야 하는 조성 변수의 개수는 상의 수 P에다 $(C-1)$을 곱한 값이 된다. 조성 변수에 부가해서 계의 온도와 압력을 나타내는 두 가지 상태 변수가 추가적으로 정해져야만 완전한 계 상태의 기술이 가능하다(계에 전기장이나 자기장 등 기타 상태 규정 변수가 없을 경우). 그러므로 역학적(압력 변수), 화학적(조성 변수) 일이 가능한 재료계에 대한 상태 규정시 계의 상태를 완전히 기술하기 위해서 정해져야만 하는 변수의 총수(VAR : variables)는 열적 온도 변수를 포함해 다음처럼 표시할 수 있다.

$$VAR = P(C-1) + 2 \tag{7.2}$$

벌크(덩어리) 재료계의 **열적, 역학적 평형조건**으로부터 계내 온도와 압력은 전체적으로 균일해야 된다. 식(7.2)의 우변 숫자 2는 이들 변수를 의미한다.

물질계 내의 포텐셜 및 운동 에너지 변화가 차이를 보이지 않고 각 성분의 화학포텐셜(분몰 자유에너지)이 계 내 전체에 걸쳐 동일한 경우, 계는 화학적 평형상태에 놓여 있을 수 있다. 즉, 물질계 평형시 성분 i와 상의 수 P 사이에는 다음 관계식이 성립해야 한다.

$$\mu_i^1 = \mu_i^2 = \mu_i^3 = \mu_i^4 = \cdots = \mu_i^P \text{, 여기서 } i = 1,2,3 \cdots C \tag{7.3}$$

여기서 μ_i^P 는 상 P내 성분 i의 화학포텐셜이다. 평형상태 계를 규정하는 평형조건의 하나인 화학포텐셜 관계식은 이들 변수간 상호 종속적 의존도를 나타낸다. 계 내에 P개의 상이 포함된다면, **화학적 평형조건** 식(7.3)으로부터 성분 i에 대해서 $(P-1)$개의 독립적인 화학포텐셜 관계식($\mu_i^1 = \mu_i^2,\ \mu_i^2 = \mu_i^3; \cdots, \mu_i^{P-1} = \mu_i^P$) 을 얻을 수 있다. 따라서 C개의 성분을 지닌 계(P개의 상을 포함)가 평형을 이루고 있을 때, 이들 성분이 나타내는 독립적인 화학포텐셜 관계식의 총수 REL(relations)은 다음과 같다.

$$REL = C(P-1) \tag{7.4}$$

계가 지닐 수 있는 자유도 F(degree of freedom)는 계의 기술을 위해 필요한 변수의 총 갯수(VAR)와 계 화학적 평형조건으로부터 얻어지는 독립적인 성분 화학포텐셜 관계식의 수(REL)간의 차이에 의해서 결정된다.

$$\begin{aligned} F &= VAR - REL = \left[P(C-1)+2\right] - C(P-1) \\ P+F &= C+2 \end{aligned} \tag{7.5}$$

F값은 계 상태를 규정하기 위해 독립적으로 자유롭게 변화시킬 수 있거나 혹은 임의로 고정시킬 수 있는 계의 상태변수 개수를 나타낸다. 식(7.5)의 관계를 깁스 상률이라 일컫는다. 식(7.5) 우변의 2이라는 수치는 압력 및 온도 변수를 나타낸다.

순수한 물과 같은 단일 성분계에 대해 압력－온도 변수 함수로서 나타내어지는 상태도를 고려해 보자(그림 7.1). 그림에서 고상－액상 평형선은 응고에 따른 부피 변화가 양(+)이므로 3중점을 기준으로 왼편 위쪽으로 기울어져 있다(－기울기). 그러나 일반적으로 대부분 물질(예로 금속)의 응고시 부피 변화는 음이므로 이 경우 고상－액상 평형선은 오른편 위쪽을 향해 기울어진다(+기울기).

기상의 단상 영역($P=1$)에 있는 점 A처럼 단지 한 개의 상만 존재하는 영역에서의 자유도는,

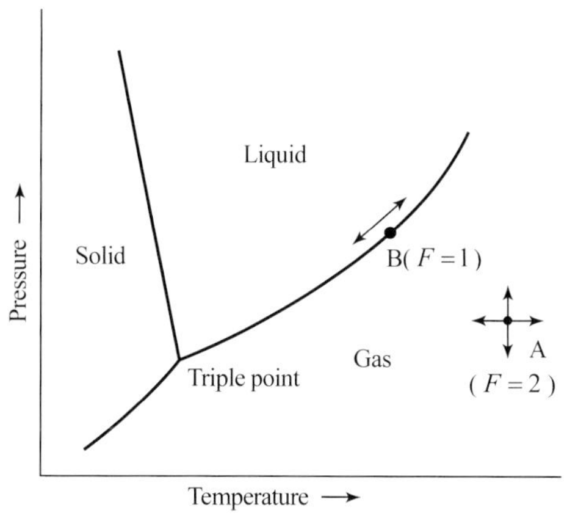

그림 7.1 온도, 압력함수로서 물(단일 성분계)의 상태도.

$$F = C - P + 2 = 1 - 1 + 2 = 2$$

따라서 단일상인 기상 영역에서는 온도와 압력 모두를 임의대로 고정시킬 수 있다. 즉, 온도와 압력을 각각 독립적 변수로 자유롭게 변화시킴으로써 기상을 유지할 수 있다.
한편 액상 – 기상 평형선상에 있는 점 B와 같은 단일 성분계 2상 공존영역에서는 단 하나의 자유도만 존재한다.

$$F = C - P + 2 = 1 - 2 + 2 = 1$$

이러한 2상 평형이 이루어지는 영역에서는 압력 또는 온도 중 어느 하나만을 임의대로 고정시킬 수 있다. 일단 한 가지 변수(예로 압력)가 임의대로 고정되면 나머지 변수(예로 온도)는 이 고정변수에 걸맞는 종속적인 값으로 고정된다. 즉, 한 가지 변수만을 오로지 임의로(독립적으로) 고정시킬 수 있다. 달리 표현하면 한 가지 변수만을 자유롭게 변화시킴으로써 2상간 평형을 유지할수 있다. 따라서 2상 영역에서는 임의대로 고정시킬 수 있는 독립적 변수가 1이므로 자유도는 1이 된다.
3중점에서는 세 가지 상(고체, 액체, 기체)이 평형을 이룰 수 있고 이 경우 자유도는 0이 된다. 즉, 단일 성분계에서 세 개의 상이 공존하기 위한 온도와 압력 조건은 오로지 이들 간 유일한 한 가지 조합으로만 가능하다. 즉, 온도와 압력은 독립적으로 자유롭게 변할 수 있는 계 내 변수가 아니라 유일한 값으로 각각 정해진다. 다시 말해 임의대로 고정시킬 수 있는 계 규정변수가 하나도 없게 된다.

다음 예시를 통해 화학반응 계에 대한 상률의 활용성을 살펴 볼 수 있다.

예1 탄산칼슘이 산화칼슘과 이산화탄소로 분해되는 반응을 고려해 보자.

$$\mathrm{CaCO_3}(s) \rightarrow \mathrm{CaO}(s) + \mathrm{CO_2}(g)$$

이 계에서의 성분수는 존재하는 화학종 개수에서 이들 간에 독립적 관계의 수를 빼면 정할 수 있다. $\mathrm{CaO}(s)$, $\mathrm{CaCO_3}(s)$, $\mathrm{CO_2}(g)$ 의 세 화학종(N)이 있으며 이들 사이에는 탄산칼슘의 분해반응에 대한 평형상수인 독립적 관계식(R)이 하나 성립될 수 있다.

$$K = \frac{a_{CO_2} a_{CaO}}{a_{CaCO_3}} = \frac{P_{CO_2} a_{CaO}}{a_{CaCO_3}}$$

그러므로 "성분"수 C는 $(N - R)$로부터 2이고, $\mathrm{CaCO_3}$, CaO, $\mathrm{CO_2}$ 세 개의 상(2개 고체상과 기체상)이 존재하므로 이 계의 자유도는 1로써 제한된다.

$$F = C - P + 2 = 2 - 3 + 2 = 1$$

계의 온도가 고정되면, 이에 따라서 계의 전체 압력(CO_2 의 압력)은 종속적으로 고정된다. 이 압력을 탄산칼슘의 분해압력이라고 부른다. 역반응의 경우도 동일하게 성립된다.

예2 예 1의 계에 질소와 같은 불활성 기체가 첨가되는 경우를 고려해 보자.
화학종의 수는 4(CaO, $CaCO_3$, CO_2, N_2)로 증가되나, 상의 수는 여전히 3(CaO, $CaCO_3$, 기체상)으로 변화가 없다. 성분수 C는 3이 되므로 이 경우 자유도는 2가 된다. 온도와 전체압력 모두를 독립적으로 임의대로 조절할 수 있다. 한 가지 유의할 점은 CO_2 의 압력은 임의 특정 온도에서 반응 평형상수로부터 정해질 수 있는 반면에, 계의 전체압력은 질소 압력 변화에 따라 변할 수 있다는 것이다.

예3 탄소, 이산화탄소, 일산화탄소 간 반응평형을 고려해 보자.

$$\mathrm{C}(s)+\mathrm{CO_2}(g)\rightarrow 2\mathrm{CO}(g)$$

이 경우 고체 탄소 및 기체상의 두 가지 상이 존재한다. 세 개의 화학종과 이들 사이에 한 가지 독립적 관계식(평형상수)이 존재하므로 성분수는 2이다. 따라서 자유도는 2가 되므로 온도와 전체압력을 각각 임의적으로(독립적으로) 정함으로써 평형반응계를 완전하게 규정지울 수 있다.

예4 엘링감도표(그림 5.8)에 나타나 있는 금속 M과 산소 간의 산화 반응을 고려하면,

$$\mathrm{M}+\mathrm{O_2}\rightarrow \mathrm{MO_2}$$

엘링감도표에서 위 반응의 평형을 나타내는 선상에서는 M, MO_2, 산소의 세 가지 상이 함께 공존할 수 있다. 세 개의 화학종과 이들 화학종 간에 한 개의 독립적 관계식(평형상수)을 쓸 수 있으며 성분수는 2이므로 상률로부터 자유도는 1이 된다. 이는 온도를 임의로 고정시키면 금속 M의 산화반응에 대한 평형 산소분압은 고정온도에 따라 종속적으로 결정됨을 의미한다.

예5 기상 암모니아(NH_3)의 분해반응을 고려해 보자.

$$2\mathrm{NH_3}\rightarrow \mathrm{N_2}+3\mathrm{H_3}$$

이 계는 한 개의 상, 즉 기체상으로 이루어지며 세 개의 화학종과 이들 사이에 한 개의 독립적 평형관계식이 성립하므로 성분수는 2 ($C=N-R=2$) 가 된다. 따라서 자유도는

3이 된다.

$$F = C - P + 2 = 2 - 1 + 2 = 3$$

이는 일정한 온도하에서(즉, 자유도 1 감소) 기체상으로 존재하는 두 성분의 분압이 임의대로 정해지면, 나머지 성분의 분압을 종속적으로 결정할 수 있음을 뜻한다. 이러한 분압 계산은 다음 평형상수 표현식으로부터 쉽게 이루어질 수 있다.

$$K = \frac{a_{N_2} a_{H_2}^3}{a_{NH_3}^2} = \frac{P_{N_2} P_{H_2}^3}{P_{NH_3}^2} \tag{7.6}$$

예6 예5에서 초기에 순수한 암모니아만 있다고 가정해 보자. 이 경우 단 하나의 성분만이 존재한다. 존재하는 화학종의 수는 예5의 경우와 같이 3이 된다. 그러나 이들 사이에는 식 (7.6)의 평형상수식을 포함한 두 개의 독립적 관계 R이 존재한다. 즉, 모든 질소 및 수소 분자는 암모니아로부터 해리된 것이므로 질소–수소간 몰비는 1:3이 되어야 한다는 부가적인 독립적 관계 조건이 평형상수 관계와 더불어 R에 추가된다. 따라서 성분수는 1 ($C = 3 - 2 = 1$)이 되고 자유도는 2 ($F = 1 - 1 + 2 = 2$)가 된다. 따라서 이 계를 완전하게 기술하기 위해서는 온도와 전체압력을 임의대로 고정시킬 수 있음을 알 수 있다.

3장에서 이미 살펴본 바와 같이 응축상 계의 열역학적 성질은 상대적으로 압력 변화에 대해 덜 민감하다. 응축상의 화학포텐셜은 압력에 따라 매우 적게 변화하므로 어느 정도 작은 압력 변화 범위에 걸쳐서는 응축상 계 내 압력변수를 무시할 수 있다. 따라서 응축상의 평형계를 규정하기 위해 고려하는 변수는 하나 줄어들게 된다. 고체 또는 액체와 같은 응축상 계에서 열역학적 성질 관계를 논할 때, 통상적으로 계의 압력은 1기압으로서 일정하다고 가정한다. 따라서 응축상 계에 대한 상률은 압력변수를 무시하여 통상적으로 다음처럼 표시한다.

$$P + F = C + 1 \tag{7.7}$$

2원계 응축상계 상태도는 2차원 공간으로 완전히 나타내질 수 있다. $P + F = 2 + 1 = 3$ 이고 상태도상에 적어도 한 개 상은 존재하므로 최대 자유도는 2가 된다. 따라서 x 축은 조성축 y 축은 온도축으로서 상안정 영역을 표시하는 2원계 상태도가 구성될 수 있다.

7.2 지레 법칙

그림 7.2에 나타난 2상 영역(고상과 액상)에서 x'_B 는 2원계의 특정 조성을 나타낸다. 온도 T_l 에서 계 내 액상 및 고상의 평형 조성은 각기 $x_{B,l}$, $x_{B,s}$ 임을 상태도로부터 알 수 있다. 전체 조성 및 공존하는 두 상에 대한 평형 조성이 주어지면, 이로부터 질량 균형식을 이용하여 공존하는 액상 및 고상의 상대적인 양적 분율을 다음처럼 결정할 수 있다.

F_l = 액상 분율, F_s = 고상 분율이라 하면 $F_l + F_s = 1$이다. B에 대한 질량 균형식을 세우면,

$$x'_B = F_l x_{B,l} + F_s x_{B,s} : \text{좌변에 } (F_l + F_s = 1)\text{를 곱해주면,}$$
$$(F_l + F_s)x'_B = F_l x_{B,l} + F_s x_{B,s}$$
$$F_l(x_{B,l} - x'_B) = F_s(x'_B - x_{B,s}) : \text{지레 법칙}$$

지레 법칙(lever rule)으로부터 조성 x'_B 에서의 액상과 고상의 양적 분율비를 다음처럼 나타낼 수 있다.

$$\frac{F_l}{F_s} = \frac{x'_B - x_{B,s}}{x_{B,l} - x'_B}$$

이로부터 액상과 고상의 분율을 각기 나타내면 다음과 같다.

$$F_l = \frac{x'_B - x_{B,s}}{x_{B,l} - x_{B,s}}, \quad F_s = \frac{x_{B,l} - x'_B}{x_{B,l} - x_{B,s}}$$

예로서 납-주석 2성분계 합금의 경우 500 K에서 2상(액상-고상) 영역 내 50 몰%의 주석을 함유한 전체 조성에서 액상의 분율을 계산해 보자. Pb-Sn 2원계 상태도 내 500 K에

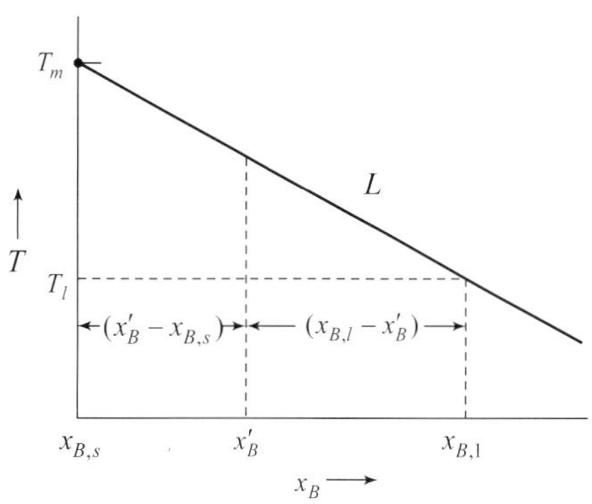

그림 7.2 공존하는 2상의 양적 분율에 대한 지레 법칙의 도해적 표현. 여기 상태도에서는 고상 성분 A중으로 B의 고용도 $x_{B,s}$ 는 무시할 정도이므로 $x_{B,s} = 0$ 이 된다

서 액상의 평형 조성은 59몰% 주석, 고상의 평형 조성은 24 몰% 주석이다. 이로부터,

$$F_l = \frac{0.50 - 0.24}{0.59 - 0.24} = 0.74$$

500 K 온도에서 평형시 이 합금은 질량분율로 74%의 액상을 함유한다. 각 상의 부피분율을 구하기 위해서는 두 상의 몰 부피를 알아야만 한다.

7.3 상태도 구성

평형상태 재료계에 존재하는 여러가지 상의 안정영역은 일반적으로 상태 규정 변수인 온도 – 압력 – 조성을 축으로 하는 공간상에 상태도로서 나타낸다. 상률에 의하면 임의 계 내 상(P)의 수가 증가함에 따라 자유도(F)는 감소한다. 따라서 임의의 성분수로 이루어진 계 내의 최대 자유도는 단일상의 안정영역($P = 1$)에서 얻어질 수 있다. 다시 말하면 단일상 영역은 가장 많은 수의 독립적 변수를 취하여 규정된다. 그러므로 완전한 상태도가 구성되는 도해 공간은 단일상 영역이 기술될 수 있도록 ($C+1$)개의 독립적 변수(자유도 F)에 대한 축으로서 이루어진다($P + F = C + 2 \Rightarrow 1 + F = C + 2 \Rightarrow F = C + 1$). 단일성분계의 상태도는 $F = 2$이므로 상태 규정 변수(T, P)의 2차원 공간으로 완전하게 구성될 수 있다; 2원계 상태도는 $F = 3$이므로 일반적으로 (T, P, X_2)축의 3차원 공간이 요구된다; 3원계 상태도는 4차원 공간 (T, P, X_2, X_3)이 필수적으로 요구되나 이는 일정 압력하 3차원 공간으로 표시된다.

3원계 내 존재 가능 상에 대한 안정영역 및 양적 표현을 2차원 지면공간으로 나타내기 위해서는 3차원 공간 상태도에 대한 임의 등온 단면을 취해 얻어지는 2차원 상태도(3차원 상태도의 2차원적 투영도와 다른 점에 유의하라)를 주로 사용한다. 다원계 단면 상태도는 계의 독립 변수 중 일부를 적절한 값으로 고정시킴으로써 얻어질 수 있다. 상태도 작성시 사용되는 변수(온도, 압력, 성분조성) 함수로서의 단일성분계 상태도와 2원계 및 3원계 상태도에 대한 2차원적 단면 상태도가 그림 7.3에 각각 나타나 있다.

일반적으로 2원계 상태도는 일정한 압력(일반적으로 1기압)조건에 대해서 2차원적 평면으로 구성되며, 3원계 상태도는 계의 온도와 압력을 고정시킴으로써 성분조성에 대해 2차원적 공간으로 구성되어 진다. 벌크재료에 대한 상태도 내에 2가지 이상의 상이 공존하는 영역에서는 평형조건에 의해 일정한 T, P 및 이들 상 간에 성분 화학포텐셜 μ_k가 모두

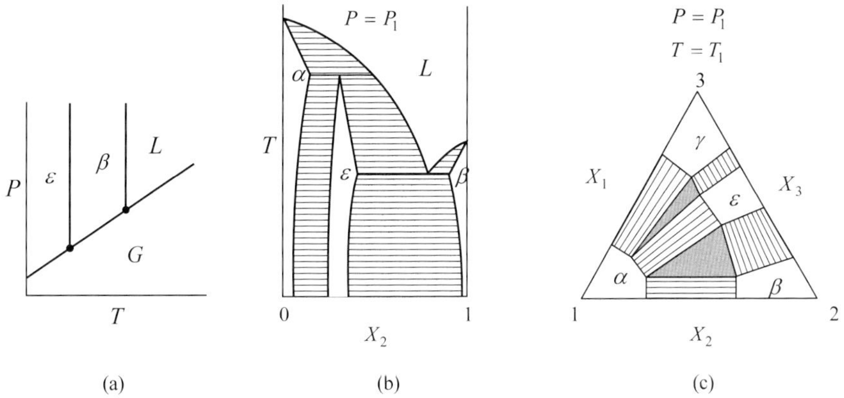

그림 7.3 단일성분계(a), 2원계(b), 3원계(c) 상태도의 2차원공간 개략도

동일한 값으로 유지될 필요가 있다(열역학 2법칙에 의한 상평형 조건). 그러므로 이들 평형조건 중 일부를 일정하게 고정시켜 2개의 독립 변수만으로 구성된 단면(2차원) 상태도는 간편하게 공업적으로 유용하게 이용될 수 있다.

다성분계 상태도의 단순한 형태는 T, P 와 성분 화학포텐셜$(\mu_2, \mu_3, \cdots, \mu_c)$을 축으로 하는 공간으로서 표현된다. 화학포텐셜 축은 이와 상응하는 활동도로써 대체 사용하는 것이 편의상 일반적이다. 2원계에 대한 상태도는 $P-T-a_2$ 를 축으로 하는 3차원 공간으로 완전하게 구성될 수 있다[그림 7.4(a)]. 이 계에 5가지 상[고상 고용체인 α, β, ε 및 기상(G), 액상(L)]이 존재한다고 가정해 보자. 이 경우 3차원 상태도 상에서 단일상 영역은 부피공간으로($F=3$), 2상이 공존하는 영역은 표면으로($F=2$), 3상 영역은 3개의 단일상 안정영역이 함께 만나는 3중선으로($F=1$), 4상 공존 영역은 4중점으로($F=0$) 각각 표시된다. 그림 7.4(c)는 성분의 활동도 대신 몰분율 농도로서 대체하여 표현한 (T, x_2) 공간 내 2원계 상태도로서 그림 7.4(b)보다 더 복잡한 형태를 띠고 있다. 그림 7.4(b)는 일정한 압력에 대한 그림 7.4(a)의 단면상태도이다. 상 α 와 ε 안정영역을 구분하는 선상의 점 Q는 2상 α, ε 을 평형상태로 공존케 하는 3변수(T, P, a_2)의 조합을 나타낸다. 이러한 벌크재료 2상 평형계에선 상 α 의 상태를 규정하는 3변수의 조합$(T^\alpha, P^\alpha, a_2^\alpha)$과 상 ε 의 상태를 규정하는 변수조합$(T^\varepsilon, P^\varepsilon, a_2^\varepsilon)$ 간에 $T^\alpha = T^\varepsilon, P^\alpha = P^\varepsilon, \mu_2^\alpha = \mu_2^\varepsilon$ 의 평형조건 관계가 성립하므로 동일한 점이 된다: 성분 2의 표준상태를 두 상 모두에 대해서 동일하게 정의하면 평형조건 $\mu_2^\alpha = \mu_2^\varepsilon$ 은 $a_2^\alpha = a_2^\varepsilon$ 관계로써 대체할 수 있다. 그림 7.4(b)에서 상 α 와 ε 간 2상 평형상태를 나타내는 동일한 점 Q가, 그림 7.4(c) 단면상태도(T, x_2)에서는 2상에 대한 각각의 평형조성 X_2^α, X_2^β 가 동일하지 않으므로, 한쌍의 분리된 두 점 (Q_1, Q_2) 으로써 나타난다. 즉, 2상 공존 영역내 공액선 $Q_1 - Q_2$ 가 이루어진다(7.5절 참조). 그림 7.3(b), (c) 및 그림 7.4(c)의 2상 공존 영역 내부 직선은 공액선을 나타낸다.

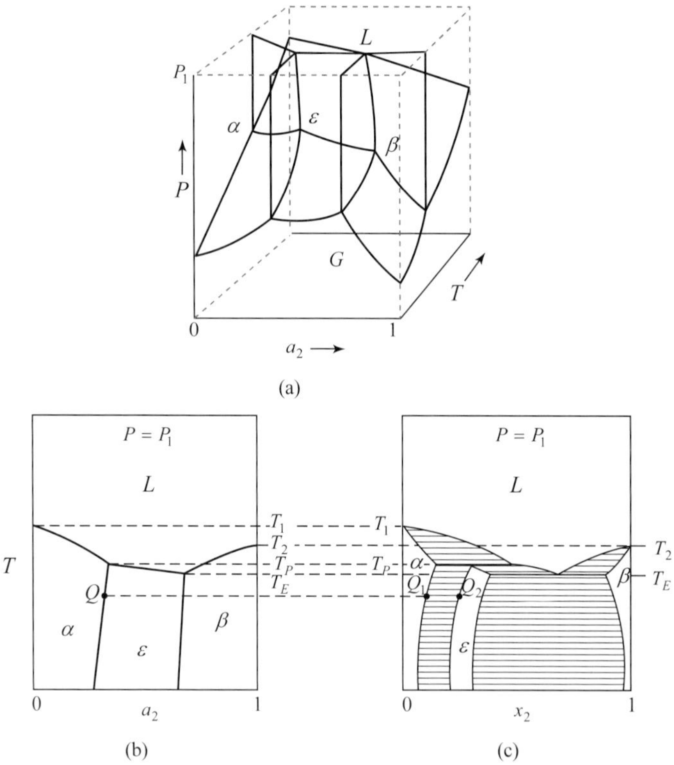

그림 7.4 고상 고용체로 상 $\alpha, \beta, \varepsilon$ 을 고려한 2원계 상태도(T_P : 포정 상전이 온도, T_E : 공정 상전이 온도) (a) (T, P, a_2) 공간축으로 구성된 상태도 (b) 일정한 압력에서 상태도(a)의 단면 상태도 [(T, a_2) 축으로 구성된 2차원 상태도] (c) 상태도(b)를 (T, X_2) 축으로 변형 구성한 2차원 상태도

7.4 자유에너지-조성(G-X) 도표

계 내에 존재할 수 있는 상들의 안정영역과 이들 간 열역학적 상호 안정성 우위 비교는 이들에 대한 자유에너지 - 조성 (G - X)도해에 의해서 간편하게 가시화될 수 있다. (G - X) 도해는 일정 압력 및 온도하에서 특정 상에 대해 성분 활동도 함수로서의 혼합 깁스 자유에너지 변화, ΔG_m (ΔG_M 또는 G_M 과 혼용)을 성분조성 X로 나타낸 플롯이다.

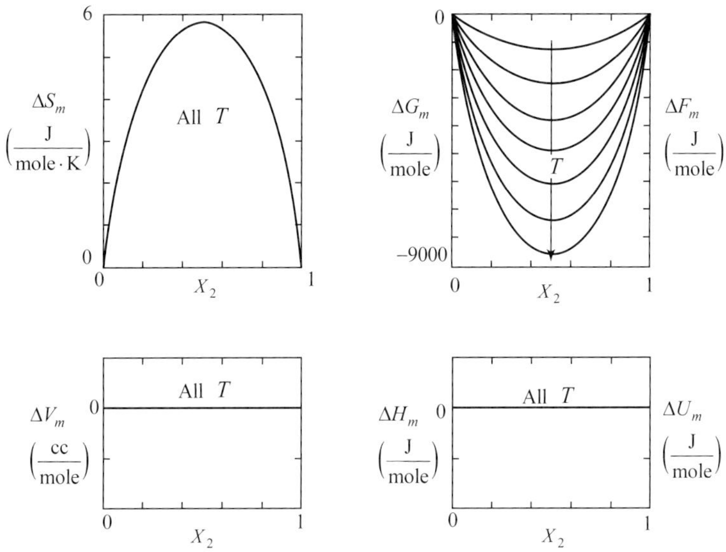

그림 7.5 조성함수로 나타낸 이원계 이상용액의 열역학 성질 도해.
응축상 용액계: $\Delta G_m = \Delta F_m$, $\Delta H_m = \Delta U_m$

표 7.1 이상용액의 열역학 성질

분몰 성질	혼합 용액 성질
$\Delta \bar{G}_k = RT \ln X_k$	$\Delta G_m = RT \sum_{k=1}^{c} X_k \ln X_k$
$\Delta \bar{S}_k = -R \ln X_k$	$\Delta S_m = -R \sum_{k=1}^{c} X_k \ln X_k$
$\Delta \bar{V}_k = 0$	$\Delta V_m = 0$
$\Delta \bar{H}_k = 0$	$\Delta H_m = 0$
$\Delta \bar{U}_k = 0$	$\Delta U_m = 0$
$\Delta \bar{F}_k = RT \ln X_k$	$\Delta F_m = RT \sum_{k=1}^{c} X_k \ln X_k$

$$\Delta G_m = \sum_{i=1}^{c} \mu_i X_i - \sum_{i=1}^{c} \mu_i^o X_i = \sum_{i=1}^{c} (\mu_i - \mu_i^o) X_i = RT(\sum_{i=1}^{c} X_i \ln a_i)$$

그림 7.5는 일련의 온도에 대한 2원계 이상용액의 자유에너지-조성 도해를 나타내고 있다. 아래로 볼록한 ΔG_m 포물선 곡선은 다음 형태의 수학적 표현식을 나타낸다(표 7.1).

$$\Delta G_m = RT \sum_{i=1}^{c} X_i \ln X_i = RT(X_1 \ln X_1 + X_2 \ln X_2) \tag{7.8}$$

이상용액 $(\Delta G_m - X_2)$ 곡선은 $X_2 = 0.5$ 를 중심으로 한 대칭 포물선 형태이며 $X_2 = 0$ 및 $X_2 = 1$ 조성축에서 수직의 접선 기울기를 나타낸다. 조성 $X_2 = 0.5$ 에서 나타나는 최소치 깁스 자유에너지 변화는 $-RT\ln 2$ 이며, 이는 온도 증가에 따라 직선적으로 증가한다. 본 교재에서 $(\Delta G_m - X)$ 도해는 이후 (G−X)도해로서 언급된다. 이원계 이상용액의 ΔG_m 포물선은 $X_2 = 0.5$ 에서 최소점(조성에 대한 ΔG_m 일차미분= 0)을 나타낸다.

관심 온도구간에 걸쳐 순수성분 1, 2의 기준상태를 주어진 이상용액과 동일한 상으로 각각 정해 이상용액상에 대한 ΔG_m 대 X_2 플롯을 하므로서 $X_2 = 0.5$ 를 중심으로 한 대칭 포물선이 얻어질 수 있다. 이상용액상과 다른 상으로 순수성분 1 또는 2의 기준상태가 정해져 이상용액상의 ΔG_m 대 X_2 플롯을 하면 비대칭형 아래로 볼록한 포물선 형태가 얻어진다[식(7.14), (7.15) 참조]. 이 경우 $X_1 = 0$ 또는 $X_2 = 0$ 에서의 ΔG_m 수치가 그림 7.5와는 달리 0이 될 수 없음에 유의바란다.

이상용액이 아닌 일반 용액에 대한 $(G - X)$ 곡선 형태의 수식적 표현은 다음처럼 주어진다.

$$\Delta G_m = RT\sum_{i=1}^{c} X_i \ln a_i = RT(\sum_{i=1}^{c} X_i \ln X_i + \sum_{i=1}^{c} X_i \ln \gamma_i)$$

$$\Delta G_m = RT\left(X_1 \ln X_1 + X_2 \ln X_2\right) + G_m^{xs} = \Delta G_m^{ideal} + G_m^{xs} \tag{7.9}$$

여기서 잉여 혼합자유에너지, G_m^{xs} 는 성분 활동도계수 관련 항으로 양 또는 음의 수치가 될 수 있으며 일반적으로 조성, 온도 및 압력에 대한 의존도를 지닌다[식(6.43)]. 그림 7.6과 7.35는 이상적 혼합자유에너지 곡선이 잉여 자유에너지 기여도에 의해 어떻게 비이상적 용액 ΔG_m 곡선 형태로 변할 수 있는지를 잘 나타내주고 있다. 잉여 자유에너지에 대한 다양한 용액모델은 6장에 자세히 언급되어 있다. G_m^{xs} 의 성분조성 및 온도 의존함수 표현식이 바로 용액모델이 된다. 한편 비이상 용액에 대한 다양한 자유에너지−조성 도해 가운데 몇가지 예시가 6.5절에서 다룬 그림 6.9 및 6.10에 나타나 있다.

계 내에 존재할 수 있는 모든 상은 온도에 따라 그 자체의 고유한 자유에너지−조성 관계를 나타낼 수 있다[식(7.9)]. 특정온도에서 이들로부터 얻어지는 단상 안정 조성영역과 2상 및 3상 공존 조성영역은, 계 내 존재 가능한 모든 상에 대한 (G−X) 도해 곡선들 간 경쟁적 상호 안정성 우위를 비교함으로써 가시화될 수 있다. 이러한 상들간 혼합자유에너지의 상호 수치 비교가 의미를 지닐 수 있기 위해선, **반드시 모든 상에 대해 이들 구성 성분의 분몰 자유에너지가 모두 동일한 순수성분 기준상태에 대한 상대적인 값으로 언급되어야 할 필요성이 있다.**

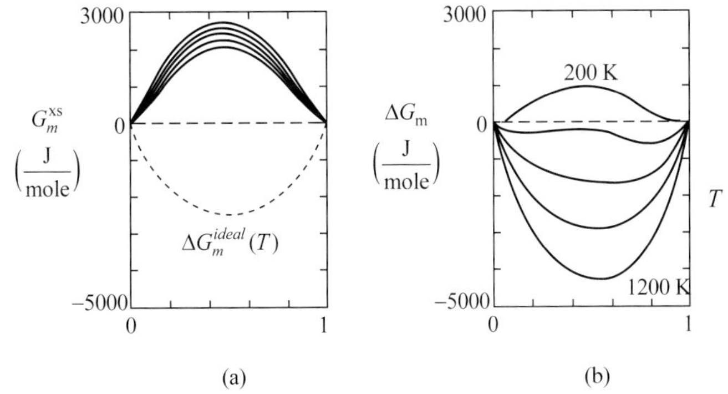

그림 7.6 온도에 따른 혼합자유에너지-조성 도해에 미치는 잉여 자유에너지 영향도(단순규칙용액: $G_m^{xs} = \Delta H_m = w x_A x_B$) G_m^{xs} 가 양수의 큰 값을 보이면 낮은 온도 영역에서 아래로 볼록한 ΔG_m 포물선은 W 형태의 기복형 포물선을 나타낼 수 있다.

동일기준상태 선정

각 상에 대해 작성되는 (G – X)곡선은 식(7.9)에 따라 초기의 혼합되지 않은 순수 성분으로부터 용액이 생성되는 혼합과정으로 야기되는 깁스 자유에너지 변화의 조성함수 표현, $\Delta G_m(X)$ 가 된다. 용액 구성 성분의 혼합전 초기 상태조건을 그 성분에 대한 기준상태라 부른다. 기준상태는 압력, 온도, 조성, 상형태의 4가지 상태인자를 지정해야만 규정지을 수 있다.

기준상태는 계의 모든 구성 성분에 대해서 각각 정의되어야 한다.

용액모델에 근거한 용액상 혼합자유에너지 $\Delta G_m(X)$ 표현을 위해서 일반적으로 구성 성분의 혼합전 초기상태(기준상태) 요건을 다음처럼 4가지 상태인자에 대해 설정한다.

용액모델에 의한 혼합 용액상 $\Delta G_m(X)$ 계산을 위한 용액구성 성분 기준상태 요건

- 압력 및 온도 : 혼합 용액상과 동일한 압력 및 온도
- 조성 : 순수 구성 성분
- 상형태 : 혼합 용액상과 동일한 상

이에 따른 예로서 특정 용액모델을 채택 사용하여 1기압, 750 K 온도에서 2원계 액상용액의 혼합자유에너지를 계산하는데 있어서, 성분 1에 대한 기준상태는 750 K, 1기압하의 순수 액상 1로, 성분 2에 대해선 750 K, 1기압하 순수 액상 2로써 설정 할 수 있다. 용액모델에 따라 동일 온도, 압력하에서 액상의 순수 성분 1과 2 기준상태 설정에 근거한 액상 용액의 혼합자유에너지와 고상 순수 성분 1 및 2를 기준상태로한 고상 용액의 혼합

자유에너지 수치 간 직접적인 상호 크기비교는 타당성 의미가 없으며 일관되지 않게 된다.

액상과 고상용액 혼합자유에너지 간의 타당성 있는 직접적 상호간 수치 크기 비교는 용액 구성성분 1에 대한 기준상태를 액상 및 고상 용액에 대해 모두 동일하게 정하고, 아울러 성분 2의 기준상태도 두 용액에 대해 동일한 상으로 설정해야만 오로지 가능하다. 따라서 이러한 상간 혼합자유에너지 상호 수치 비교를 위해서는 다른 두 용액 중 어느 한 용액의 혼합거동(혼합자유에너지) 계산시 구성성분의 기준상태를 변환시키는 작업이 필요하다. 구성성분에 대해 어떤 기준상태를 선택하는가에 대한 결정은 편의상의 문제이다. 단지 서로 다른 두 상 내 성분 1에 대해 기준상태가 동일하게 정해지고, 아울러 성분 2의 기준상태도 두 상에 대해 동일하게 정해지는 필수 요건만이 갖추어지면 된다. 구성성분의 기준상태를 바꾸는 절차는 매우 간단하다. 기준상태 전환시 필요한 열역학 자료는 성분 i의 서로 다른 두 기준상태 간 표준 깁스 자유에너지의 차이, $\Delta G_i^{o,L\rightarrow\alpha}$ 이다.

이원계 상에 대한 혼합 깁스 자유에너지 표현시 기준상태 선정을 명시하는 방법에 대해 구체적으로 기술해 보자.

$$\Delta G_m^{\alpha}\{\alpha;\alpha\} = X_1^{\alpha}\left(\overline{G}_1^{\alpha} - G_1^{o\alpha}\right) + X_2^{\alpha}\left(\overline{G}_2^{\alpha} - G_2^{o\alpha}\right) \tag{7.10}$$

$$\Delta G_m^{L}\{L;L\} = X_1^{L}\left(\overline{G}_1^{L} - G_1^{oL}\right) + X_2^{L}\left(\overline{G}_2^{L} - G_2^{oL}\right) \tag{7.11}$$

여기서 G_1^o, G_2^o 는 순수 성분 1,2의 몰 깁스 자유에너지를 나타내며, 정확하게는 $\underline{G}_1^o, \underline{G}_2^o$ 로 표시되야 하나 편의상 아래 밑줄을 생략하고 G_1^o, G_2^o 로 표시함에 유의하라. 식(7.10), (7.11)은 용액모델에 의한 상 α 및 L의 $\Delta G_m^L(X)$ 표현식이다.

좌변 중괄호 안의 기호는 성분 1과 2에 대한 기준상태 선정을 나타내며, 이는 우변의 G_i^o 상 윗 첨자(상)에 의해 실체화 된다. 앞서 언급했듯이 두 용액 상 α, L 의 혼합거동에 대한 상호간 상 안정성 우위 비교를 직접적으로 행할 수 있기 위해서는, 두 용액의 각 구성성분에 대한 기준상태를 공히 동일하게 정할 필요가 있다. 이는 다음처럼 4가지 기준상태 선정 조합방법으로 이루어질 수가 있다.

	I	II	III	IV
α 용액 구성성분에 대한 기준상태:	$\{\alpha;\alpha\}$	$\{\alpha;L\}$	$\{L;\alpha\}$	$\{L;L\}$
L 용액 구성성분에 대한 기준상태:	$\{\alpha;\alpha\}$	$\{\alpha;L\}$	$\{L;\alpha\}$	$\{L;L\}$

이상 4가지 기준상태 설정 방법은 성분 1에 대한 기준상태가 두 가지 용액상에 모두 대해 동일하며, 아울러 성분 2에 대한 기준상태도 두 상에 대해 동일해야 한다는 필수 요건을 만족시킨다.

기준상태 변환

용액 구성성분 기준상태를 바꾸는 절차를 설명하기 위해서 두 용액상에 대해 조합 II로 표기된 기준상태를 선정해 보자. 이 기준상태를 적용하면 식(7.10)과 (7.11)을 다음처럼 고쳐 쓸 수 있다.

$$\Delta G_m^{\alpha}\{\alpha;L\} = X_1^{\alpha}\left(\overline{G}_1^{\alpha} - G_1^{o\alpha}\right) + X_2^{\alpha}\left(\overline{G}_2^{\alpha} - G_2^{oL}\right) \tag{7.12}$$

$$\Delta G_m^{L}\{\alpha;L\} = X_1^{L}\left(\overline{G}_1^{L} - G_1^{o\alpha}\right) + X_2^{L}\left(\overline{G}_2^{L} - G_2^{oL}\right) \tag{7.13}$$

식(7.10)과 (7.12)를 주의깊게 비교해 보면 이들 식의 좌변에 명시된 기준상태에 따라 우변 $G_2^{o\alpha}$ 항이 G_2^{oL} 로 바뀌었음을 알 수 있다; 식(7.11)의 G_1^{oL} 항은 식(7.13)에서 $G_1^{o\alpha}$ 로 바뀌었다. 두 용액상에 대한 혼합자유에너지 변화 표현식에서 G_i^{o} 항은 성분 1에 대하여 $G_1^{o\alpha}$ 그리고 성분 2에 대하여 G_2^{oL} 로서 각각 동일하다. 이렇게 두 성분에 대해 각기 동일한 기준상태를 선정하여 혼합에너지를 표현하면, 두 용액 상의 혼합 거동에 대한 상호간 혼합에너지 수치 비교로부터 직접적으로 이들 상간 안정성을 살펴볼 수 있다.

두 성분이 서로 다른 기준상태를 지닌 용액상 α 혼합자유에너지 표현식(7.12)를 서로 동일한 기준상태 선정에 의한 상 α 혼합에너지 표현식(7.10)과 연관시키기 위해서 식(7.12)의 두 번째 항 괄호 내에 단순히 $G_2^{o\alpha}$ 를 더하고 빼줄 수 있다.

$$\begin{aligned}\Delta G_m^{\alpha}\{\alpha;L\} &= X_1^{\alpha}\left(\overline{G}_1^{\alpha} - G_1^{o\alpha}\right) + X_2^{\alpha}\left(\overline{G}_2^{\alpha} - G_2^{o\alpha} + G_2^{o\alpha} - G_2^{oL}\right) \\ &= X_1^{\alpha}\left(\overline{G}_1^{\alpha} - G_1^{o\alpha}\right) + X_2^{\alpha}\left(\overline{G}_2^{\alpha} - G_2^{o\alpha}\right) + X_2^{\alpha}\left(G_2^{o\alpha} - G_2^{oL}\right)\end{aligned}$$

우변의 처음 두 항은 용액모델에 의한 ΔG_m^{α} 표현식(7.10)의 우변과 동일하다. 즉, 특정 온도 및 압력 하에서 성분 1,2 기준상태가 모두 α 로 동일하게 선정된 용액모델로부터 계산되는 $\Delta G_m\{\alpha;\alpha\}$ 를 나타낸다. 마지막 괄호 항은 순수 성분 2가 액상 L 로부터 α 상으로 변할 때의 몰당 표준자유에너지 변화를 나타낸다. 즉, 성분 2의 기준 상태 변환 ($L \to \alpha$)에 따른 표준자유에너지 변화이다.

$$G_2^{o\alpha} - G_2^{oL} = \Delta G_2^{oL\to\alpha}$$

따라서 식(7.12)는 용액모델에 따른 ΔG_m^{α} 표현식과 해당성분 기준상태 변환식으로서 다음처럼 쓸 수 있다.

$$\Delta G_m^{\alpha}\{\alpha;L\} = \Delta G_m^{\alpha}\{\alpha;\alpha\} + X_2^{\alpha}\,\Delta G_2^{oL\to\alpha} \tag{7.14}$$

액상 용액에 대해서도 유사한 방법에 따라 식(7.13)을 써보면,

$$\Delta G_m^L\{\alpha; L\} = \Delta G_m^L\{L; L\} + X_1^L \Delta G_1^{o\alpha \to L} \quad (7.15)$$

이들 식 우변의 첫째 항은 식(7.8)이나 식(7.9)처럼 6장에서 다루어진 특정 용액모델(이상용액, 규칙용액, 비이상용액 모델)로부터 결정될 수 있다. 두 번째 항은 순수 구성성분 기준상태 변환에 따른 액상 L과 고용체상 α 간의 깁스 자유에너지 차이로서 열역학 자료로부터 계산된다(그림 7.13).

그림 7.7은 이상용액상 L, α 에 대한 ΔG_m 도해를 예로서 나타내고 있다. 그림 7.7(a)는 성분 2에 대한 기준상태 변환 $(\alpha \to L)$ 이 α 상에 대한 (G－X)곡선 모양새에 미치는 영향도를 설명하고 있다. 이 경우에 기준상태 변환으로 성분조성(몰분율)에 따라 직선적으로 변하는 보정항 $X_2^\alpha \Delta G_2^{oL \to \alpha}$ 이 추가됨을 식(7.14)로부터 알 수 있다. 그림 7.7(a)의

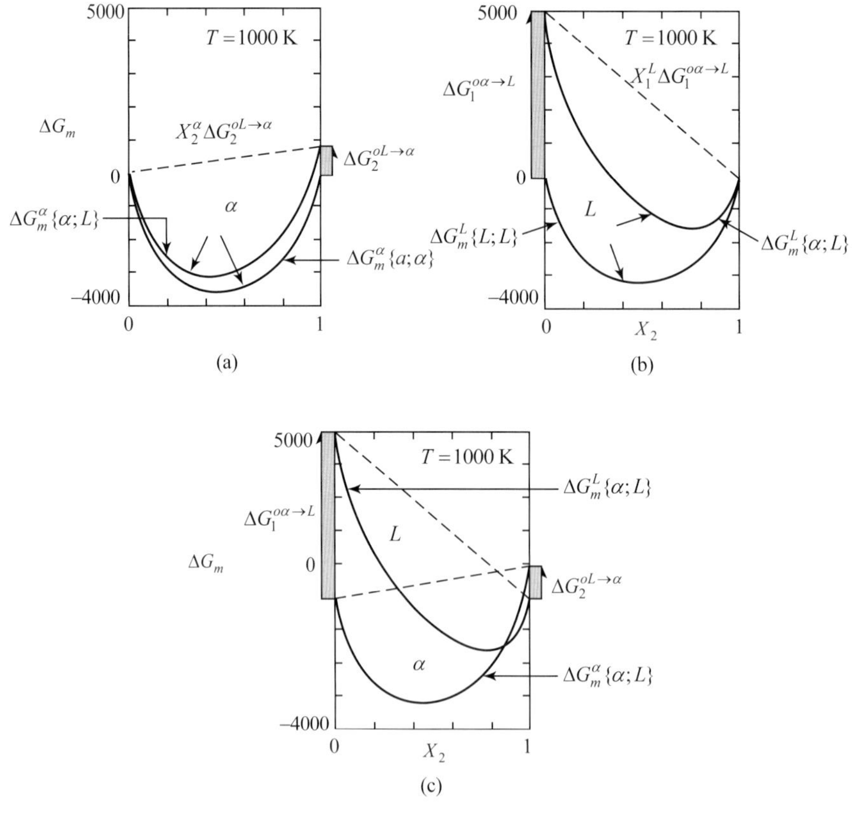

그림 7.7 순수성분 1과 2의 기준상태의 변화가 고용체 α (a) 및 액상용액 L (b)의 G−X ($\Delta G_m(X)$) 도해 형태에 미치는 영향도. (c) 구성성분의 기준상태가 서로 일관되게 동일하므로 두 상(α, L)에 대한 혼합거동의 상대적 안정성 우위 결정을 위해 직접적 수치 비교가 가능한 혼합자유에너지 도해

점선은 이러한 직선적 변화 플롯을 나타낸다. 점선직선 양 끝단의 좌표점은 ($X_2 = 0$, $\Delta G_m = 0$)과 ($X_2 = 1$, $\Delta G_m = \Delta G_2^{oL \to \alpha}$)이다. 따라서 $\Delta G_m^{\alpha}\{\alpha; L\}$ 곡선은 (G－X)도표 양 축상의 좌표점 (0, 0)으로부터 $(1, \Delta G_2^{oL \to \alpha})$ 에 걸치는 포물선이 된다.
이에 따라서 이상용액상 $\Delta G_m^{\alpha}\{\alpha; a\}$ 도해는 $X_2 = 0.5$ 기준으로 한 좌우대칭 포물선 형태이나 동일한 이상용액상의 $\Delta G_m^{\alpha}\{\alpha; L\}$ 도해는 비대칭형 포물선 형태가 된다. 이 예는 구성성분 기준상태 선정이 $\Delta G_m(X)$ 포물선 형태에 미치는 영향도를 잘 설명해 준다.
마찬가지 방법으로 액상용액에 대한 기준상태 변환으로부터 얻어진 혼합 깁스 자유에너지 $\Delta G_m^{L}\{\alpha; L\}$ 도해가 그림 7.7(b)에 나타나있다. 이 경우 식(7.15)의 두번째 항에 해당하는 양편 조성 수직축상의 걸림점 $(X_2, \Delta G_m)$ 좌표는 $(O,\ \Delta G_1^{o\alpha \to L})$ 과 (1,0)이 된다.
이제 두 곡선은 기준상태로 고상 α 의 순수성분 1 및 액상의 순수성분 2를 선정해 계산된 각 상의 혼합 깁스 자유에너지 변화를 나타내게 된다. 이들 혼합 깁스 자유에너지 곡선을 그림 7.7(c)처럼 동일한 도표 상에 중첩시켜 나타낼 수 있다. 이로부터 α 및 액상 용액의 혼합거동에 대해 직접적으로 상호간 수치를 비교하므로서 조성에 따른 최소 자유에너지를 지니는 안정상 영역을 결정할 수 있다.

위에 언급한 (G－X)곡선 작도는 4가지 가능한 기준상태 조합 중 예시로 택한 특정 한 조합에 초점을 맞추어 (G－X)도해 작성이 이루어졌다. 이와 다른 기준상태 조합을 선정할 경우에는 $\Delta G_m\{i; j\}$ 표현 식(7.14-15) 우변의 둘째 보정항이 전혀 다른 직선적 증가 경향을 나타내므로 그림 7.7에서와는 다른 점선직선이 (G－X)도해상에 첨가된다.
일반적 원칙으로 특정 상에 대한 구성성분의 기준상태 선정은 해당 (G－X) 당김현 곡선(포물선)이 $X_2 = 0$ 또는 $X_2 = 1$ 축과 교차하는 점의 절편값을 결정짓는다. 구성성분 모두에 대한 기준상태가 주어진 용액상과 동일한 상 형태를 나타낸다면 (G－X) 당김현 곡선은 양편 순수성분 축상의 원점(0,0)에 각각 걸치게 된다. 반면에 용액 구성성분에 대한 기준상태의 상 형태가 주어진 용액 상과 다르다면 (G－X)곡선은 해당 순수성분 세로축상에서 그 용액상과 기준상태 상 형태간 변환에 따른 자유에너지 차이값에 해당하는 점에 걸치는 포물선이 된다(그림 7.7참조).
주어진 온도에서 순수성분(X_2)의 상형태가 관심 용액상에 비해 열역학적으로 안정한 상이면 해당성분 깁스자유에너지는 세로축 $(X_2 = 0)$ 상 원점 0보다 아래에, 반면에 불안정한 상이면 세로축상 원점보다 위에 위치한 점에 자리하게 된다. 한편 순수성분이 관심 용액상 형태로 안정한 경우 순수성분 깁스자유에너지는 세로축상 원점 0에 위치하게 된다.

용액 구성성분에 대한 기준상태의 변화는 그 용액 내 성분의 활동도 즉, 활동도계수의 변화를 야기시킨다. 활동도 정의를 나타내는 식(7.16)은 성분 기준상태에 대한 화학포텐셜을 내포하고 있다.

용액중 성분 k 분몰 깁스자유에너지는,

$$\mu_k - \mu_k^o = RT \ln a_k \tag{7.16}$$

순수성분 2 기준상태로 상 α를 정하여 식(7.16)을 α 상 성분 2에 대해 나타내면,

$$\mu_2^\alpha - \mu_2^{o\alpha} = \overline{G}_2^\alpha - G_2^{o\alpha} = RT \ln a_2^\alpha \tag{7.17}$$

이와는 달리 α 상 성분 2의 활동도를 순수성분 2 기준상태로서 β 상을 정하여 나타내면,

$$\mu_2^\alpha - \mu_2^{o\beta} = \overline{G}_2^\alpha - G_2^{o\beta} = RT \ln a_2^{'\alpha} \tag{7.18}$$

식(7.17) 및 (7.18)로부터 활동도 $a_2^{'\alpha}$ 는 분명히 a_2^α 와 다름을 알 수 있다. 반면에 식(7.17) 좌변의 μ_2^α 는 식(7.18)의 μ_2^α 와 동일한 화학포텐셜 수치이다.

식(7.18)의 좌변에 $G_2^{o\alpha}$ 를 빼주고 더하면,

$$\left(\overline{G}_2^\alpha - G_2^{o\alpha}\right) + \left(G_2^{o\alpha} - G_2^{o\beta}\right) = RT \ln a_2^{'\alpha}$$
$$RT \ln a_2^\alpha + \Delta G_2^{o\beta\to\alpha} = RT \ln a_2^{'\alpha}$$

기준상태 변환에 따른 새로운 활동도 $a_2^{'\alpha}$ 에 대해 위식을 정리하면,

$$a_2^{'\alpha} = a_2^\alpha \exp\left(\Delta G_2^{o\beta\to\alpha} / RT\right) \tag{7.19}$$

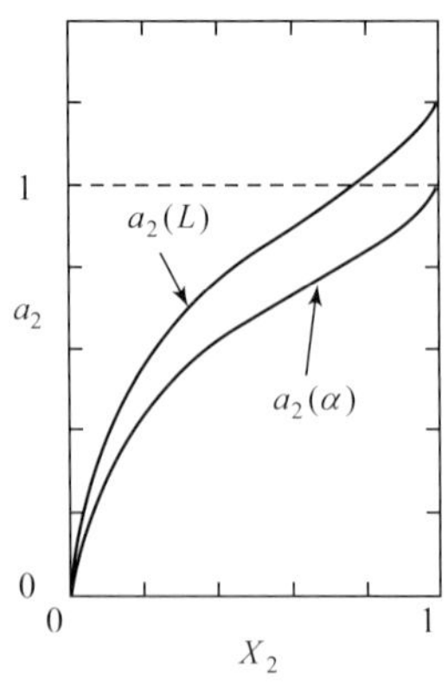

그림 7.8 용액 중 성분 2의 기준상태를 $\{\alpha\}$ 로 선정한 경우 조성에 따른 α 상 내 성분 2의 활동도$(a_2(\alpha) = a_2^\alpha)$ 와 동일 성분 2 기준상태로 $\{L\}$ 을 선정해 구한 활동도 $(a_2\{L\} = a'^{\alpha}_2)$ 간 상호 비교. 여기선 $\Delta G_2^{oL\to\alpha}$ 가 양의 수치를 나타낸다.

순수성분 기준상태 변환에 따른 이러한 활동도 보정 수치식(7.19)는 활동도계수로도 나타내질 수 있다. 성분 2의 기준상태로서 β상을 고려한 α상내 성분 2의 활동도 $a_2'^{\alpha}$ 는,

$$a_2'^{\alpha} = \gamma_2'^{\alpha} X_2^{\alpha} = \gamma_2^{\alpha} X_2^{\alpha} \exp\left(\Delta G_2^{o\beta \to \alpha} / RT\right)$$

$$\gamma_2'^{\alpha} = \gamma_2^{\alpha} \exp\left(\Delta G_2^{o\beta \to \alpha} / RT\right) \tag{7.20}$$

따라서 성분 2에 대한 기준상태의 변화($\alpha \to \beta$)는 일정온도에서 전 조성에 걸쳐 활동도 또는 활동도계수에 상수인자 [$\exp(\Delta G_2^{o\beta \to \alpha} / RT)$]를 곱하는 효과를 야기한다. 그림 7.8에 개략적으로 나타나 있듯이 활동도 곡선은 전 조성에 걸쳐서 세로축 상으로 일정 상수인자를 동일하게 곱한 수치만큼 늘어난 곡선이 된다. 이런 상수인자는 식(7.20)처럼 온도에 지수 의존도를 나타낸다.

7.5 공통접선 작도

2원계 상태도 내 2상 공존영역은 다음 3가지(열적, 역학적, 화학적) 평형조건에 의해 결정됨을 4장에서 언급하였다.

$$T^{\alpha} = T^{\beta}, \; P^{\alpha} = P^{\beta}, \; \mu_1^{\alpha} = \mu_1^{\beta}, \; \mu_2^{\alpha} = \mu_2^{\beta}$$

이러한 평형조건 관계는 그림 7.9처럼 공통접선 작도법에 의해 도식적으로 표현될 수 있다. 이 (G – X) 도해 곡선은 일정한 압력 및 온도에 대해서 작도된 것이므로 2상 간 역학적(P) 및 열적(T) 평형조건은 곡선 상 모든 점에서 만족된다. 구체적인 설명을 위해 상 β를 액상 L로 고려하자. 상 α와 액상 L 간의 화학적 평형조건은 공통접선 작도법에 의해 그림 7.9의 점 N과 P에 해당하는 한 쌍의 조성(X_2^{α}, X_2^{L})으로 규정되는 농도구간에서만 오로지 만족된다.

크기 열역학 성질 ΔB_m이 조성의 함수로 주어진 경우, 조성 X_2에서의 분몰 크기 성질, $\Delta\bar{B}_1$ 및 $\Delta\bar{B}_2$는 기하학적으로 조성 X_2에서 ΔB_m 곡선 상에 그려진 접선이 도표 양쪽 세로축 상과 만나는 교점으로서 각각 주어진다. (G – X)플롯 상에서 이러한 교점은 조성 X_2인 용액 중 각 성분의 분몰 깁스 자유에너지 G_i (또는 μ_i)에 해당하며, 이는 혼합자유에너지 ΔG_m 도해 작성시 각 구성성분에 대해 선정된 기준상태, G_i^o (또는 μ_i^o) 값에 대한 상대적인 수치이다[그림 (6.8)]. 따라서 $G_i(\mu_i) - G_i^o(\mu_i^o) = \Delta\bar{G}_i(\Delta\mu_i) = RT \ln a_i$.

두 상에 대한 (G－X)곡선은 2상 공존 영역 존재시 서로 교차하므로 그림 7.9처럼 두 곡선에 공히 접하는 공통접선을 그어서 접점 X_2^α, X_2^L 로 표기된 한 쌍의 조성점을 얻을 수 있다. 공통접선과 양쪽 세로축 $(X_2=0, X_2=1)$ 간의 교점(절편)은 그림 7.9에 A와 B로 각기 표기되어 있다. 점 A는 조성 X_2^α 인 α 용액 내 성분 1의 화학포텐셜과 조성 X_2^L 인 액상용액 내 성분 1의 화학포텐셜을 동시에 나타냄을 알 수 있다[즉, $\mu_1^\alpha(X_2^\alpha)$, $\mu_1^L(X_2^L)$]. $X_2=0$ 축상 영점(기준상태, μ_1^o)과 점 A(μ_1)사이 수치인 $\Delta\mu_1^\alpha$ 또는 $\Delta\mu_1^L$ 을 수식으로 표현하면,

$$\Delta\mu_1^\alpha = \left[\mu_1^\alpha\left(X_2^\alpha\right) - \mu_1^{o\alpha}\right] = \Delta\mu_1^L = \left[\mu_1^L\left(X_2^L\right) - \mu_1^{o\alpha}\right]$$

그림 7.9 (G－X)도표 상에서 2상 내 성분 1에 대한 기준상태는 모두 상 α 형태로 동일하게 선정되었음에 유의하라. 아울러 성분 2에 대한 기준상태는 2상 모두 L상으로 선정되어 있다. 즉 [$\Delta G_m^\alpha\{\alpha;L\}, \Delta G_m^L\{\alpha;L\}$]. 따라서 점 N과 P에 해당하는 조성에 대해 다음 화학적 평형조건 관계가 성립된다.

$$\mu_1^\alpha\left(X_2^\alpha\right) = \mu_1^L\left(X_2^L\right) \tag{7.21}$$

마찬가지로 공통접선은 (G－X) 도표 내 순수 성분 2를 나타내는 세로축($X_2=1$)과 교점 B에서 만나며, 이 점은 상α 및 액상 L에 대해 공히 동일한 접선 절편 값에 해당한다[즉, $\mu_2^L(X_2^L)$, $\mu_2^\alpha(X_2^\alpha)$]. 교점의 수치($X_2=1$ 축상 영점(기준상태, μ_2^o)과 점 B(μ_2) 사이

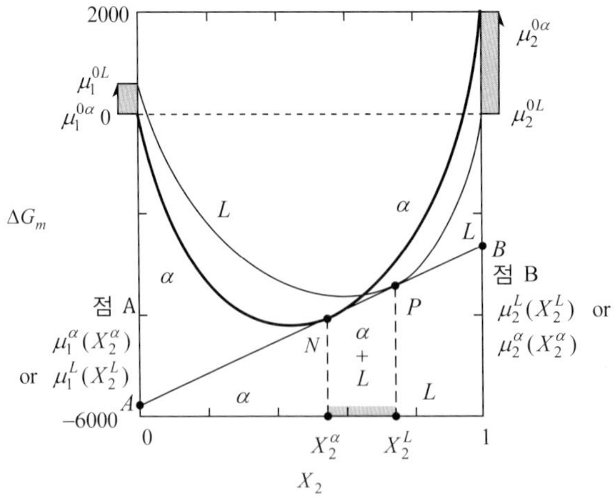

그림 7.9 2가지 상에 대한 (G–X) 곡선이 구성 성분의 일관된 동일 기준상태 ($\Delta G_m\{\alpha;L\}$) 로서 나타나 있다. 이들 곡선이 서로 교차하면 두 곡선에 공히 접하는 유일한 접선을 그을 수 있다. 접선과 곡선의 접점 사이 조성영역에서는 두 상 간 화학적 평형조건이 만족된다.

값) $\Delta\mu_2^{\alpha}$, $\Delta\mu_2^{L}$ 는,

$$\Delta\mu_2^{\alpha} = \left[\mu_2^{\alpha}\left(X_2^{\alpha}\right) - \mu_2^{oL}\right] = \Delta\mu_2^{L} = \left[\mu_2^{L}\left(X_2^{L}\right) - \mu_2^{oL}\right]$$

용액 구성 성분 2의 기준상태는 두 용액에 대해 모두 액상으로서 동일하게 선정되었으므로,

$$\mu_2^{\alpha}\left(X_2^{\alpha}\right) = \mu_2^{L}\left(X_2^{L}\right) \tag{7.22}$$

식(7.21)과 (7.22)는 두 상 간의 화학적 평형조건 관계를 나타낸다. 따라서 일정한 온도 및 압력하 서로 교차하는 2상의 (G – X)곡선에 그어진 공통접선으로부터 평형을 이루며 공존하는 2상의 평형조성 및 공존 영역을 결정할 수 있다. 일정 압력과 온도에 대한 상태도 내 2상 영역을 표시하는 공액선(공통접선) 양쪽 끝단 접점은 공존하는 2상의 조성을 각각 나타낸다. 일정한 온도 및 압력하 계에 깁스 평형원칙을 적용하면 **"계에 대한 깁스 자유에너지 함수가 최소치일 때 계의 평형이 유지된다"**. 달리 말하면, 동일한 온도 및 압력을 지닌 계에 가능한 모든 상들의 $\Delta G_m(X)$ 를 통해 이들 상호간 안정성 우위 비교를 행함에 있어서, 조성에 따른 계의 평형상태란 이들 중 가장 낮은 깁스 자유에너지를 지니는 상들의 조합(집합체)을 말한다.

(G – X)곡선은 일정한 온도, 압력조건 하에서 용액계의 열역학적 평형 거동을 해석하는데 이용될 수 있다. 깁스 평형원칙 적용에 의한 (G – X)곡선 평형론적 해석에 대한 간단한 예시로 그림 7.10에 나타난 고상 α 인 단상계에 대한 (G – X)곡선을 고려해 보자. 포물선 상의 좌표는 일정온도, 압력에서 단상용액 형성 깁스 자유에너지 변화량(ΔG_m)과 용액 성분조성을 나타낸다.

평균조성 X_2^o 인 단상 용액계에 초점을 맞추자. 그림 7.10 내 점 A와 B에 해당하는 조성 및 몰당 혼합자유에너지를 지니는 두 고상용액(고용체)의 기계적 혼합체로서 평균조성 X_2^o 인 용액 계를 고려해 볼 수 있다. 평균조성 X_2^o 를 지니도록 섞은 두 고용체의 기계적인 혼합체 내에서 이들 용액의 상대적인 양적 비를 구하기 위해 지레 법칙을 적용할 수 있다. 지레 법칙을 통해 양적 분율 (EF/DF)인 용액 A, (DE/DF)인 용액 B 간의 혼합물이 평균조성 X_2^o 를 나타냄을 알 수 있다. 이러한 각기 다른 조성으로 이루어진 고상 용액 A, B 간 기계적 혼합체의 혼합자유에너지는 직선 AB 상의 점 C에 해당한다. 점 M은 동일한 조성 X_2^o 에서 단상의 균질 고용체에 대한 혼합자유에너지를 나타낸다. 점 M은 C보다 아래에 위치하는데, 이는 단상 고용체가 두 고용체의 기계적 혼합체보다 더 낮은 깁스 혼합자유에너지를 나타냄을 의미한다. 그림 7.10의 (G – X)곡선은 전조성에 걸쳐 어느 조성

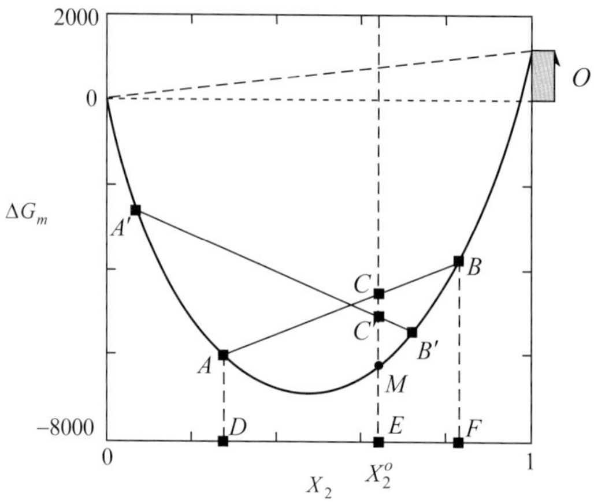

그림 7.10 용액 α 에 대한 (G–X) 곡선이 전 조성영역에서 아래로 볼록하다면, 임의 조성 X_2^o 인 단상 용액(점 M)은 동일한 평균조성을 나타내는 두 용액(평균 조성 X_2의 양편에 위치하는 서로 다른 조성의 두 용액: 예로 점 A, B 또는 A', B')간의 어떠한 기계적 혼합물(예로 점 C 또는 C')보다도 낮은 자유에너지를 나타낸다.

에서나 아래로 볼록한 포물선 형태이므로, 위 결론은 조성 X_2^o 를 사이에 두고 양편 곡선 상에 위치하는 다른 어떤 조성 쌍에 해당하는 용액 A'와 B'간 혼합체에 대해서도 그대로 적용할 수 있다. 이런 조성쌍에 해당하는 두 용액은 지레 법칙을 따르는 분율로 혼합하여 평균조성 X_2^o 를 지닐 수 있다. 그러나 조성 X_2^o 인 단상 균질 용액의 깁스 자유에너지에 해당하는 점 M은 평균조성 X_2^o 인 조성이 다른 두 용액상 조합(점 M을 중심으로 좌우에 각기 위치한 조성 및 ΔG_m 이 다른 두 고용체간의 기계적 혼합체) 그 어떤 것 보다도 낮은 수치의 깁스 자유에너지를 나타낸다. 따라서 그림 7.10에 나타난 상 α에 대한 혼합 깁스 자유에너지 포물선 도해는 전 조성에 걸쳐 단상 α용액이 조성이 다른 두 고용체 (α_1, α_2) 의 기계적 혼합체보다 열역학적으로 안정함을 보여주고 있다.

다음으로는 그림 7.11처럼 두 가지 다른 상에 대한 안정영역(ΔG_m^α 및 ΔG_m^β 포물선)이 중첩해 나타나는 계에 평형원칙을 적용해 보자. 앞서 설명한 공통접선 작도방법에 따르면 점 N과 P는 2상 평형시 각 상의 평형조성을 나타낸다. X_2^α 와 X_2^β 사이에 놓인 조성 X_2^o 인 용액 계를 고려해 보자. 각기 다른 두 조성 X_2^α 와 X_2^β 를 지닌 용액상 α 와 β 의 기계적 혼합물 계는 점 N과 P를 잇는 공통접선(공액선) 상의 혼합자유에너지, ΔG_m을 지닌다. 평균조성 E(X_2^o)에서 양적 분율 (EF/DF)인 상 α 와 분율 (DE/DF)인 상 β 간의 혼합체인 계의 혼합자유에너지는 점 M에 의해서 주어진다.

조성 X_2^o 에서 전부 α 상 만으로 이루어진 용액 계를 고려하자. 이 계의 자유에너지는 그림 7.11에 점 A로 나타난다. 마찬가지로 조성 X_2^o 에서 모두 β 상 만으로 이루어진 용액계의 혼합자유에너지는 점 B로 주어진다. 점 A와 B는 점 M보다 큰 혼합자유에너지를 나타내므로 이들 단상보다 공통접선에 의한 2상공존 용액이 안정상이 된다.

또한 α 와 β 상 용액을 X_2^α 및 X_2^β 가 아닌 다른 어떠한 조성 조합쌍으로 혼합하여 평균조성 X_2^o 를 지닌 두상 혼합체를 만들어도 그 혼합체는 점 M보다 큰 혼합자유에너지를 나타낸다. 이러한 용액 혼합체는 X_2^o 를 중심으로 좌우에 위치한 상 α 와 β 에 대한 개별적 혼합자유에너지 곡선 상의 임의 조성점 사이를 연결하는 직선상의 평균조성 X_2^o 인 혼합자유에너지를 지닌다 : 예로 그림 7.11 내 점 *S*와 *T* 연결 직선상 점 *U*. 결론적으로 조성 X_2^α 인 상 α 의 분율 (EF/DF)과 조성 X_2^β 인 상 β 의 분율 (DF/EF)로 이루어진 평균조성 X_2^o 인 점 M으로 나타나는 2상 혼합체가 X_2^α 및 X_2^β 가 아닌 조성의 어떠한 다른 2상 혼합체(X_2^o 를 중심으로 좌우에 위치한 상 α 및 β 의 개별적 혼합자유에너지 곡선 상 점들의 쌍) 보다도 낮은 깁스 자유에너지를 나타낸다. 따라서 공액선(직선 NP) 상의 2상 혼합체(점 *M*)가 바로 조성 X_2^o 인 용액 계에 대한 평형상태가 됨을 알 수 있다. 이는 그림 7.9에서 이미 설명한 다상 공존 평형시 이들 상 간에 구성성분의 화학포텐셜이 모두 동일하게 유지되야 하는 화학적 평형조건과 부합하는 결과이다.

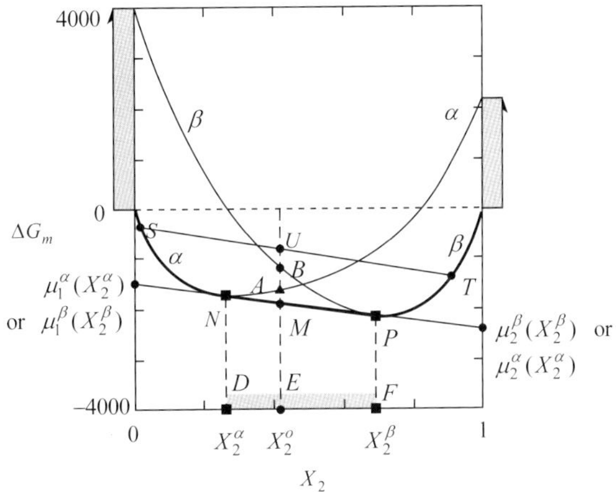

그림 7.11 상 α와 β의 (G–X) 곡선에 대해 공통접선 NP가 그려져 있다. 접선 상 임의 조성점 X_2^o 에서 조성 X_2^α 및 X_2^β인 상 α와 β간의 2상 혼합물(점 M)은 단상(점 A 또는 B) 이거나 혹은 X_2^α 및 X_2^β가 아닌 다른 어떠한 조성쌍[X_2^o 를 중심으로 좌우에 위치한 상 α 및 β의 ΔG_m 곡선상 점들의 쌍: 예로 점 (*S*, *T*)으로 이루어지는 2상 혼합물(평균조성 X_2^o : 점 *U*)]보다도 더 낮은 자유에너지를 나타낸다.

그림 7.12에서처럼 일정 온도 및 압력 하에서 2원계가 다수의 상을 지닌다면, 전 조성범위에 걸친 일련의 평형상 배치는 여러 상들의 $\Delta G_m(X)$ 곡선 중 최소치만을 궤적하는 곡선부분과 이들간 공통접선에 의해서 각각 나타나는 단상(곡선부분) 및 2상(접선)영역 경계조성의 연속적 조합으로 구성된다. 이러한 공통접선 작도법에 의한 ΔG_m 최소치에 대한 궤적은 전 조성범위에 걸쳐 일련의 안정상인 단상 곡선 부분 및 공통 접선의 연결인 0A – AB – BC – CD – DE – EF – FP로서 주어진다.

당김현 작도법

다음으로 당김현 작도법을 적용코자 각 상의 자유에너지 곡선을 견고한 포물선으로서 간주해 보자. 점 0 및 P에 고착된 당김현(탄성줄)이 이러한 견고한 곡선 주위를 따라서 걸쳐지도록 팽팽하게 당겨지면, 그림 7.12상에 ΔG_m 최소치 궤적으로 굵은 실선의 커브 및 선분 영역이 나타난다. 당김현 작도법에 의해 형성되는 이러한 곡선 및 직선부분은 전 조성에 걸쳐서 최소 깁스 자유에너지를 지니는 안정상(들)을 규정짓는다.

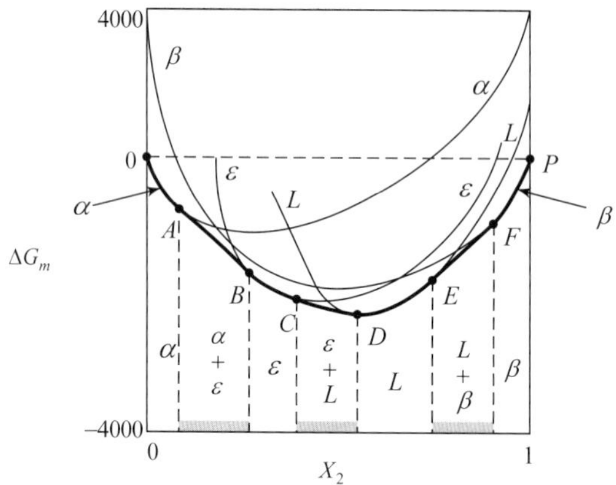

그림 7.12 4가지 상 형태, $\alpha, \varepsilon, L, \beta$ 를 지니는 이원계에 대해 당김현 작도법(Taut string construction)에 의해 전 조성범위에 걸친 일련의 평형상(단상, 2상 영역) 배치를 나타낼 수 있다.

7.6 2상 평형

공통접선 작도법에 의해 일정 온도에서 2상 공존 영역에 대한 상 경계 조성 정보를 얻을 수 있다. 일정 압력에서 2원계 상태도 상에 2상 영역을 완전하게 표시하기 위해서는,

관심 온도 전구간에 걸쳐 $\Delta G_m(X)$ 에 대해 일련의 공통접선 작도법을 반복하여 시행해야 한다. 상태도 작성시에는 다음 두 가지 열역학 거동 측면을 고려하는 게에 가능한 모든 상에 대한 $\Delta G_m(X,T)$ 도해로서 완전한 상태도 형태를 결정할 수 있다.

1. 이상적 및 잉여 혼합자유에너지(용액모델 : G_m^{xs})로 표현되는 경쟁 상들의 혼합 거동

$$\Delta G_m = \Delta G_m^{ideal} + G_m^{xs} = RT\left(X_1 \ln X_1 + X_2 \ln X_2\right) + G_m^{xs}$$

2. 순수 구성 성분(i) 기준상태 변환에 따른 표준 깁스자유에너지 차이, $\Delta G_i^{o\alpha\to\beta}(T)$ 에 미치는 온도 영향

$\Delta G_i^{o(\alpha-\beta)}(T)$ 결정

순수 구성 성분에 대한 여러 형태 상 간의 상대적 안정성은 일정 압력조건에서 온도에 따른 상의 깁스 자유에너지 변화에 대한 열역학 자료로부터 결정할 수 있다. 순수성분에 대한 상의 열용량 및 절대 표준엔트로피[S^o (298 K)] 그리고 상전이 엔트로피[$\Delta S^{\alpha\to\beta}(T_t)$] 열역학 자료가 주어지면, 특정 관심상의 자유에너지 온도 의존성[예로 $G_i^{o,\alpha}(T)$ 또는 $G_i^{o,\beta}$] 계산이 다음처럼 가능하다.

일정한 압력하 엔트로피 변화는,

$$(dS^\alpha)_P = \frac{C_P^\alpha}{T}dT$$
$$S^\alpha(T) = S_{298}^\alpha + \int_{298}^{T}\frac{C_p^\alpha}{T}dT$$

일정 압력하 단일 (순수)성분계 상 α 의 온도에 따른 깁스 자유에너지 변화는 $dG = VdP - SdT$ 관계식으로부터,

$$dG^\alpha = -S^\alpha dT = -\left[S_{298}^\alpha + \int_{298}^{T}\frac{C_P^\alpha}{T}dT\right]dT$$

여기서 편의상 S, G는 S^o, G^o 를 간략화해 나타내고 있다[식(7.23) ~ 식(7.25b)].

298 K에서 온도 T 까지 적분하면,

$$\boldsymbol{G^\alpha(T) - G^\alpha(298)} = -\int_{298}^{T}\left[S_{298}^\alpha + \int_{298}^{T}\frac{C_P^\alpha}{T}dT\right]dT \tag{7.23}$$

상전이 온도 T_t 에서 단일성분계 상전이 $\alpha\to\beta$ 가 일어난다고 하자. 상전이 온도에서 두

상의 깁스 자유에너지는 동일하므로($\Delta G^{\alpha\rightarrow\beta}(T_t)=0$),

$$G^{\alpha}(T_t)=G^{\beta}(T_t)$$

$T>T_t$ 인 경우 위 관계식을 이용하면 다음처럼 식 변형이 가능하다.

$$\boldsymbol{G^{\beta}(T)-G^{\alpha}(298)}=\left[G^{\beta}(T)-G^{\beta}(T_t)\right]+\left[G^{\alpha}(T_t)-G^{\alpha}(298)\right] \tag{7.24}$$

식(7.24) 우변 첫 괄호항에 식(7.23)을 적용해 $T>T_t$ 온도에서 상 β 에 대해 써보면,

$$G^{\beta}(T)-G^{\beta}(T_t)=-\int_{T_t}^{T}\left[S^{\beta}(T_t)+\int_{T_t}^{T}\frac{C_p^{\beta}}{T}dT\right]dT \tag{7.25a}$$

한편 상전이 온도 T_t 에서 β 의 절대 엔트로피, $S^{\beta}(T_t)$ 는 다음처럼 정해진다.

$$S^{\beta}(T_t)=S_{298}^{\alpha}+\int_{298}^{T_t}\frac{C_p^{\alpha}}{T}+\Delta S^{\alpha\rightarrow\beta}(T_t) \tag{7.25b}$$

따라서 식(7.24)의 우변 첫째 괄호항은 식(7.25a, b)로서 정해지고, 우변 두번째 괄호항은 상 α 에 대한 $G^{\alpha}(T)$ 표현식(7.23)에 $T=T_t$ 를 대입하면 정해진다.

순수성분(i)의 상 α 와 β 에 대한 깁스 자유에너지의 온도의존도[$G_i^{o,\alpha}(T), G_i^{o,\beta}(T)$] 표현은 식(7.23)과 식(7.24)로 각기 나타낼 수 있다. 순수성분 1, 2에 대한 식(7.23 – 24) 계산 결과 예시가 그림 7.13에 도해되어 나타나 있다. 이는 식(7.23) 및 (7.24)를 이용해서 고상[식(7.23)]과 액상[식(7.23)]에 대한 깁스 자유에너지의 온도함수 관계를 성분 1, 2에 대해 도시한 것이다. 깁스 자유에너지가 동일해지는 순수성분 융점에서 액상 및 고상의 (G – T)곡선은 서로 교차한다. 융점 이하 온도에서는 상 α가 더 낮은 자유에너지를 가

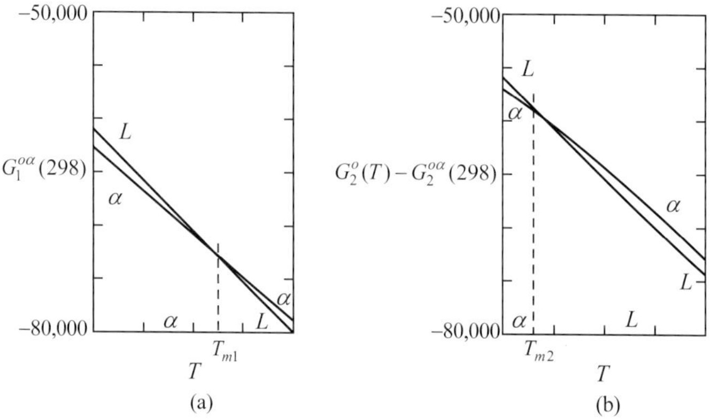

그림 7.13 순수성분 1과 2에 대한 고상(α) 및 액상(L)의 몰 자유에너지($G_i^{o,\alpha \text{ or } L}$)의 온도 의존 함수 도해

지므로 안정하고 융점 이상 온도에서는 액상이 안정하다. 특정 온도 T_1 에서 순수 성분 i 에 대한 각기 다른 두 상간 깁스 자유에너지 차이, $\Delta G_i^{o(\alpha \to \beta)}(T_1)$ 의 정량화 수치는 온도 T_1 에서 그림 7.13에 나타난 두 (G – T)곡선 간 차이에 해당되는 에너지로서 결정된다.

ΔG_m 결정

용액 상의 조성 및 온도에 따른 혼합 거동 변화에 대한 예가 특정 용액모델로서 그림 7.5(이상용액) 및 7.6(비이상용액)에 나타나있다. $\Delta G_m = \Delta H_m - T\Delta S_m$ 이므로 온도 증가에 따라 ΔS_m 항의 기여도가 증대되어 혼합자유에너지는 음의 수치쪽으로 보다 커지는 경향을 나타낸다. 반면에 이상 거동으로부터 정(+)한 이탈 현상(활동도계수 $\gamma > 1$ 즉, ΔH_m 양수)을 크게 보이는 용액 계는, 충분히 낮은 온도영역에서 전조성에 걸친 ΔG_m 도해가 아래로 볼록한 포물선 형태가 아니라 W곡선 기복형태로 나타나는 특이한 혼합 거동 양상[스피노달 분해(spinodal decomposition)]을 보인다. 이러한 용액 거동의 중요성에 대해서는 재료 물성측면으로 이 절의 마지막에서 자세히 다룬다.

비이상용액 상 α 및 L 에 대한 일련의 (G – X)곡선을 구성 성분들 융점 사이의 온도 구간에 걸쳐 온도함수로 계산하여 플롯함으로써 상태도상 ($\alpha + L$) 2상 공존 영역을 표시할 수 있다(그림 7.14). 일반적으로 관심 온도 구간에서 순수 구성 성분의 안정한 상 형태를 그 성분의 기준상태로서 결정한다. 관례상 (G – X)도표 작성시는 융점이 높은 성분을 성분 1로 정한다. 이 관례에 따라 두 성분 융점 사이의 온도구간에서 순수한 성분 1의 기준상태는 고상 α , 순수성분 2는 액상 L 이 기준상태가 된다. 따라서 (G – X)도표 상에서, 고상 α 에 대한 혼합자유에너지 곡선은 성분 1축($X_1 = 1.0$) 상에서 0의 위치를 지나고, 액상 곡선은 성분 2축 상($X_2 = 1.0$)에서 0과 만나게 된다. 특정온도 T 에서 고상 α 의 (G – X)곡선 도해가 성분 2축과 만나는 교점의 위치는 기준상태 변환에 따라 온도 T 에서 순수성분 2의 액상과 고상 간 표준자유에너지 차이[그림 7.13(b)]를 측정함으로써 정할 수 있다(그림 7.7). 마찬가지로 액상(L)의 (G – X)곡선 도해가 성분 1축과 만나는 교점은 온도 T 에서 순수성분 1에 대한 고상과 액상 (G – T)곡선 간 차이 만큼 [그림 7.13(a)] 원점 0으로부터 떨어진 위치에 있게 된다. 2원계 구성 성분의 기준상태 변환에 따른 보정수치[$\Delta G_i^{o(\alpha-\beta)}(T)$]를 고려한 (G – X)곡선은 각 성분축 상 이러한 교점에 고정되어 걸려있는 포물곡선 형태가 된다. 이는 두 성분에 대해 모두 용액상과 동일한 기준상태를 공히 고려한 (G – X)곡선이 양편 성분축 상의 영점과 만나는 포물선 형태(그림 7.5 – 6)를 나타내는 것과는 달리 차이가 있는 점에 유의바란다.

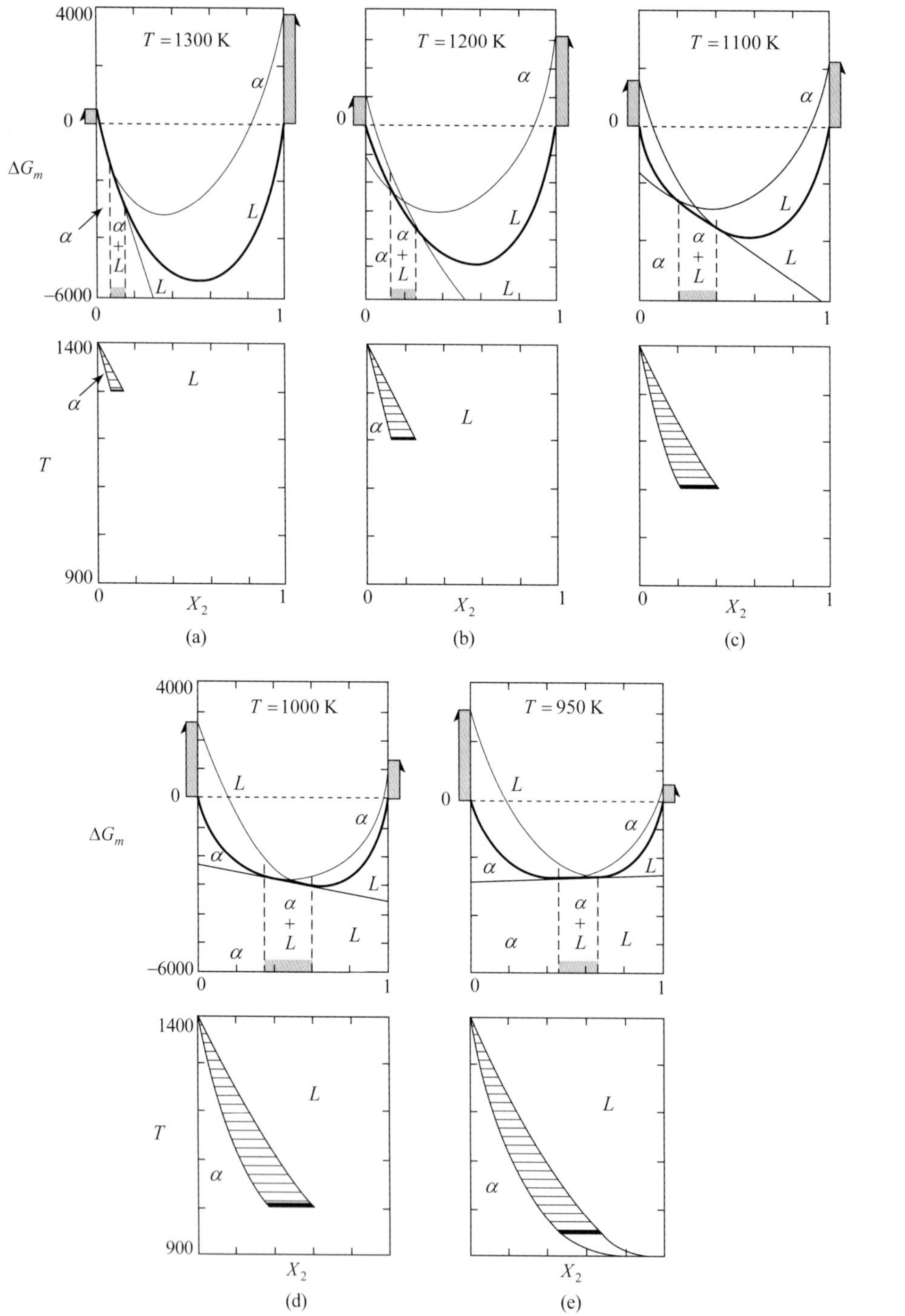

그림 7.14 (X_2, T) 공간으로 작성된 2원계 상태도 내에 간단한 2상 공존 영역 형성과정을 일련의 온도 변화에 따라 (G–X)곡선으로부터 실체화되어 나타내고 있다($\omega^{\alpha}=1000\ (\mathrm{J/mol})$, $\omega^{L}=6000\ (\mathrm{J/mol})$).

성분 1의 융점 온도($T_{m,1} = 1400\text{ K}$)에서 평형 공존 상 α 및 L 의 (G – X)곡선은 $G_1^{o\alpha} = G_1^{oL}$ 이기 때문에 성분 1축 선상 원점에서 동일하게 교차한다(그림 7.14). 온도가 $T_{m,1}$ 으로부터 $T_{m,2}$ 로 감소함에 따라 상 α 및 L 의 (G – X)곡선과 순수성분 1축(세로축) 간의 교점위치는 서로 점점 벌어지는($\Delta G_1^{o,\alpha\to L}$ 증대) 반면에, 성분 2축 상에서는 이들 교점이 서로를 향해 점차 가까워진다($\Delta G_2^{o,\alpha\to L}$ 감소). 이런 결과로 인해서 두 상에 대한 혼합자유에너지 곡선이 상호 교차하는 조성점은 온도 감소에 따라 성분 2축을 향해 이동하게 된다. 공통접선은 기하학적으로 2상 혼합에너지 변화 곡선의 교차점을 기준으로해 양편에 걸쳐서 작도되기 때문에, 온도 감소에 따라서 2상 영역을 규정하는 접선의 양편 접점사이 조성구간(공액선)은 (T – X)상태도에서 왼편으로부터 오른쪽을 향해 이동한다. 결국에는 성분 2의 융점($T_{m,2}$)에서 평형 공존 상 α 및 L 의 (G – X)곡선은 성분 2축 선상 원점과 교차하게 된다. 이러한 혼합거동 양상은 (T – X)상태도 상에서 2상 공존 영역의 단조 증,감 함수(온도증감에 따른 2상 공존영역 조성변화가 최대, 최소치 없이 단순 증가 또는 감소하는 함수) 경향(렌즈형태)을 전 조성 구간에 걸쳐 나타낸다(그림 7.14). 그러나 모든 2상 영역이 단조 증,감 함수 경향을 보이진 않는다. 어떤 2상 안정 영역은 상태도 상에서 상 경계 조성의 극한치(최대 또는 최소치) 경향을 나타내는 렌즈형태(lenslike)를 보인다(그림 7.15).

그림 7.15는 이러한 공액선의 최소치 경향을 보이는 2상 영역 (T – X)상태도 작성 과정과 (G – X)작도를 함께 나타내고 있다. 최소치 경향은 비이상 고용체 및 액상 용액인 상 α 및 L 에 대한 혼합 거동의 차이로 인해서 나타낸다. 이 경우 액상(L)은 고상(α) 보다도 이상용액 거동으로부터 훨씬 더 부(–)한 (보다 음수인 ΔH_m) 이탈 현상을 나타내어, 결과적으로 성분 2의 융점보다 낮은 온도에서 액상 자유에너지 곡선은 고상 곡선과 두 번 교차하게 된다(그림 7.15b). 따라서 각각의 교차점과 연관된 공통접선 작도로부터 궁극적으로는 2상 경계조성의 최소치 경향이 나타나게 된다.

지속적인 온도 감소에 따라 순수 성분들의 액상은 고상에 비해 더욱 더 불안정해지므로, 액상 자유에너지 곡선은 고상 곡선과 비교해서 상대적으로 위쪽 방향을 향해 이동한다. 액상 곡선이 고상 곡선과 두 번 교차하는 경우 온도 감소에 따라 교차점 및 이들과 연관된 2상 영역 경계 조성은 서로를 향해 가까워지도록 이동한다. 결국 임계온도 T_c 에서 두 상에 대한 혼합 곡선은 한 점에서 서로 접촉한다(그림 7.15c). T_c 온도 이하에선 전 조성 범위에 걸쳐 고상 곡선이 액상 곡선보다 아래에 놓이므로 상태도 상에서 액상은 더 이상 평형상태로 존재하지 않는다(그림 7.15d).

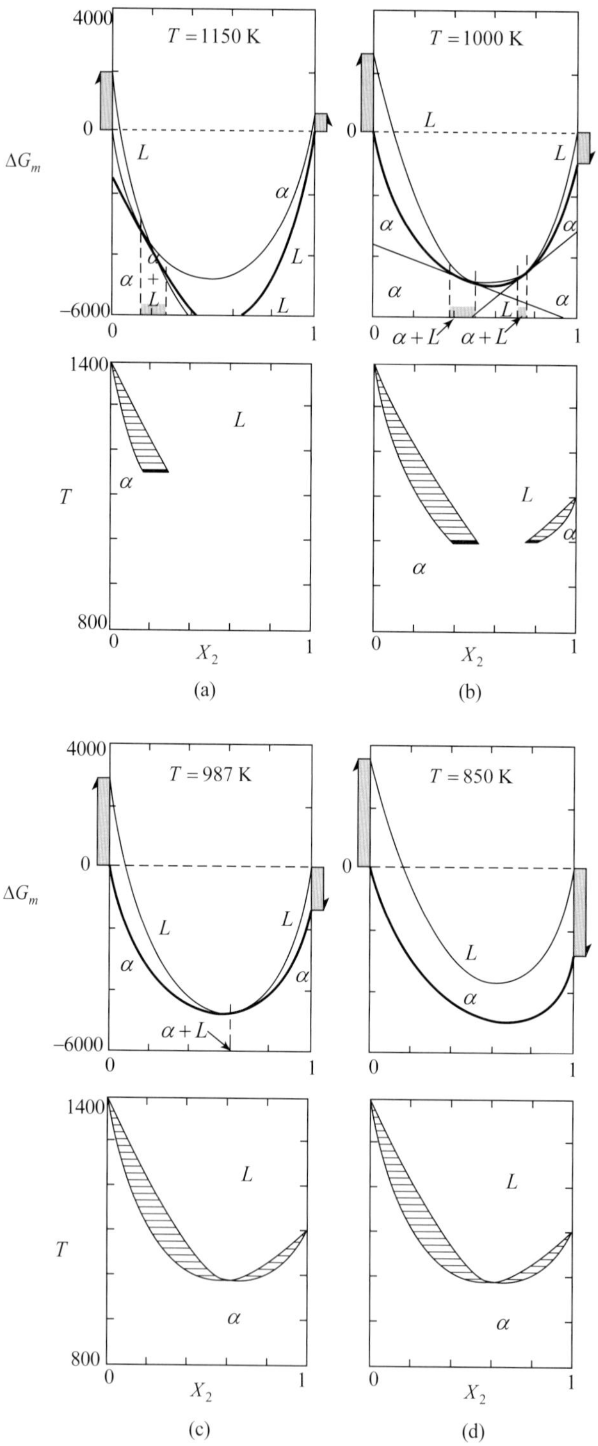

그림 7.15 2상 안정 영역 상 경계의 극한치(최소치) 경향을 보이는 용액 혼합거동

$\omega^{\alpha} = 6000(\text{J/mol}),\ \ \omega^{L} = -2000(\text{J/mol})$

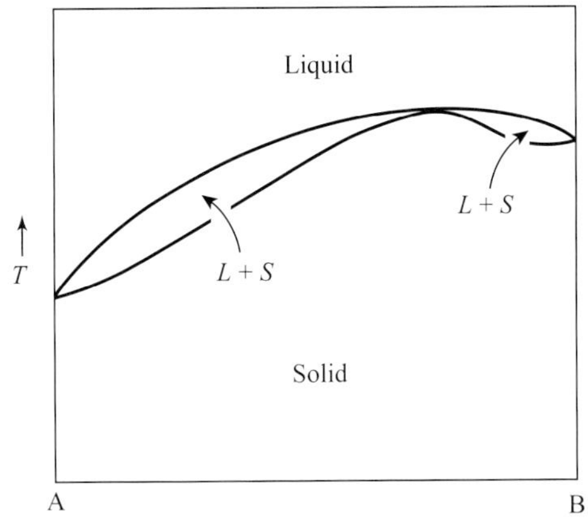

그림 7.15 (e) 그림 7.15와 유사하나 2상 공존 경계 조성이 최대치를 보이는 2원계 상태도

이러한 (G – X)도해 작도 예시는 (T – X) 상태도 내 최소, 최대 극한치 경향을 보이는 2상 공존 안정영역의 특성을 잘 설명한다. 그림 7.15(a – d)의 상태도는 두 상의 경계선인 고상선 및 액상선의 온도 및 조성이 모두 동일해지는 렌즈형태 최소 극한치를 보이는 모양새를 나타낸다.

상태도 내 2상 공존 영역 경계 조성이 최대 극한치를 나타내는 렌즈형태 경우도 유사한 방법으로 이를 설명할 수 있다(그림 7.15e).

상태도에 빈번히 나타나는 또 다른 2상 영역의 형태로 공용 간극을 고려할 수 있다. 이러한 2상 영역은 그림 7.14 및 7.15에 나타난 일반적 2상 공존 조성영역의 형성처럼 서로 다른 2상의 (G – X)곡선 간의 상호 안정성 우위 경쟁에 의해 생성되는 것이 아니라(즉, 2개의 서로 다른 (G – X) 곡선 교차에 따른 공통접선에 의한 구조가 상이한 2상 안정영역 형성), 단일상의 (G – X)곡선이 아래로 볼록한 형태(U자형)가 아니고 특정 조성범위에 걸쳐 낙타등 모양의 변곡점을 지닌 기복곡선(파동) 형태(W자형)를 보이므로 인해 단일상과 구조가 동일한(조성은 상이) 2상 안정영역이 생성되는 특징을 보인다. 이러한 공용간극은 충분히 낮은 온도에서 이상용액의 거동으로부터 정(+)한 이탈 경향(양수의 ΔH_m)을 크게 보이는 용액계에서 나타나는데, 이러한 용액 거동의 예가 그림 7.16에 나타나 있다.

공용간극(스피노달 영역)

잉여 자유에너지(G_m^{xs})가 양의 수치로 비교적 큰 값이며, 아울러 온도에 따른 G_m^{xs} 수치변화가 그리 민감하지 않는(즉, 무시할 수 있는) 규칙용액 계를 고려하자(즉 $G_m^{xs} = \Delta H_m$: 여기선 양의 값). 이 경우 온도 감소에 따라 단일상 용액의 혼합자유에너지(ΔG_m

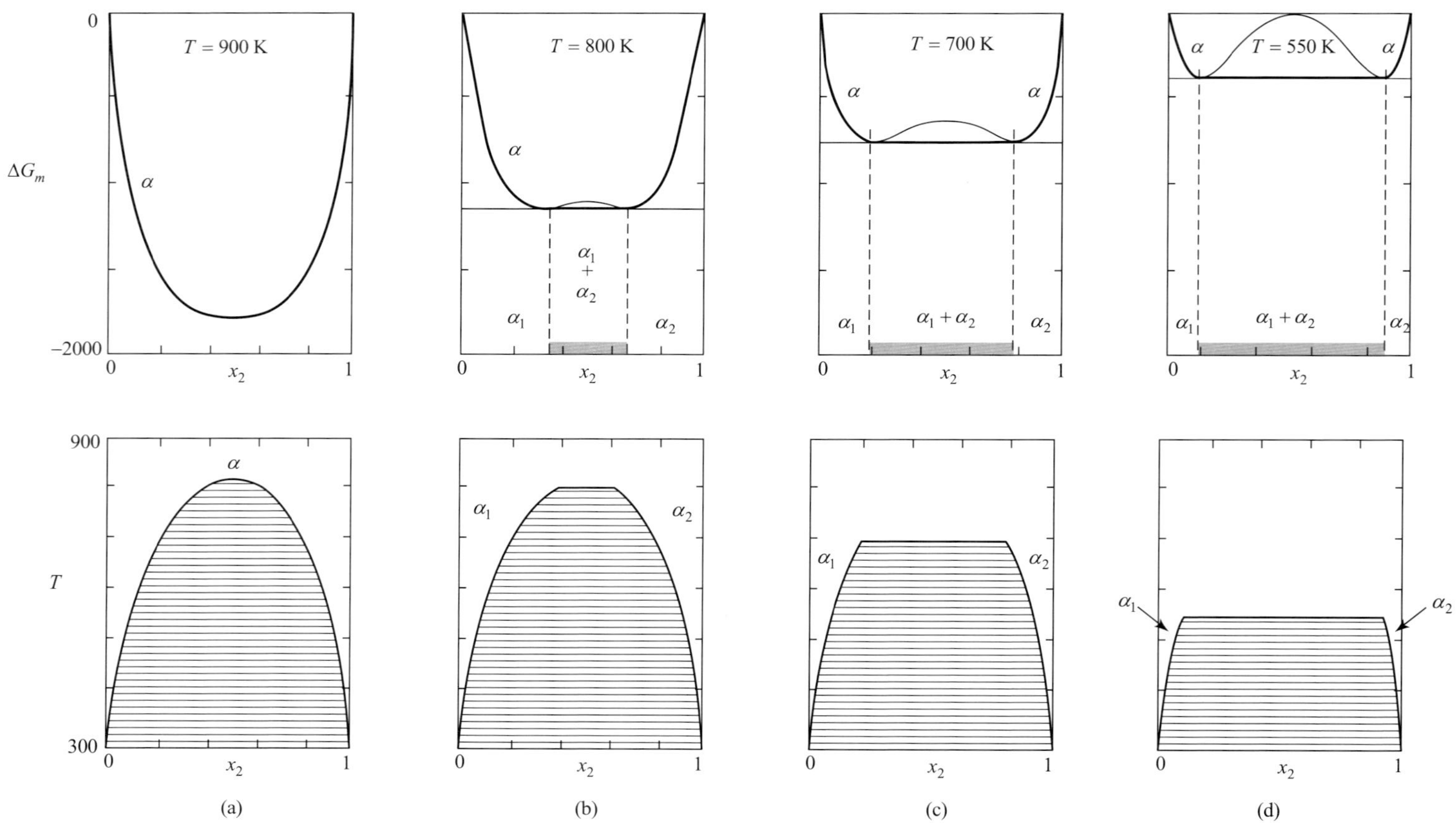

그림 7.16 일련의 온도에 따른 단일상 α 의 기복형 (G–X)도해로부터 공용간극을 지닌 (T–X)상태도 형성 과정. $\omega_L = 13,700$ (J/mol)

$=\Delta G_m^{id}+G_m^{xs}$)에 미치는 이상적 혼합자유에너지($\Delta G_m^{id}=-T\Delta S_m^{id}$: 음의 값)의 기여도는 감소되므로, 충분히 낮은 온도에서 용액의 혼합자유에너지 곡선은 그림 7.16처럼 낙타등 모양의 기복파동(W) 형태를 띠게 된다. 포물선 형태로부터 이러한 곡선의 기복현상이 처음으로 나타나기 시작하는 온도를 공용간극에 대한 임계온도라 하며 T_c 로 표기한다. 이런 단일상 용액의 기복형 (G – X)곡선 경우에도 역시 "일정온도, 압력하 안정상은 최소 깁스 자유에너지를 지니는 상"이라는 평형원칙에 근거해 공통접선을 작도할 수 있다. 이 경우 단일상의 기복형 (G – X)곡선 상에 두 접점 조성사이 연결 접선으로 2상 공존 영역이 나타난다. 원래 단일상과 동일한 구조의 상 형태이나 두 접점에 의해 주어지는 상이한 조성을 지닌 두 용액의 혼합체가, 접점 사이 조성구간 내에서는 어떤 다른 형태의 단일상 용액 또는 두 용액 혼합체보다도 더 작은 자유에너지를 지닌다. 따라서 이 경우 평형상태 공존 2상은 조성이 각기 다른 2상 간 혼합체를 이루나 이들 상은 동일한 구조(단일상 : 예로 FCC, BCC, 액상)를 지닌다는 흔치 않은 용액 혼합체 특징을 나타낸다. 더욱이 온도가 감소함에 따라 전체 혼합자유에너지(ΔG_m)에 대한 이상적 혼합 기여도($\Delta G_m^{id}=-T\Delta S_m^{id}$)는 더욱 더 줄어들고, 이에 따라서 기복 현상은 더욱 심해지므로 그림 7.16 (c), (d)에 나타나듯이 2상 영역의 조성폭(공용간극)은 더욱 넓어진다.

$$\Delta \underline{G}_m = RT(x_A \ln x_A + x_B \ln x_B) + \omega x_A x_B \quad : \text{단순규칙용액}$$

비교적 낮은 저온에서 혼합시 ΔH_m 이 양수로 매우 큰 단순 규칙용액계(α) 경우에, 순수 성분 1, 2를 공히 상 α 형태로 동일하게 기준상태를 정하므로서 대칭형 $\Delta G_m(X)$ 도해가 가능해져(그림 7.16) 조성 $x_B=0.5$ 를 중심으로 하는 대칭형 상태도가 작성될 수 있다(그림 7.17). 이와 같은 2원계 단순 규칙용액의 경우 혼합 금지역의 정점(임계 혼합) 위치는 상태도내 좌표($x_A=x_B$, $T_c=\omega/2R$)에 해당되는 점이 된다(그림 7.17): 식(7.52), (7.53) 참조. 그러나 단순 규칙용액계라도 순수 구성 성분이 다른 기준상태로서 서로 정해진 $\Delta G_m(X)$ 도해시에는 비대칭형 공용간극 상태도가 나타나게 된다. 아울러 확장 규칙용액 또는 비규칙용액계에서는 구성 성분이 공히 관심 용액상과 동일한 상의 기준상태로 정해져 $\Delta G_m(X)$ 도해를 하더라도 비대칭 포물선 형태가 나타나게 된다(그림 7.18). 따라서 이들로부터도 비대칭형 공용간극 상태도가 얻어지게 됨을 이해할 수 있다.

그림 7.17 및 7.18의 상태도 상에서 살펴볼 수 있듯이, T_c 온도 이상에서는 단일상 영역만이 존재하므로 두 성분 원소 1과 2가 완전히 혼합된 상태임을 알 수 있다. 반면, T_c 온도 이하에서는 용액 α는 동일구조를 띠나 상이한 조성을 지닌 두 가지 상 α_1, α_2 로 분리

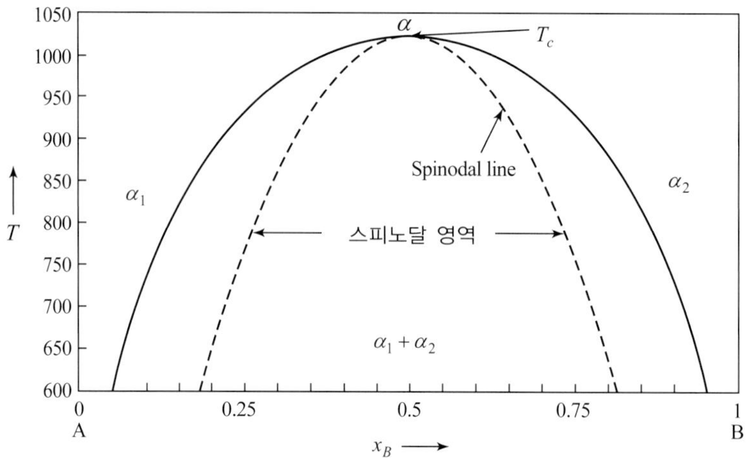

그림 7.17 순수성분 A, B의 기준상태가 관심 상 α 로 동일하게 정해진 단순 규칙용액에 대해 스피노달 궤적영역 및 혼합금지역을 나타내는 대칭형 상태도(공용간극: 실선의 곡선 경계 사이 조성 영역)

된 비혼합상태로 존재한다. 혼합 금지역(공용간극: 그림 7.17내 실선 곡선 경계사이 조성 영역) 안쪽에서는 상 α_1, α_2 의 조성이 온도에 따라 변하게 된다.

이러한 용액계 상 거동의 또 다른 특성은 조성 변화에 따른 혼합 깁스 자유에너지 곡선이 변곡되는, 즉 조성에 대한 2차 미분치가 0이 되는 점과 관련이 있다$\left(\frac{\partial^2 \Delta G_m}{\partial x_2^2} = 0\right)$. 이러한 변곡점을 스피노달점(Spinodal point)이라고 부르며, 생성 상의 구조적 고유 특징 때문에 상변태 연구시 주요한 관심을 야기한다.

그림 7.18에 공용간극(miscibility gap)의 흥미로운 성질이 잘 나타나 있다. 단일상 (G－X)도해에서 곡선의 기복영역은 변곡점 M과 N에 의해 경계 지어지는 위로 볼록한 혼합 자유에너지 곡선부분(조성 M과 N사이 구간)이다. 온도 증가에 따라 두 변곡점은 서로 접근하게 되고 결국 한 점(임계점)에서 만나게 된다. 변곡점 사이에 위치하는 혼합 공용간극 영역(조성 M, N사이)을 **스피노달 영역**(그림 7.17－18 상태도 내 점선 곡선 경계 사이 조성 영역)이라 일컫는다. 스피노달 영역의 경계는 기복형 (G－X)곡선 상의 변곡점(즉, ΔG_m의 조성에 대한 2차 미분치가 0인 스피노달점)에 의해 결정된다.

그림 7.17－18에 나타난 상태도 상에서 온도에 따른 스피노달점의 궤적은 점선으로 나타나 있다. 스피노달 궤적 곡선의 중요한 의미를 자세히 파악해 보기 위해 그림 7.19에서 스피노달점의 오른쪽, 즉 혼합 깁스 자유에너지 곡선이 위로 볼록한 영역을 고려해 보자. 그림에 나타나 있듯이 이 영역에서는 단상의 용액이 서로 다른 조성을 지니는 두 상으로 분해됨에 따라 용액 계의 전체 깁스 자유에너지는 증가되지 않고 오히려 감소되면서 점

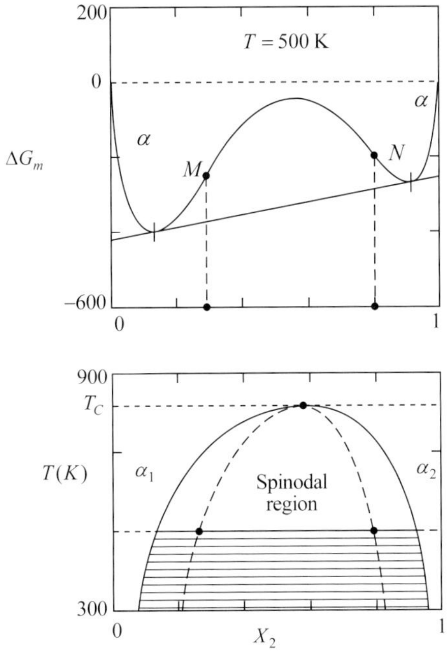

그림 7.18 상태도 상의 공용간극 내 존재하는 스피노달 영역. 단순 규칙용액이 아닌 양수의 G^{xs} 를 지닌 용액계(확장 규칙용액 또는 비규칙 용액) : 비대칭형 $\Delta G_m(X)$ 도해.

진적으로 용액이 평형조성의 두 상$(\alpha_1 + \alpha_2)$으로 최종 분해되는 상변화가 일어난다(스피노달 상분해).

한편 스피노달점(변곡점)의 왼쪽 영역에서는 이와는 대조적으로 다른 상분해 양상이 나타난다. 이 영역에서는 용액이 두 상으로 분해됨에 따라서 최종적으로 깁스 자유에너지가 감소되기 전에 계의 혼합자유에너지는 우선 증가해야만 한다. 상 분해가 진행되는 동안 스피노달점을 중심으로 양쪽 영역에서 이러한 혼합깁스자유에너지 변화 경로의 차이에의해서 서로 다른 상변태 거동이 나타난다. 즉, **스피노달점 왼쪽 영역에서는 핵생성 및 성장 거동에 의한 불연속적인 상변태가 일어나고, 오른쪽 영역에서는 핵생성이 수반되지 않는 연속적인 상분해 전이 거동이 나타난다.**

그림 7.18에 나타난 용액이 공용간극 임계온도보다 높은 온도(단상영역)로부터 500 K로 급냉되어, 공용간극 내 용액이 α_1와 α_2상으로 분해될 경우 용액의 상분해 거동은 물질의 전체 조성에 의존하게 된다. 전체 조성이 스피노달점 사이 내(스피노달 점 궤적 안쪽 영역)에 놓이면 새로운 상의 핵생성없이 용액 중 넓은 지역에 걸쳐서 점진적으로 상변태$(\alpha \rightarrow \alpha_1 + \alpha_2)$가 진행된다. 반면에 스피노달점 궤적(점선) 바깥영역에 용액의 전체 조성이 놓인다면 새로운 상의 핵생성이 필수적으로 요구되는 상변태가 수반된 상분해가 진행된다.

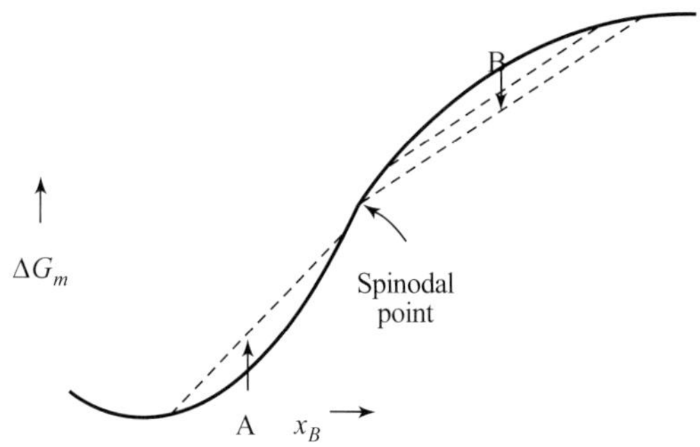

그림 7.19 스피노달점을 기준으로 양쪽편 조성(A와 B)에서의 상분해에 따른 서로 다른 ΔG_m 변화 경로

이러한 상변태 차이를 구체적으로 설명하기 위해 이미 언급된 두 가지 조성 영역에서 상변태 진행 중 깁스 자유에너지의 궤적을 추적해 보자: 2차 미분 값이 양인 조성 영역(아래로 볼록한 영역: 점 A)과 2차 미분치가 음인 조성 영역(위로 볼록한 영역: 점 B). 위로 볼록한 스피노달 조성 영역(스피노달 궤적 점선곡선의 안쪽)에서는 상분해가 깁스 자유에너지의 초기 증가없이 연속적으로 시작된다. 단상용액이 조성이 다른 두 용액 상(α_1 , α_2)으로 분해될 때 분해상들의 깁스 자유에너지 합이 원래 용액의 깁스 자유에너지보다 항상 작게 되므로 상분해에 필요한 활성화 에너지 장벽이 없게 된다: 즉, 핵생성없이 상분해가 진행된다. 이것이 바로 깁스가 언급한 **"조성의 변화 정도는 작지만 지역 범위가 넓은"** 상변태반응에 해당한다. 이 경우 물질 분해반응(즉, 스피노달 변태)은 넓은 지역에 걸쳐서 일어날 수 있지만 조성의 변화는 연속적이며 작게 된다. 결과적으로 미세한 크기의 상구조 분포가 나타내지게 된다.

한편 2차 미분치가 양인 조성 영역(공용간극과 스피노달 궤적곡선 사이 영역: 점 A)에서는 용액보다 더 낮은 자유에너지를 지닌 최종 상태로의 상분해가 일어나기 전에 용액의 전체 깁스 자유에너지가 초기에 증가되어야만 한다. 상분해 초기에는 분해 상 α_1 및 α_2 의 깁스 자유에너지 합이 단상용액 α 의 깁스 자유에너지보다 더 크게 된다. 그러나 분해반응이 지속적으로 진행됨에 따라 이 두 분해 상의 자유에너지 합은 궁극적으로 초기 용액의 자유에너지보다 작아진다. 따라서 전체적 상전이 공정 측면으로 살펴보면 상 분해반응이 진행되기 위해서 극복되어야 하는 활성화 에너지(임계 핵생성에너지) 장벽이 있게 된다. 이러한 상 분해반응은 핵생성 및 성장과정을 거쳐 진행되며, 깁스의 언급에 따르면 **"지역 범위는 작지만 조성의 변화 정도가 큰"** 상변태반응에 해당한다.

위에 언급된 두 가지 상분해 전이의 차이점은 유사성 측면에서 역학적 물체이동에 대한 해석법(참고문헌 1)을 통해 가시적으로 이해해 볼 수 있다. 그림 7.20의 직사각형 블록

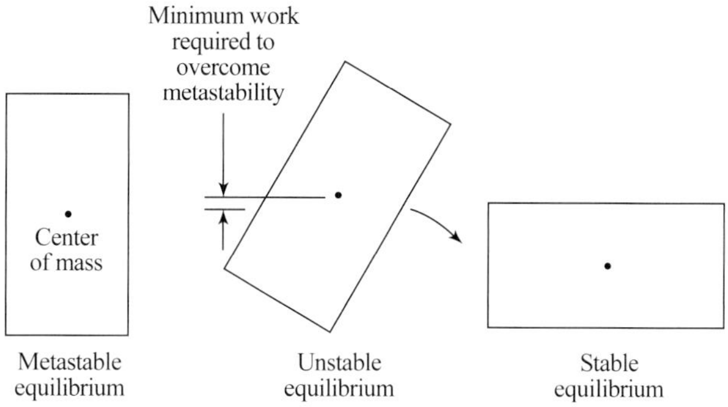

그림 7.20 상전이 핵생성 공정과 역학적 물체이동 기구의 상사성(相似性)

을 고려해 보자. 안정된 평형상태 블록은 오른쪽에 있는 직사각형의 긴 면으로 균형되어져 놓인 상태이다. 왼쪽에 있는 짧은 길이 면으로 균형되어진 블록상태를 "준안정 상태"라 한다. 준안정 상태로부터 안정된 평형상태로 블록이 옮겨지기 위해서는 먼저 물체의 중력중심(질량중심)이 상승 되어진 불안정한 상태(그림 7.20의 중간그림)를 거치게 된다. 이러한 상태를 거치기 위해서는 어느 정도 양의 일(에너지)이 요구되기 때문에 짧은 길이 면으로 균형 되어진 블록상태를 "준안정상태"라 한다.

다음으로 직사각형 블록과 삼각형 블록 간의 역학적 이동 과정 차이를 살펴보자(그림 7.21). 꼭지점에 의해 균형 되어진 삼각형 블록은 불안정한 평형상태를 나타낸다. 이러한 수직 위치로부터 아주 작은 미세한 동요가 있으면 특정한 일이 가해지지 않더라도 안정한 삼각형 상태(면에 의해 균형된 상태)로 변환된다. 그림 7.20에서 직사각형의 불안정한 상태(가운데 그림)가 안정한 상태로 변화될 경우도 역시 외부로부터 일이 주어지지 않은 채 일어나게 되므로 그림 7.21의 삼각형 블록에서와 동일한 경우가 된다. 이들 두 경우 모두 질량중심 상승 과정없이 안정한 상태로 변환된다.

직사각형 블록이 준안정상태에서 안정상태로 변하는 과정에 대한 에너지 변화경로[외부로부터 어느 정도 일(활성화 에너지)이 가해져야만 안정 상태로 변환될 수 있음]는 상사성 측면으로 핵생성이 필요한 상변태 경우와 유사하다. 한편 불안정상태의 삼각형 블록이나 직사각형 블록이 안정상태로 변하는 역학적 이동 과정에 대한 에너지 변화경로(외부로부터 일이 가해지지 않은 채 안정상태로 됨)는 스피노달 변태시 혼합에너지 변화경로와 역학적으로 유사하다.

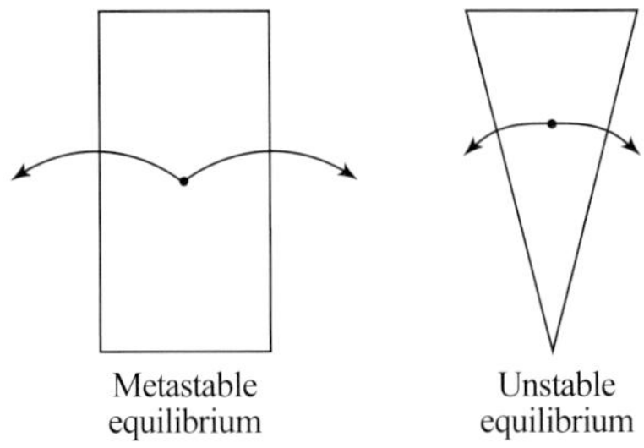

그림. 7.21 준안정 상태와 불안정 상태 간 평형 상태로의 역학적 이동 과정 차이점에 대한 예시

스피노달 영역에 속하는 조성의 용액은 특이한 용액거동(상전이 확산거동)을 보일 수 있다. 이 영역 내에서 조성에 따른 화학포텐셜의 변화를 고려해 보자. 전 조성영역에 걸쳐 아래로 볼록한 (G－X)곡선 형태를 보이는 일반적인 단상용액의 경우(예로, 그림 7.9~7.14), 성분 2의 화학포텐셜은 그림 7.22(a)에서 보듯이 성분 농도가 증가함에 따라 $(X_2 : 0 \rightarrow 1.0)$ 지속적으로 증가한다. 이는 그림 7.9에서 다룬 용액 혼합자유에너지 곡선 상 임의 조성점에서 그은 접선이 양편 순수성분 축과 만나는 교점으로부터 용액 중 성분 분몰량$(\overline{G}_i = \mu_i)$ 을 결정할 수 있는 기하학적 작도법을 상기하면 쉽게 이해 할 수 있다.
공용간극 조성영역 내 (G－X)곡선의 아래로 볼록한 부분에선, 곡선 상 임의 조성 점에서 그은 접선은 점 위치가 성분 2축($X_2 = 1.0$)을 향해 이동함에 따라 시계 반대방향으로 회전하게 된다. 따라서 아래로 볼록인 (G－X) 곡선 상의 조성점 위치가 성분 2축을 향해 이동함(즉, X_2 증가)에 따라, 그림 7.22(a)에서처럼 접선과 $X_2 = 1$ 축 간의 교점에 해당

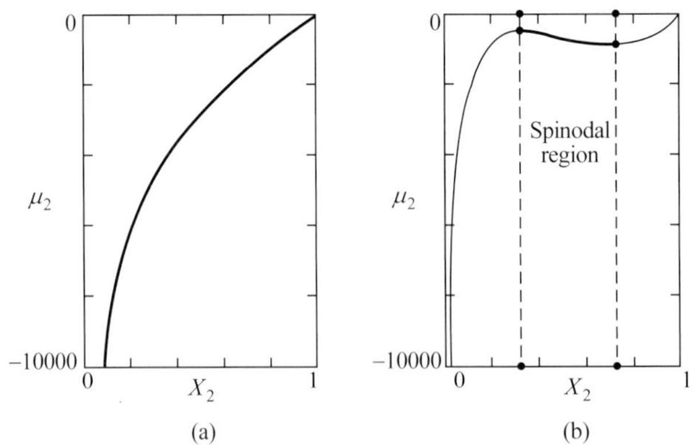

그림 7.22 조성에 따른 화학포텐셜 변화 (a) 단상 용액 계 (b) 공용간극 내 스피노달 영역. 두 경우 모두 단순 규칙용액 모델이 적용된다.
(a) $\omega = 4,000$ (J/mol) (b) $\omega = 12,500$ (J / mol)

하는 μ_2 는 증가한다(음수의 절대값 감소). 그러나 위로 볼록한 형태인 스피노달 영역 조성 안쪽에서는 그림 7.18에서 보듯이 성분 2 농도 증가에 따라 위로 볼록한 곡선영역 상(곡선 MN 사이)의 접선은 시계방향으로 회전한다. 따라서 그림 7.22(b)에서 보듯이 이러한 스피노달 안쪽 조성 영역에서는 성분 2 농도 증가는 그 성분의 화학포텐셜(μ_2) 감소를 야기한다(음수의 절대값 증가).

스피노달 영역 안쪽에서 일어나는 이러한 특이한 용액 거동의 결과로서 나타나는 현상 중 하나로 고밀도 영역으로의 확산(uphill diffusion)을 고려할 수 있다. 일반적으로 계가 균일한 조성을 지니지 않는 경우, 원자들은 조성의 비균일도를 없애려는 쪽으로 이동하게 되므로 일반적으로 농도가 높은 영역으로부터 낮은 영역으로의 물질 이동이 야기된다. 이러한 계 내 성분 원자의 이동현상을 확산(downhill diffusion)이라 일컫는다. 화학포텐셜과 농도가 함께 증가하거나 감소하는 일반 물질계에선, 이러한 물질 이동 방향은 화학포텐셜이 높은 영역으로부터 낮은 영역으로(즉, 화학포텐셜 구배가 낮아지는 구동력 방향)의 원자 이동 방향과 일치한다. 평형원칙에 의하면 궁극적인 계 평형상태는 계 내의 균일한 화학포텐셜 구배 형성이므로 이러한 원자 흐름은 계 내 화학포텐셜 차이를 줄여주기 때문에 자발적으로 진행된다. 열역학 2법칙에 따르면 화학포텐셜이 높은 영역에서 낮은 영역으로의 원자 흐름은 자발적인 상태 변화 과정이다.

화학포텐셜과 농도가 서로 반대로 증감하는 스피노달 영역내에서도 역시 높은 화학포텐셜 영역으로부터 낮은 포텐셜 영역으로의 물질 이동 현상은 자발적으로 진행한다. 그러나 이 경우 원자는 농도가 낮은 영역으로부터 높은 영역으로 이동이 이루어지므로 인해 계 내의 불균일한 농도 구배를 더욱 심화시키게 된다. 그림 7.22(b)의 스피노달 영역을 살펴보면 μ_2 가 높은 영역(왼편)에서 낮은 영역(오른편)으로 이동함에 X_2 는 낮은 농도에서 높은 농도로 이동한다. 따라서 이 경우 평형으로 향하는 계의 상태 변화는 계 내 불균일한 조성 분포를 더욱 더 심화시키는 결과를 초래한다. 스피노달 조성 영역에 속하는 물질계는 온도 감소에 따라 섞이지 않는 불균일한 조성 분포를 자발적으로 나타낸다. 이러한 현상을 가시화 설명하는 방법이 그림 7.23에 나타나 있다.

공용간극에 대한 임계온도보다 높은 온도 T_a 에서 초기에 균일한 조성 X_2^o 로 계가 평형을 이루고 있다고 하자. 이어서 시편을 스피노달 영역에 속하는 온도 T_1 으로 급냉시킨다. 온도 T_1 에서 균일한 조성 X_2^o 인 시편은 그림 7.23에 표시된 점 P에 해당하는 혼합자유에너지를 갖는다. 이제는 (G – X)도표 내 점 M과 N으로 표시된 두 용액의 혼합체를 고려해 보자. 이러한 비균질 용액 혼합체의 자유에너지 값은 직선 MN 상에 놓이게 된다.

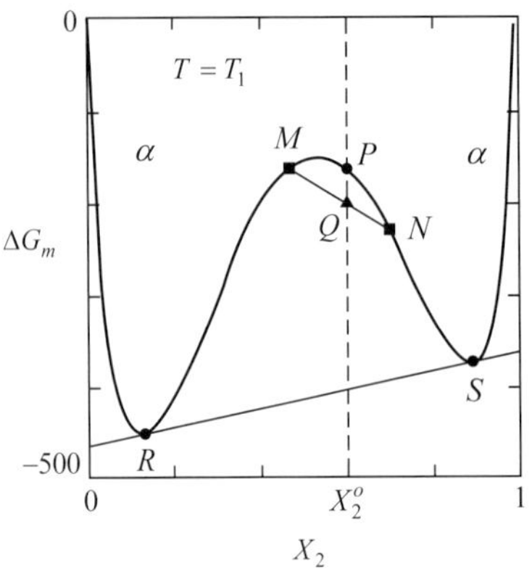

그림 7.23 스피노달 영역 내에선 두 용액 혼합체가(점 Q)가 초기 균질 단상용액(점 P)보다 더 안정하다. 이러한 초기 단상용액으로부터의 자발적 용액 분해 현상을 스피노달 분해라 한다.

평균 조성이 X_2^o 이므로 이 용액 혼합체의 자유에너지는 직선 MN 상의 점 Q로서 주어진다. 곡선형태가 위로 볼록하기 때문에 점 Q는 점 P보다 아래에 위치한다. 따라서 두 용액의 혼합체(M+N)가 점 P의 균일한 단상 용액계보다 더 안정하다. 점 M과 N이 점 P에 매우 접근한 경우조차도 (M+N)혼합체가 단상의 균일용액보다 안정하기 때문에, 점 P에서 조성의 미소한 요동 변화($\pm\delta C$) 시에 두 용액의 혼합체가 균일조성의 단상 용액보다 더 안정해진다. 조성 X_2^o 에선 단상 용액 상태 P를 유지하는 것 보다 화학포텐셜 차이를 구동력으로 해서(그림 7.22) 성분 2는 X_2^o 에서 점 N의 조성으로 성분 1은 X_1^o (점 P)로부터 점 M의 조성으로, 확산 이동하여 두 용액상 M, N으로 유지하는게 더 안정적이 된다(uphill 확산). 시간 경과에 따라 더욱 조장된 uphill 확산에 의해서 조성의 변화 요동은 더욱 더 증폭되어, 궁극적으로는 공통접선의 접점 R과 S에 의해 주어지는 조성을 지닌 2상 혼합체로서 계가 안정화 된다. 이러한 uphill 확산 과정은 오직 스피노달 조성 영역안에서만 일어나며 이를 스피노달 분해라 명칭한다. **스피노달 분해는 전형적으로 낮은 온도에서 일어나며 구조 자체가 매우 미세한 나노 크기의 구조를 생성**시키기 때문에 이러한 스피노달 분해의 결과로 얻게 되는 재료의 미세구조는 공업적으로 매우 유용한 가치를 나타낸다. 낮은 온도 영역에서는 원자확산 이동 속도가 매우 늦으므로 열역학적 구동력에 의한 스피노달 상분해로 얻게 되는 상들은 광범위하게 미세한 크기의 상구조 분포를 나타낸다.

고온의 단상 용액 α 를 공용간극 내의 온도-조성 영역으로 냉각시킴으로써 과포화 상태로 만들 수 있다. 이 과포화 용액이 평형 상 α_1, α_2 로 분해되는 반응기구를 다루어 보자. 먼저 공용간극 내 조성이 이를 기준으로해서 양쪽으로 미소 동요변동(요동)함에 따른 균일한 과포화 용액의 깁스 자유에너지 변화를 고려해 보자. 전체 조성 c_o 인 용액이 국부적으로 $\pm\delta c$ 만큼 작은 조성 동요변동을 겪게 된다고 하자: 즉, 전체 조성이 $c_o + \delta c$ 와 $c_o - \delta c$ 의 두 조성 영역으로 나뉘어진다. Taylor 전개식을 이용하면 조성 c_o 부근 용액의 깁스 자유에너지를 조성의 함수로서 확장 전개한 식으로 다음처럼 표현할 수 있다. 2차 미분치항까지만을 고려한 깁스 자유에너지 Taylor 전개식 표현은,

$$G_{c_o \pm \delta c} = G_{c_o} + (\pm\delta c) G'_{c_o} + \frac{1}{2}(\pm\delta c)^2 G''_{c_o}$$

여기서 $$G'_{c_o} = \left(\frac{\partial G}{\partial c}\right)_{c_o} \quad \text{그리고} \quad G''_{c_o} = \left(\frac{\partial G^2}{\partial^2 c}\right)_{c_o}$$

조성 미소 동요변동으로 인해 야기되는 깁스 자유에너지 변화 ΔG 는,

$$\Delta G = G_{c_o \pm \delta c} - G_{c_o}$$
$$\Delta G = \frac{1}{2}\left[(\delta c) G'_{c_o} + \frac{1}{2}(\delta c^2) G''_{c_o}\right] + \frac{1}{2}\left[(-\delta c) G'_{c_o} + \frac{1}{2}(-\delta c)^2 G''_{c_o}\right] \quad (7.26)$$
$$\Delta G = \frac{1}{2}(\delta c)^2 G''_{c_o}$$

조성에 대한 G의 2차 미분치가 양수이면(그림 7.24에서 공용간극과 스피노달 궤적 사이에 해당하는 조성영역) 조성 동요변동으로 인해 야기되는 ΔG 는 양수가 되므로, 이 경우 조성 미소 동요변동은 열역학적으로 소멸되려는 경향을 보인다. 이는 용액이 불안정한 상태가 아니라 준안정상태에 있음을 뜻한다(그림 7.20 참조). 이런 용액의 분해반응은 앞서 다루어진 것처럼 새로운 상의 핵생성이 필수적으로 이루어져야만 진행될 수 있다.
그러나 조성에 대한 G의 2차 미분치가 음수이면(그림 7.24에서 스피노달 궤적 안쪽 조성영역), 조성 미소 동요변동으로 인한 ΔG 는 음수가 되므로 이 경우 열역학적 구동력에 의해 조성 동요변동은 증폭되어 더욱 강렬해지는 경향을 보이며 두 용액 조성으로의 자발적 분해과정이 진행된다. 이 경우 과포화 용액은 불안정한 상태이다(역학적 상사성 기구 그림 7.20 및 21 참조). 따라서 이러한 용액의 상 분해반응은 스피노달 분해 기구에 의해서 자발적으로 일어나게 된다.

위에 언급된 과포화 용액(α)으로부터 각기 다른 두 조성의 동일구조인 새로운 상(α_1, α_2) 형성과정 중 야기되는 조성분포의 차이가 그림 7.24(참고문헌 2)에 개략적으로 나타나 있다. 공용간극과 스피노달 궤적 사이 조성 영역 내 C_o조성(x_o: 준안정상태)에서는 양편으로 인접한 두 조성($C_o \pm \Delta C$) 으로의 조성 동요변동이 일어나더라도 downhill 확산이 진행되어($C_o + \Delta C$ 로부터 $C_o - \Delta C$ 로 확산) 궁극적으로 조성의 동요변동이 사라진다.

그러나 이 경우 기지(background) 내에 새로운 핵이 생성되면 핵으로의 B 원자 downhill 확산이 지속적으로 진행되어(핵생성과 성장) 최종 평형상 α_1,α_2 를 형성하게 된다[그림 7.24(a)].

반면, 그림 7.24(b)와 같이 스피노달 궤적 안쪽 조성 영역 내 조성 $C_o'(x_o')$ 인 불안정한 상태에서는 시간이 경과할수록 C_o' 을 기준으로한 양쪽으로 조성 동요변동의 지수적 증가로 말미암아(지속적 uphill 확산 진행으로) 큰 조성의 동요변동으로 발전하여 최종적으로 평형상 α_1 과 α_2 로 분해된다.

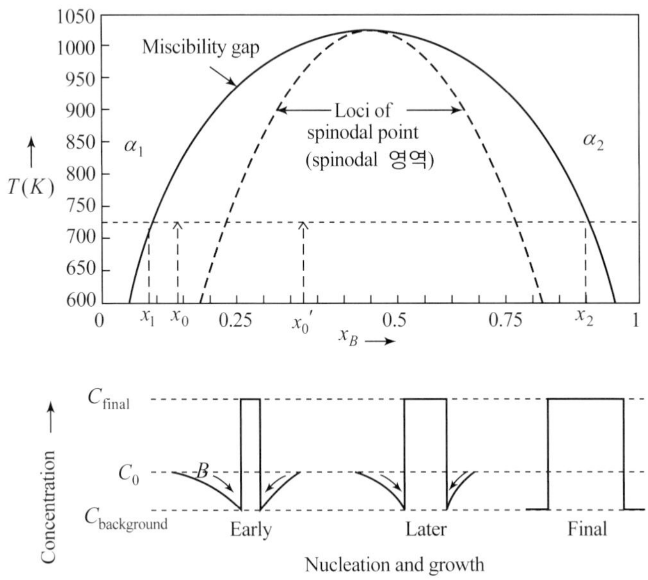

(a) 조성 x_0 의 준안정상은 기지내에 새로운 핵이 생성되면 핵생성과 성장기구에 의해 조성 x_1, x_2 인 평형상 α_1, α_2 로 분해된다.

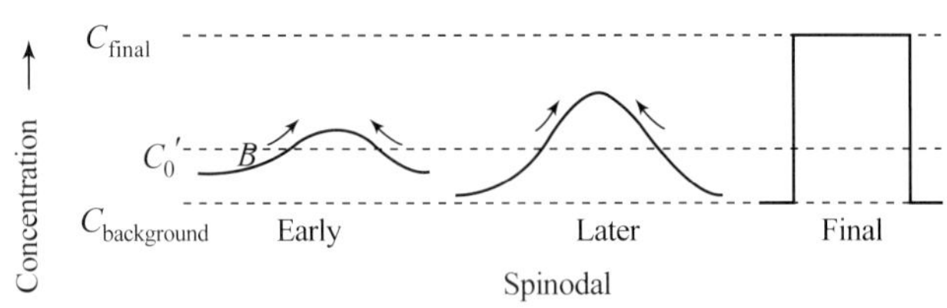

(b) x_0' 조성의 불안정상은 작은 조성의 동요 $(\pm\Delta C)$ 가 큰 조성동요 변동으로 증폭 발전하여 조성 x_1, x_2 인 평형상 α_1, α_2 로 분해한다.

그림 7.24 용액(여기선 단순규칙용액)이 두 용액상으로 분해시 (a) 핵생성 및 성장 기구: downhill 확산과 (b) 스피노달 기구: uphill 확산 간의 차이점을 설명하는 상분해 시간에 따른 개략적인 농도분포 변화 양상($x_o = C_o$ 이고 $x_o' = C_o'$ 에 해당)

7.7 3상 평형

일정 압력 조건에서 서로 다른 3개 응축상 α, L, β가 존재할 수 있는 2원계를 고려하자. 고용체상 β의 결정구조는 α와는 다르다. 이러한 계의 열역학 거동(상태도)을 묘사하기 위해선 순수 구성 성분의 세가지 상에 대한 상대적 안정도(예로 $\Delta G_i^{o\alpha\to\beta}$)와 혼합거동($\Delta G_m^{상}$)에 대한 정보를 반드시 알아야 한다(식7.14, 7.15 참조). 따라서 관심온도에서 이를 바탕으로 표현한 세가지 응축상 각각에 대한 ΔG_m 곡선을 동일한 (G－X)도면 상에 나타내어, 공통접선 작도법 또는 당김현 작도법에 의해 이들간 혼합자유에너지를 상호 비교하여 안정상을 결정하는 것이 바람직하다. 이러한 경쟁적 안정성 우위 비교를 위해선 성분 1은 3상 모두에 대해 동일한 기준상태로서 언급되어야 하며, 성분 2도 마찬가지로 모든 상에 대해 동일한 기준상태로서 언급되어야만 한다.

3상에 대한 혼합자유에너지 곡선 중 한번에 2개 곡선씩을 취하여 이들을 상호 비교함으로써 2원계 상태도 상에 세가지 각기 다른 2상 공존영역을 나타낼 수 있다: $(\alpha+L)$, $(\beta+L)$, $(\alpha+\beta)$. 특정 관심 온도에서 2상의 (G－X)곡선이 상호 교차하면, 앞 절에서 설명한 공통접선 작도법에 의해 2상 공존 영역의 상 경계 조성을 결정할 수 있다. 이들 상이 안정한 해당 온도구간에 걸쳐 일련의 동일한 작업을 반복 시행하면 (T, X) 상태도 상에 모든 2상 공존 영역을 완전하게 나타낼 수 있다. 이들 세가지 서로 다른 2상 영역이 서로 교차되면 이들로부터 일정 압력하 2원계 평형 상태도상에 3상 공존 영역이 형성된다.

이상용액 모델에 근거해 작성된 세 개의 서로 다른 2상 영역간의 상호 교차로 인해 형성되는 공정(eutectic) 상태도가 그림 7.25(a)에 나타나 있다.

$$\text{액상} = (\text{고상})_\alpha + (\text{고상})_\beta$$

$(\alpha+L)$ 및 $(\beta+L)$ 2상 안정영역은 서로 반대방향으로 기울어져 교차하고 있다. 이들 두 액상선이 교차하는 점 E는 $(\alpha+\beta+L)$ 3상간 평형 공정조성과 공정온도를 나타낸다. E를 통과하는 등온선 AEB는 3상 L, α, β 간 평형을 나타낸다; 이 등온선은 $(\alpha+L)$ 공존영역에선 α 고상선과 점 A에서 만나고, $(\beta+L)$ 영역의 β 고상선과는 점 B에서 만난다. 점 A와 B는 공정온도에서 액상과 각각 평형을 이루는 상 α 및 β의 개별적 조성이므로, 고상 α, β 간의 평형도 함께 이루어지게 된다. 따라서, $(\alpha+\beta)$ 2상 공존 영역 경계는 점 A와 B를 통과해야 한다. 온도 T_E에서는 $(\alpha+L)$ 및 $(\beta+L)$의 액상선이 교차하는 점은 E로 표시되어 있으며 3상평형 온도를 결정한다. 공정 온도에서 액상 조성(E)과 평형

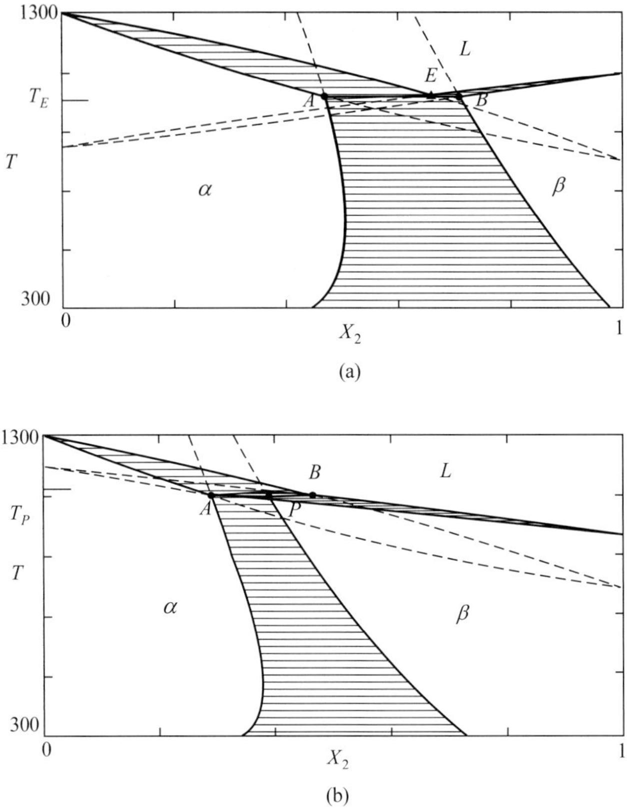

그림 7.25 3상(α,β,L)간 형성되는 세 가지 각기 다른 2상 안정 영역간 상호 교차로 생성될 수 있는 3상 안정 영역을 포함하는 상태도: 이상용액 모델에 의한 (a)공정상태도, (b)포정상태도

을 이루는 고상 조성은 점 A와 B로 표시된다. 즉 점 A와 B는 공정온도 T_E 에서 $(\alpha+\beta)$ 평형 조성을 규정한다. 그림 7.25(a)에서 점선으로 표시된 즉, $(\alpha+L)$와 $(\beta+L)$ 2상 안정 영역 중 공정선(선 AEB) 아래에 점선 경계로 표시된 부분은 각각 준안정 2상 평형영역을 표시한다. 마찬가지로, $(\alpha+\beta)$ 영역 중 공정선 AEB 위에 점선으로 경계가 이루어진 부분도 준안정 2상 평형영역에 해당된다.

공정상태도가 나타날 수 있는 온도에 따른 일련의 (G－X)도해를 그림 7.26에 규칙용액 모델에 근거해 상세히 나타내었다. 온도가 감소함에 따라 점진적으로 액상은 고상에 비해 덜 안정적이 되고, 액상(G－X)곡선과 이 곡선이 걸려있는 양편 성분 축 상 점 들은 (G－X)공간 내에서 점차적으로 윗쪽으로 올라가 위치하게 된다. 온도 감소에 따라 상 α 와 L, 그리고 상 β 와 L 의 (G－X)곡선 간 교차점들은 서로 가까워지고, 이들과 관련된 공통접선 또한 서로를 향하는 쪽으로 회전하게 된다. 궁극적으로 공정 온도에서

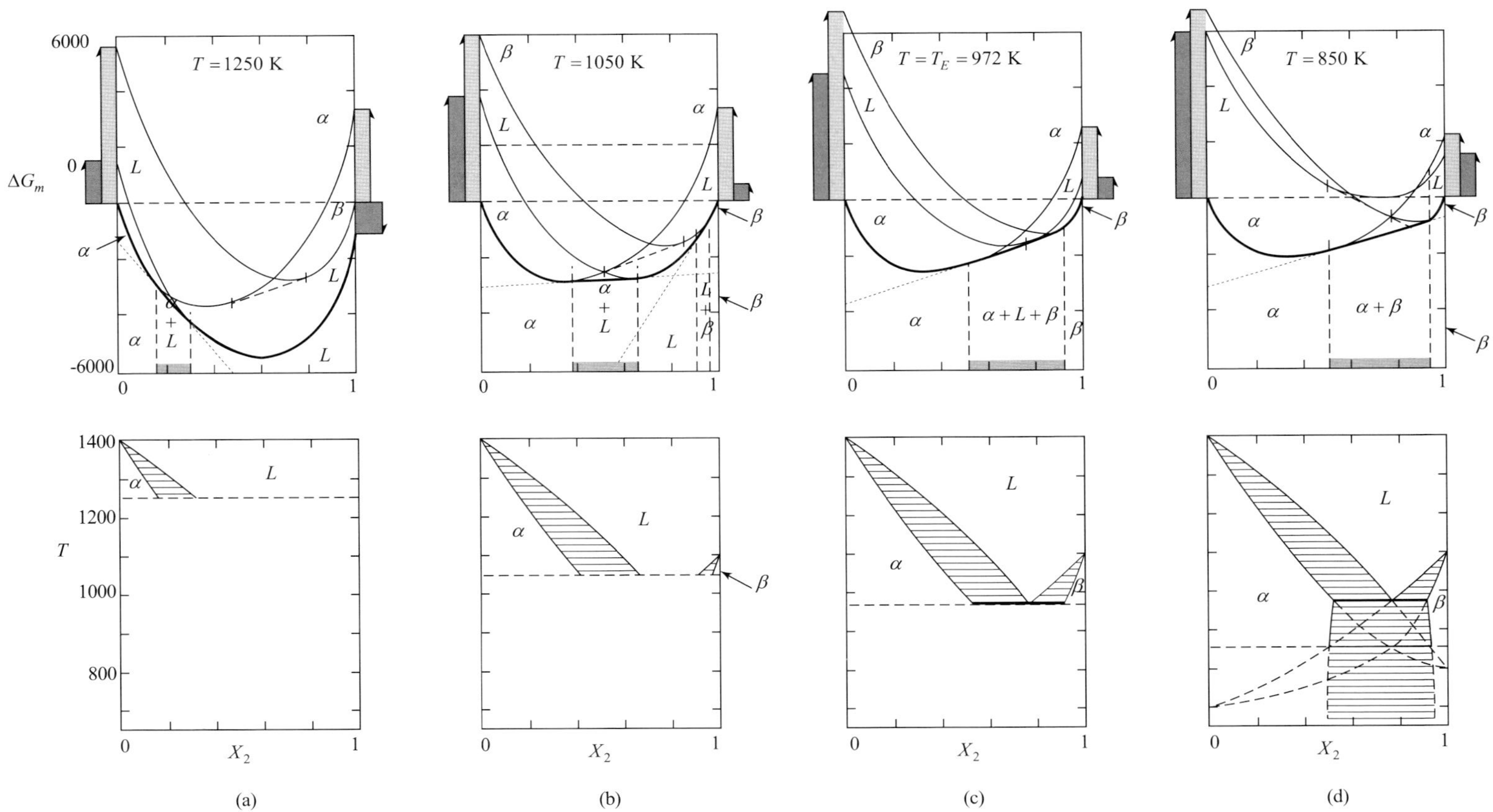

그림 7.26 3상 간 공정 반응이 포함된 상태도 작성과정. 일련의 온도에 따른 각 상의 (G–X) 도해를 위해 규칙용액 모델을 사용: $\omega_0 = 6000,\ \omega^{\alpha} = 8000,\ \omega^{\beta} = 9000$ (J / mol)

$(\alpha+L)$와 $(\beta+L)$에 대한 공통접선은 $(\alpha+\beta+L)$ 3상 평형 조건이 유지될 수 있도록 서로 만나 일치하게 된다. $(\alpha+\beta)$ 평형에 대한 공통접선 또한 이들 공통접선들과 공정온도에서 일치하게 된다. 공정온도 이하에서도 $(\alpha+L)$ 및 $(\beta+L)$의 공통접선이 존재하긴 하나, 이들보다는 $(\alpha+\beta)$의 공통접선이 그림 (7.26d)에서처럼 더 낮은 자유에너지를 나타낸다. 따라서 T_E 이하 온도에서, $(\alpha+L)$과 $(\beta+L)$ 2상 평형은 준안정상이 된다. 이러한 준안정상 평형은 재료 냉각 공정시 공업적으로 매우 중요한 역할을 하는 인자로 이용된다. 예로 공정 조성 근방의 액상용액이 **빠른 냉각 속도**로 응고될시 결과적으로 나타나는 고상의 미세구조 형태를 결정하는데에 상태도 상에 숨어있는(즉, 실선 상 경계에 의해 묻혀서 나타나지 못하는) 준안정 평형상이 매우 중요한 역할을 한다. 이로부터 **빠른 냉각 (급냉) 공정**에 의해 상태도 내에 숨어있는 준안정 평형상에 대한 귀중한 자료를 얻어낼 수 있다(7.9절 참조).
한편 상태도 상에 실선으로 경계 지워지는 고용체 평형상들은 상당히 늦은 냉각 속도로 (예로 노내 냉각) 액상을 응고시키므로서 얻어질 수 있다. 참고로 매우 빠른 냉각 속도로 고온 상태의 재료를 열처리하면, **평형론적(서냉) 상전이**에 의한 상들(안전상, 준안정상)은 얻어질 수 없다. 상태도상에서는 나타날 수 없는 **속도론적(급냉) 상전이**에 의한 상(들)이 얻어진다[Time-Temperature-Transition(TTT 상태도)]. 예로 Fe-C 재료계의 bainite, martensite, 비정질 상전이들이 이에 속한다.

포정(peritectic) 반응은 액상과 고상이 반응하여 완전히 다른 새로운 고상을 형성하는 상전이를 일컫는다.

$$\text{액상} + (\text{고상})_\alpha = (\text{고상})_\beta$$

포정상태도[그림 7.25(b)] 작성의 틀을 이루는 기본적인 (G − X) 작도 과정이 그림 7.27에 자세히 설명되어 있다. 이 경우 온도가 감소함에 따라서 액상 (G − X)곡선이 점차적으로 위로 향해 이동하며 이에 따라 2상 $(\alpha+L)$ 사이 접선은 상 β 의 자유에너지 곡선과 공통접점을 이루며 만나게 되는데, 이 점과 연결된 접선이 바로 3상 포정 상전이 평형을 실체화 한다(즉, 포정반응, 포정온도 및 조성 : 그림 7.27(b)). 포정온도 보다 온도가 낮아지면 안정된 $(\beta+L)$ 2상 평형 공존영역이 빠르게 도면의 우측 가장자리쪽을 향해 이동하여 β 상의 융점에서 궁극적으로 사라지게 된다[그림 7.27(d)]. 이보다 온도가 더 낮아짐에 따라 $(\alpha+\beta)$ 영역은 상온까지 이어진다.

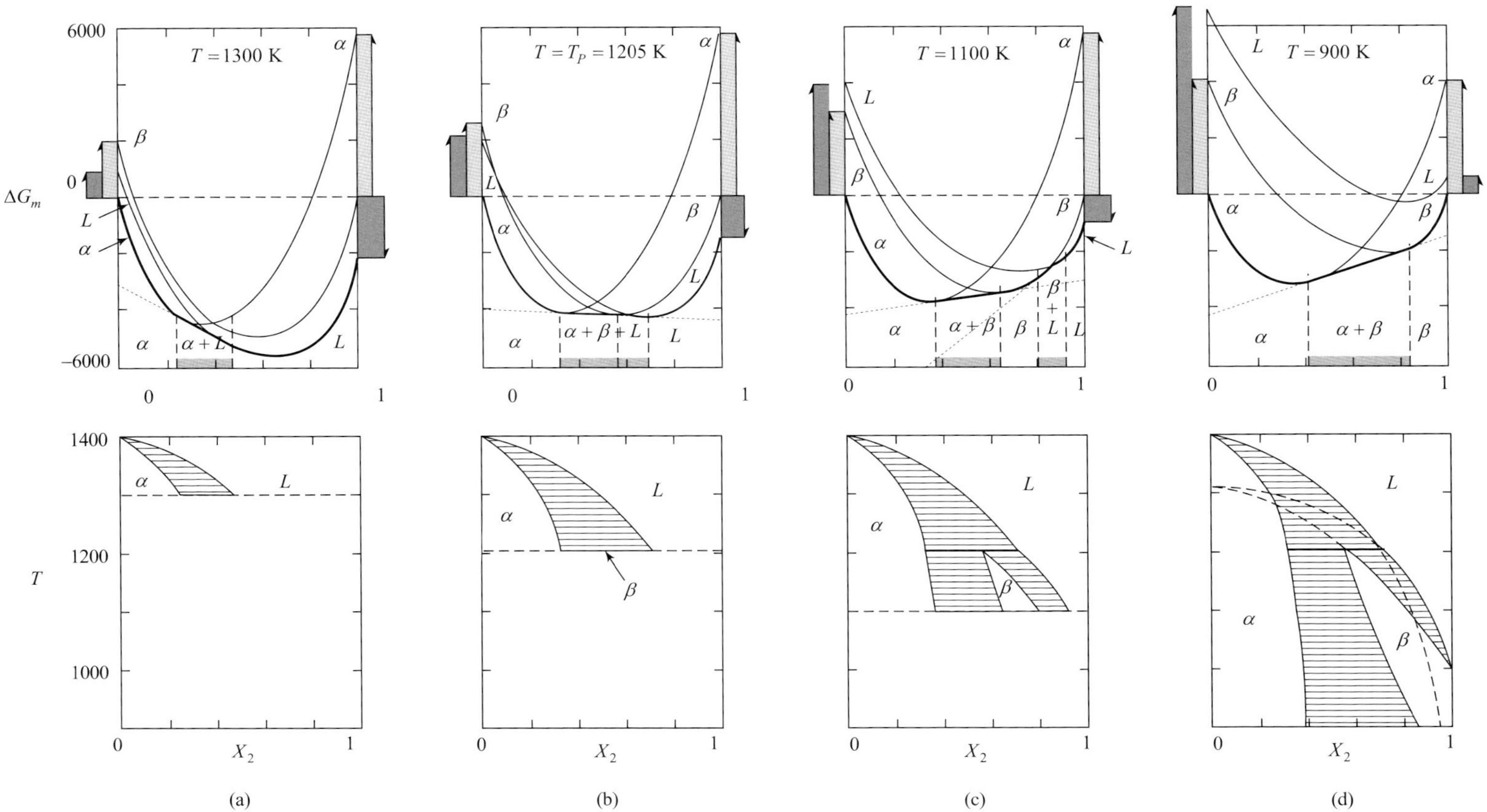

그림 7.27 3상 간 포정 반응이 나타나는 상태도 작성과정. 일련의 온도에 따른 각 상의 (G–X) 도해를 위해 규칙용액 모델을 사용: $\omega_0 = 10000,\ \omega^{\alpha} = 1500,\ \omega^{\beta} = 6000\ (\text{J/mol})$.

대표적인 포정 상전이 계 예로 철−탄소 이원계 평형 상태도가 그림 7.28에 나타나있다. 0.51wt% 이하의 탄소농도를 지닌 액상 용액이 천천히 노 내 냉각될 경우, 이 용액계는 우선 액상과 고용체상 δ 로 분해된다. 이후 포정온도에 도달하면 액상과 δ 상은 결합하여 새로운 고상인 γ 상을 형성한다. 지레규칙을 이용하면 관심 온도와 전체 조성에서의 두 상 간 상대적인 양적 분율을 계산할 수 있다. 그림 7.28 상태도에는 공석반응($\gamma \rightarrow \alpha + Fe_3C$) 및 공정반응($L \rightarrow \gamma + Fe_3C$)도 나타나 있다.

포정반응과 유사한 상변태가 완전히 고상 간에서도 일어날 수 있으며, 이 경우 상이한 두 종류의 고상이 결합하여 새로운 제 3의 고상이 형성된다($\alpha + \beta = \gamma$). 이러한 상전이 반응을 포석(peritectoid) 상전이 반응이라고 부른다. 마찬가지로 공정반응과 유사한 상변태가 고상 간에도 일어날 수 있으며, 이 경우 특정 고상이 분해되어 상이한 두 종류의 고상을 형성한다($\delta = \alpha + \beta$). 이를 공석(eutectoid) 상전이 반응이라 일컫는다.

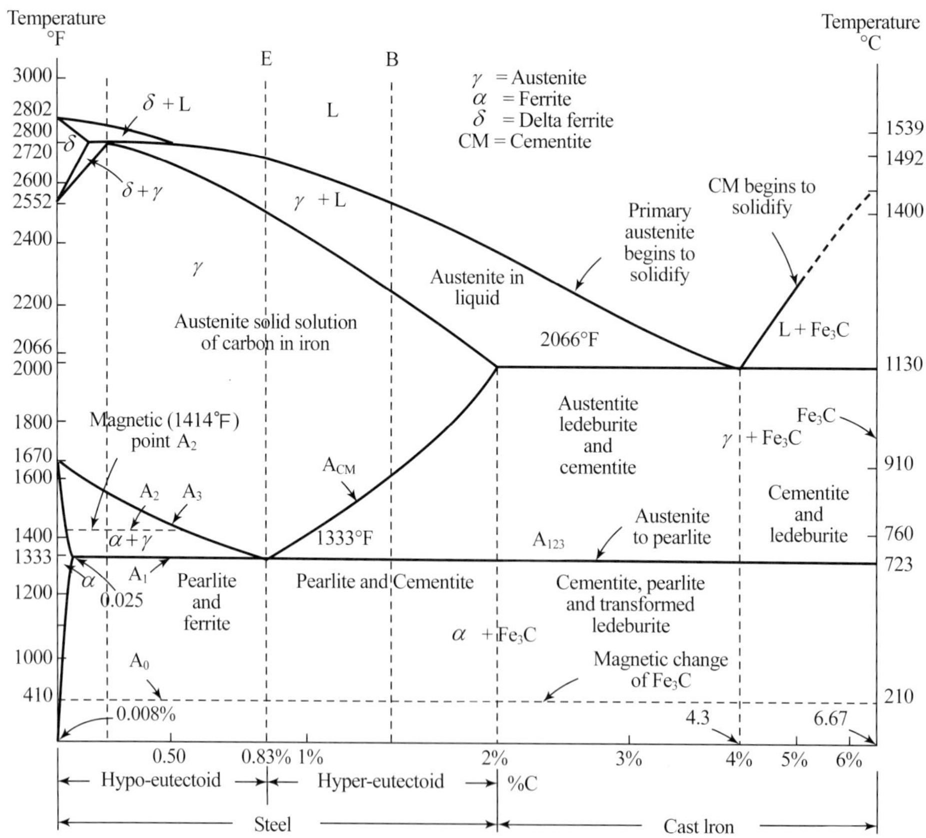

그림 7.28 Fe− Fe_3C 평형 상태도

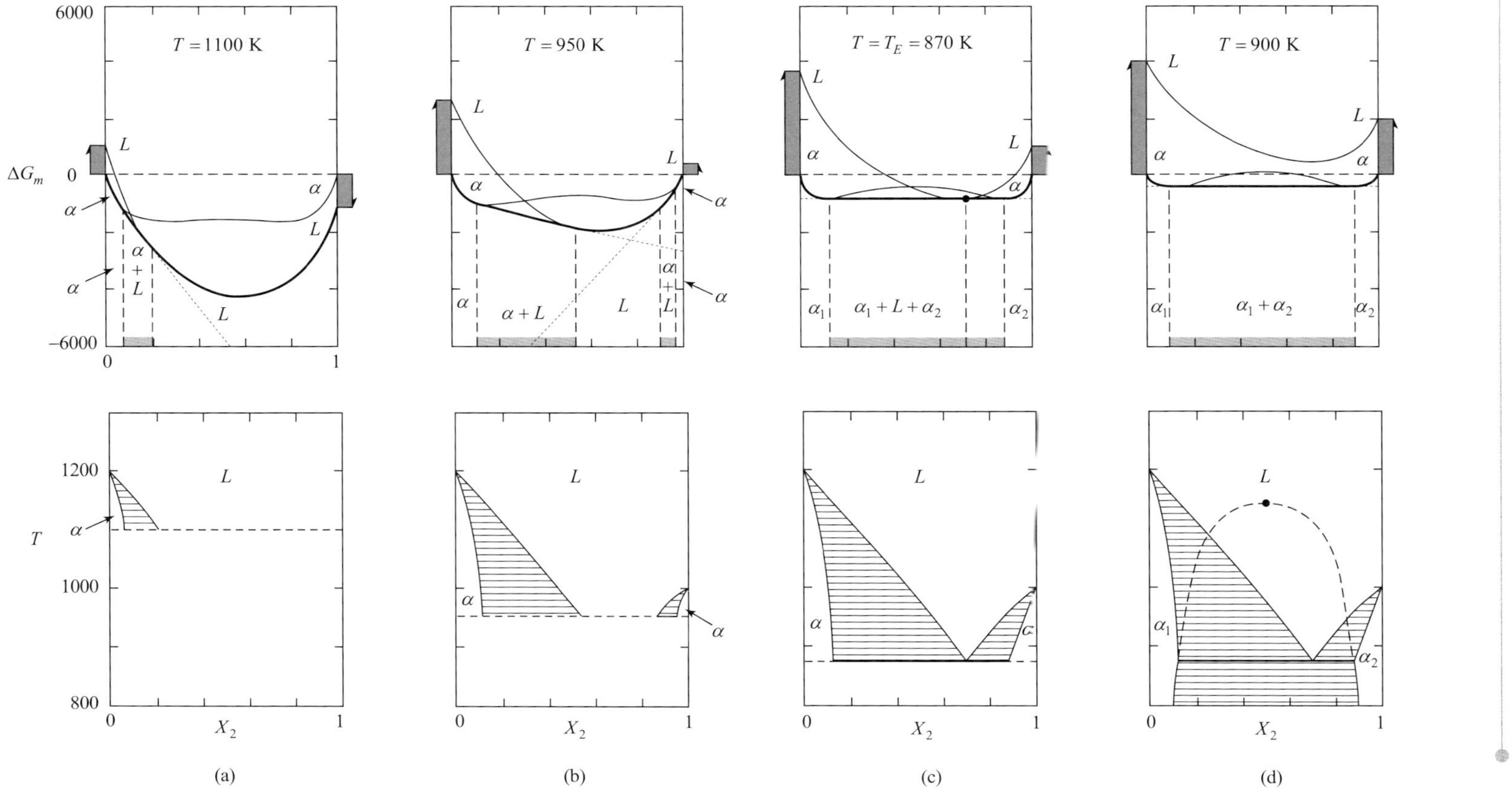

그림 7.29 낮은 온도에서 상 α 로부터의 공용간극에 해당하는 2상 안정영역 생성을 포함하는 공정상태도 작성과정. 일련 온도에 따른 각상의 (G–X) 도해를 위해 규칙 용액 모델 사용. $\omega^{\alpha} = 9000$, $\omega^{L} = 19000\ (\mathrm{J/mol})$; $T_C = 1143\ \mathrm{K}$.

비교적 낮은 온도에서 용액 형성 ΔH_M 이 양의 수치로 큰 절대치를 나타내는 용액계에서 α 상이 공용간극을 나타낸다면, 계 내에 단지 2상(α 와 L)만이 존재할 경우에도 3상 안정 영역에 대한 공정 및 포정 상태도를 형성하는 것이 가능하다. 이런 경우에 공용간극의 임계온도는 충분히 높은 온도에 위치하여, W형태의 기복이 있는 α 상 (G – X) 곡선이 액상 (G – X)곡선과 교차할 수 있어야만 공정 및 포정 상변태가 나타날 수 있다. 이러한 상태도 상에선 공용간극은 3상 평형선(공정선 또는 포정선) 위 영역에서는 준안정하므로 공용간극의 최대점(임계 온도, 조성점)은 실험적으로는 실제 관찰되지 않는다[그림 7.29(d)에 점선으로 표시]. 이러한 공정상태도 작성을 설명하는 온도에 따른 일련의 (G – X) 작도과정을 그림 7.29에 나타내었다. 공용간극을 지니는 포정계 상태도에 대해서도 위와 유사한 일련의 (G – X) 작도과정을 거칠 수 있으며, 이는 연습문제로 독자의 몫으로 남겨둔다. 공정 및 포정상태도가 3상(α, β , L)의 (G – X) 곡선들로부터 얻어진 것인지 아니면 공용간극을 갖는 고용체상 α 를 포함한 2상(α, L)의 (G – X) 곡선들에 의해서 형성되는 것인지를 결정하기 위해서는, 단순히 계를 구성하는 순수 성분들에 대한 고상의 결정구조를 조사하면 된다. 이들의 결정구조가 서로 같으면 고상 간 2상 공존 영역은 공용간극에 해당된다.

구리와 은으로 이루어진 2원계(그림 7.30)는 간단한 공정상태도를 형성한다: 구리와 은은 모두 면심입방 결정이다. 따라서 구리 – 은 이원계 상태도 내 저온영역에서 나타나는 고상 간 2상 안정영역은 실제로는 공용간극 영역에 해당한다. 저온 영역에서 나타나는 ($\alpha_1 + \alpha_2$) 2상 공존영역의 경계 실선부분은 그림 7.29(d)의 공용간극 경계 점선을 따라

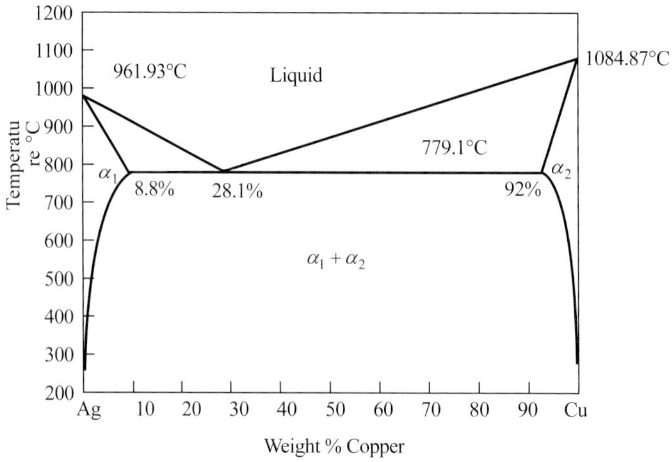

그림 7.30 Cu–Ag 상태도

낮은 온도도 이어지는 연장 실선에 해당한다. 앞서 언급했듯이 이 경우 임계온도는 비교적 높은 온도(액상 안정영역)에 위치한다.

7.8 중간상

그림 7.25~7.27에서 언급되었듯이 공정 또는 포정 상태도를 형성하기 위해서는 세가지 상이 필요하다. 상률에 따르면 2원계는 일반적으로 세 개 이상의 상을 지닌다. 상태도의 양편 끝 순수성분축 가장자리에 위치한 상처럼 순수성분에 약간의 적은 양의 용질 원소가 용해되 형성되는 고용체는 터미널(terminal) 고용체라 불린다(그림 7.30의 α_1, α_2). 또한 그림 7.28의 α 및 δ 상처럼 용액계 구성 순수성분(여기선 Fe)이 온도에 따라 안정한 동소체 상을 나타내면, 이러한 상의 안정 온도 영역에선 추가적으로 터미널 고용체가 더 존재한다. 상태도 내에는 순수한 성분(들) 근저리에서 나타나는 터미널 고용체 상과는 전혀 다른 형태의 고체 용액상 또는 화합물(compound) 상이 존재할 수도 있다. 이러한 상을 중간상이라고 부른다[참고문헌 3-5]. 이러한 부가적 상들도 자체 고유의 (G－X) 곡선을 지니며, 잠재적으로 다른 상들의 (G－X)곡선과 경쟁해 상호간 안정성 우위 비교가 되며 상태도 안정상 형성에 관여한다.

임의 온도에서 전 조성영역에 걸쳐 안정한 단상 및 2상 또는 3상 공존 영역의 조성분포는 관심계에 존재할 수 있는 모든 상들에 대한 (G－X)곡선들 사이의 경쟁적 상호 안정성 우위 비교에 의해서 결정된다. 이 경우 모든 상들의 구성 성분은 각기 동일한 기준상태로 언급되어야만 한다. 그림 7.12에 언급된 당김현 작도법을 이용하여 최소 혼합 자유에너지를 지닌 안정한 단상 및 2상, 3상 조성 영역 분포를 나타낼 수 있다. 터미널 상에 대한 (G－X)곡선은 항상 도면의 양편 조성축 가장자리에서 거의 수직에 가까운 접선 기울기를 나타낸다. 온도가 변함에 따라 (G－X)도해 공간에서 모든 상들의 곡선은 서로가 온도 증,감에 대응해서 자체 형태 변화를 일으키면서 이동한다. 온도변화에 따라 곡선 간 교차점은 이동하고 이로 인해 공통접선은 회전하게 된다. 온도가 변함에 따라 3상 공존영역에 해당하는 특정 온도에 이르면 2상 영역 공통접선들이 서로 일치하게 되는데, 이 경우 특정한 상이 없어지던가 (공정 상전이: $L \rightarrow \alpha + \varepsilon$), 혹은 새로운 안정상이 형성되기도 한다(포정 상전이: $L + \alpha \rightarrow \beta$).

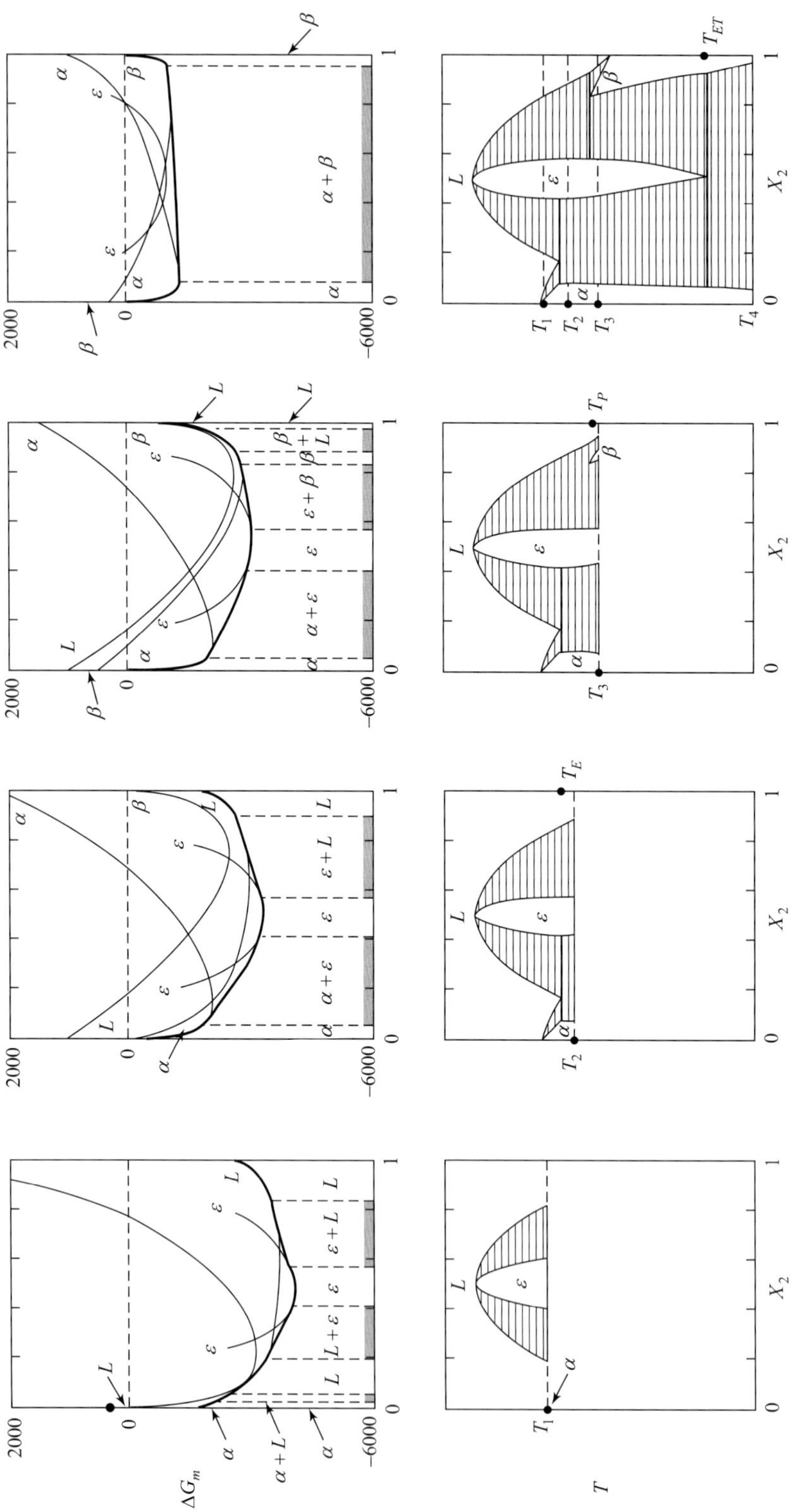

그림 7.31 유일한 중간상(ε)을 지닌 상태도 작성과정과 이에 해당하는 일련 온도에 따른 (G–X) 도해
(T_E = 공정온도, T_P = 포정온도, T_{ET} = 공석온도)

그림 7.31은 중간상으로 용액상 ε 을 포함한 상태도 작성에 관련되는 상들에 대한 일련의 온도에 따른 (G－X)곡선 도해를 나타낸다. T_1 과 T_2 사이 온도 구간에서 $(\alpha+L)$ 및 $(\varepsilon+L)$의 공통접선은 온도감소에 따라 각각 반대 방향으로 회전하여 공정 온도(T_E)에서 서로 일치하게 됨으로써 안정한 3상의 공정반응($L \rightarrow \alpha+\varepsilon$)을 형성한다. 이후에는 액상선이 이 공정선을 벗어나면서 두 개의 고상이 안정상으로 남게 된다. T_2 와 T_3 사이 온도 구간에서 상 β 의 (G－X)곡선은 $(\varepsilon+L)$ 2상 평형 접선과 만나면서 안정한 3상 간 포정반응($L+\varepsilon \rightarrow \beta$)을 형성한다($T_P$). 이 후 온도감소에 따라 β 상 (G－X)곡선은 $(\varepsilon+L)$ 공통 접선과 만나 두 개의 2상 공존 영역 $(\varepsilon+\beta)$ 및 $(\beta+L)$을 형성한다. T_3 와 T_4 온도 구간에서는 $(\alpha+\varepsilon)$와 $(\varepsilon+\beta)$의 공통접선이 각기 반대로 회전하여 결국 일치하게 되어 3상 간 공석반응($\varepsilon \rightarrow \alpha+\beta$)이 형성된다($T_{ET}$). 이후 상 ε 의 혼합자유에너지 곡선은 이 공석선으로부터 벗어나게되고 상태도 상의 낮은 온도영역에서 $(\alpha+\beta)$ 2상 공존영역이 형성된다.

중간상들은 또한 화학적 화합물(금속/금속간, 또는 금속/비금속간 화합물) 상의 특성을 지니기도 한다. 특히 세라믹 계에서 더욱 그러하다. 이 경우 상의 조성은 A_2B 혹은 AB_3와 같은 원소 간 결합 고정비로부터 크게 벗어나지 않는 조성 변동 범주에 속하는 화학량론적 결합비를 보인다. 그림 7.32에서처럼 조성축 공간제약으로 인해 상태도 상에서 이러한 화학량론적 결합 화합물의 중간상은 실제적으로 선화합물 형태로서 나타난다. 즉, ε 으로 표시된 단상 영역이 그림 7.31의 ε 상과 정성적으로는 유사한 구조를 갖기는 하지만, 그 존재 조성 영역의 폭이 너무 작아서(즉, 화학량론적 성분 결합비 변동폭이 너무 좁아서), 제한된 상태도 작성 공간상 조성 농도 표현 치수한계로 인해 중간상 안정영역이 조성 범위로 나타나지 않고 선으로서 표시된다. 따라서 선화합물에 대한 (G－X)곡선은 그림 7.32에서처럼 수직점선과 점 P로 표기된다. 실질적으로는 첨예한 실바늘 끝단 모양새의 (G－X)곡선으로서 표시될 수 있다. 점 P에서의 ΔG_m 값은 구성 성분 기준상태로부터의 선화합물 형성 자유에너지 ΔG_f 에 해당한다. 따라서 여러가지 다양한 중간상을 지니는 복잡한 상태도도 해당 화합물 형성 자유에너지의 온도 의존 함수에 대한 열역학 자료 정보만을 알면 작성될 수 있다.

물질 A와 B는 액상 또는 고상 용액을 형성할 수 있을 뿐만 아니라 다양한 화합물 AB, A_2B, AB_2(선화합물) 등을 형성할 수도 있다. 예로서 선화합물이 관여되는 포정반응에 대한 상태도가 그림 7.32에 나타나 있다($L+\alpha \rightarrow \varepsilon$).

선화합물이 지니는 중요한 열역학적 특성이 그림 7.32에 잘 나타나있다. 극히 제한된 매우 좁은 조성 범위에 걸쳐 존재하는 선화합물은 적은 조성 변화에 의해서도 성분의 화학포텐셜에는 상당히 큰 변화가 야기된다. 선화합물 상 ε이 α 와 평형을 이루는 경우, 상ε내 성분 2의 농도, X_2 값은 선화합물 자체 화학량론적 결합비보다 약간 작아진다. 첨예한 실바늘 모양새 ΔG_m^ε 곡선과 완만한 ΔG_m^ε 포물선간 공통접선 도해시 첨예한 곡선 끝단에 걸치는 접점은 ε 곡선 끝단 좌측 편($X_2 - dX_2$)에 위치하게 된다. 이 조성에서 상 ε내 성분 2의 화학포텐셜은 α 와 ε상 (G – X)곡선을 잇는 공통접선이 순수성분 '2'쪽 수직 축과 만나는 점 M으로 주어진다. 반면 상 L 의 (G – X)곡선과의 접선 접점 위치는 첨예한 ε 곡선 끝단 우측 편($X_2 + dX_2$)에 놓이게 된다. 액상 L 과 평형을 이루는 상 ε의 경우, ε내 X_2 값은 화학량론비에 비해 아주 약간 크게 된다($X_2 + dX_2$). 이 조성에서 ε상내 성분 2의 화학포텐셜은 L과 ε상 (G – X)곡선 간 공통접선이 순수 성분 2 조성축

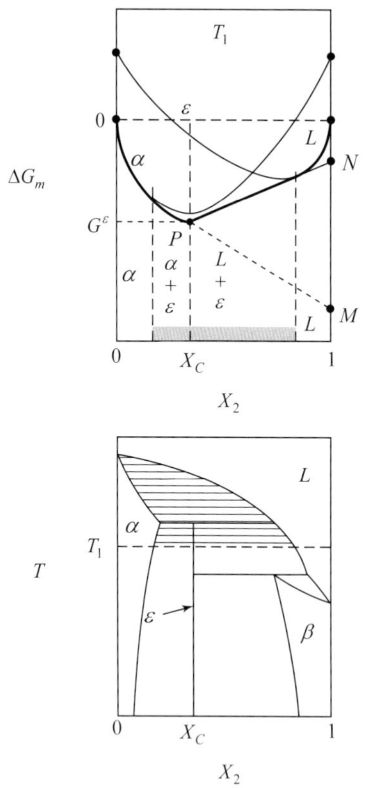

그림 7.32 선화합물 형태의 중간상을 가진 상태도의 자유에너지–조성 도표의 특성. 수직점선 ε은 첨예한 끝단을 지닌 바늘침 형태를 보이는 ΔG_m^ε 을 나타낸다. 온도에 따른 터미널 상 α 내 용질 2의 고용도 X_2^α 의 변화 궤적(상α /상ε 간 경계 조성 궤적)을 나타내는 $X_2^\alpha(X_2,T)$ 함수식 유도가 7.10.6절에서 자세히 언급된다.

과 만나는 점 N으로 주어진다. 따라서 제한된 조성축 공간 상의 상태도 조성수치로는 나타낼 수 없을 정도의 매우 작은 미미한 수치범주 상 ε의 조성변화($\pm dX_2$)에 의해서도 쉽게 선화합물 내 성분 화학포텐셜에는 상당히 큰 변화($N \to M$)가 초래된다.

대부분 고상의 선화합물에선 그 구성 성분이 고상 결정격자 내 특정자리를 점유한다. 이로 인해 결정구조 내 각(순수구성) 성분은 그 자체가 부격자(sublattice)를 지닌다. 2원계에선 이러한 두 가지 부격자 형태의 격자자리 비가 기하학적 화합물 결정구조에 의해 고정되므로 화합물은 원소간 화학량론적 결합을 이룬다. 결정구조 내부로 결함을 도입함으로써 선화합물은 이러한 고정비로부터 어느정도 벗어날 수 있다(9장 참조).
예를 들어, 성분 1의 부격자 자리에 빈자리를 만들어 줌으로써 상대적으로 성분 2가 다소 많은 조성의 화합물을 얻을 수 있다. 반대로, 성분 2 원자들을 격자 사이 위치, 즉 침입형 자리에 추가로 넣어 성분 2가 다소 많이 함유된 화합물을 얻을 수도 있다. 아울러 이와 유사한 구조 결함을 성분1에 대해 유발함으로써 화학량론비를 '성분 1' 쪽으로 변화시킬 수도 있다. 이러한 종류의 격자 결함을 형성하는데 필요한 에너지는 열역학 에너지 수치 규모로는 매우 큰 값이 된다. 이는 앞서 그림 7.32에서 언급된 바와 같이 이들 결함 형성 시에는 큰 화학포텐셜 변화가 수반된다는 점을 살펴보면 쉽게 이해할 수 있다. 즉, 이들 결함형성으로 야기되는 화합물내 성분(예로 X_2)의 $\pm dX_2$ 조성변화에 의해서 $\mu_2(N)$ $\to \mu_2(M)$ 으로의 큰 화학포텐셜 변화가 야기된다. 따라서 일반적으로 세라믹 재료내 결정결함을 유발시키기 위해서는 상당히 큰 에너지(열 또는 일)가 가해질 필요가 있게 된다. 이러한 결정 내 결함에 대한 열역학 고찰은 9장에서 다루는 세라믹 재료 결함형성 기구에서 자세히 설명하기로 한다.

7.9 준안정 상태도(Metastable Phase Diagram)

p 개의 상(G, L, α, β, ε, ..., p)을 포함하는 계를 고려해 보자. 이들 상에 대한 (G－X)곡선 중 한 쌍이 서로 교차하면 2상 안정영역이 만들어진다. 결과적으로 계에 최소로 가능한 2상 안정영역의 갯수는 $p!/[2!\cdot(p-2)!]$(p 개 상을 두 부류로 묶어 정렬시키는 조합 방법의 수)에다 계가 지닐 수 있는 공용간극의 수를 더한 값이다. 이들 중 적어도 일부는 안정한 2상 영역이 되며 평형 상태도 상에 실선으로서 나타날 수 있다. 반면, 안정하지 않은 2상 영역 부분들은 그림 7.25에서처럼 점선으로 나타나며 이들은 준안정

적인 2상 영역이 된다. 상태도면 상의 이러한 준안정 2상 영역에서는 2상이 공존하기 보다는 더 낮은 자유에너지를 지닌 다른 조직의 상이 안정한 평형 상이 됨을 의미한다. (G－X) 도해로부터 얻게되는 2상 공존 영역들 가운데 일부는 이들이 존재할 수 있는 조성영역에 걸쳐서 준안정적이기 때문에 안정한 상태도 상 어디에도 나타나지 않게 된다.

상태도 상의 준안정 구조는 재료공학 분야에서 재료의 미세구조를 어떻게 개선시키는가를 이해하는데 중요한 사고 수단의 역할을 한다.

앞서 그림 7.25-26에서 상전이 계에서 설명된 $(\alpha + L)$ 및 $(\beta + L)$ 2상 평형에 대한 실선 표식 영역의 연장선 구간인 준안정상 영역(점선 표식영역)이 냉각속도에 따른(완,급냉시) 공정 또는 포정 상전이(응고) 기구와 이들 응고상 미세구조를 제어하는데 중요한 역할을 한다는 점을 이미 강조해 피력한 바 있다. 석출경화를 유도, 제어하는 재료 열처리 공정 중에 석출 반응 대신에 용질 과다 용액(solute rich zones)상의 안정적 형성 반응이 일어남은 종종 평형 상태도 상에 나타나지 않은 준안정한 공용간극 조성영역의 존재와 연관성이 있다.

급속응고 공정에 의한 미세구조 결정 혹은 금속성 유리질(metallic glass) 조직의 형성은 열역학적 안정 상의 핵생성 또는 성장이 너무 느려서 실제로는 생성되지 않고 대신 준안정 상이 발현 생성되는 것과 연관되어 있다. 안정 상태도는 상 생성에 대한 속도론적 측면을 고려치 않고 오로지 열역학적 평형 측면만을 고려하여 작성된다, 따라서 생성속도 측면을 고려하여 열역학적으로는 안정하나 상당히 늦은 생성속도를 보이는 특정 상을 고려치 않고, 이를 제외한 준안정 상태도를 고의적으로 작성하여 재료 상전이 공정시 속도론적 고찰을 위해 이용하는 경우도 종종 있다.

열역학적으로 안정한 특정 상이 속도론 측면으로 생성속도가 매우 늦어 실험실적으로는 형성되지 않는다고 가정하면, 그 계의 상전이 거동은 특정상을 배제한 준안정 상태도를 이용하여 단순하게 해석될 수 있다. 준안정 상태도는 안정한 상태도에 대한 열역학 자료 정보로부터 단순히 특정 한가지 또는 여러 개의 안정 상 (G－X) 도해 곡선을 상태도 작성시 이들의 생성속도가 매우 늦어 제외시킴으로써 얻어질 수 있다. 그림 7.33은 이러한 방법에 대한 단적인 예시를 보여주고 있다. 안정한 상태도가 그림 7.33(a)에 나타나있다. 준안정 상태도인 그림 7.33(b)를 작도할 때, ε 상이 속도론 측면으로 생성속도가 매우 늦어 형성되지 않으며, 반면에 속도론 측면으로 생성 제약이 없는 상 α, β, L 의 (G－X)곡선은 그대로 변하지 않고 그림 7.33(a)에서와 동일하다고 가정한다. ε 상을 (G－X)곡선 작도에서 제외할 경우 결과적으로는 단순한 공정상태도가 얻어진다. 이 준안정 상태도 계[그림 7.33(b)]에서는 안정한 상태도[그림 7.33(a)]에서 보다 훨씬 더 낮은 온도에서 액상이 안정적으로 존재하므로, 급속 냉각공정에 의한 저온 영역에서의 유리질상 형성 경향이 보다 더 바람직해 질 수 있다.

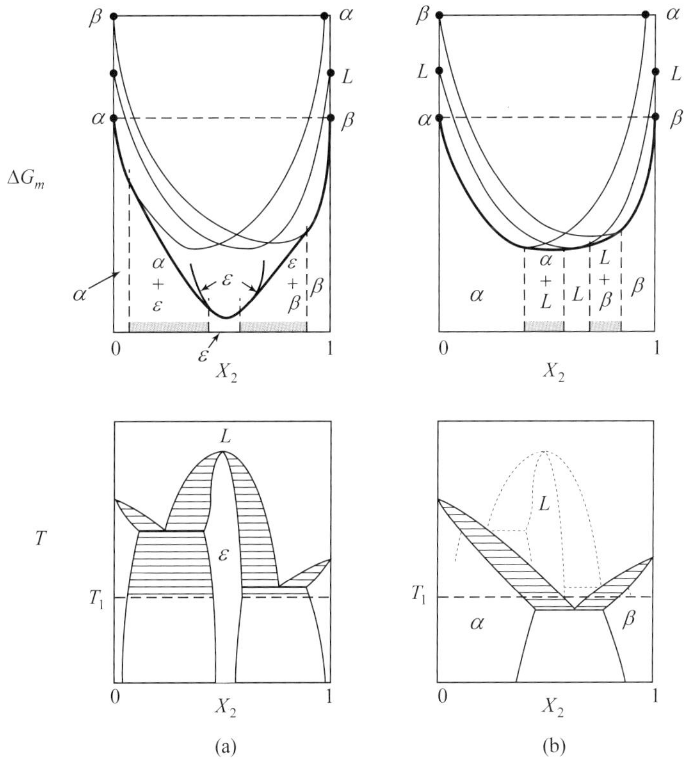

(a) (b)

그림 7.33 중간상 ε이 속도론 측면에서 매우 느리게 형성될 경우
(a) 안정한 상태도 (b) 그림 (a)로부터 얻어질 수 있는 준안정 상태도

7.10 2원계 상태도 모델

상태도 작성을 위해 필요한 일련의 (G－X)곡선을 작성하기 위해서는 앞서 7.4절에서 언급했듯이 다음 두 가지 열역학 자료가 필요하다: 순수 성분들 간의 혼합거동에 대한 열역학성질 변화 (ΔG_m) 및 순수성분 상변환시 수반되는 상대적 자유에너지 변화 $(\Delta G_i^{o(\alpha\to\beta)})$. 이상용액 및 규칙용액 모델, 비규칙 용액 모델은 용액의 혼합 거동을 묘사하는 $\Delta G_m(X,T)$ 결정을 위한 열역학 지식 및 정보를 제공한다. 순수성분에 대한 여러 상형태 간의 상대적 안정성 $\Delta G_i^{o(\alpha\to\beta)}$은 절대 엔트로피$\left(S_i^o(T)\right)$, 열용량$\left(C_{p,i}^{\alpha \text{ or } \beta}\right)$, 그리

고 이들 성분의 상변태 수반 엔트로피 변화 $\left(\Delta S_i^{o(\alpha-\beta)}(T_t)\right)$ 자료로부터 정해진다. 이러한 열역학 자료들은 임의 온도에서 각 상 구성 성분들의 화학포텐셜 변화($\Delta\mu_i^\alpha = \mu_i^\alpha - \mu_i^{o\alpha}$)를 표현하기 위해 사용된다. 이들 용액모델에 근거한 화학포텐셜 표현식을 이원계의 화학적 평형조건 관계식($\mu_1^\alpha = \mu_1^\beta$, $\mu_2^\alpha = \mu_2^\beta$)에 대입하면, 2상 공존영역에 대한 미지의 경계 조성(X_i^α, X_i^β)을 구할 수 있는 두 연립방정식을 얻어낼 수 있다.

임의 온도에서 이들 방정식을 풀면 2상 경계조성, X_2^α 및 X_2^β의 해를 구할 수 있다. 원칙적으로 2상 안정영역에 속하는 일련의 온도에 대해 이러한 풀이 과정을 반복해 시행함으로써 (T－X) 도표 상에 $(\alpha+\beta)$ 2상 공존영역을 결정할 수 있다. 계에 가능한 다른 2상들 간 조합에 대해 위 풀이 과정을 반복 시행하면 해당 2상 공존영역 및 이들 2상 공존 영역 간의 교차점(3상 공존영역)을 완전하게 묘사하여 상태도를 작성할 수 있다. 이 장에선 이런 상태도 작성법에 대한 설명으로 먼저 각 상의 혼합거동이 이상적임을 가정하는 간단한 이상용액 상태도 모델에 대해 살펴보고, 이어서 간단한 규칙용액 상태도 모델에 대해 언급하고자 한다. 마지막으로 선화합물로 간주할 수 있는 중간상 존재로 인한 상태도 전산모델의 수정과 적용 방법에 대해서도 언급한다.

7.10.1 이상용액 상태도 모델

용액모델로부터 2상 공존영역의 상 경계 조성을 계산하기 위해서는 두 상 내 구성 성분의 화학포텐셜에 대한 표현식을 유도할 필요가 있다. 편의상 α 와 β 상으로 이루어진 2원계를 고려하자. 이상용액 내 구성성분에 대한 화학포텐셜 표현은,

$$\Delta\mu_k^\alpha = \mu_k^\alpha - \mu_k^{o\alpha} = RT\ln X_k^\alpha$$

이에 따라 2원계 이상용액 α 상 내 성분 화학포텐셜 표현을 써보면,

$$\mu_1^\alpha = \mu_1^{o\alpha} + RT\ln X_1^\alpha = G_1^{o\alpha} + RT\ln X_1^\alpha \tag{7.27}$$

$$\mu_2^\alpha = \mu_2^{o\alpha} + RT\ln X_2^\alpha = G_2^{o\alpha} + RT\ln X_2^\alpha \tag{7.28}$$

이상용액 β 상 내 성분에 대해서도 동일하게 써보면,

$$\mu_1^\beta = \mu_1^{o\beta} + RT\ln X_1^\beta = G_1^{o\beta} + RT\ln X_1^\beta \tag{7.29}$$

$$\mu_2^\beta = \mu_2^{o\beta} + RT\ln X_2^\beta = G_2^{o\beta} + RT\ln X_2^\beta \tag{7.30}$$

일정온도하에서 α 와 β 상 간의 화학적 평형조건은,

$$\mu_1^\alpha = \mu_1^\beta, \quad \mu_2^\alpha = \mu_2^\beta$$

성분 1에서 대한 식(7.27)과 식(7.29)를 같게 놓으면,

$$\mu_1^{\alpha} = G_1^{o\alpha} + RT\ln X_1^{\alpha} = G_1^{o\beta} + RT\ln X_1^{\beta} = \mu_1^{\beta}$$

X_2 를 조성변수로서 달리 써보면,

$$G_1^{o\alpha} + RT\ln(1 - X_2^{\alpha}) = G_1^{o\beta} + RT\ln(1 - X_2^{\beta})$$

이를 재배열하면,

$$\frac{1 - X_2^{\beta}}{1 - X_2^{\alpha}} = e^{-(\Delta G_1^{o\alpha\to\beta}/RT)} \equiv K_1(T) \tag{7.31}$$

성분 2에 대한 식(7.28)과 식(7.30)을 같게 놓으면,

$$\mu_2^{\alpha} = G_2^{o\alpha} + RT\ln X_2^{\alpha} = G_2^{o\beta} + RT\ln X_2^{\beta} = \mu_2^{\beta}$$

$$\frac{X_2^{\beta}}{X_2^{\alpha}} = e^{-(\Delta G_2^{o\alpha\to\beta}/RT)} \equiv K_2(T) \tag{7.32}$$

온도함수 $K_1(T)$ 및 $K_2(T)$ 는 순수 성분 상 간의 상대적 안정도(즉, 순수성분 표준상태 변환)에 대한 열역학 자료정보[$\Delta G_1^{o\alpha\to\beta}(T)$ 와 $\Delta G_2^{o\alpha\to\beta}(T)$] 를 포함하고 있다. 식(7.31)과 (7.32)는 두 용액상 모두 이상용액일 경우, $(\alpha+\beta)$ 2상 안정영역을 규정하는 평형조건 표현식이다. 이들로부터 X_2^{α} 및 X_2^{β} 의 해를 구하면,

$$X_2^{\alpha} = \frac{K_1 - 1}{K_1 - K_2} \tag{7.33}$$

$$X_2^{\beta} = K_2 X_2^{\alpha} = K_2\frac{K_1 - 1}{K_1 - K_2} \tag{7.34}$$

식(7.33)은 $(\alpha+\beta)$ 2상 공존영역에서 α 쪽 상 경계 조성의 온도 함수 관계를 나타내는 식 $[X_2^{\alpha} = X_2^{\alpha}(T^{\alpha})]$ 이고, 식(7.34)는 β 쪽 상 경계 조성의 온도 함수 관계식$[X_2^{\beta} = X_2^{\beta}(T^{\beta})]$ 이다. 이상용액 상태도 작성을 위해서는 순수 성분 1과 2의 $\alpha\to\beta$ 상전이에 대한 $\Delta G_k^{o,\alpha\to\beta}$ 를 온도 함수로서 산정할 필요가 있다.

순수 성분 상전이에 대한 $\Delta G_k^{o,\alpha\to\beta}$ 의 온도함수 산정은 다음 관계식을 적용하여 쉽게 행할 수 있다.

$$\Delta G^{o}(T) = \Delta H^{o}(T) - T\ \ \Delta S^{o}(T) \tag{7.35}$$

여기서 ΔH^{o} 와 ΔS^{o} 는 임의 온도에서 순수 성분 상전이에 대한 엔탈피 및 엔트로피 변화를 각각 나타낸다(정확하게는 $\Delta G_k^{o,\alpha\to\beta}$, $\Delta H_k^{o,\alpha\to\beta}$, $\Delta S_k^{o,\alpha\to\beta}$). 이 절에선 편의상 이

들을 $\Delta G^o, \Delta H^o, \Delta S^o$ 로서 표시한다.

일정 압력하에서 이러한 엔탈피 및 엔트로피 변화의 온도 함수는 다음처럼 주어진다.

$$\Delta H^o(T) = \Delta H^o(T_o) + \int_{T_o}^{T} \Delta C_P^o(T)dT \tag{7.36}$$

$$\Delta S^o(T) = \Delta S^o(T_o) + \int_{T_o}^{T} \frac{\Delta C_P^o(T)}{T}dT \tag{7.37}$$

여기서 $\Delta C_p{}^o$ 는 순수 성분에 대한 α 와 β 상형태 간의 열용량 차이를 나타낸다. T_o 는 순수 성분에 대한 α 와 β 상 간 상전이 평형온도이다. $\Delta H^o(T_o)$ 와 $\Delta S^o(T_o)$ 는 평형온도에서 순수성분의 상전이 평형 엔탈피 및 엔트로피 변화이다.

평형온도 T_o 에서 순수성분 상전이에 대한 엔탈피 및 엔트로피는 다음처럼 관계된다.

$$\Delta H^o(T_o) = T^o \Delta S^o(T_o)$$

식(7.36)과 식(7.37) 우변 첫항의 열역학 수치 크기에 비해서, 특정 온도 구간에 걸친 2상 간 열용량 차이가 무시될 수 있을 정도로 충분히 작다고 가정하자. 이는 상전이 엔탈피 및 엔트로피 변화가 특정 온도구간에 걸쳐 온도와 무관하다는 가정과 동일한 표현이다. 즉, $\Delta H^o(T) = \Delta H^o(T_o)$, $\Delta S^o(T) = \Delta S^o(T_o)$. 따라서 이 경우 식(7.35)는 다음처럼 쓸 수 있다.

$$\begin{aligned} \Delta G^o(T) &= \Delta H^o(T_o) - T\Delta S^o(T_o) = T_o\Delta S^o(T_o) - T\Delta S^o(T_o) \\ \Delta G^o(T) &= \Delta S^o(T_o)\left[T_o - T\right] \end{aligned} \tag{7.38}$$

따라서 이런 경우 순수성분의 상 간 자유에너지 차이의 온도의존도가 직선적 경향을 보인다. 상 α 는 저온, β 는 고온에서 안정한 상이라고 하면 $\Delta S^o(\alpha \to \beta)$ 는 양의 값이 된다. $T < T_o$ 일 경우 $\alpha \to \beta$ 상전이 시 $\Delta G^o(T)$ 는 양의 값이 되어 α 상이 안정하다. 한편 $T > T_o$ 일 경우에는 $\Delta G^o(T)$ 는 음의 값이며 β 상이 안정하다. 식(7.38)로부터 식(7.34)의 $K_1(T)$ 와 $K_2(T)$ 함수를 다음처럼 표현할 수 있다.

$$K_1(T) = e^{-[\Delta S_1^o(T_{o1} - T)/RT]} \tag{7.39}$$

$$K_2(T) = e^{-[\Delta S_2^o(T_{o2} - T)/RT]} \tag{7.40}$$

따라서 2원계 상태도 내 2상 안정영역 규정을 위해 이상용액 모델에서 필요한 변수는,

T_{o1}, T_{o2} 그리고 ΔS_1^o, ΔS_2^o (또는 ΔH_1^o, ΔH_2^o)

예로 α가 고상이고 β는 액상인 경우 이상용액 모델에 의한 상태도 작성을 위해 필요

한 열역학 자료는 두 순수 성분의 융점과 융해 엔트로피가 된다. 이상용액 모델에 의해 2상 안정영역을 결정하고, 이를 플롯하기 위한 응용 프로그램을 만드는 작업은 비교적 간단하다. 프로그램의 입력 데이터는 두 순수성분의 융점과 융해 엔트로피$(\Delta S_i^{o,s\to L})$뿐이다. 이들 융점 사이의 온도범위에 걸쳐 온도를 증가시켜 보자. 온도증가에 따라서 구성 성분의 $\Delta G_k^{o,\alpha\to\beta}$를 식(7.38)에 의해 엔트로피 및 융점 온도로서 나타내고, 이어서 두 성분에 대한 $K_k(T)$를 $\Delta G_k^{\,o}$로서 표현한다. 다음으로 이들 값을 식(7.33)과 식(7.34)에 각기 대입하여 $X_2^\alpha(T)$와 $X_2^\beta(T)$를 계산하여 2상 $(\alpha+\beta)$ 안정영역을 플롯한다.

이상용액 모델에 의한 2원계 상태도 작성시 2상 영역의 양 끝단을 핀처럼 고정시키는 두 순수성분 상전이 평형온도(T_{o1}, T_{o2})가 주어지면, 조정 가능한 변수는 순수성분 1 및 2의

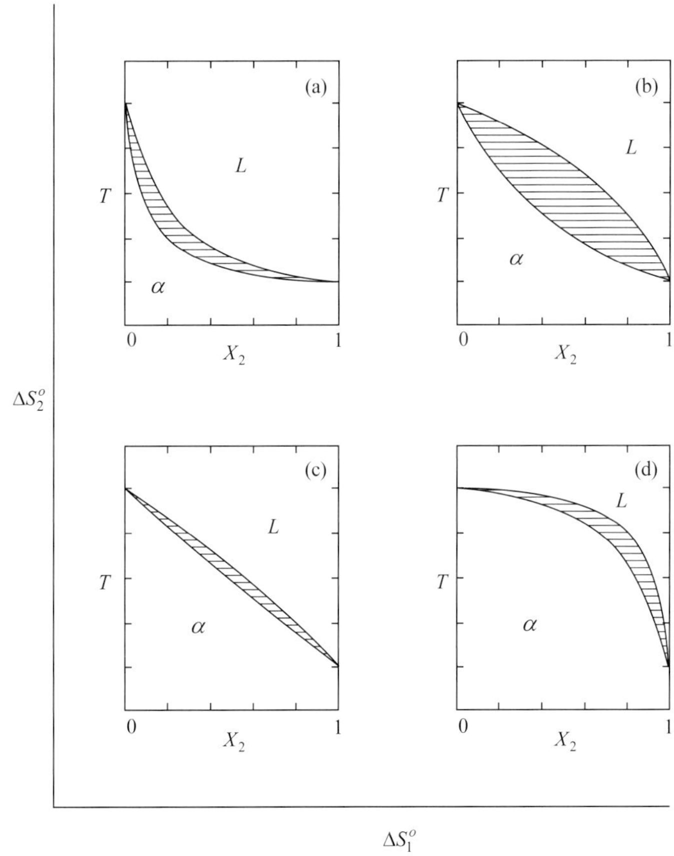

그림 7.34 이상용액 모델로부터 얻어지는 다양한 2상 공존영역의 상태도 형태. 이들 형태는 순수성분들의 융해 엔트로피 변화 ΔS_k^o의 함수로서 설명될 수 있다.

상전이 엔트로피$(\Delta S_1^o, \Delta S_2^o)$뿐이다. 그림 7.34는 순수성분의 상전이 엔트로피 차이에 따

라서 이상용액 모델로부터 얻어질 수 있는 2상 공존영역 구조의 다양한 형태를 나타낸다. 순수성분 1 및 2의 상전이 엔트로피가 모두 작을 경우 2상 영역의 형태는 폭이 좁고 직선적이다(c). 반면, 두 성분의 상전이 엔트로피가 모두 크면 2상 영역은 폭이 넓고 직선적인 형태를 띤다(b). 한 성분의 상전이 엔트로피는 크고 다른 성분의 상전이 엔트로피가 작다면, 2상 영역은 작은 엔트로피 변화를 보이는 성분 쪽의 폭이 넓어지고, 큰 엔트로피 변화를 나타내는 성분 쪽 폭은 좁게 된다(a, d). 그림 7.34에 나타나 있듯이 이상용액 모델로부터는 모든 2상 안정영역이 단조 증, 감 형태만을 나타내므로, 최대 혹은 최소치를 갖는 2상 공존 영역(그림 7.15)을 이로부터 이끌어 낼 수가 없다.

세 가지 상 α, β, L 을 갖는 2원계에 대해 이상용액 모델을 적용해 보자. 세 가지 2상 영역이 가능하다: $(\alpha+\beta), (\alpha+L), (\beta+L)$. 3상 모두 혼합 거동이 이상적이라면 계 내 3가지 2상 안정영역 계산을 위해 앞서 7.7절에서 언급한 전개 과정을 동일하게 적용할 수 있다. 이 경우 세 가지 2상 평형 모두에 대해 두 순수성분의 상전이 온도 $T_{o,k}$ 및 상전이 엔트로피 ΔS_k^o 자료정보를 알 필요가 있다. 그러나 이들 12개 정보[각 성분에 대한 T_o(3개) 및 ΔS^o(3개 : $\alpha \to L$, $\alpha \to \beta, \beta \to L$)]는 예를 들어 다음 식과 같은 관계가 성립하기 때문에 서로간 완전히 독립적인 값은 아니다.

$$\Delta S_1^{o\alpha \to L} = \Delta S_1^{o\alpha \to \beta} + \Delta S_1^{o\beta \to L} \tag{7.41}$$

식(7.41)과 유사한 관계를 순수성분 2의 엔트로피에 대해서도 적용할 수 있다. 또한 순수성분의 상전이 온도에 대해서도 유사한 관계를 적용할 수 있다. 따라서 3상을 지닌 2원계에 대한 이상용액 모델에 포함되는 12개의 변수 중 단지 8개만이 독립적인 변수가 된다. 주어진 계에 대한 이상용액 상태도 모델 구축시에 이러한 변수간 종속적 구속 관계를 사전에 파악하는 것은 매우 유용하다. 이 정보로부터 구한 K_1 K_2 값을 식(7.33)과 식(7.34)에 대입함으로써 세가지의 2상 안정 영역이 결정될 수 있다. 앞서 묘사된 그림 7.25(a)와 (b)는 공정계 및 포정계에 대한 이상용액 모델 상태도를 각각 나타낸다. 낮은 온도 영역에서 나타나는 $(\alpha+\beta)$2상 안정영역의 급격한 폭 확장은 $T \to 0\,\mathrm{K}$ 로 접근함에 따른 K_1, K_2 의 온도의존성 변화 양상으로부터 설명될 수 있다.

7.10.2 규칙용액 상태도 모델

간단한 규칙용액 모델은 다음 열역학 관계를 가정하는 용액 모델이며, 이상용액 모델보다 훨씬 더 융통적으로 다양한 2상 공존영역을 지닌 상태도를 표현할 수 있다.

일반적으로 $\Delta H_m^{ideal} = 0$ 이고, 규칙용액에선 $S_m^{xs} = 0$ 이 된다.

2원계 단순 규칙용액은,

$$G_m^{xs} = H_m^{xs} = \Delta H_m = \omega X_1 X_2 \tag{7.42}$$

$$\Delta \overline{H}_k = \overline{G}_k^{xs} = \omega \left(1 - X_k\right)^2 \tag{7.43}$$

여기서 k = 성분 1,2이다. 이 모델은 각 상에 대해 개별적으로 혼합 변수 ω^α, ω^β를 고려한다. 혼합 변수는 용액상 내 동일 원자간 결합과 상이한 원자간 결합의 상대적 에너지 차이에 의해서 결정된다. 규칙용액 모델은 단상 용액계에서 공용간극을 나타내는 상태도를 생성시킬 수 있다. 또한 혼합변수 ω 값에 따라 규칙용액 모델은 2상 공존영역의 단조증, 감 형태뿐만 아니라, 최대 혹은 최소치를 지니는 2상 공존영역 형태의 상태도를 생성시킬 수 있다(그림 7.14~15).

α 상 내 성분 k 의 화학포텐셜은 일반적으로 다음처럼 쓸 수 있다.

$$\mu_k^\alpha = \mu_k^{o\alpha} + \left(\overline{G}_k^{xs,\alpha} + RT \ln X_k^\alpha\right) \tag{7.44}$$

잉여 분몰 깁스 자유에너지 $\overline{G}_k^{xs,\alpha} = RT \ln \gamma_k^\alpha$ 이며, 이는 조성과 온도의 함수이다.

단순 규칙용액 모델 $\left[RT \ln \gamma_k^\alpha = \omega^\alpha (1 - X_k)^2\right]$을 식(7.44)에 적용하면,

$$\mu_k^\alpha = \mu_k^{o\alpha} + \omega^\alpha \left(1 - X_k^\alpha\right)^2 + RT \ln X_k^\alpha \tag{7.45}$$

2상 $(\alpha + \beta)$ 안정영역을 표현하는 경계 조성의 해를 구하기 위해 먼저 두 상 내 구성 성분의 화학포텐셜을 각각 표기해 보자.

$$\mu_1^\alpha = \mu_1^{o\alpha} + \omega^\alpha (X_2^\alpha)^2 + RT \ln(1 - X_2^\alpha) \tag{7.46}$$

$$\mu_2^\alpha = \mu_2^{o\alpha} + \omega^\alpha \left(1 - X_2^\alpha\right)^2 + RT \ln X_2^\alpha \tag{7.47}$$

$$\mu_1^\beta = \mu_1^{o\beta} + \omega^\beta \left(X_2^\beta\right)^2 + RT \ln\left(1 - X_2^\beta\right) \tag{7.48}$$

$$\mu_2^\beta = \mu_2^{o\beta} + \omega^\beta \left(1 - X_2^\beta\right)^2 + RT \ln X_2^\beta \tag{7.49}$$

계의 평형조건에 따라 식(7.46)을 (7.48)과 같게, 그리고 식(7.47)을 식(7.49)와 같게 놓고 이들을 재정렬하면,

$$\frac{\Delta G_1^{o\alpha \to \beta}}{RT} + \frac{\omega^\beta}{RT}\left(X_2^\beta\right)^2 - \frac{\omega^\alpha}{RT}\left(X_2^\alpha\right)^2 + \ln\frac{\left(1 - X_1^\beta\right)}{\left(1 - X_2^\alpha\right)} = 0 \tag{7.50}$$

$$\frac{\Delta G_2^{o\alpha\to\beta}}{RT}+\frac{\omega^\beta}{RT}(1-X_2^\beta)^2-\frac{\omega^\alpha}{RT}(1-X_2^\alpha)^2+\ln\frac{(X_2^\beta)}{(X_2^\alpha)}=0 \tag{7.51}$$

이상용액 상태도 모델과는 달리, 2상 공존영역에 대한 규칙용액 모델 계산시에는 순수성분의 상전이에 대한 ΔG_k^o 의 온도의존성[식(7.38)]뿐만 아니라 혼합변수 $\omega^\alpha,\omega^\beta$ 도 함께 고려해야 한다. 화학적 평형조건 표현 식(7.50)과 (7.51)은 임의 온도에서 상 경계 조성인 미지의 X_2^α 와 X_2^β 가 포함된 한 쌍의 방정식이다. 이상용액 모델과는 달리 이 한 쌍의 연립방정식에 대한 단순한 대수학적 해를 얻는 것은 불가능하므로, 반복적인 수치해석 방법에 의해서 이들의 해를 구해야 한다(참고문헌 3).

2상 공존영역에 대한 상 경계조성을 결정하기 위해선, 먼저 임의 관심 온도를 선정하여 $\Delta G_k^{o\alpha\to\beta}$ 값을 계산한 후, 이를 식(7.50)과 (7.51)에 대입하여 수치해석 방법에 의해 방정식의 해를 구하여 그 결과를 플롯한다. 계속해서 온도를 증가시키면서 2상 공존영역이 완성될 때까지 동일한 알고리즘을 반복하여 시행한다. 규칙용액 모델에 근거해서 2상 경계를 결정할 수 있는 일반화된 컴퓨터 프로그램은 다른 용액모델에 의한 상 경계 계산시에도 역시 적용될 수 있다. 이를 위해선 단지 식(7.44) 내 분몰 잉여 자유에너지 항을 관심 용액모델에 맞게 구체적인 조성과 온도 함수로서 대체해 입력하기만 하면 된다.

임의 상에 대한 ω 수치가 큰 양의 값을 나타내면, 충분히 낮은 온도영역에서 그 상은 공용간극을 나타낸다. 이러한 상태도 작성 예가 그림 7.16에 나타나 있다.

단순 규칙용액 모델의 경우 잉여 혼합자유에너지(G_m^{xs})는 식(7.42)에 의해 대칭적인 포물선 형태를 나타낼 수 있다. 단순규칙 용액 또는 이상용액에서 순수 구성 성분 1,2의 기준상태를 모두 용액상과 동일상으로 정한 경우에는 대칭적 포물선 ΔG_m 곡선이 나타난다. 이 경우 이상용액 모델에 의한 혼합자유에너지(ΔG_m^{ideal})는 $X_2=0.5$ 를 중심으로 한 대칭적 형태를 나타낸다. 이에 따라서 단순 규칙용액 ΔG_m ($\Delta G_m^{ideal}+G_m^{xs}$)의 농도함수도 역시 $X_2=0.5$ 를 중심으로 한 대칭성을 나타낸다. 여러 온도에 대해서 단순 규칙용액 모델에 의해 작성된 (G – X)곡선들이 그림 7.35에 나타나 있다. 2상 공존 상경계 조성들은 이미 앞서 언급한 수치해석 알고리즘에 의해 계산될 수 있다.

한편 공존 2상 경계조성 결정 경우와는 달리 스피노달 영역의 조성경계 및 공용간극의 임계온도는 수치해석 알고리즘 방법에 의존하지 않고서도 단순 규칙용액 모델 ΔG_m 표현식으로부터 다음처럼 직접 계산에 의해 간단히 결정될 수 있다. 낙타등 모양의 기복형

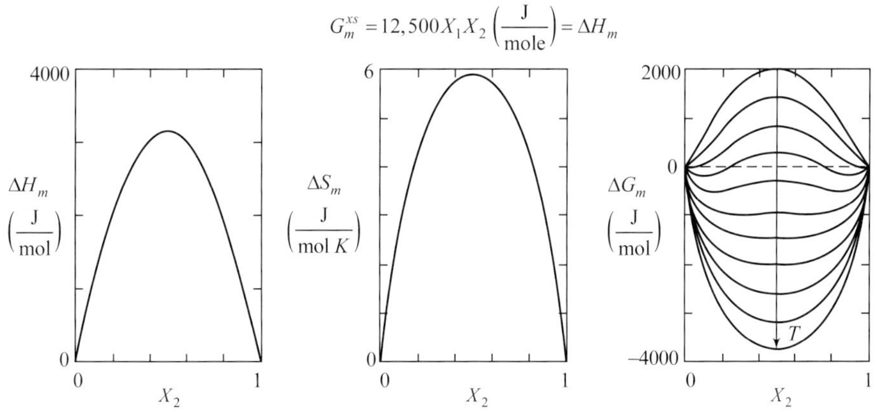

그림 7.35 이상용액으로부터 정(+)한 거동을 보이는 단순 규칙용액 모델에 의한 다양한 열역학 혼합 성질의 조성 및 온도 함수 변화. $\omega = 12,500\ J/mol$, 최대온도 = 1200 K. 여기선 순수성분 1,2의 기준상태를 용액상과 동일하게 정했다.

태 ΔG_m 곡선형태 가운데 스피노달 영역은 위로 볼록한 곡선부분에 해당된다. 임의 온도에서 위로 볼록한 곡선 부분의 양쪽 경계 조성치는 (G – X) 기복(W) 곡선 상 곡률의 부호가 변하는 변곡점에 의해 정해진다. (G – X) 곡선 변곡점에서 곡선 함수의 2차 미분은 0이 된다. 단순 규칙용액 경우에는 $\Delta G_m(X)$ 곡선함수를 다음처럼 쓸 수 있다.

$$\Delta G_m = RT\left(X_1 \ln X_1 + X_2 \ln X_2\right) + \omega X_1 X_2$$

X_2 에 대한 2차 미분을 행하면,

$$\frac{d^2 \Delta G_m}{dX_2^2} = -2\omega + \frac{RT}{X_1 X_2}$$

특정 온도에서 단순 규칙용액에 대한 스피노달 영역의 조성경계를 규정하는 곡선 상의 변곡점을 결정하기 위해 2차 미분을 0으로 놓으면,

$$X_1 X_2 = \frac{RT}{2\omega} \tag{7.52}$$

이 식은 대칭적 포물선 형태의 잉여 혼합자유에너지를 고려한 단순 규칙용액 모델에 근거해서 스피노달 영역의 경계 조성이 온도에 따라 어떻게 변하는가를 설명하고 있다. 순수성분들 기준상태를 모두 용액과 동일한 상으로 정한 단순 규칙용액 경우 스피노달의 경계는 $X_2 = 0.5$ 를 중심으로 대칭적인 포물선 형태를 띠게 된다.

온도가 증가함에 따라 이러한 변곡점들은 서로를 향해서 각각 이동하며, 임계온도 T_c 에

도달하면 $X_2 = 0.5$ 인 위치에서 이들 점은 서로 만난다. 이를 식(7.52)에 대입해 임계온도를 구하면,

$$(0.5)(0.5) = \frac{RT_c}{2\omega}$$

$$T_c = \frac{\omega}{2R} \tag{7.53}$$

단순 규칙용액 모델 $\left[G_m^{xs} = \Delta H_m = \omega X_1 X_2 : \text{식}(7.42)\right]$을 따르는 단일 용액상에 대한 혼합열, ΔH_m 이 양이면 식(7.53)에 의한 임계온도 이하에서 공용간극이 존재하게 된다. 이 공용간극이 상태도 내에서 안정한지, 준안정한지, 또는 부가적인 2상 영역을 형성하기 위해 다른 상들과 상호 작용을 하는지는, 관심계에 가능한 모든 상의 $(G-X)$곡선들을 이용하여 평형원칙에 따라 이들 사이에 경쟁적 상호 안정성 우위 비교 검토를 행함으로써 궁극적으로 결정된다. 예를 들어 그림 7.29는 열역학적으로 액상이 안정한 영역 내에 임계온도가 속하는 경우에 공용간극과 액상 간의 상호작용에 의해 공정 상태도($L \rightarrow \alpha_1 + \alpha_2$)가 생성됨을 나타낸다.

7.10.3 Midrib 곡선

온도 T_1 에서 2상에 대한 (G－X)곡선을 고려하자. 두 곡선이 한 점에서 서로 교차하는 경우 계는 2상 공존영역을 형성한다. 이 경우 두 곡선을 연결하는 공통접선을 얻을 수 있으며, 이를 통해 2상 공존영역의 조성 경계가 정해질 수 있다. 두 (G－X)곡선이 서로 교차하는 점은 반드시 2상 공존영역 조성 사이에 놓여 있게 된다.

$$\Delta G_m^{\alpha}\{\alpha;\beta\} = \Delta G_m^{\beta}\{\alpha;\beta\} \tag{7.54}$$

성분의 기준상태$\{\alpha;\beta\}$는 두 상에 대해 동일하게 선정되어야만 한다. $(\alpha+\beta)$ 2상 공존영역 해당 온도구간에 걸쳐서 온도 변화에 따른 두 상의 (G－X) 곡선 간 교차점 궤적은 2상 공존 조성 영역내에 곡선으로 나타내진다(그림 7.36). 이를 Midrib 곡선이라하며 이는 반드시 2상 공존 조성 영역의 중심에 위치할 필요는 없더라도 그 영역 내에는 속해 있어야 한다.

Midrib 곡선 정보를 이용하여 (X_2, T) 상태도 공간 상에 2상 영역의 위치 및 형태를 용이하게 결정할 수 있다. 단순 규칙용액 모델에 대한 Midrib 곡선의 특성과 그 의미를 이 절에서 논하고자 한다. 단순 규칙용액 모델은 무작위적(랜덤) 혼합을 전제로 한 용액(즉,

적은 농도의 용질이 순수성분에 첨가되는 희석 용액) 거동을 나타냄을 6장 용액에서 이미 언급했다. 예로 Fe-C 상태도 내의 포정반응 관여 고용체 상들은 따라서 단순 규칙용액 모델로서 상전이 거동해석을 정성적으로 행할 수 있다.

2상 $(\alpha + L)$ 영역에 초점을 맞추어 보자. 상 형태 α 를 성분 1에 대한 기준상태로, L 은 성분 2에 대한 기준상태로 각각 정하자. 이러한 두 상의 혼합자유에너지는 단순 규칙용액 모델로서 다음처럼 주어진다.

$$\Delta G_m^{\alpha}\{\alpha;L\} = \omega^{\alpha} X_1^{\alpha} X_2^{\alpha} + RT\left(X_1^{\alpha}\ln X_1^{\alpha} + X_2^{\alpha}\ln X_2^{\alpha}\right) + X_2^{\alpha}\Delta G_2^{o\alpha\to L} \tag{7.55}$$

$$\Delta G_m^{L}\{\alpha;L\} = \omega^{L} X_1^{L} X_2^{L} + RT\left(X_1^{L}\ln X_1^{L} + X_1^{L}\ln X_2^{L}\right) + X_1^{L}\Delta G_1^{o\alpha\to L} \tag{7.56}$$

우변 첫째, 둘째항 조합은 용액모델에 의한 $\Delta G_m^{\alpha}\{\alpha;\alpha\}$ 과 $\Delta G_m^{L}\{L;L\}$ 을, 마지막 항은 순수성분 기준상태의 변환에 따른 깁스에너지 보정인자 항을 나타낸다. 임의 온도 T^* 에서 Midrib 점은 이들 곡선의 교차점으로서 주어진다[식(7.54)]. 또한 이 교차점에서의 조성 X_2 (또는 X_1) 값은 두 상에 대해 동일하다.

$$X_2^{\alpha} = X_2^{L} = X^*, \;\; X_1^{\alpha} = X_1^{L} = \left(1 - X^*\right)$$

Midrib 조성 X^* 에서 식(7.55)와 (7.56)을 식(7.54)에 대입하므로써 이상적 혼합을 나타내는 우변 2번째항은 소거된다. 따라서,

$$\omega^{\alpha} X^*\left(1 - X^*\right) - X^*\Delta G_2^{o\alpha\to L} = \omega^{L} X^*\left(1 - X^*\right) + \left(1 - X^*\right)\Delta G_1^{o\alpha\to L}$$

위식을 재배열하면,

$$\left(\omega^{\alpha} - \omega^{L}\right)X^*\left(1 - X^*\right) = \left(1 - X^*\right)\Delta G_1^{o\alpha\to L} + X^*\Delta G_2^{o\alpha\to L}$$

위 식에 순수성분들 상전이 자유에너지에 대한 식(7.38)을 적용하면,

$$\left(\omega^{\alpha} - \omega^{L}\right)X^*\left(1 - X^*\right) = \left(1 - X^*\right)\Delta S_1^{o\alpha\to L}\left(T_{o1} - T^*\right) + X^*\Delta S_2^{o\alpha\to L}\left(T_{o2} - T^*\right)$$

여기서 T_{o1}, T_{o2} 는 순수 구성성분 1, 2의 융점이다. $\omega^{L} - \omega^{\alpha} = \Delta\omega$ 로 표현하고 엔트로피 인자의 윗첨자 $\alpha \to L$ 를 생략하여 간단하게 표시하면,

$$-\Delta\omega X^*\left(1 - X^*\right) - \left(1 - X^*\right)T_{o1}\Delta S_1^{o} - X^* T_{o2}\Delta S_2^{o} = -T^*\left[\left(1 - X^*\right)\Delta S_1^{o} + X^*\Delta S_2^{o}\right]$$

Midrib 곡선 표현식을 얻기 위해 온도 $T^*(X^*)$ 에 대한 해를 구하면,

$$T^* = \frac{\Delta\omega X^*(1-X^*)+(1-X^*)\,T_{o1}\Delta S_1^o + X^* T_{o2}\Delta S_2^o}{(1-X^*)\Delta S_1^o + X^*\Delta S_2^o} \tag{7.57}$$

해를 확인하기 위해 $X^* \rightarrow 0\,(X_2=0)$ 으로 접근함에 따른 T^* 변화 거동을 살펴보자. 계수가 X^* 인 모든 항은 0이 되고, $(1-X^*)\rightarrow 1$ 이 된다: $X^* \rightarrow 0$ 이면 $T^* \rightarrow T_{o1}$ 이다. 그리고 $X^* \rightarrow 1\ (X_2=1)$ 이면 $T^* \rightarrow T_{o2}$ 이다. 따라서 Midrib 곡선은 상태도의 양쪽 세로(온도) 축 상에서 융점 (2상 구성 순수성분들 상전이 온도)과 만나게 된다.

상태도상의 양편 세로 축에서 Midrib 곡선에 대한 기울기를 조사해 봄으로써 최대 혹은 최소치를 갖는 2상 영역의 형성을 위한 열역학 성질 조건을 알아낼 수 있다.

식(7.57)를 X^* 에 대해 미분하면,

$$\frac{dT^*}{dX^*} = \frac{\Delta\omega\left[(1-X^*)^2\Delta S_1^o - (X^*)^2\Delta S_2^o\right] + [T_{o2}-T_{o1}]\Delta S_1^o\Delta S_2^o}{[(1-X^*)\Delta S_1^o + X^*\Delta S_2^o]} \tag{7.58}$$

$X^* \rightarrow 0$ 에 접근함에 따라 $T^* \rightarrow T_{o1}$ 로 근접한다는 점을 식(7.58)에 적용하면 상태도 양편 세로 축 상에서 $T^*(X^*)$ 곡선의 기울기를 다음처럼 간략화해서 쓸 수 있다.

$$\left(\frac{dT^*}{dX^*}\right)_{X^*=0} = \frac{\Delta\omega - \Delta S_2^o\Delta T_o}{\Delta S_1^o} \tag{7.59}$$

여기서 $\Delta T_o = T_{o1} - T_{o2}$ 이다. 즉 순수성분들 사이 융점 차이이다.

유사하게 $X^* \rightarrow 1$ 일 때, $T^* \rightarrow T_{o2}$ 로 근접하므로 식(7.58)로부터 기울기는 다음처럼 주어진다.

$$\left(\frac{dT^*}{dX^*}\right)_{X^*=1} = \frac{-\Delta\omega + \Delta S_1^o\Delta T_o}{\Delta S_2^o} \tag{7.60}$$

2원계 내 성분 1을 높은 융점의 성분으로 정하자. $X^*=0$ 에서 Midrib 곡선의 기울기가 음의 값일 경우 상태도 상에서 2상 공존 영역은 단조 감소 함수 형태이거나 최소치를 나타낸다. 그러나 $X^*=0$ 에서 기울기가 양의 값이면, 상태도상에서 2상 영역은 반드시 최대치를 나타낸다. 따라서 단순 규칙용액 모델에 의해 2상 영역 최대치를 지닌 상태도를 정의하는 조건은,

$$\Delta\omega = (\omega^L - \omega^\alpha) > \Delta S_2^o\Delta T_o \tag{7.61}$$

다음으로 $X^*=1$ 에서 Midrib 곡선 기울기의 부호를 검토하자(식7.60). 이 기울기가 음이면 2상 영역은 단조증가 함수 형태이거나 최대치를 나타낸다. 그러나 $X^*=1$ 에서 Midrib

곡선의 기울기가 양이면 상태도 내 2상 안정 조성영역은 최소치를 나타내야만 한다. 이 경우 식(7.60)의 분자항은 양의 수치가 된다. 따라서 단순 규칙용액 모델에 의해 2상영역 최소치를 지닌 상태도 형성 조건은,

$$\Delta\omega = (\omega^L - \omega^\alpha) < -\Delta S_1^o \Delta T_o \tag{7.62}$$

단순 규칙용액모델 적용시 순수성분들의 융해 엔트로피 자료와 규칙용액 혼합변수(ω) 간의 차이를 비교함으로써 2상 공존 영역이 단조로운 증가, 감소 형태인지 혹은 최대, 최소치를 나타내는지를 예측해 결정할 수 있다. 그림 7.15는 식(7.62)를 만족하는 ω 변수들을 이용한 단순 규칙용액 모델로부터 작성된 상태도의 한 예를 나타낸다.

Midrib 곡선은 또한 상전이 반응의 속도론적 현상을 해석하는데도 유용하게 쓰인다. 그림 7.36에 도시된 2상 영역의 일부분과 이에 관한 (G – X)곡선을 살펴보자. 온도 T_1 에서 조성이 X' (Midrib 곡선의 왼편 영역 조성)인 시편이 초기에 온도 T_a 로 가열되어 안정한 β 상으로 평형에 도달한다. 이어서 열처리 공정 중 이 시편은 온도 T_1 으로 급냉되어 그 온도에서 장시간 유지된다. 온도 T_1 에 막 도달할 때 여전히 β 상 형태로 있으며(과냉각 상태), 이 β 상의 열역학적 상태 조건은 그림 7.36의 점 P로 주어진다. 한편 T_1 에서 평형구조 상의 깁스 자유에너지는 점 R에 의해 주어지는 두 상간 혼합체($\alpha+\beta$)에 대한 ΔG_m 이다. 그러나 점 Q로 명기된 준안정 상태가 시발점 P로부터 자발적으로 생성될 수 있다. 이는 Q가 P(동일 조성 X')보다 더 낮은 자유에너지를 나타내기 때문이다. 더욱이 평형상태인 2상 혼합체는 X' 과는 다른 조성을 지닌 두 고상 용액으로 이루어지기 때문에, 이러한 2상 혼합체의 형성은 고상을 통한 성분 원소들의 확산을 필요로 한다[즉, 초기에 조성이 공히 X' 인 점 P(β 상) 및 Q(α 상)에 해당하는 불안정 고상으로부터 안정상 α, β 로의 조성(X^α 및 X^β) 변화를 위한 성분원소 확산]. 고상 확산은 속도론적으로 비교적 느린 물질 이동 과정이다. 그러나 고온영역에선 이러한 고상간 확산 상전이가 수월하게 빠르게 진행될 수 있다. 이와는 달리 급냉으로 인한 점 P의 β 상으로부터 Q로 명기된 상 α 의 생성은 어떠한 조성의 변화도 따르지 않으며 단지 상 β 에서 α 로의 단순한 결정구조 변화만을 필요로 한다[$\beta(X') \to \alpha(X')$].

급냉 냉각 과정에 의한 이런($\beta \to \alpha$)결정구조 변화로부터 상 β와 동일한 조성의 상 α 생성이 자발적으로 가능해 질 수 있다. 따라서 점 R에 해당하는 최종 ($\alpha+\beta$) 2상 결정 분포 구조는 "미세한 결정 크기 분포 구조를 갖는 조성 X' 인 중간상 α(점 Q)와 초기상 β(점 P)로부터 α/β 간 고상확산"에 의해 생성된다. 즉, 초기상 β(조성 X') 기지 내에 균질하게

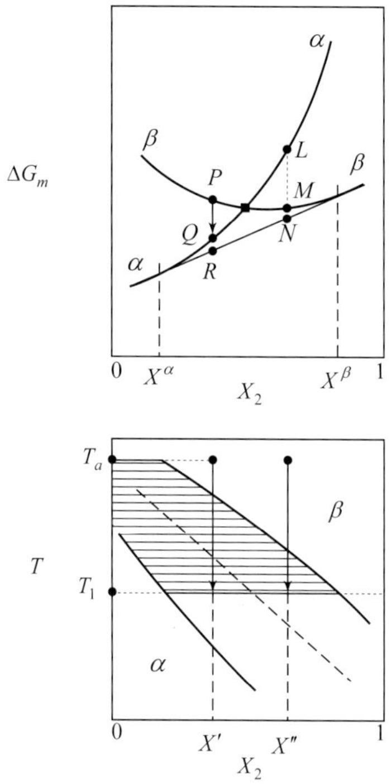

그림 7.36 두 상에 대한 (G–X)곡선의 교차점 궤적인 Midrib 곡선과 이를 경계로 좌,우 조성 영역에서 동일한 상변태$\left[\left(\beta(X' \text{또는} X'') \rightarrow \alpha(X^{\alpha}) + \beta(X^{\beta})\right)\right]$ 공정의 차이

중간상 α(조성 X')가 자발적으로 미세크기 분포로 생성된 후, 이어서 열역학적으로 안정한 최종상(점 R) (α(조성x^{α})+β(조성x^{β}))조성으로의 준안정상 α(점 Q) / β(점 P)간 고상확산이 고온영역에서 진행되어 궁극적으로 미세한 2상 구조 분포를 지니게 되는 안정한 $(\alpha + \beta)$ 2상이 생성된다(**고상 확산 상전이**).

이는 이어서 다루는 β상의 α로의 직접 상분해($\beta \rightarrow \alpha + \beta$ 상전이) 반응에 의해 생성되는 2상$(\alpha + \beta)$ 결정 크기 분포 구조와는 전적으로 전혀 다른 구조이다.

위와 대조적으로 초기상태 합금조성이 Midrib 곡선의 오른편 조성영역에 놓인 X''인 합금조성이라면 T_1으로 급냉된 상태는 M으로 명기된다. 급냉된 β상과 동일 조성의 α상은 점 M보다 위에 L로 표기된 높은 자유에너지를 갖는다. 따라서 분명히 조성 X''인 상 α는 동일 조성의 상 β로부터 직접 생성 $(\beta \rightarrow \alpha)$ 될 수 없으며, 오로지 $\beta(X'') \rightarrow \alpha(X^{\alpha}) + \beta(X^{\beta})$ 상전이에 의해서 점 M(β상)으로부터 직접 N으로 명기된 2상 혼합체 $(\alpha + \beta)$ 로의 상분해 반응이 진행된다(**핵생성, 성장 상전이**). 이 경우(조성 X'')는 앞선 조성 X' 경우처럼 미세결정 구조의 2상 혼합체가 얻어지지 않게 된다.

따라서 Midrib 곡선은 2상 공존 영역을 결정 구조적 측면에서 두 영역으로 분리시킨다. 한 영역은 조성의 변화 없는 자발적 구조 변화[동일 조성의 $\beta(X') \rightarrow \alpha(X')$] 야기 후 이어서 이들 α, β 상간 성분 원소들의 고온 고상확산을 통해 안정한 구조[$\alpha(X^{\alpha})$ 및 $\beta(X^{\beta})$]로 진행되는 영역(그림 7.36의 Midrib 조성 왼쪽 영역)이고, 다른 영역은 이러한 고상 간 확산 가능성이 배제되고 준안정 $\beta(T_1)$ 상으로부터 직접 핵생성 및 성장에 의한 안정한 다른 조성의 β 상과 α 상 구조로 상전이$[\beta(X'') \rightarrow \ \alpha(X^{\alpha}) + \beta(X^{\beta})]$ 되는 영역(즉, 그림 7.36 Midrib 조성 오른쪽 영역 : 핵생성 및 성장 상전이)이다.

Midrib 곡선은 (X_2, T) 상태도 공간 상에 2상 영역의 위치를 정해주며, 그 곡률을 부여하고, 이로부터 2상 공존 영역이 단조로운 증, 감 형태인지 혹은 최대, 최소치를 갖는지를 나타낸다. 단순 규칙용액 모델에 의해 표현되는 Midrib 곡선[(X^*, T^*) 궤적]을 묘사하는 식(7.57)은 단순한 형태 식이므로 수치해석법에 의존하지 않고도 간단한 수학 계산과정을 통해 이를 플롯화 할 수 있다.

7.10.4 단순 규칙용액 상태도

단순 규칙용액 모델에 의해 두 상, L과 α 로 구성된 이원계의 상태도 형태가 그림 7.37에 다양하게 개략적으로 나타나 있다. 상태도들은 모두 동일한 순수성분 융점과 융해 엔트로피에 바탕을 두고 작성되었다. 단순 규칙용액 모델에 의해 나타나는 상태도 형태는 전적으로 혼합변수, ω^{α} 와 ω^{L} 의 양적 변화에 기인해 정해진다. 첫째 및 두 번째 가로행에 있는 상태도들은 ω^{α} 가 양의 수치인 경우에 해당한다. 따라서 각 상태도는 고용체 내에 임계온도 T_c 를 지닌 공용간극을 나타낸다. 마지막 가로행에 있는 상태도들은 음수 ω^{α} 값에 대해 작성된 상태도이다. 첫째 세로열 하단에 있는 상태도들에 대해 정해진 $\Delta\omega$ 값은 부등식(7.62)를 만족하며, 최소치를 갖는 2상($\alpha + L$) 안정영역을 생성한다. 중간 세로열의 세 번째 상태도는 단조 증가함수 형태인 2상 ($\alpha + L$) 영역을 생성하는 $\Delta\omega$ 값을 가지며, 오른편 세로열 하단에 위치한 상태도들은 최대치를 나타내는 2상 ($\alpha + L$) 안정영역을 생성하는 $\Delta\omega$ [식(7.61)]를 가진다. $\omega^{L} > \omega^{\alpha}$ 조건에서는(첫째 가로행 끝 상태도) 액상도 또한 공용간극$(L \rightarrow L_1 + L_2)$ 을 나타내며, 이 경우 임계온도 T_c 는 고상의 공용간극에서 보다 더 높게됨을 알 수 있다. 단지 두 개 상(여기선 α, L)과 이들의 공용간극을 고려해 나타내지는 여러 종류의 상태도가 단순 규칙용액 모델에 의해 다양하게 생성될 수 있음을 그림 7.37로부터 잘 이해해 볼 수 있다.

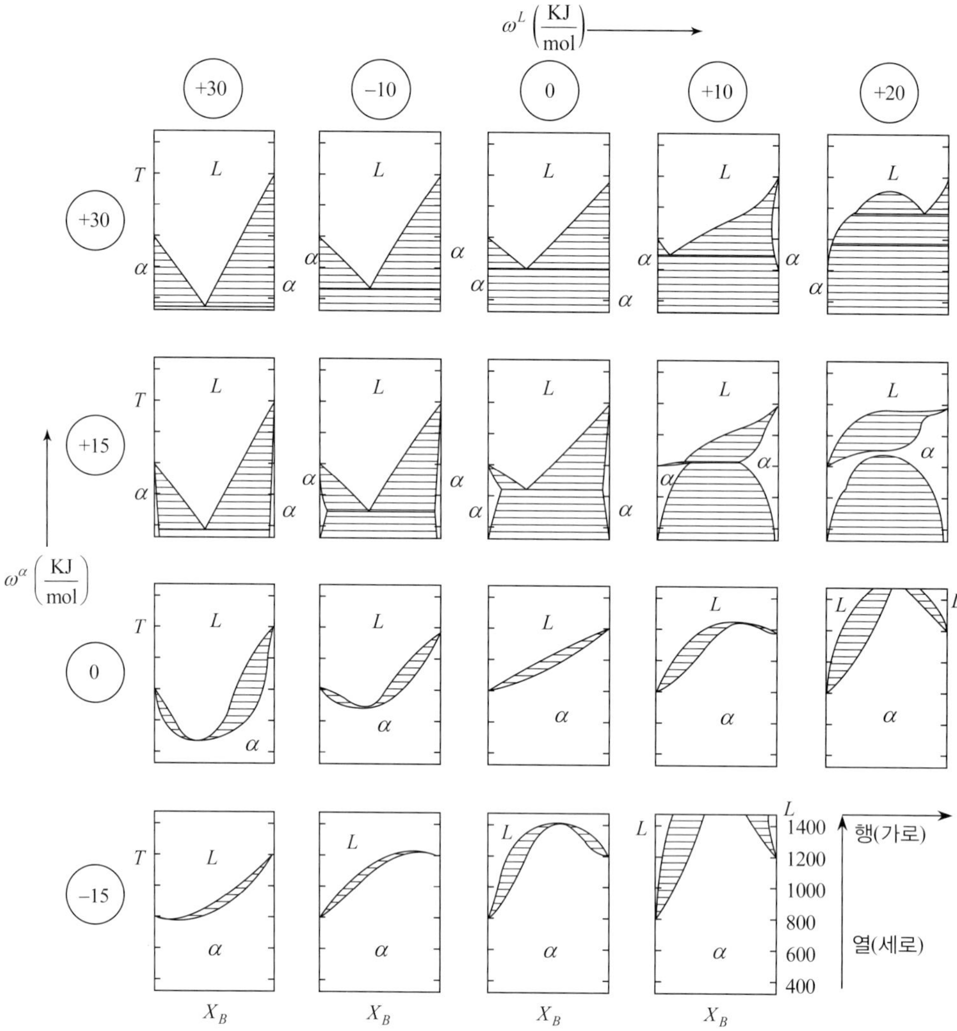

그림 7.37 단순 규칙용액 모델에 따라 작성된 상 α 및 L 로 구성된 이원계의 다양한 상태도 형태.

7.10.5 다상계의 상태도

단순 규칙용액 모델은 혼합 공용간극 및 최대, 최소치를 나타내는 다양한 2상 공존 영역을 형성시킬 수 있기 때문에, 2상에 대한 용액모델에 3번째 상 추가로 작성되는 상태도는 보다 광범위하게 다양해져 이를 체계적으로 다루기는 매우 어렵다. 단순 규칙용액 모델에 의거한 3상 혹은 그 이상의 상(n개 상)을 지닌 상태도 작성은 식(7.50)과 (7.51)에 의해 표현되는 가능한 모든 2상 공존영역을 근간으로해서 이루어진다($_nC_2$ 개 2상 영역).

이러한 2상 영역 간의 교점들은 상태도 내 3가지 상이 공존하는 3상 불변 평형선(invariant equilibrium line)을 형성한다. 이러한 3상 평형 중에서 어떠한 것이 안정하고, 준안정 상태인지를 분류하는 작업은 단순한 문제가 아니며, 계를 구성하는 상의 갯수가 증가함에 따라 이는 더욱 복잡해진다. 컴퓨터 계산에 의한 상태도를 작성하는데 있어서는 이처럼 계의 화학적 평형조건(즉, 상 간 동일한 성분의 화학포텐셜)에 기초하는 것보다는 깁스 자유에너지 최소화에 의한 안정상 분류 및 결정 원칙에 기초한 상태도 작성방법을 채택함으로써 이러한 복잡성 문제를 피할 수 있다. 컴퓨터 계산에 의한 이러한 상태도 작성 방법에 대해서는 7.14절에서 상세히 다루어진다.

용액모델에 의한 상태도 작성시 새로운 상들을 추가 고려하는 경우 다음 사항을 유의해서 다루어야 한다. 모든 상에 대해 각 구성성분의 기준상태는 기본적으로 같아야 한다. 계 내 가능한 모든 상의 경쟁적 안정성 우위 상호 비교시 각 순수 구성 성분의 동일한 기준상태에 대하여 얻어진 혼합 깁스에너지를 상대 평가하는 것이 상태도 작성시 반드시 요구된다.

액상 L, 면심입방정 α, 체심입방정 β, 육방정 ε의 4가지 상을 포함하는 이원계를 고려하자. 주어진 온도에서 성분 1에 대해 α (FCC) 상 형태의 순수성분 1을 기준상태로 정한다고 하자. (G – X) 도표를 그리기 위해서는 기준상 α 에 대한 L, β, ε상 내 순수성분 1이 지니는 상대적 표준 자유에너지를 계산할 필요가 있다(기준상태 변환 표준 자유에너지). 순수성분 2도 모든 상에 대해 동일한 기준상태를 적용하여 위와 동일한 방법으로 기준상태 변환 표준 자유에너지 계산이 행해져야 한다. 액상에 대한 기준상태 변환 $\Delta G_1^{o\alpha \to L}$ 계산은 식(7.38)을 적용함으로써 곧바로 쉽게 바로 얻을 수 있다. 그러나 어떤 온도 또는 압력하에서는 순수성분 1이 예를 들어서 β (BCC)나 ε (FCC)상으로 안정하게 존재하지 않는 합금계가 있을 수도 있다.

예로서 Al – Zn 이원계를 고려하자. 순수한 Al은 FCC(α) 상이다. Zn 농도가 높은 조성(순수 Zn 근처리) 영역에서의 터미널 상은 HCP(ε)상이다. 임의 온도 T에서 HCP(ε)상에 대한 (G – X) 도표를 작성하기 위해서는 온도 T에서 순수 Al의 HCP(ε)와 FCC(α) 상 간의 자유에너지 차이(즉 순수성분 기준상태 변환) $\Delta G_{Al}^{o,\alpha \to \varepsilon}$를 알아야만 한다. 그러나 어떠한 온도와 압력 조건하에서도 순수 Al은 HCP(ε 상)으로 존재하지 않는다. 따라서 순수한 Al이 HCP 상형태로 안정하게 존재하는 영역으로부터 외삽에 의한 자유에너지 추정은 불가능해진다. 그러므로 순수성분(Al)의 상형태 간($\alpha \to \varepsilon$) 자유에너지 차이에 대한 자료 정보를 얻을 수 있는 다른 대안 방법이 고안 되어져야만 한다. 이에 대한 가장 보편적 접근 방법은 "먼저 상 경계 조성을 실험적으로 측정하고(여기선 X_{Al}^{α}, X_{Al}^{L}), 이들 측정치로부터 순수성분 k 에 대해선 일어날 수 없는 상전이[예로 Al 경우 α(FCC) → ε(HCP)]에 대한 $\Delta G_k^o, \Delta S_k^o, T_k^o$ 의 수치 정보를 얻어 낼 수 있도록 적당한 용액모델을 도입하여 $\Delta G_k^{o,\alpha\to\varepsilon}$ 추정치 계산을 행하는 것"이다. 예시를 통해 이 접근방법에 대한 구체적 설명을 해 보자.

예시 온도 1200 K에서 순수 Zn에선 일어날 수 없는 상전이($\alpha \to \varepsilon$) 에 대한 $\Delta G_{Zn}^{o,\alpha\to\varepsilon}$ 추정치를 구하기 위해 다음 상 경계 및 열역학 자료 정보를 이용하라.

그림 7.38은 Cu – Zn 상태도 일부를 나타낸다. 순수 성분 Cu는 FCC(ε), Zn는 HCP(α) 상 구조이다. 문제 풀이 편의상 액상과 α 상은 모두 이상용액이라고 가정하자. 상전이 관련 열역학 자료가 다음처럼 주어진다.

$$\mathrm{Cu}: T_m = 1356\ \mathrm{K} \quad \Delta S_{Cu}^{o,\alpha\to L} = 9.59\ \mathrm{J/mol\cdot K}$$
$$\mathrm{Zn}: T_m = 692\ \mathrm{K} \quad \Delta S_{Zn}^{o,\varepsilon\to L} = 9.64\ \mathrm{J/mol\cdot K}$$

상태도로부터 1200 K에서 상 경계 조성은 각각 $X_{Zn}^{\alpha} = 0.27$, $X_{Zn}^{L} = 0.34$ 이다. 이상용액 모델에서 이러한 두 상 경계 조성의 비는 $K_{Zn(1,200\ \mathrm{K})}$ 와 연관되어 있다[식(7.32)].

$$\frac{X_{Zn}^{L}}{X_{Zn}^{\alpha}} = K_{Zn} = e^{-\left(\Delta G_{Zn}^{o,\alpha\to L}/RT\right)} \tag{7.32}$$

$$\Delta G_{Zn}^{o,\alpha\to L} = -8.314\cdot 1,200\cdot \ln\left(\frac{0.34}{0.27}\right) = -2,300\ \mathrm{J/mol}$$

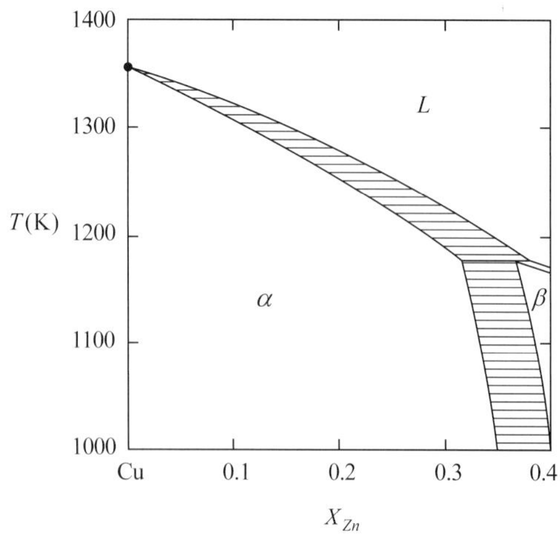

그림 7.38 고온 영역에서의 Cu–Zn 2원계 상태도에 대한 Cu 고농도 영역 부분.

1200 K에서 $\Delta G_{Zn}^{o,\varepsilon\to L}$ 계산을 위해 식(7.38)을 적용하면,

$$\Delta G_{Zn}^{o,\varepsilon\to L} = \Delta S_{Zn}^{o,\varepsilon\to L}\left(T_{m,Zn} - T\right) = 9.64(692 - 1,200) = -4,900 \text{ J / mol}$$

$$\Delta G_{Zn}^{o,\alpha\to\varepsilon} = G_{Zn}^{o\varepsilon} - G_{Zn}^{o\alpha} = \left(G_{Zn}^{o\varepsilon} - G_{Zn}^{oL}\right) + \left(G_{Zn}^{oL} - G_{Zn}^{o\alpha}\right) = -\Delta G_{Zn}^{o,\varepsilon\to L} + G_{Zn}^{o,\alpha\to L}$$

$$\Delta G_{Zn}^{o,\alpha\to\varepsilon} = -(-4,900) + (-2,300) = 2,600 \text{ J / mol}$$

위 결과는 비록 실험적으로 FCC (ε) Zn가 안정상으로 형성될 수는 없지만, 1200 K에서 HCP (α) Zn에 대한 (ε) 상 Zn의 표준 깁스 자유에너지 변화, $\Delta G_{Zn}^{o,\alpha\to\varepsilon}$ 값이 추정치로서 결정되는 과정을 보여주고 있다. 위 예는 두 용액이 모두 이상용액임을 가정한 상태도 모델 중 가장 단순한 용액 모델 계산에 기초하고 있다.

이런 상태도로부터 일단 ε(FCC) 상 Zn에 대한 에너지 추정치가 올바로 얻어지면, 이 자료는 성분 Zn가 용해된 FCC 구조상을 포함하는 계에 대한 모든 다른 상태도(3원계 혹은 그 이상의 성분계) 계산시에도 확장 적용해서 사용될 수 있다.

7.10.6 선화합물 상태도 모델링

그림 7.31 – 33은 상태도 구조 형태를 결정하는데 있어서 단상의 중간상의 역할을 잘 나타내고 있다. 중간상의 조성범위는 대체로 너무 좁으므로, 상태도 내 조성축상 농도 표시 공간의 제한성으로 인해 중간상 조성영역을 구별, 표식하기란 매우 어렵다. 따라서 이러한 중간상 안정영역은 T – X 상태도 상에서 일반적으로 수직선 형태로 그려진다. 이로 인해 선화합물에 대한 (G – X)곡선을 선화합물 조성과 순수 구성 성분 기준상태에 대한 선화합물 형성자유에너지에 해당되는 좌표점으로서 나타낼 수 있다(그림 7.32 점 P).

용액계에 대한 (G – X)곡선 계산시 자유에너지는 용액 몰원자(용액 구성 성분 몰 수의 합 = 1 몰)당 에너지의 단위로서 표현되는 점에 유의바란다(용액 1몰당 혼합자유에너지 ΔG_m). 반면 화합물의 형성 자유에너지의 단위는 일반적으로 형성 화합물 몰당 에너지이다. M_uX_v 의 화학량론 조성을 지닌 화합물은 (u+v) 몰원자의 M과 X 원자를 포함한다. 화합물 M_uX_v 1몰 형성시 성분 M은 u몰, X는 v몰이 반응하므로 화합물 1몰은 구성 성분 원자량 측면에서 u몰 M과 v몰 X 원자를 함유하게 된다. 따라서 화합물의 (G – X) 도해를 위한 자유에너지는 **몰당** 화합물 형성 자유에너지 ΔG_f^o 가 아니라, ΔG_f^o 를 (u+v) 몰그램으로 나눈 **몰원자당** 화합물 형성 자유에너지가 되어야 한다. 상태도 작성시 용액의 경우(성분 원소 총 몰수 = 1 몰)와 혼합자유에너지 수치 비교를 상대적으로 일관되게 행하기

위해선, 화합물도 구성 성분 원소의 총 몰 수가 1몰이 되게 하여 (G – X) 도해상에 표시함으로써 상들간 경쟁적 상호 안정성 우위 비교가 직접적으로 가능해질 수 있도록 해야 한다. 그림 7.32의 점 P에 해당하는 **몰 원자당** ε 상 형성 자유에너지 G^{ε} 값은 화합물의 생성 반응식으로부터 다음처럼 결정된다.

$$2A + B = A_2B \ : \ \Delta G_f^o \text{ (화합물 몰당 형성 자유에너지)}$$

$$G^{\varepsilon} = \Delta G_f^o /(2+1) = \Delta G_f^o / 3 \text{ (화합물 몰원자당 형성 자유에너지)}$$

선화합물(상 ε)을 다루는 방법의 한 예로, 그림 7.31에 나타난 터미널 상 α가 희석용액이며 단순 규칙용액 모델에 따라 혼합 거동한다고 가정하자. 따라서 희석용액 α 내 구성 성분의 화학포텐셜은 다음처럼 주어진다.

$$\text{라울의 법칙(용매)}: \ \Delta\mu_1^{\alpha} = RT\ln X_1^{\alpha} = RT\ln\left(1 - X_2^{\alpha}\right) \tag{7.63}$$

$$\text{헨리의 법칙(희석용질)}: \ \Delta\mu_2^{\alpha} = RT\ln a_2^{\alpha} = \omega + RT\ln X_2^{\alpha} \tag{7.64}$$

단순 규칙용액 모델에선 희석용질 활동도계수에 대해 $RT\ln\gamma^o = \omega$ 의 관계[식(6.46a)]가 성립한다. 여기서 γ^o 는 용질의 헨리형 활동도계수이며, $\Delta\mu_i^{\alpha} = \mu_i^{\alpha} - \mu_i^{o,\alpha} = RT\ln a_i^{\alpha} = RT\ln(\gamma_i X_i)^{\alpha}$ 이다. 희석농도 영역에 속하는 용질 조성 X_2 에서 α상의 (G – X)곡선에 접하는 직선이 $X_2 = 0$, $X_2 = 1$ 인 세로축과 각기 만나는 교점인 $(\Delta\mu_1^{\alpha})$, $(\Delta\mu_2^{\alpha})$ 을 식(7.63)과 (7.64)를 이용하여 결정할 수 있다. 상 α에 대한 (G – X)곡선상 임의 조성에서의 접선식을 두 좌표점 (x_1, y_1) 과 (x_2, y_2) 를 지나는 직선식으로 다음처럼 나타낼 수 있다.

$$(y - y_1) = \frac{y_2 - y_1}{x_2 - x_1}(x - x_1)$$

위 접선식은 식(7.63)과 (7.64)로 주어진 양편 세로축 상의 절편 좌표[$x_1 = 0, y_1 =$ 식(7.63)], [$x_2 = 0, y_2 =$ 식(7.64)]를 지나는 식이다. 위 직선식에 이들 좌표점으로 대입하여 정리하면,

$$y = [\omega + RT\ln X_2 - RT\ln(1 - X_2)]x + RT\ln(1 - X_2) \tag{7.65}$$

용액을 희석용액으로 가정하므로 $X_2 << 1$, $(1 - X_2) \cong 1$이고, $\ln(1 - X_2) \cong \ln(1) = 0$ 이다. 따라서 희석용액 농도 범주내에 속하는 조성 X_2 에서 용액상 α 의 (G – X)곡선에 대한 접선식은,

$$y = (\omega + RT\ln X_2)x \tag{7.66}$$

그림 7.32에서 $(\alpha+\varepsilon)$ 2상 공존 영역의 상 α측 쪽 상경계를 나타내는 조성 X_2^α 는 점 P{좌표 $\left[x = X_c(\text{즉, } X_2^\varepsilon),\ y = G^\varepsilon\right]$}를 또한 통과하는 접선 상 위에 놓인다. 상 ε 은 선 화합물을 나타낸다. 좌표 점 P의 x, y 수치를 식(7.66)에 대입하면,

$$G^\varepsilon = \left[\omega + RT\ln X_2^\alpha\right] X_2^\varepsilon$$

터밀널 상 α쪽 상 경계 조성 X_2^α 에 대해서 풀면,

$$\ln X_2^\alpha = \frac{1}{RT}\left(\frac{G^\varepsilon}{X_2^\varepsilon} - \omega\right) \tag{7.67}$$

식(7.67)은 터미널 상 α의 고상선인 2상$(\alpha+\varepsilon)$ 공존영역의 상 α쪽 경계선 조성을 나타낸다.

일정온도에서 화합물 형성자유에너지에 대한 다음 열역학 관계식을 고려하면,

$$\Delta G_f^\varepsilon = \Delta H_f^\varepsilon - T\Delta S_f^\varepsilon$$

여기서 $\Delta H_f^\varepsilon, \Delta S_f^\varepsilon$ 는 화합물 몰당 형성 엔탈피 및 엔트로피를 각각 나타낸다. 화합물 상ε의 그램원자당 수치 H^ε, S^ε 는 몰당 엔탈피 및 엔트로피를 화합물 1몰 해당 그램원자 수로 나눈 것이다. (G − X)도해를 위한 화합물 형성 깁스 자유에너지로는 그램(몰)원자당 G^ε 를 사용해야 한다.

$$G^\varepsilon = H^\varepsilon - TS^\varepsilon$$

식(7.67)로부터,

$$\ln X_2^\alpha = \frac{1}{RT}\left(\frac{H^\varepsilon - TS^\varepsilon}{X_2^\varepsilon} - \omega\right) = \left(\frac{H^\varepsilon - \omega X_2^\varepsilon}{X_2^\varepsilon R}\right)\frac{1}{T} - \frac{S^\varepsilon}{X_2^\varepsilon R}$$

따라서, 온도에 따른 터미널 상 α 내 용질 2의 고용도 X_2^α 변화 궤적은 다음 식으로 표현된다[그림 7.32의 2상$(\alpha+\varepsilon)$ 공존영역의 상α쪽 경계 조성 온도함수식 $X_2^\alpha(X_2, T)$].

$$X_2^\alpha = Ae^{(B/RT)} \tag{7.68}$$

여기서 $$A = e^{-(S^\varepsilon / X_2^\varepsilon R)},\quad B = \frac{H^\varepsilon - \omega X_2^\varepsilon}{X_2^\varepsilon}$$

대부분 화합물 형성반응은 발열반응이므로 음수의 생성 엔탈피를 나타낸다. 따라서 식(7.68)의 B는 음수가 되므로, 터미널 상 α 내 용질 2의 용해도 X_2^α 는 온도증가에 따라 증가한다. 더욱이 식(7.67)에 의하면 화합물이 보다 더 안정할수록 (즉, 화합물의 형성자

유에너지 G^{ε} 가 절대치로 보다 큰 음수가 될수록: 그림 7.32 내 점 P가 보다 아래에 위치할수록), 터미널 상 α 내 용해한도 X_2^{α} 는 보다 더 작아진다(그림 7.32 참조).

온도가 상승함에 따라 중간 화합물은 그림 7.33(a)의 ε 상처럼 조성의 변화없이 녹을(액상으로 될) 수도 있고($\varepsilon \rightarrow L$: Congruent 용점, T_{mc}), 그림 7.32에서처럼 조성변화가 수반되어 액상과 고용체상인 두 개의 다른 상으로 분해($\varepsilon \rightarrow \alpha + L$) 될 수도 있다.

Congruent 융점에 대한 정의 설명이 그림 7.39에 (G – X)도해로서 잘 나타나 있다. 온도를 상승시킴에 따라 화합물 형성자유에너지(점C)는 점진적으로 절대값이 보다 작은 음수가 되므로 위로 향하여 이동한다. 동시에 온도상승에 따라 액상(L)의 안정성이 증가되기 때문에 도표상에서 액상 (G – X)곡선은 아래로 향해 내려온다. 이로 인해 그림 7.39(b)의 Congruent 융점 온도에서 선화합물 형성자유에너지는 액상의 혼합자유에너지와 같아진다.

$$\Delta G_m^L = G^{\varepsilon} = H^{\varepsilon} - T_{mc} S^{\varepsilon}$$
$$G_m^{L\,xs} + RT_{mc}\left[(1 - X^{\varepsilon})\ln(1 - X^{\varepsilon}) + X^{\varepsilon}\ln X^{\varepsilon}\right] = H^{\varepsilon} - T_{mc} S^{\varepsilon}$$

위 식에서는 화합물(ε 상) 형성엔탈피와 엔트로피의 계산을 위한 기준상태로서 구성 성분들의 순수한 액상을 가정하고 있다. 한편 화합물 형성 엔탈피 및 엔트로피가 순수한 고상을 기준상태로 해서 언급될 경우에는 성분들의 기준상태 전환 보정을 위한 상전이 항을 추가로 위 식에 고려해야만 한다. 단순 규칙용액을 가정하므로 잉여 혼합자유에너지는 온도의 함수가 아니다. Congruent 융점에 대해 위 식을 풀면,

$$T_{mc} = \frac{H^{\varepsilon} - G_m^{Lxs}}{R\left[(1 - X^{\varepsilon})\ln(1 - X^{\varepsilon}) + X^{\varepsilon}\ln X^{\varepsilon}\right] + S^{\varepsilon}} \tag{7.69}$$

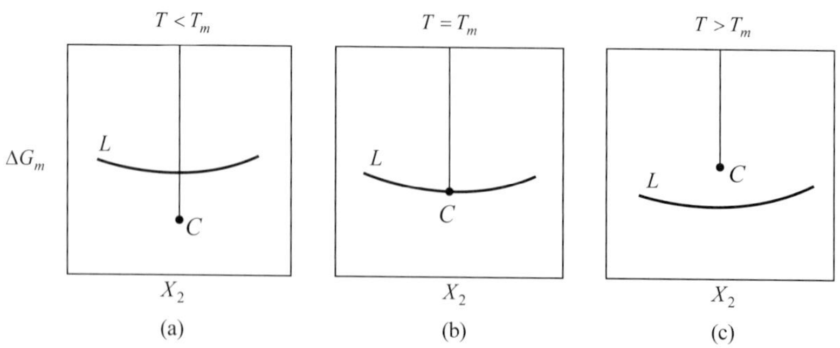

그림 7.39 중간 선화합물의 Congruent 융점

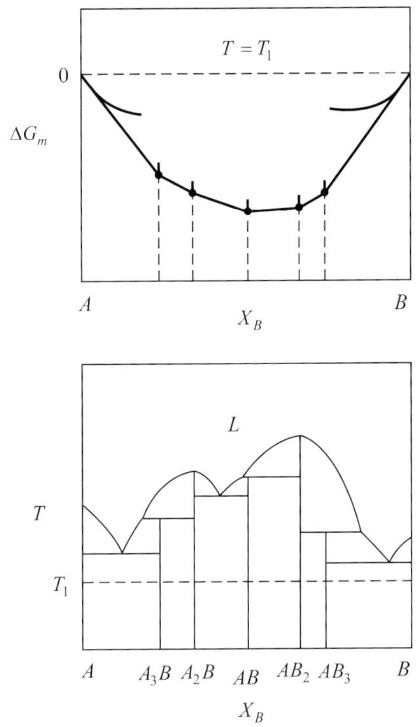

그림 7.40 다양한 중간 선화합물을 지닌 계에 대한 전형적 (G–X)곡선 도해(아래 상태도의 온도 T_1 에서). 순수성분 A와 B 내로 극히 제한된 양의 용질 용해도를 지닌 터미널 상을 각각 나타내고, 화합물 A_2B와 AB_2는 Congruent 융점(T_{mc})을 나타내는 상태도.

액상의 잉여 자유에너지 G_m^{Lxs} 는 양 또는 음의 값이 될 수 있다; 나머지 항 H^{ε}, S^{ε} 은 모두 음수이다. 이 결과로부터 선화합물의 생성열이 절대치로 클수록 (음의 값으로 커질수록) 선화합물의 Congruent 융점(T_{mc})은 더 높아짐을 알 수 있다.

그림 7.40은 온도 T_1 에서 작성된 (G − X)도해와 함께 터미널 고용체가 희석용액의 특성을 보이며, 모든 중간상이 선화합물로 존재하는 2원계의 상태도를 개략적으로 나타내고 있다. 각 화합물 상에 대한 형성 자유에너지 ΔG_f 는 온도 함수로 결정될 수 있다. 이를 바탕으로 액상에 대한 용액모델과 화합물의 엔탈피 및 엔트로피 자료로부터 상태도가 작성될 수 있다. 이러한 종류의 상태도는 관련 화합물 상들이 모두 화학량론적인 조성을 나타내는 선화합물로 이루어지는 계의 전형적인 상태도에 해당한다.

그림 7.40에선 선화합물 A_2B 와 AB_2 만이 Congruent 융점을 나타내므로 온도 상승에 따라 이들은 조성변화없이 녹게 된다. 한편 다른 선화합물들(A_3B, AB, AB_3)은 T_{mc} 가 상태도 상에 나타나지 않으므로 온도 상승에 따라 조성변화가 수반되어 선화합물 초기 조

성(X_B^o)보다 *높거나* 낮은 X_B 조성의 선화합물상과 *낮거나* 높은 X_B 조성의 액상이 형성된다. 예로 A_3B 경우 온도 상승에 따라 높은 X_B 조성의 A_2B 선화합물($X_B^{A_2B}$)과 원래 선화합물 A_3B 조성($X_B^{A_3B}$)보다 낮은 조성의 액상(X_B^L)이 함께 생성된다. AB_3 경우는 반대로 온도 상승에 따라 높은 X_B 조성의 액상과 낮은 X_B 조성의 화합물 AB_2 가 형성된다.

7.11 3원계 상태도

본 교재에서는 3원계 상태도로서 응축상 3원계에 한정해서 다루고자 한다. 응축상 계에 대한 상률은 다음과 같다(압력 고정 : $P=1$기압).

$$P+F=C+1$$

2원계($C=2$)의 안정 상 영역 배치를 나타내는 상태도는 2차원 평면으로써($1+F=2+1$, $F=2$) 나타낼 수 있다. 상태도 상에는 최소로 한 가지 상(P)이 존재하므로 2원계가 나타낼 수 있는 최대 허용 자유도(F)는 2가 된다. 따라서 계의 안정상 영역 배치도(상태도)를 완전히 기술하는데 온도와 조성에 의한 2차원 공간 상 표현이 가능해진다. 대부분의 재료계는 주로 2성분 이상으로 구성되어 있다. 세 가지 성분으로 구성되는 계를 3원계라고 한다. 4원계 및 그 이상의 다성분 계에 대한 상태도는 이 책의 내용 범위를 넘어서므로 이와 관련된 구체적 내용은 참고문헌 2와 3을 참조하기 바란다. 본 절에서는 응축상 3원계의 안정상 영역 배치를 나타내는 상태도만을 살펴 보기로 한다.

3원계는 세 개의 성분 ($C=3$) 과 최소한 한 개의 상 ($P=1$) 이 존재하므로 3차원 ($F=3$) 공간은 확보되어야 계의 상태도를 표현할 수 있다. 3차원 상태도 표현시 두 축은 조성을, 나머지 한 축은 온도를 나타낸다. 3원계 조성을 규정하기 위해서 두 개의 조성 축만이 필요하다. 두 성분의 조성 분율을 알면 나머지 성분의 조성 분율은 종속적으로 정해지기 때문이다. 세 성분의 조성 분율 합은 1이다.

일반적으로 3차원 상태도로부터 일련의 등온상태도 부분을 취함으로써 3원계 평형상들 관계를 2차원 평면상에 표현할 수 있다. 특정 온도에서의 안정한 상 영역을 나타내는 조성평면 상의 등온상태도(2차원적 상태도:두 조성 축의 직각좌표 평면)를 일련의 온도에 따라 연속적으로 수직으로 쌓아 올리면 각각 직각 프리즘 형태의 완전한 3차원 3원계 상태도를 작성할 수 있다.

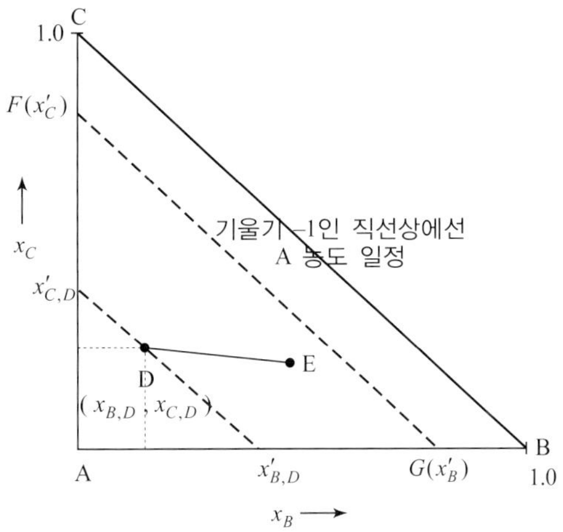

그림 7.41 3원계 상태도의 직각 좌표 축: 3원계 희석 용액 상태도 작성시 이용

등온 상태도는 특정 온도에서 성분 조성에 따라 평형상태로 존재하는 상들의 안정영역을 나타낸다. 세 성분이 존재하지만 이들 중 두 성분만이 독립적인 변수가 된다. 두 성분의 농도(무게 퍼센트 혹은 몰분율)를 나타내는 두 조성 축은 그림 7.41처럼 직각좌표를 이루게 된다. 이러한 직각좌표 도해는 **3원계 희석 용액**의 조성을 기술하는데 일반적으로 흔히 사용된다. 순수 용매 성분(물질 A)은 아래 왼쪽 모서리 지점(영점 A)에 위치하고, 용질 성분 B와 C의 농도는 두 조성 축 상으로 각각 나타내어진다(직각 이등변 삼각형의 조성 좌표면). 만약 $x'_B = x'_C$ 이라면, x_B 축 상의 점 $G(x'_B)$ 와 이에 상응되는 x_C 축 상의 점 $F(x'_C)$ 를 연결하는 기울기 -1 인 직선 상에서는 용매 A의 농도가 일정한 값을 나타낸다. 그림 7.41의 두 조성 축 상 농도가 $x'_B = x'_C$ 을 만족하는 점선에 평행한 선들 상에 위치한 임의 점에 대한 조성좌표(x_B, x_C)로부터 성분 A의 일정한 조성값$[1-(x_B + x_C)]$을 구할 수 있다 $[x_{B,D} + x_{C,D} = x'_{B,D}(= x'_{C,D})]$. 순수한 B와 C 조성점을 연결하는 변(직선 BC : $x_A = 0$)과 평행한 직각삼각형 내 직선 상에서의 성분 A 조성은 일정한 값을 나타낸다(그림 7.41내 점선직선). 마찬가지로 원점을 B로 하는 직각 좌표상 순수한 A와 C를 연결한 직각삼각형 빗변과 평형하게 그은 직선들 상에서의 B 조성도 각각 일정하다. 물질 D와 E로서 조합된 물질의 조성은 이 두 점을 연결한 직선 상에 놓이게 된다. 물질 D 내 성분 B, C의 조성은 $x_{B,D}, x_{C,D}$ 이며, A의 조성 $x_{A,D}$ 은 $1-(x_{B,D} + x_{C,D})1 - x'_{B,D} = 1 - x'_{C,D}$ 이다.

대부분의 3원계 등온 상태도는 그림 7.42에 나타낸 깁스 삼각형(Gibbs triangle)이라 불리는 정삼각형 조성 평면을 이용하여 보다 효율적으로 묘사할 수 있다. 그림에서 순수

성분 A, B, C는 정삼각형의 세 꼭지점에 각각 위치한다. 앞선 경우와 같이 조성 평면 상에 임의 조성 점을 규정짓기 위해서는 단지 두 성분의 조성 변수만이 독립적으로 필요하다. 그림 7.41의 조성축 A−C 및 A−B 축이 직각좌표로 위치하는 대신에 두 축이 60° 기울어진 정삼각형으로서 깁스 삼각형을 고려해 볼 수 있다.

그림 7.41처럼 성분 B, C를 각기 조성 축으로 하는 직각 좌표상에서 성분 A의 농도는 기울기 −1 인 직선이 B, C 조성축과 만나는 교점의 수치(x'_B , x'_C)를 1로부터 빼준 값 ($1-x'_B$ 또는 $1-x'_C$)으로서, 꼭지점 A인 1.0부터 0까지 기울기가 −1 인 사선으로서 나타낼 수 있다. 마찬가지로 조성축 $x_A - x_B$ 또는 $x_A - x_C$ 를 직각축으로 해서도 그림 7.41처럼 직각이등변 삼각형태의 3원계 조성면을 또한 나타낼 수 있다. 성분 A, C 또는 A, B를 각각 직각축(B 또는 C는 직각 꼭지점)으로 하는 직각 좌표상에 꼭지점 성분 B 또는 C의 농도를 기울기가 −1 인 사선으로서 1.0(꼭지점 B 또는 C)부터 0까지 나타낼 수 있다. 이렇게 직각좌표를 통해서 얻어진 각 꼭지점에 대한 사선(기울기=−1)들을 모두 한데 모아 동일평면상에 나타내면 세 꼭지점 A, B, C로서 나타내지는 정삼각형 조성좌표면(깁스 삼각형)이 형성되며 이로써 3원계 조성을 완전하게 나타낼 수 있게 된다(그림 7.42(a)). 달리 말해, 이들 세가지 각기 다른 2차원적 조성면(직각이등변 삼각형)을 3차원 공간상에 함께 나타낸 다음, $x_A = 1$ (선분 BC), $x_B = 1$ (선분 AC), $x_C = 1$ (선분 AB)에서 해당 직각삼각형 빗변만을 취합해 2차원 평면으로 나타내면 그림 7.42(a)처럼 정삼각형태의 깁스 삼각형 조성면을 얻을 수 있다. 그림 7.42(b)에서 삼각형 내 위치한 상 조성은 x_A, x_B, x_C 로

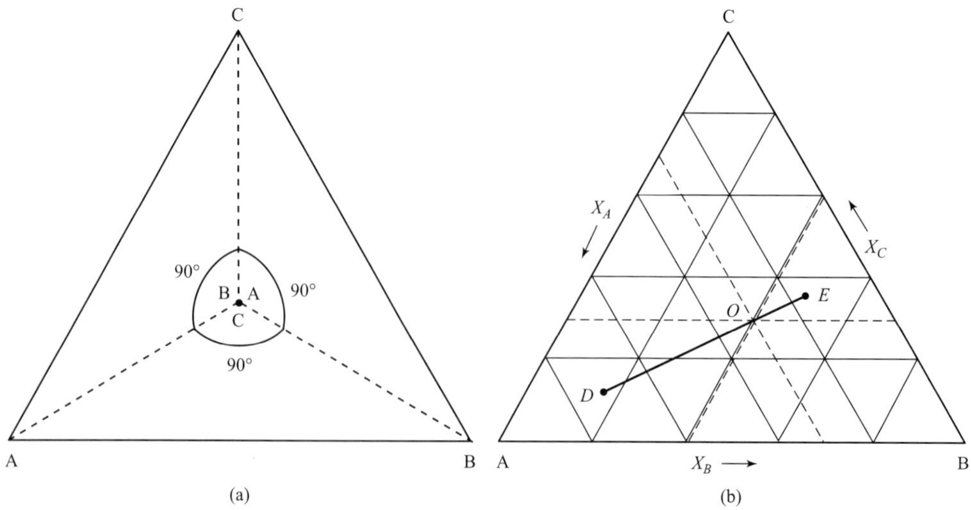

그림 7.42 깁스 삼각형 : 3원계 조성 평면

표시된 세 변에 대한 각각의 평행사선 교점으로부터 읽혀질 수 있다.
이로부터 점 O는 대략적으로 30 %A, 40 %B, 30 %C의 조성을 나타낸다. 점 O에서 각 순수 성분의 대변에 평행하게 그어진 점선 직선들로부터 조성점 O에서의 성분 A, B, C에 대한 개별적 조성(x_A, x_B, x_C)을 결정할 수 있다.

일정 압력하 등온 3원계 상태도상 2상공존 영역은 $F=1$ 이므로 깁스 삼각형 내 두상의 조성을 연결하는 직선으로 나타낼 수 있다(즉, 3성분 중 오로지 한 성분조성만 독립적으로 변할 수 있다). 그림 7.42에서 조성 D와 E인 두 가지 상의 조합으로 이루어진 혼합체 물질의 전체 조성은 이들 상의 개별적 조성에 해당하는 점 사이를 연결한 직선 상에 놓인다(즉, $F=1$). 따라서 앞절에서 논의한 지레규칙을 3원계 상태도에 대해서도 역시 적용할 수 있다. 점 D와 E가 두 상의 조성을 각각 나타내고 점 O가 혼합물에 대한 전체 조성이라면, 혼합물 내 상 E의 양적 분율 F_E 는 선분 OD의 길이를 선분 DE로 나눈 값이 된다.

$$F_E = \frac{\overline{OD}}{\overline{DE}}$$

등온 단면도 상에는 세 개의 상이 공존하는 영역이 존재할 수 있다. 일정 압력하 3원계에 대한 상률로부터 P 와 F 의 합은 4이다$(P+F=C+1)$. 그러나 등온 조건에 의해 추가로 자유도가 하나 더 줄어들게 되므로(즉, $P+F=C$), 이를 고려하면 3원계 등온 상태도에 세 개의 상이 공존할 수 있음을 알 수 있다$(P+0=3)$. 이 경우$(P=3)$에는 자유도 F가 0이 되므로 공존하는 세 가지 상의 조성은 각각 유일한 값으로 고정되어 진다. 따라서, 일정 압력하 3원계 등온 상태도 상에서 3상 공존영역은 삼각형 모양새로 나타난다. 그림 7.43에 이러한 3상 공존 영역의 예시가 나타나 있다. 3상 공존영역(공액 삼각형: α, β, γ)에서 평형을 이루며 존재하는 각 상의 조성 분율$(F_\alpha, F_\beta, F_\gamma)$은 각 상의 개별적 조성$(x_{A,\alpha}, x_{B,\alpha}, x_{C,\alpha}, x_{A,\beta} \cdots x_{C,\gamma})$과 혼합물의 전체 조성$(x_A, x_B, x_C)$이 주어지면, 다음 관계식으로부터 구할 수 있다.

$$\begin{aligned} x_A &= F_\alpha x_{A,\alpha} + F_\beta x_{A,\beta} + F_\gamma x_{A,\gamma} \\ x_B &= F_\alpha x_{B,\alpha} + F_\beta x_{B,\beta} + F_\gamma x_{B,\gamma} \\ x_C &= F_\alpha x_{C,\alpha} + F_\beta x_{C,\beta} + F_\gamma x_{C,\gamma} \end{aligned}$$

위의 세 방정식의 해로부터 각 상의 양적 분율 $F_\alpha, F_\beta, F_\gamma$ 를 구할 수 있다.

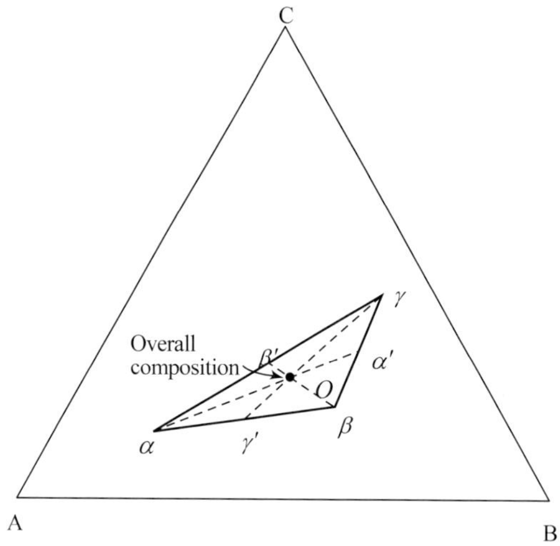

그림 7.43 지레 법칙에 의한 3원계 상태도내 공존 3상의 분율 결정

3원계 상태도 상에 3상이 평형을 이루며 공존하는 영역은 공액 삼각형으로 나타내며, 이에 지레 법칙을 적용함으로써 기하학적으로 각 상의 양적 분율을 구할 수도 있다. 그림 7.43에서 전체 조성 O에서 γ 상의 분율 F_γ 는 선분 $O-\gamma'$ 를 선분 $\gamma-\gamma'$ 로 나눈 값이 된다. 마찬가지 방법에 의해서 F_α, F_β 의 상 분율도 지레 법칙으로부터 구할 수 있다.

$$F_\gamma = \frac{O-\gamma'}{\gamma-\gamma'},\ F_\alpha = \frac{O-\alpha'}{\alpha-\alpha'},\ F_\beta = \frac{O-\beta'}{\beta-\beta'} \tag{7.70}$$

3원계에 대한 온도/조성 상태도는 성분조성 표시로서 깁스 삼각형을 바탕면으로 하고, 수직축이 온도를 나타내는 프리즘 형태를 취하게 된다. 가장 단순한 형태의 3원계 상태도는 액체 또는 고체상태에서 세 성분이 모두 상호간 완전히 전조성 영역에 걸쳐 혼합될 수 있는 이상용액에 대한 상태도이다(그림 7.44). 가장 높은 융점인 성분 C의 융점 이상 온도

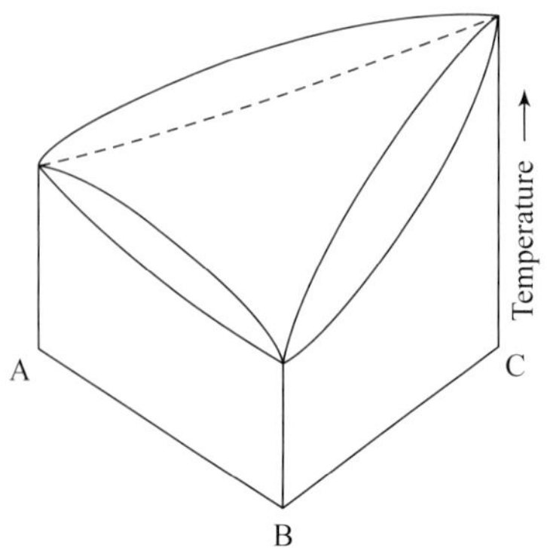

그림 7.44 완전 고용 3원계

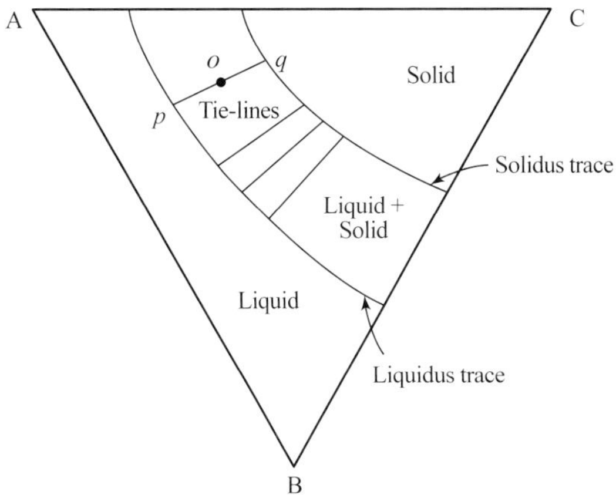

그림 7.45 그림 7.44의 등온상태도

에서 3원계 이상용액의 등온단면도는 단지 액상만을 나타낸다. 가장 낮은 융점인 성분 B의 융점 이하 온도에서는 고상만 존재하게 된다. 임의 조성 액상으로부터 냉각시 응고가 시작되는 온도를 액상온도, 열을 가할 시 용융이 시작되는 온도를 고상온도라고 한다. 3차원적 3원계 상태도에선 액상 및 고상온도를 나타내는 점들의 집합은 곡면(액상면, 고상면)을 형성하게 된다(2원계 상태도에선 액상선, 고상선). C의 융점보다는 낮으나 A또는 B의 융점보다는 높은 온도에서는 그림 7.45와 같은 등온 단면도의 상태도가 나타난다. "Liquid"와 "Liquid+Solid"로 표시된 영역 사이의 곡선은 액상면에 대한 등온투영선이고, "Solid"와 "Liquid+Solid"로 표시된 영역 사이의 곡선은 고상면의 등온투영선이다.

등온 상태도 상에 "Liquid+Solid"로 표기된 영역내에서 평형을 이루고 있는 액상과 고상의 조성은 공액선(tie – lines)에 의해 연결된다. 이러한 공액선들은 반드시 깁스 삼각형의 꼭지점으로 외삽되어지지는 않는다(꼭지점과 연결이 되는 선이 아니다). 2상 평형 영역내 특정한 전체조성에서 공존하는 액상 및 고상의 조성은 혼합물의 전체조성을 나타내는 점(o)을 지나는 공액선이 각각의 상 경계선과 교차하는 점(p와 q : 이들 점은 임의대로 쌍으로 정해지는 것이 아니라, 3차원 공간상 액상면 및 고상면과 등온면과의 교차점으로부터 실험적으로 정해진다)의 조성이며, 이들 공존 상의 양적 분율은 조성점 o에서 공액선 $\overline{pq}$에 대한 지레 법칙에 의해 결정된다.

3원계 상태도의 다른 형태로 그림 7.46처럼 공정반응을 포함하면서 세 성분 물질이 고상 내에서는 서로 상호간 성분들이 고용되지 않으나 액상 내에서는 완전히 용해되는 단순 3원계를 고려해 보자. 그림 7.47은 그림 7.46의 상태도를 위에서 내려다본 그림이다(등온단면도가 아니라 액상면의 투영도이다). 이 그림에서 점 O에서 세운 수직선이 상태

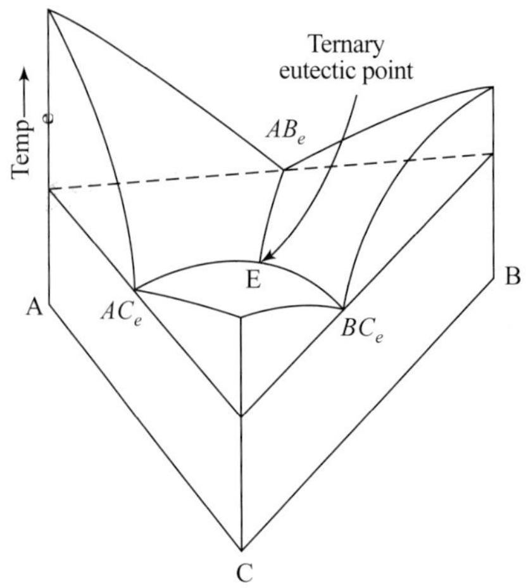

그림 7.46 순수 성분 A, B, C에 각각 고상 고용도가 없는 공정반응 계를 나타내는 3원계 상태도

도 상의 액상곡면과 교차하는 점에 온도가 이를 때 전체 조성 O인 액상물질은 응고하기 시작한다. 서냉 응고시 나타나는 물질은 순수한 A이고, 냉각을 계속하면 더 많은 양의 A가 응고된다. 냉각공정을 지속할수록 액상 조성이 순수 성분 A 및 B와 각각 포화를 이루는 공정 선분$(AB)_e - E$와 교차할 때까지 액상 조성은 선분 OD(그림 7.46 상에서는 액상면 상의 곡선)를 따라서 계속적으로 변화한다.[2] AB_e는 A－B 2원계 공정 조성을 나타낸다. 점 D에서는 A－B 2원계 공정반응에 의해 액상으로부터 고상 A 및 B가 형성되기 시작한다. 지속적 냉각공정에 따라서 액상은 계속해서 $(AB)_e - E$ 곡선(두 액상면 교차로

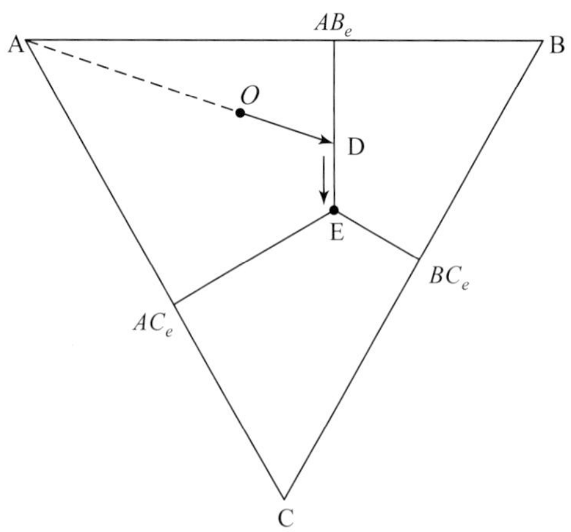

그림 7.47 그림 7.46에 근거한 초기 조성 O인 액상 물질 응고시 액상 조성의 변화 추이 경로도

2) 이 경우에는 순수한 고상 A가 형성되므로, 선분 OD의 외삽 직선이 깁스 삼각형의 꼭지점 A를 지난다. 전체 조성인 점 O는 반드시 존재하는 두 상(순수 고상 A 및 액상)의 조성을 나타내는 점을 연결한 직선 상에 놓여야 한다.

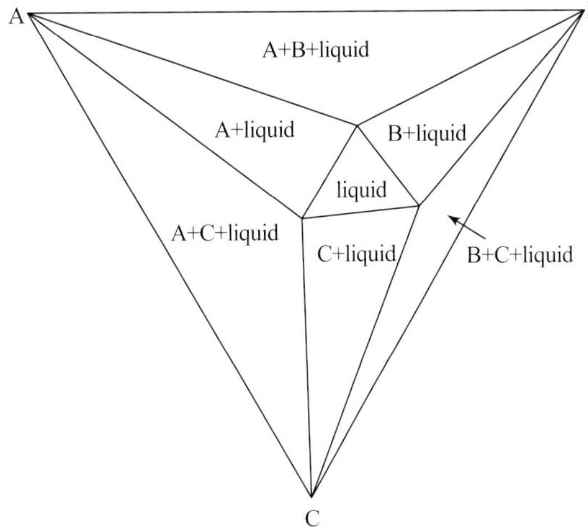

그림 7.48 그림 7.46에 나타난 3원계에 대한 3원 공정온도보다는 높으나 각 2원 공정온도들보다는 낮은 온도에서의 등온상태도(이 경우 중앙에 위치한 액상 삼각형의 빗변들은 순수성분 A, B, C에 대응되는 깁스 삼각형 빗변에 평행함에 유의)

생긴 곡선)을 따라가며 공정 반응($L = A + B$) 에 의해 응고하므로 남은 액상의 조성은 선 DE를 따라 변하며 결국 3원계 공정온도(E: 세 액상 곡면의 교차점)에 까지 이르게 된다. 이 때 남아 있는 액상은 3원계 공정반응($L = A + B + C$) 에 의해서 응고된다. 그림 7.47 상의 화살표 직선 OD 및 DE는 초기 액상조성 O로부터 서냉 온도 감소에 따른 액상조성의 변화 추이 궤적을 나타낸다.

그림 7.48은 순수 성분(A, B, C) 의 융점 및 이들 성분 간 각 2원계 공정온도보다는 낮으나, 3원계 공정온도보다는 높은 온도에서 그림 7.46 상태도에 대한 등온 단면도이다. 깁스상률을 그림 7.48 상태도 상의 단상과 2상 및 3상 공존 영역에 적용해 보자($F = C - P + 0$). 먼저 액상(단상)에 적용하면 $F = 2$ 이므로 이 경우 3개 성분 중 2성분을 액상의 독립적 변수로 할 수 있다. 2상 공존영역(A+L)에선 $F = 1$ 이며 이 경우 상 A는 순수성분으로 고정되므로 나머지 2성분 중 한 성분을 액상의 독립적 변수로 할 수 있다. 다음으로 3상 공존영역($A + C + L$) 에선 $F = 0$ 이며, 상 A 및 C가 순수성분으로 고정되므로 액상의 독립적 성분 변수는 없게 된다. 즉, ACL 삼각형(3상 공존)내 조성영역은 고정된 조성의 상 A, C, L의 상대적 존재분율(지레법칙)에 의해 정해진다.

그림 7.49는 세 개의 공정반응을 지니면서 세 성분(A, B, C) 사이에는 서로 상호간 어느 정도 제한된 양의 고용도(터미널 고용체)를 보이는 3원계 상태도를 나타내고 있다. 그림 7.49(b)의 깁스삼각형 ABC상에는 여러 온도 구간에 걸쳐 3원계의 액상면들에 대한 2차

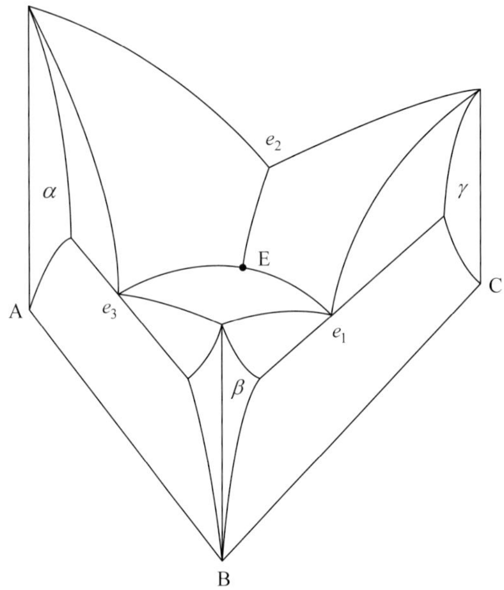

(a)

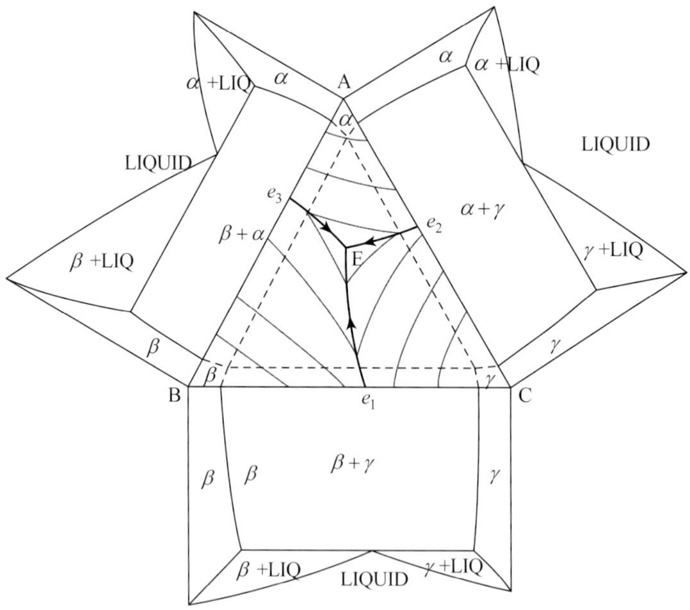

(b)

그림 7.49 (a) 고상 고용도를 나타내는 3원 공정계의 상태도.
(b) 그림 (a)의 펼친 형태의 3원 공정계. 융점은 B>C>A이고, 공정온도는 $e_1 > e_2 > e_3 > E$ 순이다.

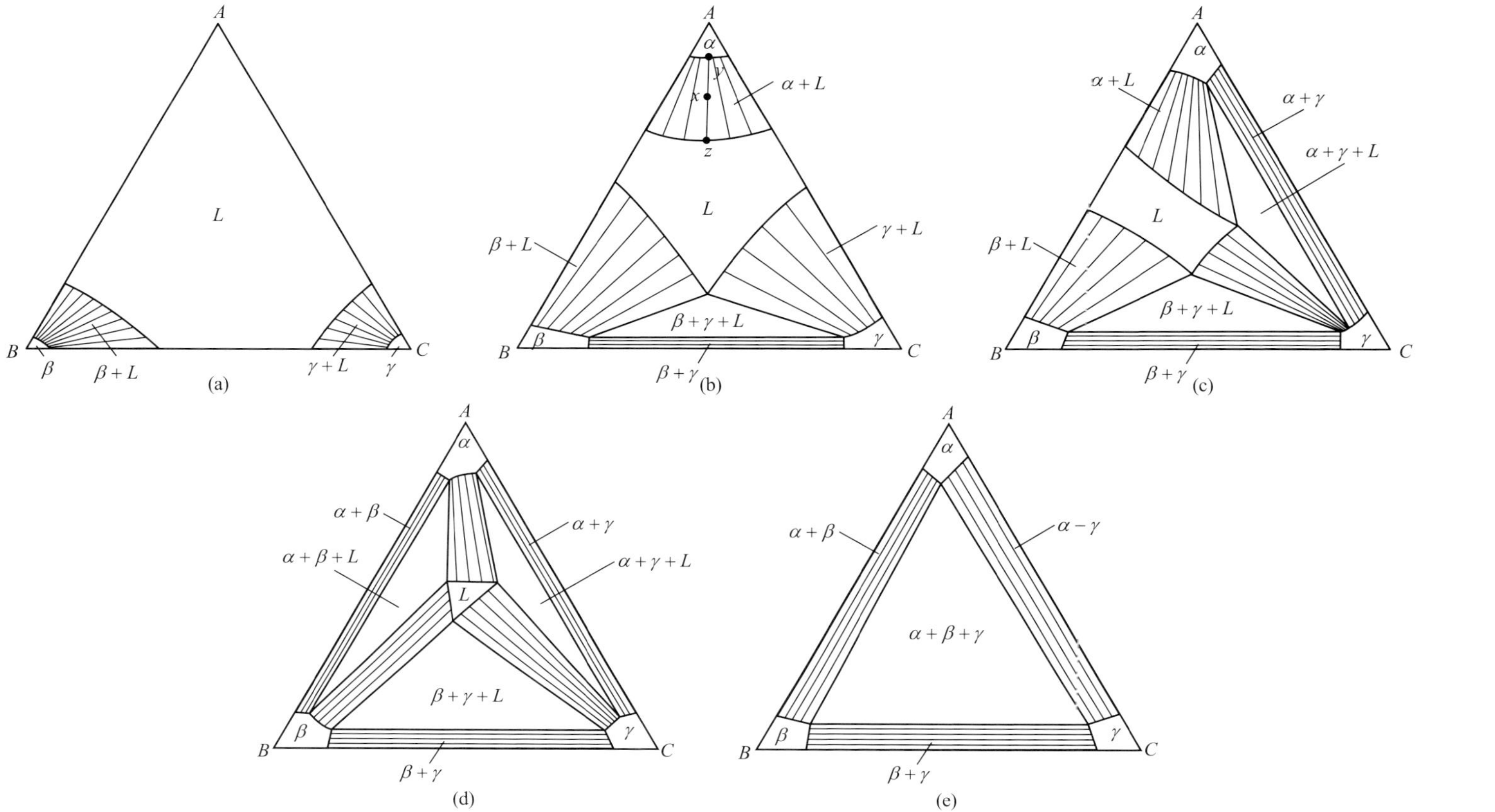

그림 7.50 그림 7.49(a) 삼원계 상태도의 등온 단면도 도해: (a) A–B 2원 공정온도보다 높고 아울러 C의 융점보다 높은 온도, (b) 3원 공정온도보다는 높고 B–C 2원 공정온도보다는 낮은 온도, (c) 3원 공정온도보다 높고 두가지 (A–C, B–C) 2원 공정온도보다는 낮은 온도, (d) 3원 공정온도보다 높으나 3가지 2원 공정온도들보다는 공히 모두 낮은 온도, (e) 3원 공정온도(E)보다 낮은 온도

원적 투영도가 옅은 실선의 곡선(등온선)으로 나타나 있다. 화살 표식의 짙은 실선은 두 성분에 대한 2원 공정온도 궤적의 투영선(두 액상면의 교차로 생기는 곡선)을 그리고 화살표는 온도 감소의 방향을 나타낸다. 이로부터 액상면(Ae_2Ee_3 , Be_1Ee_3 , Ce_1Ee_2)들의 3차원적 공간배치를 실체화해 볼 수 있다. 그림 7.49(b)의 등온 곡선으로부터 임의 온도에서 고용체 α,β,γ 와 각기 평형을 이루는 액상 용액의 조성(포화 농도)정보를 얻어낼 수 있다. 그림 7.49(a)의 3원계 상태도에 대해 5가지 다른 온도에 따른 안정상 분포 양상이 그림 7.50 (a)–(e)에 걸쳐 등온 단면 상태도로서 나타나 있다. 상 경계를 나타내는 선과 이들 경계선 사이 연결 공액선과의 교차점은 2상 공존 영역 내에서 각 상의 평형 조성을 표시한다. 그림 7.50(b) 상태에서 전체조성 x인 평형계를 이루는 상 α 및 액상의 조성은 각기 조성 y 및 z이며 이들 2상의 양적 분율은 공액선상 지레 법칙에 의해 정해진다. 3상 공존 영역은 삼각형으로 나타나며 각 꼭지점은 해당 3상의 조성을 나타낸다. 아울러 이 경우도 각 상의 양적 분율은 지레 법칙(식 7.70)에 의해 결정된다.

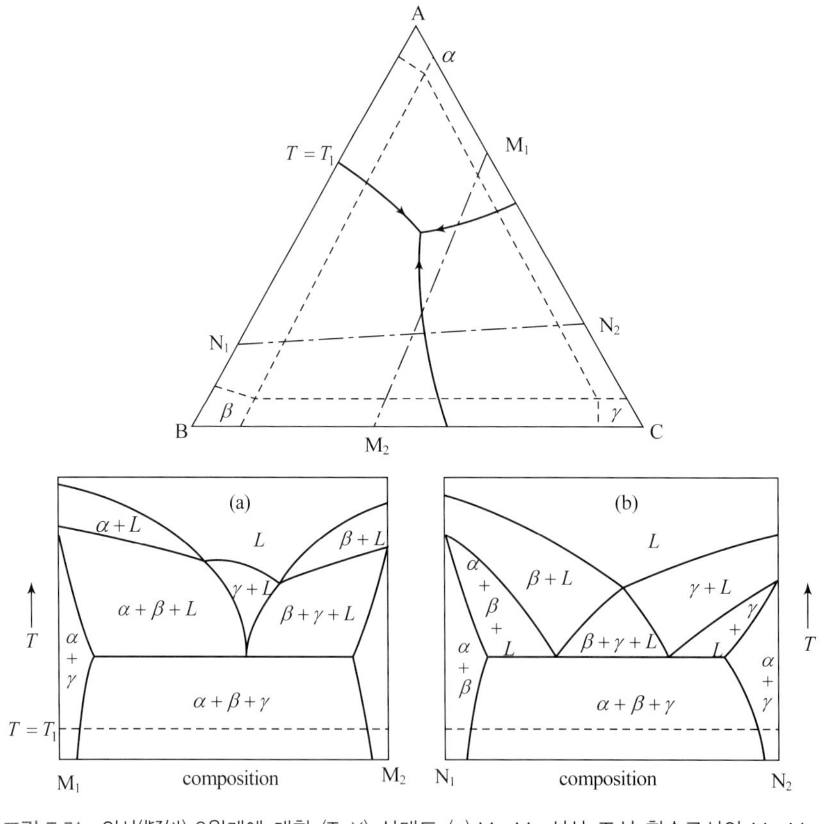

그림 7.51 의사(擬似) 2원계에 대한 (T–X) 상태도 (a) M_1, M_2 선상 조성 함수로서의 M_1–M_2 의사 2원계 상태도 (b) N_1, N_2 선상 조성 함수로서의 N_1–N_2 의사 2원계 상태도

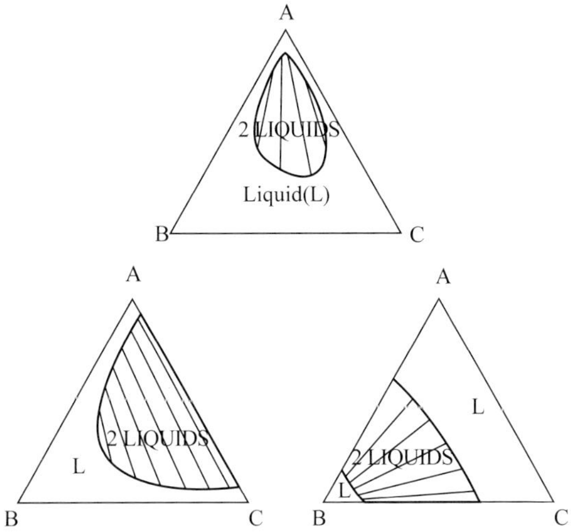

그림 7.52 3원계 액상 혼합금지역(공용간극)에 대한 3종류 형태의 개략적 등온 단면 상태도.

그림 7.51은 3원계 상태도 상에서 깁스 삼각형 각 변에 위치하는 2원계 구성 성분 원소로 이루어진 화합물 조성 M_1, M_2 또는 N_1, N_2 간의 의사(擬似) 2원계(pseudo-binary) $M_1 - M_2$ 또는 $N_1 - N_2$ 에 대한 온도/조성간 단면 상태도를 각각 나타낸다.

3원계 상태도 상에는 3가지 형태의 액상 혼합금지역 (공용간극)을 고려할 수 있다. 그림 7.52는 이들 3가지 형태의 액상 공용간극을 나타내는 등온 단면상태도를 개략적으로 보여준다. 서로 평형을 이루며 쌍으로서 공존하는 두 상의 조성은 지레대 선(공액선)으로 연결되어 나타난다. 이에 대한 실예로 $CaO - FeO_x - CaF_2$ 3원계에 대한 등온 상태도가 그림 7.53에 나타나 있다. 액상 공용간극에 의한 두 액상 안정영역과 더불어 고상－액상의 2상 안정영역이 함께 나타나 있다.

이상에서 설명한 3원계 상태도들은 모두 단순한 형태의 상태도들이다. 화합물과 포정반응을 포함하는 3원계 상태도의 형태는 이들보다도 훨씬 더 복잡해진다. 이에 대한 구체적인 설명은 참고문헌 3－5에 잘 언급되어 있다. 예시로 그림 7.56은 여러 화합물 생성이 가능한 3원계 등온 상태도를 나타낸다.

그림 7.54는 $CaO - Al_2O_3 - SiO_2$ 3원계의 액상면을 나타내는 3차원 상태도로서 액상으로부터 서냉 응고시 생성되는 안정한 고상 물질이 각각의 액상곡면 상에 표시되어 있다. 액상면 상에서 자유도 F는 2($F = 3-2+1$)이므로 액상면 상 점의 위치는 2개 독립변수, 즉 두 성분에 대한 농도 또는 온도 및 한 성분의 농도에 의해 독립적으로 규정될 수 있다.

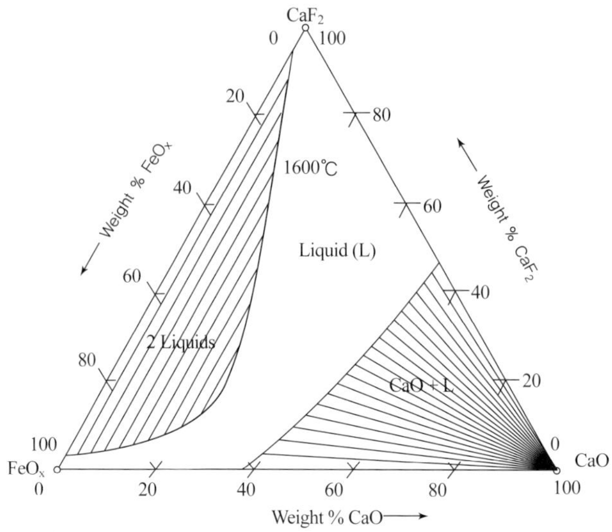

그림 7.53 CaO–FeO$_x$–CaF$_2$ 계의 1600°C 등온 상태도

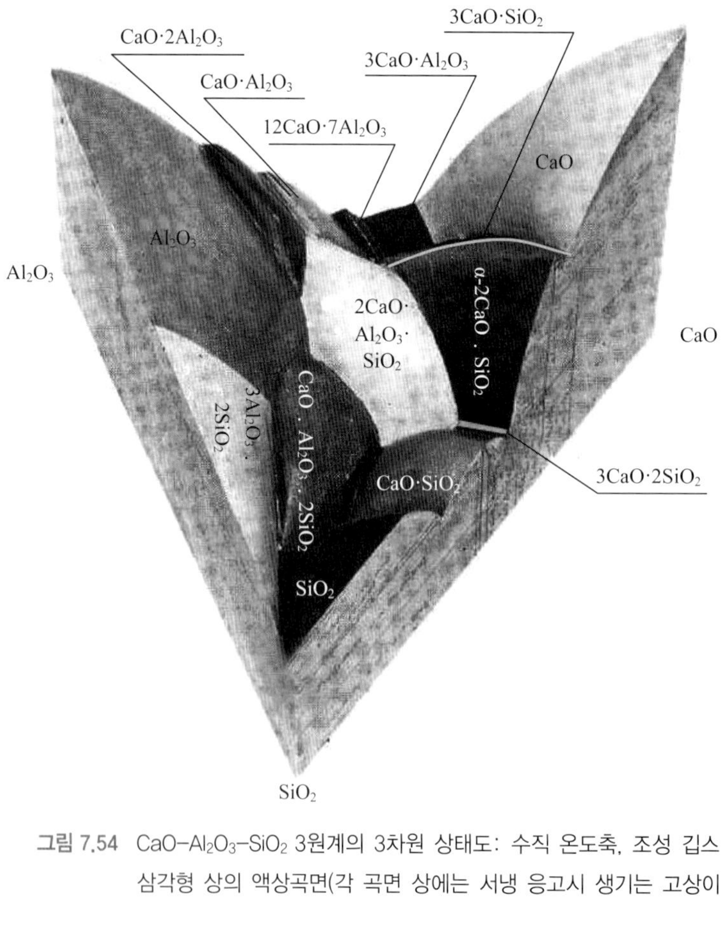

그림 7.54 CaO–Al$_2$O$_3$–SiO$_2$ 3원계의 3차원 상태도: 수직 온도축, 조성 깁스 삼각형 상의 액상곡면(각 곡면 상에는 서냉 응고시 생기는 고상이 표시).

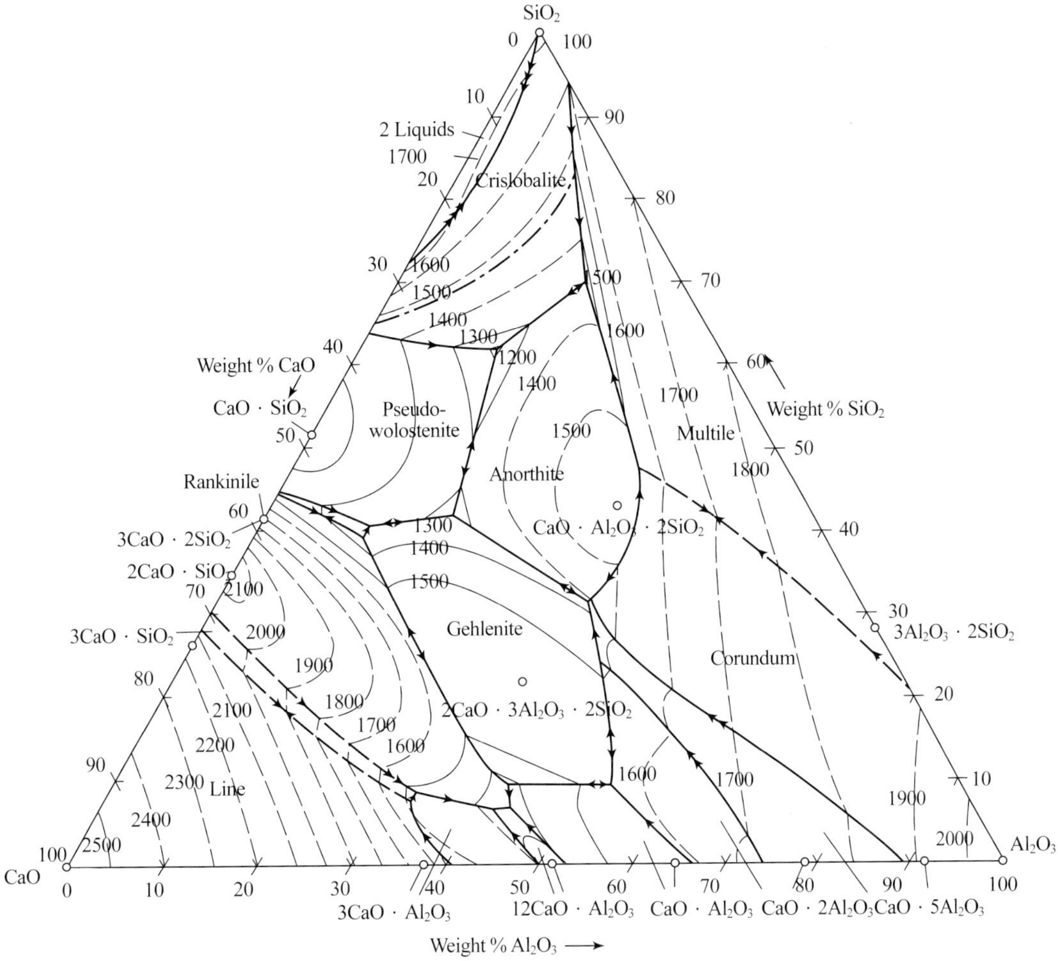

그림 7.55 $CaO-Al_2O_3-SiO_2$ 3원계 상태도

그림 7.54의 3차원 상태도로부터 얻어지는 2차원적 등온 3원계 상태도를 여러 온도에 대해 깁스 삼각형 상에 중첩해 표시한 평면 상태도가 그림 7.55에 나타나 있다. 상태도상 점선 등온선은 액상/고상 경계 조성을 표시한다. 화살표가 포함된 굵은 실선(혹은 점선)은 액상곡면이 서로 만나게 되는 궤적(계곡) 선의 투영도를 나타낸다(화살표는 온도 감소 방향을 표시). 액상 곡면상 표기된 화합물은 해당 액상 조성영역으로부터 매우 느린 속도의 온도감소에 따라 생성되는 고상 물질을 나타낸다.

그림 7.55에 나타난 3원계($CaO-Al_2O_3-SiO_2$) 상태도로부터 온도 1600°C에 대한 등온 상태도 내 안정상 분포 영역에 대해 살펴보자. 등온 깁스삼각형 상태도 내 액상 안정영역은 1600°C로 표시된 등온선 연결곡선(굵은 실선)으로 경계 지워진 내부영역이 된다

(그림 7.56). 먼저 1600°C 액상곡선 AC상에서 임의 조성으로 점 B를 고려하면 고상 $2CaO \cdot SiO_2$ (C_2S)와 조성 B인 액상을 연결하는 지레대 직선 상의 임의 조성에선 안정상으로 액상(조성 B)과 화합물 C_2S 2상이 공존하며 이들 상 간 공존 분율은 그림 7.2에 나타난 지레규칙에 의해 정해진다. 이러한 2상 공존 조성 영역은 곡선 AC선상 액상조성점과 C_2S를 연결하는 부채살 형태 조성 영역($C_2S - A - C$ 로 경계되는 내부 조성영역)으로 나타난다. 다음으로 액상곡선 CD를 살펴보면 이 곡선 상 임의점과 $3CaO \cdot SiO_2$ (C_3S)를 연결하는 수 많은 지레대 직선을 그을 수 있다. 이들 2상(L+C_3S) 연결 직선들로 구성되는 부채살 형태 조성영역($C_3S - C - D$로 경계되는 내부 조성영역)은 액상과 화합물 C_3S가 안정한 2상 공존영역이 된다. 마찬가지로 액상선 DE 상 임의 조성 액상과 CaO의 2상이 공존하는 영역은 CaO와 액상 곡선 DE선 상의 조성점 간 연결직선인 부채살 집합영역

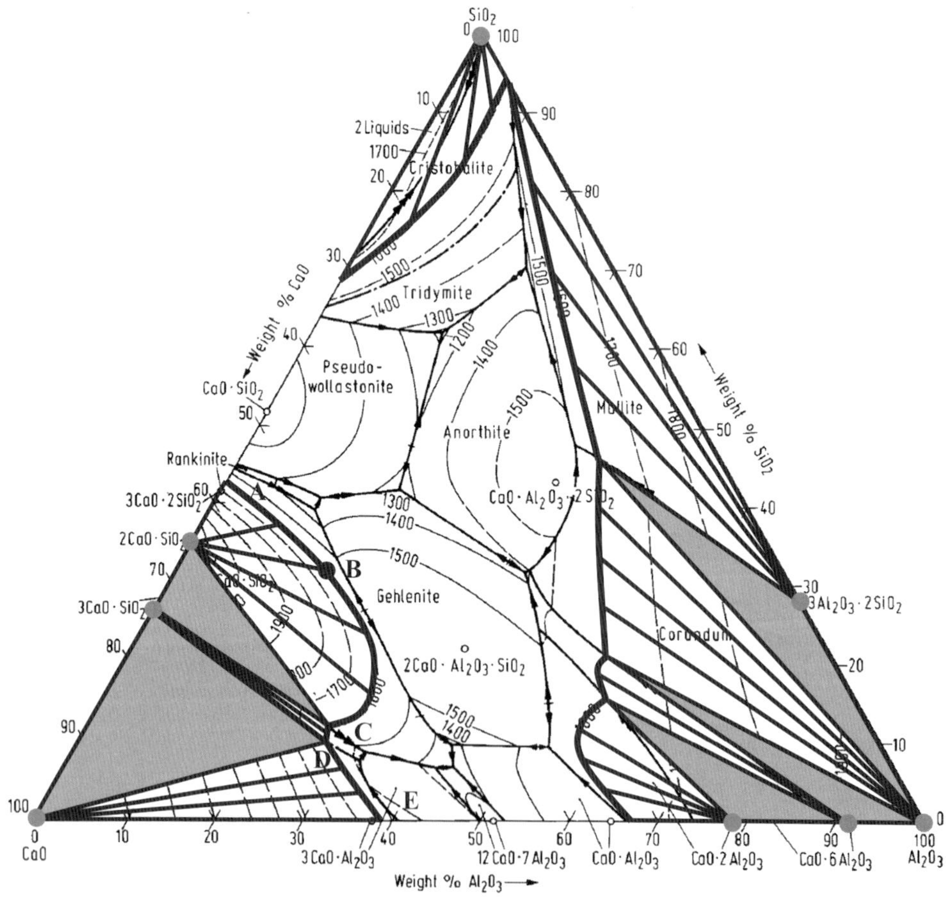

그림 7.56 1600°C에서의 $CaO-Al_2O_3-SiO_2$ 3원계 등온 상태도

(CaO – D – E로 경계되는 내부 조성영역)으로 표시할 수 있다. 액상선 AC, CD, DE는 응고시 서로 각기 다른 고상(C_2S, C_3S, CaO)이 생기는 액상면의 1600°C 등온선을 나타낸다. 이들 2상 영역(부채살 집합영역)들 사이에 형성되는 삼각형 영역(회색 영역)은 안정한 3상 공존 영역이 된다. 예로 삼각형 $C_3S - C_2S - C$ 내 조성 영역은 액상(조성C), C_3S, C_2S가 함께 공존하는 3상 안정영역이다. 유사하게 삼각형 $CaO - C_3S - D$내 조성영역은 액상(조성 D), CaO, C_3S 3상이 평형으로 함께 공존하는 영역이다. 이런 3상 안정 조성영역 내 임의 조성점에서의 이들 상 간 공존 분율은 그림 7.43에 나타난 3상 사이 지레규칙에 의해 정해진다.

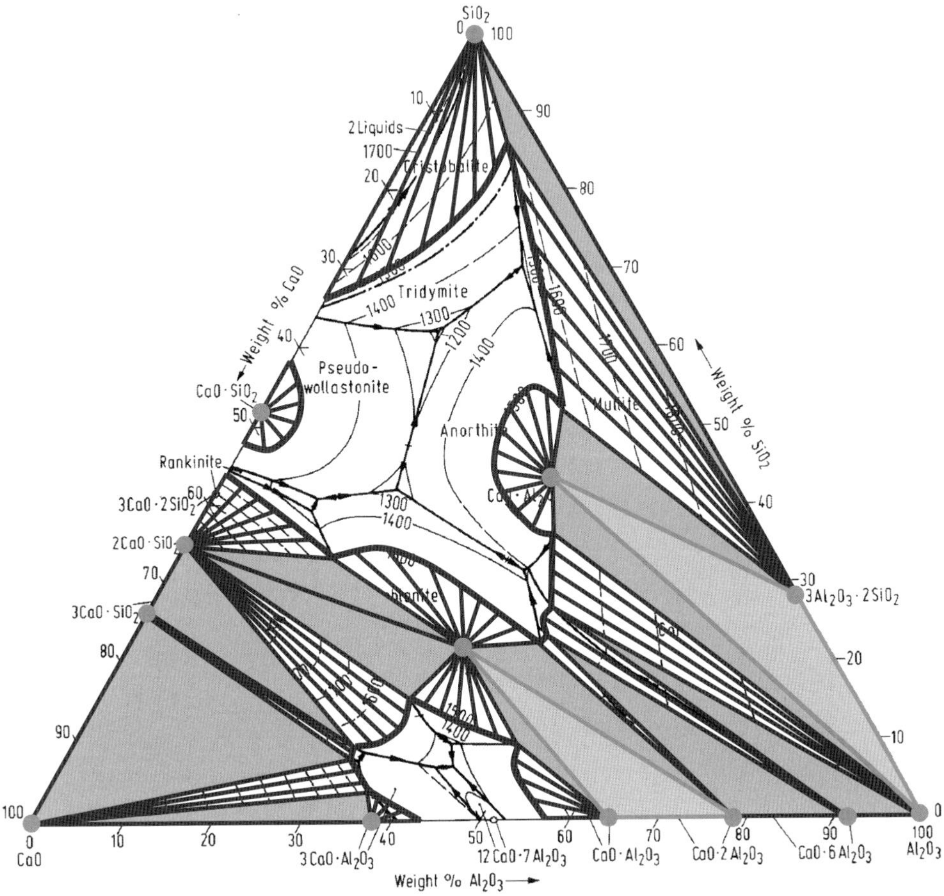

그림 7.57 1500°C에서의 CaO–Al_2O_3–SiO_2 3원계 등온 상태도

1600°C 온도에서 전조성 영역에 걸쳐 액상과 2상 및 3상 공존영역을 완성한 등온 상태도가 그림 7.56에 나타나 있다. 아울러 1500°C 등온 3원계 상태도 내 안정상(액상, 2상, 3상) 영역을 표시한 상태도가 그림 7.57에 나타나 있다.

3원계 상태도로부터 응고시 얻어지는 결정상(들)에 대한 유용한 정보를 어떻게 알 수 있는지를 살펴보자. 3원계($CaO-Al_2O_3-SiO_2$) 상태도의 CaO 근방 조성영역에 대한 상태도 일부가 그림 7.58에 확대되어 나타나 있다.

초기 조성 M($70\%CaO-20\%Al_2O_3-10\%SiO_2$)인 액상을 서서히 냉각(서냉)함으로써 액상선 온도 1950°C에 이르면 CaO 결정상이 나타난다. 이 온도로부터 천천히 온도 감소가 더 진행됨에 따라 액상 조성은 M에서 L_1쪽으로 이동하여 1800°C 온도에 이르면 조성 L_1인 액상과 CaO 2상이 공존한다(상분율: 액상 = CM/CL_1, CaO = ML_1/CL_1). 따라서 온도 구간 1700~1950°C에 걸쳐선 액상과 고상 CaO가 공존한다. 1700°C의 온도에 이르면 액상면(L+CaO)은 다른 액상면[$L+3CaO\cdot SiO_2(C_3S)$]과 교차하게 된다. 이후 서냉에 의한 온도 감소에 따라 액상(조성 N)과 CaO, C_3S 3상이 함께 공존하게 된다(L+CaO ⇒ C_3S: 포정반응). 이후 지속적인 서냉에 의한 온도 감소에 따라 안정한 액상조성은 굵은 실선의 곡선 NP(두 액상면의 교차로 인해 생기는 3상 공존 온도 곡선)를 따라 이동한다.

예로 NP곡선 상 온도 1500°C에서 액상(조성 L_2), C_3S, CaO 3상이 서로 안정한 상태로 공존한다(L+CaO ⇒ C_3S). 이들 3상간 개별적인 각 상의 공존 분율은 꼭지점 L_2, C_3S, CaO로 구성되는 삼각형 내 초기 액상 조성점 M과 이들 꼭지점간 지레 법칙에 의해 정

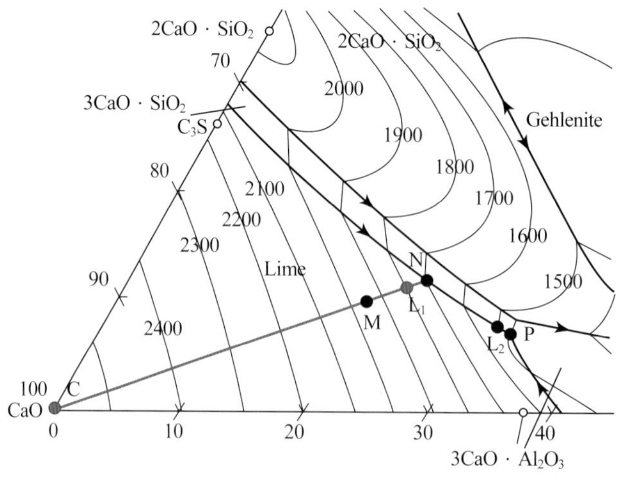

그림 7.58 CaO 근방의 3원계 상태도 일부분

해진다: 액상 L_2 분율 = SM/SL_2, CaO분율 = ML/CL. 여기서 점 CaO는 C로 표기된다(그림 7.59). 궁극적으로 포정온도(1480°C: 조성점 P)에 이르게 되면 4상간 포정전이($L+CaO \Rightarrow C_3A + C_3S$)가 일어나 4상이 공존하고 결국에 가서 액상이 소멸된다.

한편, 그림 7.59에 나타나 있듯이 초기 조성 M인 액상을 1800°C로 급냉해(과냉각 액상) 동일온도하에서 장시간 유지해 평형상태에 이르면 액상(조성 L_1), CaO 2상이 안정상으로 공존하며 이 경우 액상 분율은 $MC/L_1C = 0.90$이다. 또한 초기 조성 M인 액상을 온도 1500°C로 급격히 냉각시켜 장시간 유지하여 평형상태 도달시는 액상(조성 L_2), C_3S, CaO 3상이 공존하며 이 경우 조성 L_2인 액상의 분율은 $MS/L_2S = 0.66$이 된다.

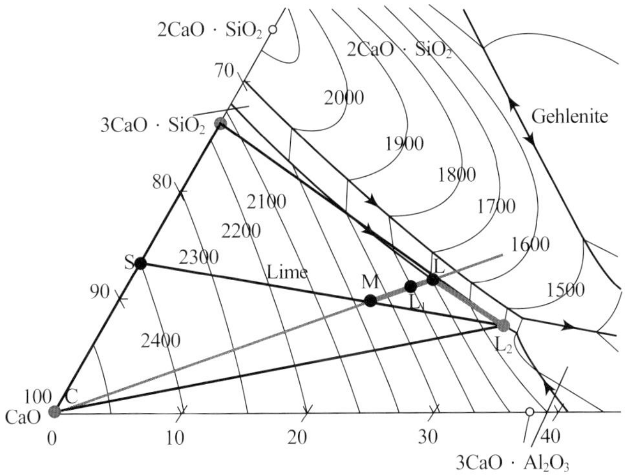

그림 7.59 CaO 근방의 3원계 상태도 일부분

7.12 3원계 상태도 열역학 모델

2원계 상태도 모델링 작성시에 적용한 방법은 3원계 상태도를 기술하는데에도 곧바로 확장 적용해 사용할 수 있다. 상률에 의하면 3원계 단일상의 상태를 규정하는데는 4개의 독립적 변수(예로 T, P, X_2, X_3)가 요구된다. 따라서 일정한 온도 및 압력하에서 2원계 단일상의 혼합거동을 나타내는 (G − X)곡선은 3원계 단일상에 대해서는 $(G - X_2 - X_3)$ 곡면으로 대체되어 적용된다(그림 7.60).

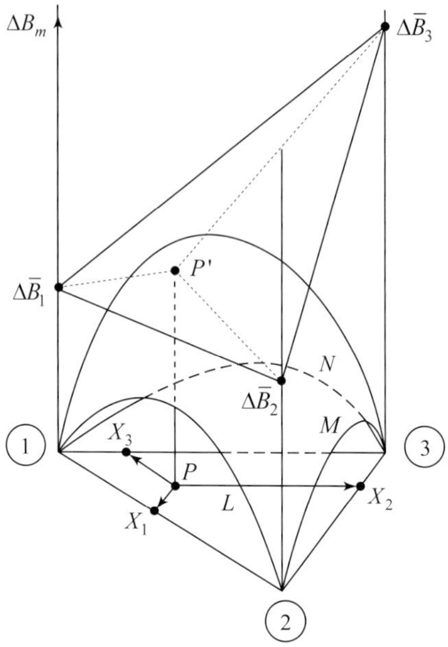

그림 7.60 3원계 용액의 혼합거동이 깁스삼각형상에 ΔB_m (또는 ΔG_m) 곡면으로 나타나 있다. 접면 작도법을 적용하여(예로 점 P′) 3성분의 분몰 열역학 성질 $\bar{B}_i$ 를 용액 조성함수로서 결정할 수 있다.

일정온도, 압력 조건하에서 3원계 임의 상에 대한 전형적인 (G – X – X)곡면은 각기 정해진 기준상태에 대한 순수성분들의 자유에너지를 나타내는 G(ΔG_m)축 상 세 고정점(① = G_1^o , ② = G_2^o , ③ = G_3^o)으로부터 깁스 삼각형 위로 걸쳐진 굴곡 포물면이 된다. 그림 7.60에 나타낸 프리즘의 세 벽면과 포물면이 교차하여 생기는 곡선들(L, M, N)은 이들 벽면과 대응되는 2원계(12, 23, 31) 동일 상에 대한 (G – X)곡선에 각각 해당한다. 그림 7.9의 공통 접선–절편 작도법은 임의 조성에서 2원계 구성 성분들의 분몰 성질을 도해적으로 가시화시킨다. 유사하게 공통접면 작도법으로 3원계에 확장 적용하여 작성된 3원계에서의 조성에 따른 ΔB_m 곡면이 그림 7.60에 나타나 있다. 깁스 삼각형 내 임의 상에 대한 조성 P에서의 각 구성 성분에 대한 분몰 열역학 성질을 알기 위해서는, 그 조성에 해당되는 곡면 상의 점 P′ 에서 접면을 그으면 된다. 이 접면이 3성분 열역학 성질 $\bar{B}_i$(예로 분몰 자유에너지 $\bar{G}_i$)축과 만나는 절편이 각 축의 해당 성분 i 에 대한 용액 분몰 성질($\Delta\bar{B}_i = \bar{B}_i - B_i^o$)이 된다.

공통접면 작도법

3원계의 상이한 2상간의 상대적 안정성 우위 비교는 3성분 원소의 기준상태를 두 상에 대해 각기 동일하게 선정하여 구한 두 상에 대한 (G – X – X)곡면을 중첩시켜 나타내면 행해질 수 있다(그림 7.61). 일정 온도 및 압력 조건하 3성분계 내 공존 2상 간의 화학적 평형조건은 다음과 같다.

$$\mu_1^\alpha = \mu_1^\beta, \quad \mu_2^\alpha = \mu_2^\beta, \quad \mu_3^\alpha = \mu_3^\beta \tag{7.71}$$

세 가지 순수 성분의 기준상태를 각기 모든 상에 대해 일관되게 동일한 상태로 선정한 경우 평형조건 식(7.71)은 다음처럼 달리 표현할 수 있다.

$$\Delta\mu_1^\alpha = \Delta\mu_1^\beta, \quad \Delta\mu_2^\alpha = \Delta\mu_2^\beta, \quad \Delta\mu_3^\alpha = \Delta\mu_3^\beta \tag{7.72}$$

따라서 조성 P^α 가 α 곡면 상의 점을, P^β 가 β 곡면 상의 점을 나타내고, 점 P^α 및 P^β 에서의 접면이 동일 평면일 경우 이러한 조성점의 쌍(P^α, P^β)은 평형으로 공존하는 두 상의 조성을 나타내는 공액선을 만든다. 세 성분 자유에너지 축(수직축) 상과 이루는 접면의 절편이 조성점 P^α 및 P^β 대해 공히 모두 같게 되므로 평형조건 식(7.72)가 만족되어 2상 평형조건이 충족된다. 따라서 2원계에 대해 적용한 공통접선 작도법을 3원계

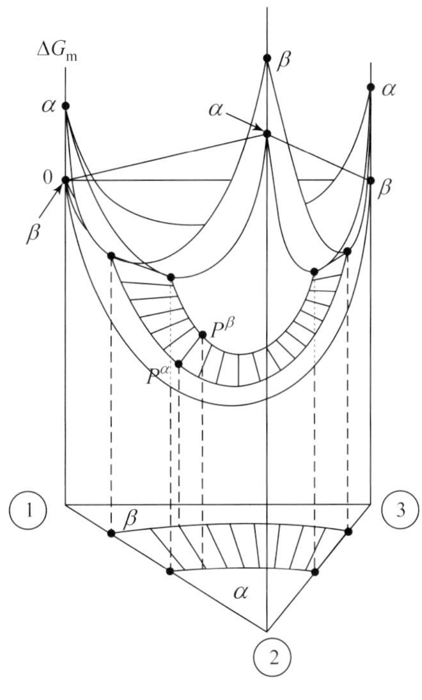

그림 7.61 공통접면 작도법을 적용하여 2상 공존 평형조건을 만족시키는 두 개의 상이한 (G–X–X) 곡면상 공통접면 교차점들의 쌍(공액선)을 구할 수 있다.

2상 평형으로 확장 적용할 수 있다. 그러나 이 경우 공통접선은 두(α 및 β 상) 곡면과 만나는 공통접면으로 대체된다. 평형 조성점의 쌍 (P^{α}, P^{β})는 깁스 삼각형 내 공액(공존 용액 : 여기선 α,β)선의 양 끝단점으로 투영된다. 공통 접면은 두(α,β) 상 곡면을 감싸고 있으므로, 조성면(깁스 삼각형) 상으로 이를 투영시키면 2상 영역을 형성하는 연속적인 공액선(접점 쌍)의 궤적인 공액면을 이룬다[그림 7.61의 빗금(공액면)영역].

위의 공통접면 작도법은 3차원적으로 표현되기 때문에 3원계에서의 상들간 경쟁적 상호 안정성 우위 비교에 대한 도식적 가시화는 2원계 (G – X) 접선 작도법에서처럼 용이하게 다루어지지는 않는다. 그럼에도 불구하고 접면 작도법은 다성분계 상태도 작성시 안정상 결정을 위한 사고의 수단으로서 유용하게 이용되고 있다.

식(7.71)은 용액모델로부터 3원계 내 2상 영역을 규정하는데 사용되는 기본식이 된다. 다성분계 상 I 내 성분 k (여기선 3성분계)에 대해서,

$$\overline{G}_k^I = G_k^{oI} + RT\left(\ln\gamma_k^I + \ln X_k^I\right)$$

$$\overline{G}_k^I \left(=\mu_k^I\right) = G_k^{oI} + \overline{G}_k^{xsI} + RT\ln X_k^I \quad (\text{여기서 } I=\alpha,\beta\,;\ k=1,2,3) \qquad (7.73)$$

$\overline{G}_k^{xs}$ 는 용액 모델에 의해 활동도 계수의 조성 및 온도 함수식으로 나타내진다.

평형조건 식(7.71)로부터 다음 형태의 세 가지 식을 얻을 수 있다.

$\overline{G}_k^{\alpha} = \overline{G}_k^{\beta}$ 로부터,

$$\Delta G_k^{o,\alpha\to\beta} + \left[\overline{G}_k^{xs\beta} - \overline{G}_k^{xs\alpha}\right] + RT\ln\left[\frac{X_k^{\beta}}{X_k^{\alpha}}\right] = 0 \quad \left(k=1,2,3\right) \qquad (7.74)$$

잉여 자유에너지를 조성과 온도의 함수로 계산하기 위해서 다양한 용액모델을 이용할 수 있다. 순수성분 상전이에 의한 자유에너지 변화, $\Delta G_k^{o,\alpha\to\beta}$ 는 각각 단일 성분계에 대해 각각 계산될 수 있다. 위 세 방정식[식(7.74)]은 미지의 4개 변수 $X_2^{\alpha}, X_3^{\alpha}, X_2^{\beta}, X_3^{\beta}$ 를 상호 관련짓는다. 따라서 자유도는 1이 된다. ($\alpha+\beta$) 2상 공존 평형을 기술하는 조성 쌍(2상 영역 규정 공액선)의 집합면(공액면)을 계산으로 구하기 위해서는, 자유도가 1이므로 4개의 변수 중 하나를 예로 들어, X_2^{α} 의 값을 미리 정해줄 필요가 있다. 이어서 식(7.74)를 이용한 방정식 해로부터 선정된 X_2^{α} 에 따른 미지의 다른 3개 변수의 값을 결정한다. 이러한 계산을 위해서 상용화 표준 응용 전산 소프트웨어를 이용한 반복적인 방정식 해법 루틴을 사용할 수 있다. 이 경우 X_2^{α} 값을 증분시켜 가면서, 2상 영역을 구성하는 공액선(접점 조성 쌍)에 대한 완전한 조합(공액면)이 구해질 때까지 반복적 루틴 계산을 시행한다.

당김탄성면 작도법

안정상 영역을 결정하기 위해 깁스 자유에너지 최소화의 원칙을 3원계에 적용할 수도 있다. 이 경우 당김 현 작도법은 당김 탄성면(taut elastic sheet) 작도법으로 대체된다. 혼합자유에너지 곡면은 각각 순수 구성 성분 자유에너지 축 상의 고유한 고정점(각기 기준 상태로서 정해진 순수 성분 상의 자유에너지에 해당)들에 적절히 매달려 있는 견고한 표면으로 간주한다. 탄성면을 (G－X－X) 도해 공간 상의 혼합자유에너지 곡면들에 걸쳐 접촉되도록 팽팽하게 당긴다. 이로인해 탄성면이 특정 상(들)의 ΔG_m 곡면과 만나는 곳에서 그 상은 최소 자유에너지를 갖게 되어 안정한 상이 된다. 아울러 두 곡면 사이에서는 탄성면은 2상 공존 평형을 나타내는 공통접면의 궤적을 형성한다. 탄성면이 3개의 자유에너지 곡면 사이로 접하여 늘려지는 곳에서는, 3상 공액 삼각형이 형성되어 3상 공존의 평형조건을 만족시킨다. 혼합자유에너지 곡면들과 접하는 탄성면이 깁스 삼각형 세

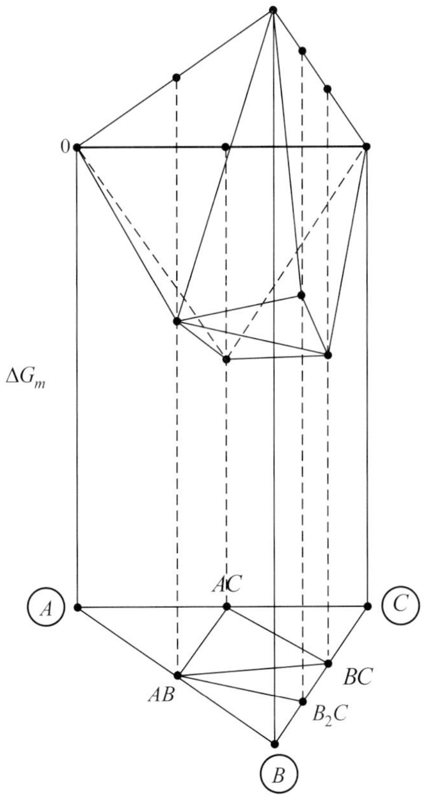

그림 7.62 일정온도하 (G－X－X) 도해에 당김 탄성면 작도법을 적용하여 결정되는 단일상(점), 2상(직선), 3상(삼각형) 안정 영역을 나타내는 등온 깁스삼각형(3원계) 상태도

모서리 ΔG_m 수직축상과 만나는 점들은 공존 상들 내 구성성분의 화학포텐셜(분몰 자유에너지)을 각각 나타낸다(평형조건 식 7.72). 이러한 당김 탄성면 작도법에 의하면 3원계 (G−X−X) 도해공간 내에서 선 화합물의 상 안정 영역은 등온 깁스삼각형 상태도 면상으로 투영되면, 점으로서 나타나게 됨을 쉽게 이해할 수 있다(그림 7.62와 그림 7.55)

7.13 화학포텐셜 공간 상태도

2원계 상(들)의 안정한 열역학적 상태를 나타내는 상태도 공간좌표의 가로 축으로 성분 조성 대신 성분 화학포텐셜을 선정하면, 상태도 형태는 보다 단순한 구조의 형태를 띤다: 일정압력하 (X_2, T) 공간 내에 플롯된 2원계 상태도는 (a_2, T) 공간의 상태도로 전환될 수 있다. 화학포텐셜 공간 좌표 상에 2원계 상태도를 작성하는데 필요한 열역학 자료는 7.2절에서 용액 모델링을 통한 (X_2, T) 상태도 계산시와 동일하다. 이러한 상태도 작성을 위해선 화학포텐셜과 조성 간 관계에 대한 용액모델 지식이 요구된다. 화학포텐셜과 조성 간 관계는 함축적으로 활동도와 조성 사이 관계를 내포하고 있다. (a_2, T) 상태도 공간 내에서 2상 공존영역은 하나의 곡선형태를 이루며, 이 곡선을 경계로해서 분리되 존재하는 각 상의 안정영역을 규정한다. 이런 곡선의 정량적 모양새는 성분 2 활동도 정의에 사용되는 기준상태 선정에 그 의존성을 나타낸다. 그림 7.63은 간단한 이상용액 모델에 근거해 (a_2, T) 공간 내 작성된 상태도가 기준상태에 따라 각기 어떻게 다른 양상으로 나타나는지를 보여주고 있다. 그림 7.63(a)는 (X_2, T) 공간의 이상용액 상태도이다.

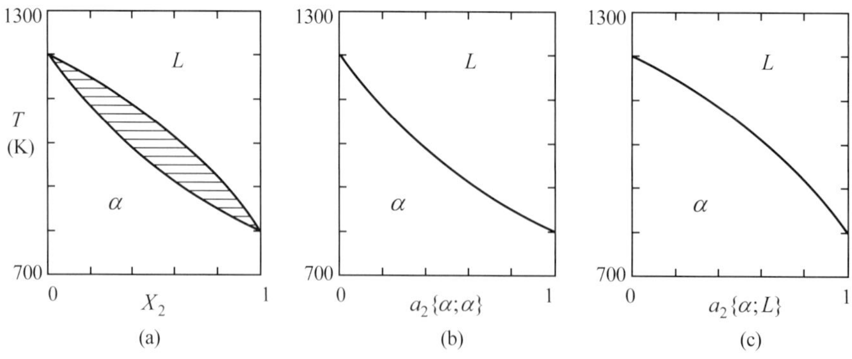

그림 7.63 이상용액 모델로 구한 2원계 상태도 (a) (T, X_2) 공간, (b), (c) (a_2, T) 공간. 성분 2에 대한 기준상태로 (b)에서는 α 상 형태를, (c)에서는 L상 형태를 각기 정하였다.

먼저, 성분 2의 기준상태로 상 α 형태를 선정한 경우($a_2\{\alpha;\alpha\}$)를 고려해 보자. 여기서 $\{\alpha;\alpha\}$는 고상(α) 및 액상(L) 내 성분 1, 2의 활동도 기준 상태를 각각 나타낸다. 이 경우 이상용액 모델에 따라 α상 고용체 영역 내에서는 $a_2^\alpha = X_2^\alpha$가 성립된다. 이와 동일한 관계식이 L상에 대해서는 성립하지 않는다(즉, $a_2^L \neq X_2^L$). 이는 액상 이상용액 내에서 a_2와 X_2가 동일해 지려면 성분 2의 기준상태가 용액 L과 동일한 상형태가 되야만 하기 때문이다(여기선 L상 내 성분 2의 기준상태가 α로 정해졌다). 따라서 $(\alpha+L)$영역의 상 α쪽의 경계는 식(7.33)에 의해 주어진 $X_2^\alpha = X_2^\alpha(T^\alpha)$ 형태가 된다. 이러한 기준상태 ($a_2\{\alpha;\alpha\}$) 선정 경우는 $a_2^\alpha = X_2^\alpha$ 만이 성립하기 때문에, 그림 7.63(b)에 나타낸 (a_2,T) 상태도 상에서 $(\alpha+L)$평형에 대한 경계곡선은 식(7.33)과 동일하게 된다. 이에 따라서 이상용액 모델에 대해선 성분 2의 기준상태로 상 α 형태를 정할 경우, (a_2,T)상태도 내 $(\alpha+L)$ 2상 평형을 나타내는 곡선은 그림 7.63(a)의 $(\alpha+L)$영역의 α 쪽 상경계 곡선과 일치한다.

다음으로, 모든 온도에서 성분 1, 2의 기준상태로 L상 형태를 선정(a_2 {L ; L})하면, 앞서와 동일한 논리 전개를 통해 그림 7.63(c)의 (a_2,T) 상태도 내 2상 영역은 그림 7.63(a)의 $(\alpha+L)$영역의 L쪽 상경계 곡선과 같아짐을 알 수 있다. 활동도가 몰분율과 동일한 이상용액 모델이 적용되는 계에 대해선 기준상태를 적절하게 정함으로서 (X_2,T) 상태도 상의 2상 영역 경계와 (a_2,T) 상태도 상의 2상 공존 곡선 간에 이러한 단순한 상경계 일치를 나타낼 수 있다.

일반적으로 a_2와 X_2 간의 관계는 각 상 내에서 $a_2 = \gamma_2 X_2$ 관계식으로 나타내진다. (a_2,T) 상태도 내의 2상 영역 경계 곡선을 얻는 가장 직접적인 방법은, 먼저 7.2절에서 설명한 대로 온도–조성(T–X) 상태도를 작성하고, 이어서 $X_2(T)$ 곡선을 이에 대응하는 $a_2(T)$ 커브로 변환시키기 위해서 활동도(계수)와 조성간 관계를 짓는 용액 모델을 정하여 사용하면 된다.

화학포텐셜 공간 내 상태도를 작성할 경우에는 활동도 축 상의 성분에 대한 기준상태 선택을 명확하게 명시하는 것이 중요하다. 또한 상태도 내 모든 상의 혼합거동에 대한 용액 모델링 시에도 이와 동일한 순수 구성 성분 기준상태를 유지하는 것이 반드시 요구된다. 3상 평형은 (a_2,T)공간에서 3개의 2상 평형의 교차로 인해 형성되므로, 3상 평형은 이들 2상 평형을 나타내는 3개 평형 곡선의 교차점(3중점)으로서 나타난다. 이는 3상이 공존할 경우 평형 조건으로 성분 2의 화학포텐셜이 3상 모두에서 같아야 함을 고려하면 쉽게 이해할 수 있다. 성분의 기준상태는 일관되게 모든 상에 대해 동일하게 선정되기 때문에 삼중점에서의 성분 2의 활동도는 3상 모두에서 동일함을 알 수 있다. 따라서 화학포텐셜－T 공간 (a_2, T) 2원계 상태도 내에서 3상 평형은 이들 3상과 연관된 3개의 2상 공존 평형 곡선이 공히 교차하는 3중점으로서 나타난다.

7.14 컴퓨터 계산에 의한 상태도 작성

이 장에서 다루어질 상태도 작성 관련 열역학 지식은 2원계, 3원계 및 다원계 상태도를 컴퓨터 계산으로 작성하는데 포괄적으로 활용될 수 있는 내용이다. 다양한 금속 및 세라믹 계에 대해 작성된 상태도 편찬집이 많이 보고되고 있다(참고문헌 6－10). 초기에 편찬된 상태도의 형태는 일련의 온도 및 조성 변화에 따라 평형으로 존재하는 상들에 대한 직접적 실험 관찰에 전적으로 근거하여 $(T-X)$ 공간으로 작성되었다. 반면 최근에 보고된 상태도 편찬은 최적의 상태도 작성을 위하여 상평형에 대한 실험적 관찰과 더불어, **열역학 데이터 베이스 구축에 의한 융통적인 열역학 용액 모델링을 함께 사용하여 컴퓨터 계산에 의해 작성된 상태도를 수록하고 있다.** 이러한 응용프로그램 중 가장 보편적인 열역학 프로그램으로는 FACT (Facility for Ana1ysis of Chemical Thermodynamics)와 FactSage 소프트웨어를 들 수가 있다.

다양한 형태의 입력정보들 간 상대적 중요도에 따라 사용자로 하여금 적정한 가중치를 이들에게 부여할 수 있게끔 하는 융통적인 용액 모델링과 관심 계에 가용한 모든 열역학 데이터 베이스 자료를 이용한 컴퓨터 전산 계산 방법에 의해 이들 자료를 최적으로 부합시키는 용액 모델링을 통한 상태도 작성이 가능하다. 단위원소, 고용체 및 액상용액, 그리고 금속간 화합물에 대한 상호 간 서로 일관되고 검증된 포괄적인 열역학 자료 정보는 상용 계산 프로그램에다 데이터 베이스화해서 저장하고 이를 컴파일링하여 상태도 작성시 사용한다.

예를 들어 Fe－Ni 상태도 작성시 사용하는 입력자료의 하나인 순수 니켈의 열역학적 자료정보는 Al－Ni 또는 Cu－Ni 상태도 작성시 입력하는 자료정보와 일관되 지도록 동일해야 한다. 유사하게 Cu－Ni－Au 3원계 상태도를 계산할 때 입력되는 Cu－Ni 2원계 상태도의 열역학 모델링 자료정보는 Cu－Ni－Fe 3원계 상태도 작성 계산시에도 역시 동일하게 사용되어져야만 한다.

열역학 용액 모델에 근거하여 컴퓨터 계산을 응용한 초기 상태도 연구는 1960년대 후

반 Kaufman과 Bernstein에 의해 수행되었다[10]. 이들은 단일성분계와 선화합물이 포함된 복잡한 2원계로부터 3원계에 이르는 다양한 상태도 작성에 적용되는 포괄적인 컴퓨터 전산계산 원리를 체계적으로 잘 설명하고 있다. 식(7.38)은 순수 성분의 열역학 거동을 묘사하는 식이다. 단순 규칙용액 모델(ω 의 1차 지수 농도 의존도만 고려)을 사용하면 식(7.50), (7.51)에 의해 각각의 2상 영역에 대한 상 경계를 규정할 수 있으며 성분 혼합거동을 기술할 수 있다.

원자 크기와 전기 음성도에 근거한 알고리즘은 각각의 용액 형태를 규정하는 혼합 변수들(예로 단순 규칙용액 혼합 변수 ω)에 대한 값을 추정할 수 있도록 고안되어 있다. 이러한 연구의 전형적 결과가 그림 7.64에 나타나 있다. 주기율표 상에서 서로 인접한 원소의 쌍 간 상태도 작성은 이런 단순 규칙용액 모델을 통해 합리적으로 단순하게 행해질 수 있다. 주기율표 상에서 원소들 간의 거리가 멀수록 이들의 상태도는 중간상들 출현으로 보

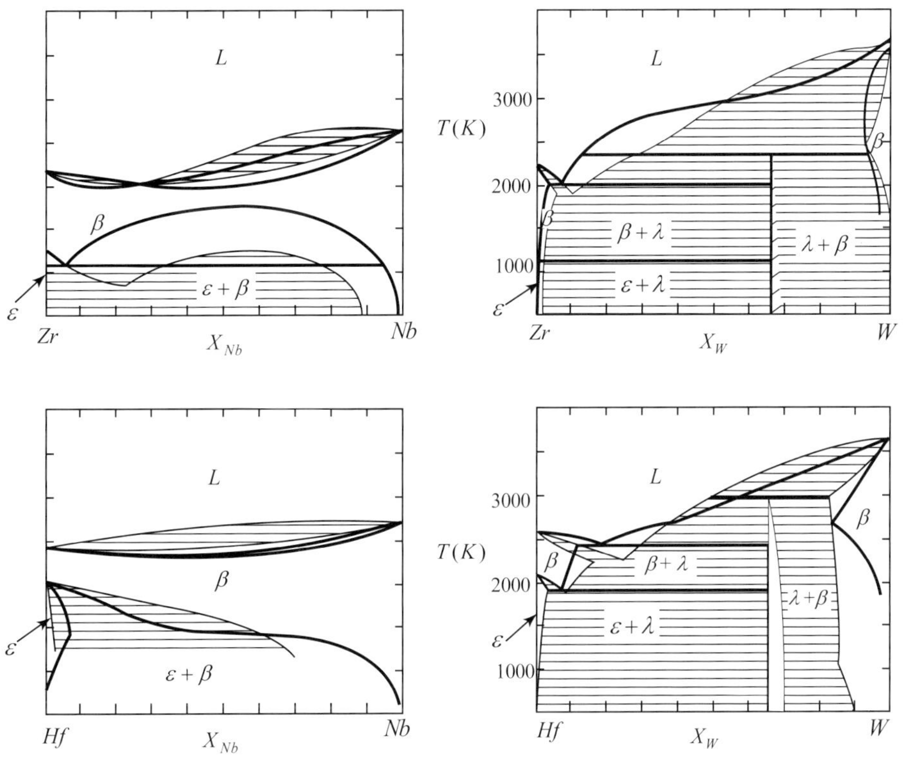

그림 7.64 실험적으로 측정한 상태도(옅은 실선으로 메워진 2상 영역 상경계)와 용액모델에 근거한 Kaufman 방식에 따른 컴퓨터 계산 방법으로 작성된 상태도(굵은 실선의 상경계)를 비교하여 나타내었다. 주기율표: ⅣA : Zr, Hf, ⅤA : Nb, ⅥA : W

다 복잡해지고 간단한 단순 규칙용액 모델로는 표현이 불충분해 진다. 이런 경우에는 순수 성분 및 이들의 혼합 거동을 묘사하는데 용액 규정변수를 증가시켜(즉 ω 의 농도 의존도 지수를 2차 이상 항까지 고려하거나 온도 의존도를 추가로 고려하는 용액 모델을 이용) 적용하면 이들 문제점을 개선해 나갈 수가 있다.

가능한 모든 2상 영역의 상경계를 계산하기 위해 식(7.44)에 규칙용액 모델을 적용하여 얻어진 식(7.50), (7.51)로부터 상경계 조성의 해를 구하는 용액 모델링 접근 방법에 의해 상태도를 작성할 수 있다. 이 방법은 계에 고려되는 상의 개수가 증가하면 대단히 지리멸렬한 계산작업이 반복적으로 실행된다. 이는 어떤 온도에서 가능한 모든 2상(평형공존) 영역 가운데 대부분 상당수의 2상 공존 영역들이 준안정한 2상 영역으로 나타나기 때문이다. 어떠한 2상 공존 영역이 실제로 평형 상태도 상에서 나타날 수 있는가를 결정하는 작업은 결코 사소한 문제가 아니다. 따라서 이러한 컴퓨터 계산 접근법에 근거하여 작성되는 상태도는 식(7.44)에 의거한 화학포텐셜식의 반복적인 계산해법에 필히 따르는 지리멸렬한 준안정 2상영역 배제 작업을 피할할 수 없게 된다. 이를 피할 수 있는 대안으로 대부분의 상태도는 **깁스 자유에너지 최소화 원칙(평형원칙)에 의한 당김현 작도법**에 기초하여 작성되고 있다.

당김현(면) 작도법

컴퓨터 계산(용액 모델에 의거한 $\Delta G_m(X)$ 계산)을 통한 당김현 작도법에 의한 상태도 작성을 위해 필요한 입력 정보는 해당 온도 범위에 걸쳐 계 내에 존재하는 모든 상에 대해 작성된 (G – X)곡선이다. 그림 7.65는 4상 $(\alpha,\beta,\varepsilon,L)$이 존재하는 2원계에 대한 모든 상의 (G – X)곡선을 나타낸다. 이러한 곡선 작성에 대한 용액 모델링을 하는데 있어서도 역시 구성성분의 일관된 동일한 기준상태 선정에 세심한 주의를 기울여야 한다: 예로{α ; L}. 모든 상의 (G – X)곡선 각각에 대한 접선을 나타내는 함수식도 역시 컴파일링되어 입력된다. 조성 축은 $\delta X = 1/n$ 의 동일한 간격으로 해서 n개로 등분된다. ΔG_m 값은 이러한 n개의 개별적 조성점에서 각 상에 대해서 계산되고 도표화되어 저장된다.

먼저 $X = 0$ 에서 최소 자유에너지를 갖는 상을 결정한다. 이 상이 바로 순수성분 1의 안정한 상형태이다; 이를 α상으로 가정하자. 조성을 δX 만큼 증가시키고 조성 $X = 0 + \delta X$ 에서 α상의 (G – X)곡선에 대한 접선을 계산한다. 조성 δX 와 1 사이의 $(n-1)$개의 X조성점 각각에 대해 열역학 자료로부터 구해진 모든 상에 대한 G(실제는 혼합자유에너지 ΔG_m) 값들을, $X = 0 + \delta X$ 조성의 α 곡선상에서 그은 접선 직선상에 놓인 동일한 $(n-1)$개 조성점에서의 G값들과 서로 상호간 양적 크기를 비교한다. 이들 상에 대한 G값 중 접선상의 G값보다 낮은 값이 없다면, 이 조성($X=0+\delta X$)에서 상 α가 최소의 자유에너지를 갖게 된다(α상 안정). 이어서 조성을 $2\delta X$ 로 증분 증가시켜 위와 동일한 비교 과정을 반복 시행하여 전체 조성에 걸쳐 안정상 영역을 결정한다. 여기서 언급되는 G는 ΔG_m 을 의미한다.

궁극적으로, 조성 $X'(X'=0+n'\delta X)$ 에서 작도된 α 곡선 상 접선에 대해서, 그림 7.65에 나타나 있듯이 조성 X'' 에서 기타 상들 중 하나인 상 ε 의 G 값이 조성 X' 에서 그은 α 곡선상 접선 상의 조성 X'' 의 G 값보다도 아래에 위치함을 알 수 있다. 즉, X'' 조성에선 $(\alpha+\varepsilon)$ 2상 공존보다 단상 ε이 안정상이다. 이로부터 미소 조성 증가분 δX 의 정밀도 범위 내에서 $(\alpha+\varepsilon)$ 2상 공존 영역의 양편 경계 조성이 규정되며, $(\alpha+\varepsilon)$ 평형이 상태도 상에서 안정한 2상 영역중 하나로 나타남을 확인할 수 있다. 따라서 X' 과 X'' 사이 조성영역(2상 공존 조성영역 구간과 연관)에 걸쳐선 최소 자유에너지 상을 결정하는 어떠한 다른 작업도 더 이상 필요치 않게 된다(X' 과 X'' 조성 사이 영역은 $(\alpha+\varepsilon)$ 2상 공존 영역이 안정하게 되므로).

따라서 다음 순서로는 ε 상에 대한 접선의 함수를 불러내고 조성 X 를 X'' 부터 시작하여 $X''+\delta X$ 로 증분시킨다. $X''+\delta X$ 조성에서 상ε 의 $G(\varepsilon)$ 곡선상에서 그은 접선을 따라 X'' 에서 $X_2=1$ 까지의 조성구간에 걸쳐서 $G(\varepsilon)$ 값을 읽어들인다. 이 조성구간

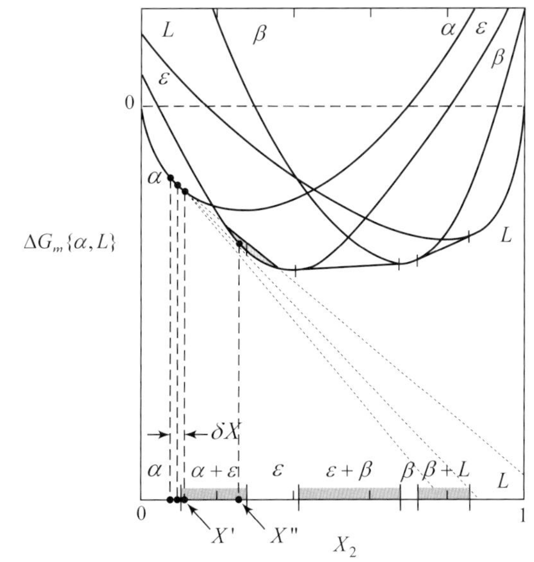

그림 7.65 당김현 작도법을 적용하여 어떤 온도 T_1 에서의 상 안정 영역을 결정하는 방법

에서 가능한 모든 상들에 대한 G 값과 접선 상 동일 조성에서의 $G(\varepsilon)$ 값과 양적 크기를 서로 비교한다. 접선 상의 $G(\varepsilon)$ 값보다 낮은 G 값을 지닌 상이 없다면 $X'' + \delta X$ 에서는 ε 상이 안정한 상이 된다. 따라서 그 다음 조성으로 이동하여 조성점 $X'' + 2\delta X$ 에서 그은 접선에 대해 위와 동일한 절차로서 ε 상과 기타 모든 가능한 상들의 자유에너지에 대한 양적 크기 비교 조사를 반복 시행한다. 상 ε 이외 다른 안정한 상(즉, 접선 연장선상에 걸치게 되는 G값을 지닌 상)이 나타날 때까지 X를 X'' 로부터 δX 만큼씩 계속적으로 증분하여 증가시키면서, 모든 조성 영역에 걸쳐 자유에너지 양적 크기 비교 조사가 완료될 때까지 동일한 과정을 반복 시행한다. n의 수를 증가(즉, 증분량 δX 를 감소)시킴으로서 상태도 내 상 경계 조성의 정확도를 더욱 증대시킬 수 있다.

위에 언급한 절차에 따라 온도 T 에서 순차적으로 2원계 전 조성영역에 걸쳐 안정상을 결정하고 난 후, 그 다음으로 온도를 $T + \delta T$ 로 미소 증가시키고 위와 동일한 방법으로 전조성에 걸쳐 안정상 결정을 한다. 상태도가 작성될 때까지 온도를 δT 만큼씩 계속적으로 증분시켜가면서 온도 T에서 행한 모든 상들에 대한 자유에너지 양적 상호 크기 비교 과정을 동일하게 반복 시행한다. 가능한 모든 상들에 대한 상당히 많은 횟수의 X, T 변화에 따른 단순한 G 값 계산과 이들 간 수치 비교의 반복시행을 포함하는 이러한 상태도 작성 접근 방법은 고용량 저장 메모리를 지닌 슈퍼 컴퓨터를 활용하면 매우 효과적으로 행해질 수 있다.

이러한 당김현 작도법에 대한 2원계 알고리즘을 3원계 및 고차원계로 확장, 응용하는 작업은 아주 간단하다(3원계는 당김면 작도법). 3원계에서 열역학 모델로부터 계산되는 $\Delta G_m(X)$ 는 깁스 삼각형 위의 (G－X－X)곡면이 된다. 일정 온도하 2원계 (G－X)곡선 간 접선은 3원계 조성에서는 (G－X－X)곡면상 접면으로 대체되고(그림 7.61 참조), 해당 다상 공존 조성 영역은 깁스 삼각형 상에 면적으로 나타난다. 3원계 경우에 필요한 계산의 횟수는 대략적으로 2원계 상태도 작성시 필요한 계산횟수 제곱의 절반 정도이다. 이 경우에도 일정한 온도 및 압력하에서의 깁스 자유에너지 최소화의 원리(평형원칙)가 평형상을 결정하는데 역시 적용된다.

참고 문헌

1. Cahn, J.W., *Trans. A.I.M.E.*, vol. 242, pp.166, 1968.
2. West, D.R.F., *Ternary Equilibrium Diagrams*, 2nd., Chapman & Hall, London, 1982.
3. Lupis, C.H.P., *Chemical Thermodynamis of Materia*ls, North.Holland, Amsterdam, 1983
4. Rhines, F.N., *Phase Diagrams in Metallurgy*, McGraw-Hill, New York, 1956.
5. Prince, A., *Alloy Phase Equilibrium*, Elsevier, New York, 1966.
6. Hultgren, R., P.D. Desai, D.T. Hawkins, M. Gleiser, and K.K. Kelley: *Selected Values of the Thermodynamic Properities of Binary Alloys*, ASM, Materials Park, Ohio, 1973.
7. Levin, E.M., C.R. Robbins, and H.F. McMurdie: *Phase Diagrams for Ceramists*, American Ceramic Society, Columbus, Ohio, 1964.
8. Levin, E.M., C.R. Robbins and H.F. McMurdie: *Phase Diagrams for Ceramists*, 1969 Supplement, American Ceramic Society, Columbus, Ohio, 1969.
9. Bulletin of Alloy Phase Diagrams, ASM, Materials Park, Ohio, Journal published bimonthly since 1980 in collaboration with the National Institute for Standards and Technology.
10. Kaufman, L., and H. Bernstein: *Computer Calculations of Phase Diagrams*, Academic Press, New York, N.Y., 1970.

문제

7.1 ZnS(Zinc sulfide)가 순수 산소와 반응해 $ZnSO_4$(Zinc sulfate)를 생성한다.

$$ZnS + 2O_2 \rightarrow ZnSO_4$$

(a) 반응 압력과 온도가 임의로 정해질 수 있다면 몇 개의 고상이 평형을 이루며 안정하게 존재할 수 있는가?

(b) 반응온도가 일정한 조건에서 ZnS와 $ZnSO_4$가 평형을 이루며 공존하려면 반응 압력은 어떻게 되야 하는가?

7.2 0.001 몰분율 Mn 함유 Fe-Mn 고용체가 FeO-MnO 고용체 및 산소함유 기상과 온도 1000 K에서 평형상태를 유지하고 있다. 평형 상태시 자유도는 얼마인가? 평형을 이루고 있는 산화물 고용체 조성은? 기상내 산소압력은?

두 고용체는 모두 이상용액으로 가정하라.

(자료) $Fe(s) + \frac{1}{2}O_2(g) = FeO(s)\ :\ \Delta G^\circ = -259,600 + 62.55\,T(J)$

$Mn(s) + \frac{1}{2}O_2(g) = MnS(s)\ :\ \Delta G^\circ = -384,700 + 72.8\,T(J)$

7.3 그림 7.7에 나타난 2원계 (G – X)도해를 구성 성분 1.2에 대한 기준상태를 다음처럼 각각 변환하여 재 구성하라.

(a) $\{L;L\}$ (b) $\{L;\alpha\}$ (c) $\{\alpha;\alpha\}$

7.4 A-B 2원계의 고용체 상 β 와 액상은 규칙용액 거동을 따른다고 한다. 이들 상에 대한 혼합열, ΔH_m 표현 인자 ω 는 다음처럼 주어진다.

$$\omega^\beta = -8200\ \text{J/mol},\ \omega^L = -10500\ \text{J/mol}$$

(a) 온도 800 K에서 규칙용액 모델을 따르는 상 β 와 액상에 대한 ΔG_m 의 농도함수 표현식을 구하고 이를 도해하라. 즉, $\Delta G_m^\beta\{\beta;\beta\}$, $\Delta G_m^L\{L;L\}$.

(b) 성분 A, B의 기준상태를 $\{\beta; L\}$ 로 선정하여 ΔG_m^β 및 ΔG_m^L 의 농도함수 표현식을 구하고 이를 도해하라.

	융점(K)	융해열(J/mol)
성분 A	1050	8200
성분 B	660	6800

고용체 및 액상에 대한 순수성분 열용량의 차이는 무시하라.

7.5 액상용액의 혼합자유에너지는 규칙용액 모델에 의해 다음처럼 쓸 수 있다.

$$\Delta G_m\{L; L\} = 8400 x_A\ x_B + RT(x_A \ln x_A + x_B \ln x_B)$$

(a) 온도 600 K에서 액상 용액중 성분 B의 활동도 a_B를 조성함수로 계산하고 이를 도해하라.

(b) 온도 600 K에서 순수 B의 융해(fusion) 자유에너지 변화는 −1200 J/mol로 알려져 있다. 용액 구성 성분의 기준상태를 $\{L; \alpha\}$로 선정하여 성분 B 활동도를 농도함수로 계산하고 이를 도해하라.

7.6 (a) 50a/o Cu와 50a/o Ag 합금이 1기압, 600°C 온도에서 평형을 이루면, Ag − Cu 상태도로부터 어떤 상(들)이 존재할 수 있는지를 답하라.

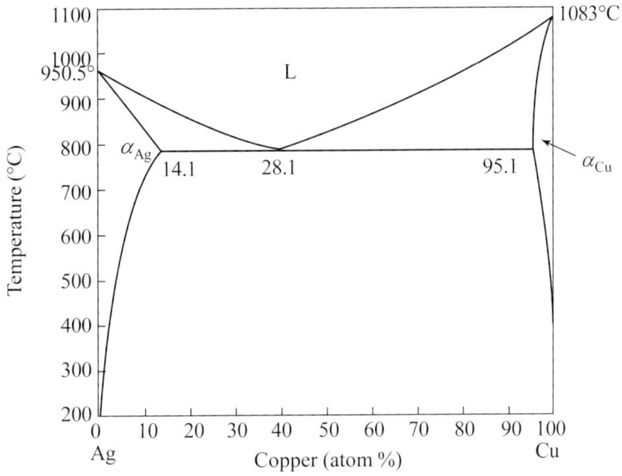

(b) 질문 (a)의 경우에 상률을 적용하면 이 계가 갖는 자유도는 얼마인가?

(c) 질문 (a)의 계가 700°C에서 다시 새로운 평형상태에 도달할 경우, 계에서 일어날 수 있는 물리적인 변화에 대해 기술하라(상률에만 국한하여 논할 필요는 없다).

(d) 50 − 50 a/o 합금에서 Ag와 Cu의 활동도를 500, 600, 700°C 온도에 대해서 예측하라. 풀이시 질문 (e) 활동도 중 하나를 택하고 이를 선택한 근거를 설명하라.

(e) 이 계는 라울의 법칙을 따르는가? 헨리의 법칙을 따르는가? 규칙용액인가?

7.7 문제 7.6에서 600°C 온도에 대해 예측된 Ag − Cu의 활동도를 이용하여, 600°C의 대기 분위기 중에서 50 − 50 a/o 합금 내 Ag 또는 Cu가 산화할 수 있는지를 다음 자료를 이용하여 답하라.

$$4Ag + O_2 \rightarrow 2Ag_2O:\ \Delta G^o = -58,600 + 122.2T(\text{J})$$
$$4Cu + O_2 \rightarrow 2Cu_2O:\ \Delta G^o = -334,700 + 144.8T(\text{J})$$

7.8 A – B 2원계 공정 평형상태도가 아래 주어져 있다. 상태도 상의 압력은 1기압으로서 일정하다. 아래 주어진 온도에서 40몰% B를 함유하는 합금을 고려해 보자. 합금 내 존재할 수 있는 상과 각 상의 조성(x_B) 및 상분율을 결정하라: $T_{eutectic}$ 직하온도(1000°C–), $T_{eutectic}$ 직상온도(1000°C+), 1300°C.

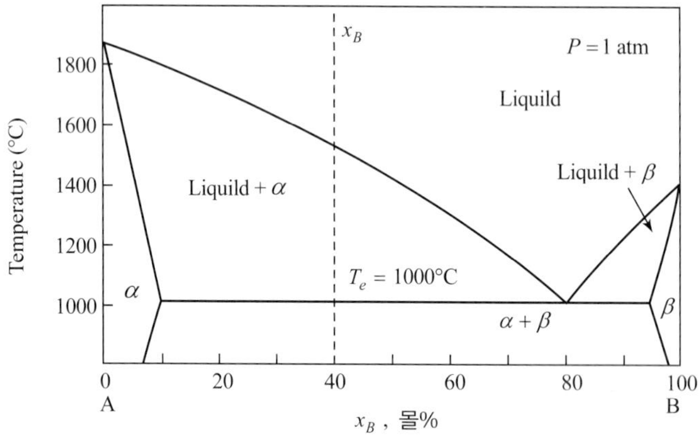

7.9 은 100 g에 산소 0.16 g을 첨가하여 용액화 시킴으로써 나타나는 은의 융점강하는 얼마인가? 산소는 단원자 형태로써 은 중에 용해된다. 고상 은에 대한 기체 산소의 용해도는 무시하라. 6.13절을 참조하여 답하라.

순수 Ag : 용융점 = 860.8 K, 용융열 = 2,060 cal/mol, 분자량 = 108 g/mol

7.10 다음 상태도를 이용하여 A – B 2원계 상거동 현상을 설명할 수 있다. 액상 및 고상에서 A와 B는 이상용액을 형성한다고 가정한다.

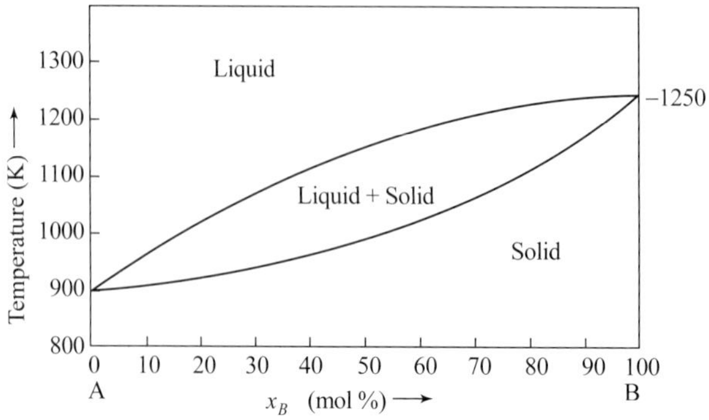

(a) 50몰% B 조성의 용액이 1300 K로부터 매우 서서히 냉각될 때 첫번째 나타나는 고상의 조성은 무엇인가? 마지막으로 응고되는 액상의 조성은 무엇인가?

(b) 50몰%B 함유 용액이 1000 K에서 평형을 이룬다면 고상과 액상의 비율은?

(c) 1300 K, 1100 K, 800 K 온도에서 용액 중 물질 B에 대한 활동도-조성 관계를 플롯하라. 각각의 경우 사용되는 표준상태를 명시하라.

7.11 80a/o 로듐(Rh)-20a/o 레늄(Re) 합금이 온도 3500°C로부터 서서히 냉각된다. 냉각 공정 중 거치는 모든 온도에서 평형이 유지된다고 하자(매우 느린 서냉공정). Rh-Re 상태노를 이용하여 물음에 답하라.

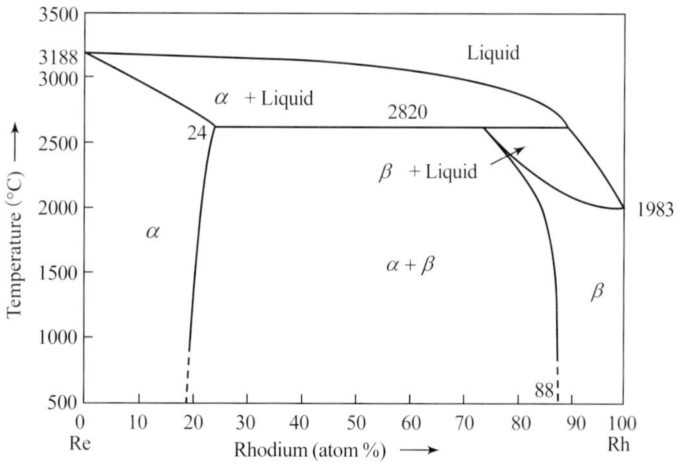

(a) 고상이 처음으로 생기는 온도는 얼마이며 고상의 조성은?

(b) 마지막으로 응고가 되는 액상의 온도와 액상의 조성은?

(c) 온도 2000°C에서 존재하는 상(들)과 조성은? 각 상의 분율을 구하라.

평형상태에서 자유도는 얼마인가? 풀이과정을 설명하라.

7.12 아래 상태도는 $BaCl_2$-NaCl-KCL·$CaCl_2$ 3원계 상태도에 대한 액상면을 나타낸다. 풀이 편의상 화합물 간의 상호 고상 고용도는 전혀 없다고 가정한다.

(a) 60 % $BaCl_2$, 20 %NaCl, 20 %KCl·$CaCl_2$ 조성인 물질이 900°C 온도로부터 서서히 냉각될 때 액상 조성이 변해가는 경로를 상태도 상에 표시하라. 냉각 공정은 전 온도구간 영역에 걸쳐서 평형을 유지하며 진행된다(서냉공정)고 한다.

(b) 온도 750°C, 600°C에서의 등온 상태도를 깁스삼각형 평면상에 각각 작성하라.

(c) 질문 (a) 조성의 액상 물질이 900°C로부터 서서히 냉각되어 궁극적으로 3원 공정온도(500°C)에 도달한다. 공정반응에 의한 응고가 시작되기 바로 직전에 액상의 분율은 얼마인가? 다시 말해, 액상이 모두 응고되었을 때 3원 공정 반응에 의한 응고 분율은 얼마인가?

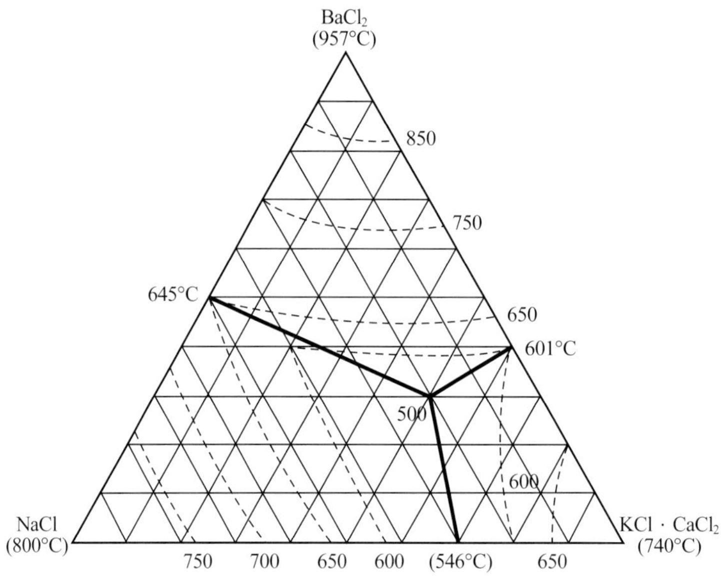

7.13 Au – Pt 고용체의 혼합 엔탈피(J/mol)는 다음 규칙용액 모델 관계식으로 나타낼 수 있다. $\Delta \underline{H}_M = 25{,}000 x_{Au} x_{Pt}$

혼합 엔탈피가 양의 수치이므로 Au – Pt 고용체는 낮은 온도 영역에서 상분해 전이(공용간극)를 나타낼 수 있다. 전 조성 범위에 걸쳐 단상의 Au – Pt 고용체가 존재할 수 있는 최저온도(T_c)를 계산하라.

7.14 (a) 45a/o Pt – 55a/o Ag 합금 500g을 800°C 온도에서 평형상태에 도달할 때까지 장시간 유지하였다. 어떤 상(들)이 존재하는가? 이(들) 상의 조성은 무엇인가? 이(들)의 양적분율은 각각 얼마인가?

(b) 질문 (a)에서의 합금을 평형이 항상 유지될 수 있도록 매우 서서히 승온, 가열한다. 최초로 액상이 나타나는 온도는 얼마인가? 이 액상의 조성은? 가열시 1186°C 온도에서 일어나는 반응을 기술하고 합금재료 내에서 일어나는 상태변화 현상에 대해 언급하라.

적절한 용융염 전해질과 상이한 조성의 Ag – Pt 합금으로 전기화학전지(농도전지)를 형성하여 600°C에서 작동을 시키고 있다. Ag 과다 고용체(α)상 내에서 Ag는 라울형 거동을 한다고 가정하라. 풀이시 10장 내용을 참조하라.

(c) $x_{Pt} = 0.5$ 인 합금과 $x_{Pt} = 0.3$ 인 합금에 의해 형성되는 농도전지로부터 얻을 수 있는 평형 전지전압은 얼마인가?

(d) 질문 (c) 풀이와 동일하게 $x_{Pt} = 0.5$인 합금과 순수 Ag 간의 농도전지 평형전압을 계산하라.

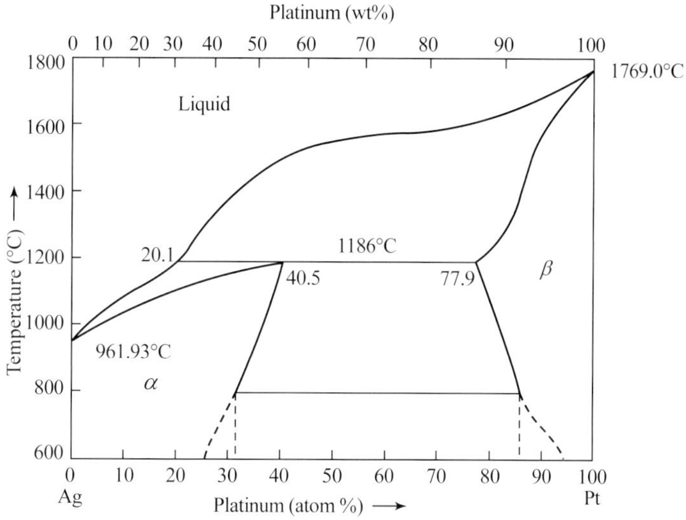

7.15 다음 Cd – Zn 상태도를 이용해 액상 온도영역으로부터 서서히 냉각되는 80 a/o Zn – 20 a/o Cd 합금에 대해 아래 물음에 답하라.

(a) 합금의 응고가 처음 시작되는 온도는?

(b) 온도 300°C에서 고상의 조성은?

(c) 마지막으로 응고되는 액상의 조성은?

(d) 액상 응고 완료시 공정조직의 응고상은 고상내 어느 정도 분율로 존재하는가?

(e) 완전히 응고된 재료의 미세구조를 개략적으로 그려 나타내라.

(f) 공정 상전이 과정 동안 공정조성 액상 합금이 응고됨에 따라 합금의 깁스 자유에너지는 어떻게 변하는가: 증가?______ 감소?______ 변화없음?______

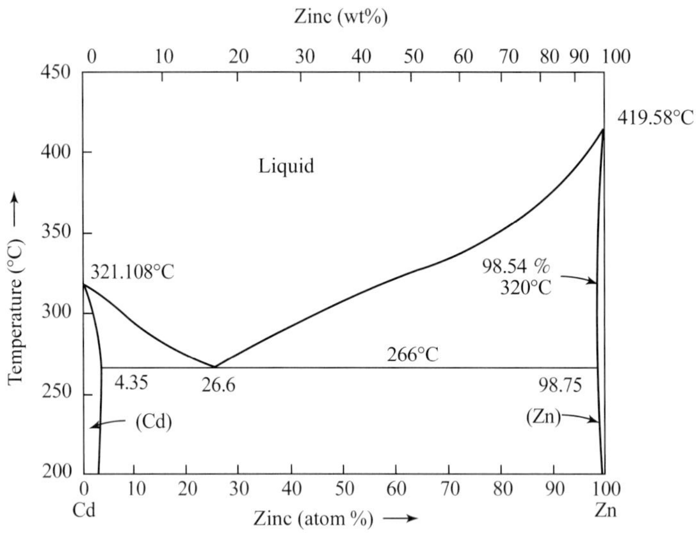

7.16 다음 규칙용액 모델을 따르는 2원계에서 나타나는 혼합금지 영역의 임계온도를 결정하라.

$$\Delta H_m(\mathrm{J}) = x_1 x_2 (4{,}850 x_1 + 12{,}300 x_2)$$

7.17 30wt% B, 30wt% C 함유(A – B – C) 3원 합금계가 특정 온도에서 다음 세 가지 상으로서 평형을 이루고 있으며, 이들 각 상의 평형 조성은 다음과 같다.

액상 : 50 % A, 40 % B, 10 % C

고용체 α : 85 % A, 10 % B, 5 % C

고용체 β : 10 % A, 20 % B, 70 % C

(a) 합금 내에 존재하는 액상 및 고용체 α, β 상의 중량비를 구하라.

(b) 동일 온도에서 액상은 존재하지 않고 위에 주어진 조성의 α 와 β 상 두 고용체만이 50:50 비율로써 존재하는 합금의 조성을 유추하라.
두 고용체 α, β 가 30:70 비율로 공존하는 합금의 조성은?

7.18 NaCl – NaF – NaI 계에 대한 아래 상태도를 이용하여 물음에 답하라.

(a) 온도 850°C에서 NaCl – NaF – NaI계 등온상태도를 작도하고, 존재 가능한 모든 상에 대한 조성영역을 명시하라.

(b) 온도 650°C에서 NaCl – NaF – NaI계 등온상태도를 작도하고, 존재 가능한 모

든 상에 대한 조성영역을 명시하라.

(c) 20몰% NaF, 18몰% NaI, 62몰% NaCl 조성인 액상 혼합물의 평형 응고시(즉, 서냉시) 나타나는 고상을 응고 순서대로 나열하라.

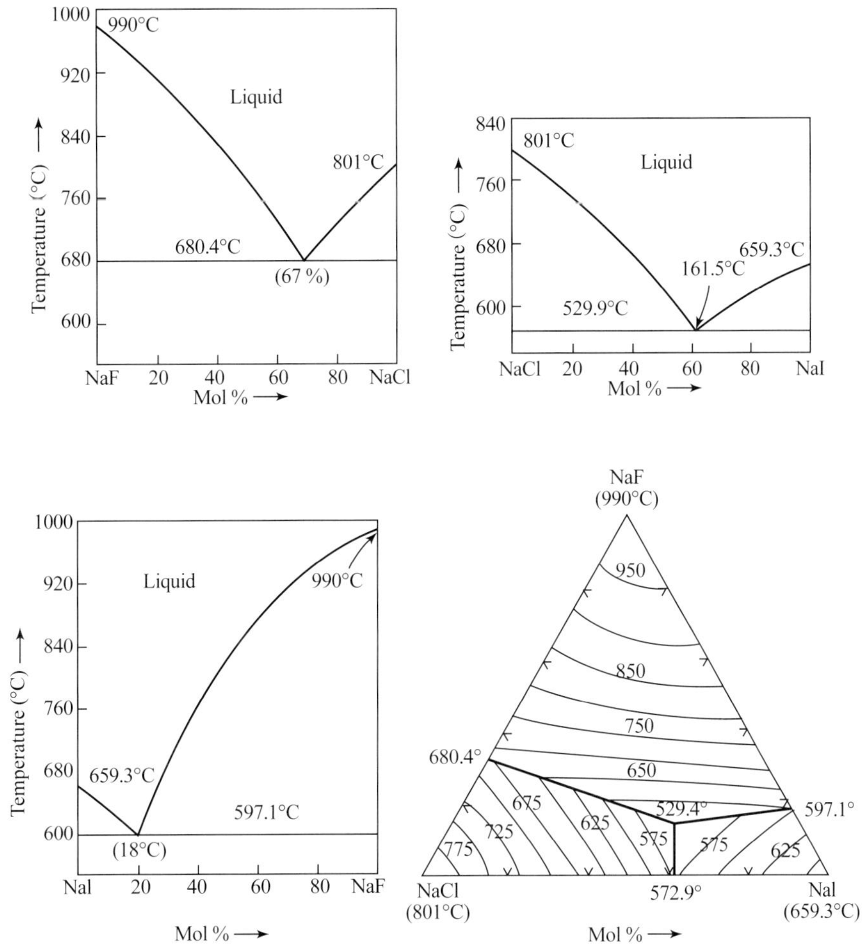

7.19 순수 구성성분 모두가 5 몰% 정도의 고용한계를 나타내는 (A – B – C) 3원계(즉, 순수성분 고용도가 무시할 정도가 아닌)에 대한 다음 액상면 투영도로부터,

(a) 온도 750, 555, 300°C에 대한 등온상태도를 각각 작성하고 상영역을 명명하라.

(b) 50몰% C, 30몰% B 조성인 액상이 서냉 응고할 때 나타나는 상을 응고 순서대로 나열하라.

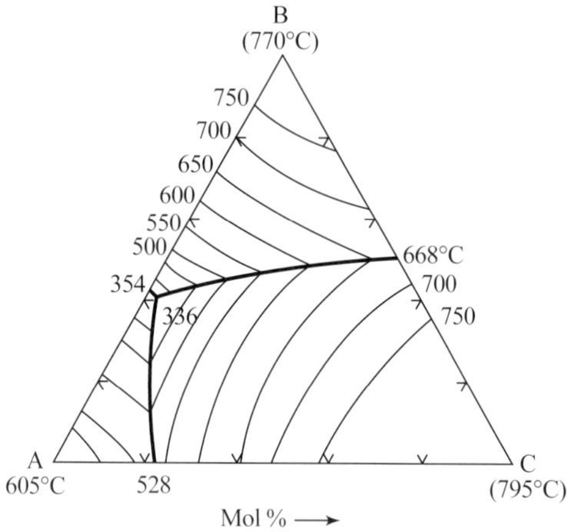

7.20 아래 상태도는 화합물 Cu_3P를 고려한 Cu – Ag – P계 상태도 일부분에 대한 액상선 투영도이다. 각 구성 성분들에 대한 2원계는 공히 공정반응을 나타내며, 3원계도 또한 공정 반응을 포함하고 있다. 계 내 고상 용해도는 상온에서 무시할 정도의 수치를 나타낸다. 풀이 편의상 고용도가 전혀 없다고 가정하라.

60 wt% Cu, 4 wt% Cu_3P 함유 합금에 대해 다음 물음에 답하라.

(a) 합금의 평형 응고시 나타나는 상들을 응고 순서대로 나열하라.

(b) 온도 800°C에서 등온상태도를 작성하고 상영역을 도해하라.

(c) 온도 750°C에서 합금내에 존재하는 액상의 중량 분율을 구하라.

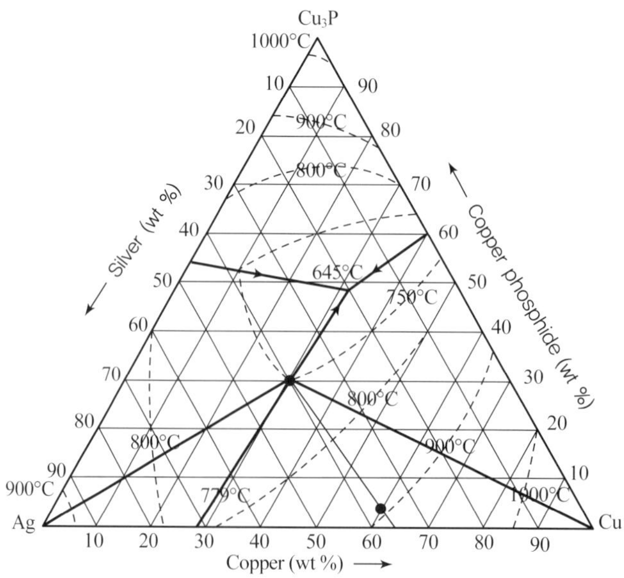

7.21 다음 상태도를 이용하여 10몰% B를 함유한 A – B 합금에 대해 다음 물음에 답하라. 응고과정 중에 거치는 모든 온도에서 평형 응고 상전이가 진행된다고 가정하라.

(a) 처음으로 응고되는 물질의 조성(몰분율 B)은 얼마인가?

(b) 마지막으로 응고되는 액상의 조성은 무엇인가?

(c) 298 K 온도에서 어떤 상(들)이 존재하는가? 응고가 진행되는 동안 액상 내 확산은 매우 빠르며(거의 무한대 속도) 고상 내 확산은 전혀 일어나지 않는다고 가정하라. 온도가 낮아짐에 따라 생성되는 고체량은 증가하게 된다.

(d) 응고과정 동안 남아있는 액상 조성(C_L)에 대한 표현식을 물질 응고분율(f) 함수로서 유도하라.

(e) 마지막으로 응고되는 액상의 조성은 무엇인가?

(f) 298 K 온도에서 형성되는 미세조직은 어떠한가? 각 상[primary α , primary β (존재한다면), 공정(eutectic)상]의 양을 계산하라.

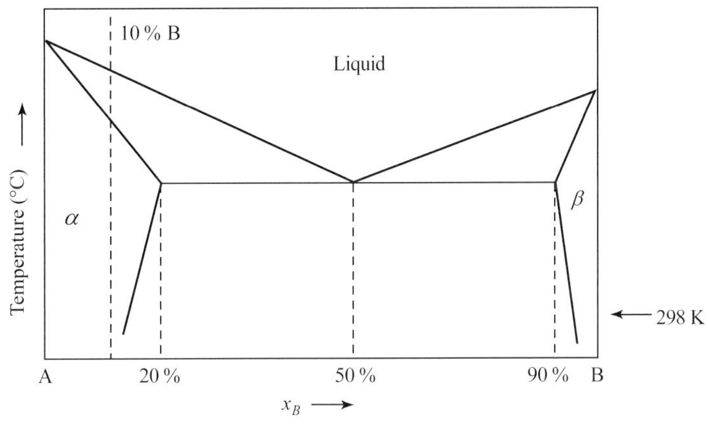

7.22 아래 2성분계 상태도 상에 오류가 있으면 이를 지적하라. 상률을 이용하여 답하라.

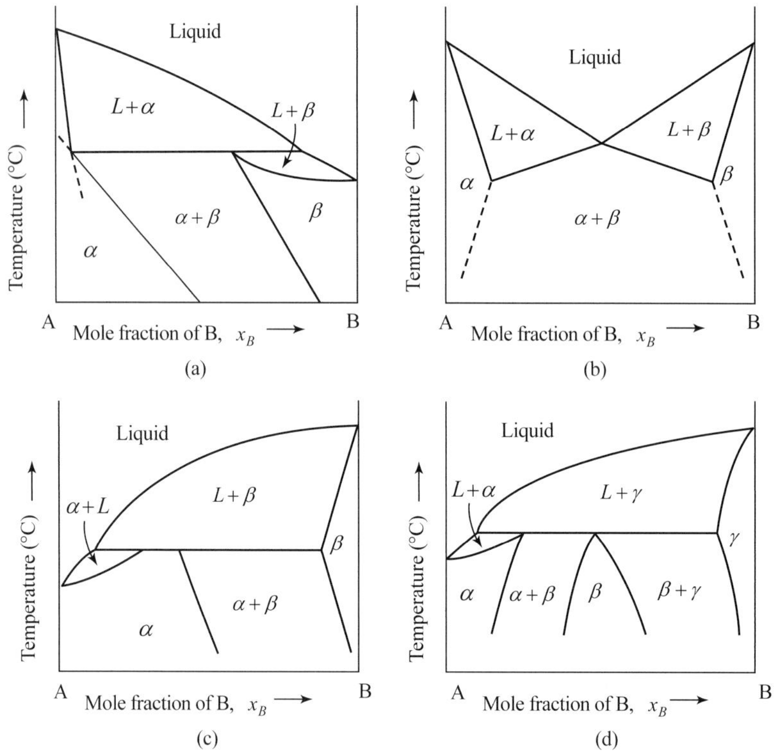

(a) (b) (c) (d)

7.23 세 가지 2원계(A – B, B – C, C – A)에 대한 상태도는 고상 용해도가 전혀 없는 단순한 2원 공정반응 거동을 보인다: 성분 A, B, C는 온도 400°C에서 단순한 3원 공정반응을 형성한다. 3원계 깁스삼각형 상태도 상에 액상 등온선이 점선으로 나타나 있다. 주어진 용액의 전체 조성은 70% A, 10% B, 20% C이다.

(a) 상태도 상에 용액의 전체 조성을 표시하라(점 P로).

(b) 액상 용액을 1000°C로부터 서서히 냉각할 경우 응고가 시작되는 온도는?

(c) 처음 형성되는 고상의 조성은?

(d) 응고 과정중 액상이 겪는 조성 변화 경로의 궤적을 나타내라.

(e) 마지막으로 응고되는 물질의 조성은?

(f) 20 % A, 15 % B, 65 % C 조성인 물질이 300°C로부터 서서히 승온 가열될 때 용해가 처음 시작되는 온도는 얼마인가?

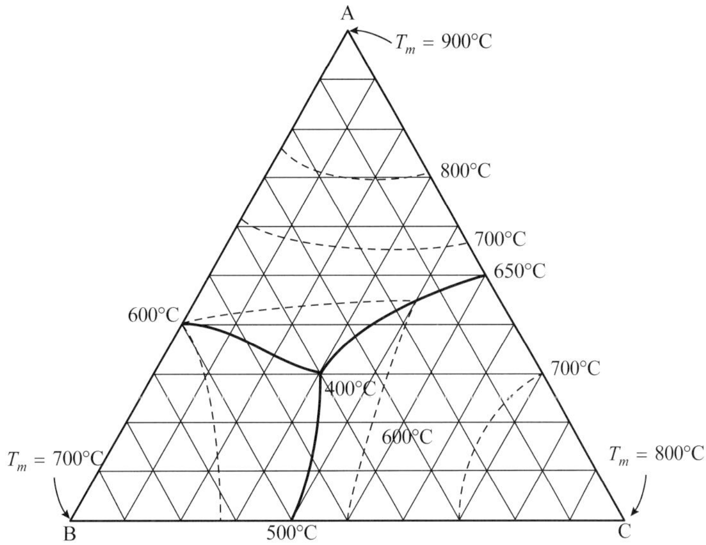

7.24 삼중점은 세 가지 상(예를 들어 얼음, 물, 수증기)이 평형을 이루는 온도 및 압력을 나타낸다. 물의 삼중점 온도는 273.16 K, 압력은 0.006기압이다. 얼음의 용융점은 273.15 K로서 이는 삼중점 온도에 비해 0.01 K 만큼 낮은 온도이다. 얼음의 용융점은 1기압 압력하의 공기 중에서 물과 얼음이 평형을 이루는 온도이다. 삼중점과 용융점 간의 차이를 융점에 미치는 압력 및 용질농도의 영향으로써 정량적인 설명을 하여라. 기체는 모두 분자 형태로써 물에 용해된다고 가정하라.

273.16 K 온도에서 액상 물의 밀도 = 1.000 g/cm^3, 얼음의 밀도 = 0.917 g/cm^3

얼음의 용융 엔탈피 = 6,010 J/mol

물에 대한 기체 용해도 자료(273.16K, 1기압의 기체압력하):

산소 기체 = 3.59×10^{-5} 몰분율, 질소 기체 = 1.91×10^{-5} 몰분율

7.25 그림 7.55에 나타난 3원계 상태도를 이용해 1400°C에서의 등온상태도를 작성하고, 60 %Al_2O_3–30 %SiO_2–10 %CaO 조성에서 안정상과 이들의 상분율을 나타내라.

7.26 2원계 (A – B) 상태도 작성을 위해 존재 가능한 상으로 액상, 고용체상, 화합물상을 고려할 수 있다. 일정온도 압력하에서 이들 상 간의 경쟁적 상호 안정성 우위 비교를 위한 (ΔG_m 대 X_B) 도해를 작성할 때 화합물(A_xB_y)상에 대한 $\Delta \underline{G}_m$ 은 어떻게 정량화해 도해하는지에 대해 구체적으로 답하라.

액상 및 고용체상의 ΔG_m 정량화 수치와 상호 비교시 일관성 있게끔 화합물의 ΔG_m 을 정량화하려면 어떻게 해야 되는지를 답하라.

7.27 BaO_2-TiO_2 이원계 상태도는 다음처럼 주어진다.

(a) 상태도를 활용해 1400°C 온도에 대한 (G – X)도해를 개략적으로 구성하라.

(b) 실질적 응고 과정시 BaO_2-TiO_2 이원계에서는 상전이 속도 측면으로 $BaTi_3O_7$ 상이 생성되지 않는다고 할 수 있다. 응고시에 이 상이 생성되지 않는다고 가정하고 응고과정에서 나타나는 최종 액상 조성 및 온도를 추정하라.

(c) $BaTi_2O_5$ 상 또한 상 생성 속도가 무시할 정도로 매우 느리다고 가정하고 응고 과정에서 나타나는 최종 액상 조성 및 온도를 추정하라.

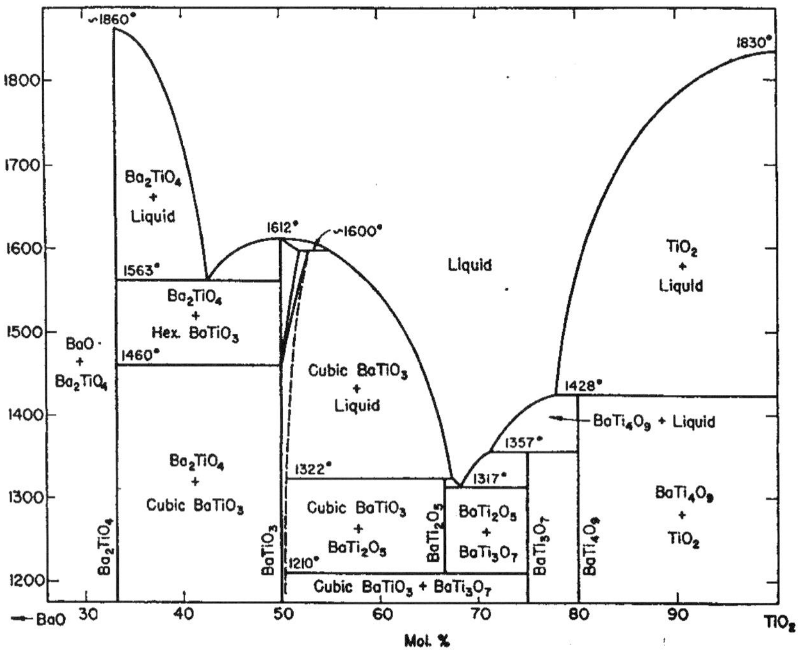

Chapter 08

결정 결함

열역학 3법칙에 따르면 0 K 이상 온도에서의 고체재료는 열역학적으로 안정화되기 위해 구조적으로 재료 결정내 고유의 결함을 반드시 함유하게 된다. 이런 결함 종류(형태)에 따라 재료는 고유한 특징적 성질(금속, 세라믹, 반도체, 고분자)을 지니게 된다.

고체의 주요한 여러 성질은 결정내의 원자, 이온, 전자 구조 결함에 크게 의존한다. 예를 들어 금속결정 내 원자 확산은 격자 공공 결함 존재에 크게 의존한다. 금속재료의 소성변형은 전위운동과 밀접한 관련이 있다고 알려져 있다. 대부분 이온성 고체의 전기 전도도는 공공이나 침입형 이온의 움직임 거동과 관련을 맺고 있다. 반도체 결정의 전기적 성질은 전자결함과 관련이 있다. 이러한 예들은 고상 재료 결함 연구 필요성에 대한 실용적인 몇가지 적용 예에 불과하다. 결함은 결정, 양탄자, 우표에서부터 심지어는 사람에 이르기까지 그 자체로서가 흥미로운 탐구 대상물이다. 완전하게 정직한 사람은 존경받고 칭찬받을 수는 있다. 그러나 정작 세인의 흥미를 돋우고 재미있는 말상대가 될 수 있는 사람은 부정직한 사람이라는 속언도 있다.

재료 전공 과학자/엔지니어는 열역학 법칙 활용과 결정재료 엔트로피의 통계열역학적 표현을 통해 구조 및 기능성 재료 성질과 밀접하게 관련된 다양한 형태 결함의 평형론적 정량화와 이들의 양적 제어를 추구할 수 있는 효율적 상용화 재료 공정 개발을 기할 수 있다.

이 장에서는 열역학 및 통계열역학 관점으로 결정의 결함을 다루고자 한다. 결정내 양적으로 두 가지 형태의 극단적 결함농도 종류를 열역학 관점으로 고찰하여 이들 결함의 특성을 설명하고자 한다.

첫째로 결정내 결함이 매우 희박한 농도로 존재할 경우에는 결함농도가 너무 낮기 때문에 결함 자체는 고유한 개별적 특성을 갖는 실체 결정 구성 성분으로 간주된다. 이는 공공이나 침입형 원자와 같은 점결함 경우에 적용될 수 있다. 이들 개개의 결함은 개별적인 속성을 지니며 다른 결함의 존재 여부와는 무관한 독립적인 형성 에너지 및 엔트로피와 같은 열역학 성질을 부여 받을 수 있게 된다. 개별적 결함은 다른 결함과 상호작용을 통해 쌍(pairs)과 같은 단순한 결함 조합체를 이루며 존재하기도 한다. 마찬가지로 이러한 결함 조합체도 역시 개별적 실체 성분으로 간주되어 독자적인 에너지와 엔트로피를 지니게 된다.

두 번째 극단적 관점으로 결함의 농도가 큰 경우에는 결함 밀도가 매우 높으므로 각각의 결함은 이들의 개별적(독립적) 성질을 잃고 집단적인 속성을 보이게 된다. 결정립계와 같은 표면이 바로 이러한 부류의 결함에 해당한다. 이러한 집단적 속성을 지닌 결함 구조에 대한 열역학적 특성 표현으로서 계면장력(에너지)과 같은 열역학 성질을 고려할 수 있다.

이 장에서는 개별적 특성을 갖는 점결함에 대한 열역학만을 다루고 있으며 표면결함에 대한 열역학은 9장에서 다루어진다. 아울러 다양한 재료의 고유한 특징적 점결함에 대한 정량화를 위해 통계열역학 접근 방법(볼쯔만 엔트로피식과 입자 에너지 상태 점유 확률적 분포식)을 계 평형원칙(열역학 2법칙)에 접목하여 이들 점결함의 평형론적 정량화 해석을 자세하게 기술하고 있다.

재료공학 학문의 정체성과 다른 공학/과학 분야 학문과의 차별성은 열역학 제법칙 활용도 측면으로 언급될 수 있다. 재료공학도만이 열역학 2법칙으로부터 다양한 등온 재료계 평형상태를 규정짓는 평형원칙을 이끌어 낼 수 있고 이를 활용해 도출되는 열적, 역학적, 화학적 평형조건에 포함된 공정 상태 변수를 적절히 이용해 재료공정 개발 및 적정화를 추구할 수 있다. 열역학 3법칙에 따르면 0K 이상 온도에 놓인 결정재료는 구조적으로 재료 고유의 결함을 반드시 지니며, 이러한 결함 종류 및 형태에 따라 재료는 고유한 특징적 성질(구조용 또는 기능성 재료 성질)을 나타낼 수 있다. 재료공학도는 열역학 2법칙에 의거한 재료계 평형원칙을 통해 구조용 및 기능성 재료 성질과 밀접하게 관련된 다양한 형태 결함의 정량화와 이들에 대한 양적 조장 및 제어를 가능케하는 재료공정을 개발할 수 있다.

8.1 결정 내 점결함(금속재료)

통계열역학 : 볼쯔만 분포

단원자 결정의 결정구조 내에 원자로 점유되지 않은 자리를 공공 혹은 점결함이라고 한다. 결정 내 임의 격자점이 원자로 점유되지 않고 비어 있음에도 불구하고 주변의 나머지 결정 부분(이웃한 원자들)에 어떠한 변화도 야기되지 않는다 하면, 8.13절에서 언급되는 통계열역학적 결정내 입자의 에너지 상태 점유 분포도의 한 형태인 볼쯔만 분포, $P_i = [\exp(-E_i / kT)] / Q$를 단원자 결정 내 평형 공공농도 정량화에 적용할 수 있다.

특정 에너지 상태 점유 입자수에 제한을 두지 않는 입자계 평형시 입자분포는 평형원칙에 근거해 통계열역학적으로 유도되는 볼쯔만 분포식으로 나타낼 수 있다(8.13절).

단원자 금속 결정은 N개 원자와 n개 공공으로 이루어져 있으며 공공을 형성하는데 필요한 에너지를 E_V 라고 가정하자. 따라서 임의의 격자점은 다음 두가지 에너지상태 중 한 상태로서 고려할 수 있다.

원자로 점유된 에너지 상태 : $E = 0$
원자로 점유되지 않은 에너지 상태 : $E = E_V$

원자로 점유되지 않은 격자점을 발견할 분포 확률(P_V)은 공공을 형성하는데 필요한 에너지 및 결정의 온도로서 다음처럼 분배함수(Q)로 관련지을 수 있다[식(8.83) : 볼쯔만 분포].

$$P_V = \frac{\exp(-E_V / kT)}{Q} \tag{8.1}$$

여기서 $Q = \sum_i \exp(-E_i / kT)$ 이며 $E_i = 0$, E_V 이므로 $Q = 1 + \exp(-E_V / kT)$.

$$P_V = \frac{n}{n+N} = \frac{\exp(-E_V / kT)}{1 + \exp(-E_V / kT)}$$

$N \gg n$ 이고 $\exp(-E_V / kT) \ll 1$ (통상적 온도 범위에서는 $kT \ll E_V$) 이므로, 금속재료 결정내 점결함 평형농도는 다음처럼 표현할 수 있다.

$$\frac{n}{N} = \exp\left(\frac{-E_V}{kT}\right) \tag{8.2}$$

식(8.2)는 절대온도 영도 이상의 온도에서 평형상태에 놓여 있는 단원자 결정은 반드시 공공을 함유하게 된다는 것을 묵시적으로 나타낸다. 위 식은 공공에 이웃한 원자들의 진동 양상 변화를 고려하지 않기 때문에 결정 공공농도에 대한 온전한 정량적 표현은 아니다. 공공농도의 온도의존성을 나타내는 정성적 농도 표현식에 불과하다. 알루미늄과 같은 대부분 단원자 결정의 전형적 E_V 값은 0.75 eV(72.3 kJ/mol)정도이다($1\,\text{eV} = 1.602\times 10^{-19}$ J/m, 1 eV/ defect = 96.4 kJ/mole of defects). 한편 상온에서의 kT는 0.025 eV이다.

깁스에너지 최소화 : 깁스 평형원칙

임의의 격자점 상에 원자가 없으면 실제로는 이웃한 원자들의 진동 양상이 바뀌게 된다[그림 8.1(a)]. 그러므로 결정내 공공농도의 온전한 정량화를 위해선 공공 형성을 위한 에너지(또는 엔탈피)뿐만 아니라[식(8.2)], 공공 주변 지역에서의 엔트로피 변화도 함께 고려해야만 한다. 깁스 평형원칙에 의거해 일정 온도 및 압력하 평형상태에서 존재하는 공공 개수에 대한 결정의 깁스 자유에너지는 최소치를 나타낸다. 불완전결정(G_i)과 완전결정(G_p) 간의 몰당 깁스 자유에너지 차이 $\Delta\underline{G}$ 는(결정몰당 n개 공공존재),

$$\Delta\underline{G} = G_i - G_p = n\Delta\underline{H}_V - T\Delta\underline{S} \tag{8.3}$$

여기서 $\Delta\underline{H}_V$ = 결정 1몰 내 한 개의 공공 생성 엔탈피(결정 1몰을 고려하므로 아래 밑줄 사용), n = 결정 1몰 내 공공의 개수.

결정 1몰 내 n개 공공 존재에 의한 엔트로피 변화 $\Delta\underline{S}$ 는 다음과 같이 표현된다[그림 8.1(b)].

$$\Delta\underline{S} = n\Delta\underline{S}_V + \Delta\underline{S}_C \tag{8.4}$$

여기서 $\Delta\underline{S}_V$ 는 결정 몰당 한개 공공 생성(thermal) 엔트로피이며 결정 내 공공 주변 원자들의 진동 변화에 기인한 잉여 엔트로피에 해당한다. 공공 주변 이웃원자들의 진동 빈도수가 공공 형성 전보다 낮아지므로 인해 양수의 진동(vibrational) 엔트로피 변화 $\Delta\underline{S}_V$ (즉, $\Delta\underline{S}_V^{vib}$)가 야기된다.

몰당 엔트로피의 총 변화량 $\Delta\underline{S}$ 는 공공 형성을 위한 엔트로피 변화 $n\Delta\underline{S}_V$ 와 구성(configurational) 엔트로피 $\Delta\underline{S}_C$ 의 합이다. 구성 엔트로피는 공공이 놓이게 되는 공간적 위치의 불확실성 정도와 관계 된다. 공공의 무작위성 분포를 가정하면 이러한 구성 엔트로피를 볼쯔만 식(통계 열역학적 엔트로피 표현)으로 다음처럼 표현할 수 있다.

$$\Delta\underline{S}_C = k\ln\Omega = k\ln\left(\frac{(N+n)!}{N!n!}\right) \tag{8.5}$$

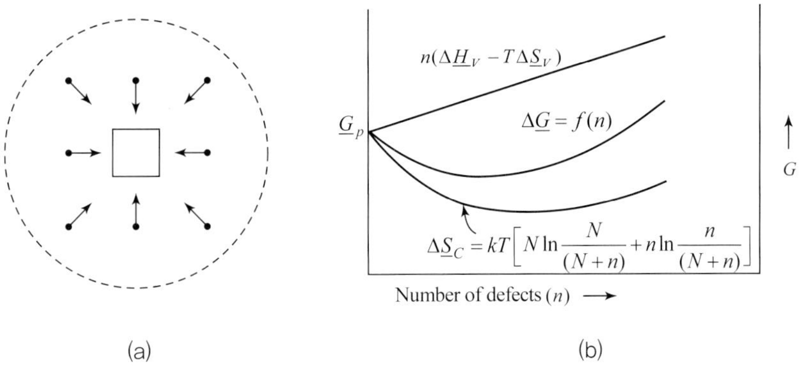

그림 8.1 최인접 원자 진동양상에 미치는 공공의 영향도(a) 및 공공농도 함수로서의 결성 사유에너지와 구성엔트로피 변화(b) : $\Delta \underline{G} = n(\Delta \underline{H}_V - T\Delta \underline{S}_V) - T\Delta \underline{S}_C$

N과 n은 모두 큰 수이므로 Stirling 근사식을 이용해서,

$$\Delta \underline{S}_C = k[(N+n)\ln(N+n) - N\ln N - n\ln n] = -k\left[N\ln\left(\frac{N}{N+n}\right) + n\ln\left(\frac{n}{N+n}\right)\right]$$

$\Delta \underline{G}$ 에 대한 표현식(8.3)을 다시 써보면,

$$\begin{aligned}\Delta \underline{G} &= n(\Delta \underline{H}_V - T\Delta \underline{S}_V) - T\Delta \underline{S}_C \\ &= n(\Delta \underline{H}_V - T\Delta \underline{S}_V) + kT\left[N\ln\left(\frac{N}{N+n}\right) + n\ln\left(\frac{n}{N+n}\right)\right]\end{aligned} \tag{8.6}$$

결정 평형시 결함 수에 대한 $\Delta \underline{G}$ 함수값이 최소가 되야 하므로(깁스 평형원칙[1]),

$$\left(\frac{\partial \Delta \underline{G}}{\partial n}\right)_T = \Delta \underline{H}_V - T\Delta \underline{S}_V + kT\ln\left(\frac{n}{N+n}\right) = 0 \tag{8.7}$$

고유성 공공의 분율(x_V)에 대해 위 식을 정리하면,

$$x_V = \frac{n}{N+n} = \exp\left(\frac{\Delta \underline{S}_V}{k}\right)\exp\left(-\frac{\Delta \underline{H}_V}{kT}\right) \tag{8.8}$$

고유성(intrinsic)이란 오로지 온도에만 의존성을 나타내는 열역학적 성질을 의미한다. 고유성 점결함농도 정량화에 대한 일반적 열역학 표현식은,

1) 깁스 평형원칙은 **일정 온도, 압력 조건 하 재료계**에 평형원칙을 적용함으로서 얻어질 수 있는 결과 표현인 평형요건임을 상기바란다. 즉 이는 이어서 전개되는 평형원칙 적용에 의해 유도되는 계 평형조건 식(8.14)와 동일한 유사 표현이다.

$$x_i = A\exp\left(\frac{\Delta H_i}{kT}\right) \tag{8.9}$$

여기서 $A = \theta \exp(\Delta S_V / k)$, θ 는 공공형성시 결정학적 진동양상(모드)의 변화를 고려하는 인자이다(그림 8.1(a)참조). 또한 $n_i \ll N$ 이므로, $x_i = n_i / N$ 으로 표현할 수 있다.

평형원칙

C성분으로 구성된 결정상(α)과 그 증기상(v)으로 이루어진 계에 평형원칙(열역학 2법칙)을 적용함으로써 결정 내 점결함 평형농도 표현 식(8.9)를 유도할 수도 있다.

STEP I

임의 상태변화를 겪는 점결함 함유 결정상 α 의 내부에너지 변화는,

$$dU^{\alpha} = T^{\alpha} dS^{\alpha} - P^{\alpha} dV^{\alpha} + \sum_{k=1}^{c} \mu_k^{\alpha} dn_k^{\alpha} + \mu_V^{\alpha} dn_V^{\alpha} \tag{8.10}$$

여기서 μ_V^{α} 는 결정 내 공공의 화학포텐셜이다.

한편 증기상에 대해 내부에너지 변화 표현식을 쓰면,

$$dU^{v} = T^{v} dS^{v} - P^{v} dV^{v} + \sum_{k=1}^{c} \mu_k^{v} dn_k^{v} \tag{8.11}$$

윗첨자 v 는 증기상, 아래첨자 V 는 공공을 의미한다.

식(8.10~11)을 재정렬한 각 상의 엔트로피 변화에 대한 표현으로부터 계의 엔트로피 변화를 다음처럼 나타낼 수 있다.

$$\begin{aligned} dS_{sys} = dS^{\alpha} + dS^{v} = &\left(\frac{1}{T^{\alpha}} dU^{\alpha} + \frac{P^{\alpha}}{T^{\alpha}} dV^{\alpha} - \frac{1}{T^{\alpha}} \sum_{k=1}^{c} \mu_k^{\alpha} dn_k^{\alpha} - \frac{1}{T^{\alpha}} \mu_V^{\alpha} dn_V^{\alpha}\right) + \\ &\left(\frac{1}{T^{v}} dU^{v} + \frac{P^{v}}{T^{v}} dV^{v} - \frac{1}{T^{v}} \sum_{k=1}^{c} \mu_k^{v} dn_k^{v}\right) \end{aligned} \tag{8.12}$$

STEP II

계 평형원칙에 근거한 평형조건을 얻기 위해 관심 계(결정 및 증기상)를 고립시키는 상황을 고려하자. 고립화 구속조건을 계에 적용하면,

$$\begin{aligned} dU_{sys} &= 0 = dU^{\alpha} + dU^{v} \rightarrow dU^{v} = -dU^{\alpha} \\ dV_{sys} &= 0 = dV^{\alpha} + dV^{v} \rightarrow dV^{v} = -dV^{\alpha} \\ dn_{k,sys} &= 0 = dn_k^{\alpha} + dn_k^{v} \rightarrow dn_k^{v} = -dn_k^{\alpha} \end{aligned}$$

결정 및 증기상으로 구성된 계가 주변으로부터 고립되어도 결정 내 격자 자릿수는 계 고립화로 인해 어떠한 구속도 받지 않으며 결정 내부와 표면 사이를 원자가 자유롭게 이동함으로써 격자자리가 생성 또는 소멸될 수 있다. 따라서 공공의 수 n_V 는 계 고립화에 의해 구속되는 성질을 나타내는 성분 변수가 아니다. 즉, n_V 는 독립적 변수이다: 계 내에 어떤 다른 상태 변화(예로 온도, 조성, 압력)없이 난시 원사이동 만으로 격자자리는 생싱 또는 소멸될 수 있기 때문에 고립계 내에서 n_V 는 독립적으로 변한다.

$$dS_{sys,iso} = \left(\frac{1}{T^{\alpha}} - \frac{1}{T^{v}}\right)dU^{\alpha} + \left(\frac{P^{\alpha}}{T^{\alpha}} - \frac{P^{v}}{T^{v}}\right)dV^{\alpha} - \sum_{k=1}\left(\frac{\mu_k^{\alpha}}{T^{\alpha}} - \frac{\mu_k^{v}}{T^{v}}\right)dn_k^{\alpha} - \frac{\mu_V^{\alpha}}{T^{\alpha}}dn_V^{\alpha} \tag{8.13}$$

STEP III

계 평형조건을 구하기 위해 평형원칙을 적용하면,

$$dS_{sys,iso} = 0$$

계의 평형 상태를 나타내는 최대 엔트로피 상태는 미분 지배방정식(8.13)의 미분계수가 모두 0인 경우에 해당된다. 우변 세 번째 항까지 관계식은 4.1절에서 다룬 고체-증기상 계의 열적, 역학적, 화학적 평형을 나타내는 벌크재료 계 평형조건에 해당한다($T^{\alpha} = T^{v}$, $P^{\alpha} = P^{v}$, $\mu_k^{\alpha} = \mu_k^{v}$). 그러나 공공농도를 고려한 결정-증기상 계의 평형은 이에 부가해서 "평형 시 결정 내 공공의 화학포텐셜은 0이 된다"는 화학적 평형조건이 추가됨을 식 (8.13)으로부터 알 수 있다. 따라서 계 평형조건은,

$$\begin{gathered} T^{\alpha} = T^{v}, \quad P^{\alpha} = P^{v}, \quad \mu_k^{\alpha} = \mu_k^{v} \\ \mu_V^{\alpha} = 0 \end{gathered} \tag{8.14}$$

고상 α 내 공공자릿수는 희석농도로서 존재한다고 간주할 수 있다(즉 $a_V^{\alpha} = x_V^{\alpha}$). 일정온도 및 압력하에서 임의 성분 또는 공공의 화학포텐셜은 분몰 깁스 자유에너지와 동일하다. 따라서 결정상 α 내 공공 1몰 형성 과정에 대해 다음 열역학 관계식이 성립한다.

$$\mu_V^{\alpha} - \mu_V^{o,\alpha} = \Delta\overline{G}_V = \Delta\overline{G}_V^{id} + \overline{G}_V^{xs} = (\Delta\overline{H}_V^{id} - T\overline{S}_V^{id}) + (\overline{H}_V^{xs} - T\overline{S}_V^{xs}) \tag{8.15}$$

$\overline{H}_V^{xs} = \Delta\overline{H}_V$: $\Delta\overline{H}_V^{id} = 0$ 이므로

$\mu_V^\alpha = \Delta\bar{H}_V - T\bar{S}_V^{xs} - T\Delta\bar{S}_V^{id}$: $\Delta\bar{S}_V^{id} = -R\ln x_V^\alpha$ 이므로

$\mu_V^\alpha = \Delta\bar{H}_V - T\bar{S}_V^{xs} + RT\ln x_V^\alpha$

여기서, μ_V^α : 불완전 결정 내 공공의 화학포텐셜(분몰 열역학 성질 $\bar{G}_V^\alpha$)

$\mu_V^{o,\alpha}$: 완전 결정 내 공공의 화학포텐셜($\mu_V^{o,\alpha} = 0$: 완전 결정은 결함이 없으므로)

$\Delta\bar{G}_V$: 완전 결정으로부터 1몰 공공 생성시 분몰 깁스 자유에너지 변화($\bar{G}_V - G_V^o$)

$\Delta\bar{H}_V$: 결정 내 1몰 공공 생성시 분몰 엔탈피 변화

$\bar{S}_V^{xs}$: 결정 내 1몰 공공 형성시 분몰 잉여 엔트로피

공공함유 결정 평형시에 공공에 대한 평형조건 식(8.14)로부터,

$$\Delta\bar{H}_V - T\bar{S}_V^{xs} + RT\ln x_V^\alpha = 0 \tag{8.16}$$

양변을 아보가드로 수 N_A 로 나누면,

$$\Delta\underline{H}_V - T\underline{S}_V^{xs} + kT\ln x_V^\alpha = 0 \tag{8.17}$$

식(8.17)로부터 결정 내 공공 평형농도(격자자리 분율)는 다음처럼 쓸 수 있다.

$$x_V = \exp\left(\frac{\underline{S}_V^{xs}}{k}\right)\exp\left(\frac{-\Delta\underline{H}_V}{kT}\right) \tag{8.18}$$

여기서 $\Delta\underline{H}_V$ 는 1몰의 완전 결정으로부터 하나의 공공 형성시 수반되는 엔탈피(공공형성 엔탈피)이다. $\underline{S}_V^{xs}$ 는 하나의 공공 형성시 잉여 엔트로피를 뜻한다. 즉, 임의 한 공공자리 주변을 에워싼 원자들의 진동거동 변화와 관련이 있는 엔트로피($\Delta\underline{S}_V^{vib}$ 또는 $\Delta\underline{S}_V^{thermal}$)에 해당하며 양수이다. 공공형성 엔탈피는 양수이므로 식(8.18)로부터 온도증가에 따라 공공의 농도는 증가함을 알 수 있다. 평형원칙에 따라서 얻어지는 식(8.18)은 통계열역학적 엔트로피 표현인 볼쯔만식에 근거해 깁스 에너지 변화의 최소치를 고려한 평형조건(깁스 평형원칙) 고찰에 의해 앞서 유도된 공공농도 분포식(8.8)과 동일함을 알 수 있다.

식(8.15)의 $\Delta\bar{G}_V$ 는 다음처럼 무결함 α상(null) 결정으로부터의 공공(V_M) 생성반응에 대한 깁스에너지변화로서 간주할 수도 있다.

$$null = V_M : \Delta\bar{G}_V = \Delta\bar{G}_V^o + RT\ln(a_{V_M}^\alpha / a_{null})$$

무결함 결정으로부터의 결함생성 반응 평형시는 $\Delta\bar{G}_V = 0$ 이므로,

$$\Delta\bar{G}_V^o = -RT\ln(a_V^\alpha / a_{null})_{eq} = -RT\ln x_V^\alpha$$

생성결함(여기선 공공)의 농도는 일반적으로 희석농도에 속하므로 헨리법칙에 따라 $a_V^{\alpha} = x_V^{\alpha}$ 이고 a_{null} 이 된다. 또한 $\Delta\bar{G}_V^o = \Delta\bar{H}_V^o - T\Delta\bar{S}_V^o$ 이므로 위 평형상수 관계식으로부터도 식(8.18)과 동일한 결함 평형농도 표현식을 얻을 수 있다. 이로부터 결함생성 반응 평형상수 접근법에 의해서 다양한 종류의 평형 결함농도에 대한 정량화 해석을 기할 수 있음을 잘 이해할 수가 있다(8.6절~8.11절 내용).

고유성 침입형 결함에 대해서도 식(8.8 또는 8.18)을 동일하게 적용하면,

$$x_i = f_i \exp\left(\frac{\Delta S_i}{k}\right)\exp\left(-\frac{\Delta H_i}{kT}\right) \tag{8.8a}$$

공공 생성 엔탈피$\left(\Delta H_V\right)$는 침입형 결함 생성 엔탈피$\left(\Delta H_i\right)$보다 상당히 작으므로 동일 온도하에서 평형시 침입형 결함 농도는 공공농도에 비해 훨씬 작은 양이 된다. 통상적으로 $10^{-3} \sim 10^{-2}$ 정도 차수만큼 양적으로 작다. f_i는 침입형 결함 형성시 이웃 원자들 진동 모드의 변화를 고려하는 인자이다.

식(8.9)의 양변에 자연대수를 취하면 다음과 같다.

$$\ln x_i = \ln A - \left(\frac{\Delta H_i}{k}\right)\left(\frac{1}{T}\right) \tag{8.19}$$

고유성 결함농도 [결함(공공)농도에 직선적 비례관계 의존성을 지니는 열역학적 양(부피) 또는 성질(비저항)]의 자연대수 값을 세로축에, 절대온도의 역수를 가로축상에 나타내어 이들의 상관관계를 도시하면 직선적 관계가 얻어진다(8.2절 참조). 여기서 직선의 기울기는 침입형 결함 또는 공공 생성 엔탈피의 음수의 값을 볼쯔만 상수 k로 나눈 값이 된다(그림 8.2).

앞서 살펴본 바와 같이, 절대온도 영도 이상의 온도에서 공공은 단원자 결정 내에서 온도에 상응하는 어느 정도 양이 평형상태로 존재하는 고유한 특성을 보인다고 할 수 있다. 온도의존성을 나타내는 이러한 공공은 본래 결정의 고유 특성의 일부분으로써 간주되므로 고유성(intrinsic) 공공이라고 한다. 만약 결정 내에 존재하는 공공이 전부 고유성 공공이라면, 그림 8.2에서 처럼 $\ln x_i$ 와 $1/T$ 간의 관계가 직선적 경향을 나타내게 된다. 그러나 공공의 농도는 온도 이외의 다른 외부 요인에 의해서도 양적으로 영향을 받을 수 있다. 예로서 불순물이 외부로부터 첨가되면 결정격자가 뒤틀리게 되므로 불순물 원자 주위에서는 고유성 공공농도보다 더 많은 공공의 농도가 형성될 수 있는 분위기가 조장된다. 이렇게 외부요인 인자에 의해서 결정 내 형성된 공공을 외인성(extrinsic) 공공이라고 부른

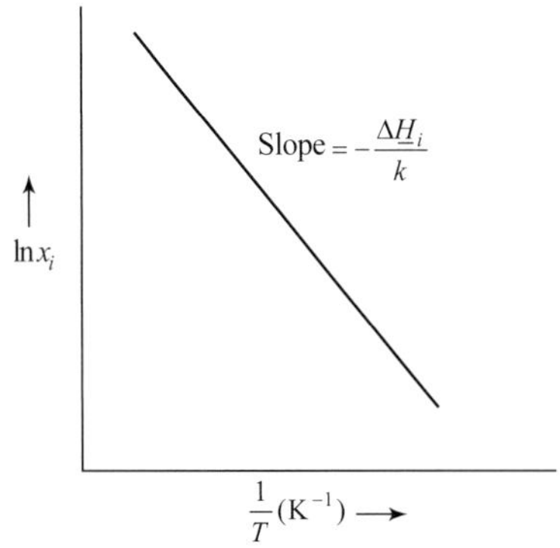

그림 8.2 절대온도 역수의 함수로 표시된 고유성 결함(공공)의 분율

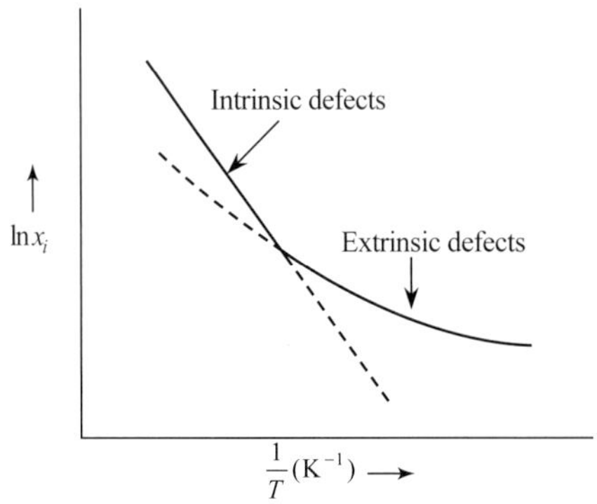

그림 8.3 절대온도 역수의 함수로서 표시된 점결함(고유성 및 외인성)농도

다. $\ln x_i$ 대 $1/T$ 그래프가 직선적 관계에서 벗어나는 경향으로부터 이들 외인성 공공의 존재를 확인해 볼 수 있다. 이러한 비직선적 관계는 그림 8.3에서 처럼 낮은 온도(높은 $1/T$) 영역에서 주되게 관찰된다. 8.3절에서 이러한 외인성 결함의 몇가지 예를 소개하고자 한다.

8.2 고유성 공공 정량화

결함의 수를 온도함수로서 알수만 있다면 $\Delta \underline{H}_V$ 와 $\Delta \underline{S}_V$ 를 논리적으로 결정할 수 있다. 불행하게도 결함의 절대적 개수를 측정하는 것은 불가능하다. 그러나 온도에 따른 결함 수의 변화를 간접적으로 정량화함으로써 $\Delta \underline{H}_V$ 와 $\Delta \underline{S}_V$ 값을 추론하는 것이 가능하며, 이로부터 결함의 수를 예측할 수 있다.

고유성 평형 공공농도의 간접적 정량화 측정을 실험적으로 행할 수 있다. 한 예로, 전도성 결정 내 공공 결함은 전도체 내 전자흐름의 통로(전하 운반자)역할을 한다. 용액 내 희박 공공농도(헨리법칙 준수)에 속하는 모든 공공은 전자흐름에 동일하게 개별적 기여를 한다고 볼 수 있다. 즉 전기적 비저항은 공공농도에 비례하게 된다(전기 비저항에 대한 공공의 합산적 기여: 결정내 공공 2개의 전기 비저항 효과는 한 개 공공 효과의 2배이다). 한 개 공공에 의한 전기적 비저항 증대를 ρ_V, 공공의 수를 n_V 라 하면 전도성 물질의 비저항은,

$$\rho = \rho_0 + n_V \rho_V \tag{8.20}$$

여기서 ρ_0 는 공공이 없을 경우 결정의 전기 비저항이다.

$$n_V = \frac{\rho - \rho_0}{\rho_V} = \frac{\Delta\rho}{\rho_V} \tag{8.21}$$

공공 한개에 의한 결정 비저항 증대 ρ_V 는 공공농도가 헨리의 법칙을 따르는 희박농도 범주에 속하므로 이는 모든 공공에 동일하게 적용되는 일정한 상수가 된다. 따라서 공공의 농도 x_V 는 $\Delta\rho$ 에 비례한다: $\Delta\rho = ax_V$. 여기서 a는 상수이다.

$$\frac{\partial \ln(\Delta\rho)}{\partial\left(1/T\right)} = \frac{\partial \ln(ax_V)}{\partial\left(1/T\right)} = \frac{\partial \ln x_V}{\partial\left(1/T\right)} = -\frac{\Delta \underline{H}_V}{kT} \tag{8.22}$$

그림 8.4는 온도에 따른 금의 비저항 변화를 나타내고 있으며 기울기로부터 $\Delta\underline{H}_V = 92.5$ kJ/mole 을 얻을 수 있다. 온도에 따른 전도성 물질의 전기적 비저항 변화 측정방법을 통해 ΔH_V 를 실험적으로 결정할 수 있다. 그러나 공공농도(x_V)를 정량화하기 위해선 ΔS_V 를 아울러 정할 수 있어야 하는데 비저항 측정법으로는 이를 결정할 수 없다. 따라서 평형 공공농도를 물질 비저항 측정에 의한 간접적 방법으로는 결코 온전한 정량화를 기할 수 없다. 단지 온도변화에 따른 재료 내 고유성 공공농도 변화 추이에 대한 정성적 해석은 이를 통해 가능하다.

Simmons와 Balluff(참고문헌 1, 2)는 “온도 증가에 따라 원자의 열진동 증가 및 공공 형성 활성화로 인해 결정의 부피는 증가하게 된다”는 논리에 근거해서, 공공농도 정량화에 대한 새로운 측정 방법을 제시하고 있다.

$$\Delta V = \Delta V_{th} + \Delta V_V \tag{8.23}$$

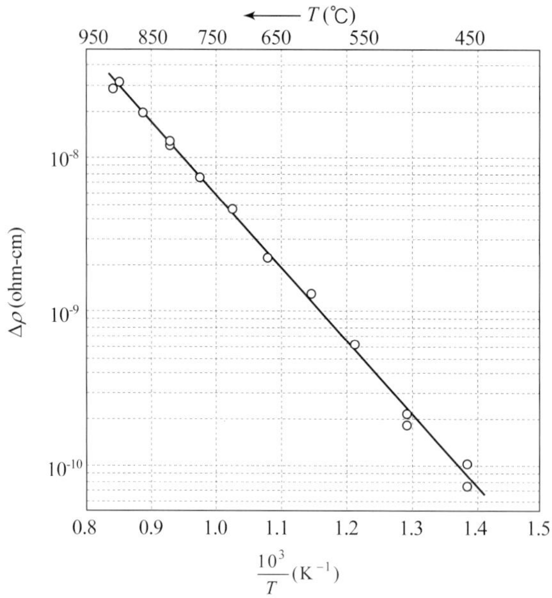

그림 8.4 온도에 따른 금(Au)선의 비저항 변화

ΔV_{th} 항은 원자의 열진동 증가로 야기되는 결정의 부피변화이다. ΔV_V 항은 공공 존재로 인한 결정의 부피 변화를 나타내며, 한 개의 공공 존재로 인해 야기되는 부피변화에 공공의 개수를 곱한 값이다(즉, $\Delta V_V = n_V V_V$). 일정 압력에서 온도에 따른 ΔV_V 의 변화율을 구하기 위해 식(8.9)를 이용하여 x_V 를 n_V 로 치환하고(N_A : 원자 격자점 수),

$$n_V = N_A A \exp\left(-\frac{\Delta H_V}{kT}\right)$$

위 식 양변에 V_V 를 곱한 후 온도에 대해 미분하면,

$$\left(\frac{\partial(\Delta V_V)}{\partial T}\right)_P = \left(\frac{\partial(n_V V_V)}{\partial T}\right)_P = N_A V_V A \frac{\Delta H_V}{kT^2} \exp\left[-\frac{\Delta H_V}{kT}\right]$$

재정렬하면,

$$\frac{T^2}{V_V}\left[\frac{\partial \Delta V_V}{\partial T}\right]_P = \left[\frac{N_A \Delta H_V A}{k}\right] \exp\left[-\frac{\Delta H_V}{kT}\right] \tag{8.24}$$

식(8.24)의 양변에 자연대수를 취하면,

$$\ln\left[\frac{T^2}{V_V}\left[\frac{\partial \Delta V_V}{\partial T}\right]_P\right] = \ln\left[\frac{N_A \Delta H_V A}{k}\right] - \frac{\Delta H_V}{kT} \tag{8.25}$$

식(8.25)로부터 $\ln\left[\frac{T^2}{V_V}\left[\frac{\partial \Delta V_V}{\partial T}\right]_P\right]$ 대 $1/T$ 의 관계를 도시하면 직선의 기울기로부터 $-\Delta \underline{H}_V / k$ 를 구할 수 있다. 한편 $\Delta \underline{S}_V$ 는 위 관계 그래프의 y축 절편에 포함된 A값으로부터 식(8.8)을 이용하여 결정할 수 있다.

$(\partial \Delta V_V / \partial T)_P / V$ 값은 결정의 온도가 변화함에 따라 결정의 외형적 크기 변화 $\Delta l / l$ (고감도 팽창계 측정법)과 격자상수 변화 $\Delta a / a$ (X-ray 격자상수 측정법)간의 차이로부터 결정할 수 있다. 식(8.26)에서 $\Delta l / l$ 을 포함하는 첫째 항은 결정의 총 부피변화와 관계되며, 격자상수 변화 항인 $\Delta a / a$ 는 원자의 열진동 증가량에 의한 부피변화에 관계된다. 이 두 가지 부피변화의 차이가 바로 공공형성에 의해 야기되는 결정 부피변화에 해당한다. 부피는 결정의 선형적 크기 치수의 입방함수이므로, $\Delta V_V / V$ 는 선형적 치수 크기 변화 분율의 세 배에 해당된다. 입방체의 부피(V)는 입방체의 면 길이(l)의 세제곱이 된다.

$$V = l^3$$

양변에 자연대수를 취하면,

$$\ln V = 3 \ln l$$

이를 미분하면,

$$\frac{dV}{V} = 3\frac{dl}{l}$$

입방체 부피의 미소 부피변화 분율은 길이변화 분율의 세 배에 해당된다.
따라서 공공형성으로 야기되는 결정부피 변화율은,

$$\frac{\Delta V_V}{V} = 3\left(\frac{\Delta l}{l} - \frac{\Delta a}{a}\right) \tag{8.26}$$

위 식을 이용하여 Simmons와 Balluffi는 알루미늄, 금, 은에 대한 고유성 공공형성 엔탈피 및 엔트로피를 융점 근방 온도에서 각각 추정하였다. 그림 8.5에 Al결정에 대한 외형 치수와 격자상수 측정 실험결과가 나타나 있다. 이들의 실험결과에 기초하여 금속의 융점 근방에서 격자점의 공공 분율(n_V / N)을 계산해 보면, 표 8.1에 나타나 있는 바와같이 이들 값은 거의 10^{-3} 차수 정도의 수치가 됨을 알 수 있다. 이는 격자상 원자 수에 대한 희석농도의 공공농도에 해당된다.

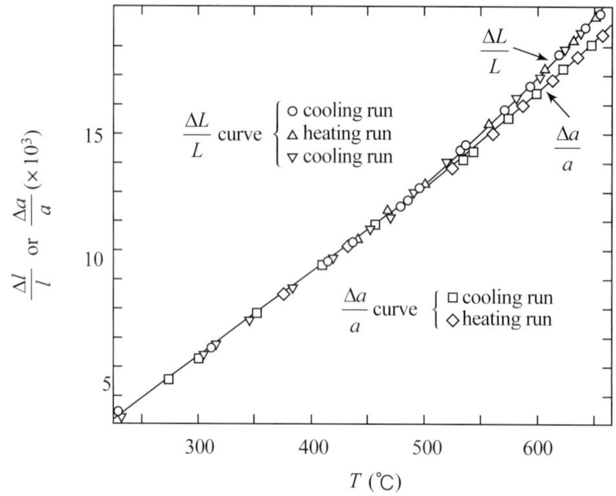

그림 8.5 X선 격자상수 측정법과 고감도 팽창계 측정법에 의해 실험적으로 결정된 온도함수로의 물질 Al 외형치수크기 및 격자상수 변화

700 K에서 격자점 공공 분율을 계산하기 위해 은에 대한 자료 데이터를 이용해 보자. 표 8.1로부터 은의 공공 생성 엔탈피 및 엔트로피는 $\Delta \underline{H}_V = 1.09\ \text{eV}$, $\Delta \underline{S}_V / k = 1.5$ 이다.

$$\frac{n_V}{N} = \exp\left(\frac{\Delta \underline{S}_V}{k}\right)\exp\left(-\frac{\Delta \underline{H}_V}{kT}\right)$$

$$\frac{n_V}{N} = \exp(1.5)\exp\left(\frac{-1.09}{(8.617\times 10^{-5})(700)}\right) = 64\times 10^{-9}$$

공공 격자점의 분율은 대략 1억분의 64(64ppb)정도이다. 공공의 농도는 공공격자점 분율에 단위부피당 격자점의 수 ($N_A / \underline{V}$)를 곱한 값이 된다. 이에 따라 은에 대해 고유성 공공농도를 계산해 보면 700 K에서 존재하는 공공은 약 $3.75\times 10^{15} / \text{cm}^3$ 정도가 된다.

표 8.1 알루미늄, 금, 은의 공공 형성 엔탈피, 엔트로피 및 공공분율(융점 근방 온도)

	$\Delta \underline{H}_V$ (eV)		$\Delta \underline{S}_V / k$	(n_V / N) (at melting point)
	(eV)	(kJ/mol)		
Al	0.75	92.5	2.2	9×10^{-4}
Au	0.94	72.5	1.0	7.2×10^{-4}
Ag	1.09	105	1.5	2×10^{-4}

8.3 공공/불순물 상호작용

절대온도 영도 이상에서는 순수한 단원자 결정 내에 온도에 상응하는 어느정도 고유성 공공이 평형상태로 존재한다. 고유성 공공의 농도는 공공 형성 엔트로피 및 에너지(엔탈피)를 알면 식(8.8)을 이용하여 계산할 수 있다. 한편 그림 8.3에서 언급했듯이 결정 내 용해된 불순물 원자(침입형 또는 치환형)는 이러한 고유성 공공농도에 영향을 미칠 수가 있다. 이는 불순물 원자와 용매 원자의 크기가 다르므로 인해서 불순물 원자가 공공을 끌어당기는 현상을 야기하기 때문이다. 따라서 불순물 원자가 존재하는 경우에는 전체 공공농도의 수정이 불가피하게 된다.

통계열역학(볼쯔만 분포식)에 의해 공공농도를 정량적으로 해석하기 위해서, 공공은 불순물 원자에 결속(結束)되어 있거나(외인성 공공) 결속되지 않은(고유성 공공) 두 가지 안정한 상태로서 존재한다고 고려해 보자. 따라서 전체 공공농도 n_V 는 이러한 두 종류의 공공농도 합이 된다.

$$n_V = n_V^* + n_{I-V} \tag{8.27}$$

여기서 n_V 는 전체 공공농도(단위부피당 공공수), n_V^* 는 고유성 공공농도이고 n_{I-V} 는 불순물 원자에 결속되어 있는 외인성 공공의 농도이다.

공공의 에너지상태는 불순물에 의한 공공의 결속 여부에 따라 다르게 된다. 불순물 원자에 의해 결속되지 않은 공공의 에너지를 E_0, 결속되어 있는 공공의 에너지를 E_{I-V} 라고 표기하자. 계산 편의상 결속되지 않은 공공의 에너지는 0이라고 기준을 정하자 즉, $E_0 = 0$. 따라서 E_{I-V} 는 불순물(I)과 공공(V) 간의 결합에너지에 해당하므로 당연히 음의 값이 된다; 즉, 불순물에 의해 결속되지 않는 공공을 형성하기 위해 불순물로부터 이와 결속된 공공을 분리시키는 데는 에너지가 필요함을 알 수 있다. 볼쯔만 분포식(8.83)에 의하면, 불순물에 의해 결속되지 않은 공공에 대한 결속되어 있는 공공의 상대적 양적비는 다음과 같다.

$$\frac{n_{I-V}}{n_V} = \frac{g_{I-V}\exp\left(-\dfrac{E_{I-V}}{kT}\right)}{Q}$$

여기서 Q는 상태합(partition function)으로 $Q = g^* \exp(-E_0 / kT) + g_{I-V} \exp(-E_{I-V} / /kT) = g^* + g_{I-V} \exp(-E_{I-V} / kT)$ 이다(8.13절).

$$\frac{n_{I-V}}{n_V} = \frac{g_{I-V}\exp(-E_{I-V} / kT)}{g^* + g_{I-V}\exp(-E_{I-V} / kT)} \tag{8.28}$$

양자 상태 에너지 준위 E_i 상에는 동일한 에너지를 지니고는 있으나 서로 각각 구별 가능한 특징을 지니는 여러 하부 에너지상태가 있을 수 있으며 이들의 수를 축중도 (degeneracy) g_i, 또는 에너지 준위의 통계적 가중치라고 일컫는다.
불순물에 의해 결속되어 있는 공공의 축중도 g_{I-V} 는 불순물농도 n_i 와 결정 내 배위수 Z 의 곱으로 주어진다. 이는 공공이 불순물 원자의 최인접 배위 위치 중 어느 위치에서나 불순물과 접하여 결속할 수 있기 때문이다. 불순물에 결속되지 않은 공공의 축중도 g^* 는 불순물 원자에 최인접하지 않는 원자 격자점의 수가 된다.

$$g_{I-V} = Zn_i, \quad g^* = N - (n_i + Zn_i) = N - (Z+1)n_i$$

$$\frac{n_{I-V}}{n_V} = \frac{Zn_i \exp(-E_{I-V}/kT)}{\{N-(Z+1)n_i\} + Zn_i \exp(-E_{I-V}/kT)}$$

불순물 농도, n_i 는 N에 비해 상당히 작으므로, $N \gg (Z+1)n_i$ 이고 $Zn_i \exp(-E_{I-V}/kT) \ll N$ (통상적 온도 범주 내)이 된다. 따라서 우변 분모항은 근사치로 N 으로 간주할 수 있다.

$$\frac{n_{I-V}}{n_V} = \frac{n_i}{N} Z \exp\left(-\frac{E_{I-V}}{kT}\right) \tag{8.29}$$

식(8.27)을 변형하여 윗식을 대입하면,

$$1 = \frac{n_V^*}{n_V} + \frac{n_{I-V}}{n_V}$$

$$\frac{n_V^*}{n_V} = 1 - \frac{n_{I-V}}{n_V} = 1 - \frac{n_i}{N} Z \exp\left(-\frac{E_{I-V}}{kT}\right) \tag{8.30}$$

외인성 공공의 농도가 얼마나 중요한가는 식(8.30)을 살펴보면 쉽게 알 수 있다. 700 K 에서 은의 경우를 예로 다시 살펴보자. 8.2절에서 행한 계산에 의하면 은 내부에 존재하는 공공의 분율은 700 K에서 대략 64 ppb 정도였다. 은 내부의 불순물(n_i)을 이런 농도수치까지 떨어뜨리는 것은 사실상 매우 어렵다. 일반적으로 전형적인 금속 내 불순물 분율은 이보다 상당히 높은 10^{-3} 차수, 즉 (0.1%) 정도가 된다. 통상적 결합에너지 E_{I-V} 값이 –0.1 eV정도라 하면 700 K에서 불순물 분율이 10^{-3} 인 금속결정의 배위수가 12일 경우 전체 공공에 대한 고유성 공공의 양적 비는 다음과 같게 된다.

$$\frac{n_V^*}{n_V} = 1 - 10^{-3}(12)\exp\left(\left[\frac{0.1}{(8.617\times10^{-5})(700)}\right]\right) = 1 - 0.063 = 0.937$$

불순물의 농도가 1% 정도이면 이 비는 0.61까지 감소된다. 이 계산을 통해 불순물이 공공농도에 큰 영향을 미치는 것을 이해할 수 있다. 불순물 농도증가에 따라 외인성 공공농도가 현저히 증가함을 알 수 있다. 식(8.30)에 의하면 불순물이 공공농도에 미치는 이러한 영향도는 온도가 낮을수록 더욱 커져 그 중요성을 더 띄게 됨을 알 수 있다.

8.4 집합결함/불순물 상호작용

8.3절에서는 불순물-공공간 결속체(클러스터) 형성에 근거해서 결정 내부에 존재하는 점결함 평형농도에 미치는 용해 불순물 원자의 영향도를 살펴보았다. 불순물 원자와 결정결함이 클러스터를 형성하려는 경향이 있다면, 결정 내에 불순물 원자를 끌어당겨 이들과 결속한 전위와 같은 구조(집합) 결함이 존재할 수 있음을 쉽게 예측할 수 있다.

이러한 구조 결함 결속현상에 대한 예는 철-탄소 합금강에서 살펴볼 수 있다. 철 격자 내의 침입형 자리를 점유하는 용질 원자-즉, 탄소 원자와 전위 사이의 결속현상을 바탕으로 강의 항복강도에 대한 설명을 할 수 있다. 결정질 고체의 소성변형은 인가 응력하에서 전위가 움직이므로 인해서 생긴다. 철-탄소 합금 내에서 전위가 움직이기 시작하는데 필요한 응력(항복점을 나타내는 응력)은 전위를 지속적으로 이동시키는 데 필요한 전단응력보다 더 크다(참고문헌 3). 전위와 탄소 원자 간 결속이 이러한 응력차이 현상을 야기한다. 따라서 전위를 이와는 상대적으로 움직이기 어려운 침입형 용존 탄소 원자로부터 떼어놓는 데 필요한 응력은 전위를 지속적으로 이동시키는 데 필요한 응력보다 더 큰 값을 나타낸다. 식(8.30)에 따르면 온도가 상승함에 따라 결함에 결속되어지는 불순물 원자의 수는 훨씬 적어지게 된다. 이를 유사하게 집합결함/불순물 원자 간 결속현상에 적용해보면 온도가 더 높아질수록 항복점 현상은 보다 덜 뚜렷하게 일어나게 된다. 온도상승에 따른 이러한 항복점 변화 현상을 철-탄소 계에서 잘 고찰할 수 있으며, 이 경우 700°C이상의 온도에서 항복점은 실질적으로 사라지게 된다.

침입형 불순물(예로 철 중 용해질소)과 전위(공공결함 집합체)의 결속으로 나타나는 영향을 고찰하기 위해, 8.3절에서와 유사한 방법[식(8.28)]으로 볼쯔만 분포식(8.83)을 이용하기로 한다.

$$\frac{n_{N\perp}}{n_T} = \frac{g_{N\perp}\exp(-E_{N\perp}/kT)}{g_N^* + g_{N\perp}\exp(-E_{N\perp}/kT)} \tag{8.31}$$

여기서 $n_T = n_N^* + n_{N\perp}$

n_N^* = 철 중 침입형 용해질소 원자의 수[식(8.8a): 고유성 질소 용해도/cm^3]

$n_{N\perp}$ = 전위에 묶여 있는 질소 원자의 수

g_N^* = 용해질소 원자가 차지할 수 있는 침입형 자리 수(축중도)

$g_{N\perp}$ = 용해질소 원자를 점유할 수 있는 전위 위치의 수(축중도)

$E_{N\perp}$ = 격자 내 용해질소를 기준으로한 (즉 $E_N = 0$) 상대적인 용해질소/전위간 상호작용에너지(음의 값): 에너지 기준상태로 정상적인 침입형 위치에 있는 용해질소가 지니는 에너지를 0으로 간주한 점에 유의하라.

$g_N^* \gg g_{N\perp}$ 일 경우 식(8.31)은 다음처럼 근사치화 할 수 있다($n_T \equiv n_N^*$).

$$\frac{n_{N\perp}}{n_N^*} = \frac{g_{N\perp}\exp(-E_{N\perp}/kT)}{g_N^*} \tag{8.32}$$

용해질소 원자의 총수 n_T 는 n_N^* 와 $n_{N\perp}$ 의 합이다.

$$n_T = n_N^* + n_{N\perp} = n_N^*\left(1 + \frac{g_{N\perp}\exp(-E_{N\perp}/kT)}{g_N^*}\right) \tag{8.33}$$

식(8.33)으로부터 철 중 질소의 용해도는 전위농도의 함수가 됨을 분명하게 알 수 있다. 이를 정량적으로 살펴 보기로 하자. 상호작용에너지 $E_{N\perp}$ 는 통상적으로 약 –0.3 eV 정도이다. 시편이 매우 심하게 냉간 압연 되었다면 전위밀도는 $5\times10^{12}\,\text{cm}/\text{cm}^3$ 정도까지 증가될 수 있다. 철의 경우 입방 센티미터당 침입형 자리의 수(g_N^*)는 8.4×10^{22} 정도이다. 즉 센티미터당 침입형 원자의 수는 4.4×10^7 이 된다(8.4×10^{22} 의 세제곱근). 문제의 단순화를 위해 칼날(edge) 전위만 존재한다고 가정하면, 질소 원자를 점유할 수 있는 전위 위치의 수 $g_{N\perp}$ 는 전위밀도 (5×10^{12} cm/cm^3)와 침입원자 농도 (4.4×10^7/cm)의 곱으로서 $2.20\times10^{20}/\text{cm}^3$ 정도의 값이 된다. 이 값을 식(8.33)에 대입하면 700 K (427°C)온도에서 심한 냉간 압연으로 인해서 철 중 질소 용해도가 37% 정도 향상됨을 알 수 있다. 이러한 현상은 Darken(참고문헌 4)에 의해서 처음 관찰되었다.

Darken은 450°C에서 철 시편이 암모니아−수소의 혼합기체와 평형을 이루는 반응 실험을 행하였다. 반응 평형상수 K는 온도의존성에 의해서만 결정되는 값이다. 일정 온도에서 K는 상수이며, 암모니아와 수소의 비를 조절하여 반응 중 질소의 활동도($a_{\underline{N}}$ 또는 P_{N_2})를 일정하게 고정시켰다.

$$NH_3 = \frac{3}{2}H_2 + \underline{N} \left(\text{or } \frac{1}{2}N_2\right) \tag{8.34}$$

$$K = a_{\underline{N}} \frac{P_{H_2}^{3/2}}{P_{NH_3}} = \frac{P_{N_2}^{1/2} P_{H_2}^{3/2}}{P_{NH_3}}$$

여기서 $a_{\underline{N}} = f_{\underline{N}}[w/o\ N]$ 이며 밑줄이 그어진 $\underline{N}$ 은 고상철 중 용존질소를 의미한다. 시편의 냉간 압연 정도를 달리 하므로서 야기되는 전위의 수 변화를 관찰해 본 결과, 냉간 압연 정도가 커질수록 전위농도는 더 증가하는 것으로 나타났다. 여러 정도로 각각 달리 냉간 압연된 철 시편을 소둔온도 450°C에서 일정한 압력의 질소 기체와 평형에 도달케 한 후 질소 용해도를 측정한 결과로부터, Darken은 냉간 압연 정도가 보다 심한 시편(높은 전위 밀도를 지닌 시편)일수록 더 큰 질소 용해도를 나타냄을 알아냈다(즉 활동도계수 $f_{\underline{N}}$ 의 감소). 이는 전위결함과 용존 불순물 N 원자간 상호 결속작용 활성화에 기인해 나타나는 결과이다. Darken의 실험결과는 그림 8.6에 나타나 있다.

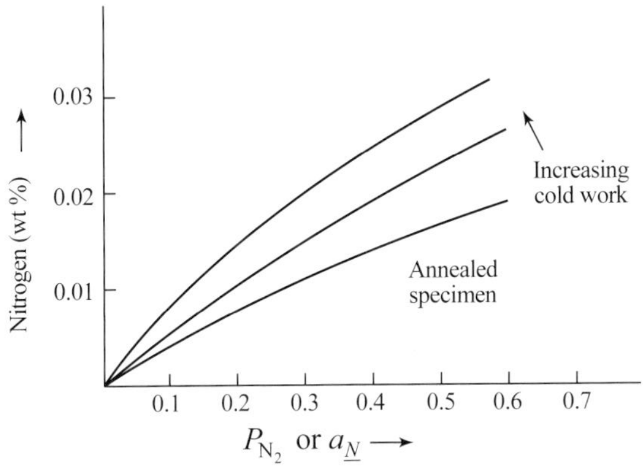

그림 8.6 소둔온도 450°C에서 철 중 질소 활동도와 냉간압연 정도(전위결함)의 함수로서 나타낸 철 중 질소 용해도

8.5 전자 결함(반도체 재료)

고상 결정 재료는 전기전하(charge) 운반 능력에 따라 넓은 의미에서 금속, 반도체, 절연체(세라믹)의 세 부류로 구분될 수 있다. 금속은 입방 센티미터당 10^{22} 차수 정도의 높은 이동성 전하 운반자(전자) 농도를 지니고 있다. 이와는 대조적으로 세라믹은 입방 센티미터당 한 자릿수 정도의 매우 낮은 전하 운반자 농도를 지니고 있다. 금속 내 전자의 거

동은 자유전자의 특성을 보이며 금속 물리학을 다루는 교재(참고문헌 3, 5)에 자세히 설명되어 있다. 절연체는 구조적 특성으로 인해 전도도가 현저하게 변화할 수 없기 때문에 절연체의 전도도는 통상적으로 다루어지지 않는다. 한편, 입방 센티미터당 10^{10} 차수 정도의 전자 농도를 지니는 반도체는 이들이 사용되는 분위기를 적절히 변화시킴에 따라 전도도가 현저하게 변화할 수 있으므로 센서로 유용하게 이용되고 있다.

고유성(진성) 반도체는 가전자 밴드 내 전자와 이들의 전도 밴드 내 가능한 양자에너지 상태 사이의 밴드 갭 에너지에 의해 특징적으로 구별되는 특성을 지니고 있다(그림 8.7). 절대온도 0 K에서 순수한 완전 결정 반도체의 가전자 밴드는 전자로 채워져 있으며 전도 밴드는 모두 비어있게 된다. 전도성이 활성화되려면 전자는 에너지 갭(금지 밴드)을 뛰어넘어서 전도 밴드로 이동해야만 한다. 이 때 전자는 가전자 밴드에 홀(hole)을 남기게 된다. 전자와 홀은 모두가 전기 전도를 위한 전하 운반자 역할을 한다. 반도체는 절연체나 금속과는 달리 특정 농도 범위내에 속하는 전하 운반자 농도를 지닌다. 대략 입방 센티미터당 10^{10} 차수 정도의 전하 운반자 농도를 지니고 있다. 이러한 반도체는 온도 및 분위기의 화학적 특성에 따라 평형을 이루는 전하 운반자 농도가 현저히 변하기 때문에, 트랜지스터와 같은 전자소자 또는 센서와 같은 이온성 고체재료로서 매우 유용하게 쓰이고 있다. 이 절에서는 Ge이나 Si처럼 순수 단원자 결정인 4족 진성반도체 내 전하 운반자(전자와 홀)와 에너지 갭 간의 관계를 온도함수로서 살펴 보고자 한다. 또한 이 장의 뒷 부분에서는 추가로 분위기 영향도 다루고 있다.

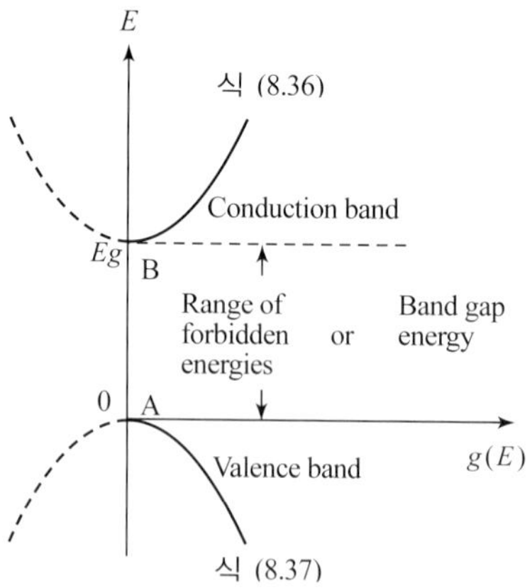

그림 8.7 반도체 내 전도전자

두 가지 양자 에너지상태, 즉 가전자 밴드의 꼭대기(A)와 전도 밴드의 바닥(B)에 있는 전자가 이들에게 가능한 에너지상태의 자리를 점유하는데 아무런 제약을 받지 않는다면, $E = 0$ (가전자 밴드의 꼭대기)을 상대적 기준으로 하는 에너지상태 E_g(전도밴드의 기저)에 전자가 존재할 확률은 단순히 볼쯔만 분포 통계식[식(8.80)]을 적용함으로써 쉽게 정할 수 있다. 그러나 전자의 양자에너지상태 점유분포는 파울리 배타 원리가 제약조건으로써 적용되어야 하므로 앞서 다룬 공공결함 입자의 볼쯔만 분포보다 복잡한 분포양상이 된다. 가능한 모든 양자수에 대해서 단지 한 개의 전자(스핀 포함)만이 결정 내 각 양자 상태(특정 양자수 i, j, k)를 차지할 수 있게 된다. 그러므로 전도 밴드 내 전자의 수 N_C 는 페르미－디락 분포 통계식(8.94)에 의해 다음처럼 표시할 수 있다(참고문헌 6). 8.13절에서 자세히 언급되듯이 페르미-디락 분포식은 평형원칙(열역학 2법칙)에 근거해 통계열역학적으로 유도되는 전자결함의 평형분포(양자에너지 상태 점유분포) 표현식이다.

$$N_C = \int_{E_g}^{\infty} g_C(E)\left[1 + \exp\left(\frac{E-\mu}{kT}\right)\right]^{-1} dE \tag{8.35}$$

여기서 μ 는 결정의 페르미 에너지 준위 E_F 이고, $g_C(E)$ 는 E 와 $E + dE$ 사이에 존재하는 전자의 상태밀도(축중도)이다.

전도 밴드 내 전자에 대한 에너지 상태밀도는 이상기체에 대한 에너지 상태밀도 $g(E_i)$ 를 결정하는 경우와 동일한 방법[즉 “상자 내 양자 입자(quantum particle in a box)” 모델]으로부터 유도될 수 있다[식(8.100): 참고문헌 6,7].

$$g(E_i) = 4\sqrt{2}\pi \frac{V}{h^3} m^{3/2} E_i^{1/2}$$

각 에너지 준위에 존재할 수 있는 두 종류의 스핀상태를 고려해 보면, 전도밴드 내 전자의 에너지 상태밀도 $g_C(E)$ 는 에너지함수로 다음처럼 쓸 수 있다.

$$g_C(E) = 2 \times \left[2\pi\left(\frac{2m_e^*}{h^2}\right)^{3/2} (E - E_g)^{1/2}\right] = C_e (E - E_g)^{1/2} \tag{8.36}$$

여기서 $E \geq E_g$ (전도밴드 기저 에너지 상태), $C_e = 4\pi(2m_e^* / h^2)^{3/2}$, m_e^* 는 결정 내 전자의 유효질량이다.

마찬가지 유도 방법을 통해 가전자 밴드 내 홀에 대한 에너지 상태밀도, g_V 를 에너지 함수로 다음과 같이 표현할 수 있다.

$$g_V(E) = 2\times 2\pi\left(\frac{2m_h^*}{h^2}\right)^{3/2}(-E)^{1/2} = C_h(-E)^{1/2} \tag{8.37}$$

여기서 $E \le 0$(가전자 밴드 상단 에너지 상태)로서 $(0-E) = -E$ 이며, m_h^*는 가전자 밴드 내 홀의 유효질량이다.

페르미 준위는 금지 밴드 내에 존재하므로 밴드 가장자리로부터 페르미 준위까지 거리(에너지)는 수치 kT(상온에서 0.025 eV에 해당)에 비해 훨씬 큰 값을 보인다. 즉, $(E-E_F) \gg kT$ 이므로 페르미 에너지 관련 지수항은 다음처럼 근사치로 나타낼 수 있다.

$$1+\exp\left(\frac{E-E_F}{kT}\right) \approx \exp\left(\frac{E-E_F}{kT}\right) \tag{8.38}$$

식(8.38)과 (8.36)을 식(8.35)에 대입하면,

$$N_C = C_e\int_{E_g}^{\infty}(E-E_g)^{1/2}\exp\left[-\frac{(E-E_F)}{kT}\right]dE \tag{8.39}$$

$$N_C = C_e(kT)^{1/2}\int_{E_g}^{\infty}\left(\frac{E-E_g}{kT}\right)^{1/2}\exp\left[-\frac{(E-E_g+E_g-E_F)}{kT}\right]dE$$

$x = (E-E_g)/kT$ 라 놓으면 $dx = dE/kT$ 이므로,

$$N_C = C_e(kT)^{3/2}\exp\left[-\frac{(E_g-E_F)}{kT}\right]\int_0^{\infty}x^{1/2}e^{-x}dx$$

다음과 같이 유한 적분공식을 쓸 수 있으므로,

$$\int_0^{\infty}x^{1/2}e^{-x}dx = \frac{1}{2}\sqrt{\pi} \quad \int_0^{\infty}x^{1/2}e^{-x}dx = \frac{1}{2}\sqrt{\pi}$$

$$N_C = 2\left(2\pi\frac{m_e^*kT}{h^2}\right)^{3/2}\exp\left[-\frac{E_g-E_F}{kT}\right] \tag{8.40}$$

마찬가지 유도과정으로부터 가전자 밴드 내 존재하는 홀의 수는,

$$N_h = \int_{-\infty}^{0}g_v(E)\left[1+\exp\left(\frac{E-E_F}{kT}\right)\right]^{-1}dE$$

$$N_h = C_h\int_{-\infty}^{0}(-E)^{1/2}\exp\left[-\frac{(E-E_F)}{kT}\right]dE$$

$x = E/kT$ 라 놓으면

$$N_h = C_h(kT)^{3/2}\exp\left(-\frac{E_F}{kT}\right)\int_{-\infty}^{0} x^{1/2}e^{-x}dx$$

$$N_h = 2\left(2\pi\frac{m_h^* kT}{h^2}\right)^{3/2}\exp\left[-\frac{E_F}{kT}\right] \tag{8.41}$$

고유성(진성) 반도체[도우너(P, As, Sb등 5족 원소)나 억셉터(B, Al, In, Ga등 3족 원소) 불순물이 없는 순수한 4족 반도체]는 전도 밴드 내 모든 전자 각각에 대해 한 개의 홀이 가전자 밴드 내에 남게 되므로,

$$N_C = N_h \tag{8.42}$$

식(8.40~41)을 식(8.42)에 대입하면,

$$E_F = \frac{E_g}{2} + \frac{3}{4}kT\ln\frac{m_h^*}{m_e^*} \tag{8.43}$$

E_g에 비해 kT가 매우 작은 값이고 질량 m_h^*는 m_e^*와 차이가 크게 나지 않기 때문에, 진성 반도체의 경우 페르미 준위는 에너지 밴드갭의 중간에 위치한다고 할 수 있다.

$$E_F = E_g / 2 \ : \text{진성 반도체}$$

식(8.40)과 (8.41)로부터 진성 반도체에 대한 N_C와 N_h의 곱은 다음처럼 표현된다.

$$N_C N_h = 4\left(\frac{2\pi k}{h^2}\right)^3 (m_e^* m_h^*)^{3/2} T^3 \exp\left(-\frac{E_g}{kT}\right) \tag{8.44}$$

식(8.44)에는 페르미 준위 E_F가 상쇄효과로 제거되 포함되지 않고 있으며 N_C와 N_h의 곱이 단지 온도와 밴드갭 에너지에만 의존함을 시사하고 있다. 단순히 두가지 에너지 준위($E=0$, E_V)를 고려한 볼쯔만 분포[식(8.80)] 적용 상황[공공결함 식(8.2)]과는 대조적으로, 식(8.45)에선 전자와 홀 수의 곱이 E_g/kT 온도 의존과 더불어 T^3 온도 의존 함수도 함께 나타나고 있다.

한편 일정한 온도에서 진성반도체 전하 운반자인 전자와 홀의 생성을 반응 형태로 나타내어 이들 결함 평형농도에 대해 화학반응 평형론적 고찰을 해보자.

$$null = N_C + N_h \tag{8.45}$$

$$\text{위 반응 평형시 : } \Delta F^\circ = -RT\ln K\,, \quad K = \frac{a_{N_C}a_{N_h}}{a_{null}}$$

여기서 *null*은 결함이 없는 격자를 의미한다. 결함농도가 매우 작은 양이므로 $a_{null}=1$로 가정할 수 있다. K는 반응식(8.45)의 표준 자유에너지 변화 ΔF° 관련 평형상수이다. 농도 N_C 및 N_h는 작은 수치의 값이므로, 전자 및 홀의 활동도에 헨리법칙이 적용될 수 있다 (즉, $a_{N_c}=\gamma_c^o N_C$, $a_{N_h}=\gamma_h^o N_h$). 반응 평형상수로부터 진성반도체 전자 및 홀 결함 간 평형농도 관계는 다음처럼 쓸 수 있다.

$$N_C N_h = AK = A\exp\left(-\frac{\Delta F^o}{kT}\right) = A\exp\left(\frac{\Delta S^o}{k}\right)\exp\left(-\frac{\Delta U^o}{kT}\right)$$

여기서 A는 활동도계수 관련 상수이다. 이로부터 진성반도체 결함 생성반응 식(8.45)에 대한 평형상수와 식(8.44)는 어느 정도 유사한 온도 의존함수 관계를 보인다고 할 수 있다.

8.6 이온 화합물 내 결함(세라믹 재료)

앞 절들에서는 동일한 원자로 이루어진 단원자 결정 내 점결함을 다루었다. 그러나 이온성 화합물(예로 금속 산화물)은 최소한 두 성분, 즉 양전기 성분 M과 음전기 성분 X를 지니고 있다. 공공은 음전기나 양전기 격자상 모두에서 형성될 수 있다. 더욱이 양전기 및 음전기 성분은 둘 다 공히 침입형 자리를 점유할 수도 있다. 세라믹 재료의 이러한 결함 형태에 대해 각각 살펴보기로 한다.

Kroger–Vink 표기법(참고문헌 7)을 사용하여 이들 결함에 대한 표식을 부호로 나타낼 수가 있다(표 8.2). 모든 점결함은 X_Y^Z 형태의 부호로서 표현될 수 있으며, 세 가지 각 표식 기호가 나타내는 의미는 다음과 같다(참고문헌 8).

- X: 격자자리를 점유하고 있는 성분을 나타낸다. 공공일 경우 V, 원소가 차지하고 있으면 원소기호를 써준다.
- Y: X가 점유하고 있는 격자자리의 형태를 나타낸다. 침입형 자리이면 i, 격자 위치일 경우는 통상적으로 그 격자자리를 차지하고 있는 원소기호를 써준다.
- Z: Y 격자자리를 점유한 X성분의 정상적 이온 전하량에 대한 상대적인 전하량을 나타낸다. 양의 전하는 점(• 혹은 ••), 음의 전하는 프라임(′ 혹은 ″)으로 윗첨자 표식을 한다. 소문자 x는 중성원자를 나타내기 위해 윗첨자로 사용된다.

염화은(AgCl) 결정의 경우 침입형 은 이온은 $\mathrm{Ag}_i^{\bullet}$, 은 격자상에 있는 공공은 V'_{Ag}으로 나타낸다.

이온화합물(세라믹 재료) 결함 평형농도에 대한 열역학적 고찰은 Kroger-Vink 표기에 따른 결함 생성 화학반응식을 고려한 후, 이에 깁스 평형원칙에 의한 화학반응 평형조건을 적용하여 결함 평형 농도의 정성적 정량화 표현을 기할 수 있다. 이후 다루어지는 절에서는 이러한 결함생성 화학반응 평형상수 접근방법을 채택하여 다양한 종류의 이온화합물 결함농도를 평형론적으로 해석하고 있다(8.1절 참조).

표 8.2 Kroger-Vink 표기법 요약(참고문헌 7)

기호	정의
M	양전기적 원소의 원자
X	음전기적 원소의 원자
M_M	M 격자자리를 점유한 M 원자(때로는 M_M^x 로서 표기)
N_M	M 격자자리를 점유한 N원자
V_M	M 격자자리를 점유한 공공
M_i	침입형 자리를 점유한 M원자
$M_i^{\bullet}$	침입형 자리를 점유한 양전하를 띤 M 이온(1가 이온)
$M_i^{\bullet\bullet}$	침입형 자리를 점유한 양전하를 띤 M 이온(2가 이온)
$X_i^{'}$	침입형 자리를 점유한 음전하를 띤 X 이온(1가 이온)
$V_X^{\bullet}$	X 격자자리를 점유한 양전하를 띤(완전 격자에 대한 상대적 전하) 공공
$V_M^{'}$	M 격자자리를 점유한 음전하를 띤(완전 격자에 대한 상대적 전하) 공공

결함의 형성이나 소멸을 기술하는 화학반응식은 반드시 다음 규칙에 따라야 한다.

- 질량이 보존되어야 한다.
- 전하량이 보존(전기적 중성)되어야 한다.
- *MX* 화합물 종류에 따라 *M*과 *X* 격자자리는 고정비를 나타내야 한다.

8.7 프랭켈 결함

이온성 결정 내 결함의 한 종류로서 격자 위치상에 존재해야 할 이온이 구조 내 침입형 자리를 차지함으로써 그 이온 격자 위치가 비게 되는 경우에 형성되는 결함 형태를 들 수 있다. 이러한 결함 형태를 프랭켈(Frenkel) 결함이라고 한다. 양전기 원소성분(*M*)에 의해 형성되는 프랭켈 결함은 다음 반응식으로 나타낼 수 있다.

$$MX = M_{(1-\delta)}X + \delta V_M + \delta M_i \tag{8.46}$$

Kroger–Vink 표기법으로 나타내면 다음식과 같이 쓸 수 있다.

$$M_M = M_i^{\bullet} + V_M' \tag{8.47}$$

위 식에서 침입형 원자 M은 +1의 전하로 이온화된다고 가정하였다. 따라서 공공은 **완전 격자에 대해 상대적으로** –1의 전하를 갖게 된다. 식(8.47)을 화학반응으로 고려하여 이에 대한 평형상수를 나타내보면,

$$K_i = \frac{a_{M_i^{\bullet}} a_{V_M'}}{a_{M_M}} \tag{8.48}$$

희박 농도범주에 속하는 적은 양의 결함(헨리법칙 만족)만이 결정내에 형성되므로 물질 M의 활동도 a_{M_M} 은 거의 1에 가까운 값(순수 M)으로 간주할 수 있다. 결함에 대한 표준상태로서 무한 희석용액 내 결함농도를 사용해 결함의 활동도를 나타내면, 헨리의 법칙에 따라 이들 무한 희석 결함의 활동도는 농도와 같게 된다.

$$K_1 = [M_i^{\bullet}][V_M'] \tag{8.49}$$

여기서 [ ]는 괄호 내 화학종의 농도를 나타내고, K_1 은 결함 생성반응 식(8.47)의 평형상수로서 $K_1 = \exp(-\Delta G^\circ / RT)$.

깁스에너지 최소화 : 깁스 평형원칙

이들 고유성 결함의 평형농도를 온도함수로 나타내기 위해서는 단원자 결정에 대해 사용한 것과 동일한 유도과정을 따를 수 있다(8.1절 참조). 대신에 공공 및 침입형 결함의 두 종류를 함께 고려한 구성 엔트로피 $\Delta \underline{S}_C$ 를 다루는 복잡성이 추가적으로 내재된다. 엔트로피 계산시 공공의 위치나 침입형 결함의 위치 설정에 대해서는 불확실성 원칙이 반드시 고려되어야 한다. 이에 따라서 공공과 침입형 결함은 무작위적으로 자리 위치를 하며 아울러 서로간에 독립적으로 그들의 위치를 점유한다고 가정할 수 있다. 따라서 볼쯔만식(2.15)에 의해 구성 엔트로피를 나타낼 수 있다.

$$\Delta \underline{S}_C = k \ln\left[\frac{(N+n_V)}{N!n_V!}\frac{(N+n_i)!}{N!n_i!}\right] \tag{8.50}$$

여기서 n_V = 공공의 수, n_i = 침입형 결함의 수.

8.1절의 전개 과정을 따르면,

$$\Delta \underline{G} = n\Delta \underline{H}_f - T(n\Delta \underline{S}_f + \Delta \underline{S}_C)$$

$\Delta \underline{H}_f$, $\Delta \underline{S}_f$ 는 결정 1몰 내 한쌍의 프랭켈 결함 생성 엔탈피 및 엔트로피를 각기 나타낸다(n 은 1몰 결정 내 프랭켈 결함 수를 의미한다).

Stirling 근사식을 이용하고 식(8.7)처럼 결함 수에 대한 $\Delta \underline{G}$ 함수값이 최소가 되는 깁스 평형조건 $\left[\left(\frac{\partial \Delta \underline{G}}{\partial n}\right)_T = 0\right]$ 을 적용하여, 이를 정리하면 다음 식을 얻을 수 있다.

$$\left(\frac{\partial \Delta \underline{G}}{\partial n}\right)_T = (\Delta \underline{H}_f - T\Delta \underline{S}_f) + kT\ln\left(\frac{n_V}{N+n_V}\right) + kT\ln\left(\frac{n_i}{N+n_i}\right) = 0$$

$$\left(\frac{n_V}{N+n_V}\right)\cdot\left(\frac{n_i}{N+n_i}\right) = \exp\left(\frac{\Delta \underline{S}_f}{k}\right)\exp\left(-\frac{\Delta \underline{H}_f}{kT}\right) \tag{8.51}$$

여기서 $n_V \ll N$, $n_i \ll N$: $[V_M'] = \frac{n_V}{V}$, $[M_i^{\bullet}] = \frac{n_i}{V}$

결정 1몰에 대해($N = N_A$, $V = \underline{V}$) 식(8.51)을 다시 쓰면,

$$[V_M'][M_i^{\bullet}] = \frac{N_A^2}{\underline{V}^2}\exp\left(\frac{\Delta \underline{S}_f}{k}\right)\exp\left(-\frac{\Delta \underline{H}_f}{kT}\right) \tag{8.52}$$

프랭켈 결함의 평형농도$[F]$는 침입형 결함농도$[M_i^*]$나 공공농도$[V_M']$와 같아진다. 따라서 $[F]$는 식(8.52)로 부터 침입형 결함과 공공농도 곱의 제곱근이 된다.

$$[F] = ([V_M'][M_i^{\bullet}])^{1/2} = \frac{N_A}{\underline{V}}\exp\left(\frac{\Delta \underline{S}_f}{2k}\right)\exp\left(-\frac{\Delta \underline{H}_f}{2kT}\right) \tag{8.53}$$

$[F]$ 항은 **고유성** 프랭켈 결함농도라 불리며 결함 형성 엔트로피 및 엔탈피와 관계된다.

깁스 평형원칙에 따라 유도된 프랭켈 결함 평형농도 관계식(8.52)는 식(8.49)와 정성적으로 동일하다. 이로부터 이온성 화합물 결함 평형농도 관계는 Kroger-Vink 표기법에 의한 결함생성 반응식으로 표현해서 평형상수 개념을 도입해 나타낼 수도 있음을 이해해 볼 수 있다. 따라서 이후 다양한 이온성 고체내 결함 평형농도 열역학 표현은 Kroger-Vink 표기법에 따른 결함 생성반응식을 도입해 나타내기도 한다.

이제까지의 설명은 양전기 원소(M)에 의해 생성되는 프랭켈 결함에 바탕을 두고 있으나, 음전기 원소(X)에 의한 프랭켈 결함 경우도 동일한 설명을 할 수 있다(X_i', V_X^*).

$$X_X = X_i' + V_X^*$$

아울러 프랭켈 결함은 이온성 화합물 결정에서 뿐만 아니라 금속결정 내 공공 형성시에도 나타날 수 있음에 유의하라. 이 경우 공공은 전하를 띠지 않는다($M_M = M_i + V_M$).

8.8 쇼트키-와그너 결함

이온성 결정 내 결함은 양전기 및 음전기 격자자리에 공히 이들의 전기 전하량에 해당되는 수만큼의 공공이 형성됨으로써 생성될 수도 있다(V_M', V_X^*). 양전기 및 음전기 원소가 모두 동일한 가전자를 지니면, 각 격자자리상에는 동일한 수의 공공이 형성된다. 그러나 두 원소의 가전자가 다르면, 격자자리상에 형성되는 공공의 수는 이들 원소의 가전자수에 역비례한다. 예로, $MgCl_2$ 의 경우 Mg^{2+} 및 Cl^- 격자상의 공공수는 V_{Mg}'' 및 $2V_{Cl}^{\bullet}$ 이다.

두 원소가 동일한 가전자를 지닌 경우에 공공의 수는 다음과 같이 Kroger-Vink 표기법에 의한 공공형성 반응식으로 표현할 수 있다('*null*'은 결함이 없는 결정격자(defect-free crystal)를 뜻한다).

$$null = V_X^{\bullet} + V_M' \tag{8.54}$$

일정한 온도에서 공공 생성반응 평형상수를 적용하면(결함농도는 희석농도로서 헨리법칙에 따라 $a_i = x_i$ 이며 $a_{null} = 1$),

$$K_2 = [V_X^{\bullet}][V_M'] \tag{8.55}$$

$[V_M']$ 항이 식(8.49) 및 (8.55)에 공히 나타나고 있음에 유의하라. 프랭켈 결함과 쇼트키－와그너(Shottky－Wagner) 결함은 동일 결정 내에서 함께 생성 공존할 수 있다. 따라서 이 경우 결함에 대한 화학적 평형이 유지되려면 전하체간 "전기적 중성"에 해당되는 화학량론 조건뿐만 아니라, 이에 추가로 프랭켈 결함과 쇼트키－와그너 결함 생성의 평형조건도 함께 만족되어야만 한다. 이들 조건으로부터 *M*, *X*의 가전자가 동일할 경우 다음 관계식을 유도할 수 있다.

$$[V_M'] = [M_i^{\bullet}] + [V_X^{\bullet}] : \text{화학량론조건(전기적 중성)} \tag{8.56}$$

프랭켈 및 쇼트키－와그너 결함 생성반응 평형으로부터,

$$[M_i^\bullet] = \frac{K_1}{[V'_M]};\quad [V_X^\bullet] = \frac{K_2}{[V'_M]} \quad : \text{깁스 평형조건}$$

$$K_1 + K_2 = [V'_M]([M_i^\bullet] + [V_X^\bullet])$$

위에 식(8.56)을 대입하면,

$$[V'_M]^2 = K_1 + K_2 \quad \Rightarrow \quad [V'_M] = \left(K_1 + K_2\right)^{1/2} \tag{8.57}$$

따라서 이온성 고체 내 양전기 격자자리(또는 음전기 격자자리)를 점유하는 **고유성 공공**의 농도는 식(8.56), 식(8.57)에 따라 프랭켈 결함 및 쇼트키-와그너 결함의 존재에 공히 의존도를 나타냄을 알 수 있다. 이온성 결정 화합물 내에서 프랭켈 및 쇼트키-와그너 기구에 의해 형성되는 공공 결함은 오로지 온도에만 의존해 열역학적으로 안정하게 결정내에 생성되는 고유성 공공이다.

8.9 이온화합물 결함간 상호작용

8.8절에서는 프랭켈 결함과 쇼트키-와그너 결함이 서로 상호의존성을 나타내고 있음을 고찰하였다. 이러한 결함농도의 상호의존성은 여러가지 다른 결함에서도 나타난다. 이 절에서는 이러한 관계들을 도표 형태로서 나타내는 방법에 대해 논하고자 한다. 이러한 도표는 브루어(Brouwer) 도표 혹은 크로거-빙크 도표라고 불리운다(참고문헌 8).

일정한 온도에서 이온성 고체 *MX*가 증기압, P_M 분위기 하에 놓여 있는 경우를 다루어 보자. 평형 증기압(P_M^{eq})보다 매우 낮은 *M* 증기압 영역에서는 이온성 고체 내에 *M*보다는 *X*가 잉여분으로 존재하게 된다. 증기압이 점차로 증가하여 평형 증기압에 이르게 되면 화학량론적 이온성 고체가 형성되고 이후 계속적으로 분압이 더 높아지면 역으로 고체 내에 *M*이 잉여분으로 존재하게 된다.

이절에선 고유성 V'_M 결함 생성은 프랭켈 결함만을 고려하고 있다(문제의 복잡성을 피하기 위해 쇼트키 결함 생성반응에 의한 고유성 V'_M 결함은 함께 고려치 않고 있음에 유의 바란다).

금속 증기 *M*은 *MX*결정과 반응하여 침입형 *M* 이온과 전자 n_i 을 생성한다(그림 8.9 영역 III: $P_M > P_M^{eq}$ 조건에서 주(major) 결함). 이를 결함 생성 반응 형태식으로 표현하면,

$$\left.\begin{array}{l} M(v) = M_i^x \\ M_i^x = M_i^\bullet + n' \end{array}\right] \boldsymbol{M(v) = M_i^\bullet + n'} \ \ \textbf{: 영역 III}$$

반응평형을 고려하면,

$$K_F = \frac{[n'][M_i^\bullet]}{P_M} \tag{8.58}$$

여기서 K_F 는 증기 M에 의한 이온성 고체 내 외인성 결함($M_i^\bullet$) 형성에 대한 반응 평형 상수이다.

M 격자상에서는 전하를 띤 공공이 형성되는 고유성 프랭켈 결함 또한 생기므로, 이러한 프랭켈 결함 반응평형 [식(8.49)]도 고려해야만 한다(그림 8.9 영역 II : $P_M = P_M^{eq}$ 조건에서 주 결함).

$$\boldsymbol{M_M = M_i^\bullet + V_M'} \ \ \textbf{: 영역 II}$$

$$K_F' = [M_i^\bullet][V_M'] \tag{8.59}$$

K_F' 은 온도에만 의존하는 함수임을 유의하라.

MX 고체와 증기 분위기간 반응에 의해 M 격자상 공공(V_M')과 홀 ($p^\bullet$) 이 생성되는 반응평형도 고려되어야만 한다(그림 8.9 영역 I : $P_M < P_M^{eq}$ 조건에서 주 결함).

$$\left.\begin{array}{l} M_M = M_i^x + V_M^x \\ M_i^x \rightarrow M(v),\ V_M^x = V_M' + p^\bullet \end{array}\right] \boldsymbol{M_M = M(v) + V_M' + p^\bullet} \ \ \textbf{: 영역 I}$$

$$K_F'' = [p^\bullet][V_M'][P_M] \tag{8.60}$$

결함 $M_i^\bullet$ 및 V_M' 에 대한 세 가지 결함 생성 반응기구가 위에서 식(8.58), (8.59), (8.60)으로 언급되었다.

부가적으로 자유전자(n') 와 홀($p^\bullet$) 간의 평형도 이루어지게 된다.

$$\boldsymbol{null = n' + p^\bullet}$$

$$K_i = [n'][p^\bullet] \tag{8.61}$$

아울러 결정의 "전기적 중성도" 조건에 의해 전하체간 다음 등식도 추가된다.

$$[n'] + [V_M'] = [p^\bullet] + [M_i^\bullet] \tag{8.62}$$

따라서 식(8.58 – 8.62)로부터 전하체 $M_i^\bullet$, V_M', $p^\bullet$, n' 간의 상대적 농도를 증기압

P_M 함수로서 결정할 수 있다(그림 8.9 참조). 이에 대한 설명은 다음과 같다.
반응식(8.58), (8.59), (8.60), (8.61) 평형상수에 자연대수를 취하면,

$$\ln K_F = \ln[M_i^\bullet] + \ln[n'] - \ln P_M \tag{8.58a}$$

$$\ln K_F' = \ln[M_i^\bullet] + \ln[V_M'] \tag{8.59a}$$

$$\ln K_F'' = \ln[V_M'] + \ln[p^\bullet] + \ln P_M \tag{8.60a}$$

$$\ln K_i = \ln[n'] + \ln[p^\bullet] \tag{8.61a}$$

광범위 금속 증기압력 범위에 걸쳐 이들 전하체 농도의 압력함수 표현식을 구함으로써 브루어(혹은 크로거 - 빙크) 도표 (log[전하체] 대 $\log P_M$ 그래프)를 구성할 수 있다.

영역 I

낮은 금속 증기압력($P_M < P_M^{eq}$) 범위에서는 양이온 자리의 음전하 공공농도(V_M')와 홀($p^\bullet$)의 농도가 다른 전하체보다 우세하다고 할 수 있다. 전기적 중성 조건[식(8.62)]에 근거해 보면 이들 둘의 농도는 같게 된다(이 경우 식(8.62)의 $M_i^\bullet$과 n'은 V_M'과 $p^\bullet$에 비해 각각 상대적으로 매우 작은 농도이므로 이들을 무시하면).

$$[p^\bullet] = [V_M'] \qquad \textbf{(영역 I)} \tag{8.63}$$

이들 간의 결함 생성 반응식을 표기하면

$$M_M = M(v) + V_M' + p^\bullet$$

위 반응 평형상수 표현 식(8.60a)를 재정렬하면,

$$\ln P_M = -\ln[V_M'] - \ln[p^\bullet] + \ln K_F'' \; : \textbf{영역 I 주 결함 표현식}$$

위 식에 포함된 $[V_M']$과 $[p^*]$ 농도는 반응 식(8.59)와 (8.61)을 함께 만족해야 하므로 이들 반응 평형상수 식(8.59a)와 (8.61a)를 $[M_i^\bullet]$과 $[n']$ 농도를 무시하고 결합하면,

$$\ln\left(\frac{K_F'}{K_i}\right) = \ln[V_M'] - \ln[p^\bullet] \tag{8.64}$$

위 두 식을 결합하면, **영역 I**에서 결함 $[V_M']$가 P_M 압력 함수로서 다음처럼 얻어진다.

$$\boldsymbol{\ln P_M = -2\ln[V_M'] + \ln\left(\frac{K_F'}{K_i K_F''}\right)} \tag{8.65}$$

영역 II

이후 금속 증기압력을 더 증가시키면 화학량론적 전하체 농도 영역으로 진입하게 된다 $(P_M = P_M^{eq})$. 이 영역에선 침입형 양이온, $[M_i^*]$과 음 전하를 띤 공공의 농도, $[V_M']$는 같게 된다(고유성 프랭켈 결함).

$$[\boldsymbol{V_M'}]=[\boldsymbol{M_i^\bullet}] \qquad \textbf{(영역 II)} \tag{8.66}$$

$$M_M = M_i^* + V_M'$$

영역 III

압력이 보다 더 증가함에 따라 결국에는 침입형 양이온의 농도$(M_i^\bullet)$가 자유전자(n')의 농도와 같아지는 영역$(P_M > P_M^{eq})$이 도달된다[즉, 식(8.62)에서 $[V_M']$과 $[p^\bullet]$가 상대적으로 $M_i^\bullet$와 n'에 비해 각각 매우 작은 농도이므로 이들을 무시하면].

$$[n']=[M_i^\bullet] \qquad \textbf{(영역 III)} \tag{8.67}$$

이들간의 결함 생성 반응식을 표기하면

$$M(v) = M_i^* + n' \tag{8.58}$$

위 결함 생성 반응 평형상수 표현식을 다음과 같이 재배열할 수 있다.

$$\ln P_M = \ln[M_i^\bullet] + \ln[n'] - \ln K_F \ \ : \textbf{영역 III} \tag{8.58a}$$

식(8.61)과 식(8.62)도 동시에 만족되야 하므로 이들에 대한 평형상수 식(8.59a)와 식(8.61a)를 결합하면($M_i^\bullet$과 n'에 비해 V_M'과 $p^\bullet$은 각각 상대적으로 매우 작은 농도이므로 이들을 무시하고),

$$\ln\left(\frac{K_F'}{K_i}\right) = \ln[M_i^\bullet] - \ln[n'] \tag{8.68}$$

따라서 식(8.58a)와 식(8.68)로부터 다음처럼 **영역 III**에서 $M_i^\bullet$ 결함농도 표현식을 쓸 수 있다.

$$\boldsymbol{\ln P_M = 2\ln[M_i^\bullet] - \ln\left(\frac{K_F' K_F}{K_i}\right)} \tag{8.69}$$

P_M 변화에 따른 M_X 결정 내 다양한 결함 생성 반응에 관여하는 이들 결함간 관계식 [(8.65), (8.66), (8.69)]이 개략적으로 그림 8.8 및 8.9에 도해되어 있다. 침입형 양이온의 농도와 양이온 공공의 농도가 같아지는 그림 8.8의 우측편 끝자락은 고유성 프랭켈 결함

이 우세한 영역 II임을 알 수 있다. 그림 8.9에 보여지듯이 금속 증기압이 더 증가하면 자유전자와 침입형 양이온이 우세한 영역(영역 III)이 나타나게 된다. 그림 8.9에는 금속 증기압 변화에 따른 여러 결함 전하체들의 농도 변화가 개략적으로 나타나 있다.

쇼트키 결함 또는 이보다 복잡한 결함생성 반응을 부가적으로 고려할 경우도 위와 동일한 유도전개 방법에 따라서 그림 8.9와 유사한 브루어 그래프를 작성할 수 있다.

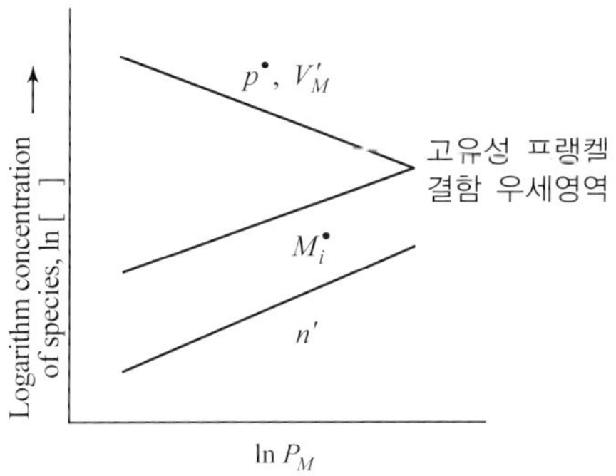

그림 8.8 $P_M < P_M^{eq}$ 조건에서 $M(v)$ 분위기에 노출된 이온성 결정 화합물 MX 내 결함 전하체 농도의 금속 증기압력 함수도해(로그스케일)

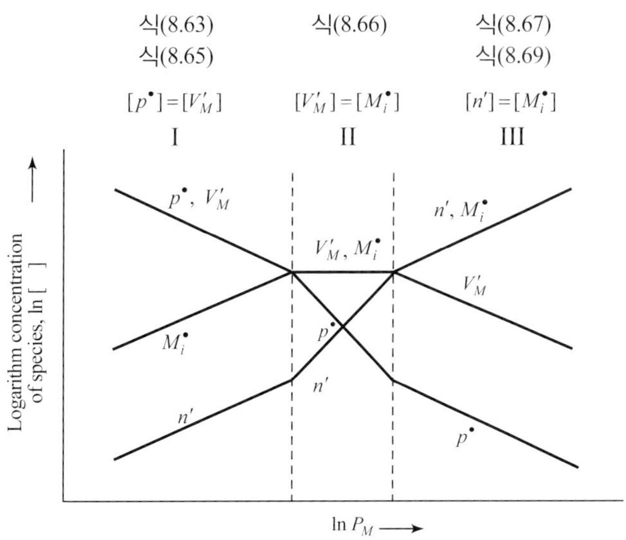

그림 8.9 $M(v)$ 분위기에 노출된 MX 내 여러가지 결함 전하체 농도의 금속 증기압력 (P_M) 함수 도해: log[ ] 대 ln P_M (브루어 그래프). V_M' 생성은 편의상 프랭켈 결함만을 고려하고 있다.

8.10 이온성 결정 내 고유성 및 외인성 결함

이온성 결정 내 공공은 공공 생성반응 평형상수를 이용해 정량화 할 수 있다. 앞 절에서 다룬 바와 같이 절대온도 영도 이상에선 평형상태로 관심온도에 상응하는 어느 정도 공공의 양이 열역학적으로 안정하게 존재하게 된다. 이처럼 임의온도에서 순수한 $M-X$ 결정 내에 열적 평형상태를 이루고 있는 공공을 고유성 공공이라고 한다. 모재(母材) 원소 이온의 가전자수와 다른 가전자수를 지닌 불순물 이온에 의해서도 또한 공공이 생길 수 있으며, 이러한 공공을 외인성 공공이라고 한다.

염화나트륨(NaCl)에 염화카드뮴($CdCl_2$)이 첨가되는 경우를 고려해 보자. 화합물 화학식으로부터 염화카드뮴 내 카드뮴 가전자(산화수)는 +2이고, 염화나트륨의 나트륨 이온은 +1의 가전자를 지닌다. $CdCl_2$ 분자는 두 개의 음이온 자리와 한 개의 양이온 자리를 차지한다. 따라서 염화카드뮴이 희석농도로 용해된 염화나트륨 용액 내에서 전기적 중성이 유지되기 위해서는 카드뮴 이온이 첨가될 때마다 M 격자상에 한 개의 나트륨 이온 공공이 매번 형성된다(그림 8.10). 따라서 전기적 중성 조건은 다음과 같이 표현될 수 있다.

$$[V'_{Na}] = [Cd^{\bullet}_{Na}] + [V^{\bullet}_{Cl}] \tag{8.70}$$

나트륨 이온 격자상의 공공농도는 염소 격자 내 공공농도(고유성 쇼트키 결함)와 카드뮴 이온의 농도(외인성 결함)를 더한 값이 된다. 즉, Na 공공 V'_{Na} 은 Cd이온 첨가와 더불어 쇼트키 결함에 의해서도 생성된다. 식(8.70)은 편의상 프랭켈 고유성 결함에 의해 생성될 수 있는 Na 공공농도, V'_{Na} [$Na^{\bullet}_i$ 와 쌍으로 생성: 식(8.47)]는 편의상 고려하지 않고 있다. 이를 고려할 경우 식(8.70)은 $[V'_{Na}] = [Cd^{\bullet}_{Na}] + [V^{\bullet}_{Cl}] + [Na^{\bullet}_i]$ 이 된다.

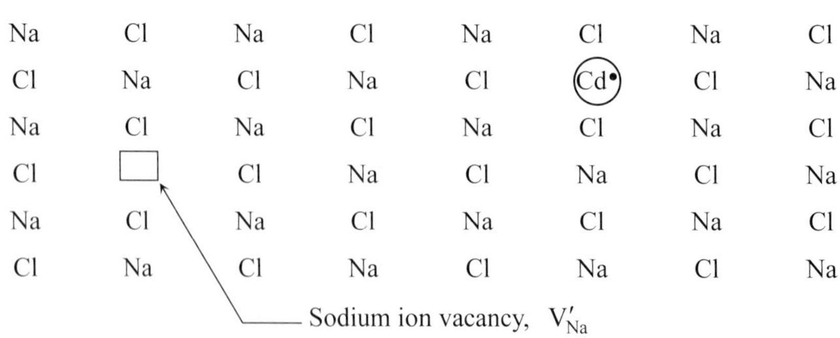

그림 8.10 NaCl 결정에 첨가된 불순물 $CdCl_2$ ($Cd^{\bullet}_{Na}$)의 결함 형성에 미치는 영향

식(8.70)으로부터 카드뮴 이온의 농도가 염소 이온 공공의 농도에 비해 훨씬 큰 경우 $\left([Cd^{\bullet}_{Na}] \gg [V^{\bullet}_{Cl}]\right)$, 나트륨 이온 공공의 농도는 단순히 카드뮴 이온농도와 같아짐을 알 수 있다. 이 경우에 나트륨 이온 공공의 농도는 외부 요인에 의한 결함이 된다; 즉, 염화나트륨 자체의 고유한 성질에 의해 제어될 수 없는 공공농도가 된다. 이 경우 나트륨 이온 공공농도는 외부인가 조건(즉, 카드뮴 이온농도)에는 의존하나, 열적 평형에 의해 내부적으로 유발되는(즉, 온도의존성을 지닌) 고유성 공공농도와는 무관하게 된다. 그러나 카드뮴 이온농도가 매우 적다면($[Cd^{\bullet}_{Na}] \ll [V^{\bullet}_{Cl}]$), 나트륨 이온 공공의 농도는 염소 이온 공공의 농도와 같게 되고, 이들 농도는 열적 평형에 의해 유발되는 고유성 공공농도가 된다. 이러한 관계는 염화나트륨 격자상 쇼트키 결함에 대한 평형 관계식으로서 설명할 수 있다.

$$K_S = [V'_{Na}][V^{\bullet}_{Cl}] \tag{8.71}$$

식(8.59)와 (8.58)을 결합하면,

$$[V'_{Na}] = [Cd^{\bullet}_{Na}] + \frac{K_S}{[V'_{Na}]}$$

$$[V'_{Na}]^2 - [Cd^{\bullet}_{Na}][V'_{Na}] - K_S = 0$$

위 식의 해를 구하면,

$$[V'_{Na}] = \frac{[Cd^{\bullet}_{Na}] + ([Cd^{\bullet}_{Na}]^2 + 4K_S)^{1/2}}{2} \tag{8.72}$$

임의의 염화카드뮴 농도를 함유한 염화나트륨 결정은 온도에 따라서 고유성 또는 외인성 거동을 모두 나타낼 수 있다. 식(8.72)로부터 고온에서는 평형상수 K_S가 $[Cd^{\bullet}_{Na}]$ 보다 수치상 훨씬 더 커질 수 있으며, 이러한 경우 $[V'_{Na}] = {K_S}^{1/2}$ 가 되고[즉, 식(8.51)에서 $V'_{Na} \cong V^{*}_{Cl}$ 인 경우], 열적 평형으로 유발되는 Na 공공결함이 Cd 이온농도보다 더 많아지게 되어 결정결함은 고유성 거동을 보이게 된다. 한편 결정의 온도가 낮아지면 K_S 값이 지수적으로 작아진다. 즉, 열적으로 유발되는 고유성 공공의 수가 지수적으로 줄어든다. 낮은 온도에서 K_S 가 $[Cd^{\bullet}_{Na}]^2$ 보다 훨씬 작으면 $[V'_{Na}] = [Cd'_{Na}]$ 가 성립되어 결정 결함은 외인성 거동을 보인다. 온도에 따른 이러한 결정 결함 거동의 차이가 절대 온도의 역수와 나트륨 이온 공공농도의 자연대수치로서 도시되어 그림 8.11에 나타나 있다.

고유성 공공 거동 영역(높은 온도영역)에서는 나트륨 이온 공공의 농도가 염소 이온 공공농도와 같게 된다. 외인성 공공 거동 영역(낮은 온도영역)에서는 쇼트키 – 와그너 결함 평형 표현식[식(8.71)]이 그대로 준수되어야만 한다. 따라서 그림 8.11에 나타나 있듯이 염소 이온 자리 공공농도가 고유성 염소 이온 공공농도에 대한 계산치(점선)보다 더 작게 된다. $CdCl_2$ 첨가에 의한 잉여 Cl 이온 공급에 따라 고유성 $V_{Cl}^{\bullet}$ (여기선 쇼트키 결함)의 농도가 점선 값으로부터 줄어들게 된다. 반면에 Cd 이온만 주입한 경우에는 낮은 온도영역의 고유성 $V_{Cl}^{\bullet}$은 점선으로 나타난다. 이 경우 외인성 나트륨 공공농도 $X_{V'_{Na}}$ 은 $X_{Cd^{\bullet}_{Na}}$ 에 해당된다.

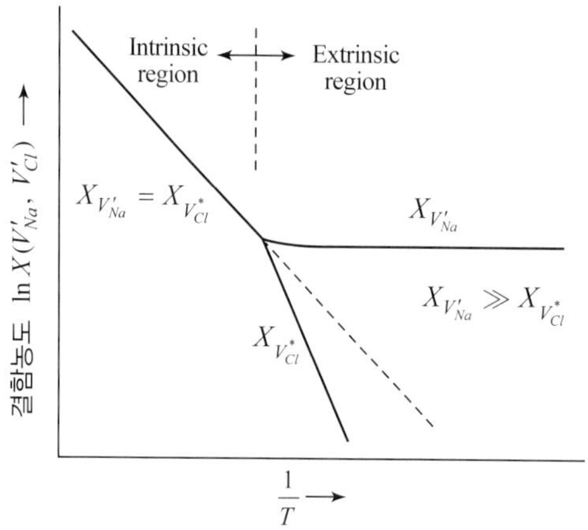

그림 8.11 온도함수로서의 고유성과 외인성 공공 영역

8.11 결함 형태의 실험적 결정

지금까지 살펴본 이온성 화합물 내 존재하는 여러가지 결함 형태는 물리적 측정 방법을 통해 실험적으로 확인해 볼 수 있다. 사실 이온성 고체를 센서로 사용하는 경우에는 온도 또는 사용 분위기 변수(O_2, NO_X, SO_X 등)의 함수로서 측정될 수 있는 양을 센서로부터 관찰하게 된다(온도 또는 가스 센서). 이 절에서는 이온성 결정 내 결함 형태를 결정하는 두 가지 방법에 대해 논하고자 한다. 하나가 격자상수와 밀도를 측정하는 방법이고, 다른 하나는 전기전도도 측정에 의한 방법이다.

먼저 밀도 및 격자상수 측정 방법을 살펴보기 위해 ZrO_2(zirconia)에 CaO(calcia)가 첨가되는 경우를 고려해 보자. ZrO_2격자에 15몰% CaO가 첨가되는 경우, 각 이온의 가전자수가 변하지 않는다고 하면(Ca^{2+}, Zr^{4+}, O^{2-}), 세 가지 이온종에 대한 전기적 중성 조건식에 의해 화학량론적으로 $Zr_{0.85}Ca_{0.15}O_{1.85}$ 의 조성을 갖게 된다. 이러한 화학량론 조성의 결정 형성에는 두 가지 가능한 방법이 있을 수 있다. 산소 격자에 공공을 형성시키거나(한 개 Ca이 Zr 자리를 점유하면 O 이온격자 공공이 한 개 형성된다: $Zr_{0.85}Ca_{0.15}O_{1.85}$), Ca 또는 Zr 이온이 침입형 자리에 들어가면(Ca 하나가 Zr 자리를 차지하면 또 다른 Ca 이온이 침입형 자리를 점유하고, 만일 Ca 두개가 Zr 자리를 차지하면 하나의 Zr이온이 침입형 자리를 점유한다: $Zr_{0.85\times2/1.85}Ca_{0.15\times2/1.85}O_2$), 이러한 조성의 결정이 형성 될 수 있다. X선 회절 실험 결과에 의하면, 이 결정은 5.131Å의 격자상수를 갖는 불화물(fluorite) 이온결합 구조로 결정화되어 있는 것으로 밝혀졌다. 두 가지 경우에 대해 결정의 밀도를 각각 계산해 보자.

우선 산소 이온의 공공이 형성될 경우($Zr_{0.85}Ca_{0.15}O_{1.85}$), 단위포(unit cell)의 무게는 $452.60/N_A$ 로서 다음 합으로 구해진다[단위포 내 (Ca + Zr) 원자 4 및 O 원자 4×1.85 개 존재].

$$\left.\begin{array}{l} \text{Ca}:\dfrac{4\times0.15\times40.08}{N_A} \\ \text{Zr}:\dfrac{4\times0.85\times91.22}{N_A} \\ \text{O}:\dfrac{4\times1.85\times16}{N_A} \end{array}\right\}=\frac{452.60}{N_A}$$

단위포의 부피는 격자상수(5.131 Å)의 세제곱으로서 135.08 Å^3, 즉 $135.08\times10^{-24}\,\text{cm}^3$ 이 된다. 따라서 밀도는: $\rho=\dfrac{452.60}{\left(6.022\times10^{23}\right)\left(135.08\times10^{-24}\right)}=5.57\ \text{g/cm}^3$

다음으로 Ca와 Zr이온이 침입형으로 존재할 경우 $\left[Zr_{\left(\frac{2\times0.85}{1.85}\right)}Ca_{\left(\frac{2\times0.15}{1.85}\right)}O_2=Zr_{0.85}Ca_{0.15}O_{1.85}\right]$, 단위포의 무게는 $489.29/N_A$ 로서 다음 합으로 주어진다. O의 화학량론비를 2로 정할 경우 Ca와 Zr의 화학량론 비는 각각 $(0.15\times2/1.85)$ 및 $(0.85\times\ 2/1.85)$ 이다. 단위포 내 (Ca+Zr) 원자 $4\times(2/1.85)$ 및 O원자 (4×2) 개가 존재한다.

$$\left.\begin{array}{l} \text{O}:\dfrac{4\times2\times16}{N_A} \\ \text{Ca}:\dfrac{4\times\left(2/1.85\right)\times0.15\times40.08}{N_A} \\ \text{Zr}:\dfrac{4\times\left(2/1.85\right)\times0.85\times91.22}{N_A} \end{array}\right\}=\frac{489.29}{N_A}$$

밀도는 : $\rho = \dfrac{489.29}{\left(6.022\times10^{23}\right)\left(135.08\times10^{-24}\right)} = 6.01\ \text{g/cm}^3$

위의 두 가지 밀도값 5.57과 6.01g/cm^{3}은 밀도 측정방법에 의해 쉽게 구별될 수 있다. 이로부터 주어진 화학량론적 조성의 결정형성이 두 방법 중 어느 방법에 의해 얻어지는지를 알 수 있게 된다. ZrO_2에 CaO가 첨가된 경우에는 1600°C온도에서 CaO – ZrO_2 고용체 내에는 산소 이온 공공이 존재한다고 알려져 있다. 즉, 실험적으로 측정한 밀도값이 5.57g/cm^{3}에 가까운 값으로 보고되고 있다. 이것은 매우 중요한 결론으로서, CaO 도핑(안정화) ZrO_2결정은 고온 연료전지에 사용될 경우에 산소 이온 전도체로서, 그리고 전기화학전지(농도전지)의 고체전해질로 사용될 경우에는 산소 분압 센서로서 매우 유용하게 이용될 수 있음을 알 수 있다(10.5절).

전기전도도 측정법도 또한 이온성 결정 내 존재하는 결함 형태를 결정하는데 이용될 수 있다. ZnO의 경우를 예로서 고려해 보자. ZnO는 낮은 산소 압력하에서 가열되면 전도성을 띠게 된다. Hall 효과 측정(참고문헌 7)에 의하면 음전하체에 의해 전도가 이루어진다고 밝혀졌으며, 전도도 값의 크기로 볼 때 전자(n')가 전하 운반체 역할을 한다고 여겨진다. 결함 구조를 Zn 이온이 침입형 자리를 차지하고 있는 프랭켈형 결함구조로 가정해 보자(외인성 프랭켈 결함: 산소이온이 분위기 산소(P_{O_2}) 중으로 이동하고 Zn 이온이 격자위치에서 격자간 공간으로 이동하며 전자를 형성해 전하량 균형을 이룬다). 이 경우 질문은 침입형 Zn 이온이 1가 혹은 2가 전하 중 어느 값을 지니고 있느냐는 것이다.
먼저 1가 전하를 띤다고 가정하면 외인성 프랭켈 결함 생성 반응기구는 다음과 같다.

$$ZnO = \frac{1}{2}O_2 + Zn_i^{\bullet} + n' \tag{8.73}$$

위 반응에 대한 평형 상수는,

$$K = P_{O_2}^{1/2}[Zn_i^{\bullet}][n'] \tag{8.74}$$

침입형 Zn 이온의 농도가 전자 농도와 같아야 하므로[충분히 낮은 온도조건에선 고유성 프랭켈 결함 형성 ($M_M \rightarrow M_i^* + V_M'$) 으로 생성되는 침입형 Zn 이온 농도는 무시할 수 있다고 하면],

$$[Zn_i^*] = [n'] \tag{8.75}$$

이 경우 전자농도와 전도도는 산소의 – 1/4승에 비례하게 된다.

$$[n'] = [Zn_i^{\bullet}] = K^{1/2} P_{O_2}^{-1/4} \tag{8.76}$$

한편 침입형 Zn 이온이 2가 전하를 띤다면 다음 결함 생성 반응기구에 의해 전자농도는 산소압력의 –1/6승에 비례한다.

$$ZnO = \frac{1}{2}O_2 + Zn_i^{\bullet\bullet} + 2n' \tag{8.77}$$

$$K = P_{O_2}^{1/2}\left[Zn_i^{\bullet\bullet}\right][n']^2$$

$$\left[Zn_i^{**}\right] = \frac{1}{2}[n']$$

$$[n'] = \frac{5}{4}K^{1/3}P_{O_2}^{-1/6} \tag{8.78}$$

실험적으로 ZnO 결정의 전도도는 산소압력의 –1/4승에 비례한다고 관찰되었다. 따라서 ZnO 내에는 1가 전하를 띤 침입형 Zn이온이 결함으로 존재하게 되므로 인해 전하 운반체인 전자 결함을 결정내 생성하여 전도성을 띨 수 있게 된다.

8.12 비화학량론 화합물

할로겐 화합물(halide)과 같이 이온성(이온결합)이 강한 화합물들은 대개 화학량론적으로 고정된 성분비를 나타낸다. 예를 들어 염화나트륨은 양이온과 음이온의 비율이 1:1이고, 염화카드뮴은 2:1의 비를 나타낸다. 초등화학 입문서에서 다루는 대부분의 화합물들은 이러한 화학량론적 성분비로서 이루어져 있다. 그러나 이들 화합물이 다른 환경 분위기 중에 노출될 경우에는 성분비가 약간 변화될 수 있다. 화학량론적 성분비로부터 크게 벗어난 비를 지니는 화합물도 실제로 다수 존재한다. 이에 속하는 화합물의 예로서 철 산화물의 한 종류인 wustite(Fe_xO)를 들 수 있다.

Wustite(Fe_xO)는 양, 음이온의 비가 1:1로서 존재하지 않고, 실제로 이들 간의 비는 어느 정도의 성분비 범위에 걸쳐서 존재한다(그림 8.12). 철이 풍부하게 함유된 산화물 조성은 $Fe_{0.95}O$에 가까워 진다. 1200°C온도에서 10^{-9}부터 10^{-12}기압 범위 내 산소 압력 분위기하에서 wustite(Fe_xO: $x < 0.95$) 가 평형을 유지할 경우 wustite 내 존재 산소량은 변하게 된다. 이 경우 wustite 비화학량론성은 침입형 산소 이온이나 양이온 공공의 형성으로 인해 나타날 수 있다. 표 8.3의 격자상수 및 밀도 측정 실험자료에 의하면 산소압력 증가로

인해 철-산소의 비가 감소함에 따라 산화물의 밀도가 따라서 감소하는 경향을 보인다. 이로부터 wustite 화합물의 비화학량론성은 양이온 공공에 기인하여 나타난다는 것을 알 수 있다. 화합물이 전기적 중성을 유지하려면, 양이온 공공이 하나 형성될 때마다 두 개의 Fe^{2+} 이온이 Fe^{3+}로 변화해야 한다. 즉, FeO 내에 Fe_2O_3가 함께 존재하는 고용체 형태를 나타내게 된다.

Wustite와 유사한 비화학량론성 거동은 Ni–O, Co–O, Cu–O 산화물 계에서도 관찰된다. 이온성 화합물의 비화학량론성은 Fe–O 계처럼 반드시 양이온 공공에 의해서만 설명되는 것은 아니다. Zr–O와 Ti–O 계에서는 음이온 공공이 생성되어 산화물의 비화학량론성이 나타난다. 8.10절에서 설명된 바와 같이 Zn–O 계처럼 침입형 양이온에 의해 산화물의 비화학량론성이 설명되는 경우도 있다. 그러므로 초등화학 입문서에서 일반적으로 사용하는 고정 원자비로서 단순하게 화합물(알칼리금속과 할로겐족 간 화합물)을 구성하는 결합원칙은 재료공학에서 다루는 대부분의 이온결합 고체 화합물에 대해서는 적용될 수 없다고 결론지을 수 있다.

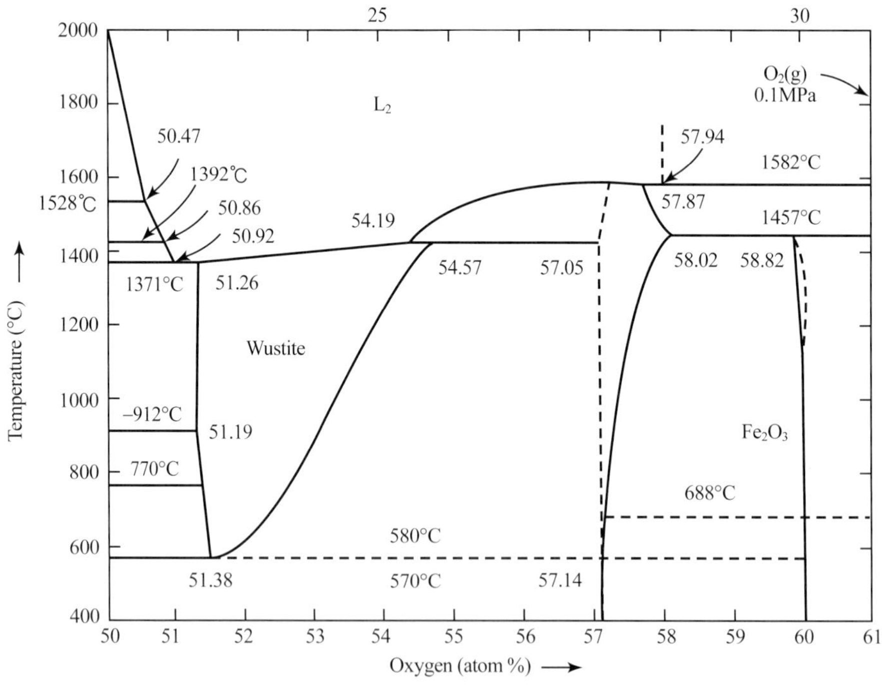

그림 8.12 50–60 a/o[O] 농도 영역 구간에 대한 Fe–O 이원계 응축상 상태도; 0.1 MPa O_2

표 8.3 FeO의 격자상수 및 밀도

	Composition	Lattice Parameters(Å)	Density (g/cm^3)
P_{O_2} ↑	$Fe_{0.91}O$	4.282	5.613
	$Fe_{0.92}O$	4.285	5.624
	$Fe_{0.93}O$	4.292	5.658
	$Fe_{0.945}O$	4.301	5.728

Source: E. Jette and F. Foote, *J. Chem. Phys.*, 1, 29(1993), 참고문헌 9.

8.13 결함 입자 평형 분포 : 통계열역학

열역학 3법칙에 따르면 0K 이상 온도에서 결정재료는 구조적으로 고유한 결함을 열역학 평형 수치 만큼 반드시 지니며, 이러한 결함 종류 및 형태에 따라 재료는 고유한 특징적 성질(금속, 세라믹, 반도체)을 나타낼 수 있게 된다.

다양한 재료의 결함 정량화에 대한 평형론적 해석을 위해 우선 통계열역학에 기반을 둔 결정 내 결함 입자의 양자에너지 상태 점유 분포를 나타내는 주요한 확률적 입자분포 표현식들을 소개한다. 재료에 따라 적절하게 정해지는 결함 입자 분포식을 활용해 이들을 통계열역학 엔트로피 표현인 볼쯔만식에 적용함으로서 평형원칙에 의거해 결정 재료내 결함 평형 분포에 대한 정량화 이론을 확립할 수 있다.

이 절에서는 재료에 따른 적절한 확률통계적 입자 또는 결함 분포식을 활용해 계 엔트로피 통계열역학적 표현인 볼쯔만식(2.15)를 이용해서 평형원칙에 의거한 평형 입자계의 양자역학 에너지상태 점유 입자 분포를 유도하고자 한다. 먼저 금속재료 점결함 평형분포를 나타낼 수 있는 볼쯔만 분포에 대한 유도과정을 소개하고, 이어서 반도체 점결함(전자결함) 평형분포인 페르미-디락 분포를 유도하고자 한다(참고문헌 6). 참고로 결정결함 에너지 상태 점유 분포와 직접적 관련은 없지만 Bosons과 기체 입자계의 열역학 거동(성질)에 대한 통계열역학적 해석으로 평형원칙에 따른 이들 계 평형시 입자의 에너지상태 점유분포를 나타내는 보스-아인슈타인, 맥스웰-볼쯔만 입자분포도 소개하고자 한다.

Boltzmann 분포

입자(원자)의 위치가 정해지는 고상 재료 내 구별 가능한 동일 입자가 축중도를 지니지 않는 양자에너지 상태, $E_i (i = 1, 2, 3, \cdots\cdots)$ 를 점유하는 입자수, n_i 에 대한 배치 방법의 수 Ω 는,

$$\Omega = \frac{N!}{\prod_i n_i!} \quad \text{여기서} \quad N = \sum n_i \tag{8.5}$$

이 경우 특정 에너지상태를 점유하는 입자수에는 제한을 두지 않고 있다.
일정한 입자수 N(아보가드로 수 차수 정도의 큰 수), 에너지 E, 부피 V를 나타내는 계 고립화 구속조건을 적용하면,

$$N = \sum n_i = \text{일정}$$
$$E = \sum n_i E_i = \text{일정}$$

4장에서 언급한 평형원칙에 따르면 계 고립화 구속조건하에서 통계열역학 엔트로피 표현인 볼쯔만식 $S = k \ln \Omega$의 최대치 조건이 바로 계 평형상태에서 입자의 에너지상태 점유 배치를 나타내게 된다. 따라서 Ω를 최대치화 하는 입자의 에너지 상태 점유 배치, n_i^*가 바로 입자계의 평형상태를 나타낸다고 할 수 있다.

$$\ln \Omega = \ln N! - \sum_i \ln n_i!$$

스터링 관계식으로부터,

$$\ln \Omega = N \ln N - N - \left(\sum_i n_i \ln n_i - \sum_i n_i \right) = N \ln N - \sum_i n_i \ln n_i$$

계 평형시 입자의 에너지상태 점유 분포를 나타내는 평형조건은 계고립화 구속조건하에서 $\ln \Omega$ 최대치($d \ln \Omega = 0$)를 만족시키는 조건이 된다(평형원칙).
계 엔트로피 최대화 지배방정식은

$$d \ln \Omega = -d\left(\sum_i n_i \ln n_i \right) = \sum_i \ln n_i dn_i + \sum_i dn_i = \sum_i \ln n_i dn_i$$
$$d \ln \Omega = \sum_i \ln n_i dn_i = 0$$

계 고립화 구속조건으로부터,

$$\sum_i dn_i = 0, \quad \sum_i E_i dn_i = 0 \quad : \text{구속방정식}$$

지배 방정식의 최대치를 구속 방정식을 이용해 결정하는 수학적 미분방정식 해법인 라그랑지 미정승수법을 적용해 해를 구해 보자(부록 A).

	미정승수
$\sum_i \ln n_i \, \delta n_i = 0$	1
$\sum_i \delta n_i = 0$	α
$\sum_i E_i \, \delta n_i = 0$	β

위 세 미분방정식에 미정승수를 각각 곱하고 이들을 더하면,

$$\sum_i (\ln n_i + \alpha + \beta E_i)\, dn_i = 0$$

여기서 α, β 는 미정승수(undetermined multiplier)를 나타낸다.
모든 i 에 대해 위 관계식이 성립해야 되므로,

$$\ln n_i + \alpha + \beta E_i = 0$$

따라서 계 평형시 구성입자의 에너지상태 점유 배치 n_i^* 는,

$$n_i^* = e^{-\alpha} e^{-\beta E_i} \tag{8.79}$$

$\sum n_i^* = N$ 이므로,

$$e^{-\alpha} = \frac{N}{\sum_i e^{-\beta E_i}}$$

$$n_i^* = \frac{N e^{-\beta E_i}}{\sum e^{-\beta E_i}}$$

"위 분포식은 계 구성입자의 에너지 상태 점유 분포시에 가능한 각 에너지 상태 내 점유 입자수에 제한을 두지 않는 경우에 성립된다." 이는 고상 재료계 평형시 입자의 양자에너지상태 점유 분포를 나타내는 식으로 **볼쯔만 분포**라 불리운다.
평형상태의 고체물질 내 임의 한 입자가 점유 가능한 에너지 상태들 가운데 특정 에너지 상태 E_i 를 점유할 수 있는 확률 p_i 는,

$$p_i = \frac{n_i^*}{N} = \frac{e^{-\beta E_i}}{\sum_j e^{-\beta E_j}} = \frac{e^{-\beta E_i}}{Q} \tag{8.80}$$

여기서 Q 는 **한 입자에 대한 카노니칼(등온닫힌계) 분배함수**(single particle partition canonical fuction)이다. 분배함수는 가용한 모든 양자에너지상태 지수함수에 대한 항

$e^{-\beta E_i}$ 의 합으로 상태합이라고도 한다.

미정승수 β 는 다음처럼 열역학 함수관계식을 이용하여 정할 수 있다.

$$\mathrm{Q}(N,V,\beta)=\sum_i e^{-\beta E_i(N,V)}$$

일정한 N 에서 $\ln Q(N,V,\beta)$ 의 β , V에 대한 미분을 취하면,

$$d\ln Q|_N=\left(\frac{\partial \ln Q}{\partial \beta}\right)_{V,N} d\beta+\left(\frac{\partial \ln Q}{\partial V}\right)_{\beta,N} dV \tag{8.81}$$

$$Q(N,V,\beta)=\sum_i e^{-\beta E_i(N,V)}$$

$d\ln Q=dQ/Q$ 이므로

$$\left(\frac{\partial \ln Q}{\partial \beta}\right)_{V,N}=\frac{(\partial Q/\partial \beta)_{V,N}}{Q}=\frac{\sum_i -E_i\, e^{-\beta E_i}}{Q}$$

앙상블 평균 E : $\overline{E}=\sum_i p_i\, E_i=\sum_i E_i\, e^{-\beta E_i}/Q$

따라서, $\left(\frac{\partial \ln Q}{\partial \beta}\right)_{V,N}=\overline{E}$

$$\left(\frac{\partial \ln Q}{\partial V}\right)_{\beta,N}=\frac{(\partial Q/\partial V)_{\beta,N}}{Q}=\frac{\sum_i (e^{-\beta E_i})\left(-\beta\frac{\partial E_i}{\partial V}\right)_{\beta,\mathrm{N}}}{Q}$$

앙상블 평균 P : $\overline{P}=\sum_i p_i\, P_i=\sum_i p_i\left(\frac{\partial E_i}{\partial V}\right)_N=\sum\left(\frac{\partial E_i}{\partial V}\right)e^{-\beta E_i}/Q$

따라서, $\left(\frac{\partial \ln Q}{\partial V}\right)_{\beta,N}=-\beta\overline{P}$

이들 관계를 이용해 식(8.81)을 달리 표현하면,

$$d\ln Q=-\overline{E}d\beta+\beta\overline{P}dV=-d(\overline{E}\beta)+\beta d\overline{E}+\beta\overline{P}dV$$

$d(\overline{E}\beta)$ 항을 좌변으로 이항하고 양변을 β 로 나누면,

$$\frac{1}{\beta}d(\ln Q+\overline{E}\beta)=d\overline{E}+\overline{P}dV$$

통계열역학 가정 ($E \leftrightarrow \overline{E}, P \leftrightarrow \overline{P}$) 을 적용하고 이를 고전열역학 성질 관계식 ($dE = TdS - PdV$)과 상호 비교하면 다음 관계식을 얻을 수 있다.

$$\frac{1}{\beta} d(\ln Q + \overline{E}\beta) = TdS \tag{8.82}$$

따라서 식(8.82)로부터 β 는 T 에 반비례함을 알 수 있다. 즉, $\beta = 1/kT$ 로 나타낼 수 있다. 여기서 k 는 비례상수이다.
k는 계의 종류에 관계없이 일정한 상수이다. 그러므로 이상기체계를 도입하여 상수 k를 결정할 수 있다. 이렇게 해서 정한 k는 Boltzmann 상수($1.3806 \times 10^{-16} \text{crg} \cdot \text{K}^{-1}$)가 되며 어느 계에나 동일한 상수로 적용되어 쓰인다.

N 개의 동일한, 구별 가능한 입자로 구성된 계가 평형상태에 놓여 있는 경우 에너지 준위(축중도를 지니지 않는 에너지 준위) $E_0, E_1, E_2, \ldots..$ 상태에 존재하는 입자의 수(n_i^*)를 각각 $n_0, n_1, n_2, \ldots..$라 하면 일반적으로 i 번째 에너지 준위 E_i 상에 있는 입자수 n_i 는 다음처럼 표현된다.

$$n_i = N \exp(-E_i / kT) / Q \tag{8.83}$$

식(8.83)으로 나타나는 n_i 대 E_i 분포를 **볼쯔만 분포** (구별 가능한 동일입자로 구성된 계에 대해 임의 에너지 상태 E_i 를 점유할 수 있는 입자수에 제한을 두지 않는 분포)라 일컫는다. 결과적으로 평형상태의 고상재료 내 동일한, 구별 가능한 특정 입자를 축중도가 없는 i 번째 에너지 준위 상태에서 발견할 수 있는 확률 p_i 는,

$$p_i = \frac{n_i}{N} = \frac{\exp(-E_i / kT)}{Q} \quad : \text{볼쯔만 분포 확률}$$

한편 임의 한 입자(기체 입자계)가 **특정 에너지 준위** [구분 어려울 정도로 서로 가깝게 인접한 하부 양자에너지 상태(sub quantum energy states)의 다발 : 축중도 g_i] 내에 속해 있을 확률은 다음처럼 맥스웰-볼쯔만 분포 확률로 나타내진다[식(8.110)].

$$p_j = \frac{g_j \exp(-E_j / kT)}{Q}$$

여기서 Q 도 역시 한 입자에 대한 카노니칼(등온닫힌계) 분배함수로서 임의 한 입자가 위치해 점유할 수 있는 모든 에너지 준위 E_j 에 대한 지수 함수의 합이다.

$$Q = \sum_j g_j \exp\left(-\frac{E_j}{kT}\right)$$

페르미-디락 분포

맥스웰-볼쯔만 분포(입자가 특정 에너지 준위를 점유하는데 있어 다른 입자와 경쟁을 하지 않는 경우)는 "i, j, k 값에 의해 정의되는 특정 에너지상태(준위)"를 점유할 수 있는 입자의 수에는 제한을 두지않는다는 전제에 근거하여 유도된 결과식이다; 즉, 입자들은 파울리의 배제율 원칙(Pauli exclusion principle)을 따르지 않는다. 금속 내 "자유"(전도)전자들의 에너지상태 점유 분포를 기술할 경우에는 이러한 전제가 부적절하다. 전자 기체에 적용되는 파울리의 배제율 원칙은 어떤 두 개의 전자도 "동일한 양자수의 세트(i, j, k)"를 지닐 수 없음을 나타낸다. 따라서 이러한 자유전자의 에너지 상태 점유 분포를 유도할 수 있기 위해서는 볼쯔만 분포 유도시 사용된 통계적 접근법을 다소 수정하여야 한다.

에너지 준위 E_i 가 축중도 g_i 를 지닌다고 가정하자. 즉, g_i 개의 상태가 에너지준위 E_i 에 존재할 수 있다. 반도체 재료의 전자 입자들에 의해서 점유될 수 있는 에너지준위 내 상태[$n(E_i)$]를 에너지 함수로 그림 8.13처럼 나타내 볼 수 있다. 통계열역학 엔트로피 표현인 볼쯔만식의 Ω 함수를 계산하기 위해서는 거시상태당 미시상태의 수를 표현할 수 있어야 한다. 이 경우에 거시상태는 에너지 준위 E_i 의 축중도 g_i 와 이들 중 점유된 에너지 상태수 n_i (즉, 입자수)에 의해서 규정지어 진다. 한편 임의 미시상태는 g_i 개의 가능한 상태에 n_i 개 입자를 배열시키는 방법들 중 한 가지에 의해 규정되어 실체화 된다. 파울리 배제율 원칙에 따르는 이러한 입자들을 배열시키는 방법의 수는 통계학적으로 입자 N 개 중에서 M 개를 취하는 조합의 수와 동일하다.

$$_N C_M = \frac{N!}{(N-M)!M!}$$

위 식에 따라서 축중도 g_i 를 지닌 i번째 특정 에너지 준위(다발)의 경우, 이들 에너지 상태 g_i 중 n_i 개가 입자에 의해 점유되는 조합의 수는,

$$C_{g_i} = \frac{g_i!}{n_i!(g_i - n_i)!} \tag{8.84}$$

아래첨자 i 는 에너지 준위 E_i 를 나타낸다.

Ω 함수값은 각 에너지 준위에 대한 위와 같은 조합수[식(8.84)]를 모두 곱한 값이므로,

$$\Omega = \prod_i \frac{g_i!}{n_i!(g_i - n_i)!} \tag{8.85}$$

통계열역학 엔트로피 표현식 $S = k\ln\Omega$ 를 적용하면,

$$S = k\sum_i [g_i \ln g_i - n_i \ln n_i - (g_i - n_i)\ln(g_i - n_i)] \tag{8.86}$$

계의 평형 상태에서 구성 입자들에 의해 점유된 에너지 상태의 수 n_i 분포 표현식을 유도하기 위해서는, 평형원칙에 의거해 다음처럼 계 고립화에 따른 구속조건하에서 계 엔트로피(혹은 $\ln\Omega$)를 최대화시키는 평형조건을 정해야 한다.

고립화 구속조건은,

$$\sum_i n_i = N \text{ (일정)}, \qquad \sum_i E_i n_i = E \text{ (일정)}$$

엔트로피 최대화 지배방정식은,

$$\begin{aligned} dS &= k\sum_i \left\{-\ln n_i \delta n_i - n_i \frac{\delta n_i}{n_i} + [\ln(g_i - n_i)]\delta n_i - (g_i - n_i)\frac{\delta n_i}{(g_i - n_i)}\right\} \\ &= k\sum_i [-\ln n_i + \ln(g_i - n_i)]\delta n_i = 0 \end{aligned} \tag{8.87}$$

엔트로피 최대치를 결정하기 위해 고립화 구속조건의 미분 형태식과 미분 형태의 엔트로피 지배방정식에 라그랑지 미정승수법을 적용하면,

	미정승수
$\sum_i [-\ln n_i + \ln(g_i - n_i)]\delta n_i = 0$	1
$\sum_i \delta n_i = 0$	$-\alpha$
$\sum_i E_i \delta n_i = 0$	$-\beta$

위 세 식에 미정승수를 각각 곱하고 더하면,

$$\sum_i [-\ln n_i + \ln(g_i - n_i) - \alpha - \beta E_i]\delta n_i = 0 \tag{8.88}$$

모든 δn_i 에 대하여 위 등식이 성립 되기 위해서는,

$$-\ln n_i + \ln(g_i - n_i) - \alpha - \beta E_i \delta n_i = 0$$

$$\ln\left(\frac{g_i - n_i}{n_i}\right) = \alpha + \beta E_i \tag{8.89}$$

위 식으로부터 평형시 입자의 에너지 상태 점유 분포 n_i (g_i 개 에너지상태 내 n_i 입자 배열 방법)를 다음처럼 표현할 수 있다(정확히 $n_i = n_i^*$).

$$\ln\left(\frac{g_i}{n_i} - 1\right) = \alpha + \beta E_i$$

$$\frac{g_i}{n_i} = 1 + e^{(\alpha + \beta E_i)}$$

$$n_i = \frac{g_i}{1 + \exp(\alpha + \beta E_i)} \tag{8.90}$$

엔트로피 표현식 $S = k \ln \Omega$ 인 식(8.86)에 n_i 대신 식(8.90) (계 평형시 n_i 의 분포 : n_i^*)을 치환하여 이를 n_i 에 대해 미분하면,

$$dS = k \sum_i \ln\left(\frac{g_i - n_i}{n_i}\right) dn_i$$

위 식에 식(8.89)를 대입하면,

$$dS = k \sum_i (\alpha + \beta E_i) dn_i = k\alpha \sum_i dn_i + k\beta \sum_i E_i dn_i$$

$$dS = k\alpha dN + k\beta d\bar{E} \tag{8.91}$$

식(8.91)과 (8.87)내 n_i 변화량(dn_i 과 δn_i) 간의 차이점에 주의하라. 식(8.87)에서 δn_i 는 그 합이 0이 될 수 밖에 없는 n_i 의 섭동(perturbation)을 의미한다. 즉 $\sum \delta n_i = 0$. 식(8.91)은 입자수 n_i 의 변화에 따른 열역학함수, 이 경우에는 엔트로피 S가 어떻게 변화하는가를 표현한 식이다. 식(8.91)에 표시된 n_i 의 변화량에 대한 총합 $\sum dn_i$ 는 입자들의 총변화량 dN 과 같다: $\sum \delta n_i = 0$ 이 되는 것과는 전혀 다른 의미이다.

라그랑지 미정승수 α 와 β 를 결정하기 위해 고전 열역학 성질 관계인 헬름홀쯔 자유에너지 정의, $F = E - TS$ 를 이용하면,

$$S = -\frac{F}{T} + \frac{E}{T}$$

일정한 온도 (등온계)에서 위 식을 미분하면,

$$dS = -\frac{dF}{T} + \frac{dE}{T} \tag{8.92}$$

통계열역학 엔트로피 미분식(8.91)과 고전 열역학 성질관계 미분식(8.92)를 상호 비교하면, 다음처럼 미정승수 α, β 를 구할 수 있다.

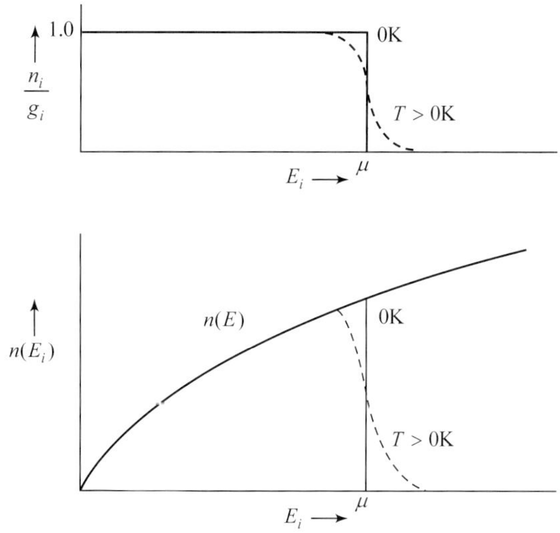

그림 8.13 페르미-디락 입자 분포

$$k\alpha dN = -\frac{dF}{T}, \quad k\beta = \frac{1}{T}$$

$$\alpha = \frac{1}{kT}\frac{dF}{dN}\bigg|_{T,V} = -\frac{\mu}{kT}\ , \ \beta = \frac{1}{kT} \tag{8.93}$$

여기서 $\left(\frac{dF}{dN}\right)_{T,V} = \left(\frac{dG}{dN}\right)_{P,T} = \mu$ 이다.

$$n_i = \frac{g_i}{1+\exp\left(\frac{E_i-\mu}{kT}\right)} \tag{8.94}$$

식(8.94)는 페르미 – 디락 분포(Fermi–Dirac distribution) 관계를 나타내는 식이다. 반도체 물질내 전자 입자의 양자에너지 상태 점유 분포(전자 결함 분포)를 다루는 교재에서는 식(8.94)의 μ 를 Fermi 에너지라 하며 E_F 로 표시한다. 그림 8.13에 나타나듯이 E_i 와 μ 의 상대적 크기 값에 따라 식(8.94)의 분모의 지수함수 항의 중요성이 결정됨에 주목하라.

조건 $g_i \gg n_i$ 가 성립되는 **기체 입자계**에 대해 다음처럼 변형된 맥스웰 – 볼쯔만 분포를 페르미 – 디락 분포로부터 얻어낼 수 있다.

식(8.94)로부터: $g_i \gg n_i$ 이면 $\exp\left(\frac{E_i-\mu}{kT}\right) \gg 1$

$$n_i = \frac{g_i}{1+\exp\left(\frac{E_i-\mu}{kT}\right)} \equiv \frac{g_i}{\exp\left(\frac{E_i-\mu}{kT}\right)}$$

고상(결정) 재료 입자계에 대한 볼쯔만 분포 식(8.83)과 기체 입자계에 대한 맥스웰－볼쯔만 분포 식(8.95) 사이의 상호 유사성에 대해 살펴보기 위해 다음 열역학 성질 관계를 이용해 보자.

$$\mu = \left(\frac{\partial F}{\partial N}\right)_{V,T} \quad : \text{고전 열역학 관계식}$$

$$F = -NkT \ln Q \quad : \text{통계열역학 관계식(참고문헌 6)}$$

이들 관계로부터, $\mu = -kT \ln Q \quad \Rightarrow \quad Q = \exp\left(-\dfrac{\mu}{kT}\right)$

위 관계를 아래 관계식의 분모항에 대입하면,

$$n_i = \frac{g_i}{\exp\left(\dfrac{E_i - \mu}{kT}\right)} N = \frac{g_i \exp(-E_i / kT)}{\exp(-\mu / kT)} N = \frac{g_i \exp(-E_i / kT)}{Q} N$$

$$p_i = \frac{n_i}{N} = \frac{g_i e^{-E_i/kT}}{Q} = \frac{g_i e^{-E_i/kT}}{\sum_i g_i e^{-E_i/kT}} \quad : \text{맥스웰-볼쯔만 분포(확률)} \qquad (8.95)$$

양자에너지 상태 점유 입자수에 제한을 가하는 파울리 배타 원칙 적용을 받는 페르미－디렉 분포식(8.94)로부터 분포 확률, n_i / g_i 를 얻을 수 있다. 반면 양자에너지 상태 E_i 점유 입자수에 제한을 두지 않는 맥스웰-볼쯔만 또는 볼쯔만 분포로부터는 평형시 입자 분포도 표현 n_i 를 총입자수 N 으로 나눈 n_i / N 인 분포 확률 p_i 를 얻을 수 있다.

Bose−Einstein 분포

동일한 기체의 입자들은 구별 불가한 입자이다. 기체 구성입자에 가능한 에너지 상태들은 매우 좁은 간격으로 서로 인접해 존재한다.

기체의 열역학 성질을 양자역학적 에너지를 통해 정량화하기 위해 세변의 길이가 L_x, L_y, L_z 인 입방체 $(V = L_x L_y L_z)$ 내에서 질량 m 인 입자의 병진운동을 고려해 보자. 입자의 운동속도가 양자화된다고 하면, x 방향으로의 입자 파장 λ 는 드브로이(De Broglie) 관계식에 의해 정의된다(그림 8.14).

$$P_x = mv_x = \frac{h}{\lambda}$$

여기서 P 는 입자 모멘텀, h는 플랑크상수($6.62607 \times 10^{-34}\,\mathrm{J \cdot S}$)이다.

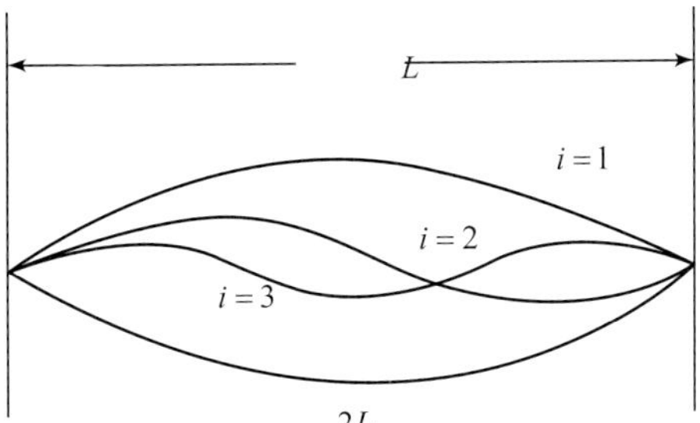

그림 8.14 드브로이 파장

입방체 변 길이가 L인 경우 파장 λ에 대한 기하학적 구속조건은,

$$\lambda = \frac{2L}{i}$$

여기서 i는 양자수를 나타내며, $i = 1, 2, 3, \cdots$.

병진운동의 경우 $i = 0$은 입자가 존재하지 않는 진공상태를 나타내므로 제외한다.

x 방향의 입자 속도 및 에너지 준위는,

$$v_x = \frac{h \cdot i}{2mL_x}$$

$$E_x = \frac{1}{2}mv_x^2 = \frac{h^2 i^2}{8mL_x^2} \ (i = 1, 2, 3, \cdots)$$

따라서 3차원 입방체 공간 내 단원자 기체분자에 가능한 양자역학적 상태 에너지는 병진 에너지로서 다음처럼 주어진다.

$$E_{i,j,k} = \frac{h^2}{8mL^2}(i^2 + j^2 + k^2) \tag{8.96}$$

여기서 양자수, $i - j - k$는 각각 자연수 $1, 2, 3, \cdots$ 이다.

일반적으로 입자가 차지할 수 있는 매우 높은 양자에너지 상태까지를 고려하면 i, j, k는 매우 큰 수를 지니게 됨을 알 수 있다. i, j, k 각각에 대해 양자(quantum)에너지 상태준위가 명시된다. 또한 서로 다른 i, j, k 조합에 대해서도 동일한 에너지 준위가 얻어질 수 있으므로 어느 정도의 축중도(degeneracy)가 있을 수 있다는 점에 유의하라. 예를 들어 i, j, k 값이 (1,2,1)과 (1,1,2), 그리고 (5,1,1)과 (3,3,3)이라면, 식(8.96)에 의해 두 경우 모두 에너지 준위가 같아짐을 알 수 있다.

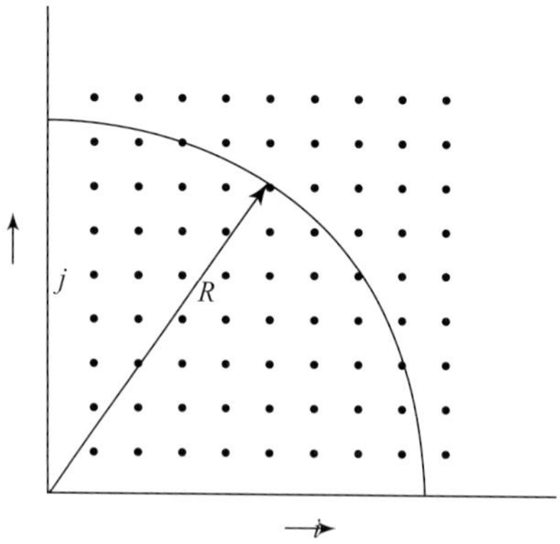

그림 8.15 $i-j-k$ 3차원 공간의 2차원 개략도

이러한 축중도의 표현을 다루는 한 방법으로 i, j, k 공간 내 좌표점에 단위 부피의 공간을 할당하는 방법을 들 수 있다. 이 방법은 2차원 평면으로 그림 8.15와 같이 나타낼 수 있다. $i-j-k$ 축상의 원점에 중심이 위치한 구를 상상해 보자.

$$E_x = \frac{h^2}{8mL_x^2} i^2$$

여기서 i, j, k 3차원 좌표상의 구를 고려하므로 $L_x = L_y = L_z = L$ 이 된다.

구의 반경은: $$i^2 + j^2 + k^2 = \frac{8mL^2}{h^2}(E_x + E_y + E_z) = \frac{8mL^2 E_{ijk}}{h^2}$$

세 축 방향으로의 분자 병진운동 에너지는 서로 독립적이므로 $E_{ijk} = E_x + E_y + E_z$ 이다. 본 교재에선 편의상 $E_{ijk} = E_i$ 로 표현한다.

$$R^2 = i^2 + j^2 + k^2 = \frac{8mL^2 E_{ijk}}{h^2} \tag{8.97}$$

i, j, k 가 모두 자연수 영역에 속하는 반경 R인 구의 부피는 i, j, k 공간 내 구 부피의 1/8에 해당한다. 양자수 (i, j, k) 는 양의 자연수로서 매우 큰 값을 지니게 되므로 (즉 구의 부피가 상당히 크므로), 1/8 구 내부 양자에너지 상태를 나타내는 좌표점의 수는 1/8 구 부피, V 와 동일해짐을 알 수 있다.

$$V = \frac{1}{8}\left(\frac{4}{3}\pi R^3\right) = \frac{\pi}{6}\left[\frac{8mL^2 E_i}{h^2}\right]^{3/2} \tag{8.98}$$

$i-j-k$ 공간 내 각 병진운동 에너지상태(좌표점)는 단위 부피 1을 지니므로 에너지 준위가 E_{ijk} 보다 작은 상태의 수 N_s (O와 E_{ijk} 사이 양자에너지 구간에 걸쳐 존재하는 상태의 수)는 식(8.98)에 나타난 부피 표현식과 같게 된다.

$$N_s = \frac{\pi}{6}\left[\frac{8mL^2E_i}{h^2}\right]^{3/2} = \frac{\pi}{6}\frac{L^3}{h^3}(8m)^{3/2}E_i^{3/2} = \frac{4\pi L^3}{3h^3}(2mE_i)^{3/2} \tag{8.99}$$

$$= \frac{4\pi V}{3h^3}(2mE_i)^{3/2}$$

상태밀도 $g(E_i)$ 는 에너지, E 변화에 따른 N_s 의 변화율로 다음 식으로 정의된다.

$$g(E_i)dE = \left(\frac{\partial N_s}{\partial E}\right)E_i\, dE \ \ : \ g(E_i) = \text{에너지 상태 } E_i \text{ 의 축중도}$$

$$g(E_i)dE = \frac{\pi}{6}\frac{V}{h^3}(8m)^{3/2}\left(\frac{3}{2}\right)E_i^{1/2}dE = 4\sqrt{2}\pi\frac{V}{h^3}m^{3/2}E_i^{1/2}dE$$

여기서 $g(E_i)dE$ 는 E_i 와 $E_i + dE$ 사이에 존재하는 에너지상태의 수이다.

$$g(E_i) = {g(E_i)dE}\Big/{dE} = 4\sqrt{2}\pi\frac{V}{h^3}m^{3/2}E_i^{1/2} \tag{8.100}$$

식(8.100)으로 표현되는 에너지 준위의 축중도, $g(E_i)$ 는 어느 정도의 수치를 지니는지에 대해 살펴 보자. 예로서 STP상태 1몰 질소의 경우 에너지상태, $\frac{3kT}{2}$ (단원자 이상기체 입자의 운동에너지)까지 존재 가능한 양자에너지상태의 총 개수는 10^{30} 차수가 된다(식 8.98). 1몰 기체입자의 수 6×10^{23} 을 고려해 보면 일반적 사용 온도 범주 내 기체입자에 가능한 에너지상태들은 서로가 매우 가깝게 인접해 존재함을 쉽게 이해할 수 있다. 따라서 서로 인접해 존재하는 많은 수의 에너지 상태들을 묶어 부분 부분으로 다발(bundle)형태(축중도 g_i 를 지닌 i번째 에너지 준위 다발)로서 고려해 볼 수 있다. 이 경우 g_i 개 에너지 상태들은 모두 실질적으로 동일한 에너지 준위 E_i 를 지닌다고 합리적으로 간주할 수 있다.

예로 1몰 질소(6×10^{23} 의 분자)의 경우 10^{10} 개 다발로 에너지 준위를 나눌 수 있다고 하자. 이런 다발간 에너지 변화 폭은 $\frac{1}{10^{10}}$ 이 된다. 각각의 에너지 준위 다발은 10^{20} 개 하부에너지상태로서 구성되며, 10^{14} 이하의 입자수를 지니게 된다. 따라서 STP상태하 기체의 경우 각 에너지 준위 다발 내 존재하는 에너지상태의 총수 $g(E_i)$ 는 에너지 준위 다발 내 존재하는 기체 입자수(n_i) 에 비해 엄청나게 큰 수가 됨을 쉽게 이해할 수 있다(즉,

기체의 경우 $g(E_i) \gg n_i$: 예시경우 $10^{20} \gg 10^{14}$). 따라서 STP상태 기체 경우 입자가 점유 가능한 에너지상태의 수가 입자수에 비해 엄청나게 크기 때문에 **"모든 입자는 서로 각기 다른 에너지상태를 차지한다"**고 통계학적으로 가정을 할 수 있다.

이를 토대로 구별 불가한 동일한 입자수, n_i 가 축중도 g_i 를 지닌 에너지 다발(준위) E_i 를 점유할 경우 배열 방법의 수 Ω_i 는,

$$\Omega_i = \frac{(n_i + g_i - 1)!}{n_i!(g_i - 1)!}$$

모든 에너지 준위에 대해서 고려하면,

$$\Omega = \prod_i \frac{(n_i + g_i - 1)!}{n_i!(g_i - 1)!} \quad (8.101)$$

g_i 및 n_i 가 모두 매우 큰 수 임을 고려하면,

$$\Omega = \prod_i \frac{(n_i + g_i)!}{n_i! g_i!} \quad (8.102)$$

계 평형시 만족되는 평형조건(구성입자들의 양자에너지 상태 평형점유분포 n_i^*)은 평형원칙에 의해 고립화 구속 조건하에서의 계 엔트로피($S = k\ln\Omega$) 최대치 표현으로부터 얻어지므로,

$$\ln\Omega = \sum_i \left[(n_i + g_i)\ln(n_i + g_i) - n_i \ln n_i - g_i \ln g_i\right]$$

최대치 S는 $dS = kd\ln\Omega = 0$ 으로부터 얻어진다.

$$d\ln\Omega = \frac{\partial \ln\Omega}{\partial n_i} dn_i = \sum_i \ln\left(\frac{n_i + g_i}{n_i}\right) dn_i = 0 \quad (8.103)$$

계 고립화 구속조건을 적용하면,

$$\sum n_i = N \Rightarrow \sum_i dn_i = 0, \quad \sum E_i n_i = E \Rightarrow \sum_i E_i dn_i = 0 \quad (8.104)$$

계 평형시 입자의 에너지 상태점유 분포를 결정하기 위해 평형원칙에 근거한 미분 표현식(8.103) 및 (8.104)에 대해 라그랑지 미정승수법을 적용해 보면,

$$\sum_i \ln\left(\frac{n_i + g_i}{n_i}\right) + \alpha\sum dn_i + \beta\sum E_i dn_i = 0$$

$$\sum_i \left[\ln\left(\frac{n_i + g_i}{n_i}\right) + \alpha + \beta E_i \right] dn_i = 0$$

$$\ln\left(\frac{n_i + g_i}{n_i}\right) + \alpha + \beta E_i = 0$$

$$\ln\left(1 + \frac{g_i}{n_i}\right) = -\alpha - \beta E_i$$

따라서 Bosons(neutron, phonon) 입자계에 대한 평형시 구성입자들의 에너지 상태 점유 분포는,

$$\frac{n_i}{g_i} = \frac{1}{e^{-\alpha} e^{-\beta E_i} - 1} \quad : \text{보스-아인슈타인 분포} \tag{8.105}$$

여기서 n_i 는 n_i^* 를 나타낸다. 식(8.105)을 따르는 n_i 대 E_i 의 입자분포를 Bose–Einstein 분포라 일컫는다.

식(8.105)의 미정승수 α, β 를 정해보자.

$$dS = k(d\ln\Omega) = k\sum_i \ln\left(\frac{n_i + g_i}{n_i}\right) dn_i = k\sum_i \ln\left(1 + \frac{g_i}{n_i}\right) dn_i$$

윗 식에 식(8.105)을 대입하면,

$$dS = k\sum_i \ln\{1 + (e^{-\alpha} e^{-\beta E_i} - 1)\} dn_i = k\sum_i \ln(e^{-\alpha} e^{-\beta E_i}) dn_i = k\sum_i (-\alpha - \beta E_i) dn_i$$

$$dS = -k\alpha\sum_i dn_i - k\beta\sum_i E_i dn_i = -k\alpha dN - k\beta dE \quad : \text{통계열역학 엔트로피 표현}$$

고전열역학 성질 관계식 $F = E - TS$ 로부터,

$$dS\big|_T = -\frac{dF}{T} + \frac{dE}{T} \quad : \text{고전열역학 엔트로피 표현}$$

따라서

$$-k\alpha dN = -\frac{dF}{T} \quad \Rightarrow \quad \alpha = \frac{1}{kT}\frac{dF}{dN}\bigg|_T = \frac{\mu}{kT}$$

$$-k\beta = T \quad \Rightarrow \quad \beta = -\frac{1}{kT}$$

식(8.105)를 다시 쓰면,

$$\frac{n_i}{g_i} = \frac{1}{e^{-\mu/kT} e^{E_i/kT} - 1} = \frac{1}{e^{(E_i - \mu)/kT} - 1} \quad : \text{보스-아인슈타인 분포(bosons 입자)}$$

기체 입자계 경우처럼 $g_i \gg n_i$ 이면, 식(8.105)의 분모항은 $e^{(E_i-\mu)/kT} \gg 1$ 이 성립되어, 맥스웰 – 볼쯔만 식(8.95)가 유도될 수 있다.

$$\frac{n_i}{g_i} = \frac{1}{e^{(E_i-\mu)/kT}} = \frac{e^{-E_i/kT}}{e^{-\mu/kT}} = \frac{e^{-E_i/kT}}{Q} \tag{8.95}$$

$$n_i = \frac{g_i\, e^{-E_i/kT}}{\Sigma g_i e^{-E_i/kT}} \quad : \text{맥스웰 – 볼쯔만 분포(기체 입자)}$$

맥스웰 – 볼쯔만 분포

기체 경우는 $g_i \gg n_i$ 이므로, 식(8.102)는 다음처럼 단순화하여 쓸 수 있다.

$$\Omega = \prod_i \frac{\left(g_i^{n_i}\right)!}{n_i\,!} \tag{8.106}$$

평형상태에서 기체계 입자의 에너지상태 점유 분포는 평형원칙에 따른 고립화 계 엔트로피 최대치 해인 n_i^* 로서 라그랑지 미정승수법을 적용하여 다음처럼 구해진다.

$$\ln\Omega = \sum_i (n_i \ln g_i - n_i \ln n_i + n_i) = \sum_i \left[n_i \ln\left(\frac{g_i}{n_i}\right)\right] + N$$

$$d\ln\Omega = \frac{\partial \ln\Omega}{\partial n_i} dn_i = \sum_i \ln\left(\frac{g_i}{n_i}\right) dn_i = 0 \tag{8.107}$$

계 고립화 구속조건 $\sum n_i = N,\ \ \sum E_i n_i = E$ 로부터,

$$\sum_i dn_i = 0\,,\quad \sum_i E_i dn_i = 0 \tag{8.108}$$

식(8.107)과 (8.108)에 대한 라그랑지 미정승수법의 해를 구하면,

$$n_i = A g_i e^{-\beta E_i} \tag{8.109}$$

여기서 n_i 는 n_i^* 를 나타낸다.

$\sum n_i = N$ 이므로: $\qquad A = N\Big/\sum g_i e^{-E_i/kT}$

$$\frac{n_i}{N} = \frac{g_i e^{-E_i/kT}}{\sum g_i e^{-E_i/kT}} \tag{8.110}$$

식(8.110)은 맥스웰 - 볼쯔만 분포식이라 불린다. 맥스웰 - 볼쯔만 분포식과 앞서 다룬 볼쯔만 분포식(8.83)의 차이점은 입자의 점유 가능한 에너지 상태가 축중도를 지니는가(동일한 기체 입자계), 아닌가(동일한 고체(결정) 입자 계)의 차이만 있는, 결과적으로 동일한 입자 분포를 나타내는 식이다.

x 방향 병진 운동에 기인한 분배함수 Q_x 는,

$$Q_x = \sum_{i=1}^{\infty} \exp\left(-\frac{E_i}{kT}\right) = \sum_{i=1}^{\infty} \exp\left[\left(-\frac{h^2}{8mL_x^2 kT}\right) i^2\right] \tag{8.111}$$

에너지 준위 E_i 가 서로 매우 인접해 있어 이들간 에너지 차이가 매우 작은 수치가 됨을 고려하면 (즉, 표 5.1에 나타나듯이 상온 이상의 온도에서 $h^2 i^2 / 8mL_x^2 \ll kT$ 이므로, 이웃하는 양자수 i 간에 대한 $\exp[-(h^2/8mL_x^2 kT) i^2]$ 의 수치 차이는 매우 작다), 식(8.111)의 합에 대한 부분을 다음처럼 적분 형태로 치환하여 쓸 수 있다.

$$Q_x = \int_0^{\infty} \exp\left[\left(-\frac{h^2}{8mL_x^2 kT}\right) i^2\right] di$$

다음 형태의 지수 함수에 대한 유한 적분치로부터

$$\int_0^{\infty} \exp(-ax^2)dx = \frac{1}{2}\left(\frac{\pi}{a}\right)^{1/2} \quad \text{또는} \quad \int_0^{\infty} \exp(a^2 x^2)dx = \frac{\pi}{2a}$$

따라서 분배함수 Q_x 는 다음과 같다.

$$Q_x = \left(\frac{2\pi mkT}{h^2}\right)^{1/2} L_x \tag{8.112}$$

같은 방법으로 해서 Q_y , Q_z 는 다음처럼 표현할 수 있다.

$$Q_y = \left(\frac{2\pi mkT}{h^2}\right)^{1/2} L_y, \quad Q_z = \left(\frac{2\pi mkT}{h^2}\right)^{1/2} L_z$$

따라서 x, y, z 모든 방향을 고려한 병진 분배함수, Q_{trans} 는 각 축 방향으로의 개별적 분배함수의 곱이 된다.

$$Q_{trans} = Q_{xyz} = Q_x Q_y Q_z = \left(\frac{2\pi mkT}{h^2}\right)^{3/2} L_x L_y L_z = \left(\frac{2\pi mkT}{h^2}\right)^{3/2} V \tag{8.113}$$

따라서 병진운동 기여만을 고려한 (즉, 단원자) 이상기체의 분배함수 Q 는,

$$Q = \frac{V}{h^3}(2\pi mkT)^{3/2}$$

한편 양자에너지 상태로 입자의 병진 운동만을 고려하면,

$$g(E_i) = 4\sqrt{2}\pi \frac{V}{h^3} m^{3/2} E_i^{1/2} \tag{8.100}$$

따라서 기체 입자 N개 중에서 각 에너지 상태 내에 존재하는 입자의 수 $n(E_i)$ 는,

$$n(E_i) = \frac{g_i \exp(-E_i / kT)}{Q} N = \frac{4\sqrt{2}\pi E_i^{1/2} \exp(-E_i / kT)}{(2\pi kT)^{3/2}} N \tag{8.114}$$

식(8.114)는 병진운동만을 고려한 이상기체 입자의 에너지 상태 점유 분포인 맥스웰-볼쯔만 분포이다.

입자의 병진 운동에너지가 $\frac{1}{2}mv^2$ 이 됨을 이용하면 단원자 이상기체의 에너지분포식 (8.114)를 속도분포에 대한 맥스웰-볼쯔만 분포로 다음처럼 전환시킬 수 있다.

식(8.114)를 $E_i - (E_i + dE)$ 에너지 구간 내 입자의 수인 $n(E_i)dE$ 로서 다시 쓰면,

$$n(E_i)dE = \frac{N4\sqrt{2}\pi E_i^{1/2} \exp(-E_i / kT)}{(2\pi kT)^{3/2}} dE \tag{8.115}$$

$E = \frac{1}{2}mv^2$ 으로부터 $\qquad E^{1/2} = \frac{1}{\sqrt{2}} m^{1/2} v$, $dE = mv\,dv$

입자의 속도가 v 와 $(v + dv)$ 사이를 지나는 입자의 수는,

$$n(v)dv = 4\pi N \left(\frac{m}{2\pi kT}\right)^{3/2} v^2 \exp\left(-\frac{mv^2}{2kT}\right) dv$$

속도가 v 인 입자의 수 $n(v)$ 는,

$$n(v) = \frac{n(v)dv}{dv} = 4\pi N \left(\frac{m}{2\pi kT}\right)^{3/2} v^2 \exp\left(-\frac{mv^2}{2kT}\right) \tag{8.116}$$

단원자 기체입자 속도에 대한 맥스웰-볼쯔만 분포를 그래프로 나타내면 그림 8.16과 같다. 입자 속도분포 곡선상의 속도에 대한 미분값이 0인 최대치점에서의 속도를 나타내는 최빈속도(the most probable velocity) v_{mp} 는 다음과 같다.

$$\left(\frac{\partial n(v)}{\partial v}\right)_P = 0 \quad \Rightarrow \quad v_{mp} = \left(\frac{2kT}{m}\right)^{1/2} \tag{8.117}$$

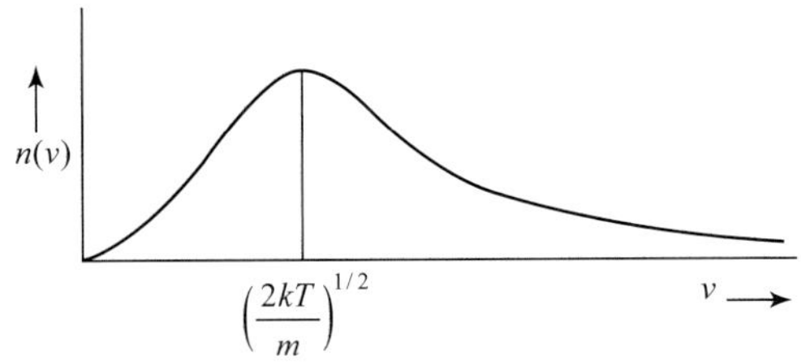

그림 8.16 맥스웰-볼쯔만 속도분포

단원자 기체 입자의 평균 제곱근속도를 구하면,

$$\overline{v^2} = \frac{\int_0^\infty v^2 n(v) dv}{\int_0^\infty n(v) dv} = \frac{\int_0^\infty v^2 n(v) dv}{N}$$

$$\overline{v^2} = 4\pi \left(\frac{m}{2\pi kT}\right)^{3/2} \int_0^\infty v^4 \exp\left(-\frac{mv^2}{2kT}\right) dv \tag{8.118}$$

유한 적분공식을 이용하여,

$$\int_0^\infty x^4 e^{-\beta x^2} dx = \frac{1}{2}\sqrt{\pi}\,\frac{3}{4}\beta^{-5/2}$$

$\beta = \dfrac{m}{2kT}$ 이므로, $\overline{v^2} = \dfrac{3kT}{m}$

따라서
$$\frac{1}{2} m v^2 = \frac{m}{2}\left(\frac{3kT}{m}\right) = \frac{3}{2} kT \tag{8.119}$$

이로부터 기체입자 전달속도 표현식(확산계수) 유도를 위한 통계열역학 응용 사례를 설명할 수 있다.

참고 문헌

1. Simmons, R. O., and Balluffi, R. W., *Phys. Rev.*, 117, 52 (1960).

2. Simmons, R. O., and Balluffi, R. W., *Phys. Rev.*, 119, 600 (1960).

3. Omar, M. A., *Elementary Solid State Physics,* Addison-Wesley, Reading, MA, (1975).

4. Darken, L. S., *National Physical Laboratory Symposium No.* 9, Paper 4G, Her Majesty's Stationery Office, London, (1959).

5. Solymar, L., and Walsh, D., Lectures *on the Electrical Properties of Materials,* Oxford University Press, New York, (1988).

6. Hill, Terrell L., *An Introduction to statistical Thermodynamics*, Dover, New York, (1986).

7. Kroger, F. A., and Vink, V. J., *Solid State Phys.,* 3, 307-435 (1956).

8. Brouwer, G., *Philips Res. Rep.,* 9, 366 (1954).

9. Swalin, Richard A., *Thermodynamics of Solids,* second edition, Wiley, New York, (1972).

문제

8.1 ZrO_2 중에 CaO가 용해된 경우 ZrO_2 격자상에 산소 이온 공공이 생성된다.

(a) ZrO_2 중에 1몰%(0.01몰) CaO를 용액화 첨가할 경우 산소 이온 격자자리 중 공공이 형성되는 분율을 계산하라. 고유성 이온 공공은 무시하라.

1 mole ZrO_2를 계로 설정하고 계산하라.

(b) ZrO_2 단위 입방센티미터당 공공의 수로서 표시되는 산소 이온 공공의 농도는 얼마인가? ZrO_2의 밀도는 5.5 g/cm^{3}이다.

8.2 AgBr (silver bromide) 결정은 프랭켈 결함 구조를 보인다. 결함 생성 엔탈피는 0.60 eV/pair이다. 생성 엔트로피는 0으로 가정하라.

(a) AgBr의 융점 직하온도에서 Ag^+ 이온이 침입형 자리에 존재하는 분율을 계산하라.

(b) Ag^+ 이온은 비교적 낮은 온도에서 조차도 결함이 평형을 이룰 수 있을 정도로 매우 큰 이동도를 지니고 있다. 1cm^{3}의 AgBr 결정이 평형을 유지할 만큼 충분하게 서서히 냉각되는 상황을 설정하자. AgBr 결정이 단 한 개의 프랭켈 결함 쌍(pair)만을 나타내는 온도는 얼마인가?

AgBr : 밀도 = 6.47 g/cm^3, 분자량 = 187.8 g/mol, 융점 = 700 K

8.3 NaCl 내에 쇼트키 결함이 생성되는데 필요한 엔탈피는 대략 1.87 eV이다.

(a) 융점 1074 K로부터 300 K 사이의 온도 범위에서 Na^+와 Cl^- 공공의 분율을 온도 역수의 함수로 나타내라. 공공의 생성 엔트로피는 0으로 가정하라.

(b) 순수한 NaCl 중에 10^{-6} 몰분율의 $CaCl_2$를 첨가한 경우에 대해서 (a)와 동일하게 답하라. 문제 (a), (b) 도해의 차이는 무슨 이유 때문인가?

8.4 이온성 결정 내 용해 불순물에 의해 생성되는 결함의 형태를 결정하는데 밀도 측정법이 이용될 수 있다. 순수 MgO 내에 Al_2O_3가 용해되면 양이온 격자상에 공공이 형성된다고 하자. 1wt% Al_2O_3가 순수 MgO에 첨가될 경우 MgO의 밀도 변화 분율을 계산하라. MgO의 결정구조와 격자상수는 Al_2O_3가 첨가되더라도 변하지 않는다고 가정하라.

8.5 금의 공공 생성에너지는 0.9 eV이다. 공공 생성에 따라 진동 엔트로피는 변하지 않는다고 가정하고, 500 및 1000 K 온도에서 금 내의 고유성 공공농도를 계산하라. 금에 용해된 Ag는 공공과 1.0 eV의 결합에너지를 갖는다. 500 및 1000 K 온도에서 금 내부의 전체 공공농도를 계산하라. 은-공공 결합체 생성에 의해 진동 엔트로피는 변하지 않는다고 가정하라. 은의 농도는 0.1몰%이며, 금의 밀도는 19.3 g/cm^{3}이다.

8.6 MgO는 양이온(Mg^{2+}) 및 음이온(O^{2-}) 격자자리상에 모두 공공을 형성하는 쇼트키 결함 구조를 갖는다고 알려져 있다. MgO 내 쇼트키 결함 생성 에너지는 6 eV이다. 결함 생성 엔트로피는 0이라고 가정하라[$\exp(\Delta S/2R)=1$].

(a) 1800 K 온도에서 평형상태로 존재하는 Mg와 O의 빈자리 분율을 계산하라.

(b) 1800 K 온도에서 평형상태로 존재하는 Mg 공공농도 (입방센티미터당 공공수)는?

(c) 0.1몰% ZrO_2를 함유하는 MgO가 1800 K 온도에서 평형을 이루고 있을 때 비어있는 Mg 및 O 자리의 분율은 각각 얼마인가? 격자 내에서 Zr^{4+}이온의 치환으로 양이온 공공이 형성된다.

자료: MgO 밀도 = 3.58g/cm^3, Mg 및 O 원자량 = 24.3 및 16.0 g/mol

(d) $$V_{Mg}^{''} = Zr_{Mg}^{\bullet\bullet} + V_O^{\bullet\bullet}$$

MgO내 Mg 공공농도를 표시하는 윗식의 우변항에 대해 설명하라. 온도가 높아짐에 따라 Mg 공공농도는 우변항에 어떠한 의존성을 나타내는가?

온도에 따른 Mg 공공농도 변화가 아래 그림에 나타나 있다. 점선을 기준으로 좌우의 변화 경향 차이를 설명하라. 선(1), (2), (3) 각각에 대해 설명하라. 선(3)이 선(2)보다 아래에, 그리고 선(1)이 선(2)보다 위에 위치한 이유를 반드시 포함하라.

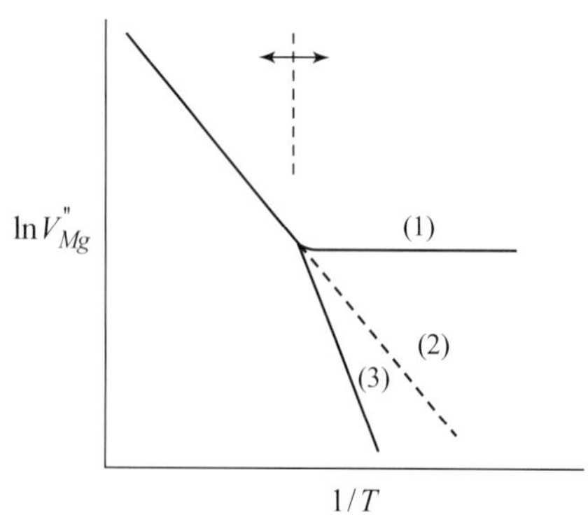

8.7 조성 $Fe_{0.93}O$인 철 산화물(wustite) 시료는 4.301 Å의 격자상수를 갖는다고 하자.

(a) Fe 격자상 공공에 의해 철 산화물이 비화학량론성을 나타내게 된다고 할 경우, 철산화물의 밀도(g/cm^3)를 계산하라.

(b) 침입형 산소에 의해 철 산화물이 비화학량론성을 나타내게 된다고 가정할 경우, 시료의 밀도(g/cm$_3$)를 계산하라.

원자량 : Fe = 55.85 g/mol,   O = 16 g/mol

FexO는 '암염(rock salt)' 결정 구조(FCC)로서 결함이 없는 완전 결정일 경우에 단위

포당 양이온 4개와 음이온 4개로 구성된다.

8.8 아래 자료를 이용하여 1200 K에서 순수한 Si 금속내 중성(전하를 띠지 않은) 공공의 수를 예측하고자 한다.

(a) 1200 K 온도하 평형상태에서 비어있는 Si 자리의 분율은 얼마인가?

(b) 이러한 공공의 농도(입방센티미터당)는 얼마인가?

자료: $\Delta H_f = 2.4$ eV/공공, Si의 원자량 = 28 g/cm^3, Si의 밀도 = 2.42 g/cm^3

$\exp(\Delta S_f / k) = 3.0$, ΔS_f : 공공 생성 엔트로피

8.9 아래의 도해는 $CdCl_2$로 도핑된 NaCl 결정 내에서 Na^+의 자기 확산계수를 온도 역수의 함수로서 나타내고 있다. NaCl은 쇼트키 결함을 생성한다고 알려져 있다. 도해의 자료를 이용하여 다음 질문의 답을 계산하라.

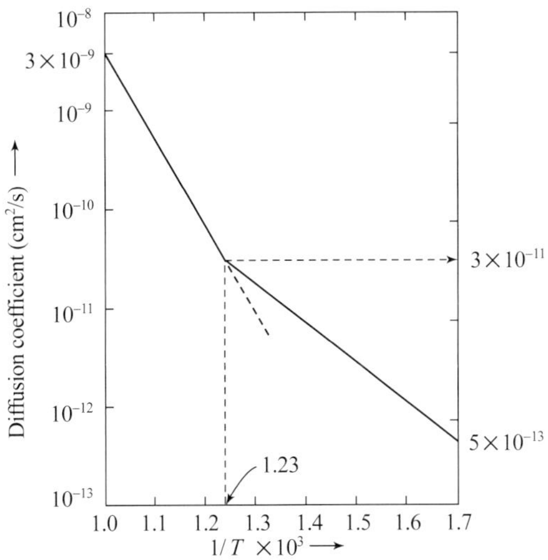

(a) NaCl 내에서 Na^+의 자기 확산(self–diffusion)을 위해 필요한 활성화에너지
(b) NaCl 내 쇼트키 결함 생성 엔탈피 (eV)

8.10 프랭캘과 쇼트키 결함은 결정내 고유성(intrinsic) 결함으로 생성된다. 이들 두 가지 형태 결함이 이온 화합물 결정내에선 모두 생성되나 순수금속 결정내에선 이들 중 한가지만 생성될 수 있다. 금속 결정 내 결함은 어떤 형태인가? 나머지 다른 결함이 생성될 수 없는 이유에 대해서도 설명하라.

8.11 화학양론적 결합 화합물 결정인 Si_3N_4를 고려해보자. 이 결정계에는 다음 결함들이 형성될 수 있다 : V_{Si}, Si_i, V_N, N_i. Kroger-Vink 표기법에 따른 결함생성 반응을 쓰고 이를 토대로 다음 물음에 답하라.

(a) 임의 온도에서 이러한 결함들 농도를 계산할 수 있기 위해서 고려되는 결함 생성반응 평형조건(들)과 전하량 보존 조건식을 써라.
(b) 온도함수로서 이러한 결함들 농도를 정량화하기 위해 열역학 자료는 어떠한 것들이 필요한지를 언급하라.

8.12 금속 산화물(M-O) 계는 1600 K에서 M_2O(γ 상), M_2O_3(ε 상), MO_2(η 상)을 생성할 수 있다고 하자. γ 상(M_2O)과 평형을 이루는 ε 상 조성(γ / ε 상 간 경계 조성)은 $X_o = 0.5994$ 이다. ε 상과 η 상이 평형을 이루는 η / ε 상간 경계 조성은 $X_o = 0.6003$ 이다. γ 상과 평형을 이루는 ε 상(M_2O_3)의 경계 조성을 생성 가능한 결함 형태로서 다음 물음에 답하라.

(a) 금속원소 잉여 산화물(metal excess oxide : $M_{2+\delta}O_3$) 결함구조로서 화학양론적 결합비로부터 벗어난 조성과 δ를 구하라.
(b) 산소원소 결핍 산화물(oxygen deficient oxide : $M_2O_{3-\delta}$) 결함구조로서 화학양론적 결합비로부터 벗어난 조성과 δ를 구하라.

η 상과 평형을 이루는 ε 상(M_2O_3) 조성을 생성 가능한 결함 형태로서 다음 물음에 답하라.

(c) 금속원소 결핍 산화물($M_{2-\delta}O_3$) 결함구조로서 화학양론적 결합비로부터 벗어난 조성과 δ를 구하라.
(d) 산소원소 잉여 산화물($M_2O_{3+\delta}$) 결함구조로서 화학양론적 결합비로부터 벗어난 조성과 δ를 구하라.

8.13 Y_2O_3 안정화 ZrO_2 구조를 묘사하는 2가지 결함 생성 기구 반응식을 쓰고 해당 결함기구에 의해 생성되는 결함들에 대해 각기 언급하라.

8.14 (a) FCC 구조인 순수물질 A에 대한 고온 X선회절 및 부피팽창 측정 결과로부터 다음 자료를 얻었다. 순수 A내 공공농도의 온도의존성에 대한 관계식을 유도하라.

온도(K)	격자상수 a_o(cm)	V(cm^3/mole)
1040	3.7021×10^{-8}	7.64041
1340	3.7113×10^{-8}	7.69922

금속 재료 내 공공분율(농도)의 온도의존 함수 : $X_V = e^{\Delta S_V/R}e^{-\Delta H_V/RT}$

(b) 공공쌍(divacancies)에 대한 상호작용인자($\Delta\overline{H}_{int}$, $\Delta\overline{S}_{int}$)는 공공(single vagancy)에 대한 상호작용인자($\Delta\overline{H}_V$, $\Delta\overline{S}_V$) 수치의 10%라고 가정하자. 온도 600 ~ 1300 K 구간에 걸쳐 순수 A내 공공쌍의 몰분율을 온도함수로 계산하고 이를 도해하라.

8.15 FCC구조인 순수 물질 A내 침입형 결함의 형성 엔탈피는 188 kJ/mole로 알려져 있고 잉여엔트로피는 7.6 J/mol·K 이다.
온도 600~1300 K 구간에 걸쳐서 침입형 결함의 평형농도를 온도함수 관계식으로 유도하여 이를 도시하고, 문제 8.14(a)에서 구한 동일 재료내 공공결함농도에 대한 결과와 상호 비교 검토하라.

Chapter 09

표면 열역학

모든 사물에는 어딘가에서 물체의 연속성이 끊어지게 되는 지점이 존재한다. 고체와 액체의 경우 "어딘가"에 해당하는 지점은 표면이나 상 사이의 계면이 된다. 액체의 경우 계면은 액상과 기상 사이이거나 서로 섞이지 않는 두 액상 사이가 된다. 고체의 경우 계면은 고상/액상 또는 기상 사이이거나, 화학적으로 서로 다른 두 고체상 또는 화학조성은 동일하나 결정학적 방향이 각각 다른 결정립 사이가 될 수 있다. 이러한 계면 성질은 내부 부피(벌크) 성질과는 차이가 있으며, 또한 여러 형태로서 물질 상태변화 거동에 영향을 줄 수 있다. 이 장에서는 표면 성질에 기여하는 주요한 표면 형상과 이들의 효과를 살펴보고자 한다.

고체의 자유표면상에 있는 원자는 결정 내부 원자보다 더 큰 에너지를 갖게 된다. 이는 계면상의 원자가 결정 내부 원자에 비해 느슨한 결합을 하고 있기 때문이다. 예로서 조밀구조 결정에서 결정 내부에 있는 원자는 12개의 최인접 원자와 결속되어 있지만, 자유표면상에 있는 원자는 이보다 3개 적은 9개의 최인접 원자와만 결속되어 있다. 표면상 원자는 결정 내부 원자보다 결속된 인접 원자수가 적으므로 더 큰 에너지 상태로서 존재하게 된다. 인접 원자와의 결속 수 감소는 원자 간 결속을 단절할 때 필요한 단위면적당 일로써 정량적 표현을 할 수 있다. 이러한 표면상에 있는 원자들의 잉여에너지(결정 내부 원자들에 비해서 잉여로 갖는 에너지)의 총합을 표면에너지라 한다.

표면에너지는 내부에너지, 엔탈피, 헬름홀쯔 자유에너지, 깁스 자유에너지에 따라 각기 서로 다른 물리적 구속인자에 의해 정의되는 여러 에너지의 표면적 미분치로서 나타낼 수 있지만[1], 가장 유용한 표면에너지는 깁스 자유에너지에 근거하여 정의되고 있다. 3장에서 언급한 관계식[식(3.3), (3.3a), (3.10)]을 적용하여 깁스 자유에너지로서 표면에너지 γ 를 나타내면,

$$dG = -SdT + VdP + \gamma dA$$
$$\gamma = \left(\frac{\partial G}{\partial A}\right)_{T,P} \tag{9.1}$$

표면에너지에 대한 몇가지 흔히 볼 수 있는 현상을 살펴보도록 하자. 액적(liquid droplet)은 그 자체의 자유에너지를 최소화하기 위해 표면적을 가능한 최소화할 수 있는 구의 모양새를 갖추려고 한다. 또한 작은 액적들은 표면 대 부피의 비를 최소화하기 위해 큰 액적으로 합쳐지려는 경향을 보인다. 금속 또는 세라믹의 작은 입자들은 압착 성형 후 고온에서 가열하면 덩어리 고체로 소결된다. 표면에너지의 감소가 바로 이러한 입자 조대화 및 소결 과정의 열역학 구동력이 된다.

9.1 표면에너지(표면장력)

그림 9.1에 나타낸 것처럼 틀 면(frame)상에서 곧게 잡아당겨지는 액체막을 고려해 보자. 틀 면상의 폐회로 줄이 힘 F에 의해서 오른쪽으로 끌려 움직이므로 인해 새로운 표면(액체막 아래 및 위쪽 면)이 생겨나게 된다.
가해진 힘과 행해진 일사이의 균형은 다음과 같이 표현된다.

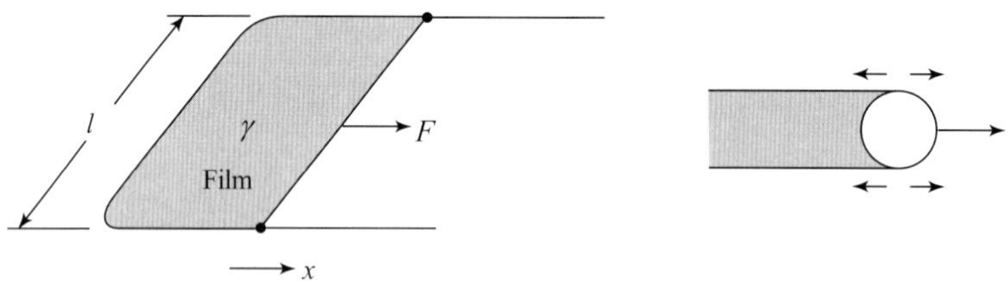

그림 9.1 틀 면상의 액체 막을 끌어 당김 – 표면적 증가

1) 여러가지 열역학적 에너지함수로 정의되는 표면에너지

$$\gamma = \left(\frac{\partial U}{\partial A}\right)_{S,V} = \left(\frac{\partial H}{\partial A}\right)_{S,P} = \left(\frac{\partial \boldsymbol{F}}{\partial \boldsymbol{A}}\right)_{\boldsymbol{T,V}} = \left(\frac{\partial \boldsymbol{G}}{\partial \boldsymbol{A}}\right)_{\boldsymbol{T,P}}$$

$$2\gamma l dx = F dx$$

$$\gamma = \frac{F}{2l}$$

표면장력 γ 의 SI 단위는 dynes/cm 또는 N/m이다.

γ 단위의 분모와 분자에 모두 길이(cm)를 곱하면, γ 의 단위는 $\text{dynes}\cdot\text{cm}/\text{cm}^2$ 또는 ergs/cm^2 (SI 단위로는 joules/m^2)가 된다. 따라서 γ 를 표면장력 또는 표면에너지로 간주할 수 있다. 액체의 경우는 표면장력과 표면에너지가 서로 동일하지만 고체에서는 이들이 서로 같지 않다.

고체와 액체의 표면에너지는 여러가지 면에서 차이가 있다. 액체의 표면에너지는 등방성인 성질을 지닌다: 즉, 방향에 무관하다. 고체의 표면에너지는 노출된 결정학적 면의 함수가 된다. 게다가 고체의 표면장력은 노출된 면상에서도 방향에 따라 각각 달라진다. 액체의 경우 표면이 당겨져 늘어남(변형됨)에 따라 단위 표면에너지는 변화하지 않게 된다. 액체의 표면이 증가함에 따라 표면 특성을 그대로 유지하기 위해 내부로부터 액체 원자들이 표면으로 빠르게 이동하기 때문이다. 반면에 고체의 경우는 통상적으로 재료가 사용되는 온도 범위 구간에서는 원자의 이동도가 매우 작아서 내부로부터 표면으로의 원자 이동현상이 거의 일어나지 않는다. 따라서 고체 표면 특성은 물질이 변형됨에 따라 변화한다.

결정 표면에너지 근사치

고체 표면에너지의 수치는 단순한 계산방법에 의해 대략적 근사치로서 다음처럼 구해질 수 있다. 고체에서 임의 원자의 결합에너지를 주변 최인접 원자들과의 개별적 결합으로 인한 에너지라고 고려한다면, 결합에너지(임의 원자와 주변 최인접 원자중 하나간 결합에너지) ε 는 다음처럼 표현할 수 있다.

$$\varepsilon = \frac{\Delta \underline{\mathrm{H}}_S}{0.5ZN_A} \tag{9.2}$$

여기서 $\Delta \underline{\mathrm{H}}_S$ 는 승화(모든 결합을 끊음)에 필요한 몰당 엔탈피이고, Z 는 배위수, N_A 는 아보가드로수이다. 몰당 최인접 원자 간 결합수는 $0.5ZN_A$ 이다. 실제 원자 간 결합에너지 자체는 음수의 수치임에 유의하라.

면심입방결정을 (111)면과 평행하게 절단할 경우 원자당 3개의 결합이 끊어지게 된다. 2개의 표면이 생성되기 때문에 표면 형성에 필요한 일은 표면 원자당 $3\varepsilon/2$ 이 된다. 이

를 식(9.2)와 결합하면 표면 원자당 일은,

$$w = \frac{3}{2}\varepsilon = \frac{\Delta H_S}{4N_A} \quad (Z=12 \text{ 인 경우})$$

따라서 단위면적당 표면잉여에너지 γ 는,

$$\gamma = \frac{\Delta H_S}{4N_A}\left(\frac{N}{A}\right) \tag{9.3}$$

여기서 괄호항은 단위면적당 원자의 개수이다. 면심입방구조에서 N/A 는 $4/(\sqrt{3}a_0^2)$ 이며 a_0 는 격자상수를 나타낸다. 구리의 경우 승화 엔탈피는 대략 170,700 J/(g·mol) 이고 격자상수 a_0 는 3.615Å이다. 따라서 자유 표면 형성을 위해 필요한 일에너지의 계산치는 대략 1,400 ergs/cm^2 인 반면 고온에서의 실제 γ 측정치는 약 1,600 ergs/cm^2 정도이다. 예상한 대로, 간단한 원자결합 모델에 근거한 표면에너지의 근사적 계산방법은 표면 근방에서 일어나는 여타 변화를 전혀 고려하지 않기 때문에 정확한 에너지 값을 계산해낼 수는 없다. 그러나 이와 같이 간단한 모델에 의한 에너지 계산치가 터무니 없는 값이 아닌 대략적 근사치를 나타냄을 위 계산 예로부터 잘 알 수 있다.

간단한 표면에너지 계산으로부터 얻을 수 있는 중요한 결론은 고체의 표면에너지가 결정학적 면에 의존한다는 점이다. 표면을 생성하는데 필요한 일 γ 는 표면 형성시 깨지는 원자당 결합의 수와 표면적당 원자의 수에 의존하는 수치가 됨을 근사적 표면에너지 계산과정으로부터 이해할 수 있다.

(111)면에 대해 원자당 3개의 깨진 결합이 있고 단위면적당 원자의 수는(그림 9.2),

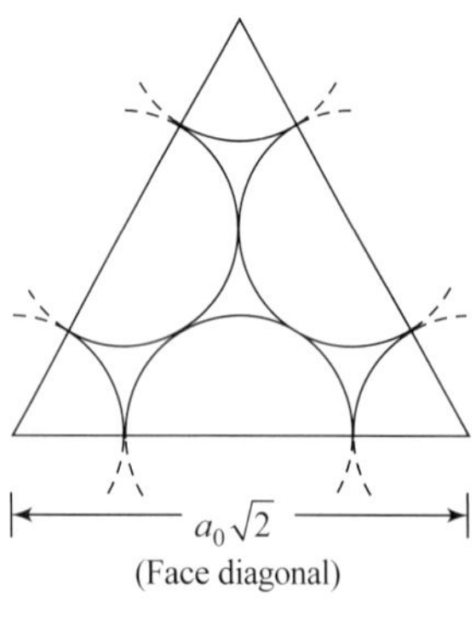

그림 9.2 면심입방결정 (111)면상의 원자 충진

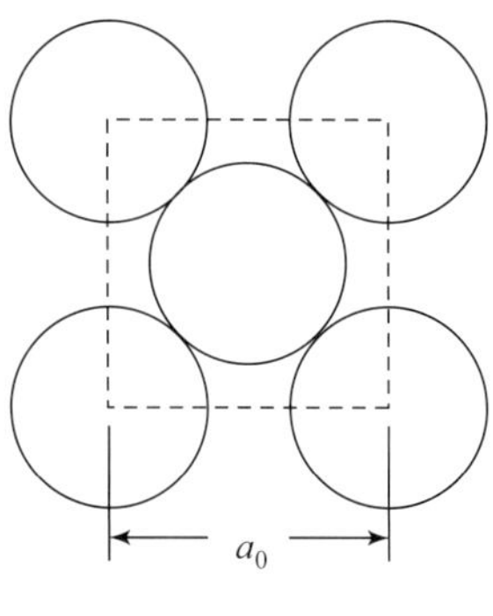

그림 9.3 면심입방결정 (100)면상의 원자 충진

$$\omega = \frac{3}{2}\varepsilon \quad , \quad \left(\frac{N}{A}\right)_{(111)} = \frac{4}{a_o^2\sqrt{3}} \tag{9.4}$$

(100)면의 경우 원자당 4개의 깨진 결합이 생기고 단위면적당 원자의 수는(그림 9.3),

$$\omega = \frac{4}{2}\varepsilon \quad , \quad \left(\frac{N}{A}\right)_{(100)} = \frac{2}{a_o^2} \tag{9.5}$$

따라서 단위면적당 깨진 결합 수만을 고려하면 두 표면에너지의 비는 1.15가 된다.

$$\frac{\gamma_{(100)}}{\gamma_{(111)}} = \frac{2}{\sqrt{3}} = 1.15 \tag{9.6}$$

이와 같은 간단한 근사적 계산방법으로부터 표면에너지의 정확한 값을 계산해낼 수는 없지만, 결정학적으로 다른 면은 표면에너지가 서로 같지 않다는 사실을 직관적으로 이해해 볼 수가 있다. 고체의 표면에너지는 등방성이 아니고 결정학적 방향(면지수)의 함수가 된다. 결과적으로 단결정의 평형적 모양새는 액상처럼 구가 아니라, 나중에 9.13절에서 언급되듯이 결정학적 면들의 상대적 표면에너지에 의존하는(즉, 낮은 표면에너지를 나타내는 결정면들로서 이루어지는) 어떤 형태의 평형 모양새가 된다.

9.2 곡면계 평형

곡면을 지닌 물질계 평형조건은 평형원칙으로부터 유도될 수 있다. 그림 9.4의 곡선상 점 P의 곡률, κ는 점 P를 중심으로 한 무한소 크기의 곡선을 원호로 하는 구 반경의 역수로서 정의된다.

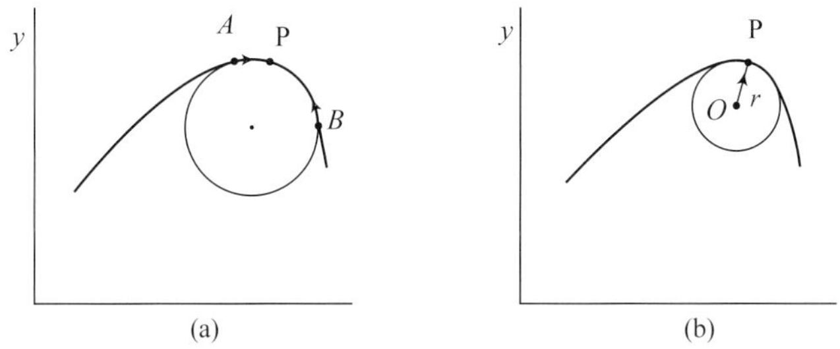

그림 9.4 곡선상 점 P에서의 곡률 정의

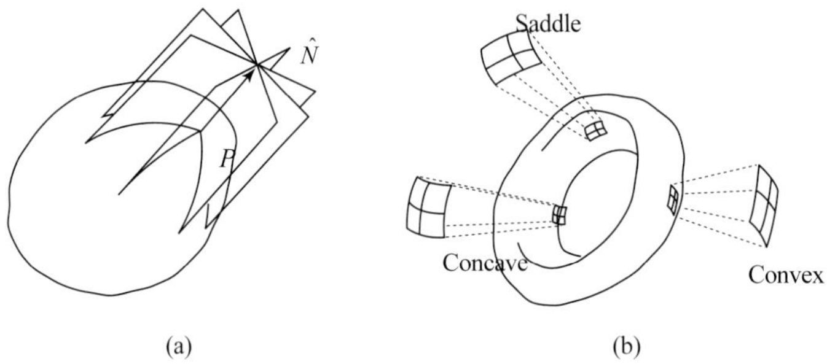

그림 9.5 (a) 곡면상 점 P에서의 수직단위벡터 $\hat{N}$ 을 포함하며 점 P를 지나는무수히 많은 수직 평면과 곡면과의 교차로 인해 생기는 곡선들의 곡률은 수직평면의 교차 방향에 따라 변한다. (b) 3가지 주요 형태의 곡면: concave(오목곡면), convex(볼록곡면), saddle(오목/볼록 공존곡면).

$$\kappa = \frac{1}{r} \tag{9.7}$$

한편 그림 9.5에서처럼 굴곡 표면상에 위치한 점 P의 곡률은 점 P와 표면 수직벡터 $(\hat{N})$ 를 포함하는 수많은 수직 교차면의 방향성에 따라서 변한다. 따라서 곡면상 점 P의 평균곡률 κ 는 점 P의 수직벡터를 포함하는 여러 수직 평면과 곡면 간의 교차로 생기는 곡면상 곡선 중 최대 및 최소 곡률를 보이는 곡선의 접선으로부터 각각 주축방향 단위벡터($\hat{u}$: 최대곡률, $\hat{v}$: 최소곡률)가 정의된다. 최대, 최소 주곡률에 대한 주축 단위벡터(principal unit vectors) $\hat{u}$, $\hat{v}$ 는 서로 직각을 이루도록 정해진다. 곡면의 평균 곡률반경은 최대(r_1) 및 최소(r_2) 곡률반경 함수로서 다음처럼 정의된다(그림 9.6).

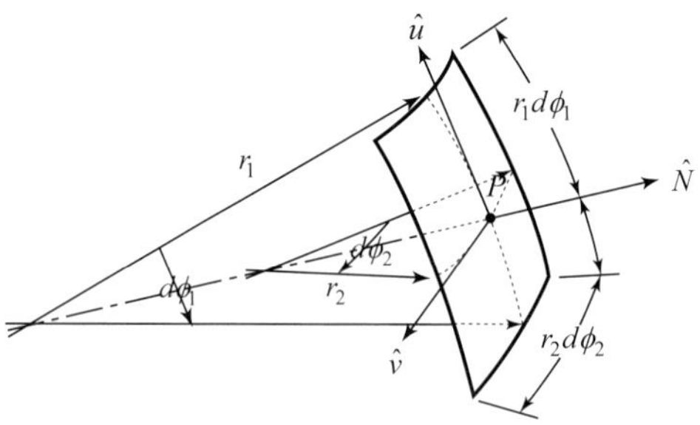

그림 9.6 곡면상 점 P에서 서로 수직한 주축방향 단위벡터 $\hat{u}$, $\hat{v}$ 와 수직단위벡터 $\hat{N}$ 은 점 P를 포함하며 서로 수직한 두 평면 [$(\hat{u}, \hat{N})$ 및 $(\hat{v}, \hat{N})$ 포함한 평면]을 실체화한다. 길이 r_1, r_2 는 이러한 두 수직 평면이 점 P 위치상 단위표면과 이루는 곡선 곡률반경에 해당한다. 이 반경의 역수값은 표면상 점 P에서의 곡면에 대한 최대 및 최소 주 곡률(κ)을 나타낸다.

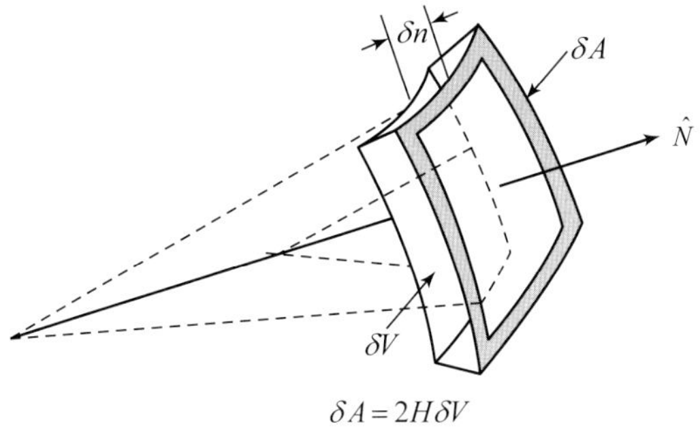

그림 9.7 단위표면이 표면 수직단위 벡터 방향으로 δn 만큼 이동함으로 인해 야기되는 부피변화 δV 와 면적변화 δA

$$\kappa = \frac{1}{2}(\kappa_1 + \kappa_2) = \frac{1}{2}\left(\frac{1}{r_1} + \frac{1}{r_2}\right) \tag{9.8}$$

평균 곡률반경 κ 는 바깥쪽으로 볼록한 굴곡표면 부위의 경우[볼록곡면(convex surface) : r_1, r_2 공히 양수]양수이며, 안쪽으로 볼록한 표면 부위[오목곡면(concave surface) : r_1, r_2 공히 음수]에서는 음수가 된다. 한편 표면상의 두 축벡터의 방향이 서로 반대가 되는 "새들(saddle)"표면 (바깥 및 안쪽 볼록 곡면이 공존)의 경우에는 이들 방향으로의 상대적 곡률 정도에 따라 κ 는 양 또는 음수가 된다.

그림 9.6은 굴곡표면(곡면상)의 점 P 주위에서 주축 단위벡터 방향으로 각기 무한소 크기의 아크 $d\phi_1$, $d\phi_2$ 만큼 회전에 의해 생기는 단위면적 dA_0 를 나타낸다.

$$dA_0 = r_1 d\phi_1 \cdot r_2 d\phi_2$$

점 P가 위치한 단위표면이 표면 수직벡터 방향으로 무한소 거리 δn 만큼 이동함으로 인해 생기는 부피변화 δV 는 (그림 9.7),

$$\delta V = \delta n \cdot dA_0 = \delta n \cdot r_1 d\phi_1 \cdot r_2 d\phi_2$$

δn 거리 이동 후 곡면의 주 곡률반경은 $(r_1 + \delta n)$ 및 $(r_2 + \delta n)$ 이므로 단위표면의 면적변화 dA_1 은,

$$dA_1 = (r_1 + \delta n)(r_2 + \delta n)d\phi_1 \cdot d\phi_2 = [r_1 r_2 + (r_1 + r_2)\delta n + \delta n^2]d\phi_1 d\phi_2$$

여기서 이차지수항 δn^2 수치 크기는 무시할 수 있다.

무한소 곡면이동 δn 으로 인해 야기된 계면의 면적변화 δA 를 구하면,

$$\delta A = dA_1 - dA_0 = (r_1 + r_2)\delta n \cdot d\phi_1 d\phi_2$$

$$\delta A = \frac{(r_1 + r_2)}{r_1 r_2} \cdot \delta n \cdot r_1 r_2 d\phi_1 d\phi_2 = \left(\frac{1}{r_1} + \frac{1}{r_2}\right)\delta V$$

$$\delta A = 2\kappa \delta V \tag{9.9}$$

여기서 곡면 평균곡률 $\kappa = \frac{1}{2}\left(\frac{1}{r_1} + \frac{1}{r_2}\right) = \frac{1}{2}(\kappa_1 + \kappa_2)$

따라서 주 곡률반경이 각기 r_1 및 r_2 인 굴곡표면의 무한소거리 이동으로 인한 표면적 변화(δA)는 부피변화 (δV)및 평균 곡률반경(κ)과 관계됨을 알 수 있다. 식(9.9)는 평형원칙으로부터 굴곡계면을 지닌 물질 계의 평형조건 유도시에 중요하게 다루어지는 변수간 구속조건이 된다.

2상간의 물리적 계면은 무한히 얇은 기하학적 평면이 아니다. 표면의 불균일적 혼란도는 표면을 인접해 둘러싸고 있는 2상 내부로 각각 수 원자층 정도 깊이(전이층 σ)까지 걸쳐 존재하게 된다. 그림 9.8(b)는 계면 근방의 2상 내부에서 계의 크기 열역학성질의 변화를 나타낸다. 크기 열역학성질을 B, 계 벌크 내 임의 점에서의 단위부피당 B의 값을 b_V $\left(\lim_{V \to 0} \frac{B}{V'} \equiv b_V\right)$로 정의하자. 계에 대한 크기성질 B_{sys} 값은 그림 9.8(b)상의 빗금친 면적 ($\int_{V'} b_V dV$)에 해당한다. 그림 9.8(c)에서처럼 전이층 내에 가상적인 기하학적 평면의 위치를 계면으로 설정해 볼 수 있다. 이 경우 상 α 및 β 내 각각의 단위 부피당 크기 열역학성질인 b_V^α 와 b_V^β 가 가상적 평면까지 그대로 적용된다고 가정하면, 가상적 계면 포함 계에 대한 B의 값 B_{hyp} 는 그림 9.8(c)상의 빗금친 면적이 된다.

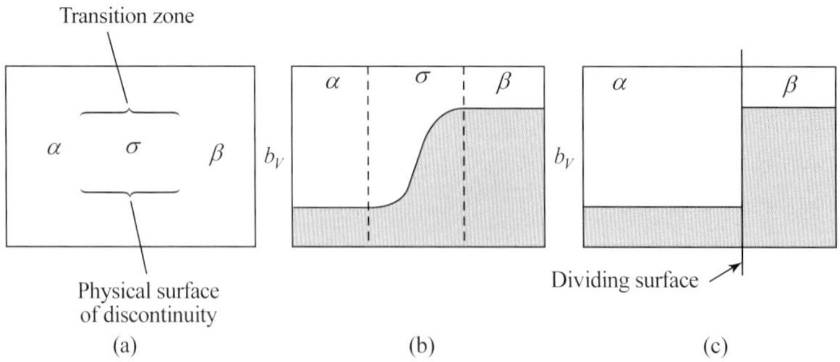

그림 9.8 실제적인 두 상간 계면을 정의하는 전이층 모식도(a), 단위 부피당 크기 열역학성질 b_V 의 상 α , 전이층, 상 β 내 변화추이(b), 계단함수 (step function)로서의 b_V 변화 양상을 보이는 계면을 지닌 가상적 물질계(c). 그림 (c)의 가상적 계면상 열역학 성질(표면성질)은 그림 (b)의 실제적 전이층 σ 가 지니는 열역학 성질(부피성질)에 해당한다.

그림 9.8(c)의 계면은 그림 9.8(b) 양편 상 α , β 가 서로 만날 수 있도록 전이층 σ 를 압축시켜(collapsed) 놓은 표면 형태로 그림 9.8(c)의 계면을 볼 수 있다. 그림 9.8(c) 계면상의 크기 열역학성질(표면 잉여 성질)은 그림 9.8(b) 전이층 σ 가 지니는 열역학성질(부피성질)에 해당한다. 따라서 크기 열역학성질 B의 표면 잉여 값, B'^s 는 다음처럼 정의할 수 있다.

$$B'^s \equiv B'_{sys} - B'_{hyp} \tag{9.10}$$

가상적 계면의 면적을 A라 하면 B의 "고유 표면잉여 성질"(세기성질)은,

$$B^s \equiv \frac{B'^s}{A} \tag{9.11}$$

식(9.10~11)로 부터,

$$B'_{sys} = B'_{hyp} + B'^s = B'_{hyp} + B^s \cdot A \tag{9.12}$$

곡면계 평형조건

C성분으로 각기 구성된 상 α 및 β 간 경계가 곡면인 의해 경계짓는 계의 평형조건을 4장에서 다룬 평형원칙으로부터 결정해 보자.
계 크기 열역학 성질 B는 그림 9.8(c)로부터,

$$B'_{sys} = (B'^{\alpha}_{hyp} + B'^{\beta}_{hyp}) + B^s \cdot A \tag{9.13}$$

계의 미소 계면상태 변화에 대해 식(9.13)을 써보면,

$$dB'_{sys} = dB'^{\alpha}_{hyp} + dB'^{\beta}_{hyp} + B^s dA \tag{9.14}$$

STEP I

식(9.14)의 크기성질 B를 엔트로피로서 표현하면,

$$\begin{aligned} dS'_{sys} &= dS'^{\alpha}_{hyp} + dS'^{\beta}_{hyp} + S^s dA \\ &= \left[\frac{1}{T^\alpha} dU'^{\alpha}_{hyp} + \frac{P^\alpha}{T^\alpha} dV'^{\alpha}_{hyp} - \sum_{k=1}^{c} \frac{\mu_k^\alpha}{T^\alpha} dn^\alpha_{k,hyp}\right] + \\ &\quad \left[\frac{1}{T^\beta} dU'^{\beta}_{hyp} + \frac{P^\beta}{T^\beta} dV'^{\beta}_{hyp} - \sum_{k=1}^{c} \frac{\mu_k^\beta}{T^\beta} dn^\beta_{k,hyp}\right] + S^s dA \end{aligned} \tag{9.15}$$

STEP II

다음으로 계에 대한 고립화 구속조건($U,V,n=$ 일정)을 적용해 보자.

$$\text{A}: \ dU'_{sys} = dU'^{\alpha}_{hyp} + dU'^{\beta}_{hyp} + U^s dA = 0$$

$$dU'^{\beta}_{hyp} = -(dU'^{\alpha}_{hyp} + U^s dA) \tag{9.16}$$

$$\text{B}: \ dV'_{sys} = dV'^{\alpha}_{hyp} + dV'^{\beta}_{hyp} + \underline{V}^s dA = 0$$

가상적 계의 전체부피는 실제 계의 부피와 동일하기 때문에 고유 표면 잉여부피 $\underline{V}^s$는 0이 된다.

$$dV'^{\beta}_{hyp} = -dV'^{\alpha}_{hyp} \tag{9.17}$$

$$\text{C}: \ dn_{i,sys} = dn^{\alpha}_{i,hyp} + dn^{\beta}_{i,hyp} + \Gamma_i dA = 0$$

여기서 Γ_i는 성분 i의 고유표면 잉여농도로서 다음처럼 정의된다.

$$\Gamma_i = \frac{n_i^s}{A}$$

$$dn^{\beta}_{i,hyp} = -(dn^{\alpha}_{i,hyp} + \Gamma_i dA) \tag{9.18}$$

계 고립화 구속조건인 식(9.16~18)을 식(9.15)에 대입하면,

$$dS'_{sys,iso} = \left[\frac{1}{T^{\alpha}} dU'^{\alpha}_{hyp} + \frac{P^{\alpha}}{T^{\alpha}} dV'^{\alpha}_{hyp} - \sum_{k=1}^{c} \frac{\mu_k^{\alpha}}{T^{\alpha}} dn^{\alpha}_{k,hyp}\right] + \left[\frac{1}{T^{\beta}}(-dU'^{\alpha}_{hyp} - U^s dA) + \frac{P^{\beta}}{T^{\beta}}(-dV'^{\alpha}_{hyp}) - \sum_{k=1}^{c} \frac{\mu_k^{\beta}}{T^{\beta}}(-dn^{\alpha}_{k,hyp} - \Gamma_k dA)\right] + S^s dA$$

위 식을 재정렬하면,

$$dS'_{sys,iso} = \left(\frac{1}{T^{\alpha}} - \frac{1}{T^{\beta}}\right) dU'^{\alpha}_{hyp} + \left(\frac{P^{\alpha}}{T^{\alpha}} - \frac{P^{\beta}}{T^{\beta}}\right) dV'^{\alpha}_{hyp} - \sum_{k=1}^{c}\left(\frac{\mu_k^{\alpha}}{T^{\alpha}} - \frac{\mu_k^{\beta}}{T^{\beta}}\right) dn^{\alpha}_{k,hyp} + \left(S^s - \frac{1}{T_{\beta}} U^s + \sum_{c=1}^{c} \frac{\mu_k^{\beta}}{T^{\beta}} \Gamma_k\right) dA \tag{9.19}$$

한편 표면 계의 상태변화에 따른 곡면의 면적과 부피 변화 사이에는 식(9.9)의 관계가 성립한다. α/β 계면의 굴곡이 상 β 바깥쪽으로 볼록한 형태인 경우를 양수의 평균 곡률 반경으로 정하면 식(9.9)는 다음처럼 쓸 수 있다.

$$dA = 2\kappa \cdot dV'^{\beta}_{hyp} = -2\kappa \cdot dV'^{\alpha}_{hyp} \tag{9.20}$$

$dS'_{sys,iso}$ 표현 식(9.19)의 dA를 식(9.20)을 이용해 dV로 대체하면,

$$\begin{aligned} dS'_{sys.iso} &= \left(\frac{1}{T^\alpha} - \frac{1}{T^\beta}\right) dU'^{\alpha}_{hyp} + \left[\left(\frac{P^\alpha}{T^\alpha} - \frac{P^\beta}{T^\beta}\right)\right. \\ &\left. - \left(S^s - \frac{1}{T^\beta} U^s + \sum_{k=1}^{c} \frac{\mu_k^\beta}{T^\beta} \Gamma_k\right) \cdot 2\kappa \right] dV'^{\alpha}_{hyp} - \sum_{k=1}^{c} \left(\frac{\mu_k^\alpha}{T^\alpha} - \frac{\mu_k^\beta}{T^\beta}\right) dn^{\alpha}_{\kappa,hyp} \end{aligned} \tag{9.21}$$

STEP III

평형원칙 $dS'_{sys,iso} = 0$을 적용하면 곡면(또는 입자) 재료계의 평형조건은 다음과 같다.

$$\frac{1}{T^\alpha} - \frac{1}{T^\beta} = 0 \rightarrow T^\alpha = T^\beta (= T) \quad : \text{열적평형} \tag{9.22}$$

$$\frac{\mu_i^\alpha}{T^\alpha} - \frac{\mu_i^\beta}{T^\beta} = 0 \rightarrow \mu_i^\alpha = \mu_i^\beta = \mu_i \ (i = 1, 2, \cdots\cdot c) \quad : \text{화학적평형} \tag{9.23}$$

$$\left(\frac{P^\alpha}{T^\alpha} - \frac{P^\beta}{T^\beta}\right) - \left(S^s - \frac{1}{T^\beta} U^s + \sum_{k=1}^{c} \frac{\mu_i^\beta}{T^\beta} \Gamma_i\right) \cdot 2\kappa = 0 \ : \text{역학적평형} \tag{9.24}$$

열적 평형조건 식(9.22)에 의해 동일 온도 T를 고려해 식(9.24)를 쓰면,

$$P^\alpha - P^\beta + (U^s - TS^s - \sum_{i=1}^{c} \mu_i \Gamma_i) \cdot 2\kappa = 0 \tag{9.25}$$

식(9.25)의 괄호속 항은 고유 계면 자유에너지 (깁스 또는 헬름홀쯔 : $V^s = 0$이므로 깁스 자유에너지와 헬름홀쯔 자유에너지는 동일한 개념)에 해당되며 이를 달리 표면에너지, $\gamma(\text{ergs / cm}^2$ 또는 $\text{J / m}^2)$ 라고 정의한다.

$$G^s = U^s - TS^s - \sum_{k=1}^{c} \mu_k \Gamma_k \equiv \gamma \tag{9.26}$$

여기서 식(9.11)에 따라 G^s는 세기 성질이며 $G^s = G'^s / A$ 이다.
이에 따라 곡면 재료계 역학적 평형조건 식(9.25)를 다음처럼 간략하게 쓸 수 있다.

$$P^\beta - P^\alpha = 2\gamma\kappa \tag{9.27}$$

그러므로 곡면을 지닌 재료계의 평형조건은 식(9.22), (9.23), (9.27)이 된다. 열적 평형은 곡면 재료계 전체(벌크+계면)에 대한 평형조건이나, 화학적 평형은 재료 벌크(부피)의 평형조건이고, 역학적 평형은 계면의 평형조건이 된다.

식(9.27)로부터 곡면을 지닌 2상 계 평형시에 2상간의 압력은 서로 동일하지 않음을 알 수 있다. γ 는 항상 양수이므로 β 상 내 압력이 α 상내 보다 큰지, 작은지는 2상간 굴곡면의 평균곡률 κ 에 의해서 정해진다. 앞서 언급한 κ 부호 약속에 따라 굴곡계면이 상 β 바깥쪽으로 볼록한 형태일 경우 κ 는 양수이므로 이 경우 평형시 입자 상 β 내부 압력은 외부 압력보다 높게 된다. 이러한 압력차이의 정도는 상 β 입자의 크기가 작아질수록, 즉 κ 가 클수록 증대된다.

9.3 굴곡도 영향

물질 계에서 두 경계 상간의 물리적 표면은 무한히 작은 두께의 기하학적 평면이 아니다. 표면의 불균일 혼란도는 표면을 둘러싸고 있는 두 상 내부로 각각 수 원자층 깊이 정도까지 걸쳐 존재하게 된다. 단일성분으로 이루어진 계에서는 두 상간의 기하학적인 계면(질량을 갖지 않는 표면)을 지닌 가상적 계를 고려해 볼 수 있다. 그림 9.9에 단일 성분계의 상 I과 II 사이 경계면 영역에서 성분 C 의 농도(밀도)가 거리 함수로서 나타나 있다. 계면 왼쪽과 오른쪽의 빗금친 부분의 면적이 같다면, y 로 표식된 두 상 사이의 계면은 어떠한 질량도 지닐 수 없게 된다. 따라서 계의 전체 질량은 오로지 상 I과 II의 질량에 의해 계산될 뿐, 표면에 의해 나타나는 질량은 없게 된다($m_y = 0$). 2상간 계면에 질량이 부여되지 않는 경우는 단일 성분계에서만 적용 가능한 것이며, 다성분계에서는 일반적으로 표면이 어느 정도의 질량을 지니게 된다(9.11절).

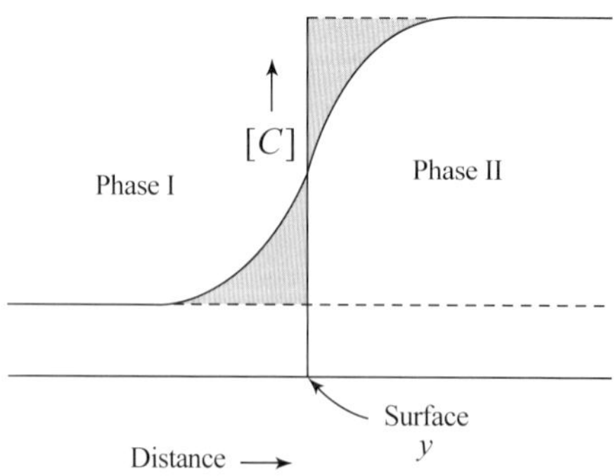

그림 9.9 단일성분계 물질의 거리에 따른 성분 C농도(밀도)의 변화, 기하학적 표면(계면)은 회색 부분의 면적이 서로 같게 되는 위치에 놓인다.

경우 1 : 무한 곡률반경을 지닌 물질계

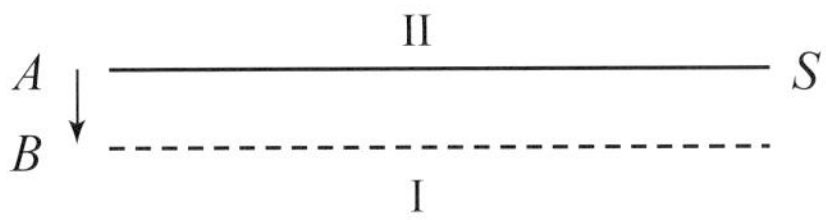

그림 9.10 무한 곡률반경을 지니는 (편평한) 표면의 이동

단일 성분계에서 표면 S 에 의해 분리된 상 I과 II를 고려해 보자(그림 9.10). 표면이 위치 A 에서 B 로 이동하면 상의 부피(질량)는 변하게 된다: 상 II의 부피는 증가하고 상 I의 부피는 감소한다. 일정온도, 압력하 물질의 표면이동에 의한 자유에너지의 전체 변화는 다음과 같다.

$$dG = -SdT + VdP + (\sum \mu_i dn_i + \gamma dA)$$
$$dG\big|_{T,P} = \underline{G}_I dm_I + \underline{G}_{II} dm_{II} + \gamma dA = \delta W_r^* \tag{9.28}$$

여기서 dm_I 와 dm_{II} 는 표면이 무한소 거리만큼 이동함에 따른 상 I과 II의 질량 변화를 각각 나타낸다.

깁스 평형원칙에 의하면 "평형상태"에서 가역적인 일은 0이 된다[식(4.3)]. 일정 온도, 압력하 재료계의 상태변화시에 가역적 유용한 일은 깁스 자유에너지 변화를 나타낸다[$(\delta W_r^* = dG)_{T,P}$]. 단일 성분계의 분몰 깁스 자유에너지($\overline{G}$, μ)는 몰 깁스 자유에너지($\underline{G}$)와 동일하다($\overline{G} = \mu = \underline{G}$). 따라서 일정 온도, 압력하 단일 성분의 공존 2상 계면계 평형시,

$$\mu_I dm_I + \mu_{II} dm_{II} + \gamma dA = 0 \tag{9.29}$$

상 II의 질량 증가는 상 I의 질량 감소와 같다($dm_{II} = -dm_I = dm$).

$$\mu_I - \mu_{II} = \gamma \frac{dA}{dm} \tag{9.30}$$

표면 형상이 편평하다면[즉 곡률반경이 무한히 큰($r = \infty$) 벌크 재료라면], 질량이 상 I에서 II로 이동함에 따라 계면의 면적은 변화하지 않기 때문에 dA/dm 은 0이 된다. 따라서 상 I의 화학포텐셜과 상 II의 화학포텐셜은 같아진다.

$$\mu_I - \mu_{II} = 0$$
$$\mu_I = \mu_{II} = \mu_\infty \tag{9.31}$$

여기서 μ_∞ 는 무한 곡률반경을 지닌 계면상 물질의 화학포텐셜로 이 경우 벌크상 I, II의 화학 포텐셜과 동일하다.

경우 2 : 유한 곡률반경을 지닌 물질계

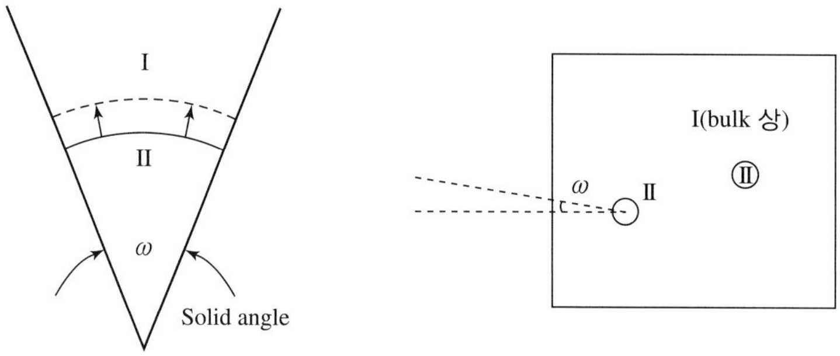

그림 9.11 유한 곡률반경을 지니는 구형 표면의 이동

굴곡 표면(그림 9.11)에서는 상 I과 II 사이의 경계가 이동함에 따라 표면의 면적이 변화한다. 식(9.30)에 몰 부피($\underline{V} = dV/dm$) 개념을 도입하면,

$$\mu_I - \mu_{II} = \gamma \frac{dA}{dm} = \underline{V}\gamma \frac{dA}{dV} = \underline{V}\gamma\kappa \tag{9.32}$$

곡면계에서는 굴곡도를 나타내는 $dA/dV(=\kappa)$ 가 0이 아니다.
구형의 표면(곡률반경 r)에 대해서, 식(9.32)를 적용하면

$$V = \frac{\omega r^3}{3} \quad \text{그리고} \quad A = \omega r^2$$

여기서 ω 는 곡면 안쪽 부분과 마주하고 있는 입체각(solid angle)이다 – 곡면 양 끝단에서의 곡률반경이 서로 만나는 점에서 이루어지는 각이다.

$$dV = \omega r^2 dr \quad \text{그리고} \quad dA = 2\omega r dr$$

$$\frac{dA}{dV} = \frac{2}{r}$$

따라서,

$$\mu_I - \mu_{II} = \underline{V}\frac{2\gamma}{r} \tag{9.33}$$

여기서 $\underline{V}$ 는 몰 부피이고, γ 는 상 I과 II 사이의 계면(표면) 에너지이다.

그림 9.11을 유한 곡률반경 r인 입자상 II와 무한 곡률반경 벌크상 I 사이의 계면 형상으로 여길 수 있으므로 이로부터 다음 식(9.34)를 유도해 낼 수 있다. 또한 식(9.31)과 (9.32)관계로부터 식(9.32) 형태를 그대로 이용하여 μ_I 을 μ_r 로 μ_{II} 를 μ_∞ 로 단지 대체

하여 식(9.34)를 바로 얻어낼 수도 있다.

$$\mu_r - \mu_\infty = \underline{V}\frac{2\gamma}{r} = 2\underline{V}\gamma\kappa \tag{9.34}$$

따라서 표면 곡률반경 r 을 지닌 물질의 화학포텐셜은 이보다 큰 곡률반경을 가진 동일한 물질의 화학포텐셜보다 더 크다. 곡률반경에 따른 물질 화학포텐셜의 이런 차이는 몇 가지 응용 예로서 설명할 수 있는데, 이에 대해서는 9.4 ~ 6절에 걸쳐서 언급하겠다.

참고로 깁스 평형원칙에 의해 유도된 식(9.34)는 앞절에서 굴곡도 κ 인 곡면계에 평형원칙 적용으로부터 얻어진 역학적 평형조건 식(9.27)과 표현 형태만 다른 동일한 평형조건 식이다.

$$d\underline{G} = d\mu = \underline{V}dP - \underline{S}dT$$

일정한 온도에서 단일성분계 깁스 자유에너지 변화는,

$$d\mu = \underline{V}dP$$

$$\int_{\mu_\infty}^{\mu_r} d\mu = \underline{V}\int_{P^\beta}^{P^\alpha} dP$$

$$\mu_r - \mu_\infty = \underline{V}(P^\alpha - P^\beta)$$

이를 식(9.34)에 대입하면 식(9.27)을 얻을 수 있다.

$$(\mu_r - \mu_\infty)/\underline{V} = P^\alpha - P^\beta = 2\gamma\kappa$$

이로부터 식(9.34)는 역학적 평형조건 식(9.27)과 동일한 식임을 이해해 볼 수 있다.
구형이 아닌 주 곡률반경 r_1 과 r_2 로 이루어진 곡면의 경우, 화학포텐셜 차이 ($\mu_{r_1,r_2} - \mu_\infty$)는 표면의 평균 곡률반경 κ 로 표시되곤 한다. 따라서 구에 대한 식(9.34)는 다음처럼 일반적 형태식으로 대체된다.

$$\mu_{r_1,r_2} - \mu_\infty = 2\underline{V}\gamma\kappa$$

평균 곡률반경 $\kappa = \frac{1}{2}\left(\frac{1}{r_1} + \frac{1}{r_2}\right)$ 이므로,

$$\mu_{r_1,r_2} - \mu_\infty = \underline{V}\gamma\left(\frac{1}{r_1} + \frac{1}{r_2}\right) \tag{9.35}$$

식(9.34)는 표면장력을 이용한 구에 대한 역학적 힘균형 관계식으로부터도 동일하게 유도될 수 있다. 응축상 구 주위를 둘러싸는 얇은 막(membrane)으로 상간 계면을 고려해

보자. 표면장력을 얇은 막 내 응력으로서 고려하면, 힘 균형식을 통하여 곡면을 가로질러 야기되는 압력구배를 구할 수 있다(그림 9.12). 두 개의 반구를 서로 떨쳐(멀어지게) 밀어 내려는 힘은 중심 위치에서 구의 단면적(πr^2)과 구의 안쪽/바깥쪽간 압력차 ($P_i - P_o = \Delta P$)와의 곱이 된다: $\pi r^2 \Delta P$. 이 힘은 구 중심위치의 원주상에 가해지는 힘인 표면장력 $2\pi r\gamma$ 와 힘균형을 이루게 된다(4.8절 참조).

$$\pi r^2 \Delta P = 2\pi r\gamma$$
$$\Delta P = \frac{2\gamma}{r} \tag{9.36}$$

식(9.36)은 앞서 평형원칙에 근거해 구한 역학적 계면 평형조건 식(9.27)과 동일하다.
곡면 계면 형성에 의해 응축상에 가해지게 되는 이러한 압력 증가는 또한 화학포텐셜의 차이로 설명할 수 있다. 단일 성분계의 화학포텐셜의 변화는 일정 온도에서 압력 함수로 다음처럼 관계된다.

$$d\mu = \underline{V}dP$$
$$\int_{\mu_\infty}^{\mu_r} d\mu = \underline{V}\int_{P_o}^{P_i} dP = \underline{V}(P_i - P_o) = \underline{V}\Delta P$$

위 관계식은 계면상 화학적 평형조건이다. 이를 역학적 평형조건 식(9.36)과 결합하면 다음처럼 식(9.34)가 얻어진다.

$$\mu_r - \mu_\infty = \underline{V}\frac{2\gamma}{r}$$

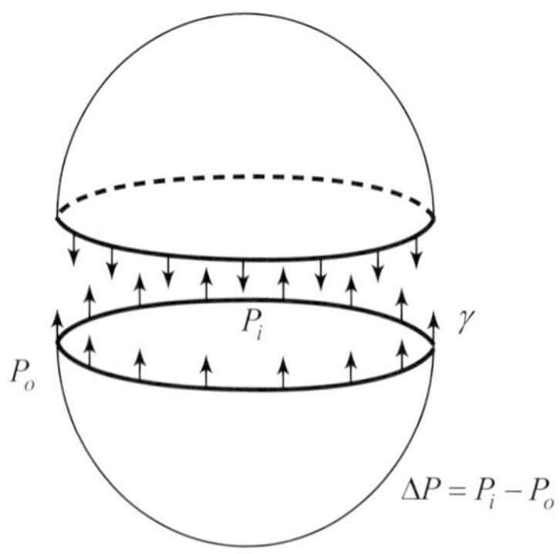

그림 9.12 두 반구를 구 형태로 함께 유지시키는 힘은 $2\pi r\gamma$ 이다. 두 반구를 서로 밀어내 멀어지게 하려는 힘은 $\pi r^2 \Delta P$ 이다. 여기서 $\Delta P = 2\gamma / r$.

9.4 입자의 증기압

응축상(고체, 액체)이 증기상과 평형을 이루고 있다면 응축상 성분의 화학포텐셜(μ_c)은 증기상의 화학포텐셜(μ_v)과 같아진다.

$$\mu_c = \mu_v \ \text{: 화학적 평형조건}$$

이는 곡면과 편평한 표면(무한 곡률반경) 모두에 공히 적용될 수 있는 평형 관계식이다.

$$\text{곡면의 경우 : } \mu_{c,r} = \mu_{v,r}$$
$$\text{평면의 경우 : } \mu_{c,\infty} = \mu_{v,\infty}$$

여기서 $\mu_{c,r}$ 은 곡률반경 r 을 지닌 구형 응축상의 화학포텐셜이고, $\mu_{v,r}$ 은 곡률반경 r 인 응축상과 평형을 이루는 증기상의 화학포텐셜이다.

식(9.34)로부터 : $$\mu_{c,r} - \mu_{c,\infty} = \frac{\text{V}2\gamma}{r}$$

퓨가시티(활동도) 정의로부터 : $$\mu_{c,r} - \mu_{c,\infty} = RT\ln\frac{f_r}{f_\infty}$$

증기가 곡면과 평면의 응축상 물질과 각기 평형을 이루고 있기 때문에 이들간 화학적 평형조건으로부터 위 퓨가시티 관계식을 다음처럼 달리 쓸 수 있다.

$$\mu_{c,r} - \mu_{v,r} \quad \text{그리고} \quad \mu_{c,\infty} - \mu_{v,\infty}$$
$$\mu_{v,r} - \mu_{v,\infty} = RT\ln\frac{f_r}{f_\infty}$$

증기는 이상기체 거동을 한다고 볼 수 있으므로,

$$\mu_{v,r} - \mu_{v,\infty} = RT\ln\frac{P_r^o}{P_\infty^o} \tag{9.37}$$

여기서 P_r^o 는 반경 r 인 단일성분 응축상 입자의 증기압이다. 한편 P_∞^o 는 편평한 표면을 이루는 단일성분 응축상 덩어리(벌크)의 증기압으로서 클라페이론 식(4.33)을 이용하여 결정할 수 있다.

$$\mu_{c,r} - \mu_{c,\infty} = \mu_{v,r} - \mu_{v,\infty}$$

$$\ln\frac{P_r^o}{P_\infty^o} = \frac{\text{V}}{RT}\frac{2\gamma}{r} = \frac{2\gamma\text{V}}{RT}\kappa \tag{9.38}$$

식(9.38)로부터 증기압에 미치는 모세현상(capillarity), κ 영향도는 $\frac{2\gamma \underline{V} \kappa}{RT}$ 수치가 대략 0.01보다 커야만 그 의미를 지니므로[exp(0.01)=1.010], 표면 굴곡반경이 약 1마이크론(10^{-6} m)이하인 응축상 입자의 경우에서만 어느 정도 그 의미를 부여할 수 있음을 알 수 있다 [마이크론 이상 크기 입자의 경우는 $P(\kappa) \cong P(\kappa = 0)$ 으로 고려해 볼 수 있다: 예제 및 그림 9.14참조].

대표적 물질의 용융온도 근방에서의 모세현상 길이 인자, $\lambda = 2\gamma \underline{V} / RT \ at \ T \approx T_m$

	Liquid − vapor λ_v (nm)	Solid − liquid λ_m (nm)
Water	0.8	0.2
Metals	1	0.4
Salts	2	−
Oxides	0.8	−

식(9.38)과 같이 구형 입자의 증기압은 입자반경의 함수가 된다. 입자 크기가 작을수록(입자 곡률반경이 작아질수록) 입자의 증기압은 더 커진다. 그러므로 물질이 다양한 크기의 입자로 구성되어 있다면, 이 중 작은 입자는 수축하게 되고 보다 큰 입자는 성장하게 될 것이다. 이는 작은 입자가 나타내는 증기압이 큰 입자의 증기압보다 더 크기 때문이다. 즉, 작은 입자 근방으로부터 큰 입자 쪽으로 증기입자가 확산하는 현상이 나타난다. 그러나 마이크론 이상의 크기를 지닌 입자들로만 구성된 물질계에선 입자 간 증기압 차이 구동력이 매우 작으므로($P_{r_1} - P_{r_2}$ = 무시할 정도 수치), 위와 같은 입자들 사이의 증기 확산 현상이 거의 관찰될 정도로는 나타나지 않는다.

예제

온도 900 K에서 액상 Zn 입자의 증기압을 입자반경 함수로 표현하라.
동일온도에서 벌크액상 Zn의 증기압은 1×10^{-2} atm, 액상의 몰 부피는 9.5 cc/mol, 표면에너지는 380 ergs/cm²이다.
모세현상 길이인자 $\lambda = 2\gamma \underline{V} / RT$ 는,

$$\lambda_v = \frac{2\left(380 \frac{\text{ergs}}{\text{cm}^2}\right)\left(9.5 \frac{\text{cc}}{\text{mole}}\right)}{\left(8.314 \frac{\text{J}}{\text{mol} \cdot \text{K}}\right)\left(10^7 \frac{\text{ergs}}{\text{J}}\right) 900\,\text{K}} = 9.6 \times 10^{-8}\,\text{cm}$$

윗 값을 식(9.38)에 대입하면 $P_{\infty}^{o} = 1\times10^{-2}$ atm 이므로 P_r^o 를 다음처럼 구할 수 있다.

$$P_r^o = (1\times10^{-2}\,\text{atm})\exp\left[\frac{9.6\times10^{-8}(\text{cm})}{r(\text{cm})}\right]$$

9.5 입자의 용해도

곡률반경에 따른 화학포텐셜 변화에 대한 다른 응용 예로서 다양한 크기의 입자 용해도 변화 추이를 살펴볼 수 있다. 2성분계에서 활동도 대 농도 변화 경향이 해당 상태도와 함께 그림 9.13에 나타나 있다. 문제의 단순화를 위해 순수 성분 B 내로 성분 A 의 용해도가 무시할 만큼 작다고 가정하자(β 상). 따라서 β 상은 순수 B 로 간주된다. $\beta(B)$. 반면에 성분 A 내로의 B 용해도는 희석 농도 범주에 속한다고 하자(용액상 α).

물질 B 가 작은 구형 입자로 존재한다면, 입자의 곡률반경 함수로서 표시되는 B 의 화학포텐셜은 식(9.34)로부터,

$$\mu_{B,r} - \mu_{B,\infty} = \frac{2V\gamma_{\alpha-B}}{r} \tag{9.39}$$

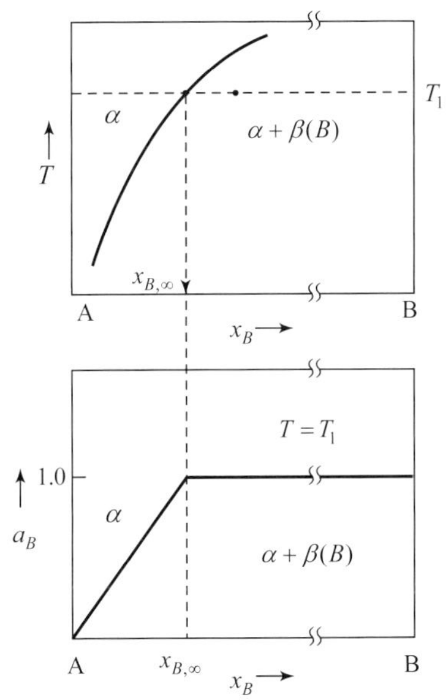

그림 9.13 성분 B 중으로 A의 용해도가 없으며 성분 A 중으로는 성분 B가 희석용액 α를 형성하는 A–B 이원계 상태도 및 $T=T_1$ 에서 농도함수로서 성분 B의 활동도 거동

표면에너지 $\gamma_{\alpha-B}$ 는 순수 B (상 β)와 상 α 간의 계면에너지이다. 순수 B 는 반지름 r 인 등방성 구형입자로 간주한다. **구형 입자 B 화학포텐셜 표현을 위해 표준상태로 무한 곡률 반경을 지닌 순수 B를 정의해 보자.** 식(5.5)로부터,

$$\mu_{B,r} = \mu_{B,\infty} + RT\ln a_{B,r} \tag{9.40}$$

2원계 상 α 내 희석용질 B 의 활동도는 몰분율에 직선적으로 비례한다면(헨리의 법칙),

$$a_B = kx_B \tag{9.41}$$

여기서 k 는 헨리안 활동도 계수로 2성분 희석 용액계에선 용질 B 농도에 무관한 상수이다. B 의 활동도는 상태도내 용액상 α 와 $\alpha + B$ 영역 사이의 상 경계 조성에서 $a_B = 1$ 이 된다. 경계 조성은 $x_{B,\infty}$ 로, 편평한 표면(무한 곡률반경)의 벌크재료 순수 B 의 A 중으로 용해도에 해당한다(일반적으로 평형 상태도내 상 경계선은 $r = \infty$ 인 벌크재료에 대해서 정해진다).

$$1 = kx_{B,\infty}, \quad \text{즉 } k = \frac{1}{x_{B,\infty}} = \text{일정 : 실선 직선 기울기} \tag{9.41a}$$

한편 동일한 희석용액 α 중 곡면입자 B의 용해도 $x_{B,r}$ (즉, 헨리안 활동도)를 $x_{B,\infty}$ **를 표준상태로 하는 활동도**로서 나타내보면 (이는 6장에서 다룬 희석용액계 용질 활동도에 대한 1w/o 표준상태 활동도 정의와 동일한 개념이다) 식(9.40)으로부터,

$$\mu_{B,r} - \mu_{B,\infty} = RT\ln\frac{x_{B,r}}{x_{B,\infty}} \tag{9.42}$$

식(9.42)는 또한 식(9.41)과 식(9.41a)로부터 동일하게 얻을 수 있다[$a_{B,r} = (1/x_{B,\infty})x_{B,r}$]. 위 식을 식(9.39)와 결합하면 일정온도에서 반경 r인 구형 입자 B의 A(상α)로의 용해도 $x_{B,r}$ 표현식을 다음처럼 얻을 수 있다.

$$\ln\frac{x_{B,r}}{x_{B,\infty}} = \frac{\mathrm{V}}{RT}\frac{2\gamma_{\alpha-B}}{r} = \frac{M}{RT\rho}\frac{2\gamma_{\alpha-\beta}}{r} \tag{9.43}$$

여기서 $x_{B,r}$ 은 B 입자의 곡률반경이 r 일 때 α 상 내로의 B 용해도이며, $x_{B,\infty}$ 는 벌크재료 성분 B의 α 상 내 용해도이다. 무한 곡률반경 벌크재료 성분 B의 α 상 내 B 용해도이다. α 상내 B 용해도는 B 입자의 크기(곡률반경)가 감소함에 따라 증가한다.

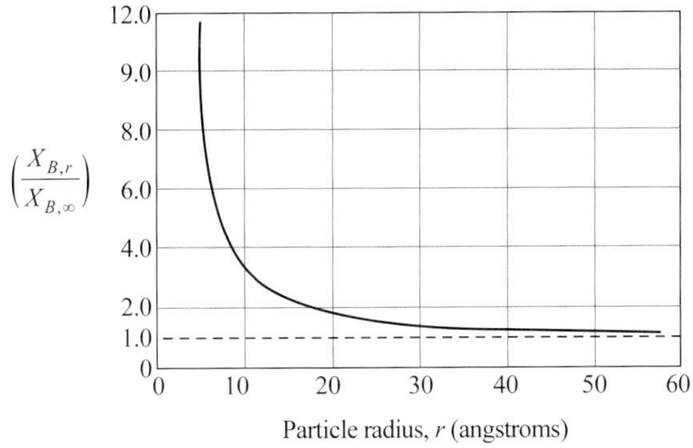

그림 9.14 입자 크기함수로서 고용체(또는 용액)상 α 내로의 순수 벌크 상태 B 용해도에 대한 입자 B 용해도 비 ($X_{B,r} / X_{B,\infty}$)

식(9.43)을 **톰슨－후룬드리** (Thomson－Freundlich)식이라고 한다. 상 α 내 B 용해도는 B 입자의 크기가 감소함에 따라 지수적으로 증가한다. 예로 500 K에서 원자량(M) 50 g/mol, 밀도(ρ) 10 g / cm^3 인 금속 B의 계면 자유에너지(γ) 가 0.5 J/m^2 인 경우에 입자 B의 용해도비 $\left(\frac{x_{B,r}}{x_{B,\infty}}\right)$를 반경 r 의 함수로 나타내면 그림 9.14와 같다. 그림 9.14에 따르면 용해도에 미치는 입자크기의 영향도는 반경이 약 50 Å 이하인 입자의 경우[예로 응고공정(덴드라이트/셀룰라 팁), 상전이 공정 (핵생성 및 성장, 소결공정)]에서 그 중요성을 나타냄을 알 수 있다.

그림 9.15에 예시된 경우처럼 순수성분 B 가 작은 구와 큰 구형태로서 상 α 내부에 혼재해 존재한다면, 상 α 내 B 의 용해도는 입자의 크기에 따라 변하게 된다. 식(9.43)에 근거해 보면 작은 입자 B 를 둘러싸고 있는 상 α 계면 인근의 B 농도는 큰 입자를 에워싸고 있는 상 α 계면근방의 B 농도 보다 더 크다. B 원자가 α 상을 통해 쉽게 이동(확산)할 수 있을 정도로 충분히 높은 온도하에 샘플(다양한 크기의 B 입자와 α 로 이루어진 계)이 놓여 있다면 작은 입자들은 모재 α 상내로 용해된 후 큰 입자 근방으로 확산되어 점차 줄어들고, 이로 인해 큰 입자 B 는 지속적으로 성장하게 된다. 그림 9.15에 나타난 α 상내 B 농도 구배 형성으로(용해도 차이로 인한) B 원자 확산이 작은 입자들로부터 큰 입자들이 인접한 α 상 영역으로 일어난다. 큰 B 입자 인접 부근 α 상 중 B 용해도는 상대적으로 작으므로 확산해온 잉여(용해도 이상) B 원자는 큰 B 입자 표면상에 고착된다. 이로 인해 더 커진 큰 입자와 더 작아진 적은 입자간의 B 용해도 차이는 보다

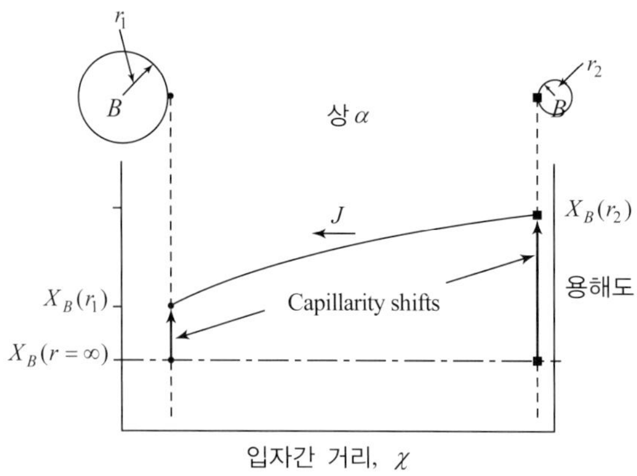

그림 9.15 국소적 계면에서의 용해도 (모세관현상) 차이로 인해 작은 B 입자로부터 큰 B 입자로의 모재상 α 를 통한 용질 B의 확산 이동 현상. X_B 는 입자 인근 α 상 중 성분 B 용해 농도를 나타낸다.

커져 확산 구동력이 커진다. 결과적으로 큰 입자 근방으로 보다 많은 양의 B 이동 현상이 이어서 나타나 고착되게 된다. 반복, 지속적인 이런 현상 진행으로 말미암아 궁극적으로 작은 입자는 소멸되고 큰 입자는 조대화되는 현상이 나타난다. 이 과정을 입자 조대화(coarsening) 또는 Ostwald ripening현상이라 일컫는다.

9.6 입자의 용융온도

앞 절에선 입자의 곡면 굴곡도가 입자의 증기압과 용해도에 미치는 영향을 살펴보았다. 이 절에서는 구형 입자의 융점을 고찰하고 이들의 용융온도가 입자반경에 어떤 의존도를 나타내는지를 알아보고자 한다. 이는 다양한 곡률반경으로 이루어진 고체 표면에 대해서도 물론 동일하게 적용될 수 있다. "바늘침의 용융온도는 바늘 몸체의 용융온도와는 다르다"는 사실은 물질 응고에 미치는 곡률 영향도에 대한 개념을 한마디로서 함축하고 있다. 작은 구형 입자의 용융온도 문제를 다루기 위해 액체(아래첨자 l)와 평형상태에 놓여 있는 고체(s) 입자로 구성된 계를 살펴보자(그림 9.16).

구형 고체와 벌크 액체상 간의 평형시 만족되는 열적, 화학적, 역학적 평형조건은,

$$T_s = T_l, \quad \mu_s = \mu_l$$

$$P_s = P_l + \frac{2\gamma_{l-s}}{r} = P_l + 2\gamma_{l-s}\kappa \tag{9.44}$$

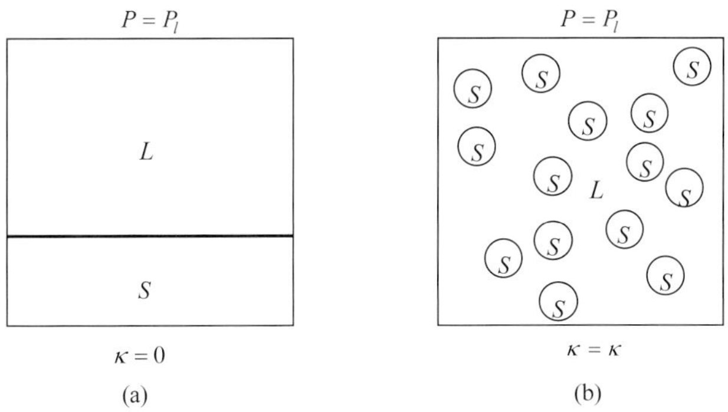

그림 9.16 동일압력하에 놓인 단일성분의 고상과 액상으로 구성된 평형계를 고려하자.
(a) 편평계면 ($\kappa = 0$)의 덩어리 (벌크) 물질계
(b) 액상내 동일한 곡률 κ 를 지닌 미세구형 고상 입자가 분산된 물질계

단일성분계 화학포텐셜 정의에 근거해서,

$$d\mu_l = -\underline{S}_l dT + \underline{V}_l dP_l$$
$$d\mu_s = -\underline{S}_s dT + \underline{V}_s dP_s = -\underline{S}_s dT + \underline{V}_s d\left(P_l + \frac{2\gamma_{l-s}}{r}\right)$$

평형시에 고체와 액체의 성분 화학포텐셜은 서로 같으며, 또한 평형을 유지하며 온도와 압력이 변화함에 따라서 이들간 동일한 화학포텐셜 관계도 계속 유지된다. 따라서,

$$d\mu_s = d\mu_l$$
$$-\underline{S}_s dT + \underline{V}_s d\left(P_l + \frac{2\gamma_{l-s}}{r}\right) = -\underline{S}_l dT + \underline{V}_l dP_l$$
$$\left(\underline{S}_l - \underline{S}_s\right)dT - \left(\underline{V}_l - \underline{V}_s\right)dP_l + 2\underline{V}_s\gamma_{l-s}\frac{dr}{r^2} = 0 \tag{9.45}$$

위 식을 일반적 형태로 달리 표현하면,

$$\left(\underline{S}_l - \underline{S}_s\right)dT - \left(\underline{V}_l - \underline{V}_s\right)dP_l + 2\underline{V}_s\gamma_{l-s}d\kappa = 0$$

식(9.45)의 처음 2항은 상전이시 기하학적 표면 인자를 고려치 않는 벌크재료 (즉 $r = \infty$) 에 대한 클라페이론식(4.33)과 동일하다.

액상에 가해지는 전체 압력의 변화는 미미해 고려하지 않는다고 가정하고(즉 $dP_l = 0$), 용융 엔트로피 변화를 $\underline{S}_l - \underline{S}_s = \Delta\underline{S}_m$ 로 표시하고, $dk = d\left(\frac{1}{r}\right) = -\frac{dr}{r^2}$ 를 고려하면,

$$\Delta\underline{S}_m dT + 2\underline{V}_s\gamma_{l-s}d\kappa = 0$$

$$\Delta \underline{S}_m dT = 2\underline{V}\gamma_{l-s}\frac{dr}{r^2} \tag{9.46}$$

덩어리 입자(무한 곡률반경)의 용융온도로부터 반경 r 인 입자의 용융온도까지 식(9.46)을 적분하면 [입자반경에 따른 용융온도 변화에 해당하는 작은 온도범위 구간에 걸쳐서 용융 엔트로피($\Delta \underline{S}_m$)는 일정하다고 가정하고],

$$\Delta \underline{S}_m \int_{T_\infty}^{T_r} dT = 2\underline{V}_s\gamma_{l-s}\int_{r=\infty}^{r}\frac{dr}{r^2}$$

$$\Delta \underline{S}_m\left(T_r - T_\infty\right) = \Delta \underline{S}_m \Delta T_r = -\frac{2\underline{V}_s\gamma_{l-s}}{r}$$

$$\Delta T_r = -\frac{2\underline{V}_s\gamma_{l-s}}{\Delta \underline{S}_m}\frac{1}{r} \tag{9.47}$$

용융 엔트로피는 용융 엔탈피를 "평형" 용융온도 [$r=\infty$ 인 큰 입자의 용융온도, 즉 평형 상태도상의 용융온도]로 나눈 값이 된다. 따라서,

$$\Delta T_r = -\frac{2\underline{V}_s\gamma_{l-s}T_m}{\Delta \underline{H}_m}\frac{1}{r} \tag{9.48}$$

위 관계식으로부터 작은 구형 입자의 용융온도 변화는 입자반경에 반비례한다는 것을 알 수 있다. 다양한 곡면물질의 경우(다양한 크기의 핵 생성에 의한 응고 상전이 현상과 다양한 곡률의 셀룰라 또는 덴드라이트 팁 간 응고 성장 현상)에도 식(9.48)이 적용될 수 있다. 용융온도는 표면 곡률반경에 반비례한다. 즉, 곡면을 구성하는 주 곡률반경들에 대한 역수의 합에 반비례한다 – 곡면 평균곡률 반경은 주 곡률반경들의 역수의 합으로 표현된다: 식(9.8).

이러한 곡률반경 영향 정도를 살펴보기 위해, 반경이 100Å(0.01μm)인 미세한 금(Au) 입자의 용융온도와 덩어리 금의 용융온도를 계산해서 비교해 보자.

금에 대한 자료 : $T_m = 1336$ K, $\Delta \underline{H}_m = 12{,}360$ J/mol

$$\underline{V} = 10.2\times10^{-6}\ \text{m}^3/\text{mol},\ \gamma_{l-s} = 132\ \text{ergs/cm}^2 = 0.132\ \text{J/m}^3$$

$$\Delta T_r(=T_r - T_\infty) = -\frac{2(0.132)(10.2\times10^{-6})(1336)}{12{,}360}\times\frac{1}{10^{-8}} = -29.1\ \text{K}$$

이와 같이 미세한 입자와 덩어리 금간의 용융온도는 큰 차이를 나타낸다. 물론 0.01μm 정도의 반경은 아주 작은 입자 크기에 해당한다. 이 정도의 작은 곡률반경은 응고시 Cellurlar/dendrite tip 또는 상변태 공정의 핵생성 및 성장시에나 찾아볼 수 있으며, 이들

공정의 경우 식(9.48)은 응고 및 상전이 진행속도에 큰 영향을 미치므로 매우 중요하게 다루어진다.

한편 식(9.45)로부터 9.4절에서 다룬 일정한 온도 ($dT=0$)에서 곡면곡률이 κ 인 응축상의 평형 증기압을 나타내는 식(9.38)을 유도할 수도 있다(그림 9.17).
일정 온도하 액상/증기상 계에 식(9.45)를 적용하면,

$$-(\underline{V}_v-\underline{V}_l)dP_v+2\underline{V}_l\gamma_{l-v}d\kappa=0$$

증기가 이상기체 거동을 하므로,

$$\underline{V}_v-\underline{V}_l\cong\underline{V}_v=\frac{RT}{P}$$

$$-\frac{RT}{P}dP+2\gamma_{l-v}\underline{V}_l d\kappa=0$$

$$d\ln P_\kappa=\frac{2\gamma\underline{V}_l}{RT}d\kappa$$

평면계면($\kappa=0$)을 지닌 덩어리(벌크) 응축상으로부터 굴곡 표면(κ)을 지닌 물질계까지를 적분한계로 하여 적분하면,

$$\int_{P(\kappa=0)}^{P(\kappa)}d\ln P=\int_{\kappa=0}^{\kappa}\frac{2\gamma\underline{V}_l}{RT}d\kappa$$

γ 와 $\underline{V}_l$ 은 계면 곡률에 대한 함수가 아니므로,

$$\ln\frac{P_{(\kappa)}}{P_{(\kappa=0)}}=\frac{2\gamma\underline{V}_l}{RT}\kappa \tag{9.49}$$

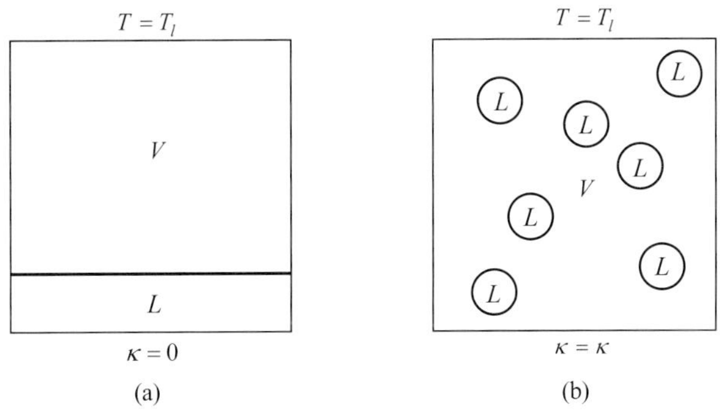

그림 9.17 동일한 온도하 단일성분의 액상과 증기상으로 구성된 계를 고려하자.
(a) 편평계면($\kappa=0$)의 덩어리(벌크) 액상/증기상 물질계
(b) 미세 구형의 액상입자가 증기상내 분산된 물질계

반경 r인 구형 단일성분 응축상 입자에 적용하면,

$$\ln\frac{P_r^o}{P_\infty^o}=\frac{2\gamma \underline{V}_l}{RT}\frac{1}{r} \tag{9.38}$$

식(9.38)은 식(9.43)과 동일한 의미를 지닌 표현식이다.

9.7 액체 표면에너지

액체의 표면에너지는 모세관을 통해 액체 속으로 불활성 기체 기포를 통과시킴으로써 측정될 수 있다(bubble method). 액상 높이 차이로 인해 유발되는 중력에 의한 압력차이는 매우 작으므로 이를 무시함으로써, 모세관 내와 바깥쪽 압력 간의 차이는 역학적 평형에 의해 다음과 같이 나타낼 수 있다(그림 9.18).

$$\Delta P=P_i-P_o=\frac{2\gamma}{r} \tag{9.50}$$

여기서 P_o는 중력에 의한 압력, P_i는 인가압력을 나타낸다.
인가 압력에 의해 기포가 생성됨에 따라서 기포반경이 모세관의 반경과 정확히 같아질 때 곡률반경은 최소값을 나타낸다(그림 9.18). 식(9.50)으로부터 ΔP는 r이 최소일 때 최대치를 보인다. 모세관의 반경을 알고 있으므로 최대 압력 (기포반경이 모세관 반경과 같아지는 시점에서의 불활성 기체 인가 압력 P_i)을 측정함으로써 액체의 표면에너지를 결정할 수 있다.

다른 액상 표면에너지 측정방법으로 모세관 안쪽으로 액체를 상승시키는 모세관 액체상승 방법(capillary rise method)을 들 수 있다. 그림 9.19에서처럼 표면에너지는 모세관 내에서 액체 상승 높이(h), 모세관의 반경(R), 그리고 모세관 안쪽 액체와 모세관 벽 사이의 접촉각도(θ)를 측정함으로써 구할 수 있다. 식(9.50)에 $\Delta P=\rho gh$ 그리고 $r=R/\cos\theta$

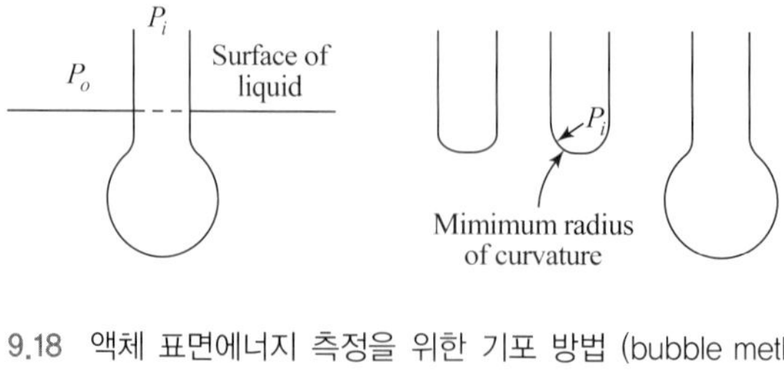

그림 9.18 액체 표면에너지 측정을 위한 기포 방법 (bubble method)

관계를 대입하면,

$$\Delta P = \rho g h = \frac{2\cos\theta\gamma}{R}$$

$$\gamma = \frac{R\rho g h}{2\cos\theta} \tag{9.51}$$

여기서 ρ 는 액체의 밀도이다.

액체의 표면에너지 측정은 매우 적은 양의 표면 오염 정도에 의해서도 표면에너지 값이 변화될 수 있기 때문에 매우 세심한 측정기술을 요한다. 두 가지 측정방법이 이 장에서 다루어졌지만 이외의 다른 방법도 사용할 수 있다(참고문헌 1). 액체의 표면에너지(표면장력) 측정은 다음 절에서 다루게 될 고체의 표면에너지 측정에 비하면 훨씬 수월하다.

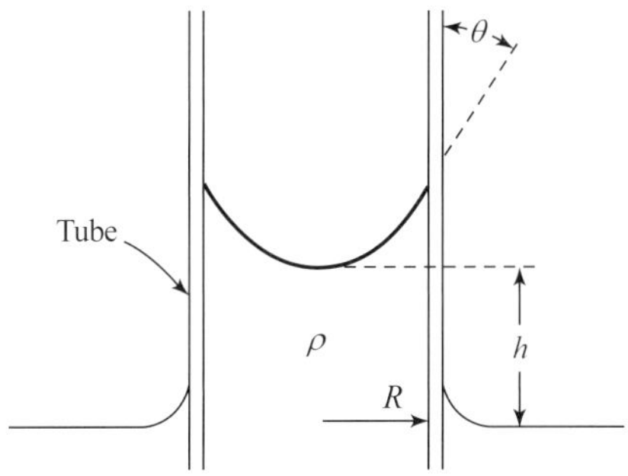

그림 9.19 표면에너지 측정을 위한 모세관 액체 상승 방법(capillary rise method)

9.8 고체 표면에너지

고체의 표면에너지 측정을 위해 다음과 같은 흥미로운 기법이 사용되고 있다(참고문헌 2). 고체 금속선(모두 동일한 직경)은 이들의 끝 단에 각기 다른 무게 추를 매단 채 판재상에 매달려 있다(그림 9.20). 금속선을 절대온도로 융점의 0.9배에 해당되는 고온($0.9\,T_m$)으로 가열 유지한다. 이 온도에서는 원자 이동도가 크므로 고체 표면은 어느 정도 액체와 유사한 특성을 지니게 된다. 금속선(wire)은 두 종류의 힘 때문에 치수크기 변화를 일으킨다. 금속선은 추 무게에 의해 가해지는 응력 때문에 연신하려는 경향을 나타내고, 표면적을 최소화하려는 표면 힘(surface force) 때문에 수축하려고 한다. 이런 두 종류의 힘이 균형을 이루는 상태(균형점 : 연신과 수축이 더 이상 없는 상태)에 도달할 때까지의 연신 혹은 수축 정도를 가해진 추무게에 대한 함수로서 나타낼 수 있다(그림 9.20).

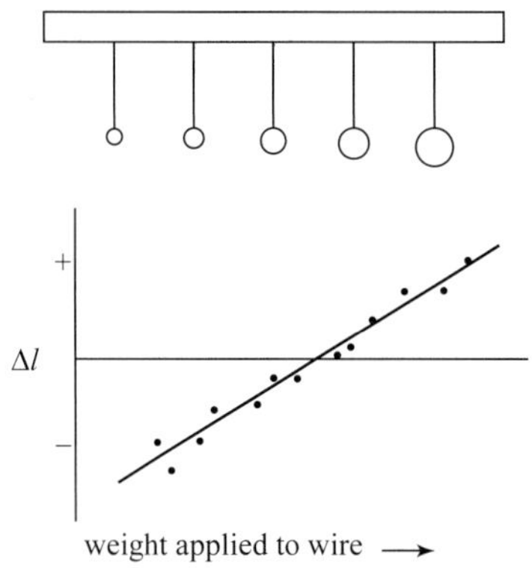

그림 9.20 고체(금속)의 표면에너지 측정을 위한 연신 방법 (zero elongation method)

일정온도, 압력하 금속선에 대한 에너지 균형을 고려해 보면,

$$\delta W_r^* = dG\big|_{T,P} = \gamma dA$$

$$\gamma dA = mgdl \tag{9.52}$$

반경 및 길이의 변화 때문에 금속선의 표면적 A 는 변한다

$$A = 2\pi rl \quad \Rightarrow \quad dA = 2\pi(rdl + ldr)$$

그러나 금속선의 부피는 변형시 일정하게 유지된다.

$$V = \pi r^2 l = \text{일정}$$

$$dV = 2\pi lrdr + \pi r^2 dl = 0$$

$$dr = -\frac{1}{2}\frac{r}{l}dl \tag{9.53}$$

따라서,

$$dA = 2\pi(rdl - \frac{r}{2}dl) = \pi rdl \tag{9.54}$$

균형점(연신이 없는 상태)에서의 에너지 균형식으로부터 외부 표면에너지를 표현하기 위해 식(9.52)와 식(9.54)를 결합하면,

$$\gamma = \frac{mg}{\pi r} \tag{9.55}$$

이 관계식으로부터 단결정 금속선을 이용한 연신방법을 통해 특정 기상 분위기하 고체 표면에너지를 결정할 수 있다.

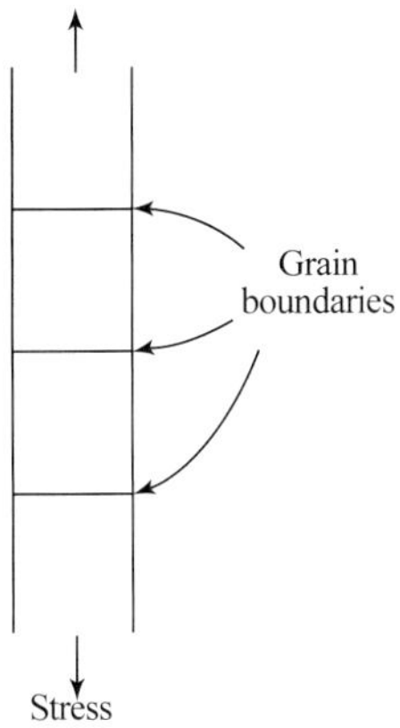

그림 9.21 표면에너지 측정을 위해 직경이 작은 금속선 연신 방법 적용시 내부 입계의 방향성 및 위치

액체와는 달리 고체는 결정립계와 같은 내부 계면을 가진 복잡한 양상을 지니고 있다. 직경이 매우 작은 금속선 시편의 경우, 결정립계는 그림 9.21에서 처럼 같은 방향성을 지니며 존재한다(참고문헌 2). 일정온도, 압력 조건하에서 금속선 시편을 당김에 따라 결정립 계면 에너지의 변화는 다음과 같아진다.

$$dG_{gb} = \gamma_{gb} d(A_{gb}) \tag{9.56}$$

여기서 γ_{gb} 는 결정립 계면에너지이고, A_{gb} 는 결정립 전체 계면적이다.

$$dG_{gb} = \gamma_{gb} d(n\pi r^2) \tag{9.57}$$

여기서 n 은 시편 단위길이당 결정립계의 수이다.
에너지 균형식(9.52)에 식(9.56)을 추가로 고려하면,

$$\begin{aligned} mgdl &= \gamma dA + \gamma_{gb} d(A_{gb}) \\ &= \gamma \left\{ 2\pi \left(rdl - \frac{r}{2} dl \right) \right\} + \gamma_{gb} \left\{ -2n\pi r \left(\frac{r}{2l} dl \right) \right\} \\ &= \pi\gamma rdl - \frac{n\pi r^2}{l} \gamma_{gb} dl \end{aligned}$$

$$mg = \pi\gamma r - \pi r^2 \frac{n}{l} \gamma_{gb} \tag{9.58}$$

단결정 금속선 연신법에 의해 구한 γ을 이용해 결정립 계면에너지를 결정할 수 있다. 이러한 측정 방법은 물질 자체 증기에 대항하여 지니게 되는 그 물질의 고유 표면에너지뿐만 아니라, 실험이 행해지는 노내 분위기를 단순히 변화시킴으로써 다양한 종류의 기체에 대한 물질의 표면에너지도 구할 수 있으므로 매우 유용한 측정 방법으로 알려지고 있다. 그러나 이 방법은 실험 자체를 원자의 이동도가 충분히 큰 온도, 즉 용융점 근처에서 행해야만 하는 실험상 한계성을 내포하고 있다. 9.2절에서 언급한 것처럼 고체의 표면 에너지는 노출된 결정학적 면에 따라 변화한다. 그럼에도 불구하고 이 방법(zero elongation technique)은 고체 표면에너지의 결정학적 면에 따른 평균값을 구하는데 유용하게 쓰이고 있다.

9.9 상대적 표면에너지

고체상 간의 상대적인 표면에너지는 모든 상이 평형에 도달한 후 이들 상간에 이루어진 이면각을 측정함으로써 구할 수 있다. 세 면 (1 – 2, 2 – 3, 3 – 1)에 의해 분리된 서로 다른 결정 방위를 나타내는 세 개의 상(1, 2, 3으로 표기)을 고려해 보자(그림 9.22 좌측). 상간 표면이 자유롭게 움직일 수 있다고 가정하면, 평형상태에서 힘 균형은 그림 9.22 우측 도해로부터 다음과 같다.

$$\begin{aligned}\gamma_{23}\sin\theta_3 &= \gamma_{12}\sin\theta_1\\ \gamma_{13}\sin\theta_1 &= \gamma_{23}\sin\theta_2\\ \gamma_{12}\sin\theta_2 &= \gamma_{13}\sin\theta_3\end{aligned} \tag{9.59}$$

힘균형 관계식(9.59)로부터 상대적 표면에너지는 다음처럼 결정될 수 있다.

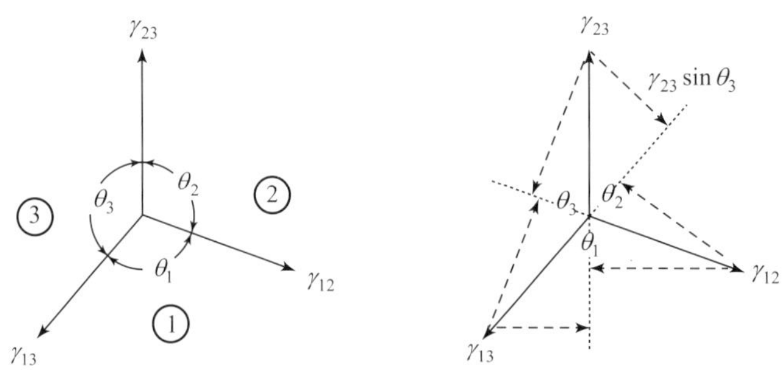

그림 9.22 3상간 평형

$$\frac{\gamma_{23}}{\sin\theta_1}=\frac{\gamma_{12}}{\sin\theta_3},\quad \frac{\gamma_{23}}{\sin\theta_1}=\frac{\gamma_{13}}{\sin\theta_2},\quad \frac{\gamma_{12}}{\sin\theta_3}=\frac{\gamma_{13}}{\sin\theta_2}$$

$$\frac{\gamma_{23}}{\sin\theta_1}=\frac{\gamma_{12}}{\sin\theta_3}=\frac{\gamma_{31}}{\sin\theta_2} \tag{9.60}$$

또는 그림 9.22 우측 힘균형 도해 관계로부터,

$$\gamma_{12}\sin\theta_1-\gamma_{23}\sin\theta_3=0 \tag{9.59}$$

$$\gamma_{12}\cos\theta_1+\gamma_{23}\cos\theta_3+\gamma_{13}=0 \tag{9.61}$$

$$\begin{aligned}\gamma_{13}\cos\theta_1+\gamma_{23}\cos\theta_2+\gamma_{12}=0\\ \gamma_{12}\cos\theta_2+\gamma_{13}\cos\theta_3+\gamma_{23}=0\end{aligned} \tag{9.61}$$

식(9.61)로부터도 또한 식(9.60)이 유도될 수 있다(문제 9.13).

그림 9.22의 3상 가운데 두 개의 상이 동일한 상이라면 그림 9.23(a,b)처럼 모재상① (상α)간 결정립계와 상②(상β 또는 증기(v)상)사이가 평형을 이루며 존재하는 양상을 띤다. 힘균형 관계로부터,

$$\gamma_{\alpha\alpha}=2\gamma_{\alpha\beta}\cos\left(\frac{\theta}{2}\right) \tag{9.62}$$

식(9.62)는 열 식각(etching) 또는 홈(grooving)을 이용한 입계에너지 결정시에 중요하게 다루어지는 관계식이다.

입계를 지닌 고체 물질을 진공로 내에서 오랜 시간 가열하면 입계가 자유표면과 만나게 되는 곳에서 홈이 생긴다. 표면에서 홈의 각도는 고체 자체 표면에너지(γ_{12})에 대한 상대적인 입계에너지(γ_{11})의 척도가 된다. 식(9.62)를 이 경우에 적용해 보면 γ_{11}는 입계에너지이고, γ_{12}는 고체 물질의 증기에 대한 고유 표면에너지이며, θ는 홈 각도(2면각)가 된다. 고체 고유표면에너지 γ_{12}(즉 $\gamma_{s,v}$)는 앞절에서 다룬 연신 방법으로 결정될 수 있다. 따라서 2면각 θ를 측정하면 입계에너지를 구할 수 있다.

상②가 응축상 β인 경우 만일 $\theta=0$이면, $\gamma_{\alpha\alpha}=2\gamma_{\alpha\beta}$가 되어 상$\beta$는 입계를 완전히 접

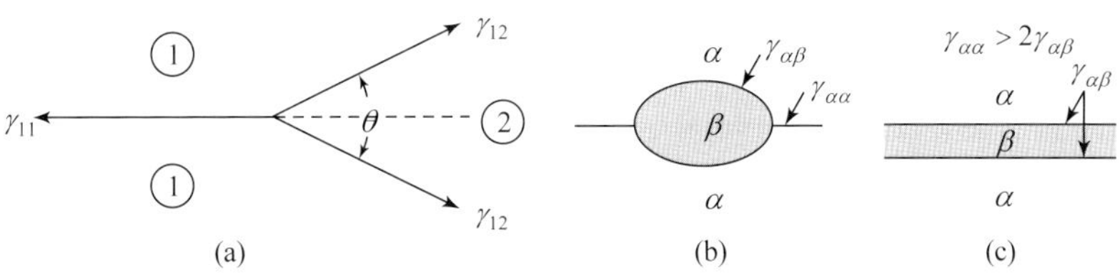

그림 9.23 2상간 평형

축하게 된다. 따라서 $\gamma_{\alpha\alpha} > 2\gamma_{\alpha\beta}$ 이면 평형시 상 β 는 입계 필름으로써 존재한다[그림 9.23(c)]. 이러한 재료에선 상 β 의 액상 온도 영역에서 가공 또는 열처리시 재료내 입계 분리현상이 나타나 재료 파괴 현상이 야기된다.

9.10 표면 접촉성 : 고/액상 계면에너지

고체와 액체간 계면에너지($\gamma_{l,s}$)는 그림 9.24에서처럼 고체 표면과 액적(liquid droplet) 사이의 접촉각을 측정함으로써 유추해 구할 수 있다. 이 계면에너지 측정 방법을 고착 액적 방법(sessile drop technique)이라 한다. 이 방법에서는 고체 표면상에 놓여있는 액적을 망원경을 이용해 액적의 모양과 접촉각이 관찰될 수 있도록 한쪽 끝단 노벽이 투명한 로 내에서 원하는 온도로 가열한다. 또는 X-선 투과장치를 갖춘 고온로를 이용해 녹화장치로써 접촉각을 측정한다. 액적 표면이 수직 방향으로 자유롭게 움직일 수 없다고 가정할 수 있으므로(중력에 의해) 수직 방향에 대한 힘 균형은 의미가 없게 된다. 따라서 수평 방향으로의 힘균형은 다음과 같다.

$$\gamma_{l,v}\cos(\pi-\theta)+\gamma_{l,s}\cos(\pi)+\gamma_{s,v}=0$$

$$\gamma_{l,s}=\gamma_{s,v}-\gamma_{l,v}\cos\theta \tag{9.63}$$

식(9.63)에 근거해 보면 접촉각 θ 가 측정되고 9.7~8절에서 다룬 고체와 액체의 표면에너지, $\gamma_{s,v}$ 와 $\gamma_{l,v}$ 측정치를 안다면, 고체-액체간 계면에너지 $\gamma_{l,s}$ 를 결정할 수 있다[2].
θ 가 90°보다 작다면 액체는 고체에 접촉할 수 있고(wetting), 90°보다 큰 θ 각 조건에서는 일반적으로 접촉성이 없다(nonwetting)고 할 수 있다. 물론 θ 가 180°일 경우에 고체

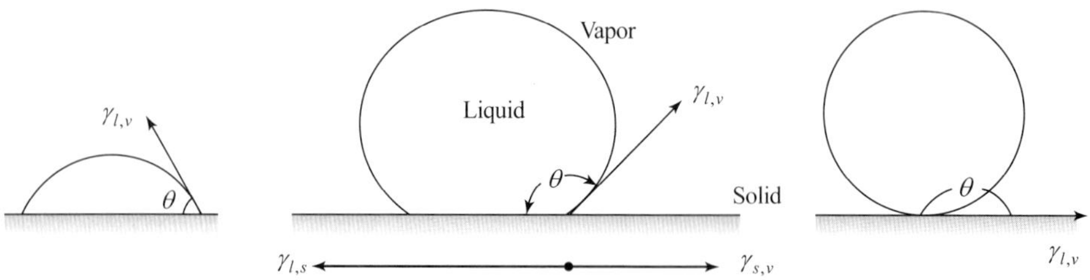

그림 9.24 액체-고체-증기상간 평형과 접촉각

2) 액적 윗부분의 곡면 모양새는 액체의 표면에너지($\gamma_{l,s}$)를 측정하는데 실질적으로 사용될 수 있다(참고문헌 3, 8.2절).

는 액체상에 전혀 접촉성을 나타낼 수 없게 된다. 세라믹에 유약(glaze)을 입히는 경우처럼 고체 표면상에 액체가 완전히 접촉하는(펼쳐져 있는) 현상이 일어날 수도 있다. 이렇게 액체가 고체상에 퍼져 있으면, 달리 말해 식(9.63)에서 θ 각이 0으로 되는 경우에는 $\gamma_{s,v}$ 가 $\gamma_{l,s}$ 와 $\gamma_{l,v}$ 의 합보다 커지게 된다($\gamma_{s,v} > \gamma_{l,s} + \gamma_{l,v}$) : 문제 9.16 참조.

9.11 깁스 등온 흡착

그림 9.25는 계면 y 에 의해 분리된 $A-B$ 원자로 구성된 2원계 물질의 상 α 와 β 를 나타낸다. A 를 용매, B 를 용질로 고려해 보자. 이 절에서는 계면에서 용질(불순물)의 편석-즉, α 와 β 상 내부의 용질 농도에 비해 잉여 양으로 존재하는 계면에서의 용질 농도[식(9.69)] 분포에 대한 현상을 다루고자 한다. 9.3절에서 다룬 단일성분 2상간 계면과는 완전히 다른 계면 양상을 다루게 된다.

온도와 압력이 일정한 2성분계에 대한 계면에서의 깁스 자유에너지는 다음과 같이 쓸 수 있다.

$$G^y = (m_A^y \mu_A^y + m_B^y \mu_B^y) + \gamma A \tag{9.64}$$

$$dG^y = m_A^y d\mu_A^y + \mu_A^y dm_A^y + m_B^y d\mu_B^y + \mu_B^y dm_B^y + \gamma dA + A d\gamma \tag{9.65}$$

다음으로 6.8절에서 다룬 활동도 깁스-듀헴식 유도과정을 동일하게 식(9.65)에 적용해 보자.

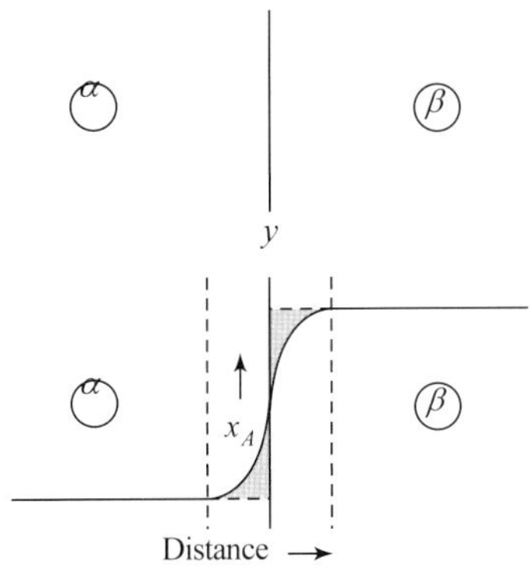

그림 9.25 계면 근방에서의 용매 A 성분 농도 변화 양상

표면 계에 대한 재료 열역학 1법칙의 표현은,

$$dU = \delta Q_r - \delta W_r = TdS - (PdV - \gamma dA - \sum \mu_i dn_i)$$

깁스 자유에너지 정의 $G = U + PV - TS$ 로부터,

$$dG = (TdS - PdV + \gamma dA + \sum \mu_i dn_i) + (PdV + VdP) - (SdT + TdS)$$
$$dG = VdP - SdT + \gamma dA + \sum \mu_i dn_i$$

위 관계식을 일정한 온도 및 압력하의 2성분계 계면(y)에 적용하면,

$$dG^y = \sum \mu_i^y dm_i^y + \gamma dA$$
$$dG^y = \gamma dA + \mu_A^y dm_A^y + \mu_B^y dm_B^y \tag{9.66}$$

식(9.65)로부터 식(9.66)을 빼면 다음처럼 깁스－듀헴식을 얻을 수 있다.

$$Ad\gamma + m_A^y d\mu_A^y + m_B^y d\mu_B^y = 0 \tag{9.67}$$

식(9.67)을 단순화시키기 위해 성분물질에 대한 질량균형식을 고려해 보자. 성분 B 에 대한 질량 균형식은,

$$m_B = x_B^\alpha m_\alpha + x_B^\beta m_\beta + m_B^y \tag{9.68}$$

여기서 $m_B = B$ 의 총 질량, $m_\alpha, m_\beta =$ 상 α 및 β 의 질량
$x_B^\alpha =$ 상 α 중 B 의 몰분율, $m_B^y =$ 계면에서 B 의 질량

계면 y 에서 B 의 표면 잉여(excess) 농도, Γ_B^y 를 다음과 같이 정의하자.

$$\Gamma_B^y = \frac{m_B^y}{A} \tag{9.69}$$

따라서,

$$m_B = x_B^\alpha m_\alpha + x_B^\beta m_\beta + \Gamma_B^y A \tag{9.70}$$

성분 A에 대해서도 질량균형 법칙을 유사하게 적용하면,

$$m_A = x_A^\alpha m_\alpha + x_A^\beta m_\beta + \Gamma_A^y A \tag{9.71}$$

이 장의 도입부 그림 9.8에 에서 언급했듯이 상 α 와 β 의 물리적인 계면은 실제로는 선형적인 기하학적 표면이 아니라 부피 개념의 전이층을 나타낸다. 따라서 상 α 와 β 의 조성은 계면 y에서 불연속적으로 변하지 않게 된다. 계면 지역을 가로질러 분포되는 용매

성분 A 농도(x_A)의 연속적 변화 양상을 그림 9.25에 개략적으로 나타내었다.
기하학적 계면(y)은 고려되는 상황에 따라 해석 편의상 여러 위치에 놓일 수 있다. y위치에서의 용매 A 농도가 과다해지지 않도록 계면 y위치를 정하여 보자(즉, 그림 9.25에서의 빗금 친 면적이 같아지게 되는 y의 위치). 물질 A (용매)에 대해서는 이런 계면 위치를 정할 수 있으나 물질 B (용질)에 대해서는 일반적으로 이를 정할 수 없음에 유의하라. 따라서 동일 계면 y에서 용질 성분 B는 표면잉여농도(Γ_B^y)를 지니게 된다. 그림 9.25로부터 물질 A는 전부가 상 α 나 β 중에 함유된 것으로 볼 수 있기 때문에, 계면 y에서 A의 표면 잉여농도는 나타날 수 없게 된다.

즉, $$\Gamma_A^y = 0 \tag{9.72}$$

따라서, $$\text{용매 } A : m_A = x_A^\alpha m_\alpha + x_A^\beta m_\beta \tag{9.73}$$

$$\text{용질 } B : m_B = x_B^\alpha m_\alpha + x_B^\beta m_\beta + \Gamma_B^y A \tag{9.70}$$

계면에서의 용질 B 의 잉여농도 Γ_B^y 에 영향을 주는 인자들을 고찰해 보자.
깁스-듀헴 식(9.67)를 A 로 나누면,

$$d\gamma + \Gamma_A^y d\mu_A^y + \Gamma_B^y d\mu_B^y = 0 \tag{9.74}$$

$\Gamma_A^y = 0$ 을 대입하면,

$$d\gamma = -\Gamma_B^y d\mu_B^y \tag{9.75}$$

2성분계 평형시에 용질 B에 대해 $\mu_B^y = \mu_B^\alpha = \mu_B^\beta (= \mu_B)$ 이 성립하므로,

$$d\gamma = -\Gamma_B^y d\mu_B$$
$$\Gamma_B^y = -\left(\frac{\partial \gamma}{\partial \mu_B}\right)_T \tag{9.76}$$

한편 $$\mu_B = \mu_B^o + RT \ln a_B \quad \Rightarrow \quad d\mu_B = RTd\ln a_B \tag{9.77}$$

용질 B 의 활동도 계수가 조성에 따라 변하지 않고 일정한 값(γ_B^o 또는 f_B^o)을 나타내는 희석용질 농도 영역에 대해서는 다음과 같이 쓸 수 있다.

$$d\mu_B = RTd\ln x_B \text{ 또는 } d\mu_B = RTd\ln(\%B) \tag{9.78}$$

따라서, $$\Gamma_B^y = -\frac{1}{RT}\left(\frac{\partial \gamma}{\partial \ln x_B}\right)_T = -\frac{x_B}{RT}\left(\frac{\partial \gamma}{\partial x_B}\right)_T \tag{9.79}$$

또는, $$\Gamma_B^y = -\frac{1}{RT}\left(\frac{\partial \gamma}{\partial \ln(\%B)}\right)_T$$

깁스 등온흡착 관계식(9.79)로부터 다음과 같은 결론을 내릴 수 있다. ($\alpha-\beta$) 2상계 내의 특정한 상으로 용질 B를 첨가함으로써 상$\alpha-\beta$ 간 계면에너지 $\gamma_{\alpha/\beta}$를 낮출 수 있다면 (즉, $\Gamma_B^y > 0$), 물질 B는 우선적으로(preferrentially) 계면상에 편석될 것이다. 두 가지 상 중의 하나를 물질 B의 증기상 β 라 하자. β 상 증기압력을 증대하므로서 계면에너지 $\gamma_{\beta/\alpha}$가 감소한다면, 응축상인 α 표면상에 B가 잉여농도로 흡착될 것이다. 이 경우 용질 B는 α 상내에서 표면활성제 기능을 행하게 된다.

이에 대한 예로서 그림 9.26에 나타낸 것처럼 은의 표면에너지를 산소압력의 함수로서 측정한 결과를 살펴볼 수 있다.

기체 O_2의 표면 흡착에 대한 식(9.76)은,

$$\Gamma_{O_2}^y = -\frac{1}{RT}\left(\frac{\partial \gamma}{\partial \ln P_{O_2}}\right)_T$$

산소의 압력이 증가할수록 은의 표면에너지는 감소한다. 이는 두가지 상(고상 은과 기체상) 사이의 계면인 은 표면에 산소가 우선적으로 편석(화학적 흡착: chemisorption)된다는 것을 의미한다, 즉 산소는 금속 표면활성 원소(surface active element)의 특성을 나타낸다. 그림 9.26의 실험 데이터에 대한 직선의 기울기로 부터(932°C 경우) 잉여 표면농도, $\Gamma_{O_2}^y \cong 10^{19}$ atoms/m^2 을 구할 수 있으며, 이는 금속 표면상 완전한 단층의 화학적 흡착시 산소 농도에 해당하는 수치이다.

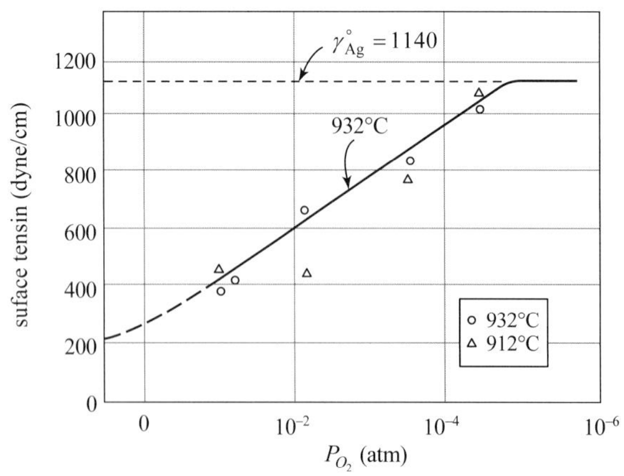

그림 9.26 산소 활동도(압력) 함수로 나타낸 은 표면에너지 변화

그림 9.27은 용질원소(O, S, C) 첨가농도에 따른 1600°C 용융철의 표면에너지의 변화를 나타낸다. 이로부터 용융철(용강) 중 산소와 유황은 표면활성화 원소로 작용함을 알 수 있다. 도해 커브중 직선부분의 기울기로 부터 식(9.79)를 이용하면 용강 표면상의 산소 및 유황의 단층 흡착 농도를 결정할 수 있다. 예로 제강정련 공정시 질소(대기) 분위기하에 놓인 정련로내 용강 중으로의 질소 용해속도는 강중 산소나 유황의 농도 증가에 따라 급격히 감소한다. 따라서 탈산 및 탈황 정련처리후 용강은 대기중 노출 접촉시 빠른 속도의 질소 픽업(화학적 흡착)으로 인해 다량의 흡질이 야기된다. 이로 인해 청정강 생산을 위해선 용강은 2차 정련 공정중 대기와의 접촉을 절대적으로 억제해야만 한다. 반면 대기 분위기에 노출된 용선 예비처리 로(토피도카) 내 용선(높은 S 함량으로 인해 용선 표면상에 질소흡착 장소를 S 가 우선적으로 점유하게 되어) 중으로의 흡질은 거의 일어나지 않는다.

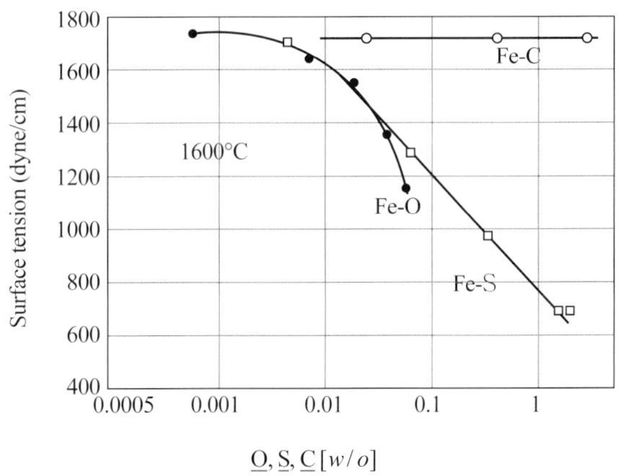

그림 9.27 용질원소 첨가농도에 따른 용융(액상) 철의 표면장력의 변화 양상

9.12 고상 표면 흡착

9.11절에서 다룬 깁스 등온 흡착은 임의 성분에 대한 응축상 표면 흡착거동을 표면에너지에 미치는 성분의 영향도와 관계지어 표현하고 있다. 이외에도 흡착 연구시 중요하게 고려되는 또 다른 관계가 있을 수 있다. 예로서, 고체상으로의 기체 흡착을 다루는 경우에는 기체압력과 흡착물 기체에 의해 점유된 고체표면 분율 사이의 관계를 파악하는 것이 중요하다.

고체 표면상으로의 기체 등온흡착 특성은 광범위하게 물리적 흡착(physisorption)과 화학적 흡착(chemisorption)의 두 부류로 나누어 볼 수 있다. 물리적 흡착은 비교적으로 약한 반데르발스(Van der Waals) 결합력에 의해 야기되는데, 이 경우 결합에너지는 몰당 수 kJ 정도가 된다. 따라서 물리적 흡착에서는 여러 원자층에 걸친 흡착층 형성이 가능해질 수 있다. 이에 대한 예로서 77 K 정도의 낮은 온도에서 철 표면상으로의 질소 흡착을 들 수 있다. 반면에 화학적 흡착에서는 기체와 고체 사이의 결합에너지가 수십에서 수백 kJ/mol 정도로 아주 강한 결합을 이루게 된다. 이 경우에 흡착 물질은 고체 표면원자와 매우 강하게 결합하게 되어 단층의 흡착층을 형성한다. 이에 대한 예로서 반도체 박막제조 공정시 기판재료 실리콘 표면에 산소가 흡착되는 경우를 들 수 있다.

고체 표면상에 기체 성분의 등온 흡착 표현의 한 방법으로 화학적 흡착에 대해 표면 층덮힘(coverage)의 정도 Φ와 흡착 기체의 압력 P 사이의 관계를 표현한 랑뮈어(Langmuir) 이론식을 들 수 있다(참고문헌 7,8). 랑뮈어 이론식은 **단층의 흡착층 형성**에 대해 유도된 식이며 다음 가정에 근거하고 있다[식(9.113) 참조].

(i) 흡착장소의 수는 고정되어 있으며 각 흡착장소는 오로지 한 흡착분자(원자)에 의해서만 점유될 수 있다.

(ii) 흡착시 수반되는 엔탈피 변화는 모든 점유 장소에 대해 동일하며 점유 장소의 수와는 무관하다.

(iii) 흡착 원자 간의 상호작용은 없다.

층덮힘 정도 Φ는 흡착된 표면장소의 수 N_o를 표면장소의 총수 N_S로 나눈 값이 된다. 랭뮈어는 일정한 온도에서 표면으로 부터의 탈착(desorption)속도 $\dot{m}_d$는 흡착물에 의해 점유된 표면 흡착장소의 분율에 비례함을 논리적으로 설명하고 있다.

$$\dot{m}_d = k_d \Phi \tag{9.80}$$

동일온도에서 흡착속도 $\dot{m}_a$는 흡착물의 압력과 점유되지 않은 표면장소 분율에 비례한다.

$$\dot{m}_a = k_a P(1-\Phi) \tag{9.81}$$

평형시 흡착속도는 탈착속도와 같게 된다.

$$k_d \Phi = k_a P(1-\Phi)$$

$$\Phi = \frac{KP}{KP+1} \tag{9.82}$$

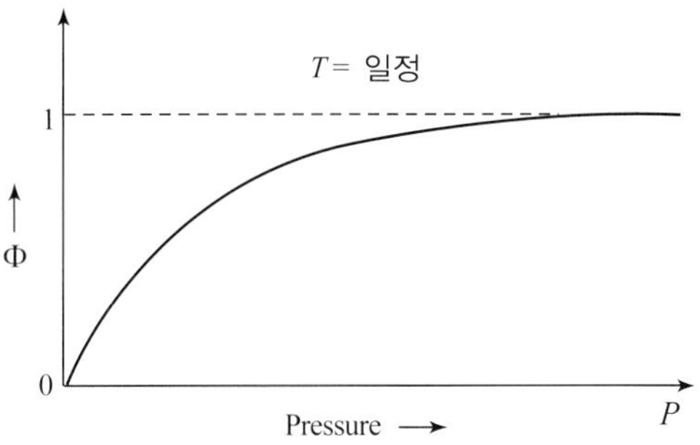

그림 9.28 랑뮈어 등온 흡착: 흡착 기체의 압력 대 흡착 표면의 분율

$K = k_a / k_d$ 로 흡착 및 탈착 속도 상수의 비이며 온도의존성을 나타낸다. 그림 9.28은 일정온도하에서 Φ 대 P 함수 관계를 나타내는 도해이다. 랑뮈어 등온 흡착은 단층의 흡착층 형성만을 단지 설명할 수 있기 때문에, 화학적 흡착 경우에만 한정해서 유용하게 쓰일 수 있다.

한편 등온 흡착에 대한 다른 표현방법인 브루나워–엠멧–텔러(Brunauer–Emmet–Teller, BET) 등온 흡착은, 흡착물의 다층 형성이 이루어지는 물리적 흡착 평형시에서의 Φ 와 P 사이의 관계를 설명하는데 유용하게 사용되는 표현식이다(참고문헌 1). 이는 유해 배출 기체 성분 제거를 위한 촉매제 개발 연구에서 주로 사용된다.

9.13 결정 모양새

응축상의 표면에너지가 액체처럼 등방성이라면 응축상은 평형상태에서 구형태의 모양새를 나타낼 것이다. 그러나 고체처럼 표면에너지가 결정학적 방향에 따라 변한다면 결정의 평형 모양새는 결정학적 면들간의 서로 상대적인 표면에너지 비교에 의해 결정됨을 쉽게 예상할 수 있다. 고체 결정의 평형모양은 구 모양새가 아니라, 결정학적 방향에 따라 낮은 표면에너지를 갖는 면들의 조합으로 이루어진 다각형 모양새를 나타내게 된다. 단결정 구가 에칭 식각되거나 부분적으로 증발될 경우, 구는 어떤 안정화된 면으로 이루어진 다각형(facet) 모양새의 고체가 된다[3](참고문헌 4, 5).

그림 9.29에 나타난 F개 면을 지닌 다각형의 부피는 각 면의 표면적 (A_j) 과 "면반경

3) 단결정이 식각되었을 때 나타나는 다각형은 평형론적 고찰(equilibrium consideration)뿐만 아니라 속도론적 영향(kinetic effect)에도 기인하여 나타나게 된다. 식각속도는 결정학적 방향에 따라 변화한다.

(λ_j)"으로 구성된 공간으로서 표현된다. F개의 면을 지닌 다각형의 질량중심(center of mass)은 점 O로써 나타난다. 중심점 O로부터 면 j로의 수직거리를 면반경 λ_j 로 정의한다. 점 O와 j면상의 모서리들을 연결함으로써 형성되는 피라미드의 부피, V_j 는 $A_j\lambda_j/3$ 이다. 따라서 다각형 결정의 부피는,

$$V^c = \sum_{j=1}^{F}\frac{1}{3}A_j\lambda_j \tag{9.83}$$

다각형의 면들이 미소 거리 $d\lambda_j$ 만큼씩 각기 이동함에 따라 야기되는 다각형 부피의 변화는 (면 이동시 면 가장자리와 모서리에 의한 부피변화 증가 기여량은 무시),

$$dV^c = \sum_{j=1}^{F}A_j d\lambda_j \tag{9.84}$$

이러한 부피변화는 식(9.83)을 미분하여 다음처럼 구할 수도 있다.

$$dV^c = \sum_{j=1}^{F}\frac{1}{3}[A_j d\lambda_j + \lambda_j dA_j] \tag{9.85}$$

식(9.84)와 (9.85)로부터,

$$\sum_{j=1}^{F}A_j d\lambda_j = \frac{1}{2}\sum_{j=1}^{F}\lambda_j dA_j \tag{9.86}$$

식(9.86)을 식(9.85)에 대입하면 다각형 결정의 부피변화와 표면적변화 간의 관계를 다음처럼 쓸 수 있다.

$$dV^c = \frac{1}{2}\sum_{j=1}^{F}\lambda_j dA_j \tag{9.87}$$

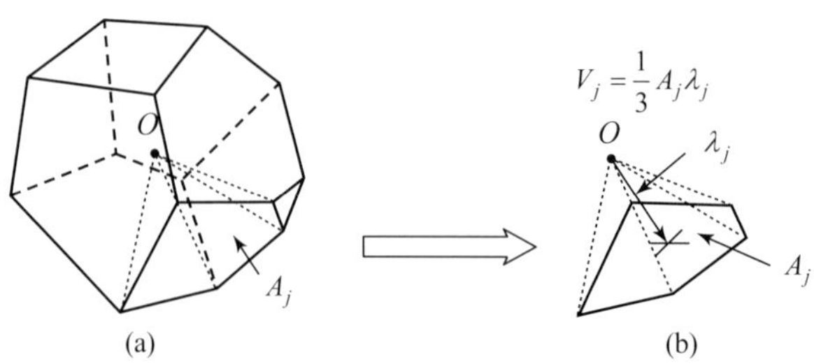

그림 9.29 편평한 면으로 이루어진 다각형 결정의 부피는 각 면의 표면적, A_j (a) 와 면반경, λ_j (b)로부터 결정될 수 있다.

열역학 2법칙에 의한 평형원칙을 근간으로 결정의 평형 모양새를 결정짓는 평형조건을 정해보자. 9.3절에서 이미 언급한 식(9.15) – (9.20)은 면적변화 dA 항을 다각형 결정에 대한 면적변화 dA_j 로서 대체하는 것을 제외하고는 결과식을 그대로 다각형 결정 경우에 적용될 수 있다. 이를 토대로 α 를 증기상 (v), β 를 결정상 (c)으로 각각 정하고 식(9.19)를 고립화 다각형 결정계에 적용하면,

$$dS'_{sys,iso} = \left(\frac{1}{T^v} - \frac{1}{T^c}\right) dU'^{v}_{hyp} + \left(\frac{P^v}{T^v} - \frac{P^c}{T^c}\right) dV'^{v}_{hyp} - \sum_k \left(\frac{\mu_k^v}{T^v} - \frac{\mu_k^c}{T^c}\right) dn^v_{k,hyp} - \sum_{j=1}^{F} \frac{\gamma_j}{T^c} dA_j \tag{9.88}$$

여기서 $\gamma_j = U_j^s - TS_j^s - \sum_{k=1}^{c} \mu_k \Gamma_k$

식(9.88)의 두 번째 항 dV'^{v}_{hyp} 는 고립계에서는 $-dV'^{c}_{hyp}$ 와 같다($dV'_{sys} = dV'^{v}_{hyp} + dV'^{c}_{hyp} = 0$ 그리고 $dV'^{c}_{hyp} = dV^c$). 따라서 식(9.87)을 식(9.88)에 대입하면:

$$dS'_{sys,iso} = \left(\frac{1}{T^v} - \frac{1}{T^c}\right) dU'^{v}_{hyp} + \left(\frac{P^v}{T^v} - \frac{P^c}{T^c}\right)\left[-\frac{1}{2}\sum_{j=1}^{F} \lambda_j dA_j\right] - \sum_k \left(\frac{\mu_k^v}{T^v} - \frac{\mu_k^c}{T^c}\right) dn^v_{k,hyp} - \sum_{j=1}^{F} \frac{\gamma_j}{T^c} dA_j$$

$$dS'_{sys,iso} = \left(\frac{1}{T^v} - \frac{1}{T^c}\right) dU'^{v}_{hyp} - \sum_k \left[\frac{\mu_k^v}{T^v} - \frac{\mu_k^c}{T^c}\right] dn^v_{k,hyp} + \sum_{j=1}^{F} \left[\left(\frac{P^c}{T^c} - \frac{P^v}{T^v}\right)\frac{1}{2}\lambda_j - \frac{\gamma_j}{T^c}\right] dA_j \tag{9.89}$$

다음으로 평형원칙, $dS'_{sys,iso} = 0$ 을 적용하면 식(9.89)로부터 결정의 평형 모양새를 만족시키는 평형조건은 다음처럼 열적 평형조건, 화학적 평형조건 [$(C-1)$개], 역학적 표면 평형조건 (F개)으로 구성된다.

$T^c = T^v (= T)$: 열적 평형

$\mu_k^v = \mu_k^c \quad (k = 1, 2, \cdots\cdots, C)$: 화학적 평형

$\left(\frac{P^c}{T^c} - \frac{P^v}{T^v}\right)\frac{1}{2}\lambda_j - \frac{\gamma_j}{T^c} = 0 \quad (j = 1, 2, \cdots\cdots, F)$: 역학적 표면 평형

$T^c = T^v = T$ 로 놓으면 역학적 표면 평형조건 관계식은,

$$P^c = P^v + 2\frac{\gamma_j}{\lambda_j}\ \left(j = 1, 2, \cdots\cdots, F\right) \tag{9.90}$$

식(9.90)의 압력항은 각각 결정내부 및 증기상에 대한 압력이므로 모든 노출 다각형면상에 대해서 이들 압력은 모두 동일하다. 따라서 평형시에는 모든 결정면에 대해 P^c 및 P^v 가 각기 동일하므로 역학적 평형조건 식(9.90)을 다음처럼 달리 표현할 수 있다.

$$\frac{\gamma_j}{\lambda_j} = \frac{1}{2}(P^c - P^v) = \text{일정한 상수} \tag{9.91}$$

식(9.91)에 의하면 적은 표면에너지의 면은 큰 표면에너지를 지닌 면보다도 질량 중심점 O에 더 가까이 위치함을 알 수 있다. 결과적으로 결정의 평형 모양새 형성시 이렇게 낮은 표면에너지를 지닌 면들이 더 넓은 표면적을 점유하게 된다. 이로인해 결정의 총 표면에너지 감소가 야기되기 때문이다.

결정의 평형 모양새는 결정의 총 표면 자유에너지를 최소화시킴으로써 얻어질 수 있다. 노출면적이 각각 A_1, A_2, A_3,…인 면 1, 2, 3…에 의해 임의 결정 모양새가 구성된다하면, 평형시 모양새는 $\sum \gamma_i A_i$ 를 최소화시키는 모양으로 나타날 것이다. 이런 결정 평형 모양새를 얻어내는데 이용되는 모식적인 방법이 울프 플롯(Wulff plot)이며, 이에 근간이 되는 관계식이 바로 결정모양새 평형조건 식(9.91)이다(참고문헌 6). 울프 플롯 방법에서 결정의 표면에너지(γ)는 식(9.91)에 의해 극좌표(polar coordinate)상에 면반경으로 도시된다. 임의결정 면의 표면에너지가 해당면에 수직인 방향(반경 벡터)으로 원점(O)과 해당 표면간의 면반경 거리에 해당되게끔 ($\overline{OA} = \gamma_{plane}$), 3차원적으로 질량중심 원점을 기점으로한 다양한 표면 방향성에 따른 γ (면반경)의 변화를 플롯할 수 있다[그림 9.30(a)의 점선].

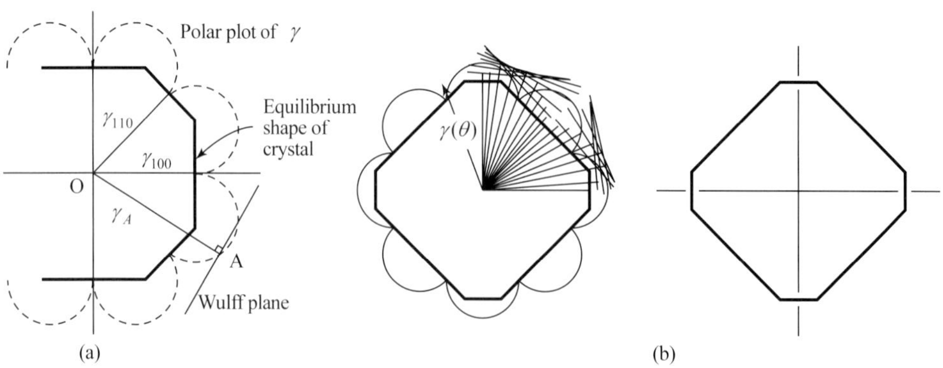

그림 9.30 (a) 2차원 극좌표상 울프 플롯 (Wulff plot) 도해 예시, (b) 2차원 극좌표상 γ vs 면지수 플롯(울프 플롯)과 이로부터 얻어지는 2차원적 평형 결정 모양새.

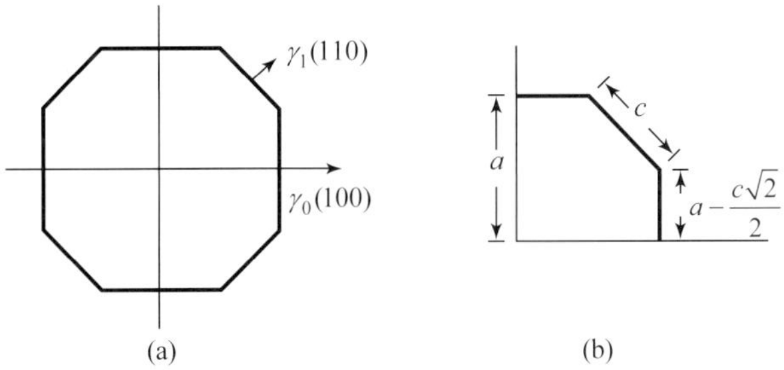

그림 9.31 (a) 2차원적 입방정 결정 모양새, (b) 결정의 1사분면 부분 도해

따라서 결정 표면들은 울프 플롯선(그림 9.30의 점선) 상 각 점에서 O를 중심으로 하는 반경에 수직인 평면으로 나타난다. γ 표면(점선)상 모든 점(예로 점 A)에 대해 반경벡터(예로 OA)에 수직한 Wulff 평면을 각각 그릴 수 있다[그림 9.30(b)]. 결정의 평형 모양새는 이와 같이 극좌표 플롯상 질량중심점에 대해 수직으로 세워진 Wulff 평면들 중 가장 안쪽에 위치하는 표면 집합체에 의해서 결정된다. 이에 대한 2차원적 울프 도해가 그림 9.30(a,b)에 개략적으로 나타나 있다. 굵은 실선의 다각형 모양새가 바로 평형 결정상의 2차원적 모양새이다.

2차원적 다각형의 구성은 간단한 예로서 도해 설명할 수 있다. 그림 9.31(a)에 나타난 2차원적 입방정 결정을 고려해 보자. [100] 방향으로 지면을 보게 된다. 두면 중의 하나 – (100), (110) – 가 외부 표면을 이룰 수 있다고 가정하자. 일정한 결정 면적 A 조건하에서 표면에너지 E_S 를 최소화시킴으로써 결정의 크기치수인 "a"와 "c"를 계산할 수 있다. 결정은 수직과 수평 방향으로 대칭적인 특성을 보인다. 따라서 결정의 평형 모양새 고찰을 1사분면으로만 한정시켜 고려해 볼 수 있다.

$$E_S = 2\left(a - \frac{c\sqrt{2}}{2}\right)\gamma_o + c\gamma_1$$

$$A = a^2 - \frac{c^2}{4}$$

일정한 면적 A 조건하에서 E_S 의 "c"에 대한 미분값을 0으로 놓음으로써 표면에너지 최소화 조건을 결정할 수 있다. 계산의 결과는,

$$\frac{c}{a} = 2\left(\sqrt{2} - \frac{\gamma_1}{\gamma_o}\right) = \left(2\frac{\sqrt{2}\gamma_o - \gamma_1}{\gamma_o}\right)$$

c/a 비는 노출면 (100)와 (110)간의 상대적 양적비를 나타낸다. 면 (110)의 양은 "c"에

비례하고 면 (100)의 양은 "$a-c\sqrt{2}/2$"에 비례한다. γ_1 이 $\sqrt{2}\gamma_0$ 보다 크거나 같으면 "c"는 0이 된다. 즉, 평형 모양새에 (110)표면은 나타나지 않게 된다.
한편 표면에너지가 $\gamma_0=\gamma_1$ 로 같다면,

$$2\left(a-\frac{c\sqrt{2}}{2}\right)=c$$

따라서 이 경우 두 다각면의 크기는 같아지게 된다. 이 단순한 예시는 평형시 결정 모양새가 낮은 표면에너지를 지니는 결정면들로서 어떻게 구성될 수 있는가를 잘 설명해 주고 있다.

9.14 표면에너지 온도 영향

표면 원자는 최인접 원자들과의 결합수에 있어서 표면으로부터 떨어진 내부벌크에 위치한 원자들보다 적은 결합수를 보인다는 사실은 9.2절에서 이미 언급한 바 있다. 따라서 결과적으로 표면 원자는 내부 원자보다 상대적으로 높은 에너지 상태를 지니게 된다. 또한 표면 원자들은 고체 내부에 있는 원자와 무질서도 면에서도 상이할 것으로 예상할 수 있다. 그러므로 표면원자 무질서도와 관련되는 엔트로피를 따로 언급할 필요가 있다. 표면 엔트로피, S_s는 표면에너지의 온도계수(표면에너지의 온도에 대한 미분치)와 관계된다. 이 관계는 일정 압력에서 단일성분계 깁스 자유에너지의 미분 표현식을 고려해 봄으로써 유도할 수 있다.

$$dG=-SdT+VdP+\gamma dA$$
$$dG=-SdT+\gamma dA$$

수학적 횡미분(cross differentiation)처리를 하여 다음과 같이 쓸 수 있다.

$$-\left(\frac{\partial\gamma}{\partial T}\right)_{A,P}=S_s,\qquad \left(\frac{\partial S}{\partial A}\right)_{T,P}=\gamma \tag{9.92}$$

여기서 S_s 는 단위면적당 엔트로피인 표면 엔트로피이다. 표면 엔트로피는 양수이다. 따라서 표면에너지의 온도계수는 항상 음수가 된다. 즉 **온도 증가에 따라 표면에너지는 감소한다.**

9.15 균일 핵생성

확산적(비스피노달: 핵생성 및 성장 수반) 상전이 현상을 고찰하기 위해 순수한 물질 응고시 야기되는 깁스 자유에너지 변화를 고려해 보자. 열역학 2법칙에 따르면 물질의 융점(T_m)보다 낮은 온도에서 응고 구동력은 액상과 고상 간 깁스 자유에너지 차이(ΔG)에 의해 생긴다. 융점근방의 온도구간에 걸쳐 액체와 고체의 열용량이 같다고 고려하면, 응고시 몰 엔탈피와 엔트로피($\Delta \underline{H}, \Delta \underline{S}$)는 각각 온도에 따라서 변하지 않는 일정한 값이 된다. 이 경우 일정 온도, 압력하 응고시 몰 깁스 자유에너지 변화 $\Delta \underline{G}$는 다음처럼 결정할 수 있다.

액상 → 고상

$\Delta \underline{S} = \Delta \underline{H} / T_m$ ($\Delta G_{T_m} = 0$ 이므로)이고 $\Delta \underline{H} = -L$. 여기서 L은 ~~용융~~잠열이다.

$$\Delta \underline{G}_T = \Delta \underline{H} - T\Delta \underline{S} = -L + T\frac{L}{T_m} = \frac{L}{T_m}(T - T_m) \tag{9.93}$$

반경 r인 구형의 고상 입자(원자 집합체)가 액상으로부터 형성되는 경우 체적 깁스 자유에너지 ΔG_{vol}는 단위 부피당 깁스 자유에너지 변화 $\Delta \underline{G}_v$에다 입자 부피를 곱함으로써 구할 수 있다. $\Delta \underline{G}_v$는 응고반응 몰당 깁스 자유에너지 변화[식(9.93)]를 몰부피 $\underline{V}$로 나눈 값이다.

$$\Delta G_{vol} = \frac{4}{3}\pi r^3 \Delta \underline{G}_v$$

$$\Delta \underline{G}_v = \frac{1}{\underline{V}}\frac{L}{T_m}(T - T_m) \tag{9.94}$$

$$\Delta G_{vol} = \left(\frac{4}{3}\pi r^3\right)\frac{1}{\underline{V}}\frac{L}{T_m}(T - T_m) \tag{9.95}$$

모재상으로부터 반경 r인 고체입자 형성시 부피 자유에너지뿐만 아니라, 표면에너지 변화($\Delta \underline{G}_s$)도 함께 고려되어야 한다. 구형입자의 표면에너지는,

$$\Delta G_s = 4\pi r^2 \gamma \tag{9.96}$$

여기서 $\gamma = \gamma_{s-l}$, 고체와 액체 사이의 계면에너지이다.
따라서 균일 핵생성시 구형 고체입자 형성 깁스 자유에너지 변화는 위 두 에너지 항의 합이 된다.

$$\Delta G_r = 4\pi r^2 \gamma + \frac{4}{3}\pi r^3 \Delta \underline{G}_v \tag{9.97}$$

식(9.97)에서 첫째 항은 새로운 표면이 형성됨으로 인한 에너지 증가량을 나타낸다. 둘째 항은 음수로서 응고시 깁스 자유에너지의 감소를 나타낸다. 첫째 항은 반경에 대하여 2차 지수 함수로 둘째 항은 반경의 3차 지수 함수로 표현되므로, 두 에너지의 합은 그림 9.32에서와 같이 입자 반경 증가에 따라서 처음에는 증가하다가 최고점에 도달한 후 지속적으로 감소하는 경향을 나타낸다. 깁스 자유에너지 곡선의 최고점에 해당되는 반경을 액체 내에 형성되는 고체 핵(입자)에 대한 임계 반경 r^* 라 한다. 깁스 자유에너지 구동력으로 인해서 r^* 보다 작은 반경을 지니는 입자는 자발적으로 그 크기가 감소하여 소멸된다(입자크기 감소로 깁스 자유에너지가 감소하므로). 이러한 입자는 핵생성을 위한 임계 핵 크기보다 작은 크기를 갖는 배아입자(embryo)이다. 따라서 성장할 수 있는 핵은 r^* 보다 크거나 같은 반경을 지니는 핵이다(입자성장으로 깁스 자유에너지가 감소). 임계 핵반경 r^*에 해당되는 임계 깁스 자유에너지는 ΔG^* 이다.

입자 반경에 따른 핵생성 자유에너지 변화 최소화 조건을 만족시키는 r 은 r^*이다. 균일 핵생성에 대한 r^*와 ΔG^*는 다음처럼 구해진다.

$$\left(\frac{\partial \Delta G_r}{\partial r}\right)_T = 8\pi r\gamma + 4\pi r^2 \Delta \underline{G}_v = 0$$

$$r^* = -\frac{2\gamma}{\Delta \underline{G}_v} \tag{9.98}$$

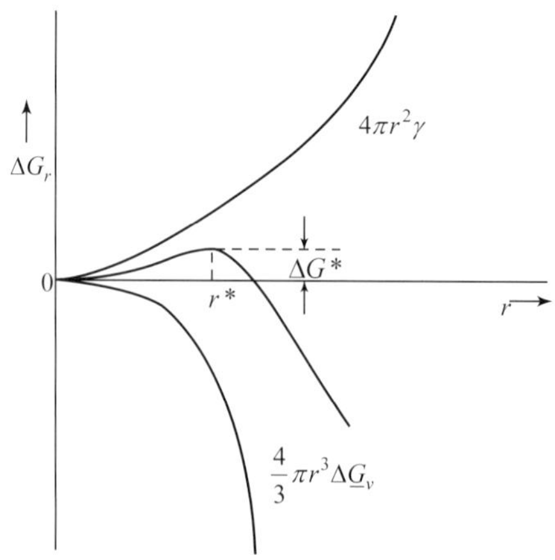

그림 9.32 균일 핵생성시 입자 반경 함수로서 핵의 깁스 자유에너지 변화 양상

$$\Delta G^* = \frac{16}{3} \frac{\pi\gamma^3}{\Delta \underline{G}_v^2} \tag{9.99}$$

핵생성이 도대체 왜 일어나는지에 대한 의문이 있을 수 있다. r^* 보다 큰 크기의 핵이 어떻게 해서 언제든지 생성되는가? 통계열역학 원리에 따르면 주어진 온도에서 반경 r인 핵입자가 존재하는 확률을 계산할 수 있다. 반경 r인 입자의 생성 깁스 자유에너지를 ΔG_r 이라 하면 이는 식(9.97)로부터 계산된다. 다음으로 반경 r인 핵입자들(n_r 개)과 모재상 액체 원자들(즉, 원자반경을 지닌 입자: n_o 개) 간 혼합시 나타나는 혼합(구성: configurational) 엔트로피, ΔS_{mix} 와 혼합엔탈피, ΔH_{mix} 를 고려해 보자. 따라서 이 두 종류 입자들의 혼합체 생성 깁스 자유에너지 변화(ΔG)는 다음처럼 쓸 수 있다.

$$\Delta G = \Delta G_{formation} + \Delta G_{mixing} = \Delta G_r + (\Delta H_{mix} - T\Delta S_{mix})$$

$$\Delta S_{mix} = k \ln \Omega = k \ln \frac{(n_o + n_r)!}{n_o! n_r!} \tag{9.100}$$

참고로 열적(thermal) 엔트로피 변화는 핵생성 자유에너지 ΔG_r 에 이미 반영되어 있다. 여기서 반경 r 인 결정 핵입자(n_r)와 액상원자(n_o) 간의 이상적 혼합을 가정하여($n_o >> n_r$ 이므로) 혼합 엔탈피, $\Delta H_{mix} = 0$ 으로 간주한다. 스터링 근사치 처리를 하여 정리하면,

$$\Delta G = n_r \Delta G_r - kT[(n_o + n_r)\ln(n_o + n_r) - n_o \ln n_o - n_r \ln n_r]$$

혼합체 생성 깁스 자유에너지 변화 ΔG 가 최소치를 나타내는 평형치 n_r 은 다음처럼 결정된다.

$$(\partial \Delta G / \partial n_r)_T = 0$$

$$\Delta G_r + kT\left(\ln\left[\frac{n_r}{n_o + n_r}\right]\right) = 0$$

$n_o >> n_r$ 을 고려하면,

$$\frac{n_r}{n_o} = \exp\left(-\frac{\Delta G_r}{kT}\right) \tag{9.101}$$

식(9.101)에 근거하여 융점에서 액상내 반경 r 인 고체 핵의 평형 농도를 구할 수 있다. 융점에서 액상과 고상은 평형을 이루므로 식(9.97)의 $\Delta \underline{G}_v$ 는 0이 된다. 따라서 표면에너지 항[식(9.96)]만이 ΔG_r 계산시 고려된다. 즉, $\Delta G_r = 4\pi r^2 \cdot \gamma$

융점 1725 K에서 니켈 중 핵분포를 계산해 보자.

$T_m = 1725$ K에서의 니켈에 대한 물리적 성질 및 열역학 자료:

$$\frac{L}{T_m} = 10 \text{ J mol}^{-1} K^{-1}, \ \gamma = 0.25 \text{ J/m}^2$$

$$\underline{\text{V}} = 7 \text{ cm}^3/\text{mol}, \ n_o = N_A/\underline{\text{V}} = 8.6 \times 10^{22} \text{cm}^{-3}$$

식(9.97)로부터: $$\Delta G_r = 4\pi r^2 \gamma + \frac{4}{3}\pi r^3 \Delta \underline{G}_v$$

융점 T_m 에서, $\Delta \underline{G}_v = 0$ 이므로 $\Delta G_r = 4\pi r^2 \gamma$

식(9.101)로부터 융점에서 반경 7 Å 인 니켈 핵결속체(cluster) 농도를 계산해 보자.

$$\Delta G_r = 4\pi (7 \times 10^{-10})^2 (0.25) = 1.54 \times 10^{-18} \text{ J}$$

$$n_r = n_o \exp(-\frac{\Delta G_r}{kT})$$

$$n_r = 8.6 \times 10^{22} \exp\left[-\frac{1.5 \times 10^{-18}}{(1.38 \times 10^{-23})(1725)}\right]$$

$$n_r = 7.3 \times 10^{-6} \text{ clusters/cm}^3$$

니켈 융점온도에서 일련의 핵반경 크기에 대해 위의 계산을 되풀이함으로써 표 9.1의 결과를 얻을 수 있다.

표 9.1에 나타난 계산 결과로부터 고상 핵농도는 핵반경에 매우 강한 의존성을 나타냄을 알 수 있다. 이런 강한 의존도에 의해 주어진 온도에서 생성 가능한 '최대' 핵반경(1 cm^3 부피내 1개 핵이 존재하는 핵반경)에 대한 언급을 할 수 있다(그림 9.33).

표 9.1 융점 온도에서 핵크기에 따른 액상 니켈내 고상 핵결속체 농도

r(Å)	n_r(clusters/cm^3)
5	4×10^9
6	2×10^2
7	7.3×10^{-6}
8	1.8×10^{-14}
10	4.4×10^{-35}

식(9.101)과 (9.97)에 근거하면, 임의 특정 온도에서 최대 핵반경은 실제로는 특정지을 수 없다. 이는 핵들은 크기에 따라서 그에 해당되는 핵농도를 나타내기 때문이다. 표 9.1의 결과를 자세히 살펴보면 핵농도가 단위 cm^3 당 1개 이하로 떨어질 경우에는 핵반경 증가에 따라서 핵농도가 매우 급격하게 감소하는 경향이 보임을 알 수 있다. 따라서 편의상 논리적으로 타당하게 고려할 수 있을 정도의 핵농도, 즉 단위 cm^3 당 1개인 핵농도를 임계농도로 정하여 이 임계농도로 존재하는 핵크기를 최대 핵크기로 정의하고 있다. 니켈 융점온도에서 이러한 정의에 따라서 계산된 최대 핵반경은 약 6.3 Å 이 된다.

식(9.98), (9.99), 식(9.101)에 근거하여 임의 액상이 균일 핵생성 공정을 통해 고상화되는 온도를 구할 수 있다. 예를 들어 융점으로부터 10 K 과냉각된 상태에 있는 순수 니켈의 경우, 액상 니켈 내에서 임계 고상 핵크기를 발견할 수 있는 확률을 구해 보자. 앞서 언급한 니켈의 물성치를 이용하면 임계 핵반경은 다음과 같이 표현된다.

$$r^* = -\frac{2\gamma}{\frac{L}{T_m}\frac{1}{\underline{V}}(T-T_m)} = -\frac{(2)(0.25)}{10\left(\frac{1}{7\times10^{-6}}\right)(-10)} \tag{9.98}$$

$$r^* = 350\,\text{Å}$$

이 임계핵의 생성 깁스 자유에너지 변화는:

$$\Delta G^* = \frac{16}{3}\frac{\pi\gamma^3}{\left[\frac{L}{T_m}\frac{1}{\underline{V}}(T_m - T)\right]^2} \tag{9.99}$$

$$\Delta G^* = 1.3\times10^{-15}\ \text{J}$$

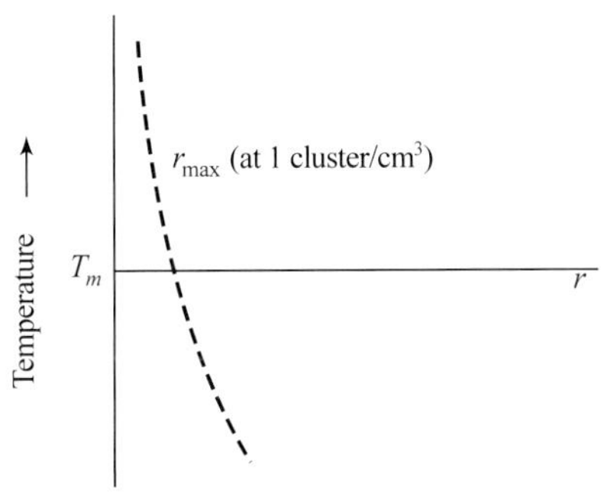

그림 9.33 온도에 대한 함수로서의 최대 핵반경, r_{max}

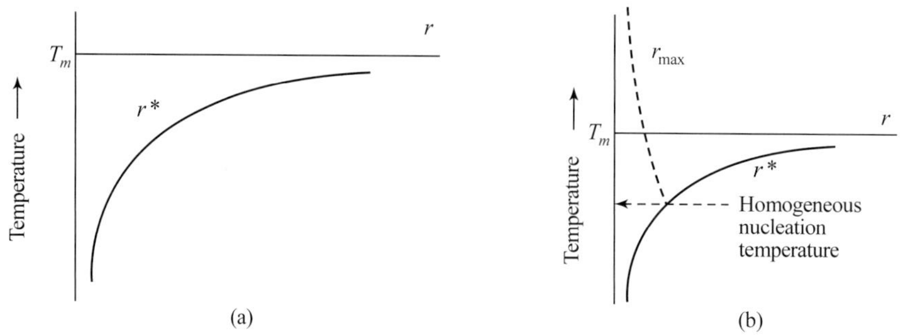

그림 9.34 (a) 온도에 대한 함수로서의 임계 핵반경 r^*
(b) 그림 9.33과 9.34(a)에 나타난 함수그래프 중첩

식(9.101)에 근거해서 이러한 임계크기 핵의 농도를 구해보면,

$$n_r = n_o \exp\left[-\frac{\Delta G^*}{kT}\right] = 8.6\times10^{22}\exp\left[-\frac{1.3\times10^{-15}}{(1.38\times10^{-23})(1715)}\right]$$

$$n_r = (8.6\times10^{22})(10^{-24000}) \approx 10^{-24000}\ \text{cm}^{-3}$$

따라서 융점보다 10 K 정도 낮은 온도에서는 임계 크기의 핵농도가 너무 낮기 때문에, 이 온도에선 균일 핵생성이 니켈 중에서 일어나지 않는다고 단정할 수 있다.

동일한 식을 이용하여 액상 니켈 중 최대 핵크기를 온도의 함수로서 계산할 수 있다(그림 9.33). '최대' 핵크기란 적어도 단위 cm^3 당 1개의 핵농도를 지니는 고상 핵의 크기를 말한다. 온도함수로서 나타내지는 임계 핵반경은 식(9.98)로부터 계산될 수 있다. 이 결과를 그림 9.34(a)에 개략적으로 도시하였다. 온도에 따른 임계 핵반경 곡선과 그림 9.34(a)의 최대 핵반경 곡선이 서로 교차하는 점이 바로 균일 핵생성 온도를 나타낸다[그림 9.34(b)].

다양한 과냉각 ΔT 정도에 대해서 위의 계산을 반복 시행함으로써 순수한 니켈에 대한 균일 핵생성 온도를 구할 수 있으며 표 9.2는 이러한 계산 결과를 보여준다. 표 9.2에 나타낸 계산 결과로부터 니켈의 경우 균일 핵생성은 약 340 – 350 K 정도 과냉각된 온도에서나 일어날 수 있음을 알 수 있다. 그러나 사실상 니켈의 경우, 최대로 가능한 과냉각 정도는 매우 미세한 크기의 작은 니켈 액적 응고 실험시에나 도달될 수 있는 과냉각 온도인 320 K 정도에 불과하다. 따라서 균일 핵생성 기구에 의한 응고는 대부분 금속재료계에서 실질적으로 진행되기가 매우 어렵다는 점을 이해해 볼 수 있다.

표 9.2 니켈에 대한 과냉도에 따른 임계반경과 이를 지닌 핵의 농도

$T_m - T = \Delta T$	r^*(Å)	ΔG^*(J)	n_r(cm^{-3})
10	350	1.3×10^{-15}	10^{-24000}
100	35	1.3×10^{-17}	10^{-253}
300	11.7	1.45×10^{-16}	7×10^{-10}
325	9.7	1.24×10^{-18}	1.4×10^{-5}
340	9.3	1.12×10^{-18}	2.8×10^{-3}
400	9.0	8.2×10^{-19}	3700

9.16 불균일 핵생성

니켈의 경우 과냉각이 300 K 이상 범위까지 가능하지만, 실질적으로 이 정도 과냉도는 아주 미세한 크기의 액적에 의해 매우 세심하게 제어될 수 있는 실험실 조건하에서만 오직 가능해질 수 있다. 실질적 액상 응고공정 조건하에서는 용융 물질내 개재물 및 용기벽, 또는 주조 몰드 표면 등과 같이 응고시 촉매작용을 하는 고상 물질이 존재한다. 이들 표면상에서는 고체핵이 쉽게 불균일 핵생성될 수 있기 때문에 실제 응고공정에 있어선 오직 2–3도 정도의 과냉각도 만으로도 핵생성 과정이 진행될 수 있다.

응고 반응시 촉매작용이 이루어지기 위해서는 고체핵은 촉매에 대해 어느 정도 접촉성(wettability)을 나타내야 한다(접촉각 $\theta < 90°$). 촉매 표면상에서 접촉성을 나타내는 고상핵이 그림 9.35에 개략적으로 그려져 있다.

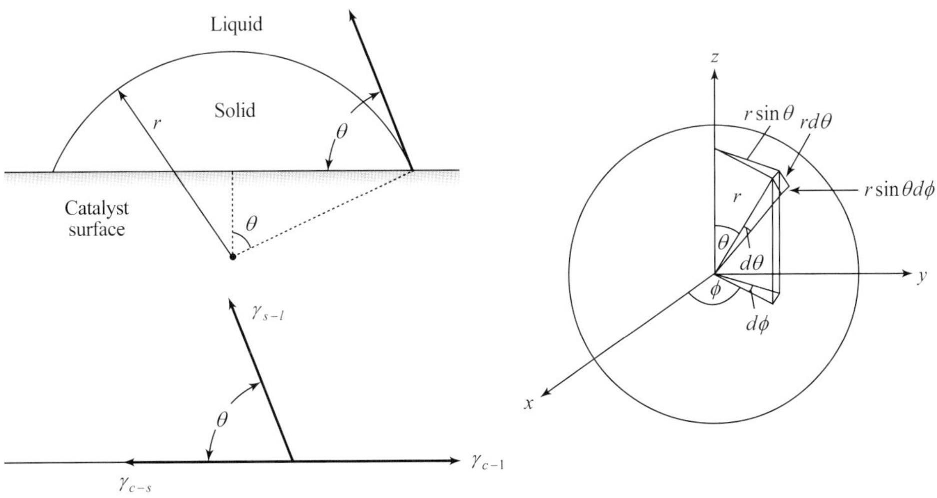

그림 9.35 표면상에서 핵에 대한 촉매작용

불균일 핵생성시 나타나는 에너지 변화는 앞절의 균일 핵생성에서 다루어진 내용과 동일하게 해석될 수 있다. 원형 모자(spherical cap) 형태 (구 원주의 일부분)의 불균일 핵의 경우에서는(그림 9.35), 표면에너지 항으로 고상 핵과 액상간 표면에너지(γ_{s-l})와 더불어 핵으로 도포되어 생기는 촉매 표면상에서의 표면에너지($\gamma_{c-s}, \gamma_{c-l}$) 변화가 함께 포함된다. 위에 언급된 두 가지 표면에너지 항은 다음처럼 유도된다.

$$\text{고체 - 액체간 표면적} = \int_{\theta=0}^{\theta}\int_{\phi=0}^{2\pi} rd\theta \bullet r\sin\theta d\phi = \int_{\theta=0}^{\theta} 2\pi r^2 \sin\theta\, d\theta$$
$$= -2\pi r^2[\cos\theta]_{\theta=0}^{\theta} = 2\pi r^2(1-\cos\theta) \tag{9.102}$$

$$\text{촉매 - 고체간 표면적} = \pi(r\sin\theta)^2 = \pi r^2(1-\cos^2\theta) \tag{9.103}$$

여기서 r 은 불균일 핵의 곡률반경이다. 따라서 불균일 핵생성시 나타나는 표면에서의 깁스 자유에너지 변화는 다음과 같다.

$$\Delta G_{surface} = 2\pi r^2(1-\cos\theta)\gamma_{s-l} + \pi r^2(1-\cos^2\theta)(\gamma_{c-s} - \gamma_{c-l}) \tag{9.104}$$

여기서 γ_{s-l}, γ_{c-s}, γ_{c-l} : 고체 - 액체, 촉매 - 고체, 촉매 - 액체간 계면에너지.

촉매 표면과 액체 및 고체 사이의 계면에너지 상호 관계는 이들과 고체 - 액체간 계면에너지 사이의 관계(9.9절)를 유의해 살펴봄으로써 다음처럼 표현될 수 있다.

$$\gamma_{c-l} = \gamma_{c-s} + \gamma_{s-l}(\cos\theta)$$

체적 깁스 자유에너지 변화는 구상 모자형 불균일 핵의 부피와 단위부피당 깁스 자유에너지 변화 $\Delta \underline{G}_v$ [식(9.94)]간의 곱이 된다. 모자형 핵의 부피를 곡률반경과 접촉각으로 나타내면,

$$V = \int_0^r 2\pi r(1-\cos\theta)dr - \frac{1}{3}\pi r^2(1-\cos^2\theta)r\cos\theta$$

$$V = \frac{4}{3}\pi r^3\left\{\frac{(2+\cos\theta)(1-\cos\theta)^2}{4}\right\} = \frac{4}{3}\pi r^3 f(\theta) \tag{9.105}$$

$$\Delta G_{volumetric} = \frac{4}{3}\pi r^3 \Delta \underline{G}_v f(\theta) \tag{9.106}$$

여기서 $f(\theta)$ 는 동일한 곡률반경을 지닌 구 부피에 대한 구상 모자형 불균일 핵 부피의 비를 의미한다.

$$f(\theta)=\left\{\frac{(2+\cos\theta)(1-\cos\theta)^2}{4}\right\} \tag{9.107}$$

앞 절에서 다룬 방법에 의해 불균일 핵 생성시 r^* 및 ΔG^* 표현식을 다음처럼 얻을 수 있다.

$$\Delta G_r = \text{식}(9.104) + \text{식}(9.106)$$

$$r^* = -\frac{2\gamma_{s-l}}{\Delta \underline{G}_v} \quad \text{그리고} \quad \Delta G^* = \frac{16}{3}\frac{\pi\gamma_{s-l}^3}{\Delta \underline{G}_v^2} f(\theta) \tag{9.108}$$

임계 곡률반경 r^* 는 핵생성이 불균일한 경우라도 균일 핵생성시와 동일한 식으로 표현되는 점에 특히 유의해야 한다. 그러나 임계 깁스 자유에너지 ΔG^* 는 핵생성시에 촉매작용을 하는 물질 표면에서 일어나는 접촉현상(접촉각)에 의해 크게 영향을 받는다. 불균일 핵생성시 ΔG^* 가 균일 핵생성 경우에 비해서 월등히 작은 값을 나타내는 것은 핵생성시에 극복해야 하는 활성화에너지 장벽이 매우 낮아진다는 것을 의미한다. 즉, 불균일 핵생성이 균일 핵생성보다 훨씬 더 수월하게 진행된다. 이런 효과에 대한 정량화는 표 9.3에 나타난 접촉각에 따른 $f(\theta)$ 수치를 고려해 봄으로써 쉽게 이해할 수 있다.

표 9.3 촉매물질과 핵간의 접촉성(θ)에 의해서 활성화에너지가 감소되는 정도를 나타내는 $f(\theta)$ [식(9.107)]

θ	$f(\theta)$
90°	0.50
60°	0.16
30°	1.3×10^{-2}
10°	7.0×10^{-4}

ΔG_r 을 핵 곡률반경 함수로 나타낸 그래프인 그림 9.36은 핵생성을 위해 극복되어야만 하는 임계 깁스 자유에너지에 미치는 접촉성(wetting) 효과를 잘 나타내고 있다.
핵생성에 필요한 임계 깁스 자유에너지는 핵 부피에 의존도를 나타낸다. 곡률반경 r 인 구상 모자형 핵의 깁스 자유에너지는 계면에너지와 체적 깁스 자유에너지 변화로써 다음과 같이 표현된다.

$$\Delta G_r = \alpha r^2\gamma + \beta r^3 \Delta \underline{G}_v \tag{9.109}$$

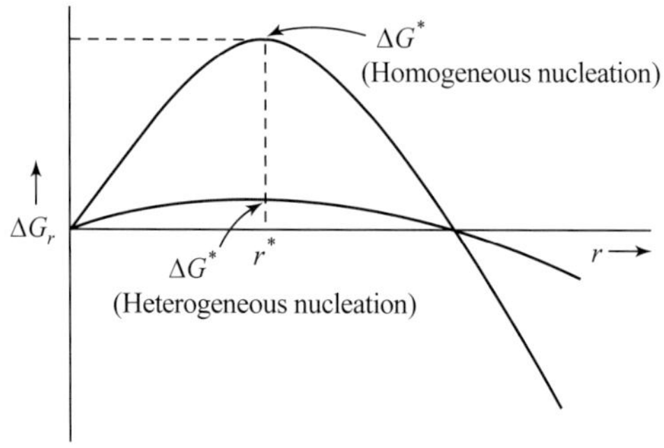

그림 9.36 균일 핵생성과 불균일 핵생성에 대한 ΔG_r 대 r 의 개략적 도해

인자 α , β 는 핵의 기하학적 모양 특징에 의해 결정되는 값이다. 표면에너지 γ 는 기하학적 요소인자들에 따라서 결정되는 평균 핵 표면에너지이다. 핵의 부피는 βr^3 이다.
r^* 를 결정하기 위해,

$$\left(\frac{\partial \Delta G_r}{\partial r}\right)_T = 0$$

$$2\alpha\gamma r^* + 3\beta(r^*)^2 \Delta \underline{G}_v = 0$$

$$r^* = -\frac{2\alpha}{3\beta\Delta \underline{G}_v}\gamma \quad \text{또는} \quad \alpha = -\frac{3\beta\Delta \underline{G}_v}{2\gamma} r^* \tag{9.110}$$

이를 식(9.109)에 대입하면,

$$\Delta G_r^* = -\frac{3\beta\Delta \underline{G}_v r^*}{2}(r^*)^2 + \Delta \underline{G}_v \beta (r^*)^3 = -\frac{1}{2}\beta(r^*)^3 \Delta \underline{G}_v = -\frac{1}{2}V^* \Delta \underline{G}_v \tag{9.111}$$

여기서 V^* 는 임계핵의 부피이다.
이상 고찰로부터 핵의 부피를 줄일 수 있는 기하학적 제반 요소인자들은 핵생성 임계 깁스 자유에너지를 감소시킴으로써 핵생성을 보다 더 용이하게 진행시킬 수 있음을 알 수 있다.

9.17 핵생성 속도

상전이시 핵생성 속도는 임계 크기 핵 농도 및 이들 핵 표면상으로 원자가 첨가됨으로써 핵이 **활성화**되는 속도에 의해서 결정된다. 핵생성 속도는 다음처럼 표현할 수 있다.

$$\dot{N} = \nu n_s n^* \tag{9.112}$$

여기서 n^* : 임계핵 농도[식(9.101)]

n_s : 핵표면상에 원자나 분자가 흡착될 수 있는 자리의 농도

ν : 핵과의 원자 충돌 흡착 빈도수(collision frequency)

증기상(이상기체)으로부터 응축상 핵이 생성되는 경우에 충돌 빈도수는 랑뮈어식으로부터 구할 수 있다(참고문헌 7,8). 따라서 랑뮈어식을 이용하여 증기상으로부터 응축상의 핵생성(흡착) 속도를 나타내면, 식(9.112)로부터

$$\dot{N} = \frac{\alpha_c P}{(2\pi mkT)^{1/2}} A^* n_0 \exp\left(-\frac{\Delta G^*}{kT}\right) \tag{9.113}$$

여기서 A^* 는 임계핵의 면적이고 α_c 는 흡착원자의 축적계수로 표면에 부딪치는 입자 수에 대한 표면상에 고착되는 입자의 분율이다.

$$\frac{\alpha_c P}{(2\pi mkT)^{1/2}} = \frac{N}{At}$$ 는 랑뮈어식이다.

반면에 응축상간 상전이 경우에 응축상간 계면을 통해 원자가 이동하려면 이들의 활성화가 필요하므로 핵계면에서의 충돌 빈도수가 다음처럼 표현될 수 있다.

$$\nu = \nu_0 \exp\left(-\frac{\Delta G_M}{kT}\right) \tag{9.114}$$

여기서 ν_0 는 응축상 핵표면에서 원자의 도약 빈도수(jump frequency)이고 ΔG_M 은 원자가 핵으로 이동(migration)하는데 필요한 활성화 에너지를 나타낸다.
따라서 핵생성 속도는 다음 식으로 나타내어 진다.

$$\dot{N} = \nu_0 n_s n_0 \exp\left(-\frac{\Delta G^*}{kT}\right)\exp\left(-\frac{\Delta G_M}{kT}\right) \tag{9.115}$$

식(9.115)의 첫번째 지수항은 상전이 평형온도(응고시는 융점) 이하에서는 온도가 감소함에 따라 증가하게 된다. 예로서 응고반응을 고려해 보자. 식(9.93)과 (9.99)로부터,

$$\Delta G^* = \frac{16}{3}\frac{\pi\gamma^3}{\left[\frac{L}{T_m}\frac{1}{\underline{\mathrm{V}}}(T - T_m)\right]^2} \tag{9.116}$$

융점 T_m 에서 ΔG^* 는 무한대이므로 $\exp(-\Delta G^*/kT)$ 는 0이 된다. 온도가 감소됨에 따라

이 지수항 값은 증가하게 된다[4]. 두 번째 지수항, $\exp(-\Delta G_M / kT)$ 은 원자 이동을 위한 활성화에너지 ΔG_M 이 일정한 값이라고 가정하면 온도가 감소함에 따라서 감소하게 된다. 따라서 두 가지 지수항의 곱은 평형온도(T_m)로부터 온도가 감소함에 따라 최대값을 지나게 된다. 과냉도가 작으면 원자 확산은 용이하나 구동력이 작아져 핵생성률은 작게 되고, 과냉도가 너무 크면 확산이 어려워 핵생성이 어려우므로 적당한 온도 범주내의 과냉도 정도에서 핵생성률이 최대가 된다. 그림 9.37에 이러한 경향이 잘 나타나 있다.

핵생성 속도($\dot{N}$)는 과냉 온도에 따라 최대치를 경험하기 때문에 평형 상전이를 억제할 수 있을 정도의 충분히 빠른 냉각 속도로서 액상 물질을 과냉각시키는 응고과정 설계가 가능할 수 있다. 이러한 평형 상전이 억제 가능성은 시간적으로 평형상의 핵생성이 일어나기 전에 최대치 핵생성률(속도)을 나타내는 온도 영역을 빠르게 통과(급냉)함으로 준안정 상전이가 이루어질 수 있게 할 수 있다(예로 마르텐사이트 및 베이나이트 상전이, 비정질 상전이).

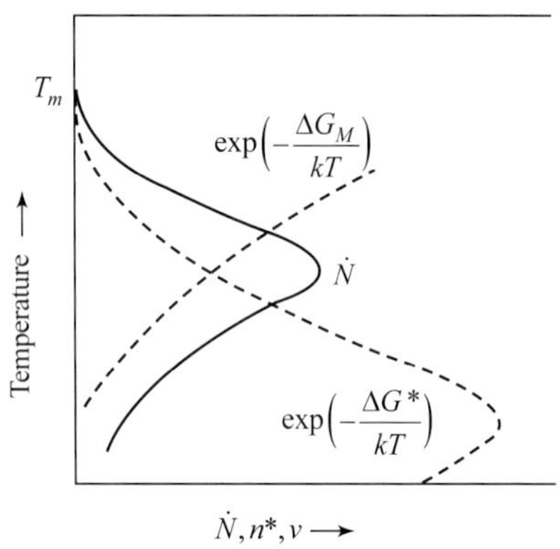

그림 9.37 온도에 대한 함수로서의 핵 생성속도 $\dot{N}$

---

4) 상전이 반응의 평형온도 아래에서 지수항 $\exp(-\Delta G^* / kT)$ 의 수치는 온도가 감소함에 따라 단조롭게 지속적으로 증가하지 않고 다음처럼 최대치를 나타낸다.

$$\frac{\Delta G^*}{kT} = \frac{16}{3}\frac{\pi\gamma^3}{(L^2/T^2)(1/\underline{V}^2)k}\left(\frac{1}{T}\right)\left(\frac{1}{T-T_m}\right)^2 = K\left(\frac{1}{T}\right)\left(\frac{1}{T-T_m}\right)^2$$

최대치 조건 : $\dfrac{d[\exp(-\Delta G^* / kT)]}{dT} = 0$

$$\exp\left[-K\left(\frac{1}{T}\right)\left(\frac{1}{T-T_m}\right)^2\right]\left[\frac{2}{T}\left(\frac{1}{T-T_m}\right)^3 - \left(\frac{1}{T-T_m}\right)\left(\frac{1}{T^2}\right)\right] = 0$$

지수항이 최대치를 보이는 온도, $T = T_m / 3$

참고 문헌

1. Adamson, Arthur W., *Physical Chemistry of surface*, 5th ed. Wiley Interscience, New York 1990, Chapter 2.

2. Buttner, F. H., Funk E. R., and Udin, H., *J. Phys. Chem.*, 56, 657 (1952).

3. Lupis, C. H. P., *Chemical Thermodynamics of Materials*, North Holland, Amsterdam, 1983.

4. Batterman, B. W., *J Appl. Phys*. 28, 1236 (1951).

5. Gatos, H. C., et al., *Fundamental Phenomena in Materials Science*, Vol. 2, Plenum Press, New York, 1966.

6. Wulff, G., Z Kristallogr. 34, 449 (1901).

7. Jost, W., Diffusion in solids. Liquids, and Gases(chapter X), Academic press, New York (1968).

8. David V. Ragone, Thermodynamics of materials, Vol.1, John Wiley & Sons, (1995).

문제

9.1 직경 1 μm 인 원통형 홀을 통해 물질 A속으로 액체수은을 주입하고자 한다. 홀의 끝단은 대기중(1기압)에 노출되어 있다. 수은/공기간의 계면에너지는 487 ergs/cm^2 이다.

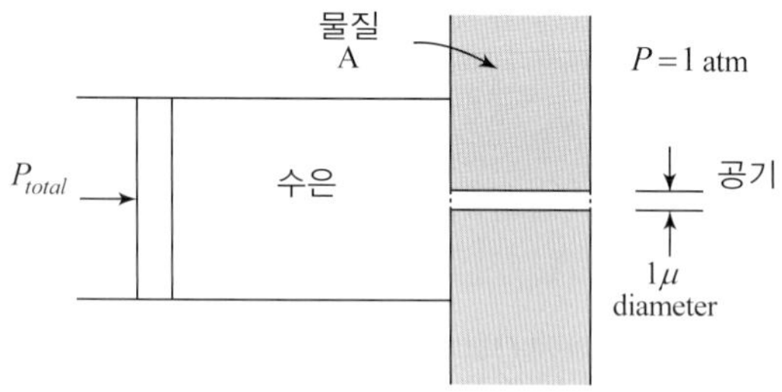

(a) 수은이 물질 A에 대한 접촉성이 전혀 없다면(접촉각=180°) 홀 속으로 수은을 주입시키기 위해서 수은에 가해야 하는 전체압력(P_{total})은 얼마인가?

(b) 물질 A에 대한 수은의 접촉각이 90°이면 홀속으로의 수은 주입을 위해 가해야 하는 전체압력은 얼마인가?

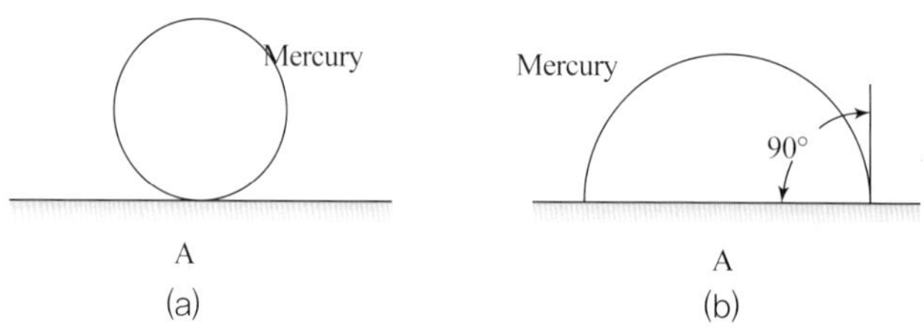

9.2 직경이 0.005 인치인 니켈선이 1300°C 온도에서 니켈 증기 분위기 중에 매달려 있다. 니켈선이 인장/수축하려는 경향이 균형을 이루기 위해서는 니켈선 끝단에 0.0366g의 추 무게가 요구된다. 니켈선 센티미터당 30개의 결정립계가 존재한다. 니켈 표면에너지 γ_{sv} 를 계산하라. 풀이시 결정립 계면에너지 $\gamma_{gb} = \gamma_{sv} / 3$ 으로 가정하라.

9.3 표면장력이 500 ergs/cm^{2}인 액상 실리케이트(SiO_2)가 다결정 산화물 표면상에 접촉각 $\theta = 45°$로 접촉한다. 액상 실리케이트가 산화물과 접촉시에 산화물 입계와 교차되는 위치에서의 평균 2면각(dihedral) ϕ 는 90°이다. 다결정 산화물–산화물간의 계면장력이 1000 dynes/cm일 경우 산화물의 표면장력을 계산하라.

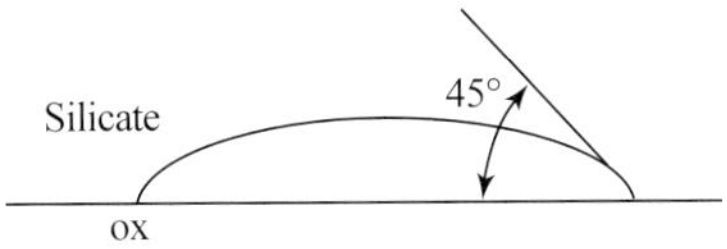

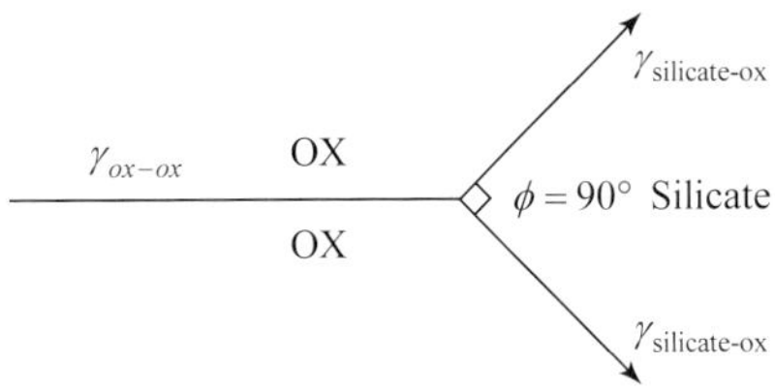

9.4 온도 2000 K에서 알루미나 (Al_2O_3)의 표면에너지는 900 ergs/cm^{2}이다. Fe 자체 증기압에 대한 액상 철의 고유 표면에너지는 1700 ergs/cm^{2}이다. 동일 조건하에서 용융철과 알루미나 사이의 계면에너지는 2300 ergs/cm^{2}이다. 알루미나 판상에 용융된 작은 액적인 액상 철의 접촉각은 얼마인가? 융점(K) : Al_2O_3 = 2300, Fe = 1809

9.5 온도 500°C에서 알루미늄 중으로의 덩어리 벌크 ($r = \infty$) 실리콘(Si) 고용도는 0.5 at.%이다. 실리콘 중으로의 알루미늄 고용도는 무시할 수 있다고 가정한다. 직경 100 Å인 구형 실리콘 입자의 알루미늄 중으로의 고용도는 얼마인가? 500°C 온도에서 실리콘/알루미늄간 계면에너지는 0.42 J/m^{2}이다.

	Al	Si
원자량 (g/mol)	27	28
밀도 (g/cm^3)	2.70	2.33

9.6 직경 1 μm 인 Ag 금속 선이 온도 1000 K로 유지되는 진공로 중에 매달려 있다.

(a) 동일 온도에서 편평한 판상 Ag에 상대적인 Ag 금속 선의 증기압은 얼마인가?

(b) Ag 선내의 압력은 얼마인가?

Ag: 원자량 = 107.88 g/mol, 밀도 = 9.49 g/cm^3, 표면에너지 (1000 K) = 1140 ergs/cm^2

9.7 직경 2 μm 인 Ag 금속 선과 편평한 고체 판상의 Ag가 은질산염($AgNO_3$) 용액에 함께 잠겨있다. 판상 Ag에 상대적인 Ag 금속 선의 전기화학포텐셜(즉 갈바닉 전지 포텐셜)은 얼마인가?

은질산염내 Ag 가전자수 = +1, Ag 자료 :

원자량 = 107.9 g/mole 밀도 = 10.49 g/am^3 표면에너지 = 1000 ergs/cm^2

9.8 고상 구리가 자체 Cu증기 분위기와 평형을 이루면서 1100 K로 가열된다. 입계 근방의 표면은 증기 분위기와 158°의 2면각(ϕ)을 이루며 홈을 형성한다. 구리의 고유 표면에너지(γ_{sv})는 1100 K에서 1600 ergs/cm^{2}이다.

(a) 동일 온도에서 입계의 계면에너지는 얼마인가?

(b) 1100 K에서 구리와 액체 금속 M간의 계면에너지(γ_{sl})는 250 ergs/cm^{2}이다. 고체 구리가 액체 금속 M과 접촉하면서 1100 K로 가열되면, 문제 (a)에서의 입계에 어떤 변화가 생기는가?

9.9 2차원적으로 직사각형인 결정의 면을 각각 L_1과 L_2라 하자. 이들 면상의 표면에너지는 각각 γ_1과 γ_2이다. 결정의 면적은 L_1L_2로서 일정하다.

(a) 결정의 표면 자유에너지를 나타내는 표현식을 써라.

(b) 결정의 평형 모양새는 어떠한 모양인가? 즉, 결정 평형시 면들의 표면에너지로서 나타내지는 L_1과 L_2의 비는 얼마인가?

9.10 1400 K 온도에서 편평한 표면(곡률반경:∞)을 이루는 벌크 액상 구리의 증기압을 계산하라. 동일 온도에서 액상 구리내에 부유하고 있는 지름 0.5 μm 크기의 구리 증기기포 (곡률반경: 0.25 μm)내 평형 증기압력을 계산하라. 구리의 끓는점 온도는 2830 K이고, 증발열은 –314.3 kJ이다.

9.11 Ni(α 상)과 Ni증기(v) 간 계면에너지($\gamma_{\alpha-v}$)는 1100 K 온도에서 1580 ergs/cm^2 이며, 금속 Ni의 자유표면과 입계가 만나 이루는 홈의 평균 이면각은 168°로 알려져 있다. 토리아(ThO_2) 분산강화 Ni합금은 미세한 토리아 입자를 Ni 분말내에 분산시켜 이를 강화시켜 제조한다. 토리아 입자들은 니켈 기지내 입계에 존재하게 된다. 토리아(ε 상) 분산강화 Ni합금을 고온하에서 장시간 유지하면 입자들은 평형 모양새를 띄게 된다. 평형시 입자내에서 측정된 평균 이면각이 145°일 경우, Ni–토리아 간 계면에너지($\gamma_{\alpha-\varepsilon}$)를 구하라.

9.12 다음 계면에너지 자료를 이용하여 희석농도의 용질 Fe가 용해된 Ni – Fe 액상용액/고체계면에서의 잉여 흡착 Fe농도를 계산하라.

$$\gamma = 1600 - 150x_{Fe} \quad \text{(dyne/cm 또는 ergs/cm}^2\text{)}$$

Sn이 희석농도 용질인 Ni – Sn 액상합금/고체계면에서의 잉여흡착 Sn농도를 계산하라.

$$\gamma = 1250e^{-8.2x_{Sn}} + 600 \quad \text{(dyne/cm 또는 ergs/cm}^2\text{)}$$

깁스 등온 흡착을 고려해 답하라.

9.13 식(9.61) 관계로부터 식(9.60)이 유도될 수 있음을 삼각함수 관계식 $\sin\theta_3 \cos\theta_1 + \cos\theta_3 \sin\theta_1 = \sin(\theta_1 + \theta_3)$ 을 이용하여 증명하라.

9.14 융점온도에 있는 순수한 액상 구리 중에서 반경 5, 7, 10 Å 인 구상 고체핵이 생성될 경우 생성 깁스 자유에너지는 얼마인가?
각각의 반경($r = 5, 7, 10$ Å)에 대한 핵농도를 추산하라.
구리: 융점 = 1083°C, 융해열 = 3120 cal/mol, $\gamma_{s-1} = 200$ ergs/cm^2
고체와 액체 구리 몰 부피는 공히 7.0 cm^3/mol이라고 가정하라.

9.15 증기상(v)으로부터 고체 산화물 표면(s)상에 도포되는 금속(m)이 구상 모자형태로서 고상화된다고 한다. 다음 그림에 나타나 있듯이 접촉각 θ 는 90°이다.

(a) 고체 산화물의 표면에너지(γ_{sv}: 고체와 증기상간 계면에너지)와 금속과 산화물 표면간 계면에너지(γ_{sm}) 사이의 관계는 어떻게 표현되는가?

(b) 금속의 표면에너지(γ_{mv}) 및 단위부피당 깁스 자유에너지 변화($\Delta\underline{G}_v$)의 함수로서 금속 핵의 임계반경 크기를 나타내는 식을 유도하라.

(c) 금속의 표면에너지(γ_{mv}) 및 단위부피당 깁스 자유에너지 변화($\Delta\underline{G}_v$)의 함수로서 임계핵의 깁스 자유에너지를 나타내는 식을 유도하라.

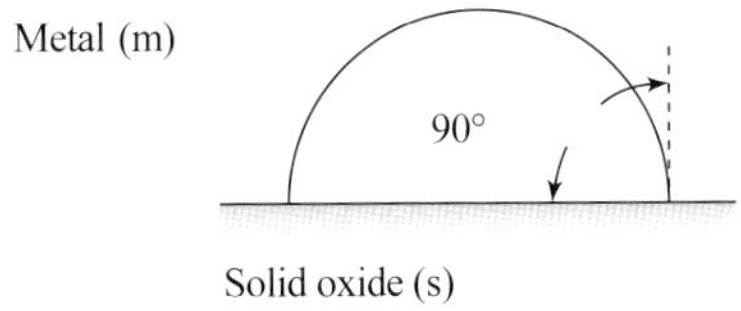

9.16 핵 잠수함 발전설비인 핵반응로는 냉각제인 액상 Na을 스테인레스강 튜빙(tubing) 열교환기를 통해 순환시켜 반응로 코아(core)를 냉각한다. 액상 Na은 스테인레스강 입계로 침투하여 재료균열 파괴를 야기시킬 수 있는 우려가 있다. 안전한 스테

인레스강 튜빙 사용을 사전에 담보하기 위해선 스테인레스강/액상 Na간 계면에너지가 어느 정도 범주에 속해야만 심각한 입계 균열 우려 불식이 가능한가? 스테인레스강 입계에너지는 500 ergs/cm^{2}이다. 2면각이 90°보다 크면 액상침투가 무시될 수 있으나 이보다 작으면 액상 Na 침투가 진행될 수 있다. 심각한 액상의 입계내 침투는 2면각이 20° 이하로 알려져 있다.

9.17 관계식 $\Delta SdT - \Delta VdP^{\alpha} + 2\gamma V^{\beta} dk = 0$ 을 이용하여 온도와 곡률 함수로 증기압 변화를 나타내는 식을 유도하라.

9.18 균일 핵생성 실험에서 대부분 순수한 금속의 응고는 $\Delta G^* / kT$ (핵생성식의 지수항) 값이 약 30 정도가 되는 온도까지 억제될 수 있다고 보고되어 있다. 구리를 위와 같은 경우에 속하는 금속이라 가정하고 다음 자료를 사용하여 액체-고체간 계면에너지값을 계산하라.

자료: 융점 = 1356 K, 용융 엔탈피 = 2.29 cal/(mol · K), 몰 부피 = 7 cm^3/mol
가능한 최대 과냉각 = 236 K

9.19 문제 9.18에 주어진 자료를 이용하여 융점보다 236 K 낮은 온도(과냉도)에서 고체 구리 임계 핵반경은 얼마인가?

9.20 과냉각된 물로부터 균일하게 얼음의 핵이 생성되는 온도는 −40°C이다.
(a) 이 온도에서 얼음 핵의 임계반경은 얼마인가?
(b) 왜 연못은 물의 평형 빙점(0°C)보다 2~3°C 정도 낮은 온도에서 얼게 되는가?

자료: 고체와 액체 물간 계면에너지 = 25 ergs/cm^2
얼음의 용융잠열 = 335 J/g, 얼음의 밀도 = 0.92 g/cm^3

Chapter 10

전기화학

물질계 "평형시에는 가역적인 어떠한 일도 행해질 수 없다($W_r = 0$)"는 깁스 평형원칙에 기초하여 반응물이 생성물로 변하는 화학반응 평형조건에 대해 5장에서 알아보았다($W_r^*\big|_{T,P} = \Delta G_{rxn} = 0$). 일반화학 반응계에서는 반응물들이 서로 접촉하고 있는 계면상에서 반응이 진행된다. 본 장에서는 이와는 다른 양상의 전기화학 반응계에 대한 평형을 다루고자 한다. 일정 온도 및 압력하의 전기화학 반응계는 일반화학 반응계 평형조건인 $\Delta G_{rxn} = 0$ 에 따라 반응 평형이 진행될 필요가 없으므로, 5장에서 다루어진 반응 평형 열역학 내용과는 전혀 다른 평형 반응 속성을 지니게 된다. 전기화학 반응계는 반응 참여 화학종인 반응물(전극) 사이를 전해질로 서로 분리시켜 놓고, 양편 전극 반응에 출입하는 전자의 전도가 가능한 금속 도선(또는 접촉)으로 이들을 연결해 구성된다. 따라서 일반화학 반응계와는 달리 이 반응계에선 반응에 따른 깁스에너지 변화 결정을 위해 양극/음극 간 전자흐름 이동에 의한 전기적 일이 화학적 일의 일환으로서 추가로 고려되게 된다.

이 장에선 외부로부터 강제적 반응 구동 요인이 가해지지 않으면 자발적으로 반응이 일어날 수 없는 전지 반응계 양쪽 전극에, 적절한 극성 형성과 외부 전기포텐셜을 인가하여 원하는 전극반응을 강제로 일어나게 하는 전기화학반응계 열역학을 다루고 있다(전해 전지반응(electrolytic cell) : 전기적 일→화학적 일). 또한 자발적 전기화학반응 진행에 의한 화학적 일로부터 전기적 일(에너지)을 직접 얻어내는 전지 반응계도 다루어진다(갈바닉 전지반응(방전) : 화학적 일→전기적 일). 전해 전지반응(또는 충전 반응)은 외부적으로 갈바닉 전지(galvanic cell)의 전극 극성(polarity)과는 반대로 도선을 연결해, 외부적으로 평형 갈바닉전지 기전력 이상의 전기포텐셜을 전지 계에 인가해 줌으로써 이루어질 수가 있다.

적절한 농도전지 반응계 구성을 통하여 전기화학적으로 용액 성분 활동도 및 용액화에 따른 분몰 열역학 성질($\bar{H}_i, \bar{S}_i, \bar{G}_i$)을 정량적으로 결정하는 실험적 측정 방법 소개가 이 장에서 다루어진다. 아울러 수용액 중 금속 및 이온과 금속산화물(또는 수산화물)간의 상대적 열역학 안정도를 나타내는 푸베이 도표도 다루어지고 있다.

10.1 전기화학전지

수소와 산소간 반응에 의해 물이 생성되는 화학반응으로부터 전기적 에너지(일)를 얻어내는 2가지 서로 다른 반응계 상황을 다루어 보자. 총괄 화학반응은 다음처럼 동일하게 표현된다.

$$H_2 + \frac{1}{2}O_2 \rightarrow H_2O \tag{10.1}$$

연소반응

수소와 산소는 토치내에서 결합해 연소할 수 있으며 이 연소반응에 의한 불꽃에너지(반응열)는 열기관의 일부 역할로써 물을 끓이는데 사용될 수 있다. 열기관은 열역학 2법칙에 위배되지 않으면서 반응열(화학적 일)로부터 전기적 일을 만들어 낼 수 있다. 현실적으로 연소반응열은 열기관을 통해 전부 유용한 전기적 일로 변환되지 않는다. 열변환 최대 효율은 이미 2.4절에서 언급했듯이 가역적 열기관으로 도달하는 기체의 최대온도와 열기관으로부터 방출되는 최저온도에 의해서 결정된다[2법칙 세(second law tax)]. 열기관의 최대 열효율 제한 요인으로는 이러한 열역학 2법칙에 의한 제한성 요인 외에 여러 형태의 마찰 요인(비가역성)에 의한 실질적 효율 감소도 고려해 볼 수 있다[$W_{actual} = W_{rev} - (lw)$]. 이런 열효율 감소 요인으로 인해서 대부분의 현대적 최신 화력발전 설비조차도 평균 33%정도의 낮은 열변환 효율로서 작동된다.

연료 전지반응

수소와 산소가 반응하여 물을 생성하는 반응의 경우, 수소 원자로부터 산소 원자로 전자가 이동한다는 점에 유의하기 바란다. 수소 원자는 산화상태가 0에서 전자를 하나 잃어 +1로 변화한다. 동시에 산소는 산화상태 0으로 부터 두 개의 전자를 얻음으로써 −2가의 상태가 된다.

$$H_2 + \frac{1}{2}O_2 \rightarrow H_2O\ (2H^+ \cdot O^{2-})$$

어떤 방법에 의해서든 화학반응에 수반되는 전자 흐름으로부터 직접적으로 일을 얻어낼 수 있는 반응(화학적 일 → 전기적 일)을 일으킬 수만 있다면, 앞서 언급한 열기관을 통한 연소열 → 일 에너지 전환시 부과되는 "2법칙 세"를 면제받을 수 있다. 즉, 연소반응 열에너지의 전기에너지 변환시 열역학 2법칙에 의해서 부과되는 열기관의 에너지 전환 비효율성 (연소열 → 터빈(열기관) → 전기적 일 에너지 변환시 열을 일로 전부 전환시킬 수 없는 열기관 특성)을 피할 수 있다(2.4절 참조).

이러한 에너지 변환 가능성을 확인하기 위해 갈바닉 전지의 일종인 연료전지(fuel cell)를 고려해 전지 구성체계와 반응특성에 대해 고찰해 보자. 그림 10.1은 Bacon 수소/산소 연료전지(전지 두께: 약 0.5 mm)로서 다소 높은 기체 압력과 높은 온도에서 작동하여 상당한 양의 전기 에너지를 발생한다.

연료전지를 구성하는 두 전극(반쪽전지)중 하나인 수소 전극(–극성)에서는 다음 양극반응이 일어나게 된다(전자를 내놓는 전극 : –극성).

$$H_2 \rightarrow 2H^+ + 2e^- \ :\ \text{양극반응(산성전해질)} \tag{10.2}$$

수소는 수소 이온과 전자로 분해된다. 수소 전극과 산소 전극을 분리시키는 물질을 전해질(electrolyte)이라고 부른다. 그림 10.1에 나타난 연료전지의 전해질은 액상의 수용액이다. 전해질은 이온 전도성만 나타내야 하고, 전자를 전도해서는 안되는 특성을 지닌다. 전지는 반응 특성상 전자 흐름과 이온 흐름의 경로를 서로 분리시켜야 하므로 이같은 전해질 특성은 반드시 필요하다. 그림 10.1(a) 연료전지의 전해질은 산성전해질로서 H^+ 이온은 수소 전극(양극 : –극성)으로부터 전해질을 통해 산소 전극(음극 : +극성)쪽으로 이동하

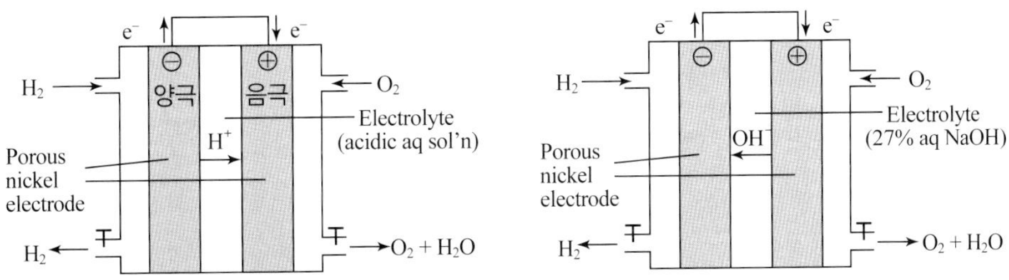

(a) 산성 전해질 (b) 알칼리성 전해질

그림 10.1 수소–산소 연료전지(fuel cell)의 모식도

는 반면에 전자는 두 전극을 연결하는 외부 금속도선을 따라 양극에서 음극으로 흐르게 된다. 이들 이온 및 전자 흐름의 분리 현상을 통한 양극/음극 간 화학반응으로부터 전기에너지(일)를 직접 이끌어 낼 수 있는 전지를 형성할 수 있다(전지구성 요소 : 두 전극/전해질/전극간 연결도선). 이 경우 전자 흐름과 이온 흐름은 둘 다 전하량을 이동함으로서 전지계 내의 순환적 전하 흐름(전류 회로 : current circuit)이 이루어진다. 전자흐름과 전류흐름 방향은 일반적으로 서로 반대 방향으로 정해진다.
다른 반쪽전지인 산소 전극(+극성)에서는 다음 음극반응이 진행된다(전자를 받아 들이는 전극 : +극성).

$$\frac{1}{2}O_2 + 2H^+ + 2e^- \rightarrow H_2O \ \text{: 음극반응(산성전해질)} \tag{10.3}$$

반쪽전지(전극)반응인 식(10.2)와 (10.3)을 합하여 얻어지는 총괄전지반응은 앞서 언급한 수소가 산소 내에서 연소하는 반응과 외형상으로 동일해진다.

$$H_2 + \frac{1}{2}O_2 \rightarrow H_2O$$

그림 10.1에서와 같은 전지계를 채택함으로써 전기화학 반응에 의해 수소와 산소로부터 물이 형성되는 반응(역반응도 마찬가지)은 전하량 운반체인 전자와 이온의 이동현상을 서로 분리시켜 일어나게 할 수 있다.

반응식(10.1)의 방향으로 전지반응이 진행될 경우, 이 장치를 연료전지라고 부른다(화학반응 진행에 의한 화학적 일을 전기적 일로 전환시키는 일종의 갈바닉 전지). Bacon 연료전지는 전기에너지 공급과 더불어 부수적으로 자체 물 공급이 가능하므로 우주선 개발분야에서 식수 조달원으로 채택되 이용되고 있다(Kwh당 1 Pint정도 물 공급). 25°C에서 수소와 산소 압력이 각각 1기압일 때 연료전지의 개회로 전압(정방향 전류와 역방향 전류가 서로 동일해 겉보기 (순)전류가 0이 되는 경우 즉, 평형시 전압 : 평형 전지전압)은 1.229 V가 된다. 이에 대한 자세한 계산 방법은 추후 10.3절에서 설명하기로 한다. 갈바닉 전지의 응용 예로는 연료전지 외에 농도전지 및 금속 부식반응 계를 들 수가 있다.

전기화학 반응 계(예로 전지)는 3가지 요소로 구성되어 진다 : 반쪽전지 반응이 일어나는 양극, 음극의 전극, 이들 전극 사이를 분리하는 이온 전달 매체인 전해질, 전극 간 전자 흐름 매체인 금속도선. 양극(anode : –polarity)에선 반쪽반응 물질의 산화수 증가로 전자가 방출되는 산화 반응이, 반면에 음극(cathode : +polarity)에선 반응 물질이 전자를 흡수하여 산화수가 감소하는 환원 반응이 일어난다 : **양극 산화반응**(anodic oxidation), **음극 환원반응**(cathodic reduction).

전지 반응계에서 사용되는 전극 관련 전문용어 명명은 다음과 같다.

- 산화가 일어나는 (산화수 증가)[1] 전극을 양극(anode)이라고 한다: **anodic oxidation**
- 환원이 일어나는 (산화수 감소) 전극을 음극(cathode)이라고 한다: **cathodic reduction**

앞에서는 연료전지에 대한 이해를 쉽게 설명하기 위해서 편의상 산성 전해질을 사용하였다. 산성 전해질 용액에서는 수소 이온이 수산화 이온, OH^- 보다 훨씬 높은 농도로 존재한다. 그러나 실용적인 수소-산소 연료전지는 산성 전해질($[H^+] \gg [OH^-]$)보다는 알칼리성 전해질($[OH^-] \gg [H^+]$)로서 일반적으로 운용된다. 따라서 알칼리성 전해질을 매체로 한 수소-산소 연료전지 반응 표현시에는 수산화 이온을 이동 매체로 하여 전극 반응식을 달리 써야 한다[그림 10.1(b)]. 염기성 전해질을 통해선 OH^- 이온이 산소 전극으로부터 수소 전극쪽으로 이동한다. 알칼리성 전해질에 의한 수소-산소 연료전지에 대한 반쪽반응식을 써보면,

$$H_2 + 2OH^- \rightarrow 2H_2O + 2e^- \quad :\text{양극반응}$$

$$\frac{1}{2}O_2 + 2e^- + H_2O \rightarrow 2OH^- \quad :\text{음극반응}$$

$$H_2 + \frac{1}{2}O^2 \rightarrow H_2O \quad :\text{총괄전지반응}$$

전해전지 반응

식(10.1)에 나타난 전지반응은 역방향으로도 진행될 수가 있다. 본래 갈바닉 전지의 전극 극성과 반대되는 극성으로 외부 도선을 두 전극 사이에 연결하여 개회로 전압(전지 평형전압)보다 큰 외부인가 전기포텐셜을 전지계에 가하면, 물이 전기 분해되는 총괄 반응이 일어나 한쪽 전극(음극 : +극성)에서는 환원반응이 진행되 수소가, 다른쪽 전극(양극 : -극성)에서는 산화반응이 일어나 산소가 발생하는 반응식(10.1)의 역반응이 진행된다(전해전지 반응). 이 경우 산화, 환원 전극반응이 연료전지(갈바닉 전지)와는 반대로 진행되므로

1) 산화상태[산화수 혹은 이온 배위수(valence of ion)]는 이온의 전하(electrical charge) 불균형을 나타낸다. 양의 산화상태는 양전하가 초과로 존재함을 의미한다. 수소 기체(H_2)내 수소의 산화상태는 0이 된다. 그림 10.1의 장치계가 연료전지로서 작동된다면 수소 전극은 양극, 산소 전극은 음극이 된다. 그러나 이 장치가 수소-산소 발생기로 작동한 경우에는 수소 전극이 음극, 산소 전극이 양극으로 각각 극성이 바뀌게 된다.

서 전지의 동일전극에 대한 전해전지의 전극 극성이 반대인 점에 주목하기 바란다. 이러한 반응장치를 수소-산소 기체 발생기라고 부르며, 이를 물의 전기분해 반응이라고 부른다(potentiometer 또는 electric power supply 장치로 공급되는 전기적 일을 화학적 일로 전환시키는 일종의 전해전지). 외부적으로 인가되는 전기에너지(일)에 의해 원하는 화학반응을 유도하는 전지를 통칭적으로 전해전지라 일컫는다(그림 10.6 참조). 전기도금, 습식야금, 전해정련 공정이 전해전지 응용 예들이다.

10.2 전극반응 평형

금속 전극판이 전해질 용액에 잠겨 있는 경우 전극과 전해질간 계면상에는 힘의 비대칭이 형성되어 전기적으로 전해질 쪽 계면상에 전하가 띠도록 용매 dipole과 전하 이온종의 재배열 일어난다. 이로써 계면을 가로질러 전기장이 형성되고 전기장 방향에 따라 금속내 자유전자들은 계면(금속/전해질)으로 향하거나 아니면 이로부터 멀어지게끔 이동한다. 이러한 전극내 전자 이동량과 방향에 대응해서 전해질 쪽에 나타나는 동일한 양의 반대 전하(이온) 이동량 간에는 전하량 수지 균형이 이루어진다.

이런 현상으로 인해 결과적으로 전극표면과 전해질 용액간에는 전기적 포텐셜 차이가 발생한다. 농축 전해질(충분한 농도의 M^{n+})내 침적된 금속 M 표면상에서 환원반응이 진

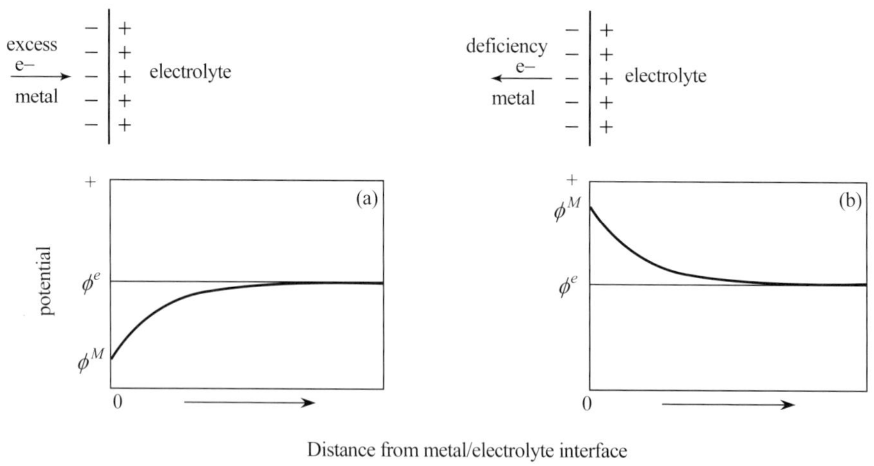

그림 10.2 금속전극과 전해질 사이의 전기포텐셜 변화 양상 (a) 음(−) 전하를 띤 금속 전극(electron affluency) (b) 양(+) 전하를 띤 금속 전극(electron deficiency)

행되어 $(M^{n+} + ne \rightarrow M)$, 금속 표면이 전자를 얻어 음전하를 띠면 전해질 쪽은 이와 전하균형을 이루도록 금속 양이온으로 대전된다. 그림 10.2(a)는 이렇게 형성되는 금속표면과 전해질 간 전기포텐셜 변화 양상을 나타낸다. 그림 10.2(b)는 희석 전해질 (희박 농도 M^{n+})내 잠긴 금속전극 표면상에선 산화반응이 진행 $(M \Rightarrow M^{n+} + ne)$ 되어, 금속 표면이 전자를 잃어 양전하로 대전되는 경우에 전극/전해질 (반쪽 전지) 계면을 가로지른 전기포텐셜 변화 양상을 나타낸다. 전극 쪽 포텐셜, ϕ^M 과 벌크 전해질내 포텐셜, ϕ^e 의 차이 $(\phi^M - \phi^e)$ 를 전극의 "절대 전기포텐셜", $\phi_{electrode}$ 라 일컫는다. 전극의 절대 포텐셜 자체는 절대치를 나타내나 이를 측정하여 정량화하는 것은 불가능하다.

$$\phi_{electrode} = \phi^M - \phi^e \tag{10.4}$$

평형원칙을 전극(반쪽 전지) 반응계에 적용하여 반응 평형조건을 유도해 보자. 전해질 MX 함유 수용액(ε 상)내 담겨진 금속전극 M(α 상)과 연관된 반쪽전지가 그림 10.3에 나타나 있다. 전해질 MX 내 양이온(M^{z+})과 음이온(X^{z-})의 전자가는 각기 z^+ 및 z^- 이다. 상 α 는 금속 원자 및 전자(e)로 구성되고 전해질 수용액 ε 은 M^{z+}, X^{z-}, MX, H^+, OH^- 및 H_2O 인 이온과 분자로서 이루어 진다. 이 경우 전극 M의 전기포텐셜은 ϕ^α, 전해 용액의 포텐셜은 ϕ^ε 이다. 반쪽전지계 상 α 와 ε 간 전하입자의 상호교환으로 인해 전극/전해질 간 포텐셜 변화가 야기된다(그림 10.2). 이들 간 교환 전하입자로는 전극 내 전자 e^-, 전해질 내 이온 M^{z^+} 을 들 수가 있다. 전극반응을 환원반응 형태로 고려하면,

$$(M^{z^+})^\varepsilon + z(e^-)^\alpha = M^\alpha$$

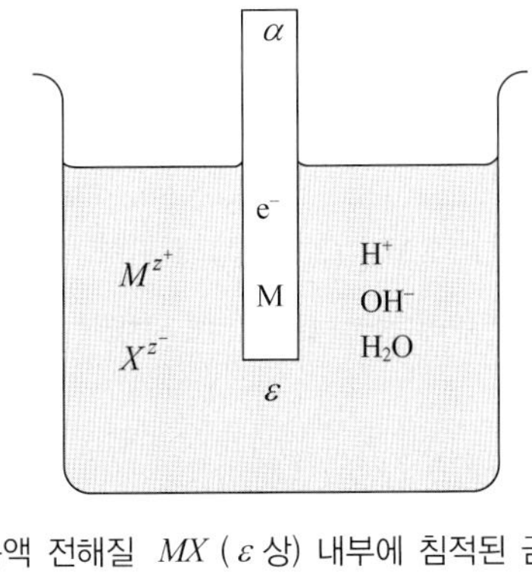

그림 10.3 수용액 전해질 MX (ε 상) 내부에 침적된 금속전극 M (α 상)

평형원칙

Step I

전극계(전극+전해질)에 대한 엔트로피 변화를 표현해보자. 전극/전해질 간 전하입자 교환에 기인한 전기포텐셜 변화로 생기는 전기적 일 ϕdQ 를 역학적 및 화학적 일과 함께 고려하여 전극 α 상의 엔트로피 변화를 표현하면(광의적으로 전기적 일도 화학적 일의 일환),

$$dS^{\alpha} = \frac{1}{T^{\alpha}} dU^{\alpha} + \frac{P^{\alpha}}{T^{\alpha}} dV^{\alpha} - \frac{1}{T^{\alpha}} \left\{ (\mu_M^{\alpha} dn_M^{\alpha} + \mu_e^{\alpha} dn_e^{\alpha}) + \phi^{\alpha} dQ^{\alpha} \right\} \tag{10.5}$$

전해질 용액인 상 ε 의 엔트로피 변화는,

$$dS^{\varepsilon} = \frac{1}{T^{\varepsilon}} dU^{\varepsilon} + \frac{P^{\varepsilon}}{T^{\varepsilon}} dV^{\varepsilon} - \frac{1}{T^{\varepsilon}} (\mu_{M^{z+}}^{\varepsilon} dn_{M^{z+}}^{\varepsilon} + \phi^{\varepsilon} dQ^{\varepsilon}) \tag{10.6}$$

반쪽전지(전극)계의 엔트로피 변화는,

$$dS_{sys} = dS^{\alpha} + dS^{\varepsilon} \tag{10.7}$$

Step II

계 고립화 구속조건을 적용해 $dS_{sys,iso}$ 을 표현해 보자.

- 계의 평형조건을 도출하기 위해 계 고립화를 위한 첫번째 구속조건으로 원소 M의 질량 보존 $(dm_M = 0)$ 을 고려하면,

$$dm_M = 0 = dn_M^{\alpha} + dn_{M^{z+}}^{\varepsilon} \rightarrow dn_{M^{z+}}^{\varepsilon} = -dn_M^{\alpha} \tag{10.8}$$

다음으로 첫번째 다른 구속조건으로 고립 전극계 전하량 보존을 고려해 보자.
dn_e^{α} 몰의 전자가 상 α 로 이동하면 α 내 전하량의 변화는,

$$dQ^{\alpha} = (-1) F dn_e^{\alpha} = -F dn_e^{\alpha} \tag{10.9}$$

여기서 페러데이 상수 $F = N_A e = N_A \cdot (1.6 \times 10^9 \text{ C} / \text{전자})$.
금속이온 M^{z+} 는 z^+ 의 전하를 이동시키므로 이온 $dn_{M^{z+}}^{\varepsilon}$ 몰이 전해질로 이동시 상 ε 내 전하량 변화는,

$$dQ^{\varepsilon} = (z^+) F dn_{M^{z+}}^{\varepsilon} \tag{10.10}$$

고립 전극계의 전체 전하량 변화는 0이 되어야 하므로,

$$dQ_{tot} = dQ^{\alpha} + dQ^{\varepsilon} = -Fdn_e^{\alpha} + (z^+)Fdn_{M^{z+}}^{\varepsilon} = 0 \tag{10.11}$$

$$dn_e^{\alpha} = (z^+)dn_{M^{z+}}^{\varepsilon} \tag{10.12}$$

위 식에 식(10.8)을 적용하면,

$$dn_e^{\alpha} = z^+(-dn_M^{\alpha}) = -z^+dn_M^{\alpha} \tag{10.13}$$

따라서 식(10.8), (10.13)으로부터 식(10.5), (10.6)내 서로 다른 성분농도 변수 dn_e^{α}, $dn_{M^{z+}}^{\varepsilon}$ 를 dn_M^{α} 로서 단일화해 나타낼 수 있다.

• 두번째 고립화 구속조건으로 계의 일정 부피 조건을 고려하면,

$$dV_{sys} = 0 = dV^{\alpha} + dV^{\varepsilon} \rightarrow dV^{\varepsilon} = -dV^{\alpha} \tag{10.14}$$

• 마지막 고립화 구속조건으로 계의 에너지 변화가 없음을 고려하면,

$$dU_{tot} = dU^{\alpha} + dU^{\varepsilon} = 0 \rightarrow dU^{\varepsilon} = -dU^{\alpha} \tag{10.15}$$

한편 식(10.9), (10.10)을 이용해 전기적 일 $\phi^{\alpha}dQ^{\alpha}$, $\phi^{\varepsilon}dQ^{\varepsilon}$ 을 다시 표현하면,

$$\phi^{\alpha}dQ^{\alpha} = \phi^{\alpha}(-Fdn_e^{\alpha}) = \phi^{\alpha}[-F(-z^+dn_M^{\alpha})] = \phi^{\alpha}(z^+Fdn_M^{\alpha})$$

$$\phi^{\varepsilon}dQ^{\varepsilon} = \phi^{\varepsilon}(z^+Fdn_{M^{z+}}^{\varepsilon}) = \phi^{\varepsilon}(z^+Fdn_{M^{z+}}^{\varepsilon}) = \phi^{\varepsilon}[z^+F(-dn_M^{\alpha})] = -\phi^{\varepsilon}z^+Fdn_M^{\alpha} \tag{10.16}$$

계 고립화 구속조건 적용 결과 식(10.8)과 식(10.13-16)을 활용해 고립 전극계의 엔트로피 변화를 정리해 써보면,

$$\begin{aligned} dS_{sys,iso} &= \frac{1}{T^{\alpha}}dU^{\alpha} + \frac{P^{\alpha}}{T^{\alpha}}dV^{\alpha} - \frac{1}{T^{\alpha}}\left[\mu_M^{\alpha}dn_M^{\alpha} + \mu_e^{\alpha}(-z^+dn_M^{\alpha}) + \phi^{\alpha}z^+Fdn_M^{\alpha}\right] \\ &+ \frac{1}{T^{\varepsilon}}(-dU^{\alpha}) + \frac{P^{\varepsilon}}{T^{\varepsilon}}(-dV^{\alpha}) - \frac{1}{T^{\varepsilon}}\left[\mu_{M^{z+}}^{\varepsilon}(-dn_M^{\alpha}) - \phi^{\varepsilon}z^+Fdn_M^{\alpha}\right] \end{aligned}$$

$$\begin{aligned} dS_{sys,iso} &= \left(\frac{1}{T^{\alpha}} - \frac{1}{T^{\varepsilon}}\right)dU^{\alpha} + \left(\frac{P^{\alpha}}{T^{\alpha}} - \frac{P^{\varepsilon}}{T^{\varepsilon}}\right)dV^{\alpha} \\ &+ \left[-\frac{1}{T^{\alpha}}(\mu_M^{\alpha} - z^+\mu_e^{\alpha} + z^+F\phi^{\alpha}) - \frac{1}{T^{\varepsilon}}(-\mu_{M^{z+}}^{\varepsilon} - z^+F\phi^{\varepsilon}\right]dn_M^{\alpha} \end{aligned} \tag{10.17}$$

Step III

평형원칙을 적용해 보면 계 평형시 $dS_{sys,iso} = 0$ 이 만족되어야 한다.

이로부터 그림 10.3의 전극계 반응 평형조건은 다음처럼 구해진다.

$$\frac{1}{T^{\alpha}} - \frac{1}{T^{\varepsilon}} = 0 \rightarrow T^{\alpha} = T^{\varepsilon} \qquad \text{[열적 평형조건]}$$

$$\frac{P^{\alpha}}{T^{\alpha}} - \frac{P^{\varepsilon}}{P^{\varepsilon}} = 0 \rightarrow P^{\alpha} = P^{\varepsilon} \qquad \text{[역학적 평형조건]}$$

$$\frac{1}{T^{\alpha}}(\mu_M^{\alpha} - z^{+}\mu_e^{\alpha} + z^{+}F\phi^{\alpha}) + \frac{1}{T^{\varepsilon}}(-\mu_{M^{z+}}^{\varepsilon} - z^{+}F\phi^{\varepsilon}) = 0 \tag{10.18}$$

$T^{\alpha} = T^{\varepsilon}$ 이므로,

$$\mu_M^{\alpha} - (z^{+}\mu_e^{\alpha} + \mu_{M^{z+}}^{\varepsilon}) + z^{+}F(\phi^{\alpha} - \phi^{\varepsilon}) = 0 \qquad \text{[전기화학적 평형조건]}$$

전기화학적 평형조건 식을 다시 정리해 써보면,

$$\mu_M^{\alpha} - (z^{+}\mu_e^{\alpha} + \mu_{M^{z+}}^{\varepsilon}) = -z^{+}F(\phi^{\alpha} - \phi^{\varepsilon}) \tag{10.19}$$

일정 온도, 압력하 물질의 몰깁스자유에너지를 화학포텐셜로 정하면 식(10.19)의 좌변은 환원 전극반응에 따른 깁스자유에너지 변화 (ΔG) 를 나타낸다.

$$(M^{z+})^{\varepsilon} + z(e^{-})^{\alpha} \rightarrow M^{\alpha}$$

$$\mu_{M^{\alpha}} - (z^{+}\mu_e^{\alpha} + \mu_{M^{z+}}^{\varepsilon}) = \Delta G$$

$$\Delta G_{\text{전극}} = -zF(\phi^{\alpha} - \phi^{\varepsilon}) = -zF\Delta\phi = -zF\phi_{electrode} \equiv -zFE_{electrode} \tag{10.20}$$

식(10.20)은 일정온도 및 압력하 전극반응 평형시 만족되는 평형조건인 네른스트(Nernst) 식이라 일컫는다. 여기서 $\Delta\phi = \phi^{\alpha} - \phi^{\varepsilon} = \phi_{\text{전극}} \equiv E_{\text{전극}}$ 은 전극포텐셜이다. $\Delta\phi$ (간단히 $\phi_{\text{전극}}$ 로 표기)는 측정 불가능한 절대 전극포텐셜이다. 반면 $E_{\text{전극}}$ 은 전지형성으로 측정 가능한 상대적 전극포텐셜로서 기준전극(표준 수소전극)에 대한 전극 전기포텐셜을 나타낸다. 즉, $\phi_{\text{전극}} - \phi^{o}_{\text{수소전극}} \equiv \phi'_{\text{전극}} - 0 = E_{\text{전극}}$.

표준 환원전극포텐셜

반쪽전지(전극)반응은 양극과 음극에서 각각 일어나는 개별적 반응을 나타낸다. 주요한 반쪽전지반응의 표준 환원전극 전압이 표준 수소전극에 대한 상대적 전기포텐셜(표준 환원전극/표준 수소전극 조합에 의한 전지의 평형전압)로서 표 10.1에 도표화로 나타나 있다. 반쪽전지반응은 일반적으로 다음 환원반응 형태로서 표현된다.

$$X^{z+} + ze^{-} = X$$

표 10.1에 나타낸 전극반응의 표준 환원포텐셜에 대한 기준전극은 표준 수소전극이다. 표

표 10.1 표준 환원전극 포텐셜(298 K) : 표준 수소전극에 대한 상대적 포텐셜

전극반응(환원)	E°(volts)
Acid solutions :	
$F_2 + 2e^- = 2F^-$	2.65
$S_2O_8^{2-} + 2e^- = 2SO_4^{2-}$	1.98
$Co^{3+} + e^- = Co^{2+}$	1.82
$Ce^{4+} + e^- = Ce^{3+}$	1.61
$^1/_2Cl_2 + e^- = Cl^-$	1.3595
$Cr_2O_7^{2-} + 14^{H+} + e^- = 2Cr^{3+} + 7H_2O$	1.33
$MnO_2 + 4H^+ + 2e^- = Mn^{2+} + 2H_2O$	1.23
$O_2 + 4H^+ + 4e^- = 2H_2O$	1.229
$Br_2(l) + 2e^- = 2Br^-$	1.0652
$2Hg^{2+} + 2e^- = Hg_2^{2+}$	0.92
$Hg^{2+} + 2e^- = Hg$	0.854
$Ag^+ + e^- = Ag$	0.7991
$Fe^{3+} + e^- = Fe^{2+}$	0.771
$I_2 + 2e^- = 2I^-$	0.5355
$Fe(CN)_6^{3-} + e^- = Fe(CN)_6^{4-}$	0.36
$Cu^{2+} + e^- = Cu$	0.337
$S_4O_6^{2-} + 2e^- = 2S_2O_3^{2-}$	0.17
$Cu^{2+} + e^- = Cu^+$	0.153
$Sn^{4+} + 2e^- = Sn^{2+}$	0.15
$S + 2H^+ + e^- = H_2S$	0.141
$2H^+ + 2e^- = H_2$	0.0
$Fe^{3+} + 3e^- = Fe$	−0.037
$Pb^{2+} + 2e^- = Pb$	−0.126
$Sn^{2+} + 2e^- = Sn$	−0.136
$Mo^{3+} + 3e^- = Mo$	−0.2
$Cd^{2+} + 2e^- = Cd$	−0.403
$Cr^{3+} + e^- = Cr^{2+}$	−0.41
$Fe^{2+} + 2e^- = Fe$	−0.447
$Zn^{2+} + 2e^- = Zn$	−0.763
$Cr^{2+} + 2e^- = Cr$	−0.91
$Mn^{2+} + 2e^- = Mn$	−1.18
$Ti^{2+} + 2e^- = Ti$	−1.63
$Al^{3+} + 3e^- = Al$	−1.66
$^1/_2H_2 + e^- = H^-$	−2.25
$Mg^{2+} + 2e^- = Mg$	−2.37
$Na^+ + e^- = Na$	−2.714
$Ca^{2+} + 2e^- = Ca$	−2.87
$Ba^{2+} + 2e^- = Ba$	−2.90
$Cs^+ + e^- = Cs$	−2.923
$K^+ + e^- = K$	−2.925
$Li^+ + e^- = Li$	−3.045
Basic solutions :	
$O_3 + H_2O + 2e^- = O_2 + 2OH^-$	1.24
$^1/_2\ O_2 + H_2O + 2e^- \rightarrow 2OH^-$	0.401
$^1/_2\ O_2 + 2H^+ + 2e^- \rightarrow H_2O$	1.23
$Fe(OH)_3 + e^- = OH^- + Fe(OH)_2$	−0.56
$Ni(OH)_2 + 2e^- = H_2 + 2OH^-$	−0.72
$2H_2O + 2e^- = H_2 + 2OH^-$	−0.828
$SO_4^{2-} + H_2O + 2e^- = 2OH^- + SO_3^{2-}$	−0.93
$CNO^-\ H_2O + 2e^- = 2OH^- + CN^{2-}$	−0.97
$ZnO_2^{2-} + 2H_2O + 2e^- = Zn + 4OH^-$	−1.216
$Cr(OH)_3 + 3e^- = Cr + 3OH^-$	−1.3
$Ca(OH)_2 + 2e^- = Ca + 2OH^+$	−3.03

준 전극포텐셜(E^o)은 절대 포텐셜(ϕ^o)이 아니라 표준 수소전극($\phi^o_{H^+/H_2} \equiv E^o_{H^+/H_2} = 0\,\mathrm{V}$)에 대한 상대적 포텐셜($E^o_{전극} = \phi^o_{전극} - \phi^o_{H^+/H_2} \equiv \phi'^o_{전극} - 0 = \phi'^o_{전극}$)을 의미한다. 온도 298 K에서 표준상태로서 반응물인 수소 1기압, 생성물인 수소 이온 1몰랄리터가 반응에 참여하는 표준 수소 전극반응의 전압은 0 V이다라고 기준전극을 정의한다. 표준 수소전극을 기준으로 하여 상대적인 값으로 모든 반쪽전지반응의 표준 환원포텐셜을 정량화한다. 따라서 표 10.1의 표준 환원전극 포텐셜(E^o)은 실제 전극의 절대 포텐셜(ϕ)이 아니고, 범용적 기준전극(표준 수소전극)에 대한 상대적 전기포텐셜($E^o_{Electrode} = \phi^o_{M^{n+}/M} - \phi^o_{H^+/H_2} = E^o_{전극} = \phi'^o_{M^{n+}/M}$)이다. 임의 온도에서 기체에 대한 표준상태는 1기압의 순수한 기체이고, 수용액 중 이온의 표준상태는 1 몰랄리티 농도(용액 리터당 1몰 이온)로서 정한다.[2)]

$$E^o_{전극}\,(\text{상대적 표준전극 포텐셜}) = \phi^o_{전극} - \phi^o_{H^2/H^+} = E^o_{전지} \equiv \phi'^o_{전극}\,(\text{절대 표준전극 포텐셜})$$

전극포텐셜 ($E_{전극}$)도 표준 수소전극에 대한 상대적 포텐셜로 동일하게 측정되 결정된다.

$$E_{전극}\,(\text{상대적 전극 포텐셜}) = \phi_{전극} - \phi^o_{H_2/H^+} = \phi'_{전극} - 0 \equiv \phi'_{전극}\,(\text{절대 전극 포텐셜})$$

$E_{전극}$ 과 $E^o_{전극}$ 간의 관계는 다음 절에서 다루는 전지반응 평형조건인 전지 평형포텐셜 식(10.30)과 유사하게 표현될 수 있다.

일정온도 및 압력하 전극반응은 표준 수소전극과 결합하여 전지반응을 형성할 수 있다. 이러한 전극 조합으로 형성되는 전지반응계로부터 측정된 전극 평형포텐셜을 반-호프식 (5.8)과 네른스트식을 이용해 다음처럼 전극반응 성분 조성 함수로 표현할 수 있다.

$$\Delta G_{electrode} = \Delta G^o_{electrode} + RT \ln Q_{electrode}$$

$$E_{electrode} = E^o_{electrode} - \frac{RT}{zF} \ln Q_{electrode} \tag{10.21}$$

위 전극 평형 포텐셜은 실제로는 표준 수소전극에 대한 상대적 평형 전지포텐셜에 해당된다. 그러나 이렇게 측정된 상대적 전극포텐셜은 다음 절에서 다루는 상이한 두 전극으로 형성되는 전지 평형포텐셜의 절대치를 결정하는데 유용하게 사용될 수 있다(식10.32).

2) 표 10.1은 온도 298 K에서 H_2 = 1 atm, 수소 이온농도 $[H^+]$가 1몰/리터인 산성 전해질의 표준 수소전극에 대한 상대적 표준 전극포텐셜을 나타낸다.

10.3 전지반응 평형

전지반응 비가역성 : 네른스트식

깁스 자유에너지 정의 식(3.8)에 의하면 일정한 온도 및 압력하에서 비가역적 상태변화 과정을 겪는 계의 깁스 자유에너지 감소 ΔG 는, 동일한 상태변화의 가역적 과정시 계에 의해 행해진 "유용한" 일(역학적 일을 제외한 기타 모든 일), 즉 최대 유용한 일 $W_r^*(=W_{max}^*)$ 과 동일하다.

$$\Delta G_{syst}\Big|_{T,P} = W_r^*$$

그림 10.1의 전지를 열역학적 계로 고려해 보자. 등온, 등압 하에서 전지 계가 행하는 최대 전기적 일, W_r^* 은 가역적 전지 반응에 대한 깁스 자유에너지 변화(식 10.21)에 해당한다. 가역적(평형) 전지 반응은 상이한 양극 반응과 음극 반응이 분리된 채로 각기 동일한 반응속도로 서로 반대 방향으로 진행함을 의미한다. 이들 전극반응은 총괄 전지반응을 구성하는 반응물 및 생성물 일부와 전자를 포함하는 반쪽전지 요소반응이다. **총괄 평형 전지반응은 평형시에 비가역적(자발적)으로 반응이 일정한 속도로 진행됨**에 유의하라(10.1절 연료 전지 반응 참조). 따라서 **평형 "전지반응"은 비가역적 반응 특성을 보이므로 전지계에 의해 행해지는 가역적 일**(W_r^* : 음수)에 해당하는 $\Delta G_{전지}$ 는 0이 아니라 음수의 유한치를 나타낸다.

$$\left.\begin{aligned} W_r^*\Big|_{T,P} &= \Delta G \neq 0 \\ W_r^*\Big|_{T,P} &= \Delta G < 0 \end{aligned}\right. \quad : \text{평형 전지반응} \tag{10.22}$$

한편 전지반응과는 달리 일정온도, 압력하의 일반화학반응은 평형시 정반응과 역반응이 동일한 반응 계면상에 같은 속도로서 반대 방향으로 진행하므로 총괄 화학반응은 가역적 반응 특성을 나타낸다($W_r^* = \Delta G = 0$: 깁스 평형원칙).

> 화학반응 평형시에는 서로 반대 방향으로 진행하는 두 요소반응(일반 화학반응시는 정반응/역반응: 반응참여물질이 동일, 한편 전지반응시는 양극반응/음극반응: 반응참여물질 일부 상이)의 속도가 동일해야만 된다. 이들 요소반응의 합으로 총괄 반응이 이루어진다. 따라서 총괄 반응 평형시에 정/역 반응으로 이루어지는 일반화학 반응은 가역적 특성(반응물과 생성물의 양적 변화없음)을 보이나, 양극/음극 반응으로 분리 구성되는 전기화학 반응은 평형시 비가역적 특성(반응물 및 생성물의 양적 변화)을 나타낸다.

전극 1과 2가 서로 다른 전기적 절대 포텐셜 ϕ_1, ϕ_2 하($\phi_1 > \phi_2$)에 놓여 있다면, 이 전기적 포텐셜 차이로 인한 미소 이동 전하량 dQ 에 의한 **가역적 전지가 행하는 전기적 미소일** (δW_r^* : 음수)은,

$$\delta W_{r,1-2}^* = (\phi_2 - \phi_1)dQ = -(\phi_1 - \phi_2)dQ \tag{10.23}$$

여기서 ϕ_1, ϕ_2 는 각 전극의 절대 전기포텐셜이다[식(10.4)]. dQ 는 두 전극 사이에 이동되는 음전하(전자)의 미분전하량이다. 식(10.23)을 적분하면,

$$W_{r,1-2}^* = -(\phi_1 - \phi_2)Q \tag{10.24}$$

$(\phi_1 - \phi_2)$ 를 전지의 기전력[electromotive force(emf) 또는 개회로 전압 : E_{emf})]이라 하며 단위는 V이다.

앞절에서 언급했듯이 ϕ_1, ϕ_2 는 측정이 불가능한 절대 전극 포텐셜로 이들은 각기 표준 수소전극에 대한 전지 형성에 의해 결정되는 상대적 전극포텐셜 E_1, E_2 로서 측정하여 사용한다.

절대 전극포텐셜 차이 : $\phi_1 - \phi_2 \equiv$ 상대적 전극포텐셜, $E_1 - E_2 = E_{emf}$: 절대 전지포텐셜

여기서 ϕ_1, ϕ_2 = 측정불가 절대 전극포텐셜, E_1, E_2 = 측정가능 상대적 전극포텐셜, E_{emf} = 측정가능 절대 전지포텐셜

따라서 전지 개회로전압 E_{emf} 은 절대치 전지포텐셜이 된다.

한편 전하량 Q 는 계 내에 흐르는 전자의 몰 수가 지니는 전하량을 나타낸다. 전자 1몰은 아보가드로수(6.022×10^{23}) 전자에 해당한다. Q 를 전자수 n_e 와 전자의 전하량 e로서 나타내면,

$$Q = n_e e = zN_A e$$

여기서 z 는 전자의 몰 수이고 N_A 는 아보가드로수이다. 전하량 Q(단위 coulomb: 약자로 C)를 다음처럼 나타내기도 한다.

$$Q = zF$$

여기서 F 는 페러데이 상수로서 전자 1몰에 해당하는 전하량이다. 즉, 전자의 전하량과 아보가드로수 N_A 의 곱[(1.6×10^{19}C/전자)$\times 6.022 \times 10^{23}$]으로 페러데이 상수가 주어진다. F 수치는 전자 1몰당 96,480C (96,480 J/V = 23,060 cal/V)이다.

따라서 식(10.24)는 다음처럼 쓸 수 있다.

$$W_r^* = -zFE \tag{10.25}$$

여기서 E 는 전지 평형전압(E_r 또는 E_{emf}), z 는 전지반응에 참여하는 전자의 몰 수를 나타낸다. 예로서 식(10.1)의 반응 경우 $z = 2$가 된다[반응식(10.2)와 (10.3)].

일정 온도 및 압력 조건에서 전지의 평형 전지포텐셜 $E(E = \Delta\phi_{전지} = \phi_1 - \phi_2)$ 하에 양쪽 전극반응에서 전자 z 몰 이동(양극: 전자 생성, 음극: 전자 소모)에 의해 행해지는 최대 전기적 일(W_r^*)은 가역적 전지계의 깁스 자유에너지 감소(ΔG_{cell})에 해당한다[식(10.22)]. 식(10.25)를 식(10.22)와 결합하면 가역적 전지반응의 깁스 자유에너지 변화[3]와 전지 평형 포텐셜 E(또는 E_r)를 관계 지우는 네른스트식을 다음처럼 얻을 수 있다.

$$\Delta G = -zFE \tag{10.26}$$

앞절에서 다룬 전극포텐셜 $E_{전극}$ 은 표준전극에 대한 상대적 포텐셜인 반면 전지포텐셜 $E_{전지}$는 절대 포텐셜임에 유의하라. 식(10.26)은 평형 전지반응에 대한 네른스트 식이다.

전지반응 평형조건을 나타내는 네른스트 식(10.26)으로부터 전지의 전기화학 포텐셜이 0보다 크면(양의 수치) 깁스 자유에너지 변화(ΔG)가 음이 되므로, 전지반응은 자발적으로 일어나게 됨을 알 수 있다. 이러한 상태의 전지가 회로에 연결되면 방전이 일어나는 배터리처럼 전류 발생기로 작동한다(갈바닉전지). 물론, 단순히 갈바닉전지의 개회로 전압(평형 전지포텐셜)보다 큰 전압을 본래 배터리(갈바닉전지)의 전극과는 반대방향의 극성으로 인가함으로써 전지반응을 역방향으로 진행시킬 수도 있다. 이 경우 전극의 극성이 바뀌어지므로 배터리에 부과된 전류는 앞선 방전반응(전류발생기)의 방향과는 역방향으로 흘러 전지는 축전되게 된다(전해전지).

깁스 평형원칙 : 네른스트식

10.2절에서 평형원칙 적용에 따라 얻어진 전극 평형포텐셜 표현, 네른스트식을 이용하여 전지 평형포텐셜에 대한 네른스트식(10.25)를 다음처럼 유도할 수도 있다. 전극 α, β 및 전해질 $\varepsilon_1, \varepsilon_2$ 로 구성된 전지가 그림 10.4에 나타나 있다. 전지의 기전력(평형포텐셜), $E_{r,cell}$ 은 두 전극간 포텐셜 차이, $\phi^\alpha - \phi^\beta$ 로 정해진다. 전극 $M_1(\alpha)$ 및 $M_2(\beta)$ 는 각기 전해질 용액 ε_1 및 ε_2 내에 전하 z_1 및 z_2를 띤 금속이온을 형성한다.

3) 깁스 자유에너지는 보통 줄(J)로 표시되며, 전기화학반응에서는 이와 상응하는 단위로서 전압×쿨롱(V×C = eV : 1J = 6.24×10^{18}eV)을 사용하기도 한다.

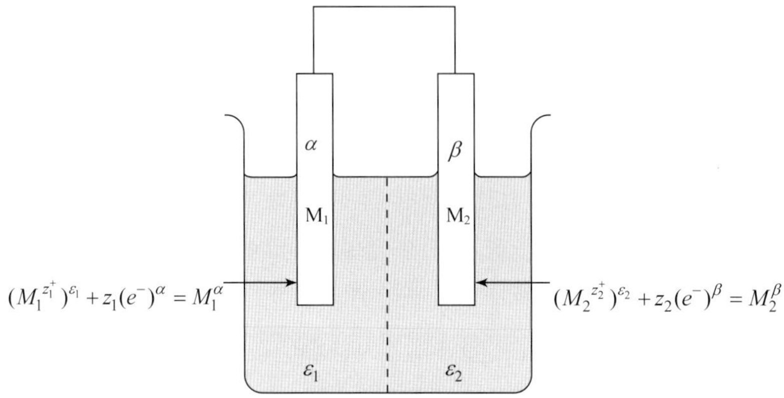

그림 10.4 전형적인 두 금속 전극으로 구성된 갈바닉 전지 반응; 상 α 은 금속 M_1 ; 상 β 는 금속 M_2 . 전극반응은 일반적으로 환원반응 형태로 표기한다.

$$\left(M_1^{z_1^+}\right)^{\varepsilon_1} + z_1(e^-)^\alpha = M_1^\alpha$$

$$\left(M_2^{z_2^+}\right)^{\varepsilon_2} + z_2(e^-)^\beta = M_2^\beta$$

평형원칙으로부터 구한 전극반응의 평형조건을 나타내는 네른스트 식(10.19)를 양쪽 전극반응계에 각각 적용해 보면,

$$\Delta G^\alpha = \mu_{M_1}^\alpha - \left(z_1\mu_e^\alpha + \mu_{M_1^{z_1^+}}^{\varepsilon_1}\right) = -z_1F(\phi^\alpha - \phi^{\varepsilon_1}) \tag{10.27}$$

$$\Delta G^\beta = \mu_{M_2}^\beta - \left(z_2\mu_e^\beta + \mu_{M_2^{z_2^+}}^{\varepsilon_2}\right) = -z_2F(\phi^\beta - \phi^{\varepsilon_2}) \tag{10.28}$$

여기서 $(\phi^\alpha - \phi^{\varepsilon_1})$ 및 $(\phi^\beta - \phi^{\varepsilon_2})$ 는 각각 전극 환원 포텐셜, $\phi_{electrode}$ 를 나타낸다. 전해질 용액간 포텐셜 차이 (junction potential), $\phi^{\varepsilon_1} - \phi^{\varepsilon_2}$ 를 무시하고(즉, 전극포텐셜 만을 고려), 식 $\Delta G^\alpha = \mu_{M_1}^\alpha - \left(z_1\mu_e^\alpha + \mu_{M_1^{z_1^+}}^{\varepsilon_1}\right) = -z_1F(\phi^\alpha - \phi^{\varepsilon_1})$ 에 z_2/z_1를 곱해 식 $\Delta G^\beta = \mu_{M_2}^\beta - \left(z_2\mu_e^\beta + \mu_{M_2^{z_2^+}}^{\varepsilon_2}\right) = -z_2F(\phi^\beta - \phi^{\varepsilon_2})$ 을 빼주면(즉, $\frac{z_2}{z_1}\Delta G^\alpha - \Delta G^\beta$: 양쪽 전극반응에 동일 전자 출입량 고려),

$$\begin{aligned}\Delta G_{cell} &= \frac{z_2}{z_1}\Delta G^\alpha - \Delta G^\beta = \frac{z_2}{z_1}\left[\mu_{M_1}^\alpha - \left(z_1\mu_e^\alpha + \mu_{M_1^{z_1^+}}^{\varepsilon_1}\right)\right] - \left[\mu_{M_2}^\beta - \left(z_2\mu_e^\beta + \mu_{M_2^{z_2^+}}^{\varepsilon_2}\right)\right] \\ &= -z_2F(\phi^\alpha - \phi^\beta)\end{aligned} \tag{10.29}$$

여기서 $(\phi^\alpha - \phi^\beta)$ 는 전지포텐셜, E_{cell} 을 나타낸다. 아울러 양쪽 전극반응에 공통적으로 참여하는 전자수를 z_2 몰로 동일하게 고려하고 있다. 두 전극 반응에 각기 포함된 전자의

화학포텐셜이 동일하므로($\mu_e^{\alpha} = \mu_e^{\beta}$), 이를 고려해 식(10.29)를 재정렬해 전지의 자유에너지 변화식을 써보면, 식(10.26)과 동일한 평형 전지 포텐셜 표현 네른스트 식을 얻을 수 있다.

$$\Delta G_{cell} = \left[\mu^{\varepsilon_2}_{M_2^{z_2^+}} + \frac{z_2}{z_1}\mu^{\alpha}_{M_1} \right] - \left[\mu^{\beta}_{M_2} + \frac{z_2}{z_1}\mu^{\varepsilon_1}_{M_1^{z_1^+}} \right] = -z_2 F(\phi^{\alpha} - \phi^{\beta})$$

$$\Delta G_{cell} = -z_2 F E_{cell} \tag{10.26}$$

여기서 $(\phi^{\alpha} - \phi^{\beta}) = E_{cell}$: 전지 평형 포텐셜.

ΔG_{cell} 가 식(10.26)으로 표현되는 전지의 총괄 반응식은 다음처럼 쓸 수 있다.

$$\frac{z_2}{z_1}(M_1^{z_1^+})^{\varepsilon_1} + M_2^{\beta} = \frac{z_2}{z_1}M_1^{\alpha} + (M_2^{z_2^+})^{\varepsilon_2}$$

전지반응의 깁스 자유에너지 변화 ΔG_{cell} 는 반-호프 식(5.8)로부터,

$$\Delta G_{cell} = \Delta G^{o}_{cell} + RT \ln Q$$

네른스트 식(10.26)을 대입하여 전지 평형 포텐셜에 대한 변형 네른스트식을 써보면,

$$E_{cell} = E^{o}_{cell} - \frac{RT}{zF}\ln Q \tag{10.30}$$

식(10.30)은 전지 기전력을 표준 전지 기전력과 반응참여 반응물 및 생성물 활동도와 관련짓는 표현식이다. 평형(가역적: 동일한 양극 및 음극 반응 속도) 전지포텐셜 결정시에 네른스트 식(10.30)이 이용된다. 평형 전지포텐셜 E_{cell} 이 양수이면 전지반응은 자발적으로 진행된다($\Delta E_{cell} < 0$). 전지포텐셜(기전력)은 항상 가역적(평형) 전지포텐셜을 의미하므로 "가역적", "평형"이란 수식어를 일반적으로 생략해 표현한다.

일정온도, 압력하 전지반응의 평형조건인 네른스트 식(10.26)을 따르는 전지반응 평형시 총괄전지반응은 **비가역적 반응** 특성을 나타낸다. 전지 평형시 분리된 각 전극반응은 비가역적으로 진행되며(양극 산화 및 음극 환원 반응), 이 때 각 전극 반응의 전류(속도)는 동일하나 방향이 반대가 되므로 순전류(net current)는 0이 된다($|i_a| = i_c$). 결과적으로 이들 전극반응으로 구성되는 총괄전지반응(갈바닉 전지)도 역시 평형시 비가역적으로 진행된다: 반응물로부터 생성물이 생기는 비가역적 반응 진행으로 말미암아 이들간 양적 변화가 생긴다. 따라서 평형시 전지반응의 깁스 자유에너지 변화는 $\Delta G_{rxn} = 0$ 이 아니라, **비가역적 반응 특성**으로 인해 반-호프 식(5.21)에 의해 결정된다. 다시말해 전지반응 평형시

$\Delta G_{cell} < 0$ 이고, 화학적 평형조건인 네른스트식 $\Delta G_{cell} = -zFE_{cell}$ 관계가 성립한다. 일정 온도 및 압력하 일반 화학반응의 평형조건인 $\Delta G^o_{rxn} = -RT\ln K$ 와는 완전히 다름에 유의하라. 앞서 언급했듯이 일반 화학반응은 평형시 총괄 반응에 대해 동일한 반응속도의 정반응과 역반응간의 **가역적 반응**이 된다: 따라서 반응물질과 생성물질간의 양적 변화가 없다.

평형시 전지반응을 구성하는 두 전극반응의 비가역성으로 인해 이들의 깁스 자유에너지 변화와 평형 전극포텐셜 표현도 전지포텐셜 표현식(10.30)과 유사하게 식(10.21)에 의해 나타내진다(11.2절).

전극/전지포텐셜 관계

온도 298 K에서 산소가 물로 환원되는 전극(음극)반응에 대한 표준 반쪽전지 포텐셜은 1.229 V이다.

$$\text{A}: \ \text{O}_2 + 4\text{H}^+ + 4\text{e}^- \rightarrow 2\text{H}_2\text{O} \qquad E^o_A = 1.229 \text{ V}$$

수소 산화반응에 대한 표준 반쪽전지 (양극) 포텐셜은 0이다.

$$\text{B}: \ \text{H}_2 \rightarrow 2\text{H}^+ + 2\text{e}^- \qquad E^o_B = 0$$

따라서 총괄전지반응은 반쪽반응 가감식인 $\left(\frac{1}{2}A + B\right)$ 로부터 다음처럼 얻어진다.

$$\text{총괄전지반응}: \ \text{H}_2 + \frac{1}{2}\text{O}_2 \rightarrow \text{H}_2\text{O}$$

두 반쪽반응은 전자 출입수가 서로 각각 다르므로, 동일 전자 출입량을 고려한 총괄전지반응 형성을 위한 반쪽반응 A,B의 가감식 $\left(\frac{1}{2}A + B\right)$ 에 따라 전지반응의 표준 전압을 $\left(\frac{1}{2}E^o_A + E^o_B\right)$ 가감식으로 부터 직접적으로 구할 수는 없다. 이러한 경우에는 반드시 이들 전극반응에 네른스트 식(10.26)을 적용하여 각 반쪽반응에 대한 $\Delta G^o_{electrode}$ 를 먼저 구하고, 이들 간 가감식 $\left(\frac{1}{2}\Delta G^o_A + \Delta G^o_B\right)$ 로부터 전지반응의 ΔG^o_{cell} 를 우선 결정한 후 네른스트 식(10.26)에 의해 전지 평형전압 E^o_{cell} 을 결정한다.

표준 연료전지 반응에 대한 깁스 자유에너지 변화로부터 구한 전지전압은,

$$\Delta G^o_{cell} = \frac{1}{2}(\Delta G^o_A) + (\Delta G^o_B) = \frac{1}{2}[-4F(1.229)] + [-2F(0)] = -2F(1.229)$$

$$E^o_{cell} = 1.229 \text{ V}$$

H_2O 1몰 생성에 대한 연료전지 반응의 표준 전지전압은 전자 이동량이 2몰이므로 네른스트 식(10.27)로부터 1.229 V로 결정할 수 있다.

반면 각 반쪽반응의 전자 출입 수가 동일한 경우는 각 반쪽반응의 ΔG 가감식과 동일하게 각 전극반응 포텐셜 E의 가감식에 의해서 총괄전지반응 포텐셜을 직접 구할 수도 있다(10.3절 다니엘 전지 참조).

전지포텐셜(절대 포텐셜)과 전극(음극: cathode, 양극: anode)포텐셜(상대적 포텐셜) 간의 관계는 다음처럼 표현할 수 있다.

$$E_{cell} = E_{cathode}^{red} - E_{anode}^{red} \qquad (10.31)$$

여기서 위첨자 red는 환원 전극반응을 의미한다.
식(10.26)에 따라서 양수 E를 지닌 전지는 ΔG가 음수이므로 자발적으로 반응이 진행되어 갈바닉 전지를 형성한다. 전지반응 참여 반응물과 생성물이 모두 표준상태인 전지의 전압을 표준 평형 포텐셜(E^o)이라고 한다.

$$\Delta G_{cell}^o = -zFE_{cell}^o \qquad (10.32)$$
$$E_{cell}^o = E_{cathode}^{o,\,red} - E_{anode}^{o,\,red}$$

표 10.1 자료와 식(10.32)로부터 연료전지 반응 평형포텐셜을 구하면,

$$H_2 + \frac{1}{2}O_2 \rightarrow H_2O \qquad E^o = 1.229\ \text{V}$$
$$E_{cell}^o = 1.229 - (0) = 1.229(\text{V})$$

네른스트 식에 의해 위 총괄전지반응의 ΔG^o 는,

$$\Delta G_{cell}^o = -2F(1.229)$$

한편 총괄전지반응을 다음처럼 고려할 경우,

$$2H_2 + O_2 \rightarrow 2H_2O \qquad E^o = 1.229\ \text{V}$$
$$E_{cell}^o = 1.229 - (0) = 1.229(\text{V})$$

이 경우 $\Delta G_{cell}^o = (\Delta G_A^o) + 2(\Delta G_B^o) = [-4F(1.229)] + 2[-2F(0)] = -4F(1.229)$

이 경우도 역시 $E^o = 1.229(\text{V})$ 로서 앞서 구한 전지포텐셜과 동일하다. 총괄전지반응 $H_2 + \frac{1}{2}O_2 \rightarrow H_2O$, 또는 $2H_2 + O_2 \rightarrow 2H_2O$ 모두 전지포텐셜은 동일한 값이 된다.

그러나 두 경우 양쪽 전극반응의 출입 전자 수가 각기 다르므로 (2몰과 4몰) 전지 반응의 전기적 일(W_r^*)인 ΔG는 서로 다르게 된다. ΔG의 절대수치는 바로 전지가 행하는 전기적 일(전하량 × 전지포텐셜)에 해당한다.

다니엘전지

갈바닉전지에 대한 예로 아연과 구리를 양편 전극으로 사용하는 다니엘 전지(Daniell cell)를 살펴보자[그림 10.5, 11.5(b)].

$$\text{Zn}|\text{Zn}^{+}(\text{ZnSO}_4\text{수용액})\vdots\text{Cu}^{2+}(\text{CuSO}_4\text{수용액})|\text{Cu}$$

다니엘 전지 경우 Zn전극(양극)은 산화반응이 진행되어 잉여 전자를 내놓고, Cu전극(음극)은 환원반응이 진행되어 전자의 결핍이 나타나 결과적으로 양쪽전극을 가로지른 전기포텐셜의 개략적 변화 양상이 그림 10.2처럼 나타난다.
양쪽전극의 절대 포텐셜, ϕ^{Cu}와 ϕ^{Zn} 간의 차이가 바로 다니엘 전지의 기전력이 된다.
다니엘 전지반응에 대한 전극 반응은 다음과 같다.

$$\text{I}:\ \text{Cu}^{2+} + 2e^{-} \rightarrow \text{Cu} \qquad E_I^o = 0.337\ \text{V}$$
$$\text{II}:\ \text{Zn}^{2+} + 2e^{-} \rightarrow \text{Zn} \qquad E_{II}^o = -0.763\ \text{V}$$

E_I^o 및 E_{II}^o는 각 전극의 표준 수소전극에 대한 상대적 전기포텐셜(환원 전극포텐셜)로서,

$$E_I^o = \phi^o_{\text{Cu/Cu}^{2+}} - \phi^o_{\text{H}_2/\text{H}^+} = 0.337\ \text{V}$$
$$E_{II}^o = \phi^o_{\text{Zn/Zn}^{2+}} - \phi^o_{\text{H}_2/\text{H}^+} = -0.763\ \text{V}$$

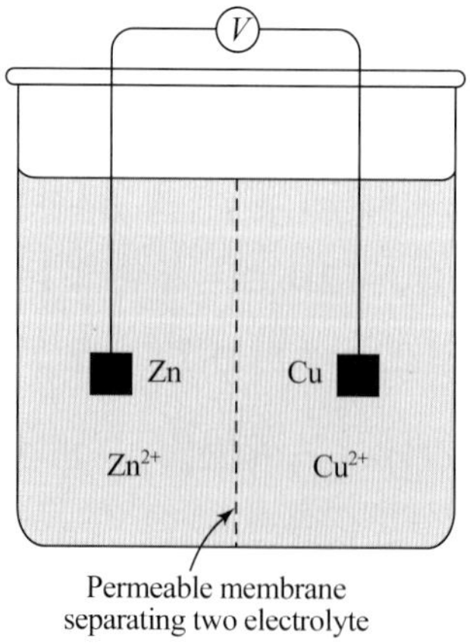

그림 10.5 다니엘 전지의 개략도

이들 반쪽전지반응을 (I − II)로서 결합하면 다음처럼 총괄전지반응을 쓸 수 있다.

$$Zn + Cu^{2+} \rightarrow Cu + Zn^{2+}$$

다니엘 전지의 표준 포텐셜을 식(10.31)을 이용해 전극 평형포텐셜로부터 구하면,

$$E^o_{cell} = E^{o,red}_{cathode} - E^{o,red}_{anode} = 0.337 - (-0.763) = 1.10\ \text{V}$$

다니엘 전지는 각 반쪽전지반응의 출입 전자수가 동일하므로 각 전극반응 E^o 값의 직접 가감식 ($E^o_I - E^o_{II}$) 에 의해서도 전지반응의 E^o 값을 구할 수 있다. E^o 값이 양수이므로 (즉, ΔG^o :음수) 반응 II를 양극 산화반응으로, 반응 I을 음극 환원반응으로 결합한 다니엘 전시반응은 자발석으로 진행될 수 있는 갈바닉 전지를 형성한다. E^o_{cell} 은 표준 전지전압 (표준 기전력)이라 불리며 등온, 등압하에서의 가역적(평형) 표준 전지반응시에 나타나는 최대 전기적 일($W^*_r|_{T,P} = \Delta G^o = -zFE^o$)과 관계되는 값이다. 전지 반응은 모두 가역적 (평형) 전지반응을 일컫는 것임으로 일반적으로 "가역적(평형)"이란 수식어를 빼고 표기함을 상기바란다.

전지전압 E 는 표준 전지포텐셜 E^o 와 전극 및 전해질내 전지반응참여 화학종들의 활동도를 상호 관계짓는 네른스트 식(10.30)에 의해 결정된다. 또한 전지 포텐셜은 앞서 언급했듯이 양쪽전극의 환원포텐셜로서 다음처럼 관계지을 수도 있다.

$$E_{cell} = E^{red}_{cathode} - E^{red}_{anode}$$

다니엘 전지의 기전력 과 전지와 반대인 전극 극성으로 외부회로를 통한 인가 전압(V_e 또는 $E^{applied}$) 간의 크기 차이가 전지반응 진행방향에 미치는 영향도가 그림 10.6에 잘 묘사되어 있다. 외부인가 전지전압 $E^{applied} < E_{cell}$ 이면 열역학적으로 갈바닉 전지반응의 구동력이 생기며[그림 10.6(a)], 반면에 $E^{applied} > E_{cell}$ 이면 전해전지 반응의 구동력[그림 10.6(c)]이 생긴다. 외부인가전압($E^{applied}$)은 갈바닉전지의 전극 극성과는 반대극성으로 해서 외부회로 도선을 통해 전지에 가해주는 전압을 의미한다.

예로서, 그림 10.10 푸베이 도표 내 pH = 7에서($P_{O_2} = P_{H_2} = 1$ 기압) 연료전지의 양쪽 전극의 환원포텐셜이 각각 $E^{red}_{cathode} = 0.815$ V, $E^{red}_{anode} = -0.414$ V 이다. 따라서 외부 인가 전지전압 $E^{applied}$(외부 전압공급 장치를 통해 연료전지의 전극 극성을 반대로해서 인가)가 평형 전지포텐셜 $E_{cell} = 0.815 - (-0.414) = 1.229(\text{V})$ 보다 작으면 연료전지 ($H_2 + \frac{1}{2}O_2 \rightarrow H_2O$)로 작동되며(이 경우 연료전지 전압은 $1.299 - E^{applied}(V)$: 그림 10.6(a) 참조), 이보다 큰 인가전압을 외부로부터 전지계에 가하면 전해전지($H_2O \rightarrow H_2 + \frac{1}{2}O_2$: 그림 10.6(c) 참조)가 형성된다.

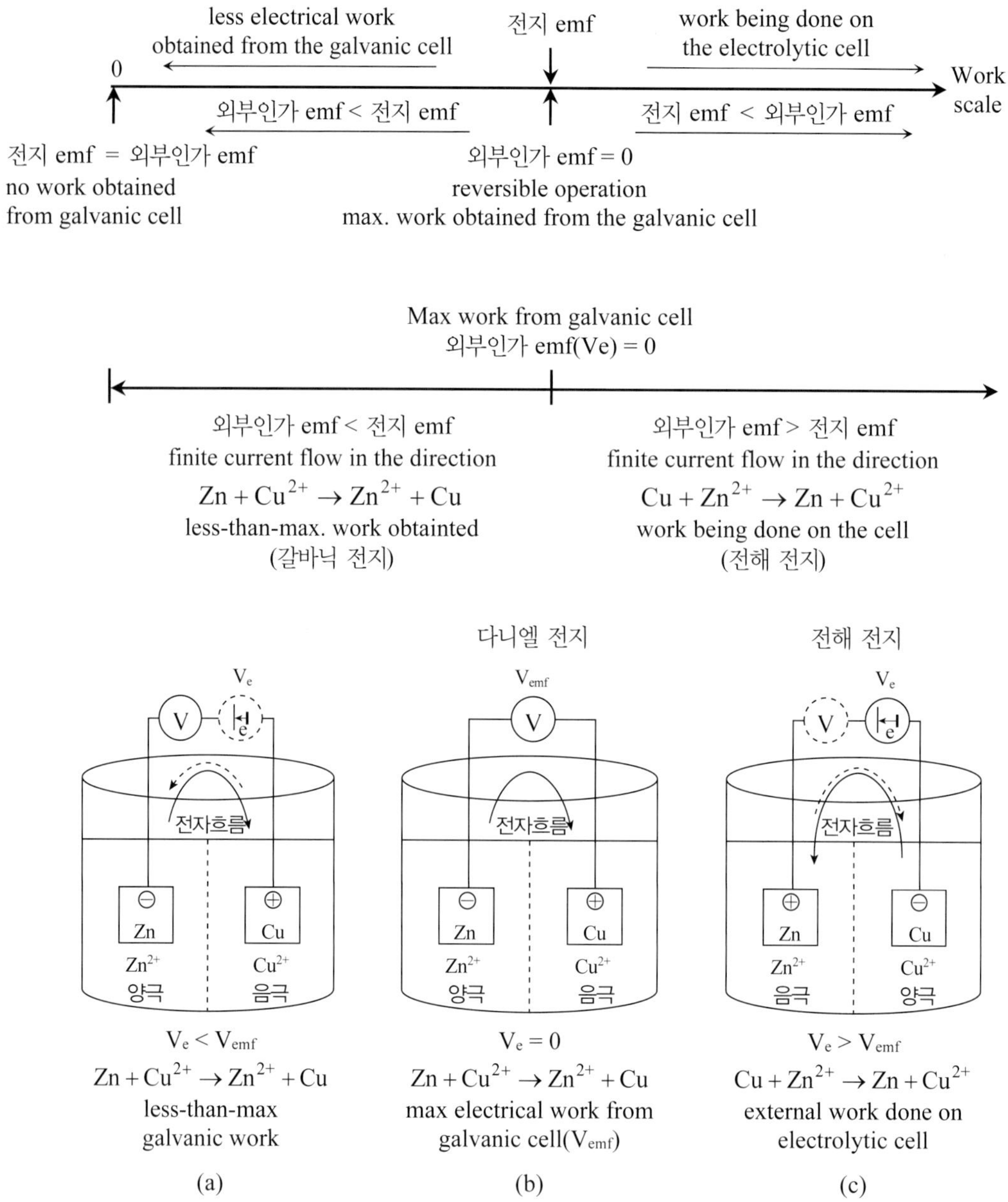

그림 10.6 전류발생장치(갈바닉 전지)와 전류소모전지(전해전지)사이 관계에 대한 도해적 표현(외부인가 기전력은 갈바닉 전지 형성시와는 반대되는 전극 극성으로 전지에 인가한 전압을 의미한다)

V_e : 외부인가전압, V_{emf} : 갈바닉 전지 평형전압, 전극극성 : 양극(−극성), 음극(+극성)

V_e (⊕||⊖) 극성과 갈바닉 전지 극성이 서로 반대임에 유의하라.

전자 흐름량 : $\underset{e}{\mid\!\!\leftarrow\!\!\mid}$ < $\underset{e}{\mid\!\!\longleftarrow\!\!\mid}$, 화살표는 전자흐름 방향표시

10.4 농도전지(갈바닉 전지)

두 개의 동일한 금속 전극(예로 구리)으로 이루어진 전지를 고려해 보자. 이들 구리전극은 구리 이온농도가 각기 다른 전해질($CuSO_4$) 수용액 내에 각각 놓여 있다고 하자.

$$\mathrm{Cu}\left|\mathrm{Cu}^{2+}(\text{수용액 } I)\vdots \mathrm{Cu}^{2+}(\text{수용액 } II)\right|\mathrm{Cu}$$

실선은 전극과 전해질간 상경계를 나타내고, 점선은 두 전해질을 분리시키는 다공성막(멤브레인) 또는 염교를 나타낸다. 이를 통해 전해질간 이온이동은 가능하나 분자이동은 불가능하다. 이런 농도전지는 구리이온 농도가 각기 다른 두 전해질 영역(양극 및 음극 전해질)을 얇은 다공성 분리막을 사용하여 분리시키거나, 염교라고 불리는 장치를 이용하여 구리 이온농도가 다른 두 전해질을 분리된 상태로 상호연결시키는 방법을 통하여 실현할 수 있다. 양쪽 전극상에서 동일한 전극 반응(산화 및 환원반응)이 진행되는 전지반응계를 농도전지라 일컫는다.

그림 10.7에 묘사된 농도전지의 영역 I에서는 구리 이온농도가 $Cu^{2+}[I]$이며 전극 산화반응이 일어난다.

$$\mathrm{Cu} \rightarrow \mathrm{Cu}^{2+}[I] + 2\mathrm{e}^-$$

반대쪽 영역 II에서는 구리 이온농도가 $Cu^{2+}[II]$이고 전극 환원 반응이 일어난다고 하자.

$$\mathrm{Cu}^{2+}[II] + 2\mathrm{e}^- \rightarrow \mathrm{Cu}$$

총괄전지반응은,

$$\mathrm{Cu}^{2+}[II] \rightarrow \mathrm{Cu}^{2+}[I] \tag{10.33}$$

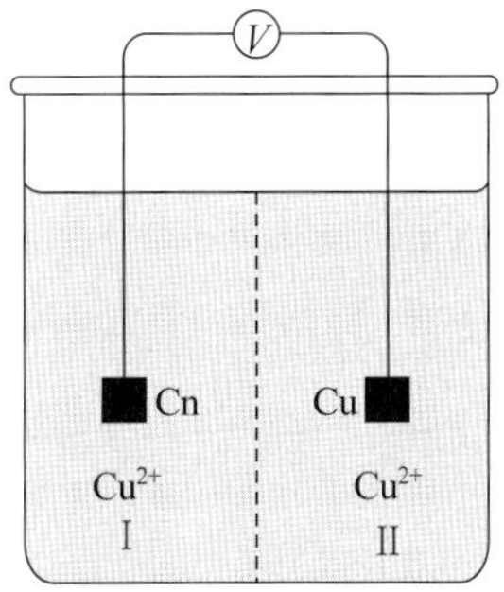

그림 10.7 농도전지의 개략도($Cu^{2+}[II]$ > $Cu^{2+}[I]$)

양쪽 전해질 내에서 일어나는 각 전극반응에 동일하게 관여하는 화학종(Cu^{2+})에 대한 표준상태는 동일하므로, 이들 전극간 표준 전지포텐셜, E^o 는,

$$\Delta G^o_{cell} = 0 ; \quad E^o_{cell} = 0$$

따라서 일정한 온도 및 압력하 농도전지 포텐셜을 나타내는 네른스트 식은 다음과 같다.

$$E = -\frac{RT}{zF} \ln \frac{a_{Cu^{2+}[I]}}{a_{Cu^{2+}[II]}} \tag{10.34}$$

식(10.34)로부터 이온농도가 서로 다른 두 전해질 내에 담긴 두 개의 동일한 금속 전극 사이에서 전기기전력이 발생될 수 있음을 알 수 있다. 이러한 농도전지 원리를 이용하여 용액중 구리 이온농도를 측정하는 센서장치를 구성할 수도 있다. 한쪽 전해질내 구리 이온의 활동도(농도)를 알 경우 농도전지로서 형성되는 평형 전압을 측정하면, 다른쪽 전해질내 미지의 구리 이온농도를 식(10.34)로부터 결정할 수가 있다. 이러한 농도전지 적용예로 동 제련소 인근 지하수의 구리 오염 정도를 정량화 측정할 수 있다.

균일한 구리 이온농도의 전해질과 서로 다른 구리 함량을 지닌 두 구리 전극으로 구성되는 농도전지도 고려해 볼 수 있다. 이러한 장치는 순수한 구리와 구리 합금을 각각 전극으로 사용하여 완성할 수 있다.

$$\underset{\text{I}}{\text{Cu}(pure)} \Big| \text{Cu}^{2+}(\text{전해용액}) \Big| \underset{\text{II}}{\text{Cu}(alloy)}$$

순수한 구리 전극상에서 구리의 열역학적 활동도는 1이고, 합금 구리 전극 상에서는 구리가 1보다 작은 활동도를 나타낸다. 이 농도전지의 기전력은 두 전극을 구성하는 동일 물질인 구리의 활동도 차이로 말미암아 발생된다. 이 경우 식(10.33~10.34)에 상응하는 표현식은 다음과 같다:

$$Cu_I \rightarrow Cu^{2+} + 2e^- \quad : \text{양극 반응} \tag{10.35}$$

$$Cu^{2+} + 2e^- \rightarrow Cu_{II} \quad : \text{음극 반응} \tag{10.36}$$

$$Cu_I \rightarrow Cu_{II} \quad : \text{총괄 전지반응} \tag{10.37}$$

$$E = -\frac{RT}{zF} \ln \frac{a_{Cu_{II}}}{a_{Cu_I}} \quad : \text{농도 전지 전압} \tag{10.38}$$

위 농도전지는 순수구리 전극 I(양극)이 –극성을, 합금전극 II(음극)가 +극성을 띠며, 갈바

닉 전지반응 형성으로부터 식(10.38)에 해당하는 기전력을 나타낸다. 이런 갈바닉 농도전지 기법으로 합금 중 Cu의 활동도를 실험적으로 측정해 결정할 수 있다(6.8절 참조).

한편 식(10.38)의 가역적(평형) 전지포텐셜(E_r)보다 큰 외부인가 포텐셜을 농도전지 양쪽전극의 극성을 반대로 하여 가해주면 [즉, 순수 구리전극(음극)이 +극성, 구리정광(합금) 전극(양극)이 –극성을 띠도록 외부회로 도선을 연결하여 E_r보다 큰 외부인가 전기에너지(포텐셜)를 가하면], 전해전지가 형성되어 반응식(10.37)의 역반응이 진행되므로 합금 또는 구리정광으로부터 순수한 구리를 정련해 얻을 수 있다(구리 전해정련법 원리).
이러한 전해정련법은 유가금속을 함유하는 광석이나 폐자원(도시광산)을 산처리에 의해 용해한 후 이들 전해 수용액으로부터 외부인가 전기에너지를 이용해 선택적으로 순수한 유가금속을 회수 또는 제련하는 공정에 다양하게 적용되고 있다. 이 전해전지 원리는 또한 금속재료 부식억제 방안으로 널리 알려진 음극분극(cathodic polarization)에 의한 부식방지책에도 활용된다.

10.5 산소센서

산소압력 측정

기체의 활동도(압력)를 측정하는데에도 농도전지의 원리를 이용할 수 있다. 예로서 산소의 활동도, 즉 압력을 측정하는데 사용되는 갈바닉 전지(산소센서)를 들 수 있다. 이러한 전지의 전해질로 액체를 쓸 수도 있으나, 실제로는 산화물계 고체 전해질을 편의상 사용한다. 전해질은 전자 전도체가 아니라, 이온 전도 특성을 지니고 있다는 점을 상기하기 바란다. 이트리아 안정화 지르코니아($Y_2O_3-ZrO_2$) 또는 CaO 안정화 ZrO_2 고용체와 같은 세라믹재료는 고온에서 산소이온 전도체 성질은 나타내나 전자 전도성은 나타내지 않는다(8.11절). 따라서 그림 10.8과 같은 전지를 구성할 수 있으며 전지 기전력은 다음처럼 표현된다. $P_{O_2}{}^{(ref)} > P_{O_2}{}^{(meas)}$인 경우 갈바닉 전지 반응은,

$$O_2\,(\text{reference}) \;\rightarrow\; O_2\,(\text{measured})$$

$$E = E^o - \frac{RT}{zF}\ln\frac{P_{O_2,meas}}{P_{O_2,ref}}, \quad E^o = 0 \ (\text{농도전지})$$

$$E = -\frac{RT}{zF}\ln\frac{P_{O_2,meas}}{P_{O_2,ref}} \tag{10.39}$$

따라서 두 전극 사이에 발생하는 전기포텐셜 차이를 측정함으로써 양쪽 전극상에서의 산소압력 차이를 결정할 수 있다. 0.21기압의 산소압력(대기)을 한쪽 전극이 나타내는 기준 압력으로 정하면, 농도전지에 의해 형성되는 전압으로부터 미지의 다른쪽 전극상의 산소 압력을 측정할 수 있다. 이와 같은 농도전지 기법은 내연기관 배기구에서의 대기오염 물질농도 정량화를 위해, 배기 가스 내 산소압력을 측정하는 산소센서 장치로 널리 활용되고 있다. 이러한 산소압력 측정은 내연기관 엔진에 유입되는 공기 – 연료 혼합물을 조절하거나, 촉매 컨버터에 유입되는 산화성 및 환원성 오염물질(일산화탄소, 황/질소 산화물 (SO_x, NO_x), 미연소 탄화수소)의 배출농도 균형을 맞추기 위해서 사용되고 있다.

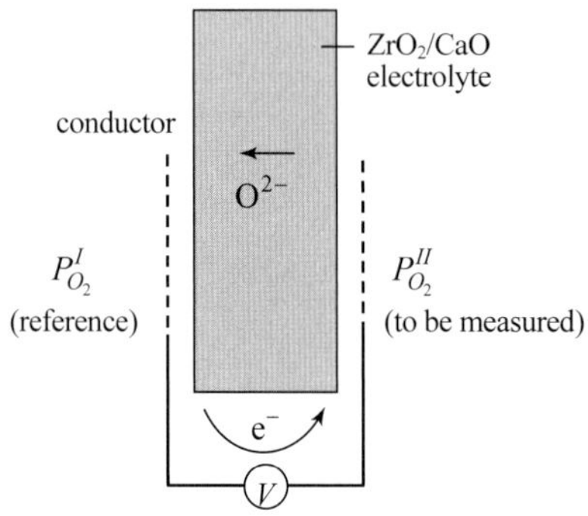

그림 10.8 산소 농도전지의 개략도

농도전지 기법은 또한 용융금속(용탕) 내 산소 활동도(용존산소 농도)를 측정하는데 이용되기도 한다. 예로서 철 용탕조내 용존 산소농도를 측정하는 산소센서를 들 수 있다. 갈바닉 농도전지 원리로부터 일정 온도하 용강 중 산소농도를 측정케 하는 산소센서 원리에 대한 열역학적 고찰을 해보자.

산소센서를 위한 전지는 다음처럼 구성되며 고체 전해질로는 산소이온의 전도체인 CaO (또는 MgO) 안정화 ZrO_2[산소이온(O^{2-}) 공공결함 함유]를 사용한다. 두 전극은 Mo나 Pt재질의 외부도선으로서 연결된다.

$$\begin{array}{ccc} P^{(I)}_{O_2} & |\ ZrO_2(CaO)\ | & P^{(II)}_{O_2} \\ I(\text{기준전극}) & \text{고체전해질} & II(\text{미지의 산소농도 전극}) \\ & \leftarrow\ O^{2-}\ \leftarrow & \end{array}$$

양쪽 전극상의 산소 압력이 다르면 농도구배로 말미암아 전해질을 통해 산소이온이 이동하므로 두 전극간에 전위차 E가 발생된다. $P^{II}_{O_2} > P^{I}_{O_2}$ 인 경우 전지 반응은,

$$\text{음극 반응 : } \frac{1}{2}O_2(II) + 2e^- \rightarrow O^{2-}$$

$$\text{양극 반응 : } O^{2-} \rightarrow \frac{1}{2}O_2(I) + 2e^-$$

$$\text{총괄 전지반응 : } \frac{1}{2}O_2(II) \rightarrow \frac{1}{2}O_2(I)$$

임의 온도에서 위 농도전지반응($z = 2$) 기전력은 식(10.39)에 의해 다음처럼 쓸 수 있다.

$$E = -\frac{RT}{zF}\ln\frac{(P^{I}_{O_2})^{1/2}}{(P^{II}_{O_2})^{1/2}} = -\frac{RT}{4F}\ln\frac{P^{I}_{O_2}}{P^{II}_{O_2}} \tag{10.40}$$

산소 기준전극으로는 다루기 편리한 순수금속/금속산화물계 고체 전극을 이용하며, 일반적으로 $Cr - Cr_2O_3$ 또는 $Mo - MoO_2$ 계가 널리 쓰이고 있다.

$$Cr_2O_3 = 2Cr + \frac{3}{2}O_2 \tag{I}$$

반응 I에 대한 열역학 자료로부터 $P^{I}_{O_2}$ 을 구할 수 있다.

$$\Delta G^{o}_{I} = 267,750 - 62.1T(J) = -RT\ln K_I = -RT\ln P^{3/2}_{O_2}$$

$$\log(P^{I}_{O_2})^{1/2} = -\frac{19,500}{T} + 4.52$$

미지의 산소포텐셜 $P^{II}_{O_2}$ 는 용강 중 용존산소와 평형을 이루는 산소 분압이다. 이로부터 다음 산소 기체 용해 반응을 이용하면 용강 중 용존산소 농도를 직접 구할 수 있다.

$$\frac{1}{2}O_2 = \underline{O}(\text{w/o in Fe}) \tag{II}$$

여기서 $\underline{O}$(w/o) 는 용강 중 용존산소를 나타내며, 1wt% 표준상태를 용존산소 활동도의 기준상태로 정하여 사용함을 표시한다(6.7절 참조).

$$\Delta G^{o}_{II} = -28,000 - 0.69T(J) = -RT\ln K_{II} = -RT\ln\frac{h_o}{(P^{II}_{O_2})^{1/2}}$$

$$P^{II}_{O_2} = \left(\frac{h_o}{K_{II}}\right)^2$$

이를 식(10.40)에 대입하면,

$$E = \frac{RT}{zF}\ln\frac{h_o}{K_{II}(P^{I}_{O_2})^{1/2}}$$

$$\frac{zFE}{RT} = \ln h_o - \ln K_{II} - \frac{1}{2}\ln P^I_{O_2}$$

$$\ln h_o = \left(\frac{zFE}{R}\right)\frac{1}{T} + \ln\left\{\exp(-\Delta G^o_{II}/RT)\right\} + \frac{1}{2}\ln P^I_{O_2}$$

$$= \frac{1}{2}\ln P^I_{O_2} - \frac{(\Delta G^o_{II} - zFE)/R}{T}$$

$$\log h_o = \left(-\frac{19,500}{T} + 4.52\right) + \left(\frac{6,119}{T} + 0.15\right) + \frac{zFE}{2.303RT}$$

$$= 4.67 - \frac{13,381}{T} + \frac{10,078}{T}E$$

여기서 E 는 volts의 단위를 나타낸다. 이를 mV 단위로 달리 표현하면,

$$\log h_o = 4.67 - \frac{13,381 - 10.078\varepsilon}{T} \tag{10.41}$$

여기서 ε는 mV 단위인 산소 농도전지 기전력을, h_o 는 용존산소의 1wt% 활동도를 나타낸다.

$$h_o = f_o[\%_w O] = \left\{\sum_{j=1}^{k} e^j_o[\%_w j]\right\}[\%_w O]$$

e^j_o 은 용철중 제3용질원소 j 가 O 활동도에 미치는 영향도를 나타내는 상호작용조계수이다. 따라서 산소 농도전지 기전력 ε(mV) 및 용강온도를 측정함으로써 용강 중 용존 산소량을 결정할 수 있다. X선 발광법에 의한 강중 산소 분석은 토탈산소(용존산소+산화물)량을 제공하므로, 이와 함께 농도전지 기법을 통한 용강중 용존산소 정량화에 의해 용강중 개재물(산화물) 농도의 분리, 정량화가 가능해 질 수 있다.

활동도 측정

온도 T에서 산소 농도전지의 양쪽 전극의 산소압력은 금속-금속산화물($X - XO$ 및 $Y - YO$) 쌍을 사용하여 모두 고정시킬 수도 있다. 이 경우 전지는 다음처럼 형성된다.

$$X / XO \mid CaO - ZrO_2 \mid Y / YO \tag{i}$$

양극 및 음극에서의 산소압력 P_{O_2} 는 다음과 같은 산화반응 평형이 양쪽 전극에서 이루어짐에 따라 각기 고정된다.

$$X_{(s)} + \frac{1}{2}O_{2(g)} = XO_{(s)}, \quad Y_{(s)} + \frac{1}{2}O_{2(g)} = YO_{(s)}$$

두 전극반응 중 X/XO 간 반응을 양극(산화반응)으로 간주해 보면,

$$XO = X + \frac{1}{2}O_{2(X/XO)}$$

이를 전극 반응으로 표시하면,

$$O^{2-} = \frac{1}{2}O_{2(X/XO)} + 2e^{-}$$

마찬가지로 Y/YO 간 반쪽전지반응을 음극(환원반응)으로 고려하면,

$$Y + \frac{1}{2}O_{2(Y/YO)} = YO$$

$$\frac{1}{2}O_{2(Y/YO)} + 2e^{-} = O^{2-}$$

따라서 총괄전지반응은,

$$XO + Y = YO + X$$

$$\frac{1}{2}O_{2(Y/YO)} = \frac{1}{2}O_{2(X/XO)}$$

산소 농도전지**(i)**의 평형전압은 다음과 같다.

$$\varepsilon = -\frac{RT}{2F}\ln\frac{P^{1/2}_{O_2(eq.T,X/XO)}}{P^{1/2}_{O_2(eq.T,Y/YO)}} \quad 또는 \quad \varepsilon = -\frac{RT}{4F}\ln\frac{P_{O_2(eq.T,X/XO)}}{P_{O_2(eq.T,Y/YO)}} \tag{10.42}$$

다음으로 금속 용질 X 가 불활성 용매(Y) 중에 용해된다면 (여기서 "불활성" 용매란 용매금속/산화물계의 평형 산소압력이 $P_{O_2(\underline{X}/XO)}$ 보다 상당히 작은 용매를 의미한다: 즉, 금속원소 X 보다 산소와의 친화력이 상당히 낮은 금속 Y), 합금 내 용질원소 X 의 활동도는 다음 산소 농도전지의 기전력 측정으로부터 결정을 할 수 있다.

$$\underline{X}/XO \mid CaO - ZrO_2 \mid Y/YO \tag{ii}$$

$$\varepsilon' = -\frac{RT}{4F}\ln\frac{P_{O_2(eq.T,\ \underline{X}/XO)}}{P_{O_2(eq.T,\ Y/YO)}} \tag{10.43}$$

한편 $\underline{X}/XO$ 와 X/XO 반응의 평형상수 K 는 일정 온도 T에서 동일한 값을 나타내므로 다음 관계가 성립한다.

$$K = \frac{a_{XO}}{a_X P^{1/2}_{O_2(X,XO)}} = \frac{a_{XO}}{a_{\underline{X}} P^{1/2}_{O_2(\underline{X},XO)}}$$

여기서 a_{XO} 와 a_X 는 순수 성분이므로 이들 활동도는 모두 1이다.

$$a_{\underline{X}} P^{1/2}_{O_2(\underline{X},XO)} = P^{1/2}_{O_2(X,XO)}$$

위 관계식을 식(10.42)에 대입하면,

$$\varepsilon = -\frac{RT}{2F}\left(\ln\frac{P^{1/2}_{O_2(\underline{X}/XO)}}{P^{1/2}_{O_2(Y/YO)}} + \ln a_{\underline{X}}\right)$$

이를 식(10.43)과 결합하면,

$$\varepsilon - \varepsilon' = -\frac{RT}{2F}\ln a_{\underline{X}} \tag{10.44}$$

따라서 이로부터 합금 조성에 따른 농도전지**(ii)**의 기전력 ε'를 측정하면 임의 온도에서 합금 중 성분 X의 활동도－조성 관계를 실험적으로 정할 수 있다(6.8절).

용액 중 성분X 활동도 $a_{\underline{X}}$ 와 용액화에 따른 분몰 깁스 자유에너지변화 $\Delta\bar{G}_X$ 측정 예로서 다음 산소 농도전지를 고려해 보자.

$$X / XO \mid CaO - ZrO_2 \mid \underline{X} / XO$$

$$\varepsilon = -\frac{RT}{2F}\ln\frac{P^{1/2}_{O_2\ (\underline{X}/XO)}}{P^{1/2}_{O_2\ (X/XO)}}$$

앞서 언급했듯이 일정온도에서 $P^{1/2}_{O_2\ (X/XO)} = a_{\underline{X}} P^{1/2}_{O_2\ (\underline{X}/XO)}$ 이므로, 이를 위 식의 분모항에다 치환하고, $\Delta\bar{G}_X = \bar{G}_X - G^o_X = RT\ln a_{\underline{X}}$ 를 대입해 정리하면,

$$\varepsilon = \frac{RT}{2F}\ln a_{\underline{X}} = \frac{\Delta\bar{G}_X}{2F} \tag{10.45}$$

위 농도전지 기전력 ε 을 용액 중 성분 X 농도 함수로 측정하여 용액중 $a_{\underline{X}}$ 및 $\Delta\bar{G}_{X(in\,Y)}$ 를 농도 함수로 함께 결정할 수 있다(표 6.4~6.6 참조).

유사하게 산화물 혼합체내 산화물 $\underline{XO}$ 의 활동도도 농도의 함수로서 전기 화학적 측정방법으로 결정할 수 있다. 이 경우 산소 농도전지는 금속산화물 $\underline{XO}$ 가 불활성 산화물(금속 X 보다 산소친화력이 매우 낮은 금속 Y 의 산화물) 용매에 용해되어 있다면($\underline{XO}$ in YO, l),

$$X / \underline{XO}(\text{in } YO) \mid CaO - ZrO_2 \mid X / XO$$

$$\varepsilon = -\frac{RT}{2F} \ln \frac{P_{O_2\ (X/XO)}^{1/2}}{P_{O_2\ (X/\underline{XO})}^{1/2}}$$

동일 온도 T 에서 $\dfrac{a_{\underline{XO}}}{P_{O_2\ (X/\underline{XO})}^{1/2}} = \dfrac{1}{P_{O_2\ (X/XO)}^{1/2}}$ 관계가 성립하므로,

$$a_{\underline{XO}} = \frac{P_{O_2\ (eq.T, X/XO)}^{1/2}}{P_{O_2\ (eq.T, X/\underline{XO})}^{1/2}}$$

따라서 ε는 다음처럼 나타낼 수 있다.

$$\varepsilon = \frac{RT}{2F} \ln a_{\underline{XO}} \tag{10.46}$$

Kozuka와 Samis는 아래 산소 농도전지 계를 이용하여 PbO-SiO_2 용액중 PbO 활동도 - 조성 관계를 다음처럼 실험적으로 측정해 결정하였다.

$$Pb_{(l)} / PbO(\text{in } SiO_2, l) \mid CaO\text{-}ZrO_2 \mid Pb_{(l)} / PbO_{(l)} \mid$$

위 농도전지 반응계를 이용해 1000°C에서 PbO-SiO_2 액상용액 내 PbO의 활동도를 농도 함수로 구한 결과가 그림 10.9에 나타나 있다.

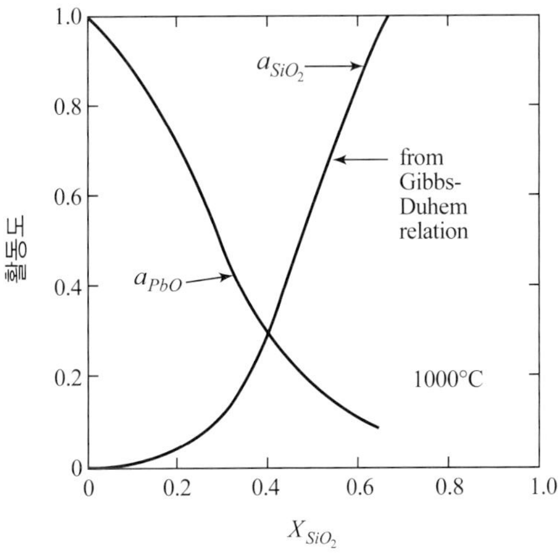

그림 10.9 PbO 농도전지 기전력 측정 실험으로부터 결정한 PbO - SiO_2 액상 용액 중 PbO 활동도의 농도에 따른 변화(Z. Kozuka and C. Samis, Thermodynamic Properties of Molten PbO - SiO_2 System, *Met. Trans. AIME (1970)*, 871)

10.6 전지전압의 온도의존성

전지의 전압은 전지반응의 깁스 자유에너지 변화와 직접적 관계를 지니기 때문에[식(10.26)], 일정 압력하 전지전압의 온도 의존성을 깁스 자유에너지의 온도 의존 함수로부터 결정할 수 있다.

$$d(\Delta G)=\Delta VdP-\Delta SdT$$

$$\Delta G=-zFE$$

$$d(\Delta G)_P=-\Delta SdT=-zFdE \tag{10.47}$$

따라서 전지전압의 온도계수 $(dE/dT)_P$ 는,

$$\left(\frac{dE}{dT}\right)_P=\frac{\Delta S}{zF} \quad \text{또는} \quad \frac{dE^o}{dT}=\frac{\Delta S^o}{zF} \tag{10.48}$$

$$\Delta S=zF\left(\frac{dE}{dT}\right)_P \quad \text{또는} \quad \Delta S^o=zF\left(\frac{dE^o}{dT}\right)_P$$

여기서 ΔS 는 총괄전지반응의 엔트로피 변화이다.

일정 압력하에서 전지반응의 열효과, 즉 엔탈피 변화(ΔH)는 전지전압의 온도의존 함수를 알면 $\Delta G=\Delta H-T\Delta S$ 관계에 식(10.26)과 (10.48)을 대입해 다음처럼 구할 수 있다.

$$-zFE=\Delta H-T\left[zF\left(\frac{dE}{dT}\right)_P\right]$$

$$\Delta H=-zF\left[E-T\left(\frac{dE}{dT}\right)_P\right] \quad \text{또는} \quad \Delta H^o=-zF\left[E^o-T\left(\frac{dE^o}{dT}\right)_P\right] \tag{10.49}$$

다음과 같은 농도전지에서

$$A(\text{순수})|A^{z+}X^{z-}|\underline{A}(A-B\text{합금})$$

$$E=-\frac{RT}{zF}\ln a_A$$

여기서 a_A 는 A – B합금내 성분 A 활동도이다. 위 농도전지의 총괄 전지화학반응은,

$$A\,(\text{pure}) \rightarrow \underline{A}\ \ (\text{in B}) \tag{I}$$

전지반응(I)의 ΔG_I 는 $\bar{G}_A-G_A^o$ 이므로 이는 $\Delta\bar{G}_A$ 또는 $\bar{G}_A^M$ 과 동일하다.

A – B 합금 내 A의 분몰 열역학함수는 식(10.48)과 (10.49)로부터 다음처럼 얻어진다.

$$\overline{G}_A^M = -zFE, \quad \overline{S}_A^M = zF\left(\frac{dE}{dT}\right)_P$$

$$\overline{H}_A^M = -zFE + zFT\left(\frac{dE}{dT}\right)_P = -zF\left[1 - T\left(\frac{dE}{dT}\right)_P\right] \tag{10.50}$$

유사하게 열역학 잉여함수와 기전력은 다음처럼 관계지어진다. 이로부터 용액 중 성분 활동도계수를 기전력 측정 자료로부터 구할 수 있다.

$$\overline{G}_A^{xs} = RT\ln\gamma_A = \overline{G}_A^M - \overline{G}_A^{M,id} = -zFE - RT\ln x_A$$

$$\overline{S}_A^{xs} = \overline{S}_A^M - \overline{S}_A^{M,id} = zF\left(\frac{dE}{dT}\right)_P + R\ln x_A$$

여기서 $\overline{S}_i^M$, $\overline{H}_i^M$, $\overline{G}_i^M$ 는 $\Delta\overline{S}_i$, $\Delta\overline{H}_i$, $\Delta\overline{G}_i$ 와 동일한 표현이다.

따라서 반응(I)에 대한 분몰 혼합자유에너지, 엔탈피, 엔트로피 변화와 용액 중 성분 활동도계수를 일정압력하 농도전지 기전력의 온도함수 관계(온도계수) 측정으로부터 결정할 수 있게 된다.

한편 다음 형태의 전지포텐셜 측정과

$$A_{(순수)} \mid A^{z^+}X^{z^-} \mid X_{2(g,1기압)} \quad : 전지\ (i)$$

$$E_{(i)} = E^o$$

아래 형태의 전지포텐셜 측정으로부터,

$$A(A-B\ 합금) \mid A^{z^+}X^{z^-} \mid X_{2(g,1기압)} \quad : 전지\ (ii)$$

$$E_{(ii)} = E^o - \frac{RT}{zF}\ln\left(\frac{1}{a_{\underline{A}}}\right)$$

다음 농도전지에 대한 전지포텐셜 E 를 결정할 수도 있다.

$$A(순수) \mid A^{z^+}X^{z^-} \mid \underline{A}(A-B\ 합금)$$

$$E = E_{(ii)} - E_{(i)} = -\frac{RT}{zF}\ln a_{\underline{A}} \tag{10.51}$$

식(10.51)로부터 A – B 합금 내 A 활동도 $a_{\underline{A}}$ 를 온도함수로서 결정할 수 있다.

Belton과 Rao는 다음 전지반응 기전력의 온도 의존함수 관계를 700~1000°C 온도구간 영역에 걸쳐 실험적 측정을 행했다(참고문헌 1).

$$\mathrm{Mg}_{(l)}\left|\mathrm{MgCl}_{2(l)}\right|\mathrm{Cl}_{2(g,1\text{기압})}$$
$$\mathrm{Mg(Mg-Al합금)}_{(l)}\left|\mathrm{MgCl}_{2(l)}\right|\mathrm{Cl}_{2(g,1\text{기압})}$$

이들은 순수한 Mg를 양극으로 사용한 표준전지에 대해서, 다음처럼 기전력의 온도함수 표현식을 얻어냈다.

$$\mathrm{Mg}_{(l)}\left|\mathrm{MgCl}_{2(l)}\right|\mathrm{Cl}_{2(g,1\text{기압})}$$
$$E^o = 3.135 - 6.5\times10^{-4}T\ \text{(Volts)} \tag{i}$$

이 자료로부터 식(10.48)과 (10.49)를 이용하여 다음 반응에 대한 표준 형성 깁스 자유에너지를 700~1000°C 온도 영역에서 전기화학적 기전력 측정 방법에 의해 아래처럼 구하였다. 여기서 아래 반응의 ΔC_P 는 관심 온도 영역 구간에서 일정하다고 가정한다.

$$\mathrm{Mg}_{(l)} + \mathrm{Cl}_{2(g)} = \mathrm{MgCl}_{2(l)}$$
$$\Delta G^o = \Delta H^o - T\Delta S^o$$
$$\Delta G^o = -604{,}970 + 125.4T(J) \quad : 700 < T < 1000°\mathrm{C}$$

이들은 또한 동일온도 구간에 걸쳐 $X_{Mg} = 0.096\text{~}0.920$ 농도 범위 내 Mg – Al 합금에 대해 측정한 아래 전지반응 기전력의 온도함수 자료로부터 식(10.51)을 이용해 구한 활동도 a_{Mg} 결과도 보고하고 있다(표 10.2).

$$\mathrm{Mg(Mg-Al합금)}_{(l)}\left|\mathrm{MgCl}_{2(l)}\right|\mathrm{Cl}_{2(g,1\text{기압})} \tag{ii}$$

예로서 전지반응 (*i*)과 (*ii*)를 함께 고려한 다음 총괄 전지반응을 고려해 보자.

$$\mathrm{Mg}_l(\text{순수}) \rightarrow \underline{\mathrm{Mg}}(\text{in Al})_l$$

위 반응에 대한 혼합 열역학 성질 정보를 전지전압의 온도의존성 측정 자료로부터 다음처럼 결정할 수 있다.

$$\overline{S}^M_{Mg} = zF\frac{d}{dT}(E_{(i)} - E_{(ii)}) = zF\left(\frac{dE}{dT}\right)_P$$
$$\overline{H}^M_{Mg} = zF(E_{(ii)} - E_{(i)}) - zFT\frac{d}{dT}(E_{(ii)} - E_{(i)}) = -zF\left[E - T\left(\frac{dE}{dT}\right)_P\right]$$
$$\overline{G}^M_{Mg} = zF(E_{(ii)} - E_{(i)}) = -zFE \tag{10.50}$$

표 10.2 기전력 측정법[식(10.51)]에 의한 Mg－Al 합금 중 Mg 활동도($T = 800°C$) 및 식(10.50)에 의한 분몰 열역학 함수의 실험적 결정 자료(참고 문헌 1)

	실측치	계산치	실측치	계산치	계산치
X_{Mg}	$E\ (mV)$ $T = 800°C$	a_{Mg} $T = 800°C$	$\partial E / \partial T$ $mV / degree \times 10^2$	$\bar{S}^M_{Mg}$ joules / K	$\bar{H}^M_{Mg}$ joules
0.096	168.0	0.027	9.45	18.2	−12,890
0.140	137.4	0.051	7.77	15.0	−10,420
0.209	106.6	0.100	5.62	10.8	−8,980
0.340	69.9	0.22	4.16	8.03	−4,870
0.421	52.1	0.32	2.83	5.46	−4,200
0.517	36.3	0.46	2.18	4.21	−2,500
0.668	19.3	0.66	1.43	2.76	−760
0.700	17.7	0.68	1.30	2.51	−720
0.799	10.6	0.80	0.88	1.70	−220
0.844	7.8	0.84	0.67	1.30	−110
0.919	3.9	0.91	0.36	0.69	−10

10.7 전기화학 포텐셜

전기화학 포텐셜 개념은 전기장 내에서 전하를 띤 원자나 분자 형태의 이온 이동현상 해석에 유용하게 사용된다. 점 1로부터 2로 움직이는 n_i 몰의 이온을 고려해 보자. 점 1과 2의 전기적 포텐셜은 ϕ_1, ϕ_2 이고, 점 1과 2에서 이온의 화학포텐셜은 μ_1, μ_2 이다. 이온의 전하량은 z' 이다.[4]

n_i 몰 이온 i 가 점 1로부터 2로 이동하므로서 계에 행하여진 일은,

$$W_r^* = \underset{(electrical\ work)}{z'F(\phi_2 - \phi_1)n_i} + \underset{(chemical\ work)}{(\mu_2 - \mu_1)n_i}$$

여기서 μ_i 는 전기장이 없는 상태에서 이온 i 의 화학포텐셜이다. 재료계 내 구성 성분의 이동 또는 화학적 변환(즉, 반응)에 의해 야기되는 일을 화학적 일이라 칭하므로 전기적 일도 엄밀하게는 화학적 일에 속한다 할 수 있다.

각 항을 재정렬하여 i 이온 1몰당 행하여진 일을 구하면,

4) 이 절에서 사용되는 전하량에 대한 표기법은 이 장의 나머지 부분에서 사용되는 표기법과 반대임에 주의하기 바란다. z' 로 표시된 이온의 전하량은 전하가 양(positive)일 때 양의 값을 갖는다. 이 장의 다른 부분에서 z 라는 기호는 외부회로상에 흐르는 전자의 수(즉, 음의 전하)를 나타낸다.

$$\frac{W_r^*}{n_i} = (z'F\phi + \mu)_2 - (z'F\phi + \mu)_1$$

$z'F\phi + \mu$ 항을 전기화학 포텐셜로 정의하고 $\tilde{\mu}$ 로 표시한다.

$$\tilde{\mu}_i = \mu_i + z_i'F\phi \quad (10.52)$$

4장에서 언급한 것처럼 등온, 등압하 전기적 포텐셜(전기장)이 없는 물질계 내 점 1과 2 사이의 평형 성립시 만족되는 화학적 평형조건은,

$$W_r^*\big|_{T,P}\left(=\Delta G\right) = 0 \;\Rightarrow\; \mu_2 = \mu_1$$

한편 전기장하에 놓인 물질계의 평형시 만족되는 화학적 평형조건은,

$$\frac{W_r^*}{n_i} = (z'F\phi + \mu)_2 - (z'F\phi + \mu)_1 = 0 \;\Rightarrow\; (z'F\phi + \mu)_2 = (z'F\phi + \mu)_1 \quad \text{또는} \quad \tilde{\mu}_2 = \tilde{\mu}_1$$

물질계 내에서 화학적 평형 상태에 도달하고자 계 구성 성분들의 이동현상이 일어난다. 전기장이 없는 물질계 내 이온 화학종을 이동시키는 열역학적 구동력은 화학 포텐셜의 경사도 $\nabla\mu$ (gradient μ)이다. 한편 전기장하에 놓여 있는 물질계 내 이온 이동에 대한 구동력은 전기화학 포텐셜 경사도 $\nabla\tilde{\mu}$ 가 된다.

10.8 푸베이 도표

외부인가 물질상태 변환 인자 함수로서 화학적으로 안정한 다양한 물질 형태(상)의 안정 영역을 나타내는 상태도는 물질계 상황에 따라 이에 알맞은 적절한 축을 사용하여 그래프 도표로 나타낼 수 있다. 5.4절의 엘링감 도표에서는 금속과 산화물 상의 열역학적 안정도를 온도와 산소압력의 함수로 나타내었다. 한편 푸베이 도표는 일정 온도 조건에서 전기포텐셜(가로축) 및 pH(세로축)로서 수용액 중 금속 및 이온과 화합물의 안정도를 나타내는 도표이다. pH는 수용액 내 수소 이온 활동도에 대한 상용대수의 음수값으로 정의된다.

$$pH = -\log_{10}(a_{H^+}) \equiv -\log_{10}[H^+] \quad (10.53)$$

수용액 중 이온활동도의 기준상태는 수용액 리터당 이온 1몰 용해(몰랄리티)농도인 상태를 의미한다. 이온농도가 0에 가까운 희박 수용액 중 이온의 활동도는 농도에 따라 직선

적으로 변한다($a_{H^+} = f_{H^+}[H^+]$). 따라서 H^+ 의 헨리안 1몰랄리티 활동도는 수소 이온 몰랄리티 농도와 같게 된다. 수용액 중 다른 이온들도 역시 희박농도라면, 이들이 H^+ 활동도 계수 f_{H^+} 에 미치는 이들의 상호 작용조계수 영향도를 무시할 수 있다: 즉 $f_{H^+} = 1$.

온도 298 K에서 수소, 산소 기체 및 물의 상안정 영역을 나타내는 푸베이 도표를 작성해 보자. 순수한 물에 대한 갈바닉전지를 고려하면,

$$\mathrm{Pt, H_{2(g)} \,|\, H_2O \,|\, O_{2(g)}, Pt}$$

$$\mathrm{H_{2(g)}} + \frac{1}{2}\mathrm{O_{2(g)}} = \mathrm{H_2O_{(l)}} \quad : \text{전지반응}$$

전지반응은 다음 반쪽전지반응으로 구성된다.

$$\text{음극반응}(A):\ \mathrm{O_2 + 4H^+ + 4}e^- \rightarrow \mathrm{2H_2O} \qquad E^o = 1.229\ \mathrm{V}$$

$$\text{양극반응}(B):\ \mathrm{H_2 \rightarrow 2H^+ + 2}e^- \qquad E^o = 0\ \mathrm{V}$$

음극 반응에 네른스트 식(10.21)을 적용하면,

$$E_A = E_A^0 - \frac{RT}{zF}\ln Q_A = E_A^0 - \frac{0.05916}{4}\log\frac{a_{H_2O}^2}{a_{H^+}^4 P_{O_2}} \tag{10.54}$$

표준상태의 순수 물은 활동도가 1이며 반응에 관여하는 전자의 수는 4이다. $[H^+]$는 희박 농도로써 헨리안 활동도 영역에 속하므로, $a_{H^+} = [H^+]$.

$$E_A = E_A^0 + \frac{0.05916}{4}\log[H^+]^4 P_{O_2} \tag{10.55a}$$

1기압의 산소 압력하에서,

$$E_A = 1.229 + 0.05916\log[H^+] = 1.229 - 0.05916\,pH \tag{10.55}$$

양극반응에 식(10.21)을 적용하면,

$$E_B = E_B^0 - \frac{RT}{zF}\ln(Q)_B = -0.0591\ \log\frac{P_{H_2}^{1/2}}{a_{H^+}} \tag{10.56}$$

$$E_B = 0.05916\log[H^+] - 0.0298\log P_{H_2} = -0.05916\,pH - 0.0298\log P_{H_2}$$

1기압 수소 압력하에서,

$$E_B = -0.05916\ \mathrm{pH} \tag{10.57}$$

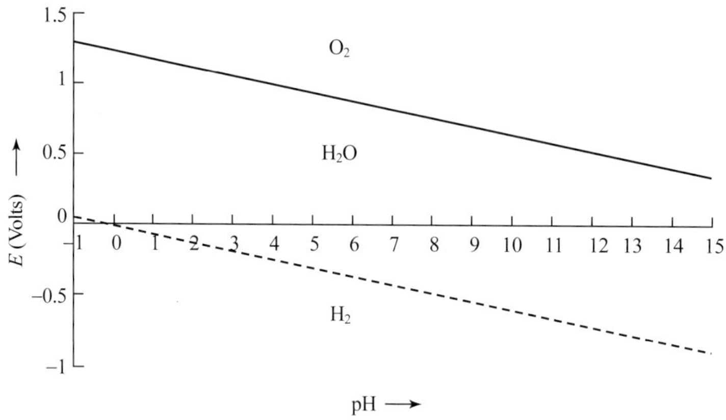

그림 10.10 물, 수소, 산소의 상안정 영역에 대한 푸베이 도표; P_{H_2} 및 $P_{O_2} = 1\,\text{atm}$, $T = 298\,\text{K}$

식(10.54) 및 (10.56)은 수소 및 산소 전극에 대한 평형 전극포텐셜을 각각 나타낸다. 그림 10.10상의 실선과 점선 직선은 양쪽 전극반응의 평형을 표시하는 직선이며, 따라서 임의 pH값에 대한 직선상의 점은 가역적 전극포텐셜, E_r 을 나타낸다. 일반적으로 인가 전극포텐셜 E 가 $E > E_r$ 일 경우는(η_a : 양수) 전극에서 산화반응이 일어나며, $E < E_r$ 이면(η_c : 음수) 전극에서 환원반응이 진행된다. 이들 인가 전극포텐셜과 평형 전극전위와의 차이, $(E - E_r)$를 전극 잉여포텐셜(overpotential), η 라 한다. η_a, η_c 는 각각 양극 및 음극 잉여포텐셜이다(참고문헌 2).

식(10.55)는 수용액의 pH에 따른 산소 발생에 대한 물의 안정도를 나타낸다. 298 K에서 pH가 0일 때 액상 물이 안정한 영역은 0에서 +1.229 V까지이다. 이 경우 1.229 V 이상의 양극 잉여전압하에서는 산소 기체가 양극에서 발생되며, 동시에 0 V 이하 음극 잉여전압에서는 수소가 음극에서 발생된다.

이 경우 두 전극에 인가포텐셜이 각각 $E_{anode}^{applied} > 1.229\,\text{V}$, $E_{cathode}^{applied} < 0\,\text{V}$ 가 되도록 $E_{cell}^{applied} > 1.229\,\text{V}$ 인 외부 인가 전기포텐셜을 전지에 가해주면 전해전지가 형성된다. 따라서 298 K, 1기압하 수용액내 연료전지(전류발생기)의 두 전극 극성을 반대 극성으로 바꾸어서 1.229 V보다 큰 외부 인가전압을 가하면 전해전지가 형성되어 산소(양극) 및 수소(음극)가 물로부터 생성된다(물 전기분해).

그림 10.10의 푸베이 도표는 1기압, 298 K 온도에서 순수한 물, 수소, 산소가 각각 안정한 영역을 보여주고 있다. 물론 안정 영역은 기체 압력(P_{O_2})에 따라 변한다[식(10.55a)]. 그림 10.11은 그림 10.10에다 기체압력이 10^{-4} 기압일 경우를 추가로 함께 표시한 푸베이 도표이다.

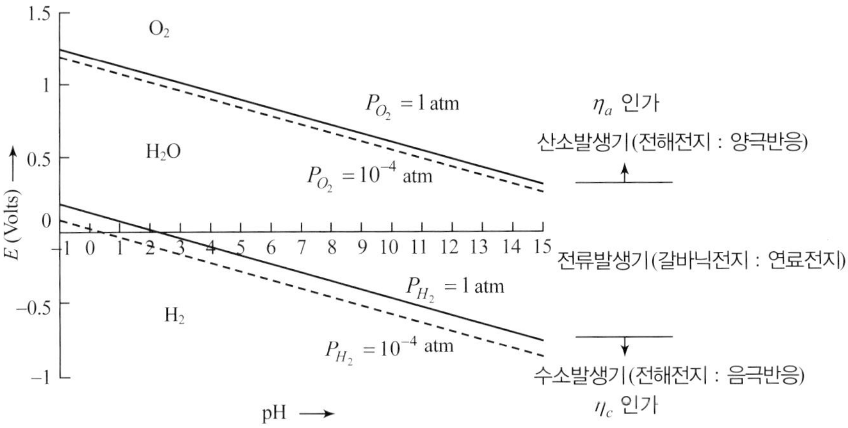

그림 10.11 물, 수소, 산소의 상안정 영역에 대한 푸베이 도표; P_{H_2} 와 P_{O_2} 가 각각 1기압과 10^{-4} 기압

이상 언급한 수소, 산소, 물에 대한 푸베이 도표는 비교적 단순한 형태의 도표로써 그 자체만으로서는 실질적으로 유용하게 이용되진 못한다. 수용액 중 여타 반응참여 여러 화학종들 사이의 화학반응 평형상수 또는 이들과 관련된 전기화학반응에 대한 평형 전기포텐셜 자료를 알면, 복잡한 전기화학 반응계에 대한 푸베이 도표를 작성할 수 있다(참고문헌3).

이에 대한 간단한 예로서 $Al-H_2O$ 계에 대한 푸베이 도표를 작성해 보도록 하자. 이 계에 가능한 여러 화학반응 및 전기화학반응 평형에 관여하는 화학종으로는 고상 Al 및 Al_2O_3 와 이온 Al^{3+} 및 AlO_2^- 를 들 수 있다. 반응에 관여하는 화학종들의 표준생성 자유에너지 자료는 온도 298 K에서 다음과 같이 주어진다.

생성반응	표준 생성자유에너지(ΔG^o_{298}), J
$\frac{1}{2}H_2 = H^+ + e^-$	0
$Al_{(s)} = Al^{3+} + 3e^-$	−481,200
$Al_{(s)} + O_2 + e^- = AlO_2^-$	−839,800
$2Al_{(s)} + \frac{3}{2}O_2 = Al_2O_{3(s)}$	1,608,900
$H_2 + \frac{1}{2}O_2 = H_2O_{(l)}$	237,200

푸베이 도표 작성을 위한 일반적 절차로 우선 수용액 내 이온간 반응 평형을 먼저 고려하

고, 순차적으로 고상간 반응, 고상과 이온간 반응을 고려한다. 전자 출입이 없는 반응은 $\Delta G^o = -RT\ln K$, 전자출입이 있는 반응은 네른스트 식(10.28)을 이용하여 반응평형을 각각 나타낸다. 희박농도 범주에 속하는 이온들의 헨리안 활동도(1 몰랄리티 기준상태)는 이온 몰농도와 동일하다고 가정한다. 여기선 편의상 반응온도를 298K로 정하고 푸베이 도표를 작성한다.

이온간 반응 평형(Al^{3+} 와 AlO_2^-)

Al^{3+} 와 AlO_2^- 간 반응식은 산소 수지균형을 먼저 H_2O 로서 맞추고, H_2O 첨가로 인한 수소 수지 불균형을 H^+ 로써 맞춘다. 다음으로 필요하면 전체적인 전하 수지 균형을 전자(e^-)로써 맞추어 반응식을 완성할 수 있다. 이 절차를 단계적으로 써 보면,

1.

$$Al^{3+} \leftrightarrow AlO_2^-$$

$$Al^{3+} + 2H_2O \leftrightarrow AlO_2^-$$

$$Al^{3+} + 2H_2O \leftrightarrow AlO_2^- + 4H^+ \qquad \text{(i)}$$

이 반응은 양쪽의 전하수가 동일하므로 e^- 가 포함되지 않게 된다.
전자 출입이 없으므로 반응평형시 : $\Delta G^o_{(i)} = -RT\ln K$

$$\Delta G^o_{(i)} = (-839,000) - \{(2\times -237,200) + (-481,200)\} = 897,300\text{ J}$$

$$\Delta G^o_{(i)} = -8.3144\times 298\times 2,303\log\frac{[H^+]^4[AlO_2^-]}{[Al^{3+}]}$$

$$-20.29 = 4\log[H^+] + \log\frac{[AlO_2^-]}{[Al^{3+}]}$$

$$\log\frac{[Al^{3+}]}{[AlO_2^-]} = 20.29 - 4\text{ pH}$$

$pH = 5.07$ 일 때 $[Al^{3+}] = [AlO_2^-]$ 이 성립한다. 이 관계식은 그림 10.12에 선 ①로 나타나 있다. 이보다 pH 값이 커지면 $[Al^{3+}] < [AlO_2^-]$ 이 되고, 작아지면 반대로 $[Al^{3+}] >$ $[AlO_2^-]$ 가 성립된다.

고상간 반응 평형 (Al 과 Al_2O_3)

$Al \leftrightarrow Al_2O_3$ 간 반응에 대한 물질 수지균형을 이전(이온간 반응 경우)과 동일하게 적용

해 보면 다음 반응식을 얻을 수 있다.

2.

$$Al_2O_3 + 6H^+ + 6e^- = 3H_2O + 2Al \quad \text{(ii)}$$

$$\Delta G^o_{(ii)} = (3 \times -237,200) - (-1,608,900) = 897,300 \text{ J}$$

$$\Delta G^o_{(ii)} = -zFE^o_{(ii)} = -6 \times 96,487 E^o_{(ii)}$$

따라서 $E^o_{(ii)} = -1.55$ V 이다. 순수 고상 Al, Al_2O_3 이므로 $a_{Al} = a_{Al_2O_3} = 1$.

$$E_{(ii)} = E^o_{(ii)} - \frac{RT}{zF} \ln \frac{1}{[H^+]^6}$$

$$= -1.55 + \frac{8.314 \times 298 \times 2.303 \times 6}{6 \times 96,487} \log[H^+] = -1.55 - 0.0591 \text{ pH (Volts)}$$

여기서 E, E^o 는 모두 반응(ii)에 대한 환원포텐셜을 나타낸다.

이 식은 그림 10.12에 선 ②로 나타나 있으며 이 선상에서는 Al 이 Al_2O_3 와 평형을 이루게 된다. 선 ② 아래 상태(pH가 보다 낮아지거나 보다 음수인 전극포텐셜 조건)에서는 Al 이 안정한 상이며 선 ②보다 위 상태에서는 Al_2O_3 가 안정한 상임을 알 수 있다. 앞서 언급한 바처럼 선 ②상에선 반응(ii)는 가역적 전극포텐셜 E_r 을 나타낸다. 전극포텐셜이 $E > E_r$, ($E - E_r = \eta_a > 0$)영역에선 전극반응(ii)의 산화반응이, $E < E_r$, ($E - E_r = \eta_c < 0$)이면 환원반응이 진행된다.[5)]

고상과 이온간 반응(Al/Al^{3+}, Al/AlO_2^-, Al_2O_3/Al^{3+}, Al_2O_3/AlO_2^-)

3.

$$Al^{3+} + 3e^- = Al : \quad \Delta G^o_{(iii)} = 481,200 \text{ J} \quad \text{(iii)}$$

$$E^o_{(iii)} = \frac{-481,200}{3 \times 96,487} = -1.66 \text{ Volts}$$

$$E_{(iii)} = -1.66 - \frac{8.3144 \times 298 \times 2.303}{3 \times 96,487} \log \frac{1}{[Al^{3+}]} : \ a_{Al} = 1$$

$$E_{(iii)} = -1.66 + 1.971 \times 10^{-2} \log[Al^{3+}]$$

이 식으로부터 $[Al^{3+}]$ 평형농도는 pH 와는 무관한 값이며, 전극포텐셜 E값이 $E_{r(iii)}$ 보다 음수쪽으로 증가함에 따라 감소함을 알 수 있다(그림 10.12a 선③). 따라서 선③ 아래

---

5) $E - E_r = \eta_a > 0$: 양극 잉여(분극) 포텐셜(anodic overpotential), $E - E_r = \eta_c < 0$: 음극 잉여(분극) 포텐셜(cathodic overpotential)

영역은 Al, 윗 영역은 Al^{3+} 이 안정한 영역이 된다. 고상과 이온 화학종간 반응으로서 다음 반응 **4,5,6**을 추가로 고려할 수 있다.

4.
$$Al_2O_3 + 6H^+ = 3H_2O + 2Al^{3+} \quad \text{(iv)}$$

$$\Delta G^o_{(iv)} = (3\times -237,200) + (2\times 481,200) - (-1,608,900) = -65,100 \text{ J}$$

$a_{Al_2O_3} = 1$ 이므로 $-65,100 = -8.3144\times 298\times 2.303\log\dfrac{[Al^{3+}]^2}{[H^+]^6}$

$$\log[Al^{3+}] = 5.70 - 3\text{ pH}$$

이 식은 Al_2O_3 와 평형을 이루는 Al^{3+} 농도는 pH에 따라 변하지만 전극포텐셜에는 무관함을 나타낸다(선④). 선 ④를 기준으로 pH가 증가하면 $[Al^{3+}]$ 농도가 감소하므로 선 ④ 우편 영역은 Al_2O_3, 좌편은 Al^{3+} 의 안정영역이 된다.

5.
$$AlO_2^- + 4H^+ + 3e^- = 2H_2O + Al \quad \text{(v)}$$

$$\Delta G^o_{(v)} = (2\times -237,200) + (839,800) = 365,400 \text{ J}$$

$$\Delta E^o_{(v)} = \frac{-365,400}{3\times 96,487} = -1.26 \text{ Volts}$$

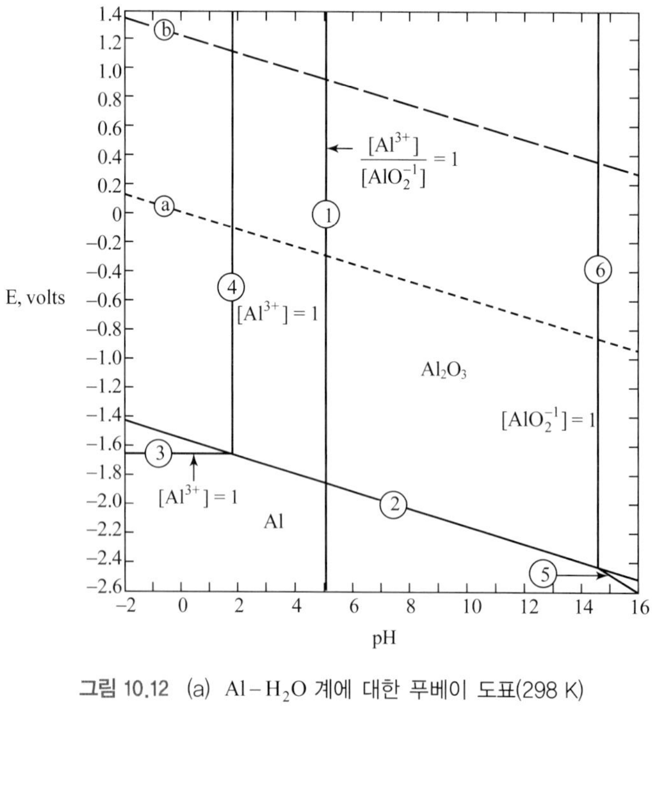

그림 10.12 (a) $Al-H_2O$ 계에 대한 푸베이 도표(298 K)

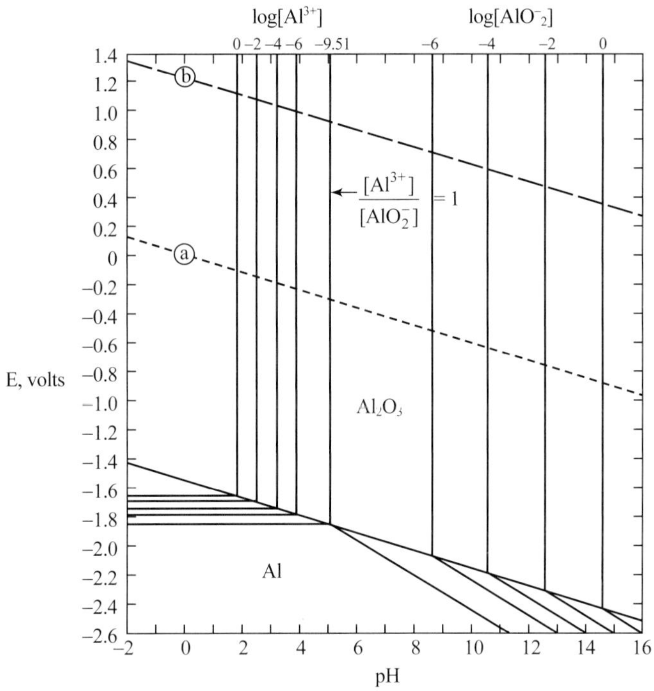

10.12(b) $Al-H_2O$ 계에 대한 푸베이 도표(298K)

$a_{Al}=1$ 이므로 $$E_{(v)}=-1.26-\frac{8.3144\times 298\times 2.303}{3\times 96,487}\log\frac{1}{[H^+]^4[AlO_2^-]}$$

$$E_{(v)}=-1.26-0.0789\,pH+0.0198\log[AlO_2^-]$$

반응(v) 평형은 pH 및 E에 공히 의존도를 나타냄을 알 수 있다(그림 10.12 선 ⑤).

6. $$Al_2O_3+H_2O=2AlO_2^-+2H^+ \qquad (vi)$$

$$\Delta G^o_{(vi)}=(2\times -839,800)-(-1,608,900)-(-237,200)=166,500\ J$$

$a_{Al_2O_3}=1$ 이므로 $$166,500=-8.314\times 298\times 2.303\log[H^+]^2[AlO_2^-]^2$$

$$\log[AlO_2^-]=pH-14.59$$

위 식은 Al_2O_3와 평형을 이루는 AlO_2^- 농도의 변화를 나타낸다(그림 10.12 선 ⑥).

$Al-H_2O$ 계에 대한 푸베이 도표가 다양한 농도의 Al^{3+} 및 AlO_2^- 에 대해 그림 10.12(b)에 나타나 있다. 이 도표를 물에 대한 푸베이 도표와 함께 고려하여 선 ⓐ와 ⓑ가 시사하는 물리적 의미를 살펴보자.

1기압의 수소 및 산소 압력하에서 물의 열역학적 안정 영역은 선 ⓐ와 ⓑ사이로서 표시된다. 그림 10.12(b)로부터 Al의 경우는 수용액 중 Al 이온 전기분해(전해정련)에 의해 금속 Al이 쉽게 생성될 수 없음을 명확하게 이해할 수 있다. 이는 수용액 중 Al 이온을 환원시켜 금속 Al을 얻기 위해선 상당히 큰 음극환원 포텐셜 인가가 필요하기 때문이다. 반면에 그림 10.13으로부터 수용액 중 Cu 이온은 전기분해에 의해 금속 Cu로 쉽게 환원 생성시킬 수 있다.

1기압 하에서 전극포텐셜이 선 ⓐ 이하로 유지되면 pH조건에 따라 양극에선 Al이 부식(Al^{3+}) 또는 산화(Al_2O_3) 되면서 전해질로 부터 H_2가 발생(음극반응)됨을 또한 알 수 있다. 한편 낮은 pH 영역에서 전극포텐셜을 선 ⓑ이상으로 유지하면 산소발생과 더불어서 Al이 부식된다(높은 pH 영역에선 Al_2O_3 안정영역).

그림 10.13은 푸베이 도표의 다른 예로서 여러 형태의 구리 함유 화학종 안정영역을 나타내고 있다. 금속상태의 구리는 Cu라고 표시된 영역에서 안정하다; 즉, 이 영역에서 구리는 부식이 일어나지 않게 된다. Cu_2O 및 CuO로 명명된 영역은 구리산화물이 각각 안정한 영역을 표시한다. 고체산화물이 안정한 pH – 전기포텐셜 영역에선 전해 수용액 중으로 금속 구리를 넣으면 구리 표면에 치밀한 산화물 막이 형성되어 금속은 더 이상의 용해(부식)로 부터 보호될 수 있다. 이러한 현상을 부동태(passivation)라고 한다. Cu^{2+}와 CuO^{2-}로 표기된 영역에서는 구리의 이온종이 안정하며 금속 상태 구리가 수용액 중으로

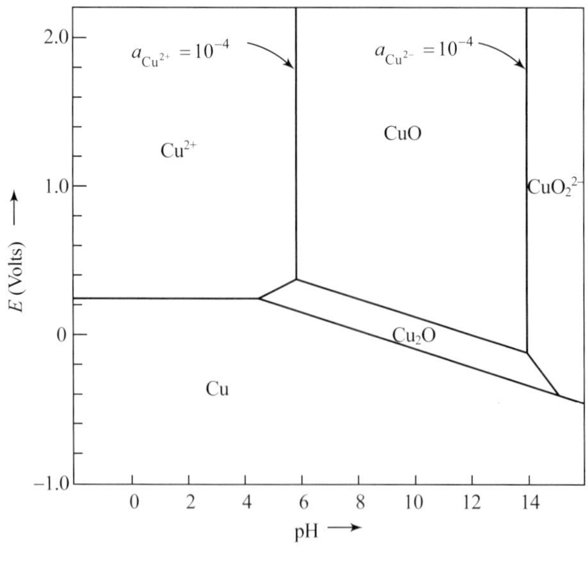

그림 10.13 298K 수용액중 Cu^{2+} 및 CuO_2^{2-} 활동도(10^{-4})에 대한 구리의 푸베이 도표

부식될 수 있음을 열역학 관점에서 나타낸다. 한편 부식 정도는 속도론적 측면으로 전류밀도(부식속도)를 측정하면 예측 가능할 수 있다.

푸베이 도표로부터 수용액 분위기 중에 놓인 금속을 부식으로부터 제어할 수 있는 음극 분극 방지책(cathodic polarization protection) 또는 스테인렌스 강처럼 부동태 현상을 보이는 합금재료의 부식속도 제어를 위한 양극 분극 방지책(anodic polarization protection)에 대한 자료 정보(부식환경 pH 및 외부인가 포텐셜)를 얻을 수 있다.

10.9 전지와 부식 반응

전기 화학 반응에 의한 부식 및 습식야금 반응계가 전지반응계와 구별되는 특징적 차이점에 대해 이 절에서 다루고자 한다.

10.3절에서 언급했듯이 전지반응계는 양극/음극 상에서 산화/환원 반응이 각기 하나씩(1대1로) 쌍으로 일어난다. 전지반응 평형시 전지계 구성 양극/음극 재료 및 전해질 종류(즉, 전지형태)에 따라서 열역학적으로 네른스트식에 의해 전지전압 E_r 이 결정되며, 반면에 이에 걸맞는 전지계의 교환전류밀도 i_o 는 속도론적으로 Butler-Volmer 식에 의해 결정된다.

다시말해 각각 한 종류의 산화(양극)/환원(음극) 반응을 포함하는 전지반응의 기전력은 열역학 고찰 측면으로 달성될 수 있으며, 이에 대응적으로 걸맞는 교환전류밀도(전자 이동속도)는 속도론적 고찰에 의해 고정된 수치로 정해지게 된다. 즉, 특정 형태의 전지에 대해 전지 전압과 교환전류밀도가 유일한 쌍으로서 정해진다. 따라서 전지의 전극재료와 기전력 증대 연구 개발은 주로 열역학적 고찰을 바탕으로 행해질 수 있다.

한편 금속(합금) 재료 부식 반응계는 양극/음극과 수용액(부식환경) 사이에서 산화/환원 반응이 각기 1가지 이상의 다수 반응으로 구성되어 일어난다. 부식 반응 평형전압(부식 포텐셜 : E_{corr})과 전류밀도(부식속도 : i_{corr})는 이러한 반응계내 다수의 양극/음극 반응에 대해 이들의 개별적인 기전력과 교환전류밀도를 모두 고려하는 속도론적 고찰(혼합 포텐셜 이론 : mixed potential theory)에 의해서 정해질 수 있다. 이 경우 다수의 양극/음극 반응에 대한 총괄적인 속도론 고찰이 주되게 이루어져야만 부식 포텐셜(전압)과 속도(전류밀도)가 결정될 수 있게 된다.

또한 부식 방지책을 위한 일반적 방식 방법인 음극 분극 방식법(cathodic polarization

protection)과 양극 분극 방식법(anodic polarization protection)도 역시 혼합 포텐셜 이론을 근간으로 한 속도론적 고찰에 의해서만 실체화될 수 있다. 따라서 금속재료의 부식 및 방식 관련 연구 및 개발은 열역학적 반응 구동력에 의거한 속도론적 고찰을 바탕으로 해서만 반드시 행해질 수 있게 된다.

산화/환원 반응이 각기 1:1 조합의 양극/음극과 전해질 사이에서 일어나는 전지 반응계에 대한 고정된 기전력과 교환전류밀도의 쌍은 열역학 및 속도론적 고찰로 각각 결정될 수 있다. 전지계 개발연구는 전지전압 결정이 주 관심사이므로 **열역학 근간으로** 주되게 행해지며 속도론적 연구는 오로지 교환전류밀도를 정하기 위해서 부수적으로 행해진다.

산화/환원 전극반응이 다수의 양극/음극 조합과 수용액(부식 분위기) 사이에서 진행되는 부식 반응계의 부식전압과 부식속도(전류밀도)는 계에 가능한 모든 개별적 전극 반응에 대한 (E_r, i_o)쌍을 총괄적으로 고려하는 **속도론 고찰(혼합 포텐셜 이론)에 의해서** 오로지 결정될 수 있다.

참고 문헌

1. "A Galvanic Cell Study of Activities in Mg-Al Liquid Alloys" *Trans. Met. Soc. AIME*(1969), Vol. 245, P2189.
2. D.R. Crow: *Principles and Applications of Electrochemistry* 3rd Ed., Chapman and Hall, 1988, p165.
3. Pourbaix, M.: *Altas of Electrochemical Equilibria in Aqueous Solutions*, 2nd ed. National Association of Corrosion Engineers, Houston, TX, 1974.

문제

10.1 25°C에서 아래 전지가 나타내는 기전력은 0.490 V이고, 온도계수는 -1.84×10^{-4} V/°C이다. 전극은 모두 HCl 수용액 전해질과 접촉하고 있으며 순수한 고상이다.

$$Pb\ (s)\ /\ PbCl_2\ (s)\ |\ HCl\ (aqueous)\ |\ AgCl\ (s)\ /\ Ag\ (s)$$

(a) 반쪽전지 및 전지반응을 써라.

(b) 전지반응에 대한 깁스 자유에너지 변화와 엔트로피 변화를 계산하라.

10.2 알칼리 전해질(27% NaOH 수용액)을 이용한 Bacon 연료 (갈바닉) 전지(그림 10.1)에 대해 다음 물음에 답하라.

(a) 양극(anode) 및 음극(cathode) 반쪽반응을 쓰고, 이로부터 37°C 온도에서의 전지포텐셜, E_{cell}을 구하라. 수소와 산소기체 압력은 각기 1기압으로 유지된다. 전해질 수용액 중 OH^- 의 농도는 1molality로 유지된다.

(b) 동일 온도에서 연료 전지의 역반응 진행을 유도하여 물 전기분해에 의한 수소–산소 기체 발생기로 사용하려면, 질문 (a)에서 다룬 연료전지 계에 어떠한 변화를 가하면 되는지를 언급하라.

10.3 온도 25°C, 1기압하에서 순수한 기체를 반응물, 물을 생성물로 하는 산소–수소 연료전지의 기전력은 1.229 V이다.

(a) 20기압에서 작동하는 연료전지의 전압은 얼마인가? 반응물과 생성물 모두 20 기압하에 놓여 있다.

(b) 생성물이 불순한 물(즉, 소금이 용해된 물)에 용해된다면, 전지 전압은 어떻게 되겠는가? 더 높아지는가, 더 낮아지는가, 아니면 같은가? 이유를 설명하라.

(c) 순수한 산소 대신 공기를 반응기체로 하면 1기압 대기 중에서 작동하는 연료전지의 전압은 얼마인가?

10.4 NaCl을 함유한 물(소금물)이 25°C에서 전기분해되어 H_2와 O_2 기체를 생성한다.

(a) 25°C 소금물 중 물의 열역학적 활동도는 얼마인가? 순수한 물을 표준상태로 하라.

(b) 생성된 수소와 산소가 각각 1기압으로 존재하기 위해서는 소금물을 전기분해하

는데 필요한 최소 전압은 1.229 V보다 클 것인가, 작을 것인가? 또한 얼마나 차이가 날것인가?

(c) 소금물의 pH(산도)를 바꾸기 위해 소량의 NaOH가 첨가되는 경우 질문 (b)의 답이 바뀔 것인가? 그렇다면, 어떻게 바뀌는가? ("소량"은 산도를 바꾸기에 충분한 양을 의미한다. 그러나 이 "소량"은 소금물중 전체 소금의 농도를 거의 바꾸지 못할 정도의 미소량 첨가를 의미한다.)

25°C에서 순수한 물을 전기분해하는데 필요한 최소 전압은 1.229 V(연료전지 평형 포텐셜). 25°C에서 순수한 물의 증기압은 24 mmHg이며 소금물과 평형을 이루는 수증기 압력은 23 mmHg.

10.5 다음 갈바닉 전지의 기전력은 온도 483°C에서 0.0324 V이다.

$$\text{Cd (액상)} \mid \text{KCl} - \text{NaCl} - \text{LiCl} - \text{CdCl}_2 \mid \text{Cd} - \text{Sn (액상 용액: } x_{Cd} = 0.258\text{)}$$

(액상 용액)

(a) Cd－Sn액상 용액 내에서 Cd의 상대적 분몰 자유에너지($\bar{G}_{Cd}^{rel}$ 또는 $\Delta\bar{G}_{Cd}$)를 구하라.

(b) 순수한 액상 Cd를 표준상태로 하여 $x_{Cd} = 0.258$ 인 합금 내 Cd의 활동도를 계산하라.

(c) 온도 483°C에서 순수한 Cd의 증기압이 0.23기압이라면, Cd－Sn 액상 용액과 평형을 이루는 Cd의 증기압은 얼마인가?

10.6 1몰의 $CuSO_4$ 전해질 용액 중에 두 개의 구리 시편이 분리되어 잠겨져 있다. 하나는 10,000 psi의 인장응력이 가해진 상태이고, 다른 하나는 응력이 전혀 걸려 있지 않다고 한다. 두 시편을 갈바닉 전지를 이루는 전극으로 고려하면 전극 사이에 형성되는 전지포텐셜은 얼마인가?

구리: 탄성 모듈러스 = 16×10^6 psi, 밀도 = 8.96 g/cm^3, 분자량 = 64 g/mol

10.7 (a) $MgCl_2$가 금속 마그네슘과 염소기체로 분해되는 화학반응을 써라.

(b) 온도 1000 K에서 액상 금속 마그네슘 및 순수한 액상 $MgCl_2$와 평형을 이루는 Cl_2 압력을 계산하라.

(c) 금속 Mg를 얻기 위해 온도 1000 K에서 순수한 $MgCl_2$를 전기화학적(전해전

지)으로 전해정련 처리하고자 한다. 이로부터 1기압하에서 순수 액상 Mg와 순수 Cl_2를 얻기 위해 필요한 최소 전압은 얼마인가?

액상 $MgCl_2$의 표준 형성 깁스 자유에너지 : $\Delta G^o = -605,000 + 125.4T\ (J)$

10.8 아래 전지는 다음 두 전극으로 구성된다. 고상인 Ni/NiO 혼합물과 기상인 O_2 전극이다. 산소 전극의 다공성 백금 막은 단지 촉매 전극으로서 작용한다.

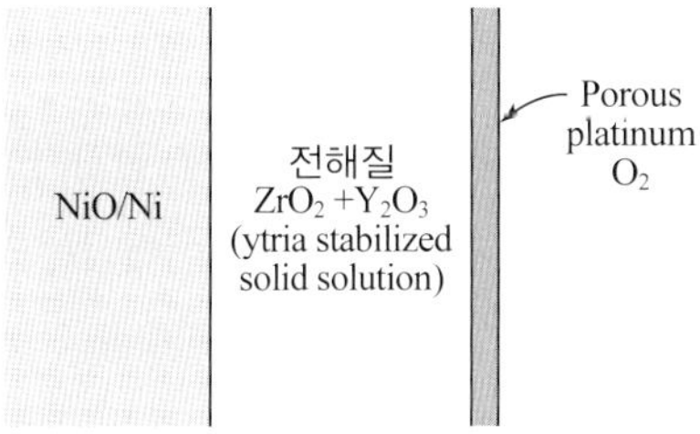

전해질은 ZrO_2/Y_2O_3 고용체이며 산소 전극과 NiO/Ni 전극간 사이에 산소 이온(O^{2-})을 운반하는 매개체 역할을 한다.

(a) 1000 K에서 NiO/Ni 전극($2Ni+O_2 \rightarrow 2NiO$)에서의 평형 산소 분압을 구하라.

(b) 전지의 음극과 양극을 명시하고 각 전극에서 일어나는 반쪽전지반응을 기술하라. 반응의 진행방향도 명시하라.

(c) 1000 K에서 산소 전극 표면상에서의 산소압력이 1기압일 경우 전지의 개회로 전압은 얼마인가?

(d) 1000 K에서 산소 전극 표면상에서의 산소압력이 10^{-10} 기압이면 전지의 개회로 전압은 얼마인가?

$$Ni + \tfrac{1}{2}O_2 \rightarrow NiO:\ \Delta G_f^o = -244,550 + 98.5T\ (J)$$

10.9 아래 그림에 나타낸 Zn – Br (zinc – bromine) 배터리의 전극은 순수한 Zn 및 다공성 그라파이트내 액상 Br_2이며, 전해질은 $ZnBr_2$ (zinc bromide) 수용액이다.

(a) 배터리에 대한 반쪽전지반응과 총괄전지반응을 써라.

(b) 298 K에서 전해질이 1몰 $ZnBr_2$ 용액이라면 전지의 개회로 전압은 얼마인가?

(c) 전해질 농도가 2몰 $ZnBr_2$ 용액으로 높아지면 온도 298 K에서 전지의 개회로 전압은 얼마가 되는가?

(d) Zn와 Br_2로부터 1몰 $ZnBr_2$ 용액이 형성되는 반응의 표준 엔탈피는 –397 kJ/mol 이다. 전지의 온도계수(V/K)는 얼마인가?

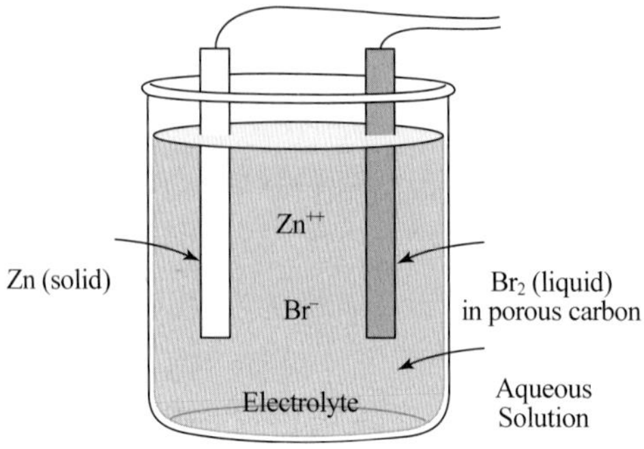

10.10 Li – Cl_2 (lithium – chlorine) 배터리는 미래 전기자동차의 에너지 저장체로서 현재 활발한 연구단계 중에 있다. 그러나 이 배터리는 고온에서 운용되어야 하는 문제점을 지니고 있다. 이 배터리의 두 전극 반응물은 순수한 Li과 기상 Cl_2이 된다. 전해질은 순수한 액상 LiCl이다. 배터리를 충전시키기 위해 전지에 외부 전압이 가해지면 LiCl는 금속 Li와 Cl_2기체로 전기분해된다. 반면 배터리 방전중에는 금속 Li과 기상 Cl_2가 전기화학적으로 반응하여 LiCl를 형성한다.

$$\text{Li}\,(l) + \tfrac{1}{2}\,\text{Cl}_2(g) \underset{\text{충전 : 전해전지}}{\overset{\text{방전 : 전지}}{\rightleftharpoons}} \text{LiCl}\,(l)$$

(a) 전해질이 순수한 LiCl이라면 1000 K 온도에서 전지의 개회로(평형) 전압은 얼마인가?

(b) 1 kW–hour의 전기에너지를 방출하기 위해서 전지가 지녀야 할 Li의 질량(gr)은 얼마인가? 개회로 전압으로서 에너지가 방출된다고 가정하라.
질문 (a)에서 구한 전기적일 에너지와 1 kWhr 전기에너지 간의 상관관계를 바탕으로 해 답하라.

(c) 방전속도가 1 kWH라면(개회로 전압에서), 계의 온도를 일정하게 유지하기 위해서 열이 방출 혹은 흡수되는 속도는 얼마인가?

(d) 20% LiCl를 함유한 염(salts)을 전해질로 사용할 경우, 전해질 용액을 이상용액이라고 가정하면 1000 K 온도에서 전지의 개회로 전압은 얼마인가?

$$\text{분자량 : Li} = 6.94\ \text{g/mol},\ \ \text{Cl}_2 = 35.45\ g/\text{mol}$$
$$\Delta G_f^o(\text{LiCl}) = -92{,}000 + 11T\ \ (\text{cal/mol})$$

10.11 고체전해질 Al_2O_3는 전해전지 반응에 의해 금속 Al으로 전기분해될 수 있다. 이 전지의 전극은 흑연으로 만들어 진다. 전지반응 생성물은 금속 Al과 이산화탄소이다. 금속 Al은 흑연과 반응하지 않는다. 온도 1250 K에서 전기분해가 일어날 수 있는 최저 전압을 계산하라.

$$2Al + \tfrac{3}{2}O_2 = Al_2O_3 \quad : \ \Delta G^o = -1,676,000 + 320T\ (J)$$
$$C + O_2 = CO_2 \quad : \ \Delta G^o = -394,100 - 0.84T\ (J)$$

10.12 100~450°C 온도 범위에 걸쳐서 갈바닉 전지의 기전력은 다음처럼 온도함수로서 나타난다.

$$Ag_{(s)} \ \Big|\ AgCl_{(s)} \ \Big|\ Cl_{2(g,1기압)},\ Pt$$
$$E_{(Volts)} = 0.97 + 57\times10^{-4}(350 - T) - 4.8\times10^{-7}(350 - T)^2$$

전지반응$(Ag_{(s)} + \frac{1}{2}Cl_{2(g)} = AgCl_{(s)})$에 대한 ΔC_P 값을 계산하라.

10.13 $Ni_{(s)} - NiO_{(s)}\big|CaO - ZrO_2\big|$ 용존산소함유 $Cu_{(l)}$ $[\underline{O}\ in\ Cu(l)]$

위 농도전지 반응의 기전력 측정 실험으로부터 1363 K에서 구한 액상구리 중 자기 상호작용조계수 e_o^o는 −0.16이다.

아래 반응에 대한 표준 깁스 자유에너지 변화는 다음처럼 주어진다.

$$\tfrac{1}{2}O_{2(g)} = \underline{O}(in\ \ Cu) \ : \ \Delta G^o = -74,105 + 10.76T \ \ (J/mol)$$

온도 1363 K에서 위 전지의 기전력이 0.222 V일 경우 다음 물음에 답하라.

(a) 표준상태 산소(1기압 순수기체)에 대한 액상구리(음극)중 산소 활동도를 1w/o 기준상태로 답하라.

(b) 구리(음극)내 용해된 용존산소 농도(w/o)를 구하라.

(c) 액상구리중 산소의 최대 용해도를 구하라.

$$2Cu(l) + \tfrac{1}{2}O_2 = Cu_2O(s) \quad : \quad \Delta G^o = -188,300 + 88.48\ T(J/mol)$$
$$2Ni(s) + O_2 = 2NiO(s) \quad : \quad \Delta G^o = -471,200 + 172\ T(J/mol)$$

풀이시 10.6절을 참조하기 바란다.

10.14 온도 1600°C에서 운용되는 용강/슬래그 2차 정련 레이들 내 용강중 Cr함량 측정을 위해서 산소 농도전지를 이용한다. 제강정련로내 슬래그는 Cr_2O_3로 포화되어 있다고 가정하라. 산소 농도전지에 의한 측정 기전력이 110 mV일 경우 정련로내 용강중 평형 Cr농도를 wt%로 계산하라. 문제 풀이 편의상 용강중 Cr은 희석농도 범주에 속하여 이상거동을 한다고 가정하라.

$$2\underline{Cr}(1wt\%) + 3\underline{O}(1wt\%) = Cr_2O_3(s) \ : \ \Delta G^o_{rxn} = -221,750 + 86.79\,T(cal)$$

10.15 $Zn(10\%\ amalgam\ in\ Hg) \mid ZnSO_4 \cdot 7H_2O(s),\ H_2SO_4(s) \mid Hg(Sat'd.aq.sol'n)$

위 Clark 전지의 온도에 따른 기전력 자료가 다음 표로서 주어진다.

$T(K)$	293	298	308	318	328
$E(V)$	1.4267	1.4202	1.4062	1.3908	1.3740

온도 308 K에서의 Clark 전지반응에 대한 깁스 자유에너지 변화, 엔트로피 변화 및 엔탈피 변화를 각각 구하라.

10.16 Mg(순수액상) | $MgCl_2$-$CaCl_2$ | Mg-Al(액상)

Mg – Al 합금중 Mg 활동도를 조성함수로서 계산하고 이를 도해하라.

X_{Mg}	0.0447	0.1130	0.1905	0.3400	0.5825	0.7490
emf(mV)	152.84	109.87	82.50	54.20	30.45	20.87

10.17 온도 25°C에서 $Ni - H_2O$ 계에 대한 푸베이 도표를 다음 성분들을 고려하여 작성 도해하라.

$$Ni,\ NiO,\ NiO_2,\ Ni^{2+},\ HNiO_2^-$$

10.18 구리시편이 25°C에서 산소함유 물속으로 용해되는 경우(구리 이온 함유 수용액), 그림 10.13의 푸베이 도표를 사용하여 구리의 부식을 억제하기 위한 3가지 방법을 들고 이에 대해 구체적으로 답하라.

10.19 다음 산소 농도전지가 900°C에서 기전력 $E = 284.7$ mV 의 전지전압을 나타낸다.

$$(\text{Pt}),\ \text{Mo(s)} \,|\, \text{MoO}_2\text{(s)} \,|\, \text{ZrO}_2 - 15\%\ \text{CaO} \,|\, \text{Ni(s)} \,|\, \text{NiO(s)},\ (\text{Pt})$$

온도 900°C에서 $\Delta G^{o}_{f,\,NiO} = -134,665.4$ (J/mol) 이다. 동일한 온도에서 MoO_2의 표준 생성 자유에너지를 구하라.

10.20 Mg(pure solid) | $MgCl_2$ – KCl – LiCl(l) | Mg(63.5 at%) – Zn(36.5at%)

위 전지의 가역(평형) 기전력은 다음 온도함수로 다음처럼 주어진다.

$$E = 16.08 \times 10^{-3} + 1.02 \times 10^{-5}\ \text{T (volt)}$$

(a) 양극, 음극 및 전지 반응을 각각 써라.

(b) 온도 1000K에서 Mg-Zn 합금 내 a_{Mg} 와 γ_{Mg} 를 구하라.

(c) 1000K에서 Mg의 분몰 혼합 자유에너지, 엔트로피, 엔탈피를 구하라.

(d) 1000K에서 Mg의 분몰잉여 혼합 자유에너지, 엔트로피, 엔탈피를 구하라.

Appendix A

부록은 본 교재에서 사용된 여러가지 물성 단위와 몇 가지 수학적 개념 및 이의 사용법을 기술하고 있다.

단위

세계적으로 통일된 하나의 단위체계가 사용된다면 매우 편리할 것이다(이는 세계적으로 한 가지 화폐가 통용될 경우 느낄 수 있는 편리한 점과 같은 맥락이다). 그러나 우리는 세계적으로 통일된 단일 체계의 통화를 사용하고 있지 못할 뿐더러 기술 및 관련 저술분야에서도 단일 단위체계를 확립하지 못하고 있다.

기본적으로 이 교재는 국제단위체계로서 SI 단위를 사용하고 있다. 재료과학 및 공학도들에겐 실제 전공분야에서 물리학자, 화학자 및 기타 다른 분야 과학자들에 의해 창출된 지식을 이해하고 이를 응용할 수 있는 자질이 요구되고 있다. 이들은 또한 다른 분야 공학도들과의 지식 교류를 통해 전공지식을 폭넓게 보완할 수 있는 능력을 갖추어야만 한다. 이는 재료과학 및 공학전공 학생들은 다양한 측정 단위에 익숙해져야 함을 의미한다. 이들의 연구분야에서 동일하게 사용될 수 있는 모든 형태의 단위로 표기된 자료를 접하고 이를 이해할 수 있어야 한다. 예로 20세기 중반까지만 해도 대부분 과학 교재와 문헌에서는 압력이 기압(atmosphere) 단위로 표현되어 왔다. 그러나 SI 단위로는 압력을 파스칼(Newton/m^2)로 다르게 표현하고 있다.

다양한 물리량 변수 측정시 사용되고 있는 단위에 대해 간단하게 살펴 보기로 한다. SI 단위는 7개 기본 단위들로서 구성되어 있다 : 길이(length), 질량(mass), 시간(time), 전류(electric current), 열역학적 온도(thermodynamic temperature), 물질 양(amount of materials), 광도(luminous intensity), 이러한 유용한 단위를 차례로 살펴본 후에 이들 기본단위로부터 파생 유도되는 힘, 압력, 그리고 에너지 등과 같은 단위들을 살펴 보기로 한다.

길이

SI 단위체계로 길이의 단위는 미터이다. 기타 단위로서는 센티미터(10^{-2} m), 피트(0.3048 m), 인치(in:0.0254005 m) 등이 사용될 수 있다. 과학분야, 특히 재료분야 교재에서는 10^{-6} 미터를 나타내는 마이크로미터(μm), 10^{-9} 미터를 나노(nm), 10^{-8} 센티미터, 즉 10^{-10} 미터를 의미하는 앵스트롬(Å)의 단위를 흔히 사용하고 있다.

질량

질량에 대한 표준 SI 단위는 킬로그램(kg)이다. 질량이 종종 파운드(pound)로 표현되기도 한다. 1 파운드는 0.4536 kg이다.

화학반응 분야 학문에서 주로 쓰이는 질량의 단위는 몰(mole)이다. 엄밀히 말해서 몰은 입자수이며, "0.012 kg 탄소-12 내 원자수와 동일한 수만큼의 단위체를 함유하는 계의 물질 양"으로 정의된다. 실질적 의미로 이는 1 몰이 6.022045×10^{23}개(아보가드로수)의 입자로 이루어져 있다는 것을 의미한다. 화학 물질의 1그램-몰은 6.022045×10^{23}개의 분자를 포함하고 있다. 어떤 물질 1 몰의 무게를 분자량, 또는 공칭 그램 무게라고 칭한다. 예를 들어 탄소-12를 기준으로 정해진 철의 원자량은 55.847이다. 이는 철 1몰이 55.847g에 해당하는 무게를 나타낸다는 것을 의미한다.

킬로그램-몰이나 파운드-몰과 같은 다른 형태의 "몰"을 사용하는 문헌을 접할 때 가끔 혼란이 야기될 수 있다. 킬로그램-몰은 1000그램-몰로서 6.022045×10^{26}개의 입자를 의미한다. 철 1킬로그램-몰은 55.847 kg을 의미하고 이와 유사하게 철 1파운드-몰은 55.847 파운드의 무게를 의미한다.

고압공정을 통해 흑연으로부터 상당한 양의 다이아몬드가 제조되며 다이아몬드 박막이 진공 박막공정을 통해 합성되고 있는 현실에 귀금속 질량에 사용되는 단위를 알아두는 것도 필요하다. 다이아몬드의 질량 단위로서 쓰이고 있는 "캐럿(carat)"은 질량 0.20 g을 나타내는 단위이다.

시간

시간에 대한 SI 단위는 초이다. 모든 학문분야에서 시간 측정단위는 초이거나 시, 일, 년 등과 같이 초로 쉽게 환산될 수 있는 단위가 사용되고 있다.

전류

전류의 단위는 암페어(Ampere)이며 이는 진공중에서 1 미터 간격을 두고 평행하게 떨어져 놓인 무한길이의 두 전도체간 사이에 작용하는 힘으로써 정의된다.

온도

열역학에서 가장 기본적으로 행해지는 물성 측정이 바로 온도측정이다. 온도에 대한 SI 단위는 켈빈(kelvin)이며, 이는 물의 삼중점 절대온도의 1/273.15 분율로써 정의된다.

열역학 문헌에서는 대부분 온도 단위로 섭씨온도(degree Celsius 또는 centigrade)를 사용하고 있다. 섭씨온도 1도의 온도 범위는 절대온도 켈빈 1도에 대한 온도범위와 같다. 예로서 10 K의 온도차는 10°C의 온도차와 같다. 두 단위는 단지 영점만이 다를 뿐이다. 켈빈 단위로서 0도는 온도의 절대적 0도를 나타내는 반면 섭씨온도에서 0도는 얼음의 녹는점(공기중 1기압에서)을 기준으로 하고 있다. 또 섭씨 100°C는 전체 압력 1기압(101.325 kPa : A.7절 참조)하에서 물의 끓는점이다. 절대온도 0도는 얼음과 수증기가 평형상태로 공존하는 온도를 뜻하며, 이는 6.04×10^{-3} 기압, 0.01°C에서 나타난다.

켈빈과 섭씨온도 단위간의 상호관계는:

$$T(K) = t + 273.15,$$

여기서 t는 섭씨 단위의 온도이다.

영어권 세계에서 통용되고 있는 온도 단위로서 화씨(Fahrenheit) 단위가 있다. 이 단위로서는 얼음의 녹는점이 32°F이며 물의 끓는점은 212°F이다. Fahrenheit는 자연주의자로서 소금물 용액으로부터 그가 도달할 수 있었던 가장 낮은 온도를 0도로 기준점을 잡고 이를 토대로 온도 스케일을 정하였다. 화씨온도 단위로 절대온도 0도를 환산하면 -459.67°F가 된다. 절대 Fahrenheit 온도 단위는 랜킨(Rankine) 단위이다. 이 랜킨 단위로서 얼음의 녹는점은 497.67°F이다. 아래 그림은 이런 온도 단위들간의 상호수치변환 관계를 나타내고 있다.

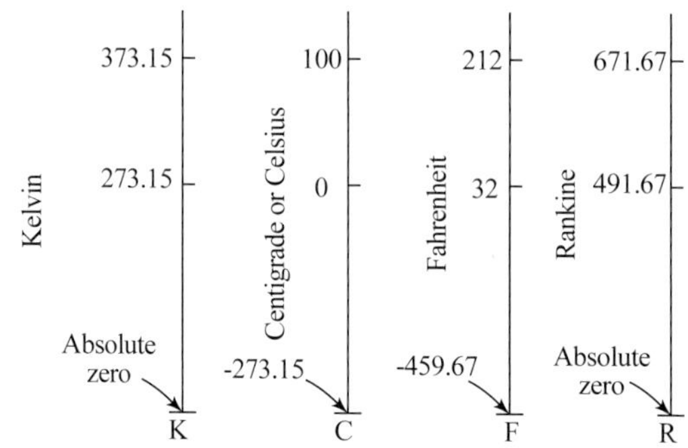

힘

힘에 대한 SI 단위는 뉴턴(newton)으로서 1 m/sec^{2}의 가속도로 1 kg물체를 가속시키는 데 필요한 힘을 의미한다.

흔히 쓰이는 또 다른 힘의 단위로 다인(dyne)이 있다. 이는 1 g의 물체를 1cm/sec^{2}의 가속도로 가속시키는 데 필요한 힘을 의미한다.

영어권에서는 1 슬러그(slug) 질량인 물체를 1 ft/sec^{2}의 가속도로 가속시키는 힘으로 1 파운드 힘(pound force)을 사용하고 있다. 1 슬러그는 14.6kg이다.

1 뉴턴은 10^5다인이며 또한 0.224 파운드힘에 해당한다.

압력

SI 단위로서 압력은 평방미터당 뉴턴(파스칼)으로서 측정되어진다. 과학 관련 문헌에서 주로 쓰이는 압력 단위는 "기압(atmosphere)"이다. 표준기압(대기압 혹은 1기압)은 1.01325 $\times 10^5$ Pascals이다.

공학적 압력 단위로서 압력은 평방인치당 파운드(pound per square inch, psi)로서 흔히 측정되어진다. 공학적 압력단위인 Psi 사용시에는 Psi 절대압력(Psia)과 Psi 게이지(gauge) 압력(Psig)간의 차이점을 구별해서 사용할 줄 알아야 한다. 절대압력은 단어 자체가 나타내듯이, 절대힘(absolute pressure)을 압력으로 나눈 측정치이다.

게이지 압력은 한쪽 끝단이 대기에 노출된 압력차이 측정장치에 의해 측정되어지는 압력이다. 표준 대기압은 약 14.7 pound/in^2 절대압력(Psia)이다. 따라서 24.7 Psia압력은 10.0 Psig 압력이 된다.

부피

부피에 대한 SI 단위는 입방미터이다. 과학 관련 문헌에서 가끔 쓰이는 부피 단위로서 리터(liter : 10^{-3} 입방미터), 입방센티미터, 밀리리터(10^{-6} 입방미터)가 있다. 공학자들은 주로 부피 단위로서 입방피트(cubic feet)나 갤런(gallons)을 쓰기도 한다. 또 다른 부피 단위로는 석유의 경우에 사용되는 배럴(barrel)이 있으며, 이는 42 U.S. 갤런(0.1590 입방미터)에 해당한다.

에너지

SI 단위 체계로 에너지 단위는 주울(joule)이다. 1 주울은 뉴턴 · 미터(N · m)이며, 이는 1 뉴턴의 힘으로 1 m를 움직일 때 소비되어지는 에너지를 나타낸다. 전기적 용어로써 1 주울은 1 볼트-쿨롱(volt-coulomb)으로서 1볼트 전위차에 대항하여 1 쿨롱의 전하를 움직이게 하는 데 필요한 에너지를 뜻한다. 다인-센티미터(erg)는 10^{-7} 주울이다.

특히 화학분야에서 에너지는 주로 칼로리(calories)로서 표현된다. 1 칼로리는 4.1868 주울로서 정의된다. 칼로리는, 원래 정의에 의하면 1 g의 물을 1°C (1기압하에서 14.5°C에서 15.5°C로) 가열시키는 데 필요한 에너지량이다. 괄호안의 특정 온도 사이에서 물의 "열용량"은 1 cal/g°C이다. 이 단위와 같은 의미를 지니는 공학적 단위는 Btu(British thermal unit)이다. 이 단위는, 정의에 의하면, 1 파운드 질량인 물을 1°F (59.5°F 와 60.5°F 사이) 가열시키는 데 필요한 에너지의 양을 뜻한다.

파워

파워(power)는 에너지율을 뜻한다. 따라서 파워의 단위는 에너지를 시간 단위로 나눈 것이 되며 SI 단위로는 와트(watt)를 사용한다. 1 와트는 1 J/sec 또는 1 N · m/sec에 해당된다. 흔히 쓰이는 공학적 단위로서 파워가 있으며, 이는 마력(horse power)으로 표현되며 746 와트에 해당하는 수치이다.

조성

용액이나 혼합물에 대한 열역학 계산시에는 성분 조성을 몰분율 혹은 몰 퍼센트로 표현하는 것이 매우 편리하다. i 성분의 몰분율(x_i)은 간단하게:

$$x_i = \frac{n_i}{\sum_i n_i}$$

여기서 n_i 는 i 성분의 몰수이다. 물론 $\sum x_i = 1$ 이다.

기체의 조성은 보통 성분의 부피 분율(혹은 부피 퍼센트)로 나타낸다. 기체가 이상적으로 거동하고 기체성분이 서로간에 상호작용을 하지 않는다고 가정하면 혼합기체내 성분 부피 분율은 부피가 몰수에 직선적으로 비례하기 때문에 몰분율과 같아진다(온도와 압력이 일정할 경우).

혼합고체, 즉 용액의 조성은 주로 무게 퍼센트로 표현된다. i 성분의 무게 퍼센트는

$$wt\%_i = 100\left(\frac{w_i}{\sum_i w_i}\right)$$

여기서 w_i 는 혼합물이나 용액 중 i 성분의 무게이다. 물론 $\sum wt\%_i = 100$ 이다.
무게 퍼센트를 몰분율(x_i)로 전환시키기 위해서는 다음 관계를 사용한다.

$$x_i = \frac{\dfrac{(wt\%)_i}{(MW)_i}}{\sum_i \dfrac{(wt\%)_i}{(MW)_i}}$$

여기서 $(MW)_i$ 는 i 성분의 분자량이다.

예로서 75 wt%의 금을 함유하는 금-구리 합금 중 금의 몰 퍼센트(또는 몰분율)를 구하여 보자. 이 합금은 18캐럿(karat)의 금이다. 18 캐럿 금은 무게비로 18/24 만큼의 금, 즉 75% 금에 해당된다.

$$mol\ \%\ gold = \frac{\dfrac{75}{197.0}}{\dfrac{75}{197.0} + \dfrac{25}{63.54}} = 0.4918 \text{ 또는 } 49.18\%$$

수학적 처리

열역학은 수학적 개념 및 전개과정에 크게 의존하는 학문이다. 본 교재에서 사용되는 중요한 수학적 관계를 살펴 보기로 하자.

로그처리

$$\ln x = y \text{ 이면 } x = \exp(y)\text{, 즉 } e^{y} \tag{A.1}$$

$$\ln(xy) = \ln x + \ln y \tag{A.2}$$

$$a \ln x = \ln x^{a} \tag{A.3}$$

$$\ln\left(\frac{x}{y}\right) = \ln x - \ln y \tag{A.4}$$

전개식으로서:

$$\ln x = (x-1) - \frac{1}{2}(x-1)^2 + \frac{1}{3}(x-1)^3 \pm \cdots \tag{A.5}$$

또한

$$\ln(1+x) = x - \frac{x^2}{2} + \frac{x^3}{3} - \frac{x^4}{4} \pm \cdots \tag{A.6a}$$

x가 작을 경우 다음처럼 근사치화 할 수 있다.

$$\ln(1+x) = x \quad \ln(1+x) = x \text{ (A.6b)} \quad x\text{가 작을 경우} \tag{A.6b}$$

미분처리

함수 $f(x)$의 미분은 다음과 같이 표현된다: $df(x) = f(x)dx$

$$d(x^n) = nx^{n-1}dx \tag{A.7}$$

$$d(\ln x) = \frac{dx}{x} \tag{A.8}$$

$$d(e^{f(x)}) = e^{f(x)} f'(x)dx \tag{A.9}$$

열역학에서는 곡선의 기울기를 결정해야 하는 경우가 종종 있다.

$d[f(x)] = Ad[f(y)]$ 라면, A 는 $f(x)$ 가 세로축, $f(y)$ 가 가로축으로 표현되는 그래프 상의 기울기이다. 예를 들어 $d[\ln x] = Ad[1/T]$ 라면 A 는 $\ln x$ 대 $1/T$ 그래프의 기울기가 된다.

관련 변수들의 분율 변화도 종종 로그함수의 미분을 취함으로써 결정되어질 수 있다. 예로서 입방체의 부피(V)는 입방체의 한 면길이(l)의 세제곱이 된다.

$$V = l^3$$

양변에 로그를 취하면:

$$\ln V = \ln l^3 = 3\ln l$$

이를 미분하면:

$$\frac{dV}{V} = 3\frac{dl}{l} \tag{A.10}$$

따라서 미소 부피 변화의 경우 입방체 부피의 분율 변화는 길이의 분율 변화의 세배에 해당된다.

식(A.10)에 대한 흥미로운 해석은 측정 오차로서 살펴볼 수 있다. Δl 을 길이 l 의 측정시 내재되는 측정 오차라고 한다면, 이때 측정 오차의 분율은 $\Delta l/l$ 이다. 따라서 이 경우 부피의 오차 분율은 $\Delta V/V$, 즉 $3\Delta l/l$ 이 된다.

편미분처리

함수 $z = f(x, y)$ 를 고려하자. 일정한 y에서 x 변화에 따른 z 의 변화가 x 에 대한 z 의 편미분이며, 이는 다음과 같이 표현한다.

$$\left(\frac{\partial z}{\partial x}\right)_y$$

마찬가지로 일정한 x 에서 y 변화에 따른 z 의 변화가 y에 대한 z 의 편미분이 된다:

$$\left(\frac{\partial z}{\partial y}\right)_x$$

"사슬 법칙(chain rule)"이라 불리우는 간단한 편미분 처리 방법을 이용하면 위의 편미분을 제3의 다른 변수를 포함하는 편미분으로 다음처럼 쓸 수 있다.

$$\left(\frac{\partial U}{\partial P}\right)_T = \left(\frac{\partial U}{\partial V}\right)_T \left(\frac{\partial V}{\partial P}\right)_T \tag{A.11}$$

전미분

x 와 y가 독립적인 변수이고 $z = f(x, y)$ 가 유일함수(single-value function)라면:

$$dz = \left(\frac{\partial z}{\partial x}\right)_y dx + \left(\frac{\partial z}{\partial y}\right)_y dy \tag{A.12}$$

이 식은 $dz = Mdx + Ndy$ 로 쓸 수 있다. z 함수의 x, y에 대한 미분순서가 미분값에 영향을 주지 않으므로:

$$\left(\frac{\partial M}{\partial y}\right)_x = \left(\frac{\partial N}{\partial x}\right)_x = \left(\frac{\partial^2 z}{\partial x \partial y}\right) \qquad \text{(A.13)}$$

이 방법은 열역학적 성질들에 관한 고찰시 매우 자주 이용되어진다.
전미분 표현으로부터 유도될 수 있는 다른 표현은:

$$\left(\frac{\partial x}{\partial y}\right)_z \left(\frac{\partial z}{\partial x}\right)_y \left(\frac{\partial y}{\partial z}\right)_x = -1 \quad \text{또는} \quad \left(\frac{\partial x}{\partial y}\right)_z = -\frac{\left(\frac{\partial z}{\partial y}\right)_x}{\left(\frac{\partial z}{\partial x}\right)_y} \qquad \text{(A.14)}$$

팩토리알

곱에 대한 편리한 수학적 표현방법이 팩토리알(factorials)이다. $5 \times 4 \times 3 \times 2 \times 1 = 5!$, 즉 5 팩토리알.
일반적인 형태로서 N 팩토리알은

$$N! = N(N-1)(N-2)(N-3)\cdots(2)(1)$$

통계역학에서 팩토리알은 자주 등장한다. 이 경우 팩토리알에 대한 스티어링 근사치(Stirling approximation)나 팩토리알의 자연로그가 매우 유용하게 쓰인다:

$$N! \cong N^N e^{-N} (2\pi N)^{1/2}$$

또는

$$\ln N! = N \ln N - N \quad \text{(근사치)} \qquad \text{(A.15)}$$

동차함수

아래와 같은 관계가 성립하면 이 함수 f 를 x, y 에 대한 n 차 동차함수(homogeneous function)라고 한다.

$$f(kx, ky) = k^n \left[f(x, y) \right] \qquad \text{(A.16)}$$

동차함수의 오일러 공식은:

$$x\left(\frac{\partial f}{\partial x}\right)_y + y\left(\frac{\partial f}{\partial y}\right)_x = nf \qquad \text{(A.17)}$$

함수 f 가 1차 동차함수이면:

$$x\left(\frac{\partial f}{\partial x}\right)_y + y\left(\frac{\partial f}{\partial y}\right)_x = f \qquad \text{(A.18)}$$

내부에너지, 깁스 자유에너지와 같은 대부분 열역학적 함수는 1차 동차함수이므로 식 (A.18)은 특히 유용하게 쓰인다.

라그란지법

라그란지법은 다음 형태의 문제를 푸는 데 사용될 수 있다. n 개의 변수를 가진 함수가 아래와 같이 주어지고

$$\Phi(x_1, x_2, x_3, \cdots, x_{n,})$$

변수들 각각에 대한 구속 조건이 다음처럼 주어질 경우,

$$\begin{gathered}\psi_1(x_1, x_2, x_3, \cdots, x_{n,}) = 0 \\ \psi_2(x_1, x_2, x_3, \cdots, x_{n,}) = 0 \\ \vdots \\ \psi_m(x_1, x_2, x_3, \cdots, x_{n,}) = 0\end{gathered}$$

함수 Φ 를 최대화(혹은 최소화)하는 각각의 $x_1, x_2, x_3, \cdots, x_{n,}$ 에 대한 해를 구하는 문제풀이시에 라그란지법이 이용되어진다. n 개 변수와 m 개 구속 조건이 있으므로 계내에는 $n - m$ 개의 자유도가 있게 된다.

Φ 의 최대(혹은 최소)값을 찾기 위해서 변수 x_i 를 δx_i 만큼 각각 변화시킨다.

Φ 의 최대값에서는 다음 조건이 성립된다.

$$d\Phi = 0 = \sum_{i=1}^{n} \frac{\partial \Phi}{\partial x_i}\delta x_i \qquad \text{(A,19)}$$

각각의 구속 조건은:

$$d\psi_j = 0 = \sum_{i=1}^{n} \frac{\partial \psi_j}{\partial x_i}\delta x_i \qquad \text{(A.20a)}$$

여기서 $j = 1, 2, 3, \cdots, m$.

각각의 구속 조건식에다 임의 미정승수함수 λ_j 를 곱하면:

$$\lambda_1 d\psi_1 = 0 = \lambda_1 \sum_{i=1}^{n} \frac{\partial \psi_1}{\partial x_i} \delta x_i \tag{A.20b}$$

$$\lambda_2 d\psi_2 = 0 = \lambda_2 \sum_{i=1}^{n} \frac{\partial \psi_2}{\partial x_i} \delta x_i \tag{A.20c}$$

$$\vdots$$

$$\lambda_m d\psi_m = 0 = \lambda_m \sum_{i=1}^{n} \frac{\partial \psi_m}{\partial x_i} \delta x_i \tag{A.20m}$$

식(A.19)와 (A.20b)에서 (A.20m)까지를 모두 더하면:

$$\sum_{i=1}^{n} \left(\frac{\partial \Phi}{\partial x_i} + \lambda_1 \frac{\partial \psi_1}{\partial x_i} + \lambda_2 \frac{\partial \psi_2}{\partial x_i} + \cdots + \lambda_m \frac{\partial \psi_m}{\partial x_i} \right) \delta x_i = 0$$

이 관계식이 모든 δx_i 에 대해 성립되려면 괄호안 항은 0이 되어야만 한다.

$$\frac{\partial \Phi}{\partial x_i} + \lambda_1 \frac{\partial \psi_1}{\partial x_i} + \lambda_2 \frac{\partial \psi_2}{\partial x_i} + \cdots + \lambda_m \frac{\partial \psi_m}{\partial x_i} = 0 \tag{A.21}$$

따라서 이 n 개의 식을 함수 λ_1, λ_2, λ_3, $\cdots$, λ_m 에 대해서 풀 수 있다. m 개의 미정승수 λ를 포함한 n 개의 식이 있으므로, $m\lambda$ 함수에 대해 풀어서 이들을 남은 ($n - m$)개의 식에 대입할 수 있다. 이 둘의 합은 $m + (n - m) = n$ 이다. 이와 같이 해서 최소(최대)치 조건을 만족시키는 지배방정식내 n 개 변수들의 수치가 결정되어질 수 있다.

라그란지법을 이용하는 간단한 예를 살펴보자. 변의 길이가 x, y 인 직사각형의 면적 ($A = xy$)을 최대화시켜 보자. 이 경우 적용되는 구속 조건은 직사각형의 총 주변길이의 합인 $P = 2x + 2y$ 이다.

최대치 A를 나타내는 지배방정식 A 의 미분은:

$$dA = xdy + ydx = 0$$

구속함수 $P - 2x - 2y = 0$ 의 미분은:

$-2dx - 2dy = 0$, 이에 미정승수 λ를 곱하고 이를 dA 에 더해주면:

$$(x - 2\lambda)dy + (y - 2\lambda)dx = 0$$

$x = y = 2\lambda$ 이고 $P = 4\lambda + 4\lambda$, 즉 $\lambda = P/8$ 이므로:

$$x = \frac{P}{4} \quad \text{그리고} \quad y = \frac{P}{4}$$

면적을 최대화시키려면 직사각형은 정사각형이 되어야 한다.

이번에는 두 개의 구속 조건을 가지는 간단한 문제를 통해 라그란지법의 이용 예를 들어보자. 10.5절에서 다룬 함수 $-\sum x_i \ln x_i$ 를 최대화 시켜 보자. 가게에서 가격이 각각 1, 2, 3 달러인 1, 2, 3으로 구별되는 세 가지 상품이 팔리고 있다고 한다. 우리는 단지 상품의 평균 판매가격이 2.20달러라는 것만 알고 있다. 가장 가능성있는 상품들간의 판매량 분포는 무엇인가?

이 문제 풀이시 적용할 수 있는 원리는 "계에 관한 주어진 정보(구속 조건)에 대해서 S를 최대화 하는 상태가 계의 상태로 전제되어야만 한다"이다. S는 다음과 같이 표현된다:

$$S = -k\sum p_i \ln p_i \tag{A.23}$$

여기서 p_i 는 i가 일어날 수 있는 확률이다.

이 함수에는 두 가지 구속 조건이 있다. 첫째는 확률의 합이 1이 되어야 한다는 것이다.

$$\sum p_i = 1 \tag{A.24}$$

둘째는 판매 상품의 평균가격이 $\langle V \rangle$이 2.20 달러라는 것이다.

$$\sum p_i V_i = \langle V \rangle = \$2.20 \tag{A.25}$$

각각의 식[(A.23), (A.24) 그리고 (A.25)]을 다음처럼 δp_i 만큼 변화시킬 경우:

$$-k\sum(\ln p_i \delta p_i + \delta p_i) = 0 \Rightarrow \sum \ln p_i \delta p_i = 0 \tag{A.23a}$$

$$\sum \delta p_i = 0 \tag{A.24a}$$

$$\sum V_i \delta p_i = 0 \tag{A.25a}$$

각각의 식에 다음 미정승수들이 가해지면:

	미정승수
$\sum \ln p_i \delta p_i = 0$	1
$\sum \delta p_i = 0$	λ_0

$$\sum V_i \delta p_i = 0 \quad \lambda_1$$

세 식을 더하면:

$$\sum_i \left(\ln P_i + \lambda_0 + \lambda_1 V_i\right) \delta P_i = 0$$

따라서:

$$\ln p_i + \lambda_0 + \lambda_1 V_i = 0$$
$$p_i = e^{-\lambda_0} e^{-\lambda_1 V_i}$$

$\sum p_i = 1$ 이므로:

$$\sum_i p_i = 1,$$
$$\sum_i p_i = e^{-\lambda_0} e^{-\lambda_1 V_i} = 1$$
$$e^{\lambda_0} = \sum e^{-\lambda_1 V_i}$$

그러므로:

$$p_i = \frac{e^{-\lambda_1 V_i}}{\sum_i e^{-\lambda_1 V_i}}$$

평균 판매가격 $\langle V \rangle$가 2.20 달러임을 알고 있으므로:

$$\langle V \rangle = \sum_i p_i V_i = \frac{\sum V_i e^{-\lambda_1 V_i}}{\sum e^{-\lambda_1 V_i}}$$

이 문제의 경우 $V_1 = 1,\ V_2 = 2,\ V_3 = 3$ 이므로:

$$\langle V \rangle = \frac{e^{-\lambda_1} + 2e^{-2\lambda_1} + 3e^{-3\lambda_1}}{e^{-\lambda_1} + e^{-2\lambda_1} + e^{-3\lambda_1}} = \$2.20$$

$e^{-\lambda}$ 에 대해 풀면($x = e^{-\lambda}$ 로 놓고):

$$e^{-\lambda} = 1.38$$

따라서

$$p_1 = \frac{e^{-\lambda_1(1.00)}}{e^{-1.00\lambda_1} + e^{-2.00\lambda_1} + e^{-3.00\lambda_1}} = \frac{1.38}{5.913} = 0.2334$$

$$p_2 = \frac{e^{-2.00\lambda_1}}{5.913} = 0.3221$$

$$p_3 = \frac{e^{-3.00\lambda_1}}{5.913} = 0.4445$$

$$p_1 + p_2 + p_3 = 1.0000$$

단위변환연습

A.1 철의 선형 열팽창계수(α_1)는 인치당, °C당 11.8 마이크로인치(μ in. in^{-1}°C^{-1})이다.

(a) 인치당, °F 마이크로인치 단위로 환산하면 α_1 는 얼마인가?

(b) 센티미터당 1 K당 마이크로센티미터 단위로 환산하면 α_1 는 얼마인가?

(c) 아래 단위로 부피 열팽창계수를 각각 구하라.

$$cm^3cm^{-3}{}^{\circ}C^{-1}$$
$$in.^3in.^{-3}{}^{\circ}C^{-1}$$
$$cm^3cm^{-3}K^{-1}$$

A.2 물의 밀도는 단위 입방센티미터당 1그램이다.

(a) 그램당 입방센티미터 단위로 물의 고유 부피는 얼마인가?

(b) 몰당 입방센티미터 단위로 물의 고유 부피는 얼마인가?

A.3 철의 밀도는 298 K에서 7.87 g/cm^3 이다.

(a) 298 K에서 철의 밀도를 입방인치당 파운드 단위로 환산하라.

(b) 문제 A.1에서 주어진 열팽창계수가 298 K에서 1000 K까지의 온도 범위에서 유효한 값이라면, 298 K에서 철봉의 길이가 1.00 cm일 경우 1000 K에서 철봉의 길이는 얼마가 되는가?

(c) 1000 K에서 철의 밀도는 얼마인가(입방센티미터당 그램 단위로 표현하라)?

A.4 1cm 길이인 철봉이 늘어나지 못하도록 고정되어 있다. 철봉을 600 K로 가열할 경우 철봉 내에 야기되는 응력을 계산하라.

철의 영률(Young's modulus)은 210,000 MN/m^2, 즉 30×10^6 psi이다.

영률은 응력 대 변형률 곡선에서의 기울기에 해당하는 값이다. 응력의 단위는 단위 면적당 힘이다. 변형률은 무차원 변수(즉, in/in. 혹은 cm/cm)이다.

Appendix B

B.1 표준 깁스에너지 자료

여러 가지 주요 반응에 대한 표준 깁스 자유에너지 변화(Joule/mole)는 표의 자료로부터 다음 식에 의해 구해진다.

$$\Delta G^\circ = \Delta \overline{H}^\circ - T\Delta \overline{S}^\circ$$

여기서 $\Delta \overline{H}^\circ$ 와 $\Delta \overline{S}^\circ$ 는 표에 명시된 온도 영역에 걸쳐서 계산된 평균값(윗 –로 표시)이다.

반응 참여 화합물과 원소들중 괄호안 문자로 *l*, *g*는 각각 액상, 기상을, 그리고 괄호로 표시하지 않은 물질은 모두 고상(*s*)을 의미한다. 온도영역표시 중 문자 *m*, *b*, *s*는 용융점, 기화점, 승화점 온도를 각각 나타낸다.

Reaction	$\Delta \overline{H}^\circ$ (joule)	$\Delta \overline{S}^\circ$ (joule)	Range(°C)
Ag = Ag(l)	11 300	9.16	961 m
Ag(l) = Ag(g)	258 300	106.25	961-2163 b
AgBr = AgBr(l)	9200	13.10	430 m
AgBr(l) = AgBr(g)	192 000	104.6	1560 b
AgBr(l) =Ag(l) + $^1/_2$ Br_2	99 010	27.8	951-1560 b
AgCl = AgCl(l)	13 000	17.83	455 m
AgCl(l) = AgCl(g)	177 800	96.65	1564 b
AgCl(l) = Ag(l) + $^1/_2$ Cl_2	104 470	23.0	961-1564 b
AgF = Ag + $^1/_2$ F_2	200 800	54.8	25- 435 m

Reaction	$\Delta\bar{H}°$ (joule)	$\Delta\bar{S}°$ (joule)	Range(℃)
$AgI = AgI(l)$	9410	11.3	558 m
$AgI(l) = AgI(g)$	144 300	81.2	1505 b
$AgI(l) = Ag(l) + {}^{1}/_{2}\ I_2(g)$	77 100	22.8	961-1505 b
$Ag_2O = 2\ Ag + {}^{1}/_{2}\ O_2$	30 540	66.1	25
$Ag_2S = Ag_2S(l)$	7870	7.1	830 m
$Ag_2s = 2\ Ag(s) + {}^{1}/_{2}\ S_2$	161 300	168.6	25-830 m
$Al = Al(l)$	10 800	11.55	660 m
$Al(l) = Al(g)$	304 600	109.5	660-2520 b
$AlCl(g) = Al(l) + {}^{1}/_{2}\ Cl_2$	77 500	-58.16	660-2000
$Al_2Cl_6(g) = 2\ Al + 3\ Cl_2$	1 292 000	242.2	25- 660
$AlF(g) = Al(l) + {}^{1}/_{2}\ F_2$	292 000	-54.2	660-2000
$AlF_3 = Al(l) + {}^{3}/_{2}\ F_2$	1 508 000	257.9	660-1276 s
$AlF_3(g) = Al(l) + {}^{3}/_{2}\ F_2$	123 000	79.37	660-2000
$AlB_{12} = Al(l) + 12\ B$	220 000	7.45	660-2200 m
$Al_4C_3 = 4\ Al(l) + 3\ C$	265 000	95.1	660-2200 m
$AlN = Al(l) + {}^{1}/_{2}\ N_2$	327 000	115.5	660-2000
$AlP = Al(l) + {}^{1}/_{2}\ P_2$	249 500	104.4	660-1700
$Al_2O_3 = 2\ Al(l) + {}^{3}/_{2}\ O_2$	1 687 300	327	660-2054 m
$Al_2O(g) = 2\ Al(l) + {}^{1}/_{2}\ O_2$	170 700	-49.4	660-2000
$Al_2O_2(g) = 2\ Al(l) + O_2$	470 700	28.8	660-2000
$AlPO_4 = Al + {}^{1}/_{2}\ P_2 + 2\ O_2$	1 802 000	450	25- 660
$3\ Al_2O_3 \cdot 2\ SiO_2 = 3\ Al_2O_3 + 2\ SiO_2$	-8600	-17.4	25-1750 m
$Al_2O_3 \cdot 2\ SiO_2 = Al_2O_3 + SiO_2$	8815	3.89	25-1700
$Al_2O_3 \cdot TiO_2 = Al_2O_3 + TiO_2$	25 300	3.93	25-1860 m
$As = 1/4\ As_4(g)$	36 570	41.9	25- 630 s
$Au = Au(l)$	12 550	9.41	1064 m
$B = B(l)$	50 210	21.8	2030 m
$B = B(g)$	570 150	147.8	25-2030 m
$BCl_3(g) = B + {}^{3}/_{2}\ Cl_2$	404 000	51.7	25-2030
$BF_3(g) = B + {}^{3}/_{2}\ F_2$	1 140 600	65.1	25-2030
$B_4C = 4\ B + C$	41 500	5.56	25-2030
$BN = B + {}^{1}/_{2}\ N_2$	250 000	87.61	25-2030
$B_2O_3 = B_2O_3(l)$	24 060	33.3	450 m
$B_2O_3(l) = 2\ B(s) + {}^{3}/_{2}\ O_2$	1 229 000	210	450-2043 b
$BO(g) = B(s) + {}^{1}/_{2}\ O_2$	3800	-88.8	25-2030

Reaction	$\Delta\bar{H}°$ (joule)	$\Delta\bar{S}°$ (joule)	Range(℃)
$Ba = Ba(l)$	7740	7.74	727 m
$Ba(l) = Ba(g)$	152 000	70.4	729-1894 b
$BaCl_2 = BaCl_2(l)$	15 980	12.93	962 m
$BaCl_2(l) = Ba(l) + Cl_2$	811 300	121.5	962-1622
$BaF_2 = BaF_2(l)$	23 350	14.23	1368 m
$BaF_2(l) = Ba(l) + F_2$	1 154 000	129	1368-1622
$BaO = Ba(l) + {}^1/_2\ O_2$	557 000	103	729-1622
$BaS = Ba(l) + {}^1/_2\ S_2$	544 000	123.4	729-1622
$BaCO_3 = BaO(s) + CO_2$	250 800	147.0	800-1060 m
$Be = Be(l)$	11 715	7.53	1287 m
$Be(l) = Be(g)$	300 000	108.6	1287-2468 b
$BeCl_2(g) = Be(l) + Cl_2$	380 000	-5.86	1287-2000
$BeF_2(g) = Be(l) + F_2$	819 000	2.34	1287-2000
$Be_2C = 2\ Be + C$	93 300	13.8	25-1287
$Be_2C = 2\ Be(l) + C$	115 000	28.5	1287-2000
$Be_3N_2 = 3\ Be(s) + N_2$	587 000	185.4	25-1287
$Be_3N_2 = 3\ Be(l) + N_2$	616 000	203	1287-2200 m
$BeO = Be(s) + {}^1/_2\ O_2$	608 000	97.4	25-1287
$BeO = Be(l) + {}^1/_2\ O_2$	613 600	100.9	1287-2000
$BeS = Be(s) + {}^1/_2\ S_2$	300 000	86.6	25-1287
$BeO \cdot Al2O_3 = BeO + Al_2O_3$	4180	-3	25-2870 m
$3\ BeO \cdot B2O_3 = 3\ BeO + B_2O_3(l)$	58 400	25.5	450-1495 m
$2\ BeO \cdot SiO_2 = 2\ BeO + SiO_2$	10 900	7.1	25-1560 m
$BeSO_{4\beta} = BeO + SO_2 + {}^1/_2\ O_2$	254 400	232	25-1287
$Bi = Bi(l)$	11 300	20.75	271 m
$Bi(l) = Bi(g)$	192 000	99.4	272-1661 b
$BiCl_3 = BiCl_3(l)$	23 640	46.6	234 m
$BiCl_3(l) = Bi(l) + {}^3/_2\ Cl_2$	351 000	160.5	272- 439 b
$BiF_3 = BiF_3(g)$	21 590	23.4	649 m
$BiF_3(l) = BiF_3(g)$	125 500	104.6	927 b
$BiF_3(l) = Bi(l) + {}^3/_2\ F_2$	853 500	182.8	649- 927 b
$Bi_2O_3 = Bi_2O_3(l)$	59 850	54.6	824 m
$Bi_2O_3(l) = 2\ Bi(l) + {}^3/_2\ O_2$	445 000	159.6	824-1500
$Bi_2O_3 = Bi_2S_3(l)$	78 200	74.5	777 m
$Bi_2O_3 = 2\ Bi(l) + {}^3/_2\ S_2$	360 000	274	272- 777 m
Graphite = Diamond	1440	-4.48	29- 900

Reaction	$\Delta\bar{H}^\circ$ (joule)	$\Delta\bar{S}^\circ$ (joule)	Range(℃)
$C = C(g)$	713 500	155.5	1750-3800 s
$CH_4(g) = C + 2\ H_2$	91 040	110.7	500-2000
$CCl_4(g) = C + 2\ Cl_2$	89 100	129.2	25-2000
$CF_4(g) = C + 2\ F_2$	933 200	151.5	25-2000
$CN(g) = C + {}^1/_2\ N_2$	-433 500	-99.6	25-2000
$CO = C + {}^1/_2\ O_2$	110 540	-89.35	-150- 500
$CO = C + {}^1/_2\ O_2$	114 400	-85.77	500-2000
$CO_2 = C + O_2$	395 350	-0.54	500-2000
$CO_2 = C + O_2$	393 500	-2.88	-50- 500
$COS(g) = C + {}^1/_2\ O_2 + {}^1/_2\ S_2$	202 800	-9.96	500-2000
$CS(g) = C + {}^1/_2\ S_2$	-163 000	-88	25-2000
$CS_2(g) = C + S_2$	11 400	-6.5	25-2000
$Ca = Ca(l)$	8536	7.7	842 m
$Ca(l) = Ca(g)$	156 800	89.5	842-1482 b
$CaBr_2 = CaBr_2(l)$	28 870	28.45	742 m
$CaBr_2(l) = Ca(l) + Br_2(g)$	670 000	105	842-1482
$CaCl_2 = CaCl_2(l)$	28 535	27.3	722 m
$CaCl_2(l) = CaCl_2(g)$	235 000	106.4	1936 b
$CaCl_2(l) = Ca(l) + Cl_2$	800 000	146	842-1482
$CaF_2 = CaF_2(l)$	29 700	17.6	1418 m
$CaF_2(l) = CaF_2(g)$	308 700	110	2533 b
$CaF_2 = Ca(l) + F_2$	1 220 000	162	842-1482
$CaC_2 = Ca(l) + 2\ C$	60 250	-26.3	842-1482
$Ca_3N_2 = 3\ Ca + N_2$	43 514	200	25-842
$CaAl_2 = CaAl_2(l)$	63 200	46.9	1080 m
$CaAl_2(l) = Ca(l) + 2\ Al(l)$	189 000	3.35	1080-1482
$CaAl_4(l) = CaAl_4(l)$	78 700	75.0	777 m
$CaAl_4(l) = Ca(l) + 4\ Al(l)$	200 000	3.0	842-1482
$Ca_2Si = 2\ Ca + Si$	210 000	22.0	25- 842
$CaSi = Ca + Si$	150 000	15.5	25- 842
$CaSi_2 = Ca + 2\ Si$	150 000	28.5	25- 842
$Ca_3P_2 = 3\ Ca + P_2$	650 000	216	25- 842
$CaO = CaO(l)$	79 500	24.7	2927 m
$CaO = Ca(l) + {}^1/_2\ O_2$	640 000	108.6	842-1482
$CaS = Ca(l) + {}^1/_2\ S_2$	548 000	104	842-1482
$3\ CaO \cdot Al_2O_3 = 3\ CaO + Al_2O_3$	12 600	-24.7	500-1535 m
$CaO \cdot Al_2O_3 = CaO + Al_2O_3$	18 000	-19.0	500-1605 m

Reaction	$\Delta\bar{H}°$ (joule)	$\Delta\bar{S}°$ (joule)	Range(℃)
$CaO \cdot 2\ Al_2O_3 = CaO + 2\ Al_2O_3$	17 000	-25.5	500-1750 m
$CaCO_3 = CaO + CO_2$	161 300	137.2	700-1200
$2\ CaO \cdot Fe_2O_3 = CaO + Fe_2O_3$	53 100	-2.5	700-1450 m
$CaO \cdot Fe_2O_3 = CaO + Fe_2O_3$	30 000	-4.8	700-1216 m
$3\ CaO \cdot P_2O_5 = 3\ CaO + P_2 + {}^5/_2\ O_2(g)$	2 314 000	556	25-1730 m
$2\ CaO \cdot P_2O_5 = 2\ CaO + P_2 + {}^5/_2\ O_2$	2 190 000	586	25-1353 m
$CaSO_{4\beta} = CaO + SO_2 + {}^1/_2\ O_2$	460 000	238	950-1195
$CaSO_{4\alpha} = CaO + SO_2 + {}^1/_2\ O_2$	454 000	232.0	1195-1365 m
$3\ CaO \cdot SiO_2 = 3\ CaO + SiO_2$	120 000	-6.7	25-1500
$2\ CaO \cdot SiO_2 = 2\ CaO + SiO_2$	120 000	-11.3	25-2130 m
$3\ CaO \cdot 2\ SiO_2 = 3\ CaO + 2\ SiO_2$	237 000	9.6	25-1500
$CaO \cdot SiO_2 = CaO \cdot SiO_2(l)$	56 000	33.0	1540 m
$CaO \cdot SiO_2 = CaO + SiO_2$	92 500	2.5	25-1540 m
$3\ CaO \cdot 2\ TiO_2 = 3\ CaO + 2\ TiO_2$	207 000	-11.5	25-1400
$4\ CaO \cdot 3\ TiO_2 = 4\ CaO + 3\ TiO_2$	293 000	-17.6	25-1400
$CaO \cdot TiO_2 = CaO + TiO_2$	80 000	3.35	25-1400
$3\ CaO \cdot V_2O_5 = 3\ CaO + V_2O_5$	332 000	0.0	25- 670
$2\ CaO \cdot V_2O_5 = 2\ CaO + V_2O_5$	265 000	0.0	25- 670
$CaO \cdot V_2O_5 = CaO + V_2O_5$	146 000	0.0	25- 670
$CaO \cdot ZrO_2 = CaO + ZrO_2$	39 300	0.4	25-2000
$CaO \cdot MgO \cdot SiO_2 = CaO + MgO + SiO_2$	125 000	+4.0	25-1200
$2\ CaO \cdot MgO \cdot 2\ SiO_2 = 2\ CaO + MgO + 2\ SiO_2$	205 000	0.0	25-1454 m
$CaO \cdot MgO \cdot 2\ SiO_2 = CaO \cdot MgO \cdot 2\ SiO_2(l)$	128 500	77.1	1392 m
$CaO \cdot MgO \cdot 2\ SiO_2 = CaO + MgO(s) + 2\ SiO_2$	163 000	18.8	25-1392 m
$3\ CaO \cdot Al_2O_3 \cdot 3\ SiO_2 = 3\ CaO + Al_2O_3 + 3\ SiO_2$	389 000	100	25-1400
$2\ CaO \cdot Al_2O_3 \cdot SiO_2 = 2\ CaO + Al_2O_3 + SiO_2$	170 000	8.8	25-1500
$CaO \cdot Al_2O_3 \cdot SiO_2 = CaO + Al_2O_3 + SiO_2$	106 000	14.2	25-1400
$CaO \cdot Al_2O_3 \cdot 2\ SiO_2 = CaO + Al_2O_3 + 2\ SiO_2(l)$	167 000	91.4	1553
$CaO \cdot Al_2O_3 \cdot 2\ SiO_2 = CaO + Al_2O_3 + 2\ SiO_2$	139 000	17.2	25-1553
$CaO \cdot TiO_2 \cdot SiO_2 = CaO + TiO_2 + SiO_2$	122 600	10.9	25-1400
$Cd = Cd(l)$	6190	10.4	321 m
$Cd(l) = Cd(g)$	101 700	97.9	321- 766 b
$CdBr_2 = CdBr_2(l)$	33 300	39.7	568 m
$CdBr_2 = Cd(l) + Br_2(g)$	344 000	151.3	321- 568 m
$CdCl_2 = CdCl_2(l)$	30 100	35.8	568 m

Reaction	$\Delta\bar{H}°$ (joule)	$\Delta\bar{S}°$ (joule)	Range(°C)
$CdCl_2 = Cd(l) + Cl_2$	390 000	153	321- 568 m
$CdI_2 = CdI_2(l)$	20 700	31.2	388 m
$CdI_2(l) = Cd(l) + I_2(g)$	238 000	107.0	388- 744 b
$CdSO_4 = CdO + SO_2 + {}^1/_2\ O_2$	372 000	277	25-1000
$CdO \cdot SiO_2 = CdO + SiO_2$	24 600	4.7	25-1241 m
$CdO = Cd(l) + {}^1/_2\ O_2$	263 000	105	321- 767
$CdS = Cd(l) + {}^1/_2\ S_2$	215 500	97.2	321- 767
$CdO \cdot Al_2O_3 = CdO + Al_2O_3$	-16 700	-23.0	25- 900
$Ce = Ce(l)$	5480	5.105	798 m
$Ce(l) = Ce(g)$	413 700	111.8	798-3422 b
$CeH_2 = Ce + H_2$	208 400	154	25- 798
$CeCl_3 = CeCl_3(l)$	53 550	49.1	817 m
$CeCl_3 = Ce + {}^3/_2\ Cl_2$	1 050 000	240	25- 798
$CeF_3 = CeF_3(l)$	56 500	33.05	1437 m
$CeF_3 = Ce + {}^3/_2\ F_2$	1 770 000	252	25- 798
$CeB_6 = Ce(l) + 6B$	376 000	55.2	798-2190 m
$Ce_2C_3 = 2\ Ce(l) + 3\ C$	188 000	-14.5	798-1200
$CeC_2 = Ce(l) + 2\ C$	85 230	-27.0	798-2250 m
$CeN = Ce(l) + {}^1/_2\ N_2$	489 000	177.1	2000-2575 m
$CeAl_2 = CeAl_2(l)$	81 600	47.0	1465 m
$CeAl_2 = Ce(l) + 2\ Al(l)$	213 000	50.6	798-1465 m
$CeAl_4 = Ce + 4\ Al$	176 000	21.3	25- 660
$CeSi_2 = Ce(l) + 2\ Si$	200 000	16.3	798-1427 m
$Ce_2O_3 = 2\ Ce + {}^3/_2\ O_2$	1 788 000	286.6	25- 798
$CeO_{1.72} = Ce + 0.86\ O_2$	990 000	170	25- 798
$CeO_{1.83} = Ce + 0.915\ O_2$	1 030 000	182	25- 798
$CeO_2 = Ce + O_2$	1 084 000	212	25- 798
$CeS = Ce(l) + {}^1/_2\ S_2$	535 000	90.96	798-2450 m
$Ce_2O_2S = 2\ Ce(l) + O_2 + {}^1/_2\ S_2$	1 770 000	333	798-1400
$Ce_2O_3 \cdot Al_2O_3 = Ce_2O_3 + Al_2O_3$	79 500	-20.9	1100-1500
$Co = Co(l)$	16 200	9.16	1495 m
$Co(l) = Co(g)$	387 000	121.3	1495-2925 b
$CoCl_2 = CoCl_2(l)$	44 800	44.2	740 m
$CoCl_2 = Co + Cl_2$	307 000	130	25- 740 m
$CoF_2 = Co + F_2$	686 000	141.4	25-1127 m
$Co_2B = 2\ Co + B$	130 000	10.9	25-1200
$CoB = Co + B$	96 200	7.5	25-1460 m

Reaction	$\Delta\bar{H}^\circ$ (joule)	$\Delta\bar{S}^\circ$ (joule)	Range(℃)
$CoAl = CoAl(l)$	62 760	32.7	1645 m
$CoAl = Co + Al(l)$	133 900	29.7	660-1495
$Co_2Al_5 = 2\ Co + 5\ Al(l)$	364 000	92	660-1170 m
$CoAl_3 = Co + 3\ Al$	155 000	8.4	25- 660
$Co_2Al_9 = 2\ Co + 9\ Al$	318 000	15.0	25- 660
$Co_2P = 2\ Co + {}^1/_2\ P_2$	264 000	98.0	25-1100
$CoP = Co + {}^1/_2\ P_2$	197 000	86.6	25-1100
$CoP_3 = Co + {}^3/_2\ P_2$	406 000	228	25-1100
$CoO = Co + {}^1/_2\ O_2$	246 000	78.6	25-1495
$Co_3O_4 = 3\ Co + 2\ O_2$	957 000	467	25- 700
$Co_9S_8 = 9\ Co + 4\ S_2$	1 326 000	666	25- 788
$CO_4S_3 = 4\ Co + {}^3/_2\ S_2$	388 500	146	788- 877
$CoS_2 = Co + S_2$	280 000	182.0	25- 600
$CoO \cdot Cr_2O_3 = CoO + Cr_2O_3$	59 400	8.37	700-1400
$CoO \cdot Fe_2O_3 = CoO + Fe_2O_3$	24 700	-6.5	500-1200
$CoSO_4 = CoO + SO_2 + {}^1/_2\ O_2$	335 000	264	25- 600
$2\ CoO \cdot SiO_2 = 2\ CoO \cdot SiO_2(l)$	100 400	59.4	1417 m
$2\ CoO \cdot SiO_2 = 2\ CoO + SiO_2$	28 000	4.2	25-1417 m
$2\ CoO \cdot TiO_2 = 2\ CoO + TiO_2$	22 260	-1.1	25-1575 m
$CoO \cdot TiO_2 = CoO + TiO_2$	24 700	6.3	500-1400
$Cr = Cr(l)$	16 950	7.95	1857 m
$Cr(l) = Cr(g)$	348 500	118.4	1857-2669 b
$CrCl_2 = CrCl_2(l)$	32 200	29.6	815 m
$CrCl_2 = Cr + Cl_2$	389 000	119.7	25- 815 m
$CrCl_3 = Cr + {}^3/_2\ Cl_2$	548 000	215.5	25- 945 s
$CrF_2 = Cr + F_2$	774 000	134	25-1100 m
$CrF_3 = Cr + {}^3/_2\ F_2$	1 110 000	225.5	25-1100
$CrB = Cr + B$	75 300	6.7	25-1000
$CrB_2 = Cr + 2\ B$	92 050	8.4	25-1000 m
$Cr_4C = 4\ Cr + C$	96 200	-11.7	25-1520 m
$Cr_{23}C_6 = 23\ Cr + 6\ C$	310 000	-77.4	25-1500
$Cr_7C_3 = 7\ Cr + 3\ C$	153 500	-37.2	25-1857
$Cr_3C_2 = 3\ Cr + 3\ C$	79 100	-17.6	25-1857
$Cr_2N = 2\ Cr + {}^1/_2\ N_2$	99 200	47.0	1000-1450
$CrN = Cr + {}^1/_2\ N_2$	113 400	73.2	25- 500
$Cr_3Si = 3\ Cr + Si$	106 300	3.4	25-1412
$Cr_5Si_3 = 5\ Cr + 3\ Si$	219 200	-15.6	25-1412

Reaction	$\Delta \bar{H}°$ (joule)	$\Delta \bar{S}°$ (joule)	Range(℃)
$CrSi = Cr + Si$	53 560	-6.9	25-1412
$CrSi_2 = Cr + 2\ Si$	79 500	1.97	25-1412
$Cr_2O_3 = 2\ Cr + {}^3/_2\ O_2$	1 110 000	247	900-1650
$Cr_3O_4 = 3\ Cr + 2\ O_2$	1 355 000	265	1650-1665 m
$CrO(l) = Cr + {}^1/_2\ O_2$	334 000	63.8	1665-1750
$CrS = Cr + {}^1/_2\ S_2$	202 500	56.0	1100-1300
$Cr_2(SO_4)_3 = Cr_2O_3 + 3\ SO_2 + {}^3/_2\ O_2$	892 000	820	600- 800
$Cs = Cs(l)$	2092	6.95	28.5 m
$Cs(l) = Cs(g)$	71 700	76.2	285-675 b
$Cu = Cu(l)$	13 050	9.62	1085 m
$Cu(l) = Cu(g)$	308 200	108.9	1085-2570 b
$CuCl(g) = Cu(l) + {}^1/_2\ Cl_2$	-63 300	-66.8	1085-2000
$Cu_3Cl_3(g) = 3\ Cu(l) + {}^3/_2\ Cl_2$	314 000	47.0	1085-2000
$CuF(g) = Cu(l) + {}^1/_2\ F_2$	-20 900	-66.1	1085-2000
$Cu_3P = 3\ Cu + {}^1/_2\ P_2$	188 300	84.1	25- 800
$CuP_2 = Cu + P_2$	238 500	155	25-1085
$Cu_2O = Cu_2O(l)$	56 820	37.66	1244 m
$Cu_2O = 2\ Cu + {}^1/_2\ O_2$	168 400	71.25	25-1085
$Cu_2O(l) = 2\ Cu(l) + {}^1/_2\ O_2$	119 000	39.5	1236-2000
$CuO = Cu + {}^1/_2\ O_2$	152 300	85.4	25-1085
$Cu_2S_\gamma = 2\ Cu + {}^1/_2\ S_2$	140 700	43.3	25- 435
$Cu_2S_\mu = 2\ Cu + {}^1/_2\ S_2$	132 000	30.8	435-1129 m
$Cu_2S = Cu_2S(l)$	9000	6.40	1129 m
$Cu_{1.738}S_\mu = 1.738\ Cu + {}^1/_2\ S_2$	113 600	26.6	435- 620
$CuS = Cu + {}^1/_2\ S_2$	115 600	76.0	25- 430
$CuFeS_2 = Cu + Fe + S_2$	278 600	115	557- 700
$Cu_2O \cdot Fe_2O_3 = Cu_2O + Fe_2O_3$	37 700	19.0	25-1100
$CuSO_4 = {}^1/_2\ CuO \cdot CuSO_4 + {}^1/_2\ SO_2 + {}^1/_4\ O_2$	152 600	136	440- 800
$CuO \cdot CuSO_4 = 2\ CuO + SO_2 + {}^1/_2\ O_2$	297 000	250	500- 900
$Fe_\delta = Fe(l)$	13 800	7.61	1536 m
$Fe(l) = Fe(g)$	363 600	116.0	1536-2860 b
$FeCl_2 = FeCl_2(l)$	43 100	45.3	677 m
$FeCl_2(l) = FeCl_2(g)$	110 000	84.7	1074 b
$FeCl_2(g) = Fe + Cl_2$	167 000	-25.1	1074-2000
$FeCl_3(g) = Fe + {}^3/_2\ Cl_2$	260 000	25.4	332-2000
$Fe_2Cl_6(g) = 2\ Fe + 3\ Cl_2$	650 000	181	332-2000
$FeF_2 = Fe + F_2$	700 000	134	25-1100 m

Reaction	$\Delta\bar{H}°$ (joule)	$\Delta\bar{S}°$ (joule)	Range(℃)
$Fe_2B = 2\ Fe + B$	87 900	18.4	25-1390 m
$FeB = Fe + B$	79 500	10.5	25-1650 m
$Fe_3C = 3\ Fe_o + C$	-29 000	-28.0	200- 727
$Fe_3C = 3\ Fe_\gamma + C$	-11 230	-11.0	727-1137
$Fe_4N = 4\ Fe + {}^1/_2\ N_2$	33 500	70.0	400- 680
$Fe_{0.947}O = Fe_{0.947}O(l)$	31 340	19.0	1370 m
$Fe_{0.947}O = 0.947\ Fe + {}^1/_2\ O_2$	263 700	64.4	25-1370 m
$FeO(l) = Fe(l) + {}^1/_2\ O_2$	256 000	54.7	1371-2000
$Fe_3O_4 = 3\ Fe + 2\ O_2$	1 100 000	307	25-1597 m
$Fe_2O_3 = 2\ Fe + {}^3/_2\ O_2$	814 000	251	25-1500
$FeS = Fe_\gamma + {}^1/_2\ S_2$	164 000	61.0	988-1190 m
$FeS_2 = FeS + {}^1/_2\ S_2$	182 000	188	630- 760 m
$FeO \cdot Cr_2O_3 = Fe + {}^1/_2\ O_2 + Cr_2O_3$	317 000	72.6	750-1536
$FeO \cdot Cr_2O_3 = Fe(l) + {}^1/_2\ O_2 + Cr_2O_3$	331 000	80.3	1536-1700
$Fe_2(SO_4)_3 = Fe_2O_3 + 3\ SO_2 + {}^3/_2\ O_2$	772 000	724	400-800
$Fe_2(SO_4)_3 = 2\ FeSO_4 + SO_2 + O_2$	396 000	352	430-630
$FeSO_4 = {}^1/_2\ Fe_2O_3 + SO_2 + {}^1/_2\ O_2$	203 500	202.3	500-630
$2\ FeO \cdot SiO_2 = 2\ FeO \cdot SiO_2(l)$	92 050	61.7	1220 m
$2\ FeO \cdot SiO_2 = 2\ FeO + SiO_2$	36 200	21.0	25-1220 m
$2\ FeO \cdot TiO_2 = 2\ FeO + TiO_2$	33 900	5.86	25-1100
$FeO \cdot TiO_2 = FeO + TiO_2$	33 500	12.1	25-1300
$FeO \cdot V_2O_3 = Fe + V_2O_3 + {}^1/_2\ O_2$	289 000	62.3	750-1536
$FeO \cdot V_2O_3 = Fe(l) + V_2O_3 + {}^1/_2\ O_2$	301 000	70.0	1536-1700
$FeO \cdot WO_3 = FeO + WO_3$	55 000	-10.0	700-1150
$Ca = Ga(l)$	5610	17.2	30 m
$Ga(l) = Ga(g)$	264 000	106.9	30-2204 b
$Ga_2O_3 = 2\ Ga(l) + {}^3/_2\ O_2$	1 090 000	324	30-1795 m
$GaS = Ga(l) + {}^1/_2\ S_2$	276 000	111	30-960 m
$Ga_2S_3 = 2\ Ga(l) + {}^3/_2\ S_2$	720 000	318	30-1090 m
$Ge = Ge(l)$	37 000	30.5	937 m
$Ge(l) = Ge(g)$	335 000	108	937-2834 b
$GeO_2 = Ge + O_2$	575 000	188	25-937
$HCl(g) = {}^1/_2\ H_2 + {}^1/_2\ Cl_2$	94 100	-6.40	25-2000
$HF(g) = {}^1/_2\ H_2 + {}^1/_2\ F_2$	274 500	-3.47	25-2000
$H_2O(l) = H_2O(g)$	41 090	110.1	100 b
$H_2O(g) = H_2 + {}^1/_5\ O_2$	247 500	55.86	25-2000

Reaction	$\Delta\bar{H}°$ (joule)	$\Delta\bar{S}°$ (joule)	Range(℃)
$H_2S(g) = H_2 + {}^1/_2\ S_2$	91 630	50.6	25-2000
$Hf = Hf(l)$	24 300	9.6	2227 m
$Hf(l) = Hf(g)$	574 200	117.7	2227-4598 b
$HfB_2 = Hf + 2\ B$	335 000	11.1	25-1200
$HfC = Hf + C$	230 000	7.5	25-2000
$HfO_{2\alpha} = Hf + O_2$	1 060 000	174	25-1700
$HfO_{2\alpha} = HfO_{2\beta}$	10 500	5.3	1700
$Hg(l) = Hg(g)$	60 750	96.78	-39-356 b
$HgO_{red} = Hg(l) + {}^1/_2\ O_2$	90 800	70.3	25-500
$HgS_{red} = Hg(l) + {}^1/_2\ S_2$	53 000	82.0	28-345
$HgS_{red} = HgS_{black}$	4000	6.3	345
$In = In(l)$	3260	7.62	157 m
$In(l) = In(g)$	235 000	100.3	157-2073 b
$In_2O_3 = 2\ In(l) + {}^3/_2\ O_2$	919 000	309.4	157-1910 m
$InS = InS(l)$	36 000	37.3	692 m
$InS(l) = In(l) + {}^1/_2\ S_2$	155 000	60.7	692-1500
$In_2S_3 = 2\ In(l) + {}^3/_2\ S_2$	544 000	286	157-900
$Ir = Ir(l)$	26 150	9.62	2443 m
$Ir(l) = Ir(g)$	615 000	131	2443-4424 b
$IrO_3(g) = Ir + {}^3/_2\ O_2$	-16 700	45.2	25-1500
$IrO_2 = Ir + O_2$	234 000	170	25-1000
$Ir_2S_3 = 2\ Ir + {}^3/_2\ S_2$	430 000	300	25-1000
$IrS_2 = Ir + S_2$	268 000	190	25-1000
$K = K(l)$	2335	6.95	63 m
$K(l) = K(g)$	84 500	82.0	63-766 b
$KCl = KCl(l)$	26 300	25.2	771 m
$KCl(l) = K(l) + {}^1/_2\ Cl_2$	474 000	132	771-1437 b
$KCl(g) = K(g) + {}^1/_2\ Cl_2$	306 000	35.5	1437-2000
$KF = KF(l)$	27 200	24.06	858 m
$KF(l) = K(g) + {}^1/_2\ F_2$	607 500	142	858-1517 b
$KF(g) = K(g) + {}^1/_2\ F_2$	418 400	37.7	1517-2000
$La = La(l)$	6200	5.19	920 m
$La(l) = La(g)$	416 000	113	920-3460 b
$LaCl_3 = LaCl_3(l)$	54 400	48.2	855 m

Reaction	$\Delta\bar{H}°$ (joule)	$\Delta\bar{S}°$ (joule)	Range(℃)
$LaCl_3 = La + {}^3/_2\ Cl_2$	1 060 000	225.0	25-855
$LaF_3 = LaF_3(l)$	50 200	28.5	1493 m
$LaF_3 = La(l) + {}^1/_2\ F_2$	1 780 000	241	25-920
$LaN = La + {}^1/_2\ N_2$	300 000	106	25-920
$La_2O_3 = 2\ La + {}^3/_2\ O_2$	1 790 000	278	25-920
$LaS = La(l) + {}^1/_2\ S_2$	527 000	104	920-1500
$La_2S_3 = 2\ La(l) + {}^3/_2\ S_2$	1 420 000	286	920-1500
$Li = Li(l)$	3000	6.61	181 m
$Li(l) = Li(g)$	151 300	93.85	181-1347 b
$LiCl = LiCl(l)$	19 800	23.0	610 m
$LiCl(l) = Li(l) + {}^1/_2\ Cl_2$	382 000	52.4	610-1383 b
$LiCl(g) = Li(g) + {}^1/_2\ Cl_2$	360 000	42.2	1383-2000
$LiF = LiF(l)$	27 070	24.14	848 m
$LiF(l) = Li(l) + {}^1/_2\ F_2$	583 400	66.8	848-1342
$LiF(g) = Li(g) + {}^1/_2\ F_2$	500 000	43.0	1717b-2000
$Li_3AlF_6 = Li_3AlF_6(l)$	86 200	81.4	785 m
$Li_3AlF_6(l) = 3\ Li(l) + Al(l) + 3\ F_2$	3 240 000	400	785-1342 m
$Li_3N = 3\ Li(l) + {}^1/_2\ N_2$	200 000	160	181-1000
$Li_2O = Li_2O(l)$	58 600	31.8	1570 m
$Li_2O = 2\ Li(l) + {}^1/_2\ O_2$	603 000	135	181-1342
$Li_2S = 2\ Li(l) + {}^1/_2\ S_2$	515 000	121	181-1000
$LiOH = LiOH(l)$	21 000	28.2	471 m
$LiOH(l) = {}^1/_2\ Li_2O + {}^1/_2\ H_2O(g)$	28 000	21.8	471-1007 d
$Li_2O \cdot Al_2O_3 = Li_2O \cdot Al_2O_3(l)$	25 000	13.3	1610 m
$Li_2 \cdot Al_2O_3 = Li_2O + Al_2O_3$	107 000	-10.6	500-1300
$Li_2CO_3 = Li_2CO_3(l)$	44 800	45.1	720 m
$Li_2CO_3 = Li_2O + CO_2$	148 000	78.7	720-1570
$Li_2O \cdot Fe_2O_3 = Li_2O + Fe_2O_3$	40 000	-25.3	25-700
$Li_2O \cdot SiO_2 = Li_2O \cdot SiO_2(l)$	28 000	19.0	1201 m
$Li_2O \cdot SiO_2 = Li_2O + SiO_2$	144 000	3.8	28-1201 m
$Li_2O \cdot 2\ SiO_2 = Li_2O \cdot 2\ SiO_2(l)$	54 000	41.2	1034 m
$Li_2O \cdot 2\ SiO_2 = Li_2O + 2\ SiO_2$	146 400	0.0	25-1034 m
$Li_2O \cdot TiO_2 = Li_2O + TiO_2$	130 000	-3.3	25-900
$Mg = Mg(l)$	8960	9.71	650 m
$Mg(l) = Mg(g)$	129 600	95.1	650-1093 b
$MgCl_2 = MgCl_2(l)$	43 100	43.7	714 m

Reaction	$\Delta\bar{H}°$ (joule)	$\Delta\bar{S}°$ (joule)	Range(℃)
$MgCl_2 = Mg + Cl_2$	637 000	155.4	25-650
$MgCl_2(l) = Mg(g) + Cl_2$	649 000	157.7	714-1437 b
$MgF_2 = MgF_2(l)$	58 700	38.2	1263 m
$MgF_2 = Mg + F_2$	1 120 000	171.2	25-650
$MgF_2(l) = Mg(g) + F_2$	1 172 000	215.6	1263-2263 b
$MgB_2 = Mg + 2\ B$	92 000	10.5	25-650
$MgB_4 = Mg + 4\ B$	108 000	11.2	25-650
$Mg_3N_2 = 3\ Mg + N_2$	464 000	203	25-650
$Mg_2Si = Mg_2Si(l)$	85 800	62.5	1102 m
$Mg_2Si = 2\ Mg(l) + Si$	100 000	39.3	650-1090
$MgO = Mg + {}^1/_2\ O_2$	601 000	107.6	25-650
$MgO = Mg(g) + {}^1/_2\ O_2$	730 000	204	1090-2000
$MgS = Mg + {}^1/_2\ S_2$	410 000	94.4	25-650
$MgS = Mg(g) + {}^1/_2\ S_2$	540 000	193	1090-1700
$MgO \cdot Al_2O_3 = MgO \cdot Al_2O_3$	35 600	-2.09	25-1400
$MgCO_3 = MgO + CO_2$	116 000	173.4	25-402 d
$MgO \cdot Cr_2O_3 = MgO + Cr_2O_3$	42 900	7.1	25-1500
$MgO \cdot Fe_2O_3 = MgO + Fe_2O_3$	19 250	-2.1	700-1400
$MgO \cdot MoO_2 = MgO + MoO_2$	-13 800	-22.6	900-1200
$MgO \cdot MoO_3 = MgO + MoO_3$	54 000	-13.6	25-795
$MgSO_4 = MgO + SO_2 + {}^1/_2\ O_2$	371 000	261	670-1050
$2\ MgO \cdot SiO_2 = 2\ MgO \cdot SiO_2(l)$	71 100	32.6	1898 m
$2\ MgO \cdot SiO_2 = 2\ MgO + SiO_2$	67 200	4.31	28-1898 m
$MgO \cdot SiO_2 = MgO \cdot SiO_2(l)$	75 300	40.6	1577 m
$MgO \cdot SiO_2 = MgO + SiO_2$	41 100	6.1	25-1577 m
$3\ MgO \cdot P_2O_5 = 3\ MgO \cdot P_2O_5(l)$	121 300	75	1348 m
$3\ MgO \cdot P_2O_5 = 3\ MgO + P_2 + {}^5/_2\ O_2$	2 000 000	510	25-1348 m
$2\ MgO \cdot TiO_2 = 2\ MgO + TiO_2$	26 360	1.26	25-1500
$MgO \cdot TiO_2 = MgO + TiO_2$	27 600	3.14	25-1500
$2\ MgO \cdot V_2O_5 = 2\ MgO + V_2O_5$	87 500	0	25-670
$MgO \cdot V_2O_5 = MgO + V_2O_5$	41 800	8.4	25-670
$MgO \cdot WO_3 = MgO + WO_3$	74 000	10.9	25-1200
$Mn = Mn(l)$	12 100	7.95	1246 m
$Mn(l) = Mn(g)$	235 800	101.2	1246-2061 b
$MnCl_2 = MnCl_2(l)$	37 700	40.8	650 m
$MnCl_2 = Mn + Cl_2$	478 000	128	25-650 m
$MnCl_2(g) = Mn(l) + Cl_2$	302 000	9.8	1244-2062

Reaction	$\Delta\bar{H}^\circ$ (joule)	$\Delta\bar{S}^\circ$ (joule)	Range(℃)
$Mn_3C = 3\ Mn(l) + C$	14 000	-1.1	25-1037 m
$Mn_7C_3 = 7\ Mn + 3\ C$	128 000	21.0	25-1200
$Mn_5Si_3 = Mn_5Si_3(l)$	173 000	110	1300 m
$MnSi = Mn + Si$	61 500	6.3	25-1246
$MnP = Mn + {}^1\!/_2\ P_2$	167 000	87.0	25-1147 m
$MnP_3 = Mn + {}^3\!/_2\ P_2$	381 000	240	25-1246
$MnO = Mn + {}^3\!/_2\ O_2$	390 000	76.3	25-1246
$Mn_3O_4 = 3\ Mn + 2\ O_2$	1 385 000	344	25-1246
$Mn_3O_4 = 3\ MnO + {}^1\!/_2\ O_2$	232 000	117	925-1540 m
$Mn_2O_3 = 2\ Mn + 2\ O_2$	954 000	255	25-1246
$Mn_2O_3 = 2/3\ (Mn_3O_4) + 1/6\ O_2$	35 000	28.1	800-1000
$MnO_2 = Mn + O_2$	519 000	181	25-510d
$MnS = MnS(l)$	26 100	14.5	1530 m
$MnS = Mn + {}^1\!/_2\ S_2$	296 500	76.74	700-1200
$MnO \cdot Al_2O_3 = Mn + Al_2O_3$	48 100	7.32	500-1200
$MnSO_{4\alpha} = 1/3\ Mn_3O_4 + SO_2 + 1/3\ O_2$	295 600	227.4	700-849
$MnSO_{4\beta} = 1/3\ Mn_3O_4 + SO_2 + 1/3\ O_2$	250 200	187.2	849-1030
$2\ MnO \cdot SiO_2 = 2\ MnO \cdot SiO_2(l)$	89 600	55.4	1345 m
$2\ MnO \cdot SiO_2 = 2\ MnO + SiO_2$	53 600	25.0	25-1345 m
$MnO \cdot SiO_2 = MnO \cdot SiO_2(l)$	67 000	42.8	1291 m
$MnO \cdot SiO_2 = MnO + SiO_2$	28 000	2.76	25-1291 m
$Mo = Mo(l)$	27 800	9.6	2624 m
$Mo(l) = Mo(g)$	591 000	120	2624-4705 b
$Mo_2C = 2\ Mo + C$	45 600	-4.2	25-1100
$MoC = Mo + C$	7530	-5.4	25-700
$Mo_2N = 2\ Mo + {}^1\!/_2\ N_2$	60 700	14.6	25-500
$Mo_3Si = 3\ Mo + Si$	119 000	2.5	25-1412
$Mo_5Si_3 = 5\ Mo + 3\ Si$	311 000	4.0	25-1412
$MoSi_2 = Mo + 2\ Si$	132 600	2.8	25-1412
$MoO_2 = Mo + O_2$	578 000	166.5	25-2000
$MoO_2(g) = Mo + O_2$	18 400	33.9	25-2000
$MoO_3 = MoO_3(l)$	47 700	45.2	801 m
$MoO_3 = Mo + {}^3\!/_2\ O_2$	740 000	247	25-801 m
$MoO_3(g) = Mo + {}^3\!/_2\ O_2$	360 000	59.4	25-2000
$MoS_2 = Mo + S_2$	397 000	182	25-1185
$Mo_2S_3 = 2\ Mo + {}^3\!/_2\ S_2$	594 000	265	25-1200
$NH_3(g) = {}^1\!/_2\ N_2 + {}^3\!/_2\ H_2$	53 700	116.5	25-2000

Reaction	$\Delta\bar{H}°$ (joule)	$\Delta\bar{S}°$ (joule)	Range(℃)
$NO(g) = {}^1/_2\ N_2 + {}^1/_2\ O_2$	-90 400	-12.68	25-2000
$NO_2(g) = {}^1/_2\ N_2 + O_2$	-32 300	63.3	25-2000
$Na = Na(l)$	2594	6.99	98 m
$Na(l) = Na9g)$	101 300	87.9	98-897 b
$NaCl = NaCl(l)$	28 160	26.2	801 m
$NaCl = Na(l) + {}^1/_2\ Cl_2$	411 600	93.1	98-801 m
$NaCl(l) = Na(g) + {}^1/_2\ Cl_2$	464 000	134	801-1465 b
$NaF = NaF(l)$	33 350	26.3	996 m
$NaF = Na(l) + {}^1/_2\ F_2$	577 000	105.5	98-996 m
$NaF(l) = Na(g) + {}^1/_2\ F_2$	624 000	148	996-1787 b
$Na_3AlF_6 = Na_3AlF_6(l)$	107 300	83.5	1012 m
$Na_3AlF_6 = 3\ Na(l) + Al + 3\ F_2$	3 310 000	554	98-660
$Na_3AlF_6(l) = 3\ Na(g) + Al(l) + 3\ F_2$	3 380 000	623	1012-2000
$NaCN = NaCN(l)$	8790	10.5	562 m
$NaCN = Na(l) + C + {}^1/_2\ N_2$	90 500	34.1	98-562 m
$NaCN(l) = Na(g) + C + {}^1/_2\ N_2$	152 000	83.7	883-1530 b
$Na_2O = Na_2O(l)$	47 700	34.0	1132 m
$Na_2O = 2\ Na(l) + {}^1/_2\ O_2$	422 000	141	98-1132 m
$Na_2O(l) = 2\ Na(g) + {}^1/_2\ O_2$	519 000	235	1132-1950 d
$Na_2O \cdot Al_2O_3 = Na_2O + Al_2O_3$	185 000	-2.9	500-1131
$Na_2CO_3 = Na_2O + CO_2$	297 000	118	25-850 m
$Na_2CO_3(l) = Na_2O(l) + CO_2$	316 400	131	1132-2000
$Na_2O \cdot Cr_2O_3 = Na_2O + Cr_2O_3$	203 000	-5.8	25-1132
$Na_2O \cdot Fe_2O_3 = Na_2O + Fe_2O_3$	88 800	-14.6	25-1132
$Na_2O \cdot SiO_2 = Na_2O \cdot SiO_2(l)$	51 800	38.0	1089 m
$Na_2O \cdot SiO_2 = Na_2O + SiO_2$	238 000	8.8	25-1089 m
$Na_2O \cdot 2\ SiO_2 = Na_2O \cdot 2\ SiO_2(l)$	35 600	31.0	874 m
$Na_2O \cdot 2\ SiO_2 = Na_2O + 2\ SiO_2$	233 000	-3.8	25-874 m
$Nb = Nb(l)$	26 900	9.8	2467 m
$Nb(l) = Nb(g)$	690 000	134.35	2467-4740 b
$NbB_2 = Nb + 2\ B$	251 000	9.2	25-1100
$Nb_2C = 2\ Nb + C$	194 000	11.7	25-1500
$NbC_{0.98} = Nb + 0.98\ C$	137 000	2.4	25-1500
$Nb_2N = 2\ Nb + {}^1/_2\ N_2$	251 000	83.3	25-2400 m
$NbN = Nb + {}^1/_2\ N_2$	230 000	77.8	25-2050 m
$NbO = NbO(l)$	84 000	38.5	1937 m
$NbO = Nb + {}^1/_2\ O_2$	415 000	87.0	25-1937

Reaction	$\Delta\bar{H}°$ (joule)	$\Delta\bar{S}°$ (joule)	Range(℃)
$Nb_2O_5 = Nb_2O_5(l)$	104 300	58.4	1512 m
$Nb_2O_5 = 2\ Nb + {}^5/_2\ O_2$	1 888 000	420	25-1512 m
$NbO_2 = NbO_2(l)$	92 000	42.3	1902 m
$NbO_2 = Nb + O_2$	784 000	167	25-1902 m
$Ni = Ni(l)$	17 500	10.1	1453 m
$Ni(l) = Ni(g)$	386 000	121.4	1453-2911 b
$NiCl_2 = NiCl_2(g)$	225 000	179	972 s
$NiCl_2 = Ni + Cl_2$	305 400	146	25-972 s
$NiF_2 = Ni + F_2$	653 000	149	25-1474 m
$NiB = Ni + B$	176 000	8.4	25-1000
$Ni_4B_3 = 4\ Ni + 3\ B$	318 000	33.0	25-1580 m
$Ni_3C = 3\ Ni + C$	-40 000	-17.0	25-500
$Ni_3Al = 3\ Ni + Al(l)$	176 000	32.2	660-1395 m
$NiAl = Ni + Al(l)$	138 000	28.0	660-1453 m
$NiSi = NiSi(l)$	43 100	34.0	992 m
$NiSi = Ni + Si$	91 000	7.9	25-992 m
$Ni_7Si_{13} = 7\ Ni + 13\ Si$	632 000	20.0	25-972 m
$Ni_3Ti = 3\ Ni + Ti$	146 000	26.0	25-1378 m
$NiTi = Ni + Ti$	67 000	12.0	25-1240 m
$NiO = Ni + {}^1/_2\ O_2$	235 600	86.0	25-1984 m
$Ni_3S_2 = 3\ Ni + S_2$	330 000	163	25-789 m
$Nis = Ni + {}^1/_2\ S_2$	146 000	72.0	25-500
$NiO \cdot Al_2O_3 = NiO + Al_2O_3$	4200	-12.5	700-1300
$Ni(CO)_4(g) = Ni + 4\ CO$	160 000	410	25-500
$NiO \cdot Cr_2O_3 = NiO + Cr_2O_3$	53 600	8.4	700-1200
$NiO \cdot Fe_2O_3 = NiO + Fe_2O_3$	19 900	-3.8	582-1400
$NiSO_4 = NiO + SO_2 + {}^1/_2\ O_2$	347 500	293.2	600-860
$2\ NiO \cdot SiO_2 = NiO + SiO_2$	15 500	9.2	25-1545 m
$NiO \cdot TiO_2 = NiO + TiO_2$	18 000	8.4	500-1400
$NiO \cdot WO_3 = NiO + WO_3$	46 000	0.0	500-1100
$Os = Os(l)$	31 800	9.62	3027 m
$Os(l) = Os(g)$	745 000	141	3027-5008 b
$OsO_2 = Os + O_2$	290 000	175	25-900
$OsO_4(g) = Os + 2\ O_2$	334 000	145	131b-70
$OsS_2 = Os + S_2$	270 000	195	25-1100
$P_{white} = P(;)$	657	2.05	44 m

Reaction	$\Delta\bar{H}°$ (joule)	$\Delta\bar{S}°$ (joule)	Range(℃)
$P_{red} = {}^1/_4\ P_4(g)$	32 100	45.6	25-431 s
$P_4(g) = 2\ P_2$	217 000	139	25-1700
$PH_3(g) = {}^1/_2\ P_2 + {}^3/_2\ H_2$	71 500	108	25-1700
$PCl_3(g) = {}^1/_2\ P_2 + {}^3/_2\ Cl_2$	474 000	209	25-1300
$PCl_5(g) = {}^1/_2\ P_2 + {}^5/_2\ Cl_2$	420 000	280	25-1700
$PF_3(g) = {}^1/_2\ P_2 + {}^3/_2\ F_2$	1 030 000	137	25-1700
$PF_5(g) = {}^1/_2\ P_2 + {}^5/_2\ F_2$	1 660 000	306	25-1700
$PO(g) = {}^1/_2\ P_2 + {}^1/_2\ O_2$	77 800	-11.6	25-1700
$PO_2(g) = {}^1/_2\ P_2 + O_2$	386 000	60.3	25-1700
$P_4O_{10}(g) = 2\ P_2 + 5\ O_2$	3 155 000	1011	358 s-1700
$Pb = Pb(l)$	4810	8.0	327 m
$Pb(l) = Pb(g)$	182 000	90.1	327-1446 b
$PbCl_2 = PbCl_2(l)$	21 900	28.2	501 m
$PbCl_2(l) = Pb(l) + Cl_2$	325 000	103.5	501-953 b
$PbCl_2(g) = Pb(l) + Cl_2$	190 000	-7.5	953-1750
$PbF_2(l) = PbF_2(l)$	14 730	13.35	830 m
$PbF_2 = Pb(l) + F_2$	628 000	360	830-1200
$PbO = PbO(l)$	27 500	23.7	886 m
$PbO(l) = Pb(l) + {}^1/_2\ O_2$	181 000	68.0	886-1535 b
$Pb_3O_4 = 3\ Pb(l) + 2\ O_2$	702 500	370	328-1200
$PbO_2 = Pb(l) + O_2$	272 000	194	328-900
$PbS = Pb(l) + {}^1/_2\ S_2$	163 000	88.0	328-1113 m
$PbO \cdot B_2O_3 = PbO(l) + B_2O_3(l)$	102 500	33.0	885-1535
$PbO \cdot 2\ B_2O_3 = PbO(l) + 2\ B_2O_3(l)$	166 500	79.5	885-1535
$PbSO_4 = PbO + SO_2 + {}^1/_2\ O_2$	401 000	262	25-1090 m
$2\ PbO \cdot SiO_2 = 2\ PbO \cdot SiO_2(l)$	51 050	50.3	743 m
$2\ PbO \cdot SiO_2(l) = 2\ PbO(l) + SiO_2$	33 500	-6.7	885-1500
$PbO \cdot SiO_2 = PbO \cdot SiO_2(l)$	26 000	25.1	764 m
$PbO \cdot SiO_2 = PbO + SiO_2$	25 100	1.26	885-1500
$Pd = Pd(l)$	17 600	9.6	1552 m
$Pd(l) = Pd(g)$	352 000	108.6	1552-2961 b
$PdO = Pd + {}^1/_2\ O_2$	111 000	96.7	25-870 m
$PdS = Pd + {}^1/_2\ S_2$	134 000	91.2	25-970 m
$PdS_2 = Pd + S_2$	200 000	167	25-972 m
$Pd_4S = 4\ Pd + {}^1/_2\ S_2$	134 000	86.0	25-761 m
$Pt = Pt(l)$	19 700	9.63	1772 m
$Pt(l) = Pt(g)$	521 000	127	1772-3823 b

Reaction	$\Delta\bar{H}°$ (joule)	$\Delta\bar{S}°$ (joule)	Range(℃)
$PtO_2(g) = Pt + O_2$	164 000	0.0	25-1700
$PtS = Pt + ^1/_2\ S_2$	149 000	101.5	25-1200
$PtS_2 = Pt + S_2$	233 500	182	25-1200
$Pu = Pu(l)$	2845	3.1	640 m
$Pu(l) = Pu(g)$	335 000	96.0	640-3230 b
$PuF_3 = PuF_3(l)$	54 400	32.0	1426 m
$PuF_3 = Pu(l) + ^3/_2\ F_2$	1 540 000	228.0	640-1426 m
$PuN = LPu(l) + ^1/_2\ N_2$	303 000	84.8	640-2000
$Pu_2C_3 = 2\ Pu(l) + 3\ C$	132 000	-16.3	640-2000
$PuC_2 = Pu(l) + 2\ C$	44 400	-22.6	640-2252 m
$PuO_2 = Pu(l) + O_2$	1 046 000	180	640-2390 m
$Rb = Rb(l)$	2190	7.0	39.5 m
$Rb(l) = Rb(g)$	76 320	79.7	39.5-697 b
$Rb_2O = 2\ Rb(l) + ^1/_2\ O_2$	335 000	154	25-688
$Re = Re(l)$	33 200	9.62	3180 m
$Re(l) = Re(g)$	705 000	120	3180-5600 b
$ReO_2 = Re + O_2$	428 000	170	25-1200
$ReS_2 = Re + S_2$	300 000	191	25-1200
$Rh = Rh(l)$	21 500	9.62	1960 m
$Rh(l) = Rh(g)$	505 000	127.4	1960-3694 b
$Rh_2O_3 = 2\ Rh + ^3/_2\ O_2$	377 000	266	25-1000
$RhO_2 = Rh + O_2$	200 000	-19.6	25-1200
$Ru = Ru(l)$	24 270	9.62	2250 m
$Ru(l) = Ru(g)$	605 000	137	2250-4146 b
$RuO_2 = Ru + O_2$	300 000	162	25-1200
$RuO_3(g) = Ru + ^3/_2\ O_2$	79 500	61.0	25-1600
$RuO_4(g) = Ru + 2\ O_2$	180 000	143	25-1700
$RuS_2 = Ru + S_2$	330 000	191	25-1200
$S = S(l)$	1715	4.44	115 m
$S(l) = ^1/_2\ S_2$	58 600	68.3	115-445 b
$S_2 = 2\ S(g)$	469 300	161.3	25-1700
$S_4(g) = 2\ S_2$	62 800	115.5	25-1700
$S_6(g) = 3\ S_2$	276 000	305	25-1700
$S_8(g) = 4\ S_2$	400 000	450	25-1700
$SO(g) = ^1/_2\ S_2 + ^1/_2\ O_2$	57 800	-5.0	445-2000

Reaction	$\Delta\bar{H}°$ (joule)	$\Delta\bar{S}°$ (joule)	Range(℃)
$SO_2 = {}^1/_2\ S_2 + O_2$	362 000	72.7	445-2000
$SO_3(g) = {}^1/_2\ S_2 + {}^3/_2\ O_2$	458 000	163.3	445-2000
$Sb = Sb(l)$	19 900	22	631 m
$Sb(l) = Sb(g)$	85 300	45.6	631-1587 b
$Sb_2O_3 = Sb_2O_3(l)$	55 000	59.2	656 m
$Sb_2O_3(l) = {}^1/_2\ Sb(l) + {}^3/_2\ O_2$	661 000	198	656-1456 b
$Sc = Sc(l)$	14 100	7.78	1539 m
$Sc(l) = Sc(g)$	327 200	105.7	1539-2828 b
$ScCl_3 = ScCl_3(l)$	67 360	54.3	967 m
$ScCl_3 = Sc + {}^3/_2\ Cl_2$	891 200	230	25-967 m
$ScF_3 = Sc + {}^3/_2\ F_2$	1 648 500	230	25-1000
$ScN = Sc + {}^1/_2\ N_2$	314 000	98.3	25-1539
$Sc_2O_3 = 2\ Sc + {}^3/_2\ O_2$	1 900 000	291	25-1539
$Se = Se(l)$	5440	11.0	220 m
$Se(l) = {}^1/_2\ Se(g)$	59 300	61.1	221-685 b
$SeO(g) = {}^1/_2\ Se_2(g) + {}^1/_2\ O_2$	9200	-4.2	685-1700
$SeO_2(g) = {}^1/_2\ Se_2(g) + O_2$	178 000	66.1	685-1700
$Si = Si(l)$	50 540	30.0	1412 m
$Si(l) = Si(g)$	395 000	111	1412-3232 b
$SiCl_4(g) = Si + 2\ Cl_2$	660 000	129	62 b-1412
$SiI_4(g) = Si + 2\ I_2(g)$	231 000	115	301 b-1412
$Si_3N_{4\alpha} = 3\ Si + 2\ N_2$	724 000	315	25-1412
$Si_3N_{4\alpha} = 3\ Si(l) + 2\ N_2$	875 500	405	1412-1700
$SiC_\beta = Si + C$	73 000	7.7	25-1412
$SiC_\beta = Si(l) + C$	122 600	37.0	1412-2000
$SiP = Si + {}^1/_2\ P_2$	130 000	-89.0	25-1410 d
$SiO(g) = Si + {}^1/_2\ O_2$	104 000	-82.5	25-1412
$SiO_{2Quart2} = SiO_2(l)$	7700	4.52	1423 m
$SiO_{2Quart2} = Si + O_2$	907 000	176	25-1412
$SiO_{2cristobalite} = SiO_2(l)$	9600	4.81	1723 m
$SiO_{2cristobalite} = Si + O_2$	906 000	176	25-1412
$SiS(g) = Si + {}^1/_2\ S_2$	-51 800	-81.6	700-1412
$SiS_2 = SiS_2(l)$	8400	6.15	1090 m
$SiS_2 = Si + S_2$	326 000	139	25-1090
$Sn = Sn(l)$	7030	13.9	232 m
$Sn(l) = Sn(g)$	296 000	103	232-2603 b

Reaction	$\Delta\bar{H}°$ (joule)	$\Delta\bar{S}°$ (joule)	Range(℃)
$SnCl_2(l) = SnCl_2(g)$	81 600	88.2	652 b
$SnCl_2(g) = Sn(l) + Cl_2$	226 000	13.0	652-1200
$SnO(g) = Sn(l) + {}^1/_2\ O_2$	-6300	-50.9	232-1700
$SnO_2 = Sn(l) + O_2$	575 000	198	232-1630 m
$SnS(g) = Sn(l) + {}^1/_2\ S_2$	-26 000	-49.4	232-1700
$SnS_2 = Sn(l) + S_2$	285 000	196	232-765 m
$Sr = Sr(l)$	8370	7.95	777 m
$Sr(l) = Sr(g)$	141 500	85.7	768-1412 b
$SrCl_2 = SrCl_2(l)$	16 200	14.1	874 m
$SrCl_2 = Sr + Cl_2$	824 000	148	25-768
$SrF_2 = SrF_2(l)$	29 700	16.95	1477 m
$SrF_2 = Sr + F_2$	1 213 000	167	25-768
$SrO = Sr(l) + {}^1/_2\ O_2$	597 000	102.4	768-1377
$SrS = Sr(l) + {}^1/_2\ S_2$	519 000	96	768-1377
$SrCO_3 = SrO + CO_2$	215 000	142	700-1243 d
$SrO \cdot Al_2O_3 = SrO + Al_2O_3$	71 000	-4.2	25-1300
$SrSO_4 = SrO + SO_2 + {}^1/_2\ O_2$	548 000	273	25-1600 m
$2\ SrO \cdot SiO_2 = 2\ SrO + SiO_2$	213 000	5.86	25-900
$SrO \cdot SiO_2 = SrO + SiO_2$	134 000	4.2	25-900
$SrO \cdot TiO_2 = SrO + TiO_2$	137 000	2.1	25-900
$Ta = Ta(l)$	31 600	9.62	3014 m
$Ta(l) = Ta(g)$	739 800	127.9	3014-5453 b
$TaCl_5(l) = TaCl_5(g)$	53 000	104.6	234 b
$TaCl_5(g) = Ta + {}^5/_2\ Cl_2$	754 000	169.4	234-2000
$TaF_5(l) = TaF_5(g)$	50 600	101	224 b
$TaF_5(g) = Ta + {}^5/_2\ F_2$	1 814 000	183	224-1700
$TaB_2 = Ta + 2\ B$	209 000	9.6	25-1700
$Ta_2C = 2\ Ta + C$	201 000	2.1	25-1700
$TaC = Ta + C$	142 000	1.2	25-1700
$Ta_2N = 2\ Ta + {}^1/_2\ N_2$	264 000	91	25-1700
$TaN = Ta + {}^1/_2\ N_2$	247 000	81.2	25-1700
$Ta_2Si = 2\ Ta + Si$	126 000	-3.3	25-1412
$Ta_5Si_3 = 5\ Ta + 3\ Si$	335 000	-12.6	25-1412
$TaSi_2 = Ta + {}^1/_2\ O_2$	117 000	22.6	25-1412
$TaO(g) = Ta + {}^1/_2\ O_2$	-188 000	-87	25-2000
$TaO_2(g) = Ta + O_2$	209 000	-20.5	25-2000

Reaction	$\Delta\bar{H}°$ (joule)	$\Delta\bar{S}°$ (joule)	Range(°C)
$Ta_2O_5 = Ta_2O_5(l)$	151 000	70.3	1785
$Ta_2O_5 = 2\ Ta + {}^5/_2\ O_2$	2 025 000	413	25-1785
$Te = Te(l)$	17 500	24.2	450 m
$Te(l) = {}^1/_2\ Te_2(g)$	58 000	45.9	450-988 b
$TeO(l) = {}^1/_2\ Te_2(g) + {}^1/_2\ O_2$	7100	-6.0	1009-1700
$Th = Th(l)$	16 300	7.95	1755 m
$Th(l) = Th(g)$	527 000	104.4	1755-4790 b
$ThI_4 = ThI_4(l)$	48 000	57.0	570 m
$ThI_4 = Th + 2\ I_2(g)$	782 000	290	25-570 m
$ThN = Th + {}^1/_2\ N_2$	377 000	86.2	25-1755
$Th_3N_4 = 3\ Th + 2\ N_2$	1 314 000	351	25-1755
$ThO(g) = Th + {}^1/_2\ O_2$	67 000	-52.7	1600-2000
$ThO_2 = Th + O_2$	1 220 000	183	25-2000
$Ti = Ti(l)$	15 500	7.95	1666 m
$Ti(l) = Ti(g)$	427 000	120	1666-3358 m
$TiCl_4(g) = Ti + 2\ Cl_2$	764 000	121	25-1666
$TiF_4(g) = Ti + 2\ F_2$	1 554 000	124	25-1666
$TiI_4(g) = Ti + 2\ I_2(g)$	402 000	117.6	25-1666
$TiB = Ti + B$	163 000	5.9	25-1666
$TiB_2 = Ti + B_2$	285 000	20.5	25-1666
$TiC = Ti + C$	185 000	12.6	25-1666
$TiN = Ti + {}^1/_2\ N_2$	336 000	93.3	25-1666
$TiO_\beta = Ti + {}^1/_2\ O_2$	515 000	74.1	25-1666
$TiO_{2\ rutile} = Ti + O_2$	941 000	177.6	25-1666
$Ti_2O_3 = 2\ Ti + {}^3/_2\ O_2$	1 502 000	258	25-1666
$Ti_3O_5 = 3\ Ti + {}^5/_2\ O_2$	2 435 000	421	25-1666
$Tl = Tl(l)$	4140	7.2	304 m
$Tl(l) = Tl(g)$	170 000	97.6	304-1473 b
$U = U(l)$	8540	6.07	1132 m
$U(l) = U(g)$	477 000	105.4	1132-4130 b
$UC = U(l) + C$	110 000	1.84	1132-2520 m
$U_2C_3 = 2\ U(l) + 3\ C$	222 000	2.5	1132-1700
$UC_{1.93} = U(l) + 1.93\ C$	90 400	9.2	1132-1700
$UN = U + {}^1/_2\ N_2$	293 000	81	25-1132
$UO_2 = U(l) + O_2$	1 087 000	172	1132-2000
$U_4O_9 = 4\ U + 9/2\ O_2$	4 492 000	740	25-600

Reaction	$\Delta\bar{H}°$ (joule)	$\Delta\bar{S}°$ (joule)	Range(℃)
$U_3O_8 = 3\ U + 4\ O_2$	3 560 000	653	25-600
$UO_3 = U + {}^3/_2\ O_2$	1 227 000	251	25-600
$V = V(l)$	22 850	10.4	1902 m
$V(l) = V(g)$	463 000	126	1902-3406 b
$VB = V + B$	138 000	5.86	25-2000
$V_2C = 2\ V + B$	146 400	3.35	25-1700
$VC = V + C$	102 000	9.6	25-2000
$VN_{0.46} = V + 0.23\ N_2$	130 000	44.4	25-1700
$VN = V + {}^1/_2\ N_2$	215 000	82.4	25-2346 d
$VO = V + {}^1/_2\ O_2$	425 000	80	25-1800
$V_2O_3 = 2\ V + {}^3/_2\ O_2$	1 203 000	238	25-2070 m
$VO_2 = v + O_2$	706 000	155	25-1360 m
$V_2O_5 = V_2O_5(l)$	64 400	68.3	670 m
$V_2O_5(l) = 2V + {}^5/_2\ O_2$	1 447 000	321.6	670-2000
$W = W(l)$	35 560	9.62	3407 m
$W(l) = W(g)$	821 000	141	3407-5658 b
$W_2C = 2\ W + C$	30 540	-2.34	1302-1400
$WC = W + C$	42 300	4.98	900-1302
$WO_2 = W + O_2$	581 000	172	25-1724 d
$WO_3 = WO_3(l)$	73 400	42.1	1472 m
$WO_3 = W + {}^3/_2\ O_2$	833 500	245	25-1472 m
$Y = Y(l)$	11 380	6.32	1526 m
$Y(l) = Y(g)$	379 000	105.4	1526-3334 b
$YCl_3 = YCl_3(l)$	31 400	31.6	721 m
$YCl_3 = Y + {}^3/_2\ Cl_2$	968 000	227	25-721
$YF_3 = YF_3(l)$	28 000	19.6	1155 m
$YF_3 = Y + {}^3/_2\ F_2$	1 771 000	219	25-1155 m
$YN = Y + {}^1/_2\ N_2$	300 000	99.6	25-1526
$Y_2O_3 = 2\ Y + {}^3/_2\ O_2$	1 900 000	282	25-1526
$Y_2O_3 \cdot Zr_2O_3 = Y_2O_3 + Zr_2O_3$	21 000	0.0	25-1200
$Zn = Zn(l)$	7320	10.6	420 m
$Zn(l) = Zn(g)$	118 000	100.3	420-907 b
$ZnCl_2(l) = ZnCl_2(g)$	119 200	118.7	732 b
$ZnCl_2(l) = Zn(l) + Cl_2$	402 500	131	420-732 b

Reaction	$\Delta\overline{H}°$ (joule)	$\Delta\overline{S}°$ (joule)	Range(℃)
$ZnCl_2(l) = Zn(g) + Cl_2$	393 000	105	907-1700
$ZnF_2 = ZnF_2(l)$	41 800	36.44	875 m
$ZnF_2 = Zn(l) + F_2$	769 000	175	420-875 m
$ZnF_2(l) = Zn(g) + F_2$	832 000	227	907-1505 b
$ZnO = Zn(g) + {}^1/_2\ O_2$	460 240	190.4	907-1700
$ZnS = Zn(l) + {}^1/_2\ S_2$	278 000	108	420-907
$ZnS(g) = Zn(g) + {}^1/_2\ S_2$	-5020	30.5	1182 b-1700
$ZnO \cdot Fe_2O_3 = ZnO + Fe_2O_3$	9620	3.8	25-700
$ZnSO_4 = ZnO + SO_2 + {}^1/_2\ O_2$	328 000	267	25-700
$Zr = Zr(l)$	20 900	9.83	1852 m
$Zr(l) = Zr(g)$	580 000	124	1852-4429 b
$ZrCl_4(g) = ZrCl_4(g)$	110 500	181.5	336 s
$ZrCl_4(g) = Zr + 2\ Cl_2$	871 000	116	336-2000
$ZrF_4 = ZrF_4(g)$	237 700	202	906 s
$ZrF_4(g) = Zr + 2\ F_2$	1 678 000	128.4	903-2000
$ZrB_2 = ZrB_2(l)$	104 600	31.5	3050 m
$ZrB_2 = Zr + 2\ B$	328 000	23.4	25-1852
$ZrC = Zr + C$	197 000	9.2	25-1852
$ZrN = Zr + {}^1/_2\ N_2$	364 000	92	25-1852
$ZrSi = Zr + Si$	160 000	4.2	25-1412
$ZrO(g) = Zr + {}^1/_2\ O_2$	-54 600	-67.0	1300-1852
$ZrO_2 = ZrO_2(l)$	87 000	29.5	2677 m
$ZrO_2 = Zr + O_2$	1 092 000	184	25-1852
$ZrS(g) = Zr + {}^1/_2\ S_2$	-237 000	-78.2	25-1852
$ZrS_2 = Zr + S_2$	700 000	178	25-1552 m
$ZrO \cdot SiO_2 = ZrO + SiO_2$	26 800	12.6	25-1707 m

CHRACTERISTICS OF SELECTED ELEMENTS

Element	Symbol	Atomic Number	Atomic Weight (amu)	Density of Solid 20°C (g/cm^3)	Crystal Structure, 20°C	Most Common Valence	Melting Point (K)
Aluminum	Al	13	26.98	2.70	FCC	3+	933
Argon	Ar	18	39.95	—	—	Inert	84
Barium	Ba	56	137.33	3.5	BCC	2+	998
Beryllium	Be	4	9.012	1.85	HCP	2+	1551
Boron	B	5	10.81	2.34	Rhomb.	3+	2573
Bromine	Br	35	79.90	—	—	1–	266
Cadmium	Cd	48	112.41	8.65	HCP	2+	594
Calcium	Ca	20	40.08	1.55	FCC	2+	1112
Cabon	C	6	12.011	2.25	Hex.	4+	(sublimes at 3640)
Cesium	Cs	55	132.91	1.87	BCC	1+	301
Chlorine	Cl	17	35.45	—	—	1–	172
Chromium	Cr	24	52.00	7.19	BCC	3+	2148
Cobalt	Co	27	58.93	8.9	HCP	2+	1768
Copper	Cu	29	63.55	8.96	FCC	1+	1357
Fluorine	F	9	19.00	—	—	1–	53
Gallium	Ga	31	69.72	5.90	Ortho.	3+	303
Germanium	Ge	32	72.59	5.32	Dia. Cubic	4+	1210
Gold	Au	79	196.97	19.3	FCC	1+	1337
Helium	He	2	4.003	—	—	Inert	1.1 (at 26 atm)
Hydrogen	H	1	1.008	—	—	1+	14
Iodine	I	53	126.91	4.93	Ortho.	1–	387
Iron	Fe	26	55.85	7.87	BCC	2+	1811
Lead	Pb	82	207.2	11.35	FCC	2+	600
Lithium	Li	3	6.94	0.534	BCC	1+	454
Magnesium	Mg	12	24.31	1.74	HCP	2+	922
Manganese	Mn	25	54.94	7.44	Cubic	2+	1517
Mercury	Hg	80	200.59	—	—	2+	234
Molybdenum	Mo	42	95.94	10.22	BCC	4+	2890
Neon	Ne	10	20.18	—	—	Inert	24.5
Nickel	Ni	28	58.69	8.90	FCC	2+	1726
Niobium	Nb	41	92.91	8.57	BCC	5+	2741
Nitrogen	N	7	14.007	—	—	5+	63
Oxygen	O	8	16.00	—	—	2–	55
Phosphorous	P	15	30.97	1.82	Ortho.	5+	317
Platinum	Pt	78	195.08	21.45	FCC	2+	2045
Potassium	K	19	39.10	0.862	BCC	1+	336
Silicon	Si	14	28.09	2.33	Dia. Cubic	4+	1683
Silver	Ag	47	107.87	10.5	FCC	1+	1235
Sodium	Na	11	22.99	0.971	BCC	1+	371
Sulfur	S	16	32.06	2.07	Ortho.	2–	386
Tin	Sn	50	118.69	7.3	Tetra	4+	505
Titanium	Ti	22	47.88	4.51	HCP	4+	1941
Tungsten	W	74	183.85	19.3	BCC	4+	3683
Vanadium	V	23	50.94	6.1	BCC	5+	2163
Zine	Zn	30	65.39	7.13	HCP	2+	693
Zirconium	Zr	40	91.22	6.51	HCP	4+	2125

VALUES OF SELECTED PHYSICAL CONSTANTS

Quantity	Symbol	Units
Avogadro's number	N_A	6.022×10^{23} molecules/mol
Boltzmann's constant	k	1.38×10^{-23} J/atom-K
		8.26×10^{-5} eV/atom-K
Electron charge	e	1.602×10^{-19} C
Electron mass	—	9.11×10^{-31} kg
Gas constant	R	8.314 J/mol-K
		1.987 cal/mol-K
Permeability of a vacuum	μ_0	1.257×10^{-6} henry/m
Planck's constant	h	6.626×10^{-34} j-s
velocity of light in a vacuum	c	2.998×10^{8} m/s

UNIT ABBREVIATIONS

atm = atmosphere
A = ampere
Å = angstrom
Btu = British thermal unit
C = coulomb
°C = degrees Celsius
cal = calorie (gram)
cm = centimeter
ev = electron volt
°F = degrees Fahrenheit
ft = foot
g = gram
gal = gallon
hp = horsepower
hr = hour
in. = inch
J = joule
K = degrees Kelvin
kg = kilogram
l = liter
lb_l = pound force
lb_m = pound mass
m = meter
Mg = megagram
min = minute
mm = millimeter
mol = mole
MPa = megapascal
N = newton
nm = nanometer
Pa = pascal
psi = pounds per square inch
s = second
T = temperature
W = watt
μ = micrometer (micron)

VALUES OF SELECTED PHYSICAL CONSTANTS

Factor by Which Multiplied	Prefix	Symbol	Factor by Which Multiplied	Prefix	Symbol
10^{18}	exa	E	10^{-3}	milli	m
10^{15}	peta	P	10^{-6}	micro	μ
10^{12}	tera	T	10^{-9}	nano	n
10^{9}	giga	G	10^{-12}	pico	p
10^{6}	mega	M	10^{-15}	femto	f
10^{3}	kilo	k	10^{-18}	atto	a
10^{-2}	centi	c			

UNIT CONVERSION FACTORS

Length

1 m = 10^{10} Å	1 Å = 10^{-10} m
1 m = 10^{9} nm	1 nm = 10^{-9} m
1 m = 10^{6} μm	1 μm = 10^{-6} m
1 m = 10^{3} mm	1 mm = 10^{-3} m
1 m = 10^{2} cm	1 cm = 10^{-3} m
1 mm = 0.0394 in.	1 in. = 25.4 mm
1 cm = 0.394 in.	1 in. = 2.54 cm
1 m = 3.28 ft	1 ft = 0.3048 m

Area

1 m^2 = 10^{4} cm^2	1 cm^2 = 10^{-4} m^2
1 mm^2 = 10^{-2} cm^2	1 cm^2 = 10^{2} mm^2
1 m^2 = 10.76 ft^2	1 ft^2 = 0.093 m^2
1 cm^2 = 0.1550 $in.^2$	1 $in.^2$ = 6.452 cm^2

Volume

1 m^3 = 10^{6} cm^3	1 cm^3 = 10^{-6} m^3
1 mm^3 = 10^{-3} cm^3	1 cm^3 = 10^{3} mm^3
1 m^3 = 35.32 ft^3	1 ft^3 = 0.0283 m^3
1 cm^3 = 0.0610 $in.^3$	1 $in.^3$ = 16.39 cm^3
1 mm^3 = 10^{-3} cm^3	1 cm^3 = 10^{-3} L
1 gal(US) = 10^{-3} cm^3	1 L = 0.264 gal

Mass

1 Mg = 10^{3} kg	1 kg = 10^{-3} Mg
1 kg = 10^{3} g	1 g = 10^{-3} kg
1 kg = 2.205 lb_m	1 lb_m = 0.4536 kg
1 g = 2.205×10^{-3} lb_m	1 lb_m = 453.6 g

Density

1 kg/m^3 = 10^{6} cm^3	1 g/cm^3 = 10^{3} kg/m^3
1 Mg/m^3 = 10^{-3} cm^3	1 g/cm^3 = 1 Mg/m^3
1 kg/m^3 = 35.32 ft^3	1 lb_m/ft^3 = 16.02 kg/m^3
1 g/cm^3 = 0.0610 $in.^3$	1 lb_m/ft^3 = 1.602×10^{-2} g/cm^3
1 g/cm^3 = 10^{-3} cm^3	1 $lb_m/in.^3$ = 27.7 g/cm^3

Force

1 N =	10^5 dynes	1 dyne =	10^{-5} N
1 N =	0.2248 lb_f	1 lb_f =	4.448 N

Pressure(or Stress)

1 MPa =	145 psi	1 psi =	6.90×10^{-3} MPa
1 Mpa =	0.102 kg/mm^2	1 kg/mm^2 =	9.806 MPa
1 Pa =	10 $dynes/cm^2$	1 $dyne/cm^2$ =	0.10 Pa
1 kg/mm^2 =	1422 psi	1 psi =	7.03×10^{-4} kg/mm^2
1 Pa =	1 N/m	1 N/m^2 =	1 Pa
1 atm =	1.013×10^5 Pa	1 Pa =	9.869×10^{-6} atm
1 bar =	10^5 Pa	1 Pa =	10^{-5} bar
1 atm =	760 torr	1 torr =	1.316×10^{-3} atm
1 torr =	1 mm Hg	1 mm Hg =	1 torr

Energy

1 J =	10^7 ergs	1 erg =	10^{-7} J
1 J =	6.24×10^{18} eV	1 eV =	1.602×10^{-9} J
1 J =	0.239 cal	1 cal =	4.184 J
1 J =	9.48×10^{-4} Btu	1 Btu =	1054 J
1 J =	0.738 ft-lb_f	1 ft-lb^f =	1.356 J
1 eV =	3.83×10^{-20} cal	1 cal =	2.61×10^{19} eV
1 cal =	3.97×10^{-3} Btu	1 Btu =	252.0 cal

Power

1 W =	0.239 cal/s	1 cal/s =	4.184 W
1 W =	3.414 Btu/h	1 Btu/h =	0.293 W
1 cal/s =	14.29 Btu/h	1 Btu/h =	0.070 cal/s
1 kW =	1.341 hp	1 hp =	0.7457 kW

Temperature

$$T(\text{K}) = 273.15 + T(°\text{C})$$

$$T(°\text{C}) = T(\text{K}) - 273.15$$

$$T(\text{K}) = \tfrac{5}{9}[T(°\text{F}) - 32] + 273.15$$

$$T(°\text{F}) = \tfrac{5}{9}[T(\text{K}) - 273.15] + 32$$

$$T(°\text{F}) = \tfrac{5}{9}[T(°\text{C})] + 32$$

$$T(°\text{C}) = \tfrac{5}{9}[T(°\text{F}) - 32]$$

Heat Capacity

1 J/kg · K =	2.39×10^{-4} cal/g-K	1 cal/g-°C =	4184 J/kg-K
1 J/kg-K =	2.39×10^{-4} Btu/lb_m-°F	1 Btu/lb_m°F =	4184 J/kg-K
1 cal/g-°C =	1.0 Btu/lb_m-°F	1 Btu/lb_m-°F =	1.0 cal/g-K

Thermal Conductivity

1 W/m-K =	2.39×10^{-3} cal/cm-s-K	1 cal/cm-s-K =	418.4 W/m-K
1 W/m-K =	0.578 Btu/Ft-h-°F	1 Btu/Ft-h-°F =	1.730 W/m-K
1 cal/cm-s-K =	241.8 Btu/ft-h-°F	1 Btu/Ft-h-°f =	4.136×10^{-3} cal/cm-s-K

답안

제 1 장

1. V = 363m/s
2. (a) $6\times10^3 m^2$ (b) $\Delta U = 436J$
3. (a) 298K (b) -47°C
4. T = $\frac{7}{5}T_0$
5. (a) $-191.76 kcal/mol\ CH_4$

   (b)

exhaust	moles	Mole(%)
CO_2	1	8.7
H_2O	2	17.4
O_2	0.2	1.7
N_2	8.3	72.2

   (c) 2087K (d) V=314m^3/hr (e) V=172 m^3/hr
6. $H_T^\circ - H_{298}^\circ = 22.31T + 0.78\times10^{-2}T^2 - 7344$
7. (a) 2300K (b) 35460J/ft^3
8. (a) -283000J/mol (b) CO_2 : 26% N_2 : 74% (c) 2160K
9. (a) 1208.6K (b) 1155K

   (c) 1423K, 1381.6K (d) 감소(reduced AFT)
10. 1.21%

11. (a) $Cu_2O + H_2 = 2Cu + H_2O$ (b) -17310 cal/mol, 발열반응
12. (a) 29156J/mol (b) 30kW
13. 599.9K
14. (a) 7.5% (b) $\Delta U = 2091.4\text{J/g}$
15. $m_{steam} = 108.3\text{g}$
16. $m_{steam} = 148\text{g}$
17. $\dot{m}_{H_2O} = 3.261\times10^{-3}\text{m}^3/\text{min}$

제 2 장

1. $\Delta S = -22.6\,\text{kJ/K}$
2. $Q_L = 643.2\,\text{Walts}$
3. (a) $W = 0.63\text{J}$ (b) 98.522 tons/hr
4. (a) $\dot{Q}_H = 7.93\times10^{11}\text{J/hr}$ (b) $\dot{m} = 1.03\times10^4\text{m}^3/\text{hr}$ (c) 감소
5. $\dot{m} = 457\text{g/min}$
6. $\Delta U = 0,\ \Delta S = 0.9356\,\text{J/K}$
7. $-300\,\text{cal/mol}$
8. (a) $-9.495\,\text{J/mol}\cdot\text{K}$ (b) $0.532\,\text{J/mol}\cdot\text{K}$
9. (a) $W = 0.0546\text{J}$ (b) 0.08167 kWh/m^{3}water
10. (a) 3.768kW (b) 1.136×10^8 J/hr
11. (a) $-320,000\,\text{J/mol}$ (b) $-103.9\,\text{J/K}$ (c) $-94.34\,\text{J/K}$
12. (a) 9.134J/K (b) 3.588J/K (c) 9.314J/K (d) $-5.980\,\text{J/K}$
13. (a) $T_1 = 300\text{K}$, $T_2 = 600\text{K}$ (b) $T = 300\text{K}$
14. 1328J
15. (a) 5867J (b) 12.282J
16. (a) 5,705J/mol (b) $19.14\,\text{J/mol}\cdot\text{K}$
17. $\dot{m} = 172,616\,l/s$
18. $\dot{m} = 1111\,\text{g/min}$

제 3 장

1. (b) $C_p / C_v = 1.05$
2. (a) C_p and C_v are really equal (b) $C_p - C_v \geq 0$
3. 4.07 atm
4. $\Delta G = -109$ J/mol, $\Delta S = -21.4$ J/mol·K
5. (a) -30 cal/g (b) 25°C
6. (a) 22.09 J/K·mol (b) 0 (c) $\Delta H = 5842$ J/mol
   (d) $\Delta G = 109.5$ J/mol, $\Delta S = 21.39$ J/mol·K
7. (a) 7.10×10^{-6} m³/mol (b) $d\underline{S} = -3\underline{V}\alpha_L dP$ constant T (c) 1.17×10^{-2} %
8. $\beta_s = \dfrac{C_V}{C_P}(\beta_T)$, $\beta_s = \beta_T - \dfrac{T\underline{V}\alpha^2}{C_P}$
9. (a) $\left(\dfrac{\partial T}{\partial P}\right)_{\underline{S}} = \dfrac{3\underline{V}\alpha_l T}{C_P}$ (b) 0.402°C
10. (a) 10^{-4} m³ (b) -1.00 J/K (c) -298 J
11. ΔG is not necessarily conserved
12. (a) 8.3×10^{3} J/mol·K (b) 0.18 J/mol (c) 2.65 J/mol

제 4 장

1. (a) 2,898 J/mol (b) 불안정하다 (c) 346 J/mol (d) 1.5×10^{4} atm
   (e) 4,923 J/mol (f) 저온에서는 반응이 일어나지 않는다
2. (a) 272.64 K (b) 3,402.5 atm (c) 248.5 K
3. 1202 K
4. 5.79×10^{-6} atm
5. 2.26 Pa
6. (a) 1.53×10^{-2} atm (b) $\Delta H = 117{,}680$ J/mol at 600°C
7. $\ln P = -\dfrac{30671}{T} + 12.52$
8. (a) 1181 K (b) 708 K (c) 114,440 J/mol (d) 7,340 J/mol (e) 4.153 J/K
9. (a) 348,300 J/mol (b) 2.15×10^{-8} atm
10. 5.31×10^{-2} mol

11. (a) 3190.2Pa (b) $a_{H_2O} = 1.0074$
12. (a) $T^* = 2T_0$ (b) 상1안정상 (c) $18RT_0$ (d) $-6RT_0(1 + ^{T^2} / 2T_0^2)$
13. ① $\Delta T = 0.0036\text{K}$ ② $\Delta T_{total} = 0.0093\text{K}$

제 5 장

1. 5.2×10^{-4}atm
2. (a) 1×10^{-12}atm (b) uncertainty = ± 40%
3. (a) 462K (b) 420.77K
4. (a) 1.1×10^{-16}atm (b) (T=800°C, too slow kinetics) $P_{O_2} = 2.2 \times 10^{-10}$ atm , (T=300°C, not pure enough) $P_{O_2} = 1.56 \times 10^{-24}$ atm
5. (a) $H_2 = 2\underline{H}$ (b) 1.86×10^{-4}atm (c) 861cm^3 STP
6. (a) $\Delta H^o = 53120\,\text{J}$ (b) Not oxidize
7. (a) 49.4cm^3 (b) 24.7cm^3 (c) 40.2cm^3
8. (a) 8.1×10^{-8}atm (b) $\Delta H^\circ = 639584 J/mol$ $\Delta S^\circ = 310 J/mol \cdot K$
   (c) $\sim 10^{-33}$atm
9. 6.93×10^{-17}atm
10. $\Delta H^\circ = +72.250 J/mol$, 흡열반응
11. (a) $\Delta H = 166608 J/mol$, 흡열반응 (b) 1168K
12. (a) MgO(s)+C(s) → CO(g)+Mg(g) (b) $P_{CO} = P_{Mg}$ (c) 2038K
    (d) 환원 반응을 일으키는 열역학적 구동력이 점차 감소되어 진공로 내 압력이 임계치 이상으로 유지되면 MgO 열 탄소 환원 반응이 진행될 수 없게 된다. 즉 MgO가 안정상이 된다.
13. (a) $Si + 2H_2O \rightarrow SiO_2 + 2H_2$ (b) $K = 2.88 \times 10^{13}$ (c) 0.19ppm
    (d) $\dfrac{H_2O}{H_2} = 2 \times 10^{-7} = 0.2\text{ppm}$
14. (a) $P_{Mg} = 0.00167$atm, $P_{HCl} = 0.00334$atm, $P_{H_2} = 0.995$atm
    (b) $\dfrac{P_{H_2O}}{P_{H_2}} = 1.36 \times 10^{-7}$atm
15. (a) x=0.1564 (b) w/o Si=6.80%
16. (a) $BaCO_3 \rightarrow BaO + CO_2$ (b) $\Delta H^\circ_{298} = +267776\,\text{J/g}\cdot\text{mol}$, 흡열반응

(c) $\Delta S^\circ_{298} = 168.5\,\text{J/mol}\cdot\text{K}$

17. (a) K=11.57 (b) 0.73 (c) $T\uparrow \Rightarrow \ln K \uparrow$

18 (a) T=1185K (b) x=2.9×10^{-8} (c) T=5765K (d) x=0.89 (e) T=3800K

19. (a) $a_U = 1.07\times 10^{-8}$ (b) $a_U = 4.3\times 10^{-4}$

(c) $\Delta \underline{G}^\circ = -145845\,\text{J}$ (d) $\Delta \underline{H}^\circ_{vap} = 460210\,\text{J/mol}$

(e) upper limit : $\Delta \underline{G}^\circ_{f,UC} = 72592\,\text{J/mol}$

lower limit : $\Delta \underline{G}^\circ_{f,UC} = -145845\,\text{J/mol}$

20. (a) T=1925K (b) x $\approx$ 0.003 (c) T=2686K (d) x $\approx$ 0.268 (e) T=2500K

제 6 장

1. (a) 0.117atm

(b) $\ln \gamma_{C_u} = -\dfrac{38300}{RT} X^2_{Zn}$

2. (a) No (b) 1.59 (c) 0.0071

3. 0.448

4. (a) $\overline{V}_A = 100 + 2.5X_B^2,\ \overline{V}_B = 80 + 2.5X_A^2$ (b) $\Delta \underline{V}_{mix} = 2.5X_A X_B$

6. $\log \gamma_{Sn} = -0.32X^2_{Pb} = -0.32(1 - X_{Sn})^2$

7. 0.507

8. (a) 1121K (b) 3.50cal/K

9. (a) $\Delta \underline{H}_m(T) = \Delta \underline{H}_m(T_m) + \Delta C_P(T - T_m)$

(b) $\Delta \underline{S}_m(T) = \Delta \underline{H}_m / T_m + \Delta C_P \ln(T / T_m)$ (d) $\ln a_{A,l} = \dfrac{\Delta H_m}{R}\left[\dfrac{T_m - T}{TT_m}\right]$

10. $x_{B,l} = 0.53,\ x_{B,s} = 0.47$

11. $\Delta \underline{H}_{mix} = 6{,}250X_{C_n} X^2_{P_n}$

12. (a) $\gamma^o_A = \gamma^o_B = e^{-13{,}500/RT}$

(b)

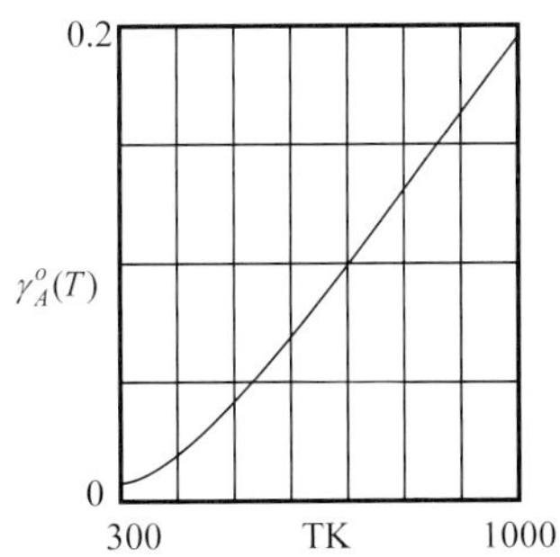

13. a_A^s, 1073K = 0.5856

14. 73550J

15. (a) 1.37 (b) 0.65 (c) 9.1절

16. $\Delta H = 21{,}000\,\text{J/mol}$, $\Delta S = 23.04\,\text{J/K}\cdot\text{mol}$

17. 0.50

제 7 장

6. (a) ~6 %Cu, ~98 %Cu (b) F=1(ρ=1atm) (c) F=0

7. Ag will not oxidize, Cu will oxidize

8. 조성 : 60%, 8%, Noβ, 80%, 10%, Noβ, No Liquid, 10%, 95%
   f : 62%, 38%, O, 43%, 57%, O, O, 65%, 35%

9. -7.26K

10. (a) ~87% B, ~15% B (b) 고상 분율 : 37.5%, 액상 분율 : 62.5%

11. (a) ~2900°C, 10a/o Rh (b) 2200°C, 97a/o Rh
    (c) $\alpha + \beta$, $F^{\alpha} = 92.3\%$, $F^{\beta} = 7.7\%$, F = 1

12. (c) Fraction liquid at ternary eutectic = 0.40

13. >1503.5K

14. (a) 상 : α, β, X_{pt}^{α}=0.32, X_{pt}^{β}=0.86, F^{α}=0.76, F^{β}=0.24
    (b) 1186°C, X_{pt}^{L}=0.201, $\alpha \rightarrow L + \beta$ (c) $\varepsilon^{o} = 0$ (d) 0.05213 V

15. (a) ~355°C (b) X_{Zn} = ~0.986 (c) X_{Zn} = 0.266 (d) $F^{eutectic}$ = 0.259

16. T_c=652.3K

17. (a) L : 0.55, α : 0.11, β : 0.34 (b) A : 47.5%, B :15%, C : 37.5%

22. (a) Extention of one-phase boundary must lie in a two-phase field
    (b) Three-phase equilibrium must be at one temperature
    (c) Three-phase equilibria - one composition only
    (d) Can not have four-phase equilibrium

23. (b) T = 800°C (c) 100%A, 0%B, 0%C
    (e) 30%A, 40%B, 30%C (f) T = 400°C

24. pressure effect on melting point : $\Delta T = -0.0036\text{K}$, solute effect on melting point :
    $\Delta T = -0.01\text{K}$

25. 안정상: $CaO \cdot Al_2O_3 \cdot 2SiO_2 - 3Al_2O_3 \cdot 2SiO_2 - Al_2O_3$ S상(고상) 안정영역

상분율: lever rule로부터 $CaO \cdot Al_2O_3 \cdot 2SiO_2 \approx \dfrac{3.2}{6.4} = 0.5$, $3Al_2O_3 \cdot 2SiO_2$ $\approx \dfrac{0.9}{2.8} = 0.32$, $Al_2O_3 \approx \dfrac{1.3}{7.1} = 0.18$

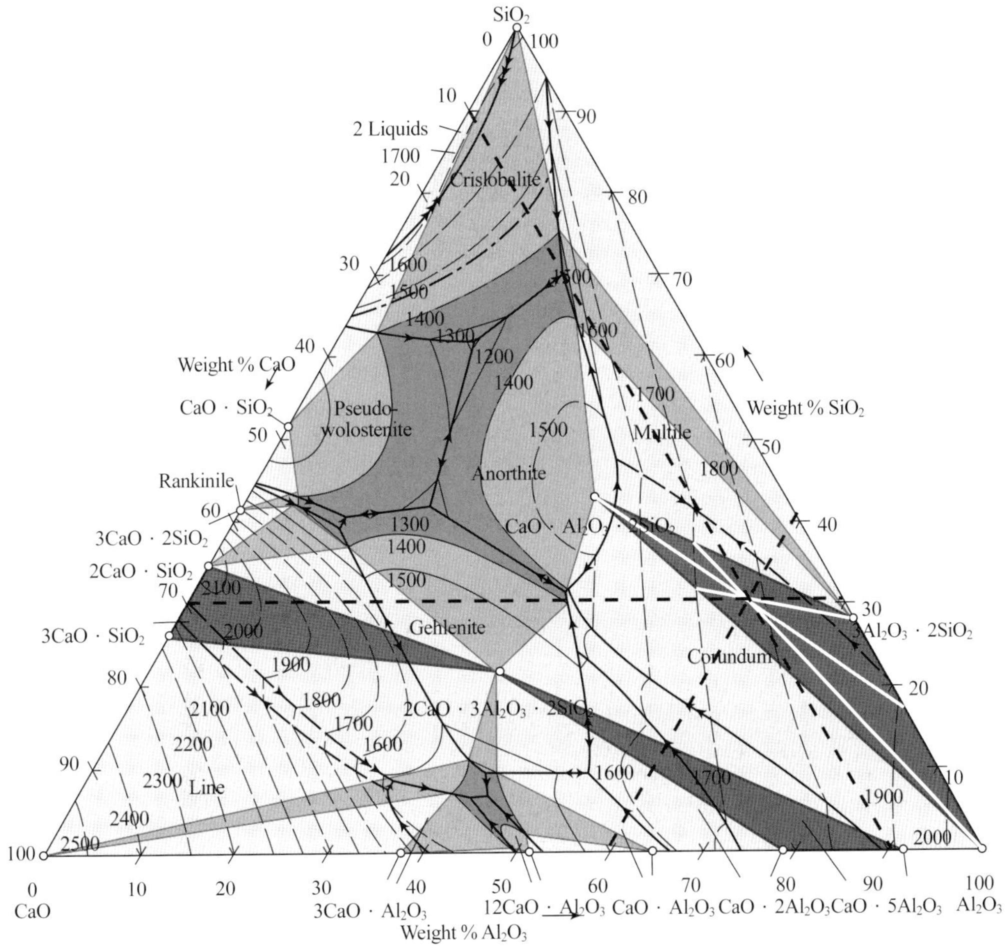

제 8 장

1. (a) $X_V = 0.005$ (b) $[O^{-2}] = 2.69 \times 10^{20}$ vac/cm^3
2. (a) $N_{Ag^+} / N = 6.9 \times 10^{-3}$ (b) $T = 68$ K

4. $\Delta\rho = 1.864\times10^{-3}$
5. $T = 500$ K : $[N_V^*] = 5\times10^{13}$ vac/cm^3, $[N_T] = 5.32\times10^{13}$
   $T = 1000$ K : $[N_V^*] = 1.75\times10^{18}$ vac/cm^3, $[N_T] = 1.82\times10^{18}$
6. (a) $x_s = 4.69\times10^{-9}$ (b) $[V''_{Mg}] = 2.34\times10^{-14}$ vac/cm^3
   (c) $N_{V_{\ddot{O}}} / N = 1.93\times10^{-14}$
7. (a) $\rho = 5.67$ g/cm^3 (b) $\rho = 6.10$ g/cm^3
8. (a) $n_V / N = 2.55\times10^{-10}$ (b) $[n_V] = 1.33\times10^{13}$ vac/cm^3
9. (a) $Q = 166500$ J/mole (b) $\Delta H_s = 1.95$ eV per defect
12. (a) $\delta = 0.00501$, $M_{2.00501}O_3$ (b) $\delta = 0.00749$, $M_2O_{3.00749}$
    (c) $\delta = 0.0025$, $M_{2.0025}O_3$ (d) $\delta = 0.00375$, $M_2O_3.00375$
14. $x_v = e^{8.85/R}\cdot e^{-95,800/RT}$ ($\Delta H_v = 95{,}800$ J/mol, $\Delta S_v = 8.85$ J/mol·K)
15. (a) $x_i = e^{7.6/R}\cdot e^{-188,000/RT}$
    (b) 문제온도구간에선 공공농도가 $10^{2\sim3}$ 차수 정도 크다.

제 9 장

1. (a) $P = 20.23$ atm (b) $P = 1$ atm
2. $\gamma_{s.v.} = 1919.9$ dyne/cm
3. $\gamma_{ox} = 1060.7$ erg/cm^2
4. $\theta = 161.6^\circ$
5. 0.69 a/o Si in Al
6. (a) $P_{0.5\mu m} / P_\infty = 1.0028$ (b) $\Delta P = 22.5$ atm
7. $\varepsilon = 1.065\times10^{-4}$ V
8. (a) $\gamma_{g.b.} = 610.6$ erg/cm^2
   (b) θ is complex → grain boundary is penetrated because this interface doesn't exist!
9. (a) $G_s = 2(\gamma_1 L_1 + \gamma_2 L_2)$ (b) $L_2/L_1 = \gamma_1/\gamma_2$
10. 1.182×10^{-6} atm
11. 549 ergs/cm^2
12. $\Gamma_{Fe} = 1.047\times10^{-9} x_{Fe}$(moles/cm^2), $\Gamma_{Sn} = 7.16\times10^{-8} x_{Sn} e^{-8.2 x_{Sn}}$

14.

r	$\Delta Gr(\mathrm{J})$	$n_r(\mathrm{Cm}^{-3})$
5Å	6.28×10^{-19}	2.29×10^{8}
7Å	12.32×10^{-19}	2.20×10^{-6}
10Å	25.13×10^{-19}	4.09×10^{-36}

15. (a) $\gamma_{sv}=\gamma_{mv}$ (b) $\gamma^*=-\dfrac{2\gamma_{mv}}{\Delta G_v}$ (c) $\Delta G^*=\dfrac{8}{3}\left(\dfrac{\pi\gamma_{mv}^3}{\Delta G_v^2}\right)$

16. $\gamma_{\alpha L}=0.5\gamma_{\alpha\alpha}$

제 10 장

1. (a) 반쪽전지반응 : $\mathrm{Pb}+2\mathrm{Cl}^-\leftrightarrow \mathrm{PbCl}_2+2e^-$

   $2\mathrm{AgCl}+2e^-\leftrightarrow 2\mathrm{Ag}+2\mathrm{Cl}^-$

   direction not specified by given information

   전체전지반응 : $\mathrm{Pb}+2\mathrm{AgCl}\leftrightarrow \mathrm{PbCl}_2+2\mathrm{Ag}$

   (b) $\Delta G^{\circ}=-94.550\ \mathrm{J/mol},\ \Delta S^{\circ}=-35.505\ \mathrm{J/K}$

3. (a) 1.287 V (b) 증가 (c) 1.219 V

4. (a) 0.96 (b) -1.230 V (c) no change

5. (a) $-6252\ \mathrm{J/mol}$ (b) $a_{cd}=0.3698$ (c) 3.41 mmHg

6. 0.792 μV

7. (a) $\mathrm{MgCl_2}(l)=\mathrm{Mg}(l)+\mathrm{Cl_2}(g)$ (b) 8.86×10^{-26} atm (c) -2.49 V

8. (a) 5.52×10^{-16} atm (b) Cathode : $\frac{1}{2}\mathrm{O}_2+2e^-=\mathrm{O}^{2-}$, Anode : $\mathrm{Ni}+\mathrm{O}^2=\mathrm{NiO}+2e^-$

   (c) 0.757 V (d) 0.261 V

9. (a) $\mathrm{Zn}\leftrightarrow \mathrm{Zn}^{2+}+2e^-$

   $\mathrm{Br}_2+2e^-\leftrightarrow 2\mathrm{Br}^-$

   $\mathrm{Zn}+\mathrm{Br}_2\leftrightarrow 2\mathrm{Br}^-+\mathrm{Zn}^{2+}$

   (b) 1.8282 V (c) 1.8015 V (d) -7.785×10^{-4} V/K

10. (a) 3.51 V (b) 73.7 g (c) –489 KJ/hr (d) yes (e) yes

11. $\varepsilon^{\circ}=1.874-5.550\times10^{-4}\ \mathrm{T(J/C)}$

13. (a) 1.62×10^{-6} (b) 0.266 wt% (c) 0.602 wt%

14. $h_{cr}=[\%C_r]=0.234\,\mathrm{w/o}$

15. $\Delta C_P=-0.093\ \mathrm{J/K}$

16. $a_{Mg} = 10^{2FE/2.303R(298)}$

X	0.0447	0.1130	0.1905	0.3400	0.5825	0.7490
a_{Mg}	0.006	0.024	0.061	0.160	0.357	0.494

찾아보기